海洋・海事史事典

トピックス 古代-2014

日外アソシエーツ編集部編

日外アソシエーツ

A Cyclopedic Chronological Table of Ocean and Marine

100,000B.C. - 2014

Compiled by
Nichigai Associates, Inc.

©2015 by Nichigai Associates, Inc.
Printed in Japan

本書はディジタルデータでご利用いただくことができます。詳細はお問い合わせください。

●編集担当● 青木 竜馬／岡田 真弓

刊行にあたって

　人は船という道具を得て陸上から海上に出て行くことが可能になった。船の性能、操船技術が進むことにより、人はより遠くに大量の人員・物資を運ぶことができるようになった。内洋から外洋に行動範囲は広がり、冒険的航海はやがて、民族と国家の移動につながっていった。それにともない価値感、宗教、文化、技術などが世界規模で広がっていった。日本においても黒船が歴史の流れを大きく変えた。

　19世紀に電信機が発明されると驚くべき速度で電信網が張り巡らされるようになった。1858年、欧州と北米を結ぶ大西洋横断海底電線が敷設された。海底電線敷設が盛んになるに伴って、海底、海洋の調査も行われるようになった。このことが海の研究学問である海洋学が生まれるきっかけとなった。海そのものと、そこに棲む生物、更には深海に眠る資源などへの探求が本格化した。

　工場廃水が無処理のまま水俣湾へ排出され始めたのは1946年のことであった。1953年、水俣市内に住む5歳の少女が原因不明の脳障害と診断された。水俣病患者第一号であった。水俣病が象徴するように、環境問題はいまも世界の人々の暮らしを脅かしている。

　本書は古代から2014年まで、海洋と海事に関わる出来事を収録した年表形式の事典である。船舶、海運、造船からコロンブス、マゼランなどによる航海まで、更には海の環境、生物などの海洋学と海戦、船艦開発などの軍事、そして海難事故、津波災害まで幅広く『海』に関わる出来事を収録している。『海』を通し様々な種類の歴史が概観できる資料となることを目指した。

　編集にあたっては誤りや遺漏のないよう努めたが、不十分な点もあるかと思われる。お気付きの点はご教示いただければ幸いである。

　本書が海洋・海事史についての便利なデータブックとして多くの方々に活用されることを期待したい。

2014年11月

日外アソシエーツ

目　次

凡　例 ………………………………………………………… (6)

海洋・海事史事典—トピックス　古代 -2014
　本　文 ………………………………………………………… 1
　分野別索引 …………………………………………………… 313
　国名索引 ……………………………………………………… 349
　事項名索引 …………………………………………………… 389

凡　例

1．本書の内容
　本書は、海洋・海事に関する出来事を年月日順に掲載した記録事典である。

2．収録対象
　(1) 造船、海運、航海、海難事故、潮汐、海底資源、海洋生物、深海生物、軍事、海洋レジャーなど、海洋・海事史に関する重要なトピックとなる出来事を幅広く収録した。
　(2) 収録期間は古代から2014年（平成26年）までの人類史全般にわたり、収録項目は3,357件である。

3．排　列
　(1) 各項目を年月日順に排列した。
　(2) 原則として明治5年以前については、日本では旧暦の年月日を使用した。
　(3) 原則として、海外における出来事については、現地時間ではなく、日本時間を使用した。
　(4) 日が不明な場合は各月の終わりに、月日とも不明または確定できないものは「この年」として、おおよその年しか分からない場合は「この頃」として、各年の末尾に置いた。

4．記載事項
　各項目は、分野、内容を簡潔に表示した見出し、本文記事で構成した。

5．分野別索引
　(1) 本文に記載した項目を分野別にまとめた。
　(2) 分野構成は、索引の先頭に「分野別索引目次」として示した。
　(3) 各分野の中は年月日順に排列し、本文における項目の所在は、見出しと年月日で示した。

6．国名索引
　(1) 本文に掲載した見出し項目を国別にまとめた。
　(2) 各国構成は、索引の先頭に「国名索引　目次」として示した。
　(3) 各国の中は年月日順に排列し、本文記事の所在は、本文見出しと年月日で示した。

7．事項名索引
　(1) 本文記事に現れる用語、テーマ、人名、団体名などを事項名とし、読みの五十音順に排列した。
　(2) 各事項の中は年月日順に排列し、本文記事の所在は、本文見出しと年月日で示した。

8．参考文献
　本書の編集に際し、主に以下の資料を参考にした。
　『海洋大事典』和達清夫監修　東京堂出版 1987
　『ビジュアル版 船の百科事典』ドニー・ギボンズほか著 小林敦夫ほか訳　東洋書林 2005
　『船の歴史文化図鑑』ブライアン・レイヴァリ著 増田義郎訳 悠書館 2007
　『改訂 宇宙から深海底へ―図説海洋概論』豊田惠聖監修 講談社 2003
　『海洋研究発達史』宇田道隆著 東海大学出版会 1978
　『生物学辞典』石川統ほか編 東京化学同人 2010
　『図説 魚と貝の事典』望月賢二監修 柏書房 2005
　『魚の文化史』矢野憲一著 講談社 1983
　『コンサイス科学年表』湯浅光朝編著 三省堂 1988
　『Maruzen 科学年表―知の 5000 年史』植村美佐子ほか編訳 丸善 1993
　『トピックス＆エピソード 世界史大年表』ジェームズ・トレーガー著 平凡社 1985
　『世界科学・技術史年表』都筑洋次郎編著 原書房 1991
　『科学史年表（増補版）』小山慶太著 中央公論新社 2011
　『環境総合年表―日本と世界』環境総合年表編集委員会編　すいれん舎 2010
　『「毎日」の 3 世紀―新聞が見つめた激流１３０年』毎日新聞 130 年史刊行委員会編 毎日新聞社 2002

BC10万年

この頃 〔船舶・操船〕丸太筏 起原は台湾で木の船体と藁の帆を持ち、帆とパドルによって推進。長さは約5m。

この頃 〔船舶・操船〕樹皮カヌー 起原は北アメリカでパドルによって推進。長さは約6m。

BC5万年

この頃 〔航海・技術〕筏で渡海 東南アジアから筏で海を渡った人々がのちにオーストラリアと呼ばれる大陸に到着。この地球で最初に海を渡った人々が住みつく。

BC2万5千年

この頃 〔水産・漁業〕釣針を考案 ヨーロッパのドルドーニュ渓谷の漁民が小さい釣針を考案する。魚のアゴに引っ掛かるように作られていた。

BC7千2百年

この頃 〔船舶・操船〕丸木船 オランダのペッセ遺跡から丸木舟が出土。

BC7000年

この頃 〔水産・漁業〕海で漁獲 ギリシア人が陸地からは捕獲できない魚を求めて海に漁に出るようになる。

BC5000年

この頃　〔船舶・操船〕帆船が使用される　メソポタミアで、帆船が使用される。

BC4000年

この頃　〔船舶・操船〕筏による移民　東南アジアからアウストロネシアの人々が西太平洋の島々に入植。

BC3500年

この頃　〔船舶・操船〕帆を発明　エジプト人が帆を発明。
この頃　〔海運・造船〕筏で運搬　ティグリス川とユーフラテス川の流域でメソポタミア文明が興り、交易品が筏で運ばれた。

BC3200年

この頃　〔船舶・操船〕パピルス葦の船　遺品よりエジプトではパピルス葦で造った葦船が船の一つの典型であったと推測される。

BC3100年

この頃　〔船舶・操船〕最古の帆　最古の記録は壺に描かれた古代エジプト人がナイル川で帆をつけた舟を使う様子。

BC2750年

この頃 〔軍事・紛争・テロ〕フェニキア大海軍力の基礎に　地中海東岸の海洋民族がティールに都市を形成する。これがフェニキアの大海軍力の基礎となった。

BC2700年

この頃 〔船舶・操船〕最初の板張り船　エジプト人が藁舟から板張り舟へ進化し、木の部材を縫い合わせるようにしてより大型の舟を作るようになる。

BC2600年

この頃 〔水産・漁業〕古代アッシリア人の漁　古代アッシリア人は膨らませた動物の皮袋にまたがり漁をした。

BC2500年

この頃 〔船舶・操船〕エジプトの軍船　サフル王がフェニキア沿岸を略奪するために船団を派遣。
この頃 〔船舶・操船〕クフ王の船　1954年大ピラミッドの近くで紀元前2500年に造られた儀式用の船が発見される。

BC2400年

この頃 〔船舶・操船〕エジプトの川舟　この頃、葦船にかわって木造船が誕生。

BC2200年

この頃　〔軍事・紛争・テロ〕世界初の海軍　クレタ島のミノア人によって商船を守るために世界初の海軍が作られた。

BC1900年

この頃　〔船舶・操船〕エジプトの帆走船　木で出来た帆によって推進するエジプトの船。初期の帆は幅が大きく天辺と下部に桿があり、だんだんと幅が狭く高くなり、帆桁が上部に1本だけになった。

BC1450年

この頃　〔船舶・操船〕エジプトの貨物船　ハトシュプト女王がヌビアの南プントに交易のために使節を派遣。船の推進力は漕ぎ手であったが、風の変化に合わせセール調節もできる設計であった。

BC1400年

この頃　〔領海・領土・外交〕フェニキア人　フェニキア人が地中海を中心に海上で活躍。

BC1300年

この頃　〔建築・土木〕紅海に至る運河　エジプト人によって、ティムゼー湖（ナイル川）から紅海に続く運河が建設される。これは、ナイル川と紅海を繋ぐ多くの運河の一番初めのものである。

BC1180年

この頃　〔軍事・紛争・テロ〕ラムセスの海戦　ラムセス3世は北方の「海の民」からの侵攻に備えるために艦隊を組織していた。ナイル川デルタの沖合の戦闘はラムセスの墓に写実的に描かれている。

BC1000年

この頃　〔地理・地学〕古代ギリシャの地図　ホーマー時代の地図に地中海周辺と黒海の一部が描かれる。

この頃　〔海運・造船〕海運用商船が描かれた最古の壁画　テーベの壁画に描かれた海運用商船とされる最古の例。船体が寸胴で高い柵があり、幅広で丈の短い帆を持ち、ワインや油入りの壺を運んでいる。

この頃　〔軍事・紛争・テロ〕ギリシャの軍船　ギリシャの都市国家が、衝角を備えた海戦用ガレー船を造る。

この頃　〔領海・領土・外交〕ポリネシア人の移住　サモア、トンガ、フィジーの人々が太平洋の島々へ探検・入植。

この頃　〔建築・土木〕運河が建設される　ダレイオス1世によって、ナイル川から紅海へと通じる運河が建設される。地中海とインド洋が結ばれたが、他の運河と同様に結局は使われなくなった。

BC900年

この頃　〔船舶・操船〕丸底皮張り船　ティグリス川とユーフラテス川ではクッファと呼ばれる丸底の皮張り舟が広く使われた。

この頃　〔海運・造船〕紅海を渡る　ソロモンの船団は紅海を渡りテュロスとシドンで交易を行い、アフリカ、アラビアまで行き、金を掘った。

BC800年

- この頃　〔港湾〕最古の商港　マルセイユ港の建設（最古の商港）。
- この頃　〔航海・技術〕『オデュッセイア』　ホメーロスが叙事詩『オデュッセイア』を著す。トロイア戦争ののち、ギリシャ軍のオデュッセウスが故郷の島へ帰るまでの航海と冒険談。

BC700年

- この頃　〔船舶・操船〕古代ギリシャの船　ギリシャの橈船が現れる。
- この頃　〔船舶・操船〕獣皮ボート　中東で縫い合わせた獣皮による獣皮ボートの存在が認められる。現在も使用されている。
- この頃　〔船舶・操船〕戦闘ガレーが出現　2段櫂座の戦闘ガレー（バイリーム、2段櫂船）が出現。当時としては革命的で、地中海世界の軍船の主流になる。

BC600年
（神武61年）

- この頃　〔船舶・操船〕ペンテコンテロス　地中海で馬力がある船としてペンテコンテロス（50本のオールを備えた単層船と考えられる船）が標準的に使用された。
- この頃　〔船舶・操船〕三撓漕船　コリント人が両舷に3段のオールを配したガレー船を開発。
- この頃　〔航海・技術〕アフリカ航海　フェニキア人の船乗りがアフリカの周囲を航海。
- この頃　〔航海・技術〕アフリカ西岸探検　カルタゴの航海者ハンノ、3回にわたりアフリカ西岸を探検。
- この頃　〔航海・技術〕地中海とインド洋を結ぶ運河　ダリウス1世は、ナイル川から紅海に至る運河を建設し、地中海とインド洋とを有効に結んだ。

BC520年
（安寧29年）

この年　〔領海・領土・外交〕カルタゴ艦隊の入植　ハンノ提督が軍艦60隻を率いるカルタゴ艦隊によって、3万人の入植者がアフリカ西海岸リオ・デ・オーロの海岸に上陸。半世紀にわたって植民地として支配した。

この頃　〔地理・地学〕紅海の地図　ヘカチウス（ギリシャ）の地図に地中海、黒海、紅海が描かれる。

BC500年
（懿徳11年）

この頃　〔船舶・操船〕造船技術　造船技術の進歩、3撓船（200人、1500石船）が現れる。

この頃　〔航海・技術〕ネコ王アフリカに船を派遣　エジプト王ネコがアフリカに船を派遣する。この周航は北アフリカ沿岸で穀物を栽培し収穫するなど3年の年月を費やした。

この頃　〔軍事・紛争・テロ〕3段櫂船が軍船の主流に　この頃までに、紀元前650年頃にコリントで考案された3段櫂船が2段櫂船に代わり軍船の主流になる。

BC485年
（懿徳26年）

この年　〔建築・土木〕中国の大運河　揚子江（長江）と黄河を結ぶ大運河の最初の部分が開通する。

BC480年
（懿徳31年）

9.23　〔軍事・紛争・テロ〕サラミスの海戦　ペルシャ戦争中の、ギリシャのサラミス島近海でギリシャ艦隊とペルシャ艦隊の間で行われた海戦。3段櫂船を擁したテミストク

レス率いるギリシャ側が勝利し、数で勝るペルシャ艦隊を破った。

BC433年
(孝昭43年)

この年　〔軍事・紛争・テロ〕シュボタの海戦　アテナイのペリクレスは、イオニア海で絶大な海軍力を擁していたケルキュラとコリントスへの対抗として同盟を結んだ。シュボタの海戦はケルキュラ・アテナイ連合艦隊とコリントスの間で戦われた海戦であり、ペロポネソス戦争のきっかけとなった。ギリシア人同士の海戦の中では最大規模のものであった。

BC429年
(孝昭47年)

この年　〔軍事・紛争・テロ〕リオンの海戦　ペロポネソス戦争においてフォルミオン提督率いるアテナイ艦隊とペロポネソス連合艦隊との間でリオンの海戦が行われた。

BC428年
(孝昭48年)

この年　〔軍事・紛争・テロ〕ミュティレネの反乱　ミュティレネの反乱とは、レスボス島の中心都市ミュティレネによるアテナイに対する反乱である。アテナイの海軍帝国としての堅固さが疑われるきっかけとなった。

BC406年
(孝昭70年)

この年　〔船舶・操船〕いしゆみ(弩)、ガレー船の発達　シュラクサイの支配者大ディオニュシオスの時代、4段の櫂をもったガレー船が発達する。

BC400年
(孝昭76年)

この年　〔航海・技術〕北海航海　ピアテス（ギリシャ）、地中海、ビスケー湾をすぎて北海ツーレに航海をする。海洋それ自身の観察を記述。

BC348年
(孝安45年)

この年　〔領海・領土・外交〕西部地中海の海上権　カルタゴ、ローマと通商（カルタゴ海軍が西部地中海の海上権を握る）。

BC344年
(孝安49年)

この年　〔海洋・生物〕アリストテレス、海洋生物学の研究をして過ごす　アテナイからエーゲ海諸島のレスボスに渡ったアリストテレスは、ここで2年ほど海洋生物学の研究をして過ごした。

BC341年
(孝安52年)

この年　〔軍事・紛争・テロ〕軍艦建造　ローマ、軍艦を建造。

BC330年
（孝安63年）

この年　〔海洋・生物〕ピュテアス、潮汐現象を発見　ギリシャの地理学者・探険家のピュテアスが北大西洋、バルト海を航海しノルウェーに達する。また大西洋の強い潮汐現象を観測。それが月に起因すると正しい理論づけをする。

BC327年
（孝安66年）

この年　〔航海・技術〕アレクサンドロスの艦隊　アレクサンドロスに提督を命じられたネアルコスはインド人船大工に800隻の軍船を建造させた。そしてインド人水先案内人に艦隊を先導させバビロニアに向かった。

BC300年
（孝安93年）

この年　〔航海・技術〕『アルゴナウティカ』　アポロニウスが叙事詩『アルゴナウティカ』を著す。ギリシャ神話でイアソンが多くの英雄たちとともに帆船「アルゴ号」で黄金の羊毛を手に入れるため航海する冒険物語。

この頃　〔船舶・操船〕船の構造　ギリシャ・ローマ時代の標準的な板張り船の方法は、船板を切り出し、それを次の板に繋げるホゾにはめ込むやり方で、商船によく見られた。

BC283年
（孝霊8年）

この年　〔航海・技術〕アレクサンドリアの大灯台が建造される　アレクサンドリアで、ファロスの灯台が建造される。約85mに達し、燃える薪から出た光は55km沖の海上からも見えた。地震で倒壊するまでの間の1600年間、存在し続けた。

BC280年
（孝霊11年）

この年　〔建築・土木〕ナイル川と紅海をつなぐ運河　エジプトのネコ王によって約300年前に始められたナイル川と紅海をつなぐ運河が、プトレマイオス・フィラデルフォスの時代に完成する。

BC260年
（孝霊31年）

この年　〔軍事・紛争・テロ〕ミュラエの戦い　第1次ポエニ戦争初期、ミュラエの戦いおいてローマはガイウス・ドゥイリウス提督が率い、新型軍艦を駆使しカルタゴ海軍に大勝した。提督は引っかけ鉤と板張りのブリッジを取り入れるなど海戦に変革をもたらせた。

BC218年
（孝霊73年）

この年　〔航海・技術〕伝説の地「蓬来」を求めて　中国の方士である徐福が伝説の土地「蓬来」を求めて東の海へ出航し日本へたどり着く。

BC201年
（孝元14年）

この頃　〔軍事・紛争・テロ〕カルタゴの軍艦を解体　スペイン領も含め地中海沿岸のすべての領土をローマに奪われたカルタゴは、10隻を残してすべての軍艦を解体することをローマに同意させられた。

BC200年
（孝元15年）

この頃 〔船舶・操船〕古代最大の軍船　フィロパトル4世が双胴の軍船を建造。これは55フィート（16.8メートル）の幅を持つ、古代最大の軍船であった。

BC146年
（開化12年）

この年 〔領海・領土・外交〕ローマ、地中海覇権を確立　ローマの地中海覇権が確立（カルタゴの滅亡、ギリシャおよびマケドニアがローマの属州になる）。

BC110年
（開化48年）

この年 〔水産・漁業〕西洋で初めての牡蠣養殖　バイア（のちのナポリ）のあたりで牡蠣の養殖が行われる。これは西洋では初めてのことであった。牡蠣養殖人のセルギウス・オラタは自分が養殖した牡蠣を高額で取引して財をなした。

BC101年
（開化57年）

この頃 〔航海・技術〕中国からインドへの航海　初めて中国の船団がインド東海岸に到着。中国人達は磁鉄鉱（天然磁石）に方位を正しく定める働きがあるという知識を有していた。

BC81年
（崇神17年）

この年　〔海運・造船〕船の建造に力を注ぐ　崇神天皇は人々が栄養源としている海産物をもっと得られるために船の建造に力を注いだ。

BC70年
（崇神28年）

この年　〔海運・造船〕エリュトゥラー海案内記　古代のインド洋近辺における南海貿易について記された航海案内書『エリュトゥラー海案内記』が成立。

BC36年
（崇神62年）

この年　〔軍事・紛争・テロ〕ナウロクス沖の海戦　オクタウィウスの将軍アグリッパは海賊セクストゥス・ポンペイウスとシチリア島ナウロクス沖で戦い、これを破り地中海を平定した。

BC31年
（崇神67年）

この年　〔軍事・紛争・テロ〕アクティウムの海戦　ローマ共和政時代の、イオニア海のアクティウム沖でオクタウィアヌス支持派とプトレマイオス朝エジプト及びマルクス・アントニウス支持派連合軍の間で行われた海戦。オクタウィアヌス側が勝利し、内乱を終結させた。

BC10年
（垂仁20年）

この年　〔港湾〕ヘロデ王、港を建設　ユダヤのヘロデ王は、木の型にコンクリートを流し込みつくった巨大なコンクリートの塊を使用して外洋に大きな港を建設した。これは、自分の都市であるカエサレア・パレスチナエを維持するためである。

40年
（垂仁69年）

この年　〔海運・造船〕貿易風利用　ギリシャの船乗りたちは、アフリカの先端から南インドまでを40日間で航海するためにモンスーンの風を利用することを覚え、香料貿易を新しい航路へ移し、またインドとローマ帝国との間の貿易を増やした。

60年
（垂仁89年）

この年　〔航海・技術〕エルサレムからローマへの旅　新約聖書『使徒言行録』に聖パウロがエルサレムからローマへ海の旅をする様子が書かれる。

100年
（景行30年）

この年　〔航海・技術〕欧州中国の海路　ギリシャの商人アレクサンダー、海路で中国の南部に到達。

105年
（景行35年）

この年　〔軍事・紛争・テロ〕ダキアとの戦い　ローマ皇帝トラヤヌスが指揮を執り勝利した。ローマの制海権を獲得。

150年
（成務20年）

この年　〔地理・地学〕世界地図にインド洋、大西洋描かれる　トレミー（ギリシャ）、世界地図を作り、インド洋や大西洋の一部を示す。

200年
（仲哀9年）

この年　〔軍事・紛争・テロ〕三韓征伐　神功皇后が新羅に大艦隊を派遣し朝鮮半島の広い地域を服属下においた。三韓征伐。

239年
（神功皇后39年）

この年　〔航海・技術〕邪馬台国、魏に使者を送る　邪馬台国女王卑弥呼が魏に使者を送る。

274年
（応神5年）

この年　〔海運・造船〕応神天皇の船　応神天皇に長さ100尺、櫂でこぐ船が作られた。

300年
（応神31年）

この年　〔領海・領土・外交〕ポリネシア人がイースター島に到達　移住のため東に向かったポリネシア人達がイースター島に到達。

370年
（仁徳58年）

この年　〔船舶・操船〕水かき車を用いた船を発明　水かき車を利用する船が発明される。

450年
（允恭39年）

この年　〔領海・領土・外交〕ポリネシア人がハワイに到達　移住のため東に向かったポリネシア人酋長ハワイ・ロアに発見される。ハワイ酋長はタヒチ島近くより2400マイルの航海を経てハワイに到達した。

510年
（継体4年）

この年　〔船舶・操船〕外輪船が設計される　外輪をもつ船が、はじめてヨーロッパで設計されたが、おそらく建造されなかったと推測されている。

563年
(欽明24年)

この年　〔航海・技術〕聖コルンバがアイオナ島に到着　アイルランドの修道士コルンバがカラッハでアイリッシュ海を渡り、スコットランド西側のアイオナ島に着く。

607年
(推古15年)

この年　〔航海・技術〕遣隋使　小野妹子を随に派遣。遣隋使が乗った船がどのようなものであったか詳しいことはほとんどわかっていない。しかし記録では1隻平均百数十名が乗船し、土産や賜物なども積み込んだとされているので大船であったことがうかがえる。

625年
(推古33年)

この年　〔船舶・操船〕サットン・フーの船葬墓　イングランド南東部アングクアにレドウォルド王が儀式用の船に埋葬されているのを発見。

630年
(舒明2年)

この年　〔航海・技術〕遣唐使　遣唐使の始まり（～894年廃止）。遣唐使で使われた船に関する資料はほとんどないが、奈良時代の資料に600人を4隻の船で派遣したとの記録があり、1隻あたり150人ほどが乗船していたと推測される。

645年
（皇極4年/大化1年）

この年　〔水産・漁業〕大化の改新—漁業管領　大化の改新によって諸国の海部をやめ国司が漁業を管領することに。

663年
（天智2年）

この年　〔軍事・紛争・テロ〕白村江の戦い　朝鮮半島の白村江（現：錦江河口付近）で行われた、倭国・百済の軍と、唐・新羅の軍との戦い。

672年
（弘文1年/天武1年）

この年　〔軍事・紛争・テロ〕ギリシャ火の開発　ギリシャ火（水中で燃え、木船に対して多大な効果をあげた兵器）が開発される。

712年
（和銅5年）

この年　〔海洋・生物〕古事記に魚の名前　「古事記」にタイ、アユ、シビ（マグロ）、スズキ、サメ（ワニ）、ナマコの記述が見られる。

732年
(天平4年)

6.13　〔海洋・生物〕赤潮発生　「大日本史」上で最も古い赤潮発生の記述(「庚寅紀伊阿氏郡海水赤如血」)がある日。

790年
(延暦9年)

この年　〔領海・領土・外交〕ヴァイキングの襲撃　ヴァイキングがロングシップを連ねて北海をわたりヨーロッパ西部を襲撃し始める。

850年
(嘉祥3年)

この年　〔航海・技術〕バルチック海、ノルウェー海の発見　ノルマン人、オーテル北岬に達する。バルチック海、ノルウェー海を発見。

887年
(仁和3年)

この年　〔自然災害〕仁和地震　近畿で大地震(仁和地震)。M8〜8.5。京都では圧死、摂津沿岸では津波による溺死多数。

894年
(寛平6年)

この年　〔航海・技術〕遣唐使廃止　唐の争乱、新羅との関係悪化、紅海の危険性などがあり遣唐使を廃止。

982年
(天元5年)

この年　〔地理・地学〕グリーンランド発見　この頃ヴァイキングのエイリークがグリーンランドを発見する。

984年
(永観2年)

この年　〔建築・土木〕喬維巌、懸門を発明　喬維巌によって、船を運河の用水路上で引き上げる際に、船が破損したり、積み荷が盗難されたりするのを防止するため、水門の一種である懸門が発明される。

1000年
(長保2年)

この年　〔航海・技術〕グリーンランド、ニューファウンドランド、北米大陸到達　スカンジナビアのリエフ、グリーンランドからニューファウンドランドを経て北米大陸にわたり、ヴィンランドと命名する。

1066年
(治暦2年)

この年　〔軍事・紛争・テロ〕ヘイスティングの戦い　ノルマンディー公ウィリアムが700隻の艦隊を率いてイングランドを侵略し、ヘイスティングの戦いでハロルド王を破って、ウイリアム1世として即位する。

1084年
(永保4年/応徳1年)

この年　〔航海・技術〕指南魚を用いた羅針儀の使用　曾公亮『武経総要』刊行。水に浮かび、南方を知るために用いる磁石を付けた魚型の道具「指南魚」について記述。この頃、中国人は航海のためにおそらく指南魚を用いた羅針儀を使い始める。

1086年
(応徳3年)

この年　〔航海・技術〕沈括、『夢渓筆談』を著す　中国北宋の政治家・科学者、沈括は『夢渓筆談』を著す。航海に用いる磁石羅針儀の最初の使用を記述。

1095年
(嘉保2年)

この年　〔軍事・紛争・テロ〕十字軍運動　教皇ウルバヌス2世の勧説から十字軍運動が始まった。兵員輸送において船が重要な役割を果たした。

1096年
（嘉保3年／永長1年）

12.17 〔自然災害〕永長地震　畿内、東海でM8〜8.5の巨大地震（永長地震）が発生。東海地方に津波の記録。

1099年
（承徳3年／康和1年）

2.22 〔自然災害〕康和地震　南海、畿内にM8〜8.3の巨大地震（康和地震）が発生。土佐で約10平方kmが海没した。

1117年
（永久5年）

この年　〔航海・技術〕羅針儀が使用される　朱議の『拝洲可談』に、海上航海に羅針儀を使用した最初の例が記述される。

1143年
（康治2年）

この年　〔建築・土木〕リューベック港建設　独、バルト海沿岸にリューベック港が建設される。

1180年
（治承4年）

この年　〔航海・技術〕西洋最古の舵の証拠　西洋最古の舵が使用されていた証拠が、この頃に制作された彫刻の中にある。舵を最初に使ったのはアラブ人であり、十字軍によりヨーロッパに伝わる。

1185年
（元暦2年/寿永4年/文治1年）

2.19　〔軍事・紛争・テロ〕屋島の戦い　源義経、平氏軍がこもる屋島を急襲。敗れた平氏軍は瀬戸内海へ逃れた。『平家物語』での那須与一の「扇の的」はこの戦いの最中の出来事。

この年　〔軍事・紛争・テロ〕壇ノ浦の戦い　関門海峡の壇ノ浦で源平の最後の戦い「壇ノ浦の戦い」が行われた。源氏側の大将は源義経。安徳天皇と平氏側の大将平知盛はこの戦いで死亡し、平氏は滅亡した。

1187年
（文治3年）

この年　〔航海・技術〕西洋最初の磁石、羅針盤　スコットランドの僧侶、アレグザンダー・ネッカムの『自然物について』が西洋最初の磁石、羅針盤について記述。1180年にネッカムが磁石の方位を指す性質に言及、磁石が航海に使われ始める。そして、改良が加えられコンパスが発明される。

1189年
（文治5年）

この年　〔軍事・紛争・テロ〕十字軍大船団　イングランド王リチャード1世とフランス人フィリップ2世が聖地へ向けて大船団を派遣。

1200年
（正治2年）

この年　〔領海・領土・外交〕ポリネシア人達がニュージーランドに到達　移住のために東に向かったポリネシア人達がニュージーランドに到達。

1271年
（文永8年）

この年　〔航海・技術〕マルコ・ポーロ極東への旅　マルコ・ポーロ、極東への大航海に出発。

1281年
（弘安4年）

8月　〔自然災害〕元寇　元軍、日本に再遠征するも暴風（神風）に妨げられ失敗（弘安の役）。

1295年
（永仁3年）

この年　〔航海・技術〕マルコ・ポーロ帰国　マルコ・ポーロが中国から2年間の船旅を経てヴェネツィアに帰国。

1302年
（正安4年/乾元1年）

この年　〔航海・技術〕航海用コンパスの創造　フラヴィオ・ジョーヤ（イタリア）が航海用

コンパスを創造する（1310年という説もある）。

1322年
（元亨2年）

この年　〔地理・地学〕地球球形説　マンデヴィル（英国）、地球が球形であることをとなえる。

1325年
（正中2年）

この年　〔航海・技術〕モロッコの探検家、海路アラビアなどへ　モロッコの探検家イブン・バットゥータが海路でアラビア、南アジア、東アフリカへの旅に出発した。

1338年
（建武5年/延元3年/暦応1年）

この年　〔軍事・紛争・テロ〕軍艦に初めて大砲搭載　英国、「クリストファー号」を建造。初めて大砲を搭載した軍艦とされる。

1340年
（延元5年/興国1年/暦応3年）

この年　〔軍事・紛争・テロ〕スロイスの戦い　百年戦争における海戦の一つでこの戦いにより英国海軍がドーバー海峡の制海権をとった。海戦はあまり一般的ではなく商船を軍船に転用したものが多く見られた。

1347年
(正平2年/貞和3年)

この年　〔海難事故・事件〕黒死病の大流行　黒海のカッファ港から戻ったジェノヴァの船が、シチリアにペストを持込む。

1373年
(文中2年/応安6年)

この年　〔建築・土木〕ヨーロッパ初の運河の閘門が建設　ヨーロッパ初となる運河の閘門建設が記録される。前後を仕切った閘室内で水位を上下することで水位差のある河川間を航行することが可能になる。この種の水門は、中国では400年近く前から知られていた。

1380年
(天授6年/康暦2年)

この年　〔軍事・紛争・テロ〕キオッジアの戦い　ヴェネツィアのガレー船団がジェノヴァを最終的に破り、ヴェネツィアはイタリアにおける制海権を確立する。

1397年
(応永4年)

この年　〔地理・地学〕天文学者のトスカネリが生れる　天文学者・医師のパオロ・トスカネリがフィレンツェに生れる。1474年に地球球体説を主張、クリストファー・コロンブスに影響を与えたとされている。コロンブスを発見航海に旅立たせたのは彼の地図で、誤ってアジアがヨーロッパの西方わずか4830kmに描かれていた。

1404年
（応永11年）

この年　〔海運・造船〕勘合貿易　遣明使船である事が確認できるよう勘合を使用した明との貿易が始まる。

1405年
（応永12年）

8.3　〔海運・造船〕足利将軍、遣明船見物　足利義満が明使の帰国にあたりその船を見ようとして兵庫に遊ぶ。

1408年
（応永15年）

この年　〔航海・技術〕南蛮船、若狭に漂着　南蛮船が若狭に漂着し、生きた象1頭、黒山馬1頭、オウム2対、孔雀2対その他をもたらす。

1410年
（応永17年）

この年　〔水産・漁業〕流し網が使用される　オランダの漁師によって、初めて流し網が使用される。

1418年
(応永25年)

この年 〔船舶・操船〕「グレース・デュー」進水　「グレース・デュー」は巨大な船を所有した最初の君主として知られるヘンリー5世の巨艦。排水量1,300トンと同時代にならぶもののない船であった。

この年 〔航海・技術〕航海学、地図学研究施設設置　エンリケ航海王子、イベリア半島南部サグレシュ城に航海学、地図学の研究施設をおく。

1420年
(応永27年)

この年 〔航海・技術〕アフリカ東路開発　エンリケ航海王子(ポルトガル)、アフリカ東航路開発を企て、ヴェルデ岬(1445年)、コンゴー河口(1484年)、鯨湾(1485年)に達する。

1429年
(正長2年/永享1年)

この年 〔航海・技術〕探海航海奨励　エンリケ航海王子(ポルトガル)、ポルトガルで探検航海を奨励する。

1431年
(永享3年)

この年 〔航海・技術〕アゾレス諸島発見　ポルトガル人(エンリケ航海王子配下の船長ともいわれる)、アゾレス諸島(リスボンの西、大西洋中央部)を発見。

この年 〔航海・技術〕鄭和の航海　中国の鄭和はジャンク船大艦隊でインド洋、西太平洋への航海に出発した。その7回の遠征の最後が1431年であった。

1434年
（永享6年）

この年　〔航海・技術〕アフリカのボジャドル岬に到達　ポルトガル人航海士・探検家ジル・エアンネスがアフリカのボジャドル岬に到達。

1441年
（永享13年／嘉吉1年）

この年　〔航海・技術〕ブランコ岬回航　ヌーニョ・トリスタン（ポルトガル）、ブランコ岬（白の岬）を回航。1445年ヴェルデ岬（緑の岬）を航海。1446年ガンビア河口到着。トリスタンは探検中に殺害される。

1447年
（文安4年）

この年　〔水産・漁業〕ニシン漁　この頃、日本でニシン漁が始まる。

1450年
（宝徳2年）

この年　〔航海・技術〕『船行要術』　瀬戸内海の水軍の首領村上雅房が『船行要術』を著す。雅房は天気の変化に関する経験則を多く記述している。

1460年
(長禄4年/寛正1年)

11.13 〔航海・技術〕エンリケ航海王子が没する 「航海王子」と称されたポルトガルの王子エンリケが死去する。大航海時代の初期、パトロンとして航海者たちを援助・指導し、アフリカ西岸の航路を開拓させた。

1466年
(寛正7年/文正1年)

この年 〔航海・技術〕3つの海を越えての航海 冒険商人A.ニキーチン、ペルシャを経てインドに到達。1472年帰国。旅行記『3つの海を越えての航海』をのこす。

1471年
(文明3年)

この年 〔地理・地学〕最初の航海暦—レギオモンタヌス レギオモンタヌス、ドイツ最初のニュルベルグ天文台を建設し、航海暦をつくる。この航海暦はのちにコロンブスの航海など大航海の基礎となった点、大きな科学上の意義がある。1475年から1506年までの32年間の太陽、月、惑星の経度表、月の緯度表、食の表などを含む。

1481年
(文明13年)

この年 〔領海・領土・外交〕カナリー諸島より南をポルトガル領に ローマ法王シクストゥス4世、カナリー諸島より南の新発見地をポルトガルの領土とその教書で宣言。

1488年
(長享2年)

5月　〔航海・技術〕**喜望峰発見**　ポルトガルの航海者バルトロメウ・ディアス、1487年8月インド航路開拓のためリスボンを出港、アフリカ南端に到達。帰路発見した岬を「嵐の岬」と名づけたが、ポルトガル王ジョアン2世により「喜望峰」と改名された。

1492年
(延徳4年/明応1年)

8.3　〔航海・技術〕**コロンブス、第1回航海に出発**　イタリア人クリストファー・コロンブスはスペインの艦隊を率いて第1回航海に出発。10月12日に上陸した島をサン・サルバドル島と名付ける。10月28日キューバ島、12月6日イスパニョーラ島に到着。1493年3月15日帰着。

9.13　〔航海・技術〕**コロンブス、偏角を発見**　クリストファー・コロンブスが、最初のアメリカ大陸への航海の途上で、経線の変化を示すように、磁針が方向を変化させることを発見する。現存している第1回航海の記録で、息子エルナンデス・コロンブスの『コロンブス提督伝』とラス・カサスの『コロンブス航海誌』双方に、「夜は北西を指していた羅針が、朝には北東を指していた」との記述があり、コロンブスは地磁気のズレ(偏角)の発見者であるとされる。

10.12　〔航海・技術〕**西インド諸島発見**　コロンブス、西インド諸島に到達。コロンブスによるアメリカ大陸の発見。地名は、上陸したバハマ諸島グァナハニ島の住民アラワク人の肌の色を見て、インドに到達したと誤解したことに由来する。

この年　〔地理・地学〕**現存する最古の地球儀**　マルティン・ベハイム(ドイツ)、地球儀を製作。これは現存する最古の地球儀である。

1493年
(明応2年)

9.25　〔航海・技術〕**コロンブス、第2回航海に出発**　クリストファー・コロンブス、第2回航海に出発。11月にドミニカ島に到着。1496年6月11日帰着。コロンブスは第2回〜4回の航海でジャマイカ、キューバ、オリノコ河口、ホンジュラス、トリニダッド等を発見した。

この年　〔航海・技術〕コロンブス、ジャマイカなどを発見　コロンブス（イタリア）、第2、3、4航海でジャマイカ、キューバ、オリノコ河口、ホンジュラス、トリニダッド等を発見する。

この年　〔領海・領土・外交〕新発見地に関する境界線　ローマ法王アレクサンデル6世、新発見地に関してポルトガルとスペインの領土境界線を西経38度線とその教書で設定。

1494年
（明応3年）

この年　〔領海・領土・外交〕トルデシラス条約　ポルトガルとスペインが新発見地の境界線を西経46度37分線として、その東をポルトガル領、西をスペイン領とした。

1496年
（明応5年）

5.30　〔航海・技術〕コロンブス、第3回航海に出発　クリストファー・コロンブス、第3回航海に出発。ベネズエラのオリノコ川河口付近に上陸。1500年10月帰着。

1497年
（明応6年）

5.20　〔海洋・生物〕ラブラドル寒流を発見　ジョン・カボット（スペイン）、「マシュー号」に乗りブリストルを出港。往復11週間の大西洋航海でニューファウンドランドに達し、ラブラドル寒流を発見する。

1498年
（明応7年）

5.20　〔航海・技術〕ヴァスコ・ダ・ガマ、インドへ到達　1497年7月8日ポルトガル人ヴァスコ・ダ・ガマ、船団を率いてリスボンを出発。喜望峰を回って、ヨーロッパ人として初めてインドのカリカットに到着。1498年香辛料を積んでポルトガルへ帰着。

9.20　〔自然災害〕明応東海地震　東海道全般でM8.2〜8.4の地震（明応東海地震）発生。津波が紀伊から房総を襲い、溺死4万1000人。

1499年
（明応8年）

この年　〔航海・技術〕アマゾン河口一帯を探索　ピアゾン（ポルトガル）、アマゾン河口一帯を最初の探検者として探索。

この年　〔航海・技術〕ベネズエラ探検　アメリゴ・ヴェスプッチ（イタリア）、南米海岸ベネズエラを探検。

1500年
（明応9年）

4.22　〔航海・技術〕カブラルがブラジルに到着　ポルトガルのペドロ・アルヴァレス・カブラル、ブラジルに到着。ブラジルがポルトガル領となる。

1501年
（明応10年/文亀1年）

この年　〔航海・技術〕アジア最南端よりもはるか南に大陸を発見　アメリゴ・ヴェスプッチ（イタリア）、南米海岸を南下し、アジア最南端よりもはるか南に大陸を発見。

1502年
（文亀2年）

この年　〔航海・技術〕中南米植民地へのアフリカ黒人奴隷貿易　コロンブスの第4回航海によって中米ホンジュラスに到着。中南米植民地へのアフリカ黒人奴隷貿易始まる。

1503年
（文亀3年）

この年 〔領海・領土・外交〕アメリカ大陸を新世界と呼ぶ　アメリゴ・ヴェスプッチの第4回航海に関し『新世界』というパンフレットを刊行。これによってアメリカ大陸を「新世界」と呼ぶようになる。またスペインは植民地統治機関とするため通商院を創設した。

1504年
（文亀4年/永正1年）

この年 〔地理・地学〕水深を入れた最初の海図　ジュアン・ド・コーサ（スペイン）、水深の入った最初の海図を作成。

1505年
（永正2年）

この年 〔領海・領土・外交〕ポルトガルのインド経営始まる　ポルトガル、インドに総督を置きインド経営を始める。

1507年
（永正4年）

この年 〔地理・地学〕緯度経度を最初に描いた世界地図　ヴァルトゼーミュラー（ドイツ）が経度と緯度を正確に図表で表した最初の世界地図の一つを描く。

1509年
（永正6年）

この年　〔軍事・紛争・テロ〕ディウの戦い　アルメイダがエジプト・インド連合軍を破り、インド洋制海権をポルトガルにもたらす。

1510年
（永正7年）

10月　〔領海・領土・外交〕ポルトガル、ゴア占領　ポルトガルの第2代インド総督アルプケルケがインドのゴアを占領。商館と城塞を建設。

1511年
（永正8年）

この年　〔領海・領土・外交〕スペイン、キューバ征服　ディエゴ・ベラスケス（スペイン）、キューバを征服。初代キューバ総統に就任。

この年　〔領海・領土・外交〕「マラッカ王国」陥落　東西交易に欠かせない重要な海洋拠点のマラッカを、従来のアラブ商人経由の香辛料取引を直接交易による利益を独占しようとしたポルトガルが陥落した。アルフォン・デ・アルバカーキ副王が16隻の大艦隊を率いてマラッカ王国を10日間包囲し攻撃、占領した。

1513年
（永正10年）

9.29　〔航海・技術〕パナマ地峡より太平洋に　ヴァスコ・バルボア（スペイン）、パナマ地峡を経て太平洋に出る。

この年　〔海洋・生物〕フロリダ海峡を発見　ポンセ・ド・レオン、メキシコ湾でフロリダ海峡を発見。

この年　〔海洋・生物〕メキシコ湾流の発見　コロンブスの探検航海の水先案内人アラミノスがメキシコ湾流を発見。ヨーロッパへの最適な帆船航路発見となった。

1514年
（永正11年）

この年　〔船舶・操船〕グレート・ハリー号建造　ヘンリー8世、「アンリ・グラサデュー号」（別名「グレート・ハリー」）を建造。重量1,500トン、700人乗り、重砲43門を備えた当時最大の船舶であった。

1519年
（永正16年）

9.20　〔航海・技術〕マゼラン世界一周に出港　マゼラン（ポルトガル）、「ビクトリア号」など5隻を率いてサンルカを出港。
この年　〔航海・技術〕広東遠征　ジョルジュ・アルヴァレス船隊、広東に遠征。
この年　〔領海・領土・外交〕メキシコ征服　エルナン・コルデス（スペイン）がキューバを出発しメキシコに上陸。メキシコを占領してスペインの領土とした。

1520年
（永正17年）

11.28　〔航海・技術〕マゼラン「太平洋」と命名　マゼラン隊、マゼラン海峡を通過して大海に到達し、これを「太平洋」と命名。また世界最初の大洋測探を試みる。

1521年
（永正18年／大永1年）

3.6　〔航海・技術〕マリアナ諸島を発見　マゼラン隊、マリアナ諸島を発見。その後、グアム島を経てフィリピン諸島を発見。

4.27　〔航海・技術〕マゼラン、フィリピンで殺される　マゼラン、フィリピンセブ島で原住民に殺される。

1522年
（大永2年）

9.22　〔航海・技術〕マゼランの世界一周　フィリピンで殺害されたマゼランの部下カノが指揮を引き継ぎ、サンルカに帰港。生き残ったのは乗組員60人のうち39人、5隻のうちビクトリア号のみの帰港だった。

1523年
（大永3年）

この年　〔航海・技術〕北アメリカとアジア大陸が地続きでないことを発見　フランス独自の中国に向かう西回りルートを発見するためにイタリア人ベラノザを指揮官に派遣。中国への航路は発見できなかったが、この航海によって北アメリカがアジア大陸と地続きでないことが明らかになった。

1526年
（大永6年）

4.4　〔航海・技術〕カノ、2度目の世界一周の途中で死去　航海者ファン・デルーカノ（スペイン）、2回目の航海中太平洋で壊血病と栄養失調により死亡。

1528年
（大永8年／享禄1年）

この年　〔港湾〕リスボン世界貿易の中心地として繁栄　リスボン（ポルトガル）がヨーロッパとアフリカ・インド・極東・ブラジルとの交易の中心地として繁栄。

1531年
(享禄4年)

この年 〔領海・領土・外交〕ピサロ、インカ帝国を征服　フランシスコ・ピサロ（スペイン）がペルーに到り、インカ帝国を征服。

1535年
(天文4年)

この年 〔船舶・操船〕潜水鐘の発明　つりがね型の潜水器（潜水鐘）が発明される。

1538年
(天文7年)

9.28 〔軍事・紛争・テロ〕プレヴェザの海戦　イオニア海レフカダ島沖で、オスマン帝国艦隊とアンドレア・ドーリア率いるスペイン・ヴェネツィア・ローマ教皇の連合艦隊とによって戦われた海戦。オスマン帝国側が勝利し、イスラム教徒が地中海の制海権を握ることとなった。

1542年
(天文11年)

この年 〔領海・領土・外交〕フィリピンと名付ける　ビリャロボス（スペイン）、パウラ諸島を発見。フィリピンと名付ける。

1543年
(天文12年)

この年 〔軍事・紛争・テロ〕種子島伝来 ポルトガル船が種子島に漂着して日本に鉄砲を伝える。

1545年
(天文14年)

7.19 〔軍事・紛争・テロ〕ソレントの海戦 フランス海軍と英国海軍が戦ったソレントの海戦で、英国の軍艦「メアリー・ローズ号」、砲門から海水が浸水し、イングランド沖で沈没。

1549年
(天文18年)

この年 〔その他〕キリスト教伝来 フランシスコ・ザビエルがジャンク船でゴアを出発し鹿児島に来航。日本にキリスト教が伝来した。

1551年
(天文20年)

この年 〔海洋・生物〕魚類・クジラ研究 P.ブロン(フランス)が魚類に関する博物学、クジラの胎盤の記載で業績をあげる。

この年 〔海洋・生物〕魚類研究 C.ゲスナー(スイス)が魚類についての議論で業績をあげる。

1554年
(天文23年)

この年　〔海洋・生物〕サメの観察など　G.ロンドレ(フランス)が海産脊椎動物及無脊椎動物の博物学や卵胎生のサメの観察で業績をあげる。

1562年
(永禄5年)

この年　〔港湾〕大村氏、ポルトガル人に港を開く　キリシタン大名であった大村純忠はポルトガル人のために肥前横瀬(現在の長崎県西海市)に港を開き教会を建てた。

1563年
(永禄6年)

この年　〔軍事・紛争・テロ〕初の近代的海戦　スウェーデンとデンマークがバルト海の派遣を巡って争ったエーランドの海戦は、初の近代的海戦といわれている。

1565年
(永禄8年)

この年　〔領海・領土・外交〕スペインによるフィリピン征服　ミゲル・ロペス・デ・レガスピ率いる第6次遠征隊がフィリピンの征服とキリスト教による統一を果たす。

1569年
（永禄12年）

この年　〔地理・地学〕海図の進歩　メルカトール（オランダ）、漸長図法を発明、これによって海図作成が急速に進歩した。

1570年
（永禄13年/元亀1年）

この年　〔地理・地学〕最初の地図帳　アブラハム・オルテリウス（ベルギー）が地図「地球の舞台」を作成。完備した最初の地図帳となった。

1571年
（元亀2年）

10.7　〔軍事・紛争・テロ〕レパントの海戦　ギリシャのコリント湾口のレパント沖で、オスマン帝国艦隊とローマ教皇・スペイン・ヴェネツィアの連合艦隊によって行われた海戦。キリスト教国軍側が勝利した最初の、またガレー船が主力となる最後の大海戦。

1573年
（元亀4年/天正1年）

5.22　〔船舶・操船〕信長、大型船を建造させる　信長、琵琶湖で長さ三十間（約55m）、百挺立ての大型船を建造。

この年　〔船舶・操船〕コール、船舶用速度計を発明　英国のハンフリー・コールが、水に対する船の速度を連続的に測定する船舶用速度計を発明。

1576年
(天正4年)

この年　〔船舶・操船〕磁石の伏角を発見　ロバート・ノーマン(英国)が磁針の伏角を発見。羅針盤の針がどの方向にも動けるようにつくられていれば、水平線より下方を指すことを示す。

この年　〔航海・技術〕最初の北西航路航海　マーティン・フロビッシャー(英国)、カナダの北海岸を探検。

1577年
(天正5年)

12月　〔航海・技術〕ドレーク世界周航へ出港　ドレーク(英国)、「ゴールデン・ハインド号」など5隻を率いてロンドンを出港。航海の目的はマゼラン海峡を通過して南米の西岸を探検し、スペインが支配する港湾を略奪し、未発見の北西航路を開拓することであった。ホーン岬を迂廻し、北米西岸を通り世界周航した。

1580年
(天正8年)

9.26　〔航海・技術〕ドレーク世界一周より帰港　フランシス・ドレーク、英国人初、世界ではマゼランに次いで2番目に世界一周を成し遂げ、プリマスに帰港。途中、南米のスペイン植民地や船を襲って財宝を奪い、帰国後エリザベス女王に献上した。

1582年
(天正10年)

この年　〔航海・技術〕中国におけるキリスト教布教　イタリアのマテオ・リッチが広東に上陸しキリスト教の布教にあたった。

1585年
（天正13年）

この年　〔航海・技術〕デーヴィス海峡の発見　ジョン・デーヴィス（英国）、グリーンランドとバフィン島の間にあるデーヴィス海峡を発見。

1588年
（天正16年）

この年　〔軍事・紛争・テロ〕アルマダの海戦　1588年7月から8月にかけて、スペインの"無敵艦隊"が英国に侵攻した際に英仏海峡で行われた海戦。フランシス・ドレークらを擁する英国がスペインに勝利した。この勝利は英国の経済発展をひらいた。

1591年
（天正19年）

この年　〔船舶・操船〕最初の装甲船　朝鮮水軍の名将・李舜臣は亀甲船を軍に配備した。これが世界最初の装甲船と言われている。

1592年
（天正20年/文禄1年）

この年　〔海運・造船〕朱印船始める　豊臣秀吉、朱印船の制度を定めマニラ、アユタヤ、パタニになどに派遣したとされる。

1593年
(文禄2年)

この年 〔地理・地学〕小笠原島の発見　信濃国深志城城主の小笠原貞頼によって小笠原島が発見される。

1595年
(文禄4年)

この年 〔地理・地学〕初の原形に近い日本図　オルテリウス(オランダ)の地図帳で原形に近い日本図が初めて描かれる。

この年 〔海運・造船〕オランダ初めて東洋に商船隊派遣　オランダ、初めてジャワ島バンテンへ4隻から構成される商船隊を出す。

1596年
(文禄5年/慶長1年)

この年 〔水産・漁業〕スピッツベルゲン諸島発見　オランダの船乗りヴィレム・バレンツとヤーコブ・ヘームスケルクが北極圏のスピッツベルゲン諸島を発見し捕鯨産業への道を開いた。

1598年
(慶長3年)

この年 〔地理・地学〕経度測定法の発明に懸賞金　経度測定法の発明に対してフィリップ3世(スペイン)が大洋航法の発展につながる10万クラウンの懸賞を設ける。

1600年
(慶長5年)

この年　〔航海・技術〕オランダ船豊後に漂着　オランダ船「リーフデ号」が豊後に漂着、英国人アダムズ（三浦按針）ら来航。

この年　〔領海・領土・外交〕イギリス東インド会社設立　英国はアジア貿易を目的にイギリス東インド会社を設立。同社にはアジア貿易の独占権が認められ、17世紀から19世紀半ばにかけてアジア各地の植民地経営や交易を行った。

1602年
(慶長7年)

3.20　〔海運・造船〕オランダ東インド会社設立　オランダ東インド会社を設立。世界初の株式会社といわれる。商業活動の他に、条約の締結権、軍隊の交戦権、植民地経営権など喜望峰以東における諸種の特権を与えられた。

1603年
(慶長8年)

この年　〔水産・漁業〕テグスの伝来　中国より釣り糸のテグスが伝来。当時は貴重品であった。

1604年
(慶長9年)

この年　〔船舶・操船〕漂着英人帆船建造　アダムズ（三浦按針）、徳川家康に命じられ西洋型帆船2隻（800トン、1,200トン）を建造。

1605年
(慶長10年)

2.3　〔自然災害〕**慶長地震**　慶長地震発生。東海道、南海道、西海道を津波が襲い、死者数千人の被害をもたらした。

1606年
(慶長11年)

この年　〔地理・地学〕**カーペンタリア湾を発見**　オランダ人探検家ヤンスーンが「トイフケン号」でオーストラリア北方にカーペンタリア湾を発見。

この年　〔航海・技術〕**トレス海峡通過**　ルイス・トレス(スペイン)、西洋人として初めて、オーストラリアのヨーク岬半島とニューギニア島との間にあるトレス海峡を通過。

1609年
(慶長14年)

この年　〔地理・地学〕**ハドソン川、ハドソン湾を発見**　ヘンリー・ハドソン(英国)、北西航路を探検、ハドソン川を発見、ハドソン湾を確認した。

この年　〔海洋・生物〕**潮汐現象の動力化**　潮汐現象を利用して動力化する最初の試みが、カナダのファンディ湾で行われる。この方法で小さな製粉工場が操業に成功。ファンディ湾の干満差は世界一ともいわれる。

1611年
(慶長16年)

12.2　〔自然災害〕**慶長三陸地震**　三陸沖でM8.1の地震(慶長三陸地震)が発生。津波により数千人の死者を出した。

この年　〔航海・技術〕**回転式標識灯をそなえた最初の灯台**　フランスのガロンヌ河口に高さ

57m、回転式標識灯をそなえた最初の灯台、コンドナン塔が建設される。

1613年
(慶長18年)

この年　〔航海・技術〕支倉常長、ローマに渡海　支倉常長は「サン・ファン・バウティスタ号」で月ノ浦を出帆した。アカプルコ(北アメリカ大陸)に上陸し陸路ベラクルス(メキシコ)に移動し、ベラクルスから大西洋を渡りコリア・デル・リオ(スペイン)に上陸した。その後、イベリア半島から陸路でローマに至った。

1618年
(元和4年)

この年　〔航海・技術〕『元和航海記』刊行　池田光雲著『元和航海記』刊行。航海中の緯度をはかる方法等が書かれてある。

1620年
(元和6年)

9.16　〔航海・技術〕新天地アメリカへ　「メイフラワー号」、ピルグリム・ファーザーズを乗せて英国南西部プリマスから北米バージニアに向けて出港。乗客は102名、乗組員は25から30名。マサチューセッツ州プリマスで冬を越すが、同地はプリマス植民地の中心地となった。1621年、乗組員の半分が死亡する難航海の末に帰国。

この年　〔船舶・操船〕潜水艇が建造される　オランダの発明家コルネリウス・ドレベルによって、24人の漕ぎ手の力で動く航海可能な潜水艇が建造される。ロンドンのテムズ川で水面下5mを数回航行する。その秘密は彼が隠していた一過程、つまり硝石から酸素をつくる方法にあるといわれる。

1628年
（寛永5年）

4.10 〔船舶・操船〕スウェーデン船、処女航海で沈没　スウェーデン軍が威信を賭けて建造した旗艦「ヴァーサ号」(1,300トン) は処女航海で沈没してしまった。なおこの船は1961年に引き揚げられストックホルム港で保存されている。

1633年
（寛永10年）

この年　〔海運・造船〕鎖国の始まり　徳川幕府より奉書船以外の海外渡航が禁ぜられる。

1637年
（寛永14年）

この年　〔船舶・操船〕ソブリン・オブ・ザ・シー建造　チャールズ1世の命令で建造された戦列艦。造船技師フィニアス・ペットの傑作。英国海軍の中で最高に贅を尽くして飾り立てられた船であった。

1639年
（寛永16年）

この年　〔海運・造船〕鎖国措置　ポルトガル人の来航を禁ずる鎖国令がだされる。

1641年
(寛永18年)

この年　〔領海・領土・外交〕長崎出島　オランダ商館が平戸から出島に移され、オランダ人が出島に居住することとなった。

1642年
(寛永19年)

この年　〔領海・領土・外交〕ニュージーランドを発見　オランダ人タスマン、タスマニア、ニュージーランドを発見する。

1648年
(正保5年/慶安1年)

この年　〔地理・地学〕アジア東北端を初めて見たロシア人　ロシアのデジュネフ、ベーリング海峡を経てアナデイル河口に達し、ロシア人としてアジアの東北端を最初に認識。

1649年
(慶安2年)

この年　〔地理・地学〕黒竜江探検　ロシアのハバーロフが黒竜江探検し地勢などを調査。

1650年
(慶安3年)

この年　〔地理・地学〕『一般地理学』著す　ドイツのワレニウスが有名な大著『一般地理学』

を著す。

1651年
（慶安4年）

この年　〔軍事・紛争・テロ〕英議会航海法を可決　オランダ商人による中継貿易の排除を目的とした英国航海法が議会で可決される。英蘭戦争の端緒となった。

1652年
（慶安5年/承応1年）

この年　〔軍事・紛争・テロ〕第一次英蘭戦争　北海の覇権が争われた第1次英蘭戦争がぼっ発。
この年　〔建築・土木〕土佐の手結港築港　野中兼山（土佐）が手結港（日本で最初の掘込み港湾）を築く。

1655年
（承応4年/明暦1年）

この年　〔海運・造船〕糸割符制を廃止　オランダ人の糸割符制を廃止し自由貿易制度となる。

1659年
（万治2年）

この年　〔航海・技術〕海で使用する精密時計を製作　オランダの数学者であるクリスティアン・ホイヘンスによって、海で使用する精密時計が作製される。しかし、この精密時計は船の運動に影響され正しい時間を維持することができなかった。

1660年
（万治3年）

この年　〔船舶・操船〕オランダ、チャールズ2世にヨットを献上　オランダ東インド会社が英国チャールズ2世にベザーン型ヨットを献上。チャールズ2世は近代ヨットの始祖と言われている。

1661年
（万治4年/寛文1年）

この年　〔航海・技術〕最初のヨットレース　英王チャールズ2世とその弟のジェイムズがテムズ川で競争したのがヨットレースの始めと言われている。

1665年
（寛文5年）

この年　〔地理・地学〕初めて地図上に湾流を描く　キルヒャーがはじめて湾流を地図上に画く。また大洋の環流への貿易風の寄与を指摘する。

この年　〔軍事・紛争・テロ〕第2次英蘭戦争　イングランド軍が北アメリカにおけるオランダ植民地ニューアムステルダムを占領したことが発端で第2次英蘭戦争ぼっ発。

1666年
（寛文6年）

この年　〔建築・土木〕ミディ運河が建設される　フランスの技術者ピエール＝ポール・リケによって、地中海と大西洋を結ぶ290kmのミディ運河（ラングドック運河）が建設される。

1670年
（寛文10年）

この年　〔海運・造船〕『造船学の原理』出版　英国の造船工アンソニー・ディーンは『造船学の原理』を出版し、船体の容積、それが水に浮くときの高さを求める式を示した。

1672年
（寛文12年）

この年　〔地理・地学〕正確な瀬戸内海海図　瀬戸内海の正確な海図『東西海陸乃図』完成。

1677年
（延宝5年）

11.4　〔自然災害〕延宝房総沖地震　関東東部に地震（延宝房総沖地震）が発生。津波により数百人が亡くなった。

1678年
（延宝6年）

この年　〔地理・地学〕インド洋の海流図　キルヒネル（オランダ）、インド洋の海流図をあらわす。

1679年
（延宝7年）

この年　〔建築・土木〕運河トンネル開通　フランス、地中海と大西洋を結ぶメディ運河（ラ

ングドック運河）のトンネル開通。

1683年
（天和3年）

8.11　〔軍事・紛争・テロ〕テセルの戦い　英仏連合とオランダの間で第3次英蘭戦争中にテセルの戦い（ケイクダインの海戦）が発生。

1686年
（貞享3年）

この年　〔航海・技術〕ハレーの学説　エドモンド・ハレー（英国）、貿易風と季節風に関する学説を発表。

1690年
（元禄3年）

6.30　〔軍事・紛争・テロ〕ビーチー・ヘッドの戦い　ファルツ戦争時代の海戦。提督トレビル伯爵率いるフランス海軍がイングランド南岸のビーチー・ヘッド沖でイギリス・オランダ連合艦隊を撃破した。

1698年
（元禄11年）

この年　〔地理・地学〕磁気図作成　エドモンド・ハレー（英国）、南大西洋を航海し磁気図を作成する。

1701年
(元禄14年)

この年　〔地理・地学〕最初の方位学地図　エドモンド・ハレー(英国)、大西洋での偏角をくまなく測定し地図にあらわす。

1702年
(元禄15年)

この年　〔地理・地学〕『元禄日本総図』成る　『元禄日本総図』(皇国沿海里程全図)成る。琉球諸島全体が描かれている他、沿岸航路が詳しく記されている。

1703年
(元禄16年)

12.31　〔自然災害〕元禄地震　関東に元禄地震発生。規模はM7.9〜8.2。地震による死者2300人以上。津波による死者は数千人にのぼった。

1704年
(元禄17年/宝永1年)

8.24　〔軍事・紛争・テロ〕マラガの海戦　スペイン、マラガ沖でフランス・スペイン連合艦隊とイングランド・オランダ連合艦隊の間で行われたスペイン継承戦争中最大の海戦。

1707年
(宝永4年)

この年　〔海難事故・事件〕英国艦隊、シリー島沖で嵐のため遭難　英国艦隊は英国南西海岸沖のシリー諸島付近で大変な悪天候のため位置を見失い、迷走。4隻の船と2000人の乗員を失った。

1713年
(正徳3年)

この年　〔海洋・生物〕『和漢三才図会』成立　この時代の百科辞典である『和漢三才図会』が成立。図解で各種の魚についてかかれている。

この年　〔水産・漁業〕大敷網が発達　沖合漁業が盛んになり大規模な大敷網が発達した。

1714年
(正徳4年)

7月　〔地理・地学〕「経度法」立法化　英国議会は、海で経度を知るのに十分に正確な方法を開発した人に対し2万ポンドの懸賞をかけることを可決。

1719年
(享保4年)

この年　〔航海・技術〕『ロビンソン・クルーソー』刊行　ダニエル・デフォー『ロビンソン・クルーソー』刊行。ロビンソン・クルーソーの航海と難破後の孤島での生活を描いた冒険物語。

1720年
(享保5年)

この年 〔航海・技術〕最初のヨットクラブ　最初のヨットクラブであるコーク港ウォーター・クラブがアイルランド南部に創立される。

1722年
(享保7年)

4.5 〔航海・技術〕イースター島発見　オランダの提督、ロッヘフェーンが南太平洋を航海中にイースター島を発見。

1724年
(享保9年)

この年 〔航海・技術〕『英国海賊史』刊行　チャールズ・ジョンソン『英国海賊史』刊行。英国で出版された、17世紀末から18世紀初頭に活躍した海賊の列伝。海賊の掟や行状に詳しい。

1725年
(享保10年)

この年 〔海洋・生物〕海洋学における初の論文　マルシグリは論文『海の博物史(Histoire physique de la mer)』を発表。海洋学における初の論文であった。

1728年
（享保13年）

この年 〔地理・地学〕ベーリング、ベーリング海峡を発見　デンマーク出身でロシアの航海者、ヴィトゥス・ベーリングは、1725年、ピョートル大帝より命を受け、サンクトペテルブルクを出発、1728年ベーリング海峡を発見。シベリアと北アメリカの間が陸続きでないことを確認した。

1733年
（享保18年）

この年 〔航海・技術〕ロシアの大北方探検　北東航路を探索するロシアの大北方探検が始まる。

1734年
（享保19年）

この年 〔海運・造船〕ロイズリスト　海上保険最大手の英保険業者組合ロイズが、海運の動静を伝える日刊海事新聞『ロイズリスト』の発行を開始。

1735年
（享保20年）

この年 〔地理・地学〕地球偏平説を立証　フランス、パリ科学アカデミーの測地遠征隊（隊長P.モーペルテュイ）がニュートンの称えた地球の偏平説を立証。

この年 〔海洋・生物〕貿易風の原因を論ずる　ハードリー、貿易風の原因を地球の自転と熱帯の炎熱による空気の置換の結果として現われるものだと論じる。

1737年
(元文2年)

この年 〔船舶・操船〕外輪船の設計図を作成　英国人技師ジョナサン・ハルズはエンジンを利用し船尾に車輪状のパドル（櫂）を付けた外輪船の設計図を作成した。

1738年
(元文3年)

この年 〔海洋・生物〕アルテディ、『魚の生態に関する覚え書き』刊　事故死したスウェーデンの博物学者、ペーター・アルテディ著『魚の生態に関する覚え書き』が、友人のリンネによる編纂を経て、没後に出版される。動物学史上、はじめて属の概念を明確に使用するなど、魚の分類体系について記述、魚類学の基礎を築いた。

この年 〔建築・土木〕潜函を開発　C.ダンジョー・ド・ラブリー、テムズ川にウェストミンスター橋をかけるため、橋や水底トンネルの建設に不可欠な潜函を開発。

1741年
(元文6年/寛保1年)

12.19 〔航海・技術〕ベーリング死去　カムチャッカ東方のベーリング島でベーリング死去。ベーリングはカムチャッカ探検隊を率いて、アリューシャン列島、アラスカ海岸を発見した。航海の最中に亡くなった。

この年 〔船舶・操船〕造船学の学校　アンリ=ルイ・デュアメル・デュ・モンソーらが海軍技術の学校を設立。この学校が現在の海軍機関学校の前身である。

この年 〔水産・漁業〕日本初の魚介図説　医者であった神田玄泉の著で、我が国で最初の魚介のみの魚譜といわれる『日東漁譜』刊行される。水産動物とその製品400余種を掲載。

1742年
(寛保2年)

この年　〔海洋・生物〕ヒドラ観察　A.トランブレー（スイス）がヒドラの観察と再生実験で業績をあげる。

1743年
(寛保3年)

この年　〔地理・地学〕地球形状論を発表　アレクシス・クレロー（フランス）、『地球形状論』を発表。近代測地学を確立した。

1745年
(延享2年)

この年　〔地理・地学〕円錐図法の改良　地理学者ジローム・ドリール（フランス）が円錐図法を改良するドリール図法を発明。

1747年
(延享4年)

この年　〔船舶・操船〕米植民地でフリーゲート艦を初めて建造　米植民地で初めて建造されたフリゲート艦「ボストン号」がマサチューセッツ州で起工。翌年進水した。

1748年
(延享5年/寛延1年)

この年　〔海洋・生物〕海洋の低減を語る　ブノワ・ドゥ・マイエが『テリアメド、あるいは海洋の低減に関するインド人哲学者とフランス人宣教師との対話』を著す。

1753年
(宝暦3年)

この年　〔航海・技術〕リンド『壊血病の治療』刊　英国の医師、ジェイムズ・リンドは、1747年からの壊血病に関する研究をまとめて『壊血病の治療』を発表したが、英国海軍は1796年にライムジュースを艦船に常備するよう指示するまで適切な対応をとらなかった。

1755年
(宝暦5年)

この年　〔自然災害〕リスボン地震　リスボン(ポルトガル)近くの大西洋で地震。津波による死者1万人を含む6万人以上が亡くなった。

1757年
(宝暦7年)

この年　〔航海・技術〕六分儀の発明　英国海軍のジョン・キャンベルが従来の八分儀を改良し六分儀(セクスタント)を開発。六分儀は主に緯度を計測するものであるが、同時期に開発されたクロノメーターによって正確な経度が計算できるようになり、二つの機器を併用することで航海を経験や勘頼りから解放した。

1759年
（宝暦9年）

この年　〔航海・技術〕ハリソン、クロノメーターを発明　ハリソンは船の揺れや温度に影響されないようばねを使って衝撃を吸収し、精密なぜんまい式の機械時計であるクロノメーターを発明、英国政府が経度測定法について設定した懸賞金を一部獲得することに成功した。クロノメーターの利用によって、航海術の急速な発展が促された。

この年　〔航海・技術〕航海の難所に灯台建設　ジョン・スミートン（英国）、コンクリート製で水中に設置した4代目のエディストン灯台を建設。

1760年
（宝暦10年）

この年　〔船舶・操船〕『ロイズ船名録』刊行　英保険業者組合ロイズが『ロイズ船名録』を刊行。これは現在も継続出版されている。

この年　〔海洋・生物〕梶取屋治右衛門、『鯨志』刊　江戸中期の本草学者、山瀬春政（通称：梶取屋治右衛門）は日本最初の鯨専門書『鯨志』を出版。鯨に関する総論、14種の鯨の全形図と特徴を記述した各論から成る。

1761年
（宝暦11年）

この年　〔航海・技術〕経度測定を検証　海域での経度測定にJ.ハリソンの方法が有効であるかを調べるためクロノメーター4号機を搭載した「デットフォード号」が西インド諸島へ向けて出発。測定者は息子のW.ハリソンがあたった。

1763年
（宝暦13年）

この年　〔航海・技術〕マスケリン、『英国航海者ガイド』刊　英国の天文学者、ネヴィル・

マスケリンは、航海法の実用的なガイド『英国航海者ガイド』を出版。月観測を利用して、海上で経度を決定する月距法について普及を図った。

この年　〔航海・技術〕四分儀の使用法、経度決定法を普及　N.マスケライン（英国）、航海暦『英国航海者ガイド』を刊行。小反射鏡を使用する四分儀の使用法、経度決定法を普及させた。

1764年
（宝暦14年/明和1年）

この年　〔船舶・操船〕「エンデバー号」進水　クックの第1回探検航海など「発見航海の船」として名高い「エンデバー号」がこの年、進水した。

1765年
（明和2年）

この年　〔航海・技術〕航海用クロンメーター完成　J.ハリソン（英国）、誤差が1日に10秒以内の高精度の航海用クロノメーターを完成。西インド諸島への航海で経度測定に使用可能なことを証明。英国経度局が設定した賞金の最初の半分を受け取る。

1766年
（明和3年）

12.5　〔航海・技術〕ブーガンヴィル、世界周航に出発　ルイ・アントワーヌ・ド・ブーガンヴィル（フランス）、「ラ・ブードゥーズ号」と「エトワエール号」を率いてブレストを出港。2年3か月を要して世界を一周。この間、タヒチ、サモア、ニューヘブリディーズを訪問し、植物・動物の標本3000種以上を持ち帰る。

この年　〔地理・地学〕地球の自然は過去に大変化を経たと主張　ブーガンヴィル, ルイ・アントワーヌ・ド（フランス）は『世界周航』の中で、1766～69年の旅を記述し、地球の自然は過去に大変化を経たと主張。

1767年
(明和4年)

この年 〔航海・技術〕マスケリン、『航海暦』刊行開始　マスケリンは、天体暦年鑑である『グリニッジ王立天文台子午線についての英国航海暦と天体暦』の刊行を開始。単に『航海暦』とも言われる。マスケリンが普及を図った月距法のために、時刻毎の月からの距離についての情報が掲載される。

1768年
(明和5年)

この年 〔船舶・操船〕『商船建造術』刊行　スウェーデンの造船技師フレデリク・アフ・シャップマンが欧州の船舶を広く取り上げた『商船建造術』を出版。

この年 〔地理・地学〕地磁気の伏角を地図に　ヴィルケ(ドイツ)、地磁気の伏角を示す最初の地図を作る。

この年 〔航海・技術〕キャプテン・クック、第1回太平洋航海に出発　英国の航海者・探検家のジェイムズ・クックは「エンデバー号」を指揮し、金星の太陽面通過の観測を目的に、観測条件のよいタヒチ島へ出発。1771年まで丸3年にも及ぶ世界周航の旅となった。南太平洋の探索を命じる秘密指令を受けたこの航海で、クックはクック海峡、ソシエテ群島、東オーストラリアの発見など地理学上重要な発見を行なった。この航海は壊血病による死者をほとんど生じさせなかったことで名高い。

1769年
(明和6年)

4.13 〔航海・技術〕クック、タヒチに到達　キャプテン・クック、タヒチに到着。

1770年
(明和7年)

4.19 〔航海・技術〕クック、オーストラリア大陸を発見　キャプテン・クック、オーストラリア大陸を発見。

この年 〔海洋・生物〕フランクリン、メキシコ湾流を発見　フランクリンは欧米間を往復するにあたって、行き帰りの速度が違うことを発見。捕鯨船乗組員からの聞取り調査などを通じて、メキシコ湾から暖流が北上し、ヨーロッパへと流れていること（メキシコ湾流）を発見。これを書き入れた海図を初めて作成し、航海日数を短縮できる航路のとり方を示した。

1772年
(明和9年/安永1年)

7.13 〔航海・技術〕キャプテン・クック、第2回太平洋航海に出発　J.クック、「レゾリューション号」と「アドベンチャー号」を率いて第2次航海に出発。南アフリカ、オーストラリア、南米、南極大陸周辺など南太平洋を探検し、オーストラリア以外には巨大な南方大陸は存在しないことを証明。また、乗組員にザワー・クラウトとレモンジュースを与えて壊血病を予防し、7万マイル（11万2650キロ）の航海中、病死者を1人に抑えた。1775年7月29日、帰港。

この年 〔地理・地学〕ランベルト正角円錐図法　ランベルト（ドイツ）が自身の考案した発表した投影法「正角円錐図法」を発表。

この年 〔地理・地学〕大陸移動を示唆　D.ディドロ『ブーガンヴィルの航海記への補遺』の中で大陸移動を示唆。

1773年
(安永2年)

12.16 〔海難事故・事件〕ボストン茶会事件勃発　英国の植民地政策に憤慨したマサチューセッツ植民地急進派が港に停泊中の英国船に侵入、船荷の紅茶箱を海中に投棄するボストン茶会事件勃発。

この年 〔航海・技術〕英国王、経度法賞金残額贈呈を支援　英国王ジョージ3世、J.ハリソ

ンの航海用クロノメーター考案に対して英国経度局が賞金の残り半分を贈ることに介入して応援。

この年 〔海洋・生物〕北海で下層水温を測定　アーヴィン、北海で遅感寒暖計を用い、下層水温をはかる。

1774年
（安永3年）

この年 〔海洋・生物〕潮汐理論研究　ラプラス（フランス）、潮汐理論の研究を発表。

1775年
（安永4年）

この年 〔軍事・紛争・テロ〕海軍を編成　英国からの独立を目指すアメリカは防衛力として海軍を編成した。

1776年
（安永5年）

3.24 〔航海・技術〕時計製作者のハリソンが没する　英国の時計製作者のジョン・ハリソンがロンドンで死去する。大工の子に生れ、航海中の経度測定用に精密なぜんまい式のクロノメーターを製作、航海術の急速な発展を促した。

この年 〔船舶・操船〕「アメリカの亀号」発明　ブッシュネル（アメリカ）、手動の1人乗り潜水艇「アメリカの亀号」および海中水雷を発明。

この年 〔航海・技術〕クック最後の航海　J.クック、「レゾリューション号」と「ディスカバリー号」を率いて最後の航海に出かけ、ケルゲレン諸島、ニュージーランド、およびベーリング海峡の北東を探検。

1777年
(安永6年)

この年　〔軍事・紛争・テロ〕ブッシュネル、魚雷を発明　ブッシュネルは、火薬が水中でも爆発することを証明し、魚雷を発明。英国の艦船に仕掛けたが、失敗に終わっている。

1778年
(安永7年)

1.20　〔航海・技術〕クック、ハワイ発見　J.クック、ハワイ諸島を発見。

この年　〔海運・造船〕ロシア船、国後島に現れる　ロシア船が国後島に来航し、松前氏に通商を求める。松前側は拒否。

1779年
(安永8年)

2.14　〔航海・技術〕クック、殺される　J.クック、ハワイのケアラケクア湾で先住民に殺される。

9.23　〔軍事・紛争・テロ〕史上に残る単独艦同士の戦闘　英国北部ファルマボロ・ヘッド沖で米国艦「ボナム・リシャール」と英国艦「セラピス」が歴史に名高い単独艦同士の戦闘を繰り広げる。米艦が勝利した。

1781年
(安永10年/天明1年)

この年　〔船舶・操船〕ジョフロア侯爵、蒸気船を設計　フランスのジョフロア侯爵によって、世界初の実用的な蒸気船「パイロシェイプ号」が設計され、1783年リヨン近郊のソーヌ川での試験航海に成功。船用の蒸気機関としては最初の成果で、工学的に相性のよい外輪船として設計された。

1782年
(天明2年)

この年　〔船舶・操船〕蒸気機関の開発　スコットランド人技師ジャイムズ・ワットが複動型蒸気機関を開発する。

1785年
(天明5年)

この年　〔航海・技術〕ラ・ペルーズ　フランスの冒険家ラ・ペルーズが3年間の太平洋探検の航海に出る。

1786年
(天明6年)

この年　〔航海・技術〕千島・樺太探検　最上徳内、千島、樺太を探見する。
この年　〔海洋・生物〕最初の海洋学書　マルシグリ(イタリア)、『海の理学』(最初の海洋学書)を著わす。

1787年
(天明7年)

8.22　〔船舶・操船〕最初の蒸気船が航行　アメリカの発明家ジョン・フィッチが、デラウェア川でスクリュー蒸気船の試運転に成功、90年まで夏期に限って定期運行を行なったが経済的には失敗で、1792年には蒸気船自体も嵐で壊れている。

1788年
(天明8年)

1.26 〔航海・技術〕英囚人豪州に送られる　第1次英国囚人移民船団「アレキサンダー号」など11隻、オーストラリアに着く。

この年 〔船舶・操船〕ウィルキンソン、鉄船を建造　ウィルキンソンが世界初の鉄船を建造。

この年 〔地理・地学〕西洋地誌概説書刊行　朽木昌綱(竜橋)、江戸後期の西洋地誌概説書『泰西輿地図説』17巻6冊を刊行。

1789年
(天明9年/寛政1年)

4.28 〔軍事・紛争・テロ〕「バウンティ号」の反乱　トンガのフレンドリー諸島で起こった英国海軍の艦船での反乱事件。ウィリアム・ブライ艦長らは救命艇に乗せられて追放され、反乱者フレッチャー・クリスチャンらはタヒチ島やピトケアン島に渡り、その後の人生を送った。生き延びて帰国したブライ艦長の報告により、1791年軍艦が派遣され、一部の元乗組員を捕らえて英国に送還した。この反乱を題材に多くの文学作品が書かれ、映画化もされた。

1792年
(寛政4年)

5.21 〔自然災害〕温泉嶽噴火(長崎県島原)　温泉嶽が噴火し、眉山の東側が崩れて島原海岸に落下。津波を起こし有明海沿岸で死者14810名を出す。

この年 〔その他〕日本に初のオラウータン　オランダ船でボルネオ産のオラウータン1頭が日本に来る。

1794年
（寛政6年）

この年 〔船舶・操船〕軍艦から彫刻を撲滅　英海軍は彫刻撲滅の決意を固め、船尾展望台廃止を打ち出し、シンプルな船尾を生み出した。

この年 〔航海・技術〕「北槎聞略」作る　桂川甫周、大黒屋光太夫ら三人の漂流民よりロシア見聞を聞取りして「北槎聞略」12巻を作る。

1795年
（寛政7年）

この年 〔地理・地学〕正確な海図の作成　英国に世界最初の水路部が組織され正確な海図の作成が始まる。

1796年
（寛政8年）

この年 〔地理・地学〕世界地図の刊行　橋本宗吉がオランダのウィットセンやブラウの地図、地図帳などを基にして作成した『蘭新訳地球全図』を刊行。

この年 〔地理・地学〕『和蘭天説』刊行　『和蘭天説』は司馬江漢が寛政7年（1795年）に作成した『天球全図』の説明書。コペルニクスの地動説に準拠して太陽の運行や惑星の公転などを述べ、地球の自転など自然現象の生起など多くの図を付して説明している。

1797年
（寛政9年）

この年 〔船舶・操船〕米「コンスティチューション号」建造　英米戦争で活躍し「オールド・アイアンサイド（古強者）」の愛称で呼ばれた「コンスティチューション号」がボストンで建造される。

1798年
(寛政10年)

8.1　〔軍事・紛争・テロ〕アブキール湾の戦い　アブキール湾の戦いで、フランス艦隊はネルソン率いる英艦隊に襲撃されほとんど全滅した。

1799年
(寛政11年)

この年　〔海洋・生物〕フンボルト海流の発見　アレキサンダー・フンボルト(ドイツ)、南米沿岸にフンボルト海流を発見する。

1801年
(寛政13年/享和1年)

4.2　〔軍事・紛争・テロ〕コペンハーゲンの海戦　英国艦隊とデンマーク艦隊の戦い。ネルソン率いる英軍がデンマーク軍を一蹴した。

この年　〔船舶・操船〕フルトン、ノーチラス号を製作　フルトン(アメリカ)建造の潜水艇「ノーチラス号」、進水。同年、パリからセーヌ河口まで水面を航海し、1802年にブレスト港に移動。

この年　〔船舶・操船〕実用化された最初の蒸気船　スコットランドのフォース&クライド運河で艀を曳航する目的で「シャーロット・ダンダス号」が建造される。実用化された最初の蒸気船である。

この年　〔地理・地学〕樺太調査および地図　高橋次大夫、中村小市郎、幕命により樺太調査、地図(樺太見分図)をつくる。

1802年
（享和2年）

この年 〔地理・地学〕薩摩藩『円球万国地海全図』を刊行　薩摩藩の石塚崔高、磯永周経ら『天文図略説』『地海全図集説』を合刻し『円球万国地海全図』を刊行。

この年 〔航海・技術〕『新アメリカ航海実務者』刊行　N.パウディッチ、帆船航海の模範を示す『新アメリカ航海実務者』を著す。

この年 〔航海・技術〕露オホーツク方面を調査　クルゼンシュテン（ロシア）、「ナデシタ号」でオホーツク海方面を調査する。

この年 〔海洋・生物〕海洋調査のため初めて海流瓶を放流　海洋調査のために「レインボウ号」より海流瓶が初めて放流される。

1804年
（享和4年/文化1年）

この年 〔地理・地学〕『日本東半部沿海地図』完成　伊能忠敬『日本東半部沿海地図』完成。

この年 〔領海・領土・外交〕ロシア、長崎に来て通商求める　ロシア使節レザノフが長崎に来航し通商を要求するも日本側は拒絶。

1805年
（文化2年）

10.21 〔軍事・紛争・テロ〕トラファルガーの海戦　スペインのトラファルガー岬の沖で行われた、ナポレオン戦争での最大の海戦。ホレーショ・ネルソン提督が率いる英国はこの海戦に勝利し、ナポレオンの英国本土侵攻を阻止した。ネルソンは狙撃兵に撃たれて戦死した。

この年 〔航海・技術〕初めて西北航路を通り北米へ　マクリュール（英国）、西北航路を初めて通りアラスカからカナダ東北方に至る。

1807年
(文化4年)

8.17 〔航海・技術〕フルトン、最初の商業的蒸気船を航行　フルトンが、全長40mの蒸気船「クラーモント号」を製作して、ニューヨークからオールバニー間のハドソン川を32時間で往復することに成功、就航事業を軌道に乗せた。実用的かつ経済的に成功した蒸気船としては、これが最初のもの。

1808年
(文化5年)

この年　〔航海・技術〕エトロフ探検　近藤重蔵、エトロフを探検する。

この年　〔航海・技術〕間宮林蔵ら、樺太を探検　江戸後期の探検家、間宮林蔵と松田伝十郎は樺太を探検し、ラッカ岬に到達。翌年、間宮は再び樺太を探検して間宮海峡を発見、さらに沿海州(黒竜江)に渡って、樺太が島であることを確認した。

この年　〔領海・領土・外交〕「フェートン号」事件　英艦が長崎に侵入し薪水を強要して乱暴するという「フェートン号」事件発生。この事件を受け長崎奉行が引責自殺。

1810年
(文化7年)

この年　〔海洋・生物〕湾流中の冷水塊　郵便船「イリーザ号」が湾流中の冷水塊を報告。当時は氷山が融けてできたものと思われていたが現在では湾流の蛇行により生じた冷水塊であると思われる。

1811年
(文化8年)

2.9 〔航海・技術〕天文学者マスケリンが没する　英国の天文学者ネヴィル・マスケリンが死去する。マスケリンは1761年セントヘレナで金星太陽面通過観測を行い、1765

年グリニッジ天文台長に就任。同天文台で「英国航海暦」の発行に携わるなど、"近代航海術の父"といわれた。

この年 〔領海・領土・外交〕ゴローニン事件　ロシア軍艦長ゴローニンを国後島で捕らえるゴローニン事件発生。

1812年
（文化9年）

7.25 〔船舶・操船〕欧州初の蒸気船　ヘンリー・ベル（英国）、ヨーロッパで最初の蒸気船「コメット号」を製作。「コメット号」は1820年12月13日、アーガイルで遭難した。

1813年
（文化10年）

この年 〔船舶・操船〕米最大のフリゲート艦建造　コンスティチューション級をデザイン的に改良し「ジャワ号」を建造。この船は当時米国最大のフリゲート艦であった。

この年 〔航海・技術〕山形酒田に常夜灯—航行安全のために　酒田日和山に寄港する北国廻船の航海安全を祈願して灯台の役割を果たす常夜灯をつける。

1814年
（文化11年）

この年 〔地理・地学〕『大日本沿海輿地全図』幕府に献納　伊能忠敬が15年を費やした『大日本沿海輿地全図』大中小3面を幕府に献ずる。

1816年
（文化13年）

7.2 〔海難事故・事件〕メデューズ号遭難事件　フランス海軍のフリゲート艦「メデューズ号」がモーリタニア沖の岩礁で座礁し、乗客と乗組員の一部が筏で漂流すること

になった遭難事件。筏での漂流は過酷を極め、7月17日に救助されたときには147人が15人になっていた。この事件は海難についての問題を提起するものとなり、小説や画家テオドール・ジェリコーの絵画の題材ともなった。

この年　〔船舶・操船〕仏初の蒸気船　フランス初の蒸気船「L'Elise号」、パリで進水。

この年　〔地理・地学〕幕命により世界地図を作成　江戸幕府天文方の高橋景保が『新訂万国全図』を制作。

1817年
(文化14年)

この年　〔船舶・操船〕独初の蒸気船　ドイツ、ヴェーザー川で蒸気船が定期周航。

1818年
(文化15年/文政1年)

この年　〔領海・領土・外交〕英国人浦賀に来航通商求める　英国人ゴルドンが通商を求め浦賀に来航。日本側は拒否。

1819年
(文政2年)

この年　〔船舶・操船〕サヴァンナ号、大西洋を横断　アメリカの蒸気船「サヴァンナ号」が、アメリカ・ジョージア州サヴァンナから英国のリヴァプールまで、世界で初めて蒸気船として大西洋を横断することに成功した。航海の87%は帆走で、29日11時間を要した。

この年　〔海洋・生物〕露南氷洋などを調査　ベリングハウゼン(ロシア)、南氷洋南太平洋を調査する。

1820年
(文政3年)

この年　〔船舶・操船〕「ビーグル号」進水　ダーウィンの有名な航海で知られる「ビーグル号」がロンドンのウリッチ造船所で進水。

この年　〔船舶・操船〕ミシシッピ川の蒸気船　アメリカ、ミシシッピ川で蒸気船の航行始まる。

1821年
(文政4年)

この年　〔船舶・操船〕ロイド船舶名簿に登録された最初の蒸気船　蒸気船「ジェームズ・ワット号」進水。ロイド船舶名簿に登録された最初の蒸気船となった。以降、蒸気船が主流となることを示唆している。

1822年
(文政5年)

6.10　〔船舶・操船〕外洋へ鉄製の船乗り出す　厚さ0.25インチ（約0.7センチ）の鉄板などで船体が造られた「アーロン・マンビー号」がル・アーヴルに向けて出港。外洋に乗り出した最初の鉄製の船となった。

この年　〔航海・技術〕灯台用レンズ発明　フランスの物理学者A.J.フレネル、灯台に使用するいわゆるフレネル・レンズを発明。

1824年
(文政7年)

この年　〔地理・地学〕伊能の測量を伝える　伊能忠敬の弟子・渡辺慎が師の測量法を伝える「量地伝習録」を残す。

1825年
(文政8年)

- この年 〔領海・領土・外交〕異国船打払令　日本の沿岸に近づく外国船に対し、無差別に砲撃を加えて撃退することを命ずる異国船打払令出される。
- この年 〔建築・土木〕エリー運河開通　ハドソン川と五大湖を結ぶエリー運河が完成しニューヨーク発展に寄与。
- この年 〔建築・土木〕メナイ海峡にかかる吊り橋完成　T.テルフォード(スコットラン人)がウエールズのメナイ海峡の上にかかる吊り橋を建造。支柱と支柱との間隔が176mと近代的な橋であった。
- この年 〔海難事故・事件〕ケント号の火災事故　英国東インド会社所有の船「ケント号」がインドに向かう途中で火災に見舞われる。547人が救助されたが82人が死亡した。この船の火災事故は数多くの画家によって描かれている。

1827年
(文政10年)

- 10.20 〔軍事・紛争・テロ〕ナヴァリノ海戦　ナヴァリノ海戦で、英仏露の連合艦隊がトルコ艦隊を破る。ギリシャ独立へ進む。帆走軍艦同士の戦いとしては最後の大海戦となった。

1830年
(文政13年/天保1年)

- この年 〔船舶・操船〕高速クリッパー・スクーナー建造　高速のクリッパー・スクーナー「モリス号」が米海軍工廠で建造された。密輸を阻止し追跡する目的で造られ、米国政府として最初にギアを用いた操舵輪が採用された船であった。
- この年 〔航海・技術〕クルージング始まる　P&O社のアーサー・アンダーソンがクルージングのサービスを始める。

1831年
(天保2年)

6.1 〔航海・技術〕ロス、北磁極に到達　スコットランドの探検家、ジェイムズ・クラーク・ロスは、北極海を探検し、地理上の極点から2000kmも離れたブーシア半島の北緯70.85度、西経96.77度の地点で、磁針が垂直になることを確認、地球の北磁極を発見した。

12.27 〔航海・技術〕ダーウィン、ビーグル号で世界周航に出発　英国の博物学者、チャールズ・ダーウィンは、植物学者ジョン・ヘンスローの推薦を受けて、南アフリカ海岸と太平洋中の諸島の測量調査を目的とする「ビーグル号」に博物学者として乗船、世界周航に出発した。5年にも及んだこの航海が、『珊瑚礁成因論』『進化論』を生むこととなる。

この年 〔海洋・生物〕レッドフィールド、『大西洋岸で発達する嵐について』刊　アメリカの気象学者、ウィリアム・C.レッドフィールドは、論文『大西洋岸で発達する嵐について』を出版。暴風雨に関する彼自身の観察に加えて、航海日誌を調査した結果をまとめて、風は反時計回りに渦を巻くように吹くと指摘した。後にこの現象は北半球だけの現象で、南半球では、暴風が時計回りに渦を巻くことが明らかにされた。

1832年
(天保3年)

この年 〔航海・技術〕ワシントン海軍天文台創設　太陽、月、恒星の位置測定と航海暦作成を目的に、合衆国海軍天文台がワシントンに創設された。1855年には『アメリカ天体暦』を創刊。第二次大戦後の1952年には15mパラボラ型アンテナを完成させた。

1833年
(天保4年)

この年 〔海洋・生物〕アガシ、『化石魚類の研究』刊行開始　スイス生れ、アメリカの生物学者、ルイ・アガシは、『化石魚類の研究』の刊行を開始、1843年に5巻で完結。アガシは淡水魚の研究に続いて、広く化石魚類を研究し、当時最大の魚類学者と呼ばれた。

1836年
(天保7年)

5.31 〔船舶・操船〕スクリュー推進機の発明 ジョン・エリクソン(スウェーデン)とフランシス・ペティ・スミス(英国)がそえぞれ別個にスクリュー推進機で特許を取得する。

7.13 〔船舶・操船〕スクリュー推進船が初めて大西洋を横断 スクリュー推進船が初めて大西洋を横断。エリクソン(スウェーデン)が改良した推進機が使われた。

1837年
(天保8年)

この年 〔地理・地学〕日本海流記載される ベルガウス地図に「日本海流」が記載される。

この年 〔領海・領土・外交〕「モリソン号」事件が起きる アメリカ船「モリソン号」が、日本人漂流民の送還、対日通商と布教を目的として来航したが、日本側の砲撃を受けて、退去。蛮社の獄の原因となった。

1838年
(天保9年)

4.4 〔航海・技術〕シリウス号大西洋を18日間で横断 英国の外輪船「シリウス号」、英国のコークを出港。大西洋を18日10時間で横断し、「グレート・ウェスタン号」より1日早くニューヨークに到着。蒸気機関だけを用いて大西洋を横断した初の蒸気船となる。

この年 〔地理・地学〕奥村増地、『経緯儀用法図説』刊 本多利明、伊能忠敬、高野長英らに師事した和算家・奥村増地が、航海に必要な経緯儀の図解・用法を示した『経緯儀用法図説』(2巻1冊)を刊行した。翌年の1839年(天保10年)にはその附録として『太陽赤緯表』を著している。

この年 〔海洋・生物〕海洋測深に鋼索を使用 ウイルクス(アメリカ)、「バーボス号」による太平洋探検で、測深に鋼索を使用。

1839年
(天保10年)

- この年 〔船舶・操船〕**スミス、スクリュー・プロペラを発明** 英国の発明家、フランシス・ペティ・スミスは、1836年に二つのねじ山をもった木ねじ型のスクリュー・プロペラを発明して、特許を取得して、さらに改良を重ねて2枚翼スクリュー・プロペラを発明。これを装備した「アルキメデス号」によって、英国1周の航海を行うなど、プロペラの有用性を示した。古くからベルヌーイ、オイラーによって、プロペラの有用性が指摘されてきたにも係わらず、これまで外輪船が専ら利用されてきたが、以後、プロペラの利用が広まる契機となった。外輪船は横ゆれに弱く、また、戦争の際にも砲撃を受けやすいという問題も抱えていた。
- この年 〔航海・技術〕**ウィルクス、南極を探検** アメリカの探検家チャールズ・ウィルクスは、南極海域を探検して、南極大陸を視認。その功績を称え、インド洋に面した地域は、ウィルクスランドと命名された。
- この年 〔航海・技術〕**ダーウィン、『ビーグル号航海記』刊行開始** ダーウィンは、『ビーグル号航海記』の刊行を開始、1845年に完結した。同書は31年から36年の5年間にかけて、英国海軍の測量船「ビーグル号」に博物学者として乗船したダーウィンが、南米大陸や南太平洋諸島、オーストラリアなど各地の地質・動植物などを観察して著した日記体の調査記録。
- この年 〔航海・技術〕**ロス、南極を探検** ジェームス・ロスは、南極海域を探検して、後にロス海と呼ばれる、太平洋が南極大陸に大きく食いこんだ入江を発見。さらに、最も南にある活火山であるエレバス山を発見している。また、ロス海南に広がる広大な氷棚はロス氷棚と呼ばれる。
- この年 〔軍事・紛争・テロ〕**江戸湾防備** 老中・水野忠邦、江戸の治安を担当する鳥居耀蔵と江川英龍に江戸湾防備の検分を命じる。

1840年
(天保11年)

- 2.6 〔領海・領土・外交〕**ワイタンギ条約** 英国はマオリ人代表者とワイタンギ条約を締結。ニュージーランドを支配下に置いた。
- この年 〔船舶・操船〕**英国発のスクリュー推進の軍艦** 英国最初のスクリュー推進の軍艦「ラトラー」を建造。30種以上のスクリューの試験を行った。
- この年 〔海運・造船〕**大西洋横断汽船会社** キュナードが英国で設立した大西洋横断汽船会社キューナード・ラインが定期航路を開設。

この年　〔航海・技術〕ロス海発見　ジェームス・ロス（英国）、南緯75度に達し、ヴィクトリア州とエレブス、ロテル火山を発見する。ロス海もこのとき発見された。

1841年
（天保12年）

この年　〔軍事・紛争・テロ〕ダーダネルス海峡、軍艦通航を禁止　ロシアがロンドン海峡協定を受け入れたことによって、ヨーロッパ列強（ロシア、フランス、英国、オーストリア、プロイセン）はオスマン帝国が戦争中その同盟国に認める場合を除き、全ての軍艦のダーダネルス海峡通航を禁止した。

1842年
（天保13年）

この年　〔海運・造船〕清国、香港割譲・五港開港　英国と清国が南京条約に調印し香港は英国領となり、上海、寧波、福州、厦門、広東の五港が貿易港として外国に開かれた。

この年　〔領海・領土・外交〕異国船打払令を緩和　江戸幕府は薪水給与令を出すなど異国船打払令を緩和した。

この年　〔水産・漁業〕南洋捕鯨のピーク　米東海岸からやってきた600隻にのぼる捕鯨船が活動するなど南洋捕鯨がこの頃ピークを迎えた。

1843年
（天保14年）

この年　〔船舶・操船〕グレート・ブリテン号就航　英国「グレート・ブリテン号」（スクリュー推進、3,618トン、2,000馬力）の進水。当時史上最大の鉄船。当初から外洋航海を意図して艤装された初の鉄船であり、スクリュー推進を採用した初の船であり、大西洋を横断した初のスクリュー蒸気船でもある。

この年　〔船舶・操船〕スクリュー推進を採用した初の戦艦　アメリカはスクリュー推進を採用した初の戦艦「プリンストン号」を建造した。

1844年
（天保15年/弘化1年）

- 5.24 〔通信・放送〕モールス、送信実験に成功　モールス（アメリカ）、世界で初めて実際の送信実験に成功。モールス通信は船舶間、船舶と陸上間の通信として長年利用された。
- この年 〔航海・技術〕ニューヨーク・ヨットクラブ　ニューヨークでアメリカ初のヨットクラブが作られた。創立メンバーは9名であった。
- この年 〔海洋・生物〕湾流の近代的観測開始　A.バッチェ指揮のもとに合衆国沿岸測地局で湾流の近代的な観測を開始。

1845年
（弘化2年）

- 1月 〔軍事・紛争・テロ〕浦賀に新砲台　江戸湾への入口である浦賀の防備を固めるため新砲台を築く。

1846年
（弘化3年）

- この年 〔領海・領土・外交〕米使節、浦賀に来航　アメリカ使節ジェームズ・ビドルが浦賀に来て通商を求める。幕府はこれを拒絶した。

1847年
（弘化4年）

- この年 〔海運・造船〕ハンブルグ・アメリカ汽船会社設立　ハンブルグ・アメリカ汽船会社（ドイツ）設立。1900年には世界最大の海運会社に成長。

1848年
（弘化5年/嘉永1年）

この年　〔軍事・紛争・テロ〕幕府、品川に砲台を築く　幕府、外国船来航に備え品川に砲台を築造。

1849年
（嘉永2年）

4.8　〔領海・領土・外交〕外国船浦賀、下田、長崎に入港　英艦「マリーナ号」が測量のため浦賀、下田に入港。またこの年、米艦「プレブル号」も長崎に入港した。

この年　〔船舶・操船〕箕作阮甫、『水蒸船説略』翻訳　日本初の蒸気船の書である箕作阮甫訳『水蒸船説略』がなる。

この年　〔地理・地学〕各国で水路誌編さんはじまる　モーリー（英国）、『海流及び水温の世界分布図』『北大西洋水深図』『海の自然地理学』等出版（～1855年）、これより各国水路誌編さんがはじまる。

1850年
（嘉永3年）

この年　〔通信・放送〕ジョン・ブレットとヤコブ・ブレット、英仏間に海底ケーブルを敷設　ジョン・ブレットとヤコブ・ブレットの兄弟が、ドーバー～カレー間に最初の海底ケーブルを敷いた。しかしながらこのケーブルは不慮の事故により翌日切断されてしまった。

1851年
（嘉永4年）

この年　〔航海・技術〕アメリカ号の勝利　ニューヨークを母港とするヨット、「アメリカ号」が英国で行われた100ギニーカップで優勝。同カップは「アメリカ号」の栄誉を称え

		て「アメリカズ・カップ」と改名された。
この年	〔通信・放送〕	**最初の海洋ケーブル** 1950年に敷設後わずか1日で不慮の事故のため切断されてしまったケーブルを再敷設。英国とフランスをケーブルで結ぶことに成功した。
この年	〔水産・漁業〕	**『白鯨』刊行** ハーマン・メルヴィル『白鯨』刊行。巨大な白いマッコウクジラ「モービィ・ディック」を追う、捕鯨船のエイハブ船長の物語。

1852年
(嘉永5年)

11.30	〔領海・領土・外交〕	**米艦渡来を予報** 江戸に滞在していた薩摩藩藩主島津斉彬、米艦渡来を弟久光に予報し警戒するよう命ずる。
この年	〔領海・領土・外交〕	**露艦漂着民を護送** ロシア艦が漂着民を護送して下田に来港。

1853年
(嘉永6年)

5.8	〔領海・領土・外交〕	**ペリー父島に** ペリー、父島に寄港。移住民代表のナザニエル・セーヴォレーより貯炭場用地を購入。
5.15	〔海難事故・事件〕	**太平洋を蒸気推進で最初に横断した船沈没** 米西海岸〜豪州交易船として太平洋を蒸気推進で最初に横断した「モニュメンタル・シティ号」が岩礁に乗り上げ沈没。
6.3	〔領海・領土・外交〕	**ペリー来航** アメリカ東インド艦隊総司令長官ペリーが黒船4隻(蒸気外輪フリゲート「サスケハナ号」=旗艦、同「ミシシッピ号」、帆走スループ「プリマス号」、同「サラトガ号」)を率いて浦賀に来航。
7.18	〔領海・領土・外交〕	**プチャーチン来航** ロシア使節極東艦隊司令長官プチャーチン、軍艦4隻を率い長崎に来航。
8.10	〔航海・技術〕	**アメリカ大統領と謁見** 嘉永3年(1850年)に船が遭難し漂流、救助されてアメリカ本土に渡ったアメリカ彦蔵(米国名ジョセフ・ヒコ)が、ワシントンでピヤース大統領に謁見し、アメリカ大統領と会った最初の日本人となった。彦蔵は1857年にはブキャナン大統領との謁見も果たした。
8.30	〔領海・領土・外交〕	**樺太にロシア艦** 樺太のクシュンコタンにロシア軍艦が1隻来航。乗員が上陸し兵舎を建設。
9.15	〔海運・造船〕	**幕府、大船建造の禁を解く** 江戸幕府が創設されて間もない慶長14年

(1609年)9月に制定された大船建造の禁を解いた。

9月 〔軍事・紛争・テロ〕軍艦などを輸入　幕府は長崎奉行を通じオランダ商館長クルチウスに軍艦・鉄砲・兵書などを注文、10月に購入。

11.1 〔軍事・紛争・テロ〕海防の大号令を発す　幕府、徳川斉昭の主張をいれ海防の大号令を発する。

11月 〔海運・造船〕江戸幕府、浦賀に造船所を建設　江戸幕府は浦賀造船所を建設し、直ちに軍艦の建造を始め、7か月をかけて国産初の洋式軍艦「鳳凰丸」を建造した。

12.5 〔領海・領土・外交〕プチャーチン再来　プチャーチンが率いるロシアの軍艦4隻が長崎に再び来航した。幕府応接掛の筒井政憲が18日に返書を交付し、20日に国境および和親通商の交渉を開始したが妥結せず。プチャーチンは1月8日に長崎を退去した。

この年 〔地理・地学〕東京湾測量　幕府、東京湾を測量し『内海浅深測量乃図』を作成。

この年 〔軍事・紛争・テロ〕品川台場築造　幕府、江川英龍に命じ洋式の海上砲台を品川に築造。

この年 〔海洋・生物〕万国海上気象会議　万国海上気象会議がブラッセルで開かれる。

この年 〔水産・漁業〕初の国産テグス　日本で初めて釣用テグス作られる。

1854年
(嘉永7年/安政1年)

1.16 〔領海・領土・外交〕ペリー、神奈川沖に再び来航　ペリーが蒸気外輪フリゲート「サスケハナ号」=旗艦、同「ミシシッピ号」、同「ポーハタン号」など7隻を率い、神奈川沖に再び来航。

3.3 〔領海・領土・外交〕日米和親条約締結　日米和親条約(神奈川条約)を結ぶ。下関、函館の開港。

3.27 〔海難事故・事件〕松陰、密航を企てる　吉田松陰、下田停泊中の米艦に密航を求め拒絶される。

4.21 〔領海・領土・外交〕ペリー箱館へ　ペリーが函館に入港。

5.10 〔海運・造船〕初の西洋型帆船　幕府が浦賀造船所で、大船建造解禁後最初の西洋型帆船となる「鳳凰丸」を竣工。これ以降、幕府・諸藩による西洋型帆船の建設が相次ぐ。

7.6 〔領海・領土・外交〕「スンビン号」来航　オランダ商館長クルチウスが、造船術・航海術伝授のため軍艦「スンビン号」を派遣することを幕府に通告。「スンビン号」は28日長崎に入港。

7.21 〔軍事・紛争・テロ〕台場砲台竣工　江川英龍が設計した品川台場砲台竣工。

9.7 〔領海・領土・外交〕英艦、長崎に入港　英国東インド艦隊司令官スターリング長崎

入港。露艦隊探索のため諸港の出入りを要求。

12.5　〔海運・造船〕石川島を造船所に　幕府、隅田川河口の石川島を造船所敷地と決定。

12.21　〔領海・領土・外交〕日露和親条約調印　ロシア特派大使プチャーチンとの間で日露和親条約を締結し、外交関係を樹立した。境界の画定を行い、樺太島が両国民の混住の地として合意を得る。

この年　〔地理・地学〕モーリー、海底の地形を調査　アメリカの海洋学者マシュー・モーリーは、1850年代初めに水深海図を準備し、1854年までには大西洋の中心部がそのどちらの側よりも浅いことに気づいた。彼は中央の台地（プラトー）の存在を結論づけ、それを電信海台と呼んだ。

この年　〔航海・技術〕コルクの救命胴衣　英国王立救難艇国民協会のウォードがコルクの救命胴衣を発明。海に落ちても沈まず、風雨や水しぶきもある程度防いだ。

この年　〔軍事・紛争・テロ〕セヴァストポリ要塞攻囲戦　英仏連合軍が黒海のセヴァストポリにあったロシア海軍基地を包囲。

この年　〔海洋・生物〕採泥器付き測深機　ブルーク（アメリカ）、採泥器付き測深機を考案。

1855年
（安政2年）

1.24　〔領海・領土・外交〕幕府沈没船代艦の建造を許可　幕府はロシアの使節プチャーチンに沈没した「ディアナ号」の代艦を伊豆戸田村で建造することを許可。

1.30　〔船舶・操船〕日本で最初の洋式木造帆船　石川島造船所で最初の洋式木造帆船「旭日丸」起工。

3.22　〔領海・領土・外交〕プチャーチン離日　ロシアのプチャーチンが、伊豆戸田村で建造した船で日本を去った。

5.10　〔船舶・操船〕鳳凰丸進水　幕府建造の洋式帆船「鳳凰丸」浦賀で進水（長さ40m）。

6月　〔軍事・紛争・テロ〕機雷被災第一号　英調査船「マーリン号」がクリミア戦争でロシアが敷設した浮遊機雷に触れ被害を受けた。これが機雷被害の第一号であった。

8.25　〔船舶・操船〕蘭、外輪蒸気船を幕府に献納　オランダ国王が「スンビン丸」（外輪蒸気船）を幕府に献納。のち「観光丸」と改称。

10.2　〔自然災害〕安政の大地震　安政の大地震による津波のため土佐、紀伊、大阪などで死者3000、流失家屋15000の大被害生ずる。

10.24　〔軍事・紛争・テロ〕海軍伝習所　幕府、オランダ士官ペルサウレーケンらを教官に招き長崎に海軍伝習所を設立。航海・測量の教育を行い技術者の養成を計る。

この年　〔船舶・操船〕薩摩藩で、日本最初の小型木造外輪蒸気船を建造　薩摩藩で、箕作阮甫訳『水蒸船略説』を手掛かりに、日本最初の小型木造外輪蒸気船「雲行丸」の製

	造に成功した。この時最初の蒸気エンジンを作る。
この年	〔地理・地学〕万国全図を40年振りに改訂　天文方高橋景保らの『新訂万国全図』を天文方山路諧孝に命じ改訂。『重訂万国全図』として刊行。
この年	〔航海・技術〕北大西洋海流調査　アルベール大公（モナコ）が「瓶流し」などで北大西洋海流調査。
この年	〔軍事・紛争・テロ〕『海上砲術全書』刊行　天文台翻訳方訳『海上砲術全書』（全14冊）、越前大野藩において出版。
この年	〔海洋・生物〕最初の海洋学教科書　マシュー・M.モーリー（アメリカ）、最初の海洋学の教科書『海の物理的地理学』を出版する。

1856年
（安政3年）

8.21	〔領海・領土・外交〕ハリス下田に来航　アメリカ駐日総領事ハリスが下田に来航。
10.23	〔軍事・紛争・テロ〕「アロー号」事件　英軍、「アロー号」事件を口実に広州侵攻。
この年	〔建築・土木〕スエズ運河会社設立　レセップス（フランス）、スエズ運河会社を設立（工事は1859〜1869年）。
この年	〔水産・漁業〕ニシン漁で発明　古平（北海道）でニシン建網漁における枠網を発明。

1857年
（安政4年）

3.29	〔船舶・操船〕観光丸を江戸まで回航　矢田堀景蔵、幕命により長崎海軍伝習生を率いて、「観光丸」の江戸回航に成功。
6.16	〔領海・領土・外交〕日米約定締結　長崎開港など和親条約の内容を拡充した日米約定（下田条約）を下田で結ぶ。
9.21	〔軍事・紛争・テロ〕第2次海軍伝習教官隊来日　幕府がオランダへ依頼の軍艦「ヤッパン」（後の「咸臨丸」）長崎入港。カッテンディーケ、ポンペら第2次長崎海軍伝習所教官隊来日。
12.7	〔領海・領土・外交〕ハリス、江戸城で謁見　ハリスが江戸城で徳川将軍に謁見し米大統領親書を手渡す。
この年	〔地理・地学〕北大西洋初の海図　モーリー（アメリカ）、北大西洋の最初の海図を作成。

この年	〔領海・領土・外交〕外国船に石炭支給	幕府、函館入港の外国船の石炭要求に応じ、釧路白糠で罪人を使用し石炭採掘を始める。
この年	〔水産・漁業〕漁獲用小台網発明	灘浦地方で、イカ、カツオなどの漁獲用の小台網を発明。
この年	〔水産・漁業〕万次郎より捕鯨の伝習	幕府、中浜万次郎に捕鯨の伝習を命じる。

1858年
(安政5年)

4月	〔船舶・操船〕仏、世界初の装甲艦起工	フランス、世界初の装甲艦「グロワール号」起工。1859年11月24日進水。設計はアンリ・デュピュイ・ド・ローム。
5.3	〔船舶・操船〕オランダ建造船入港	オランダで建造した幕府の「朝陽」が長崎に入港。
6.19	〔領海・領土・外交〕日米修好通商条約調印	江戸小柴沖停泊中の米艦上で日米修好通商条約調印。
7.5	〔船舶・操船〕英、幕府に船を献上	英艦「エンペロル」品川に入港。同艦は幕府に献上された。
7.10	〔領海・領土・外交〕蘭、露、英と条約締結	7月10日〜18日にわたってオランダ、ロシア、英国と修好通商条約を結ぶ。
9.3	〔領海・領土・外交〕仏と条約締結	フランスと修好条約を結ぶ。
9月	〔船舶・操船〕大野丸建造	大野藩で洋式帆船「大野丸」を建造。
この年	〔船舶・操船〕英国、巨艦建造	イザムバード・キングダム・ブルンナー(英国)、「グレート・イースタン号」(18,915トン)を建造。外輪とスクリュー両方の推進装置を備えた史上唯一の船で、当時世界最大の鉄製蒸気船でもあった。
この年	〔航海・技術〕電力を使用した初の灯台	アーク灯を備えつけたフォーランド灯台が、ケント(英国)に建つ。電力を使った初めての灯台であった。
この年	〔領海・領土・外交〕天津条約調印	第二次アヘン戦争(アロー戦争)が終結し、清国は英国、フランス、ロシア、アメリカに対して10港を開港すると定められる。
この年	〔通信・放送〕最初の大西洋横断電信ケーブル敷設	英国海軍の「アガメムノン号」とアメリカ海軍の「ナイアガラ号」により、最初の大西洋横断電信ケーブルが敷設される。

1859年
(安政6年)

3.16 〔航海・技術〕芸妓が漂流しハワイに　江戸深川の芸妓・小染が上方見物のために浦賀を出帆した。ところが途中遠州灘で暴風に遭い、60日間の漂流を経てハワイに漂着。のち宣教師ジャンセーに連れられアメリカ本土へ渡り、熱心なクリスチャンとなった。アメリカ本土に渡った最初の日本人女性とみられる。

4.29 〔建築・土木〕スエズ運河着工　スエズ運河の建設工事が開始された。

5月 〔船舶・操船〕英・装甲艦「ウォーリア号」起工　英国、装甲艦「ウォーリア号」を起工。1860年、進水。1861年、竣工。近代戦艦の始祖的存在で、1980年代に修復されてポーツマス海軍ドックヤードの展示艦となる。

6.2 〔港湾〕横浜・箱館(函館)が開港　横浜港・箱館(函館)港が開港。当初、神奈川が開港予定だったが、横浜の外国人居留地などの整備が進められ横浜が開港となり、神戸港と並んで国際港として発展した。また、箱館(函館)港は欧米諸国の影響を受け、元町を中心に栄えた。

7.20 〔領海・領土・外交〕ムラビヨフ来航　ロシアの使節ムラビヨフが軍艦6隻を率いて品川に来航した。8月9日に退去。

この年 〔海運・造船〕浦賀造船所、乾ドック築造　浦賀造船所、「咸臨丸」の船底修理の乾ドックを築造。

この年 〔海洋・生物〕湾流の性状を論じる　モーリー、湾流の性状について精細に論ずる。

1860年
(安政7年/万延1年)

1.13 〔航海・技術〕「咸臨丸」品川を出発　遣米使節団が乗る「ポーハタン号」の別船として、木村喜毅、勝海舟らが搭乗した幕府の軍艦「咸臨丸」が品川を出発しアメリカへ向かった。

1.13 〔領海・領土・外交〕初の遣米使節が出航　日米修好通商条約の批准書交換のため、初の遣米使節が出航した。一行は外国奉行兼神奈川奉行の新見正興を正使とする日本の使節団77名に、アメリカ人乗組員312名を加えた計389人の大所帯で、アメリカ艦「ポーハタン号」で横浜を出航した。途中ハワイに寄港しハワイ王カメハメハ4世と謁見した。サンフランシスコ、パナマ地峡経由で閏3月25日ワシントンに到着、ホワイト・ハウスでブキャナン大統領に謁見した。帰路はアメリカ艦「ナイヤガラ」で大西洋、喜望峰を回り、9月27日に帰国した。

2.26	〔航海・技術〕「咸臨丸」、サンフランシスコ入港	幕府の軍艦「咸臨丸」がサンフランシスコに入港。
3.24	〔地理・地学〕幕府「出版の制」を定める	幕府、天文暦算用所・世界地図・蘭書翻訳などの「出版の制」を定める。
3月	〔地理・地学〕箕作阮甫『地球説略』刊行	箕作阮甫『地球説略』、米人宣教師ウェイの漢訳世界地理書を訓点。
5.6	〔航海・技術〕「咸臨丸」、品川に戻る	「咸臨丸」、日本人の自力航海により品川に戻る。
6.17	〔航海・技術〕世界最大の船、大西洋を横断	世界最大の船「グレート・イースタン号」が、サザンプトンからニューヨークに向け大西洋横断の処女航海を行った。
この年	〔地理・地学〕江戸湾測量	小野友五郎、荒井郁之助ら江戸湾を測量。
この年	〔地理・地学〕『東西蝦夷山川取調図』完成	数度にわたり蝦夷地に渡った松浦武四郎による『東西蝦夷山川取調図』が完成。
この年	〔航海・技術〕最初の沖合石造灯台	米合衆国で最初の沖合石造灯台がマサチューセッツ州マイノッツに完成。
この年	〔自然災害〕英初、暴風警報	英国の海軍軍人で気象学者のフィッツロイが世界で最初の暴風警報を出す。
この年	〔水産・漁業〕ニシン漁法	松前藩、ニシンの大網漁法を公に許可。
この年	〔水産・漁業〕捕鯨砲の創始	ブタイン(ノルエェー)、ノルウェー式捕鯨砲を創始。

1861年
(万延2年/文久1年)

3.13	〔領海・領土・外交〕ロシア艦船来航	ロシア艦船「ポサドニック」が海軍の根拠地設立のために対馬に来航、滞泊の許可を対馬藩に求めた。
7.1	〔軍事・紛争・テロ〕長崎養生所設立	海軍伝習所付属病院である長崎養生所(小島養生所)の工事が完成。8月16日に開所式を挙行し、9月1日に診療を開始。最初の1年間で患者930人を診療し、740人を全治退院させた。本格的西洋式病院の嚆矢とされる。
7.9	〔領海・領土・外交〕英国がロシア艦の退去要求	英国公使オールコックが英国東シナインド艦隊司令長官ポープ、老中安藤信行と会談し、対馬に滞泊中のロシア艦を退去させる旨を伝えた。7月23日にホープが英艦2隻を率いて対馬に向かい、ロシア艦の退去を要求した。
7.26	〔海運・造船〕国内運輸への外国船の使用解禁	幕府が庶民に大船の建造と外国商船の購入を解禁し、国内運輸への使用を許可した。

8.15 〔領海・領土・外交〕ロシア艦船対馬を去る　ロシア艦船「ポサドニック」が対馬を去った。7月26日に来航したオプリチニックも8月25日に撤退した。

12.22 〔航海・技術〕幕末初の遣欧使節　幕府の使節団が品川からヨーロッパに向け出航した。使節一行は竹内保徳を正使とする38名で、渡航の目的は安政の条約で定められた開港・開市の延期だった。香港、シンガポール、スエズを経て鉄道でアレキサンドリアに出、海路マルセイユに入り、1863年3月9日にパリに到着した。各国との開港・開市延期承認の目的を果たし、12月10日に帰国した。

この年 〔領海・領土・外交〕小笠原諸島調査　幕府は外国奉行水野忠徳らに命じ、小笠原調査のため、「咸臨丸」を派遣。居住者に日本領土であること、先住者を保護することを呼びかけ同意を得る。

1862年
(文久2年)

4.29 〔海運・造船〕鎖国後初の官営貿易　幕府所有の「千歳丸」(358トン)が上海貿易のために長崎を出帆。

9.11 〔航海・技術〕幕政初の留学生　幕府初の海外留学生(内田正雄、榎本武揚、赤松則良、津田真道、伊東玄伯、林研海ら)がオランダに向かうため長崎を出帆。

9.22 〔船舶・操船〕国学者・洋学者の秋元安民が没する　播磨姫路出身の国学者・洋学者の秋元安民が死去した。国学者の傍ら、洋学も修め、1856年(安政3年)には姫路藩主・酒井忠顕に西洋帆船の必要性を説き「速鳥丸」「神護丸」を建造させた。著書の一つに『宇宙起源』がある。

この年 〔船舶・操船〕J.エリクソン、甲鉄の軍艦を設計　南北戦争で、スウェーデン生れのアメリカの発明家ジョン・エリクソンは、鋼鉄板で装甲された、甲鉄船「モニター号」を設計、最初の海軍の交戦で装甲船「マーメリック号」を破る。

この年 〔航海・技術〕初の漂流記刊行　浜田彦蔵(ジョセフ・ヒコ)が『漂流記』上下2冊を出版した。1850年の漂流に始まる自身の体験を記したもので、江戸時代に出版された唯一の漂流記となった。

1863年
(文久3年)

2.1 〔港湾〕米、幕府に保税倉庫設置求める　米弁理公使プリュイン、長崎、横浜、函館に保税倉庫の設置を求める。

6.1 〔軍事・紛争・テロ〕英仏が長州藩を報復攻撃　アメリカ艦「ワイオミング号」が長

州藩の砲台を報復攻撃した。6月5日にはフランス艦2隻が砲台を砲撃し、占領した。
7.2 〔軍事・紛争・テロ〕薩英戦争起こる　英国艦隊7隻が鹿児島湾で薩摩藩と戦った。7月4日に英艦隊が鹿児島湾を退去。

1864年
(文久4年/元治1年)

6.14 〔航海・技術〕新島襄、米国へ　新島襄、函館より脱国しアメリカへ向かう。
9.22 〔軍事・紛争・テロ〕下関事件賠償約定　四カ国(英・米・仏・蘭)代表と幕府下関事件賠償に関する約定に調印。賠償金300万両または下関あるいは瀬戸内海1港の開港を約束する。

1865年
(元治2年/慶応1年)

9.16 〔領海・領土・外交〕四カ国連合艦隊兵庫沖に現れる　四カ国(英・米・仏・蘭)代表、兵庫の早期開港、条約勅許交渉のため連合艦隊を率いて兵庫沖に来航。
9.27 〔海運・造船〕横須賀製鉄所起工式　幕府の横須賀製鉄所の起工式が行われた。フランスのウェルニーを技師として招聘。また、この年技術伝習生徒・職工生徒を選んで造船技術の伝習を行うことを決めた。
この年 〔船舶・操船〕外輪蒸気船の製造に成功　佐賀藩精煉方の田中近江(久重)・儀右衛門、福谷啓吉、馬場磯吉ら、小型木造外輪蒸気船、「凌風丸」(10馬力)の製造に成功。
この年 〔海洋・生物〕タラの人工孵化に成功　ザース(ノルウェー)、鹹水魚(タラ)の人工孵化に初めて成功。
この年 〔海洋・生物〕大洋の塩分分布図　フォルヒハンマー、大洋の塩分分布図を出す。

1866年
(慶応2年)

1.4 〔軍事・紛争・テロ〕仏式海軍伝習開始　幕府、フランス士官を招き海軍伝習を開始。
2.28 〔海運・造船〕3港の自由交易を許可　幕府が函館・神奈川・長崎での出稼ぎ・自由

交易と商人の外国船舶の購入を許可した。

4.7 〔航海・技術〕幕府、海外渡航要件緩和　幕府、学術修業および貿易のための海外渡航を許す。

5月 〔船舶・操船〕蒸気軍艦を建造　幕府は石川島造船所で日本人設計の蒸気軍艦「千代田形」を建造。

6.7 〔軍事・紛争・テロ〕第二次征長の役　幕府軍艦、萩藩領周防大島郡を砲撃。第二次征長の役始まる。

7.19 〔軍事・紛争・テロ〕海軍所に改称　幕府、軍艦操練所を「海軍所」と改称。

7.20 〔軍事・紛争・テロ〕リッサの海戦　アドリア海東部リッサ島近海で、オーストリア艦隊が規模、装備に勝るイタリア艦隊を破る。

9月 〔航海・技術〕英が灯台・灯明船建設要求　英国公使パークスが4国連合艦隊の賠償金の代わりとして、灯台8ヵ所と灯明船2ヵ所の建設を幕府に要求し、幕府はこれを承認した。

この年 〔船舶・操船〕商人の外国船舶購入が可能に　幕府、神奈川・長崎・函館で商人の外国船舶を購入許可。

この年 〔海運・造船〕「神戸牛」人気の始まり　外国船が神戸で牛約40頭を購入し横浜に運び販売。「神戸牛」が知られるきっかけとなった。

この年 〔軍事・紛争・テロ〕R.ホワイトヘッド、魚雷を発明　英国の技師ロバート・ホワイトヘッドが、圧縮空気により水中を自ら進むよう設計された管状の装置(自走式魚雷)を開発し、オーストリア帝国海軍の委員会で公式に発表された。

この年 〔軍事・紛争・テロ〕坂本竜馬、海援隊　土佐藩、長崎を本拠とする坂本竜馬の社中を海援隊と称し、同藩附属とする。

この年 〔通信・放送〕C.W.フィールド、大西洋横断海底電信敷設　アメリカの実業家サイラス・フィールドは大西洋にケーブルを通すことを計画し、1857年にニューファウンドランド～アイルランド間で事業を開始した。アメリカ巡洋艦「ナイヤガラ」と英国汽船「アガメノン」の2隻が大西洋横断海底電線架設に赴き、1866年に敷設に成功した。

この年 〔海洋・生物〕コヴァレフスキーが海洋生物等の研究で業績　A.O.コヴァレフスキー(ロシア)がナメクジウオとホヤの発生に関する研究、脊椎動物との関係で業績をあげる。

1867年
(慶応3年)

3.26 〔航海・技術〕榎本武揚ら蘭より帰国　榎本武揚、赤松則良ら、オランダに注文の新造船「開陽丸」に乗り帰国(この時、榎本武揚、江戸～横浜間に架設予定の電信施設

9月	〔海運・造船〕江戸・大坂間の定期運航	徳川幕府は廻船御用達・嘉納次郎作に幕府所有の汽船「奇捷丸」を貸し与え、江戸・大坂間の定期運航を命じた。
12.7	〔港湾〕神戸が開港	神戸港が開港。直後に王政復古大号令が出され、急速に近代化が進んだ。町には重要機関などが設置され、居留地には多くの外国人が住むようになり、国際貿易港として発展。
この年	〔軍事・紛争・テロ〕海軍療養所設立	江戸幕府、浜御殿内に海軍療養所を設立し、海軍医隈川宗悦を所長に任命。江戸における西洋風病院の嚆矢とされる。

1868年
（慶応4年/明治1年）

1.11	〔領海・領土・外交〕神戸事件	神戸でフランス人水兵が岡山藩兵の隊列を横切ったことから両者の争いとなり、藩兵の発砲により水兵が負傷した。2月9日、責任者である岡山藩士滝善三郎が、各国外交官の立ち会いのもと神戸永福寺で切腹した。明治政権にとって初めての外交問題。
2.15	〔領海・領土・外交〕堺事件	和泉国堺でフランス軍艦「デュプレクス号」の士官・水兵と堺警備にあたっていた土佐藩士が争い、土佐藩士側の発砲によりフランス人11人が死亡した。22日、明治政府はフランス公使レオン・ロッシュの要求を受け入れ賠償金15万ドルの支払いと関係者の処刑を決定。23日、事件に関与した土佐藩士29人のうち20人が堺妙国寺で切腹することとなったが、うち9人が助命された。
4月	〔軍事・紛争・テロ〕ストーンウォール号引渡しが紛糾	江戸幕府が購入予定だったアメリカの装甲艦「ストーンウォール号」が横浜港に到着した。しかし、戊辰戦争勃発により明治政府も同艦の購入を希望。アメリカは局外中立宣言に従い、いずれへも同艦を引き渡すことなく同港に滞留することになった。なお、同艦は1869年3月15日に明治政府に引き渡された。
6.28	〔海難事故・事件〕プロイセン商船が難破	奥羽諸藩に兵器を売り込むため東北方面へ向かって航行していたプロイセンの商船が、暴風雨のため難破した。
7月	〔海運・造船〕フランス軍艦が横浜港に投錨	フランス軍艦7隻が横浜港に投錨した。
9.27	〔海運・造船〕スウェーデン等と条約締結	スウェーデン・ノルウェー全権ポルスブルック（オランダ公使）との間で修好通商および航海条約、貿易協定を締結。なおこれは、明治政府として初の条約締結であった。
9.28	〔海運・造船〕スペインと友好通商航海条約締結	日本とスペインが友好通商航海条約を締結し、国交を樹立した。
10.20	〔海運・造船〕ドイツと条約締結交渉	北ドイツ連邦公使エム・フォンブラントが和親貿易航海条約締結を求める書状を日本政府に奉呈した。

11.19　〔港湾〕新潟が開港　新潟港が開港。おもに漁業関係の基地として発展した。

12.10　〔軍事・紛争・テロ〕英国水夫殺害犯が自殺　前年8月5日深夜、長崎港に停泊中の英国軍艦「イカルス号」の水夫2名が路上で殺害された事件に関して、福岡藩から明治政府へ届出があった。これにより犯人が福岡藩士金子才吉であり、金子は切腹していた事が明らかになった。

この年　〔港湾〕横浜港に外国商船23隻　横浜港に停泊中の外国商船が23隻に達した。内訳は英国船12隻、同飛脚船1隻、アメリカ船5隻、同飛脚船2隻、オランダ船2隻、プロイセン船1隻。

この年　〔海難事故・事件〕英国軍艦が座礁　英国軍艦「ラットレル号」が蝦夷地西北隅のノセヤブで座礁した。同艦は、ロシアが蝦夷地を侵略するとの風説が横浜で広まっていたことを受け、調査のために横浜港を出航して蝦夷地へ向けて航行中だった。その後、フランス軍艦が現場に派遣されて同艦乗員を横浜へ移送。さらに救援のために英国軍艦「オセアン号」が派遣された。

1869年
(明治2年)

1.1　〔航海・技術〕最初の洋式灯台点火　日本で最初の洋式灯台である観音崎灯台が点火。

3.15　〔軍事・紛争・テロ〕ストーンウォール号引き渡し　装甲艦「ストーンウォール号」がアメリカ公使から明治政府に引き渡された。同艦は江戸幕府が購入するため横浜港に回航されたが、戊辰戦争の勃発に伴い江戸幕府・明治政府の双方が購入を希望、アメリカの中立宣言に従い同港に滞留していた。

6.13　〔海難事故・事件〕旧幕府軍残兵が商船を強奪　陸前国(現・宮城県)牡鹿郡石巻で江戸幕府軍の残兵約200人が商船5隻を強奪して出航。15日、積荷の米1万俵以上の大半を外国船へ積み替え、何処かへ逃走した。

6月　〔港湾〕横浜港の外国船数　生糸・新茶・種紙などの輸出時期を迎え横浜港に停泊する外国商船が増加、その数が42～43隻に達した。また、同港に停泊する外国軍艦は英国6隻、フランス4隻、アメリカ1隻、オランダ1隻の計12隻。

10.22　〔軍事・紛争・テロ〕海軍操練所、創設　海軍操練所、東京・築地に創設。1870年12月25日に海軍兵学寮、1876年8月31日に海軍兵学校と改称。

11.16　〔建築・土木〕レセップス、スエズ運河完成し、地中海と紅海をつなぐ　フランスのフェルディナン・ド・レセップスが1857年に国際スエズ運河会社を設立。1859年に工事が始まり、難工事と疫病の蔓延を克服して10年後に完成した。開通式には7000名の各国の王族や名士が参列した。

この年　〔地理・地学〕英艦と瀬戸内海共同測量　柳楢悦、英艦「シルビア号」と瀬戸内海共同測量。

この年　〔海運・造船〕サンフランシスコ～横浜～清国航路を開設　アメリカの太平洋郵船会

社（パシフィック・メール・スチームシップ）がサンフランシスコから横浜を経由して清国に至る航路を開設した。日程はサンフランシスコから横浜までが20日間、横浜から清国までが6日間。

この年　〔航海・技術〕ブラントンが灯台設置　英国人リチャード・ヘンリー・ブラントンが灯台建設のため鹿児島県佐多岬や山口県下関などを訪れた。

この年　〔軍事・紛争・テロ〕『海軍蒸気器械書』刊行　沼津兵学校が本格的な工学書『海軍蒸気器械書』を刊行。

1870年
（明治3年）

1.24　〔海難事故・事件〕アメリカ軍艦が浦賀で沈没　浦賀水道で英国飛脚船「ボンベイ」がアメリカ軍艦「オナイダ」に衝突。オナイダが沈没して同艦艦長以下111人が死亡、40人が救助された。

1.27　〔海運・造船〕商船規則定める　政府、蒸気郵船規則、商船規則を定める。

3.19　〔海運・造船〕民間所有の船の修理も可能に　横須賀製鉄所での民間所有船舶修理を許可。

3.29　〔海運・造船〕横須賀黌舎を復興　明治政府、横須賀製鉄所の横須賀黌舎を復興。ウェルニー（フランス）が造船学、機械学などを伝習。

5.17　〔領海・領土・外交〕ドイツ軍艦が西日本を巡覧　ドイツ公使を乗せた同国軍艦が横浜を出航。長崎を経て、九州・中国・四国各地を巡覧した。

8.24　〔領海・領土・外交〕領海3海里を宣言　政府、領海3海里を宣言。1977年に領海法を公布するまで有効。

9.8　〔航海・技術〕城ケ島灯台点灯　日本の西洋式灯台としては観音崎灯台、野島、品川、樫野埼に次ぐ5番目の点灯。

10.19　〔海運・造船〕岩崎弥太郎、商船事業を創業　岩崎弥太郎、九十九商会を設立し、東京～高知間の航路を開始（三菱商会の前身）。

12.25　〔軍事・紛争・テロ〕海軍兵学寮・陸軍兵学寮と改称　海軍操練所を海軍兵学寮、大阪兵学寮を陸軍兵学寮と改称。

この年　〔地理・地学〕英艦と的矢・尾鷲湾測量　柳楢悦、「第一丁卯」に乗り込み、「シルビア号」と共に的矢・尾鷲湾の測量に従事。

この年　〔航海・技術〕野島崎灯台点灯　観音崎灯台に続いて、日本の洋式灯台では2番目に初点灯。

この年　〔軍事・紛争・テロ〕海軍留学生の先駆け　海軍の伊月一郎・前田十郎左衛門が海軍軍事研修のため留学した。海軍留学生の先駆であった。

この年　〔建築・土木〕浚渫船を輸入　バケットラダー浚渫船(100坪堀)をオランダより輸入。

この年　〔その他〕『海底二万里』刊行　ジュール・ヴェルヌ『海底二万里』刊行。ネモ船長という謎の人物が建造した潜水艦「ノーチラス号」の冒険小説。何度も映画化され、日本でも明治時代から翻訳紹介されている。

1871年
(明治4年)

2月　〔海運・造船〕利根川汽船会社開業　利根川汽船会社が開業、深川万年橋―江戸川―関宿―中田間80キロを川蒸気船「利根川丸」が運行した。所要時間は往路11時間、復路6時間だった。

4.1　〔通信・放送〕日本最初の海底ケーブル　大北電信会社、長崎～上海間の海底電線事業を開始。

4.9　〔海運・造船〕横須賀、長崎「造船所」に改称　工部省、横須賀製鉄所を横須賀造船所、長崎製鉄所を長崎造船所にと改称。

7月　〔海洋・生物〕東京都下の三角測量始める　明治政府は東京都下の三角測量を始めるため、工部省に測量司を置いた。測量技師はイギリス人のマクビーンであった。

8.16　〔船舶・操船〕軍艦マラッカを購入　政府が元英国海軍所属の軍艦「マラッカ号」を購入した。同艦は木造コルベットで、10月3日に「筑波」と改名され、練習艦として運用された。

9.12　〔地理・地学〕兵部省海軍部水路局を設置　日本独自の海図を作製するために兵部省海軍部水路局を設置。

この年　〔船舶・操船〕帆のない戦艦　英国の「デヴァステーション号」が最初の「帆のない戦艦」として就航。

この年　〔地理・地学〕フランス軍艦が瀬戸内海測量　フランス軍艦が備前尻見から長門下関までの瀬戸内海を測量した。

この年　〔海運・造船〕フランス飛脚船の運賃を値下げ　横浜港発着のフランス飛脚船の運賃が値下げされた。主な新運賃は以下の通り(いずれも第一等/第四等)。マルセイユまでが440ドル/133ドル、カルカッタまで311ドル/94ドル、シンガポールまで236ドル/72ドル、サイゴンまでが190ドル/58ドル、香港までが119ドル/36ドル。

この年　〔通信・放送〕デンマークの通信ケーブル敷設を許可　デンマーク公使が日本政府に対して通信ケーブル敷設の許可を求め、認可された。肥前国に海底ケーブルを陸揚げし、居留地まで敷設しようというもの。

この年　〔海洋・生物〕明治新政府海洋調査事業を開始　世界で七番目となる兵部省水路局(現海上保安庁水路部)設置。明治政府が海洋調査事業を開始。

1872年
（明治5年）

4.5　〔地理・地学〕海軍省水路局に改称　兵部省海軍部水路局を海軍省水路局に改称。

4月　〔海運・造船〕横浜までの汽船就航　霊岸島—横浜、浦賀行きの汽船が就航した。

6.4　〔海難事故・事件〕マリア・ルース号事件　清国人苦力231人を乗せてマカオからペルーへ向かうペルー船「マリア・ルース号」が横浜港に入港、虐待に耐えかねた清国人の1人が脱走した。清国人は英国軍艦に保護され、英国代理公使ワトソンは自ら同船を調査した後、奴隷船であるとして日本政府に処分を要請した。日本は英国・アメリカの支持を受けて裁判を行い、清国人の解放を条件に出港を認める判決が下った。船長は清国人に移民契約履行を求める訴訟を起こしたが、移民契約は奴隷契約で無効とする判決が下り、清国人は帰国した。

8.24　〔海難事故・事件〕アメリカ船で火災　横浜港に停泊中のアメリカ飛脚船で火災が発生、乗客約300人のうち10余人が死亡、貨物の大半を焼失した。日本人乗客はいなかったが、船番として乗船していた租税寮巡警吏の前田定常が消火活動従事中に死亡した。

11.13　〔地理・地学〕海軍省水路寮に改称　海軍省水路局を海軍省水路寮に改称。

12.4　〔海難事故・事件〕メアリー・セレスト号の謎　「メアリー・セレスト号」がポルトガル沖で無人のまま漂流していたのを発見される。現在にいたるまで乗組員の行方など不明なままである。様々な憶測や推理がなされているが真相はわからない。航海史上最大の謎とされている。

この年　〔船舶・操船〕近代的水雷艇建造　ソーニクロフト（英国）、最初の近代的水雷艇「ミランダ号」建造。

この年　〔地理・地学〕初の海図『釜石港』作成　測量から製図まで日本人のみによって最初の海図『釜石港』作成。

この年　〔海運・造船〕清水、焼津までの汽船就航　霊岸島—清水、焼津間に汽船が就航した。

この年　〔海運・造船〕船型試験水槽作成　フルード（英国）、船の抵抗を測定する船型試験水槽（長さ85m）を作成。

この年　〔航海・技術〕紅茶輸送の快速帆船競争　紅茶輸送の快速帆船「カティーサーク号」と「サーモピレー号」の間で先着争いが行われた。当時快速帆船（ティークリッパー）が中国から英国までいかに速く紅茶を届けるかが競われていた。6月18日同日に上海を出港、10月11日「サーモピレー号」が115日、10月18日「カティーサーク号」が122日でロンドンに入港した。現存する唯一のティークリッパー「カティサーク号」はグリニッジで保存展示されている。

この年　〔航海・技術〕木造蒸気船がアメリカに到着　木造蒸気船「黒竜丸」改め「金勢丸」がアメリカへ到着した。同船は乗員乗客約80人・正金金札約10万両を搭載して2月18

日に兵庫港を出港、同月20日に八丈島沖で暴風雨に遭い行方不明となっていた。

この年 〔通信・放送〕世界的な電線網が完成　オーストラリア～インド間の海底電信線が開通。これによって全世界的な電信線網が完成。

この年 〔海洋・生物〕英船「チャレンジャー号」深海を探検　英国の動物学者チャールズ・W.トムソンを隊長とする世界最大の大規模海洋探検船「チャレンジャー号」が1872年から1876年まで4年にわたる世界一周の航海を開始し、マンガン団塊の発見、8,184メートルの海底を測深してチャレンジャー海溝の名を残すなど海洋学の基礎が成立した。

この年 〔海洋・生物〕海洋生物研究所創設　A.ドールン（ドイツ）が海洋生物研究所をナポリに創設。

この年 〔海洋・生物〕初の海洋観測　函館気候測量所が函館港内の水温観測を行う。これが気候官署が初めて行った海洋観測である。

1873年
（明治6年）

2月　〔地理・地学〕琉球の測量始まる　海軍水路寮、琉球全体の測量を始める。

5月　〔海洋・生物〕気象台設置　工部省測量司が東京に気象台を設けることを決定。ロンドン気象台長に気象器械の斡旋を依頼した。

8.21　〔領海・領土・外交〕ペルーと友好通商航海条約を締結　東京でペルーとの間の友好通商航海条約が調印された。1875年5月17日に東京で寺島宗則とペルー弁理公使エルモールが批准書を交換、同月29日にペルー公使館で祝宴が開催された。

9.15　〔航海・技術〕潮岬灯台点灯　紀伊半島南端、和歌山県東牟婁郡串本町の潮岬灯台初点灯。

この年 〔船舶・操船〕鋼材を造艦に用いた最初の船　仏海軍、造艦用に鋼材を採用した初の鋼鉄艦「ルドダブル号」を建造。

この年 〔海洋・生物〕国際気象機関設立　国際気象機関（IMO）設立。1951年に世界気象機関（WMO）へ。

この年 〔水産・漁業〕洋式捕鯨を開始　藤川三渓らが水産会社の開洋社を設立、安房付近で日本初となる洋式捕鯨を行った。

1874年
(明治7年)

3.20 〔海難事故・事件〕ニール号が沈没　フランスの蒸気船「ニール号」が伊豆半島妻良沖で暴風雨に遭い沈没した。乗員90余人のうち生存者は4人。また、同船は日本政府がウィーン万国博覧会に出品した美術工芸品を満載して帰国中だったが、これらの物品も失われた。1875年5月2日、荷物の引揚げ作業が開始されたが、はかばかしい成果は挙がらなかった。

7.13 〔水産・漁業〕漁業をめぐりロシア兵が暴行　樺太州苗淵漁場で操業中の日本人漁師がロシア軍兵士に網具などを押収される事件が発生した。その後樺太支庁が抗議し、押収品が返還されることになった。

9.20 〔軍事・紛争・テロ〕水雷製造局を設置　水雷製造が急務なことより海軍省中に水雷製造局を設置。

この年 〔船舶・操船〕ブラウンが軍艦受領のため渡英　日本が発注した軍艦を受領するため、キャプテン・ブラウンがグラスゴーに向けて出発した。同艦はクライド湾で建造・進水し、ブラウン到着までに艤装を終えた。

この年 〔地理・地学〕日本海などを命名　シュレンク(ロシア)、日本海、対馬海流、リマン海流、千島海流を命名。

この年 〔海洋・生物〕タスカロラ海淵を発見　「タスカロラ号」(アメリカ)によるピアノ線を使用した深海測深で千島列島ウルップ島南東に8,514mの海淵を発見。

1875年
(明治8年)

5.7 〔領海・領土・外交〕樺太・千島交換条約　ロシア帝国との国境を確定するため樺太・千島交換条約に調印。

5.31 〔海運・造船〕商船に大砲搭載　海賊対策として商船に大砲・鉄砲を搭載することを許可する布告が出された。

6.1 〔海洋・生物〕東京気象台設立　内務省地理寮港内に東京気象台を設立し観測を開始。

8.25 〔その他〕ドーバー海峡遠泳　マシュー・ウェッブ(英国)がドーバー海峡横断遠泳に初めて成功。

9.20 〔軍事・紛争・テロ〕江華島事件　朝鮮西南海岸の江華島付近で示威行動中の日本軍艦雲揚と同島守備兵が武力衝突、22日までに日本軍が同島砲台を制圧した。なお、同

艦は5月25日に示威行動の一環として釜山に入港、東莱府使の抗議を受けていた。

11.1	〔船舶・操船〕三菱商船学校、創設	岩崎弥太郎、三菱商船学校を東京・隅田河口に創設。海員養成機関で、1876年1月に開校。1882年4月1日、農商務省へ移管し、東京商船学校と改称。1885年12月、逓信省へ移管。1925年、文部省へ移管し東京高等商船学校と改称。1957年4月、東京商船大学と改称。2003年10月1日、東京水産大学と合併し、東京海洋大学へ改組。
11.18	〔航海・技術〕清国軍艦が長崎来航	清国軍艦「揚武号」が長崎港に入港した。その後、同艦は神戸港・横浜港に寄港した。
11.25	〔建築・土木〕英国、スエズ運河株購入	英国、スエズ運河株176,000株（約半分）を1億フランでエジプトより買収。
12.25	〔海難事故・事件〕「大阪丸」「名古屋丸」衝突事件	周防灘にて「大阪丸」と「名古屋丸」が衝突。「大阪丸」が沈没し死者24人。海難審判に関する法規がなく、大審院に臨時裁判所を開設して裁判を行った。
この年	〔海運・造船〕三菱会社の所有船に外国人	郵便汽船三菱会社が所有する船60余隻に熟練外国人船員を2人ずつ乗り込ませた。
この年	〔海運・造船〕三菱商会の船がアメリカへ	日本政府から三菱商会に払い下げられた蒸気船「兵庫丸」が米を積載してサンフランシスコへ向けて出港した。
この年	〔航海・技術〕初のヨットレース	横浜で日本初のヨットレースが行われる。
この年	〔海洋・生物〕ウニの受精現象を研究	ヘルトヴィヒ（ドイツ）、ウニの受精現象を精密に研究し卵核・精核の合一を確認。

1876年
（明治9年）

2.8	〔海難事故・事件〕海難事故に関する臨時裁判所の設置	法制局、「大阪丸」「名古屋丸」衝突事件で海軍省と内務省の要請を受け臨時裁判所規則を制定。
2月	〔海運・造船〕P&O汽船が香港〜横浜航路を開設	英国のP&O汽船会社が香港から上海・大阪などを経由して横浜に至る航路を開設、横浜〜大阪間では郵便汽船三菱会社や薩摩の有川弥九郎と共に3社が鼎立することとなった。同月26日、三菱が値下げを実施した。8月、P&Oが同航路から撤退。
3.2	〔水産・漁業〕樺太で漁業継続を許可	太政官布告第25号が出され、樺太千島交換条約締結以前に樺太で操業していた漁民に同漁場での操業継続が許可された。ただし、漁民・漁船とも通常の海外渡航と同様に航海公証の発行・所持が義務付けられた。
6.6	〔船舶・操船〕海員審問が制度化	西洋形商船船長運転手及機関手試験免状規則（太政官布告）、船舶職員の資格要件を定めた、船員に関するわが国初の法規。
6.21	〔船舶・操船〕明治時代最初の軍艦竣工	横須賀工廠で軍艦「清輝」竣工（897トン）。

起工は1873年11月。

9.1 〔地理・地学〕海軍省水路局に改称　海軍省水路寮を海軍省水路局に改称。

10月 〔海運・造船〕初の民間造船所設立　平野富二が石川島平野造船所を設立。1789年石川島造船所と改称。

この年 〔船舶・操船〕世界初の冷凍船　テリエ（フランス）、冷凍船「フリゴスフィーク号」建造。

この年 〔自然災害〕インド高潮被害　印度ガンジス河口のバカーンジ地方で高潮のため10万人が死亡、そのごの伝染病の流行でほぼ同数が死亡。

この年 〔水産・漁業〕シロサケふ化放流　関沢明清、那珂川でシロサケふ化放流実験を実施。

1877年
（明治10年）

2月 〔海運・造船〕横須賀で砲艦竣工　横須賀工廠で2等砲艦「磐城」（665トン、木造汽船）を竣工。

2月 〔海運・造船〕外輪蒸気船が建造される　内国通運会社が外輪蒸気船の「通運丸」を石川島平野造船所で建造、隅田川で試運転を行った。通運丸は長さ約21.8メートル、幅約2.7メートル、深さ1.36メートルで、20馬力気罐一基、平均時速6ノット内外であった。3か月後より利根川水路などで使用が開始される。

4.4 〔軍事・紛争・テロ〕清国、海軍創設のために留学　清国海軍創設のための英仏留学生が香港を出発。

5.12 〔軍事・紛争・テロ〕英米水兵がボートで競争　横浜港波戸場沖で英国・アメリカ両国水兵によるボート競争が行われ、各国領事など多数の外国人が観戦した。競争は軍艦により行われる予定だったが、強風により蒸気機関の運転に支障が出たため、搭載ボート（英国が16挺櫓、アメリカが14挺櫓）による競争となり、アメリカ側が勝利した。

5月 〔海運・造船〕蒸気船の使用開始　利根川水路などで内国通運会社が蒸気船の使用を開始した。

6月 〔海運・造船〕川蒸気船の運航開始　内国通運株式会社が蛎殻町―荒川筋―中山道戸田河岸間で川蒸気船の運行を開始した。

7.9 〔海運・造船〕海外渡航船舶の国旗掲揚を義務化　海外へ渡航する日本商船に国旗掲揚が義務付けられた。

この年 〔船舶・操船〕英最初の水雷艇進水　英海軍、ホワイトヘッド式魚雷をもつ最初の水雷艇「ライトニング号」進水。

この年 〔船舶・操船〕初の蒸気トロール船　英タグボート「メッセンジャー」を転用した蒸

気トロール船が登場。
- この年 〔港湾〕開港のため朝鮮の港を調査　日朝修好条規で10月25日に2港を開港することが定められたことから、候補地である咸鏡道の豊津浦湾と全羅道の出木浦・沃溝に軍艦が派遣されることになった。
- この年 〔軍事・紛争・テロ〕横須賀造船所で軍艦建造　横須賀造船所で250馬力の軍艦「黄金」が建造された。同艦は外国人の助けを借りる事なく、一等工長上田寅吉により督造され、二等工長小林菊太郎が碇を製造した。

1878年
(明治11年)

- 1月 〔船舶・操船〕英で軍艦竣工　明治政府が初めて海外に発注した「扶桑」「金剛」「比叡」の3軍艦、英国で竣工。
- 4.26 〔船舶・操船〕金剛が横浜到着　英国に発注していた装甲コルベット「金剛」が横浜港に到着した。5月22日に同型艦「比叡」が、6月11日には装甲艦「扶桑」が横浜港に到着。なお、「扶桑」はスエズ運河航行中に船体を破損、修復のためシンガポールに30日間停泊したため、予定より遅れての横浜入港となった。7月、3艦が一般公開された。
- 4月 〔海運・造船〕川崎築地造船所開設　川崎正蔵が東京築地の官有地に川崎築地造船所を開設。1886年事業規模を拡大し、川崎兵庫造船所が操業を開始した。
- この年 〔船舶・操船〕金剛がウラジオストク入港　海軍卿川村純義が乗船する軍艦「金剛」がウラジオストクに入港、ロシア海軍士官らを招いてパーティーが催された。
- この年 〔船舶・操船〕初のホランド型潜水艦　J.P.ホランド(アメリカ)が携わった最初の潜水艦「ホランド1」建造。
- この年 〔海運・造船〕鉄製蒸気船「秀吉丸」　鉄製蒸気船「秀吉丸」で三池炭の海外輸送(口之津～上海間)を開始。
- この年 〔航海・技術〕ノルデンシェルド、北東航路の開拓に成功　スウェーデンの地質学者が「ベガ号」でノルウェーのトロムセー港を出発。シベリアの北岸沿いに航行、ベーリング海峡付近の氷海で越冬して太平洋に出、初めて北東航路を開いた。
- この年 〔海洋・生物〕風が海流生成へ与える影響　ツェプリッツ、海流生成に及ぼす風の影響を論ずる。乱流という概念がなく風の応力が海流を生ぜしめるには数千年もかかるとした。
- この年 〔水産・漁業〕樺太でロシア人が漁業妨害　ロシア人セミオーフが樺太で現地人を雇い昆布漁を行おうとしたが、これを拒み日本人漁師の鮭鱒漁に雇われることを望む者が多かったことから、日本人漁師を銃などで脅して立ち去らせる事件が起きた。また、漁を終えて引き上げる際、翌年の漁の準備のため漁師5人が日本人漁場に残留したが、1879年に漁場を訪れた日本人漁師が上陸を拒否された上、残留した5人がコ

ルサコフのロシア管庁に抑留されていることが明らかになった。

1879年
（明治12年）

2月	〔船舶・操船〕函館商船学校、創設	小林重太郎ら、函館商船学校を創設。
5.21	〔地理・地学〕東洋一のドッグ竣工	長崎造船所で全長140m当時東洋最大のドック竣工。
7.14	〔港湾〕「海港虎列刺病伝染予防規則」制定	太政官布告「海港虎列刺病伝染予防規則」が制定された。
7.21	〔港湾〕「検疫停船規則」布告	太政官、「検疫停船規則」を布告。中央衛生会の審議を経て、「海港虎列刺病伝染予防規則」を改正したもの。
10.8	〔海運・造船〕蒸気船航路の開設	霊岸島新湊町—浦賀間に蒸気船航路が開設された。運賃は1人40銭。
この年	〔船舶・操船〕初の鋼鉄製航洋汽船	ニュージーランド、ユニオン汽船会社の「ロートマハナ号」進水。

1880年
（明治13年）

7.17	〔軍事・紛争・テロ〕英国軍艦が函館入港	有栖川宮威仁親王が搭乗する英国軍艦「アイアン・デューク号」が函館に入港した。同月21日、公園地で同艦楽隊による演奏会が開催された。
7月	〔海運・造船〕横浜〜朝鮮航路を開設	横浜〜朝鮮間の航路が開設された。貿易の拡大による渡航者増加に対応したもので、これまで朝鮮行きの船は全て神戸港発だった。
8月	〔海運・造船〕蒸気船「鶴丸」	蒸気船「鶴丸」が南新堀2丁目地先—横浜海岸波止場間に就航した。
10.20	〔海運・造船〕ロシア商船の修理が竣工	石川島平野造船所が受注したロシア商船の修理が竣工、横浜港へ回航された。
10.30	〔海運・造船〕デンマーク船が横浜入港	デンマークの帆船「ヘレナ号」が千島近辺で獲れたラッコ皮58枚とアザラシ皮942枚を搭載して横浜港へ入港した。乗員は西洋人4人、日本人14人。
この年	〔軍事・紛争・テロ〕海軍初の水雷艇	日本海軍、英ヤーロ社に4隻の水雷艇を発注。

この年　〔軍事・紛争・テロ〕清国、海軍　李鴻章、清国海軍を創設、鉄鋼艦を建造。
この年　〔領海・領土・外交〕下関開港を中止　予定されていた下関開港が見送られることになった。同港は1875年に上海定期航路の寄港地として開港指定されていた。その後1883年に特別輸出港とされ、対韓貿易港となった。

1881年
（明治14年）

2.7　〔建築・土木〕パナマ運河工事開始　スエズ運河を建設したレセップス（フランス）がパナマ運河工事を開始。

2.28　〔海運・造船〕ウラジオストク航路始まる　郵便汽船三菱会社、ウラジオストク航路を開設。

5.27　〔軍事・紛争・テロ〕グラム式磁性電気燈点灯　海軍水雷術練習所で、グラム式磁性電気燈を照明燈として点火。

8.1　〔航海・技術〕謙信丸がシドニーに入港　帆船「謙信丸」が日本船として初めてシドニーに入港した。同船の乗員は全員日本人で、5月25日に横浜を出港し、航行距離は6426里に達した。

8.3　〔軍事・紛争・テロ〕海軍機関学校を設置　海軍機関士官養成のための海軍機関学校を設置。

8月　〔海運・造船〕霊岸島―木更津図間で汽船運行　霊岸島―木更津間で汽船運行が開始された。

12.28　〔船舶・操船〕西洋形船船長運転手免状規則制定　西洋形商船船長運転手及機関手試験免状規則を改め、西洋形船船長運転手免状規則制定（太政官布告）。審問について、罰金刑と免状禁止、停止等の処分とを併科することを改め裁判所で審断することなく、純然たる行政処分として取り扱うこととなる。

この年　〔船舶・操船〕最初の双暗車船　最初の双暗車船（スクリュー・プロペラ）「ノッチングヒル」が進水。

この年　〔領海・領土・外交〕仏、ベトナムを領有　フランスは砲艇を送ってベトナムを保護国化しインドシナ支配を強めた。

1882年
（明治15年）

1.15　〔領海・領土・外交〕ドイツ軍艦が鹿児島湾を測量　ドイツ軍艦「ヘルタ号」の艦長・

海軍大佐フォン・アルが同国公使フォン・アイゼンヘッテルを通じて海軍生徒演習のため鹿児島湾測量を出願、1月15日から2月15日にかけて測量を行った。

2月	〔水産・漁業〕大日本水産会	水産業の振興と経済的文化的発展を目的として設立。水産業に関わる400余の団体・会社を会員として構成。
4.1	〔船舶・操船〕東京商船学校と改称	三菱商船学校、農商務省所管となり、東京商船学校と改称。1885年12月、逓信省へ移管。
5月	〔海運・造船〕東京気象学会(現・日本気象学会)設立	気象学の研究の推進、学術文化の発達に寄与することを目的として東京気象学会(現・日本気象学会)を設立。1888年大日本気象学会に改称、1941年現在の名称へ変更。
6.6	〔航海・技術〕横浜在留外国人が共同競舟会	横浜港東波止場で同地在留外国人の春季共同競舟会が開催された。各国の軍艦よりボートを出して競い合うもので、日本からも東海鎮守府が参加。海軍楽隊の演奏も行われ、英国公使など多数が見物に訪れた。
6.23	〔港湾〕「虎列刺病流行地方ヨリ来ル船舶検査規則」布告	太政官、「虎列刺病流行地方ヨリ来ル船舶検査規則」を布告。主に横浜港から他の国内港に入る船の検疫に適用された。
7.11	〔軍事・紛争・テロ〕アレクサンドリア砲撃	英国艦隊、砲撃によってアレクサンドリアを火の海にする。
9月	〔軍事・紛争・テロ〕ルツボ鋼製造	築地の海軍兵器製造所で、わが国最初のルツボ鋼を製造。
この年	〔船舶・操船〕英より購入の軍艦電灯点火	日本海軍が英国から購入した「金剛」「比叡」「扶桑」それぞれ内部に電灯点火。
この年	〔船舶・操船〕実用に耐える最初の潜水艇	ノルデンフェルト(スウェーデン)、実用に耐えるホワイトヘッド水雷で武装した最初の潜水艇を完成。
この年	〔軍事・紛争・テロ〕英、エジプトを占領	エジプトで起きた反乱をきっかけに、英国はスエズ運河の利権を守るためエジプトに出兵の上、占領した。
この年	〔海洋・生物〕「コリオリの力」	フェレル、海流の分布に及ぼす「コリオリの力」の重要性を指摘する。
この年	〔海洋・生物〕日本初の水族館	上野動物園に日本最初の水族館「観魚室(うをのぞき)」が東京帝室博物館に併置される。

1883年
(明治16年)

3.1	〔地理・地学〕天気図配布を始める	東京気象台で初めて天気図を作成。毎日印刷し配布を開始。

3.4	〔航海・技術〕英国船が難破船を救助	英国船「ダイゲル号」が漂流中の日本船「寅福丸」を発見、救助した。「寅福丸」は1882年12月27日に田中長次郎ほか11人が乗り込み根室県花咲港を出港、函館港へ向けて航海中に暴風に遭い難破していた。4月9日に「ダイゲル号」がコロンビアに到着、5月24日に「寅福丸」乗員が横浜港に帰着した。
3月	〔船舶・操船〕最後の木造汽船	7年かけ最後の大型木造汽船「小管丸」(木造1,496トン)建造。
5.1	〔海運・造船〕共同運輸が営業開始	三菱に対抗するために発足した共同運輸会社が神戸〜横浜航路の営業を開始。
5.12	〔水産・漁業〕万国漁業博覧会	万国漁業博覧会がロンドンで開催される。日本も参考出品する。
7.9	〔領海・領土・外交〕ロシア人が漂着	北海道根室県北見国紋別郡の海岸にロシア人6人が乗った小船が漂着した。30人乗りの汽船で捕鯨中にオホーツク海で難破したもので、同月29日に根室港から函館のロシア領事館へ移送された。
この年	〔船舶・操船〕最初のガソリンエンジンを載せたモーターボート	発明家、G.W.ダイムラー(ドイツ)が高速内燃機関を開発しボートに使用。最初のガソリンエンジンを載せたモーターボートである。
この年	〔海運・造船〕グラスゴー大学で造船学講座	世界で初めてグラスゴー大学に造船学講座が開設される。
この年	〔自然災害〕クワカトア津波	インドネシア・クラカトア島の大爆発により、いわゆるクワカトア津波が起こり、大被害を各地に与える。
この年	〔海洋・生物〕アルバトロス号大西洋、太平洋調査	アガッシ(アメリカ)、「アルバトロス号」で海洋生物調査、メキシコ南西に東太平洋海膨を発見。
この年	〔水産・漁業〕北海道にサケマスふ化場設立	伊藤一隆、北海道千歳にサケマスふ化場設立。
この年	〔その他〕『宝島』刊行	ロバート・ルイス・スティーヴンソン『宝島』刊行。海賊の宝が埋められている島をめざす少年とその一行の冒険物語。

1884年
(明治17年)

4.12	〔通信・放送〕海底電信保護万国連合条約	日本が海底電信線保護万国連合条約、追加条約に加入。1885年7月17日に布告され、1888年5月1日に施行された。
5.1	〔海運・造船〕大阪商船会社開業	住友家の総理人・広瀬宰平らが創立委員となり大阪商船会社が開業。
5.17	〔海運・造船〕東京大学理学部、造船学科を設置	東京大学理学部附属造船学科を設

置。海軍省の要望によるもので、当初は海軍技術官養成を目的とした。
- この年 〔領海・領土・外交〕タイ船が長崎入港　タイ商船が通商を求めて長崎に入港した。
- この年 〔海洋・生物〕プランクトン採集網を発明　ヘンゼン（ドイツ）、プランクトン採集網を発明。プランクトン研究が深まる。
- この年 〔海洋・生物〕海水化学分析　「チャレンジャー1号」が各地で採集した海水の化学分析を行う。

1885年
（明治18年）

- 6.24 〔軍事・紛争・テロ〕海軍水雷局開局　横須賀に海軍水雷局を開局。
- 7.2 〔水産・漁業〕樺太で日本人漁民が苦境に　1875年に樺太がロシア領となったことから、日本領時代に同地に移住した日本人漁民が漁業を営むことが困難になっていることが新聞で報じられた。8月16日、日本人漁民に義務付けられたカムチャッカ港駐在領事への出願・漁業証取得を怠り、密漁船として取締りを受ける者が少なくないことが報じられた。
- 8.29 〔海運・造船〕蒸気船の運行開始　隅田川機船株式会社が大川の川蒸気船の運行を開始。馬車鉄道の運賃が半区1銭であるのに対し、川蒸気船は1区1銭であった。
- 9.22 〔軍事・紛争・テロ〕海軍に兵器会議を設置　海軍省に兵器の行政と生産を担当する兵器会議を設置。
- 9.29 〔海運・造船〕日本郵船設立　郵船汽船三菱と共同運輸が合併し、日本郵船設立。
- 11.30 〔領海・領土・外交〕ドイツ、マーシャル群島を占領　ドイツ軍艦がマーシャル諸島のヤルートを占領し、領土権を宣言。
- この年 〔航海・技術〕万国海上交際条例を発布　交易の便を図るため、万国海上交際条例が発布された。
- この年 〔自然災害〕大西洋域の暴風警報　米、英と協力して、大西洋域の暴風警報を出し始める。
- この年 〔水産・漁業〕水産局を設置　農商務省に水産局を設置。

1886年
（明治19年）

- 1.28 〔海運・造船〕ハワイと渡航条約　日本、ハワイ王国との間で渡航条約に調印し、3

1.29 〔地理・地学〕海軍水路部に改称　海軍省水路局を海軍水路部(海軍大臣に属する機関、海軍省外局となる)に改称。

1月 〔港湾〕外国船員商売の風紀取締り　兵庫県が、神戸港における外国船員を相手にした女性沖商人を禁止した。風紀上の理由から。

4.28 〔海運・造船〕川崎造船所設立　川崎正蔵、兵庫造船所の払下げを受けて川崎造船所(現・川崎重工業)を設立。

5.6 〔水産・漁業〕漁業組合準則　漁業組合準則の公布。

10.24 〔海難事故・事件〕ノルマントン号事件　和歌山沖で英国の「ノルマントン号」が沈没、英国人乗組員が全員脱出して無事だったのに対し、日本人乗客が全員死亡するという事件があった。12月8日、英国領事裁判が船長へ課した罰が軽すぎるとして世論の非難が集まり、山川一声は『英船ノルマントン号沈没事件審判始末』を刊行した。

この年 〔海運・造船〕中国向けなど国際航路開設　日本郵船、中国、マニラ、ボンベイ、欧州、シアトル、豪州、カルカッタ航路を開設。

この年 〔海運・造船〕霊岸島船松町—神奈川県三崎間航路開設　内国通運会社が霊岸島船松町—神奈川県三崎間航路を開設。

この年 〔航海・技術〕横浜セーリングクラブ設立　横浜アマチュアローイングクラブ設立。その中にヨットマン独自のクラブとして横浜セーリングクラブを設立。

この年 〔領海・領土・外交〕ヴィチャージ号世界周航　マカロフ(ロシア)、「ヴィチャージ号」で世界周航、シナ海、日本海、オホーツク海を調査する。

この年 〔海洋・生物〕東京大学臨海実験所を設立　箕作佳吉が三浦三崎に東京大学臨海実験所を設立。

1887年
(明治20年)

4月 〔軍事・紛争・テロ〕水兵の教育改革、事前調査をベルタンに依頼　海軍省お雇い外国人フランス人のベルタンが日本海軍の水兵教育には改良が必要と勧告。将官会議での承認を受けベルタンは事前調査に着手。7月には艦船構造や造船士養成についても建議し、海軍省が調査に着手した。建議には造船学校の創立等もあった。

5.26 〔船舶・操船〕貨客船「夕顔丸」竣工　長崎造船所初の鉄製汽船である貨客船「夕顔丸」竣工。

8.8 〔海洋・生物〕中央気象台を設置　中央気象台と地方測候所を設置。

この年 〔水産・漁業〕鯨漁場調査　関沢明清(水産局)が伊豆七島近海鯨漁場調査を行う。

この年 〔水産・漁業〕東京農林学校に水産科を新設　東京農林学校(現・東京大学農学部)

に水産科を新設。1890年に第1期卒業生を輩出。

1888年
（明治21年）

4.28 〔通信・放送〕海底電信線保護万国連合条約　海底電信線保護万国連合条約交付。5月1日施行。

6.14 〔軍事・紛争・テロ〕「海軍兵学校官制」公布　「海軍兵学校官制」を公布。8月1日、東京・築地から広島・江田島に移転。

6.27 〔地理・地学〕水路部（海軍の冠称を廃し）水路部と改称　海軍水路部を水路部（海軍の冠称を廃し）水路部と改称。

7.16 〔軍事・紛争・テロ〕「海軍大学校官制」公布　「海軍大学校官制」を公布。海軍大臣管轄の高級将校養成機関。8月28日東京・築地に設置。11月、開校。

10.10 〔地理・地学〕航路標識条例制定　水深、灯台などに関する航路標識条例を制定。

10.29 〔海運・造船〕スエズ運河の自由航行に関する条約　1882以降、英国に軍事独占されてきたスエズ運河航行に関して、列強各国が自由航行を求め、スエズ運河の自由航行に関する条約に調印。

11.9 〔航海・技術〕13日間で日米間を航海　横浜・サンフランシスコ間の定期船を運航する米国太平洋汽船会社の船は通常20日以上かけて航海していたが、10月27日に横浜を出発した「オシャニック号」は、11月9日にサンフランシスコへ到着したという。13日間での航海は同社では最短記録。

11.29 〔船舶・操船〕水産伝習所、創設　大日本水産会、水産伝習所を東京・京橋木挽町に設置。

12.17 〔軍事・紛争・テロ〕北洋海軍を正式に編成　北洋海軍の正式編成が完成し、丁汝昌が提督となる。

この年 〔船舶・操船〕初のツインスクリュー船　インマン＆インターナショナル汽船が初のツインスクリュー船である「シティ・オヴ・ニューヨーク号」「シティ・オヴ・パリス号」を就航させる。

この年 〔航海・技術〕コンスタンチノープル協定　紛争時を除き航行の自由が保障されたコンスタンチノープル協定の成立。

この年 〔海洋・生物〕ウッズホール海洋生物研究所設立　米のウッズホール海洋生物研究所が設立された。

この年 〔海洋・生物〕プリマス海洋研究所設立　英国のプリマス海洋研究所が設立される。

1889年
(明治22年)

2月	〔建築・土木〕パナマ運河会社倒産	パナマ運河会社が倒産。フランスが運河建設から手を引き、アメリカによって進められることとなった。
3月	〔海運・造船〕上海～ウラジオストク線開設	日本郵船会社、上海～ウラジオストク線を開設。
10.16	〔海運・造船〕国際海事会議開催	近代的な国際海上衝突予防規則がワシントンで開催された国際海事会議においてはじめて制定された。
11.3	〔海難事故・事件〕大日本帝国水難救済会(現・日本水難救済会)発会	海の遭難救助を行うボランティアを支えることを目的として大日本帝国水難救済会を発会。1904年、帝国水難救済会、1949年日本水難救済会に改称。
この年	〔領海・領土・外交〕A.T.マハン『海上権力史論』刊行	アルフレッド・セイアー・マハン『海上権力史論』を刊行。
この年	〔海洋・生物〕プランクトン探検	「ナチォナツ号」、ヘンゼン指揮のもとに北大西洋に「プランクトン探検」を行う。
この年	〔建築・土木〕横浜港修築工事	明治年間を通じ港湾技術の粋を傾注した横浜港修築工事を着手。

1890年
(明治23年)

5.31	〔船舶・操船〕「筑後川丸」(610トン)竣工	三菱長崎造船所、大阪商船「筑後川丸」(610トン)竣工。
5月	〔海難事故・事件〕エルトゥールル号事件	公式訪問の答礼として派遣されたオスマン提督が乗った「エルトゥールル号」が帰路、和歌山県沖で沈没した。乗組員581名が死亡したが、69名が救助され、日本の巡洋艦によりトルコに送還された。
7.16	〔海運・造船〕釜山航路開設	大阪商船、釜山航路を開設。
10月	〔船舶・操船〕潜望鏡を装備した初の潜水艇	単殻構造の仏潜水艇「ギュスターブ・ゼデ」潜望鏡を装備した最初の潜水艇となった。
12.24	〔海運・造船〕神戸～マニラ間の新航路	日本郵船は神戸から台湾・アモイ経由マニラの新航路を就航。当面は休航中だった神戸～天津間の定期航海船の船を流用する。
この年	〔船舶・操船〕初の蒸気駆動救難艇	最初の蒸気駆動救難艇「デューク・オヴ・ノー

サンバーランド号」がイングランドで就役。

この年 〔海洋・生物〕「海洋学」著わす ツーレー（フランス）、「海洋学」（静力学、動力学）を著わす。

この年 〔海洋・生物〕地中海、紅海の海洋調査 「ポーラ号」（オーストリア）地中海、紅海の海洋調査を行う。

1891年
(明治24年)

6.22 〔港湾〕「海外諸港ヨル来ル船舶ニ対シ検疫施行方」公布 勅令「海外諸港ヨル来ル船舶ニ対シ検疫施行方」が公布され、コレラ流行地以外でも内務大臣が指定する外国諸港から来航する船舶には検疫を実施することとされた。

7.11 〔海難事故・事件〕「三吉丸」「瓊江丸」の衝突事件 汽船「三吉丸」（97トン）と汽船「瓊江丸」（77トン）とが北海道白神岬南方約1海里半の海上で衝突し、その結果、「瓊江丸」は沈没し、同船の乗客及び船長以下乗組員合わせて261人が死亡した。

この年 〔海洋・生物〕ウニの完全胚を得る ドリーシュ（ドイツ）、ウニの卵を用い、分割実験で完全胚を得る。

この年 〔海洋・生物〕トンガ海溝発見 「ペンギン号」、ケルマデック、トンガ諸島付近に9,000mをこえる海溝を発見する。

この年 〔海洋・生物〕海底堆積物学の確立 マレー（英国）、レナード（ベルギー）、海底堆積物学を確立。

1892年
(明治25年)

4.5 〔海難事故・事件〕汽船「出雲丸」沈没事件 汽船「出雲丸」（446トン）が、朝鮮南岸所安群島付近において暴風のため暗礁に乗り揚げて沈没し、船客28人と乗組員26人が行方不明となった。

6.23 〔船舶・操船〕海上衝突予防法公布 1953年12月まで施行することとなる海上衝突予防法を公布。

11.30 〔海難事故・事件〕軍艦千島衝突沈没 フランスから回航の途中悪天候のため長崎に寄り、神戸へ向かっていた軍艦「千島」が、長崎から香港へ向かっていた英国の汽船「ラヴェンナ」と衝突。「千島」は衝突直後に沈没、乗組員のほとんどが犠牲となった。「千島」は佐世保の伝令艦としてフランスで建造された水雷艦で、1890年11月に

進水式を終えていた。

この年　〔船舶・操船〕初の水雷艇駆逐艦　英国は最初の水雷艇駆逐艦として「ホーネット」と「ハヴォック」の2隻を導入した。

この年　〔軍事・紛争・テロ〕アームストロング砲、軍艦に搭載　海軍の技術会議でアームストロング砲6インチ速射砲と無煙火薬の採用を決定、英で建造中の軍艦「吉野」に搭載。

この年　〔軍事・紛争・テロ〕海岸砲を全国に配備　海岸砲212門を全国砲台に配備し、伊ブラッチャリニ式照準器を購入。

この年　〔自然災害〕震災予防調査会設立　文部省所轄で地震や震災に関する研究機関として震災予防調査会が設立される。

この年　〔水産・漁業〕オホーツク海の漁業区域認可へ　コルサコフ港駐在の久世原貿易事務次官とウラジオストック駐在二橋貿易事務次官は、日本漁夫によるオホーツク海沿岸、カムチャッカでの漁業権を認めている樺太・千島交換条約により、地方庁より日本人漁夫の漁業認可を得た。漁業区域は地方庁が定め、水揚げ物の検査と納税、日本の貿易事務次官発行の認可状の携帯が義務づけられる。

この年　〔水産・漁業〕沖合操業始まる　ヤンノー型漁船ができ、10日以上の沖合操業が可能になる。

1893年
(明治26年)

1.12　〔軍事・紛争・テロ〕衆院軍艦建造費否決　衆議員で軍艦建造費についての議案を否決。

2.10　〔軍事・紛争・テロ〕建艦費のために減俸　「在廷ノ臣僚帝国議会ノ各員ニ告グ」の詔書を下す。建艦費補充のため6年間文武官俸給の1割を納付、内廷費30万円ずつを下附。

3.3　〔船舶・操船〕海難取調手続制定　船長等に海難報告を義務付ける、海難取調手続を制定。

3月　〔自然災害〕根室、釧路沖地震　根室、釧路沖の地震により津波(階級2)発生。函館で3m余の高さを記録。

9.8　〔船舶・操船〕海技免状取扱規則公布　海技試験合格者ならびに外国の海技免状所持者が、わが国の免状を取得する場合の手続きを定める、海技免状取扱規則を公布。

この年　〔船舶・操船〕初の水雷駆逐艦建造　英国、初めての水雷駆逐艦「ハヴォック」を建造。

この年　〔航海・技術〕アメリカ彦蔵自叙伝刊行　アメリカ彦蔵の自叙伝『開国之滴』が刊行された。1850年に漂流、救助されアメリカ本土に渡り、帰国後は新聞発行などを行った波乱の生涯を記したもの。

| この年 | 〔航海・技術〕ナンセン、北極探検　ノルウェーの探検家フリチョフ・ナンセンが、「フラム号」で北極海を探検し、船を離れソリで北へ前進し、北緯86度4分の北極点までわずか320kmの人類最北の地点に達した。死水現象を認めた。グリーンランド海流の存在を証明した。

この年　〔航海・技術〕千島探検　郡司成忠と約80人の報效義会員は5隻のボートで千島へと向かい千島を探検した。

この年　〔水産・漁業〕ラッコ密猟船小笠原に　ラッコの密猟のためアメリカから40隻を越える船が日本に向かった。そのうち20隻ほどが途中の悪天候のため小笠原に寄港。密猟船はいずれもほどなく千島近海へ向けて出港した。

この年　〔水産・漁業〕出稼ぎ漁民1300人　ロシア領サガレン島で漁業の出稼ぎを希望するものが増加。サガレン島在留領事を経てロシア政府より認可状を得た船は40艘、乗組員、漁夫等の総数は1369人にのぼった。

この年　〔水産・漁業〕初めて南極で捕鯨　テイ捕鯨会社（英国）初めて南極に捕鯨船3隻を出漁。

1894年
(明治27年)

5.26　〔港湾〕「清国及ビ香港ニ於テ流行スル伝染病ニ対シ船舶検疫施行ノ件」　勅令「清国及ビ香港ニ於テ流行スル伝染病ニ対シ船舶検疫施行ノ件」が公布された。清国・香港で流行中のペスト対策。6月7日、ペスト患者の発生したアメリカ船「ペリュー号」が長崎に入港、住民の不安を呼んだ。

7.25　〔軍事・紛争・テロ〕豊島沖海戦　日清戦争の発端となる豊島沖海戦がおこる。

9.17　〔軍事・紛争・テロ〕黄海海戦　「松島」を旗艦とする日本海軍連合艦隊が清国海軍北洋艦隊を黄海海戦（鴨緑江海戦）で敗る。

10.20　〔建築・土木〕新パナマ運河会社設立　新パナマ運河会社（アメリカ）設立。11月1日工事を再開。

この年　〔船舶・操船〕船用蒸気タービンの道をひらく　「タービニア号」（英国）が船用タービン設備のモデル船として建造される（2,400馬力）。

この年　〔海運・造船〕軍艦吉野でボンベイ視察　フランスから帰航中の軍艦「吉野」は前年12月21日にスペインに到着。日本郵船が航路を開くボンベイが航行路上にあたるため、着艦の上一週間ほど海運事業を視察するようにと海軍大臣が訓令を出した。

この年　〔軍事・紛争・テロ〕12インチ砲、18インチ魚雷などを購入　日本海軍、英より12インチ砲、18インチ魚雷、水中発射管を購入。

1895年
(明治28年)

2.2 〔軍事・紛争・テロ〕威海衛軍港陸岸を占領　日清戦争で日本軍が威海衛軍港陸岸を占領。

2.12 〔軍事・紛争・テロ〕日本海軍、北洋海軍を破る　日清戦争、北洋海軍が日本に降り丁汝昌が自殺。

4月 〔船舶・操船〕須磨丸完成　三菱長崎造船所「須磨丸」完成、2重底を備え1,000トン級航洋船建造の初め。

6.21 〔建築・土木〕キール運河開通　北海とバルト海をつなぐキール運河(ドイツ)が開通。

9.19 〔海難事故・事件〕軍艦千島沈没事故示談成立　帝国軍艦「千島」が英国の商船と衝突して沈没した事故の裁判が英国枢密院で開かれ日本側が勝訴。85万円の損害賠償請求は横浜で開廷する予定だったが、9月に1万ポンドと訴訟費用を商船保有会社ピーオーが支払うことで示談が成立した。

11月 〔領海・領土・外交〕ブラジルと修好通商航海条約調印　ブラジルと修好通商航海条約に調印し、外交関係を樹立した。

12月 〔領海・領土・外交〕軍艦八重山、公海上で商船を臨検　10月20日、帝国軍艦「八重山」が公海上で英国商船「テールス号」に対して臨検捜査を行った事件は、日英政府の交渉の結果、日本政府は法にかなった行為ではなかったとし、報償を約束して決着した。

この年 〔地理・地学〕ナウマン説を批判　小藤文次郎、日本大地溝帯ナウマン説を批判。

この年 〔航海・技術〕初の30ノット超え　仏魚雷艇「フォルバン」船舶史上初めて30ノットを超える速力をマーク。

この年 〔海洋・生物〕水理生物調査　「インゴルフ号」(デンマーク)北大西洋の水理生物調査をする。

1896年
(明治29年)

1.11 〔海難事故・事件〕汽船酒田丸火災事件　香川県那珂郡広島沖合で汽船「酒田丸」の火災事件が発生。当時、大型船の火災事件として世論をにぎわした。また、海損保険の清算を日本人が行った最初の海難事件であった。

3.24 〔海運・造船〕航海奨励法・造船奨励法公布　航海奨励法・造船奨励法が公布された。

10月1日に施行。大型鉄鋼汽船に対し奨励金を交付。

3.26 〔海運・造船〕開港外の外国貿易港を定める　開港外の港での外国貿易のための船舶の出入りや貨物の輸出入が条件付きで認められることになった。船が日本人所有であることが条件で、港はそれぞれ勅令で指定され、船の出入りや貨物の積み降ろしについては税関法及び税関規則が適用される。4月1日施行。

3.31 〔港湾〕船員がペストにより横浜で死亡　米国船で29日に香港から横浜へ来た中国人が船中で病気にかかり、横浜の支那病院で治療を受けたがペストだということがわからぬまま31日に死亡。横浜警察署検疫係の依頼で伝染病研究所が遺体を調査したところペストと判明、充分に消毒を行った上で埋葬し直した。

6.13 〔海難事故・事件〕「豊瑞丸」「河野浦丸」の衝突事件　広島県大久野島灯台付近で汽船「豊瑞丸」と汽船「河野浦丸」が衝突。16人死亡。

6.15 〔自然災害〕明治三陸地震　三陸沖を震源としてマグニチュード8.5といわれる大地震が起こった（東経144度、北緯39.5度）。地震による直接の被害は軽微であったにも関わらず、発生した巨大津波により甚大な被害が出た。津波の波高は最大で38.2mに達したといわれる。人的被害としては死者26360人、行方不明者44人、負傷者4398人を出し、多数の家屋、船舶、家畜、堤防、橋梁、山林、農作物、道路などが流失または損壊した。

10.15 〔海運・造船〕川崎造船所設立　資本金200万円で株式会社川崎造船所設立。初代社長には松方幸次郎が就任した。

12.3 〔海運・造船〕三菱に造船奨励法最初の認可　郵船「常陸丸」受注、三菱に造船奨励法最初の認可。

この年 〔軍事・紛争・テロ〕魚雷にジャイロスコープ装着　オーストリアの技師ルードヴィヒ・オブリーが魚雷の進路を真っ直にするためのジャイロスコープを装着した。これによって射程は飛躍的に伸びた。

この年 〔水産・漁業〕『欧米漁業法令彙纂』　水産調査所『欧米漁業法令彙纂』刊行。

1897年
（明治30年）

2.4 〔海難事故・事件〕「尾張丸」「三光丸」衝突事件　沖縄航路貨客船「尾張丸」(656トン)と細島航路貨客船「三光丸」(198トン)とが、伊予国脇村鼻北方で衝突し、「三光丸」は沈没し、同船の旅客51人及び乗組員12人ができ死した。

3.31 〔軍事・紛争・テロ〕海軍省に医務局設置　勅令「海軍省官制」が改正され、海軍省に医務局が設置された。

3月 〔船舶・操船〕水産講習所と改称　水産伝習所は農商務省に移管し、水産講習所と改称。

1897年(明治30年)

4.1	〔海運・造船〕造船協会(現・日本船舶海洋工学会)設立	船舶及び海洋工学に関する学術技芸を考究し、その発達を図ることを目的として造船協会を設立。日本の船舶工学、海洋工学を代表する唯一の学会。2005年、日本造船学会(旧・造船協会)、関西造船協会、西部造船会が統合し日本船舶海洋工学会として発足。
4.2	〔水産・漁業〕遠洋漁業奨励法	遠洋漁業奨励法が公布(1898年4月1日施行)された。
4.6	〔船舶・操船〕海員審判所の組織	高等海員審判所が東京・逓信省内に、地方海員審判所が東京・大阪・長崎・函館に常置される。
5.2	〔軍事・紛争・テロ〕海軍造兵廠条例	海軍造兵廠条例が公布された。
5.13	〔通信・放送〕世界初海を越えた無線	マルコーニが世界で初めて海を越えての無線通信に成功。
6月	〔船舶・操船〕初の蒸気タービン船の完成	パーソンズタービン(反動タービン)を装備した世界最初の英国の蒸気タービン船、チャールズ・アルジャーノン・パーソンズ卿の「タービニア号」が完成した。タービン船が従来の蒸気船よりもすぐれていることが示された。
7.19	〔港湾〕「汽車検疫規則」「船舶検疫規則」制定	内務省令「汽車検疫規則」および内務省令「船舶検疫規則」が制定された。
8月	〔海運・造船〕商船学校交友会(現・海洋会)発足	東京、神戸両商船大学と海技大学校本科の卒業生を会員とする組織として商船学校交友会(現・海洋会)が発足。海事に関する学術などの調査・研究・発展と会員の親睦を図ることを目的としている。
9.24	〔港湾〕「海軍病院条例」「海軍監獄条例」公布	勅令「海軍病院条例」および勅令「海軍監獄条例」が公布され、各軍港に病院・監獄が設置されることになった。
10.6	〔海難事故・事件〕シベリアで日本人漁夫殺される	「千歳丸」は正規の許可を持ち43人で4月よりシベリアで漁業を行っていたが、この日、係留中の「千歳丸」で留守番をしていた2名と、小屋番をしていた3人が、小銃を持った満州人に殺害された。「千歳丸」は18日、遺体を塩漬けにして帰国した。
10.22	〔軍事・紛争・テロ〕「海軍軍医学校条例」公布	勅令「海軍軍医学校条例」が公布され、海軍軍医学校が東京築地に設立された。
11.6	〔海洋・生物〕海獣保護条約調印	日本、ロシア、アメリカの3カ国の委員が参加していた海獣問題会議は3国委員が海獣に関する協商条約を調印して終了。海獣保護のための捕獲禁止期間の制定などをもりこんでいるが、条約の実現には各国の批准交換が必要な上に、3カ国の協商では根本的解決にはならないため英米両国の会議の結果を待つ他なく、破綻が危ぶまれた。
この年	〔海運・造船〕「伊豫丸」進水	川崎造船所、貨客船「伊豫丸」(727総トン)進水。
この年	〔航海・技術〕大西洋横断新記録	「カイザー・ヴィルヘルム・デア・クローゼ号」が大西洋東向き横断の平均速度で新記録を樹立。
この年	〔軍事・紛争・テロ〕初の国産海軍砲を製造	呉海軍工廠、最初の国産海軍砲を製造。
この年	〔通信・放送〕台湾~九州間海底電線	台湾~九州間868マイル(1389km)海底電線工事完成。

この年 〔海洋・生物〕和楽園水族館が開設　和楽園水族館が開設される。現在の兵庫区・和田岬で開かれた第2回水産博覧会会場の遊園地「和楽園」内に会期中に限って設置されたもの。建設の際にはポンプやバルブ、水槽や配管など随所に、神戸の優れた造船技術が用いられ、本格的な循環ろ過設備を備えたことから、水族館発祥は和楽園水族館ではないかという意見もある。

1898年
(明治31年)

1.7 〔海運・造船〕上海航路初航海成功　大阪商船会社の上海航路は、7日に「天龍川丸」、11日に「大井川丸」を出して初航海。船客549人で無事に到着。

2.15 〔海難事故・事件〕ハバナ湾で戦艦爆発　ハバナ湾で錨泊中の米戦艦「メイン号」が爆発・沈没。これをきっかけに米西戦争が始まる。爆発の原因はいまだに不明。

3.6 〔領海・領土・外交〕膠州湾租借　独、膠州湾の租借権を獲得。

3.22 〔船舶・操船〕装甲巡洋艦「浅間」進水　日本海軍が英アームストロング・ホイットワース社より購入した装甲巡洋艦「浅間」進水。

3.25 〔軍事・紛争・テロ〕独、第1次艦隊法が成立　ドイツ帝国で防衛のための艦隊建設を目的とした第1次艦隊法が成立。

5.10 〔軍事・紛争・テロ〕芸陽海員学校、創設　豊田郡東野村外十二ヶ町村組合、芸陽海員学校を創設。

5.10 〔軍事・紛争・テロ〕台湾総統を置く　海軍大将・樺山資紀が初代台湾総督に就任、台北に総督府を開庁する。

7.1 〔領海・領土・外交〕威海衛租借　英、清朝から威海衛を25年間の期限で租借。

7.8 〔港湾〕「開港規則」公布　勅令「開港規則」が公布され、流行病および伝染病の発生地より来航した船舶の取り扱いについて定められた。

9.1 〔海運・造船〕山陽汽船航路開設　山陽汽船が山口県・徳山～福岡県・門司間の航路を開業。

12.15 〔海運・造船〕東洋汽船海外航路開設　東洋汽船、香港・サンフランシスコ航路開設。

この年 〔地理・地学〕緯度変化観測事業　緯度変化観測の国際共同事業の分担決定。

この年 〔海運・造船〕呉に12トン平炉完成　海軍、呉に12トン平炉完成。小田式機雷を採用し水管式汽罐を「千代田」に装備。

この年 〔航海・技術〕ベルジガ号の南極探検　ド・ゲルラッハが指揮しアムンセンが参加し「ベルジガ号」(ベルギー)の南極探検が行われた。

この年 〔航海・技術〕初の単独世界一周　ジョシュア・スローカム(英国)が「スプレー号」で初の単独世界一周を成し遂げる。

この年　〔航海・技術〕北極探検に初めて砕氷船を使用　ロシア帝国海軍ステパン・マカロフ提督が北極海の探検航海に初めて砕氷船「イェルマーク」を使用した。

この年　〔軍事・紛争・テロ〕世界初、実用潜水艦開発に成功　J.P.ホランド（アメリカ）がタイプVIにて実用潜水艦の開発に成功。流線型の船体に前後軸上の固定重心、メインと補助のバラストを分離し、2つの推進システムを持つ。

この年　〔海洋・生物〕G.H.ダーウィン『潮汐論』刊行　チャールズ・ダーウィンの息子で、数理天文学者のジョージ・ハワード・ダーウィンが『潮汐論』を出版。この中で彼は自身の潮汐論や天体形状論を発展させ、月の起源について、太陽による潮汐の影響で地球から分離したという説を展開、その名を広めた。他の著書に『科学論文集』（全4巻）がある。

この年　〔水産・漁業〕ノルウェーの万国漁業博覧会　ノルウェーの万国漁業博覧会に岸上鎌吉、松崎正広を派遣し、漁船、漁具、缶詰類を出品。

この年　〔その他〕海岸保護林　本多静六『海嘯に対する海岸保護林』を著わす。

1899年
(明治32年)

2.14　〔港湾〕「海港検疫法」公布　「海港検疫法」が公布された。7月13日、「海港検疫法施行規則」を公布。8月4日、同法を施行。ペスト患者発生に備え、海外諸港および台湾から来航する船舶に対する恒常的検疫制度が確立された。

2.27　〔領海・領土・外交〕ペルーへの移民　日本よりペルーへの移民が出発する。

3.8　〔船舶・操船〕船員法公布（6月16日施行）　海洋を航行する20総トンまたは200石以上の船員に適用。船員となるための手続き、船員の権利義務を定める。近代的な船員法のはじまり。

3.8　〔船舶・操船〕船舶法公布（6月16日施行）　船舶に関する基本法規で、日本船たる資格、特権、船籍港、積量測度、登記、国籍取得などを定める。

3.8　〔海運・造船〕船舶法・船員法公布　日本船舶と海員の保護、管理、取締り等の改善を目的とする船舶法、船員法が公布される。

3.14　〔船舶・操船〕水先法公布（7月29日施行）　水先人は日本国民に限るなど、その資格権限などを定める。

3.29　〔船舶・操船〕水難救護法公布（8月4日施行）　遭難船舶を認知した市町村長は、直ちに救護に必要な処置をとることを義務づけ、その遂行上与えられる権限を定める。

4.13　〔港湾〕「海港検疫所官制」公布　勅令「海港検疫所官制」が公布された。横浜、神戸、長崎に内務省直轄の検疫所を設置するもの。

7.12　〔港湾〕開港とする港を追加指定　清水、門司、那覇、敦賀、小樽など22港が新たに開港された。うち、室蘭港は扱う物品に制限があり、またすべての港は2年ごとの輸

		出入貨物が5万円に達しない時は閉鎖するとの条件がついた。
8月	〔船舶・操船〕米海軍初の駆逐艦	米駆逐艦「ベイブリッジ」起工。同艦は米国海軍の駆逐艦登録の第1号であった。
10.11	〔領海・領土・外交〕ギリシャとの修好通商航海条約批准	6月にギリシャ・アテネで日本全権公使牧野信顕とギリシャ全権委員アトス・ローマノス外務大臣との間で調印されていた修好通商航海条約が批准された。
11.16	〔領海・領土・外交〕仏、広州湾を租借	仏・清国間で「中仏互訂広州湾租界条約」が正式に締結され、フランスが広州湾を99年間租借することが決められた。
11月	〔海運・造船〕帝国海事協会(現・日本海事協会)設立	海運・造船両業界の保護育成と海事関係法令の整備を目的として設立。
この年	〔船舶・操船〕タービンエンジン搭載の戦闘艦	戦闘艦として初めてタービンエンジンを搭載した英「バイパー」進水。
この年	〔海洋・生物〕ウニの人口単為生殖	ローブ(独→米)、ウニの卵による人口単為生殖に成功。
この年	〔海洋・生物〕国際海洋探究準備会開催	O.ペッターマン(スウェーデン)提唱により、ストックホルムで国際海洋探究準備会が開かれる。
この年	〔海洋・生物〕浅草公園水族館開館	浅草公園水族館が浅草四区に開館。開館まもなく発行された『東京名物浅草公園水族館案内』は日本で最初の水族館解説・案内書といわれている。
この年	〔その他〕塩素量滴定法確立	クヌーツセン(デンマーク)、塩素量滴定法を確立。

1900年
(明治33年)

2.9	〔軍事・紛争・テロ〕海軍無線電信調査委員会	日本海軍は無線電信調査委員会を設立し無線の研究開発を始める。
3.27	〔港湾〕門司港に海港検疫所設置	門司港に海港検疫所が設置された。
3.28	〔港湾〕「臨時海港検疫所官制」公布	勅令「臨時海港検疫所官制」が公布された。函館以下12港に検疫所を設置する内容で、9月25日に目的を達したとして廃止された。
5月	〔通信・放送〕関門海峡海底ケーブル	電話用海底ケーブルを関門海峡に敷設。
6.12	〔軍事・紛争・テロ〕独、海軍拡張法	ドイツで海軍拡張法案が議会を通過。
11.17	〔海難事故・事件〕「月島丸」沈没事件	駿河湾で東京商船学校練習船「月島丸」が暴風雨のため沈没、船長以下122人(うち学生79人)死亡。
この年	〔海運・造船〕千住吾妻急行汽船会社設立	千住吾妻急行汽船会社が設立される。通称青蒸気が浅草吾妻橋から千住大橋の間を就航した。

この年　〔軍事・紛争・テロ〕米国、潜水艦採用　米国がJ.P.ホランドのタイプⅥ潜水艦の設計を採用。

この年　〔海洋・生物〕赤潮報告　静岡県江の浦、三重県英虞湾で科学的研究として初めての赤潮報告がなされた。

この年　〔水産・漁業〕沿岸観測開始　水産局全国5ケ所で沿岸観測開始。

1901年
（明治34年）

4.13　〔水産・漁業〕漁業権の設立　日本の沿岸漁業に関し旧来の慣行に基づいて4種の漁業権を設立。

5.11　〔船舶・操船〕東京商船学校、分校を廃止　東京商船学校、大阪・函館の2分校を廃止。

5.27　〔海運・造船〕関門航路開業　山陽鉄道の神戸―下関間全通に伴い、徳山―門司間航路は廃止となる。かわって下関―門司間航路（関門航路）が開業した。

9.30　〔領海・領土・外交〕アルゼンチンとの通商航海条約公布　1898年2月にアメリカ・ワシントンで調印が済んでいた、日本とアルゼンチンとの通商航海条約が批准、公布された。

10.18　〔水産・漁業〕水産学校令制定　水産学校はそれまで農業学校規定に従っていたが、水産学校規定の公布により、農業学校とは種類が別となった。

11.18　〔建築・土木〕米国、パナマ運河管理権得る　米国、パナマ運河の建設・管理権を得る。

この年　〔海運・造船〕アメリカから造船を受注　アメリカ政府はフィリピン守備用の砲艦12隻のうち、2隻を浦賀船渠会社に、1隻を三菱造船所に注文した。日本の造船業がアメリカから注文を受けるのはこれが初めて。

この年　〔航海・技術〕独、南氷洋探検　独「ガウス号」（ドライガルスキー指揮）南氷洋探検を行う。

この年　〔航海・技術〕南極海探検　英国の「ディスカバリー号」が南極海を探検。

この年　〔通信・放送〕大西洋横断の無線通信に成功　マルコーニ（イタリア）、大西洋横断の無線通信に成功。

この年　〔海洋・生物〕ロテノン　永井一雄、魚の有毒成分を結晶化、ロテノンと命名。

この年　〔海洋・生物〕海洋調査用表　マルティン・クヌーセン「クヌーセン海洋調査常用表」を発表。

この年　〔海洋・生物〕国際海洋探究会議　第1回国際海洋探究会議（ICES）が行われる（クリスチャニア）。本部はコペンハーゲンにおかれた。

この年　〔水産・漁業〕トド島の漁権獲得　宗谷とサハリンの間にある小島トド島はロシア皇

室御料地だったが、3年ほどかけて交渉した結果今年初めて島での漁権を得た。潮流の流れから魚群が群集することも多く、海苔や海鼠も豊富で期待されている。

この年　〔水産・漁業〕南極捕鯨調査　「アンタークチック号」(スウェーデン)南極探検、捕鯨調査を行う。

1902年
(明治35年)

3.1　〔船舶・操船〕戦艦「三笠」完成　海軍の戦艦「三笠」が英で完成(15,362トン)。当時最高の技術・品質を集約。ドレッドノート以前の典型的な戦艦。

3.28　〔港湾〕「港務部設置ノ件」公布　勅令「港務部設置ノ件」が公布された。4月1日、施行。これに伴い「海港検疫所官制」を廃止。検疫所が地方庁の所管とされた。

4月　〔海運・造船〕宮島―厳島間航路　宮島渡航会社が宮島―厳島間航路を開業。

12.8　〔通信・放送〕太平洋横断ケーブルが完成　カナダ～ニュージーランド間に太平洋横断ケーブルが引かれ地球を一周する電信ルートが完成。

12月　〔軍事・紛争・テロ〕英国、ドイツ、イタリアがベネズエラの5港を海上封鎖　ベネズエラが1899年に外国所有の鉄道その他の資産を没収したことに伴う補償金の支払不履行を理由に、英国、ドイツ、イタリアが、ベネズエラ海軍主力を捕虜にし、ベネズエラの5港を海上封鎖。12月19日アメリカの介入により、居中調停に同意。

この年　〔地理・地学〕緯度変化に関するZ項を発見　天文学者の木村栄、緯度変化に関するZ項を発見。

この年　〔航海・技術〕『北極海探検報告書』を刊行　ナンセン(ノルウェー)、『北極海探検報告書』を刊行。

1903年
(明治36年)

3.18　〔海運・造船〕瀬戸内海航路　山陽汽船、尾道―多度津間および岡山―高松間航路を開業。

5.8　〔海運・造船〕山陽汽船が宮島航路を継承　山陽汽船が宮島渡航株式会社の宮島航路を継承。

10.29　〔海難事故・事件〕東海丸沈没　北海道矢越沖で日本郵船の「東海丸」がロシア船「プログレス」と衝突・沈没。150人死亡。

11.5	〔建築・土木〕米、パナマ運河永久租借	米国、パナマとの条約で運河の両岸5マイルの地帯を永久に租借。
12.28	〔軍事・紛争・テロ〕日本、連合艦隊を編成	日本で第1・2艦隊を合わせて連合艦隊を編成。
この年	〔航海・技術〕仏、南極探検	シャルコー(フランス)の指揮で「フランセ号」が南極探検を行う。
この年	〔海洋・生物〕スクリップス海洋生物協会設立	米国にスクリップス海洋生物協会(現・スクリップス海洋研究所)を設立。
この年	〔海洋・生物〕堺水族館開館	堺水族館が第5回内国勧業博覧会閉幕後、堺市に払い下げられ開館。当時最高水準の施設内容を誇り、自然観察・生物教育・水産奨励のためのすぐれた文化施設として市内外から多くの来館者が訪れた。しかし1934年の室戸台風による高潮で大破し、さらに修繕中に火事にみまわれ全焼。1937年に再建したが1961年閉鎖。
この年	〔水産・漁業〕ミキモト・パールが世界へ	真珠養殖に成功した御木本幸吉がシカゴのコロンブス記念世界博覧会に出品し入賞した。翌年にも世界博覧会に出品して入賞し、「ミキモト・パール」の名が世界に知られるようになった。

1904年
(明治37年)

1月	〔通信・放送〕佐世保~大連に海底電線	佐世保~大連間に軍用海底電線を敷設。
2.10	〔軍事・紛争・テロ〕ロシアに宣戦	日本がロシアに宣戦布告。日本は旅順のロシア極東艦隊に対し、水雷艇が奇襲攻撃を行い、日露戦争が開戦した。続いて日本は旅順を閉鎖し、仁川に上陸後、さらに北上し、5月1日、鴨緑江にてロシア軍を撃破。満州の大部分と朝鮮を占領して、ロシア軍を奉天まで後退させた。
4.23	〔建築・土木〕米、仏よりパナマ運河資産買収	アメリカ、フランスのパナマ運河会社の資産を4000万ドルで買収。
8.24	〔軍事・紛争・テロ〕バルチック艦隊極東へ	日露戦争、露、バルチック艦隊の極東派遣を決める。
10.21	〔軍事・紛争・テロ〕ドッガー・バンク事件	ロシアのバルチック艦隊が、英国漁船を日本の駆逐艦と誤認して砲撃。英国・ロシア関係が緊迫するが、1905年2月25日、フランス外相デルカッセと国際委員会の調停により和解。
11.24	〔海運・造船〕阪鶴鉄道が連絡船開設	阪鶴鉄道が舞鶴―宮津間連絡船を開業。
この年	〔自然災害〕『大日本地震資料』刊行	『大日本地震資料』(大森房吉、関谷清景監修)刊行。
この年	〔通信・放送〕初の海上気象電報	英で海上気象電報がはじめて行なわれる。

この年　〔海洋・生物〕赤潮プランクトン調査　岡村金太郎、西川藤吉が赤潮プランクトン調査を行う。

1905年
(明治38年)

3.1　〔水産・漁業〕遠洋漁業奨励法公布　1897年に制定されていた遠洋漁業奨励法が公布される。

4月　〔海運・造船〕阪鶴鉄道が舞鶴～境の連絡船開設　阪鶴鉄道が舞鶴―境間連絡船を開業。

5.27　〔軍事・紛争・テロ〕「敵艦見ゆ」を無線　哨艦「信濃丸」、日本海海戦に先立ち木村駿吉らによる無線電信で「敵艦見ゆ」と発信。

5.27　〔軍事・紛争・テロ〕日本海海戦でバルチック艦隊を撃破　日本の連合艦隊が、日本海海戦でロシアのバルチック艦隊の戦艦8隻すべてと巡洋艦8隻中7隻を撃破。連合艦隊は、東郷平八郎司令長官の戦術、参謀の秋山真之、佐藤鉄太郎の作戦、T字戦法、魚雷攻撃、下瀬火薬などにより敵を圧倒した。最強と言われたバルチック艦隊を日本海軍が破ったことは世界に大きな衝撃を与えた。6月8日、アメリカのルーズベルト大統領が日露に講和会議の招請状を送り、10日に日本、12日にはロシアが受諾。

6.27　〔軍事・紛争・テロ〕戦艦ポチョムキン号の反乱　ロシア戦艦「ポチョムキン号」で水兵の反乱が起こった。水兵たちはゼネスト中のオデッサに赤旗を掲げて入港し、労働者たちとデモ行進を行った。政府軍に鎮圧されたが、社会に衝撃を与えた事件となった。8月、ロシア皇帝は帝国議会を設立。続いて十月宣言を発表し、多くの改革を約束した。

8.22　〔海難事故・事件〕汽船「金城丸」衝突事件発生　英国の「バラロング号」(4,192総トン)と軍用船「金城丸」(2,038総トン)が瀬戸内海姫島灯台付近で衝突し、その結果、「金城丸」が沈没して旅客及び船員41人ができ死、124人が行方不明となった。

8月　〔航海・技術〕アムンゼン北西航路発見　ロアル・アムンゼン(ノルウェー)が北西航路を発見。同時に当時の北磁極の位置特定を成し遂げた。

9.11　〔海運・造船〕下関～釜山連絡船始まる　山陽汽船が下関～釜山間に「関釜連絡船」を隔日1往復で新設。「壱岐丸」(1,600トン級旅客船)が11時間30分かけて就航。

10.15　〔その他〕交響詩『海』初演　フランスの作曲家クロード・ドビュッシー作曲の交響詩『海』がパリで初演された。海の情景を表した管弦楽曲で、ドビュッシーの代表作の一つ。

11.1　〔通信・放送〕上海～米国直通海底電線開通　上海～米国間の直通海底電線開通。

この年　〔船舶・操船〕独、Uボート進水　ドイツのUボート潜水艦第1号(U-1)が進水。

この年　〔海洋・生物〕エクマンの海流理論　ヴァン・ヴァルフリート・エクマン(スウェー

デン)、新海流理論を発表する。

1906年
(明治39年)

2.10	〔船舶・操船〕タービン推進戦艦「ドレッドノート」進水　英国、戦艦「ドレッドノート」(18,000トン)進水。単一口径の2連装主砲塔5基を中央配備し副砲を廃止、蒸気タービン機関と4軸スクリューによる高速性など、戦艦の概念を一変させる革新的な艦で、弩(ド)級・超弩(ド)級の語を生んだ。	
6.1	〔通信・放送〕日米海底電線　日米直通の海底電線竣工。	
7.1	〔海運・造船〕阪鶴鉄道が舞鶴〜小浜の連絡船開設　阪鶴鉄道が舞鶴―小浜間航路を開業。	
9.11	〔海難事故・事件〕軍艦三笠沈没　佐世保港内で後部弾薬庫の爆発事故のために軍艦「三笠」、火災で沈没。	
9月	〔海運・造船〕隅田川蒸気船「2銭蒸気」　鉄道の開通以来、吾妻橋―永代橋間を運行する隅田川気船は乗客の減少に悩んでいたが、区間別の運賃を改定し2銭均一にすることで乗客を取り戻した。以後「2銭蒸気」と呼ばれる。	
この年	〔海運・造船〕日本初の潜水艇建造　川崎造船所、日本初の潜水艇ホーランド型潜水艇「第6」「第7」を完成し海軍に引き渡す。	
この年	〔海洋・生物〕ズンダ海溝発見　「プラネット号」(ドイツ)、インド洋を調査し、ズンダ海溝(7,455m)を発見する。	

1907年
(明治40年)

1.14	〔船舶・操船〕装甲巡洋艦「筑波」竣工　呉海軍工廠、装甲巡洋艦「筑波」竣工(13,750トン)。日本の造船所で起工した初の主要艦で、海軍造艦技術独立の指標とされる。
8.6	〔海難事故・事件〕高知で漁船遭難　高知の漁船が暴風雨のため遭難。行方不明者は800人ほど。
11.21	〔船舶・操船〕装甲巡洋艦「伊吹」進水　呉海軍工廠、装甲巡洋艦「伊吹」(14,636トン)完成。日本海軍最初のタービン搭載艦であった。
この年	〔船舶・操船〕モーリタニア号完成　蒸気タービンを装備した「モーリタニア号」(31,938トン)が完成、後に世界最大・最速の客船となり、豪華さ、速度、安全性から乗客に好評であった。

この年	〔航海・技術〕『航海年表』を刊行	海軍水路部『航海年表』を刊行。以後毎年刊行となる。
この年	〔通信・放送〕音響測深儀を発明	イールス(アメリカ)、ベーム(ドイツ)、音響測深儀を発明する。
この年	〔海洋・生物〕『海洋学教科書』を出版	クリュンメル(ドイツ)の『海洋学教科書』(第1巻)出版される。
この年	〔水産・漁業〕東北帝国大学農科大学に水産学科新設	東北帝国大学農科大学に水産学科(のち北海道帝国大学水産専門部)新設。

1908年
(明治41年)

3.7	〔海運・造船〕青函航路開業	国鉄が青森―函館間航路の運航を開始した。蒸気タービン船「比羅夫丸」(1,509トン)が就航。青森―函館間を4時間で結んだ。同年4月4日には「田村丸」(1,509トン)が就航した。
3.23	〔海難事故・事件〕「秀吉丸」「陸奥丸」衝突事件	北海道恵山岬灯台北東方沖で汽船「秀吉丸」と汽船「陸奥丸」が衝突する事件発生。212人死亡。
4.8	〔通信・放送〕無線電報規則公布	逓信省は、船舶の私設無線電信への対策として無線電報規則を公布した。
4.10	〔領海・領土・外交〕樺太島境界画定調印	ロシアと樺太島境界画定を調印する。
4.22	〔船舶・操船〕最初のタービン船「天洋丸」完成	三菱造船所で最初のタービン船「天洋丸」(13,454トン)が完成。
5.16	〔通信・放送〕海洋局無線電信局を設置	逓信省が海洋局無線電信局を設置。銚子無線電信局、東洋汽船所属天洋丸無線電信局の2局で、火花発信方式。
6月	〔船舶・操船〕初の船舶用タービン搭載商船進水	商船で国産船舶用タービンの初使用した「さくら丸」が進水。
9月	〔船舶・操船〕日本最初のタンカー	大阪鉄工所、日本最初のタンカー「虎丸」(531トン)を建造。スタンダード石油会社へ販売。
10.31	〔水産・漁業〕韓国と漁業協定結ぶ	日本、韓国との間で漁業協定に調印。
この年	〔港湾〕港湾の副振動を調査	本多光太郎、寺田寅彦等が日本全国港湾の副振動を調査。
この年	〔海運・造船〕軍艦「淀」竣工	川崎造船所、民間造船所初の100排水トン超の軍艦「淀」竣工。
この年	〔海洋・生物〕海底沈積物中の放射能	ジュリー(英国)、海底沈積物中の放射能を研究する。

この年　〔水産・漁業〕真円真珠を発明　御木本幸吉、真円真珠を発明。特許を得る。

1909年
(明治42年)

3.25　〔水産・漁業〕遠洋航路補助法　遠洋航路補助法公布（日本）。10月1日施行。
4.6　〔水産・漁業〕汽船トロール漁業取締規則　汽船トロール漁業取締規則公布（日本）。6月16日施行。
7.1　〔港湾〕横浜開港祭　横浜で開港50年の開港祭が行われる。
7.26　〔その他〕ドーバー海峡を飛行機で横断　ブレリオ（フランス）が初めてドーバー海峡を飛行機で横断する。
8.5　〔海運・造船〕宮津湾内航路　京都府北部、丹後半島東南側にある宮津湾内航路が開業した。
9月　〔通信・放送〕米国へ航行中の安芸丸、銚子無線局からの電波受信　「安芸丸」、米国へ航行中3,000マイル（4,800km）の距離で銚子無線局からの電波を受信。
この年　〔船舶・操船〕水中翼船を開発　E.フォルラニーニ、水中翼船を開発。
この年　〔船舶・操船〕明治天皇、清宣統帝に外輪蒸気船を贈る　清国の康徳帝（愛新覚羅溥儀）の即位を記念し、明治天皇は外輪蒸気ヨット「イェン・ヘ」を贈った。
この年　〔航海・技術〕ピアリー、北極点到達　ロバート・ピアリー（アメリカ）、北極点に達する。
この年　〔海洋・生物〕フグ毒をテトロドトキシンと命名　田原良純、フグ毒の成分を単離しテトロドトキシンと命名。
この年　〔海洋・生物〕モホ面を発見　地震学者アンドリア・モホロビチッチがモホ面を発見。
この年　〔水産・漁業〕「漁業基本調査」を開始　北原多作、岡村金太郎が各地の水産試験機関と連絡を取り海況、漁況を調査する「漁業基本調査」を開始。

1910年
(明治43年)

1.23　〔海難事故・事件〕逗子開成中学生水難　鎌倉七里ガ浜で逗子開成中学の生徒12人を乗せたボートが転覆し全員が死亡。
3.12　〔海難事故・事件〕常総沖で漁船遭難　千葉、茨城県の漁船（133隻）が、暴風雪のために常総沖で遭難。水死者は2000人余。

3.24	〔海洋・生物〕箱崎水族館開館	箱崎水族館は1910年に開催された勧業共進会の付帯施設として開館。博多湾や玄界灘の魚介類や鳥類を展示。全国でも最も早く開館した本格的な水族館であった。しかし現在の国道3号線開通時（1932年）に敷地の大部分が道路にかかり閉館となった。
5.1	〔海洋・生物〕「海上気象電報規定」実施	「海上気象電報規定」実施。海上気象に関し軍艦、船舶と電報の往復を開始。
7.22	〔海難事故・事件〕商船沈没	大阪商船「鉄嶺丸」が竹島灯台付近で沈没。死亡者200人余。
7.31	〔海難事故・事件〕猟奇殺人犯洋上で逮捕	妻を殺害し死体を切断、自宅地下に埋めたとして英国で死刑となったドクター・クリッペンが洋上で逮捕される。
10.11	〔海難事故・事件〕「三浦丸」乗揚事件	沖縄沿岸航路に就航中の貨客船「三浦丸」（140総トン）が暴風のため三重城燈台の北西約半海里の沖合の暗礁に座礁して乗組員4人と旅客34人ができ死し、旅客3人が行方不明となった。
10.12	〔その他〕「海の交響曲」初演	英国の作曲家レイフ・ヴォーン・ウィリアムズが作曲した最初の交響曲「海の交響曲」がリーズ音楽祭で初演された。アメリカの詩人ウォルト・ホイットマンの代表作『草の葉』から海に関する詩を抜粋して曲をつけたもの。
11.29	〔航海・技術〕白瀬中尉、南極探検に	白瀬矗中尉ら28名「開南丸」で芝浦を出帆し南極を探検。大和雪原を調査する。
この年	〔地理・地学〕北西太平洋平年隔月水温分布図作成	和田雄治が「北西太平洋平年隔月水温分布図」を作成。
この年	〔海洋・生物〕ベルリン大学海洋研究所創設	独、ベルリン大学が海洋研究所を創設。
この年	〔海洋・生物〕モナコ海洋博物館開設	海洋学者としても知られるモナコ大公・アルベール1世の命を受けモナコ海洋博物館開設。
この年	〔海洋・生物〕環流理論	ビヤークネス・サンドストレーム「環流理論」を出す。
この年	〔海洋・生物〕水理生物要綱	北原多作、岡村金太郎、「水理生物要綱」を著わす。

1911年
(明治44年)

1.18	〔船舶・操船〕飛行機が船を離着陸	米海軍の「ペンシルベニア号」の甲板に、カーティスのパイロット、E.エリアが着艦し、再び発艦する。
7.7	〔海運・造船〕ラッコ・オットセイ保護条約	日本、英国、アメリカ、ロシアが、ラッコ・オットセイ保護条約に調印。これにより、1912年4月22日以降、北緯30度以北の北太平洋におけるラッコ・オットセイ猟が15年間禁止されることとなった。

7月	〔軍事・紛争・テロ〕米海軍カーティス機を採用	米海軍、カーティス水上機を採用。
8月	〔船舶・操船〕「春洋丸」竣工	長崎造船所、国産パーソンズタービンを最初に据付けた「春洋丸」竣工。
10.1	〔海運・造船〕関森航路	下関—小森江間航路ではしけによる貨車航送が開始された。日本初の鉄道車両航送である。
12.5	〔海洋・生物〕フグ毒テトロドトキシン製造法特許	田村良純、フグ毒テトロドトキシン製造法特許取得。
12.14	〔航海・技術〕アムンゼン、南極到達	アムンゼン（ノルウェー）が世界で初めて南極点に到着。
この年	〔船舶・操船〕ディーゼル・エンジンを船に採用	「セランディア号」（デンマーク）にディーゼル・エンジンを初めて採用。
この年	〔通信・放送〕音響測深機	ベーム（ドイツ）、水深150mまでの音響測深機を完成。
この年	〔水産・漁業〕『日本産魚類図説』刊行	田中茂穂『日本産魚類図説』（全48巻）の編纂を手掛ける。

1912年
（明治45年/大正1年）

1.18	〔航海・技術〕スコット隊南極に到達	アムンゼン隊に約1か月遅れてスコット隊（英国）南極点に到達。
2月	〔建築・土木〕佐世保軍港岸壁、油槽工事が竣工	明治年間を通じ最大の海軍土木工事であった佐世保軍港岸壁、油槽工事が竣工。
3.29	〔航海・技術〕スコット隊全員が遭難死	南極を離れ帰国の途についていたスコット隊が遭難。全ての隊員が亡くなった。
4.14	〔海難事故・事件〕タイタニック号沈没	2201人の乗った英国の豪華客船「タイタニック号」が、処女航海中にカナダのニューファウンドランド島沖で大氷山に激突して沈没、1513人が死亡する。地中海に向かい途中だった英客船「カルパチア」はSOSを受信し最初に現場へ到着、706人を救出した。
4.16	〔軍事・紛争・テロ〕イタリア、ダーダネルス海峡砲撃	イタリアはダーダネルス海峡を砲撃。これに対しトルコが海峡を閉鎖するもロシアの抗議で再開。イタリアはロードス島及びドデカネス諸島を占領した。
9.22	〔海難事故・事件〕「うめが香丸」沈没事件	汽船「うめが香丸」（3,272総トン）が、門司大里沖で停泊中、暴風のため舷窓から浸水して傾斜し、転覆、沈没した。
11.24	〔領海・領土・外交〕セルビアのアドリア海進出に反対	24日、オーストリアは、セルビアのアドリア海への進出に反対する旨を声明。

| この年 | 〔船舶・操船〕英、高級戦艦建造　英、クイーン・エリザベス級高級戦艦（重油専焼）5隻建造。
| この年 | 〔船舶・操船〕戦艦「河内」完成　横須賀海軍工廠、最初のド級戦艦「河内」（20,823トン）を完成。
| この年 | 〔地理・地学〕全国地磁気測量　海軍水路部、磁針偏差図作成のため全国地磁気測量を実施。

1913年
（大正2年）

1.31　〔海運・造船〕関釜連絡船「高麗丸」「新麗丸」就航　下関—釜山間航路に「高麗丸」（3,108トン）就航。4月5日には「新麗丸」（3,108トン）が就航した。

2.11　〔海運・造船〕日本海事組合（現・日本海事検定協会）創立　港湾運送事業法に基づく鑑定・検量事業や船舶安全法に基づく諸検査をはじめ理化学分析、食品衛生分析などを目的として設立。

3.1　〔船舶・操船〕トロール漁業監視船「速鳥丸」進水　農商務省のトロール漁業監視船で無線電信を装備した「速鳥丸」が進水。

4.9　〔建築・土木〕運河法公布　運河経営に営利主義を認めた運河法を公布（日本）。運河通航料の徴収を承認。12月1日施行。

4.20　〔海運・造船〕阿波国共同汽船　阿波国共同汽船徳島—小松島間開業。

5.1　〔海洋・生物〕近海の海流調査を開始　大阪毎日新聞社が和田雄治の指導により日本近海の海流調査を開始。5年間に標識瓶を13,357個投入し、約3,000個を回収。

6.4　〔通信・放送〕初の無線電話使用　横浜にある通信省経理局倉庫と航海中の「天洋丸」との間で、TYK式無線電話機を使用した通信に成功した。

6月　〔船舶・操船〕「安洋丸」を竣工　三菱長崎造船所、日本最初の歯車減速タービンを装置した「安洋丸」を竣工。

6月　〔船舶・操船〕横浜高等海員養成所設立　海員掖済会は品川高等海員養成所を横浜会員掖済会出張所内に移し、横浜高等海員養成所を設立。

8.16　〔船舶・操船〕日本海軍最後の海外発注艦竣工　英ヴィッカース社で、日本海軍最後の外国製主力艦「金剛」を竣工。最初の14インチ砲搭載、27,500トン。同型艦「比叡」「榛名」「霧島」は日本国内で建造。

9月　〔海洋・生物〕魚津水族館開館　魚津水族館が富山県主催の共進会の第二会場として開館。日本海側では初の水族館としてのオープンであった。

11月　〔船舶・操船〕初の水上機母艦完成　初の水上機母艦「若宮丸」完成。

この年　〔航海・技術〕氷山監視の国際組織　国際氷山監視隊がつくられる。

この年　〔領海・領土・外交〕米国で湾外警備隊創設　米、コースト・ガード（沿岸警備隊）がつくられる。

この年　〔海洋・生物〕『海の物理学』出版へ　寺田寅彦『海の物理学』が出版される。

1914年
(大正3年)

1.23　〔海難事故・事件〕シーメンス事件議会で追及　島田三郎が衆議院予算委員会でシーメンス事件（海軍収賄事件）を追及。各紙でも報道される。

2.9　〔海難事故・事件〕海軍大佐拘禁　シーメンス事件により海軍大佐を拘禁。5月29日に海軍軍法会議にかけられ、有罪判決がでる。

8.15　〔建築・土木〕パナマ運河が開通　パナマ運河が開通。長さ80km、二重水門6か所、1906年にアメリカにより施工、スエズ運河を拓いたフェルディナン・ド・レセップスが開発に着手した。

10.18　〔軍事・紛争・テロ〕高千穂沈没　巡洋艦「高千穂」が膠州湾でドイツの魚雷のため爆沈される。乗員271人が死亡する。

10.29　〔軍事・紛争・テロ〕トルコ艦隊、オデッサ、セバストポリを砲撃　ドイツ軍巡洋艦2隻を含むトルコ艦隊が、ロシアのオデッサとセバストポリを砲撃した。

11.6　〔船舶・操船〕「門司丸」就航　関門航路に「門司丸」（256トン）が就航した。

12.10　〔海運・造船〕青函航路で鉄道航送始まる　青函航路ではしけによる鉄道車両の航送（鉄道航送）が開始された。

12.10　〔航海・技術〕パナマ運河通過　商船「徳島丸」が、日本の船として初めてパナマ運河を通過した。

12月　〔通信・放送〕海底電線竣工　長崎～上海間の海底電信線竣工。

この年　〔船舶・操船〕潜水艦Uボートが成果をあげる　第1次世界大戦で、ドイツの潜水艦Uボート「U-9」が、大きな成果をあげ、世界中に名前が知られるようになる。

この年　〔地理・地学〕『日本近海磁針偏差図』刊行　水路部、『日本近海磁針偏差図』を刊行。

この年　〔軍事・紛争・テロ〕コロネル沖海戦　フォン・シュペー中将率いるドイツ東アジア艦隊が、チリ沖で英国の巡洋艦2隻を撃沈させる。

この年　〔海洋・生物〕深海用音響測深機の発明　フェセンデン（アメリカ）、深海用音響測深機を発明。

この年　〔海洋・生物〕『日本近海の潮汐』を刊行　小倉伸吉、日本近海の潮汐について広く調査し詳細に記述した『日本近海の潮汐』を刊行。

1915年
（大正4年）

- 1.11 〔海難事故・事件〕ナイル号沈没　大正天皇の即位祝の財宝を積んだ英国の船「ナイル号」が、瀬戸内海伊予宇和島沖で座礁して沈没した。
- 1.13 〔軍事・紛争・テロ〕ダーダネルスへの海上作戦決定　英国はロシアの要請でダーダネルス海峡への海上作戦を決定した。2月19日、作戦開始。
- 1月 〔海運・造船〕燈光会設立　航路標識事業の発達を助成し、航路標識に関する知識の普及を図ることを主目的として設立。
- 2.4 〔領海・領土・外交〕ドイツ、対英封鎖を宣言　ドイツは潜水艦による対英封鎖を宣言した。
- 4.12 〔海洋・生物〕海底炭田浸水　海底炭田の宇部東見初炭坑で海水浸水事故がおきる。死者234人。
- 5.7 〔軍事・紛争・テロ〕ルシタニア号がドイツ潜水艦に撃沈される　英国客船「ルシタニア号」がアイルランド沖でドイツ潜水艦に撃沈された。死者1198人のうち、アメリカ人は128人。この事件で、英国はアメリカに参戦の働きかけを行った。13日、アメリカのウッドロウ・ウィルソン大統領は対独抗議の覚書に署名。6月8日、この対独強硬策に反対したウィリアム・ブライアン国務長官が辞任した。
- 8月 〔軍事・紛争・テロ〕初の空中魚雷攻撃　エドモンド大佐（英国）、トルコ汽船を電撃。これが初の空中魚雷による攻撃であった。
- この年 〔船舶・操船〕傾斜装甲盤防御法を採用　英、巡洋戦艦「レナウン」、傾斜装甲盤防御法を採用。
- この年 〔地理・地学〕大陸移動説　ウェゲナー（ドイツ）「大陸及び大洋の起源」で大陸移動説を提唱。
- この年 〔海運・造船〕西回り世界一周航路開設　日本郵船、西回り世界一周、ニューヨーク、ニュージーランド、南米東岸、欧州（ハンブルグ線、リバプール線）航路を開設。
- この年 〔軍事・紛争・テロ〕水中爆雷を開発　ハーバート・テイラー（英国）が水中爆雷を開発。1916年イギリス海軍で使用開始される。
- この年 〔軍事・紛争・テロ〕独、潜水艦無警告撃沈始める　ドイツの潜水艦が英国の艦船の無警告撃沈を開始。

1916年
(大正5年)

1.20　〔水産・漁業〕帝国水産連合会　第1回水産連合会大会(日本)開催される。

1.26　〔軍事・紛争・テロ〕横須賀大船渠開渠　横須賀海軍工廠にて横須賀大船渠の開渠式が行われる。

2.2　〔海難事故・事件〕「大仁丸」沈没事件　香港沖で大阪商船の「大仁丸」が英国船「臨安号」と衝突し沈没。死者137人。

3.20　〔水産・漁業〕海事水産博覧会　東京上野にて海事水産博覧会が開催される。

3.24　〔海難事故・事件〕サセックス号、ドイツの水雷で撃沈　フランスの連絡船「サセックス号」がドーバー海峡でドイツの水雷により撃沈した。アメリカ人数人が乗船していたため、4月18日、アメリカ大統領ウッドロウ・ウィルソンはドイツに強硬抗議。5月4日、ドイツは国際法の順守を約束した。

4.1　〔海難事故・事件〕若津丸沈没　「若津丸」が風雨のため福江沖で沈没する。死者112人。

5.31　〔軍事・紛争・テロ〕ユトランド沖海戦　ユトランド沖で英国とドイツの主力艦隊が激突した。

8.30　〔航海・技術〕シャクルトン隊生還　アーネスト・シャクルトンを隊長とする帝国南極横断探検隊が生還。マイナス37度の寒さと乏しい食料の中、南極圏で28人が実に22か月もの間耐え忍んだ。

1917年
(大正6年)

1.14　〔海難事故・事件〕軍艦沈没　軍艦筑波が横須賀で火薬庫爆発により沈没する。

1月　〔通信・放送〕航海中の商船が"放送"を受信　インド洋を航行中の商船「三島丸」が、「アフリカ沿岸にドイツ仮装巡洋艦がいるので警戒せよ」という発信元不明の電信を受信。発信元が不明だったため、通信日誌には「"放送"を受信」と記録された。公文書に初めて"放送"の文字が使用されたのがこの時である。

5.7　〔航海・技術〕宇高連絡船「水島丸」就航　宇野—高松間航路(宇高連絡船)に「水島丸」(336トン)が就航した。

5.31　〔軍事・紛争・テロ〕宮崎丸撃沈　日本初の武装商船「宮崎丸」が英国海峡でUボートに撃沈される。6月には「讚岐丸」も英仏海峡で撃沈された。

7.25 〔軍事・紛争・テロ〕海軍光学兵器の量産開始　日本光学工業株式会社（現・ニコン）創立、海軍光学兵器の量産開始。

12.6 〔海難事故・事件〕ハリファックス大爆発　カナダのハリファックス港で軍用火薬を積んだ貨物船「モンブラン」（フランス）と貨物船「イモ」（ベルギー）が衝突。点火した火薬類が大爆発した。集まった消火隊、救助隊、見物人など約2000人が死亡。約9000人が負傷し市の大半が廃墟となった。

この年 〔船舶・操船〕ディーゼルエンジンを搭載した最初の客船　ディーゼルエンジンを搭載した最初の英客船「アバ」進水。

この年 〔船舶・操船〕英、航空母艦完成　英、航空母艦「フューリアス」完成。

この年 〔船舶・操船〕私立川崎商船学校（現・神戸大学海事科学部）設立　川崎造船所の創立者の遺志より設立。1920年、官立の神戸高等商船学校に昇格。1952年、国立の神戸商船大学が設置、2003年、神戸商船大学と神戸大学が統合し、海事科学部を設置。

この年 〔海運・造船〕三井造船前身創業　三井物産株式会社造船部（現・三井造船）として岡山県児島郡日比町（現玉野市）で創業。

この年 〔軍事・紛争・テロ〕無線操縦魚雷艇、英艦撃破　独、無線操縦魚雷艇、英艦「モニトール」を撃破。

1918年
（大正7年）

1月 〔船舶・操船〕来福丸（9,100トン）竣工　川崎造船所、全行程を30日に短縮し「来福丸」（9,100トン）を竣工。

4.23 〔軍事・紛争・テロ〕ゼーブルッヘ基地を攻撃　英、独のUボート基地であるゼーブルッヘ基地を攻撃。港湾封鎖は失敗に終わるが、ドーバー海峡機雷敷設作戦に成果をあげる。

11.3 〔軍事・紛争・テロ〕ドイツ、キール軍港の水兵反乱　ドイツ・キール軍港の水兵が反乱を起こす。4日、労兵評議会がキール市を掌握した。

11.9 〔船舶・操船〕戦艦「長門」進水　八八艦隊計画により最初に作られた戦艦「長門」が進水。

12.9 〔海運・造船〕ロンドン航路開設　大阪商船がロンドン航路を開設する。

この年 〔海洋・生物〕海洋調査部設置　水産講習所が北原多作を主任とする海洋調査部を設置。

この年 〔海洋・生物〕北氷洋調査　「モード号」（ノルウェー）が北氷洋調査を行う。

1919年
(大正8年)

6.21　〔軍事・紛争・テロ〕スカパ・フローでの自沈　ドイツ外洋艦隊74隻がスカパ・フロー（スコットランド）で自沈。これにより30年に及ぶ英独海軍の対立に終止符がうたれる。

8.1　〔海運・造船〕関森航路で貨車航送　関森航路（下関小森江間）で自航船による貨車航送が開始された。

9.18　〔海運・造船〕川崎造船所争議　8時間労働制の本格的な実施を日本に最初にもたらした、川崎造船所争議が起きる。

10.10　〔航海・技術〕宇高航路で貨車航送　宇高航路ではしけによる貨車航送が始まる。

この年　〔地理・地学〕メートル法採用　国際水路会議でメートル法採用を決議。

この年　〔地理・地学〕国際学術連合設立　国際学術連合（ICSU）設立。下部組織として国際測地学および地球物理学連合（IUGG）を設ける。

この年　〔海運・造船〕川崎汽船創立　川崎造船所、船舶部を分離して、川崎汽船（株）を設立。

この年　〔海洋・生物〕国際海洋物理科学協会設立　国際海洋物理科学協会（IAPSO）設立。

1920年
(大正9年)

4月　〔船舶・操船〕国内初全熔接船竣工　三菱長崎造船所、日本最初の全熔接船「諏訪丸」（421トン）竣工。

7.23　〔港湾〕横浜港駅で旅客営業開始　1911年以来貨物駅として使用されていた横浜港荷扱所を横浜港駅として開業。日本郵船の横浜―サンフランシスコ航路に接続するボート・トレインが東京駅と横浜港駅の間で運行された。

8.26　〔航海・技術〕神戸海洋気象台設置　海運業者からの希望により神戸に海洋気象台が設置される。

11.9　〔船舶・操船〕戦艦「陸奥」進水　八八艦隊計画により二番目に作られ、世界最初の16インチ（40cm）砲搭載の戦艦「陸奥」（33,800トン）が進水。

11.25　〔海運・造船〕戦艦「長門」完工　八八艦隊計画により最初に作られた戦艦「長門」が完工。

この年　〔船舶・操船〕サンビーム・ディンギーが誕生　船体が木製で出来たレース艇である

サンビーム・ディンギーがイングランド南部で誕生する。

この年　〔船舶・操船〕米、空母「ラングレー」建造　米、航空母艦「ラングレー」建造。同国初の空母で、世界最初の電動推進艦でもあった。

この年　〔地理・地学〕水路測量・海図作成がメートル法に　水路測量及び海図作成にメートル法採用。

この年　〔海運・造船〕スクラップ・アンド・ビルド政策導入　日本で政府より船の解体による資金を新造船に使うスクラップ・アンド・ビルド政策を導入。

この年　〔水産・漁業〕ウナギ産卵場所を突き止める　ヨハネス・シュミット、「デーナ号」で大西洋調査を行いウナギの産卵場所を突き止める。

この年　〔水産・漁業〕カツオ漁船ディーゼル化　カツオ漁船に国産初のディーゼル機関を装備。

1921年
（大正10年）

6月　〔地理・地学〕国際水路局設立　国際水路局（現・国際水路機関）設立。

7.7　〔海運・造船〕造船所3万人スト　神戸川崎、三菱両造船所の職工3万人がストライキ。

9.22　〔水産・漁業〕「機船底曳網漁業取締規則」公布　無動力船漁業者と機船底曳網漁業者の利害を調整する「機船底曳網漁業取締規則」公布。

9月　〔海運・造船〕神戸海運集会所（現・日本海運集会所）設立　ロンドンの海運取引所を参考にして設立。海事に関する商取引の健全な進歩発展を図り、広く海事関係諸産業の隆盛に寄与することを目的としている。

11.7　〔船舶・操船〕戦艦「加賀」進水　川崎造船所神戸工場で後に航空母艦に切り替えられることとなる戦艦「加賀」（39,900トン）進水。

11.12　〔軍事・紛争・テロ〕ワシントン海軍軍縮会議　ワシントン海軍軍縮会議開催。建造中の主力艦廃棄・保有率を協議。

11.13　〔船舶・操船〕「鳳翔」進水　航空母艦「鳳翔」進水。日本初の空母であり、起工時から空母として設計された世界初の艦でもある。

この年　〔地理・地学〕『潮汐表』刊行　水路部が『潮汐表』を刊行。

この年　〔海洋・生物〕『海と空』刊行　神戸・時習会より機関誌『海と空』刊行。

この年　〔海洋・生物〕海洋気象学会設立　海洋気象に関する研究の発展、知識の普及をはかることを目的に海洋気象学会が設立される。

この年　〔海洋・生物〕国際海洋物理学協会設置　国際測地学および地球物理学連合に国際海洋物理学協会（IAPO、現・国際海洋科学協会）を設ける。

この年 〔水産・漁業〕『漁村夜話』刊行　北原多作『漁村夜話』が出版される。
この年 〔水産・漁業〕工船式カニ漁業始まる　和島貞二、カニ缶詰めの船内製造を行う工船式カニ漁業（後の母船式）を始める。

1922年
（大正11年）

2.5 〔軍事・紛争・テロ〕ワシントン軍縮条約に基づき建造中止命令　日本海軍、ワシントン軍縮条約に基づき、戦艦「土佐」（三菱長崎造船所）など9隻に建造中止命令。

2月 〔軍事・紛争・テロ〕ワシントン海軍軍縮条約締結　ワシントン軍縮条約により、米、英、仏、伊、日の軍艦保有数を制限。

5.18 〔海運・造船〕関釜連絡船「景福丸」就航　下関―釜山間航路に「景福丸」（3,619トン）が就航した。

7.28 〔海洋・生物〕京大附属瀬戸臨海研究所開所　京都帝國大学理学部附属瀬戸臨海研究所として開所。

11.12 〔海運・造船〕関釜連絡船「徳寿丸」就航　下関―釜山間航路に「徳寿丸」（3,619トン）が就航。

12.27 〔船舶・操船〕世界最初の航空母艦竣工　世界最初の航空母艦「鳳翔」（9,494トン、31機搭載）横須賀海軍工廠で竣工。

この年 〔海運・造船〕港湾協会設立　港湾に関する政策立案、啓蒙活動の推進、関係者の連携強化、施設整備・管理の改善、貿易の進展と経済基盤の強化に寄与することを目的として設立。

この年 〔海洋・生物〕『日本環海海流調査業績』刊行　和田雄治による日本近海の海流瓶による海流調査結果を熊田頭四郎がまとめ『日本環海海流調査業績』として出版。

1923年
（大正12年）

3.5 〔船舶・操船〕快速巡洋艦「夕張」進水　平賀譲設計で最初の重油専焼装置を搭載した快速巡洋艦「夕張」が進水。

3.12 〔海運・造船〕関釜連絡船「昌慶丸」就航　下関―釜山間航路に「昌慶丸」（3,619トン）が就航。「景福丸」、「徳寿丸」の姉妹船である。

4.1 〔海運・造船〕関釜連絡船、客貨混載便を廃止　下関―釜山間航路に「景福丸」「徳

寿丸」「昌慶丸」が就航し輸送能力が整備されたことを受け、客貨混載便を廃止。旅客便2往復を昼航8時間、夜航9時間に短縮した。

5.20 〔港湾〕神戸に近代的港湾倉庫建設　三菱倉庫会社、神戸に日本最初の近代的港湾倉庫を建設。

8.21 〔海難事故・事件〕潜水艦「第70」沈没　淡路島仮屋沖で潜行試運転中に潜水艦「第70」(853排水トン)が沈没。88名死亡。

9.1 〔自然災害〕関東大震災　小田原近辺を震源とする地震が発生した。マグニチュードは7.9(1952年発表)で、震源は東経139度8分、北緯35度19分の地点。最大震度(阪神・淡路大震災後改定された新しい震度階級)は7、神奈川・東京・千葉・静岡など広範囲で震度5以上の揺れがあった。この地震で建造物の倒壊、地割れ、山崩れや津波(階級2、流出家屋868戸)が発生。全体で死者・行方不明者を合わせて14万2千人以上の犠牲者を出した。震災に伴う震災域調査として初となる相模湾測量が行われた。

10.19 〔水産・漁業〕カツオ魚群発見に飛行機を使用　三重県水産試験場、志摩半島海岸でのカツオ魚群の発見に飛行機を使用。

1924年
(大正13年)

1.25 〔船舶・操船〕ディーゼル客船「音戸丸」竣工　三菱造船(神戸造船所)、ディーゼル客船「音戸丸」を竣工。

4月 〔水産・漁業〕カツオ漁船第3川岸丸(76トン)建造　無線電信装備のカツオ漁船「第3川岸丸」(76トン)建造。

9.30 〔領海・領土・外交〕ペルーと通商航海条約　日本とペルーが通商航海条約に調印する。

11.1 〔海運・造船〕青函連絡船「松前丸」就航　「翔鳳丸」につづき青函航路に車載客船「松前丸」が就航した。「翔鳳丸」は浦賀船渠、「松前丸」は三菱造船長崎造船所の竣工であった。

12.30 〔海運・造船〕青函連絡船「飛鸞丸」就航　青函航路に車載客船「飛鸞丸」が就航した。竣工は浦賀船渠。

この年 〔水産・漁業〕カニ工船大型化　八木実通、カニ工船に大型汽船(「樺太丸」32,831トン)を使用し高成績をあげる。

1925年
（大正14年）

2.10 〔自然災害〕中央気象台、天気無線通報開始　中央気象台が天気無線通報（現在の船舶気象無線通報）を開始。

4.21 〔海難事故・事件〕「来福丸」沈没　カナダのハリファックス沖で貨物船「来福丸」（5,857GT）が、しけで転覆沈没、乗組員28人死亡。

4月 〔船舶・操船〕東京高等商船学校と改称　東京商船学校は文部省へ移管し、修業年限4年6月を5年6月に改め、東京高等商船学校と改称。

4月 〔海洋・生物〕マリアナ海溝（9,814m）鋼索測探を始める　重松良一が指導する測量艦「満州」が日本南海観測、黒潮、赤道流調査、マリアナ海溝（9,814m）鋼索測探を始める。

7.4 〔海運・造船〕ラトビアと通商航海条約　日本とラトビアが通商航海条約に調印する。

7.23 〔海運・造船〕上海航路復活　日本郵船が、上海航路を復活させる。

8.1 〔海運・造船〕青函航路で貨車航送始まる　青函航路で自航船による貨車航送が開始された。

この年 〔地理・地学〕ペルー海流調査　「W.スコレスビー号」（英国）、ペルー海流の調査。

この年 〔海洋・生物〕「メテオール号」の音響探測　メルツ（ドイツ）「メテオール号」でベーム式音響測深機を使い大西洋海底地形の長期精密調査実施。

この年 〔海洋・生物〕大西洋生物調査　「アークチュラス号」（アメリカ）、大西洋の生物調査を行う。

この年 〔海洋・生物〕風浪発生の理論　ジェフリーズ（英国）、風浪発生の理論を提唱。

この年 〔その他〕採水器発明　ナンセン（ノルウェー）、採水器を発明。

1926年
（大正15年/昭和1年）

1.18 〔その他〕映画『戦艦ポチョムキン』公開　映画『戦艦ポチョムキン』公開される。ソヴィエト政府が1905年の戦艦ポチョムキンの反乱20周年記念作品と作らせた。

3.10 〔船舶・操船〕潜水艦「伊1号」竣工　川崎造船所、潜水艦「伊1号」（2,135トン）を竣工。

3.11 〔船舶・操船〕巡洋艦「古鷹」竣工　三菱長崎造船所、「古鷹」を竣工（8,586トン）。

ワシントン条約の制限に沿った日本最初の重巡洋艦。

11月 〔その他〕『海に生くる人々』刊行　葉山嘉樹、『海に生くる人々』を改造社より刊行。

この年 〔地理・地学〕『大西洋の地理学』刊行　G.ショット（ドイツ）著『大西洋の地理学』を刊行。

この年 〔海運・造船〕日本郵船、第二東洋汽船株式会社を合併　日本郵船、第二東洋汽船株式会社を合併しサンフランシスコ、南米西岸航路を継承。

1927年
（昭和2年）

3.9 〔海難事故・事件〕「霧島丸」遭難　鹿児島商船学校の練習船「霧島丸」が犬吠埼沖で荒天のため遭難、船長以下53人全員死亡。当時、各商船学校の練習船は木造船で海難も多く、この事件が大型鋼船練習船の建造と航海訓練所新設の契機となった。

6.8 〔海運・造船〕青函航路の鉄道航送廃止　青函航路でのはしけによる鉄道車両の航送が廃止される。

8.24 〔海難事故・事件〕駆逐艦・巡洋艦衝突　島根県美保関の北東で夜間演習中の駆逐艦「蕨」と巡洋艦「神通」が衝突、「蕨」は約15分後に沈没、「神通」も一部浸水はしたが無事だった。この事故で「蕨」に乗艦していた90名が行方不明となった。

11.19 〔船舶・操船〕トロール船「釧路丸」竣工　共同漁業、世界最初の本格的ディーゼル・エンジンを搭載したトロール船「釧路丸」（312トン）竣工。

この年 〔船舶・操船〕英、戦艦「ネルソン」完成　英、16インチ砲戦艦「ネルソン」完成。

この年 〔船舶・操船〕米空母「サラトガ」「レキシントン」完成　アメリカ、空母「レキシントン」「サラトガ」完成。ともに33,000トン。同国初の大型正規空母で、当時世界最大級の空母だった。

この年 〔軍事・紛争・テロ〕海軍、中島機を「三式艦上戦闘機」として採用　海軍、中島飛行機研究所のダロスター・ガンベット改良型を「三式艦上戦闘機」として採用。

この年 〔海洋・生物〕フィリピン海溝発見　「エムデン号」（ドイツ）、フィリピン海溝（水深1万m以上）を発見。

この年 〔海洋・生物〕松島水族館開館　松島水族館が日本三景・松島に開館。同じ場所で営業を続ける民営水族館としては、日本で最も古い歴史を持つ水族館である。

この年 〔海難事故・事件〕太平洋航路客船沈没　太平洋航路の客船がオホーツク海で沈没し、乗組員や乗客ら900名が溺死した。

1928年
(昭和3年)

12月 〔その他〕モーターシップ雑誌社創業 能勢行蔵、モーターシップ雑誌社を創業し、『モーターシップ』を創刊。この他、海事関係技術書を出版。1943年2月、天然社と改称。

この年 〔地理・地学〕『海洋力学』を著す デファント(ドイツ)、海洋成層圏を提唱する『海洋力学』を著す。

1929年
(昭和4年)

5月 〔水産・漁業〕『蟹工船』連載開始 小林多喜二、『蟹工船』を『戦旗』に連載開始 (～6月)。

10月 〔航海・技術〕宇高連絡船「第1宇高丸」就航 宇高航路に自航船「第一宇高丸」が就航した。

この年 〔船舶・操船〕客船「浅間丸」竣工 三菱長崎造船所、客船「浅間丸」(16,947トン)竣工。

この年 〔地理・地学〕音響測深実験成功 木村喜之助、駿河湾で音響測深実験に成功する。

この年 〔地理・地学〕『日本近海水深図』を刊行 水路部、初めての海底地形図『日本近海水深図』を刊行。

この年 〔海洋・生物〕フィリピン海溝で1万mを越す水深を測量 「スネリュウス号」(オランダ)、深海調査、フィリピン海溝で1万mを越す水深を測量。また東南アジア海域の海底の性状を明らかにする。

この年 〔海洋・生物〕ラマポ海淵(10,600m)ラマポ堆を発見 ラマポ(米艦)、太平洋横断の途中でラマポ海淵(10,600m)、ラマポ堆を発見する。

この年 〔水産・漁業〕水産試験場を創設 農林省、水産試験場を創設。

1930年
(昭和5年)

1.21 〔軍事・紛争・テロ〕ロンドン海軍軍縮会議開催　ロンドンで英国、アメリカ、日本、フランス、イタリアが出席して海軍軍縮会議が始まった。日本の全権は若槻礼次郎。

4.2 〔海難事故・事件〕「第一わかと丸」転覆事件　洞海湾で定員超過により汽船「第一わかと丸」が転覆する事件発生。乗客72名が死亡。

4.5 〔航海・技術〕宇高航路貨車航送　宇高航路で自航船による貨車航送が開始された。

4.22 〔軍事・紛争・テロ〕ロンドン海軍軍縮条約調印　ロンドンで海軍軍縮条約に調印。ワシントン海軍軍縮条約で決まった主力艦建造休止期限の延長、英・米・日の補助艦保有比率を100：100：69.75とすることなどが内容。国内では、統帥権の干犯であるとする反対意見もあった。

5.28 〔航海・技術〕「航海練習所官制」公布　「航海練習所官制」が公布された。

6.1 〔海洋・生物〕京都大学白浜水族館開館　京都帝國大学理学部附属瀬戸臨海研究所は昭和天皇行幸1周年を記念し、観覧設備を加えて水槽室を水族館として一般公開開始。これが京都大学白浜水族館の始まりである。

9月 〔海洋・生物〕中之島水族館開館　中之島水族館が日本で5番目の水族館として静岡県に開館。

この年 〔船舶・操船〕伊、高速軽巡艦「ジュッサノ」完成　伊、世界最高速軽巡艦「ジュッサノ」が完成。高速艦時代に入る。

この年 〔海運・造船〕高速貨物船「畿内丸」を建造　大阪商船の高速貨物船「畿内丸」を建造しニューヨーク急航サービスを開始。横浜〜ニューヨーク間を25日と17時間30分で走破。当時の船の平均35日間を大幅に短縮。

この年 〔航海・技術〕シュミット、ダーウィンメダル受賞　ヨハネス・シュミット（ドイツ）が海洋探検と動植物の遺伝学の研究でダーウィンメダル受賞。

この年 〔海洋・生物〕フライデーハーバー臨海実験所創設　米、ワシントン大学海洋研究所、フライデーハーバー臨海実験所創設。

この年 〔海洋・生物〕小倉伸吉に学士院賞　小倉伸吉「瀬戸内海潮汐の研究」に対し、学士院賞が授けられる。

1931年
（昭和6年）

2.9	〔海難事故・事件〕神戸港付近で汽船同士が衝突　尼崎汽船の「菊水丸」とフランスの汽船が神戸港の付近で衝突、沈没し、28人が死亡した。	
8月	〔船舶・操船〕水産試験船「昭南丸」建造　三菱長崎造船所、わが国最大の水産試験船「昭南丸」建造。	
10.17	〔海難事故・事件〕「陽南丸」遭難事件　アリューシャン群島アムチトカ島の南方80海里で貨物船「陽南丸」が遭難。船長以下45人全員死亡。	
12.24	〔海難事故・事件〕「八重山丸」「関西丸」衝突事件　来島海峡で汽船「八重山丸」と機船「関西丸」が衝突する事件発生。「八重山丸」が沈没し56人死亡または不明となる。	
この年	〔海運・造船〕日本モーターボート協会（現・舟艇協会）設立　舟艇に関する技術の研究を行い、その進歩発展および普及を図ることを目的として日本モーターボート協会（現・舟艇協会）を設立。	
この年	〔航海・技術〕潜水艦ノーチラス号の北極探検　ウィルキンス（オーストラリア）、潜水艦「ノーチラス号」により北極洋探検、81度51分Nに到達する。ただし観測は舵機の故障で挫折。	
この年	〔海洋・生物〕『海洋学』刊行　野崎隆治著『海洋学』を刊行。	

1932年
（昭和7年）

2月	〔海洋・生物〕鈴木商店に汚水除去要求　多摩川河口近くの川崎大師地区と対岸の羽田・大森などの漁民代表が、鈴木商店（現・味の素）に対して汚水排除施設の設置を要求した。また、多摩川で漁民らが船によるデモを行った。	
5月	〔水産・漁業〕日魯、露漁漁業を独占　日魯漁業がロシア領漁業をほとんど独占。	
この年	〔船舶・操船〕カルマンの発見船　1932年～34年にかけて、スウェーデンのカルマン湾の海底から次々と船の残骸が発見された。もっとも古い船で13世紀の沿岸航行船が見つかった。	
この年	〔航海・技術〕ヨットレース開催　日本ヨット協会主催の第1回ヨットレース開催。	
この年	〔航海・技術〕『舵』創刊　日本モーターボート協会機関誌として『舵』創刊。	
この年	〔航海・技術〕大西洋横断航空路線開設　独の飛行船「グラーフ・ツェッペリン」による大西洋横断航空路線が開設。	

| この年 | 〔航海・技術〕日本ヨット協会が発足　東西両日本ヨット協会の合意により、日本ヨット協会が発足。
| この年 | 〔海洋・生物〕『海洋学』刊行　丸川久俊著『海洋学』を刊行。
| この年 | 〔海洋・生物〕海洋学談話会設立　東京で海洋学談話会設立。

1933年
(昭和8年)

| 3.3 | 〔自然災害〕三陸地震が起こる　1933年3月3日、日本の三陸地方でマグニチュード8.1の三陸地震が起こる。地震の揺れによる被害は少ないにも係わらず、太平洋岸を津波が襲い、死者・不明者が3064人にのぼった。綾里湾で波高が28.7mに達した。
| 3.15 | 〔船舶・操船〕船舶安全法公布（1934年3月1日施行）　1930年の国際満載喫水線条約等への加盟を機に従来の船舶検査法、船舶喫水線法等船舶の安全規則に関する法律を統合し船舶安全法を公布。
| 8月 | 〔航海・技術〕大西洋横断　イタリアン・ラインの「レックス号」がジブラルタルと大西洋を横断。イタリア初のブルーリボンを獲得。
| 9月 | 〔航海・技術〕インターカレッジヨットレース開催　日本ヨット選手権と併せて第1回インターカレッジヨットレースを品川沖で開催。優勝は吉本・鈴木組（同志社）。
| 10.20 | 〔海難事故・事件〕「屋島丸」遭難事件　和田岬沖合で汽船「屋島丸」が台風で沈没。69人死亡。
| 10月 | 〔海洋・生物〕赤潮発生―有明海　有明海で大規模な赤潮が発生し、佐賀県特産の牡蠣をはじめ魚介類が壊滅的な被害を受けた。
| この年 | 〔航海・技術〕『ニワトリ号一番のり』刊行　ジョン・メイスフィールド『ニワトリ号一番のり』刊行。中国から茶を積んで英国への到着を競う帆船の物語。若い頃船員として各地を航海し、のち「海の詩人」として知られた桂冠詩人メイスフィールドの作品。
| この年 | 〔海洋・生物〕『海洋科学』刊行　須田皖次『海洋科学』を刊行。
| この年 | 〔海洋・生物〕東北冷害海洋調査　凶冷により東北冷害海洋調査が行われる。
| この年 | 〔海洋・生物〕『分類水産動物図説』刊行　浅野彦太郎著『分類水産動物図説』を刊行。

1934年
(昭和9年)

3.12　〔海難事故・事件〕水雷艇友鶴転覆　長崎県五島沖で最新型水雷艇「友鶴」が演習中に転覆、100人が死亡した。原因は兵装の過重により艦のバランスがくずれたため。

3.15　〔水産・漁業〕ソ連が日本漁船を抑留　ソ連の国境警備隊が、日本漁船をスパイ容疑で抑留した。

5.30　〔軍事・紛争・テロ〕東郷平八郎死去　元帥海軍大将・東郷平八郎が87歳で死去。

6.4　〔海洋・生物〕工場汚水で抗議　工場汚水の改善を求め、羽田漁業組合が味の素に抗議した。

7.16　〔軍事・紛争・テロ〕軍縮条約破棄を決定　海軍が軍縮条約破棄などの根本方針を決定する。

9月　〔自然災害〕室戸台風にともない大阪で高潮発生　室戸台風にともない大阪湾に高潮が起こり大被害が生じる。

10.22　〔軍事・紛争・テロ〕海軍軍縮第1回予備交渉開始　米国海軍は全天候衛星組織が軍艦の位置測定に実用化されていることを発表した。秘密裏に打ち上げた「セコアー」衛星3個が正確な軌道に乗り地球を回っており、三角測量法によって遠隔地転換の距離を計測する。

11.20　〔船舶・操船〕航空母艦「蒼龍」起工　日本の大型軽空母の基本形となった航空母艦「蒼龍」、呉工廠で起工（～1937年）。

11月　〔水産・漁業〕漁網の比較法則　田内森三郎、漁網の比較法則を発表。

12月　〔水産・漁業〕南氷洋捕鯨が始まる　初の南氷洋捕鯨が始まる。

この年　〔船舶・操船〕潜水球で3028フィート潜る　オーティス・バートンとウィリアム・ビービ（アメリカ）は潜水球で3028フィート（約923メートル）潜る。

この年　〔海運・造船〕東回り世界一周航路開設　日本郵船、中南米ガルフ、ペルシャ湾延航、北欧、マドラス、東回り世界一周航路を開設。

この年　〔航海・技術〕ウラジオストク～ムルマンスク間を85日で航行　ソ連、砕氷船「リュトケ号」、ウラジオストク～ムルマンスク間を85日で航行。

この年　〔海洋・生物〕製紙会社の工場廃水問題　静岡県田子ノ浦で富士地区の製紙会社の工場排水による汚染が問題となる。

1935年
(昭和10年)

1月	〔軍事・紛争・テロ〕堀越二郎設計の戦闘機を試作	堀越二郎が設計した海軍初の制式単葉戦闘機(九六式艦上戦闘機)を三菱重工業会社が試作。
3月	〔航海・技術〕国際ヨット競技連盟に加盟	日本ヨット協会が国際ヨット競技連盟(IYRU)に加盟。
3月	〔海洋・生物〕阪神水族館開館	阪神水族館が「浜甲子園阪神パーク」に開館。世界で初めてゴンドウクジラの展示飼育を行った。
4.14	〔船舶・操船〕「エンプレス・オブ・ブリテン号」が横浜に入港	太平洋最大の豪華客船「エンプレス・オブ・ブリテン号」が横浜に入港する。
6.18	〔軍事・紛争・テロ〕英独海軍協定に調印	独が英海軍の35%の海軍力を保有することを承認する英独海軍協定調印。
7.3	〔海難事故・事件〕「みどり丸」「千山丸」衝突事件	瀬戸内海で機船「みどり丸」と機船「千山丸」が衝突する事件が発生。107人死亡。
9.26	〔海難事故・事件〕津軽海峡で軍艦の船首が切損	駆逐艦「初雪」「夕霧」が津軽海峡で演習中台風に遭遇。電気溶接が原因で船首切損。以後電気溶接は使用中止となる。
9月	〔海洋・生物〕水俣で日本窒素アセトアルデヒド工場稼働	日本窒素水俣工場で第4期アセトアルデヒド工場が稼働を開始した。
10.2	〔船舶・操船〕仏高速戦艦進水	当時仏海軍最速の戦艦「ダンケルク」が進水。
10月	〔領海・領土・外交〕イタリア、エチオピア侵略	伊が船団を兵員輸送に利用してアビシニア(エチオピア)を侵略。
10月	〔水産・漁業〕トロール船メキシコに出漁	トロール船「湊丸」(664トン)メキシコに出漁。
12.9	〔軍事・紛争・テロ〕ロンドン海軍軍縮会議開催	日英米仏伊によるロンドン海軍軍縮会議が開催される。
この年	〔地理・地学〕『世界海洋水深図』刊行	モナコ国際水路局『世界海洋水深図』を刊行。
この年	〔地理・地学〕『大西洋、インド洋の地理学』刊行	G.ショット(ドイツ)著『大西洋、インド洋の地理学』を刊行。
この年	〔海運・造船〕クイーン・メリー号進水	「クイーン・メリー号」(英国)進水。建造にあたってキューナード・ラインとホワイト・スター・ラインが合併。
この年	〔航海・技術〕大西洋横断	「ノルマンディー号」(フランス)が大西洋横断。初めて大西洋を30ノットを超える速度で航行。ブルーリボンを獲得。
この年	〔通信・放送〕音響測深値を海図に	音響測深値を海図に採用決定。

この年　〔海洋・生物〕国際水理学会設立　国際水理学会（IAHR）設立。
この年　〔海洋・生物〕初の海底屈折波観測　ユーイング（アメリカ）ら「アトランティクス号」で初の海底屈折波観測。

1936年
（昭和11年）

4.8　〔通信・放送〕秩父丸、日本で初めて無線電話を使用　日本郵船会社「秩父丸」、日本で初めて無線電話を使用。

5.30　〔地理・地学〕航路統制法公布　航路統制法公布。8月1日施行。

7.8　〔船舶・操船〕航空母艦「飛龍」起工　航空母艦「飛龍」横須賀工廠で起工。1939年7月5日に完成。

8月　〔水産・漁業〕初の国産捕鯨母船進水　大阪鉄工所や神戸川崎造船所から続々と国産捕鯨母船が建造された。

10.29　〔通信・放送〕神戸港沖の観艦式を放送　日本放送協会は、円盤録音機を使用して、神戸港沖の観艦式を放送した。

11.5　〔海運・造船〕タイが通商航海条約破棄　シャム（現・タイ王国）が、不平等是正を理由に日本との通商航海条約の破棄を通告する。

11.16　〔海運・造船〕関釜連絡船「金剛丸」就航　下関―釜山間航路に鉄道連絡船「金剛丸」が就航した。冷暖房設備とベルト・コンベアを搭載、また、世界で初めて船内電力をすべて交流化した。下関―釜山間を7時間30分〜7時間45分で運航した。

11月　〔軍事・紛争・テロ〕「海軍現役武官商船学校配属令」　「海軍現役武官商船学校配属令」が公布された。

この年　〔地理・地学〕『日本近海深浅図』刊行　海軍水路部『日本近海深浅図』を刊行。1951年改版し海図第6901号として刊行。

この年　〔航海・技術〕ヨット五輪に初参加　日本、ベルリンオリンピックヨット競技に初参加。

この年　〔海洋・生物〕アレン、ダーウィンメダルを受賞　エドガー・ジョンソン・アレン（英国）が海洋生物学の発展への貢献でダーウィンメダルを受賞。

この年　〔海洋・生物〕「海洋と汽水域の水理的研究」　クニポーヴィッチ（ソ連）「海洋と汽水域の水理的研究」の大著を出す。

この年　〔海洋・生物〕『海洋観測法』が刊行　海洋気象台（現神戸海洋気象台）が『海洋観測法』を刊行。

1937年
（昭和12年）

1.31　〔海運・造船〕関釜連絡船「興安丸」就航　下関―釜山間航路に金剛丸型第2船として「興安丸」が就航した。速度は当時最速の23ノットを記録。終戦直後には在外邦人の引揚船として使用された。

6月　〔水産・漁業〕国際捕鯨取締協定採択　ロンドンで「国際捕鯨取締協定」が採択された。1946年、同協定を発展させた「国際捕鯨取締条約」が締結された。

9.5　〔軍事・紛争・テロ〕海軍が中国大陸沿岸封鎖　日本海軍が中国大陸沿岸の封鎖を宣言。

11.4　〔船舶・操船〕戦艦「大和」呉工廠で起工　戦艦「大和」呉工廠で起工（1941年12月16日完成）。

12.12　〔船舶・操船〕航空母艦「翔鶴」起工　航空母艦「翔鶴」横須賀工廠で起工（1941年8月8日完成）。

この年　〔海運・造船〕玉造船所設立　三井物産株式会社から分離独立し、株式会社玉造船所設立。

この年　〔航海・技術〕『ジョン万次郎漂流記』刊行　井伏鱒二『ジョン万次郎漂流記』（河出書房）刊行。江戸時代末期の漂流者万次郎の生涯を描く歴史小説。1938年に第6回直木賞を受賞。

この年　〔航海・技術〕砕氷調査船セドフ号（ソ連）の漂流　砕氷調査船「セドフ号」（ソ連）はラプテフ海で1937年10月に氷に閉ざされ、以降1940年1月グリーンランド海へ抜けるまで漂流。一時は北緯86度40分まで近づいた。

この年　〔軍事・紛争・テロ〕『海の男/ホーンブロワー』シリーズ刊行開始　セシル・スコット・フォレスター『海の男/ホーンブロワー』シリーズの第1作が刊行される。ナポレオン戦争時の英国海軍での一人の男の一代記。海洋冒険小説の金字塔となった作品で、多くのファンと模倣作を生んだ。1998年にはヨアン・グリフィス主演でテレビドラマ『ホーンブロワー 海の勇者』が製作された（～1999、2002～2003年）。

この年　〔自然災害〕『海へ出るつもりじゃなかった』刊行　アーサー・ランサム『海へ出るつもりじゃなかった』刊行。英国の少年少女が自分たちで小帆船を操って過ごす「休暇物語」のシリーズの一作。流された知人の船で嵐の北海を横断する一夜の苦闘を描く。

この年　〔海洋・生物〕観測船凌風丸が完成　中央気象台長岡田武松らの尽力により観測船「凌風丸」が完成。

この年　〔海洋・生物〕『国際海洋学大観』刊行　T.W.ヴォーン著『国際海洋学大観』を刊行。

この年　〔建築・土木〕サンフランシスコ金門湾橋完成　米、サンフランシスコのゴールデンゲートブリッジ（世界最長の吊り橋）が完成。

この年　〔建築・土木〕モスクワ～ヴォルガ運河開通　ソ連、モスクワ～ヴォルガ運河の開通。

1938年
(昭和13年)

2.5　〔軍事・紛争・テロ〕ロンドン条約以上の艦船不建造要求　英国とアメリカの大使が、ロンドン条約の制限を超える艦船不建造の保障を要求した。12日、日本は拒絶回答を発表した。

3.29　〔船舶・操船〕戦艦「武蔵」起工　戦艦「武蔵」三菱長崎造船所で起工。1941年8月5日完成。

5.25　〔船舶・操船〕航空母艦「瑞鶴」起工　航空母艦「瑞鶴」川崎重工業長崎造船所で起工(1941年9月25日完成)。祥鶴型2番艦。基準25,675トン、最大32,105トン。

6.14　〔水産・漁業〕国際捕鯨会議—日本初参加　国際捕鯨会議がロンドンで開催され、日本が初参加した。

7月　〔水産・漁業〕トロール船「駿河丸」進水　1,000トン級トロール船「駿河丸」が進水。

12.25　〔海洋・生物〕グーセンがインド洋アフリカ海岸沖でシーラカンスを捕獲　トロール漁船の船長だったH.グーセンがインド洋アフリカ海岸沖で6000万年前に絶滅したと考えられていた約150cmのシーラカンスを生きたまま捕獲。「生きた化石」、葉柄のあるヒレを持つことから「総ヒレ魚」とも呼ばれる。南アフリカの動物学者J.L.B.スミスが調べ、シーラカンスであることを証明、英国の科学雑誌『ネイチャー』に発表する。

この年　〔船舶・操船〕宗谷建造　耐氷型貨物船として「宗谷」建造。太平洋戦争を経て、引揚船、灯台補給船となっていたが、1956年11月からは日本初の南極観測船として6次にわたり南極観測で活躍。1978年退役するまで海上保安庁の巡視船と就航した。

この年　〔軍事・紛争・テロ〕「Z計画」承認　ヒトラーが海軍の再軍備をはかる「Z計画」を承認。

この年　〔軍事・紛争・テロ〕空母「アーク・ロイヤル」就役　英で空母「アーク・ロイヤル」(2層の格納庫甲板、60機搭載)が就役。

この年　〔海洋・生物〕メキシコ湾で最初の海底油田　メキシコ湾、コレオリ沖1,800mに最初の海底油田を発見する。

この年　〔海洋・生物〕『海洋の生物学』刊行　小久保清治著『海洋生物学』を刊行。

この年　〔海洋・生物〕『海洋潮目の研究』刊行　宇田道隆著『海洋潮目の研究』(英文)を刊行。

1939年
（昭和14年）

4.6 〔船舶・操船〕「船員保険法」公布　船員保険法が公布され、1940年3月1日に一部、6月1日に前面施行された。

4月 〔軍事・紛争・テロ〕英独海軍協定の破棄　独が英独海軍協定を破棄。

5.21 〔海難事故・事件〕下関の沖合で船舶同士が衝突　山下汽船のチャーター船「恒彦丸」（3,973トン）が、山口県下関市船島の沖合で錨を入れ換えた際、朝鮮郵船の「咸興丸」と接触、漂流し、さらに門司港内で三井物産の「瑞光丸」（4,156トン）とT字型に衝突して沈没、乗船者19名が行方不明になった。

7.6 〔軍事・紛争・テロ〕零式艦上戦闘機、最初の公式試験飛行　堀越二郎設計「零式艦上戦闘機」が最初の公式試験飛行を行う。

7.10 〔航海・技術〕「海員養成所官制」公布　海員養成所官制が公布された。

この年 〔船舶・操船〕クイーン・エリザベス号完成　英世界最大の客船、「クイーン・エリザベス号」（83,673トン）完成。

この年 〔海運・造船〕「あるぜんちな丸」「ぶらじる丸」を建造　大阪商船の「あるぜんちな丸」および「ぶらじる丸」を建造。貨客船として南米航路に就航させる。

この年 〔海運・造船〕川崎造船所、川崎重工業に改称　川崎造船所、川崎重工業株式会社と社名変更。

この年 〔海洋・生物〕『海』刊行　宇田道隆著『海』を刊行。

1940年
（昭和15年）

1.21 〔軍事・紛争・テロ〕浅間丸臨検　英、千葉県沖で「浅間丸」を臨検。ドイツ人乗客21人を連れ去る。

4.10 〔軍事・紛争・テロ〕独の駆逐艦撃沈　イギリスの駆逐艦隊がノルウェー北部のオフォト・フィヨルドを攻撃し、ドイツの駆逐艦3隻と商船数隻を撃沈。13日、ドイツの駆逐艦8隻も撃沈。

6月 〔海運・造船〕山縣記念財団設立　海事交通文化の発展と振興に寄与する目的として山縣記念財団を設立。

7.3 〔軍事・紛争・テロ〕英国軍がフランス艦船を攻撃　英国海軍が、アルジェリアの港に停泊中のフランス艦船を攻撃。5日にヴィシー政権が英国との国交を断絶。

10月	〔水産・漁業〕「橿原丸」を航空母艦「隼鷹」に改造	橿原丸級貨物船「橿原丸」「出雲丸」27,700トン、航空母艦「隼鷹」「飛鷹」に改造される。
この年	〔船舶・操船〕貨客船「新田丸」建造	三菱長崎造船所、貨客船「新田丸」(17,150トン)建造。
この年	〔海洋・生物〕国産記録式音響測深機を開発	国産記録式音響測深機を開発。「陽光丸」「富士丸」に装備。
この年	〔海洋・生物〕『潮汐学』刊行	中野猿人著『潮汐学』を刊行。

1941年
(昭和16年)

1月	〔水産・漁業〕日本海洋学会創立	日本海洋学会創立。創立総会は同年1月28日、神田の一ツ橋如水会館で開催された。
4月	〔船舶・操船〕朝鮮総督府釜山高等水産学校(現・水産大学校)設立	水産界で活躍する人材を育てる高等教育機関として朝鮮総督府釜山高等水産学校を設立。1944年、釜山水産専門学校と改称し、翌年解散。1946年、水産講習所下関分所が開設。1947年、第二水産講習所と改称、1952年、水産講習所と改称。2001年水産大学校に変更。
5.24	〔軍事・紛争・テロ〕デンマーク海峡海戦	第二次世界大戦中に英国海軍とドイツ海軍の間で行われた海戦。ドイツ側が勝利し英軍は戦艦「フッド」を失った。
5.27	〔軍事・紛争・テロ〕戦艦「ビスマルク」撃沈	イギリス海軍がドイツの戦艦「ビスマルク」を撃沈。
6月	〔海洋・生物〕『海洋の科学』創刊	地人書館、『海洋の科学』創刊。1950年5月で終刊。
7.18	〔海運・造船〕サンフランシスコ航路を休止	日本郵船がサンフランシスコ航路を休止する。
8.8	〔船舶・操船〕空母「翔鶴」を竣工	横須賀海軍工廠、空母「翔鶴」(29,800トン)を竣工。
9.11	〔自然災害〕津波警報組織発足	中央気象台、三陸沿岸を対象に津波警報組織発足。
10.8	〔海洋・生物〕赤潮発生―有明海	有明海で赤潮が発生し、佐賀県産の牡蠣など魚介類が深刻な被害を受けた。
10.9	〔軍事・紛争・テロ〕「扶桑丸」が台湾に入港	日英交換引き揚げ船「扶桑丸」が、シンガポールから553人を乗せて台湾の基隆に入港する。
12.15	〔港湾〕検疫所を移管	検疫所が逓信省海務局の所管になった。
12.16	〔船舶・操船〕戦艦大和を竣工	呉海軍工廠、戦艦「大和」を竣工(69,100トン)。史上最大の戦艦で、主砲も史上最大の46センチ砲を搭載。

12.19	〔航海・技術〕「高等商船学校・商船学校官制」	高等商船学校、商船学校官制が公布された。
この年	〔船舶・操船〕日本で初めてレーダーを搭載	日本で初めてレーダーを装備した駆逐艦「濱風」が就役。
この年	〔軍事・紛争・テロ〕ヘッジホッグ配備	対潜兵器として英国の研究者が開発したヘッジホッグ(ハリネズミ爆雷)が戦艦に配備される。
この年	〔軍事・紛争・テロ〕独のUボートが輸送船攻撃	独のUボートが連合軍の輸送船を攻撃しはじめる。
この年	〔通信・放送〕レーダー実用化	英国、レーダー(電磁探知機)を実用化。
この年	〔海洋・生物〕科学アカデミー海洋研究所	科学アカデミー海洋研究所(ソ連)創設。
この年	〔海洋・生物〕波浪・ウネリの予報方式作成	H.U.スヴェルドラップ、W.ムンクが波浪・ウネリの予報方式を作成。
この年	〔海難事故・事件〕定期船沈没	北朝鮮沖で敦賀・清津間の定期連絡船「気比丸」が触雷し、沈没した。死者・行方不明者165人を出した。

1942年
(昭和17年)

2.17	〔船舶・操船〕空母「レキシントン」就役	当初艦名は「カボット」を予定していたが1927年建造の「レキシントン」が珊瑚海海戦で沈没したためその艦名を継承した。
2.27	〔軍事・紛争・テロ〕スラバヤ沖海戦	日本海軍がインドネシアのスラバヤ北方沖で連合国艦隊と交戦する。
2.28	〔軍事・紛争・テロ〕バタビア沖海戦	日本海軍がバタビア沖海戦で連合国艦隊を撃破する。
4.18	〔軍事・紛争・テロ〕米軍機、日本初空襲	航空母艦発進の米軍機16機が日本を初空襲。
5月	〔軍事・紛争・テロ〕珊瑚海海戦	日本海軍が連合国軍と交戦する。初めての空母船の海戦で互いの艦影を見ることなく行われた。
6.5	〔軍事・紛争・テロ〕ミッドウェー海戦	日本のミッドウェー攻略の海戦が始まる。アメリカは事前に情報を得ており、基地を空にし洋上に空母を配置して日本軍を攻撃、日本海軍は主力空母4隻、搭載全機263機を失う。
7.9	〔海運・造船〕関森航路が廃止	関門トンネルの開通によって連絡船による貨物輸送は中止、関森航路は廃止された。関門航路は運航回数を53往復から30往復に削減して存続した。
8.8	〔軍事・紛争・テロ〕ソロモン海戦	日本軍はアメリカ艦隊を奇襲、大きな損害を与

えたが、陸上戦ではアメリカ軍が勝利し、ガダルカナル島を占領した(第一次ソロモン海戦)。24日には第二次ソロモン海戦が始まり、アメリカ軍が勝利した。

9.27　〔海運・造船〕関釜連絡船「天山丸」就航　下関—釜山間航路に「天山丸」が就航した。

11.1　〔海運・造船〕日本船舶貨物検数協会(現・日本貨物検数協会)設立　検数、検量、検査という貨物のチェックとこれに基づく公正な証明などを行う団体として設立。

12.3　〔軍事・紛争・テロ〕『ハワイ・マレー沖海戦』封切　東宝映画が『ハワイ・マレー沖海戦』を封切。戦記映画が流行した。

12月　〔水産・漁業〕合成繊維のテグス市販　東洋レーヨンが合成繊維を使ったテグスを市販。

この年　〔海運・造船〕玉造船所、三井造船に改称　玉造船所を三井造船株式会社に社名変更。

この年　〔海運・造船〕三井船舶を設立　三井物産が船舶部を分社化、三井船舶を設立。

この年　〔軍事・紛争・テロ〕米、レーダー射撃方位盤を潜水艦などに装備　米、PPI式レーダー射撃方位盤を水上艦艇、潜水艦に装備。

この年　〔海洋・生物〕ワトソン、ダーウィンメダル受賞　D.M.S.ワトソン(英国)が魚類及両生類の進化の研究でダーウィンメダル受賞。

この年　〔海洋・生物〕『大洋』出版　スヴェルドラップ(ノルウェー)ら『大洋』出版。

この年　〔海洋・生物〕函館海洋気象台設置　函館海洋気象台設置。「夕汐丸」による調査が始まる。

1943年
(昭和18年)

2.8　〔海難事故・事件〕「竜田丸」沈没　日本の豪華客船「竜田丸」がアメリカの魚雷攻撃を受けて沈没する。

2.20　〔海運・造船〕本海運報国団財団(現・日本船員厚生協会)設立　日本船員とその家族に対する福利厚生事業を行い、日本海運並びに水産の発展に寄与することを目的として設立。1946年、日本海員財団、1951年、日本海員会館と改称。1964年現在の名称へ変更。

3.31　〔海運・造船〕船員保険等を地方庁に移管　船員保険、労働者災害扶助責任保険の事務と職員を地方庁に移管した。

3月　〔軍事・紛争・テロ〕兵員輸送船沈没　兵員輸送中の「諏訪丸」はウェーク島近海で米潜水艦の攻撃を受け沈没。兵員15名が犠牲となった。

4.12　〔海運・造船〕関釜連絡船「崑崙丸」就航　下関—釜山航路に崑崙丸が就航した。

4.18　〔軍事・紛争・テロ〕連合艦隊司令長官死亡　連合艦隊司令長官・山本五十六が南太平洋で戦死。

4月	〔海運・造船〕航海訓練所設置	商船に関する学生及び生徒等に対し航海訓練を行うことにより、船舶の運航に関する知識及び技能を習得させることを目的として航海訓練所を設置。
5.20	〔航海・技術〕宇高航路、貨車航送廃止	宇高航路ではしけによる貨車航送が廃止される。
10.5	〔軍事・紛争・テロ〕崑崙丸が撃沈される	下関港を出発し釜山に向かっていた関釜鉄道連絡船「崑崙丸」は、午前1時15分頃沖の島東北約10海里の海上で米潜水艦の魚雷攻撃を受けて沈没した。死者・行方不明者は乗員655名中583名にのぼった。
11.27	〔軍事・紛争・テロ〕陸軍病院船沈没	南太平洋を航行中の陸軍病院船「ぶえのすあいれす丸」が、米軍機の攻撃をうけ沈没、乗船していた1422人のうち174人が死亡した。
この年	〔地理・地学〕「天体位置表」	海軍水路局、「天体位置表」を作製。
この年	〔海運・造船〕三菱汽船を設立	三菱商事船舶部を分離独立し三菱汽船株式会社を設立。
この年	〔軍事・紛争・テロ〕スキッド実戦配備	スキッド(爆雷投射砲)が戦艦に実戦配備される。
この年	〔軍事・紛争・テロ〕米、近接信管を初めて使用	米、近接信管を巡洋艦「ヘレナ号」で初めて使用。
この年	〔海洋・生物〕クストー、アクアラングを発明	フランスの海洋学者クストーが、アクアラングを発明した。潜水夫に圧力のかかった空気を供給する装置で、一般にはスキューバダイビングの装置として知られる。
この年	〔海洋・生物〕海洋開発特別委員会設置	日本学術振興会に海洋開発特別委員会が設けられる。
この年	〔その他〕シャンソン「ラ・メール」作曲	フランスの歌手シャルル・トレネがシャンソン「ラ・メール」を作詞した。海の美しい情景を歌ったもので、のち多くの歌手に歌われる人気曲となった。

1944年
(昭和19年)

1.3	〔港湾〕有川桟橋航送場開業	函館港に青函航路有川桟橋航送場が開業。
2.6	〔海難事故・事件〕「第六垂水丸」転覆事件	鹿児島県垂水町で汽船「第六垂水丸」が転覆する事件が発生。旅客464人が溺死した。
3.31	〔軍事・紛争・テロ〕連合艦隊司令長官死亡	連合艦隊司令長官・古賀峯一殉職。
3月	〔水産・漁業〕日ソ漁業協定	日ソ漁業協定成立。
5月	〔軍事・紛争・テロ〕『若桜』『海軍』創刊	講談社から陸軍雑誌『若桜』及び海軍

雑誌『海軍』が創刊される。

6.6 〔軍事・紛争・テロ〕ノルマンディ上陸作戦開始　連合軍ノルマンディ上陸作戦開始。ドーバー海峡を200万人の兵員が渡ってフランス・コタンタン半島のノルマンディー海岸に上陸。現在に至るまで最大規模の上陸作戦である。

10.24 〔軍事・紛争・テロ〕レイテ沖海戦　フィリピンのレイテ沖にて日本海軍とアメリカ海軍が交戦。戦艦「武蔵」、航空母艦「瑞鶴」など撃沈され、日本海軍が事実上壊滅。

10.25 〔軍事・紛争・テロ〕神風特別攻撃隊、体当たり攻撃　日本海軍神風特別攻撃隊、レイテ沖で米軍艦に体当たり攻撃をする。

11.29 〔軍事・紛争・テロ〕空母「信濃」沈没　当時世界最大の空母として建造された「信濃」(65,000トン)が、横須賀海軍工廠から呉に回航途上に米潜水艦からの魚雷攻撃を受け沈没。

この年 〔船舶・操船〕英国が最後に建造した戦艦　英国が最後に建造した戦艦「バンガード」が完成。同艦は英国が保有した、最も大きく、重く、速く、費用のかかった戦艦であった。

この年 〔航海・技術〕ケープ・ジョンソン海淵発見　ヘス指揮の米艦「ケープ・ジョンソン」がケープ・ジョンソン海淵を発見。

この年 〔軍事・紛争・テロ〕人間魚雷「回天」　人間魚雷「回天」の基地完成。

この年 〔自然災害〕東南海地震　志摩半島沖の遠州灘を震源とする地震が発生、マグニチュード8.0、静岡県、愛知県、三重県などで大きな被害がでたが、愛知県下には多くの航空機、兵器、電気機器製造工場等の軍需工場があったことから、軍部が報道管制をしき、被害僅少との報道しかされなかったため、一般市民への救援は皆無であった。この地震で、死者998人、全壊家屋2万6130戸、半壊家屋4万6950戸、流失家屋3059戸の被害となったほか、各地で津波が観測され、熊野灘沿岸では6mを記録した。

この年 〔海洋・生物〕ガーディナー、ダーウィンメダル受賞　ジョン・スタンリー・ガーディナーがサンゴ礁とそこに生息する生物の研究でダーウィンメダル受賞。

1945年
(昭和20年)

2.19 〔船舶・操船〕「船員保険法」改正公布　「船員保険法改正法」を公布、4月1日施行。船員保険について適用範囲を拡大。遺族年金、葬祭料制度を創設。死亡手当金制度の廃止など。

2.23 〔軍事・紛争・テロ〕硫黄島陥落　アメリカ、硫黄島に星条旗を掲げる。

4.1 〔軍事・紛争・テロ〕阿波丸沈没　台湾沖で、緑十字船である「阿波丸」が米潜水艦「クィーンフィッシュ」の攻撃を受け沈没した。死者2044人、生存者は1人であった。

6.20 〔海運・造船〕関釜航路と博釜航路が事実上消滅　戦局の悪化による対馬海峡の閉鎖

と空襲で被害を受けたことにより鉄道連絡船の運航が困難になる。関釜航路と博釜航路は事実上消滅した。

7.7 〔軍事・紛争・テロ〕海軍ロケット機「秋水」試験飛行　海軍、ロケット機「秋水」の試験飛行を実施。燃料は過酸化水素を使用。推力1,500kgf。

7.14 〔軍事・紛争・テロ〕青函連絡船、空襲により壊滅的な被害　青函航路はアメリカ海軍艦載機の爆撃を受け、352人が死亡、8隻が沈没、2隻が擱座炎上、2隻が損傷という壊滅的な被害を被った。

8.7 〔軍事・紛争・テロ〕海軍、ジェット機「橘花」を試験飛行　海軍、ジェット機「橘花」の試験飛行を行う。ただし1号機で終了。時速488km、推力475kgfのエンジン2基搭載。

8.19 〔軍事・紛争・テロ〕ソ連が日本へ潜水艦を出撃させる　ソ連が潜水艦「L12」を日本の全ての船舶を攻撃するため出撃させる。

9.2 〔軍事・紛争・テロ〕降伏文書調印　日本が戦艦「ミズーリ」の上で降伏文書に調印する。

9.3 〔軍事・紛争・テロ〕GHQが日本船舶を米国艦隊司令官の指揮下に編入　GHQが日本船舶を国家管理のまま、アメリカ太平洋艦隊司令官の指揮下に編入した。

10.5 〔海運・造船〕全日本海員組合創立　海運・旅客船事業、水産や港湾の海事産業で働く船員と、それらの分野で働く船員以外の労働者でつくる日本で唯一の産業別労働組合として全日本海員組合を結成。

10.17 〔海難事故・事件〕室戸丸沈没　兵庫県沖で別府航路の「室戸丸」が触雷し、沈没した。行方不明者470人となった。

この年 〔海運・造船〕商船管理委員会認可　船舶運営会を商船管理委員会（CMMC）として認可。

この年 〔海運・造船〕日本郵船所有船舶減少　日本郵船、所有船舶37隻、15万5,469総トンに減少。

この年 〔航海・技術〕「シドニー・ホバート・レース」開催　ヨットレース「シドニー・ホバート・レース」がオーストラリアで始まる。毎年12月に開催されている。

この年 〔軍事・紛争・テロ〕海軍水路部活動停止　終戦により海軍水路部は活動を停止・同部はその後運輸省に移り再発足。

この年 〔海洋・生物〕ウニ孵化の研究　石田寿老、ウニ孵化の研究。

この年 〔海洋・生物〕新海流理論　ストックマン（ソ連）、水平混合を考慮した新海流理論を出す。

1946年
(昭和21年)

1.24 〔海洋・生物〕ビキニ環礁が核実験場に　ビキニ環礁がアメリカの核実験場に選定された。

2.19 〔軍事・紛争・テロ〕ボンベイの水兵が反乱　ボンベイでインド海軍の対英反乱が起こる。英国政府は独立問題討議のために閣僚使節団のインド派遣を発表。

2月 〔海洋・生物〕水俣湾へ工場廃水排出　日本窒素肥料水俣工場が、アセトアルデヒド・酢酸工場の廃水を無処理のまま水俣湾へ排出し始めた。

3月 〔海洋・生物〕ビキニ環礁住民移住　米の核実験場建設のため、ビキニ環礁の住民167人がロンゲリック環礁へ移住させられる。

4.1 〔自然災害〕アリューシャン地震　アメリカのアラスカ北端沖合に海底地震が起こり、大津波が発生。北部太平洋岸からアリューシャン群島、さらにハワイ群島、中部カリフォルニア州まで被害が及んだ。大津波の波高は100フィート余りで、津波の伝播推定速度は時速300マイルに達した。ホノルルだけでも数百人が溺死、住居喪失は1万余に上るとみられる。最も大きな被害を受けたのはハワイ群島で、ヒロ市は全滅した。震央はパサデナ北方2700マイルのアラスカ、ダッチハーバー付近とみられる。

4.5 〔港湾〕広東からの引揚船にコレラ発生　広東からの引揚船にコレラが発生し、2か月間海上隔離された。この他にも、引揚者による天然痘、ジフテリア、発疹チフスなどが流行し、DDTが強制散歩された。発疹チフスには3万2366人が罹患、3351人が死亡したとされる。

5.1 〔海運・造船〕仁堀航路　仁堀航路仁方ー堀江間航路が開業。

7.1 〔海運・造船〕有川ー小湊間航路　有川ー小湊間航路が開業。戦車揚陸艦(LST)による貨車航送が開始された。

7.1 〔海洋・生物〕ビキニ環礁で原爆実験　米、ビキニ環礁で原爆実験。

7.4 〔自然災害〕カリブ海地域で地震　ドミニカ・カリブ海地域で地震が発生した。ドミニカ共和国の北岸一帯は荒廃に帰し、かなりの奥地まで大津波に見舞われた。プエルト・プラタ、サンフランシスコ、マコリア、モカ等の諸都市が被害の中心となったとみられる。モカでは教会、市公会堂その他多くの人家が潰滅した。

10月 〔海運・造船〕佐世保船舶工業設立　旧佐世保海軍工廠の造船施設を借受け「佐世保船舶工業株式会社」が設立される。

12.5 〔領海・領土・外交〕樺太引き揚げ船が入港　樺太引揚げ第1船が函館に入港する。

12.8 〔軍事・紛争・テロ〕シベリア引き揚げ船が入港　シベリア引揚げ第1船が舞鶴に入港する。

12月 〔水産・漁業〕国際捕鯨取締条約締結―日本は未加入　ワシントンで「国際捕鯨取

締条約」が16ヵ国により締結された。鯨資源の保護と捕鯨業の健全な育成を目的とするものだが、当初から加盟国には非捕鯨国が多かった。発効は1948年で、日本は1951年に加入した。

この年　〔海運・造船〕運輸省鉄道技術研究所の港湾研究室（現・港湾技術研究所）発足　港湾・空港の整備等やそれが位置する沿岸域や海洋に関する研究・開発を実施している。

この年　〔航海・技術〕国体でヨット競技開催　第1回国民体育大会が琵琶湖にてヨット競技も開催。併せてはA級ディンギー全日本選手権も行われた。

この年　〔自然災害〕南海地震　和歌山県串本町の南約40km（北緯33.0度、東経135.6度）の海底付近を震源とする最大級の地震が発生。東海・近畿・中国・四国・九州地方の25府県で1354名が死亡、3807名が負傷、113名が行方不明になり、山陽、宇野、関西、参宮、阪和、豊肥、土讃、牟岐、和歌山、予讃、紀勢東西各線の鉄道70ヶ所で被害が出た。被災者は23万268名に上り、松山市の道後温泉が止まった他、瀬戸内海沿岸の塩田が津波で壊滅した。

1947年
（昭和22年）

4.28　〔航海・技術〕コンティキ号出航　ノルウェーの人類学者・海洋生物学者・探検家のトール・ヘイエルダール、ポリネシア人が南米から移住したという説を証明するため、筏船の「コンティキ号」でペルーのカヤオ港を出港。4300マイル（8000km弱）を航海して、102日後の1947年8月7日にツアモツ諸島に到達。1948年に航海の顛末を『コンティキ号探検記』として出版。ドキュメンタリー映画も作られ、1951年のアカデミー賞を受賞した。

7.6　〔航海・技術〕宇高連絡船「紫雲丸」就航　宇高航路に「紫雲丸」(1,449トン) が就航した。

8月　〔建築・土木〕青函トンネル建設準備　青函トンネルの地質調査が始まる。

9.25　〔海運・造船〕造船倶楽部（現・日本造船工業会）設立　造船業の健全なる発展を図り、もってわが国経済の繁栄と国民生活の向上に寄与することを目的として造船倶楽部を設立。1948年、造船工業会と改称、1951年日本造船工業会へ変更。

10.20　〔海洋・生物〕海上定点観測を開始　中央気象台、海上定点観測を開始。

10.20　〔海洋・生物〕三陸沖北方定点観測始まる　米軍の命令で、三陸沖北方（北緯39度、東経153度）の定点観測が始まる。

11.18　〔水産・漁業〕社団法人漁村文化協会創立　鈴木善幸、社団法人漁村文化協会を創立。1936年創刊の『漁村』（日本水産会発行）を継承したほか、水産関係書を刊行。

11.21　〔海運・造船〕青函連絡船「洞爺丸」就航　青函航路に「洞爺丸」(3,898トン) が就航した。国鉄がGHQの指導のもと建造した車載客船のひとつ。

この年　〔海運・造船〕戦後初、船舶建造許可　戦後初の船舶建造の許可がおりる。
この年　〔海運・造船〕日本船主協会創立　日本海運協会を解散して、海運の民間還元を実現のため日本船主協会を創立。
この年　〔軍事・紛争・テロ〕ユダヤ難民船臨検　英がヨーロッパから4500人のユダヤ難民を乗せてきた「エクソダス1947」を臨検。
この年　〔海洋・生物〕アルバトロス号、世界一周深海調査へ　ペッターソン（スエーデン）指揮による「アルバトロス号」の世界一周深海調査が行われる。20m以上のピストンコアを採取。
この年　〔海洋・生物〕メキシコ湾で沖合油田開発　沖合海洋油田の開発がメキシコ湾で始まる。
この年　〔海洋・生物〕海洋循環のエネルギー源―嵐の重要性　スヴェルドルップ、海洋循環のエネルギー源として、嵐の重要性を指摘する。
この年　〔海洋・生物〕中央気象台に海洋課など設置　中央気象台に海洋課、定点観測部が設けられる。
この年　〔海洋・生物〕長崎、舞鶴に海洋気象台できる　長崎と舞鶴に海洋気象台が創設される。
この年　〔海洋・生物〕捕鯨母船と南氷洋観測調査の関連　スヴェルドルップ、ムンク波浪に関する研究を行ないその予報法を完成する。日本の南氷洋漁業再開にあたり、気象、海洋学者が捕鯨母船に乗組み、南氷洋の観測調査を行う。この制度は現在もつづいている。

1948年
（昭和23年）

1月　〔自然災害〕津波予防組織を編成　中央気象台が津波予報組織を編成。
2.1　〔海運・造船〕検定新日本社（現・新日本検定協会）創立　海事に関する公益をすすめ、海事検定業務を行うことを目的として検定新日本社（現・新日本検定協会）を創立。
4.16　〔海運・造船〕日本倉庫協会設立　倉庫業の健全な発達を図り、もって公共の福祉に寄与することを目的として日本倉庫協会を設立。
5.1　〔地理・地学〕海上保安庁水路局と改称　水路部より海上保安庁水路局と改称。
6.25　〔建築・土木〕青函連絡用通信回線が開通　運輸省は青函連絡用に600Mc超短波多重通信回線を開通させた。
6.27　〔軍事・紛争・テロ〕シベリア引揚げ再開　シベリア引揚げ再開し、「第1高砂丸」が舞鶴に入港する。
8.23　〔海運・造船〕日本港運協会を設立　港湾運送事業に関する調査、研究、啓発及び宣

		伝などを目的として日本港運協会を設立。
12月	〔水産・漁業〕魚群探知機	魚群探知機の使用始まる。
この年	〔海運・造船〕「クヌール」(捕鯨船)を竣工	三井造船、戦後日本初の鋼製輸出船「クヌール」(捕鯨船)を竣工。
この年	〔海運・造船〕ペルシャ湾岸重油積み取り	GHQにより、大型タンカー9隻が戦後初の遠洋不定期航海となるペルシャ湾岸重油積み取りに出航。
この年	〔海運・造船〕沈没した「聖川丸」を引き揚げ	川崎汽船、戦争中沈没したニューヨーク定期船「聖川丸」を引き揚げ、船隊の再建に着手。
この年	〔海運・造船〕日本船主協会、社団法人認可	日本船主協会、社団法人として認可される。
この年	〔航海・技術〕クルージングクラブオブジャパン結成	NORCの前身、クルージングクラブオブジャパン(CCJ)結成される。
この年	〔航海・技術〕日本航海学会創立	航海に関する学術を考究する目的で日本航海学会創立。
この年	〔海洋・生物〕南方定点でも観測開始	南方定点T(北緯29°、東経135°)でも定点観測が始まる。
この年	〔水産・漁業〕近畿大学水産研究所白浜臨海研究所開設	近畿大学水産研究所白浜臨海研究所(現白浜実験場)開設。敗戦直後の日本では、和歌山をはじめ全国の漁港で大幅な漁獲高の落ち込みに見舞われていた。そこで近畿大学初代総長世耕弘一は「海の畑」をつくろうと考え、魚の養殖研究に取り組むべく研究施設を開設した。
この年	〔水産・漁業〕国際捕鯨委員会設立	国際捕鯨委員会(IWC、本部ケンブリッジ)が設置された。年1回委員会を開催しクジラ捕獲数を調整。
この年	〔その他〕STD開発	ヤコブセン(アメリカ)、STD(Salinity-Temperature-Depth meter)を開発。

1949年
(昭和24年)

3月	〔船舶・操船〕尾道海技学院設立	海上技術者の養成と海上技術の向上を目的とした海事教育機関、尾道海技学院を創設。
4月	〔水産・漁業〕合成繊維漁網実用試験	合成繊維漁網の実用試験を実施。
5月	〔船舶・操船〕長崎大学水産学部設置	長崎青年師範学校水産学部を母体として長崎大学水産学部を設置。海洋生物や海洋環境を含めた水産科学の分野の教育を学生に提供し、研究活動を維持していくことを目的としている。
5月	〔船舶・操船〕東京水産大学を設置	国立学校設置法により、水産講習所は農林省所

1949年(昭和24年)

管東京水産大学を設置、水産学部が置かれた。

5月 〔船舶・操船〕北海道大学水産学部設置　函館に北海道大学水産学部を設置。改組を経て、水産海洋科学科、海洋生産システム学科、海洋生物生産科学科、海洋生物資源化学科を持つ。

6.1 〔地理・地学〕海上保安庁水路部と改称　海上保安庁水路局より海上保安庁水路部と改称。

6.21 〔海難事故・事件〕今治・門司連絡船青葉丸沈没　大分県姫島村の東約19kmの周防灘で、乗組員48名・乗客91名を乗せた川崎汽船の今治・門司航路定期連絡船「青葉丸」(599トン)がデラ台風による激浪を受けて沈没、乗客5名は救助されたが、残る134名が死亡した(10月19日、船体と9名の遺体を発見)。乗客には米国人も含まれていた。

8.24 〔海運・造船〕海上保安協会設立　海上保安業務の改善発展に寄与し、海上保安業務に関係する者の福祉を増進することを目的として海上保安協会を設立。

11.12 〔海難事故・事件〕「美島丸」沈没事件　播磨灘で機船「美島丸」が沈没する事件発生。船体沈没、死者・不明52人。

12.2 〔自然災害〕津波警報体制　全国的な津波警報体制を確立(日本)。

この年 〔船舶・操船〕広島大学水畜産学部(現・生物生産学部)設置　水産、畜産業に関する教育、研究、地方産業の育成を図る目的として広島大学水畜産学部(現・生物生産学部)を設置。学科内に水産生物科学プログラムがある。付属施設として水産実験所や練習船「豊潮丸」がある。

この年 〔船舶・操船〕「船舶の動揺に関する研究」日本学士院賞受賞　渡辺恵弘の「船舶の動揺に関する研究」に対し日本学士院賞が贈られる。

この年 〔地理・地学〕『日本近海底質図』を刊行　水路部、底質図としては初の『日本近海底質図』を刊行。

この年 〔海運・造船〕極東海運設立　極東海運株式会社設立。

この年 〔海運・造船〕鋼船民営還元　800総トン未満の鋼船161隻、7万4,054総トンが民営還元される。

この年 〔海運・造船〕三菱海運に社名変更　極東海運株式会社から三菱海運株式会社と改称。

この年 〔海運・造船〕三菱汽船解散　三菱汽船株式会社解散。

この年 〔海運・造船〕戦後初、大型タンカー受注　川崎重工業、戦後初の大型輸出タンカー(13,500トン)をノルウェーから受注。

この年 〔海洋・生物〕ベントスコープにて潜水　O.バートン(アメリカ)、ベントスコープにてカリフォルニア州沖を水深1,500mを潜水する。

この年 〔海洋・生物〕沖合の石油採掘用プラットフォーム第1号　沖合の石油採掘用プラットフォーム第1号はメキシコ湾に造られた。

この年 〔海洋・生物〕西大西洋の精密観測　ゼンケビッチ(ソ連)ら「ビーチャジ号」で西大西洋の精密観測を行う。

この年　〔水産・漁業〕イワシ不漁対策　イワシ不漁対策海洋調査始まる。
この年　〔水産・漁業〕水産研究所発足　水産庁8海区水産研究所発足。
この年　〔水産・漁業〕『水産資源学総論』刊行　相川広秋著『水産資源学総論』を刊行。
この年　〔水産・漁業〕『水産物理学』『漁の理』刊行　田内森三郎著『水産物理学』『漁の理』を刊行。

1950年
(昭和25年)

1月　〔海洋・生物〕新日本窒素肥料(新日窒)再発足　日本窒素肥料が新日本窒素肥料(のちにチッソ)として再発足した。

2.16　〔海難事故・事件〕昭和石油川崎製油所原油流出火災　昭和石油川崎製油所から川崎港内に原油流出。発火し、近くの艀など船舶23隻が全半焼、沈没した。

3.4　〔海運・造船〕政府徴用船舶を返還　GHQは、政府が強制徴用している船舶全部を4月1日より船主に返還すると発表。

4月　〔海運・造船〕水上バス航行の再開　吾妻橋―両国間で隅田川汽船株式会社が水上バスの航行を再開した。向島―浅草―両国間を船賃片道20円であった。

5.10　〔海運・造船〕気象協会(現・日本気象協会)設立　気象に関する科学及び技術の進歩に協力するとともに、気象に関する知識、情報普及をはかることにより気象に関する事業の発展をはかり、公共の福祉の増進に寄与することを目的として気象協会(現・日本気象協会)を設立。

5.31　〔港湾〕港湾法の公布　港湾組織等を定めた港湾法の公布。

6.15　〔海運・造船〕国内航路復活　GHQが日本国内航路の開設を許可する。

8.22　〔海運・造船〕東京都港湾振興協会設立　東京港における港湾整備の促進と管理運営の改善を推進し、東京港の振興発展に寄与することを目的に東京都港湾振興協会を設立。1996年5月に東京港PR施設「東京みなと館」が開館。

9月　〔自然災害〕ジェーン台風、関西を襲う　ジェーン台風が関西を襲う。大阪湾に高潮が起こり大被害を生ずる。死者336人。4万戸が全半壊。

10.3　〔海運・造船〕海運業に見返り融資　海運業に見返り資金が融資される。

11.4　〔海運・造船〕日本船長協会発足　航洋船舶の船長、航洋船の船長の経歴を有する者又はこれに相当する海技免状を有する者を正会員として組織されている唯一の船長の団体として日本船長協会を発足。

11.28　〔海運・造船〕戦後初の遠洋定期航路開設　大阪商船の南米定期航路開設が許可され、戦後初めて遠洋定期航路が開設された。

12月　〔水産・漁業〕中国、日本漁船拿捕　日本の漁船が中国に拿捕される。

この年　〔港湾〕メキシコ湾岸油田　メキシコ湾にはじめて石油掘削用コンクリート製プラットフォームを設置。

この年　〔海運・造船〕パナマ運河通航許可　日本船のパナマ運河通航許可。

この年　〔海運・造船〕不定期船配船許可　日本船の北米諸港向け不定期船配船許可。

この年　〔海洋・生物〕マリアナ海溝に世界最深の海淵を発見　「チャレンジャー8世号」(英国)による世界周航海底地殻調査の結果、マリアナ海溝に世界最深の海淵(10,863m)があることを発見。

この年　〔海洋・生物〕水深1万mに生息生物　「ガラテア号」(デンマーク)による世界一周深海動物調査の結果、水深1万m以下に生息生物を発見。

この年　〔海洋・生物〕太平洋の地殻熱流量測定始まる　スクリップス海洋研究所(アメリカ)が太平洋の地殻熱流量測定を始める。

この年　〔海洋・生物〕日本塩学会(現日本海水学会)創立　「海水科学」を共通の基盤とする多くの分野の研究者が集まる日本塩学会(現日本海水学会)創立。

この年　〔水産・漁業〕「日本漁業経済史の研究」朝日賞受賞　羽原又吉「日本漁業経済史の研究」が朝日賞を受賞。

1951年
(昭和26年)

2.20　〔海運・造船〕造船見返り融資増額　政府は造船に見返り融資を70億円増額し、184億円に拡大した。

2月　〔海運・造船〕日本旅客船協会設立　旅客航路事業の改善発展を図り、海上(河川湖沼を含む)の交通及び観光の振興を目的として日本旅客船協会を設立。国内で旅客船を運航する事業者(会社、個人、自治体、その他)のほぼ全てを会員とする全国規模の団体。

3.17　〔海運・造船〕運輸省、第7次造船計画決定　運輸省は第7次造船計画について定期航路を優先とし、前期分工事が20万総トン、船主24社28隻を決定。

4.21　〔水産・漁業〕国際捕鯨取締条約―日本加入　「国際捕鯨取締条約」に日本が加入し、即日、日本で条約が発効した。

5.31　〔海運・造船〕GHQ造船見返し資金認可　GHQは第7次造船に見返り資金62億円の許可を出す。

6.6　〔港湾〕「検疫法」の公布　「海港検疫法」が廃止され、「検疫法」が公布された。1952年1月1日施行。

6月　〔水産・漁業〕連続イカ釣機　田辺要三が連続イカ釣機を考案。

7月　〔海運・造船〕日本海洋少年団連盟設立　海を活動の拠点とし、海事思想の普及と青

少年の心身の健全育成を目的として日本海洋少年団連盟を設立。

12.29 〔海難事故・事件〕ヨーロッパで海難事故多発　スペインからスカンディナヴィア半島にいたる大西洋東岸地帯は時速140キロ以上に達する猛烈な暴風に見舞われ、各地に被害が続出した。この暴風により、7隻以上の大型船舶がSOS信号を発し、英仏海岸では数百隻の小型船舶が沈没した。欧州各都市を結ぶ航空路も運行を停止し、河川の下流では高潮の被害が出た。チャーチル英首相一行をアメリカに運ぶはずの「クィーン・メリー号」は難航ののち予定より72時間も遅れてサザンプトン港に入港した。

この年　〔船舶・操船〕北大潜水艇240m潜水成功　北海道大学の科学調査用有人潜水艇「くろしお号」が240mまでの潜水に成功。

この年　〔海運・造船〕バンコク定期航路　川崎汽船、日本〜バンコク定期航路を開設。

この年　〔海運・造船〕海運輸送実績　汽船の船腹は149万トンで、最盛期である1941年の約4割である。前年度の月平均輸送量137万トンと比較すると、1月は122.6％増と好調にスタートし、6月には123.1％のピークを迎えたが、後半は景気後退の影響を受け、12月は106.6％に終わった。陸運に比べ景気後退の影響を強く受け、特に国内輸送は国鉄への乗換傾向が顕著であった。機帆船は前半は好調で5月に前年月平均比168.2％の大幅増加を見せたが後半は停滞し、年末から下降傾向に転じた。

この年　〔海運・造船〕西回り世界一周航路を再開　日本郵船、バンコク、印パ、ニューヨーク、シアトル、カルカッタ、欧州、豪州、中南米ガルフ、南米東岸、中近東、西回り世界一周、中南米西岸、その他諸航路を再開。

この年　〔海運・造船〕定期航路開設許可　バンコク、インド、パキスタン、ニューヨーク、シアトル、ラングーン、カルカッタおよび韓国の定期航路に開設許可がおりる（日本）。

この年　〔航海・技術〕大島でヨットレース　第1回花の大島レース、参加艇17隻で開催。

この年　〔軍事・紛争・テロ〕『非情の海』刊行　ニコラス・モンサラット『非情の海』刊行。第二次世界大戦でのドイツ潜水艦と英国護衛艦の死闘を描いた海戦小説。

この年　〔海洋・生物〕『われらをめぐる海』刊行　レイチェル・カーソン『われらをめぐる海』刊行。海洋生物学者として、海の神秘を詩情豊かに解き明かす科学解説の名著。

この年　〔海洋・生物〕ガラテア号の世界周航海洋探検　アントン・プルン指揮のもと海洋観測船「ガラテア号」（デンマーク）が世界周航の海洋探検を行う。

この年　〔海洋・生物〕『魚類学』刊行　末広恭雄著『魚類学』を刊行。

この年　〔海洋・生物〕御木本真珠島を開業　世界初のアコヤ貝による養殖に成功した御木本幸吉が三重県鳥羽市に御木本真珠島を開業。

この年　〔海洋・生物〕太平洋総合研究開始　八丈島を中心とした太平洋総合研究を開始。

この年　〔水産・漁業〕『マグロ漁場と鮪漁業』刊行　中村広司著『マグロ漁場と鮪漁場』刊行。

1952年
(昭和27年)

1.4 〔軍事・紛争・テロ〕英国がスエズ運河を封鎖　英国軍がスエズ運河を封鎖した。1月19日には英国軍とエジプト軍がイスマイリアで再衝突。英国は、艦隊に出動を指令した。

1.18 〔領海・領土・外交〕韓国、海洋主権宣言を発表　韓国政府が海洋主権宣言を行い、李承晩大統領が李承晩ライン(マッカーサー・ラインより日本寄りの海域)を設定。28日、日本政府が公海自由の国際原則に従っておらず、容認できないとその撤廃を申入れたが韓国側はこの申し入れを拒否。

1.26 〔海運・造船〕造船白書発表　運輸省が「造船白書」を発表。

5.18 〔海運・造船〕ビルマ経済協力会社設立　日本とビルマは合弁で海運会社日本、ビルマ経済協力会社を創立。

5.26 〔海運・造船〕日本船舶機関士協会設立　船舶用機関及び船舶の運航に関する応用技術、労務・人材育成問題等を調査研究し、進歩と振興に寄与するとともに、国際協力の推進を図り、人類福祉の向上に資することを目的として設立。日本で唯一の機関長(士)を中心とした1100人規模の団体。

6.18 〔港湾〕外国軍用艦船の検疫法特例　外国軍用艦船等に関する検疫法特例を公布・施行した。

7.5 〔水産・漁業〕3国漁業条約　日米加3国漁業条約が参議院本会議で承認される。

7月 〔水産・漁業〕北洋捕鯨再開　「ばいかる丸」を母船とする捕鯨船4隻の戦後初の北洋捕鯨船団が横浜を出港。

11.1 〔海洋・生物〕米、水爆実験　米、エニウェトク環礁で湿式水爆実験を行う。

11.5 〔水産・漁業〕漁業協同組合連合会　全国漁業協同組合連合会が発足する。

この年 〔海運・造船〕海運造船合理化審議会令公布　海運造船合理化審議会令が公布される。

この年 〔海運・造船〕国外航船の国旗掲揚とSCAJAP番号表示撤廃　GHQ、外航船の国旗掲揚とSCAJAP番号表示撤廃を許可する。

この年 〔海運・造船〕神戸商船大学の附属図書館(現・神戸大学附属図書館海事科学分館)として創設　2003年神戸大学と神戸商船大学が統合し、神戸大学附属図書館海事科学部分館となり、2004年現在の名称へ変更。旧海軍技術資料や約7,000枚の国内・海外の海図や水路誌などを所蔵。

この年 〔海運・造船〕定期航路開設許可　日本郵船の欧州定期航路に開設許可がおりる。

この年 〔海運・造船〕日本商船管理権返還　GHQ、日本商船管理権を日本に返還する。

この年 〔自然災害〕十勝沖地震　十勝沖地震の際に階級(2)の津波が発生。霧多布で波高2m

を記録。

この年 〔海洋・生物〕フリッチュ、ダーウィンメダル受賞　フェリックス・オイゲン・フリッチュ（英国）が海藻の分類学と形態学でダーウィンメダル受賞。

この年 〔海洋・生物〕国際海洋研究を提案　ユネスコ総会で尾高代表が国際海洋研究を提案する。

この年 〔海洋・生物〕水俣で貝類死滅　水俣市百間港の内湾で貝類が死滅状態になった。

この年 〔海洋・生物〕瀬戸内海調査　ユネスコ海洋資源開発委員会瀬戸内海調査。

この年 〔海洋・生物〕『南洋群島の珊瑚礁』刊行　田山利三郎『南洋群島の珊瑚礁』を刊行。

この年 〔海洋・生物〕『日本近海水深図』刊行　水路部『日本近海水深図』を刊行。

この年 〔水産・漁業〕水産生物環境懇談会　水産生物環境懇談会、シンポジウムがはじまる。

この年 〔水産・漁業〕『対馬暖流域水産開発調査報告書』刊行　水産資源調査結果をまとめた『対馬暖流域水産開発調査報告書』5冊刊行される。

この年 〔水産・漁業〕『定置網漁論』刊行　宮本秀明著『定置網漁論』を刊行。

この年 〔海難事故・事件〕「第五海洋」遭難　海底火山（明神礁）調査を行っていた水路部の「第五海洋丸」が海底火山の爆破に遭い転覆沈没。海洋学者、船員など全31名が亡くなった。

この年 〔その他〕『老人と海』刊行　アーネスト・ヘミングウェイ『老人と海』刊行。漁師の老人の巨大カジキマグロとの死闘とその後を描いた小説。1954年ヘミングウェイはノーベル文学賞を受賞。

1953年
（昭和28年）

1.9　〔海難事故・事件〕韓国で定期船沈没　韓国の釜山麗水間定期船「昌景号」が、釜山港西方10マイルの海上で遭難し沈没した。遭難者256人のうち船長を含む7人は救助された。事故当時は暴風で、救助作業も暴風と荒波のため困難を極めた。

1.31　〔自然災害〕ヨーロッパで暴風雨　1月31日から2月1日にかけて、北海方面一帯を猛烈な暴風雨が襲った。このため英国とオランダの多数の海岸都市は大きな被害をうけ、1日正午までに142人が死亡した。英国・ロンドン地区ではテームズ河口一帯が最も大きな被害を受け、7隻以上の船が海岸に打ちつけられ大破した。このほか、31日にはアイルランド海で連絡船「プリンセス・ヴィクトリア号」が沈没し、乗員177人のうち133人が死亡したとみられる。オランダでは、南部で防潮堤が決壊し、1835人の死者が出た。

1月　〔海洋・生物〕シーラカンスの第2の標本を獲得　インド洋のコモロ諸島近くで、絶滅したと思われていたシーラカンスの第2の標本が捕獲された。懸賞金をかけて調査

をしていたJ.L.B.スミスがその器官の研究を始めた。昔からコモロ諸島海域に出現して漁師たちには珍しい魚ではなかった。

2.1 〔自然災害〕オランダ北沿海岸一帯に高潮—大被害を与える　満潮の日に980ヘクトパスカルの低気圧がオランダ南西部を襲い、4.5メートル以上の高潮が発生、決壊した距離は500kmに及んだ。死者1835人、家屋を失った人20万人という甚大な被害をもたらした。

2.15 〔海難事故・事件〕水産指導船白鳥丸・米国船チャイナベア号衝突　静岡県白浜村の沖合で、清水港から三崎港へ向かう途中の愛知県の水産指導船「白鳥丸」(158トン)と、神戸へ向かう途中の米国船「チャイナベア号」(8,258トン)が激突。白鳥丸は沈没し、乗組員11名が溺死した。

3.27 〔水産・漁業〕漁業信用基金保証手形制度　漁業信用基金保証手形制度が実施される。

5.14 〔海運・造船〕海運・造船白書、年30万トン建造が必要と　「海運・造船白書」が発表され「年30万トン建造」が必要と記される。

5月 〔海洋・生物〕水俣病の発生　水俣市出月で、5歳11ヵ月の少女が原因不明の脳障害と診断される(少女はのち、政府の水俣病公式認定患者第1号となる)。この頃から、熊本県水俣市周辺の住民に中枢神経系疾患と見られる患者が続出し、1960年末の時点で84名が発病、うち33名が死亡した。熊本大学医学部などによる調査・研究の結果、原因は水俣湾で捕れた魚介類を食べたことによる、有機水銀化合物中毒と確認された。

8.3 〔海運・造船〕航船舶造船利子補給法成立　政府が民間に対し外洋船舶の建造を補助するための外航船舶造船利子補給法が成立。

10.12 〔海運・造船〕造船金利引下げ　全国銀行協会連合会(全銀協)は、造船金利の引下げを決定する。

この年 〔地理・地学〕赤道潜流発見　T.クロムウェル(アメリカ)、西向きの南赤道海流の下を、赤道に沿って東向きに流れる海流、赤道潜流発見。

この年 〔海運・造船〕東廻り世界一周航路　三井船舶、東廻り世界一周航路をはじめる。

この年 〔航海・技術〕ヨット、ヘルシンキオリンピックに選手派遣　ヘルシンキオリンピック大会。ヨット日本選手団(小沢吉太郎団長)フィン級に海徳敬次郎を派遣、結果は27位。

この年 〔海洋・生物〕東北冷害海洋調査、北洋漁場調査開始　水産庁東北冷害海洋調査、北洋漁場調査が再開される。

この年 〔海洋・生物〕米国海洋観測船来日　米国海洋観測船「ベアード号」来日。同船の新測器は日本の海洋学会に大きな刺戟となる。

1954年
（昭和29年）

- **1.21** 〔船舶・操船〕原子力潜水艦「ノーチラス号」進水　アメリカの原子力潜水艦「ノーチラス号」が進水した。一度潜水すると数か月間は充電の必要がなく潜航できる。制御核反応炉を利用した世界初の原子力潜水艦である。建造費は4000千万ドル。

- **1.23** 〔海運・造船〕運輸省の海運現況の集計　運輸省が、海運現況の集計（貿易72％、船腹52％回復）を完成。

- **4.19** 〔海運・造船〕造船5か年計画　日本政府は年20万総トンの造船5か年計画を正式に決定。

- **4.21** 〔海運・造船〕造船疑獄　佐藤栄作の造船疑獄逮捕許諾を請求させないため、法相・犬養健が指揮をとる。

- **5.1** 〔水産・漁業〕水産庁、漁業転換5か年計画を発表　水産庁が漁業転換5か年計画発表、転換費として29年融資は15億円。

- **5.10** 〔海難事故・事件〕漁船多数座礁・沈没　北海道根室町付近の海域で、操業中のサケ・マス漁船400隻余りが激しい暴風雨のため遭難し、56隻が沈没、13隻が座礁、21隻が破損、10隻が故障、47隻が行方不明、乗組員1000名が行方不明となった。巡視船やフリゲート艦による捜索・救助活動の結果、乗組員3名の死亡が確認された。

- **6.10** 〔その他〕『潮騒』刊行　三島由紀夫『潮騒』（新潮社）刊行。伊勢湾に浮かぶ島を舞台にした漁師と海女の恋愛小説。古代ギリシャの散文作品『ダフニスとクロエ』に着想を得て書かれた。ベストセラーとなり、第1回新潮社文学賞を受賞。

- **7.30** 〔海運・造船〕造船融資を閣議決定　閣議で、造船融資（財政資金から8割・市銀から2割）を決定。市中銀行は造船融資を条件付で承認することに。

- **8.31** 〔水産・漁業〕サケ・マス漁獲量発表　北洋母船のサケ・マス漁獲量を発表。前の年に比べ2.6倍となった。

- **9.23** 〔軍事・紛争・テロ〕第5福竜丸乗員死亡　米国の水爆実験で被災した「第5福竜丸」の無線長が死亡。

- **9.26** 〔海難事故・事件〕青函連絡貨物船北見丸・日高丸・十勝丸・第11青函丸沈没　台風15号による強風のため、青函連絡貨物船「北見丸」（2,920トン）、「日高丸」（2,932トン）、「十勝丸」（2,912トン）、「第11青函丸」（3,142トン）が函館湾内で沈没し、4隻の乗組員318名のうち187名が死亡、80名が行方不明になった。

- **9.26** 〔海難事故・事件〕青函連絡船洞爺丸事故　9月26日、台風15号の中を午後6時39分に函館を出発した青函連絡船「洞爺丸」が、函館湾の七重浜沖で座礁、10時26分に転覆した。乗員乗客1331人のうち、1132人が死亡、40人が行方不明となった。1959年2月9日、高等海難審判庁で開かれた第2審は、1審同様国鉄側の過失で人災であるとした。国鉄側は3月9日、東京高裁に提訴。

9.27	〔海難事故・事件〕大西洋上での海難事故	米外輪蒸気船「アークチック」は仏鉄船「ベスタ」と衝突し沈没。322名が犠牲となった。この悲劇によって大西洋航路の安全確立が求められるようになり、救命艇装備など安全基準の大幅な改革がはかられた。
10.8	〔海難事故・事件〕相模湖で遊覧船沈没	10月8日、神奈川県津久井郡相模湖上で、修学旅行の中学生ら78人を乗せた遊覧船「内郷丸」が沈没、生徒22人が死亡した。「内郷丸」は定員19人のところを船体改造して35人乗りとしたが無許可であり、原因は定員過剰。海難審判は1955年3月4日、船主の業務上過失と船長の運行上の過失によって発生したとして勧告処分を言い渡した。
10.25	〔海運・造船〕海運4社会	海運4社会を結成。
11.9	〔自然災害〕ユネスコ台風シンポジウム東京で開催	ユネスコ主催の台風シンポジウムが東京で開催される。
12.13	〔海運・造船〕日本船舶輸出組合設立	不公正な輸出取引を防止し、輸出秩序を確立し、組合の共通の利益を増進するための事業を行い、以て船舶輸出の健全な発展を図ることを目的として設立された。
12.13	〔海運・造船〕日本造船協力事業者団体連合会設立	造船協力事業者の経営の合理化、技術水準の向上、労働災害の防止、労働環境の改善整備等により、健全な発展をはかり、造船業の生産性の向上に寄与することを目的として設立された。
この年	〔船舶・操船〕クフ王の船発見	大ピラミッドの近くでクフ王(紀元前26世紀)の船が発見される。
この年	〔海運・造船〕大型工船第1号進水	トロール漁法で魚を獲り、三枚におろして冷凍するまでの設備を備えた大型工船「フェアトライ」(スコットランド)が進水。
この年	〔航海・技術〕NORCに改組	CCJがNORC(ニッポンオーシャンレーシングクラブ)に改組。登録艇数19隻で発足。
この年	〔海洋・生物〕「バチスカーフ号」4,050mまで潜水	スイス人オーギュスト・ピカールが発明した潜水艇「バチスカーフ号」アフリカのダカール沖で4,050mまで潜水。
この年	〔海洋・生物〕『海洋気象学』刊行	宇田道隆著『海洋気象学』を刊行。
この年	〔海洋・生物〕精密深海用音響測深機	精密深海用音響測深機(PDR)発明される。
この年	〔海洋・生物〕日本船ビキニ海域の海底調査を行う—高い放射能検出	水産講習所の練習船「俊鶻丸」、米水爆実験後のビキニ海域の海底調査を行う。異常に高い放射能が検出される。
この年	〔建築・土木〕青函トンネル、海底調査始まる	青函海底トンネル計画に伴う海底調査始まる。

1955年
(昭和30年)

3.16 〔その他〕西海国立公園　九州西北部に位置し、佐世保の九十九島から平戸島、さらに東シナ海に浮かぶ五島列島へと続く、大小400余りの島々からなる外洋性多島海景観を特色とする西海国立公園が開園。

3月 〔船舶・操船〕大型船舶用ディーゼル機関開発　三菱造船、UEC型ディーゼル機関の陸上試験実施。

5.2 〔その他〕陸中海岸国立公園　岩手県北部から宮城県気仙沼付近にかけての太平洋岸を占める陸中海岸国立公園(現・三陸復興国立公園)が開園。

5.11 〔海難事故・事件〕紫雲丸事件　午前6時56分、香川県高松沖4キロの地点で、修学旅行の学童370人と一般乗客943人を乗せた国鉄宇高連絡船「紫雲丸」が、折からの濃霧に視界を遮られ、貨車航送船「第三宇高丸」と衝突、「紫雲丸」が横転沈没し、「第3宇高丸」も船首に穴をあけた。学童100人を含む160人が死亡、8人が行方不明となった。高松地検は両船の過失と断定。

6.27 〔海運・造船〕造船融資—市中銀行が応諾　市中銀行11行が、第11次造船融資を条件付で応諾する。

7.15 〔海運・造船〕日本水上スキー連盟設立　全日本選手権などトーナメントやイベントの開催や協力に関する事業を行い、水上滑走スポーツの普及、振興をはかり、国民の心身の健全およびスポーツの発展に寄与することを目的として設立。

7.20 〔海運・造船〕「海運白書」造船自己資金率発表　325万総トン自己資金13%とする「海運白書」発表。

8.24 〔水産・漁業〕「漁業白書」漁獲率など発表　「漁業白書」が発表される。(沿海漁業体77.3%で漁獲44.6%)。

8月 〔水産・漁業〕東京水産大学の練習船竣工　東京水産大学の船尾トロール型練習船「海鷹丸」竣工。

9月 〔海洋・生物〕新日窒の廃水路変更　新日本窒素肥料水俣工場の廃水路が、百間港から水俣河口へ変更された。

10.18 〔建築・土木〕大村湾港の西海橋開通　長崎県大村湾口に橋長316.26m、固定鋼アーチスパン216mの「西海橋」が開通。

12.29 〔通信・放送〕写真電送に成功　朝日新聞が南半球の船上からの写真電送に成功し掲載した。

この年 〔船舶・操船〕ばら積み貨物船登場　スウェーデンで建造された「カシオペイア号」(1万9,000トン)がばら積み貨物船の嚆矢。大量の液体や生鮮品以外の通常の貨物を輸送する。

この年　〔港湾〕国際港湾協会設立　国際的な港湾の協力と連帯、国際港湾社会の組織化を目指し国際港湾協会（IAPH）設立。

この年　〔海運・造船〕「今後の新造建造方策」答申　海運造船合理化審議会が、定期船建造優先を打ち出した「今後の新造建造方策」を答申。

この年　〔海運・造船〕船舶拡充5ヵ年計画　運輸省が保有船腹450万総トンの船舶拡充5ヵ年計画を発表する。

この年　〔航海・技術〕全日本実業団ヨット選手権開催　琵琶湖で第1回全日本実業団ヨット選手権大会を開催。

この年　〔海洋・生物〕『ソ連海洋生物学』刊行　ゼンケヴィチ（ソ連）著『ソ連海洋生物学』を刊行。

この年　〔海洋・生物〕ソ連船、太平洋深海を調査　「ヴィチャージ号」（ソ連）太平洋深海調査に成果。

この年　〔海洋・生物〕『海洋観測指針』刊行　中央気象台（現・気象庁）より『海洋観測指針』が発刊される。

この年　〔海洋・生物〕海洋研究特別委員会設置　国際学術連合の下部組織として海洋研究特別委員会（SCOR）を設ける。

この年　〔海洋・生物〕『海洋生物学、海洋学論文集』刊行　ビゲェロー記念『海洋生物学、海洋学論文集』を刊行。

この年　〔海洋・生物〕鳥羽水族館開館　鳥羽水族館が三重県鳥羽市に開館。陸上に水量80トンほどの魚類プールとウミガメ、イセエビ、マダコのオープン水槽があり、海岸に回廊を巡らせた「天然水族館」では、ペンギンやアシカなどが飼育され、マダイの群遊が人気を呼んだ。

この年　〔海洋・生物〕日米加連合北太平洋海洋調査　NORPAC日米加連合北太平洋海洋調査、1960年に成果図集を刊行。

この年　〔水産・漁業〕羽原又吉、日本学士院賞受賞　羽原又吉、「日本漁業経済史」によって日本学士院賞を受賞。

この年　〔その他〕『女王陛下のユリシーズ号』刊行　アリステア・マクリーン『女王陛下のユリシーズ号』刊行。第二次世界大戦でソ連への輸送船団を護衛する英国の巡洋艦ユリシーズ号の苦闘を描いた海戦小説。氷海の描写、戦闘シーンの凄まじさに定評がある。

1956年
(昭和31年)

2.20　〔海運・造船〕全銀連、造船融資率承認　全国銀行協会連合会（全銀協）が、開銀47・市銀42・自己資金10の造船融資率を承認。

3.21	〔水産・漁業〕ソ連、北洋漁業制限発表	前日の20日に日ソ交渉の領土問題で行き詰まり休会したソ連が、モスクワ放送にて「北洋漁業制限に関する政府決定」を発表。日本政府は直ちに抗議。
4.10	〔海運・造船〕海運会社の株式配当復配基準を発表	大蔵省と運輸省は、海運会社の株式配当の復配基準を発表。
4.30	〔海運・造船〕全銀連、造船向けに利下げ	全国銀行協会連合会（全銀協）が、造船向け利下げを決定。
5.14	〔水産・漁業〕日ソ漁業条約等調印	日ソ漁業条約・海難救助協定、1956年度出漁暫定取決めに調印。12月12日に発効。
5月	〔海運・造船〕三井船舶欧州航路同盟加入	1951、52年に欧州航路同盟加入申請を拒否されたため三井商船は1953年から盟外配船を強行してきた。石川一郎らが調停を図ることになり、斡旋案を同盟に提案。5月にスエーツ同盟議長が来日、日本側斡旋案を基に、寄港地・積荷の制限、日本郵船に対する下請配船機関を5年とするなどの条件付きで三井船舶の同盟加入を承認した。
7.25	〔海難事故・事件〕最新豪華客船アンドレア・ドリア号が貨物線と衝突	北大西洋でレーダー装備の最新豪華船「アンドレア・ドリア号」が貨物線ストックホルムと衝突し翌日沈没。43名の死亡者を出す。
7.26	〔建築・土木〕エジプト、スエズ運河を国有化	エジプト大統領、スエズ運河を国有化すると発表。
8.8	〔船舶・操船〕世界最大タンカー進水	アメリカNBC社の広島・呉造船所で、世界最大のタンカー、「ユニバース・リーダー号」進水。8万3,900トン、タンカーは大型化の傾向へ。
8.24	〔海洋・生物〕水俣病医学研究	熊本県により、熊本大学に水俣病医学研究班が設置された。8月29日、熊本・新日本窒素肥料附属病院の細川院長により、水俣病に関する最初の医学報告書（30例の疫学・臨床について記載）が作成された。
9.26	〔海運・造船〕運輸省、自己資金による造船を認可	運輸省は、1957年7月以降、船主の自己資金による造船を許可。
10.10	〔海運・造船〕日本造船関連工業会（現・日本舶用工業会）発足	船舶用機関及び船舶用品の製造等の事業の進歩発達を図り、経済の発展に寄与することを目的として設立。1966年、日本舶用内燃機関連合会との合併を機に現在の名称へ変更。
10.22	〔海運・造船〕「海運白書」造船80万総トン、保有商船350万トンと予想	運輸省は「海運白書」を発表。1955年に80万総トンの造船および1957年末保有商船が350万総トンと予想。
10.30	〔軍事・紛争・テロ〕スエズ危機	エジプト大統領のスエズ運河国有化宣言に伴い、支配権奪還のため英・仏・イスラエルがエジプトに侵攻する。
11.8	〔航海・技術〕南極観測隊「宗谷」出発	南極予備観測隊、「宗谷」で出発。1957年1月29日、オングル島に上陸。
12.26	〔軍事・紛争・テロ〕最後の引揚船が入港	シベリアに抑留されていた日本人を乗

せた最後の引揚船「興安丸」が第11次帰国者1025人を乗せて舞鶴に入港した。帰国者の内訳は元軍人711人、一般邦人310人、外国籍4人で抑留漁夫は38人であった。他に、近衛文隆らの遺骨24体も戻った。

この年　〔地理・地学〕大洋中軸海嶺を発見　米海洋学者・地質家のB.ヒーゼンとM.ユーイングが大洋中軸海嶺を発見。

この年　〔航海・技術〕第1回神子元島レース開催—ヨット　相模湾および神子元島周辺海域で行われる第1回神子元島レースを開催。

この年　〔航海・技術〕南極海域調査　「海鷹丸」、南極海域調査。

この年　〔軍事・紛争・テロ〕『眼下の敵』刊行　元海軍中佐のD.A.レイナーが自身の体験を生かした戦争小説『眼下の敵』を刊行。第二次世界大戦末期の英国の駆逐艦とドイツの潜水艦の攻防を描く。1957年に映画化された。

この年　〔海洋・生物〕ビキニ環礁、水爆実験　米、大西洋ビキニ環礁で初の水爆投下実験。マグロ船被災調査開始。

この年　〔海洋・生物〕映画『沈黙の世界』公開　フランス・イタリア合作のドキュメンタリー映画『沈黙の世界』が公開される。フランスの海洋学者のクストーとのちに『死刑台のエレベーター』で知られるルイ・マルが共同で監督を務めた海洋記録映画。調査船「カリプソ号」によるサンゴ礁の調査やクジラやイルカとの遭遇の様子などを描いたもの。カンヌ国際映画祭のパルムドールを受賞。

この年　〔海洋・生物〕東京で海洋学シンポジウム　海洋学シンポジウム（主催：ユネスコ）が東京で開かれる。

この年　〔海洋・生物〕日仏連合赤道太平洋海洋調査　日仏連合赤道太平洋海洋調査行われる。

この年　〔海洋・生物〕鳴門渦潮調査実施　春季鳴門渦潮調査が行われる。

この年　〔水産・漁業〕太平洋漁場日米加共同海洋調査実施　太平洋漁場日米加共同海洋調査が行われる。

この年　〔その他〕『オープンシー』を刊行　A.ハーディ著『オープンシー』を刊行。

この年　〔その他〕科学技術庁発足　総理府の外局として科学技術庁発足。

1957年
(昭和32年)

1月　〔海洋・生物〕水俣病の原因研究　熊本大学の水俣病研究班が「水俣病の原因は重金属、それも新日本窒素の排水に関係がある」と発表した。2月、同研究班は水俣湾内の漁獲禁止が必要と警告した。

4.1　〔海洋・生物〕郊外でも水俣病多発が確認　水俣市郊外の漁農村部落でも、鉱物性金属に汚染された魚介類の多量摂食によるものと推定される脳炎症状に似た奇病多発

が確認された。

4.12 〔海難事故・事件〕旅客船「第五北川丸」沈没事件　「第五北川丸」(総トン数39トン)が三原瀬戸の寅丸礁付近で船底部を乗り揚げて擦過し、その後附近海域で沈没。旅客112人及び乗組員1人が死亡し、船客49人が負傷した。

4月 〔船舶・操船〕東京商船大学と改称　東京高等商船学校、東京商船大学と改称。

5.15 〔海洋・生物〕英、水爆実験　英、クリスマス島で第1回水爆実験。

5.30 〔海運・造船〕計画造船適格船主　運輸省は第13次計画造船の適格船主を33社46隻414,675トンと正式決定。

6.1 〔船舶・操船〕海人社創業　石渡幸二、海人社を創業。事業内容は工学書の出版。8月『世界の艦船』創刊。

7.1 〔海洋・生物〕江の島水族館開館　江の島水族館が数百種の魚類の飼育展示を行う近代的水族館として開館。日本で初めてイルカ、クジラのショーを行った。創設者は元日活社長の堀久作である。

7.20 〔通信・放送〕海上ダイヤル放送開始　日本短波放送、「海上ダイヤル」の放送を始める。

9.23 〔港湾〕豪州から大型観光船が入港　オーストラリアから約1200名の観光客を乗せた豪華客船「オーカデス号」が横浜港に入港。27日に神戸から出港した。観光客は東京・横浜をはじめ、箱根・鎌倉、京都・奈良などへ旅行、ガイドは104人、バス104台、臨時列車5本が動員される。

10.1 〔海運・造船〕青函連絡船「十和田丸」就航　青函航路に十和田丸(6,148トン)が就航した。

10.26 〔海運・造船〕最低賃金制改訂求め全日海スト　1957年3月、全日海は船団連に最低賃金制の改定を要求、5月、組合は船主案を不満として船員中央労働委員会に調停を申請した。調停案は9月25日に提示されたが双方ともこれを拒否し、10月26日からストに入った。11月2日、船中労務委員長の斡旋案で解決。

12.5 〔船舶・操船〕ソ連原子力砕氷船「レーニン号」進水　ソ連、原子力砕氷船「レーニン号」(16,000排水トン)が進水。

12.9 〔海運・造船〕インドネシア船舶貸与を申入れ　インドネシアが、日本に船舶の貸与を申入れ。12月28日調印、その後解消。

12月 〔船舶・操船〕仏初建造の空母　仏海軍初建造の空母「クレマンソー」が進水。

この年 〔船舶・操船〕RO-ROフェリー第1号が進水　RO-RO(ロールオン・ロールアウト)フェリー第1号のバーディック・フェリー(英国)が進水。車両でそのまま乗り降りでき、揚陸艦を原型としている。

この年 〔地理・地学〕明石海峡、鳴門海峡で測量　明石海峡、鳴門海峡で渡海架橋測量始まる。

この年 〔海運・造船〕国際海運会議所、国際海運連盟に加入　日本船主協会が国際海運会議所(ICS)、国際海運連盟(ISF)に加入する。

この年 〔海運・造船〕「富士川丸」を建造　川崎汽船、油槽船「富士川丸」を建造。

この年 〔航海・技術〕「アドミラズ・カップ」開催　ヨットレース「アドミラズ・カップ」が始まる。隔年でイングランド沿岸部と沖合で開催。

この年 〔航海・技術〕昭和基地建設　南極観測船「宗谷」で永田隊長率いる第1次南極観測隊53名が東オングル島に到着。昭和基地建設開始。

この年 〔自然災害〕ハワイに津波　アリューシャン中部で起きた地震の影響でハワイを階級 (1) の津波が襲った。損害は300万ドルにのぼった。

この年 〔海洋・生物〕ビーチャジ海淵発見　ソ連の海洋観測船「ビーチャジ号」がマリアナ海溝において当時世界で最も深いビーチャジ海淵を発見する。

この年 〔海洋・生物〕『一般海洋調査』刊行　G.ディトリッヒ著『一般海洋調査』を刊行。

この年 〔海洋・生物〕海洋学用語委員会設置　文部省海洋学用語委員会が設けられる。

この年 〔海洋・生物〕海洋研究科学委員会設立　海洋科学の振興普及と社会貢献の推進のために海洋研究科学委員会 (SCOR) 設立。

この年 〔海洋・生物〕国際海洋調査　日本が国際海洋共同調査に参加する。

この年 〔海洋・生物〕国際地球観測年始まる　国際地球観測年 (ICY) 始まる。オーロラ、大気光 (夜光)、宇宙線、地磁気、氷河、重力、電離層、経度・緯度決定、気象学、海洋学、地震学、太陽活動の観測が行われた。

この年 〔海洋・生物〕須磨水族館開館　神戸市立須磨水族館が開館。開館当時、世界の水族を含む本格的な屋内展示を行い、東洋一の規模を誇る日本の水族館のパイオニアであった。

この年 〔海洋・生物〕日本海溝調査　潜水艇「バチスカーフFNRS-3号」が日本海溝の調査実施。

この年 〔その他〕『海底牧場』刊行　アーサー・C.クラーク『海底牧場』刊行。人口増大による食糧問題解決のため行われる海洋開発を描いたSF小説。

1958年
(昭和33年)

1.21 〔海運・造船〕世界造船進水高で1位　ロイド船級協会が、1957年度の世界造船進水高で日本が1位と発表 (242.4万トン)。

1.26 〔海難事故・事件〕旅客船「南海丸」遭難事件　「南海丸」(総トン数494トン) が、旅客139人を載せて小松島を発し、和歌山に向けて航行中、無線電話で危険を知らせる連絡をしたのち消息を絶った。28日午後4時紀伊水道沼島の南西端の水深約40メートルの地点に沈没している船体が発見された。旅客及び乗組員167人全員が死亡又は行方不明となった。

1.29	〔海運・造船〕第14次造船計画	運輸省は第14次造船計画の造船量を25万総トン・180億円と決定。
2.1	〔領海・領土・外交〕韓国抑留中の漁民の帰国決定	「李承晩ライン」侵犯を理由に韓国に抑留されていた漁民300人が帰国した。1957年12月29日の金大使と藤山外相の会談で、抑留中の952人中、刑期を満了した850人について3月までの釈放が決定していたもの。
2.24	〔領海・領土・外交〕国連海洋法会議ジュネーブで開催	国連海洋法会議をジュネーブで開催、領海・公海・漁業および大陸棚に関する4条約を可決した。同27日閉会。
3.9	〔建築・土木〕関門トンネル開通	関門国道トンネル（1939年5月12日起工式。3,461m）開通。
3.31	〔海難事故・事件〕「カロニア号」防波堤衝突事件	世界一周の観光船「カロニア号」が横浜港の防波堤の衝突する事件が発生。
4.6	〔海洋・生物〕本州製紙江戸川事件	東京都江戸川区の製紙工場から黒濁水が流出した。5月、漁協が魚介類死滅と千葉県に報告、東京湾の漁民が工場に抗議した。6月、都知事が都工場公害防止条例に基づき汚水関係部門の一時操業停止を命令した。
4月	〔海運・造船〕貨物運賃協定	日本・アメリカ太平洋岸、日本・アメリカ大西洋岸定期航路同盟は貨物運賃の協定を結んだ。安値競争を防ぐため、中立機関を設置、違反者には大幅な罰金を科した。
7.21	〔海難事故・事件〕観測測量船拓洋・さつま被曝	海上保安庁の観測測量船拓洋から、被曝により乗組員の白血球数が減少したとの報告が届いたため翌日、同庁は拓洋と僚船「さつま」とに帰国を指示、両船は8月7日、東京に帰港した（拓洋の乗組員のうち首席機関士が翌年8月3日、急性骨髄性白血病で死亡）。
8.15	〔海洋・生物〕水俣湾漁獲操業停止	水俣市議会で水俣湾一帯の漁獲・食用自粛が決議され、8月21日には熊本県から水俣湾漁獲操業厳禁の通達が出された。
8.22	〔水産・漁業〕4か国南氷洋捕鯨協定成立	日本は69隻で、4か国南氷洋捕鯨協定成立。
9.8	〔海運・造船〕日本海難防止協会設立	海難防止及び船舶等による海洋の汚染の防止に関する事項の調査研究、啓蒙活動などを目的として設立。
この年	〔海運・造船〕海運不況、係船24隻に	不況の深刻化に伴い、1958年1月の神戸近海汽船「宮光丸」を皮切りに係船が漸増し、1959年5月までに累計24隻、9万4,636トンに上った。
この年	〔海運・造船〕「新田丸」竣工	日本最初の鉱石専用船「新田丸」（照国海運）が竣工。
この年	〔海運・造船〕世界最大のタンカー受注	ベスレヘム・スチール（アメリカ）、世界最大タンカー（106,000トン）を受注。
この年	〔海運・造船〕政府間海事協議機関（現・国際海事機関）設立	政府による差別的措置及び不必要な制限の除去を奨励、海上の安全、能率的な船舶の運航、海洋汚染の防止に関し有効な措置の勧告等を行うことを目的に政府間海事協議機関（IMCO）、現在の国際海事機関（IMO））が設立される。
この年	〔海運・造船〕船主協会の不況対策	1958年、船主協会は不況対策特別委員会を設置、

検討の結果以下の結論を出した。(1)余剰船腹の係船や戦標線のスクラップ化を促進、企業経営の合理化を図る。(2)同一航路内の過当競争を防ぐため、航路を調整する。(3)船主の経費節減の徹底。(4)日本海運は借入金が多いことや固定資産税が重いことが経営基盤を弱くしているため、借入金の肩代わり、減税特典などを要請する。

この年 〔海運・造船〕日ソ定期航路民間協定　1957年12月に締結された日ソ通商条約の下で両国政府が取り交わした「定期航路開設に関する交換公文」において、両国政府が相互に通報した海運企業同士が協議を行って日ロ間の定期航路を運営することを定めた。これを受けて、両国の海運企業間で定期貨物航路の開設について協議した結果、日ソ定期航路民間協定が調印され、在来定期航路が日本の海運企業によって開設された。

この年 〔航海・技術〕「アメリカズ・カップ」再開　20年以上中断されていたヨットレース「アメリカズ・カップ」が再開。

この年 〔航海・技術〕米原潜北極圏潜水横断に成功　アメリカ、原子力潜水艦「ノーチラス号」北極圏の潜水横断に成功。

この年 〔軍事・紛争・テロ〕潜水艦発射型弾道ミサイルのテスト成功　アメリカのポラリスが、潜水艦発射型弾道ミサイルのテストを初めて成功させる。

この年 〔海洋・生物〕海域における国土開発調査のはじまる　海域における国土開発調査として島原湾調査がはじまる。

この年 〔海洋・生物〕『海流』刊行　日高孝次著『海流』を刊行。

この年 〔海洋・生物〕国連地球観測年関連海洋関係事業　国連地球観測年にあたり海洋関係の事業として、離島観測、長波、潮汐観測、海水位観測、津波観測、船上海洋観測（深層流観測、一斉海流観測、極前線観測）、炭酸ガス観測などが行なわれる。

この年 〔海洋・生物〕深海研究委員会本格化　深海研究委員会が組織され多角的調査が本格化。

この年 〔海洋・生物〕日仏海洋学会創立　日仏海洋学会創立。

この年 〔海洋・生物〕日本海溝潜水調査　日仏共同バチスカーフによる日本海溝の潜水調査が行われる。

この年 〔海洋・生物〕日本海底資源開発研究会設立　日本海底資源開発研究会設立。

この年 〔海洋・生物〕「凌風丸」に深海観測装置装備　ロックフェラー財団の援助により気象庁の観測船「凌風丸」に深海観測装置が装備される。日本海溝の深海調査が始まる。

1959年
(昭和34年)

1.20　〔海運・造船〕世界船舶進水統計1位　ロイド船舶協会が、1958年中の世界船舶進水統計を発表。日本は205万6,000トンで第1位。

2.6	〔水産・漁業〕国際捕鯨条約脱退へ	閣議で、国際捕鯨条約脱退を決定。

2.6　〔水産・漁業〕国際捕鯨条約脱退へ　閣議で、国際捕鯨条約脱退を決定。

2.12　〔海洋・生物〕厚生省に水俣病特別部会　水俣病特別部会が厚生省食品衛生調査会に設置された。

3.26　〔海洋・生物〕水俣病発病が相次ぐ　水俣市八幡の患者が水俣病と断定された。以後、水俣川河口付近で発病者が相次いだ。

5.1　〔海運・造船〕日本中小型造船工業会設立　中小型造船業及び関連産業の進歩・発展や、経済の発展と国民生活の向上に寄与することを目的として設立。60社の会員造船所を擁する。日本中型造船工業会（1969年）、日本中小型造船工業会（日本小型船舶工業会と統合）（2001年）と改称。

6.23　〔海洋・生物〕気象庁観測船、日本付近の深海調査に出港　気象庁観測船「凌風丸」、日本付近の深海調査のため東京港を出発、8,450mの海底の泥を採取（同27日）。

6月　〔船舶・操船〕米潜水艦「ジョージ・ワシントン」進水　潜水艦発射弾道ミサイルを搭載した米潜水艦「ジョージ・ワシントン」が進水。

6月　〔海運・造船〕国内旅客船公団発足　国内旅客船公団発足。旅客船の新造、老朽船の改造を目的とし、政府出資2億円、資金運用部資金3億円で、1959年度には新造42隻、改造3隻を予定した。初代理事長は島居辰次郎。

7.21　〔海洋・生物〕水俣病は水銀が原因　新日窒附属病院でネコ実験が行われ、塩化ビニルやアセトアルデヒド廃水を直接投与した結果、3ヵ月後にけいれんや失調など水俣病発症が確認された。22日、熊本大学水俣病総合研究班の報告会で、水銀が原因であると結論された。これが全国紙などで報道され、水俣病が広く知られるようになる。

7月　〔船舶・操船〕米原子力巡洋艦「ロングビーチ」進水　原子力推進の艦隊護衛ミサイル巡洋艦「ロングビーチ」進水。同艦は米海軍にとって空母を除く最大の戦闘艦となる。

8.12　〔海洋・生物〕鹿児島県側でも水俣病発生　この日、出水市でネコ発症が公式に記録されるなど、この頃から鹿児島県側でも水俣病が発生した。

10.6　〔海洋・生物〕厚生省も有機水銀説と断定　この頃、水俣病の原因について各学会・企業で諸説（水銀説の他、爆薬説やアミン中毒説などもあり）が発表されたが、厚生省食品衛生調査合同委員会で水俣食中毒部会の中間報告で、有機水銀説が発表された。10月21日、通産省が新日本窒素肥料に対し、水俣河口への排水を中止し百間港に戻すこと、浄化装置を年内に完備することを指示、同社は11月にアセチレン発生装置への逆送を開始した。11月、厚生省が水俣病の原因を水俣湾周辺の魚介類に蓄積された有機水銀化合物と断定、有機水銀説が公式に確認された。

11.2　〔海洋・生物〕新日窒水俣工場で漁民と警官隊衝突　水俣病の原因である新日本窒素水俣工場の廃液排出に怒った、熊本県水俣市周辺の漁業関係者1500名が同工場に乱入して警官隊と衝突し、双方の140名が軽重傷を負った。

11.12　〔海洋・生物〕水俣病の原因を有機水銀と答申　食品衛生調査会が、水俣病の原因は有機水銀化合物であると答申した。

12.1　〔領海・領土・外交〕南極条約調印　南緯60度以南の大陸・公海の全ての非軍事化、科学的研究の自由と国際協力、領土的請求権の凍結などを定めた南極条約がワシン

1959年（昭和34年）　　　　　　　　　　　　　　　　　　　海洋・海事史事典

トンで関係12か国によって調印。

12.14　〔軍事・紛争・テロ〕北朝鮮帰還船出港　在日朝鮮人の北朝鮮帰還第1船が新潟港を出港する。

12.25　〔海洋・生物〕水俣病患者診査協議会　厚生省により、熊本県衛生部を主管とする水俣病患者診査協議会が設置された。

12.30　〔海洋・生物〕水俣病見舞金契約　水俣病患者互助会が見舞金契約に調印した。

この年　〔船舶・操船〕米初の原子力商船進水　アメリカ、最初の原子力商船「サバンナ号」進水。

この年　〔地理・地学〕海洋観測塔　ラフォンドら（アメリカ）が波の高さや海流速、流向、海水温計や風速、風向、気圧などが分かる海洋観測塔をつくる。

この年　〔海運・造船〕海運不況戦後最悪の決算　海運市況の低迷、金利負担、用船料の引き下げなどから海運各社の決算は悪化の一途をたどり、1958年9月期決算は運行主力13社で22億1400万、輸送船主力8社で2億6200万、貸船主力32社は10億9100万円の純欠損となった。1959年3月期決算では運行主力が2億2600万、貸船主力が9億9000万の純欠損。また、1959年の期末船舶消却不足が合計618億1200万円と前期末比100億円以上増加した。

この年　〔海運・造船〕政府の海運助成措置　1959年度の海運助成予算請求は利子補給の復活に23億円、三国間輸送奨励15億円を主としていたが、このうち三国間輸送奨励金4億6000万円だけが通っている。また自民党が6月、開銀金利の1分5厘棚上げを決定。

この年　〔自然災害〕台風15号（伊勢湾台風）　午後6時18分、心気圧929mb・瞬間最大風速48.5mの強い勢力をもつ台風15号が、和歌山県串本町の潮岬の西約15kmに上陸、奈良県吉野・宇陀両郡、三重県亀山市、岐阜県白川町、新潟県直江津市を通って日本海へ抜けた後、27日午前6時に秋田県の男鹿半島に再上陸、東北地方を横断した。この影響で、福井県大野郡和泉村で九頭竜川の氾濫により、家屋38戸が流失または半壊し、住民27名が死亡、道路の流失で1か月半も交通が途絶えた他、北海道から中国地方にかけて住民4697名が死亡、3万8921名が重軽傷、401名が行方不明となった。

この年　〔海洋・生物〕国際海洋会議開催　ニューヨークの国連本部を会場として国際海洋会議が開催される。

この年　〔海洋・生物〕『日本プランクトン図鑑』刊行　山路勇著『日本プランクトン図鑑』刊行。

この年　〔その他〕『ガルフストリーム』刊行　ストンメル（アメリカ）著『ガルフストリーム』を刊行。

1960年
(昭和35年)

- 1.9 〔海洋・生物〕水俣病総合調査研究連絡協議会、発足　経済企画庁(主管)、通産省、厚生省、水産庁と研究者で構成される「水俣病総合調査研究連絡協議会」が発足した。

- 3.25 〔海洋・生物〕有機水銀を水俣病の原因物質として根拠づけ　熊本大学水俣病研究班が疫学・分析・臨床的研究により有機水銀を水俣病の原因物質として根拠づけた。また、水俣病の病像を病理・臨床的に確立した。

- 4.13 〔航海・技術〕世界初の航行衛星「トランシット1B号」　ジョンズ・ホプキンス大学と米国海軍により開発された、世界初となる航行衛星(航海衛星)「トランシット1B号」が打ち上げられた。航行衛星は、船や航空機などの測位援助のための人工衛星。

- 5.21 〔自然災害〕チリ地震　5月21日夜明けごろ、チリのコンセプシオン地域で地震が起こり、これによる死者は同日中に143人に上った。このほかに負傷者は150人に上るとみられる。翌22日、チリ南部のアンクド港を津波が襲い、130人が行方不明になった。チリ南部と中部ではその後も激震が続き、25日には新たに地震、津波、火山爆発、地滑りが発生。オソルノで地滑りのため100人が死亡したほか、コウチン、バルジビア、ランキウエ地区などで被害が出ている。公式発表では25日までに死者1206人、行方不明812人、負傷者2000人と伝えられ、家を失った者の数は200万と推定された。28日夜から29日朝にかけてはコンセプション地方を9回もの強震が襲った。

- 5.23 〔自然災害〕ハワイでチリ地震津波　午前0時50分、ハワイ島最大のヒロ市を高さ1.8mの津波が襲った。ホノルルのあるオアフ島では22日の午後8時半に警報が出され、ワイキキ浜地区やその他海岸地帯の居住者や観光客は高台へ避難、ヒロ市をはじめ海岸地帯の避難は同夜10時までに完了していた。午前1時5分第3波がヒロ市を襲い、0.45mの高潮がカウアイ島を襲ったという。ヒロ市の津波による被害は予想外に大きく、23日までに死者26人以上、行方不明25人、負傷者57人が出た。

- 5.24 〔自然災害〕チリ地震津波　5月23日午前4時15分(日本時間)チリの沖合で非常に強い地震が発生。この影響で、24日午前4時頃、北海道霧多布村および青森県八戸市、岩手県宮古、釜石、大船渡、陸前高田の各市や大槌、山田両町、宮城県気仙沼市や女川、志津川両町、三重県尾鷲市、和歌山県田辺、海南両市や白浜、那智勝浦両町、徳島県阿南市など太平洋岸の全域に大規模な津波が押し寄せ、北海道で住民46名が死亡または行方不明となり、岩手県で57名が死亡、308名が重軽傷、5名が行方不明、宮城県で50名が死亡、4名が行方不明となり、徳島県で家屋782戸が床上浸水するなど、各地で119名が死亡、872名が重軽傷、20名が行方不明などの被害が出た。自衛隊が救援・復旧作業に出動した。

- 5.24 〔自然災害〕チリ地震津波で特別番組　23日にチリで発生したマグニチュード8.3の地震による大津波が太平洋岸を遅い、北海道南岸、三陸を中心に死者・行方不明者142人、全壊家屋1500余、半壊家屋2000余を出す大惨事になった。発生当日、NHK宮古・釜石の両局は津波警報を出し、避難命令などを定時放送開始前に臨時で速報し

7月	〔海洋・生物〕水俣沿岸で操業自粛	水俣市漁協が沿岸1,000m以内の漁獲禁止区域を設置、操業を自粛した。
8.8	〔軍事・紛争・テロ〕オランダ空母の横浜寄港を許可	西イリアン駐留のオランダ空母の横浜寄港を許可した。同11日にインドネシアがこれに抗議し、政府は9月3日、オランダに寄港延期を要請した。
9.24	〔船舶・操船〕世界初の原子力空母	アメリカ海軍の世界初の原子力空母「エンタープライズ」が進水した。
9.29	〔海洋・生物〕水俣の貝から有機水銀結晶体	熊本大学水俣病研究班が水俣湾産の貝から有機水銀化合物の結晶体を抽出したと発表した。10月、入鹿山旦朗・熊大教授が新日窒水俣工場アセトアルデヒド酢酸設備内の水銀スラッジを採取した。
10.29	〔海難事故・事件〕大分の定期連絡船転覆	大分県の蒲江港・越田屋間の定期連絡船「第3満恵丸」が、桟橋を離れて間もなく港内で転覆、中学生・教師ら283人が海中に投げ出された。5人が死亡、7人が負傷。定員28人の10倍もの乗客を乗せていたもので、船長を4か月の業務停止処分とした。
この年	〔海運・造船〕海運会社に利子補給再開	1960年度、3年ぶりで利子補給が再開された。対象になったのは53社で、運行主力13社、油送船主力会社8社、貸船主力会社32社。補給額は10億円で、3国間輸送奨励は6億9000万円。
この年	〔海運・造船〕国内旅客船公団の活動	1959年度に発足した国内旅客船公団は、新造客船33隻の運造と、200総トンの改造を行った。1960年度には政府出資2億円と、資金運用部資金借入金5億円の計7億円で、40～50隻、4600総トンの建改造を行う。
この年	〔海運・造船〕国内旅客船状況	8月1日現在、旅客船は定期航路が1236、不定期航路が603。大部分が本土周辺の離島と本土間、もしくは離島相互間、または陸上交通の困難な地点を結ぶ。2740隻が就航しており、1960年度は旅客1億87万人、貨物426万トンを輸送した。
この年	〔海運・造船〕国民所得倍増計画で船舶建造増の方針	日本政府が、国民所得倍増計画の一環として1970年度に1,335万総トンの外航船腹が必要なため、約970万トン建造の方針を決定する。
この年	〔海運・造船〕石川島播磨重工業が発足	石川島重工業(株)と(株)播磨造船所とが合併し石川島播磨重工業(株)が発足。
この年	〔海運・造船〕「富久川丸(初代)」を建造	川崎汽船、鉄鉱石船「富久川丸(初代)」を建造。
この年	〔航海・技術〕『どくとるマンボウ航海記』刊行	北杜夫『どくとるマンボウ航海記』(中央公論社)刊行。1958年から1959年にかけて漁業調査船に船医として乗船した体験に基づいた旅行記的エッセイ。ユーモアあふれる内容が好評でベストセラーとなった。
この年	〔航海・技術〕「オブザーヴァー単独大西洋横断ヨットレース」開催	オブザーヴァー単独大西洋横断ヨットレース(OSTAR)が始まる。第1回はフランシス・チチェスター

が優勝した。

この年　〔航海・技術〕全国高校選手権開催―ヨット　宮城県七ケ浜で第1回全国高校ヨット選手権開催。

この年　〔航海・技術〕鳥羽パールレース開催―ヨット　第1回鳥羽パールレース開催（ヨット）。

この年　〔海洋・生物〕マリアナ海溝最深部潜水に成功　ウォルシェ（アメリカ）ら「バチスカーフ号」「トリエステ号」でマリアナ海溝最深部11.2kmの潜水に成功。

この年　〔海洋・生物〕『海洋の事典』刊行　和達清夫著『海洋の事典』を刊行。

この年　〔海洋・生物〕海洋底辺拡大説　ハリー・ハモンド・ヘス（アメリカ）、海洋底拡大説を提唱。

この年　〔海洋・生物〕国際藻類学会設立　国際藻類学会（IPS）が設立される。

この年　〔海洋・生物〕政府間海洋学委員会設立　海洋学全般の調査・研究の発展に必要な政府間の協力を促進する目的で「政府間海洋学委員会」設立。

この年　〔海洋・生物〕『大気と海の運動』刊行　ラスビー記念『大気と海の運動』（ボーリン編）を刊行。

この年　〔海洋・生物〕『大西洋調査図集』刊行　IGY成果『大西洋調査図集』を刊行。

この年　〔水産・漁業〕『海洋漁場学』刊行　宇田道隆著『海洋漁場学』を刊行。

この年　〔その他〕サーフィンブーム　オーストラリアで人気だったサーフィンがカリフォルニアでブームになる。

1961年
（昭和36年）

4.8　〔海難事故・事件〕ペルシャ湾で貨客船火災　午前6時ごろ、ブリティッシュ・インディア・スチーム・ナビゲーション社のボンベイ―バスラ間定期貨客船「ダラ号」（5,030トン）が、ペルシャ湾で火災を起こした。同船の乗組員、乗客752人のうち約563人が救助されたが、189人が行方不明となった。同船はイラクのバスラ港からインドのボンベイに向かう途中ペルシャ湾のジバイ港に立ち寄ったが、8日早朝の嵐で浅瀬に乗り上げることを危惧して出港し沖合へ出たところ、港から約80キロのところで機関室が爆発し、火災が起きた。出火後24時間を経過した9日早朝も船首から船尾にかけて燃えつづけ、10日午前、バーレーンに引き船中に沈没した。

4.25　〔航海・技術〕宇高連絡船「讃岐丸」就航　宇高航路に「讃岐丸」（1,828トン）が就航。

4月　〔海洋・生物〕伊勢湾で異臭魚　三重県立大教授らにより、伊勢湾の異臭魚は四日市市の石油化学コンビナートが原因と報告された。

5月　〔海洋・生物〕倉敷市水島でも異臭魚　四日市市の石油化学コンビナートに続き、操

		業が開始された岡山県倉敷市水島コンビナートでも異臭魚問題が発生した。
6.7	〔船舶・操船〕	国産初のホバークラフト　大阪アルミニウム、国産初のホバークラフトを公開。
7.9	〔海難事故・事件〕	ソ連原子力潜水艦(K-19)事故　ソ連のホテル級潜水艦「K-19」において深刻な原子炉事故が発生。多くの乗員が被曝し死者がでた。事故は2002年に『K-19』として映画化される。
7月	〔海運・造船〕	佐世保船舶工業、佐世保重工業に改称　佐世保船舶工業株式会社、佐世保重工業株式会社に社名変更。
8.7	〔海洋・生物〕	水俣工場の工程に水銀化合物　新日本窒素肥料水俣工場技術部がアルデヒド工程の精ドレーン中にアルキル水銀の化合物が存在することを確認し、12月には精ドレーンからメチル水銀の結晶体を抽出した。
12.11	〔海洋・生物〕	ビキニ被曝死　ビキニ環礁の核実験で被曝した「第五拓新丸」元乗務員が、急性骨髄性白血病で死亡した。
この年	〔海運・造船〕	外航船腹整備5ヵ年計画　運輸省、外航船腹整備5ヵ年計画を決定する。1965年度までに400万総トンを建造。
この年	〔海運・造船〕	国内旅客船公団の業務状況　国内旅客船公団は4月に特定船舶整備公団となり、戦漂船の代替建造により貨物船業務も行うことになった。1961年度は資金運用部資金の借入7億円で新造客船28隻の建造と、借入金8億円で戦漂船の代替建造により貨物船8隻を建造。
この年	〔海運・造船〕	大型自動化船「金華山丸」進水　世界初の大型自動化船「金華山丸」(貨物船)が進水。船橋から主機を直接操縦するブリッジコントロール方式と、機関部の監視や制御を機関室下段のコントロールルームで集中的に行う集中監視制御方式を採用し世界を驚かせた。
この年	〔海運・造船〕	中国遠洋運輸集団総公司創設　中国遠洋運輸集団総公司(COSCO)創設。その後、17億ドル企業まで発展。
この年	〔軍事・紛争・テロ〕	SEALs創設　米海軍の特殊部隊SEALs(シールズ)創設。
この年	〔自然災害〕	台風18号(第2室戸台風)　午前9時頃、瞬間最大風速66.7mの勢力を持つ台風18号(第2室戸台風)が、高知県の室戸岬を通過後、午後1時頃に大阪、兵庫府県境の付近に上陸、近畿地方から能登半島を経て日本海へ抜けた。このため大阪湾の沿岸域で最高4.15mの高潮が防潮堤を越え、大阪府で住民28名が死亡、1146名が負傷、家屋3587棟が全壊、202棟が流失、14万7614棟が浸水し、鹿児島県の奄美諸島や種子、屋久島で特産の砂糖キビなどの農作物が全滅したのをはじめ、東北地方や中部地方以西の各地で194名が死亡、4972名が重軽傷を負い、8名が行方不明となった。
この年	〔海洋・生物〕	海洋科学、技術の在り方を諮問　科学技術庁に海洋科学技術審議会を設ける。
この年	〔海洋・生物〕	水質汚濁の指針しめす　『水質汚濁調査指針』を刊行。
この年	〔海洋・生物〕	石橋雅義、日本学士院賞受賞　石橋雅義が「海洋化学に関する研究」によって日本学士院賞を受賞。

この年	〔海洋・生物〕仏深海調査船9,500m潜行	「アルキメデス号」(フランス)日本の周辺海溝で9,500mに潜航。
この年	〔海難事故・事件〕第7文丸・アトランティック・サンライズ号衝突	福島県四倉町の東304kmの沖合で、大洋漁業の捕鯨船「第7文丸」(391トン)とギリシャの貨物船「アトランティック・サンライズ号」(1万4,408トン)が濃霧による視界不良のため衝突し、「第7文丸」が沈没、乗組員23名のうち7名は救助されたが、残りの16名が死亡した。

1962年
(昭和37年)

2月	〔海運・造船〕日本舟艇工業会(現・日本マリン事業協会)設立	プレジャーボート等の舟艇の健全な発展を目的に設立。舟艇の普及・振興や技術の向上及び舟艇の安全、啓発、ボートショーの開催などを行う。
3.24	〔海洋・生物〕物理学者のピカールが没する	スイスの物理学者オーギュスト・ピカールが、ローザンヌで死去する。高層及び深層を研究。水素気球を設計し、世界初の成層圏に到達した。気球の原理を応用して電気推進式の深海探索船バチスカーフを発明した。
4月	〔船舶・操船〕東海大学海洋学部設置	理学系、工学系、水産・生物学系、商船学系、人文・社会科学系の多角的な分野から、海を総合的に学ぶ日本で唯一の学部として設置。
4月	〔海洋・生物〕海洋研究所設立	日本海洋学会と日本水産学会の連名で設立が提案されていた海洋研究所を東京大学に附置。
7.10	〔船舶・操船〕世界最大のタンカー「日章丸」(当時)進水	佐世保重工「日章丸」(13万トン、当時世界最大のタンカー)進水。
8.12	〔航海・技術〕太平洋単独横断成功	堀江謙一が、兵庫県の西宮からアメリカのサンフランシスコまでのヨットによる太平洋単独航海に成功した。ヨットによる出国が認められていなかったため、密出国だったため、日本では当初この点について非難が集まったが、サンフランシスコでは「コロンブスもパスポートは省略した」と、友好的に受け入れられた。
9.26	〔建築・土木〕東洋一の吊り橋―若戸大橋開通	北九州市の戸畑区と若松区を結ぶ若戸大橋が開通(2,068m)。建設当時は東洋一の吊り橋であった。
10.1	〔海運・造船〕日本船舶振興会(現・日本財団)設立	海や船にかかわる活動への支援のため設立。公益・福祉事業、ボランティア支援事業、海外協力援助事業など、様々な公益活動にも支援を行っている。
10月	〔海運・造船〕「日章丸」竣工	佐世保重工業、当時世界最大のタンカー「日章丸」を竣工。

1962年(昭和37年)

11.18 〔海難事故・事件〕「第一宗像丸」「タラルド・ブロビーグ」衝突事件　「第一宗像丸」(総トン数1,972トン)が、ガソリン3,642キロリットルを載せ、京浜運河を東行中、川崎市安善町2丁目埋立地前で、水先人が乗船して同運河を西行中の油送船「タラルド・ブロビーグ」(総トン数21,634トン)と衝突した。「第一宗像丸」から流出したガソリンが付近の海面に流れ出して拡散し、その蒸気が衝突地点の南西方150メートルばかりの地点を航行中の「太平丸」(総トン数89トン)の操舵室に侵入し、同室の何かの火源により引火爆発したため、「第一宗像丸」「タラルド・ブロビーグ」及び「太平丸」の後を航行していた「宝栄丸」(総トン数62トン)にも燃え移った。「宝栄丸」は全焼して沈没し、その他の船舶の火災は翌日鎮火したものの、「第一宗像丸」の船長以下36人、「タラルド・ブロビーグ」の1人、「太平丸」の2人及び「宝栄丸」の2人の乗組員が死亡し、「太平丸」の乗組員1人が火傷を負った。

この年　〔船舶・操船〕ハンザのコグ船発見　ブレーメン港で保存状態の良い「ハンザのコグ船」が発見される。中世の北海交易を支えたハンザのコグ船の様子を知る上で貴重な発見であった。

この年　〔海運・造船〕東海大学丸竣工　海洋調査船「東海大学丸」を竣工。

この年　〔海運・造船〕日本海事史学会創立　日本造船史研究会から名称変更し日本海事史学会創立。

この年　〔航海・技術〕ヨットレースで2隻が行方不明　第7回初島レースで2隻が行方不明。クルー11人を失う。

この年　〔航海・技術〕慎太郎、ヨットレースに参加　石原慎太郎「コンテッサ2」がチャイナシーレースに参加し初の海外遠征。

この年　〔航海・技術〕東京ボートショー開催　第1回東京ボートショーが開催される。

この年　〔軍事・紛争・テロ〕キューバ海上封鎖　キューバをめぐり米ソが激しく対立。キューバのソ連ミサイル基地建設に対し、アメリカは海上封鎖を断行。核戦争まで懸念されたが、アメリカのキューバ不侵攻とソ連のミサイル撤去の約により妥協が成立した。

この年　〔海洋・生物〕オホーツク海流氷調査、北洋冬季着氷調査　津波研究グループがオホーツク海流氷調査、北洋冬季着氷調査実施。

この年　〔海洋・生物〕沿岸海洋研究部会発足　日本海洋学会に沿岸海洋研究部会が発足。

この年　〔海洋・生物〕海洋底拡大説　米のディーツ、ヘスが地質学雑誌でマントル対流論、海洋底拡大説を発表。

この年　〔海洋・生物〕国際インド洋調査はじまる　アメリカ、ソ連、英国、オーストラリア、日本、フランス等数十カ国が参加し国際インド洋調査が行われた。

この年　〔海洋・生物〕児玉洋一、日本学士院賞受賞　児玉洋一「近世塩田の成立」で日本学士院賞を受賞。

この年　〔海洋・生物〕水産海洋研究会創立　日本海洋学会と日本水産学会の共催で行われていた生物と環境に関するシンポジウムが母体となり、水産海洋研究会(現・水産海洋学会)を創立。

この年　〔海洋・生物〕東京大学海洋研究所設置　東京大学海洋研究所(現・東京大学大気海

洋研究所）設置。

この年　〔海洋・生物〕日本プランクトン研究連絡会発足　日本プランクトン研究連絡会（現・日本プランクトン学会）が発足。

1963年
（昭和38年）

2.20　〔海洋・生物〕水俣病原因物質を正式発表　熊本大学水俣病研究班が、水俣病の原因物質が新日窒素工場の排水のメチル水銀化合物であることを正式発表した。

2.26　〔海難事故・事件〕「りっちもんど丸」「ときわ丸」衝突事件　貨物船「りっちもんど丸」（総トン数9,547トン）が、和田岬灯台から4,300メートルばかりの地点で、鳴門、阪神間の定期旅客船「ときわ丸」（総トン数238トン）と衝突。衝突の結果、「りっちもんど丸」は船首材等に軽微な凹傷を生じたのみであったが、「ときわ丸」は衝突後6分ばかりで沈没し、旅客40人及び乗組員7人が死亡し、旅客3人が負傷した。

4.10　〔海難事故・事件〕アメリカの原潜「スレッシャー」沈没　アメリカのボストンの沖合およそ350キロの深海で潜航演習中の原子力潜水艦「スレッシャー号」が消息を絶った。11日に沈没したものと断定され、民間人17人を含む乗員129人の死亡が発表された。12日、流出物からの放射能汚染はないと発表。のちの調査報告では、沈没原因は機関室のパイプ系統の故障により海水が流れ込んだものとされた。

4月　〔海運・造船〕日本水産資源保護協会設立　水産資源の維持増大と漁業生産の安定に寄与することを目的として設立。

7.15　〔その他〕山陰海岸国立公園　奥丹後半島基部の網野海岸から鳥取砂丘まで延長約75kmにおよぶ海岸線が変化に富んだ景観を見せる、山陰海岸国定公園が開園。

8.17　〔船舶・操船〕日本原子力船開発事業団設立　日本原子力船開発事業団が設立された。

8.17　〔海難事故・事件〕離島連絡船転覆、取材中の船が救助　沖縄本島と久米島を結ぶ定期旅客船「みどり丸」が沈没し、85人が死亡、27人が行方不明となった。現場は潮流の激しい難所で、気圧の谷の通過に伴う強い横波に回復能力を失い転覆した。取材中の「沖縄タイムス」のチャーター船が生存者35人を救助した。

8月　〔海運・造船〕2つの海運再建法が制定、施行　2つの海運再建法が制定、施行された。「海運企業再建整備法」は、外航船舶建造資金を開銀から借りている海運企業に対し、条件付きで開銀借入金の利子支払いを5年間猶予するもの。「利子補給法の改正法」は外航船舶建造融資における船主の負担金利について、利子補給率の限度を一定分引上げることを規定する。

8月　〔水産・漁業〕底曳網漁船のロープ処理―リールなどが開発される　底曳網漁船のロープ処理用としてリールおよびロープ・ワインダーが開発される。

10.7　〔港湾〕海造審OECD部会答申　日本のOECD加盟をふまえ、運輸省が8月5日、海運造船合理化審議会へ諮問した結果、OECD対策部会を作るなど、海運対策の強化

を図ることになった。海造審OECD対策部会は10月7日、計画造船の融資比率の引上げ、開銀の償還据置期間延長、予約制度の拡充などを綾部運輸相に答申。運輸省はこれを受けて63年度の第19次計画造船の融資条件を変更した。

10.29 〔海洋・生物〕東京で黒潮シンポジウム開催される　ユネスコ主催で黒潮シンポジウム（黒潮地域海洋科学専門家会議）が東京で開催される。黒潮が世界の海洋研究者に注目される契期となった。

11.11 〔海運・造船〕山下汽船と新日本汽船が合併　山下汽船と新日本汽船が合併契約書に調印。1964年4月1日付けで合併。

12.3 〔船舶・操船〕英、初めての原潜進水　英、国産の第1号原子力潜水艦の進水。

12.5 〔海運・造船〕日本海事広報協会設立　日本海事振興会と海上労働協会をもとに、日本船舶振興会（現・日本財団）等の援助により、海運、造船、港湾等の海事関係の広報団体として設立。

12.18 〔海運・造船〕海運会社の合併相次ぐ　この年、日東商船と大同海運が、大阪商船と三井商船が、川崎汽船と飯野汽船が合併に調印した。

この年 〔海運・造船〕OECD、日本の造船業界を警戒　造船業の不況対策を検討するOECD工業委員会特別作業部会が5月からの1年間に、5回にわたって開かれた。日本代表は運輸省藤野船舶局長が出席。ヨーロッパ諸国からは日本造船業の低賃金や政府援助などから警戒する声が上がり、締め付けを行おうとする動きも見られたが、日本の賃金制度は付加的給与を合わせれば低くはないこと、政府から造船業に対する助成措置がないことなどを強調、警戒を緩めた。

この年 〔海運・造船〕海運企業整備計画審議会設置　海運企業の集約を図るために海運企業整備計画審議会を設置。

この年 〔海運・造船〕海運業の再建　海運業の再建整備に関する臨時措置法公布施行。

この年 〔海運・造船〕日本モーターボート協会（現・マリンスポーツ財団）設立　マリンスポーツを通じて、海の知識やボート・エンジンのメカニズムの理解を深めることなど、海事思想の普及のため設立。1997年より親水特別事業も開始。

この年 〔航海・技術〕裕次郎、ヨットレースに参加　トランスパックレースに石原裕次郎の「コンテッサ3」が参加。

この年 〔自然災害〕国立防災科学技術センター設置　国立防災科学技術センター（現・防災科学技術研究所）設置。

この年 〔自然災害〕大津波発生　3月アラスカで、6月新潟地方で大津波が発生。

この年 〔通信・放送〕太平洋海底ケーブル開通　米、バンクーバー～シドニー間の太平洋海底ケーブル（COMPAC）開通。

この年 〔海洋・生物〕海洋調査船の新造が相次ぐ　東京大学海洋研究所「淡青丸」、海上保安庁水路部「明洋」、函館海洋気象台「高風丸」、東京水産大学「神鷹丸」など海洋調査船の新造が相次ぐ。

この年 〔海洋・生物〕黒潮、ソマリ海流を発見　インド洋西部に黒潮、湾流に対応するソマリ海流を発見する。

| この年 | 〔海洋・生物〕水産土木研究部会　水産土木研究部会発足。沿岸海洋観測塔が伊東、小多和湾、平塚に設置。
| この年 | 〔海洋・生物〕『北太平洋亜寒帯水域海況』刊行　宇田道隆著『北太平洋亜寒帯水域海況』を刊行。
| この年 | 〔水産・漁業〕瀬戸内海栽培漁業協会発足　瀬戸内海栽培漁業協会（現・日本栽培漁業協会）が発足。
| この年 | 〔その他〕『サブマリン707』連載開始　『週刊少年サンデー』で、小沢さとるの海洋冒険漫画『サブマリン707』の連載が始まった（〜1965年）。太平洋で起こる事件に向かう海上自衛隊の潜水艦の活躍を描く。大人気を博して小沢さとるの代表作となり、後に続編も発表された。

1964年
（昭和39年）

| 1.7 | 〔海運・造船〕造船合併　石川島播磨重工、名古屋造船、名古屋重工の3社は5月1日に合併することを決め、合併契約に調印した。
| 2.14 | 〔水産・漁業〕「漁業白書」近代化の施策が必要と　農林省はこの年の「漁業白書」の中で日本の漁業は近代化の施策が必要との見解を示した。
| 2月 | 〔船舶・操船〕米空母「アメリカ」進水　原子力推進機関ではない最後の空母「アメリカ」が進水。
| 3.2 | 〔通信・放送〕船舶向けニュースが新聞模写放送へ　共同通信社の船舶向けニュース配信が、モールス放送から新聞模写放送になった。
| 3.22 | 〔海難事故・事件〕学習院大生の取材妨害　学習院大学ヨット「翔鶴号」が遭難事故の取材で、学生側の取材妨害が相次いだ。4月14日には、東京写真記者協会、横浜写真記者会が大学に抗議。
| 4.1 | 〔海運・造船〕海運業界再編　海運企業再建整備法の施行規則により、集約計画と償却不足解消計画を実施するための整備計画の提出期限が1963年12月20日と定められ、企業集約の動きが活発化。整備計画審議会から合併の相手となる会社は従来運行主力会社または輸送船主力会社と限るとの発表があったこともあり、大規模な合併が要請され、6グループが1964年4月1日に発足した。
| 4.9 | 〔軍事・紛争・テロ〕最新型ミサイルを装備した米原潜が就役　米、最新型「ポラリスA3」ミサイルを装備する最初の原子力潜水艦が就役。
| 5.10 | 〔海運・造船〕青函連絡船「津軽丸」就航　青函航路に「津軽丸」が就航した。青函連絡船で最初の自動化船。青森—函館間を3時間50分で結び「海の新幹線」と呼ばれた。
| 5月 | 〔海洋・生物〕水俣湾漁獲禁止を一時解除　水俣市漁業協会が、水俣病が終息したと判断し、水俣湾内での漁獲禁止を全面解除した。1973年、熊本大学水俣病研究班が

1964年(昭和39年)　　　　　　　　　　　　　　　　　　　　　　海洋・海事史事典

　　　　危険が残っていると発表したのを受け、再び禁止された。
6.13　〔海難事故・事件〕干拓地堤防沈下　午前2時頃、長崎県諫早市白原町の白浜干拓地で堤防が沈下、有明海から水が流れ込んで同堤防が約180mにわたって崩れ、水田50ha前後が冠水した。
6.25　〔海洋・生物〕先天性水俣病　水俣地区に集団発生した先天性・外因性脳症を「先天性水俣病」とする原田正純・熊本大精神神経科教授の論文が医学誌に掲載された。
7.29　〔航海・技術〕ヨットで太平洋横断　名古屋大学OBら3人乗組のヨット「チタ2世」(6月6日名古屋港出発)、54日20時間で太平洋横断。ロス到着。
8.2　〔軍事・紛争・テロ〕トンキン湾事件　アメリカ国防省は、アメリカの駆逐艦がトンキン湾で北ベトナムの魚雷艇に攻撃されたと発表、4日、報復としてアメリカは北ベトナム海軍基地を爆撃した。7日、アメリカ上院はこのトンキン湾事件を合法と認め、ジョンソン大統領に戦時権限を付与、これによりアメリカは軍の主力部隊をベトナムへ投入することが可能となった。トンキン湾事件については1970年に、北ベトナムによる攻撃がでっち上げと判明。
8.12　〔海運・造船〕青函連絡船「八甲田丸」就航　青森—函館間航路に新造第2船「八甲田丸」(8,313トン)が就航。
9.20　〔海洋・生物〕船舶事故で海洋汚染—常滑　午後4時35分頃、愛知県常滑市の南西約10kmの沖合で、大阪市の日化汽船のタンカー「日化丸」(339トン)が英国の貨物船イースタンタケ号(1万1,222トン)と衝突、沈没し、同船から化学製品の溶剤キシロールが海面に流出、乗組員9名が死亡した。原因はイースタンタケ号が追越す際に操船を誤ったため。
9.29　〔海難事故・事件〕インドで漁船遭難　ベンガル湾に面したインドのコロマンデル海岸沖で強風のため75隻・約450人の漁師が行方不明となった。
10.31　〔海運・造船〕関門連絡船が廃止　関門航路下関—門司港間で運航が廃止された。関門鉄道トンネル開通の影響と、民間航路への旅客移行が進んで需要が減少したため。
11.12　〔軍事・紛争・テロ〕原子力潜水艦が佐世保に入港　アメリカの原子力潜水艦「シードラゴン号」が佐世保に入港した。激しい抗議行動が展開され、デモ隊が機動隊と衝突した。また、デモに参加した社会党の楢崎弥之助代議士が公務執行妨害で逮捕された。後に釈放されたが、社会党は議員不逮捕特権に反するとして政府に抗議した。潜水艦は11月14日に出港。
11.18　〔海洋・生物〕米ソ、原子力利用に関する協力協定に調印　米・ソ連、原子力利用による海水の淡水化に関する協力協定に調印。
11.21　〔建築・土木〕ヴェラザノ・ナローズ・ブリッジ開通　当時世界最長のつり橋であった、ニューヨークにあるヴェラザノ・ナローズ・ブリッジが開通。
この年　〔地理・地学〕海洋地質学審議会発足　国際地質科学連合(IUGS)に海洋地質学審議会(CMG)が発足。
この年　〔海運・造船〕コンテナ船の登場　コンテナ船が登場し、国際貿易が簡素化される。
この年　〔海運・造船〕海運再編—大阪商船と三井船舶が合併など　大阪商船と三井船舶が合

| この年 | 〔海運・造船〕川崎汽船、飯野汽船を合併　川崎汽船が飯野汽船を合併。
| この年 | 〔海運・造船〕内航2法が成立　内航海運業法、内航海運組合法が成立。
| この年 | 〔海運・造船〕日本船舶職員養成協会設立　船舶職員・小型船舶操縦士の養成、小型船舶教習所教員等の資質の向上や海事教育の振興を図り、海難事故の防止や海事産業の振興に寄与することを目的として設立。
| この年 | 〔海運・造船〕日本郵船、三菱海運合併　海運再建整備に関する臨時措置法に基づき、日本郵船、三菱海運株式会社と合併。合併後の所有船舶は153隻、228万7,696重量トンとなる。
| この年 | 〔航海・技術〕東京五輪—ヨット　第18回東京オリンピック開催（江の島）。日本の成績はフィン級21位、FD級15位、スター級13級、ドラゴン級17位、国際55級14位。
| この年 | 〔航海・技術〕日本ヨット協会財団法人に　JYAを財団法人日本ヨット協会として再設立。
| この年 | 〔航海・技術〕日本外洋帆走協会に改組　NORCが社団法人日本外洋帆走協会に改組。
| この年 | 〔海洋・生物〕沿岸海洋観測塔設置　気象研究所の沿岸海洋観測塔が相模湾の伊東沖に設置される。
| この年 | 〔海洋・生物〕紅海中央部海底近くで異常高温域を発見　英「ディスカヴァリー号」による観測で紅海中央部海底近くに異常高温域が発見される。
| この年 | 〔海洋・生物〕地球内部開発計画　地球内部開発計画（UMP）に基づく海底調査を実施。
| この年 | 〔その他〕『わんぱくフリッパー』放映　イルカのフリッパーとその飼い主一家を描いたアメリカの海洋冒険テレビドラマ『わんぱくフリッパー』が放映される。全88話。その後映画化、テレビドラマのリメイクも行われた。

冒頭に並し大阪商船三井船舶に、日東商船と大同海運がジャパンラインに、山下汽船と新日本汽船が山下新日本汽船となった。

1965年
（昭和40年）

1.12　〔航海・技術〕軍艦の位置測定に実用化　米国の静止航海衛星「★マリサット3号★」が打ち上げられ、静止軌道に乗った。すでに姉妹衛星の「1号」「2号」は打ち上げられており、ともに米海軍と商船に利用されている。

5.12　〔水産・漁業〕昆布漁協定、2年延長　訪ソしている中部大日本水産会長は貝殻島付近の昆布採取民間協定の2年延長を要請。ソ連側が同意し議定書に調印した。1日1船あたり5kgまでの漁獲希望の日本に対し、ソ連側が10kgまで認めた。

5.23　〔海洋・生物〕船舶事故で原油流出—室蘭　朝、北海道室蘭市で、原油を満載したノルウェーのタンカーハイムバルト号（5万8,200トン）が、日本石油精製室蘭精油所の

岸壁に到着する直前に室蘭通船のタグボート港隆丸(7トン)とコンクリート製の岸壁に続けて衝突。このためハイムバルト号から流出した原油が引火、爆発し、同船など12隻が全焼または沈没、乗組員13名が死亡、3名が重傷、5名が軽傷を負い、積荷の原油約3万8,000トンが649時間燃え続けた。原因は水先案内人の誘導ミス。

6.1 〔船舶・操船〕船員保険法改正法を公布　「船員保険法」改正法を公布・施行。年金給付水準を大幅に引上げ、1万円年金を実現。在職老齢年金を創設した。

6.16 〔海洋・生物〕工場廃液排出―岡山県倉敷市　岡山県倉敷市水島の工場が操業時に青酸化合物を含む廃液を海に排出し、同市呼松港や児島市高島の海岸付近に大量の魚が浮いた。

6.30 〔海運・造船〕青函連絡船「摩周丸」就航　青函航路に新造船「摩周丸」(8,327トン)が就航。

7.13 〔航海・技術〕ヨットで大西洋横断　鹿島郁夫、ヨットで大西洋横断に成功。

7月 〔航海・技術〕『大航海時代叢書』第I期刊行開始　岩波書店から15世紀から17世紀にかけての「大航海時代」に書かれた著作を集めた『大航海時代叢書』の刊行が開始された。第I期は1970年10月までに全11巻別巻1巻が刊行された。コロンブス、ヴァスコ・ダ・ガマ、マゼランらによる航海記・探検記・見聞録・民族誌などを翻訳して収録。

8.1 〔海難事故・事件〕「芦屋丸」「やそしま」衝突事件　大阪港で機船「芦屋丸」と機船「やそしま」が衝突する事件発生。「やそしま」が転覆、沈没し乗客20人死亡。

8.5 〔海難事故・事件〕油送船「海蔵丸」火災事件　「海蔵丸」(総トン数20,949トン)は、ラス・アル・カフジに入港し、係留・荷役中に爆発し火災を起こした。乗組員9人が死亡、1人が行方不明、17人が火傷を負った。

10.7 〔海難事故・事件〕マリアナ海域漁船集団遭難事件　マリアナ諸島アグリハン島(米信託統治領)付近で、静岡県焼津市、戸田村のカツオ・マグロ漁船「第8海竜丸」(228トン)と「第3千代丸」(216トン)、「第3金比羅丸」(181トン)、「第8国生丸」(179トン)、「第5福徳丸」(170トン)、「第11弁天丸」(161トン)、「第3永盛丸」(160トン)が台風29号に巻き込まれ、「第3永盛丸」が沈没、「第11弁天丸」が座礁、残る5隻が消息を絶ち、乗組員251名のうち42名は漂流しているところを救助されたが、1名が死亡、208名が行方不明になった。

11.20 〔海運・造船〕全日本海員組合スト　賃上げ闘争中の全日本海員組合がスト声明、27日午前零時から第1波スト(全国52港で204隻ストップ)突入。内航船主が船員中央労働委員会に職権あっせん依頼。7日第2波スト突入し、船中労は内航の団交再開を要請。8日労使とも団交再開を拒否。10日第2波ストを81日まで延長決定。19日外航トップ会談決裂。20日内航トップ会談決裂、第3波スト(25日まで)突入。23日船中労が賃上げあっせん案を提示したが、組合側直ちに拒否、24日船主側も拒否。26日組合側がスト解除指令(29日ぶり)、年末年始は休戦。全日本海員組合は第4波スト指令(25日から15日間)をだす。30日外航7080円、内航6240円の賃上げで15日ぶりに解決し、31日ストは解除。

11.26 〔軍事・紛争・テロ〕原子力空母日本寄港　将来における原子力空母日本寄港の必要性について、アメリカから日本政府に非公式連絡があった。

12.4	〔海運・造船〕日本内航海運組合総連合会設立	内航海運組合法に基づき、国土交通省（旧運輸省）より設立認可され日本内航海運組合総連合会が設立される。
12.13	〔海運・造船〕造船・進水量は世界一	1965年の造船・進水量は世界一となり、受注量も最高記録に。
この年	〔船舶・操船〕長崎総合科学大学に船舶工学科（現・船舶工学コース）開設	造船技術者、海洋を仕事場とする技術者を育成することを教育理念として設置。
この年	〔地理・地学〕トランスフォーム断層を提唱	ウィルソン（カナダ）、トランスフォーム断層の考え方をネイチャー誌に発表。
この年	〔海運・造船〕21次計画造船	当初の150万総トンから180万総トンに増加、計画造船としてはこれまでにない規模となった。日本政府は7月、当初予算の561億円に280億円を追加することを決定。
この年	〔海運・造船〕外航船舶の建設計画	1964年度の邦船の積み取り比率は輸入44.5％、輸出50.8％と、輸送力不足から海運国際収支の赤字が拡大。政府は1月、1964〜68年度中に743万総トンの外航船舶を建造し、邦船の積み取り比率を輸入55％、輸出63％まで引上げることを目標とした。計画造船は1964年度121万総トン、1965年度150万総トン、66年度177万総トンの計画とした。
この年	〔海運・造船〕世界最大タンカー進水	世界最大のタンカー（当時）「東京丸」（15万重量トン、東京タンカー）進水。
この年	〔海運・造船〕造船に関するOECD特別作業部会	日本の造船業に脅威を感じたOECDは、理事会直属機関として造船の各国協調問題を検討する特別作業部会を設けた。6月の検討会では日本に対する規制を意図とした協調案が議論されたが、7月の作業部会では各国造船業の強調のあり方について新しい協調機構を設けることとした。
この年	〔海運・造船〕日本サーフィン連盟設立	アマチュア精神に則り、サーフィンの正しい発展と海への関心を高め、健全な心身の育成をはかり、国内外のサーファーとの親睦を目的として設立。
この年	〔海運・造船〕日本初の自動車専用船「追浜丸」就航	大阪商船三井船舶、日本初の自動車専用船「追浜丸」を就航。
この年	〔海洋・生物〕2,000mの潜水調査に成功	米の深海調査潜水艦「アルビン」が2,000mの潜水調査に成功。
この年	〔海洋・生物〕クストーの飽和潜水実験	クストーのチームは地中海の水深100mに23日間滞在。
この年	〔海洋・生物〕海洋資料センター設立	海上保安庁水路部（現・海洋情報部）に海洋資料センター（現・日本海洋データセンター）を設置。
この年	〔海洋・生物〕黒潮及び隣接海域共同調査	「黒潮及び隣接海域共同調査」（CSK）が日本、アメリカなど11カ国が参加し開始。
この年	〔海洋・生物〕米海軍の飽和潜水実験	アメリカ海軍のシーラブ2計画完了。カリフォルニア沖の水深62mで人が45日間生活。
この年	〔海洋・生物〕養殖海苔赤腐れ病発生	有明海沿岸域で養殖海苔に異常高温による赤

腐れ病が発生、福岡県で約1億7000万枚（総数の約22%）佐賀県で約1億930万枚（総数の19.2%）、熊本県で全体の約63%にそれぞれ被害があった。

1966年
（昭和41年）

2.14　〔軍事・紛争・テロ〕原子力空母寄港承認　安全性の確認を条件にアメリカ原子力空母の寄港を認めると、佐藤首相が答弁した。

3.1　〔航海・技術〕宇高連絡船「伊予丸」就航　宇高航路に「伊予丸」(3,083トン) 就航。

4.18　〔海運・造船〕過去最高の受注、進水量—造船実績　1965年度の造船実績はこれまでの最高の受注、進水量を記録する。

4月　〔船舶・操船〕日本舶用機関学会（現・日本マリンエンジニアリング）設立　舶用機関・機器及び海洋機器に関する工学と技術を考究して、その進歩発達を図り、学術及び科学技術の振興、並びに社会の発展に寄与することを目的として設立。

5.9　〔水産・漁業〕漁業水域交渉妥結　三木武夫外相とバース駐日公使が公文交換を行う。4月21日までに底引き、トロール、マグロ、クジラ、タラバガニ漁で妥結、4月27日のサケ・マス漁で完全妥結。1966年10月15日にアメリカで「12海里法案」が発効され、日本の遠洋漁業に重大な影響があるため約半年間に渡り政治折衝が行なわれた。

5.30　〔軍事・紛争・テロ〕原子力潜水艦、横須賀入港　アメリカの原子力潜水艦「スヌーク号」が横須賀に入港。アメリカの原潜が横須賀に入港したのは初めて。

6.19　〔水産・漁業〕ソ連漁業相来日　イシコフ漁業相夫妻が、6月19日から29日まで政府公賓として来日。佐藤栄作首相、椎名悦三郎外相、坂田英一農相、赤城宗徳自民党政調会長らと会談。北海道も視察した。ソ連側は安全操業の代償としてソ連漁船の日本寄港を要求してきたが、日本側は拒否した。

9月　〔軍事・紛争・テロ〕『海軍主計大尉 小泉信吉』を刊行　小泉信三、『海軍主計大尉 小泉信吉』を文芸春秋新社より刊行。ベストセラーに。

9月　〔軍事・紛争・テロ〕『戦艦武蔵』刊行　吉村昭、『戦艦武蔵』を新潮社より刊行。ベストセラーに。

10.6　〔海洋・生物〕フランス核実験に抗議　7月2日から10月4日まで太平洋ムルロア環礁で核実験を行なったフランスに対し、政府はフランス外務省に抗議の申し入れをした。

10.28　〔海難事故・事件〕試錐やぐら損傷事件　長さ250mの巨大船「大井川丸」が明石瀬戸の試錐やぐら損傷する事件が発生。

11.29　〔水産・漁業〕タラバガニ漁協議妥結　タラバガニ漁の取決め協議が妥結。武内龍次駐米大使とラスク米国務長官が、現行取決めの継続と二点の修正（日本の年間漁獲量、会合の開催）を加えた内容の書簡を交換。

この年　〔船舶・操船〕吉識雅夫、日本学士院賞受賞　吉識雅夫、「船舶大型化に対する構造

力学上の研究」で日本学士院賞受賞。

この年 〔船舶・操船〕研究、実習船建造　気象庁「凌風丸」(2世、1,599トン)、東京水産大学「青鷹丸」(215トン)、日本大学「日本大学丸」(800トン)などが建造される。

この年 〔船舶・操船〕初の20万トン超タンカー竣工　初の20万トン超タンカーとして「出光丸」が竣工。

この年 〔地理・地学〕日本近海海底地形図　水路部が「日本近海海底地形図」を完成させる。

この年 〔海運・造船〕ホバークラフト国産第一号艇をタイへ輸出　三井造船、ホバークラフト国産第一号艇をタイへ輸出。

この年 〔海運・造船〕国際海上コンテナ輸送体制整備計画　運輸省により国際海上コンテナ輸送体制整備計画が策定される。

この年 〔海運・造船〕初の大西洋横断コンテナ輸送　シーランド社(アメリカ)の「フェアランド号」が初の大西洋横断コンテナ輸送を行う。

この年 〔海洋・生物〕よみうり号初潜航　「よみうり号」(36トン)が甲浦沖320mを初潜航した。同号は読売新聞社と関東レース倶楽部が共同出資で海洋調査と海洋資源開発を目的に建造された深海調査・作業船である。

この年 〔海洋・生物〕亜寒帯系プランクトン発見　日本南海深層に亜寒帯系プランクトンを発見。

この年 〔海洋・生物〕『海塩の化学』刊行　日本海水学会編『海塩の化学』を刊行。

この年 〔海洋・生物〕海洋地名打ち合わせ会発足　海洋地名打ち合わせ会発足。海洋地名の標準化はじまる。

この年 〔海洋・生物〕国際海洋生物学協会設置　国際生物科学連合(IUBS)に国際海洋生物学協会(IABO)が設置される。

この年 〔海洋・生物〕国際熱帯海洋学会議　国際熱帯海洋学会議がマイアミで開かれる。

この年 〔海洋・生物〕太平洋学術会議東京で40年振りに開かれる　第11回太平洋学術会議が東京で開催された。東京での開催は1926年の第3回以来40年ぶりであった。

この年 〔海洋・生物〕『日本海洋プランクトン図鑑』刊行　山路勇著『日本海洋プランクトン図鑑』を刊行。

1967年
(昭和42年)

1.14 〔海難事故・事件〕韓国で軍艦とフェリー衝突　韓国の釜山西方30キロにある鎮海海軍基地の沖合1.5キロ付近で同国駆逐艦とフェリーボート「韓1号」(140トン)が衝突、フェリーボートが沈没した。16日までに同船の乗客108人と乗員13人のうち14人が救助されたが、100人以上が死亡した。

2.12　〔海洋・生物〕船舶事故で原油流出—川崎　川崎港入り口の川崎信号所付近で、原油を満載して東南アジアから戻ったタンカー「第15永進丸」が別の船と衝突して船体左舷を破損、乗組員に死傷者はなかったが、原油300トンが流出したため同港は一時閉鎖された。

2.14　〔海難事故・事件〕ペルシャ湾で連絡船沈没　ペルシャ湾でダウビとバーレーンを結ぶ連絡船が暴風のため沈没、乗客乗員約250人全員が死亡した。

3.17　〔航海・技術〕サバンナ号　アメリカの原子力商船「サバンナ号」の日本寄港のために「日本水域立ち入り申請書」が提出された。政府は当初寄港を許可する方針だったが、事故があった場合の損害賠償規定がないため現状のままでの寄港許可は無理と結論。寄港を断る旨アメリカに通告した。

3.18　〔海洋・生物〕英国沖でタンカー座礁し原油流出　英国南西端の沖合40キロの暗礁通称「七つ岩」で、11万8,000トンの石油を積んでペルシャ湾から英国へ向かって航行中の米ユニオン石油所有・リベリア船籍のタンカー「トリー・キャニオン号」(12万3,000トン)が座礁、石油が流出し始めた。即日、同国海軍やチャーターされた民間船などによる汚染除去作業が開始されたが、最終的に数万トンの石油が流出、同国海岸線100マイル(約160キロ)以上の広範囲が汚染された。原油流出量は7万トン余りで、当時として世界最悪の規模。この事故を契機として、1969年に「油による汚染損害についての船主の民事責任に関する国際条約」(69CLC)が締結された。

4.1　〔その他〕日本海事科学振興財団設立　海洋に関する科学知識について一般国民特に青少年に対しその普及啓発を図り、もって海洋文化の発展に寄与することを目的に、日本海事科学振興財団が設立される。

4.28　〔水産・漁業〕日韓共同資源・漁業資源調査で合意　日韓の共同資源調査水域、漁業資源の科学的調査に関して妥結、合意した。木村駐韓大使と丁首相兼外相の間で書簡を交換。

5.22　〔軍事・紛争・テロ〕アラブ連合がアカバ湾を封鎖　アラブ連合(エジプト)のナセル大統領がアカバ湾封鎖を宣言した。アカバ湾はアラブ連合・サウジアラビア・ヨルダン・イスラエルの国境が集中する地域で、同日にイスラエルが国境からの軍隊の相互撤退を提案。

5.23　〔軍事・紛争・テロ〕アカバ湾問題で危機回避工作　国連のウ・タント事務総長がカイロに到着し、中東危機回避へ向けて工作を開始。同日、アメリカのジョンソン大統領がアカバ湾封鎖は非合法と警告する一方、ソ連がイスラエルの軍事挑発を非難する声明を発表した。24日、国連の安全保障理事会が開会し、西側4ヶ国が4大国会議を提案したが、ソ連が討議に反対。25日、アメリカと英国がアカバ湾自由航行のため国連で努力することで合意。27日、ウ・タント事務総長がカイロ訪問報告書を安保理に提出し、イスラエル・アラブ連合混合休戦委員会の復活を提案した。

5.25　〔軍事・紛争・テロ〕アカバ湾問題で衝突　アラブ連合領ガザ地区でイスラエル軍とパレスチナゲリラが衝突した。26日、ナセル大統領がイスラエル打倒のために全面戦争も辞さないと演説する一方、イスラエルが封鎖解除を無期限に待てないと警告。また、アラブ連合軍がイスラエル軍機に発砲した。28日、ナセル大統領がイスラエル支援国にはスエズ運河通過を認めないと演説。29日、イスラエルがガザ地区でアラブ連合軍が発砲したと発表し、アラブ連合はイスラエル軍が越境したと反論。

5.28	〔航海・技術〕単独世界一周航海	フランシス・チチェスター（英国）が「ジプシー・モスⅥ」で226日をかけ、単独世界一周航海（1度寄港）を初めて成功させる。
5.29	〔軍事・紛争・テロ〕アカバ湾封鎖解除へ	29日、国連の安全保障理事会が再開し、アメリカ代表がアカバ湾開放を主張し、アラブ側が休戦委員会復活に賛成した。第3次中東戦争開戦後の6月8日、イスラエル軍がシナイ半島を占領し、アカバ湾の封鎖を解除した。
6.1	〔海運・造船〕造船外資完全自由化は見送り	外資審議会は20重量トン以上の造船業について「外資の進出が多分に予想される」として、資本の自由化を50％にとどめることを答申した。20万トン重量以下の造船は10％自由化業種となった。
6.7	〔水産・漁業〕漁業水域	ニュージーランドの12海里漁業専管水域設定で合意。日本のタイ・ハエナワ漁船は従来通り12海里内での操業ができる、期間は1970年12月31日までとなった。
6月	〔建築・土木〕スエズ運河封鎖	第3次中東戦争勃発にともないスエズ運河が閉鎖された。
7.13	〔航海・技術〕小型ヨットで太平洋横断	鹿島郁夫、「コラーサ2世号」（小型ヨット）で、101日かかり太平洋横断に成功。
9.7	〔軍事・紛争・テロ〕原子力空母寄港に同意	在日アメリカ大使館が、原子力空母をはじめとする原子力艦艇の佐世保寄港について正式に申し入れてきた。原子力委員会で検討を受け、11月2日の閣議で寄港を認める決定をし、通知した。
10.1	〔航海・技術〕宇高連絡船「阿波丸」就航	宇高航路に「阿波丸」（3,082トン）が就航。
11.20	〔船舶・操船〕豪華客船クイーン・エリザベス2世号進水	豪華客船「クイーン・エリザベス2世号」が進水。65,836総トン。移動手段が定期快速船から飛行機へ移行した時代に建造され、後の巨大クルーズ船の方向を決定づける船となる。
この年	〔船舶・操船〕「東海大学丸二世」竣工	東海大学海洋学部調査船「東海大学丸二世」竣工。
この年	〔地理・地学〕古代大陸陥没発見	「白鳳丸」、北太平洋西部・中部調査で古代大陸陥没を発見する。
この年	〔地理・地学〕国際水化学・宇宙化学協会設置	国際地質化学連合に国際水化学・宇宙化学協会（IABO）が設置される。
この年	〔海運・造船〕日本造船技術センター設立	運輸省船舶技術研究所の船舶試験水槽と造船に関わる技術を承継して設立。船舶の設計・建造監理業務、調査研究等を実施。
この年	〔海運・造船〕北米太平洋岸コンテナ航路初	北米太平洋岸コンテナ航路船として、改造コンテナ船（マトソン社）が品川埠頭を出航。
この年	〔航海・技術〕駆逐艦「エイラート」撃沈	ポート・サイード沖でエジプトのミサイル艇がイスラエルの駆逐艦「エイラート」を撃沈。
この年	〔航海・技術〕八丈島レース―ヨット	第1回八丈島レース（ヨット）を開催。
この年	〔通信・放送〕航行衛星測位システム開放される	米海軍航行衛星測位システム（NNSS）

民事用に開放される。

この年　〔海洋・生物〕亜熱帯反流の存在を指摘　亜熱帯反流を宇田道隆が発見。吉田耕造、城所淑子が理論的説明を行う。

この年　〔海洋・生物〕下田海中水族館開館　下田海中水族館が開館。世界で初めて水中に浮かぶ水族館として話題となった。

この年　〔海洋・生物〕海底と資源を人類の共有財産に　国連海洋法総会でパルドー・マルタ国連大使が、沿岸国の排他的管轄権が及ばない海底と資源を人類の共有財産として国際的に管理・開発するよう提案した。1992年、「アジェンダ21」の海洋の項にこの理念が反映された。

この年　〔海洋・生物〕赤潮発生―徳島付近　徳島県付近の海域で赤潮3が発生し、魚介類の被害があいついだ。

この年　〔海洋・生物〕東大海洋研、研究船を新造　東京大学海洋研究所の最新の海洋観測機器をそなえた「白鳳丸」(3,226トン)が新造される。

この年　〔海洋・生物〕日本―ニューギニア間の海洋観測　気象庁の「凌風丸」が日本―ニューギニア間の海洋観測を実施。のちに定常化され多くの新発見をもたらす。

この年　〔海洋・生物〕仏に海洋開発センター設立　フランスに国立海洋開発センターが設立される。

1968年
(昭和43年)

1.19　〔軍事・紛争・テロ〕エンタープライズ入港　アメリカの原子力空母エンタープライズが佐世保に入港した。23日にベトナムへ向け出航した。野党はいっせいに抗議声明を発表、現地では寄港反対闘争が起きた。

1.22　〔軍事・紛争・テロ〕プエブロ号事件　アメリカ海軍の情報収集艦「プエブロ号」が領海侵犯を理由に北朝鮮に拿捕された。また、北朝鮮側の銃撃により「プエブロ号」の乗員1人が死亡し、残る82人が身柄を拘束された。24日、日本に寄港中のアメリカ海軍の空母「エンタープライズ」が北朝鮮・元山沖に急派された。同日、板門店で会談が行われ、アメリカは北朝鮮の国際法違反を、北朝鮮はアメリカの侵略を主張。また、ソ連がアメリカからの乗員釈放仲介依頼を拒否。25日、アメリカが空海軍の予備役を招集。26日、国連緊急安保理が開幕すると共に、アメリカが国際赤十字に乗員釈放の仲介を要請。一方、北朝鮮軍機が休戦ラインを示威飛行した。また、カナダが北朝鮮に国連特使を派遣するよう要請。27日、北朝鮮が安保理討議の不当性を主張する声明を発表。また、エチオピアが安保理に北朝鮮代表を招請するよう提案し、ソ連のコスイギン首相が米朝の直接交渉で問題を解決するべきとの見解を表明した。

2.1　〔船舶・操船〕西独初の原子力船就航　西独、最初の原子力船「オットー・ハーン号」

（16,870トン）が就航。

4.9　〔海運・造船〕中国向け船舶輸出のための輸銀使用認めず　佐藤栄作首相は中国向け船舶輸出のための輸出入銀行（現・国際協力銀行）使用は認めないと発言。

4.27　〔海洋・生物〕京急油壺マリンパーク開館　京急油壺マリンパークが開館。京浜急行電鉄創立70周年記念事業として戦前の海軍潜水学校、戦後の神奈川県立三崎水産高校跡地に建てられた。

5.6　〔軍事・紛争・テロ〕原子力潜水艦放射能事件　佐世保港に寄港中のアメリカ原子力潜水艦「ソードフィッシュ」から平常値の20倍の異常放射能が測定された。日米の科学者が合同調査したが、日本側が「原潜からの排出濃厚」と主張、米国側は「一滴も放出していない」と反論。

5.7　〔海洋・生物〕「西日本新聞」が放射能汚染スクープ　「西日本新聞」朝刊が、アメリカの原子力潜水艦による佐世保放射能もれをスクープ。8日、科学技術記者クラブが、放射能装置の異常値記録について虚偽の発表をしたと、鍋島直紹科学技術庁長官に抗議した。10日、長官が陳謝した。

5.16　〔自然災害〕十勝沖地震　午前9時49分、北海道の襟裳岬の南南東約140km（北緯40度42分、東経143度42分）の海底20kmを震源とするマグニチュード7.8の地震が発生し、北海道苫小牧市で震度6、函館市および浦河、広尾町、青森県八戸、むつ、盛岡市で震度5、札幌、北海道岩見沢、青森、岩手県宮古、秋田市などで震度4、静岡市などで震度1を記録、直後に関東地方以北の沿岸に最高3mの津波があった。続いて午後7時39分にはマグニチュード7.4の余震が発生。このため青森県八戸市で市役所のコンクリート壁の剝落により職員が即死し、同市豊崎で住宅50戸が倒壊して住民2名が圧死し、同県三沢市で三沢商業高等学校の鉄筋コンクリート3階建の校舎の1階部分がつぶれ、同県五戸町で山崩れにより13戸が全壊、8名が死亡、2名が行方不明になり、名川町で避難路脇の土手が崩れて中学生4名が死亡し、岩手県で津波により794戸が床上浸水、小型漁船130隻が流失したのをはじめ、5道県で50名が死亡、812名が重軽傷、2名が行方不明などの被害が出た。

5.27　〔海難事故・事件〕アメリカの原潜「スコーピオン」が遭難　99人が乗り組み、同日正午にバージニア州ノーフォークに寄港する予定だったアメリカ海軍の原子力潜水艦「スコーピオン」が行方不明になった。28日、航路に沿った海面に油が浮いているのが発見され、6月5日、沈没と断定し救助不能とされた。

6.26　〔領海・領土・外交〕小笠原諸島返還　小笠原諸島が23年ぶりに返還される。父島で返還式が行われる。

7.1　〔海難事故・事件〕海難審判協会を設立　海難審判研究所と海難審判扶助協会の事業及び資産を継承し、海難審判協会を設立。

7月　〔水産・漁業〕マグロ延縄漁船のリール使用　マグロ延縄漁船のリール使用が本格化する。

8.7　〔海運・造船〕日本船舶電装協会設立　船舶電気装備業の進歩発展を図り、もって船舶の安全と、性能の向上に寄与することを目的として設立。

8.15　〔自然災害〕インドネシアで地震　セレベス島中部の西海岸一帯で強い地震があり、

約200人が死亡した。地震は大きな津波を伴い、西海岸のタンプ村を水浸しにした。地震は震動を続け、23日にはセレベス島近くのトガン島に大津波を起こし、約500人が行方不明になった。

9.20 〔海洋・生物〕**1960年以降も廃液排出** 熊本県知事が、チッソ水俣工場のアセトアルデヒド廃液が1960年以降も排出されていた事実を認めた。

9.26 〔海洋・生物〕**水俣病と新潟水俣病を公害病認定** 厚生省が、水俣病と新潟水俣病を企業責任による公害病として正式に認定した。

9.28 〔海洋・生物〕**新潟水俣病裁判で証言** 公判で松田心一・女子栄養短期大教授(厚生省阿賀野川特別調査班疫学班主任)が、昭和電工鹿瀬工場廃水中のメチル水銀化合物を原因とする第2の水俣病と証言した。

12.23 〔海難事故・事件〕**プエブロ号乗員解放** 1月に領海侵犯を理由に北朝鮮に拿捕されていたアメリカ海軍の情報収集艦「プエブロ号」の乗組員が解放された。艦は没収された。なお、1月26日にプエブロ号艦長が北朝鮮でスパイ行為を認める記者会見を行っているが、乗員に拷問が加えられていたことも判明しており、領海侵犯が事実であったかどうかは現在も明らかになっていない。

この年 〔地理・地学〕**水路部、基本図測量にともない各種地図刊行** 水路部、大陸棚の海の基本図測量にともなう20万の1の海底地形図、地質構造図、地磁気全磁力図、重力異常図の刊行を開始。

この年 〔海運・造船〕**コンテナ船「ごうるでんげいとぶりっじ」を就航** 川崎汽船、日本～カリフォルニア航路で同社初のコンテナ船「ごうるでんげいとぶりっじ」を就航。

この年 〔海運・造船〕**コンテナ輸送時代へ** 1966年にアメリカのシーランド社が大西洋航路にコンテナ船用船を就航させた。コンテナは荷役作業の短縮、海陸一貫輸送などで輸送コストを大幅に下げることができるため、日本でも大手海運6社が建造を始めた。6月に日本郵船の「箱根丸」が日本・北米間に就航したのを皮切りに、11月までに6隻が運行を開始した。

この年 〔海運・造船〕**タンカー30万重量トン時代へ** 海運業界は世界的に船の大型化、専用船化、高速化を求めるようになった。三菱重工業と石川島播磨重工業の両社で31万2000重量トンの世界一の超大型タンカーが完成した。

この年 〔海運・造船〕**海運市場で活躍** エヴァーグリーン社(台湾)はオイルショック後、コンテナ市場で勢力を拡大。

この年 〔海運・造船〕**海運収支赤字額過去最悪** 日本船の貿易貨物輸送量は1億7645万トンと前年比19%増だが、日本船積み取り比率は輸出36.4%、輸入が47.7%。日本船主が用船した外国船も含めた積み取り比率は輸出54.3%、輸入59.4%で。外国船用船料などの影響で海運国際収支は8億8600万ドルと過去最高の赤字額を記録。

この年 〔海運・造船〕**初のフルコンテナ船「箱根丸」就航** 日本郵船、北米西岸コンテナ(PSW)航路開設し日本で初のフルコンテナ船「箱根丸」が就航。

この年 〔海運・造船〕**川崎汽船、マースクラインと提携** 川崎汽船、デンマーク船社マースクラインと提携し日本～欧州航路を開設。

この年 〔海運・造船〕**「第一とよた丸」を建造** 川崎汽船、自動車兼ばら積み専用船「第一

この年　〔海運・造船〕日本・米国カリフォルニア航路に、フル・コンテナ船就航　大阪商船三井船舶、ジャパンライン、山下新日本汽船は、日本～米国カリフォルニア航路に、フル・コンテナ船「あめりか丸」、「ジャパンエース」、「加州丸」をそれぞれ就航させた。

この年　〔航海・技術〕ウィンドサーフィンが誕生　カリフォルニアのジム・ドレイクとホイル・シュワイツァーがヨットとサーフィンを組み合わせて造り出した。1970年代からボードが量産された。

この年　〔航海・技術〕ヨット国際大会で優勝　第10回スナイプ級西半球選手権がアメリカフロリダ州で開催。二宮隆雄・川村秀男組が優勝。

この年　〔航海・技術〕単独無寄港世界一周　ロビン・ノックス＝ジョンストン（英国）は「スハイリ号」で単独無寄港世界一周に成功。313日、4万8000km以上を航海した。

この年　〔航海・技術〕米巨大タンカー北西航路の航海に成功　砕氷設備をほどこした米の巨大タンカー「マンハッタン号」が太平洋、北極海、大西洋と巡る北西航路の航海に成功する。

この年　〔海洋・生物〕グローマー・チャレンジャー号が調査開始　「グローマー・チャレンジャー号」が調査開始。15年間に96航海で、深海底から数千のコアを採取の予定で深海ボーリングが始められた。

この年　〔海洋・生物〕国際海洋研究10年計画　ユネスコの政府間海洋学委員会が主催し、主としてアメリカによって推進された国際協同研究プログラム。

この年　〔海洋・生物〕南太平洋大保礁日豪共同調査　「よみうり号」、南太平洋大保礁日豪共同調査で鬼ヒトデの駆除や油田開発などを行う。

1969年
（昭和44年）

1.5　〔海難事故・事件〕鉱石運搬船沈没　鉱石運搬船「ぼりばあ丸」が千葉県野島崎沖で船体が折れて沈没。死者31人。

1.14　〔海難事故・事件〕原子力空母爆発事故　ホノルル沖でのアメリカ原子力空母エンタープライズ爆発事故で、26人が死亡した。

1月　〔海洋・生物〕『苦海浄土―わが水俣病』刊行　水俣病をテーマとするルポルタージュ文学形式で書かれた石牟礼道子著『苦海浄土―わが水俣病』（講談社）が刊行され、公害文学として大きな反響を呼んだ。作者の石牟礼道子は熊本県生れの作家で、この作品は代表作となった。翌1970年に第1回大宅壮一ノンフィクション賞に決まるが、3月25日受賞を辞退。

2.23　〔自然災害〕インドネシアで地震・津波　セレベス島南西端の地震があり、大津波が

発生、セレベス島西岸一帯で少なくとも600人が行方不明になった。3月10日までに、死者70人、負傷者70人に上っている。

3.11 〔水産・漁業〕農林省「漁業白書」で養殖事業を促す　農林省は「漁業白書」の中で日本漁船の締め出し激化に対応するため養殖促す考えを発表。

5.25 〔航海・技術〕パピルス船「ラー号」復元航海　ヘイエルダー（ノルウェー）ら、古代そのままのパピルス船「ラー号」でモロッコから南米に向けて出発、大西洋を5,000km航海したところでハリケーンに襲われて沈没。翌年再挑戦した。

5.30 〔海運・造船〕延べ払い金利統一　輸出船の受注が支払い条件の緩和競争になっていることから、3年前から国際的に延べ払い輸出の信用条件の統一が話し合われて来たが、このたびOECD理事会で具体策が決まった。(1)注文主が頭金20％以上を負担する。(2)返済期間は8年以下。(3)金利は6％以上。(4)1969年7月以降の新規契約分から適用。

6.12 〔船舶・操船〕原子力船「むつ」　日本初の原子力船「むつ」の進水式が、東京で行われた。

6.27 〔海洋・生物〕海水浴場の規制・水質基準　厚生省は、汚れのひどい海水浴場の規制、水質基準を各都道府県に通達した。

7.14 〔海洋・生物〕潜水調査船「ベン・フランクリン号」メキシコ湾を32日間漂流　スイスの科学者ジャック・ピカールらは潜水調査船「ベン・フランクリン号」で32日間メキシコ湾流の流れに乗り潜航調査を実施。主に水深200mあたりの中層を漂流し最高水深は565mを記録した。

7.25 〔その他〕絵本図鑑『海』刊行　加古里子『海』（福音館書店）刊行。海の生物から海底開発までを描きこんだ絵本図鑑で、ロングセラーになる。

8.15 〔海洋・生物〕海に塩酸をたれ流し―公害防止上例で告発　数ヵ月にわたり塩酸を海に垂れ流していた工場が、港則法違反・水産資源保護違反で四日市海上保安部に摘発された。三重県が同社を毒物及び劇物取締法と三重県公害防止条例違反で告発した。

8.25 〔海洋・生物〕海洋地質学者のH.H.ヘスが没する　アメリカの海洋地質学者ハリー・ハモンド・ヘスが、ミネソタ州で死去する。1906年生れ。イェール大学で学ぶ。60年代から、ディーツと独立に海洋底拡大説を提唱。ほかに、フィリピン海溝でケープ・ジョンソン海淵、海底地形のギョー（平頂海山）の発見で知られる。

8月 〔海運・造船〕海運造船合理化審議会答申　海運造船合理化審議会は海上コンテナ輸送体制について答申し、政府の財政措置の必要性、コンテナ埠頭の新設などを求めた。4月末から東京で開かれた万国海法会第28回総会は、コンテナ輸送円滑化のために陸上・海上を通じた複合運送積荷証券を作る条約案「東京ルール」を採択。

9.1 〔領海・領土・外交〕ルーマニアと通商航海条約調印　愛知揆一外相とルーマニアのブルチカ外国貿易相が、通商航海条約に調印した。この条約は両国がお互いに最恵国待遇を与えることを規定している。

9.1 〔その他〕『海のトリトン』連載開始　『サンケイ新聞』で、手塚治虫の海洋ファンタジー漫画『青いトリトン』の連載が始まった（～1971年12月31日）。海棲人類トリトン族とポセイドン族との抗争や人間との接触を描く。1972年4月には『海のトリト

	ン』と改題してアニメ放映開始(〜9月)。1972年に刊行された単行本のタイトルも『海のトリトン』となった。
10.17	〔海運・造船〕初の日ソ合弁会社設立へ　外資審議会が、日ソ合弁の「東洋共同海運会社」(海運代理店)の設立を認めた。1970年初め発足。
11.11	〔海運・造船〕商船保有高が2位　ロイド船主協会は、日本の商船保有高が世界第2位と発表。
11月	〔海洋・生物〕海水油濁に関する国際条約　ブリュッセルで政府間海事協議機関IMCO主催の会議が行われ、「海水油濁事故が発生した場合における公海上での措置に関する条約」と「海水油濁民事責任条約」の2条約が採択された。前者は油濁の損害の拡大を防止するために、沿岸国が公海上で外国船に必要な措置をとりうることを明文化。後者は油濁事故の被害者に対する責任は常に油を流出させたタンカーの船主が負うこととする。日本は国内法との関係で問題があるとして加盟を保留した。
この年	〔船舶・操船〕海洋気象観測船啓風丸進水　気象庁の海洋気象観測船「啓風丸」(1,796トン)が進水。気象庁では、地球温暖化の予測精度向上につながる海水中および大気中の二酸化炭素の監視などを行うために、北西太平洋、日本周辺海域を啓風丸、凌風丸の2隻が定期的な海洋観測を実施している。
この年	〔船舶・操船〕米深海掘削船グローマー・チャレンジャー号活動始める　アメリカの深海掘削船「グローマー・チャレンジャー号」が自動位置評定装置など新鋭装備をもって活動し、海洋地球物理学の発展に大きな貢献をする。
この年	〔地理・地学〕東京大学の海底地震計最初の観測に成功　東京大学が独自に開発した海底地震計が最初の観測に成功。
この年	〔海運・造船〕海運再建整備計画完了　1954年に海運企業集約とともに始まった海運再建整備計画は、1964年9月末の償却不足629億円と借入金約定延滞額934億円を69年3月期までに解消、計画は所期の目的を果たして終了した。日本の商船保有量は3月末現在2033万総トンとなり、世界第3位の船腹量となった。
この年	〔海運・造船〕豪州航路サービス開始　日本郵船、豪州航路、コンテナ・サービス開始。
この年	〔海運・造船〕東南豪州航路でコンテナサービス開始　川崎汽船、豪州国営船社ANLと提携し、日本〜東南豪州航路でコンテナ船サービスを開始。
この年	〔海運・造船〕内航初のフルコンテナ船竣工　内航初のフルコンテナ船「樽前山丸」(2,750総トン、商船三井近海)竣工。品川〜苫小牧間を航海。
この年	〔海運・造船〕日本初のMゼロ船竣工　日本初のMゼロ船(機関室無人化船)鉱油兼用船「ジャパン・マグノリア」(9万4,000重量トン、ジャパンライン)竣工。
この年	〔航海・技術〕インターナショナルオフシェアルール—ヨット　外洋レース艇を規定するIOR(インターナショナルオフシェアルール)が設定される。
この年	〔航海・技術〕豪ヨットレースに参加　シドニーホバートレースに武田陽信の「バーゴ」が参加。
この年	〔海洋・生物〕ローマで国際海洋汚染会議開催　国際海洋汚染会議が開催される。50

この年 〔海洋・生物〕科技庁、潜水調査船「しんかい」建造　科学技術庁が推進する深海研究用として深海潜水調査船（600m）「しんかい」が新造される。

この年 〔海洋・生物〕太地町立くじらの博物館開館　捕鯨の歴史と技術を伝えることを目的に太地町立くじらの博物館が開館。

この年 〔海洋・生物〕南太平洋でのマンガン団塊の調査本格化　米国、日本などが参加する複数の国際的な鉱物コンソーシウムの資源を巡る投資、調査、研究開発が活発化。

この年 〔水産・漁業〕『水産防災』刊行　宇田道隆著『水産防災』を刊行。

この年 〔その他〕『ポセイドン・アドベンチャー』刊行　ポール・ギャリコ『ポセイドン・アドベンチャー』刊行。津波で転覆した豪華客船「ポセイドン号」からの脱出を描くパニック小説。続編を含め何度も映画化・ドラマ化された。

1970年
（昭和45年）

1.17 〔海難事故・事件〕「波島丸」が遭難する事件　奥尻海峡で荒天に遭遇し機船「波島丸」が遭難する事件発生。船長など18名死亡。

4月 〔海運・造船〕海底油田掘削装置「トランスワールドリグ61」竣工　佐世保重工業、半潜水式海底油田掘削装置「トランスワールドリグ61」を竣工。

5.12 〔海難事故・事件〕乗っ取りで報道自粛要請　瀬戸内海の観光船がライフルを持った男に乗っ取られた事件で、警視庁はライフル射手を送り込むことについて、放送各社に報道自粛を要請。各社は放送を控えた。13日犯人は警官に狙撃され死亡した。

5.15 〔船舶・操船〕船員法改正公布　船長の最後退船義務の条文を削除。「波島丸」「かりふおるにあ丸」の沈没に際し両船船長が船と運命をともにし殉職。これを契機に世論沸騰し国会審議に反映され改正された。

5.16 〔海洋・生物〕自然公園法改正　「自然公園法改正法」が公布され、海中公園地区制度が設けられた。

5.20 〔建築・土木〕「本州四国連絡橋公団法」公布　本州と四国の連絡橋に係る有料の道路及び鉄道の建設及び管理などを目的とする「本州四国連絡橋公団法」を公布。

5月 〔海洋・生物〕海底開発に新条約　アメリカのニクソン大統領が、海底開発に関する新しい国際条約をつくることを提唱。日本などに協力を求めた。

6.29 〔船舶・操船〕47万トンタンカー建造へ　運輸省は、石川島播磨重工が英国のグロブティック・タンカー社から受注した世界最大の47万7000重量トンタンカーの建造を許可した。許可条件として、造船所側に船体構造の安全性を十分とること、衝突予防装置を備えたレーダーの設置を義務づけたほか、タンカーの運航会社には原油積載中の日本寄港中は鹿児島県の喜入港に限ること、防災対策の運輸省への報告義務

など義務づけた。

7.2 〔船舶・操船〕**100万トンタンカー開発諮問** 橋本運輸相は運輸技術審議会に100万重量トンタンカーの建造技術開発の方法を諮問した。タンカー大型化が著しく、英国などで研究が始められていることなどを受けたもの。

7.20 〔船舶・操船〕**日本、保有船腹量で世界2位に** 運輸省が「海運白書」を発表。保有船腹量で世界2位に。

8.1 〔海運・造船〕**コンテナ競争激化** アメリカの有力コンテナ船運行会社、マトソン・ナビゲーション社は極東航路への配船を中止した。1967年9月に世界の海運会社に先駆けて太平洋航路でのコンテナ輸送を始めた海運会社だが、ベトナム軍需輸送の激減、邦船6社を含む他社との競争に敗れたもの。

8.9 〔海洋・生物〕**ヘドロ抗議集会** 田子ノ浦ヘドロ公害に抗議する住民が、静岡県田子ノ浦港で集会を開いた。また11日には富士市公害対策市民協会など18団体が製紙会社4社と知事を告発した。

8.19 〔海洋・生物〕**ごみの河川海洋への投棄** 通産省が全国の産業廃棄物の実態調査結果を発表した。施設で処理されたのは3割で、4割は河川・海洋に投棄されていることが明らかにされた。

8.21 〔海洋・生物〕**燧灘ヘドロ汚染** 香川、愛媛県の燧灘で愛媛県川之江、伊予三島市にある108の製紙工場の排出する廃液や繊維滓によるヘドロが台風10号の影響で浮きあがり、汚染源の両市や香川県観音寺市、詫間、仁尾、大野原、豊浜各町付近の海域で養殖ハマチ2万匹や車エビ8万匹などが死滅した（9月30日に沿岸漁業関係者が海上デモを実施）。

8.22 〔航海・技術〕**小型ヨットで世界一周「白鷗号」凱旋** 女性を含む3人乗り小型ヨットで日本人初の世界一周に成功した「白鷗号」の栗原景太郎・武田治郎・白瀬京子の3人が、神奈川県三崎港に1年3か月ぶりに帰港。

8.27 〔海洋・生物〕**ヘドロで魚が大量死** 瀬戸内海（愛媛県川之江・伊予三島沖）で、ヘドロを原因とする魚の大量死が発生した。

9.16 〔海運・造船〕**世界最大100万トンドックを起工** 長崎で、世界最大の100万トンドックの起工式が開催。

9.20 〔海洋・生物〕**カドミウム汚染で抗議** カドミウム汚染に抗議する有明海の漁民が、三井三池精練所正門前に汚染された赤貝を撒いた。

9月 〔海洋・生物〕**ヘドロで健康被害** 9月から10月にかけて、ヘドロから発生する硫化水素ガスにより、住民が吐き気・頭痛・喉の痛みなどを訴えた。調査の結果、ヘドロから労働衛生安全規則許容限度の30倍もの硫化水素ガスの他、水銀・カドミウムも検出された。

9月 〔海洋・生物〕**赤潮発生―伊勢湾など** 9月から11月にかけて、伊勢湾と三河湾で工場や家庭からの排水により赤潮3が異常発生。このため愛知県美浜、南知多町の海岸付近で魚約10万匹が、三重県鈴鹿市から松阪市にかけての海岸付近でカレイやコチなどがそれぞれ浮き、同桑名の沖合でハマグリが、伊勢市の沖合でアサリがそれぞれ50％から60％前後が死滅するなど、両湾の沿岸域で魚介類の被害があいついだ。

1970年（昭和45年）

10.1 〔海洋・生物〕鴨川シーワールド開業　環境一体型の生物展示手法と海獣類の生態を紹介する施設として南房総・鴨川の開業。シャチの飼育・繁殖については日本の水族館の先駆者としての役割を果たしている。

10.20 〔船舶・操船〕計画造船金利引き上げ　大蔵省が、計画造船金利の1～1.5%引き上げの方針を決定。

11.28 〔海難事故・事件〕「ていむず丸」爆発事件　鶴見灯台沖でタンク洗浄中に機船「ていむず丸」が爆発する事件が発生。

12.9 〔海洋・生物〕海洋汚染に関する国際会議　海洋汚染50ヵ国会議がローマで開催された。

12.15 〔海難事故・事件〕韓国で連絡船沈没　済州島と釜山を結ぶ連絡船「南宋（ナムヨン）号」が、東経128度、北緯34度の朝鮮海峡で沈没。8人が付近を通りかかった日本船に救助されたが、16日の時点で308人が行方不明となった。事故当時、釜山沖の海上では風速20m以上の突風が吹き荒れていた。上海沖に高気圧、カムチャツカ半島に低気圧という気圧配置で、北西の季節風が朝鮮海峡、対馬海峡を絶えず吹き抜けるという危険な天候だった。翌年1月7日までに、少なくとも326人が死亡したとされた。

12.25 〔海洋・生物〕海洋汚染防止法など公害関係14法公布　「海洋汚染防止法」、「廃棄物の処理及び清掃に関する法律」、「水質汚濁防止法」など公害関係14法律を公布。

12月 〔海洋・生物〕海洋科学技術センター設置へ　経済団体連合会が政府へ海洋科学技術センターの設置を要望。

この年 〔船舶・操船〕コンピュータ制御のタンカー　コンピューターで運行、荷役を制御する大型タンカー「星光丸」（13万8,000トン、乗組員15名）進水。

この年 〔地理・地学〕マラッカ・シンガポール海峡4カ国共同測量　1970年から1982年にかけ、マラッカ海峡協議会は、日本、インドネシア、マレーシア及びシンガポールとともにマラッカ・シンガポール海峡の水路測量を行った。

この年 〔海運・造船〕「第十とよた丸」竣工　川崎汽船の日本で最初の自動車専用船「第十とよた丸」竣工。

この年 〔海運・造船〕北太平洋岸航路でコンテナサービス開始　川崎汽船、日本～北太平洋岸航路でコンテナ船によるサービスを開始。

この年 〔海運・造船〕北米北西岸コンテナ航路開設　日本郵船、北米北西岸コンテナ（PNW）航路を開設。

この年 〔航海・技術〕オフショアレーシングカウンシル―ヨット　ORC（オフショアレーシングカウンシル）が結成される。

この年 〔航海・技術〕ヨット・チャイナシーレースで優勝　丹羽由昌の「チタ3」、第5回チャイナシーレースで総合優勝。

この年 〔軍事・紛争・テロ〕『英国海軍の雄ジャック・オーブリー』シリーズ刊行開始　パトリック・オブライアン『英国海軍の雄ジャック・オーブリー』シリーズの第1作が刊行される。ナポレオン戦争時の英国海軍のオーブリー艦長とその親友となる軍医マチュリンを主人公にした海洋冒険小説。シリーズ10作目をベースに複数作のエピ

ソードを取り入れて『マスター・アンド・コマンダー』として映画化された。

この年　〔海洋・生物〕「海のはくぶつかん」(現・東海大学海洋科学博物館)開館　来館者に海の科学をわかりやすく説明し、海のことを知ってもらうために、東海大学が「海のはくぶつかん」(現・東海大学海洋科学博物館)を開館。

この年　〔海洋・生物〕『海洋科学』、『オーシャン・エージ』出版される　『海洋科学』(海洋出版)、『オーシャン・エージ』(オーシャン・エージ社)出版される。

この年　〔海洋・生物〕工場廃液汚染―岡山児島湾　岡山市や倉敷市などの紙パルプ工場から排出される廃液で児島湾が汚染され、同湾産の魚介類に被害の出ていることがわかった(10月、漁業関係の代表が県に汚染対策の実施を要請)。

この年　〔海洋・生物〕合同海洋学大開開催　合同海洋学大会(JOA)が東京で開かれる。

この年　〔海洋・生物〕今後の海洋開発についての方向示される　海洋科学技術審議会(速水頌一郎委員長)の第一次答申が出された。日本の今後の海洋開発について方向付けが行なわれる。

この年　〔海洋・生物〕三井金属鉱業工場カドミウム汚染　福岡県大牟田市の三井金属鉱業三池精錬所が高濃度のカドミウムを含む廃液を大牟田川に排出し、同川でヘドロによる汚染が深刻化。大牟田川の流れ込む有明海でも同海産の海苔や赤貝缶詰から高濃度のカドミウムが検出された(7月に県衛生研究所と佐賀大学が、8月に久留米大学がそれぞれ調査。10月から福岡、佐賀、長崎、熊本4県合同の汚染調査開始。1971年2月、厚生省が要観察地域に指定)。

この年　〔海洋・生物〕青酸化合物汚染―いわき市小名浜　福島県いわき市の小名浜港付近の海域で青酸化合物による汚染が発生し、8月21日に同港付近で漁業関係者の使う生き餌が青酸化合物により全滅。ほかにもひれのないカレイが捕獲されたり、同市勿来の近くでアワビ多数が奇病にかかったりしているのも確認された。

この年　〔海洋・生物〕日本プランクトン学会発足　日本プランクトン学会発足。会報刊行。

この年　〔海洋・生物〕諫早湾カドミウム汚染　長崎県諫早市で諫早湾産の海苔から厚生省の許容値を超える3.1ppmのカドミウムが検出された(9月に調査実施)。

この年　〔海難事故・事件〕ボリバー丸、かりふおるにあ丸沈没　大型礦石運搬船「ボリバー丸」「かりふおるにあ丸」が本州東方洋上で冬季沈没。海洋波浪や船舶の耐航性が問題に。

この年　〔その他〕日本舟艇工業会設立　マリンレジャーの普及振興、安全啓発、環境問題等への取組を目的に日本舟艇工業会(現日本マリン事業協会)が設立される。

1971年
(昭和46年)

1.31　〔海洋・生物〕世界最大の海底油田掘削装置が完成　三菱重工、世界最大の海底油田

	掘削装置が完成。
2月	〔海洋・生物〕ヘドロ投棄了承　静岡県田子ノ浦ヘドロ投棄反対同盟が富士川河川敷への投棄を了承した。4月に投棄が開始され、付近の中学生約290人が喉の痛みを訴えた。
3.10	〔海洋・生物〕メコン・デルタ油田開発　南ベトナム、メコン・デルタ沖の油田開発に日本の参加が決定。石油公団と8社、海洋石油を設立。
3.18	〔海運・造船〕日本水路協会設立　日本の水路業務創始100周年記念事業の一環として設立。海洋調査技術の進歩発達と活用、航海の安全、海難の防止、海洋環境の保全及開発の振興に寄与することを目的としている。
3.26	〔海洋・生物〕赤潮発生―山口県徳山湾　山口県徳山市の徳山湾付近の海域で赤潮が異常発生し、同海域の魚介類に被害があいついだ（科学技術庁が工場排水の影響を指摘）。
3.27	〔海難事故・事件〕アメリカの大型タンカー沈没　アメリカのノースカロライナ州ハテラス岬沖200キロで、アメリカのタンカーがまっぷたつに折れて沈没、20人が行方不明になったほか、大量の石油が流出した。同船は2万8,000トンの石油を積んでテキサス州ポートアーサーからボストンへ向かう途中だった。
4.22	〔海洋・生物〕再審査で水俣病認定　熊本県公害被害者認定審査会の再審査により、31名が水俣病患者に認定された。
5.17	〔海洋・生物〕海洋水産資源開発促進法　「海洋水産資源開発促進法」公布。
5月	〔海洋・生物〕海洋科学技術センター法　第65国会で、海洋科学技術センター法（1971年法律第63号）が成立。
7.1	〔海運・造船〕日本船舶品質管理協会設立　船舶の堪航性及び海上における人命の安全の確保に資するため、造船業及び造船関連工業における認定物件及び法定船用品の品質管理に関する改善等を促進し、これを通じて造船産業の進歩発達を図ることを目的として設立。
7.7	〔海洋・生物〕水俣病認定で県の棄却処分取消　水俣病認定申請の棄却処分に対する行政不服審査請求で、環境庁長官が初裁決。熊本県の棄却処分を取消した。
8.14	〔海洋・生物〕仏、ムルロア環礁で水爆実験を行う　フランス、南太平洋のムルロア環礁で水爆実験を行う。
8月	〔海洋・生物〕赤潮発生―山口県下関市　山口県下関市の沖合の響灘で赤潮が発生し、魚介類に被害があいついだ（漁業関係者が福岡県と北九州市に補償を請求）。赤潮は、栄養塩類を豊富に含む工場廃液や生活排水が海に流れ込み、プランクトンが異常繁殖するために起こると指摘されている。
10.6	〔海洋・生物〕熊本県知事が水俣病認定　熊本県知事が、5日に行われた同県水俣病認定審査会の答申に基づき、8月7日の環境庁裁決で処分を取り消された16人を水俣病患者と認定した。
10月	〔海洋・生物〕串本海中公園水族館開館　串本海中公園水族館が開館。串本の海を紹介するため、串本の海にすむ生き物だけを展示している。

11.7	〔海洋・生物〕タンカー座礁―有害物質流出	タンカー「第3宝栄丸」(136トン)が岡山県倉敷市の水島港から広島県の大竹港へ向かう際、愛媛県北条市の沖合で座礁し、船体を破損。乗組員に死傷者はなかったが、積荷のアセトンシアンヒドリン176kgのうち4kg分が船底の亀裂から流出し、魚介類等が死ぬなどの被害が発生した。
11月	〔海難事故・事件〕リベリア船籍のタンカーが新潟沖で座礁	リベリア船籍のタンカー「ジュリアナ号」が新潟沖で座礁。積載されていた原油が流出した。
12.7	〔海洋・生物〕ビキニ水爆実験の被曝調査	原水禁がビキニ水爆実験被曝調査団をミクロネシアに派遣した。
12.17	〔海洋・生物〕水俣病患者らチッソ本社前で抗議の座込み	水俣病患者と支援者らによる被害補償に関する座り込みがチッソ本社前で約1年半に渡り続けられ、年末には越年座り込みが行われた。
この年	〔船舶・操船〕「ジェットスキー」誕生	アメリカ人発明家ジャコブスのアイデアを元に川崎重工業が「ジェットスキー」を開発。
この年	〔海運・造船〕欧州航路サービス開始	日本郵船、欧州航路、コンテナ・サービスを開始。
この年	〔海運・造船〕外航船舶建造計画上方修正	世界の貿易量が、新海運政策の策定時の予想を大幅に上回る見通しになり、これまでの邦船の積取率では、原材料等を輸入に頼る日本経済の発展が滞ってしまうためため、外航船舶の計画を2050万総トンから2800万総トンに改定した。
この年	〔海運・造船〕世界最大のタンカー(当時)進水	世界最大のタンカー(当時)「日石丸」(37万2,400重量トン、東京タンカー)進水。
この年	〔海運・造船〕無人化資格超自動化タンカー「三峰山丸」を竣工	三井造船、日本初の無人化資格超自動化タンカー「三峰山丸」を竣工。
この年	〔航海・技術〕トラベミュンデ国際レガッタで優勝	フィン級トラベミュンデ国際レガッタ(西独トラベミュンデ)で、松山和興が優勝。
この年	〔海洋・生物〕FAMOUS計画	米・仏共同のFAMOUS計画で東太平洋海膨調査を実施。
この年	〔海洋・生物〕し尿投棄による海洋汚染	瀬戸内海でし尿投棄による汚染が深刻化した(海洋汚染防止法により投棄禁止。広島市などは1972年9月以降、指定海域への外洋投棄に切換え)。
この年	〔海洋・生物〕カドミウム汚染―下関・彦島地域	山口県下関市の彦島地域の工場が高濃度のカドミウムを含む廃液を排出し、西山港付近の海底でヘドロから321.4ppmのカドミウムが検出された。
この年	〔海洋・生物〕ディープスター完成	米、2,000m級潜水調査船「ディープスター」が完成。
この年	〔海洋・生物〕ヘドロ堆積漁業被害―愛媛県・燧灘付近	愛媛県川之江、伊予三島市の製紙工場72社の排出する廃液や繊維滓によるヘドロが燧灘付近の海底に堆積し、隣接の香川県観音寺市や詫間、仁尾、大野原、豊浜町の沖合で魚介類に対する被害

1972年(昭和47年)

が深刻化した(香川県漁業組合連合会が中央公害審査委員会に調停を申請し、1972年10月17日に愛媛県紙パルプ工業会と補償支払いで和解)。

この年　〔海洋・生物〕『海の世界』刊行　『海の世界』(宇田道隆編)を刊行。

この年　〔海洋・生物〕「海洋科学技術センター」設立　海洋科学技術センター(現・海洋研究開発機構)発足。

この年　〔海洋・生物〕海洋環境汚染全世界的調査　ユネスコ政府間海洋学委員会(IOC)の海洋環境汚染全世界的調査(GIPME)が発足。海洋汚染の全世界的な監視体制づくりが始まる。

この年　〔海洋・生物〕環境庁発足　水俣病など公害が社会問題となり環境庁を発足。

この年　〔海洋・生物〕高知パルプ工場廃液排出　高知市旭町の高知パルプ工業の工場が高濃度の硫化水素を含む廃液(日平均約1万4,000トン)を江ノ口川に排出し、下流の国鉄高知駅前の付近などで汚染が深刻化。このため工場周辺の住民多数が頭痛や咽喉の痛みなどを訴え、繊維滓の混じったヘドロにより浦戸湾付近の魚介類が死滅した(6月9日未明、浦戸湾を守る会の関係者が生コンクリートを流し込んで同工場の排水管を封鎖。1972年5月31日に工場閉鎖)。高知県によれば、廃液の生化学的酸素要求量(BOD)は最高2084ppmだった。

この年　〔海洋・生物〕国際海洋科学技術協会　ECOR日本委員会として発足。1987年に同委員会を解散し、社団法人国際海洋科学技術協会として発足。

この年　〔海洋・生物〕国際水資源協会設立　世界規模での水資源の在り方について協議するため国際水資源協会が設立される。

この年　〔海洋・生物〕船舶廃油汚染―全国各地の沿岸　東京湾や伊勢湾、瀬戸内海、南西諸島など全国各地の沿岸付近の海域を中心にタンカーを含む船舶多数の投棄廃油がボール状またはタール状に固まり、海水浴場が閉鎖されたり魚介類が異臭を放ったりするなど汚染が深刻化した(1972年7月25日に海上保安庁が汚染実態を公表)。

この年　〔海洋・生物〕理研―海洋計測研究　理化学研究所に海洋計測研究増設。

1972年
(昭和47年)

2.21　〔海難事故・事件〕「3協照丸」機関部爆発事件　鹿島港で機船「協照丸」の機関部が爆発し船体が沈没する事件が発生。12名死亡。

4.1　〔その他〕『海のトリトン』放送開始　手塚治虫原作の海洋ファンタジーアニメ『海のトリトン』(TBS)のアニメ放送が開始された。

5.26　〔海難事故・事件〕浚渫船が機雷に接触し爆発―新潟　浚渫船「海麟丸」(2,142トン)が新潟西港へ帰港直前、信濃川河口にある同港の臨港東防波堤付近で海底に残っていた機雷に接触、爆発し、船体が傾斜して後部から浸水、沈没、作業員2名が死亡、

		44名が重軽傷を負った。同機雷は戦時中、米軍が港湾封鎖の目的で使ったものとみられる。
6.5	〔海洋・生物〕	国連人間環境会議ストックホルムで開催　国連による初めての環境会議となる人間環境会議が、114ヵ国が参加してストックホルムで開催された（～19日）。日本水俣病の被害者らによる公害報告などが行われ、「人間環境宣言（ストックホルム宣言）」や「環境国際行動計画」が採択され、6月5日を「世界環境デー」とすることや「商業捕鯨10年禁止」が決議された。
6.15	〔海洋・生物〕	海洋防止法に廃棄物の投入処分基準を盛りこむ　「海洋汚染防止法施行令」の一部改正、政令公布。廃棄物の海洋投入処分の基準が設定された。
6月	〔海洋・生物〕	赤潮発生—山口県下関市　山口県下関市の沖合の響灘で赤潮が発生し、魚介類に被害があいついだ（県議会が9月、響灘汚染問題対策特別委員会を設けて調査を開始）。赤潮の発生際には、対岸の北九州市若松区で響灘の埋立てによる工業用地や産業廃棄物処分場の造成計画があり、山口県漁業組合連合会が汚染悪化を懸念して反対していた。
7.12	〔海運・造船〕	船員ストで大損害　5月14日から90日間に及ぶ船員ストが出した損害は大きく、運輸省によると直接額は中核6社だけでも249億円にものぼり、石油業界などでは原油不足から一部操業停止をしたところも出た。
7月	〔海洋・生物〕	赤潮発生—香川県から徳島県の海域　9月にかけて、香川県志度町付近および対岸の小豆島周辺から徳島県鳴門市に至る海域で工場の廃液による赤潮が発生し、養殖ハマチ約700万匹が全滅するなど魚介類に深刻な被害があった（1975年1月23日、地元の養殖漁業者が工場排水差止めと損害賠償を求めて提訴）。
8.12	〔軍事・紛争・テロ〕	『海軍特別年少兵』公開　『海軍特別年少兵』（製作：東宝映画　脚本：鈴木尚之　監督：今井正　出演：地井武男、佐々木勝彦、三國連太郎ほか）が公開された。太平洋戦争末期に殉死していった海軍史上最年少の少年兵たちを描く。
8.15	〔海洋・生物〕	シートピア計画　「シートピア」に人が1週間住みつづけ、海底生活が人に与える影響などを調査。海洋科学技術センターによるシートピア海中実験が行われる。
9.4	〔船舶・操船〕	中国に大型貨物船輸出　日立造船、中国に大型貨物船2隻を輸出する契約に調印。
9.12	〔海洋・生物〕	ヘドロで魚大量死—愛媛県　愛媛県新居浜、西条市の燧灘で魚多数が死んだ。原因は両市の製紙工場などの排出した廃液やヘドロによる酸素欠乏とみられる。
9月	〔海洋・生物〕	鉱滓運搬船沈没海洋汚染に—山口県　山口県徳山市の日本化学工業徳山工場のチャーター運搬船が同県豊北町の沖合で沈没し、積荷の六価クロムを含む鉱滓が現場付近の海域を汚染。事故後、同工場が無許可で有毒鉱滓の海洋投棄を続けていたこがわかり、操業を自主的に停止した。
10.18	〔海運・造船〕	大型船に大量の欠陥　運輸省、石川島播磨重工業、川崎重工業の大型船で大量の欠陥が見つかったと発表。手抜き工事が原因として、造船業界に警告。
11.4	〔航海・技術〕	全日本ヨット選手権開催　全日本ヨット選手権大会が江ノ島でおこな

われた。ドラゴン級は、川島・浪川・本庄組(川島マリーン)が優勝。フライング・ダッチマン級は、明星・柴田組が優勝。

11.8 〔航海・技術〕宇高連絡船「かもめ」就航　宇野―高松間航路にホバークラフト「かもめ」(22.8トン)が就航、宇野―高松間を23分で就航した。

12月 〔海洋・生物〕海洋汚染防止条約調印　廃棄物その他の投棄に係わる海洋汚染防止に関する条約(通称、ロンドン条約)に調印。1972年の海洋汚染防止国際会議(ロンドン会議)での採択に基づくもので1975年に発効。

この年 〔地理・地学〕地球内部ダイナミックス計画　地球表面近くのさまざまな地学現象を引き起こす物理・化学過程を明らかにすることを目的とした「地球内部ダイナミックス計画(GDP)」始まる。

この年 〔海運・造船〕ニューヨーク・コンテナ航路初　ニューヨーク・コンテナ航路初の邦船協調5社による「東米丸」(山下新日本汽船)が出航。

この年 〔海運・造船〕欧州造船界、協調申し入れ　日本の大型タンカーに市場を独占されることを懸念しているヨーロッパ造船界から、クラコウEC大型船評議会議長らが来日し、日本の設備投資継続に対し譲歩を迫った。

この年 〔海運・造船〕世界最大のタンカー(当時)進水　世界最大のタンカー(当時)「グロブティック・トウキョウ」(48万3,644重量トン)進水。

この年 〔航海・技術〕沖縄～東京間でヨットレース　第1回沖縄東京レース(ヨット)を開催。

この年 〔海洋・生物〕『黒潮』刊行　アメリカの海洋物理学者ストンメルと吉田耕造共編の書籍『黒潮』(東京大学出版会)刊行される。

この年 〔海洋・生物〕黒潮続流海洋学発表　川合英夫「黒潮続流海洋学」を発表。

この年 〔海洋・生物〕赤潮発生―愛媛県付近　愛媛県付近の海域で赤潮が発生し、魚介類に深刻な被害があった。

この年 〔海洋・生物〕「全地球海洋観測組織(IGOSS)」発足　世界気象機関(WMO)、政府間海洋委員会(IOC)共同推進の全地球海洋観測組織(IGOSS)が発足。気象データ、海洋データの地球的な収集、交換体制確立を進める。

この年 〔海洋・生物〕測量船「昭洋」竣工　海上保安庁海洋情報部の測量船「昭洋」(2,200トン)竣工。大陸棚調査に活躍。

この年 〔海洋・生物〕『北太平洋北部生物海洋学』刊行　元田茂教授記念論文集『北太平洋北部生物海洋学』を刊行。

この年 〔海洋・生物〕北大西洋の海洋バックグラウンド汚染調査　気象庁の「凌風丸」が北大西洋の海洋バックグラウンド汚染調査を開始。

この年 〔水産・漁業〕漁業情報サービスセンター設立　漁業界などから漁況海況の実況速報の迅速な伝達にタイする要望が強くなり漁業情報サービスセンターを設立。

この年 〔海難事故・事件〕第11平栄丸・北扇丸衝突　底引網漁船「第11平栄丸」(96トン)が茨城県北茨城市の大津港の沖合でタンカー「北扇丸」(999トン)と衝突、沈没し、乗組員13名のうち10名が行方不明になった。原因は「北扇丸」が衝突危険海域での減

この年 〔その他〕足摺宇和海国立公園　足摺国定公園に宇和海地域が追加編入。国立公園に指定され、足摺宇和海国立公園と改称した。

1973年
(昭和48年)

1月　〔海運・造船〕外航海運対策―海運造船合理化審議会　海運造船合理化審議会は、1972年9月の運輸省からの諮問を受け今後の外航海運政策について答申。その内容は、建造量と融資条件、また国際的に深刻化している省資源問題を踏まえての対策等について審議を始めること。

2.1　〔海洋・生物〕廃棄物処理、海洋汚染防止に廃棄物処理基準を設ける　「廃棄物処理法施行令」「海洋汚染防止法施行令」の一部改正、政令公布(3月1日施行)。シアン化合物を含む廃棄物の処理基準が設定された。

2.13　〔海洋・生物〕産業廃棄物の海洋投棄基準などを規定する総理府令　産業廃棄物の海洋投棄基準、有害物の判定基準などを物質ごとに規定する総理府令「金属等を含む産業廃棄物に係る判定」が通達された。2月17日、総理府令で定められた物質の検定方法を設定した「産業廃棄物に含まれる金属等の検定方法」が環境庁により告示された。3月1日施行。

2月　〔海難事故・事件〕衛星による救難活動　16日から22日の間、米国航空宇宙局(NASA)が気象衛星「ニンバス4号」など4衛星を動員して、南極海で遭難しかかっていたフランスの海洋調査船「カリプソ号」の救難活動を行った。

3.18　〔水産・漁業〕タラ漁を巡って紛争　アイスランドと英国がタラ漁を巡って実弾を発射する紛争が起こった。4月2日にはアイスランド警備艇が英国の護衛艦に発砲、5月には激化してアイスランドの英国大使館をデモ隊が襲った。アイスランドは問題の国連提訴を決定、6月7日のNATO委員会にはこの問題を理由に出席を拒否した。英国のヒース首相とアイスランドのオラフル・ヨハネソン首相は10月16日、事態収拾へ向けて基本線で合意した。

3.20　〔海洋・生物〕水俣病第一次訴訟―原告勝訴　熊本地裁が水俣病第一次訴訟の一審判決。原告側が勝訴し、総額約9億3000万の損害賠償命令が下った。

3.28　〔海運・造船〕B&G財団設立　モーターボート競走法20周年を記念して設立。青い海(ブルーシー)と緑の大地(グリーンランド)を活動の場とし、青少年の心身の健全育成と国民の心とからだの健康づくりを目的としている。

3.31　〔海難事故・事件〕フェリーと貨物船が衝突―豊後水道　豊後水道で航行中のフェリー「うわじま」(935トン)にリベリア国籍の貨物船(1万7,715トン)が衝突、「うわじま」の乗客28人が重軽傷を負った。

4.27　〔海洋・生物〕チッソと水俣病新認定患者の調停成立　公害等調整委員会により、チッ

1973年(昭和48年)

ソと水俣病新認定患者の調停が成立した。

4月 〔海運・造船〕フェリー航路増加―カーフェリー大型化顕著に　新規航路の開設や既設航路のフェリー化により、フェリー航路数が前年より24航路増えた。とりわけカーフェリーの大型化が顕著で、1万2000総トンを超えるフェリーも現れた。

5.19 〔海難事故・事件〕瀬戸内海でフェリー炎上　播磨灘を航行中の四国中央フェリー「せとうち」から出火、海上保安部などが消火活動したが大爆発を起こし沈没。3隻のゴムボートで脱出した乗客は、関西汽船「六甲丸」によって全員が救助された。

5.25 〔軍事・紛争・テロ〕NATO演習中に反乱　ギリシャの駆逐艦がNATO演習参加中に反乱を起こし、イタリアに政治亡命を求めた。

5月 〔海運・造船〕川崎重工が初のLNG船受注　川崎重工業が米ゴダス・ラーセン社から初めてのLNGタンカーの注文を受けた。造船世界一を誇っていた日本だが、LNGタンカーについては技術的な遅れなどもありこれまで受注を取れなかった。

5月 〔海運・造船〕日本長距離フェリー協会設立　長距離フェリーを運航する船会社（2014年7月現在8社）が会員となって運営している。

5月 〔水産・漁業〕『海の鼠』刊行　吉村昭の短編小説集『海の鼠』（新潮社）刊行。1983年文庫化に際して『魚影の群れ』と改題され、マグロ漁師とその娘、漁師をめざす娘の恋人らを描いて新たに表題作となった『魚影の群れ』は同年に映画化された。

6.7 〔船舶・操船〕原子力船「むつ」外洋航行実験へ　原子力船「むつ」が外洋航行実験を行う。

6月 〔海洋・生物〕ポリ塩化ビフェニール廃液排出―福井県敦賀市　福井県敦賀市の東洋紡績敦賀工場が基準値の約37倍のポリ塩化ビフェニール（PCB）を含む廃液を敦賀湾へ排出し、現場付近のボラやスズキなどの魚介類が汚染された（県や漁業関係者からの要求で、企業側がPCBの使用停止とヘドロの除去、補償を実施）。工場内でも廃液排出の際、従業員が高濃度のPCBによる慢性中毒症（労働省が11月に認定）にかかり、国立療養所敦賀病院に入院、継続的な治療を受けるなど汚染が深刻化した。

6月 〔海洋・生物〕工場廃液排出―秋田市　6月末から7月上旬にかけて、秋田市の十条製紙秋田工場がパルプ廃液を雄物川へ排出していたところ、秋田湾の男鹿半島沿いの海域に濃褐色の混濁が発生し、男鹿市の船川港漁業協同組合の漁船が操業できなくなった（7月9日からの84時間、同工場が全面的に操業停止）。

6月 〔海洋・生物〕水銀口汚染―山口県徳山市　山口県にて徳山曹達（徳山市）と東洋曹達工業（新南陽市）が徳山湾に508トンもの水銀を流していたことが発覚した。

6月 〔海洋・生物〕潜水シュミレータ建屋完成　海洋科学技術センター、海中環境訓練実験棟（潜水シュミレータ建屋）完成。

7.2 〔領海・領土・外交〕国連拡大海底平和利用委員会ジュネーブで開催　ジュネーブで国連拡大海底平和利用委員会が開かれる。

7.9 〔海洋・生物〕水俣病補償交渉で合意調印　水俣病補償交渉で、チッソと患者団体の合意が成立し、保障協定に調印した。

7.21 〔海洋・生物〕仏、世界の抗議を無視して核実験強行　フランス、南太平洋のムルロ

		アで5メガトン級の大気圏核爆発実験を世界の抗議を無視して強行実施。
8.8	〔海洋・生物〕千葉の漁船が水銀賠償求め海上封鎖	千葉県漁協組合連合会が、東京湾沿岸の水銀使用3社に対し、補償を求めて漁船100隻で無期限の海上封鎖。千葉県知事が斡旋に動き、11日に漁業補償が成立。
9.19	〔海難事故・事件〕「マノロ・エバレット」火災事件	京浜港で機船「マノロ・エバレット」火災に見舞われる事件が発生。6名死亡。積荷の高度さらし粉について鑑定を実施。
9月	〔航海・技術〕「ウィットブレッド世界一周ヨットレース」開催	ウィットブレッド世界一周ヨットレースが始まる。現在はボルボ・オーシャンレースとして知られる。4年毎に開催。
10.4	〔海運・造船〕日本冷蔵倉庫協会設立	国民食生活等にかかわる冷蔵倉庫業の重要性に鑑み、冷蔵倉庫業の健全なる発達を図り、もって公共の福祉に寄与することを目的として設立。
10.31	〔海難事故・事件〕タンカー事故で重油流出―香川県沖合	タンカーが香川県の沖合で事故を起こし、重油が流出、現場付近の海域の魚介類や特産の養殖海苔に被害が発生し、沿岸漁業の関係者も事故後10日以上操業を休んだ。
11.6	〔海洋・生物〕トンキン湾油田開発	トンキン湾の石油共同開発をめぐり、北ベトナムと合意メモ。日本側の2企業が、中国の参加も打診。
11.14	〔建築・土木〕新関門トンネル	山陽新幹線新下関駅から小倉駅間にある海底トンネル、新関門トンネル営業開始。
この年	〔船舶・操船〕船のエンジンのディーゼル化	オイルショックにより原油の供給が不安定化したことで、船のエンジンがディーゼル化がはじめる。現在では大部分の商船の標準エンジンとなっている。
この年	〔地理・地学〕海底火山の噴火により西ノ島新島誕生	西之島火山が活動を開始し新島を形成。新島は西之島と接続、大半が波浪による侵食を受け一部が現存。
この年	〔地理・地学〕深海掘削計画（DSDP）	深海掘削計画（DSDP）により本州南岸、日本海で掘削を行う。
この年	〔地理・地学〕『水路部百年史』刊行	海軍水路部からつづく海上保安庁水路部の百周年を記念して『水路部百年史』と『水路研究記念論文集』が刊行される。
この年	〔航海・技術〕NORCが公認される―ヨット	ORC（Offshore Racing Congress）、日本外洋帆走協会（NORC）を公認する。
この年	〔航海・技術〕ヨット世界選手権に参加	ハーフトン世界選手権（デンマーク）に伊藤正の「サラブレッド」が参加。
この年	〔海洋・生物〕ブイロボット実用化	センサーを装着し、海面を漂流しながら観測を行う海洋気象ブイロボットが本州南方沖で初めて実用化される。ブイロボットは観測した結果を人工衛星を通じて自動的に地上に送信する。
この年	〔海洋・生物〕海へのビニール投棄被害	高知県南国市付近の海域に使用済みビニールが投棄され、魚介類に被害があった（1974年5月23日、高知地方裁判所が国および

県、市に地元の浜改田漁業協同組合への損害賠償の支払いを命令)。

この年　〔海洋・生物〕空から排水調査　落合弘明が赤外線放射温度計による航空機からのカラー濃度図で温排水を調査した。

この年　〔海洋・生物〕原油貯蔵基地—周辺海域汚染　和歌山県下津町の埋立地にある富士興産原油貯蔵基地の周辺海域で汚染が発生した(1974年1月30日、地元住民497名が県および下津町、富士興産、大崎漁業協同組合に関連施設の撤去と原状回復を求めて提訴)。

この年　〔海洋・生物〕工場廃液排出—岡山県倉敷市　岡山県倉敷市の水島臨海工業地帯にある関東電気化学水島工場や住友化学工業岡山工場など5工場が水銀を含む廃液やヘドロを排出し、東へ約25km離れた同県東児町に住む老齢の漁業関係者と妻が擬似水俣病の症状を訴えたほか、水島湾付近の海域の魚介類が汚染された(6月に県漁業協同組合連合会の関係者が海上封鎖を実施。工場側は補償解決までの自主的な操業停止を決定し、封鎖解除後に漁業関係者および鮮魚商に補償)。

この年　〔海洋・生物〕工場廃液排出—山口県徳山市　山口県徳山市の徳山曹達および東洋曹達工業の工場が水銀を含む廃液を徳山湾へ排出し、合計508トンの水銀がヘドロなどの状態で海底に残った(6月から県が汚染調査を続け、地元漁業関係者ら6700名の検診を実施し、8月に山口大学医学部が精密検査で、隣接の新南陽市に住む母親と娘を擬似水俣病と判定)。

この年　〔海洋・生物〕工場廃液排出—千葉県市原市　千葉県市原市五井海岸の旭硝子千葉工場と同市五井南海岸の千葉塩素化学、日本塩化ビニールが製造工程で使用した水銀を含む廃液を東京湾へ排出し続け、魚介類を汚染した(8月8日から地元の漁業関係者が海上封鎖を実施したのに対し、工場側は隔膜法への変更を決定、補償問題なども解決して10日、封鎖を解除)。

この年　〔海洋・生物〕国際海洋研究10カ年計画の湧昇実験開始　国際海洋研究10カ年計画(IDOE)の湧昇実験(CUE)が始まる。

この年　〔海洋・生物〕人工衛星を使って汚染状況調査　渡辺貫太郎が人工衛星による多重波長帯別写真、赤外線利用走査、レーザーレーダーによる油汚染などを調査。

この年　〔海洋・生物〕瀬戸内海環境保全臨時措置法を制定　赤潮多発、かつその範囲が広域化する等深刻な水質汚濁が問題となっている瀬戸内海に関し、瀬戸内海環境保全臨時措置法を制定。

この年　〔海洋・生物〕倉敷メッキ工業所青酸排出—米子市　鳥取県米子市の倉敷メッキ工業所が青酸を含む廃液を旧加茂川へ排出し、下流域が高濃度の青酸に汚染された(10月に発表後、県が同工場に施設改善を命令)。

この年　〔海洋・生物〕有明海水銀汚染—水俣病に似た症状も　有明海周辺の福岡、佐賀、長崎、熊本県で高濃度の水銀による魚介類などの汚染が深刻化し、汚染魚を多く食べていた地元漁業関係者らの健康への影響が懸念された。原因は福岡県大牟田市の三井東圧化学大牟田工場と熊本県宇土市の日本合成化学熊本工場が有機水銀を含む廃液を長期間排出したため(5月22日、熊本大学研究班が熊本県有明町の住民8名に水俣病の擬似症状を認め、ほかに宇土市で過去2名が死亡していたことを県に報告。8月17日、環境庁水銀汚染調査検討委員会は擬似患者2名の症状と水銀との因果関係を否

定)。

この年 〔海難事故・事件〕海上安全対策強化　5月19日播磨灘で起きたフェリーの火災沈没事故を受けて、政府は安全対策を強化した。全旅客船へ特別操練と総点検の指示、発航前検査の励行、運航管理体制の強化、安全教育の徹底、点検や整備などについて強力に指導した。

1974年
(昭和49年)

1.22　〔海運・造船〕日本小型船舶検査機構設立　小型船舶の検査事務実施のため設立。他に登録測度事務、NOx放出量確認等事務を行う。

1月　〔海洋・生物〕水俣湾入口に仕切網　熊本県が、水銀汚染魚の拡大防止のため、水俣湾入り口に最長幅4,404mの仕切り網を設置した。

3月　〔海洋・生物〕潜水訓練プール棟　海洋科学技術センター、潜水訓練プール棟が完成。

4.26　〔海難事故・事件〕タンカー衝突事故で原油流出―愛媛県沖　キプロスのタンカーと日本貨物船の衝突事故が愛媛県沖で発生し、原油が流出した。

4月　〔船舶・操船〕米潜水艦「ロスアンゼルス」進水　米海軍主力潜水艦688級の代表艦「ロスアンゼルス」が進水。688級は62隻が建造された。

5月　〔海運・造船〕計画造船制度存続か　外航海運政策あり方についての審議会が本格的に始まった。1974年度に期限切れを迎える政府資金融資制度と利子補給が柱の計画造船制度の存廃問題が最大の焦点となった。

6.7　〔海洋・生物〕第3水俣病問題　熊本大学第二次水俣病研究班が指摘した有明海の「第3水俣病」問題で、環境庁の水銀汚染調査検討委員会健康調査分科会が、現時点で水俣病と診断可能な患者はいないとの判断を発表した。

6月　〔海運・造船〕スライド船価時代へ　1973年日本造船工業会が、異常なインフレ対策として今までの「固定船価」方式から欧州で多く採用されている「スライド船価」採用推進の方針を固めたが、石川島播磨重工業がユーゴスラビアのタンカー会社と「スライド船価」で契約した。

6月　〔海洋・生物〕ヘドロ汲み上げ移動―田子ノ浦　静岡県田子ノ浦で、港湾ヘドロの汲み上げと河川敷への移動が一段落した。

7.20　〔航海・技術〕宇高連絡船「讃岐丸」就航　宇高航路に「讃岐丸」(3,088トン)が就航。

7.28　〔航海・技術〕手作りヨットで世界一周　大阪の青木洋が手作りヨット「信夫翁2世号」で1142日ぶりに世界一周から帰国した。

7月　〔その他〕「船の科学館」一般公開　海事全般にわたる総合的、近代的科学館として「船の科学館」一般公開始める。

9.1 〔船舶・操船〕原子力船「むつ」放射線漏出　日本原子力船研究開発事業団の実験船「むつ」（約8,350トン）が北部太平洋で出力上昇試験を開始後、船内に比較的強い放射線が漏れた。事業団および放射線遮蔽技術検討委員会の発表によれば、原因は鋼鉄製遮蔽板の設計および製造上の欠陥。「むつ」は8月26日早朝、陸奥湾にある青森県むつ市大湊の母港から地元漁業関係者らの抗議を無視して出港し、2日後に現場付近の海域で臨界実験を実施、成功した矢先だった（9月5日に漁業関係者らが放射能汚染の危険を訴えて帰港阻止を決議。10月14日に政府と地元が母港撤去協定に合意後、「むつ」は50日ぶりに帰港し、原子炉を封印。1978年7月21日に政府と長崎県、佐世保市が修理の際、封印を解かない条件で協定を結び、「むつ」は10月16日に佐世保へ入港）。

9.10 〔軍事・紛争・テロ〕核兵器積載軍艦が日本寄港　海軍作戦局の戦略核兵器の責任者だったジーン・ラロック退役海軍少将が、米議会原子力合同委員会の軍事利用分科委員会の公開公聴会で、「核装備可能な軍艦は、ほとんど核兵器を積載していた。日本など他国に寄港する場合も積み降ろしたりはしない」と発言、日本への持ち込みを明らかに。

9.20 〔海洋・生物〕水俣病認定申請で裁決　水俣病認定申請に係る不作為の行政不服審査請求に対し、環境庁長官が一部請求人の請求を認める最初の裁決を下した。

9月 〔海運・造船〕国連定期船同盟行動憲章条約　ジュネーブにおける国連全権会議において国連定期船同盟行動憲章条約を採択。

9月 〔海洋・生物〕水銀汚染列島の実態明らかに—全国調査　環境庁が行った水銀汚染の全国調査結果がまとまり、水銀汚染列島の実態が明らかになった。この調査結果はこう濃度の水銀汚染の疑いのある水俣湾、徳山湾など、問題の9水域を除いている。これによると、新潟県直江津海域と鹿児島湾奥部の5種類の魚から、厚生省の暫定許容基準（総水銀0.4ppm、メチル水銀0.3ppm）を上回る水銀が検出された。総水銀平均で、直江津海域では最高0.62ppm、最低でも0.41ppm、鹿児島湾奥部では最高1.16ppm、最低0.98ppm。また、川魚では、北海道の渚滑川、常呂川、無加川、山形県の赤川、三重県の櫛田川、名張川、奈良県の芳野川、宇陀川、長崎県の川櫛川の9河川でとれた10魚種で暫定許容基準を越える水銀を検出した。最も汚染がひどいのは芳野川のカワムツで、総水銀の最高が2.00ppm（平均138ppm）。海、川底の泥からも、神奈川・京浜運河など20水域からヘドロ暫定除去基準（水銀濃度10ppmから40ppm）を上回る水銀がでた。東大阪市の加納井路が最悪で、最高1560ppm、平均531ppmであった。

11.9 〔海難事故・事件〕LPGタンカーとリベリア船衝突—東京湾　東京湾で大型LPGタンカー「第10雄洋丸」とリベリア船が衝突し、タンカーは20日間炎上、死者33人を出した。

11.25 〔海運・造船〕日本マリーナ協会（現・日本マリーナ・ビーチ協会）設立　マリーナ及びマリーナ事業並びにビーチおよびビーチ事業の健全な発展を図り、海洋性レクリエーションの振興に寄与することを目的として設立。

12.18 〔海洋・生物〕製油所重油流出、漁業に深刻な打撃—水島臨界工業地帯　水島臨海工業地帯にある岡山県倉敷市の三菱石油水島製油所で貯蔵用タンクが壊れ、C重油約4万3,000トンが流出、そのうち2割前後が海に流れ出たものと見られ、これまでの

最大の汚染事故となった。流出した重油は備讃瀬戸全面に広がり、さらに一部は鳴門海峡を通って紀伊水道に抜けた。汚染された海域は養殖が盛んで、"漁業の宝庫"とも言われてきたが岡山、香川、徳島、兵庫の各県での漁業被害額は100億円を越えた。拡散した重油以外に、海底に沈澱した重油及び中和剤による2次災害も心配されている。(29日に陸上自衛隊が兵庫、岡山、香川、徳島県へ出動し、回収作業を実施。1975年1月30日に企業側が汚染海域の県漁業協同組合連合会と補償合意)。原因はタンクの設計および建設上の欠陥。

この年 〔船舶・操船〕海底地質調査船「白嶺丸」建造　海底地質調査船「白嶺丸」(1,821トン)が建造される。地質調査所による太平洋の海底マンガン団塊等の調査が始まる。

この年 〔海運・造船〕「春風丸3」進水　神戸海洋気象台「春風丸3」(373トン)が進水。

この年 〔海運・造船〕造船業界大ピンチ―深刻な海運不況　深刻な海運不況にある日本の造船業界の1974年度の新規受注が前年度の約4分の1まで激減した。

この年 〔航海・技術〕ヨット世界選手権に参加　クォータートン世界選手権(スウェーデン)に三宅智久の「トレーサー」、丹羽由昌の「チタ3」が参加。

この年 〔領海・領土・外交〕「200海里時代」へむけての討議が始まる　第3次国連海洋法会議がベネズエラのカラカスで開催。「200海里時代」へむけての討議始まる。

この年 〔海洋・生物〕FAMOUS計画　米・仏共同のFAMOUS計画で太平洋中央海嶺調査を実施。

この年 〔海洋・生物〕沖縄公害問題　1972年の沖縄復帰前後から、これまで公害とは無縁と思われていた沖縄でも公害が目立ち始めた。CTS基地に運び込むタンカーの原油流出、海洋博関工事で土砂が海に流出、珊瑚礁の青い海を赤土色に染めるなどの水質汚染が起こっている。

この年 〔海洋・生物〕海洋汚染シンポジウム開催　海洋汚染シンポジウム(IAPSO総会)がグルノーブルで開催。

この年 〔海洋・生物〕気団変質実験(AMTEX)を沖縄近海で実施　地球大気開発計画(GARP)の一環として気団変質実験(AMTEX)が沖縄近海で実施される。

この年 〔海洋・生物〕深海底地形探査　深海底地形探査システム「グロリア」を開発。

この年 〔海洋・生物〕世界海洋循環数値シミュレーション　高野健三が「世界海洋循環数値シミュレーション」を示す。

この年 〔海洋・生物〕『生物化学的生産海洋学』刊行　T.R.バーンス著『生物化学的生産海洋学』を刊行。

この年 〔海洋・生物〕製紙カス処理問題―田子ノ浦　5月まで行われた第三次ヘドロ処理で、田子ノ浦水域のヘドロ汚染は一息ついたが、富士市の60工場の製紙カスの共同処理場建設が遅れ、捨て場に困った業者が夜間、市内の空き地や公園に捨て去る事件が相次いでいる。

この年 〔海洋・生物〕大西洋海嶺中軸谷で熱水活動を発見　米仏共同のFAMOUS計画が開始され、大西洋海嶺中軸谷で熱水活動を発見。

この年 〔水産・漁業〕トリ貝大量死―境、三豊沖　春、香川県の愛媛県境、三豊沖海域でト

リ貝が大量死した。同海域を主漁場にしている三豊漁連は、この原因を愛媛県川之江、伊予三島両市沖の製紙ヘドロが、臨界工業地帯造成に伴ってかき回された2次公害として、両市役所に補償を求めた。ところが、両市側が応じないため、1974年5月10日、トリ貝の死骸をトラックに積んで押しかけ庁舎内にまき散らすという刑事事件に発展した。また、トリ貝をさわった漁師の手がかぶれるなどの騒ぎもあり、この事件は環境庁もまじえての越境公害紛争となっている。

この年 〔海難事故・事件〕「第11昌栄丸」「オーシャンソブリン号」衝突 高知県室戸市のマグロ漁船「第11昌栄丸」(284トン)が和歌山県串本町潮岬の沖合でリベリア船籍の貨物船「オーシャンソブリン号」(1万1,144トン)と衝突、沈没。「第11昌栄丸」の乗組員14名が行方不明になった。原因は見張り不十分と操船ミス。

1975年
(昭和50年)

1.6 〔海難事故・事件〕「祥和丸」による乗揚事件 シンガポール海峡で汽船「祥和丸」による乗揚事件が発生。国際海峡での大型タンカーによる乗揚げ原油流出事故として反響を呼ぶ。

1月 〔航海・技術〕クイーン・エリザベス2世号世界一周の旅へ 英国、豪華客船「クイーン・エリザベス2世号」が世界一周の航海に出る。

3.18 〔海洋・生物〕海洋投入処分等に関する基準設定―中央公害対策審議会が答申 有機ハロゲン化合物含有廃棄物の海洋投入処分等に関する基準設定の基本的考え方について、中央公害対策審議会が答申した。

3月 〔海運・造船〕海運振興のための利子補給制度を廃止 海運振興のため1953年から始まった計画造船による外航船建造に対する利子補給制度が廃止。これまで海運会社の収益が好調で、5つの会社が補給金の一部を返納するほどになったためこれを廃止し、かわりに計画造船制度の継続など他の助成策を強化。

5.21 〔海洋・生物〕ハマチ大量死―播磨灘 この日以降、播磨灘に赤潮が異常発生。兵庫県家島付近の養殖ハマチ4万5000匹が全滅、被害は6700万円で、香川、徳島県にも及んだ。1972年夏にも、約1400万匹のハマチが死に71億円に上る大被害を出している。

5月 〔領海・領土・外交〕領海、経済水域認知 第3次国連海洋法会議で12海里領海、200海里経済水域を認知。

6.20 〔その他〕映画『ジョーズ』公開 ビーチを襲う巨大な人食い鮫の恐怖と、それに立ち向かう人々を描いたスリラー映画『ジョーズ』が公開される。大ヒットを記録し、監督スティーヴン・スピルバーグの出世作となった。原作は1974年に出版されたピーター・ベンチリーの小説。

6月 〔海運・造船〕海運不況対策として輸銀資金増額 運輸省は海運不況による造船業界への壊滅的な打撃を避けるため、その対策として、(1)輸出入銀行(現・国際協力銀

		行）資金の確保(2)中堅造船運転資金の確保(3)設備投資の抑制などを決めた。
6月		〔建築・土木〕スエズ運河再開　1967年以来8年ぶりにスエズ運河再開。
7.20		〔海洋・生物〕「沖縄海洋博」開幕　沖縄国際海洋博覧会が開幕（〜1976年1月18日）。沖縄県の本土復帰記念事業として開催された。財団法人沖縄国際海洋博覧会協会が主催。「海―その望ましい未来」をテーマとした。日本を含む36ヶ国と三つの国際機関が参加。
7月		〔海運・造船〕造船、新協議会設置　新規需要の開拓や研究開発を急ぎ、造船工業会と日本船主協会が「海運・造船対策協議会」を設置するなど、造船業界自身も合理化を進める。
8.13		〔海洋・生物〕チッソ石油化学に融資　日本開発銀行の役員会でチッソ石油化学に対する22億円の融資が決定された。国費での救済は汚染者負担の原則に反するとの批判に対して、補償当事者であるチッソ本社ではなく子会社のチッソ石油化学への融資であると釈明した。
8.15		〔水産・漁業〕漁業協定に調印　東シナ海、黄海の操業規則などを決めた「日中漁業協定」が調印され、日中共同声明以来懸案だった実務4協定の締結すべて終了。
8月		〔海洋・生物〕三豊海域酸欠現象　9月までの長期間に及び、県西部、愛媛県境の三豊海域で海底の酸欠現象が起こり、小魚が浮き、魚網にかかる魚が死滅状態に。地元漁民は愛媛県川之江、伊予三島両市からの製紙ヘドロが堆積しているためだと訴えている。
9月		〔海洋・生物〕原発温排水漁業被害―島根県　八束郡鹿島町の中国電力島根原子力発電所周辺の海域で、海中の透視度が落ち沿岸漁民の操業がむずかしくなったが、県は原子力発電所から出る温排出が原因と断定した。
11.2		〔航海・技術〕海洋博記念ヨットレース　沖縄海洋博覧会記念の太平洋横断ヨットレースは、単独ヨットレースで戸塚宏（後の戸塚ヨットスクール校長）が優勝。
11.18		〔航海・技術〕海洋博記念で日本人が最短・最長航海女性世界記録　沖縄海洋博覧会記念の太平洋単独横断ヨットレースで小林則子が最短・最長航海女性世界記録を樹立。
12.18		〔海運・造船〕日本造船振興財団（現・海洋政策研究財団）設立　造船業や関連工業の振興を目的に設立。その後海洋全般の研究活動へ拡大。1990年、シップ・アンド・オーシャン財団に改称。2002年、財団内にSOF海洋政策研究所を創設。現在、海洋政策研究財団の通称で活動。
12.20		〔海洋・生物〕PCB含有産廃の処分基準　「廃棄物の処理及び清掃に関する法律施行令」「海洋汚染防止法施行令」の一部改正、政令公布。PCB含有産業廃乗物の処分基準が設定された。
この年		〔船舶・操船〕世界最大のタンカー起工　ノルウェー船籍の石油タンカー「ノック・ネヴィス」起工。同船は、全長458.45m、全幅68.8m、564,763重量トンと史上最大の船で住友重機械追浜造船所で建造。のち船名を「シーワイズ・ジャイアント」と変え1979年に竣工。さらに「ハッピー・ジャイアント」「ヤーレ・ヴァイキング」と改名された。

1975年(昭和50年)

この年　〔地理・地学〕『海底地質構造図』刊行　水路部、1/5万の海底地形図『海底地質構造図』を刊行。

この年　〔地理・地学〕『海洋地質図』シリーズ刊行開始　地質調査所(現・地質調査総合センター)、『海洋地質図』シリーズ刊行開始。

この年　〔地理・地学〕『国際海図』刊行始まる　『国際海図シリーズ』(海上保安庁)の刊行はじまる。

この年　〔港湾〕世界初の海上空港、長崎空港が開港　大村湾に浮かぶ箕島を埋め立てた世界初の海上空港として、長崎空港が開港。

この年　〔海運・造船〕シベリア・ランド・ブリッジへの日本船参加　日ソ民間海運会議でシベリア・ランド・ブリッジ(SLB)への日本船参加が実現する。

この年　〔海運・造船〕タンカー「ベルゲ・エンペラー」を竣工　三井造船、同社最大船型40万dwt級タンカー「ベルゲ・エンペラー」を竣工。

この年　〔海運・造船〕世界最大のタンカー(当時)竣工　世界最大のタンカー(当時)「日精丸」(48万4,337重量トン、東京タンカー)竣工。

この年　〔海洋・生物〕ヘドロ埋立汚染—トリ貝に深刻な打撃　愛媛県伊予三島、川之江市の製紙工場が排出した繊維滓やヘドロの埋立処分を沿岸海域で実施したところ、隣接の香川県観音寺市や詫間、仁尾、大野原、豊浜町付近の燧灘でトリ貝に深刻な被害が発生した(地元の汚水対策協議会が埋立処分の因果関係を指摘)。

この年　〔海洋・生物〕海洋観測衛星打ち上げ　初の海洋観測衛星「GEOS33」を打ちあげる。無人衛星として初めてレーダー高度計を搭載。

この年　〔海洋・生物〕国際深海底掘削計画(IPOD)発足　国際深海底掘削計画(IPOD)発足、米、仏、西独、ソ連、英、日本が参加。

この年　〔海洋・生物〕石油コンビナート等災害防止法　前年に発生し、広範囲にわたり漁業に大打撃を与えた三菱石油水島製油所重油流出事故をきっかけとして、石油コンビナート等災害防止法が成立・施行。

この年　〔海洋・生物〕赤潮で血ガキ騒ぎ—気仙沼湾　工業排水などで海水の汚染がひどく、気仙沼湾では赤潮による血ガキ騒ぎが起きた。

この年　〔海洋・生物〕赤潮発生—別府湾　大分県別府市の別府湾で赤潮が発生し、魚介類に被害があいついだ(発生後、県が地元の漁業関係者の救済などを検討)。

この年　〔海洋・生物〕南極海洋生態系及び海洋生物資源に関する生物学的研究計画　南極海洋生態系及び海洋生物資源に関する生物学的研究計画(BIMOASS)が進行する。

この年　〔海洋・生物〕放射線廃棄物深海投棄問題シンポジウム　日本海洋学会、放射線廃棄物深海投棄問題シンポジウムで論議。

この年　〔海洋・生物〕友田好文、日本学士院賞受賞　友田好文は「航行船舶上における重力の連続測定—測定装置の開発と西太平洋海域における測定結果」により日本学士院賞を受賞。

この年　〔海洋・生物〕琉球大に海洋学科新設　琉球大学理工学部に海洋学科が新設された。

この年 〔その他〕謎のバミューダ海域　C.バーリッツ著、南山宏訳『謎のバミューダ海域』、徳間書店より刊行。ベストセラーに。

1976年
(昭和51年)

1.24　〔海難事故・事件〕ブルターニュ沖でタンカー座礁　フランスのブルターニュ沖で27万5,000トンのギリシャ籍のタンカーが座礁。3月13日朝、強風のため大破し、積載していた1,200トンの重油が流出した。

2.14　〔海洋・生物〕水俣湾のヘドロ処理　水俣湾のヘドロ処理費用について、熊本県公害対策審議会が答申した。

3.9　〔領海・領土・外交〕領海12海里、経済水域200海里を条件付きで認める方針　海洋法会議に向けて、閣議で領海12海里、経済水域200海里を条件付きで認める方針を決める。

4.5　〔海難事故・事件〕マラッカ海峡でタンカー座礁　シンガポール南端のセントジョーンズ島南西約3キロのマラッカ海峡で、大型タンカーが座礁し、約2,000トンの原油が流出した。

5.4　〔航海・技術〕沖縄～東京ヨットレースで「サンバードV」が優勝　沖縄～東京ヨットレースで「サンバードV」が126時間49分46秒で優勝。

5月　〔水産・漁業〕動物性タンパク質供給量中の水産物の割合　動物性タンパク質供給量中の水産物の割合が50％を切る。

7.2　〔海運・造船〕全日本海員組合スト　本四架橋の建設で影響を受ける旅客船業界と全日本海員組合では、損失補償、不用船の買い上げ、船員の再雇用などを政府に要求。大鳴門橋の着工に際しては海員組合が瀬戸内海航路で実質12時間の抗議ストライキを行った。政府は10月15日、本四連絡橋旅客船問題等対策協議会を設置、11月12日には対策懇談会を発足させたが、具体策がないまま因島大橋の着工が決定されたことで2団体とも態度を硬化、瀬戸内海一斉停船、尾道今治航路の48時間ストを行ったが結論は持ち越された。

7.2　〔海難事故・事件〕「ふたば」「グレートビクトリー」衝突事件　旅客船兼自動車渡船「ふたば」が諸島水道ミルガ瀬戸を北上していた時、パナマ船籍の貨物船「グレート・ビクトリー」と衝突した。衝突の結果、「ふたば」は左舷側中央部にくさび型の大破口を生じて沈没。乗客2人及び乗組員1人が死亡、乗客2人が行方不明、乗客4人及び乗組員6人が負傷した。「グレート・ビクトリー」は、左舷側等船首部に擦過傷及び凹傷を生じた。我が国におけるカーフェリー海難の事故で、乗客に死者が出た最初の事件となった。

8.17　〔自然災害〕ミンダナオ地震　ミンダナオ島を中心に、ビサヤ地方、ルソン島南部のビコール地方などにマグニチュード8.0の強い地震が発生した。地震発生と同時に停

電し、建物の多くが全半壊した。震源地はミンダナオ島南方のセレベス海。ミンダナオ島中部西沿岸のコタバト市付近から西端のサンボアンガ市などにかけては10m近い津波にも襲われた。18日までに死者は4000人、行方不明者5000人。

8月　〔自然災害〕土佐湾沿岸一帯で大規模な赤潮　8月から9月にかけ、土佐湾沿岸一帯で大規模な赤潮が発生した。被害はなかったが、県は外洋で発生したことを重視、水産庁とで原因究明を急いでいる。

10.14　〔地理・地学〕「マリサット3号」打ち上げ　米海軍が航海衛星「トランシット」を打ち上げた。

10.21　〔海運・造船〕造船キャンセル過去最悪　運輸省、造船キャンセルはタンカーを中心に440万トンに達し、前年下期に続き最悪の事態になったと上期速報で発表。

10.22　〔領海・領土・外交〕領海、日ソ関係　ソ連、日本の領海12海里に反対。

11.17　〔海洋・生物〕メチル水銀の影響で精神遅滞　九州精神神経学会で熊本大学助教授が、水俣病多発地区の精神遅滞児はメチル水銀の影響を受けていると報告した。

11.23　〔建築・土木〕「海底トンネルの男たち」放送　青函トンネルの工事現場に初めてテレビカメラを持ち込み収録した「海底トンネルの男たち」を放送。

12.10　〔海運・造船〕外航海運政策見直しへ―海運造船合理化審議会　運輸相は海運造船合理化審議会総会を2年ぶりに開き、「今後長期にわたる我が国外航海運政策はいかにあるべきか」の諮問を行った。日本商船が実質世界一の規模にまで成長する一方、開発途上国の船員費との格差が原因で船員の雇用制度などにひずみが表面化、海運を見直す必要に迫られたもの。

12.15　〔海洋・生物〕水俣病認定不作為訴訟　熊本地裁が、水俣病認定不作為の違法確認請求訴訟の判決を下した。

12.21　〔海難事故・事件〕タンカー座礁―マサチューセッツ州コッド岬沖　マサチューセッツ州コッド岬沖で、15日にシケにあって座礁していたタンカーの船体がまっぷたつになり、積荷760万ガロンの原油が流れ出した。23日には原油が長さ160キロ、幅約100キロにわたって広がった。

この年　〔地理・地学〕駿河湾震源域説　地震予知連絡会は、次の東海地震の震源域は遠州灘東半部・駿河湾の領域だろうとする「駿河湾震源域説」を発表。

この年　〔海運・造船〕タンカー備蓄問題検討専門委員会発足　通産・運輸省が「タンカー備蓄問題検討専門委員会」を発足。

この年　〔海運・造船〕大型タンカーの航行規制に合意　マラッカ・シンガポール海峡沿岸3ヵ国、UKC方式による大型タンカーの航行規制に合意。

この年　〔航海・技術〕ヨット、モントリオール五輪に参加　モントリオールオリンピック開催。日本の成績はフィン級21位、470級10位、FD級18位。

この年　〔航海・技術〕ヨット専用無線局　ヨット専用の無線海岸局三崎ヨットが開局。

この年　〔海洋・生物〕『国家の海洋力』刊行　セルゲイ・ゴルシコフ『国家の海洋力』を出版。

この年　〔海洋・生物〕『水界微生物生態研究法』刊行　関文威『水界微生物生態研究法』を

この年　〔海洋・生物〕第2回合同海洋学総会開催　第2回合同海洋学総会（JOA）がエジンバラで開かれる。

この年　〔水産・漁業〕『海洋生態学と漁業』刊行　D.H.カッシング著『海洋生態学と漁業』を刊行。

1977年
（昭和52年）

2.10　〔海洋・生物〕水俣病で新救済制度を要望　熊本県と県議会が国に対し、水俣病認定業務の国による直接処理、原爆手帳に準じた新救済制度創設などを要望した。

3.1　〔海運・造船〕深刻さを増す造船不況　運輸省の調査によれば、日本の造船工事量は英仏に喰われて不振。三菱造船に不渡り。

3.28　〔海洋・生物〕水俣病関係閣僚会議で患者救済見直し　初の水俣病対策関係閣僚会議が官房長官・環境・大蔵・自治・厚生・通産・文部各大臣および国土庁によって開催され、認定業務など患者救済制度の抜本的な見直しを確認した。7月1日、環境庁が熊本県へ回答書「水俣病対策の推進について」を送付した。水俣病認定不作為違法状態を解消するためのものだが、認定業務の国による直接処理を不適当とする内容だった（翌1978年5月に国は方針転換）。

4.4　〔建築・土木〕平戸大橋開通　長崎県平戸～田平間の平戸大橋が開通する。

4.22　〔海洋・生物〕油田事故で原油流出―ノルウェー　ノルウェー領海のエコフィクス油田事故で、大量の原油が流出した。

4.30　〔船舶・操船〕原子力船「むつ」受入れ　燃料抜きを条件として、原子力船「むつ」の佐世保港への修理受入れを長崎県議会が議決した。

6.21　〔海洋・生物〕海洋学者のヒーゼンが没する　アメリカの海洋学者で地質家のブルース・ヒーゼンが、アイスランドのレイキャネスの近くで死去する。アイオワ州ビントンに生れ、コロンビア大学ラモント地質研究所で研究。1961年に海洋底拡大説を提唱した。

7.1　〔海洋・生物〕水俣病対策推進を環境庁が回答　水俣病対策推進について、環境庁が熊本県に回答。また後天性水俣病の判断条件について、環境庁環境保健部長が通知した。

7.15　〔海洋・生物〕海洋での廃棄物処理方法　海洋での廃棄物処理方法に関する基準、埋立て場所などからの汚染の防止措置などを定める「海洋汚染防止法施行令」一部改正が公布された。9月2日施行。

7.15　〔その他〕映画『オルカ』公開　妻子を失ったオスのイルカの復讐を描いたパニック映画『オルカ』が公開される。『ジョーズ』の大ヒットの影響で製作された動物パ

1977年（昭和52年）

ニック映画の一つ。

7.31　〔航海・技術〕世界一周ヨット帰港　大平雄三・さち子夫婦のヨット「さちかぜ」が、世界一周の旅を終えて母港の北九州市・砂津港に812日ぶりに帰港した。夫婦でのヨット世界一周は日本人で初めて。

8.17　〔航海・技術〕ソ連、原子力砕氷船北極点に　ソ連、原子力砕氷船「アークチカ号」が北極点に到着。

8.19　〔自然災害〕ジャワ東方地震　西ヌサテンガラ地域にあるスンバワ島の南東320キロのインド洋でマグニチュード7.7の強い地震が発生、家屋の倒壊や津波などで、25日夜までに116人が死亡。26日にもマグニチュード6.4の地震に見舞われた。

8.28　〔海洋・生物〕赤潮で30億円の被害―播磨灘　28日から9月2日にかけて、播磨灘に赤潮が発生し、養殖ハマチなど300万尾が死に、総額約30億円の被害となった。赤潮プランクトンは海産ミドリムシ。

10.8　〔航海・技術〕手作りヨットで太平洋横断　岡村晴二の手作りヨット「シンシア3世号」が太平洋横断に成功してサンフランシスコに到着。宇部港を出港して146日目。

10.11　〔海洋・生物〕水俣湾のヘドロ処理・仕切網設置　熊本県で水俣湾のヘドロ処理事業が開始され、埋立てのための仕切り網が設置された。反対派による差し止め仮処分申請があったことから、本着工は1980年6月に海上工事から行われた。

10.18　〔水産・漁業〕ニュージーランド水域での操業困難?　ニュージーランドのトルボーイズ副首相が来日し、酪農品や木材の輸入拡大を迫ったが、納得のいく十分な回答をしなかった。そのためニュージーランドは、1978年4月1日から実施の200海里漁業専管水域内での外国船操業交渉から日本は除外すると発表。

11月　〔水産・漁業〕南極オキアミ漁業　母船式南極オキアミ漁業が行われる。

12.5　〔海洋・生物〕ユージン・スミスの被写体患者死去　写真家ユージン・スミスが世界に水俣病の悲惨さを伝えた、有名な写真の被写体であった最重症胎児性水俣病患者が21歳で死去した。

12.8　〔通信・放送〕九州沖縄間の海底同軸ケーブル開通　九州～沖縄間に電話2700回線で、894kmの海底同軸ケーブルが開通。これにより、北海道から沖縄・宮古島まで延べ4700kmの同軸ケーブルルートが完成した。

この年　〔船舶・操船〕物理探査専用船「開洋丸」　物理探査専用船「開洋丸」（東京大学海洋研究所・海洋水産資源センターが運行）就役。

この年　〔地理・地学〕「第一鹿島海山」発見　海上保安庁水路部の観測船「拓洋」が日本海溝でアジアプレートに落込み途中の海山を発見。「第一鹿島海山」と命名される。海洋底拡大説の実証に寄与。

この年　〔海運・造船〕タンカーによる石油備蓄　運輸省、タンカーによる石油備蓄を推進する方針を決定。国家備蓄として推進する。国家備蓄は1978年から開始。長崎県橘湾と硫黄島西方海域では20隻によって1985年末まで行われた。

この年　〔海運・造船〕海洋2法が成立　領海法、漁業水域暫定措置法が成立。

この年　〔海運・造船〕失業船員1万人―割高な給与がネック　日本船の船員費は途上国の船

員を乗せた外国用船の約3倍と高いため、日本船の国際競争力は落ち込む一方で、日本の商船隊に占める外国用船の比率は1976年には45％に上った。失業船員数は1万人にのぼり、運輸相は外国用船に集団的に配乗する目的で「雇用促進センター」を設置する方針を発表。また、海運造船合理化審議会や労使合同機関で船員制度の抜本的検討を始めた。

この年 〔海運・造船〕通航分離方式策定　マラッカ・シンガポール海峡沿岸3ヵ国、同海峡通航分離方式を策定。

この年 〔航海・技術〕ヨット代表チームが参加　アドミラルズカップレースに日本代表チームが初参加。

この年 〔海洋・生物〕ガラパゴス諸島近くで深海底温泉噴出孔を発見　J.コーリスとR.バラードは、潜水艇「アルビン号」に乗りガラパゴス諸島の近くで調査を行った結果、深海底の温泉噴出孔を発見。周囲には硫黄バクテリア、大型の貝、チューブワームなど特殊な生物群集が生息していた。

この年 〔海洋・生物〕『海と日本人』刊行　東海大学海洋学部15周年記念出版『海と日本人』を刊行。

この年 〔海洋・生物〕『海洋学講座』全15巻刊行　東京大学海洋研究所が『海洋学講座』全15巻を刊行。日本で初めて海洋学講座を集成。

この年 〔海洋・生物〕「海洋前線シンポジウム」開催　海洋研究科学委員会（SCOR）主催の「海洋前線シンポジウム」が米のニューオーリンズで開催される。

この年 〔海洋・生物〕静止気象衛星「ひまわり」打上げ　日本初の静止気象衛星「ひまわり」の打上げに成功。広域の海面水温測定機能ももち威力を発揮する。

この年 〔海洋・生物〕大阪湾の水質、環境基準越える　大阪府公害白書によると、大阪湾奥部の水質は環境基準を越え、赤潮の発生回数も増えているとのこと。

この年 〔水産・漁業〕200海里設定体制　EC、カナダ、ノルウェーに始まり、続いてアメリカ、ソ連の両大国が200海里漁業水域実施に踏切った。その後日本も水域設定。北半球の主要漁場の大半が各国の200海里の囲みに入った。

この年 〔水産・漁業〕シーシェパード設立　国際環境保護団体グリーンピースを脱退したカナダ人のポール・ワトソン、「シーシェパード環境保護団体」を設立。北欧や日本の捕鯨船への妨害活動で知られる。反捕鯨に共鳴する人々から支持される一方、過激な行動により「エコテロリスト」と呼ばれることもある。

1978年
(昭和53年)

1.16　〔海運・造船〕造船不況―需要大幅減　1977年の受注は600万総トンを下回り1964年以来の低水準。

2.8 〔海運・造船〕造船不況—新山本造船所倒産　新山本造船所が倒産。負債240億円。

2.15 〔海洋・生物〕水俣病チッソ補償金肩代わり問題　山田環境庁長官がチッソの補償金肩代わり問題に関して、現状では加害企業が倒産した際の規定が無いことから、公害健康被害補償法の汚染者負担の原則を含め見直す必要があると発言した。

3.16 〔海難事故・事件〕ブルターニュ沖でタンカー座礁—世界タンカー史上最悪の原油流出　フランス北西部ブルターニュ半島の港町ブレスト付近の海上でリベリア船籍の大型タンカー「アモコ・カジス号」(23万3,000トン)が座礁、乗員44人は無事に救助されたが、24日に船体が2つに裂けて沈没した。また、積んでいた原油23万トンのほとんどが流出して世界タンカー史上最悪の流出量を記録、ブルターニュ半島北岸百数十キロが汚染され、沿岸漁業や生態系などに大きな被害が出た。事故原因は機関故障で、シケのために岸に引き寄せられて岩礁に乗り上げたものだが、引き船の契約価格引下げ交渉に数時間を費やしたためにシケがひどくなり曳航が不可能になる、ブレスト海軍軍管区へ通報したのが故障発生から12時間以上後であるなど、船長の責任が大きい。

4.4 〔海難事故・事件〕ベンガル湾のサイクロンで船沈没　バングラデシュのベンガル湾一帯がサイクロンに襲われ、約100隻のサンパン(木造平底船)が転覆、約1000人が行方不明となった。これらのサンパンは湾岸のサンドウィッチ島から岩塩を運搬していたもので、5日に7人が救助されたが、残りのほとんどは死亡したとみられる。

4.12 〔領海・領土・外交〕尖閣諸島、中国漁船侵犯　東シナ海尖閣諸島の日本領海に、中国漁船約100隻が侵犯。海上保安庁の巡視船の退去命令にも従わず無視し続け、領海内への出入りを繰り返した。中国側は「偶発事件」と表明したにとどまった。

4.18 〔水産・漁業〕200海里時代　「漁業白書」発表。200海里時代が鮮明になり、沿岸国100か国中7割強が実施。

4月 〔海洋・生物〕波力発電国際共同研究協定に調印　国際エネルギー機関(IEA)は波力発電国際共同研究協定に調印。

5.30 〔海洋・生物〕国も水俣病認定業務を　環境庁が従来の方針を転換し、国が水俣病患者認定業務の一部を担うための特別立法を行う方針を発表した。

5月 〔海洋・生物〕赤潮発生—伊勢湾　5月下旬から6月下旬にかけて、伊勢湾で赤潮が発生し、魚介類の被害はなかったが、同湾での汚濁の激化が論議を呼んだ。

6.2 〔海洋・生物〕水俣病補償に県債発行　チッソ支援に関する関係省庁局長会議で、水俣病補償のため県債発行でチッソを救済する方針が正式に確認され、熊本県に対してチッソ県債の発行が要請された。

6.12 〔海難事故・事件〕東北石油仙台製油所流出油事故　「宮城県沖地震」により、重油タンク2基及び軽油タンク1基に亀裂を生じ、塩釜港海上に軽油、重油が流出。

6月 〔海運・造船〕運輸振興協会設立　運輸にかかる知識の啓発、広報、周知活動等を通じ運輸の振興と安全の向上に寄与と、運輸にかかわる組織的な業務に携わるすべての方の教養及び福利厚生の向上を図って設立。

6月 〔海運・造船〕佐世保重工業の再建—坪内寿夫氏に託す　経営危機が表面化されてから、再建をはかっていた業界大手の佐世保重工業だが、株主や取引銀行の消極的姿勢

から目途が立たなくなっていた。そこで政府や運輸・大蔵省が再建策を示して関係者を説得、大株主である来島どっくの坪内寿夫社長に経営を引き受けてもらい、その他の大株主、金融機関も再建に協力することになった。

6月 〔航海・技術〕女性初単独世界一周航海　ニュージーランド生れのナオミ・ジェイムズが272日かけ、女性初の単独世界一周航海を成功させる。

6月 〔海洋・生物〕海洋衛星（SEASAT）打ち上げ　海洋の地球物理学的観測を目的とした海洋衛星（SEASAT）打ち上げ。

8.28 〔海運・造船〕造船不況—特定不況地域を指定　通産省が特定不況地域を指定。佐世保、今治、函館など全国16市町。うち、13市町が「造船城下町」。

8月 〔海運・造船〕造船不況—特定不況業種に　運輸省は、海運造船合理化審議会に沿って造船業を、特定不況産業安定臨時措置法（構造不況対策法）の対象業種に政令指定した。安定基本計画も作成し、設備35％を削減するなどの減量経営をスタートさせる。

9.1 〔水産・漁業〕ニュージーランドと漁業協定調印　日本漁船は4月1日からニュージーランドの200海里経済水域での操業が出来なかったが、漁業協定が調印され操業再開できることになった。

9.6 〔海難事故・事件〕さいとばるとチャンウオン号衝突—来島海峡　神戸港から細島に向かっていたカーフェリー「さいとばる」（6,574トン、乗組員46名、乗客199名）と韓国糖蜜船「チャンウオン号」（3,409トン）が、愛媛県の来島海峡東入口付近で衝突、「さいとばる」は左舷中央部が破口、浸水した。乗客、乗組員は救命いかだで脱出し、全員救助されたが、「さいとばる」は曳航中転覆座礁し、車両146台が海に沈んだ。

10.1 〔海洋・生物〕国立水俣病研究センター　熊本県に環境庁の附属機関である国立水俣病研究センターが設置された。

10.16 〔船舶・操船〕原子力船「むつ」佐世保に入港　佐世保港に原子力船「むつ」が修理入港し、反対派が陸海上で抗議活動を行った。

10.28 〔海運・造船〕造船不況——時帰休　日本鋼管が造船重工部門を一時的に帰休。

11.15 〔海洋・生物〕水俣病認定業務促進　「水俣病の認定業務の促進に関する臨時措置法」が公布された（1979年2月14日施行）。

12.28 〔海運・造船〕造船不況—操業短縮　運輸相が造船40社に対して、ピーク時に操業を39％短縮することを勧告。

12.31 〔海難事故・事件〕スペイン沖でタンカー火災・原油流出　スペイン北西部ビリャノ岬沖合約54キロで、約22万トンの原油を積んだギリシャ船籍タンカーが火災を起こした。乗組員32人のうち、9人が死亡、残りは行方不明。原油6万トンが流出した。

この年 〔船舶・操船〕ソ連、3隻目の原子力砕氷船処女航海に出航　ソ連、3隻目の原子力砕氷船「シベリア号」（全長136m、最大幅28m、排水量24,000トン）が処女航海に出航。

この年 〔船舶・操船〕乾崇夫、日本学士院賞受賞　乾崇夫は「船舶の造波抵抗に関する研究」で日本学士院賞受賞。

この年 〔地理・地学〕海底地震計観測始める　気象庁、海底地震計による実用観測を開始。

1978年（昭和53年）

この年　〔海運・造船〕仕組船買い戻し　日本政府、国際収支円高対策の一つとして仕組船買い戻しを決定する。

この年　〔海運・造船〕造船不況―設備削減へ　造船各社は運輸省が出した方針に従い、造船所の集約や船舶以外の分野への転進、建造ドックの半減など設備削減に具体的に動き出した。

この年　〔航海・技術〕バルチックレガッタで日本人が優勝　第30回バルチックレガッタ（旧ソビエトタリン）で470級の小松一憲・箱守康之組が優勝。

この年　〔航海・技術〕ヨットレース「ルト・ド・ロム」開催　ヨットレース「ルト・ド・ロム」が始まる。コースはフランスのサン・マロ島からカリブ海のグアドループ島まで大西洋を渡る。

この年　〔航海・技術〕世界選手権で日本人が優勝―ヨット　クォータートン世界選手権を日本で開催。日本艇が優勝。

この年　〔海洋・生物〕サンシャイン国際水族館開館　東京池袋サンシャインシティにサンシャイン国際水族館が開館。

この年　〔海洋・生物〕『海洋科学基礎講座』刊行　東海大学出版会より『海洋科学基礎講座』全13巻、補巻1が刊行される。

この年　〔海洋・生物〕海洋開発基本構想と推進方策を発表　海洋開発審議会（和達清夫会長）が「長期的展望にたつ海洋開発基本構想と推進方策」を発表。

この年　〔海洋・生物〕深海底からマンガン採取に成功　オーシャン・マネージメント社（アメリカ）が南太平洋で約5,000mの深海底から約300トンのマンガン団塊をポンプ方式で連続採取することに成功。

この年　〔海洋・生物〕水銀ヘドロ汚染―名古屋港　名古屋市港区の名古屋港湾区域内7号地と同8号地とのあいだの運河や大江川河口付近の海底が最高286ppmの水銀を含むヘドロに汚染された（3月9日に海底の採取土から検出）。

この年　〔海洋・生物〕瀬戸内海環境保全特別措置法を制定　赤潮等による被害に富栄養化を含む新たな対策を加え瀬戸内海環境保全特別措置法を制定。

この年　〔海洋・生物〕赤潮発生―気仙沼湾　宮城県気仙沼市の気仙沼湾で赤潮が発生した。

この年　〔海洋・生物〕「太平洋学会」を創立　太平洋地域の古今の文化研究、その保存と発展、研究の交流促進、域内の文化交流と友好関係増進に寄与するため「太平洋学会」を創立。

この年　〔海洋・生物〕波力発電実験始まる　科学技術庁、海洋科学技術センターの波力発電実験装置「有明」による実験が日本海鶴岡沖で開始される。

1979年
(昭和54年)

2.9	〔海洋・生物〕水俣病認定業務促進	「水俣病の認定業務の促進に関する臨時措置法施行令」が公布された。2月14日施行。

- 2.9 〔海洋・生物〕水俣病認定業務促進　「水俣病の認定業務の促進に関する臨時措置法施行令」が公布された。2月14日施行。

- 2.14 〔海洋・生物〕臨時水俣病認定審査会　臨時水俣病認定審査会が設置された。

- 3.22 〔海洋・生物〕水俣病刑事裁判―チッソ元幹部有罪　水俣病刑事事件で、熊本地裁が被告のチッソ元幹部2名に有罪判決を下した。

- 4.1 〔自然災害〕海底地震を常時監視　海底地震常時監視システム運用開始。

- 4月 〔船舶・操船〕米原潜オハイオ級進水　米海軍弾道ミサイル原子力潜水艦オハイオ級の1番艦「オハイオ」が進水。

- 6月 〔航海・技術〕『大航海時代叢書』第II期刊行開始　大航海時代に書かれた著作を集めた『大航海時代叢書』第II期（岩波書店）の刊行が開始された。第II期は1992年9月までに全25巻が刊行された。第II期刊行と並行して「エクストラ・シリーズ」全5巻も刊行（1985～1987年）。

- 7月 〔海洋・生物〕養殖ハマチ大量死　7月から8月にかけて、赤潮に加えて類結節症が大流行、1年魚175万尾、2年魚32万魚が死に、8億5600万円の被害が出た。播磨灘海域では3年続きの打撃。

- 8.4 〔海洋・生物〕「海洋温度差発電」に成功　米、ハワイ島沖で、海洋表層の温水と深海の冷水の温度差を利用して発電を行う「海洋温度差発電」に成功。

- 8.15 〔航海・技術〕ヨット世界選手権―日本ペア優勝　ヨット470級世界選手権大会で甲斐幸・小宮亮チームが日本人初優勝。

- 10.1 〔海運・造船〕パナマ運河共同管理　新パナマ運河条約によりパナマ運河は1999年12月31日の全面返還までアメリカ・パナマによる「パナマ運河委員会」が管理。

- 10.12 〔海運・造船〕アメリカ船上デパート　日本とアメリカの貿易不均衡解消策として、アメリカの製品を積んだ「アメリカ船上デパート」（ボーティック・アメリカ）が1979年10月12日から12月9日まで日本各地を巡回した。輸入促進のためのこうした企画は初めて。

- 11月 〔海洋・生物〕海洋実験　海洋科学技術センター、自由落下、浮上方式深海カメラシステム及び曳航式深海底探索システム6,000m第1回海洋実験を実施。

- 12.12 〔自然災害〕コロンビア大地震　コロンビア、エクアドル両国がマグニチュード7.7の強い地震に襲われた。南西部太平洋岸を3mを超す津波が襲った。13日までに、死者約500人、行方不明者300人、負傷者700人に達した。

- 12.14 〔水産・漁業〕日ソ漁業交渉で合意　日ソ漁業交渉で合意。漁獲割り当て高は昭和54年並みの日本75万トン、ソ連65万トン。

1979年(昭和54年)　　　　　　　　　　　　　　　　　　　　　　海洋・海事史事典

12月　〔建築・土木〕潜水技術支援　海洋科学技術センター、児島〜坂出間の本四架橋の基礎工事(30〜50m)の潜水技術支援をはじめる(〜1981年まで)。

この年　〔海運・造船〕印パ航路開設　日本郵船、印パ航路、オアシス・コンテナ・サービスを開始。

この年　〔海運・造船〕世界最大のスーパータンカー　「シーワイズ・ジャイアント」竣工。同船は歴代世界最大のスーパータンカーである。住友重機械工業追浜造船所で建造され、載貨重量564,763トン、全長458.45m、喫水24.611mであった。

この年　〔海運・造船〕造船に対する利子補給　外航船舶緊急整備3ヵ年計画の35〜37次計画造船に対する利子補給が復活。

この年　〔海運・造船〕同盟コード条約等に関する決議採択　UNCTAD第5回総会(マニラ)が開催。同盟コード条約、バルク貨物輸送問題、バルク貨物輸送問題等に関する決議を採択。

この年　〔航海・技術〕小笠原レースを開催—ヨット　父島二見湾〜三浦半島小網代沖間で行われる第1回小笠原レース(ヨット)を開催。

この年　〔通信・放送〕国際海事通信衛星機構が発足　海事通信を改善するために必要な宇宙部分の提供を目的とした国際組織、国際海事通信衛星機構(インマルサット INMARSAT 現・国際移動通信衛星機構)が発足。

この年　〔海洋・生物〕ブラックスモーカー発見　潜水調査船「アルビン」(アメリカ)がメキシコ沖でブラックスモーカーを発見する。

この年　〔海洋・生物〕海洋温度差発電装置が発電に成功　ハワイ沖で海洋温度差発電装置「ミニオテック」が53KWの発電に成功。

この年　〔海洋・生物〕海洋音波断層観測法を提唱　音波を利用する海洋観測方法の一つ「海洋音波断層観測法」をムンクとウンシュが提唱。

この年　〔海洋・生物〕世界気候会議開催—初めて地球温暖化問題が討議される　「世界気候会議(FWCC)」ジュネーブで開催。この会議で地球温暖化問題が最初に討議された。

この年　〔海洋・生物〕西太平洋海域共同調査発足　西太平洋を対象とした海洋研究の推進を目指した地域活動体として「西太平洋海域共同調査(WESTPAC)」発足。

この年　〔海洋・生物〕日本初、小型無人潜水機の開発実験成功　海洋科学技術センター、日本初の小型無人潜水機JTV-1プロトタイプの開発実験成功。

この年　〔建築・土木〕本州四国連絡橋　本州四国連絡橋の第1号となる尾道−今治ルートの「大三島橋」が開通。

この年　〔水産・漁業〕クロマグロの人工孵化に成功　近畿大学水産研究所が世界で初めてクロマグロの人工孵化、仔魚飼育に成功。

この年　〔海難事故・事件〕テロリストが自家用ヨットを爆破　IRA(アイルランド共和国軍)テロリストが自家用ヨットに仕掛けた爆弾により、英国の元海軍軍令部総長が死亡。

− 230 −

1980年
（昭和55年）

1.9　〔領海・領土・外交〕フィリピンへ無償援助　フィリピンへ漁業調査訓練船のため7億円供与。

1月　〔海洋・生物〕波力発電装置による陸上送電試験　海洋科学技術センター、山形県鶴岡市由良沖で波力発電装置「海明」による陸上送電試験を実施。

2.26　〔軍事・紛争・テロ〕海自護衛艦リムパック初参加　海上自衛隊の護衛艦「ひえい」、「あまつかぜ」の2隻と対潜哨戒機P2J8機は、2月26日から3月18日まで約3週間、中部太平洋での「リムパック80」（環太平洋合同演習）に初めて参加した。この演習には初参加の日本に加え、アメリカ、オーストラリア、カナダ、ニュージーランドの海軍部隊が集結。艦艇41隻、航空機200機、艦艇・航空機要員2万人の規模。

2.29　〔水産・漁業〕イルカの囲い網を切断　アメリカの動物愛護運動家が長崎県壱岐でイルカの囲い網を切断し、捕獲されていた250頭を逃がした。

4.13　〔水産・漁業〕日ソ漁業サケ・マス交渉　2日からモスクワで開かれている日ソ漁業サケ・マス交渉は日本の総漁獲割当量4万2,500トンで妥結。

4.22　〔航海・技術〕宇高連絡船「とびうお」就航　宇高航路にホバークラフト船「とびうお」（28.8トン）が就航。

6.27　〔海難事故・事件〕ソ連偵察機が佐渡沖で墜落　午後1時50分頃、ソ連の中型双発ジェット偵察機TU16バジャー1機が新潟県佐渡島北方110kmの日本海公海上で、海上自衛隊輸送艦「ねむろ」の上空を旋回飛行中、右翼端を海面に接触させ墜落。ソ連機の乗員3人は遺体で見つかり、ソ連側に引き渡された。

8.15　〔海洋・生物〕核廃棄物海洋投棄の中止要求　南太平洋首脳会議がグアム島で開催され、日本による核廃棄物海洋投棄計画の中止要求決議が採択された。

8.21　〔海難事故・事件〕ソ連原潜が沖縄で火災　午前6時39分、沖縄本島の東方約110kmの公海上で、ソ連攻撃型原子力潜水艦エコーI級が火災を起こして浮上し、付近を通りかかった英国籍のLNG船「ガリ号」に救助を求めた。原潜の事故でソ連乗組員9人が死亡、3人が火傷。放射能汚染は観測されなかった。

10.29　〔海洋・生物〕海洋への農薬など化学物質の廃棄を規制　ロンドン・ダンピング条約の日本発効にともなう処置として「廃駆除剤を指定する件」「廃駆除剤の処理方法を指定する件」が環境庁により告示された。海洋環境を守るため、農薬や医薬品など化学物質の廃棄方法などを規制するもの。11月14日適用。

10月　〔その他〕『海の都の物語』刊行　塩野七生『海の都の物語』（中央公論社）刊行。海運国として栄えたイタリアの都市国家ヴェネチアの1200年に渡る歴史を描いた作品。中央公論社の雑誌『海』に連載された。続巻は1981年10月刊行。

11.14　〔海洋・生物〕海洋汚染及び海上災害の防止に関する法律の一部改正　「海洋汚染及

び海上災害の防止に関する法律の一部を改正する法律」「廃棄物の処理及び清掃に関する法律施行令及び海洋汚染及び海上災害の防止に関する法律施行令の一部を改正する政令」施行。「ロンドン・ダンピング条約」の日本発効に伴い、国内法が整備された。

12.30 〔海難事故・事件〕「尾道丸」遭難事件　「尾道丸」が野島埼南東方約800海里の地点で船首が前方からの大きな波浪に突っ込んだ際、一番倉後端部において折損し、船首が上方に向け屈曲した。その後、同船切断して分離海没した。乗組員は付近航行中の「だんぴあ丸」により全員救助されたが、船体はサルベージ船によって曳航中、沈没した。

この年 〔港湾〕スエズ運河拡張第1期工事完成　スエズ運河拡張第1期工事が完成。15万トンのタンカーが満載で航行可能となる。

この年 〔海運・造船〕三国間コンテナ・サービス開始　日本郵船、豪州、マレーシア、ペルシャ湾航路、三国間コンテナ・サービスを開始。

この年 〔海運・造船〕深海底鉱物資源探査船「白嶺丸」竣工　深海底鉱物資源探査専用船の「白嶺丸」を竣工。

この年 〔海運・造船〕世界初の省エネ帆装商船進水　世界初の省エネ帆装商船「新愛徳丸」(1,600重量トン) 進水。

この年 〔海運・造船〕船舶戦争保険　日本船主協会は、日本船舶保険連盟に対しイラン・イラク戦争に伴う船舶戦争保険について緊急要望。

この年 〔海洋・生物〕海洋開発審議会答申　海洋開発審議会「長期的展望に立つ海洋開発基本構想と推進方策」を答申。

この年 〔海洋・生物〕第1回国際共同多船観測 (FIBEX) 計画　南極海の海洋生態系の構造と動的機能をより深く理解することを目的とした"BIOMASS"の「第1回国際共同多船観測 (FIBEX) 計画」としてナンキョクオキアミ現存量の一斉調査が行われた。日本からは、「海鷹丸」「白鳳丸」「開洋丸」が参加。

この年 〔水産・漁業〕ブリ・ヒラマサ養殖法で特許　近畿大学水産研究所が「ブリとヒラマサの雑種の養殖法」で特許認可を受ける。

1981年
(昭和56年)

4.15 〔海洋・生物〕イワシ大量死―新潟　新潟市から北部湾岸線に沿っての沖合いで、数十万トンともいえるイワシの死魚の大群が海底にたまっていることが分かり、海洋汚染やほかの魚への影響などが心配されている。大量死の死因については、イワシの異常発生に加え、豪雪の融雪水が海に流れ込み、塩分濃度が下がり、酸欠を起こしたものと考えられる。

5.18 〔軍事・紛争・テロ〕ライシャワー発言の衝撃―核持ち込み　元駐日米大使のエド

ウィン・ライシャワー米ハーバード大学教授は、1981年5月18日付朝刊の毎日新聞インタビューに対し「核兵器を積んだ米国の航空母艦と巡洋艦が日本に寄港したことがある。これは日米了解済み」と明らかにした。これまで日本政府が「事前協議制」と「非核3原則」をタテに「核持ち込みは一切ない」としていた説明を当時の米政府当局者が真っ向から否定したものだけに、衝撃は大きかった。

7.1　〔海洋・生物〕小児水俣病の判断条件　小児水俣病の判断条件について、環境保健部長通知が出された。

7.25　〔水産・漁業〕IWC、マッコウクジラ捕獲禁止　国際捕鯨委員会（IWC）、マッコウクジラの捕獲を禁止。

8.19　〔軍事・紛争・テロ〕シドラ湾事件―米戦闘機とリビア戦闘機を撃墜　地中海シドラ湾で演習中のアメリカ第6艦隊にリビア空軍の戦闘機2機が接近。戦闘空中哨戒中のアメリカ海軍戦闘機2機がリビア空軍機に接近したところ、リビア空軍機がミサイルを発射。アメリカ海軍機が反撃してリビア空軍機2機を撃墜した。なお、リビアがシドラ湾を自国領海と主張する一方、アメリカはこれを認めずシドラ湾は公海であると主張していた。

8.25　〔水産・漁業〕貝殻島コンブ漁再開　モスクワで北方領土・貝殻島周辺のコンブ漁再開に関する協定が、北海道水産会とソ連漁業省の間で調印された。貝殻島コンブ漁は、1977年の200海里漁業水域のの問題のあおりで中断していたもので5年ぶりの再開。9月1日からコンブ漁民が出漁した。

10月　〔海洋・生物〕ナウル共和国に海洋温度差発電所が完成　中部太平洋のナウル共和国に、東京電力グループの手で海洋温度差発電所が完成し実験運転に入った。

11月　〔海運・造船〕LEG船「第二昭鶴丸」竣工　佐世保重工業、BS-SASEBO方式によるタンク搭載のLEG船「第二昭鶴丸」（800トン積）を竣工。

この年　〔船舶・操船〕米潜水艦「オハイオ」就役　米、核搭載のトライデント潜水艦第1号「オハイオ号」就役。

この年　〔船舶・操船〕有人潜水調査船「しんかい2000」着水　水深2,000mまで潜航できる海洋科学技術センターの有人潜水調査船「しんかい2000」三菱重工神戸造船所で着水。浩宮殿下をお迎えし支援母船「なつしま」（1,739トン）との竣工式典を清海で行う。

この年　〔海運・造船〕「GOLAR SPIRIT」を引渡し　川崎重工業、日本初のLNG運搬船「GOLAR SPIRIT」（9万3,000総トン）を引き渡し。

この年　〔海運・造船〕ペルシャ湾内北の海域への就航を見合わせ　外航二船主団体と全日本海員組合はペルシャ湾内の北緯29度30分以北の海域への就航を見合わせ。

この年　〔海運・造船〕海運業績好転―海運利子補給見直し論　1979、80年度と海運業界が好業績だったため、海運利子補給制度の打ち切り論が強まった。しかし運輸省が1982年度概算要求時にも制度継続を盛り込んだため、この制度に対する風当たりは一層強まった。

この年　〔海運・造船〕南アフリカ航路、コンテナ・サービス　日本郵船、南アフリカ航路、コンテナ・サービスを開始。

この年　〔海運・造船〕南米西岸航路、コンテナ・サービス　日本郵船、南米西岸航路、コン

テナ・サービスを開始。

この年 〔海洋・生物〕3代目魚津水族館開館　3代目となる魚津水族館が完成。世界で初めてアクリル水槽にトンネル水槽を導入。波の出る水槽や雨の降る水槽を日本で始めて導入。富山県の急流にすむ淡水魚から、富山湾の沿岸、沖合そして深海にすむ生物を主に展示している。

この年 〔海洋・生物〕「しんかい2000」進水　潜水調査船「しんかい2000」進水。熊野灘で2,000メートルの潜水に成功する。

この年 〔海洋・生物〕「ひまわり2号」打上げに成功　静止気象衛星「ひまわり2号」打上げ成功。国産のNIIロケットを装着。

この年 〔海洋・生物〕メチル水銀汚染魚販売—水俣市内鮮魚店　2、5、8月に厚生省の魚介類水銀暫定規制値を超えるかさご、きすが水俣市内の鮮魚店で売られていたことがわかった。これらの魚は水銀ヘドロが積もった水俣湾でとったとみられるが、水俣市漁業協同組合ではこの海域での操業を自粛していた。

この年 〔海洋・生物〕海洋物理学者ストンメルの還暦記念論文集刊行　米海洋物理学者ストンメルが還暦記念論文集『Evolution of Phycical Oceano-graphy』を刊行。海流理論を中心に理論・知見を集大成。

この年 〔海洋・生物〕気象変動と海洋委員会が発足　ユネスコ政府間海洋学委員会（IOC）、海洋研究科学委員会（SCOR）共同の気象変動と海洋委員会（COCO）が発足。

1982年
（昭和57年）

1.6　〔海難事故・事件〕「第二十八あけぼの丸」転覆事件　冬期ベーリング海で遠洋底引網漁業に従事中の「第二十八あけぼの丸」が、転覆、沈没した。乗組員33人中、1人が救助されたが、24人が行方不明、8人が死亡した。

1.15　〔海難事故・事件〕へっぐ号事件　フィリピンのミンダナオ島の東方海上を航行中の化学薬品タンカー「へっぐ」（9034重量トン、22人乗組み）が、国籍不明機2機によって銃撃され、韓国人船員が一人負傷した。1月18日、フィリピン政府が、銃撃機はフィリピン空軍機であり、「へっぐ」に武器密輸の疑いがあったため停船を命じたが、従わなかったので銃撃したと発表。日本の海上保安庁調査では武器密輸の疑いはなく、停船命令も認識されていなかったとされ、事後処理が難航。9月6日、両国政府は偶発事故であるという声明を出した。

2.17　〔通信・放送〕海底光伝送路を敷設　日本電信電話公社、伊豆半島沖に海底光中継器を接続した45kmの海底光伝送路を敷設、世界に先がけて光通信の実験に成功。

3.4　〔海運・造船〕青函連絡船「津軽丸」終航　青函連絡船「津軽丸」が耐用年数切れにより運航を終了した。

3.8　〔海洋・生物〕第3次国連海洋法会議　第3次国連海洋法会議が開催された。同会議は

1973年12月から新しい海洋法制度をつくるため、約150カ国が参加し行われている。最終日の4月30日に海洋法条約草案が採択された。

4.2 〔軍事・紛争・テロ〕フォークランド紛争開戦　アルゼンチン陸軍が英国領のフォークランド諸島(アルゼンチン側呼称マルビナス諸島)に上陸して同諸島を占領し、フォークランド紛争が開戦した。フォークランド諸島はアルゼンチン本土沖合約500キロの南大西洋上に位置し、領有権を主張するアルゼンチンと英国の摩擦の原因となっていた。英国は即日アルゼンチンとの断交を宣言し、3日には在英アルゼンチン資産を凍結。5日には英国のピーター・キャリントン外相が引責辞任し、フランシス・ピム枢密院議長が後任の外相となった。

4.3 〔軍事・紛争・テロ〕フォークランド紛争で即時撤退決議　国連緊急安保理がアルゼンチン軍のフォークランド諸島即時撤退決議を採択。8日から13日にかけてはアメリカのアレクサンダー・ヘイグ国務長官が調停を行うも不調に終わる。

4.27 〔海洋・生物〕水質は横ばい状態—東京湾岸自治体公害対策会議　東京湾岸自治体公害対策会議による東京湾水質調査の結果、水質は1978年以降横ばいで総量規制の効果があらわれていないことが判明した。

4.28 〔軍事・紛争・テロ〕フォークランド諸島を封鎖　英国が30日からフォークランド諸島を全面封鎖すると発表した。29日にはアルゼンチンが本土とマルビナス諸島(フォークランド諸島)の周辺200海里を対英逆封鎖すると発表した。

4.30 〔海洋・生物〕海洋法条約に関する国際連合条約採択される　海洋法に関する包括的、一般的な秩序の確立を目指し第3次国連海洋法会議にて「海洋法に関する国際連合条約」が採択される。

4月 〔水産・漁業〕南極海洋生物資源保存条約　南極海洋生物資源保存条約(CCAMLR)発効。

5.2 〔軍事・紛争・テロ〕フォークランド紛争、アルゼンチン海軍巡洋艦撃沈　フォークランド紛争において、アルゼンチン海軍の巡洋艦「ヘネラル・ベルグラーノ」が英原潜「コンカラー」の魚雷攻撃を受けて沈没。乗員1201人中321人が戦死。

5.4 〔軍事・紛争・テロ〕フォークランド紛争、英駆逐艦大破　アルゼンチン空軍機が低空からフランス製のミサイル「エグゾゼ」を発射、英国海軍の駆逐艦「シェフィールド」を大破(後に沈没)。

5.20 〔軍事・紛争・テロ〕フォークランド諸島上陸作戦　ハビエル・ペレス・デクエヤル国連事務総長がフォークランド紛争の調停失敗を表明した。同日、英国政府がフォークランド諸島上陸作戦を発令し、21日に英国陸軍が東フォークランド島へ上陸した。

7.23 〔水産・漁業〕商業捕鯨全面禁止—IWC　1987年からの商業捕鯨全面禁止案が、国際捕鯨委員会(IWC)第34回年次会合で決議された。

10.16 〔軍事・紛争・テロ〕中国5番目のSLBM保有国に　中国、潜水艦発射弾道ミサイル(SLBM)の水中からの発射実験に成功。米・ソ・英・仏に次いで5番目のSLBM保有国となった。

10月 〔海洋・生物〕海底精査　海洋科学技術センター、駿河湾で深海カメラによる海底精査を実施。

1982年（昭和57年）

10月	〔海洋・生物〕強流調査	海洋科学技術センター、長崎県針尾瀬戸でドップラー流速計による強流調査を実施。
11.9	〔航海・技術〕堀江謙一が縦回り地球一周	堀江謙一がヨットで縦回り地球一周に成功、4年がかりでホノルルに到着。
12.1	〔海洋・生物〕水俣湾仕切網外で水銀検出	鈴木哲・新潟大学教授による水俣湾のヘドロ分析調査結果が発表され、水銀汚染魚封じ込めのために設置された仕切り網の外部で、高濃度の総水銀が検出されたことが判明した。
この年	〔船舶・操船〕「ふじ」から「しらせ」へ	南極観測船「しらせ」(11,600トン)完成。「ふじ」に代わる。
この年	〔船舶・操船〕豪州艇アメリカズ・カップを制す	豪「オーストラリア2世」はアメリカズ・カップ132年の歴史で初めてニューヨーク・ヨットクラブからカップを奪った。
この年	〔地理・地学〕三陸沖で深海底掘削	国際深海底掘削(IPOD)三陸沖で行われる。
この年	〔地理・地学〕日仏共同KAIKO計画発足	日本海溝調査を調査する日仏共同KAIKO計画発足。
この年	〔地理・地学〕『日本地質アトラス』を刊行	地質調査所（現・地質調査総合センター)、『日本地質アトラス』を刊行。
この年	〔海運・造船〕吉識雅夫に文化勲章が贈られる	吉識雅夫（造船工学）に文化勲章が贈られた。
この年	〔海運・造船〕柚木学、日本学士院賞受賞	柚木学が「近世海運史の研究」で日本学士院賞受賞。
この年	〔航海・技術〕国際大会で日本人が優勝—ヨット	パナマクリッパーカップで才田忠利の「飛梅」が総合優勝。
この年	〔通信・放送〕国際海事衛星通信サービス開始	IMMARSAT、国際海事衛星通信サービスの提供を開始。
この年	〔海洋・生物〕のとじま臨海公園水族館開館	石川県唯一の水族館として開館。能登半島近海に住む魚を中心に約500種4万点の生きものを飼育している。
この年	〔海洋・生物〕エル・ニーニョ現象	1982年から翌83年にかけ、過去最大規模のエル・ニーニョ現象が発生した。
この年	〔海洋・生物〕ラッコの飼育始める	伊豆・三津シーパラダイスが日本で初めてラッコの飼育を行う。繁殖にも日本で初めて成功した。
この年	〔海洋・生物〕赤潮発生—別府湾・豊後水道	1月から10月までに、別府湾や豊後水道で8件の赤潮が発生。昨年に発生した20件よりは少なかったが、このうち7月26日に県北部の中津市沖の周防灘で発生した赤潮は、国東半島沿岸を南下、8月1日には大分市の別府湾まで広がった。幅約2kmの帯状でとり貝やカレイなどに大きな被害が出た。ブリやハマチなど養殖漁業が盛んな南海部郡蒲江町の入津湾などでも赤潮が頻発。悪質なプランクトンによるものが増えている。このため赤潮防止をめざして合成洗剤追放を県が呼びかけている。このほか蒲江町の蒲江湾で養殖している二枚貝の一種ひおらぎ貝にまひ性貝毒が含まれていることがわかり、4月11日から6月

|この年|〔海洋・生物〕碧南海浜水族館開館　愛知県の4水族館(名古屋港・南知多ビーチランド、竹島)の一つとして開館。日本近海から地元の川に住む魚までおよそ300種の魚を飼育。

|この年|〔海難事故・事件〕STCW条約を批准　日本政府、STCW条約を批准。1993年4月28日発効。

1983年
(昭和58年)

2.16 〔軍事・紛争・テロ〕原子力空母リビア沖に派遣　リビアによるスーダン侵攻の情報をうけ、アメリカがリビア沖に原子力空母「ニミッツ」を派遣した。

2月 〔海洋・生物〕国連海洋法条約　ジャマイカにおいて開催された第三次国連海洋法会議最終議定書及び条約の署名会議において国連海洋法条約(「海洋法に関する国際連合条約」)が採択された。日本政府は2月に署名。

3.2 〔海洋・生物〕ペルシャ湾原油流出―イラク軍の攻撃によって　イラク海軍によるイランのノールーズ海底油田攻撃で、ペルシャ湾に大量の原油が流出した。

3.15 〔海洋・生物〕国際地球観測百年記念式典開催　内務省地理局中央気象台が地磁気毎時観測を始めた日から100年目に当たる1983年3月15日に国際地球観測百年記念式典を日本学術会議主催で開いた。

3.21 〔軍事・紛争・テロ〕原子力空母佐世保寄港　原子力空母エンタープライズが佐世保に寄港した。

5.17 〔航海・技術〕地球一周レース開催―日本人優勝　1人乗りヨット世界初の地球一周レースで多田雄幸(「おけら5世号」)が小型ヨットのクラスII部門で優勝。公開日数207日。

5.26 〔自然災害〕日本海中部地震　5月26日正午ごろ、秋田県沖の日本海でマグニチュード7.7の地震が発生、東北、北海道、関東など広範囲が揺れた。秋田、青森県のむつ、深浦が震度5、盛岡、青森、八戸、酒田、北海道江差などが震度4だった。地震直後に津波が日本海沿岸を襲い、秋田県の男鹿半島で遠足にきていた小学生13人、能代半島で護岸工事の作業員34人、青森県十三湖で釣り人6人など、秋田、青森県と北海道で104人が死亡・行方不明になり、6道県で163人が重軽傷を負った。住宅3049棟が全半壊、52棟が流失、5棟が全半焼した。

6.13 〔海難事故・事件〕戸塚ヨットスクール事件　戸塚ヨットスクールで訓練生が死亡する事件が発生、校長を傷害致死容疑で逮捕。5月26日にはコーチ6人が暴力行為等の容疑ですでに逮捕されている。

7.19 〔海洋・生物〕放射性廃棄物の海洋投棄　科学技術庁長官が、5月にマーシャル諸島

		大統領から放射性廃棄物の海洋投棄をやめるよう申し入れがあったことを公表した。
7.22	〔海洋・生物〕	「しんかい2000」による潜航調査はじまる　水深2,000mまで潜航できる有人潜水調査船「しんかい2000」による潜航調査はじまる（富山湾にて調査潜航）。
8.16	〔海洋・生物〕	海洋汚染防止法施行令改正—船舶からの油類の排出規制を強化　船舶からの油類の排出規制を強化する「海洋汚染防止法施行令」一部改正が公布された。10月2日施行。
9.7	〔自然災害〕	NHK、地震時の津波注意の呼びかけを開始　NHKは各局備え付けの地震計が震度4以上を関知した場合、気象庁の正式情報以前に放送で津波への注意を呼びかけることを決定。
9月	〔海運・造船〕	沿岸技術研究センター　沿岸域及び海洋の開発、利用、保全及び防災に関する技術に係る調査・試験・研究・普及・貢献することなどを目的として設立。
10.29	〔水産・漁業〕	『魚影の群れ』公開　『魚影の群れ』（製作：松竹富士　原作：吉村昭　監督：相米慎二）が公開された。原作は吉村昭の同名小説。北の海でマグロの一本釣りに生命を賭ける頑固な漁師とそのひとり娘、漁師をめざす娘の恋人の愛憎を軸に描く人間ドラマ。
10月	〔地理・地学〕	海洋科学技術センター日本海青森沖にて日本海中部地震震源域調査　海洋科学技術センターの「なつしま」、日本海青森沖にて日本海中部地震震源域調査を、全長数千メートルのケーブルの先端にソーナーやカメラを装備した曳航体を取り付け、海底付近をごく低速で曳航するシステムである「ディープ・トウ」により実施し、震源域の海底地割れや噴出物、変色を発見。
この年	〔船舶・操船〕	海上保安庁の2代目「拓洋」就役　海上保安庁の2代目「拓洋」(2,600トン）就役。ナローマルチビーム測深機を搭載。高密度、高精度測量時代の始まりを告げる。
この年	〔海運・造船〕	LNG船「尾州丸」を就航　川崎汽船、日本籍初のLNG船で同社管理運航の「尾州丸」を就航。
この年	〔海運・造船〕	インドネシアからのLNG輸送　日本郵船、インドネシアから日本へのLNG輸送を開始。
この年	〔海運・造船〕	船舶戦争保険基本料引き上げ　ロンドンの保険業界、船舶戦争保険の基本料率を一挙に4倍引き上げ。
この年	〔航海・技術〕	グアムレース—ヨット　第1回ジャパン・グアムヨットレースを開催。
この年	〔航海・技術〕	大阪世界帆船まつり　大阪世界帆船まつりのメモリアルレガッタにクルーザー540隻が参加。
この年	〔自然災害〕	極限作業ロボットの開発研究始まる　工業技術院が大型プロジェクトとして海底や火災現場で人間に代わって作業を行う「極限作業ロボット」の開発研究を始める。
この年	〔建築・土木〕	先進導坑貫通—青函トンネル　青函トンネルの先進導坑が貫通した。距離は53.9km。

この年　〔海難事故・事件〕閉息潜水最高記録を達成　ジャック・マイヨール（フランス）、閉息潜水最高記録105mを達成する。

1984年
（昭和59年）

1月　〔海洋・生物〕海洋リモートセンシング　東京で海洋リモートセンシングシンポジウム開催される。

2.1　〔港湾〕有川桟橋航送場廃止　青函航路の有川桟橋が廃止となった。

2.15　〔海難事故・事件〕「第十一協和丸」「第十五安洋丸」衝突事件　ベーリング海の米国200海里水域内で操業中に「第十一協和丸」（24人乗組み）と「第十五安洋丸」（25人乗組み）が衝突。衝突の結果、「第十五安洋丸」は船首部にき裂を伴う凹損等を生じたが、「第十一協和丸」は浸水し沈没。14人が死亡、2人が行方不明、5人が負傷した。

2月　〔地理・地学〕「拓洋」チャレンジャー海淵を調査　海上保安庁の観測船「拓洋」が世界最深部（マリアナ海溝の南西端にあるチャレンジャー海淵）の調査を行い、位置（11度22分N、142度36分E）と水深（10,924m）を確定。

3.2　〔自然災害〕ニカラグアコリント港機雷封鎖　ニカラグアの右派反政府ゲリラが同国の主要港であるコリント港を機雷で封鎖した。4月9日、機雷敷設にアメリカが関与したとしてニカラグアが国際司法裁判所へ提訴。アメリカは一旦は拒否を表明したが、後に応訴。5月1日、国際司法裁判所がアメリカに対し、港湾封鎖への支援中止を命令した。

3.7　〔軍事・紛争・テロ〕フランス海軍がスペイン漁船を攻撃　フランス海軍がEC管理水域で無免許操業していたスペイン漁船に催涙弾を発射する事件が発生。船員9人が負傷し、両国間の外交問題に発展した。

5.8　〔海洋・生物〕水俣病認定申請の期限延長　「水俣病の認定業務の促進に関する臨時措置法」の一部改正、同法施行令の一部改正、政令公布。環境庁長官に対する水俣病の認定申請期限が3年間延長された。

5.25　〔軍事・紛争・テロ〕タンカー戦争で国連安保理　ペルシャ湾でイラン・イラク両国によるタンカーへの無差別攻撃（タンカー戦争）が続く問題を討議するため、国連の安全保障理事会が開会した。

5月　〔海洋・生物〕焼津沖にて沈船とコンクリート魚礁を調査　海洋科学技術センターの「なつしま」、焼津沖にて沈船とコンクリート魚礁を調査。

6.1　〔軍事・紛争・テロ〕タンカー戦争中止要求決議　国連の安全保障理事会で、イラン・イラク両国によるペルシャ湾の民間船に対する無差別攻撃（タンカー戦争）を中止するよう求める決議が採択された。これに対し、イランが非難声明を出した。

6.3　〔その他〕瀬戸内海国立公園50周年記念式典開催　岡山県玉野市、広島県宮島町、兵庫県神戸市で、瀬戸内海国立公園指定50周年記念式典が開催された。

7月	〔海洋・生物〕赤潮発生—熊野灘沿岸	熊野灘沿岸に赤潮が発生。8月末に終息するまで、養殖のはまち、真珠などに13億7700万円の被害が出た。
8.2	〔海難事故・事件〕紅海でタンカーなどが触雷	紅海を航行中のタンカーなど5隻が機雷らしき爆発物に接触する事件が発生し、エジプト・アメリカなどが原因究明に乗り出した。8日、英国のロイズ保険組合が7月27日以来の被害船舶が11隻に達することを確認した。
8.25	〔海難事故・事件〕核物質積載のフランス船沈没	ベルギー沖のドーバー海峡オステンデ港沖約16キロの海上で西ドイツのカーフェリー「オラウ・ブリタニア号」(1万5,000トン)とフランスの貨物船「モン・ルイ号」(4,200トン)が衝突し、沈没した。このうち「モン・ルイ号」が450トンもの核物質を積んでいたことが26日になって明らかになり、船会社と仏海運当局などは沈没によって環境汚染が起こることはないとしているが、積み荷の核物質は弱い放射性と同時に強い毒性と腐食性を持つため、危険が指摘された。「モン・ルイ号」が積んでいたのは、ソ連のバルチック海リガ港向けの、30の容器に分けて入れられた六フッ化ウラン450トン。30日、同船には低濃縮ウランも積載されていたことがわかった。
9.12	〔海運・造船〕日本丸竣工	航海訓練所の練習船として造られた高速帆船。初代「日本丸」の代替船。その年で最も帆走速力の出した帆船に贈られるボストン・ティーポットを受賞。
10.1	〔海運・造船〕帆船日本丸記念財団設立	帆船日本丸を市民の連帯感を深める新しい国際都市のシンボルや日本の貴重な歴史的財産として保存・公開し、関連施設と一体的に活用することにより青少年の錬成及び海と港に関する理解と知識の増進をはかる目的として設立。
11.13	〔水産・漁業〕日本沿岸マッコウ捕鯨撤退	日本が沿岸マッコウ捕鯨から全面撤退を条件に、日米捕鯨協議が合意。
11.24	〔海難事故・事件〕ポーランド客船から旅客逃亡	西ドイツの港に入港したポーランド客船から126人の旅客が逃亡した。また、12月28日には西ドイツの港に入港したポーランド観光船から200人以上が逃亡するなど、この頃ポーランド人の逃亡事件が相次いで発生した。
11月	〔海洋・生物〕トンガ海溝域調査	海洋科学技術センターの深海曳航調査システム「ディープ・トウ」がトンガ海溝域調査を実施。
12.10	〔軍事・紛争・テロ〕原子力空母横須賀入港に抗議	アメリカ原子力空母カールビンソンの横須賀入港に対し、神奈川県知事が抗議した。
この年	〔船舶・操船〕「シークリフ」進水	米、6,000m級潜水調査船「シークリフ」進水。
この年	〔船舶・操船〕フランスの6,000m潜水可能の潜水調査船進水	フランスで6,000m潜水可能の潜水調査船「ノチールSM97」が進水。
この年	〔地理・地学〕「大洋水深総図」完成	大洋水深総図(GEBCO第5版全19図)完成、18ヵ国の水路部と26名の科学者が協力。
この年	〔地理・地学〕日仏日本海溝共同調査	日仏共同の深海潜水調査(KAIKO計画)の現場調査が日仏の海洋学者により、フランスの「ジャンシャルコー号」を使い日本海

溝で実施される。

この年　〔海運・造船〕**LNG船「泉州丸」を竣工**　三井造船、同社初のLNG船「泉州丸」(125,000m³)を竣工。

この年　〔海運・造船〕**造船ニッポン、世界シェア6割を超す**　世界的な造船不況の中で、我が国の新造船受注が世界全体の6割を超え、「造船ニッポン」の技術と底力を内外に示した。一方では、この高率シェアが対日批判をさらに強固なものとした。

この年　〔海運・造船〕**米国海運法大幅改正**　米国関係航路における定期船に対する規制、監督を定めていた米国海運法が大幅に改正された。海運カルテルの発効手続きの簡素化・迅速化、独占禁止法の適用除外の明確化、インディペンデント・アクション（同盟の加盟海運企業が、FMCへの事前通告により、同盟協定と異なる運賃等を独自に設定できることとする制度）の導入など、従前より競争促進的な内容となった。

この年　〔航海・技術〕**「しらせ」処女航海へ**　「しらせ」が南極域観測の処女航海に向かう。

この年　〔航海・技術〕**ロス五輪—ヨット**　ロサンゼルスオリンピック大会。日本の成績は470級11位、FD級14位、ソリング級17位、ウィンドグライダー級16位。

この年　〔航海・技術〕**小樽ナホトカレース—ヨット**　北海道の小樽からソ連ナホトカ間で争われる小樽ナホトカレースを開催。

この年　〔海洋・生物〕**伊豆半島熱川の東方沖合、水深1,270mで枕状溶岩を発見**　海洋科学技術センターの有人潜水調査船「しんかい2000」、伊豆半島熱川の東方沖合、水深1,270mで枕状溶岩を発見。相模トラフ初島沖、水深1,100mでシロウリガイの群集を発見。

1985年
（昭和60年）

1.28　〔軍事・紛争・テロ〕**極左テロ活発化—ポルトガル**　ポルトガルの極左ゲリラが、リスボン港のNATO艦隊に向けて小型迫撃砲弾を3発発射した。

2.1　〔軍事・紛争・テロ〕**核搭載船の寄港を拒否**　ニュージーランドのロンギ首相はアメリカに対し、核兵器搭載能力のある艦船一切の寄港を拒否すると通告。5日、アメリカは3月に予定していたアメリカ・オーストラリア・ニュージーランドの合同演習を中止した。4月18日にはアイスランド外相が核兵器搭載能力のある全艦船の領海内立ち入り拒否を言明した。

2.26　〔海難事故・事件〕**漁船「第五十二惣寳丸」遭難事件**　「第五十二惣寳丸」はカムチャツカ半島南方沖合の漁場において、船体が傾斜し、多量の海水が船内に流入し船体は横転、沈没した。船長及び甲板員1人が救助されたのみで、他の乗組員20人は死亡又は行方不明となった。

2月　〔海洋・生物〕**海氷調査**　海洋科学技術センター、北海道紋別でマイクロ波による海氷調査を実施。

2月 〔水産・漁業〕宮崎沖にて漁業障害物を調査　海洋科学技術センターの「なつしま」、宮崎沖にて漁業障害物を調査。

3.10 〔建築・土木〕青函トンネル貫通　調査抗の着工から20年10か月を経て青函トンネルが貫通。長さは世界最長の53.85km。

3.31 〔海難事故・事件〕「開洋丸」転覆事件　「開洋丸」(6.7トン)は串木野港小瀬船だまりから下甑島へ向かったが、大波を受けて復原力を失い、左舷側に傾斜転覆した。帰りの遅い船長の家族からの届け出を受けて、海上保安庁の航空機、巡視船艇が捜索に当たった結果、翌朝、鹿児島県坊ノ岬灯台の北方約5海里の地点で船体を発見した。船長外釣客26人の全員が死亡又は行方不明となった。

4.5 〔水産・漁業〕日本政府IWC決定に意義撤回を求める　政府は国際捕鯨委員会(IWC)の商業捕鯨全面禁止に対する異議申し立てを撤回することを閣議で了承。

4.23 〔海難事故・事件〕「第七十一日東丸」沈没事件　「第七十一日東丸」が樺太北知床岬南方沖合の地点において左舷に大傾斜して沈没。5人の遺体が収容され、6人が行方不明となった。

4月 〔海運・造船〕欧州諸国が日本を非難──造船制限守らず　先進工業国24カ国でつくる経済協力開発機構(OECD)造船部会が開かれ、1984年の管制量を約400万総トンに抑制するとの日本政府の約束に対し、実績は700万総トンにまで達したことなどに対し、欧州諸国は日本を非難した。

5.26 〔海難事故・事件〕スペイン沖でタンカー爆発・沈没　スペイン南端のアルヘシラス湾で日本人船員6人らが乗り組んでいたパナマ籍タンカー「ペトラゲン・ワン」(1万9,070トン)と、スペイン国営石油公社タンカー「カンボナビア」(4,222トン)の2隻が爆発炎上、沈没した。同日深夜までに日本人2人を含む18人の遺体が発見され、負傷者は37人、行方不明者は13人。死者は40人以上になるとみられるとも伝えられた。「ペトラゲン・ワン」の船倉にたまった気化ナフサが、何らかのきっかけで爆発した可能性が高い。

5.31 〔船舶・操船〕海中作業実験船「かいよう」完成　水深300mでの海中作業ができる海中作業実験船「かいよう」完成。

5月 〔港湾〕港湾の21世紀のビジョン　運輸省が、「21世紀の港湾」と題する長期ビジョンをまとめた。国際化や情報化などに対応した港湾のあり方を示すもので、全国の港湾のネットワーク化、沖合い人工島や静穏海域整備の構想などを目標としてあげた。

6.8 〔建築・土木〕「大鳴門橋」開通　本州四国連絡橋の一つで全長1,629km、世界第10位の吊り橋「大鳴門橋」開通。

7.10 〔海難事故・事件〕レインボー・ウォーリア号事件　ニュージーランドのオークランド港に停泊中の環境保護団体グリーンピースの核実験抗議船「レインボー・ウォーリア号」が爆発した。フランスのミッテラン大統領は8月7日、フランス情報機関の関与について厳重調査を指示。フランス国営放送は10日、犯人はフランス軍将校と放送したが、フランス政府は26日、一切の責任を否定する調査報告書を公表し、ニュージーランドのロンギ首相はこれを非難した。のち、フランス国防相エルニュが虚偽の報告をしていたことが暴露され辞任、9月22日、フランスのファビウス首相は、国防省付属の情報機関の犯行と認める声明を発表した。

7.30	〔海洋・生物〕瀬戸内海赤潮訴訟	瀬戸内海赤潮訴訟で、高松地裁で和解が成立した。企業側が原告に約7億円の解決金を支払うなどの内容で、提訴以来10年余で決着した。
7月	〔海洋・生物〕世界最深の生物コロニーを発見	フランスの最新鋭潜水調査艇「ノチール」を使った日仏共同海洋底調査KAIKO計画で、水深5,600m、第一鹿島海山の西側で世界最深の生物コロニーを発見。
8.8	〔海運・造船〕三光汽船、会社更生法を申請	三光汽船の主力3銀行が融資打ち切り方針を同社に通告。三光汽船は会社更生法の適用を神戸地裁支部に申請。
8.13	〔海運・造船〕三光汽船が倒産	世界最大のタンカー会社三光汽船が神戸地裁に会社更生法の適用を申請、倒産した。史上最大規模の負債で総額5200億円。
9.19	〔自然災害〕メキシコ地震	9月19日午前7時18分、メキシコ南西部でマグニチュード8.1の大地震が発生し、人口1700万人のメキシコシティを中心に大規模な被害を出した。メキシコシティ中心部で高層ビルを含む多くの建物が倒壊し、市民が下敷きになった。9500人が死亡し、負傷者は数万人に達するとみられる。同日夕までに、首都を中心に10回を超す余震が続いた。震源は同市南西約400キロ、太平洋岸から約60キロの海底で、アカプルコに近い。ハリスコ、ゲレロ、ミチョカンの3州がとくに大きな被害を受けた。被災地域はメキシコ全土の約3分の1にも及ぶ。10月19日に発表された被害調査結果では、メキシコシティでの死者は約8000人、家を失った市民は10万人、物的損害は40億ドル（約8600億円）に上る。メキシコシティはかつて湖を埋め立てた軟弱地盤であったため、被害が大きくなった。
10.7	〔海難事故・事件〕イタリア客船乗っ取り事件	イタリア客船「アキレ・ラウロ号」をパレスチナ解放機構のメンバーが乗っ取り、人質のうちアメリカ人1人を殺害するという事件が起きた。犯人は国外への自由退去を条件にエジプト当局に投降し空路でチュニスに向かったが、これを察知したアメリカ軍が、11日に飛行機をシチリア島に強制着陸させた。ソ連はアメリカの怒りに理解を示した。アメリカはイタリアでの裁判に同意。しかし12日、同乗していたPLO幹部がユーゴスラビアに出国したため、アメリカはイタリアに抗議した。14日、エジプトのムバラク大統領はレーガン大統領に対し、強制着陸に関して謝罪を要求したがレーガン大統領は拒否。17日、この事件の処理を巡ってイタリアのクラクシ内閣が総辞職したが、5党連立内閣の継続工作に成功し、全閣僚が留任した。
10.15	〔海洋・生物〕水俣病医学専門家会議	水俣病の判断条件に関する医学専門家会議の意見が発表された。
10.18	〔海洋・生物〕後天性水俣病に見解	後天性水俣病の判断条件についての環境庁見解が発表された。
10月	〔海洋・生物〕ニューシートピア計画実海域試験を実施	海洋科学技術センターの「かいよう」海中作業実験としてニューシートピア計画実海域試験を実施。
11.28	〔海洋・生物〕サンゴ礁学術調査	沖縄県石垣市が研究機関に委託した「石垣島周辺海域のサンゴ礁学術調査」の報告会が行われ、77属304種の造礁サンゴが生息する世界的にも貴重な海域であることが明らかになった。
11月	〔海難事故・事件〕相模湾にて日航ジャンボ機尾翼調査	海洋科学技術センターの

1985年（昭和60年）

「かいよう」相模湾にて日航ジャンボ機尾翼調査を実施。

この年 〔船舶・操船〕海洋科学技術センターの「かいよう」（3,350トン）が竣工　海洋科学技術センターの「かいよう」（3,350トン）が竣工。深海調査曳航システム「ディープ・トウ」の潜航支援、海底下深部の構造探査、海底地形調査を行う目的で導入される。

この年 〔地理・地学〕深海掘削計画（ODP）に引き継ぎ　国際深海底掘削計画（IPOD）が深海掘削計画（ODP）に引き継がれる。

この年 〔地理・地学〕深海掘削計画ジョイデス・リゾリューション号就役　深海掘削計画（ODP）掘削船として「ジョイデス・リゾリューション号」が就役。

この年 〔地理・地学〕米国衛星打ち上げ―海域の重力場研究に大きく貢献　米海軍GEOSAT（Geodetic Satellite）を打ち上げ。海域の重力場研究に大きく貢献。

この年 〔海運・造船〕「今後の外航海運対策について」答申　海運造船合理化審議会は「今後の外航海運対策について」答申。集約体制の強制の解除と北米定航スペースチャーター制の見直しについて。

この年 〔海運・造船〕造船ショック―三光汽船が影響　8月の三光汽船の倒産が海運業界へ大きな損害を与えた。金融機関の融資を引き締めや、それによる新造船建造意欲の低下、受注の落ち込みなど。日本造船工業会は、回復は1990年代との厳しい予測をまとめ、各企業も大幅な人員削減に乗り出した。

この年 〔航海・技術〕世界初チタン製ヨット　世界初オールチタン製56フィートレーサー「摩利支天」進水。

この年 〔海洋・生物〕ロナ、深海底の温泉噴出孔を発見　深海生物学者ピーター・A.ロナにより、大西洋中央海嶺において深海底の温泉噴出孔が発見される。また、紅海や太平洋でも同様なものが発見された。

この年 〔海洋・生物〕四国沖で深海生物ハオリムシを発見　海洋科学技術センターの有人潜水調査船「しんかい2000」、四国沖で深海生物ハオリムシを発見。相模湾のゴミと地滑り堆積物を発見。

この年 〔海洋・生物〕太平洋海面水位監視パイロット・プロジェクト始まる　太平洋海面水位監視パイロット・プロジェクトがハワイ大学を解析センターとして始まる。

この年 〔海洋・生物〕熱帯海洋と全地球大気研究（TOGA）始まる　世界気候研究計画（WCRP）の一つとして、熱帯海洋と全地球大気研究（TOGA）が10年間にわたるプロジェクトとして開始される。

この年 〔海難事故・事件〕第1豊漁丸・リベリア船タンカー衝突　沖縄近海で操業中だった沖縄県石垣市のマグロ延縄漁船「第1豊漁丸」（18トン）が、リベリア船籍のLPGタンカー「ワールド・コンコルド」（3万8,800トン）に追突され、第1豊漁丸の5人の乗組員は行方不明になった。「第1豊漁丸」の船体についた塗料と、「ワールド・コンコルド」の塗料が一致したためあて逃げであることが判明した。

1986年
(昭和61年)

1.3 〔軍事・紛争・テロ〕米リビア威圧のために空母派遣　アメリカがリビアを威圧するために地中海へ空母を派遣した。4日にアラブ連盟が空母派遣を脅迫行為と非難し、6日にはイスラム諸国会議機構外相会議が開催され、7日にリビアの主権と領土防衛を支援すると宣言。7日、アメリカが1985年12月にローマとウィーンの国際空港で発生した爆破事件に関連してリビアに対する経済制裁を発動。14日、ソ連の艦船26隻がリビア沖に集結。27日、EC外相理事会がアメリカが呼びかける対リビア経済制裁への不参加方針を確認した。

2.20 〔海運・造船〕海運不況―中村汽船が自己破産申請　中堅外航海運会社の中村汽船が東京地裁に自己破産を申請。負債額は約600億円。

3.24 〔軍事・紛争・テロ〕シドラ湾で戦闘　リビアが自国領海であると主張するシドラ湾でアメリカ海軍第6艦隊とリビア軍が交戦した。なお、1985年12月27日にウィーンとローマの国際空港で爆破事件が発生して18人が死亡し、同事件にリビアが関与しているとして1986年1月にアメリカが経済制裁を発動、3月にはアメリカ第6艦隊がシドラ湾で演習を開始していた。

3.31 〔海洋・生物〕エル・ニーニョ発生　気象庁が、ペルー沖太平洋上でエル・ニーニョの発生を発表した。

4.13 〔航海・技術〕小型ヨットでの世界一周から帰国　親子3人でヨット世界一周を続けていた長江裕明一家の「エリカ号」が4年9か月ぶりに帰国、愛知県蒲郡港に入港。25ヶ国の100の港に寄港し、走行距離は約6万km。

5.27 〔海洋・生物〕ばら積みの有害液体物質による汚染を規制　「マルポール73/78条約」の附属書2「ばら積みの有害液体物質による汚染規制のための規則」に対応するための「海洋汚染防止法」一部改正が公布された。1987年4月6日施行。

6.17 〔海難事故・事件〕海洋調査船へりおす沈没　海洋調査船「へりおす」(50トン)が福島県相馬沖の太平洋で消息を絶った。その後の捜索で、相馬市の鵜の尾岬東約50kmの海底に沈没船があるのがわかり、潜水艇を使った調査の結果、へりおすと確認、乗組員3人の遺体が発見されたが、他の乗組員は行方不明。

6.25 〔海運・造船〕業界合併を含む合理化案―海運造船合理化審議会答申　海運造船合理化審議会は1987年度までに、ドックや船台などの造船設備20%削減や業界合併の推進を含む合理化案を答申。

7.14 〔海洋・生物〕来島海峡でフェリーとタンカー衝突　夜、愛媛県今治市沖の瀬戸内海・来島海峡の梶取ノ島付近で、大分発神戸行きのダイヤモンドフェリー「おくどうご6」(6,378トン)が、岡山県和気郡日生町の松井タンカー所属のタンカー「三典丸」(199トン)と衝突した。フェリーはタンカーの船腹に食い込み、「三典丸」から離れようとした際、今度は近くにいた朝日海運所属の小型タンカー「伊勢丸」(699トン)

がフェリーの後部右舷にぶつかった。フェリーには、修学旅行の宮崎県の高校生らが乗っており、乗客2人が軽傷を負った。「三典丸」は合成ゴムなどの原料になる引火性液体のアクリロニトリルを積んでおり、衝突でタンクが破れて流出した。

8.17 〔海洋・生物〕諫早湾干拓事業―最後まで反対の漁協が漁業権を放棄　諫早湾防災干拓事業に最後まで反対していた長崎県小長井町漁協が漁業権を放棄し、諫早湾内の12漁協全てが防災事業に同意した。1982年3月末までに総額243億5000万円の漁業補償金が支払われる。

8.31 〔海難事故・事件〕ソ連の客船黒海で同国船同士が衝突し沈没　ソ連の定期客船「アドミラル・ナヒモフ号」(1万7,053トン)が黒海のノボロシースク沖で、同国の大型貨物船「ビョートル・バセフ号」(1万3,000トン)と衝突、沈没した。乗員乗客1234人のうち、398人が死亡した。「アドミラル・ナヒモフ号」は黒海のオデッサとバツーミを結ぶ定期客船で、ノボロシースク港を出港した直後に貨物船と衝突したものとみられる。衝突の原因は、双方が相手の船の接近に気づいていながら回避措置を怠るという安全規則違反だった。

9.24 〔軍事・紛争・テロ〕核疑惑の米3艦が分散入港　巡航ミサイル・トマホークを搭載した米海軍の戦艦ニュージャージー、原子力巡洋艦ロングビーチ、駆逐艦メリルが1986年9月24日、それぞれ佐世保、横須賀、呉に入港した。3艦とも対地攻撃用トマホークを装備している可能性があったが、米側は核の有無について言及しなかった。

9.24 〔海洋・生物〕国立水俣病研究センターがWHO協力センターに　国立水俣病研究センターが世界保健機関(WHO)協力センターに指定された。

10.3 〔海難事故・事件〕ソ連の原潜「K-219」火災　バミューダ諸島の北東約1000キロのところを航行中のソ連の原子力潜水艦「K-219」で火災が発生した。この原潜は1960年代に就役した「ヤンキー」級で、核ミサイルを搭載していた。浸水と放射能漏れを引き起こし、自力航行ができなくなり、6日午前11時3分、積んでいた核兵器34個も艦とともに沈没した。乗組員は避難したが、原子炉の手動停止を行った4人が死亡。火災の原因はミサイルの燃料漏れによる爆発とみられる。

10.15 〔海運・造船〕造船不況―日立造船など大手が人員削減　日立造船が3500人の人員削減(希望退職など)、石川島播磨重工業が7000人削減を打ち出す。

10.31 〔海洋・生物〕海洋汚染防止法一部改正―有害液体物質に排出規制を新設　有害液体物質に排出規制を新設する「海洋汚染防止法」一部改正が公布された。1987年4月6日施行。

10月 〔海運・造船〕「鹿島山丸」竣工　佐世保重工業、高度省エネ・省人合理化船「鹿島山丸」を竣工。

11.11 〔海難事故・事件〕ハイチ沖で貨物船沈没　ハイチのゴナブ島沖合で貨物船が沈没し、30人ほどが救出されたが、約200人が水死した。重量制限をはるかに超える客と荷物を積んでいたためとみられる。

11.22 〔自然災害〕三原山が209年ぶりに噴火　伊豆大島の三原山が209年ぶりに噴火。全島の約1万人の島民が船で脱出し、およそ1か月間避難した。

11月 〔海洋・生物〕「ディープ・トウ」がインドネシアのスンダ海溝調査　海洋科学技術

センターの深海曳航調査システム「ディープ・トウ」がインドネシアのスンダ海溝調査を実施。

この年 〔地理・地学〕自動図化方式による初の海図　自動図化方式による初の海図『ベンクル至スンダ海峡』（水路部）を刊行。

この年 〔海運・造船〕一般外航海運業（油送船）が特定不況業種に　「特定不況業種、特定不況地域関係労働者の雇用安定に関する特別措置法」に基づく特定不況業種に一般外航海運業（油送船）が指定される。1988年には一般外航海運業の全船種に拡大。

この年 〔海運・造船〕進まぬ過剰船腹の解撤促進　世界の海運業界は低迷が続いているにもかかわらず、過剰船腹の処理が進んでいない。日本も船腹量の減少もわずか。政府は「特定外航船舶解撤促進臨時措置法」を公布・施行。また基本方針を定め全体で約520万総トンを解撤することに決めた。

この年 〔海運・造船〕船員の余剰問題―離職船員の再就職　深刻化している船員の余剰人員問題で政府は、一般外航海運業（油槽船）を特定不況業種に指定。再就職のための施策などを強化。海運造船合理化審議会も、船員の陸上他産業への転職、海員免許のない部員の再教育、再就職訓練などを求めた。

この年 〔海運・造船〕特例外航船舶解撤促進臨時措置法成立　過剰船舶の解撤を促進する、特例外航船舶解撤促進臨時措置法成立。

この年 〔海洋・生物〕伊豆・小笠原海溝を跨ぐ海嶺を確認　海上保安庁の測量船「拓洋」伊豆・小笠原海溝を跨ぐ海嶺を確認。

この年 〔海洋・生物〕潜水シミュレーション実験　独、深度600mの潜水シミュレーション実験成功。

この年 〔海洋・生物〕無索無人潜水機の開発開始　仏、無索無人潜水機「エリート」の開発をはじめる。

この年 〔水産・漁業〕捕鯨モラトリアム決定　国際捕鯨委員会は、クジラ激減を理由に捕鯨モラトリアムを決定。

この年 〔海難事故・事件〕沈船「タイタニック」の撮影　潜水調査船「アルビン」（アメリカ）、無人潜水機「アルゴ」（アメリカ）による深度約3,750mでの沈船「タイタニック」を撮影成功。

1987年
（昭和62年）

1.12 〔海運・造船〕海運不況―商船三井人員削減　商船三井は海上従業員の人員削減（約2000人を3、4年で半減）を明らかに。

1.20 〔領海・領土・外交〕北朝鮮船漂着―11人が韓国へ　福井県坂井郡三国町の福井新港に、北朝鮮の小型船「ズ・ダン」が漂着した。乗員は北朝鮮の医師キム・マンチョ

1987年(昭和62年)

ルら一族11人で、南の国へ行きたい希望を示していることから、政府は亡命と認定、受け入れ先を探す方針を表明した。一行は台湾を経由し大韓航空特別機でソウルに到着。北朝鮮は朝日関係に難関を作ったと非難し、朝鮮半島の南北関係、台湾問題と絡んで日本と北朝鮮、中国との関係に影を落とした。

1月　〔海洋・生物〕「なつしま」、赤道太平洋にてエル・ニーニョの観測　海洋科学技術センターの「なつしま」、赤道太平洋にてエル・ニーニョの観測を実施。

2.18　〔海運・造船〕造船不況—日本鋼管人員削減　日本鋼管が中期経営計画(造船部門7000人削減)を決定し提示した。

2月　〔その他〕『海狼伝』刊行　白石一郎『海狼伝』(文藝春秋)刊行。戦国時代末期の海賊たちを描いた冒険小説。海洋時代小説の第一人者として知られた白石一郎の代表作で、第97回直木賞を受賞。1990年続編『海王伝』刊行。

3.14　〔水産・漁業〕最後の南極商業捕鯨　「第3日新丸」が最後の商業捕鯨を終えて帰国の途につき、53年間に及ぶ南極捕鯨が終了した。

3.30　〔海洋・生物〕水俣病第三次訴訟で熊本地裁判決—原告側全面勝訴　熊本地裁が、水俣病第三次訴訟第一陣の一審判決。国と熊本県の行政責任を認め、原告側が全面勝訴した。

4.23　〔航海・技術〕ダブルハンドヨットレース　メルボルン〜大阪ダブルハンドヨットレースで「波切大王」(大儀見薫、ワーウィック・トンプキンス)が31日19時間6分26秒で1万200kmを乗り切り1着。

4月　〔水産・漁業〕『勇魚』刊行　C.W.ニコル『勇魚』(文藝春秋)刊行。幕末から明治の時代、鯨取りだった青年の生涯とその子どもたちまでを描く歴史小説。

5.17　〔軍事・紛争・テロ〕イラク、米フリゲート艦を誤爆　ペルシャ湾内バーレーン沖を走行中のアメリカ海軍ミサイル・フリゲート艦「スターク」が、ミサイル攻撃を受け炎上し、乗組員37人が死亡した。味方イラク機の誤爆だったことが判明し、イラクは遺憾の意を表明。29日、ペルシャ湾の航路防衛策をアメリカのレーガン大統領が承認した。

5.21　〔海洋・生物〕海洋学者のカーが没する　アメリカの海洋学者A.カーが、フロリダ州ミカノビー近くのウェウア池で死去する。

6月　〔水産・漁業〕商業捕鯨禁止・調査捕鯨開始　国際捕鯨委員会(IWC)が開催(英ボーンマス)され、調査捕鯨の大幅規制決議が総会本会議で可決された。日本はミンククジラを対象に、IWCで認められた調査捕鯨を開始することになった。

7.16　〔海洋・生物〕須磨海浜水族園開館　須磨水族館に代わり須磨海浜水族園が巨大水族館の先駆けとして開園。日本初のチューブ型水中トンネルを導入。

7.21　〔船舶・操船〕教員初任者洋上研修始まる　西日本地区で教員初任者の文部省船舶洋上研修が10日間の日程で始まる。

7月　〔海洋・生物〕赤潮発生—播磨灘一帯　7月下旬から8月末にかけて、香川県東部の播磨灘一帯にシャットネラプランクトンの赤潮が発生し、養殖ハマチ59万5000匹が死に、被害額は史上4番目の9億4000万円に達した。

海洋・海事史事典　　　　　　　　　　　　　　　　　　　　　　　　　　　　1987年（昭和62年）

8.4 〔軍事・紛争・テロ〕緊張高まるペルシャ湾―米対イラン　アメリカのタンカー護衛作戦に対抗して、イラン革命防衛隊はホルムズ海峡付近で大規模演習（4万人が参加）を開始し応戦する構えを見せた。6日、ペルシャ湾情勢についてアメリカのジョージ・シュルツ国務長官が西側の結束を呼びかけ、8日には米機がイラン機にミサイルを発射した。10日、オマーン湾で米タンカーが機雷に接触。イランは空爆を再開した。11日、英仏が掃海艇を派遣、14にはイランも機雷除去作業を行い、英国の外務担当相は16日に中東原油輸入国で掃海不参加の国を批判した。18日、ペルシャ湾外でノルウェー船がロケット弾攻撃を受けた。

9.1 〔海洋・生物〕水俣病認定業務で申請期限延長　「水俣病の認定業務の促進に関する臨時措置法の一部を改正する法律」公布（10月1日施行）。国に対する申請期限が3年間延長され、対象者が拡大された。

9.21 〔軍事・紛争・テロ〕国連総会でペルシャ湾問題　9月3日までの6日間でタンカー12隻、対象国も無差別攻撃を受け、4日にはイタリアが掃海艇の派遣を決定するなど、ペルシャ湾におけるタンカー攻撃が拡大したことを受け、アメリカのレーガン大統領は国連総会演説でイランに停戦決議の受諾を要求したが、22日に国連総会演説でイランのアリー・ハメネイ大統領はアメリカの攻撃を非難し、安保理に不信を表明した。

9月 〔航海・技術〕『至高の銀杯』刊行　小島敦夫『至高の銀杯』（時事通信社）刊行。ヨットレース「アメリカズ・カップ」の1世紀半を取材したドキュメント。

10.7 〔船舶・操船〕ペルシャ湾安全航行で貢献策　政府は10月7日の総合安全保障関係閣僚会議と政府・自民党首脳会議で、ペルシャ湾の安全航行確保問題での日本の貢献策を決めた。船舶の安全航行システムを同湾岸に新設するための資金負担など3項目。

10.20 〔海洋・生物〕『海洋大事典』刊行　地球物理学者で初代気象庁長官を務めた和達清夫監修の『海洋大事典』（東京堂出版）刊行。海洋物理・化学・地学・生物・水産・海運など、海洋学全般を扱った大項目主義の事典。

12.20 〔海難事故・事件〕フィリピンでタンカーとフェリー衝突沈没―海難史上最大の犠牲者数　乗客1400人乗りの内航フェリー「ドニャパス」（2,215トン）とフィリピン籍の石油タンカー「ビクトル」（629トン）が、マニラ南東約160キロのルソン島南部沖のマリンドケ島近くで衝突し炎上、両船とも沈没した。衝突直後、現場付近は海面まで火に包まれ、救出された人たちもやけどを負っていた。26人が救出されたが、翌年1月10日までに判明した乗客は3009人。相手タンカーの乗組員を加えると、犠牲者は3078人に上る。この死者数はタイタニック号沈没事故（死者1513人）を大幅に上回り、海難史上最大となる。1988年10月24日には後継船「ドニャマリリン」が沈没、1000人以上が死亡した。

12月 〔海洋・生物〕日仏共同STARMER計画で北フィジー海盆リフト系調査　海洋科学技術センターの「かいよう」日仏共同STARMER計画で北フィジー海盆リフト系調査において「ディープ・トウ」により熱水活動を発見。

この年 〔船舶・操船〕3段櫂船を復元　紀元前5世紀ごろにギリシャで使われていた3段櫂船を復元建造。操船の実演も行われた。

この年 〔地理・地学〕海洋観測衛星もも1号打上げ　宇宙開発事業団が海洋観測衛星もも1号

(MOS-1)を打上げ。

この年 〔海運・造船〕英仏海峡海底鉄道より掘削機受注　川崎重工業、英仏海峡海底鉄道より掘削断面径8.78メートルのトンネル掘削機2基を受注。英仏海峡海底鉄道トンネルは1991年に掘削に成功。

この年 〔航海・技術〕国際大会で日本人が優勝―ヨット　鳥取県境港で行われたFJ級世界選手権で島津・長谷川組が優勝。

この年 〔自然災害〕日向灘で地震　宮崎市沖の日向灘深さ50kmでM6.9の地震が起きた。宮崎市で震度5、大分、熊本、佐賀、都城などで震度4を記録した。宮崎県日之影町で郵便集配車が地震によるがけ崩れに巻き込まれ、集配係1人が死亡したほか、倒れた家具などで4人がけがをした。住宅や公共施設の被害額は3億8000万円。また、この地震でNHKは初めて津波の緊急警報放送を流した。

この年 〔海洋・生物〕神戸海洋博物館開館　神戸開港120年を記念し、近代神戸港発祥の地メリケンパークに海・船・港の総合博物館として神戸海洋博物館を開館。

1988年
(昭和63年)

2.29 〔海洋・生物〕水俣病刑事裁判最高裁判決―チッソの有罪が確定　熊本水俣病刑事事件上告審で最高裁判決。上告を棄却し、32年ぶりにチッソの有罪が確定した。

3.9 〔海洋・生物〕諫早湾の干拓事業―建設省・運輸省が認可　1987年12月に長崎県港湾局が申請していた諫早湾の干拓事業(公有水面の埋立て)が建設省・運輸省により認可された。認可に先立つ8日、環境庁による「公有水面埋立法」に基づく環境保全面からの審査の結果、調整池における富栄養化の防止、鳥類などの生息環境の維持、環境アセスメントの結果の担保が条件付けられた。

3.13 〔海運・造船〕青函トンネル開通、青函連絡船廃止　青函トンネル開通を受け、JRグループは最初のダイヤ改正を実施した。青函トンネルを含む津軽線中小国駅―江差線木古内駅が海峡線として電化開業し、青森―函館間は「津軽海峡線」と命名された。

3月 〔海洋・生物〕『遠い海からきたCOO』刊行　景山民夫『遠い海からきたCOO』(角川書店)を刊行。フィジー諸島で海洋生物学者の父とその息子の少年が出会った水棲恐竜の生き残りにフランスの核実験をめぐって諜報機関が絡む海洋冒険ファンタジー。第99回直木賞を受賞し、アニメ映画化もされた。

4.10 〔建築・土木〕瀬戸大橋　瀬戸大橋営業開始。JR四国の本四備讃線茶町－宇津田間が開業される。

5.18 〔海難事故・事件〕ソ連客船火災　午前1時52分ごろ、大阪市の大阪港中央突堤に停泊中のソ連客船「プリアムーリエ」(4,870トン)の船腹中央付近から火が出ているのを、近くの倉庫会社のガードマンが発見、消防車33台、消防艇10隻などで消火に当

		たったが、出火場所が最下部の客室で、階段が煙突状態になって燃えたため手間どり、17時間後にようやく鎮火した。船内をほぼ全焼、ソ連人の乗員、乗客424人のうち、11人が死亡、34人が重軽傷を負った。
7.3		〔軍事・紛争・テロ〕ペルシャ湾でイラン旅客機を誤射　米艦船がペルシャ湾でイラン旅客機を誤射撃墜。死者290人。
7.6		〔軍事・紛争・テロ〕北海油田洋上基地で爆発事故　英、北海油田洋上基地で爆発事故。死者166人。
7.19		〔海洋・生物〕海洋汚染関係政令―船舶で生ずるゴミによる汚染の規制を追加　「海洋汚染及び海上災害の防止に関する法律施行令」の一部改正、政令公布（12月31日施行）。船舶で生ずるゴミによる汚染の規制が追加された。
8.19		〔航海・技術〕女性初の太平洋単独往復　女性初のヨットによる太平洋単独往復に挑戦した今給黎教子(23)が鹿児島出港後71日にしてサンフランシスコに無事到着。
10.1		〔海運・造船〕造船業界再編ディーゼル新会社　造船業界独自に再編の動きが出てきた。石川島播磨重工業と住友重機械が、合理化を促進、コスト競争力と技術開発力を強化することなどを狙って、大型ディーゼルエンジン部門の新会社「ディーゼルユナイテッド」を設立。
12.23		〔海運・造船〕ジャパンラインと山下新日本汽船が対等合併　海運大手のジャパンラインと山下新日本汽船は、平成元年6月に対等合併すると発表し、覚書に調印。
この年		〔海運・造船〕PG就航船安全問題の規制解除　外航二船主団体と全日本海員組合、PG就航船安全問題について協議しカーグ島への配船自粛など3項目の規制を解除することで合意。
この年		〔海運・造船〕昭和海運、コンテナ定期航路ほぼ撤退　日本海員組合、中国部門を除くコンテナ定期航路から全面撤退。
この年		〔海運・造船〕船員法一部改正　海員の1日あたりの労働時間を一律8時間にする等、船員法を一部改正。
この年		〔海運・造船〕日韓船主協会会談　第1回(再開)日韓船主協会会談、ソウルで開催。
この年		〔航海・技術〕ソウル五輪―ヨット　ソウルオリンピック大会。日本の成績はトーネード級21位、ソリング級11位、FD級20位、470級男子12位、470級女子18位、フィン級26位、DIV2級18位。
この年		〔軍事・紛争・テロ〕『沈黙の艦隊』連載開始　『モーニング』で、かわぐちかいじの漫画『沈黙の艦隊』の連載が始まった(～1996年月日)。潜水艦が独立戦闘国家を名乗って日本やアメリカやロシア、国際連合に対抗する物語。1990年に第14回講談社漫画賞一般部門を受賞。アニメ化もされた。
この年		〔通信・放送〕「水中画像伝送システム」の伝送試験　海洋科学技術センターの有人潜水調査船「しんかい2000」のテレビカメラで得られた画像情報(静止画像)を、音響信号を用いて支援母船に伝送する「水中画像伝送システム」の伝送試験を行い、1画面を46秒で伝送することに成功。
この年		〔海洋・生物〕チムニー・熱水生物発見　米の潜水調査船「シークリフ」がゴルダ海

嶺(東太平洋)でチムニー・熱水生物発見する。

この年　〔海洋・生物〕ハンドウイルカの繁殖　江の島水族館、日本で初めてハンドウイルカの繁殖に成功。

この年　〔海洋・生物〕「海洋調査技術学会」が発足　海洋の調査とそれに必要な技術開発の進歩、普及を図ることを目的に「海洋調査技術学会」が発足。

この年　〔海洋・生物〕地球環境保全企画推進本部を設置　環境庁、地球環境保全企画推進本部を設置。

この年　〔海難事故・事件〕第一富士丸・潜水艦なだしお衝突　神奈川県横須賀港沖の東京湾で、海上自衛隊第2潜水隊所属の潜水艦「なだしお」(2,200トン)と富士商事所属の大型釣り船「第一富士丸」(154トン、乗員9人、乗客39人)が衝突し、「第一富士丸」が沈没。近くを通ったタンカーやヨットなども救助に加わり、釣り客と乗員19人を助けたが、うち1人は同夜死亡し、残りの29人も27日未明に海底から引き揚げられた「第一富士丸」から全員が遺体で収容された。また事故当初、なだしおが釣り客を救助しなかったことや、艦長が航海日誌を改ざんしたことなどがわかり非難をあびた。

この年　〔その他〕映画『グラン・ブルー』公開　ダイビングの世界記録に挑む男たちを巡る物語。実在のダイバー、ジャック・マイヨールをモデルとする。監督はリュック・ベッソン。

この年　〔その他〕中村征夫が第13回木村伊兵衛写真賞を受賞　中村征夫が、フォトルポルタージュ『全・東京湾』・写真集『海中顔面博覧会』で、新人を対象とする朝日新聞社主催の写真賞、木村伊兵衛写真賞を受賞した。

1989年
(昭和64年/平成1年)

2.2　〔海難事故・事件〕高速艇激突で死亡事故―淡路島　兵庫県淡路島の津名港に入港しようとした高速艇「緑風」が防波堤に激突。乗客2人が死亡、16人が重軽傷を負った。原因は船長の操船ミスで神戸海上保安部は業務上過失致死容疑で逮捕。

2.16　〔海難事故・事件〕貨物船「ジャグドゥート」爆発事件　造船所において「ジャグ・ドゥート」機関室内で溶断作業中、飛散した火花類に、石油ガスが引火し、重油が爆発・火災によって機関制御室、工作室、などが焼損し、廃船となった。乗組員2人及び作業員10人が死亡し、乗組員8人及び作業員3人が負傷した。

3.24　〔海洋・生物〕アラスカでタンカーから原油流出―アメリカ史上最悪の事故　アラスカのバルディーズ工業港で126万バレルの原油を満載した大型タンカー「エクソン・バルディーズ」が、南方40キロで流氷を避けようとして航路をはずれて座礁した。船底にあいた穴から多量の原油が流出し、アメリカ史上最悪の事故になった。同日夜になっても流出は止まらず、約3万5,000トンの原油は沖の方へ約8キロにわたり拡散、除去作業は難航した。

1989年(昭和64年/平成1年)

3月	〔海洋・生物〕ニューシートピア計画潜水実験	海洋科学技術センターの「かいよう」ニューシートピア計画フェーズII200m潜水実験を実施。
4.7	〔海難事故・事件〕ソ連の原潜火災	ノルウェーの沖合約500キロのノルウェー海上で、ソ連のマイク級原子力潜水艦「K-278」が火災を起こして沈没した。9日夜までに69人の乗組員のうち42人が死亡、27人が救助された。この原潜には2基の核弾頭つき魚雷が搭載されていたが、艦とともに海底に沈んだ。火災の原因は、電気のショートで火が出たのが燃え広がったためとみられる。6月26日にも、ソ連の原潜ノルウェー沖で原子炉の故障を起こして浮上、原子炉の1時冷却系のパイプが破損したと説明した。現場海域に放射能の異常はみられなかった。
4.19	〔海難事故・事件〕アメリカの戦艦爆発	プエルトリコの北東約530キロの大西洋上で、アメリカの戦艦「アイオワ」(4万5,000トン)が射撃訓練中、主砲の砲塔内で爆発を起こし、乗組員47人が死亡、数十人の負傷者が出た。米戦艦内での爆発事故として戦後最大の被害となった。同艦の航行に支障はない。射撃訓練のためにエレベーターで砲塔内に運び込まれた火薬のうちの1個が、砲身に装てんされた際、何らかの原因で爆発し、他の火薬類も誘爆したとみられる。
4.24	〔海難事故・事件〕「第二海王丸」転覆事件	福岡県玄界島北方沖で瀬渡船「第二海王丸」が転覆する事件が発生。船体全損、9人死亡。
5.14	〔海洋・生物〕新石垣空港代替地にサンゴの大群落	沖縄県・石垣島の新石垣空港白保代替地で、三重大学教授が天然記念物ユビエダハマサンゴの大群落を発見、建設に伴う工事で壊滅的な打撃を受ける恐れがあると指摘した。
5月	〔軍事・紛争・テロ〕1965年の水爆搭載機の事故が明らかに	米空母「タイコンデロガ」が沖縄近海で水爆搭載機を転落させる事故を起こしていたことがアメリカの平和環境団体「グリーンピース」の告発により判明。日本政府は水質への影響がないことを確認したが、「タイコンデロガ」による横須賀港への「核持ち込み疑惑」については一貫して否定する立場を取った。
6.30	〔自然災害〕伊豆半島東方沖で群発地震	伊豆半島東方沖で群発地震。7月13日には伊東沖で海底噴火。
6月	〔海洋・生物〕「白鳳丸」最初の研究航海	「白鳳丸」最初の研究航海実施(伊豆小笠原海域・四国海盆・鹿島沖)。
9.1	〔海洋・生物〕船舶などからの廃棄物の排出を厳しく規制	船舶などからの廃棄物の排出を厳しく規制する特別海域にバルチック海海域を追加指定する「海洋汚染防止法施行令」一部改正が公布された。10月1日施行。
9.12	〔海運・造船〕海王丸竣工	航海訓練所の練習船として造られた高速帆船。初代「海王丸」の代替船。フェザリング機能を有する可変ピッチプロペラを装備を持つ。その年で最も帆走速力の出した帆船に贈られるボストン・ティーポットを受賞。
9月	〔自然災害〕「ディープ・トウ」が静岡県伊東沖で海底群発地震震源域を緊急調査	海洋科学技術センターの深海曳航調査システム「ディープ・トウ」が静岡県伊東沖で海底群発地震震源域を緊急調査。
10.10	〔海洋・生物〕葛西臨海水族園開園	葛西臨海水族園開園。同園は、東京湾岸地区整

備事業の一環として上野動物園開園100周年を記念して建設された。世界ではじめて外洋性の魚の群泳を実現したクロマグロの大水槽が話題となった。

10月 〔航海・技術〕「白鳳丸」世界一周航海　「白鳳丸」初の外航として世界一周航海。

12.19 〔海難事故・事件〕モロッコ沖でタンカー爆発・原油流出　モロッコ沖の大西洋上でイラン船籍の石油タンカー「カーグ5」(28万4,600トン)がカナリア諸島の北約400キロの大西洋上で爆発事故を起こした。乗員は全員退避したが、放置された同船から流れ出した原油がモロッコの沿岸約28キロのところまで迫り、同国政府は環境破壊を憂慮。1990年1月1日までに流出した原油の量は約6万トンと推定され、3月にアラスカのプリンス・ウィリアム湾で座礁したエクソン・バルディーズ事故の流出量約3万5,000トンを大きく上回っている。

この年 〔船舶・操船〕「しんかい6500」竣工　有人潜水調査船「しんかい6500」竣工。日本近海に限らず、太平洋、大西洋、インド洋等で、海底の地形や地質、深海生物などの調査を行う。

この年 〔船舶・操船〕二代目「白鳳丸」竣工　海洋科学技術センター(現・海洋研究開発機構)の学術研究船、二代目「白鳳丸」(4,000トン)竣工。

この年 〔地理・地学〕自航式ブイ「マンボウ」火山からの気泡確認　海上保安庁の測量船「昭洋」に搭載の自航式ブイ「マンボウ」が、伊東東方沖海底火山噴火に伴う手石海丘の存在と、火口から沸き上がる気泡を確認。

この年 〔地理・地学〕仏潜水艇「ノチール」が南海トラフ潜航　日仏KAIKO-NANKAI計画に伴い仏潜水艇「ノチール」南海トラフを潜航。

この年 〔海運・造船〕「クリスタル・ハーモニー」竣工　日本郵船のクルーズ船「クリスタル・ハーモニー」竣工。

この年 〔海運・造船〕ナビックスライン発足　ジャパンラインと山下新日本汽船の合併により、ナビックスライン発足。

この年 〔海運・造船〕日本籍船への混乗　外航海運労使、日本籍船への混乗導入問題を協議し、原則として新造船を対象に日本人船員9人の配乗を合意する。

この年 〔海運・造船〕本格的クルーズ外航客船「ふじ丸」就航　日本初の本格的クルーズ外航客船「ふじ丸」就航。

この年 〔航海・技術〕NZ～日本ヨットレース　オークランド・福岡ヤマハカップを開催。

この年 〔航海・技術〕クルーズ元年　日本初の本格的外航クルーズ客船「おせあにっくぐれいす」(昭和海運)はじめ次々に就航。「クルーズ元年」と言われる。

この年 〔航海・技術〕「ヴァンデ・グローブ・ヨットレース」開催　ヴァンデ・グローブ・ヨットレースが始まる。コースはフランスのレ・サーブル・ドロンヌの港から、南大西洋・南極海など、地球を一周してフランスに戻る。

この年 〔航海・技術〕津(三重)世界選手権開催—ヨット　三重県津市で470級世界選手権と470級女子世界選手権を開催。堤智章・堤伸浩組が優勝。

この年 〔海洋・生物〕エリック・デントン(英国)が国際生物学賞を受賞　エリック・デントン(英国)が魚類の光適応や海産動物の浮力調節機構についての研究で国際生物学

賞を受賞。

この年 〔海洋・生物〕沖縄トラフ伊是名海穴で、炭酸ガスハイドレートを初めて観察　海洋科学技術センターの有人潜水調査船「しんかい2000」、沖縄トラフ伊是名海穴で、炭酸ガスハイドレートを初めて観察。沖縄トラフ伊是名海穴、水深1,340mで、ブラックスモーカーを発見（日本初）。

この年 〔海洋・生物〕戦艦「ビスマルク」の撮影　潜水調査船「アルビン」（アメリカ）、無人潜水機「アルゴ」（アメリカ）による深度4,700mでのドイツ戦艦「ビスマルク」の撮影を成功。

1990年
（平成2年）

1.26 〔海難事故・事件〕マリタイム・ガーデニア号座礁—油流出　リベリアの貨物船「マリタイム・ガーデニア号」（2,027総トン）が、京都府経ヶ岬沖を山口県笠戸に向け航行中、北よりの季節風により流され岩に底触、舵脱落後浸水し、航行不能となった後、陸岸に座礁。船体が2つに分断し燃料油のほとんどが流出した。汚染範囲は京都府網野町から福井県三方町までに至った。

3.12 〔海運・造船〕伏木富山港振興財団（現・伏木富山港・海王丸財団）設立　伏木富山港の港湾施設等の管理運営、海域環境の保全、啓発宣伝及び外国港湾との国際交流などに努め、振興と発展に寄与することを目的として設立。

4.2 〔海洋・生物〕海洋排出規制追加—アクリル酸エチルなどが有害液体物質として追加　「海洋汚染及び海上災害の防止に関する法律施行令」の一部改正公布（10月13日施行）。海洋排出規制に、アクリル酸エチルなどが有害液体物質として追加された。

4.13 〔航海・技術〕「ふしぎの海のナディア」放映開始　NHKでテレビアニメ「ふしぎの海のナディア」の放映が始まった（～1991年4月12日）。謎の宝石ブルーウォーターを持つ少女ナディアと発明好きの少年ジャンの冒険物語。ジュール・ヴェルヌの小説『海底二万里』と『神秘の島』を原案としている。総監督は庵野秀明。

4.22 〔海難事故・事件〕モーターボート「東（あずま）」の転覆　九十九里浜沖合でモーターボート「東（あずま）」の転覆事件発生。7人死亡。

4.26 〔海洋・生物〕トリクロロエチレン海洋投棄　トリクロロエチレン等を含有する廃棄物の海洋投入処分基準等の設定について、中央公害対策審議会が環境庁長官に答申した。

5.2 〔海洋・生物〕温暖化オゾン　日米科学技術協力協定に基づく合同委員会が開かれ、日米政府が二酸化炭素の吸収効果のあるサンゴ礁、メタンの放出、フロン排出抑制技術など17項目の共同研究プロジェクトを推進することで合意した。

5.4 〔海難事故・事件〕フェリー同士が衝突　山口県柳井市沖の瀬戸内海で、カーフェリー「オレンジクィーン」と「オレンジ号」が衝突。「オレンジクィーン」の乗客9

人と「オレンジ号」の乗客3人が重軽傷を負った。

5.28 〔海運・造船〕日本外航客船協会設立　外航客船の安全運航対策や制度整備などの客船事業の振興や啓蒙活動を行うため設立。

6.7 〔海難事故・事件〕「第八優元丸」「ノーパルチェリー」衝突事件　伊豆諸島東方沖合を漁場に向けて航行中の「第八優元丸」と野島埼南東方沖合に向かう「ノーパル・チェリー」が、「第八優元丸」を追い越す態勢で衝突した。「ノーパル・チェリー」は、球状船首部と左舷船首部に擦過傷を生じたのみであったが、「第八優元丸」は、衝突と同時に転覆し、船体が前後に二分されて沈没した。「第八優元丸」の乗組員のうち、船長ほか3人は、衝突と同時に海中に投げ出されて重軽傷を負い、衝突当時、各船員室で休息中であったと思われる機関長ほか10人が行方不明となった。

6.9 〔自然災害〕メキシコ湾でタンカー炎上・原油流出　アメリカ・テキサス州ガルベストン南東約100キロ沖合のメキシコ湾でノルウェーの原油タンカー「メガ・ボルグ」が爆発、2日にわたって炎上を続け、11日午後、船尾付近から沈み始めた。タンカーには、1989年3月にアラスカで起きた「バルディーズ」事故で流出した量の3倍を上回る約15万キロの原油が積まれており、メキシコ湾に甚大な環境被害をもたらす恐れが強まった。同船はエンジン室付近で原因不明の爆発事故を起こし、乗組員41人のうち2人が死亡、2人が行方不明、17人がけがをした。その後も連続爆発が起きるなどして船体だけでなく流出した原油にも引火して燃え広がった。

6.19 〔海洋・生物〕トリクロロエチレンなどの有害物質を含む廃棄物の海洋投棄処分を禁止　トリクロロエチレンなどの有害物質を含む廃棄物の海洋投棄処分を禁止する「廃棄物処理法施行令」「海洋汚染防止法施行令」各一部改正が公布された。10月1日施行。

6.29 〔海洋・生物〕水俣病認定申請期限延長　「水俣病の認定業務の促進に関する臨時措置法の一部を改正する法律」公布（10月1日施行）。国に対する申請期限延長され、対象者の範囲が拡大された。

7.6 〔海洋・生物〕海洋汚染防止法施行令公布　海洋汚染防止法施行令に基づき、「混合物の基準を定める総理府令」が公布された。

7.20 〔海洋・生物〕海遊館開館　海遊館が大阪市港区に開館。総水量は約1万1,000トン。約580種3万点の海の生き物を飼育・展示している。

7月 〔海洋・生物〕ニューシートピア計画300m最終潜水実験　海洋科学技術センターの「かいよう」ニューシートピア計画300m最終潜水実験を実施。

7月 〔海洋・生物〕赤潮発生—八代海　熊本県天草郡御所浦町を中心とする八代海のほぼ全域で赤潮が発生、養殖ハマチ約9万匹が被害を受けた。熊本県水産研究センターの調査では、7月4日に初めて観測されてから24日までにわかった被害で、豪雨による海水の塩分濃度低下で発生しやすい状況になったらしい。

9.28 〔海洋・生物〕水俣病東京訴訟で和解勧告　東京地裁が、水俣病東京訴訟で初の和解勧告を行った。

10月 〔領海・領土・外交〕尖閣諸島領有権論争再発　10月21日、台湾漁船が沖縄・尖閣諸島付近で領海を侵犯したのをきっかけに、日・中・台がそれぞれ固有の領土と主張

する尖閣諸島領有権論争に発展した。27日、斉懐音外務次官が駐中国大使に、資源の共同開発や漁業資源の開放を提案。

12.1 〔建築・土木〕英仏海峡トンネルが開通　英仏海峡トンネル（ユーロトンネル）が開通する。英国のフォークストンとフランスのカレーを結ぶ。ユーロトンネル社が運営し、トンネル内を通過する列車は、ユーロスター・車運搬用シャトル列車・貨物列車である。海底部の総距離では、青函トンネルを抜き37.9kmであるが、陸上部を含めた全長は、50.5kmで青函トンネルにつぎ、第2位である。

12.18 〔海洋・生物〕北海海域を船舶等からの廃棄物排出が厳しく制限される特別海域に追加指定　有害廃棄物等の越境移動対策のあり方について、中央公害対策審議会が環境庁長官に答申した。ほか、「海洋汚染及び海上災害の防止に関する法律施行令」の一部改正、政令公布（1991年2月18日施行）。北海海域が、船舶等からの廃棄物排出が厳しく制限される特別海域に追加指定された。

この年 〔船舶・操船〕海洋科学技術センターの「よこすか」(4,439トン)竣工　海洋科学技術センターの「よこすか」(4,439トン)竣工。有人潜水調査船「しんかい6500」の潜航支援、深海調査曳航システム4,000m級「ディープ・トウ」の潜航支援、海底地形調査、地層探査、地球物理探査、海底堆積物の採取、海底下深部の構造探査、地震計、係留系等の設置回収作業をミッションとして導入。

この年 〔海運・造船〕クルーズ外航客船「にっぽん丸」就航　「ふじ丸」の姉妹船のクルーズ外航客船「にっぽん丸」就航。

この年 〔海運・造船〕タンカーの二重構造義務付け　米大統領、タンカーの二重構造義務付けを内容とするOilPollutionAct1990（OPA90）に署名。

この年 〔海運・造船〕新たなマルシップ方式　海上安全船員教育審議会船舶職員部会の20条問題小委員会、新たなマルシップ方式による日本籍混乗第1・2船について承認。

この年 〔海運・造船〕特例マルシップ混乗　近海船主（6団体）と全日本海員組合、特例マルシップ混乗（日本人職員6名配乗）を近海船全般に拡大することで合意。

この年 〔航海・技術〕ヨット代表チーム国際試合で勝利　外洋ヨットのグランプリレース、ケンウッドカップで日本のナショナルチームが優勝。

この年 〔海洋・生物〕DeepStarプロジェクト　深海環境プログラム「DeepStarプロジェクト」発足。

この年 〔海洋・生物〕世界海洋フラックス研究計画　地球規模の炭素と栄養塩の循環における海洋の役割を理解することを目的とし国際的、かつ学際的な研究計画である世界海洋フラックス研究計画（JGOFS）発足。

この年 〔海洋・生物〕世界海洋大循環実験（WOCE）　国際協同プロジェク「世界海洋大循環実験計画（WOCE）」開始。

この年 〔海洋・生物〕相模トラフ初島沖のシロウリガイ群生域で深海微生物を採取　海洋科学技術センターの有人潜水調査船「しんかい2000」、相模トラフ初島沖のシロウリガイ群生域で採取したチューブワーム（ハオリムシ）とシロウリガイから深海微生物を抽出し、陸上で培養を行う。

1991年
(平成3年)

1.17　〔軍事・紛争・テロ〕湾岸戦争がはじまる　アメリカ軍を主体とする多国籍軍は命名「砂漠の嵐」作戦でイラク軍に攻撃を開始した。25日にはクウェート沖の石油積み出し基地からペルシャ湾に大量の原油を放出し、米国が「環境テロ」と非難。

1.25　〔海難事故・事件〕ペルシャ湾で原油流出　アメリカ政府は、イラクがクウェート領内にある石油基地からペルシャ湾に数百万バレルもの原油を故意に放出していることを明らかにし、非難した。原油の帯はサウジアラビア東岸まで拡大していると発表。流出量は一時1100万バレルとも伝えられたが、これは史上最大規模の海洋汚染となる。沿岸では2万羽の野鳥が原油で汚染されたとも伝えられた。米軍は流出源の油圧制御装置を爆破することで流出を防いだ。

2.20　〔海難事故・事件〕「第七十七善栄丸」・水中翼船「こんどる三号」衝突事件　神戸港に向けて音戸瀬戸を航行中の引船「第七十七善栄丸」が、乗客50人を乗せ、松山観光港を発し、呉港経由で広島港に向け航行中「こんどる三号」と音戸瀬戸の最狭部において衝突した。衝突の結果、「こんどる三号」は、前翼が脱落したうえ、左舷側前部外板に破口を生じて機関室に浸水し、のち廃船となった。また、「こんどる三号」の乗客50人及び乗組員5人が重軽傷を負った。

2月　〔海洋・生物〕写真集『白保 SHIRAHO』刊行　水中写真の第一人者である中村征夫が、石垣島白保地区でのアオサンゴの大群落を撮影した写真集『白保 SHIRAHO』(情報センター出版局)を刊行。作家の椎名誠が監督した映画『うみそらさんごのいいつたえ』の原案となったほか、石垣島新空港計画の白紙撤回に影響を与えた。

3.16　〔航海・技術〕宇高連絡船廃止　宇高航路宇野―高松間が廃止となる。

3.25　〔海運・造船〕「ビートル2世」就航　JR九州は高速船「ビートル2世」の就航を博多―釜山間で開始した。

4.24　〔海洋・生物〕掃海船ペルシャ湾派遣　日本政府が掃海船ペルシャ湾派遣を正式決定する。

4.26　〔海洋・生物〕水俣病認定業務賠償訴訟は差戻し　最高裁が水俣病認定業務に関する熊本県知事の不作為違法に対する損害賠償請求訴訟の上告審判決を下し、破棄差戻しとなった。

4月　〔海洋・生物〕気候システム研究センターを東大に設置　東京大学気候システム研究センターが5つの分野の研究部門をもって設置された。

5.31　〔水産・漁業〕魚業・養殖業生産量―戦後最大の減少　農水省が1990年の魚業・養殖業生産量を発表。前年比9%減の1088万7,000トンで、戦後最大の減少量。

6.12　〔水産・漁業〕日ソ漁業会談閉幕―200海里内での協力拡大へ　モスクワでの日ソ漁業会談が閉幕。ソ連200海里＋内での協力拡大、合弁事業促進を共同で新聞発表。

7.1	〔海運・造船〕日本海洋レジャー安全・振興協会設立	舟艇の航走、海洋レジャーの安全及び振興等に係る事業を実施するとともに、小型船舶操縦士国家試験の実施に関する事務等を行うことにより、海洋レジャーの健全な発展に寄与することを目的として設立。

7.1　〔海運・造船〕日本海洋レジャー安全・振興協会設立　舟艇の航走、海洋レジャーの安全及び振興等に係る事業を実施するとともに、小型船舶操縦士国家試験の実施に関する事務等を行うことにより、海洋レジャーの健全な発展に寄与することを目的として設立。

7.22　〔海難事故・事件〕「天洋丸」「トウハイ」衝突事件　カナダ、バンクーバー島西岸ビール岬南方沖合で漁船「天洋丸」と貨物船「トウハイ」が衝突する事件が発生。船体全損、1名死亡、2名負傷。

7月　〔地理・地学〕「しんかい6500」海底の裂け目を発見　「しんかい6500」が三陸沖日本海溝海側斜面にて海底の裂け目を発見（6,366m）。

7月　〔海洋・生物〕「しんかい6500」がナギナタシロウリガイを発見　「しんかい6500」三陸沖日本海溝にてナギナタシロウリガイを発見。

11.26　〔海洋・生物〕今後の水俣病対策　今後の水俣病対策のあり方について、中央公害対策審議会が環境庁長官に答申した。

12.15　〔海難事故・事件〕エジプトで客船沈没　エジプト南東部のサファガ沖約10キロの紅海で、サウジアラビアのジッダからサファガに向かうエジプトの民間定期客船セイラム・エクスプレス（4,711トン）がサンゴ礁に衝突して沈没、乗客乗員約650人のうち、約390人が死亡または行方不明となった。行方不明者は絶望とみられる。悪天候のため救助活動は難航した。

12.26　〔海難事故・事件〕「たか号」が連絡を絶つ　神奈川県三浦市とグアム間の「トーヨコカップジャパン・グアムヨットレース92」（日本外洋帆走協会主催）がスタート。30日、レースに参加した「たか号」（全長14m、艇長ら7人乗り）が連絡を絶つ。1992年1月6日、「たか号」が消息を絶っていることが判明、捜索が開始される。9日、「たか号」の漂流いかだの近くに探索のYS11が飛来するが、いかだに気付かずに飛び去る。25日、クルーの1人が小笠原諸島・父島沖で救命いかだで漂流しているところを英国の貨物船に救助される。残る6人は発見されず。

12.30　〔海難事故・事件〕「マリンマリン」転覆事件　八丈島東北東沖合でプレジャーボート「マリンマリン」転覆事件発生。荒天のヨットレース中の海難事故。船体全損、7名死亡。

この年　〔船舶・操船〕「しんかい6500」調査潜航開始　深度6,500mまで潜ることができる潜水調査船「しんかい6500」調査潜航開始。

この年　〔船舶・操船〕「オーシャンエクスプローラー・マジェラン」完成　米、8,000m級無人潜水機「オーシャンエクスプローラー・マジェラン」を完成。

この年　〔海運・造船〕第1回日台船主協会会談　第1回日台船主協会会談。東京で開催される。

この年　〔海運・造船〕日本郵船、日本ライナーシステムを合併　日本郵船、日本ライナーシステム株式会社を合併し、ニューヨーク、韓国・日本～カリフォルニア、香港・台湾～カリフォルニア、極東・日本～北米西岸、豪州、極東～東南豪州、ニュージーランド、中東・ガルフ、中米・カリブ、日本～バンコクの10航路を継承。

この年　〔海運・造船〕「飛鳥」竣工　日本郵船のクルーズ船「飛鳥」竣工。

この年　〔海洋・生物〕潜水シミュレーション実験成功　コメックス社（フランス）が深度700m

の潜水シミュレーション実験成功。

この年　〔海洋・生物〕太平洋大循環研究開始　米、スクリップス海洋研究所のTUNES（太平洋大循環研究）がはじまる。

この年　〔海洋・生物〕沈没した無人潜水機を回収　潜水調査船「アルビン」が深度2,189mで沈没した無人潜水機「カーブIII」を回収。

この年　〔海洋・生物〕北太平洋域海洋観測調査　海洋科学技術センター、ベーリング海で北太平洋域海洋観測調査を実施。

1992年
（平成4年）

1.12　〔海難事故・事件〕瀬渡船「福神丸」転覆事件　瀬渡船「福神丸」（最大搭載人員26人）は、釣客101人を4便に分けて、山口県蓋井島の各岩場に瀬渡した後、波浪が高くなり、西寄りの風も次第に強く吹き始めたことから、各釣場に寄せて釣客を収容することにした。しかし、最大搭載人員を超えた46人の釣客を乗せたまま転覆した。転覆の結果、釣客9人が死亡し、船体は海岸に打ち上げられて大破し、全損となった。

2.7　〔海洋・生物〕水俣病東京訴訟で地裁判決　東京地裁において、水俣病東京訴訟判決。国・県の責任を否定した。

2.14　〔船舶・操船〕原子力船「むつ」実験終了　日本原子力研究所は、原子力船「むつ」での実験終了を宣言した。

3月　〔海難事故・事件〕高知県室戸沖にて「滋賀丸」を探索　海洋科学技術センターの「かいよう」高知県室戸沖にて「滋賀丸」を探索。

4.30　〔海洋・生物〕水俣病総合対策実施要領　環境庁は、関係県に「水俣病総合対策実施要領」を通知した。

6.29　〔水産・漁業〕国際捕鯨委員会—アイスランドが脱退　アイスランドが国際捕鯨委員会を脱退、ノルウェーが1993年からの商業捕鯨再開を宣言した。

7.15　〔航海・技術〕女性初の無寄港世界一周　今給黎教子が鹿児島県の錦江湾口・神瀬浮標に到着、日本女性初のヨットでの単独無寄港世界一周に成功。1991年10月12日の出港から航海日数278日、5万4000km。

7月　〔海洋・生物〕熱水噴出孔生物群集発見　海洋科学技術センター、小笠原水曜海山にて大規模な熱水噴出孔生物群集を発見。

7月　〔海難事故・事件〕小笠原海域にて火災漁船から乗組員を救助　海洋科学技術センターの「なつしま」、小笠原海域にて火災漁船から乗組員を救助。

9.1　〔自然災害〕ニカラグア大地震　ニカラグア沖で海底地震が発生し、同国の太平洋岸に高さ15mに及ぶ津波が押し寄せた。このため約100人が死亡、約300人がけがをしたほか、行方不明者は700人にものぼるという。犠牲者のほとんどは津波によるもの

とみられる。被災者は1万6000人、他に4200人が自宅から出たまま避難生活を強いられた。地震の規模はマグニチュード7。震源は首都マナグアの南西約120キロの海底。プエルトデコリントなどの沿岸部に津波が押し寄せ、1000軒以上の家が壊れた。

9.20　〔海難事故・事件〕マラッカ海峡で「ナガサキ・スピリット号」衝突—原油流出　リベリア船籍のタンカー「ナガサキ・スピリット号」がブルネイからオーストラリア向け航行中だったパナマのコンテナ船「オーシャン・ブレッシング号」と衝突し爆発炎上しながら原油を流出した。

9.30　〔海洋・生物〕カタール沖ガス田開発入札　「今世紀最大の商談」と呼ばれている総額3000億円にも上るカタール商談の入札が締め切られた。これはカタール沖合のガス田を開発する計画で、液化天然ガスの運搬に7隻の大型船が必要になる。三菱重工、石川島播磨重工業など日本の大手造船7社と欧米5社が名乗りを上げ、激しい受注競争を展開した。

10月　〔海洋・生物〕「しんかい6500」鯨骨生物群集を発見　「しんかい6500」伊豆・小笠原の鳥島沖にて鯨骨生物群集を発見。

11.7　〔海運・造船〕プルトニウム輸送　フランスから日本へプルトニウムを持ち帰る輸送船「あかつき丸」がシェルブール港からプルトニウムを積み込んで出港した。8日にはブルターニュ半島北方の公海上で、「あかつき丸」の護衛にあたっていた巡視船「しきしま」と環境保護団体グリーンピースの船「ソロ」が接触し、国際問題に発展した。

11.9　〔海洋・生物〕水俣湾の魚の水銀汚染　熊本県水俣湾魚介類対策委員会が1992年度上期の水銀汚染度追跡調査に基づき、水俣湾の魚12種を「基準値を超える魚」に指定した。

11.20　〔海洋・生物〕新石垣空港の建設地問題と海洋環境　新石垣空港の建設地問題で、「新石垣空港建設対策協議会」が4候補地の中から宮良地区を選定、大田昌秀・沖縄県知事へ報告した。これを受け、11月21日に環境庁が世界的に貴重なアオサンゴの群集がある白保海域を西表国立公園の中に含めて海中公園に指定することを決定した。

12.3　〔海難事故・事件〕エージアン・シー号座礁—油流出　スペイン北西岸ラ・コルーニャ港に入港しようとしたギリシャのタンカー「エージアン・シー号」が、荒天のために操船を誤って湾口で座礁し、落雷により爆発炎上し大量の油が流出した。油汚染は5日後には海岸の100km及び沿岸の20kmに及んだが、流出油の大半は炎上消失及び拡散、蒸発したため被害は予想外に小さかった。

12.7　〔海洋・生物〕水俣病関西訴訟で和解勧告　水俣病関西訴訟について大阪地裁より和解勧告が出された。

12.12　〔自然災害〕インドネシアで地震　インドネシア東部の東ヌサ・トゥンガラ州フローレス島付近で、大きな地震があった。同島にある町マウメレを中心に大きな被害が出、死者は2000人、行方不明者は1000人以上に上った。高さ6～25mの津波が発生し、島の南北両海岸から最大で約300m内陸部まで進入したため、複数の集落がのみ込まれ、建物の40％が崩壊、同国最悪の地震被害となった。震源はマウメレの町から南西約30キロの海域で、深さ約36キロの地点。マグニチュードはリヒター・スケールで6.8。

1992年（平成4年）

この年　〔地理・地学〕マントル内部構造の解明　地震波トモグラフィーによるマントル内部構造の解明。

この年　〔海運・造船〕造船業界の提携相次ぐ　日本の大手造船会社は、カタール入札など大きな商談に勝ち抜くため3グループに分かれた。日立造船が日本鋼管と液化ガスタンカー建造で技術提携。日本鋼管は常石造船とは業務提携。石川島播磨重工業は住友重機械工業に技術供与した。三菱重工、川崎重工、三井造船がノルウェーのモス方式を採用し共同戦線をはった。

この年　〔海運・造船〕第1回アジア船主フォーラム　第1回アジア船主フォーラム（ASF）、東京で開催。

この年　〔航海・技術〕アメリカ杯に初挑戦—ヨット　ニッポンチャレンジ、アメリカズ・カップに初挑戦。日本は予選で4位に。

この年　〔航海・技術〕バルセロナ五輪—ヨット入賞　バルセロナオリンピックの470級女子で重由美子・木下アリーシア組が5位に初入賞。

この年　〔海洋・生物〕TOGA（熱帯海洋と全球大気研究計画）　TOGA（熱帯海洋と全球大気研究計画）の西太平洋共同調査が実施される。

この年　〔海洋・生物〕インターリッジ計画はじまる　日、米、英、仏等により中央海嶺を学際的、国際的に研究するインターリッジ計画はじまる。

この年　〔海洋・生物〕ユノハナガニの陸上飼育　海洋科学技術センター、深海の化学合成生物ユノハナガニの陸上飼育開始。

この年　〔海洋・生物〕音響画像伝送装置の開発　音響画像伝送装置の開発。これによって深海の有人潜水調査船からの画像を母船上で見ることが可能に。

この年　〔海洋・生物〕駿河湾の海底の泥から極めて強力な石油分解菌を発見　海洋科学技術センターの有人潜水調査船「しんかい2000」、駿河湾の海底の泥から極めて強力な石油分解菌を発見、分離培養。

この年　〔海洋・生物〕深度記録更新　無人潜水機「カーブIII」（アメリカ）による深度5,261mでのヘリコプター回収成功。深度記録更新。

この年　〔海洋・生物〕浅海用マルチビーム測深機「シーバット」を開発　精密な海底地形をリアルタイムで出力する浅海用マルチビーム測深機「シーバット」を開発。

この年　〔海洋・生物〕地球サミット開催　環境と開発に関する国連会議（地球サミット）を開催。

この年　〔海洋・生物〕氷海観測ステーション設置　米・ロ共同で南極の浮氷に氷海観測ステーションを設置。

この年　〔海洋・生物〕氷海用自動観測ステーション　海洋科学技術センター、北極海に氷海用自動観測ステーション1号機を設置する。

この年　〔海洋・生物〕名古屋港水族館南館開業　名古屋港水族館南館が開業。「日本の海」「深海ギャラリー」「赤道の海」「オーストラリアの水辺」「南極の海」の飼育展示を行っている。2001年には北館はオープンした。

この年 〔水産・漁業〕タラ壊滅　ニーファウンドランド沖グランドバンクスのタラが底引き網漁による水揚高の上昇に伴い激減し、ほぼ壊滅する。

1993年
(平成5年)

1.5 〔海洋・生物〕座礁大型タンカーより原油流出―英国　英国北部のシェトランド諸島で、リベリア船籍のタンカー「ブレア」が座礁、積荷の原油が流出する事故が発生した。

1.13 〔海洋・生物〕水俣病資料館が開館　水俣市に水俣病資料館が開館した。

1.13 〔海難事故・事件〕「英晴丸」の爆発事件　室蘭港で油送船「英晴丸」の爆発事件が発生。4人死亡。

1.15 〔海難事故・事件〕アスファルトが釧路港に流出　釧路沖地震により昭和シェルのアスファルトタンクに亀裂が生じ、アスファルトが流出、その一部が排水口に流れ込み釧路港に流出した。

2.17 〔海難事故・事件〕ハイチでフェリー転覆　ハイチ西部のジェレミーから首都ポルトープランスに向かう途中の定期フェリー「ネプチューン」が激しいしけのため転覆した。同船には定員を大幅に超える約820人が乗っていた。現場は、ハイチの首都ポルトープランスの西約100キロの沖合。乗客はパニックに陥り、付近の岸へ向かって泳ぎ、285人が助かったが、残り約数百人が行方不明になったとみられる。

2.21 〔海難事故・事件〕漁船「第七蛭子丸」転覆事件　「第七蛭子丸」が五島列島北西方の東シナ海の漁場において操業中に転覆。「第七蛭子丸」は沈没し、乗組員のうち甲板員1人が救助されたが、残る19人は行方不明となった。

2.23 〔海難事故・事件〕「菱南丸」「ゾンシャンメン」衝突事件　神戸港南南西沖で貨物船「菱南丸」と貨物船「ゾンシャンメン」が衝突する事件発生。5人死亡。

2月 〔海洋・生物〕サツマハオリムシ発見　海洋科学技術センター、鹿児島湾の「たぎり」で深海生物サツマハオリムシを発見。

3.25 〔海洋・生物〕水俣病第三次訴訟で熊本地裁判決　水俣病第三次訴訟で、熊本地裁が国と熊本県の行政責任を認める判決を下した。

5.10 〔水産・漁業〕国際捕鯨委員会―京都総会　京都で国際捕鯨委員会(IWC)の総会が開かれた。

5.31 〔海難事故・事件〕福島でタンカーと貨物船が衝突―重油流出　タンカー「泰光丸」(699総トン)が石巻向け航行中、貨物船「第3健翔丸」(499総トン、貨物船)と福島県塩屋埼灯台南東4.6kmで衝突。右舷の破口から積荷の重油が流出した。重油は小名浜港を中心として、南北約20kmにわたり陸岸に漂着した。

5月 〔海洋・生物〕八景島シーパラダイス開業　水族館・遊園地・ショッピングモール・

1993年(平成5年)

レストラン・ホテル等を含む複合型海洋レジャー施設として横浜・八景島シーパラダイス開業。

6.3 〔海運・造船〕造船受注量世界シェア―史上最低を記録　日本船舶輸出組合が1993年第1四半期(1～3月期)の日本造船業界の受注量世界シェアを発表。20.4％と史上最低を記録。

7月 〔海洋・生物〕蓼科アミューズメント水族館開業　標高1,750mと日本一高い位置にある水族館として蓼科アミューズメント水族館が開業。山の天然水を利用し、ピラルクをはじめ他の水族館では飼育が難しいとされる淡水魚を数千匹展示。

8月 〔海洋・生物〕北海道南西沖地震の震源域調査を実施　海洋科学技術センターの「かいよう」と深海曳航調査システム「ディープ・トウ」が北海道南西沖地震の震源域調査を実施。

8月 〔海洋・生物〕惑星間の塵を海底で発見　山形大や東京大学などの研究グループがハワイ沖深海底から惑星間を漂った塵を発見した。大気圏突入時の影響も受けず、原形のままで、直径は0.1mm。初めての海底からの発見となった。化学組成の分析から太陽系の組成について解明が進むことが期待された。

9月 〔海洋・生物〕深海底微生物の培養施設が完成　日本の海洋科学技術センターは、世界ではじめて、超高圧の深海に生息する微生物を培養することができる施設を完成。

11.12 〔海洋・生物〕水俣病認定業務―認定申請期限の延長・対象者の範囲拡大　認定申請期限の延長・対象者の範囲を拡大する「水俣病の認定業務の促進に関する臨時措置法の一部を改正する法律」が公布された。

11.25 〔海運・造船〕石川島が米造船所を支援　石川島播磨重工業が、アメリカの最大の造船所ニューポートニューズ社の商船建造を全面支援する包括的契約を結んだことを明らかにした。ニューズ社は原子力空母を独占建造していたが、民需転換を迫られていた。

11.26 〔海洋・生物〕水俣病訴訟で京都地裁判決　京都地裁は、水俣病訴訟で国と県の行政責任を認める判決を言い渡した。

12月 〔海運・造船〕洋上発電プラント1号機を竣工　佐世保重工業、世界最大規模の洋上発電プラント1号機(発電能力10万Kw)を竣工。

この年 〔船舶・操船〕国内船の高速化　時速65km超の大型超高速船就航や、長距離フェリーの高速化など国内の旅客船も新幹線などに対抗するため高速化が目立ち始める。

この年 〔海運・造船〕カタール・ガスプロジェクトLNG船7隻の建造　川崎汽船、カタール・ガスプロジェクトLNG船7隻の建造・備船契約を締結。

この年 〔海運・造船〕ダブルハルタンカー「高峰丸」竣工　日本郵船の日本船籍初のダブルハルタンカー「高峰丸」竣工。

この年 〔海運・造船〕東海大学「望星丸」を竣工　東海大学海洋調査研修船「望星丸」(2,174トン)を竣工。同船は日本で唯一、旅客船と調査船の資格を併せ持つ多目的船。

この年 〔航海・技術〕ヨットレース中の事故で訴訟　日本からグアムを目指すヨットレース『トーヨーカップジャパン・グアムヨットレース92』において、参加9隻のうち2隻が

沈没し14名が死亡する日本のヨットレース史上最悪の惨事になった。このレースで遭難した14人の中の3家族が損害賠償を求めて提訴した。

この年　〔自然災害〕北海道南西沖地震　北海道と東北地方を中心に大規模な地震が発生、震源は北緯42.8度、東経139.4度の北海道南西沖で、深さ50km、マグニチュードは7.8、小樽、寿都、江差、深浦で震度5、青森、室蘭、苫小牧、むつ、倶知安、函館で震度4、留萌、札幌、八戸、秋田、帯広、岩見沢、羽幌で震度3を記録した。震源に近い奥尻島では津波、火災、土砂崩れなどで大きな被害がでた。

この年　〔海洋・生物〕北海道南西沖地震後の奥尻島沖潜航調査　海洋科学技術センターの有人潜水調査船「しんかい2000」、北海道南西沖地震後の奥尻島沖潜航調査で、海底の表面に噴砂、地割れ、亀裂などを発見、また、底生生物の多くが土石流によって埋もれたり、深い方に流された様子などを観察。

この年　〔海洋・生物〕北極海の海洋研究に原潜　米海軍が北極海の海洋研究に原子力潜水艦を提供。

この年　〔海難事故・事件〕大気圧潜水服　大気圧潜水服「ニュースーツ」で水深360mまで潜水する。

1994年
(平成6年)

2.23　〔海洋・生物〕水俣湾の水銀汚染・指定魚削減　熊本県水俣湾魚介類対策委員会が、水俣湾の水銀汚染度調査の結果、「指定魚」を前年の9種から4種へ削減した。

3.13　〔海難事故・事件〕ボスポラス海峡で船舶衝突　トルコ、ボスポラス海峡で「ナシア号」が衝突、原油流出事故を起こした。

3.31　〔海難事故・事件〕アラビア半島フジャイラ沖でタンカー同士が衝突　アラビア半島フジャイラ沖合15kmでタンカー「バイヌナ号」(UAE船籍) が停泊中のパナマのタンカー「セキ号」に衝突、セキ号の左舷側NO1タンクに孔が明き積載していた原油が流出。セキ号はイランの石油積み出し基地カーグ島で原油を満載した後、日本に向かう途中だった。

4.1　〔自然災害〕津波の早期検知　津波地震早期検知網の運用開始。

4.29　〔海難事故・事件〕ケニアでフェリー転覆　ケニア南部のモンバサ港の沖でフェリーが転覆、乗っていた労働者など約300人が死亡または行方不明になった。

5.26　〔水産・漁業〕商業捕鯨、不可能に　国際捕鯨委員会 (IWC) のメキシコ総会で、南極海のサンクチュアリ (聖域) 化案が成立 (日本のみが反対) し、商業捕鯨が事実上不可能に。日本が求めた沿岸捕鯨枠を否定し、鯨資源の持続的利用を目指した改定管理制度を採択して、27日に閉幕。

5月　〔船舶・操船〕仏海軍最初の原子力空母　仏海軍最初の原子力空母「シャルル・ド・ゴール」進水。

1994年(平成6年)

6.7　〔航海・技術〕1人乗りヨット「酒呑童子」救助される　関西国際空港開港記念の環太平洋ヨットレースに参加するため2月11日に兵庫県西宮港を出港し、3月7日にハワイ・オアフ島の西北西約3300kmの太平洋上で無線交信したのを最後に連絡が途絶えていた1人乗りヨット「酒呑童子」(長さ13.14m)の船長が、鳥島の東約300kmの地点でセントビンセント国籍の貨物船「ビエンナ・ウッド」号に救助される。

8.15　〔領海・領土・外交〕ロシア警備艇、日本の漁船を銃撃　北方領土・歯舞諸島で、日本の漁船がロシア警備隊の警備艇に銃撃され、乗組員が負傷してユジノサハリンスク市の病院に入院する。

8月　〔船舶・操船〕テクノスーパーライナー完成　運輸省と造船大手7社が共同開発した超高速貨物船SL「スーパーテクノライナー」の試験船が完成し、試験走行を行った。約1,000トンの貨物を積んで時速93kmで走行出来、低コスト輸送も可能。

9.26　〔海洋・生物〕海洋汚染—13の物質を「特別管理産業廃棄物」に指定　「廃棄物の処理及び清掃に関する法律施行令」、「海洋汚染及び海上災害の防止に関する法律施行令」の一部改正が公布された。1996年4月1日の施行まで留保措置がとられた。13の物質を「特別管理産業廃棄物」に指定。

9.28　〔海難事故・事件〕バルト海でフェリー沈没　フィンランド南部のウト諸島南東約45キロのバルト海でエストニアのフェリー「エストニア」(1万5,566トン)が座礁・沈没し、乗客乗員合わせて1049人のうち104人が救助されたが、945人が死亡した。同船はエストニアのタリンからストックホルムに向かう途中で沈没したが、様々な要因が重なって船首の扉が開いた状態になり、海水が自動車収納デッキに浸水したことが事故の原因とみられる。事故当時、現場付近は風速25mの強風が吹いており、10mほどの高波があった。

10.17　〔海難事故・事件〕和歌山県海南港でタンカー同士が衝突—原油流出　錨泊中のタンカー「豊孝丸」に、タンカー「第5照宝丸」が衝突し、右舷タンクの破口から積荷の原油が流出した。

11.26　〔海難事故・事件〕係留中のタンカーより重油流出—千葉県袖ヶ浦　富士石油の12万トン桟橋に係留中のタンカーにC重油を積込中、荷役パイプ接続部3ヵ所からC重油が噴出し、その一部が海上に流出。

12.26　〔海難事故・事件〕漁船「第二十五五郎竹丸」転覆事件　「第二十五五郎竹丸」が御前埼沖合において転覆・沈没。乗組員20人のうち2人は救助されたが、残る18人が死亡・行方不明となった。

12.28　〔自然災害〕三陸はるか沖地震　青森県八戸市東方沖180kmを震源として、M7.6の地震が発生。津波は小規模であった。この地震の被害は死者3名、負傷者784名。全壊72棟、半壊429棟、一部損壊9021棟であった。

この年　〔地理・地学〕『デジタル大洋水深総図』刊行　英国海洋データセンター(BODC)、等深線のデジタルデータを収録した『デジタル大洋水深総図』(GEBCOデジタルアトラス)CD-ROMを発行。

この年　〔海運・造船〕「CORONA ACE」就航　川崎汽船、電力炭輸送に新型石炭専用船「CORONA ACE」就航。

この年	〔海運・造船〕コンテナ船「NYKアルテア」竣工　日本郵船の4,800TEU積コンテナ船「NYKアルテア」竣工。
この年	〔海洋・生物〕「オデッセイⅡ」潜航調査　自律型無人潜水機「オデッセイⅡ」(マサチューセッツ工科大)で潜航調査実施。
この年	〔海洋・生物〕海洋科学技術戦略を発表　NERC(英国自然環境研究評議会)が「海洋科学技術戦略1994-2000」を発表。
この年	〔海洋・生物〕城崎マリンワールド　城崎マリンワールド(自然水族館シーズー)が開業。水深12mの水槽でダイバーとの交信、セイウチのランチタイム、トドのダイビング、ペンギンの散歩などが見られる。
この年	〔海洋・生物〕世界で最も浅い海域で生息する深海生物サツマハオリムシを発見　海洋科学技術センターの有人潜水調査船「しんかい2000」、鹿児島湾沖、水深82mで世界で最も浅い海域で生息する深海生物サツマハオリムシを発見。
この年	〔海洋・生物〕大西洋・東太平洋における大航海　海洋科学技術センターの「よこすか」大西洋・東太平洋における大航海(6か月間) MODE'94を実施。
この年	〔海洋・生物〕油濁2条約　日本政府、油濁2条約(69CLC/71FC)を改正する1992年議定書を批准。
この年	〔海難事故・事件〕国際海上人命安全条約　国際海上人命安全条約(SOLAS)締約国会議をロンドンで開催。国際安全管理コード(ISMコード)等を採択。

1995年
(平成7年)

1.17	〔港湾〕神戸港機能停止　阪神・淡路大震災により神戸港の機能が停止する。
1月	〔海洋・生物〕国際北極圏総合研究シンポジウム　つくば市で国際北極圏総合研究シンポジウムが開催される。
2.13	〔海洋・生物〕経済協議でサンゴ礁を議論　フィリピンで日米包括経済協議サンゴ礁部会が開かれた(~15日)。
3.3	〔海洋・生物〕**海洋汚染―埋立場所等に排出しようとする廃棄物に含まれる金属等の検定方法の一部を改正**　「産業廃棄物に含まれる金属等の検定方法の一部を改正する件」、「海洋汚染及び海上災害の防止に関する法律施行令第5条第1項に規定する埋立場所等に排出しようとする廃棄物に含まれる金属等の検定方法の一部を改正する件」、「船舶又は海洋施設において焼却することができる油等に含まれる金属等の検定方法の一部を改正する件」、「金属等を含む廃棄物の固形化に関する基準の一部を改正する件」がそれぞれ告示された。施行は4月1日。
3月	〔海洋・生物〕「かいこう7000Ⅱ」、マリアナ海溝で10,911.4mの潜航に成功　海洋科学技術センターの無人探査機「かいこう7000Ⅱ」、マリアナ海溝で総合海上試験

を実施し、10,911.4mの潜航に成功。海底に棲息するゴカイやエビ類の映像を記録した。

5.10 〔船舶・操船〕原子力船「むつ」船体切断　110日間航海しただけで役割を終えた原子力船「むつ」から原子炉を取り外すための船体切断作業が開始された。

5.13 〔航海・技術〕アメリカズ・カップ―ニュージーランド艇初優勝　ヨットレースの第29回アメリカズ・カップ第5戦で挑戦艇のチームニュージーランドが防衛艇のヤングアメリカを破り、5戦全勝で初めてアメリカズ・カップを獲得した。

5.26 〔海洋・生物〕自然環境保全基礎調査・サンゴ礁　環境庁による第4回自然環境保全基礎調査「海域生物環境調査(サンゴ礁調査)」の調査結果が公表された。

5.29 〔海洋・生物〕国際サンゴ礁会議　国際サンゴ礁会議がフィリピン・ドウマゲティ市で開催された(~6月2日)。日本はODAでフィリピン・ツバタハ環礁のサンゴを保護することを表明。

6.6 〔海洋・生物〕産業廃棄物の海洋投棄処分―中央環境審議会答申　中央環境審議会「ロンドン条約附属書に伴う産業廃棄物の海洋投棄処分のあり方について」答申を提出した。

6.22 〔船舶・操船〕原子力船「むつ」原子炉取り外し　原子力船「むつ」の原子炉が取り外された。

6月 〔海難事故・事件〕海上自衛隊ヘリコプター墜落事故機体及び乗員の発見　海洋科学技術センターの「なつしま」、海上自衛隊ヘリコプター墜落事故機体及び乗員の発見任務につく。

7.10 〔海洋・生物〕核実験抗議船、拿捕　フランスの核実験に抗議する環境保護団体グリーンピースの船がタヒチ島付近の侵入禁止区域でフランス海軍に一時拿捕された。

7.23 〔海難事故・事件〕韓国麗水港沖でタンカー座礁―油流出　キプロスのタンカー「シー・プリンス号」が、台風3号接近のため麗水港の製油所における荷揚げを中止、麗水港外へ避難中していたところ所里島へ流され座礁。その後、機関室の火災・爆発及び貨物タンクの破損により燃料油・原油が流出した。流出油は、事故後7日で事故現場から50マイル付近まで到達し甚大な漁業被害をもたらした。

7.28 〔海洋・生物〕映画『ウォーターワールド』公開　温暖化の進行で海だけが広がる海洋惑星となった未来の地球を舞台とした映画『ウォーターワールド』が公開される。主演のケビン・コスナーが監督ケヴィン・レイノルズと共同出資して製作された。

7月 〔海洋・生物〕サンゴ礁の二酸化炭素吸収　東大助教授らが、サンゴ礁が光合成で取り込む二酸化炭素吸収量が放出量を上回ると発表した。

9.5 〔海洋・生物〕フランス核実験再開　フランスのシラク大統領は6月13日に核実験の再開を宣言し、南太平洋のムルロア環礁でパリ時間の9月5日に地下核実験を実施した。これに対し日本政府は仏政府に厳重抗議を行い、松永信雄政府代表をフランスに派遣しドシャレット外相に村山首相の抗議メッセージを伝え、14日の大統領会談でも重ねて示した。しかし、その後もフランスは10月2日、27日、11月21日、12月27日と実験を行い、日本側はその都度強く抗議したが仏側の姿勢に変化は見られなかった。

9.28 〔海洋・生物〕水俣病未認定患者の救済問題　水俣病未認定患者の救済問題で、与党

		3党が環境庁の素案をもとに一時金の支払いなどの最終解決案で合意に達した。
9.30	〔海洋・生物〕	**水俣病問題で国の不手際**　環境庁長官が水俣市を訪問、水俣病問題に国の対応の不手際があったことを認め、決着への意欲を表明した。
10.15	〔海洋・生物〕	**水俣病全国連会場に新聞社のレコーダー**　水俣病全国連が水俣市で開いた非公開の会合の会場で、朝日新聞社が置いたカセットテープレコーダーが発見され、問題となった。
10.28	〔海洋・生物〕	**水俣病全国連が政府与党の解決策受入れ**　水俣病被害者・弁護団全国連絡会議（水俣病全国連）総会が水俣市で開催され、政府与党が示した最終解決策の受け入れを決定した。
10.30	〔海洋・生物〕	**水俣病問題は政治決着へ**　水俣病全国連が環境庁に対し、正式に解決策受託を回答して、水俣病問題は政治決着となった。
11.13	〔建築・土木〕	**メガフロートへ期待**　造船・鉄鋼17社が、メガフロート（超大型浮体式海洋構造物）の実証実験を住友重工追浜造船所の沖合で開始。1997年度までに耐用性や環境に与える影響などを調査。メガフロートは、洋上空港やごみ処理施設などへの利用が期待された。
11月	〔海運・造船〕	**アラスカ原油輸出解禁法成立**　米国大統領、アラスカ原油輸出解禁法案に署名、成立。
12.15	〔海洋・生物〕	**水俣病最終解決施策**　水俣病に関する関係閣僚会議で、未確定患者救済問題を含め最終解決施策を正式決定。「水俣病問題の解決に当たっての内閣総理大臣談話」閣議決定。
12.20	〔海洋・生物〕	**海洋汚染―産業廃棄物に含まれる油分の検定方法の一部を改正**　「廃棄物の処理及び清掃に関する法律施行令第6条第1項第4号及び第6条の4第1項第4号に規定する海洋投入処分を行うことができる産業廃棄物に含まれる油分の検定方法の一部を改正する件」、「産業廃棄物に含まれる金属等の検定方法の一部を改正する件」、「金属等を含む廃棄物の固型化に関する基準の一部を改正する件」、「海洋汚染及び海上災害の防止に関する法律施行令第5条第1項に規定する埋め立場所等に排出しようとする廃棄物に含まれる金属等の検定方法の一部を改正する件」、「船舶又は海洋施設において焼却することができる油等に含まれる金属等の検定方法の一部を改正する件」が告示された。
この年	〔船舶・操船〕	**TSL試験運航完了**　運輸省と造船大手7社で共同開発した超高速貨物船「テクノスーパーライナー」（TSL）の試験運航が完了。1998年には実用化の見通し。東京―大分間を11時間（現在の約半分）に短縮できる。
この年	〔地理・地学〕	**RTK-GPS導入で位置精度が向上**　RTK-GPS（Real Time Kinematic GPS）の導入により、港湾域での位置精度飛躍的に向上。
この年	〔地理・地学〕	**活断層調査**　日本で海域を含む全国活断層調査始まる。
この年	〔地理・地学〕	**世界初、『航海用電子海図』**　海上保安庁海洋情報部、世界で初めて『航海用電子海図』（ENC）を刊行。
この年	〔海運・造船〕	**「クリスタル・シンフォニー」竣工**　日本郵船の最高級クルーズ船「クリスタル・シンフォニー」竣工。

この年　〔海運・造船〕戦略的国際提携ザ・グローバル・アライアンス　戦略的国際提携ザ・グローバル・アライアンス（TGA）による、コンテナ船サービス開始。

この年　〔海運・造船〕無人探査機「かいこう」を完成　三井造船、深海10,000m級無人探査機「かいこう」を完成。

この年　〔海洋・生物〕サザンプトン海洋科学センター開所　英、海洋科学研究基地サザンプトン海洋科学センター開所。

この年　〔海洋・生物〕トロール油田にコンクリートプラットホームを設置　ノルウェー沖のトロール油田に世界最高のコンクリートプラットホーム（高さ470m）を設置。

この年　〔海洋・生物〕海底探査機の開発　米国、自律海底探査機「エイブ」を開発。

この年　〔海洋・生物〕波力発電装置、工事中に大破　英、波力発電装置「オスプレイ-1（出力2メガワット）」がスコットランドで設置工事中に大破。

この年　〔建築・土木〕海峡横断ガスパイプライン　ジブラルタル海峡横断ガスパイプライン（47km、水深388m）完工。

この年　〔水産・漁業〕養殖マグロ放流　近畿大学水産研究所が人工孵化のクロマグロを世界で初めて放流。

この年　〔その他〕「海の日」制定　「海の恩恵に感謝するとともに、海洋国日本の繁栄を願う」ことを趣旨として「海の日」が国民の祝日として制定される。1876年、東北地方を巡幸した明治天皇が汽船「明治丸」で7月20日に横浜港に帰着したことにちなみ制定されていた「海の記念日」を祝日としたもの。1996年7月20日から施行。2003年からは祝日法改正（ハッピーマンデー制度）により7月の第3月曜日となる。

1996年
（平成8年）

1.9　〔海洋・生物〕水俣・芦北地域再生振興とチッソ支援　政府がチッソ支援策と水俣・芦北地域再生振興の補助金として約250億円の支出を閣議決定した。1月31日、被害対象者への一時金（一人当たり260万円）の支払いが開始された。

1.17　〔自然災害〕インドネシアで地震　インドネシア東部のイリアンジャヤ州沖合で、マグニチュード7.5の地震が発生、震源に近い同州北部のビアク島では高さ6〜7mの津波が押し寄せ、民家などが倒壊した。25日までに津波などで100人以上が死亡、1万2000人が家を失ったほか、多くの建物に被害が出た。震源はビアク島の東106キロの太平洋。

1.22　〔海洋・生物〕水俣病総合対策医療事業　関係県において水俣病総合対策医療事業の申請受付が再開された。

1.27　〔海洋・生物〕仏、核実験終結宣言　仏、核実験。29日にシラク大統領が核実験終結宣言をする。

2.15	〔海難事故・事件〕座礁大型タンカーより原油流出—英国・ウェールズ	ウェールズ西部のブリストル海峡で、リベリア船籍の大型タンカー「シー・エンプレス号」が座礁し、21日までに6万5,000トンの原油が海上に流出した。
2月	〔海洋・生物〕世界で初めて10,000m以深の海底から深海微生物を含む海底堆積物（泥）の採取に成功	海洋科学技術センターの無人探査機「かいこう7000II」、マリアナ海溝チャレンジャー海淵（水深10,898m）で世界で初めて10,000m以深の海底から深海微生物を含む海底堆積物（泥）の採取に成功。
3.18	〔海洋・生物〕国際サンゴ礁イニシアティブ開催	バリ島で国際サンゴ礁イニシアティブ・東アジア海地域会合が開催された（〜22日）。
3月	〔船舶・操船〕三菱重工業「希望」を静岡県に引き渡し	三菱重工業が、300人乗りのフェリーを完成させ静岡県に引き渡した。このフェリー「希望」は、運輸省と造船各社が進めてきた超高速貨物船「テクノスーパーライナー」の実験用として建造されたものを大幅に改造したもの。
4.28	〔海洋・生物〕水俣病訴訟取り下げへ	水俣市で水俣病全国連が総会を開き、訴訟の取り下げが賛成多数で可決された。
5.1	〔海洋・生物〕水俣病慰霊式に環境庁長官・チッソ社長も出席	水俣病犠牲者慰霊式（5回目）が水俣湾埋立て地で開催され、約1000人が参列した。水俣病公式発見から40年目のこの日、岩垂寿喜男・環境庁長官や後藤舜吉・チッソ社長が初めて出席し、同社長がチッソ水俣本部で被害者救済の遅れを陳謝した。
5.19	〔海洋・生物〕水俣病全国連がチッソと和解	水俣病全国連がチッソと和解協定に調印。
6.14	〔海洋・生物〕海洋汚染防止—排他的経済水域及び大陸棚に関する法律公布に伴う改正	「排他的経済水域及び大陸棚に関する法律」が公布された。「海洋汚染防止法」「領海法」も一部改正が公布された。
6.22	〔海洋・生物〕国際サンゴ礁シンポジウム開催	パナマで国際サンゴ礁シンポジウムが開かれた（〜7月1日）。
6.24	〔海洋・生物〕水俣湾仕切網内で漁獲開始	水俣湾仕切り網内の海域で魚介類の集中漁獲が開始された。
6.25	〔水産・漁業〕IWC総会で先住民族のためにクジラ捕獲枠要求	アバディーンで開かれていた国際捕鯨委員会（IWC）第48回総会で、反捕鯨国のアメリカが、北西海岸の少数先住民族マカ族のために、5頭のコククジラの捕獲枠要求の立場を打ち出した。
6.28	〔水産・漁業〕IWC総会が捕鯨中止決議案を可決して閉幕	国際捕鯨委員会IWC第48回年次総会は、世界で唯一商業捕鯨を続けるノルウェーに、捕鯨全面中止を求める決議案を賛成多数で可決した。日本に対しても調査捕鯨中止を求める決議案を採択して閉幕した。
7.19	〔航海・技術〕アトランタ五輪開催、日本、ヨットで初のメダル	第26回オリンピックが米国アトランタで開催される。8月1日、ヨットの女子470級で重由美子・木下アリーシア組が2位に入り、ヨットではオリンピック初のメダル。
7.20	〔領海・領土・外交〕国連海洋法条約発効	わが国と周辺海域に関する国連海洋法条

1996年 (平成8年)

約が発効。韓国・中国との間では、200海里の排他的経済水域の境界線を合意できないまま、見切り発車。

7.30 〔海洋・生物〕自然環境保全基礎調査・サンゴ礁分布　環境庁は第4回自然環境保全基礎調査・海域生物環境調査「10万分の1サンゴ礁分布図」発行した。

8.17 〔自然災害〕ベトナムで漁船大量遭難　ベトナム北部のトンキン湾が暴風雨に襲われ、沿岸漁民700人以上が死亡または行方不明となった。多くの漁民が岸に帰るのでなく、船を守れる入り江や港などを探して海に出たため被害が拡大した。同国には防波堤などの施設が整った港湾が少なく、また合作社による集団所有から自営漁民の個人所有に変わったことから船を守ろうとする意識が強すぎることなどが背景として指摘された。

9.18 〔海難事故・事件〕韓国に北朝鮮潜水艦侵入　韓国の国防省は、同国東海岸の江陵市沖で座礁している潜水艦と、山中で上陸した北朝鮮乗務員11人の遺体を発見し、1人を逮捕したと発表した。19日には銃撃戦になり、3人が射殺された。この事件で北朝鮮は、12月29日になって初めて遺憾の意を表明し、韓国側はそれを評価するコメントを出した。

11.28 〔海難事故・事件〕中国船、奥尻島群来岬沖で座礁―油流出　苫小牧港をナホトカに向けて出港していた中国船籍の貨物船「東友（とんよう）」が、津軽海峡を出てまもなくエンジントラブルのため漂流。巡視船が一時ロープで捕捉したが時化のため切れ、奥尻島群来岬沖で座礁した。その後搭載燃料油の流出が続いた。流出した油は島群来岬沿岸に漂着。油汚染は海岸線500mに広がった。

この年 〔船舶・操船〕TSL（テクノスーパーライナー）実験終了　次世代の超高速貨物船「テクノスーパーライナー」の実験が終了、造船各社は受注活動準備に入ったが、1隻当たり150億円という高価格など問題も残った。

この年 〔船舶・操船〕カボットの航海500年記念　探検家ジョン・カボットの航海500年を記念して当時の船を復元しブリストルからニューファウンドランドまでの航海を行った。

この年 〔船舶・操船〕自律型海中ロボットの自律潜航に成功　未知の海を観測する新しい手段として研究中の自律型海中ロボットの自律潜航に成功。

この年 〔海運・造船〕カタールからのLNG輸送を開始　日本郵船、カタールからのLNG輸送を開始。

この年 〔海運・造船〕グランドアライアンスによる新サービスを開始　日本郵船、北米、欧州航路でグランドアライアンスによる新サービスを開始。

この年 〔海運・造船〕日本船籍・船員減少に歯止めを―国際船舶制度創設　日本船籍や日本人船員の減少に歯止めをかけるため「国際船舶制度」が創設された。日本の税制が外国に比べ非常に高いため日本船籍数がこの10年間で5分の1近くまで激減、日本人船員数も約4分の1に減っていることを受けたもの。

この年 〔海洋・生物〕モントレー湾水族館研究所に双胴型調査船配置　モントレー湾水族館研究所に双胴型調査船「ウエスタンフライヤー」配置。無人潜水機「ティブロン」を搭載。

この年 〔海洋・生物〕国連海洋法条約批准　国連海洋法条約（海洋法に関する国際条約）を

批准。

この年　〔海洋・生物〕潜水調査船「アルビン」の母船変更　潜水調査船「アルビン」（アメリカ）の母船「アトランティスII」退役する。新母船「アトランティス」進水（1997年就航予定）。

1997年
（平成9年）

1.2　〔海難事故・事件〕ナホトカ号事故　島根県隠岐島沖の日本海で、ロシアのタンカー「ナホトカ号」（1万3,157トン）が破断し、本体部分が沈没、残った船首部分が漂流、7日に福井県三国町の安島岬沖200mの岩礁に座礁した。積載していたC重油1万90001万7,911トンのうち62401万7,911トンが流出し、富山県を除く島根県から山形県にかけての沿岸に漂着した。油回収作業は柄杓やバケツなどの人手で行われ、4月末の終息宣言が出されるまで延べ16万人が回収にあたり、1万7,911トンを回収した。また、この回収作業中に5人が死亡した。

1.15　〔海難事故・事件〕環境庁長官視察―ナホトカ号流出事故　環境庁長官が、福井県三国町・石川県竹野海岸等、ナホトカ号油流出事故の現地を視察。国立環境研究所は、15～17日にナホトカ号油流出事故緊急現地調査を実施した。

1.17　〔海難事故・事件〕流出重油富山湾に―ナホトカ号流出事故　座礁したロシアのタンカー「ナホトカ号」から流出した重油が富山湾に接近した。

1.20　〔海難事故・事件〕関係閣僚会議解散―ナホトカ号流出事故　ナホトカ号流出油災害対策関係閣僚会議開催。

1.21　〔海難事故・事件〕ナホトカ号事件で作業ボランティア急死―重油回収作業中に　石川県珠洲市、福井県越前町・新潟県直江津市で重油回収作業に参加していた作業員が相次いで急死した。これ以前にも18日に兵庫県豊岡市でボランティアが死亡している。この後突然死予防のためボランティア支援プランを作成したが、翌月にも京都府網野町でボランティアが死亡した。

1月　〔水産・漁業〕国連海洋法条約　国連海洋法条約批准（6月）に伴い、1月からサンマやマイワシなど6種について、水産資源保護のため沿岸200海里の排他的経済水域での漁獲量規制を開始した。

2.1　〔海難事故・事件〕ナホトカ号流出事故回収作業　ロシアのタンカー「ナホトカ号」の重油流出事故で、沖合を漂流していた島根県から福井県沖の油群回収がほぼ終了した。沿岸の回収作業は手作業で続行された。

2.7　〔海難事故・事件〕ナホトカ号流出事故に環境評価　ナホトカ号油流出事故環境影響評価総合検討会が開催された。

2.16　〔海洋・生物〕沖縄県で国際サンゴ礁イニシアティブ開催　沖縄県で国際サンゴ礁イニシアティブ（ICRI）第2回東アジア海地域会合が開かれた（～20日）。

1997年（平成9年）

2.26 〔港湾〕日米港湾問題―米港湾荷役で対日制裁　米連邦海事委員会（FMC）が、港湾荷役で対日制裁を行うと発表。日本の港湾荷役業務は、事前協議制度という労使協約で制限されており、この不透明な慣行により、米海運会社の公正な市場参入を妨げ、利益が毀損されているとして、日本郵船など海運3社に、米国領内への寄港1回ごとに10万ドルの課徴金を課すと発表。

3.11 〔海洋・生物〕水俣病抗告訴訟福岡高裁判決　水俣病「抗告訴訟」控訴審判決が福岡高裁で開かれ、原告側勝訴。

3.12 〔海難事故・事件〕戸塚ヨットスクール事件で実刑判決　名古屋高等裁判所、戸塚ヨットスクール訓練生死亡事件で校長らに実刑判決。

4.3 〔海難事故・事件〕対馬沖西方で韓国タンカーが沈没―油流出　韓国タンカー「OSUNG NO.3」がC重油1,700KLを積載し、ウルサンからプサンに向け航行中、対馬沖西方約65km（韓国領海内）で座礁、沈没した。1タンク（186KL）から油が流出した。4月9日昼頃、対馬西海岸子茂田浜の海岸に油が漂着したのが確認された。

4.14 〔海洋・生物〕諫早湾干拓事業で潮受堤防を閉め切り干潟消滅　九州農政局が、長崎県の諫早湾干拓事業で建設中の潮受け堤防の開口部を閉め切った。これにより、3000haの干潟は消滅することとなった。

5.6 〔領海・領土・外交〕議員が初めて尖閣諸島に上陸　日中両国が領有権を主張する尖閣諸島最大の魚釣島に、新進党の西村真悟衆院議員ら4人が日本の国会議員としては初めての上陸をした。西村議員は上陸することで、国民に問題提起できたと主張したのに対し、政府は我が国固有の領土という立場は変わらないが、日中の友好関係全体を損なってはならないなど懸念の声が相次いだ。

5月 〔海運・造船〕海洋情報研究センター設立　日本水路協会の一部門として設立。海洋データに関する研究開発やその成果を元に作成した製品の提供、海洋知識の普及啓蒙活動などを行っている。

6.11 〔海洋・生物〕船舶発生廃棄物汚染防止規程　船舶に「船舶発生廃棄物汚染防止規程」の備え置きを義務づける「船舶安全法」「海洋汚染防止法」一部改正が行われた。

6.25 〔海洋・生物〕海洋学者のクストーが没する　フランスの海洋学者のクストーが死去する。スキューバダイビングの装置アクアラングの発明者の一人。1957年海軍を退役。調査船「カリプソ号」で研究を行い、書籍・記録映像を数多く作成。1956年の深海を扱ったドキュメンタリー映画『沈黙の世界』ではカンヌ国際映画祭のパルムドールを受賞。1970年代日本テレビ系列で放送された『驚異の世界・ノンフィクションアワー』の中の『クストーの海底世界』シリーズで日本でも広く知られた。モナコ海洋博物館の館長も務めた。

6月 〔海洋・生物〕「しんかい6500」多毛類生物を発見　「しんかい6500」三陸沖日本海溝にて多毛類生物を発見。

6月 〔海洋・生物〕海上気象通報優良船として気象庁長官から表彰　海洋科学技術センターの「かいよう」海上気象通報優良船として気象庁長官から表彰を受ける。

7.2 〔海難事故・事件〕東京湾でタンカー座礁―油流出　日本郵船運航のパナマ船籍タンカー「ダイヤモンドグレース号」が、UAEから三菱石油川崎工場向けの原油を積載

し、東京湾中の瀬航路を航行中、船底が接触し座礁・漏油した。

7.9 〔海洋・生物〕海洋汚染防止—環境保護に関する南極条約議定書の国内措置盛りこむ 「海洋汚染及び海上災害の防止に関する法律施行令の一部を改正する政令」が公布された。環境保護に関する南極条約議定書の国内措置。

7月 〔海洋・生物〕水俣湾安全宣言だされる 熊本県が「水俣湾安全宣言」を発表した。8月から9月にかけて水俣湾仕切り網が23年ぶりに完全撤去され、10月15日には漁操業自粛措置が解除され24年ぶりに漁が再開された。

7月 〔その他〕海難救助で第三管区海上保安部長から表彰 海洋科学技術センターの「よこすか」海難救助で第三管区海上保安部長から表彰を受ける。

9.4 〔海運・造船〕日米港湾問題—米、日本のコンテナ船に課徴 米連邦海事委員会（FMC）が、日本郵船、商船三井、川崎汽船に対して、3社のコンテナ船が米国に寄港するたびに、課徴金10万ドルを課すとした。日本の「事前協議制」システムについては運用の不透明さから、外国の海運会社からは批判が出ていた。

9.5 〔海難事故・事件〕功労者に感謝状—ナホトカ号流出事故で ナホトカ号油流出事故功労者感謝状贈呈式が行われ、環境庁長官、政務次官、事務次官等が出席した。

9.8 〔海難事故・事件〕ハイチでフェリー沈没 ハイチの首都ポルトープランスの北沖合でフェリーが沈没した。同フェリーには少なくとも700人が乗船していたが、同日中に救助されたのは約60人だけで、300人から400人が死亡または行方不明となった。

9.25 〔海運・造船〕青雲丸竣工 航海訓練所の練習船として造られた汽船。航海速力19.5ノット、ディーゼル機関を備える。開発途上国船員に対する乗船訓練の実施など、国際協力に寄与する役割なども担う。

10.13 〔海難事故・事件〕「ナホトカ」の重油流出事故補償 国際油濁補償基金（本部：ロンドン）が、ロシアのタンカー「ナホトカ」の重油流出事故で、油回収費の請求手続きを終えている福井、石川、富山、新潟の4県と市町村に、緊急暫定的に計10億3400万円を支払うと通知した。

10.15 〔海難事故・事件〕シンガポール海峡でタンカー同士が衝突—東南アジアで過去最大級の燃料流出 シンガポールの南約5キロのシンガポール海峡でタイ船籍のタンカー「オラピングローバル」（12万9,702トン）とキプロス船籍のタンカー「エボイコス」（7万5,428トン）が衝突し、エボイコスから燃料油2万5,000トンが流出、東南アジアで過去最大級の燃料流出事故となった。

10.17 〔港湾〕日米港湾問題大筋で合意 アメリカ政府が、日本の事前協議制の改善や労使紛争への日本政府の関与などに関して、一定の了解に達し、両政府は大筋で合意した。

10月 〔船舶・操船〕「かいれい」を京浜港晴海埠頭にて特別公開 海洋科学技術センターの「かいれい」を京浜港晴海埠頭にて特別公開。皇太子妃殿下が訪船される。

11.6 〔領海・領土・外交〕韓国、竹島に埠頭建設 日韓両国が領有権を主張する竹島に韓国政府は長さ80メートル、500トン級船舶が接岸できる埠頭を建設し、同島近くの鬱陵島で国会議員らが出席し完工式を行った。外務省は金太智韓国大使を呼び同島はわが国の領土であると強く抗議したが、金大使は同島は韓国領土とする従来の主張

1997年（平成9年）

を繰り返した。

11.6 〔海洋・生物〕重油流出回収終了　シンガポール港湾局は、10月15日にマラッカ海峡で起きたタンカー衝突事故で流出した重油の回収作業が終了したと発表した。

11.11 〔水産・漁業〕新漁業協定を締結　200海里の排他的経済水域（EEZ）の線引きで、当初難航していた国連海洋法条約の発効に伴う日中新漁業協定締結交渉は、確定が困難な海域を暫定水域とし、両国が違反操業取り締まりなどの共同規制措置を導入することで合意し、李鵬首相が来日して協定を締結した。

12.18 〔建築・土木〕アクアライン開通　東京湾横断道路アクアラインが開通。

12月 〔海難事故・事件〕学童疎開船「対馬丸」らしき船体を確認　海洋科学技術センターの「かいれい」、南西諸島にて「かいこう」で学童疎開船「対馬丸」らしき船体を確認。

この年 〔船舶・操船〕海洋科学技術センターの「かいれい」（4,517トン）竣工　海洋科学技術センターの「かいれい」（4,517トン）竣工。ミッションとして7,000m級無人探査機「かいこう7000II」の運用、4,000m級深海調査曳航システム「ディープ・トウ」の潜航支援、海底地形調査、地層探査、地球物理探査、海底堆積物の採取、海底下深部の構造探査、海底地震計、係留系等の設置・回収作業が与えられている。

この年 〔船舶・操船〕海洋科学技術センターの海洋地球研究船「みらい」（8,706トン）竣工　海洋科学技術センターの海洋地球研究船「みらい」（8,706トン）竣工。同船の前身は原子力船「むつ」で、1995年に船体を切断の上、原子炉を一括撤去、再利用しない部分の解体やアスベスト除去が行われたのち、1996年8月21日に通常のディーゼル機関を搭載し「みらい」と命名され再生。海洋の熱循環、海洋の物質循環、海洋の生態系、海洋底ダイナミクス、海洋観測ブイの解明が期待されている。

この年 〔海運・造船〕カタールLNGプロジェクト初　カタールLNGプロジェクト初の「アル・ズバーラ」（大阪商船三井船舶）が中部電力・川越基地に入港。

この年 〔海運・造船〕中国企業と大西洋航路開設　川崎汽船、中国遠洋公司と大西洋航路を開設。

この年 〔航海・技術〕ジャパングアムヨットレース事故　『トーヨコカップ・ジャパングアムヨットレース'92』での海難事故に関し遺族が求めた裁判に関し、判決はでなかったものの裁判長の職権による和解に応じた。

この年 〔航海・技術〕外航クルーズが静かなブーム　豪華客船による世界一周クルーズが静かなブームを続けている。商船三井客船の「世界一周クルーズ」は1998年まで完売。申込者の平均年齢は67.7歳で夫婦が7割を占める。21世紀が近づき、豪華客船に乗って西暦2000年や2001年の幕開けを日付変更線で迎えるツアーも次々に発売された。

この年 〔海洋・生物〕エル・ニーニョ対策サミット　エル・ニーニョ対策サミットを米政府が開催。

この年 〔海洋・生物〕国際海洋シンポジウム'97　国際海洋シンポジウム'97（7月29〜30日）開催。テーマは「海は人類を救えるか」。

この年 〔海洋・生物〕深海ロボット開発　中国が深海ロボットを開発し、海底状況撮影に成功。

この年　〔海洋・生物〕流氷調査　オホーツク海で日・米・ロで流氷調査。

1998年
（平成10年）

1.6　〔海難事故・事件〕アラブ首長国連邦（UAE）における油流出事故　アジュマン首長国領海とシャルジャ首長国との国境付近、沖合約9kmでバージ船が、UAEのアジュマン沖9kmで浸水沈没。バージ船は、10,000トン程度の中間燃料油及びガソリンを積載しており少なくとも3,000トンが流出したとみられている。油はアジュマン、シャルジャ海岸約18kmを汚染した。

2.4　〔海洋・生物〕海洋汚染防止法施行令改正―海洋投棄規制に有害液体物質指定項目を追加　海洋投棄規制に有害液体物質指定項目を追加する「海洋汚染防止法施行令」一部改正が公布された。

4.1　〔海難事故・事件〕ギニア湾でフェリー転覆　大西洋のギニア湾で、ナイジェリアからガボンに向かって航行中のフェリーが悪天候による大波のため転覆し、少なくとも280人が行方不明となった。

4.5　〔建築・土木〕明石海峡大橋開通　神戸市垂水区と淡路市とを結び世界最長の吊り橋、明石海峡大橋が開通。

4月　〔船舶・操船〕深海巡航探査機「うらしま」の開発を開始　海洋科学技術センター、2005年実稼働を目指して深海巡航探査機「うらしま」の開発を開始。

4月　〔海運・造船〕米国外航海運改革法成立　米国海運法の改正法案として提出された「外航海運改革法案」が米国上院本会議において可決。

5.2　〔自然災害〕エル・ニーニョによる被害　アルゼンチン各地をエル・ニーニョ現象による豪雨による洪水が襲い、これまでに13万人が避難した。

5.27　〔海洋・生物〕海洋汚染防止法改正・油防除体制を強化　油などの防除体制を強化する「海洋汚染防止法」一部改正が公布された。

5月　〔海洋・生物〕世界で初めて底生生物の採取に成功　海洋科学技術センターの無人探査機「かいこう7000II」チャレンジャー海淵（水深約10,900m）において世界で初めて底生生物（エビ類の仲間、「カイコウオオソコエビ」Hirondelleagigas 体長約4.5cm）の採取に成功。

5月　〔その他〕シップ・オブ・ザ・イヤー'95準賞を受賞　海洋科学技術センターの「かいれい」、シップ・オブ・ザ・イヤー'95準賞を受賞。

7.17　〔自然災害〕パプア・ニューギニアで地震・津波　パプア・ニューギニアの北西海岸でマグニチュード7程度の地震が発生、西セピック州シサノ地区の海岸沿いの集落が津波に襲われ、1200人の死亡が確認されたほか、約5000人が行方不明となった。最終的な死者の数は6000人を超えるとみられる。津波は地震の発生約30分後に、高さ約10m、幅約30キロにもわたって沿岸の集落を襲った。

8.15 〔海難事故・事件〕ケミカルタンカーの燃料流出―犬吠崎沖で衝突　銚子市犬吠崎沖の海上で、ケミカルタンカーとパナマ船籍の貨物船が衝突し、タンカーの燃料約46トンが流出した。

8.31 〔軍事・紛争・テロ〕ミサイルが日本近海に着水　北朝鮮がテポドン型ミサイルを発射し日本海に落下した。9月1日に官房長官談話で北朝鮮に厳重抗議し、KEDOの資金分担合意の見合わせなどの対抗措置を発表。北朝鮮側は人工衛星打ち上と日本側の対応を非難したが、日本側は国連安保理に働きかけ、日米韓外相会談で3国の連携を確認した。一方、米国、韓国の要請によりKEDOへの資金拠出凍結は解除した。

9.2 〔海洋・生物〕船舶などからの大気汚染防止　「マルポール73/78条約」改正（附属書6の追加）に伴い、船舶などからの大気汚染防止に関する規則に関して告示があった。また、「海洋汚染防止法」が一部改正された。

9.19 〔海難事故・事件〕フィリピンでフェリー沈没　フィリピン・マニラの南120キロに位置するバタンガス沖でスルピシオ・ラインズが所有するフェリーが沈没し、乗客乗員合わせて402人のうち約140人が救助されたが、約260人が行方不明となった。同船はマニラ港を出港してセブ島へ向かう途中、強風と高波のため沖合に停泊していたが、風速75mの突風を受けて転覆したという。事故当時、大型台風の影響でマニラ首都圏を中心に天候は大荒れだった。

9.24 〔海洋・生物〕シーラカンス、第2の生息域　アメリカのロイ・コールドウェルらとインドネシア科学協会のグループは、生きた化石と呼ばれる原始的な魚類シーラカンスが、唯一の生息域とされていたアフリカ南東部コモロ諸島海域から約1万キロ離れた、インドネシア・スラウェシ島北部海域で捕獲され、この地が第2の生息域であることを、英国の科学雑誌『ネイチャー』に発表。

9.25 〔水産・漁業〕新漁業協定が基本合意　10月7日に金大統領の来日が決定し、大統領来日前に日韓漁業協定の基本合意を目指して事務レベル折衝が重ねられた。しかし、暫定水域の範囲などで両国の主張は折り合わず、政治レベルでの決着を図り、暫定水域の東限線を両国の主張の間を取り東経135度30分などとすることで基本合意となった。

9月 〔海洋・生物〕「みらい」最初の北極海研究航海を実施　海洋科学技術センターの「みらい」最初の北極海研究航海を実施。

10.20 〔海運・造船〕商船三井とナビックスが合併へ　海運業界2位の大阪商船三井船舶と4位のナビックスラインが、1999年4月1日に合併することで合意したと発表。1999年3月決算で両社の合計売上高は、日本郵船を抜く見通し。合併比率は商船三井3.5、ナビックスが1。新社名は商船三井。

11月 〔海洋・生物〕「しんかい6500」巨大いか発見　「しんかい6500」南西インド洋海嶺にて新種の巨大イカを発見。

12月 〔海洋・生物〕サンゴ礁の二酸化炭素吸収力　通産省の外郭団体である地球環境産業技術研究機構が、沖縄・宮古島での4年間にわたる観測の結果、サンゴ礁が熱帯雨林なみの二酸化炭素吸収力を持つことを確認した。

この年 〔海運・造船〕アジアにおける日本の地位低下―海運白書　1998年度の海運白書「日本海運の現況」が発表。シンガポール、香港、釜山などアジアのコンテナ取扱量は

伸びているが、日本は低い伸びにとどまっており、アジアにおける日本の港湾の地位低下が指摘された。

この年　〔海運・造船〕ザ・ニュー・ワールド・アライアンス発足―大阪商船三井　ザ・ニュー・ワールド・アライアンス（TNWA）発足。

この年　〔海運・造船〕新グランドアライアンスによる新サービスを開始　日本郵船、北米、欧州航路で新グランドアライアンスによる新サービスを開始。

この年　〔海運・造船〕船舶職員法改正　国際船舶への日本人船・機長2名配乗体制を可能とする船舶職員法改正。

この年　〔海運・造船〕内航海運暫定措置事業導入　内航海運船腹調整事業を解消し、内航海運暫定措置事業を導入。

この年　〔海運・造船〕日本郵船、昭和海運を合併　日本郵船、昭和海運を合併。社船3隻、54万9,031重量屯、傭船75隻、614万0,134重量屯を継承。

この年　〔航海・技術〕「しんかい6500」世界で初めてインド洋潜行　「しんかい6500」大西洋中央海嶺と南西インド洋海嶺他にて調査潜航を実施。これはインド洋において初めて有人潜水船が行った潜航であった。

この年　〔通信・放送〕世界一極細ケーブル　日仏研究チームで太さ5000万分の1メートルの世界一極細ケーブルの作製に成功。

この年　〔海洋・生物〕COP4開幕　アルゼンチンで気候変動枠組み条約第四回締約国会議（COP4）が開幕。

この年　〔海洋・生物〕リスボン国際博覧会　リスボン国際博覧会が開幕。テーマは「海」。

この年　〔海洋・生物〕世界の最大サンゴ、アザミサンゴなどが死滅の危機　この夏、沖縄・西表島沖合の世界最大サンゴ、アザミサンゴ（直径8m）ミドリイシなどが死滅の危機に瀕した。春ごろからオーストラリア・グレートバリアリーフ、スリランカ、インドネシアなど世界各地のサンゴに連鎖的な白化現象が発生していた。

この年　〔海洋・生物〕大西洋・インド洋における大航海　海洋科学技術センターの「よこすか」日・米・英・仏などの国際協力による大西洋・インド洋における大航海（7か月間）MODE'98を実施。

この年　〔海洋・生物〕中国で海生動物の卵細胞の化石　海生動物の卵細胞の化石（約5億7000万年前）を中国で発見。

この年　〔海難事故・事件〕沈船「タイタニック」の一部海上へ　タイタニック86年ぶり海上に右舷船体の一部が浮上する。

この年　〔海難事故・事件〕沈没の空母発見　ハワイ・ミッドウェー沖で沈没の米空母を発見。

1999年
(平成11年)

1月 〔海洋・生物〕ニューギニア島北岸沖精密地球物理調査　海洋科学技術センターの「かいれい」、ニューギニア島北岸沖精密地球物理調査を実施。

1月 〔海洋・生物〕松野、ロスビー研究メダル受賞　松野太郎(海洋研究開発機構地球フロンティア研究システム長)が「ロスビー研究メダル」を受賞。

1月 〔海洋・生物〕精密地球物理調査　海洋科学技術センター、ニューギニア島北岸沖精密地球物理調査の実施。

2.18 〔海洋・生物〕水俣病患者連盟委員長・川本輝夫氏死去　水俣病患者連盟委員長・川本輝夫が肝臓がんのため熊本県水俣市の病院で死亡。

2月 〔海洋・生物〕で大規模な多金属硫化物鉱床を発見　海洋科学技術センターの「なつしま」「しんかい2000」により伊豆・小笠原弧で大規模な多金属硫化物鉱床を発見。

2月 〔海洋・生物〕多金属硫化物鉱床の発見　海洋科学技術センター、「しんかい2000」により伊豆・小笠原弧で大規模な多金属硫化物鉱床の発見を発表。

2月 〔海難事故・事件〕ナポレオン艦隊の残がい　エジプト沖にナポレオン艦隊の残がい発見。

3.4 〔海洋・生物〕タイなどで水俣病普及啓発　タイ・バンコクで開発途上国に対する水俣病経験の普及啓発セミナー開催。

3.5 〔海洋・生物〕気候変動に関する日本－EUシンポジウム'99開催　東京国際フォーラムにおいて、地球フロンティア研究システムの主催で「気候変動に関する日本－EUシンポジウム'99」を開催。地球変動予測研究に関する日－EU間の協力、協力へ向けての意見交換、研究活動の一般への普及を目的として行われた。

3.24 〔海洋・生物〕水俣病と男児出生率　国立水俣病総合研究センターによる調査で、水俣病患者の多発期(1955～59年)には水俣で男児出生率が異常に低かったことが判明し、千葉で開催された日本衛生学会でデータが発表された。

3月 〔海洋・生物〕2,000メートルの海底に2000万年前の大陸を発見　インド洋南端、2,000メートルの海底に2000万年前の大陸を発見。

4.1 〔海運・造船〕日本セーリング連盟発足　日本ヨット協会と日本外洋帆走協会が統合して発足。セーリングスポーツを統轄し、技術の向上とセーリングスポーツを通じての国民の心身の健全な発達に寄与し、海事思想の発展・普及と海洋環境の保全を図ることを目的としている。

4.1 〔自然災害〕新しい津波予報の開始　津波予報区の細分化、新しい津波予報の開始。

5.1 〔建築・土木〕瀬戸内しまなみ海道開通　本四連絡橋・瀬戸内しまなみ海道(尾道－今治)が開通。

5.12	〔海洋・生物〕水俣病認定申請―熊本県の対応に怠り	水俣病患者認定を申請した後に死亡した人物について、熊本県が死後17年間対応を怠り、1995年に棄却処分にしていたことが判明した。
5月	〔地理・地学〕南海トラフにおいて巨大な海山を発見	海洋科学技術センターの「かいよう」「かいれい」とともに南海トラフにおいて巨大な海山を発見。
5月	〔海運・造船〕アジア航路運賃値上げ	アジア発の定期コンテナ船の運賃が値上げ。アジア経済の回復に支えられ、外航海運の需要も回復した。
5月	〔水産・漁業〕国際捕鯨委員会―日本の沿岸捕鯨拒否	加盟40ヵ国中34ヵ国が参加して国際捕鯨委員会(IWC)総会が開催され、日本による「沿岸でのミンククジラ50頭の捕鯨」要求が拒否された。調査捕鯨も「クジラを殺さない調査」条件が付けられるなど、捕鯨自体を悪とみなす傾向が強まった。
6月	〔地理・地学〕南海トラフにおいて大規模かつ高密度な深部構造探査を実施	「白鳳丸」「かいよう」とともに南海トラフにおいて大規模かつ高密度な深部構造探査を実施。
6月	〔海洋・生物〕「みらい」が国際集中観測Nauru99に参加	海洋科学技術センターの「みらい」が国際集中観測Nauru99に参加。
7月	〔海洋・生物〕グリーンピース、サンゴ死滅の恐れを報告	オーストラリアの環境保護団体グリーンピースが、海水温度の上昇でグレートバリアリーフのサンゴ礁の脱色が恒常化し、2100年までには死滅の恐れがあると報告した。
8.14	〔海難事故・事件〕ロシアの原潜「クルスク」沈没	ロシア北西部のバレンツ海の海底約100mで、ロシア北方艦隊所属の大型原子力潜水艦「クルスク」が航行不能となり、沈没した。乗組員118人の救助作業は悪天候で難航し、16日、艦内から生存を知らせる信号が途絶えた。ロシア政府は当初、国家機密の漏洩を恐れて他国の救助を拒んでいたが、19日にイギリスやノルウェーとの3国合同救助チームが組まれた。同艦は爆発によって船首部分が大きく破損し、艦の全域が浸水していることが21日になって判明し、全員の死亡が公式に表明された。事故原因として、当初は他国の潜水艦との衝突説なども浮上したが、「クルスク」が搭載していた船首部分の魚雷の爆発による可能性が高い。同艦の原子炉からの放射能漏れなどはなかった。
9.2	〔自然災害〕深海底長期地震・地殻変動観測研究	海洋科学技術センター、世界初の深海底長期地震・地殻変動観測研究の開始。
9.27	〔海運・造船〕造船―三菱重工赤字転落	造船重機最大手の三菱重工業が、2000年3月期の業績見通しを修正。経常利益は350億円の赤字転落を発表。
9月	〔海洋・生物〕エル・ニーニョ現象	海洋科学技術センター、インド洋におけるエル・ニーニョ現象を発見。
10.18	〔海難事故・事件〕インドネシアで客船沈没	インドネシアのイリアンジャヤ州メラウケ地方沖合で客船「KMビマス・ラヤ2世」が沈没、乗客約300人のうち26人が救助されたが、200人以上が行方不明となった。
10月	〔建築・土木〕海底ケーブルと観測機器とのコネクタ接続作業に成功	海洋科学技術センターの無人探査機「かいこう7000II」、ビーナス計画で南西諸島海域2,150mで

1999年（平成11年）

海底ケーブルと観測機器とのコネクタ接続作業に成功。

11.23	〔海難事故・事件〕徳山湾でタンカー衝突―油流出	徳山港晴海埠頭沖合でタンカー「豊晴丸」が「COPILICO号」と衝突。衝突により「豊晴丸」は転覆し、船体は転覆したまま近くの晴海岸壁に船首を南にして漂着した。この事故で甲板に破口を生じ、積荷のC重油の一部が流出した。
11月	〔海難事故・事件〕「H-IIロケット8号機」第1次調査	海洋科学技術センターの「かいれい」「H-IIロケット8号機」第1次調査にて第1段ロケットの部品を発見。
12.10	〔海難事故・事件〕漁船第一安洋丸沈没事件	漁船「第一安洋丸」がベーリング海で沈没。乗組員等12人死亡・行方不明。
12.12	〔海難事故・事件〕フランス沖でエリカ号沈没	重油31,000トンを積載し、リボルノに向けダンケルクを出航した「エリカ号」がフランス沖で荒天により船体が真っ二つに折れ沈没、積荷の重油が流出した。400kmの海岸線に油が漂着した。
12月	〔海難事故・事件〕「H-IIロケット8号機」第2次調査	海洋科学技術センターの「よこすか」「H-IIロケット8号機」第1弾ロケットの第2次調査にてメインエンジンを発見。
12月	〔海難事故・事件〕「H-IIロケット8号機」第3次調査	海洋科学技術センターの「なつしま」「H-IIロケット8号機」の第1段ロケットの3次調査を実施。
この年	〔地理・地学〕海洋観測衛星打上げ	NASAが異常気象調査のため海洋観測衛星の打上げを行った。
この年	〔海運・造船〕商船三井発足	大阪商船三井船舶とナビックスラインが合併し商船三井発足。
この年	〔海洋・生物〕『ウミウシガイドブック』刊行	ダイビングガイドの小野篤司『ウミウシガイドブック～沖縄・慶良間諸島の海から』（ティビーエス・ブリタニカ）刊行。300種類のウミウシを紹介した日本初のウミウシ専門図鑑。ウミウシの色・模様の多様さが注目され、ウミウシブームが起きた。伊豆半島、インドネシアの海の続編も刊行された。
この年	〔海洋・生物〕ラニーニャ現象	ペルー沖で10年ぶりにラニーニャ現象を観測。
この年	〔水産・漁業〕深層水で魚の養殖	ハワイ州立自然エネルギー研究所、深層水で魚を養殖産業利用を本格化。
この年	〔海難事故・事件〕ハイジャック事件	「アロンドラ・レインボー号」ハイジャック事件発生。
この年	〔海難事故・事件〕油濁事故	「エリカ号」フランス沖で折損沈没、油濁事故発生。
この年	〔その他〕「なつしま」AMVERに関する表彰を受ける	海洋科学技術センターの「なつしま」AMVERに関する表彰を受ける。
この年	〔その他〕『海猿』連載開始	小学館の『週刊ヤングサンデー』で、小森陽一原案・取材、佐藤秀峰作画の漫画『海猿（うみざる）』の連載が始まった（～2001年）。海難救助を中心とした海上保安官の活躍を描いた人気作品で、2002年以降テレビドラマや映画でシリーズとして複数回実写化されている。

2000年
（平成12年）

- 3.20 〔海洋・生物〕カナダの漁業海洋省との研究協力覚書　海洋科学技術センターとカナダ漁業海洋省との研究協力覚書（MOU）締結。
- 5.4 〔自然災害〕インドネシアで地震・津波　インドネシア・スラウェシ島の中部スラウェシ州近海でマグニチュード6.5の地震があり、津波が発生、6日までに27人の死亡が確認された。負傷者は少なくとも148人で、このうち42人が重傷だという。地震と津波により5ヶ村が全滅したとの未確認情報もあり、犠牲者の数はさらに増えるものとみられる。
- 5.12 〔海洋・生物〕サンゴ礁研究モニタリングセンター開所　沖縄県石垣市に国際サンゴ礁研究・モニタリングセンター開所。
- 5.31 〔海洋・生物〕インドの海洋研究所と協力覚書　海洋科学技術センターとインド国立海洋研究所との研究協力覚書（MOU）の締結。
- 5月 〔海洋・生物〕日本で初めて氷海観測用小型漂流ブイによる観測に成功　海洋科学技術センターの「みらい」は北極点で日本で初めて氷海観測用小型漂流ブイによる観測に成功。
- 6.29 〔海難事故・事件〕インドネシアの難民船沈没　インドネシアのマルク海峡で客船が消息を絶った。同船は宗教紛争による避難民400人を乗せ、北マルク州ハルマヘラ島トベロから北スラウェシ州マナドに向かっていたが、港湾当局者の話ではエンジン故障を伝える連絡があったといい、沈没した可能性が高い。
- 6月 〔海洋・生物〕世界のサンゴ礁の15％が白化現象　民間団体「リーフチェック」の調査により、1998年に世界のサンゴ礁の15％が白化現象で被害を受けたが、そのうち3分の1は1999年になって回復していることが判明した。
- 7.15 〔海洋・生物〕アクアマリンふくしま開館　福島県浜通り南部の太平洋に面した土地にアクアマリンふくしまが開館。
- 8月 〔船舶・操船〕潜水艦ハンリー引揚げ　南北戦争で沈没の潜水艦「ハンリー」を引き揚げ。この艦は実践で使用され戦果をあげたはじめての潜水艦であった。
- 8月 〔海洋・生物〕インド洋中央海嶺にて熱水活動と熱水噴出孔生物群集を発見　海洋科学技術センターの「かいれい」インド洋中央海嶺にて熱水活動と熱水噴出孔生物群集を発見。
- 9.2 〔自然災害〕三宅島雄山噴火、全島避難　6月の群発地震から始まった三宅島雄山噴火は9月2日に大量の火山ガス放出があり全島避難となった。
- 9.11 〔海難事故・事件〕漁船第五龍寶丸転覆事件　北海道浦河港南方沖合で漁船「第五龍寶丸」が転覆。乗組員14人が行方不明となった。
- 9.13 〔海運・造船〕商船分野で包括提携　石川島播磨重工業、川崎重工業、三井造船が、

		商船分野で包括提携することを発表。
9.13	〔水産・漁業〕	調査捕鯨に制裁措置　クリントン米国大統領が、日本の調査捕鯨問題に関連して、米国の経済水域200海里内での日本漁船の操業を禁止する制裁措置を発動。
9月	〔海洋・生物〕	インド洋でのダイポールモード現象　地球フロンテイア研究システムは高解像度大気海洋結合モデルを用いたシミュレーション計算によりインド洋におけるダイポールモード現象を再現することに初めて成功。
10月	〔軍事・紛争・テロ〕	米駆逐艦「コール」爆破事件　米駆逐艦「コール」がイエメン沖でイスラムのアル・カイーダのディンギーによる自爆テロを受ける。
12月	〔通信・放送〕	水中カメラで撮影したカラー映像の音響画像伝送に成功　海洋科学技術センターの「うらしま」、駿河湾内水深1,753mより水中カメラで撮影したカラー映像の音響画像伝送に成功し、自律型無人機として世界新記録を更新。
この年	〔船舶・操船〕	無人探査機「ハイパードルフィン」を「かいよう」に艤装搭載し潜航活動を開始　海洋科学技術センターの無人探査機「ハイパードルフィン」を「かいよう」に艤装搭載し潜航活動を開始。相模湾、駿河湾で深海生物を撮影。
この年	〔海運・造船〕	機長2名配乗体制　日本人船・機長2名配乗体制の国際船舶が3隻誕生。
この年	〔海運・造船〕	造船再編、大手3グループに統合　5月23日、日立造船とNKKは造船事業において提携することを発表した。両社は営業・設計・調達・製造分野での協力を決定し、事業統合も視野に協議を進めている。また、9月13日には石川島播磨重工業、川崎重工業、三井造船の3社も商船分野において事業統合を視野に入れた提携を発表した。
この年	〔航海・技術〕	シドニー五輪—ヨット　シドニーオリンピック「470級女子」で日本が8位入賞。
この年	〔海洋・生物〕	サンゴの白化被害やや回復　世界のサンゴの白化被害、やや回復（リーフチェック調査）。
この年	〔海洋・生物〕	モルディブ海面上昇　モルディブが温暖化の影響により海面上昇。島の8割沈下へ。
この年	〔海洋・生物〕	ラニーニャ発生　気象庁、ラニーニャ発生を確認。NASA発表では年内に終息。
この年	〔海洋・生物〕	温暖化、予測を上方修正　21世紀温暖化さらに加速、国連の「気候変動に関する政府間パネル（IPCC）」が予測気温を上方修正。
この年	〔海洋・生物〕	淡水イルカ保存　淡水イルカ保存のためクローン研究はじまる。
この年	〔海洋・生物〕	南極の氷山分離　南極のロス棚氷から過去最大級の氷山が分離。
この年	〔海難事故・事件〕	サン・テグジュペリの墜落機？発見　サン・テグジュペリ墜落機と思われる機体がマルセイユ沖でダイバーに発見。

2001年
(平成13年)

1.24 〔海難事故・事件〕ケミカルタンカー「ニュー葛城」乗組員死傷事件　「ニュー葛城」は、1月24日千葉港に入港したあと錨泊し、16時ごろからクロロホルムによるタンククリーニングを開始した。18時30分ごろ一等航海士は、保護マスクを付けないまま、単独で船首ポンプ室に降り、発生した有毒ガスを吸引して意識を失った。船長は、船首ポンプ室の異変を知り、通信長とともに同室に急行し、同航海士を救助するため急いで同室に降り立ったところ、19時00分2人とも有毒ガスを吸引して昏倒した。その結果、船長及び一等航海士が死亡し、通信長が意識不明の重体となった。

2.9 〔海難事故・事件〕えひめ丸沈没事故　愛媛県立宇和島水産高校の実習船「えひめ丸」が、ハワイ沖で、緊急浮上訓練中のアメリカの原子力潜水艦「グリーンビル」に衝突され沈没、「えひめ丸」の乗組員20人、教員2人、実習生13人のうち生徒4人を含む9人が行方不明になった。27日、アメリカ特使が来日し、ジョージ・W.ブッシュ大統領からの書簡を森喜朗首相に手渡した。2002年4月10日、アメリカが愛媛県に賠償金約14億9600万円を支払うことで和解が成立。

2月 〔海難事故・事件〕原潜・実習船衝突事故、謝罪のため元艦長来日　ハワイ沖で米原子力潜水艦「グリーンビル」が愛媛県立宇和島水産高校の実習船「えひめ丸」に衝突、沈没し9人が死亡した事故で、原潜「グリーンビル」のスコット・ワドル元艦長が遺族らに謝罪するため来日。

6.23 〔自然災害〕ペルー地震　ペルー南部を中心に強い地震が発生、26日までに同国内で102人の死亡が確認され、53人が行方不明となったほか、1386人が負傷した。倒壊家屋は1万1000戸に達し、4万8000人が家を失った。特に被害が大きいのはペルー第2の都市アレキパとチリ国境に近いモケグア。また、首都リマの南約900キロの町カマナなど太平洋岸の地域では津波のため39人以上が死亡、多数が行方不明となった。ペルーのほか、チリやボリビアでも負傷者が出たという。震源はリマの南東約600キロで、震源の深さは33キロ、地震の規模はマグニチュード7.9。数日間にわたり余震が続発し、中にはマグニチュード5を超えるものもあったという。

7月 〔水産・漁業〕サンマ漁で韓国巻き込む外交問題　ロシア政府が韓国、北朝鮮、ウクライナに北方4島周辺水域でのサンマ漁の操業許可を与えていた事実が発覚し、田中外相がパノフ在日露大使を呼び抗議し、8月には首相がプーチン大統領に抗議の親書を送った。しかし、ロシア側は「商業的な問題」との立場を崩さず、サンマ漁は断行した。10月に日露両国で第三国の操業を認めないことで基本合意したが、韓国政府が猛反発をした。

8.28 〔海洋・生物〕諫早湾干拓事業―抜本的見直し　国営諫早湾干拓事業で、武部農相は、規模を縮小する抜本的な見直し案を年内に策定する方針を明らかにした。

8月 〔自然災害〕自律型無人機の世界最深記録および無線画像伝送の伝達距離を更新　海洋科学技術センターの「うらしま」、自律型無人機の世界最深記録および無線画像伝

送の伝達距離を更新。

9月　〔海運・造船〕海運大手3社、円高効果で増収　海運大手3社の日本郵船、商船三井、川崎汽船の9月中間連結決算は、円安効果で増収を確保したが、経常利益はIT不況の影響を受け荷動きが鈍化し3社とも減益に陥った。税引き後利益は川崎汽船が保有株式を売却したことで大幅な増益を確保した。

10.19　〔海難事故・事件〕ジャワ島沖で難民船沈没　インドネシアのジャワ島沖で難民を乗せた船が沈没し、20日までに44人が救助されたが、377人が行方不明となった。行方不明者の生存は絶望視されている。同船はスマトラ島の漁港を出港してオーストラリア領クリスマス島に向かっていたという。難民の大半はイラク人で、アフガニスタン人、パレスチナ人、アルジェリア人も含まれるという。インドネシア周辺海域では中東からの不法移民をオーストラリアに送る難民船が頻繁に出没しており、インドネシア当局の関与も指摘されている。

10月　〔海洋・生物〕「みらい」がインド洋東部にてトライトンブイを設置　海洋科学技術センターの「みらい」がインド洋東部にてトライトンブイを設置。

10月　〔水産・漁業〕トラフグのゲノム解析　魚類で初めてトラフグのゲノム解析がほぼ完了。

10月　〔海難事故・事件〕「かいれい」ハワイホノルル沖「えひめ丸」沈没海域で遺留物回収　海洋科学技術センターの「かいれい」、ハワイホノルル沖「えひめ丸」沈没海域で遺留物回収。

11.9　〔軍事・紛争・テロ〕自衛艦のインド洋派遣　9月に起きたアメリカ同時多発テロ事件とアフガニスタン攻撃を受け、日本政府は「時限立法テロ対策特別措置法」を制定。自衛艦「くらま」「きりさめ」「はまな」の3隻とヘリコプター4機、乗員約700名が佐世保を出発。以後インド洋にて補給艦と護衛艦の役割を果たす。

12.22　〔海難事故・事件〕不審船引き揚げ　東シナ海で海上保安庁の巡視船「あまみ」が不審船を追跡。銃撃戦の末、不審船は爆発を起こし沈没した。後の調査で北朝鮮の工作船であったことが判明した。

この年　〔海運・造船〕「GOLDEN GATE BRIDGE」が現代重工業で竣工　川崎汽船のオーバーパナマックス型コンテナ船「GOLDEN GATE BRIDGE」が現代重工業で竣工。

この年　〔海運・造船〕外航労務部会へ移管　外航労務協会の業務を日本船主協会・外航労務部会へ移管。

この年　〔海運・造船〕日本郵船、日之出汽船を完全子会社化　日本郵船、株式交換により日之出汽船株式会社を完全子会社化。

この年　〔海洋・生物〕ウィッティントン、国際生物学賞を受賞　ハリー・ブラックモア・ウィッティントン（英国）が三葉虫やバージェス動物群の研究により国際生物学賞を受賞。

この年　〔海洋・生物〕名古屋港水族館北館開館　名古屋港水族館北館が開館。鯨類飼育水槽としては世界最大級のメインプールを保有。

2002年
（平成14年）

1月 〔船舶・操船〕「なつしま」「ハイパードルフィン」搭載　海洋科学技術センターの「なつしま」「ドルフィン－3K」関連機材撤去および「ハイパードルフィン」搭載工事実施。

3.27 〔海洋・生物〕有明海養殖ノリ不作と諫早湾水門の因果関係　農水省は、有明海の養殖ノリの不作と諫早湾水門との因果関係について、潮受け堤防の排水門を開けた調査が必要である、との提言をまとめた。

4.1 〔地理・地学〕海上保安庁海洋情報部と改称　海上保安庁水路部より海上保安庁海洋情報部と改称。

4.15 〔海洋・生物〕諫早湾で開門調査—養殖ノリ不作　農水省は、国営諫早湾干拓事業の潮受け堤防の排水門を開放し、養殖ノリの不作との環境影響調査を行うことで、地元の長崎県などと合意した。1997年の堤防締め切り以降初めての開門で、24日に南北2カ所の水門を開けて海水を導入した。しかし、湾奥部の閉め切りが有明海の環境にどの程度の影響を与えているかを明らかにするまでには至らなかった。中・長期にわたる開門調査の是非が検討されたが、干拓事業が有明海の環境に与えた影響の大きさを明らかにすることは困難と見られている。

4.18 〔航海・技術〕ヘイエルダールが没する　ノルウェーの人類学者・海洋生物学者・探検家のトール・ヘイエルダールが死去する。ポリネシア人は南米から移住したという説を証明しようと、筏船の「コンティキ号」でペルーのカヤオ港から南太平洋のツアモツ島までの航海を行った。その後も葦船での大西洋横断航海やインド洋航海などを行った。1994年のリレハンメル冬季オリンピックでは開会式・閉会式の司会を務めた。

5.24 〔水産・漁業〕国際捕鯨委員会総会—捕鯨国・反捕鯨国溝埋まらず　山口県下関市で開かれていた国際捕鯨委員会（IWC）は、24日、捕鯨国と反捕鯨国の対立に終始したまま閉幕した。日本は、沿岸でのミンククジラ年間50頭を捕獲し、クジラの捕獲枠を科学的に算出・管理する「改訂管理制度」などを提案したが、いずれも否決された。

6.29 〔軍事・紛争・テロ〕韓国・北朝鮮—国境付近で銃撃戦　韓国と北朝鮮の国境付近の韓国側にある大延坪島の沖で、韓国海軍の高速艇と北朝鮮の警備艇の間での銃撃戦が発生し、約25分間の戦闘状態に陥った。この戦闘で韓国兵4人が死亡したほか韓国の高速艇1隻が沈没し、北朝鮮側の警備艇も炎上した。北朝鮮側が先制攻撃を仕掛けたのが事件のきっかけ。当初北朝鮮側は謝罪を拒否していたが、7月下旬に行われた南北閣僚級会談で北朝鮮側首席代表が遺憾の意を表明した。

7.22 〔海難事故・事件〕「コープベンチャー」乗揚事件　鹿児島県志布志湾で貨物船「コープベンチャー」の乗揚事件が発生。乗組員4名死亡、5名負傷。

7.29 〔軍事・紛争・テロ〕米軍普天間基地季節—環礁埋め立て　国と沖縄県は米軍普天間

基地移設で代替施設を名護市沖の環礁埋め立て建設で基本合意。

8.8 〔海難事故・事件〕「第二広洋丸」「サントラスト号」衝突事件　御前埼沖合で貨物船「第二広洋丸」と貨物船「サントラスト号」が衝突する事件が発生。「サントラスト号」の乗組員6名死亡、2名行方不明となる。

8月 〔海洋・生物〕「みらい」が西部北極海国際共同観測実施　海洋科学技術センターの「みらい」が西部北極海国際共同観測JWACS実施。

9.9 〔海洋・生物〕オニヒトデ駆除　沖縄県はサンゴ保護のために、オニヒトデの本格駆除を開始した。

9.14 〔海難事故・事件〕プレジャーボート「はやぶさ」転覆事件　北海道サロマ湖内でプレジャーボート「はやぶさ」の転覆事件発生。船長及び同乗者7名死亡。

9.26 〔海難事故・事件〕セネガル沖でフェリー沈没　セネガル沖の大西洋でフェリーが激しい風雨のために沈没し、30日までに乗客乗員合わせて1034人のうち約400人の死亡が確認され、約60人が救助されたが500人以上が行方不明となった。行方不明者の生存は絶望視されている。同船は同国南部から首都ダカールに向かう途中で、定員550人の約2倍が乗船していた。また、エンジンが故障して修理中だったという。

10.1 〔海難事故・事件〕自動車運搬船「フアルヨーロッパ」乗揚事件　伊豆諸島大島で自動車運搬船「フアルヨーロッパ」の燃料タンクの重油流出。約2ヵ月後に火災により「フアルヨーロッパ」は全損した。

10.6 〔海難事故・事件〕フランスのタンカーにテロ　イエメン南部のムカラ付近に入港しようとしていたフランスの石油タンカーに小型船が急接近し、タンカーが爆発炎上した。フランス、イエメン、アメリカの3ヶ国で合同調査団が組織され、10日、テロ行為による爆発であるとの調査結果を発表した。

10月 〔その他〕「よこすか」をインドネシア大統領メガワティ氏訪船　海洋科学技術センターの「よこすか」をインドネシアのメガワティ大統領訪船。

11.21 〔海洋・生物〕ゴードン・ベル賞受賞　海洋科学技術センター、「地球シミュレータ」を用いた研究成果が「ゴードン・ベル賞」を受賞。2003年12月にも同賞受賞。

11月 〔海洋・生物〕沖縄美ら海水族館開館　沖縄国際海洋博覧会終了後の1976年に設置された海洋博公園水族館を前身とする、沖縄美ら海水族館が開館。サンゴ礁、黒潮の海、深海の3つを大きなテーマとしている。

12.4 〔海難事故・事件〕「チルソン」乗揚事件　茨城県日立港で貨物船「チルソン」による乗揚事件発生。

12.5 〔海洋・生物〕船舶事故で重油流出―日立市　未明、茨城県日立市久慈町の日立港東防波堤付近で北朝鮮籍の貨物船「チルソン」(3,144トン)が座礁、船底に穴があき燃料の重油が流出した。ボランティアらが海面の重油除去を行うと共に、船内に残った約70klの重油を回収した。

12月 〔海洋・生物〕「黒潮が日本周辺の気候へ与える影響を衛星観測データから発見」　国際太平洋研究センターの野中正見研究員らが「黒潮が日本周辺の気候へ与える影響を衛星観測データから発見」を発表。

この年　〔海運・造船〕「PUTERUI DELIMA SATU」が完成　三井造船、同社初メンブレン型LNG船(積載量147,100m³)の1番船「PUTERUI DELIMA SATU」が完成。

この年　〔海運・造船〕港湾ストライキ　米国西岸諸港にて、大規模な港湾ストライキ発生。

この年　〔海運・造船〕造船受注実績3年ぶりに世界一　日本造船工業会がまとめた2001年日本の造船受注実績が3年ぶりに世界一となった。前年より24.3％増えた797万CGT(標準貨物船換算トン数)で、今まで首位の座にいた韓国の受注実績は38.4％減の641万CGTに落ち込んだ。

この年　〔海運・造船〕地球深部探査船「ちきゅう」が進水　三井造船、海洋科学技術センター向け地球深部探査船「ちきゅう」が進水。

この年　〔航海・技術〕釜山アジア大会―ヨット　アジア大会(釜山)で日本は「OP級」の金メダルをはじめ、3種目で銀、4種目で銅メダル。

この年　〔水産・漁業〕マグロ完全養殖　近畿大学水産研究所が、人工孵化した仔魚を親魚まで育て、その親魚から採卵し、人工孵化させて次の世代を生み出していくクロマグロの完全養殖に成功。

この年　〔海難事故・事件〕SOLAS条約改正　テロ防止対策に関するSOLAS条約(海上人命安全条約)が改正。

この年　〔海難事故・事件〕TAJIMA号事件　TAJIMA号事件が発生。翌年、国外において国民が被害者となった犯罪に対処するための刑法の一部を改正する法律が施行される。

この年　〔海難事故・事件〕油濁事故　「プレスティージ号」、スペイン沖で折損沈没、油濁事故発生。

この年　〔その他〕「みらい」がAMVERに関する表彰を受ける　海洋科学技術センターの「みらい」がAMVERに関する表彰を受ける。

2003年
(平成15年)

1.5　〔海難事故・事件〕「すいせん」遭難事件　秋田県男鹿半島北西沖で旅客船「すいせん」が遭難する事件発生。

2月　〔海洋・生物〕無人探査機「ハイパードルフィン」「なつしま」に艤装搭載　海洋科学技術センターの無人探査機「ハイパードルフィン」「なつしま」に艤装搭載、潜航活動を行う。

3月　〔航海・技術〕毛利宇宙飛行士潜行調査　毛利衛宇宙飛行士「しんかい6500」に乗り込み、南西諸島にて潜航調査実施。

4.14　〔海難事故・事件〕イタリア船乗っ取り事件の首謀者を拘束　アメリカの特殊部隊は、1985年に起きたイタリアの豪華客船「アキレ・ラウロ号」乗っ取り事件の首謀者でパレスチナ解放戦線(PLF)アッバス派のムハマド・アッバス(通称アル・アッバス)

2003年（平成15年）

議長をバグダッド南部で拘束したと発表した。ここ数年間はイラクに滞在して保護されていたもの。アッバス容疑者はその後イラク国内の刑務所で拘置されたが、翌年死亡した。

4月 〔海洋・生物〕「マントルプルーム域」「沈み込み帯」　世界初、「マントルプルーム域」と「沈み込み帯」の間で、物質が10億年以上の歳月をかけてリサイクルされていることが明らかになる。

5.23 〔海難事故・事件〕天竜川旅客船乗揚事件　長野県飯田市の天竜川旅客船（川下り船）93-058の乗揚事件が発生。船頭1名、旅客1名が負傷。

5月 〔海難事故・事件〕無人探査機「かいこう7000II」、四国沖で調査中、2次ケーブルの破断事故によりビークルを失う　海洋科学技術センターの無人探査機「かいこう7000II」、四国沖で調査中、2次ケーブルの破断事故によりビークルを失う。

6.16 〔水産・漁業〕鯨類保存強化決議　国際捕鯨委員会（IWC）総会は、反捕鯨国が提出した鯨類保存強化求める委員会設立決議案を可決、商業捕鯨求める日本に痛手。

6月 〔航海・技術〕最大手東日本フェリーが破綻　子会社を含むと3航路を持つ東日本フェリー（北海道函館市）が、東京地裁に会社更生法の適用を申請した。管財人によると、特定の企業の子会社にはならず、国内の長距離フェリー会社などを対象に総額50億円程度の融資を要請し、自主再建を目指す意向。

6月 〔軍事・紛争・テロ〕「うらしま」、世界で初めて燃料電池で航続距離220kmを達成　海洋科学技術センターの「うらしま」、世界で初めて燃料電池で航続距離220kmを達成。

6月 〔海洋・生物〕21世紀の偉業賞受賞　海洋科学技術センター、地球シミュレータが「21世紀の偉業賞」を受賞。

7.2 〔海難事故・事件〕漁船「第十八光洋丸」と貨物船「フンアジュピター」が衝突　福岡県沖ノ島北東方沖合で漁船「第十八光洋丸」と貨物船「フンアジュピター」が衝突。「第十八光洋丸」は沈没し、同船乗組員6名が行方不明、同1名が死亡、同8名が重軽傷を負い、「フンアジュピター」は球状船首等に凹損及び破口が生じた。

7.9 〔航海・技術〕映画『パイレーツ・オブ・カリビアン』公開　ディズニーランドのアトラクションである『カリブの海賊』をベースとした海洋ファンタジー・冒険映画『パイレーツ・オブ・カリビアン/呪われた海賊たち』が公開される。監督はゴア・ヴァービンスキー、主演はジョニー・デップ。ヒット作となりシリーズ化された。

7月 〔海洋・生物〕沖縄に二つの海流　海洋科学技術センター、沖縄が二つの海流に挟まれていることを発見。

7月 〔海洋・生物〕地震の化石発見　海洋科学技術センター、高知県南部の海岸で5000万年前の「地震の化石」を発見。海溝型では世界初。

7月 〔水産・漁業〕赤潮で養殖ハマチ大量死―鳴門市　徳島県鳴門市沖の養殖ハマチが赤潮の被害を受けて大量死し、被害額は約6億4000万円に及んだ。

8.2 〔自然災害〕海溝型巨大地震の直近観測　海洋科学技術センター、世界初、海溝型巨大地震の直近観測に成功。

- 290 -

8月	〔海洋・生物〕「みらい」が南半球周航観測航海BEAGLE2003を実施	海洋科学技術センターの「みらい」が南半球周航観測航海BEAGLE2003を実施。

8月　〔海洋・生物〕「みらい」が南半球周航観測航海BEAGLE2003を実施　海洋科学技術センターの「みらい」が南半球周航観測航海BEAGLE2003を実施。

9.15　〔海難事故・事件〕ヨット「ファルコン」沈没事件　滋賀県滋賀郡志賀町北浜にあるヨットクラブの浮桟橋を出航後、強い風を受け大傾斜して横倒しとなり、その後マストとセールが水没して船体が回転し船内に多量の水が入り浮力を喪失して沈没した。船長及び同乗者5人の計6人が遺体で発見され、同乗者1人が行方不明となった。

10.1　〔船舶・操船〕東京海洋大学設置　東京商船大学と東京水産大学が統合し、東京海洋大学を設置。

10月　〔軍事・紛争・テロ〕テロ措置法を延長—海上自衛隊の給油活動　アフガニスタンで米軍などのテロ掃討作戦を後方支援するテロ対策特別措置法が10月の臨時国会で改正され、2年間延長された。海上自衛隊はインド洋で7カ国の艦隊に給油活動をしているが、法改正を受け、10月21日に海自の派遣期間を2004年5月1日まで半年間延長する基本計画の変更を決定した。

11.14　〔軍事・紛争・テロ〕映画『マスター・アンド・コマンダー』公開　ナポレオン戦争時代の英国海軍を描いた映画『マスター・アンド・コマンダー』が公開される。原作はパトリック・オブライアンの海洋冒険小説のシリーズ。監督はピーター・ウィアー、主演はラッセル・クロウ。アカデミー撮影賞、アカデミー音響効果賞を受賞。

11月　〔海洋・生物〕山形俊男、スベルドラップ金メダル受賞　山形俊男（地球フロンティア研究システム気候変動予測研究領域長）がアメリカ気象学会スベルドラップ金メダルを受賞。

この年　〔船舶・操船〕世界最大級の1本マスト・ヨットが進水　ヴォスパー・ソーニクロフト社（英国）で世界最大級の1本マスト・ヨット「ミラベラV」（全長76m）が進水。

この年　〔海運・造船〕「クリスタル・セレニティ」竣工　日本郵船のクルーズ船「クリスタル・セレニティ」竣工。

この年　〔海運・造船〕国際海運会議所と国際海運連盟総会　アジアで初めて、国際海運会議所（ICS）と国際海運連盟（ISF）総会が兵庫県淡路島で開催される。

この年　〔海運・造船〕造船受注は回復したが、円高影響　造船・重機大手6社の2003年3月期連結決算は、三菱重工業、川崎重工業、住友重機械工業、三井造船が増益となった。9月中間連結決算は三菱、川崎、石川島播磨、日立の経常利益が、円高・ドル安の進行などで赤字となったが、日立は株式売却益を計上し税引き後利益が黒字に転換した。

この年　〔自然災害〕深海底長期地震・地殻変動観測研究　海洋科学技術センター、世界初、深海底長期地震・地殻変動観測研究の開始。

この年　〔海洋・生物〕国際深海掘削計画開始　日米の統合国際深海掘削計画（IODP）が開始。

この年　〔海洋・生物〕超軽量飛行船の成層圏試験成功　航空宇宙技術研究所と海洋科学技術センターで超軽量飛行船の成層圏試験成功。

2004年
(平成16年)

1月 〔船舶・操船〕史上最大の豪華客船「クイーン・メリー2」就航　史上最大の豪華客船「クイーン・メリー2」(15万トン、345m)が就航。

2.26 〔船舶・操船〕ダイヤモンド・プリンセス完成　11万6,000トンの世界最大級の豪華客船、「ダイヤモンド・プリンセス」が完成した。建造中に三菱重工業の長崎造船所で大規模な火災を起こし、修復に時間がかかるため同時に建造していた姉妹船「サファイア・プリンセス」の名前を変更し、7か月遅れで完成させたもの。火災で損傷した旧「ダイヤモンド・プリンセス」は「サファイア・プリンセス」として完成された。

2月 〔海洋・生物〕海底層の水温上昇　海洋科学技術センター、北太平洋における底層の水温上昇があることを発見。

3.24 〔領海・領土・外交〕尖閣諸島に不法上陸　3月24日、尖閣諸島の魚釣島に中国人活動家7人が不法上陸した。沖縄県警は出入国管理・難民認定法違反で7人を現行犯逮捕した。中国政府は無条件の即時釈放を求め、外交上の配慮から刑事手続きを見送り、強制退去処分とした。

4月 〔船舶・操船〕「白鳳丸」海洋研究開発機構へ移管　「白鳳丸」の所属が、東京大学海洋研究所から、海洋生物、地球物理・化学、地震などの調査研究を行う研究船として独立行政法人海洋研究開発機構へ移管。

6.15 〔海運・造船〕銀河丸竣工　航海訓練所の練習船として造られた汽船。「銀河丸二世」の代替船。ディーゼル機関を備える。

6.19 〔航海・技術〕「しんかい6500」南太平洋を横断　「しんかい6500」南太平洋を横断しながら深海調査を行う長期航海「NIRAI KANAI」を実施。

6.19 〔水産・漁業〕「中西部太平洋まぐろ類条約」発効　2000年に署名された「西部及び中部太平洋における高度回遊性魚類資源の保存及び管理に関する条約」が発効した。マグロの乱獲防止・国際的な資源保護を目指すもの。日本は2005年に加盟。

6.28 〔海洋・生物〕サンゴ礁シンポジウム開催―宜野湾市　第10回国際サンゴ礁シンポジウム(ICRS)、同イニシアティブ(ICRI)総会が宜野湾市で開かれた(～7月4日)。

7.21 〔水産・漁業〕国際捕鯨委員会―日本の提案はいずれも否決　捕鯨を巡る日本の提案は国際捕鯨委員会年次総会でいずれも否決。

7月 〔海洋・生物〕「よこすか」太平洋大航海「NIRAI KANAI」を実施　海洋研究開発機構の「よこすか」太平洋大航海「NIRAI KANAI」を実施し、世界最大級の溶岩流の発見の他、多大な成果を収める。

8.26 〔海洋・生物〕諫早湾干拓事業で佐賀地裁、工事差し止め仮処分　国営諫早湾干拓事業(長崎県)で、沿岸漁業者らが申し立てた工事差し止め仮処分申請に対し、佐賀地

裁は工事続行を禁じる決定を言い渡した。

9.7 〔海難事故・事件〕「トリアルディアント」乗揚事件　山口県笠戸島東沖で貨物船「トリアルディアント」による乗揚事件発生。乗組員20名全員死亡もしくは行方不明となる。

10.15 〔海洋・生物〕水俣病関西訴訟最高裁判決　水俣病関西訴訟で、最高裁は二審の国と熊本県の行政責任を認める判決を支持する判決を言い渡した。

10.20 〔海難事故・事件〕「海王丸」乗揚事件　富山県伏木富山港で練習船「海王丸」による乗揚が事件発生。乗組員・実習生等30名負傷。

11.3 〔海難事故・事件〕「マリンオーサカ」防波堤衝突事件　北海道石狩湾港で貨物船「マリンオーサカ」による防波堤衝突事件が発生。乗組員7名死亡、9名負傷。

11.11 〔海運・造船〕海運大手過去最高益　日本郵船、商船三井、川崎汽船の大手3社が9月期中間連結決算を発表した。3社とも売上高、経常利益、税引後利益の全てで過去最高を記録。特に商船三井と川崎汽船は経常利益、税引後利益ともに前年同期比2倍以上の増益となった。

12.4 〔海難事故・事件〕「第二可能丸」転覆事件　鹿児島県西之浜港南西方沖合で交通船「第二可能丸」の転覆事件発生。乗客5名が行方不明に。

12.26 〔自然災害〕スマトラ沖地震―津波被害では過去最大級　インドネシアのスマトラ島沖で、マグニチュード9.0の巨大地震が発生し、大規模な津波がスリランカやインド、タイ、インドネシアなどインド洋沿岸やアフリカ東岸の13カ国を襲い、犠牲者が多数出た。死者・行方不明者は20万人以上、被災者は500万人を超えるとみられる。津波被害では過去最大級。タイでは日本人に人気のリゾート地、プーケットやピピ島などで日本人観光客約23人が死亡した。インド洋地域では、過去に津波被害が少なかったため警報システムや潮位観測装置の整備などが遅れており、被害が大きくなった。

この年 〔海運・造船〕海事産業研究所が解散　海事産業研究所の解散に伴い、調査研究事業の一部及び図書館の管理・運営事業を財団法人日本海運振興会が継承。

この年 〔海運・造船〕国際保安コード発行　船舶と港湾施設の国際保安コード（ISPSコード）が発効。

この年 〔航海・技術〕アテネ五輪―ヨット　アテネオリンピック「470級男子」で関一人、轟賢二郎が銅メダル獲得。これは日本男子としては初のメダルだった。

この年 〔海洋・生物〕バラスト水管理条約採択　海洋環境に影響を及ぼす水生生物の越境移動を防止するために、バラスト水及び沈殿物の管制及び管理のための国際条約バラスト水管理条約を採択した。

この年 〔水産・漁業〕養殖マグロを出荷　近畿大学水産研究所が完全養殖クロマグロを初めて出荷。

2005年
（平成17年）

2月 〔自然災害〕無人探査機「ハイパードルフィン」、スマトラ島沖地震緊急調査を実施　海洋研究開発機構の無人探査機「ハイパードルフィン」、スマトラ島沖地震緊急調査を実施。

2月 〔海洋・生物〕「うらしま」、巡航探査機の世界新記録航続距離317kmを達成　海洋研究開発機構の「うらしま」、巡航探査機の世界新記録航続距離317kmを達成。

2月 〔海洋・生物〕の「なつしま」スマトラ島沖地震緊急調査　海洋科学技術センターの「なつしま」スマトラ島沖地震緊急調査を実施。

3.1 〔海洋・生物〕改正油濁損害賠償保障法施行　沿岸に放置される座礁船の問題等に対処する為に、2004年4月に改正された「油濁損害賠償保障法」が施行された。これによって外航船へPI保険加入が義務付けられた。

4.3 〔船舶・操船〕呉市海事歴史科学館大和ミュージアム開館　呉が建造した戦艦大和を通して、呉の歴史・呉の技術、そして平和の大切さを一人でも多くの人に伝える事を目的として呉市海事歴史科学館大和ミュージアムが開館。

4.7 〔海洋・生物〕今後の水俣病対策　環境省が「今後の水俣病対策について」を発表した。

4月 〔海運・造船〕内航海運活性化3法施行　内航海運業法、船員職業安定法、船員法など内航海運活性化3法が施行された。

4月 〔海運・造船〕日本船舶技術研究協会発足　日本造船研究協会、日本船舶標準協会、船舶解撤事業促進協会を統合し発足。船舶技術及び船舶に関する基準・標準規格に関する試験研究・調査・成果の普及等を実施し、国内外情報の収集・提供と船舶産業の発展に寄与することを目的とする。

4月 〔海洋・生物〕「かいれい」、「かいこう7000」運用開始　海洋研究開発機構の「かいれい」、「かいこう7000」運用開始。

5.1 〔海難事故・事件〕「なるしお」防波堤衝突事件　長崎県宇久島平漁港で旅客船フェリー「なるしお」による防波堤衝突事件が発生。旅客23人負傷。

5.16 〔海洋・生物〕諫早湾干拓事業―福岡高裁工事差し止めを取消す　国営諫早湾干拓事業をめぐる工事差し止め訴訟で、第2審の福岡高裁は、工事差し止めを命じた佐賀地裁の仮処分決定に対し、事業と漁業被害の因果関係の証明が不十分として、工事差し止めを取り消した。

6.1 〔海洋・生物〕水俣病医療費等の支給　水俣病関西訴訟認容者等への医療費等の支給が開始された。

6.23 〔海難事故・事件〕「カムイワッカ」乗揚事件　北海道知床岬沖で旅客船「カムイワッカ」による乗揚事件が発生。旅客22名負傷。

6月	〔海洋・生物〕「白鳳丸」海上気象通報優良船舶表彰	「白鳳丸」海上気象通報優良船舶表彰を受賞。
7.15	〔海難事故・事件〕「旭洋丸」「日光丸」衝突事件	和歌山県尾鷲市沖で油送船「旭洋丸」とケミカルタンカー「日光丸」が衝突する事件発生。旭洋丸乗組員6名死亡、1名負傷。
7.22	〔海難事故・事件〕「開神丸」「ウェイハン9」衝突事件	千葉県犬吠埼沖で貨物船「開神丸」と貨物船「ウェイハン9」が衝突する事件発生。「ウェイハン9」の乗組員4名死亡、5名行方不明。
7月	〔海洋・生物〕地球深部探査船「ちきゅう」(56,752トン)が完成	世界最高の掘削能力(海底下7,000m)を持つ海洋研究開発機構の地球深部探査船「ちきゅう」(56,752トン)が完成。今まで人類が到達できなかったマントルや巨大地震発生帯への掘削が可能となり、総合国際深海掘削計画(IODP)の主力船として、巨大地震発生のしくみ、生命の起源、将来の地球規模の環境変動、新しい海底資源の解明など、人類の未来を開くさまざまな成果をあげることを目指している。
8.29	〔自然災害〕ハリケーン「カトリーナ」	8月29日朝、大型ハリケーン「カトリーナ」が、"メキシコ湾"からアメリカ南部ルイジアナ州に上陸した。同州や周辺のミシシッピ、アラバマ両州では、強風で家屋が倒壊し、豪雨で洪水が発生。同3州とフロリダ州で非常事態宣言が出され、死者は1200人を超えた。州別の死者は、ルイジアナ州で1048人、ミシシッピ州で221人、アラバマ、ジョージア州で2人ずつ、フロリダ州で11人。ミシシッピ川の河口にあるルイジアナ州ニューオーリンズ市では28日、48万人の市民全員に避難命令を出したが、車を持たない貧困層の5～10万人が逃げ遅れ、市の8割が水没、被害が拡大した。復興費用は1000億ドル(約11兆7000億円)に上るとみられる。
9.28	〔海難事故・事件〕「第三新生丸」「ジムアジア」衝突事件	北海道根室市沖で漁船「第三新生丸」と貨物船「ジムアジア」が衝突する事件発生。新生丸乗組員7名死亡、1名行方不明。
10.31	〔海洋・生物〕サンゴ礁イニシアティブ総会	パラオ共和国コロールで国際サンゴ礁イニシアティブ(ICRI)総会が開かれた(～11月2日)。
11月	〔海運・造船〕FAL条約締結	輸出入および港湾手続き簡素化のためのFAL条約を締結。
11月	〔海運・造船〕水先制度の抜本改革	水先制度の抜本改革について交通政策審議会が答申。
12月	〔海洋・生物〕深海生物生存捕獲	海洋研究開発機構、初めて深海生物を「シャトルエレベータ」により生きたまま捕獲に成功。
12月	〔海洋・生物〕生きたままの深海生物を「シャトルエレベータ」により初めて捕獲	海洋研究開発機構の「よこすか」相模湾の深海生物サンプリング結果について、生きたままの深海生物を「シャトルエレベータ」により初めて捕獲に成功。
この年	〔海運・造船〕好調続く海運	日本郵船、商船三井、川崎汽船の海運大手3社の3月期連結決算は、3社とも売上高、経常利益、税引後利益全てで過去最高を更新。経常利益

は3社とも1000億円を超えた。定期船は中国からの消費材輸出が活発だったこと、不定線では中国からの現材料輸入が堅調だったことやアジアからの自動車輸出も好調だったため。円高と原油価格の高騰の影響は運賃引き上げや輸送量拡大で補った。

この年　〔海運・造船〕国連が提唱する「グローバル・コンパクト」　商船三井、国連が提唱する「グローバル・コンパクト」に参加。

この年　〔海運・造船〕造船大手増益　造船・重機大手6社の3月期連結決算が発表された。中国などの経済成長を背景に造船受注量は高水準で推移、全社が増収、黒字を確保。とくに石川島播磨重工業はプラント事業で実施した事業構造改革の効果で、純利益が3期ぶりに黒字転換した。

この年　〔海運・造船〕中国で自動車運搬船建造　川崎汽船、中国の南通中遠川崎船舶有限公司にて5,000台積自動車運搬船「SHANGHAI HIGHWAY」が竣工。同社にとって初の中国建造船となる。

この年　〔航海・技術〕愛地球博記念ヨットレース　愛地球博記念国際セーリングシリーズ開催。6つのレース、環境シンポジウム、子どもセーリングキャンプ、体験乗船を行う。

2006年
（平成18年）

2.2　〔海難事故・事件〕「アルサラーム・ボッカチオ98」沈没　エジプトで1400人を乗せたフェリー「アルサラーム・ボッカチオ98」（1万1,800トン）がサウジアラビア沿岸の紅海で沈没した。1000名以上の死者・行方不明者を出した。

2.2　〔海難事故・事件〕紅海でフェリー沈没　乗員・乗客約1400人を乗せたエジプトのフェリー「アルサラーム・ボッカチオ98」（1万1,800トン）がサウジアラビア沿岸の紅海で沈没した。乗員乗客1370人が乗っていたが、4日までに400人が救助され、195人の遺体が収容された。残りの安否は不明。同フェリーは出航後、1時間半から3時間後に火災が発生。その後も目的地のエジプト・サファーガ港に向かって航行を続けたが、火の手が広がって沈没した。船長らが真っ先にボートで逃げ出した、との証言がある。船長は行方不明になった。

2月　〔海洋・生物〕メタンハイドレート柱状分布発見　海洋研究開発機構、新潟沖にて海底のメタンハイドレート柱状分布を発見。

2月　〔海洋・生物〕相模湾で新種の生物の採集に成功　海洋研究開発機構の無人探査機「ハイパードルフィン」、相模湾で新種の生物の採集に成功。

3.28　〔海洋・生物〕キリバス共和国のフェニックス諸島海域を海洋保護区に指定　ブラジルで開かれている生物多様性条約第8回締約国会議で、太平洋のほぼ中央にあるキリバス共和国のフェニックス諸島海域を海洋保護区にすることを、同国が発表した。保護区の面積は日本のほぼ半分に及び、海洋保護区としては、北西ハワイ諸島やオーストラリア・グレートバリアリーフに次ぐ3番目の大きさとなる。

4.9　〔海難事故・事件〕「トッピー4」旅客負傷事件　鹿児島湾沖で旅客船「トッピー4」で旅客等が負傷する事件発生。乗員・乗客105名負傷。

4.13　〔海難事故・事件〕「津軽丸」「イースタンチャレンジャー」衝突事件　東京湾口で貨物船「津軽丸」と貨物船「イースタンチャレンジャー」が衝突する事件発生。「イースタンチャレンジャー」沈没。

5月　〔地理・地学〕マリアナ海域の海底において大規模な海底火山の噴火を確認　海洋科学技術センターの「なつしま」マリアナ海域の海底において大規模な海底火山の噴火（海底噴火）を確認。

6.18　〔水産・漁業〕国際捕鯨委員会年次総会―活動正常化を求める宣言可決　国際捕鯨委員会（IWC）の年次総会がカリブ海のセントクリストファー・ネビスで開催された。3日目となる18日の協議で、日本などの捕鯨支持国が共同提案していたIWCの活動正常化を求める宣言を、賛成33票、反対32票の1票差で可決した。ただ、この宣言に拘束力はなく、商業捕鯨の再開には、1982年の一時禁止決定を撤回する必要があり、そのためには投票国の4分の3の賛成が必要となり、実現は困難とみられる。

6月　〔地理・地学〕LED光源を用いた深海照明システムを世界で初めて運用　海洋研究開発機構の無人探査機「ハイパードルフィン」、LED光源を用いた深海照明システムを世界で初めて運用。

6月　〔自然災害〕伊豆半島東方沖において地すべり痕確認　海洋研究開発機構の「よこすか」、深海巡航探査機「うらしま」により伊豆半島東方沖において地すべり痕確認。

7.1　〔自然災害〕津波情報提供業務の拡大　北西太平洋津波情報提供業務の南シナ海への拡大。

7.17　〔自然災害〕ジャワ島南西沖地震　インドネシア・ジャワ島南方のインド洋を震源とするマグニチュード7.7の強い地震があり、20日までに死者は547人、行方不明者323人、負傷者は465人に達した。最も大きな被害を受けたパガンダランでは、数メートルの津波で海岸近くのホテルや民家が破壊され、海岸地域一帯が浸水した。全域が数時間にわたって停電し、海岸付近の数千人が高台に避難した。震源はジャカルタの南約360キロ、深さ約10キロ。

7月　〔地理・地学〕熊野トラフ泥火山微細地形構造調査実施　海洋研究開発機構の「うらしま」、熊野トラフ泥火山微細地形構造調査実施。海溝型巨大地震とメタンハイドレート資源研究への一助になることを期待。

8.14　〔海難事故・事件〕送電線損傷事件　千葉県旧江戸川で引船海神被引クレーン付台船「C/B601」による送電線損傷事件が発生。首都圏に大規模な停電が生じた。

8月　〔海洋・生物〕「しんかい6500」液体二酸化炭素プール発見　「しんかい6500」沖縄トラフ深海底下において液体二酸化炭素プールを発見。

10.6　〔海難事故・事件〕貨物船「ジャイアントステップ」乗揚事件　オーストラリアから鉄鉱石を積み茨城県鹿島港に向かっていた「ジャイアントステップ」（総トン数98,587トン、乗組員26人）が鹿島港南防波堤灯台付近の浅所に乗り揚げた。この結果、まもなく船体は大きく左舷に傾き、船体に亀裂を生じて切断した。乗組員16人は救助されたが、8人が遺体で発見され、2人が行方不明となった。

| 10.6 | 〔海難事故・事件〕漁船「第七千代丸」乗揚事件　「第七千代丸」(総トン数198トン、乗組員16人)がさんま約100トンを漁獲後、宮城県女川港に向かう途中、大時化に遭遇し航行不能となった。その結果、宮城県出島東岸沖合50メートル付近において横倒しの状態で漂着され、乗組員のうち9人が遺体で発見、7人が行方不明(のち死亡認定)となった。

10.8　〔海難事故・事件〕遊漁船「第3明好丸」転覆事件　「第3明好丸」(総トン数16トン)が夜間、神津島に向け航行中転覆した。乗客7人が犠牲となった。

10.16　〔水産・漁業〕ミナミマグロの日本の年間漁獲割当量を発表　水産庁が、高級マグロとして人気のあるミナミマグロの日本の年間漁獲割当量を発表。2007年からの5年間は、2006年の割当量(6,065トン)のほぼ半分にあたる年間3,000トンまで大幅削減。日本が2005年まで割当量を超えて漁獲していることが判明し、13日までに宮崎市で開かれた国際的な資源管理機関みなみまぐろ保存委員会の年次会合で大幅な削減が決まったため。

10.17　〔水産・漁業〕商業捕鯨再開―アイスランド　アイスランド政府は、1985年以降中断していた商業捕鯨を約20年ぶりに再開すると発表した。「これまで商業捕鯨の権利を留保してきたが、捕鯨の監視制度を巡る国際捕鯨委員会(IWC)の議論に進展がみられない」ためとし、捕獲頭数については「資源に影響を与えない持続可能な範囲」としている。

11.21　〔海難事故・事件〕「あさしお」「スプリングオースター」衝突事件　宮崎沖で潜水艦「あさしお」と貨物船「スプリングオースター」が衝突する事件発生。

12.29　〔海難事故・事件〕ジャワ海でフェリー遭難　ジャワ海でフェリーが遭難し乗客、乗員合わせて500人以上が行方不明になった。乗員乗客計600人が乗っていたというが、800人近く乗っていたとの情報もある。30日までに数十人が救助されたが、救助は難航している。同船はカリマンタン(ボルネオ)島中部のクマイから約400キロ先のジャワ島中部スマランに向かっていた。

12月　〔その他〕「うらしま」、「今のロボット」大賞2006優秀賞受賞　海洋研究開発機構の「うらしま」、「今のロボット」大賞2006優秀賞受賞。

この年　〔海運・造船〕ILO海事労働条約採択　国際航海に従事する総トン数500トン以上の船舶に対し、海上労働証書の取得を義務付けるILO海事労働条約。

この年　〔海運・造船〕改正水先法成立　日本における水先制度の抜本改革の実現化に向けて改正水先法が成立。

この年　〔海運・造船〕世界最大のコンテナ船竣工　世界最大のコンテナ船「EmmaMaersk」(11,000TEU積、APモラー・マースク)竣工。

この年　〔海運・造船〕造船・重機大手そろって増収　造船・重機大手4社が2006年9月中間連結決算を発表。石川島播磨重工業は営業利益が3年ぶり、三井造船は船のディーゼルエンジンの販売が好調で経常利益が2年ぶりに黒字転換した。航空・宇宙部門では三菱重工業が前年同期比10%、川崎重工業が25%、石川島播磨が16%それぞれ増加。発電プラントの好調もあり、4社そろって増収となった。

この年　〔航海・技術〕ドーハアジア五輪―ヨット　アジア大会(ドーハ)で日本は「女子470

級」が金、「男女420級」と「女子OP級」が銀、「男子470級」が銅メダル。

2007年
（平成19年）

1月	〔海洋・生物〕「しんかい6500」熱水噴出現象発見	「しんかい6500」沖縄トラフ深海底において新たな熱水噴出現象「ブルースモーカー」を発見。
1月	〔海洋・生物〕「みらい」がインド洋における大規模雲群発生の観測に初めて成功	海洋研究開発機構の「みらい」がインド洋における大規模雲群発生の観測に初めて成功。これはマッデン・ジュリアン振動現象の解明に大きく前進するものである。
1月	〔海洋・生物〕「よこすか」、沖縄トラフ深海底下において新たな熱水噴出現象「ブルースモーカー」を発見	海洋研究開発機構の「よこすか」、沖縄トラフ深海底下において新たな熱水噴出現象「ブルースモーカー」を発見。
2.9	〔海難事故・事件〕「たかちほ」「幸吉丸」衝突事件	鹿児島県種子島沖で貨物船フェリー「たかちほ」と漁船「幸吉丸」が衝突する事件発生。
2.14	〔海難事故・事件〕「ゼニスライト」沈没	「ゼニスライト」が沈没。3人が死亡、6人が行方不明となる。
2.28	〔海洋・生物〕海面水温・海流予報	海面水温・海流1か月予報を開始。
2月	〔海洋・生物〕マルチチャンネル反射法探査装置（MCS）を高精度化	海洋研究開発機構の「かいれい」、マルチチャンネル反射法探査装置（MCS）を高精度化する。
3月	〔船舶・操船〕「PICASSO（ピカソ）」初の海域試験に成功	海洋科学技術センターの「なつしま」深海生物追跡調査ロボットシステム「PICASSO（ピカソ）」初の海域試験に成功。
4.1	〔海運・造船〕海技教育財団設立	船員教育振興協会が日本船員奨学会と統合し設立。海技教育機関が海技者を育成するために必要な支援、学生・生徒に対する学資の貸与、帆船「海王丸」を利用した海事思想の普及等の事業を行い、海事産業の発展に寄与することを目的とする。
4.1	〔海運・造船〕海技振興センター発足	改正水先法の施行と日本海洋振興会と日本海技協会との統合により発足。水先人の養成及び確保のための総合的な支援を行うとともに、船舶の運航及びきょう導に関する改善進歩等を目的としている。
4.3	〔海運・造船〕日本水先人会連合会設立	水先法の目的に鑑み、水先人会員の品位を保持し水先業務適正かつ円滑な遂行に資するため、水先人会及び水先人の指導、連絡及び監督に関する事務を行うことを目的として設立。
4月	〔海運・造船〕日本海事センター設立	日本海事財団と日本海運振興会を統合して設立。海事関係の各種調査研究・政策提言、海事図書館（蔵書数アジア随一）の運営、海事関係公益事業の支援を核に活動している。

5.19	〔海難事故・事件〕「セブンアイランド愛」旅客負傷事件	神奈川県城ヶ島沖で旅客船「セブンアイランド愛」の旅客が負傷する事件発生。旅客27人負傷。
7.19	〔海難事故・事件〕砂利運搬船送電線損傷	長崎県平戸瀬戸で砂利運搬船「栄丸」が送電線等を損傷する事件が発生。平戸市周辺の3万戸が停電となる。
10月	〔その他〕東京消防庁臨港消防署から感謝状を受ける	「白鳳丸」の乗組員が水難救助に協力し東京消防庁臨港消防署から感謝状を受ける。
12月	〔海洋・生物〕沖縄トラフ深海底調査における熱水噴出域の詳細な形状と分布のイメージングに成功	海洋研究開発機構の「よこすか」、深海巡航探査機「うらしま」による沖縄トラフ深海底調査における熱水噴出域の詳細な形状と分布のイメージングに成功。
12月	〔海洋・生物〕大深度小型無人探査機「ABISMO」実海域試験において水深9,707mの潜航に成功	海洋研究開発機構の「かいれい」、大深度小型無人探査機「ABISMO」実海域試験において水深9,707mの潜航に成功。
この年	〔海運・造船〕鉱石運搬船「ぶらじる丸」が完成	三井造船、世界最大級32万重量トン型鉱石運搬船「ぶらじる丸」が完成。
この年	〔海運・造船〕石川島播磨重工業からIHIに社名変更	石川島播磨重工業株式会社から社名を株式会社IHIに変更。
この年	〔海運・造船〕鉄鉱石船「BRASIL MARU」	世界最大級鉄鉱石船「BRASIL MARU」竣工。

2008年
（平成20年）

1.11	〔軍事・紛争・テロ〕新テロ特措法が成立、海自給油活動再開へ	旧テロ特措法が期限切れで失効したことを受け、新テロ特措法（テロ対策海上阻止活動に対する補給支援活動の実施に関する特別措置法）が衆議院で再可決で成立した。インド洋での海自給油活動が再開することとなった。1月16日施行。2009年1月15日までの時限立法。
1.24	〔軍事・紛争・テロ〕自衛隊インド洋での給油活動再開	新テロ特措法が16日に施行されたことを受けて、海上自衛隊の補給艦「おうみ」及び「むらさめ」がインド洋へむけて出港した（第一次派遣海上補給支援部隊）。インド洋におけるテロリスト及び関連物資の海上移動の阻止、抑止活動に参加する国に対して補給を行うため。2月24日、パキスタン艦に補給を開始した。
2.19	〔海難事故・事件〕イージス艦「あたご」衝突事故	千葉県南房総市の野島崎から南南西約40kmの海上で、海上自衛隊のイージス艦「あたご」とマグロ延縄漁船「清徳丸」が衝突した。漁船は船体が二つに割れ、乗っていた親子2人が行方不明になり、5月には死亡が認定された。事故原因として「あたご」の動静監視が不十分であったことが指摘され、2009年1月22日の海難審判で、「あたご」側に主因があったとする

		裁決が下った。
2月	〔海洋・生物〕	海洋科学技術センターの「なつしま」、「あたご」「清徳丸」衝突事故海域調査を実施　海洋科学技術センターの「なつしま」護衛艦「あたご」と漁船「清徳丸」衝突事故海域調査を実施。
3月	〔海洋・生物〕	船位通報制度優良通報船舶を受賞　「白鳳丸」船位通報制度優良通報船舶を受賞。
6月	〔海洋・生物〕	国土交通大臣表彰を受賞　「白鳳丸」国土交通大臣表彰を受賞。
7.15	〔水産・漁業〕	日本全国20万隻の漁船が一斉休漁　全国20万隻の漁船が一斉休漁。燃料費高騰の苦境を訴える漁師のストライキで、これほど大規模な休漁は史上初めて。
7月	〔海洋・生物〕	アーキワールド発見　海洋研究開発機構、アーキワールドを発見する。
8月	〔海運・造船〕	外国人全乗の日本籍船が生れる　日本籍船の増加を促進するためにはむしろ配乗要件撤廃は必要との意見があり、「海上運送法及び船員法の一部を改正する法律案」が公布され、外国人全乗の日本籍船が誕生した。
8月	〔海洋・生物〕	「みらい」が「国際極北極観測」として北極航海を実施　海洋研究開発機構の「みらい」が「国際極北極観測」として北極航海を実施。
9.25	〔軍事・紛争・テロ〕	原子力空母横須賀港に入港　米原子力空母「ジョージ・ワシントン」横須賀に入港。横須賀基地を事実上の母港として配備された。これに対し反対する市民団体が抗議のために船を出す騒ぎとなった。
9月	〔海洋・生物〕	断層内部に高温の水の痕跡　海洋研究開発機構、世界初、地震時に断層内部で生じた高温の水の痕跡を発見。
9月	〔水産・漁業〕	ニホンウナギの親魚捕獲　世界で初めてニホンウナギの親魚がマリアナ諸島西方の太平洋で捕獲される。
10.8	〔海洋・生物〕	クラゲの蛍光物質の研究でノーベル化学賞受賞　下村脩、マーティン・チャルフィー、ロジャー・Y.チエン、緑色蛍光タンパク質(GFP)の発見とその応用に対してノーベル化学賞を受賞。下村脩は有機化学・海洋生物学が専門の生物学者で、ボストン大学やウッズホール海洋生物学研究所などに在籍して発光生物の研究を続け、オワンクラゲの緑色蛍光タンパク質の発見が生命科学へ貢献したとしてノーベル賞を受賞した。
この年	〔海運・造船〕	「アウリガ・リーダー」竣工　日本郵船の太陽光発電システムを搭載した自動車専用船「アウリガ・リーダー」竣工。
この年	〔海運・造船〕	景気減速で活況から減便へ　日本郵船、商船三井、川崎汽船の海運大手3社が発表した9月中間連結決算は、3社とも売上高、税引後利益とも過去最高となった。しかし世界的な景気減速で状況が一変、大手は相次いで欧米向け路線の減便に踏み切った。
この年	〔航海・技術〕	北京五輪―ヨット　北京オリンピック「470級男子」で日本が7位入賞。
この年	〔水産・漁業〕	『蟹工船』ブーム　小林多喜二著『蟹工船』、ブームに。1929年発表のプロレタリア文学を代表する傑作で、『朝日新聞』が2月に「『蟹工船』重なる現代　小林多喜二没後75年」との記事を掲載したことを契機に社会現象化し、この年の流行

語にも選ばれた。格差社会・ワーキングプアなどの世相が背景にあると指摘される。

この年　〔海難事故・事件〕海賊　ソマリア周辺海域において海賊による事件が頻発する。

2009年
（平成21年）

1.4　〔自然災害〕インドネシア地震で津波到達　インドネシア東部ニューギニア島でマグニチュード7を超える地震が2回発生した。最初の地震は午前4時44分（日本時間同）ごろでマグニチュードは7.6、次の地震は午前7時34分ごろでマグニチュードは7.3。この地震による津波が日本の太平洋沿岸に到達し、和歌山県串本町で50cm、小笠原諸島の父島で40cm、静岡県御前崎市、高知県室戸市で30cmを観測した。

1.10　〔海難事故・事件〕海自潜水艦と漁船が接触　鹿児島県霧島市の鹿児島湾・福山港約5km沖の試験海域で訓練していた海上自衛隊の潜水艦「おやしお」が漁船「第28亀丸」と接触した。漁船側は船体の回りに取りつけたクッションの一部が切れ、帆柱の横棒が折れた。潜水艦は船体の一部のペンキがはがれた。双方とも怪我人はなかった。漁船は海自が借り上げたもので、船長と自衛官1人が乗り込み、潜水艦が訓練中に他の船とぶつからないよう周辺警戒にあたっていたが、潜水艦が浮上した際にマストと漁船の側面が接触したという。

1月　〔海洋・生物〕「みらい」が太平洋を横断する観測航海「SORA2009」を実施　海洋研究開発機構の「みらい」が太平洋を横断する観測航海「SORA2009」を実施。

3.29　〔海難事故・事件〕リビア沖で不法移民の密航船沈没　3月29日から30日にかけ、アフリカから欧州に向かう不法移民を乗せた複数の密航船がリビア沖で沈没、300人以上が行方不明になった。沈没したのは最大で3隻。過去36時間にトリポリ近郊から出港した多数の密航船の一部とみられ、定員を大幅に超える人数が乗り込んでいたという。現場付近は風が強く吹いていた。最大で500人が行方不明になっている可能性もあるという。リビアはイタリアに向かうアフリカ系移民の主要出発点の一つで、地中海では密航船の遭難や移民の死亡事故が頻発している。同海域では前年以来、不法渡航が激増しているが、国際金融危機の影響も考えられるという。

3月　〔海運・造船〕海上自衛隊護衛艦派遣　ソマリア沖・アデン湾での海賊対処のため海上自衛隊護衛艦が派遣される。6月、海賊対処法成立。

6月　〔海洋・生物〕「かいよう」深海において水平300kmの長距離音響通信に成功　海洋研究開発機構の「かいよう」深海において水平300kmの長距離音響通信に成功。

7.31　〔水産・漁業〕映画『ザ・コーヴ』公開　ドキュメンタリー映画『ザ・コーヴ』が公開された。和歌山県太地町で行われているイルカ追い込み漁を批判的に描いたもので、アカデミー賞などを受賞する一方、否定的な見方もある。日本でも2010年7月3日に公開された。

7月　〔海洋・生物〕北極海の海氷、急速に薄く　アメリカ航空宇宙局（NASA）は、観測衛

星のデータから、北極海の海氷が2004〜08年で平均18cm、合計約70cm減少するなど急速に薄くなっていると推定される、との観測結果を発表。海面を覆う氷の面積が縮小しているのは既に知られていたが、厚さまで減少していることを明らかにしたのは初めて。

10.27 〔海難事故・事件〕護衛艦とコンテナ船が衝突　福岡県北九州市門司区と山口県下関市の間の関門海峡で海上自衛隊の護衛艦「くらま」（5,200トン）と韓国船籍のコンテナ船「カリナスター」（7,401トン）が衝突し、双方で火災が発生。護衛艦の乗員1人が足に軽い裂傷を負い、5人が煙を吸うなどの軽傷を負った。コンテナ船の乗員16人（韓国人12人、ミャンマー人4人）に怪我はなかった。コンテナ船が貨物船を追い抜いた後、対向してきた護衛艦と衝突したという。事故当時は晴れて風は弱く、視界は3〜4kmだった。

10.29 〔海難事故・事件〕海自艇に漁船が衝突　愛媛県伊予市双海町串の豊田漁港北西沖約5.4kmの伊予灘で、停泊中の海上自衛隊の掃海艇「みやじま」（510トン）に同市の上灘漁協所属の底引き網漁船「長栄丸」（4.9トン）が衝突。漁船の船首部分が破損し、「みやじま」の左舷にはこすったような長さ約5mの傷ができた。怪我人はなかった。

11.13 〔海難事故・事件〕フェリーが座礁―原油流出　午前5時25分ごろ、三重県尾鷲市の三木埼灯台の南約45kmの熊野灘を航行中の東京発志布志港（鹿児島県）行きフェリー「ありあけ」（7,910トン、定員448人）から、船体が急激に傾斜したとの118番通報があった。ありあけは右に45度近くまで傾いた状態で約32km流され、午前9時50分ごろに同県御浜町の七里御浜の沖合約200mで座礁し、横転。乗員21人と乗客7人のうち、乗客の男性1人と乗員の男性1人が軽傷を負った。また、燃料タンクから重油が流出し、伊勢エビ漁の最盛期を迎えていた地元漁協が休漁に追い込まれた。

11月 〔海洋・生物〕「しんかい6500」深海で奇妙な巻貝発見　「しんかい6500」深海の奇妙な巻貝・スケーリーフットの大群集を発見。

この年 〔海運・造船〕「NYK スーパーエコシップ2030」発表　日本郵船、未来のコンセプトシップ「NYK スーパーエコシップ2030」を発表。「NYK スーパーエコシップ2030」と「アウリガ・リーダー」がグッドデザイン賞を受賞。

この年 〔海運・造船〕シップリサイクル条約採択　安全かつ環境上適切な解撤の実施に向け、シップリサイクル条約が香港にて採択。

この年 〔海運・造船〕トン数標準税制　トン数標準税制が実施。10社が認定される。

この年 〔航海・技術〕ニューヨーク・ヨットクラブ主催レースに参加　ニューヨーク・ヨットクラブ主催の第1回インビテーショナルカップにJSAF代表チームが参加し、3位となる。

2010年
(平成22年)

2.28 〔自然災害〕チリ地震で各地に津波　南米チリ中部で2月27日午前3時34分(日本時間同日午後3時34分)ごろ、マグニチュード8.8の地震が発生した。この影響で広範囲にわたり津波が発生し、日本でも28日午後、北海道から沖縄の各地に最大120cmの津波が到達した。コンブ・カキ・ノリ・ハマチなどの養殖施設にも被害が出た。漁業被害は約41億7000万円に上った。

4.8 〔水産・漁業〕ウナギの完全養殖に成功と発表　独立行政法人水産総合研究センターは、世界で初めてウナギの完全養殖に成功したと発表した。実験室で生れて成長したウナギからの精子と卵子を採取し、人工授精によって孵化させた。

4.20 〔自然災害〕メキシコ湾原油流出事故　メキシコ湾のブリティッシュ・ペトロリアム(BP)社の石油掘削施設「ディープウォーター・ホライズン」より約78万キロリットル(490万バレル)の原油が流出した事故。掘削作業中に海底油田から逆流した天然ガスが引火爆発し海底に伸びる掘削パイプを破損したために発生した。原油流出は5か月後に止めることができたが賠償や環境への影響など大きな問題が残されている。

4月 〔海洋・生物〕大気海洋研究所が発足　海洋研究所と気候システム研究センターが統合し、大気海洋研究所が発足。

6.16 〔海難事故・事件〕貨物船とタンカーが衝突　香川県さぬき市小田から東約10キロの小豆島南方の瀬戸内海で、ケミカルタンカー「敬和丸」と貨物船「第十五浜幸丸」が衝突。「敬和丸」は傾いたまま南に約1.2キロ漂流し、約3時間半後に沈没した。「敬和丸」の乗組員5人は「浜幸丸」に乗り移り、けが人はなかった。事故当時、視界は良好だった。

8月 〔海洋・生物〕生物多様性のホットスポット　海洋研究開発機構、日本近海が生物多様性のホットスポットであることを立証。

9.7 〔海難事故・事件〕尖閣諸島付近で中国漁船が海上保安庁巡視船に衝突　海上保安庁巡視船が中国漁船が沖縄県尖閣諸島付近で操業しているのを発見。停船を勧告したが漁船は逃走。逃走時に海上保安庁の巡視船に衝突を繰り返し、巡視船2隻を破損した。漁船船長を公務執行妨害で逮捕した。

この年 〔海運・造船〕「ETESCO TAKATSUGU J」竣工　川崎汽船のブラジル国営の石油会社ペトロブラス向けドリルシップ第一船「ETESCO TAKATSUGU J」竣工。

この年 〔海運・造船〕NSユナイテッド海運発足　新和海運と日鉄海運が合併、NSユナイテッド海運発足。

この年 〔海運・造船〕改正STCW条約採択　改正STCW条約採択、2012年1月より発効。

この年 〔海運・造船〕国土交通省成長戦略公表　国土交通省成長戦略会議が外航海運の国際競争力強化等が盛込まれた「国土交通省成長戦略」を公表。

| この年 | 〔航海・技術〕ヨット沖縄レース復活　沖縄-東海レース開催。沖縄をスタートする長距離レースが復活。
| この年 | 〔航海・技術〕広州アジア大会―ヨット　アジア大会（広州）で日本は「男子470級」、「女子470級」、マッチレースの3種目で金メダル。
| この年 | 〔海洋・生物〕中村庸夫が内閣総理大臣賞「海洋立国推進功労者表彰」を受賞　海洋写真の第一人者として知られる中村庸夫が、内閣総理大臣賞「海洋立国推進功労者表彰」を受賞した。船や海洋生物等の写真を通じ、日本の海洋文化を諸外国に紹介し、世界各国と日本双方の海事思想の普及に努めた事が評価された。

2011年
（平成23年）

| 2.1 | 〔水産・漁業〕ウナギの産卵場、特定　東京大学大気海洋研究所と水産総合研究センターの研究グループが、グアム島から約370km西にある西マリアナ海嶺の南端付近で、ニホンウナギの卵の採取に成功、世界で初めてウナギの産卵場を特定した、と英国の科学雑誌『ネイチャー・コミュニケーションズ』電子版に発表。

| 3.11 | 〔自然災害〕東日本大震災　三陸沖を震源とする国内の観測史上最大の巨大地震が発生。宮城県栗原市で震度7、仙台市などの宮城県、福島県、茨城県、栃木県で震度6強、岩手県、群馬県、埼玉県、千葉県では震度6弱を観測し、北日本から関東にかけて強い揺れを記録した。震源の深さは約24km、マグニチュードは当初8.8とされたが、13日、9.0と修正された。また、発生直後に最大で10m級の津波が襲い、火災も発生。岩手、宮城、福島の3県では、壊滅状態の地区が続出した。人的被害は、死者15884人、行方不明者2640人、負傷者6150人。住家被害は、全壊12万6631棟、半壊27万2653棟、一部破損74万3492棟、床上浸水3352棟、床下浸水10218棟、非住家被害は59305棟に及ぶ。また、余震は、岩手県沖から茨城県沖にかけて、震源域に対応する長さ約500km、幅約200kmの範囲に密集し、震源域に近い海溝軸の東側、福島県及び茨城県の陸域の浅い場所も含め広い範囲で発生。これまでに発生した余震は、最大震度6強が2回、最大震度6弱が2回、最大震度5強が14回、最大震度5弱が45回、最大震度4が236回であった。

| 3.12 | 〔自然災害〕福島第1原発が津波被害、炉心融解事故　東北地方を襲った巨大地震による津波被害を受けた東京電力福島第1原子力発電所の1号機で水素爆発が発生。14日、同原発3号機でも水素爆発。15日、東京電力は、被災した第1原発4号機の原子炉建屋内にある使用済み核燃料を一時貯蔵するプール付近で火災が発生、毎時400ミリシーベルト（10万マイクロシーベルト）の放射線量を観測したと発表した。17日には自衛隊のヘリが3号機に海水を投下。22日、原発放水口付近の海水より、安全基準の127倍に相当する放射性ヨウ素を検出。23日には東京都の金町浄水場（利根川支流の江戸川取水）から乳児の飲用規制値の2倍を超える放射性ヨウ素131を検出した。24日には同原発3号機で作業員3人が被爆。28日に原発敷地内の土壌から放射性物質のプルトニウムを検出した。31日、原発放水口付近で採取した海水から、基準値の4385

		倍にあたる放射性ヨウ素を検出。また、原発の地下水からは国の安全基準の約1万倍の放射性ヨウ素を検出した。4月12日、経済産業省原子力安全・保安院は、福島第一原発の事故について、原発事故の深刻度を示す「国際原子力事象評価尺度(INES)」の暫定評価を、「レベル5」から最悪の「7」に引き上げると発表した。
3月	〔自然災害〕	緊急調査実施及放射能モニタリング　海洋研究開発機構、東北地方太平洋沖地震に関する緊急調査実施及放射能モニタリングに協力。
7.7	〔水産・漁業〕	マグロ絶滅危惧種に指定　国際自然保護連合(IUCN)、マグロ類の多くが絶滅の危機にあると発表、クロマグロを絶滅危惧種に指定した。
7.15	〔海洋・生物〕	栃木県なかがわ水遊園開館　栃木県唯一の水族館で日本最大級の淡水魚の水族館として開館。那珂川からアマゾン川、サンゴ礁の魚まで約60の水槽で飼育している。
8.19	〔海難事故・事件〕	コンテナ船、居眠り操舵で事故　神戸市垂水区東舞子町の兵庫県立舞子公園岸壁にオランダ船籍のコンテナ船が衝突した。コンクリート岸壁が幅約2mにわたって損傷した。船は、中国から大阪港へ向かう途中で、ロシア人の船長とフィリピン人などの船員15人が乗っていたが、乗組員や周辺住民らにけがはなかった。ウクライナ人の2等航海士は自動操舵中で居眠りしていたと話しているという。
8月	〔地理・地学〕	「しんかい6500」震源地で亀裂発見　「しんかい6500」東北地方太平洋沖地震震源海域に大きな亀裂を確認。
8月	〔自然災害〕	地震・津波観測監視システム　海洋研究開発機構、地震・津波観測監視システム(DONET)本格運用。
12.10	〔海洋・生物〕	沼津港深海水族館開館　日本一深い駿河湾の生き物たちとシーラカンスをテーマに、深海や海の環境について学べる施設として沼津港深海水族館が開館。
この年	〔航海・技術〕	NYYCインビテーショナルカップ―ヨット　第2回ニューヨーク・ヨットクラブ(NYYC)インビテーショナルカップで日本が6位。

2012年
(平成24年)

3.21	〔海洋・生物〕	アクアワールド大洗水族館開館　地域の自然と世界の水生生物の生態環境を通した、参加・体験型施設として開館。サメの飼育(46種類)に最も力を入れている。他に日本最大のマンボウの水槽(270トン)など約580種、68,000点を展示。
4.1	〔海運・造船〕	港湾近代化促進協議会設立　港湾運送の高度化及び近代化を促進するための調査研究、資料収集、情報提供、港湾運送事業者の施設整備等に対する助成を目的として設立。
4.15	〔海難事故・事件〕	海自ヘリ、護衛艦に接触し墜落　青森県の陸奥湾で、海上自衛隊大湊航空基地(青森県むつ市)所属のヘリコプターが、練習艦隊の見送り飛行中に護衛艦の格納庫に接触して墜落し、水没した。乗員7人のうち、機長が死亡、残り6人

は救助されたが、3人が背骨を折るなど重軽傷を負った。

7月 〔海洋・生物〕深海でのダイオウイカ撮影に成功　日本放送協会(NHK)とアメリカのディスカバリー・チャンネルが国立科学博物館の協力を得て、小笠原諸島父島の沖合において、世界で初めてダイオウイカの泳ぐ姿をカメラに捉えることに成功した。発見されたダイオウイカの体長は約3mほど。340度を見渡せる透明ドーム型の潜水艇「トライトン」で水深630mまで潜り、NHKが開発した深海用超高感度カメラで撮影に成功した。

8.10 〔領海・領土・外交〕韓国大統領竹島に上陸　韓国の李明博大統領が竹島に上陸した。韓国大統領が竹島に上陸したのはこれが初めてで、日韓関係の悪化を招く行為であった。

11.14 〔海難事故・事件〕修学旅行の客船が座礁　午後3時10分ごろ、山口県周防大島町の南東約1,400mの瀬戸内海で、旅客船が浅瀬に乗り上げた。乗っていた修学旅行中の神奈川県立高校2年の生徒ら162人と乗員9人は全員救助された。旅客船は船底を損傷したが、約1時間半後に自力で離礁した。同船は松山市の松山港を出発し、宿泊先がある周防大島町の伊保田港に向かう途中だった。生徒らは瀬戸内海汽船のチャーター船1隻と巡視船2隻に乗り換え、午後6時前に伊保田港に到着した。事故当時、現場は干潮間際で浅瀬になっていた。付近には浅瀬があることを示す灯標が設置され、海図にも記されていた。

12.1 〔船舶・操船〕米空母「エンタープライズ」退役　1960進水の米原子力空母「エンタープライズ」が退役。1962年キューバ封鎖、ベトナム戦争に派遣さえた。

この年 〔海運・造船〕イラン産原油輸送タンカー特措法　イラン制裁に伴うイラン産原油輸送に係る特別措置法が成立。

この年 〔海運・造船〕「飛鳥II」で東北復興応援クルーズ　日本郵船、「飛鳥II」で東北復興応援クルーズを実施。

2013年
(平成25年)

2.6 〔自然災害〕ソロモン地震で津波　南太平洋のソロモン諸島沖で発生したマグニチュード8.0の地震で、伊豆諸島・八丈島など太平洋側の各地で40〜10cmの津波を観測した。午後5時半ごろ、小笠原諸島・父島に津波の第1波が到達。同夜にかけて八丈島で40cm、岩手県久慈市、仙台市、鹿児島県十島村で30cm、岩手県釜石市、福島県相馬市などで20cmの津波を観測した。

3.12 〔海洋・生物〕メタンハイドレートの採取に成功　経産省は、愛知県渥美半島沖の海底の地下約330mにあるメタンハイドレート層から、探査船「ちきゅう」が、メタンガスの採取に世界で初めて成功したと発表。メタンハイドレートは、水とメタンガスが結合した水和物で、周辺の水を汲み上げることで圧力を下げ、水とメタンガスに分解できる。日本近海には、世界有数の埋蔵量が確認され、国産燃料として期待

される。

| 4.1 | 〔海運・造船〕トン数標準税制の拡充実施　2013年度税制改正大綱でトン数標準税制の拡充が決定し、実施される。 |

4.1　〔海難事故・事件〕海難審判・船舶事故調査協会に改称　海難審判協会より海難審判・船舶事故調査協会に名称変更。

6.30　〔海洋・生物〕「新青丸」海洋研究開発機構に引き渡し　「新青丸」海洋研究開発機構に引き渡し。東日本大震災で受けた大規模な自然変動及びそれに伴う生態系攪乱の実態把握と経時的な修復プロセスのモニタリング、生態系の修復及び変動に関わるメカニズム解明が期待されている。

7月　〔海運・造船〕海上災害防止協会(現・海上災害防止センター)設立　海洋汚染等及び海上災害の防止に関する法律に規定する指定海上防災機関の指定を受けることを目指して設立。

9.27　〔海難事故・事件〕貨物船が衝突し転覆　伊豆大島の西約11キロの海上で、名古屋市の海運会社の貨物船「第18栄福丸」が、シエラレオネ船籍の貨物船「JIAHUI」と衝突して転覆した。栄福丸の乗組員6人のうち5人が死亡、1人が行方不明。外国船乗組員は全員無事。外国船は首左側のいかりが脱落し、へこみがあるほか、船首の下部2カ所が損傷した。同船の蛇行するなどの操船ミスが事故の原因とみられる。

10.12　〔海難事故・事件〕海保巡視艇が屋形船に追突　川崎市川崎区東扇島沖約2.5キロの東京湾で、千葉海上保安部の巡視艇の船首が、停船中の横浜市金沢区の屋形船に追突した。屋形船の船尾に縦6cm、横3cmの穴が開いたが、双方にけがはなかった。巡視艇が湾内の安全航行を指導するパンフレットを渡すため停船を求めて近づいた際に、ぶつかったとみられる。当時、風速約13mで約1mのうねりがあったという。

10.27　〔海難事故・事件〕ヨットレースで衝突—東京湾　千葉県浦安市の東京湾で開かれていたヨットレースで2隻が衝突。うち8人が乗っていたヨットの左舷後方にいた男性が海中に転落、死亡した。

10月　〔軍事・紛争・テロ〕『村上海賊の娘』刊行　和田竜『村上海賊の娘』(新潮社)刊行。戦国時代の瀬戸内海で活動した村上水軍の当主・村上武吉の娘を描いた歴史小説。第35回吉川英治文学新人賞、第11回本屋大賞を受賞。

11月　〔船舶・操船〕無人深海探査機「江戸っ子1号」が日本海溝で深海生物の3D映像撮影に成功　東京下町の町工場、芝浦工業大学、東京海洋大学、海洋研究開発機構、新江ノ島水族館、ソニーの有志、東京東信用金庫が開発に携わった「江戸っ子1号」は水深8,000mという超深海まで潜水できる小型の無人深海探査機で、海底で泥や生物を採取したり、3Dビデオカメラで3D映像を撮影したりできる機能を備えている。今回、水深約7,800mの海底に生息するヨコエビの仲間、シンカイクサウオの群れの様子などを高精細な3D映像で撮影することに成功した。

12.18　〔海洋・生物〕「有明をわたる翼」初演　環境演劇「有明をわたる翼」が東京で初演された。諫早湾干拓問題を扱った、日本では初の海洋生態学と演劇のコラボ作品。

この年　〔海運・造船〕環境対応・低燃費船「neo Supramax 66BC」を引き渡し　三井造船、環境対応・低燃費船「neo Supramax 66BC」を引き渡し。

この年	〔航海・技術〕**2020東京五輪**	2020「東京オリンピックパラリンピック」開催決定。
この年	〔航海・技術〕**NYYCインビテーショナルカップ―ヨット**	第3回ニューヨーク・ヨットクラブ(NYYC)インビテーショナルカップで6位。
この年	〔海洋・生物〕**「新青丸」建造**	「新青丸」(1,629トン)三菱重工業(株)下関造船所にて建造。

2014年
(平成26年)

1.7	〔領海・領土・外交〕**政府、離島を国有化**	日本政府は、沖縄県・尖閣諸島や島根県・竹島をめぐり中韓両国との対立が生じた経緯を踏まえ、約400の離島のうち、所有者がいない約280の無人島を国有化する方針を固めた。
1.15	〔海難事故・事件〕**海上自衛艦「おおすみ」釣り船と衝突**	広島県大竹市の阿多田島北東を航行中の海上自衛隊輸送艦「おおすみ」釣り船「とびうお」が衝突。「とびうお」の船長と乗客の2人が死亡。
2月	〔領海・領土・外交〕**「日本海」「東海」併記法案可決**	米バージニア州下院本会議場で「日本海」「東海(トンヘ)」併記法案が可決された。
3.31	〔地理・地学〕**プレート移動「マントルが原因」**	地球の表面を覆うプレートと呼ばれる岩板が動くのは、下で対流するマントルが原動力になっているとの説を直接裏づける証拠を発見したと、海洋研究開発機構のチームが30日付の英科学誌ネイチャージオサイエンスに発表した。チームは、北海道の南東沖約100～700キロの太平洋で、調査船から人工的な地震波を出し、反射波などを観測する方法で海底のプレートの構造を分析した。
3.31	〔海運・造船〕**大成丸四世竣工**	航海訓練所の内航用練習船として造られた汽船。「大成丸三世」の代替船。ディーゼル機関を備え、航海訓練所の練習船として初めて船橋を中部に配置。
4.16	〔海難事故・事件〕**韓国フェリー転覆事故**	韓国の大型旅客船「セウォル号」が、全羅南道珍島郡の観梅島(クヮンメド)沖海上で転覆・沈没した。修学旅行中の高校生ら計476人のうち294人が死亡、10人が行方不明。避難誘導の欠如、不適切な船体改造、過積載、運航会社の管理など多くの問題があったことが指摘されている。船長ら乗組員を逮捕。
5.21	〔海洋・生物〕**福島第1原発、地下水を海洋放出**	原子炉建屋に流れ込む前の地下水をくみ上げて海に放出する「地下水バイパス計画」によって、東京電力が21日、地下水561トンを海洋に放出した。放出したのは貯留タンク9基のうち、放射性物質の分析を終えた1基分で免震重要棟にあるロックを解除し、2カ所の弁を開いて放出した。
6.2	〔海洋・生物〕**海洋版SPEEDI開発へ**	日本海洋学会が、原発事故で放射性物質が漏れた場合、海洋での拡散ルートを予測する手法の開発を始める。「緊急時迅速放射

能影響予測ネットワークシステム (SPEEDI)」のいわば海洋版で、中部電力浜岡原発、東京電力福島第1原発、四国電力伊方原発の3原発を対象に、2015年3月までに予測手法をまとめる予定。

6.12 〔水産・漁業〕ニホンウナギ絶滅危惧種に指定　国際自然保護連合 (IUCN)、ニホンウナギを絶滅危惧種としてレッドリストに掲載。

6月 〔海洋・生物〕次世代資源メタンハイドレート秋田・山形沖に有望地点　経済産業省資源エネルギー庁は次世代エネルギー資源「メタンハイドレート」が存在する可能性がある地質構造を、秋田、山形両県沖の日本海で初めて確認したと発表した。今後、石油天然ガス・金属鉱物資源機構の調査船「白嶺」が海底の下約100メートルまで掘り、埋蔵状況などを調べるとこのことである。

7月 〔海運・造船〕商船三井、北極海航路でガス輸送　商船三井は北極海航路を使って液化天然ガス (LNG) の定期輸送を2018年から始めると発表した。砕氷能力を持った専用輸送船を使い、ロシア北部のヤマル半島のLNGプラントから欧州やアジアに運ぶとのことで、北極海の定期航路は世界初となる。

8.18 〔軍事・紛争・テロ〕辺野古沖で海底ボーリング調査開始　防衛省は沖縄県宜野湾市のアメリカ海兵隊普天間飛行場の名護市辺野古への移設に向けて、地盤の強度を調べるため、辺野古沖で海底ボーリング調査を開始した。海上保安庁はボートを出し、船やカヌーで近づこうとする反対派を阻止した。

8.26 〔軍事・紛争・テロ〕北朝鮮弾道ミサイル潜水艦建造か　「ワシントン・フリービーコン」は26日、北朝鮮が弾道ミサイルの発射能力を持つ潜水艦の建造を進めていると米情報機関がみていると伝えた。北朝鮮は既に潜水艦発射弾道ミサイル (SLBM) を保有しているともみられている。しかし一方で北朝鮮の技術力に懐疑的な見方を示す専門家もいる。

8月 〔海洋・生物〕世界2個体目の深海魚を確認　東海大学海洋学部・福井篤教授研究室が、世界で2個体目の採集となるデメニギス科深海魚「ドリコプテルクス アナスコパ」を確認したとする論文を発表した。同論文は日本魚類学会の英文機関誌「イクチオロジカル・リサーチ」のオンライン版に掲載された。アナスコパの個体が確認されたのは1901年以来、113年ぶりである。

9.18 〔水産・漁業〕調査捕鯨先延ばし案可決　国際捕鯨委員会 (IWC) 総会は最終日を迎え、調査捕鯨を許可するまでの手続きを増やして制限を加え、南極海での調査捕鯨計画を策定する日本の調査捕鯨を事実上先延ばしすることを求めたニュージーランド決議案を賛成多数で可決。日本政府代表は予定通り2015年度から南極海での調査捕鯨を再開する考えを示したが、日本が調査捕鯨を強行した場合、反捕鯨国からの反発が強まることが必至な情勢にある。

9.19 〔海洋・生物〕沖縄・久米島沖に熱水噴出孔群　海上保安庁は、沖縄県久米島沖で、海底から煙突状に突き出した熱水噴出孔 (チムニー) が、約45ヘクタールにわたり分布しているのを見つけたと発表。日本周辺で確認されたチムニー群では最大規模である。地中には金や銀、レアメタル (希少金属) の鉱床が眠っている可能性があると期待されている。

9.25 〔海洋・生物〕世界最大の海洋保護区を設定　アメリカのオバマ政権はハワイ南方

の太平洋に点在する七つの島やサンゴ礁の周囲に設定している海洋保護区の面積を、約127万平方キロに拡大したと発表した。ホワイトハウスによると世界最大の海洋保護区となるとのこと。

10.8 〔水産・漁業〕マグロの漁獲枠拡大へ　大西洋クロマグロの資源管理を話し合う「大西洋マグロ類保存国際委員会（ICCAT）」の科学委員会、マグロの資源回復を受け、漁獲枠拡大が可能とする報告書をまとめた。2万3,000トン程度まで増やすことが可能と指摘されている。

11.17 〔海洋・生物〕太平洋クロマグロ絶滅危惧に指定　国際自然保護連合（IUCN）は17日、太平洋のクロマグロとアメリカウナギなどを新たに絶滅危惧種に指定した最新のレッドリストを公表した。いずれも日本の市場目当ての乱獲が一因。2016年に南アフリカで開かれるワシントン条約の締約国会議で、輸出入の規制対象種に加えるよう求める声があがっている。

11月 〔海洋・生物〕塩釜で潮流発電装置を公開　潮流発電の実証実験を進めている東大生産技術研究所が発電装置を公開。2015年2月に発電を開始し、寒風沢島に電力を供給する計画で、実際に電力を利用する潮流発電実験は国内初となる。

分野別索引

分野別索引　目次

- 船舶・操船 …………………………………… 315
- 地理・地学 …………………………………… 318
- 港湾 …………………………………………… 319
- 海運・造船 …………………………………… 320
- 航海・技術 …………………………………… 325
- 軍事・紛争・テロ …………………………… 328
- 領海・領土・外交 …………………………… 331
- 自然災害 ……………………………………… 332
- 通信・放送 …………………………………… 333
- 海洋・生物 …………………………………… 333
- 建築・土木 …………………………………… 342
- 水産・漁業 …………………………………… 342
- 海難事故・事件 ……………………………… 344
- その他 ………………………………………… 347

【 船舶・操船 】

丸太筏	BC10万（この頃）
樹皮カヌー	BC10万（この頃）
丸木船	BC7千2百（この頃）
帆船が使用される	BC5000（この頃）
筏による移民	BC4000（この頃）
帆を発明	BC3500（この頃）
パピルス葦の船	BC3200（この頃）
最古の帆	BC3100（この頃）
最初の板張り船	BC2700（この頃）
エジプトの軍船	BC2500（この頃）
クフ王の船	BC2500（この頃）
エジプトの川舟	BC2400（この頃）
エジプトの帆走船	BC1900（この頃）
エジプトの貨物船	BC1450（この頃）
丸底皮張り船	BC900（この頃）
古代ギリシャの船	BC700（この頃）
獣皮ボート	BC700（この頃）
戦闘ガレーが出現	BC700（この頃）
ペンテコンテロス	BC600（この頃）
三撓漕船	BC600（この頃）
造船技術	BC500（この頃）
いしゆみ（弩）、ガレー船の発達	BC406（この年）
船の構造	BC300（この頃）
古代最大の軍船	BC200（この頃）
水かき車を用いた船を発明	370（この頃）
外輪船が設計される	510（この年）
サットン・フーの船葬墓	625（この年）
「グレース・デュー」進水	1418（この年）
グレート・ハリー号建造	1514（この年）
潜水鐘の発明	1535（この年）
信長、大型船を建造させる	1573.5.22
コール、船舶用速度計を発明	1573（この年）
磁石の伏角を発見	1576（この年）
最初の装甲船	1591（この年）
漂着英人帆船建造	1604（この年）
潜水艇が建造される	1620（この年）
スウェーデン船、処女航海で沈没	1628.4.10
ソブリン・オブ・ザ・シー建造	1637（この年）
オランダ、チャールズ2世にヨットを献上	1660（この年）
外輪船の設計図を作成	1737（この年）
造船学の学校	1741（この年）
米植民地でフリーゲート艦を初めて建造	1747（この年）
『ロイズ船名録』刊行	1760（この年）
「エンデバー号」進水	1764（この年）
『商船建造術』刊行	1768（この年）
「アメリカの亀号」発明	1776（この年）
ジョフロア侯爵、蒸気船を設計	1781（この年）
蒸気機関の開発	1782（この年）
最初の蒸気船が航行	1787.8.22
ウィルキンソン、鉄船を建造	1788（この年）
軍艦から彫刻を撲滅	1794（この年）
米「コンスティチューション号」建造	1797（この年）
フルトン、ノーチラス号を製作	1801（この年）
実用化された最初の蒸気船	1801（この年）
欧州初の蒸気船	1812.7.25
米最大のフリゲート艦建造	1813（この年）
仏初の蒸気船	1816（この年）
独初の蒸気船	1817（この年）
サヴァンナ号、大西洋を横断	1819（この年）
「ビーグル号」進水	1820（この年）
ミシシッピ川の蒸気船	1820（この年）
ロイド船級名簿に登録された最初の蒸気船	1821（この年）
外洋へ鉄製の船乗り出す	1822.6.10
高速クリッパー・スクーナー建造	1830（この年）
スクリュー推進機の発明	1836.5.31
スクリュー推進船が初めて大西洋を横断	1836.7.13
スミス、スクリュー・プロペラを発明	1839（この年）
英国発のスクリュー推進の軍艦	1840（この年）
グレート・ブリテン号就航	1843（この年）
スクリュー推進を採用した初の戦艦	1843（この年）
箕作阮甫、『水蒸船説略』翻訳	1849（この年）
日本で最初の洋式木造帆船	1855.1.30
鳳凰丸進水	1855.5.10
蘭、外輪蒸気船を幕府に献納	1855.8.25
薩摩藩で、日本最初の小型木造外輪蒸気船を建造	1855（この年）
観光丸を江戸まで回航	1857.3.29
仏、世界初の装甲艦起工	1858.4月
オランダ建造船入港	1858.5.3
英、幕府に船を献上	1858.7.5
大野丸建造	1858.9月
英国、巨艦建造	1858（この年）
英・装甲艦「ウォーリア号」起工	1859.5月
国学者・洋学者の秋元安民が没する	1862.9.22
J.エリクソン、甲鉄の軍艦を設計	1862（この年）
外輪蒸気船の製造に成功	1865（この年）
蒸気軍艦を建造	1866.5月
商人の外国船舶購入が可能に	1866（この年）
軍艦マラッカを購入	1871.8.16
帆のない戦艦	1871（この年）
近代的水雷艇建造	1872（この年）
鋼材を造船に用いた最初の船	1873（この年）
ブラウンが軍艦受領のため渡英	1874（この年）
三菱商船学校、創設	1875.11.1
海員審問が制度化	1876.6.6
明治時代最初の軍艦竣工	1876.6.21
世界初の冷凍船	1876（この年）
英最初の水雷艇進水	1877（この年）
初の蒸気トロール船	1877（この年）
英で軍艦進水	1878.1月
金剛が横浜到着	1878.4.26
金剛がウラジオストク入港	1878（この年）
初のホランド型潜水艦	1878（この年）
函館商船学校、創設	1879.2月
初の鋼鉄製航洋汽船	1879（この年）
西洋形船船長運転手免状規則制定	1881.12.28
最初の双暗車船	1881（この年）

東京商船学校と改称	1882.4.1
英より購入の軍艦電灯点火	1882（この年）
実用に耐える最初の潜水艇	1882（この年）
最後の木造汽船	1883.3月
最初のガソリンエンジンを載せたモーターボート	1883（この年）
貨客船「夕顔丸」竣工	1887.5.26
水産伝習所、創設	1888.11.29
初のツインスクリュー船	1888（この年）
「筑後川丸」(610トン)竣工	1890.5.31
潜望鏡を装備した初の潜水艇	1890.10月
初の蒸気駆動救難艇	1890（この年）
海上衝突予防法公布	1892.6.23
初の水雷艇駆逐艦	1892（この年）
海難取調手続制定	1893.3.3
海技免状取扱規則公布	1893.9.8
初の水雷駆逐艦建造	1893（この年）
船用蒸気タービンの道をひらく	1894（この年）
須磨丸完成	1895.4月
水産講所と改称	1897.3月
海員審判所の組織	1897.4.6
初の蒸気タービン船の完成	1897.6月
装甲巡洋艦「浅間」進水	1898.3.22
船員法公布（6月16日施行）	1899.3.8
船舶法公布（6月16日施行）	1899.3.8
水先法公布（7月29日施行）	1899.3.14
水難救護法公布（8月4日施行）	1899.3.29
米海軍初の駆逐艦	1899.8月
タービンエンジン搭載の戦闘艦	1899（この年）
東京商船学校、分校を廃止	1901.5.11
戦艦「三笠」完成	1902.3.1
独、Uボート進水	1905（この年）
タービン推進戦艦「ドレッドノート」進水	1906.2.10
装甲巡洋艦「筑波」竣工	1907.1.14
装甲巡洋艦「伊吹」進水	1907.11.21
モーリタニア号完成	1907（この年）
最初のタービン船「天洋丸」完成	1908.4.22
初の商船用タービン搭載商船進水	1908.6月
日本最初のタンカー	1908.9月
水中翼船を開発	1909（この年）
明治天皇、清宣統帝に外輪蒸気船を贈る	1909（この年）
飛行機が船を離着陸	1911.1.18
「春洋丸」竣工	1911.8月
ディーゼル・エンジンを船に採用	1911（この年）
英、高級戦艦建造	1912（この年）
戦艦「河内」完成	1912.3月
トロール漁業監視船「速鳥丸」進水	1913.3.1
「安洋丸」を竣工	1913.6月
横浜高等海員養成所設立	1913.6月
日本海軍最後の海外発注艦竣工	1913.8.16
初の水上機母艦完成	1913.11月
「門司丸」就航	1914.11.6
潜水艦Uボートが成果をあげる	1914（この年）
傾斜装甲盤防御法を採用	1915（この年）
ディーゼルエンジンを搭載した最初の客船	1917（この年）
英、航空母艦完成	1917（この年）
私立川崎商船学校（現・神戸大学海事科学部）設立	1917（この年）
来福丸(9,100トン)竣工	1918.1月
戦艦「長門」進水	1918.11.9
国内初全熔接船竣工	1920.4月
戦艦「陸奥」進水	1920.11.9
サンビーム・ディンギーが誕生	1920（この年）
米、空母「ラングレー」建造	1920（この年）
戦艦「加賀」進水	1921.11.7
「鳳翔」進水	1921.11.13
世界最初の航空母艦竣工	1922.12.27
快速巡洋艦「夕張」進水	1923.3.5
ディーゼル客船「音戸丸」竣工	1924.1.25
東京高等商船学校と改称	1925.4月
潜水艦「伊1号」竣工	1926.3.10
巡洋艦「古鷹」竣工	1926.3.11
トロール船「釧路丸」竣工	1927.11.19
英、戦艦「ネルソン」完成	1927（この年）
米空母「サラトガ」「レキシントン」完成	1927（この年）
客船「浅間丸」竣工	1929（この年）
伊、高速軽巡艦「ジュッサノ」完成	1930（この年）
水産試験船「昭南丸」建造	1931.8月
カルマンの発見船	1932（この年）
船舶安全法公布(1934年3月1日施行)	1933.3.15
航空母艦「蒼龍」起工	1934.11.20
潜水球で3028フィート潜る	1934（この年）
「エンプレス・オブ・ブリテン号」が横浜に入港	1935.4.14
仏高速戦艦進水	1935.10.2
航空母艦「飛龍」起工	1936.7.8
戦艦「大和」呉工廠で起工	1937.11.4
航空母艦「翔鶴」起工	1937.12.12
戦艦「武蔵」起工	1938.3.29
航空母艦「瑞鶴」起工	1938.5.25
宗谷建造	1938（この年）
「船員保険法」公布	1939.4.6
クイーン・エリザベス号完成	1939（この年）
貨客船「新田丸」建造	1940（この年）
朝鮮総督府釜山高等水産学校（現・水産大学校）設立	1941.4月
空母「翔鶴」を竣工	1941.8.8
戦艦大和を竣工	1941.12.16
日本で初めてレーダーを搭載	1941（この年）
空母「レキシントン」就役	1942.2.17
英国が最後に建造した戦艦	1944（この年）
「船員保険法」改正公布	1945.2.19
尾道海技学院設立	1949.3月
長崎大学水産学部設置	1949.5月
東京水産大学を設置	1949.5月
北海道大学水産学部設置	1949.5月
広島大学水畜産学部（現・生物生産学部）設置	1949（この年）

「船舶の動揺に関する研究」日本学士院賞受賞	1949（この年）
北大潜水艇240m潜水成功	1951（この年）
原子力潜水艦「ノーチラス号」進水	1954.1.21
クフ王の船発見	1954（この年）
大型船舶用ディーゼル機関開発	1955.3月
ばら積み貨物船登場	1955（この年）
世界最大タンカー進水	1956.8.8
東京商船大学と改称	1957.4月
海人社創業	1957.6.1
ソ連原子力砕氷船「レーニン号」進水	1957.12.5
仏初建造の空母	1957.12月
RO-ROフェリー第1号が進水	1957（この年）
米潜水艦「ジョージ・ワシントン」進水	1959.6月
米原子力巡洋艦「ロングビーチ」進水	1959.7月
米初の原子力商船進水	1959（この年）
世界初の原子力空母	1960.9.24
国産初のホバークラフト	1961.6.7
東海大学海洋学部設置	1962.4月
世界最大のタンカー「日章丸」（当時）進水	1962.7.10
ハンザのコグ船発見	1962（この年）
日本原子力船開発事業団設立	1963.8.17
英、初めての原潜進水	1963.12.3
米空母「アメリカ」進水	1964.2月
船員保険法改正法を公布	1965.6.1
長崎総合科学大学に船舶工学科（現・船舶工学コース）開設	1965（この年）
日本舶用機関学会（現・日本マリンエンジニアリング）設立	1966.4月
吉識雅夫、日本学士院賞受賞	1966（この年）
研究、実習船建造	1966（この年）
初の20万トン超タンカー竣工	1966（この年）
豪華客船クイーン・エリザベス2世号進水	1967.11.20
「東海大学丸二世」竣工	1967（この年）
西独初の原子力船就航	1968.2.1
原子力船「むつ」	1969.6.12
海洋気象観測船啓風丸進水	1969.9月
米深海掘削船グローマー・チャレンジャー号活動始める	1969（この年）
船員法改正公布	1970.5.15
47万トンタンカー建造へ	1970.6.29
100万トンタンカー開発諮問	1970.7.2
日本、保有船腹量で世界2位に	1970.7.20
計画造船金利引き上げ	1970.10.20
コンピュータ制御のタンカー	1970（この年）
「ジェットスキー」誕生	1971（この年）
中国に大型貨物船輸出	1972.9.4
原子力船「むつ」外洋航行実験へ	1973.6.7
船のエンジンのディーゼル化	1973（この年）
米潜水艦「ロスアンゼルス」進水	1974.4月
原子力船「むつ」放射線漏出	1974.9.1
海底地質調査線「白嶺丸」建造	1974（この年）
世界最大のタンカー起工	1975（この年）
原子力船「むつ」受入れ	1977.4.30
物理探査専用船「開洋丸」	1977（この年）
原子力船「むつ」佐世保に入港	1978.10.16
ソ連、3隻目の原子力砕氷船処女航海に出航	1978（この年）
乾崇夫、日本学士院賞受賞	1978（この年）
米原潜オハイオ級進水	1979.4月
米潜水艦「オハイオ」就役	1981（この年）
有人潜水調査船「しんかい2000」着水	1981（この年）
「ふじ」から「しらせ」へ	1982（この年）
豪州艇アメリカズ・カップを制す	1982（この年）
海上保安庁の2代目「拓洋」就役	1983（この年）
「シークリフ」進水	1984（この年）
フランスの6,000m潜水可能の潜水調査船進水	1984（この年）
海中作業実験船「かいよう」完成	1985.5.31
海洋科学技術センターの「かいよう」（3,350トン）が竣工	1985（この年）
教員初任者洋上研修始まる	1987.7.21
ペルシャ湾安全航行で貢献策	1987.10.7
3段櫂船を復元	1987（この年）
「しんかい6500」竣工	1989（この年）
二代目「白鳳丸」竣工	1989（この年）
海洋科学技術センターの「よこすか」（4,439トン）竣工	1990（この年）
「しんかい6500」調査潜航開始	1991（この年）
「オーシャンエクスプローラー・マジェラン」完成	1991（この年）
原子力船「むつ」実験終了	1992.2.14
国内船の高速化	1993（この年）
仏海軍最初の原子力空母	1994.5月
テクノスーパーライナー完成	1994.8月
原子力船「むつ」船体切断	1995.5.10
原子力船「むつ」原子炉取り外し	1995.6.22
TSL試験運転完了	1995（この年）
三菱重工業「希望」を静岡県に引き渡し	1996.3月
TSL（テクノスーパーライナー）実験終了	1996（この年）
カボットの航海500年記念	1996（この年）
自律型海中ロボットの自律潜航に成功	1996（この年）
「かいれい」を京浜港晴海埠頭にて特別公開	1997.10月
海洋科学技術センターの「かいれい」（4,517トン）竣工	1997（この年）
海洋科学技術センターの海洋地球研究船「みらい」（8,706トン）竣工	1997（この年）
深海巡航探査機「うらしま」の開発を開始	1998.4月
潜水艦ハンリー引揚げ	2000.8月
無人探査機「ハイパードルフィン」を「かいよう」に艤装搭載し潜航活動を開始	2000（この年）
「なつしま」「ハイパードルフィン」搭載	2002.1月
東京海洋大学設置	2003.10.1
世界最大級の1本マスト・ヨットが進水	2003（この年）
史上最大の豪華客船「クイーン・メリー2」就航	2004.1月
ダイヤモンド・プリンセス完成	2004.2.26

地理・地学　　　　　　　　分野別索引　　　　　　　海洋・海事史事典

「白鳳丸」海洋研究開発機構へ移管　　2004.4月
呉市海事歴史科学館大和ミュージアム開館　2005.4.3
「PICASSO（ピカソ）」初の海域試験に成功　2007.3月
米空母「エンタープライズ」退役　　2012.12.1
無人深海探査機「江戸っ子1号」が日本海溝で深海生物の3D映像撮影に成功　2013.11月

【地理・地学】

古代ギリシャの地図	BC1000（この頃）
紅海の地図	BC520（この頃）
世界地図にインド洋、大西洋描かれる	150（この年）
グリーンランド発見	982（この年）
地球球形説	1322（この年）
天文学者のトスカネリが生れる	1397（この年）
最初の航海暦―レギオモンタヌス	1471（この年）
現存する最古の地球儀	1492（この年）
水深を入れた最初の海図	1504（この年）
緯度経度を最初に描いた世界地図	1507（この年）
海図の進歩	1569（この年）
最初の地図帳	1570（この年）
小笠原島の発見	1593（この年）
初の原形に近い日本図	1595（この年）
経度測定法の発明に懸賞金	1598（この年）
カーペンタリア湾を発見	1606（この年）
ハドソン川、ハドソン湾を発見	1609（この年）
アジア東北端を初めて見たロシア人	1648（この年）
黒竜江探検	1649（この年）
『一般地理学』著す	1650（この年）
初めて地図上に湾流を描く	1665（この年）
正確な瀬戸内海海図	1672（この年）
インド洋の海流図	1678（この年）
磁気図作成	1698（この年）
最初の方位学地図	1701（この年）
『元禄日本総図』成る	1702（この年）
「経度法」立法化	1714.7月
ベーリング、ベーリング海峡を発見	1728（この年）
地球偏平説を立証	1735（この年）
地球形状論を発表	1743（この年）
円錐図法の改良	1745（この年）
地球の自然は過去に大変化を経たと主張	1766（この年）
地磁気の伏角を地図に	1768（この年）
ランベルト正角円錐図法	1772（この年）
大陸移動を示唆	1772（この年）
西国地誌概説書刊行	1788（この年）
正確な海図の作成	1795（この年）
世界地図の刊行	1796（この年）
『和蘭天説』刊行	1796（この年）
樺太調査および地図	1801（この年）
薩摩藩『円球万国地海全図』を刊行	1802（この年）
『日本東半部沿海地図』完成	1804（この年）
『大日本沿海輿地全図』幕府に献納	1814（この年）
幕命により世界地図を作成	1816（この年）
伊能の測量を伝える	1824（この年）
日本海流記載される	1837（この年）
奥村増甫、『経緯儀用法図説』刊	1838（この年）
各国で水路誌編さんはじまる	1849（この年）
東京湾測量	1853（この年）
モーリー、海底の地形を調査	1854（この年）
万国全図を40年振りに改訂	1855（この年）
北大西洋初の海図	1857（この年）
幕府「出版の制」を定める	1860.3.24
箕作阮甫『地球説略』刊行	1860.3月
江戸湾測量	1860（この年）
『東西蝦夷山川取調図』完成	1860（この年）
英艦と瀬戸内海共同測量	1869（この年）
英艦と的矢・尾鷲湾測量	1870（この年）
兵部省海軍部水路局を設置	1871.9.12
フランス軍艦が瀬戸内海測量	1871（この年）
海軍省水路局に改称	1872.4.5
海軍省水路寮に改称	1872.11.13
初の海図『釜石港』作成	1872（この年）
琉球の測量始まる	1873.2月
日本海などを命名	1874（この年）
海軍省水路局に改称	1876.9.1
東洋一のドッグ竣工	1879.5.21
天気図配布を始める	1883.3.1
海軍水路部に改称	1886.1.29
水路部（海軍の冠称を廃し）水路部と改称	1888.6.27
航路標識条例制定	1888.10.10
ナウマン説を批判	1895（この年）
緯度変化観測事業	1898（この年）
緯度変化に関するZ項を発見	1902（この年）
北西太平洋平年隔月水温分布図作成	1910（この年）
全国地磁気測量	1912（この年）
『日本近海地磁針偏差図』刊行	1914（この年）
大陸移動説	1915（この年）
メートル法採用	1919（この年）
国際学術連合設立	1919（この年）
水路測量・海図作成がメートル法に	1920（この年）
国際水路局設立	1921.6月
『潮汐表』刊行	1921（この年）
ペルー海流調査	1925（この年）
『大西洋の地理学』刊行	1926（この年）
『海洋力学』を著す	1928（この年）
音響測深実験成功	1929（この年）
『日本近海水深図』を刊行	1929（この年）
『世界海洋水深図』刊行	1935（この年）
『大西洋、インド洋の地理学』刊行	1935（この年）
航路統制法公布	1936.5.30
『日本近海深浅図』刊行	1936（この年）
「天体位置表」	1943（この年）
海上保安庁水路局と改称	1948.5.1
海上保安庁水路部と改称	1949.6.1
『日本近海底質図』を刊行	1949（この年）
赤道潜流発見	1953（この年）
大洋中軸海嶺を発見	1956（この年）
明石海峡、鳴門海峡で測量	1957（この年）
海洋観測塔	1959（この年）
海洋地質学審議会発足	1964（この年）
トランスフォーム断層を提唱	1965（この年）

日本近海海底地形図	1966（この年）
古代大陸陥没発見	1967（この年）
国際水化学・宇宙化学協会設置	1967（この年）
水路部、基本図測量にともない各種地図刊行	1968（この年）
東京大学の海底地震計最初の観測に成功	1969（この年）
マラッカ・シンガポール海峡4カ国共同測量	1970（この年）
地球内部ダイナミックス計画	1972（この年）
海底火山の噴火により西ノ島新島誕生	1973（この年）
深海掘削計画（DSDP）	1973（この年）
『水路部百年史』刊行	1973（この年）
『海底地質構造図』刊行	1975（この年）
『海洋地質図』シリーズ刊行開始	1975（この年）
『国際図』刊行始まる	1975（この年）
「マリサット3号」打ち上げ	1976.10.14
駿河湾震源域説	1976（この年）
「第一鹿島海山」発見	1977（この年）
海底地震計観測始める	1978（この年）
三陸沖で深海底掘削	1982（この年）
日仏共同KAIKO計画発足	1982（この年）
『日本地質アトラス』を刊行	1982（この年）
海洋科学技術センター日本海青森沖にて日本海中部地震震源域調査	1983.10月
「拓洋」チャレンジャー海淵を調査	1984.2月
「大洋水深総図」完成	1984（この年）
日仏日本海溝共同調査	1984（この年）
深海掘削計画（ODP）に引き継ぎ	1985（この年）
深海掘削計画ジョイデス・リゾリューション号就役	1985（この年）
米国衛星打ち上げ—海域の重力場研究に大きく貢献	1985（この年）
自動図化方式による初の海図	1986（この年）
海洋観測衛星もも1号打上げ	1987（この年）
自航式ブイ「マンボウ」火山からの気泡確認	1989（この年）
仏潜水艇「ノチール」が南海トラフ潜航	1989（この年）
「しんかい6500」海底の裂け目を発見	1991.7月
マントル内部構造の解明	1992（この年）
『デジタル大洋水深総図』刊行	1994（この年）
RTK-GPS導入で位置精度が向上	1995（この年）
活断層調査	1995（この年）
世界初、『航海用電子地図』	1995（この年）
南海トラフにおいて巨大な海山を発見	1999.5月
南海トラフにおいて大規模かつ高密度な深部構造探査を実施	1999.6月
海洋観測衛星打上げ	1999（この年）
海上保安庁海洋情報部と改称	2002.4.1
マリアナ海域の海底において大規模な海底火山の噴火を確認	2006.5月
LED光源を用いた深海照明システムを世界で初めて運用	2006.6月
熊野トラフ泥火山微細地形構造調査実施	2006.7月
「しんかい6500」震源地で亀裂発見	2011.8月
プレート移動「マントルが原因」	2014.3.31

【 港湾 】

最古の商港	BC800（この頃）
ヘロデ王、港を建設	BC10（この年）
リスボン世界貿易の中心地として繁栄	1528（この年）
大村氏、ポルトガル人に港を開く	1562（この年）
横浜・箱館（函館）が開港	1859.6.2
米、幕府に保税倉庫設置求める	1863.2.1
神戸が開港	1867.12.7
新潟が開港	1868.11.19
横浜港に外国商船23隻	1868（この年）
横浜港の外国船数	1869.6月
開港のため朝鮮の港を調査	1877（この年）
「海港虎列剌病伝染予防規則」制定	1879.7.14
「検І停船規則」布告	1879.7.21
「虎列剌病流行地方ヨリ来ル船舶検査規則」布告	1882.6.23
外国船員商売の風紀取締り	1886.1月
「海外諸港ヨル来ル船舶ニ対シ検疫施行方」公布	1891.6.22
「清国及ビ香港ニ於テ流行スル伝染病ニ対シ船舶検疫施行ノ件」	1894.5.26
船員がペストにより横浜で死亡	1896.3.31
「汽車検疫規則」「船舶検疫規則」制定	1897.7.19
「海軍病院条例」「海軍監獄条例」公布	1897.9.24
「開港規則」公布	1898.7.8
「海港検疫法」公布	1899.2.14
「海港検疫所官制」公布	1899.4.13
開港とする港を追加指定	1899.7.12
門司港に海港検疫所設置	1900.3.27
「臨時海港検疫所官制」公布	1900.3.28
「港務部設置ノ件」公布	1902.3.28
港湾の副振動を調査	1908（この年）
横浜開港祭	1909.7.1
横浜港駅で旅客営業開始	1920.7.23
神戸に近代的港湾倉庫建設	1923.5.20
検疫所を移管	1941.12.15
有川桟橋航送開業	1944.1.3
広東からの引揚船にコレラ発生	1946.4.5
港湾法の公布	1950.5.31
メキシコ湾岸油田	1950（この年）
「検疫法」の公布	1951.6.6
外国軍用艦船の検疫法特例	1952.6.18
国際港湾協会設立	1955（この年）
豪州から大型観光船が入港	1957.9.23
海造審OECD部会答申	1963.10.7
世界初の海上空港、長崎空港が開港	1975（この年）
スエズ運河拡張第1期工事完成	1980（この年）
有川桟橋航送廃止	1984.2.1
港湾の21世紀のビジョン	1985.5月
神戸港機能停止	1995.1.17
日米港湾問題—米港湾荷役で対日制裁	1997.2.26
日米港湾問題大筋で合意	1997.10.17

【海運・造船】

筏で運搬	BC3500（この頃）
海運用商船が描かれた最古の壁画	BC1000（この頃）
紅海を渡る	BC900（この頃）
船の建造に力を注ぐ	BC81（この年）
エリュトゥラー海案内記	BC70（この年）
貿易風利用	40（この年）
応神天皇の船	274（この年）
勘合貿易	1404（この年）
足利将軍、遣明船見物	1405.8.3
朱印船始める	1592（この年）
オランダ初めて東洋に商船隊派遣	1595（この年）
オランダ東インド会社設立	1602.3.20
鎖国の始まり	1633（この年）
鎖国措置	1639（この年）
糸割符制を廃止	1655（この年）
『造船学の原理』出版	1670（この年）
ロイズリスト	1734（この年）
ロシア船、国後島に現れる	1778（この年）
大西洋横断汽船会社	1840（この年）
清国、香港割譲・五港開港	1842（この年）
ハンブルグ・アメリカ汽船会社設立	1847（この年）
幕府、大船建造の禁を解く	1853.9.15
江戸幕府、浦賀に造船所を建設	1853.11月
初の西洋型帆船	1854.5.10
石川島を造船所に	1854.12.5
浦賀造船所、乾ドック築造	1859（この年）
国内運輸への外国船の使用解禁	1861.7.26
鎖国後初の官営貿易	1862.4.29
横須賀製鉄所起工式	1865.9.27
3港の自由交易を許可	1866.2.28
「神戸牛」人気の始まり	1866（この年）
江戸・大坂間の定期運航	1867.9月
フランス軍艦が横浜港に投錨	1868.7月
スウェーデン等と条約締結	1868.9.27
スペインと友好通商航海条約締結	1868.9.28
ドイツと条約締結交渉	1868.10.20
サンフランシスコ～横浜～清国航路を開設	1869（この年）
商船規則定める	1870.1.27
民間所有の船の修理も可能に	1870.3.19
横須賀黌舎を復興	1870.3.29
岩崎弥太郎、商船事業を創業	1870.10.19
利根川汽船会社開業	1871.2月
横須賀、長崎「造船所」に改称	1871.4.9
フランス飛脚船の運賃を値下げ	1871（この年）
横浜までの汽船就航	1872.4月
清水、焼津までの汽船就航	1872（この年）
船型試験水槽作成	1872（この年）
商船に大砲搭載	1875.5.31
三菱会社の所有船に外国人	1875（この年）
三菱商会の船がアメリカへ	1875（この年）
P&O汽船が香港～横浜航路を開設	1876.2月
初の民間造船所設立	1876.10月
横須賀で砲艦竣工	1877.2月
外輪蒸気船が建造される	1877.2月
蒸気船の使用開始	1877.5月
川蒸気船の運航開始	1877.6月
海外渡航船舶の国旗掲揚を義務化	1877.7.9
川崎築地造船所開設	1878.4月
鉄製蒸気船「秀吉丸」	1878（この年）
蒸気船航路の開設	1879.10.8
横浜～朝鮮航路を開設	1880.7月
蒸気船「鶴丸」	1880.8月
ロシア商船の修理が竣工	1880.10.20
デンマーク船が横浜入港	1880.10.30
ウラジオストク航路始まる	1881.2.28
霊岸島―木更津間で汽船運行	1881.8月
東京気象学会（現・日本気象学会）設立	1882.5月
共同運輸が営業開始	1883.5.1
グラスゴー大学で造船学講座	1883（この年）
大阪商船会社開業	1884.5.1
東京大学理学部、造船学科を設置	1884.5.17
蒸気船の運行開始	1885.8.29
日本郵船設立	1885.9.29
ハワイと渡航条約	1886.1.28
川崎造船所設立	1886.4.28
中国向けなど国際航路開設	1886（この年）
霊岸島船松町―神奈川県三崎間航路開設	1886（この年）
スエズ運河の自由航行に関する条約	1888.10.29
上海～ウラジオストク線開設	1889.3月
国際海事会議開催	1889.10.16
釜山航路開設	1890.7.16
神戸～マニラ間の新航路	1890.12.24
軍艦吉野でボンベイ視察	1894（この年）
航海奨励法・造船奨励法公布	1896.3.24
開港外の外国貿易港を定める	1896.3.26
川崎造船所設立	1896.10.15
三菱に造船奨励法最初の認可	1896.12.3
造船協会（現・日本船舶海洋工学会）設立	1897.4.1
商船学校交友会（現・海洋会）発足	1897.8月
「伊豫丸」進水	1897（この年）
上海航路初航海成功	1898.1.7
山陽汽船就航開始	1898.9.1
東洋汽船海外航路開設	1898.12.15
呉に12トン平吊完成	1898（この年）
船舶法・船員法公布	1899.3.8
帝国海事協会（現・日本海事協会）設立	1899.11月
千住吾妻急行汽船会社設立	1900（この年）
関門航路開業	1901.5.27
アメリカから造船を受注	1901（この年）
宮島～厳島間航路	1902.4月
瀬戸内海航路	1903.3.18
山陽汽船が宮島航路を継承	1903.5.8
阪鶴鉄道が連絡船開設	1904.11.24
阪鶴鉄道が舞鶴～境の連絡船開設	1905.4月
下関～釜山連絡船始まる	1905.9.11
阪鶴鉄道が舞鶴～小浜の連絡船開設	1906.7.1
隅田川蒸気船「2銭蒸気」	1906.9月
日本初の潜水艇建造	1906（この年）

青函航路開業	1908.3.7
軍艦「淀」竣工	1908（この年）
宮津湾内航路	1909.8.5
ラッコ・オットセイ保護条約	1911.7.7
関森航路	1911.10.1
関釜連絡船「高麗丸」「新麗丸」就航	1913.1.31
日本海事組合（現・日本海事検定協会）創立	1913.2.11
阿波国共同汽船	1913.4.20
青函航路で鉄道航送始まる	1914.12.10
燈光会設立	1915.1月
西回り世界一周航路開設	1915（この年）
三井造船所前身創業	1917（この年）
ロンドン航路開設	1918.12.9
関森航路で貨車航送	1919.8.1
川崎造船所争議	1919.9.18
川崎汽船創立	1919
戦艦「長門」完工	1920.11.25
スクラップ・アンド・ビルド政策導入	1920（この年）
造船所3万人スト	1921.7.7
神戸海運集会所（現・日本海運集会所）設立	1921.9月
関釜連絡船「景福丸」就航	1922.5.18
関釜連絡船「徳寿丸」就航	1922.11.12
港湾協会設立	1922（この年）
関釜連絡船「昌慶丸」就航	1923.3.12
関釜連絡船、客貨混載便を廃止	1923.4.1
青函連絡船「松前丸」就航	1924.11.1
青函連絡船「飛鸞丸」就航	1924.12.30
ラトビアと通商航海条約	1925.7.4
上海航路復活	1925.7.23
青函航路で貨車航送始まる	1925.8.1
日本郵船、第二東洋汽船株式会社を合併	1926（この年）
青函航路の鉄道航送廃止	1927.6.8
高速貨物船「畿内丸」を建造	1930（この年）
日本モーターボート協会（現・舟艇協会）設立	1931（この年）
東回り世界一周航路開設	1934（この年）
クイーン・メリー号進水	1935（この年）
タイが通商航海条約破棄	1936.11.5
関釜連絡船「金剛丸」就航	1936.11.16
関釜連絡船「興安丸」就航	1937.1.31
玉造船所設立	1937（この年）
「あるぜんちな丸」「ぶらじる丸」を建造	1939（この年）
川崎造船所、川崎重工業に改称	1939（この年）
山縣記念財団設立	1940.6月
サンフランシスコ航路を休止	1941.7.18
関森航路が廃止	1942.7.9
関釜連絡船「天山丸」就航	1942.9.27
日本船舶貨物検数協会（現・日本貨物検数協会）設立	1942.11.1
玉造船所、三井造船に改称	1942（この年）
三井船舶を設立	1942（この年）
本海運報国団財団（現・日本船員厚生協会）設立	1943.2.20
船員保険等を地方庁に移管	1943.3.31
関釜連絡船「崑崙丸」就航	1943.4.12
航海訓練所設置	1943.4月
三菱汽船を設立	1943（この年）
関釜航路と博釜航路が事実上消滅	1945.6.20
全日本海員組合創立	1945.10.5
商船管理委員会認可	1945（この年）
日本郵船所有船舶減少	1945（この年）
仁堀航路	1946.5.1
有川－小湊間航路	1946.7.1
佐世保船舶工業設立	1946.10月
運輸省鉄道技術研究所の港湾研究室（現・港湾技術研究所）発足	1946（この年）
造船倶楽部（現・日本造船工業会）設立	1947.9.25
青函連絡船「洞爺丸」就航	1947.11.21
戦後初、船舶建造許可	1947（この年）
日本船主協会創立	1947（この年）
検定新日本社（現・新日本検定協会）創立	1948.2.1
日本倉庫協会設立	1948.4.16
日本港運協会設立	1948.8.23
「クヌール」(捕鯨船)を竣工	1948（この年）
ペルシャ湾岸重油積み取り	1948（この年）
沈没した「聖川丸」を引き揚げ	1948（この年）
日本船主協会、社団法人認可	1948（この年）
海上保安協会設立	1949.8.24
極東海運設立	1949（この年）
鋼船民営還元	1949（この年）
三菱海運に社名変更	1949（この年）
三菱汽船解散	1949（この年）
戦後初、大型タンカー受注	1949（この年）
政府徴用船舶を返還	1950.3.4
水上バス航行の再開	1950.4月
気象協会（現・日本気象協会）設立	1950.5.10
国内航路復活	1950.6.15
東京都港湾振興会設立	1950.8.22
海運業に見返り融資	1950.10.3
日本船長協会発足	1950.11.4
戦後初の遠洋定期航路開設	1950.11.28
パナマ運河通航許可	1950（この年）
不定期船配船許可	1950（この年）
造船見返り融資増額	1951.2.20
日本旅客船協会設立	1951.2月
運輸省、第7次造船計画決定	1951.3.17
GHQ造船見返し資金認可	1951.5.31
日本海洋少年団連盟設立	1951.7月
バンコク定期航路	1951（この年）
海運輸送実績	1951（この年）
西回り世界一周航路を再開	1951（この年）
定期航路開設許可	1951（この年）
造船白書発表	1952.1.26
ビルマ経済協力会社設立	1952.5.18
日本船舶機関士協会設立	1952.5.26
海運造船合理化審議会令公布	1952（この年）

海運・造船

国外航船の国旗掲揚とSCAJAP番号表示撤廃	1952(この年)
神戸商船大学の附属図書館(現・神戸大学附属図書館海事科学分館)として創設	1952(この年)
定期航路開設許可	1952(この年)
日本商船管理権返還	1952(この年)
海運・造船白書、年30万トン建造が必要と	1953.5.14
航船舶造船利子補給法成立	1953.8.3
造船金利引下げ	1953.10.12
東廻り世界一周航路	1953(この年)
運輸省の海運現況の集計	1954.1.23
造船5か年計画	1954.4.19
造船疑獄	1954.4.21
造船融資を閣議決定	1954.7.30
海運4社会	1954.10.25
日本船舶輸出組合設立	1954.12.13
日本造船協力事業者団体連合会設立	1954.12.13
大型工船第1号進水	1954(この年)
造船融資―市中銀行が応諾	1955.6.27
日本水上スキー連盟設立	1955.7.15
「海運白書」造船自己資金率発表	1955.7.20
「今後の新造建造方策」答申	1955(この年)
船舶拡充5ヵ年計画	1955(この年)
全銀連、造船融資率承認	1956.2.20
海運会社の株式配当復配基準を発表	1956.4.10
全銀連、造船向けに利下げ	1956.4.30
三井船舶欧州航路同盟加入	1956.5月
運輸省、自己資金による造船を認可	1956.9.26
日本造船関連工業会(現・日本舶用工業会)発足	1956.10.10
「海運白書」造船80万総トン、保有商船350万トンと予想	1956.10.22
計画造船適格船主	1957.5.30
青函連絡船「十和田丸」就航	1957.10.1
最低賃金制改訂求め全日海スト	1957.10.26
インドネシア船舶貸与を申入れ	1957.12.9
国際海運会議所、国際海運連盟に加入	1957(この年)
「富士川丸」を建造	1957(この年)
世界造船進水高で1位	1958.1.21
第14次造船計画	1958.1.29
貨物運賃協定	1958.4月
日本海難防止協会設立	1958.9.8
海運不況、係船24隻に	1958(この年)
「新田丸」竣工	1958(この年)
世界最大のタンカー受注	1958(この年)
政府間海事協議機関(現・国際海事機関)設立	1958(この年)
船主協会の不況対策	1958(この年)
日ソ定期航路民間協定	1958(この年)
世界船舶進水統計1位	1959.1.20
日本中小型造船工業会設立	1959.5.1
国内旅客船公団発足	1959.6月
海運不況戦後最悪の決算	1959(この年)
政府の海運助成措置	1959(この年)
海運会社に利子補給再開	1960(この年)
国内旅客船公団の活動	1960(この年)
国内旅客船状況	1960(この年)
国民所得倍増計画で船舶建造増の方針	1960(この年)
石川島播磨重工業が発足	1960(この年)
「富久川丸(初代)」を建造	1960(この年)
佐世保船舶工業、佐世保重工業に改称	1961.7月
外航船腹整備5ヵ年計画	1961(この年)
国内旅客船公団の業務状況	1961(この年)
大型自動化船「金華山丸」進水	1961(この年)
中国遠洋運輸集団総公司創設	1961(この年)
日本舟艇工業会(現・日本マリン事業協会)設立	1962.2月
日本船舶振興会(現・日本財団)設立	1962.10.1
「日章丸」竣工	1962.10月
東海大学丸竣工	1962(この年)
日本海事史学会創立	1962(この年)
日本水産資源保護協会設立	1963.4月
2つの海運再建法が制定、施行	1963.8月
山下汽船と新日本汽船が合併	1963.11.11
日本海事広報協会設立	1963.12.5
海運会社の合併相次ぐ	1963.12.18
OECD、日本の造船業界を警戒	1963(この年)
海運企業整備計画審議会設置	1963(この年)
海運業の再建	1963(この年)
日本モーターボート協会(現・マリンスポーツ財団)設立	1963(この年)
造船合併	1964.1.7
海運業界再編	1964.4.1
青函連絡船「津軽丸」就航	1964.5.10
青函連絡船「八甲田丸」就航	1964.8.12
関門連絡船が廃止	1964.10.31
コンテナ船の登場	
海運再編―大阪商船と三井船舶が合併など	1964(この年)
川崎汽船、飯野汽船を合併	1964(この年)
内航2法が成立	1964(この年)
日本船舶職員養成協会設立	1964(この年)
日本郵船、三菱海運合併	1964(この年)
青函連絡船「摩周丸」就航	1965.6.30
全日本海員組合スト	1965.11.20
日本内航海運組合総連合会設立	1965.12.4
造船・進水量は世界一	1965.12.13
21次計画造船	1965(この年)
外航船舶の建設計画	1965(この年)
世界最大タンカー進水	1965(この年)
造船に関するOECD特別作業部会	1965(この年)
日本サーフィン連盟設立	1965(この年)
日本初の自動車専用船「追浜丸」就航	1965(この年)
過去最高の受注、進水量―造船実績	1966.4.18
ホバークラフト国産第一号艇をタイへ輸出	1966(この年)
国際海上コンテナ輸送体制整備計画	1966(この年)
初の大西洋横断コンテナ輸送	1966(この年)
造船外資完全自由化は見送り	1967.6.1

日本造船技術センター設立	1967(この年)
北米太平洋岸コンテナ航路初	1967(この年)
中国向け船舶輸出のための輸銀使用認めず	1968.4.9
日本船舶電装協会設立	1968.8.9
コンテナ船「ごうるでんげいとぶりっじ」を就航	1968(この年)
コンテナ輸送時代へ	1968(この年)
タンカー30万重量トン時代へ	1968(この年)
海運市場で活躍	1968(この年)
海運収支赤字額過去最悪	1968(この年)
初のフルコンテナ船「箱根丸」就航	1968(この年)
川崎汽船、マースクラインと提携	1968(この年)
「第一とよた丸」を建造	1968(この年)
日本・米国カリフォルニア航路に、フル・コンテナ船就航	1968(この年)
延べ払い金利統一	1969.5.30
海運造船合理化審議会答申	1969.8月
初の日ソ合弁会社設立へ	1969.10.17
商船保有高が2位	1969.11.11
海運再建整備計画完了	1969(この年)
豪州航路サービス開始	1969(この年)
東南豪州航路でコンテナサービス開始	1969(この年)
内航初のフルコンテナ船竣工	1969(この年)
日本初のMゼロ船竣工	1969(この年)
海底油田掘削装置「トランスワールドリグ61」竣工	1970.4月
コンテナ競争激化	1970.8.1
世界最大100万トンドックを起工	1970.9.16
「第十とよた丸」竣工	1970(この年)
北太平洋岸航路でコンテナサービス開始	1970(この年)
北米北西岸コンテナ航路開設	1970(この年)
日本水路協会設立	1971.3.18
日本船舶品質管理協会設立	1971.7.1
欧州航路サービス開始	1971(この年)
外航船舶建造計画上方修正	1971(この年)
世界最大のタンカー(当時)進水	1971(この年)
無人化資格超自動化タンカー「三峰山丸」を竣工	1971(この年)
海員ストで大損害	1972.7.12
大型船に大量の欠陥	1972.10.18
ニューヨーク・コンテナ航路初	1972(この年)
欧州造船界、協調申し入れ	1972(この年)
世界最大のタンカー(当時)進水	1972(この年)
外航海運対策―海運造船合理化審議会	1973.1月
B&G財団設立	1973.3.28
フェリー航路増加―カーフェリー大型化顕著に	1973.4月
川崎重工が初のLNG船受注	1973.5月
日本長距離フェリー協会設立	1973.5月
日本冷蔵倉庫協会設立	1973.10.4
日本小型船舶検査機構設立	1974.1.22
計画造船制度存続か	1974.5月
スライド船価時代へ	1974.6月
国会定期船同盟行動憲章条約	1974.9月

日本マリーナ協会(現・日本マリーナ・ビーチ協会)設立	1974.11.25
「春風丸3」進水	1974(この年)
造船業界大ピンチ―深刻な海運不況	1974(この年)
海運振興のための利子補給制度を廃止	1975.3月
海運不況対策として輸銀資金増額	1975.6月
造船、新協議会設置	1975.7月
日本造船振興財団(現・海洋政策研究財団)設立	1975.12.18
シベリア・ランド・ブリッジへの日本船参加	1975(この年)
タンカー「ベルゲ・エンペラー」を竣工	1975(この年)
世界最大のタンカー(当時)竣工	1975(この年)
全日本海員組合スト	1976.7.2
造船キャンセル過去最悪	1976.10.21
外航海運政策見直しへ―海運造船合理化審議会	1976.12.10
タンカー備蓄問題検討専門委員会発足	1976(この年)
大型タンカーの航行規制に合意	1976(この年)
深刻さを増す造船不況	1977.3.1
タンカーによる石油備蓄	1977(この年)
海洋2法が成立	1977(この年)
失業船員1万人―割高な給与がネック	1977(この年)
通航分離方式策定	1977(この年)
造船不況―需要大幅減	1978.1.16
造船不況―新山本造船所倒産	1978.2.8
運輸振興協会設立	1978.6月
佐世保重工業の再建―坪内寿夫氏に託す	1978.6月
造船不況―特定不況地域を指定	1978.8.28
造船不況―特定不況業種に	1978.8月
造船不況――時帰休	1978.10.28
造船不況―操業短縮	1978.12.28
仕組船買い戻し	1978(この年)
造船不況―設備削減へ	1978(この年)
パナマ運河共同管理	1979.10.1
アメリカ船上デパート	1979.10.12
印パ航路開設	1979(この年)
世界最大のスーパータンカー	1979(この年)
造船に対する利子補給	1979(この年)
同盟コード条約等に関する決議採択	1979(この年)
三国間コンテナ・サービス開始	1980(この年)
深海底鉱物資源探査船「白嶺丸」竣工	1980(この年)
世界初の省エネ帆装商船進水	1980(この年)
船舶戦争保険	1980(この年)
LEG船「第二昭鶴丸」竣工	1981.11月
「GOLAR SPIRIT」を引渡し	1981(この年)
ペルシャ湾内北の海域への就航を見合わせ	1981(この年)
海運業業績好転―海運利子補給制見直し論	
南アフリカ航路、コンテナ・サービス	1981(この年)
南米西岸航路、コンテナ・サービス	1981(この年)

海運・造船　　　　分野別索引　　　　海洋・海事史事典

青函連絡船「津軽丸」終航	1982.3.4
吉識雅夫に文化勲章が贈られる	1982(この年)
柚木学、日本学士院賞受賞	1982(この年)
沿岸技術研究センター	1983.9月
LNG船「尾州丸」を就航	1983(この年)
インドネシアからのLNG輸送	1983(この年)
船舶戦争保険基本料引き上げ	1983(この年)
日本丸竣工	1984.9.12
帆船日本丸記念財団設立	1984.10.1
LNG船「泉州丸」を竣工	1984(この年)
造船ニッポン、世界シェア6割を超す	1984(この年)
米国海運法大幅改正	1984(この年)
欧州諸国が日本を非難―造船制限守らず	1985.4月
三光汽船、会社更生法を申請	1985.8.8
三光汽船が倒産	1985.8.13
「今後の外航海運対策について」答申	1985(この年)
造船ショック―三光汽船が影響	1985(この年)
海運不況―中村汽船が自己破産申請	1986.2.20
業界合併を含む合理化案―海運造船合理化審議会答申	1986.6.25
造船不況―日立造船など大手が人員削減	1986.10.15
「鹿島山丸」竣工	1986.10月
一般外航海運業(油送船)が特定不況業種に	1986(この年)
進まぬ過剰船腹の解撤促進	1986(この年)
船員の余剰問題―離職船員の再就職	1986(この年)
特例外航船舶解撤促進臨時措置法成立	1986(この年)
海運不況―商船三井人員削減	1987.1.12
造船不況―日本鋼管人員削減	1987.2.18
英仏海峡海底鉄道より掘削機受注	1987(この年)
青函トンネル開通、青函連絡船廃止	1988.3.13
造船業界再編ディーゼル新会社	1988.10.1
ジャパンラインと山下新日本汽船が対等合併	1988.12.23
PG就航船安全問題の規制解除	1988(この年)
昭和海運、コンテナ定期航路ほぼ撤退	1988(この年)
船員法一部改正	1988(この年)
日韓船主協会会談	1988(この年)
海王丸竣工	1989.9.12
「クリスタル・ハーモニー」竣工	1989(この年)
ナビックスライン発足	1989(この年)
日本籍船への混乗	1989(この年)
本格的クルーズ外航客船「ふじ丸」就航	
伏木富山港振興財団(現・伏木富山港・海王丸財団)設立	1990.3.12
日本外航客船協会設立	1990.5.28
クルーズ外航客船「にっぽん丸」就航	1990(この年)
タンカーの二重構造義務付け	1990(この年)
新たなマルシップ方式	1990(この年)
特例マルシップ混乗	1990(この年)
「ビートル2世」就航	1991.3.25
日本海洋レジャー安全・振興協会設立	1991.7.1
第1回日台船主協会会談	1991(この年)
日本郵船、日本ライナーシステムを合併	1991(この年)
「飛鳥」竣工	1991(この年)
プルトニウム輸送	1992.11.7
造船業界の提携相次ぐ	1992(この年)
第1回アジア船主フォーラム	1992(この年)
造船受注量世界シェア―史上最低を記録	1993.6.3
石川島が米造船所を支援	1993.11.25
洋上発電プラント1号機を竣工	1993.12月
カタール・ガスプロジェクトLNG船7隻の建造	1993(この年)
ダブルハルタンカー「高峰丸」竣工	1993(この年)
東海大学「望星丸」を竣工	1993(この年)
「CORONA ACE」就航	1994(この年)
コンテナ船「NYKアルテア」竣工	1994(この年)
アラスカ原油輸出解禁法成立	1995.11月
「クリスタル・シンフォニー」竣工	1995(この年)
戦略的国際提携ザ・グローバル・アライアンス	1995(この年)
無人探査機「かいこう」を完成	1995(この年)
カタールからのLNG輸送を開始	1995(この年)
グランドアライアンスによる新サービスを開始	1996(この年)
日本船籍・船員減少に歯止めを―国際船舶制度創設	1996(この年)
海洋情報研究センター設立	1997.5月
日米港湾問題―米、日本のコンテナ船に課徴	1997.9.4
青雲丸竣工	1997.9.25
カタールLNGプロジェクト初	1997(この年)
中国企業と大西洋航路開設	1997(この年)
米国外航海運改革法成立	1998.4月
商船三井とナビックスが合併へ	1998.10.20
アジアにおける日本の地位低下―海運白書	1998(この年)
ザ・ニュー・ワールド・アライアンス発足―大阪商船三井	1998(この年)
新グランドアライアンスによる新サービスを開始	1998(この年)
船舶職員法改正	1998(この年)
内航海運暫定措置事業導入	1998(この年)
日本郵船、昭和海運を合併	1998(この年)
日本セーリング連盟発足	1999.4.1
アジア航路運賃値上げ	1999.5月
造船―三菱重工赤字転落	1999.9.27
商船三井発足	1999(この年)
商船分野で包括提携	2000.9.13
機長2名配乗体制	2000(この年)
造船再編、大手3グループに統合	2000(この年)
海運大手3社、円高効果で増収	2001.9月
「GOLDEN GATE BRIDGE」が現代重工業で竣工	2001(この年)
外航労務部会へ移管	2001(この年)
日本郵船、日之出汽船を完全子会社化	2001(この年)

「PUTERUI DELIMA SATU」が完成	2002（この年）	【 航海・技術 】	
港湾ストライキ	2002（この年）	筏で渡海	BC5万（この頃）
造船受注実績3年ぶりに世界一	2002（この年）	『オデュッセイア』	BC800（この頃）
地球深部探査船「ちきゅう」が進水	2002（この年）	アフリカ航海	BC600（この年）
「クリスタル・セレニティ」竣工	2003（この年）	アフリカ西岸探検	BC600（この年）
国際海運会議所と国際海運連盟総会	2003（この年）	地中海とインド洋を結ぶ運河	BC600（この年）
造船受注は回復したが、円高影響	2003（この年）	ネコ王アフリカに船を派遣	BC500（この頃）
銀河丸竣工	2004.6.15	北海航海	BC400（この年）
海運大手過去最高益	2004.11.11	アレクサンドロスの艦隊	BC327（この年）
海事産業研究所が解散	2004（この年）	『アルゴナウティカ』	BC300（この年）
国際保安コード発行	2004（この年）	アレクサンドリアの大灯台が建造される	
内航海運活性化3法施行	2005.4月		BC283（この年）
日本船舶技術研究協会発足	2005.4月	伝説の地「蓬来」を求めて	BC218（この年）
FAL条約締結	2005.11月	中国からインドへの航海	BC101（この頃）
水先制度の抜本改革	2005.11月	エルサレムからローマへの旅	60（この年）
好調続く海運	2005（この年）	欧州中国の海路	100（この年）
国連が提唱する「グローバル・コンパクト」	2005（この年）	邪馬台国、魏に使者を送る	239（この年）
		聖コルンバがアイオナ島に到着	563（この年）
造船大手増益	2005（この年）	遣隋使	607（この年）
中国で自動車運搬船建造	2005（この年）	遣唐使	630（この年）
ILO海事労働条約採択	2006（この年）	バルチック海、ノルウェー海の発見	850（この年）
改正水先法成立	2006（この年）	遣唐使廃止	894（この年）
世界最大のコンテナ船竣工	2006（この年）	グリーンランド、ニューファウンドランド、北米大陸到達	1000（この年）
造船・重機大手そろって増収	2006（この年）	指南魚を用いた羅針儀の使用	1084（この年）
海技教育財団設立	2007.4.1	沈括、『夢渓筆談』を著す	1086（この年）
海技振興センター発足	2007.4.1	羅針儀が使用される	1117（この年）
日本水先人会連合会設立	2007.4.3	西洋最古の舵の証拠	1180（この年）
日本海事センター設立	2007.4月	西洋最初の磁石、羅針盤	1187（この年）
鉱石運搬船「ぶらじる丸」が完成	2007（この年）	マルコ・ポーロ極東への旅	1271（この年）
石川島播磨重工業からIHIに社名変更	2007（この年）	マルコ・ポーロ帰国	1295（この年）
		航海用コンパスの創造	1302（この年）
鉄鉱石船「BRASIL MARU」	2007（この年）	モロッコの探検家、海路アラビアなどへ	1325（この年）
外国人全乗の日本籍船が生れる	2008.8月	南蛮船、若狭に漂着	1408（この年）
「アウリガ・リーダー」竣工	2008（この年）	航海学、地図学研究施設設置	1418（この年）
景気減速で活況から減便へ	2008（この年）	アフリカ東路開発	1420（この年）
海上自衛隊護衛艦派遣	2009.3月	探海航海奨励	1429（この年）
「NYK スーパーエコシップ2030」発表	2009（この年）	アゾレス諸島発見	1431（この年）
		鄭和の航海	1431（この年）
シップリサイクル条約採択	2009（この年）	アフリカのボジャドル岬に到達	1434（この年）
トン数標準税制	2009（この年）	ブランコ岬回航	1441（この年）
「ETESCO TAKATSUGU J」竣工	2010（この年）	『船ового要術』	1450（この年）
NSユナイテッド海運発足	2010（この年）	エンリケ航海王子が没する	1460.11.13
改正STCW条約採択	2010（この年）	3つの海を越えての航海	1466（この年）
国土交通省成長戦略会議	2010（この年）	喜望峰発見	1488.5月
港湾近代化促進協議会設立	2012.4.1	コロンブス、第1回航海に出発	1492.8.3
イラン産原油輸送タンカー特措法	2012（この年）	コロンブス、偏角を発見	1492.9.13
「飛鳥II」で東北復興応援クルーズ	2012（この年）	西インド諸島発見	1492.10.12
トン数標準税制の拡充実施	2013.4.1	コロンブス、第2回航海に出発	1493.9.25
海上災害防止協会（現・海上災害防止センター）設立	2013.7月	コロンブス、ジャマイカなどを発見	1493（この年）
		コロンブス、第3回航海に出発	1496.5.30
環境対応・低燃費船「neo Surpramax 66BC」を引き渡し	2013（この年）	ヴァスコ・ダ・ガマ、インドへ到達	1498.5.20
		アマゾン河口一帯を探索	1499（この年）
大成丸四世竣工	2014.3.31	ベネズエラ探検	1499（この年）
商船三井、北極海航路でガス輸送	2014.7月	カブラルがブラジルに到着	1500.4.22

航海・技術　分野別索引

アジア最南端よりもはるか南に大陸を発見	1501（この年）
中南米植民地へのアフリカ黒人奴隷貿易	1502（この年）
パナマ地峡より太平洋に	1513.9.29
マゼラン世界一周に出港	1519.9.20
広東遠征	1519（この年）
マゼラン「太平洋」と命名	1520.11.28
マリアナ諸島を発見	1521.3.6
マゼラン、フィリピンで殺される	1521.4.27
マゼランの世界一周	1522.9.22
北アメリカとアジア大陸が地続きでないことを発見	1523（この年）
カノ、2度目の世界一周の途中で死去	1526.4.4
最初の北西航路航海	1576（この年）
ドレーク世界周航へ出港	1577.12月
ドレーク世界一周より帰港	1580.9.26
中国におけるキリスト教布教	1582（この年）
デーヴィス海峡の発見	1585（この年）
オランダ船豊後に漂着	1600（この年）
トレス海峡通過	1606（この年）
回転式標識灯をそなえた最初の灯台	1611（この年）
支倉常長、ローマに渡海	1613（この年）
『元和航海記』刊行	1618（この年）
新天地アメリカへ	1620.9.16
海で使用する精密時計を製作	1659（この年）
最初のヨットレース	1661（この年）
ハレーの学説	1686（この年）
『ロビンソン・クルーソー』刊行	1719（この年）
最初のヨットクラブ	1720（この年）
イースター島発見	1722.4.5
『英国海賊史』刊行	1724（この年）
ロシアの大北方探検	1733（この年）
ベーリング死去	1741.12.19
リンド『壊血病の治療』刊	1753（この年）
六分儀の発明	1757（この年）
ハリソン、クロノメーターを発明	1759（この年）
航海の難所に灯台建設	1759（この年）
経度測定を検証	1761（この年）
マスケリン、『英国航海者ガイド』刊	1763（この年）
四分儀の使用法、経度決定法を普及	1763（この年）
航海用クロンメーター完成	1765（この年）
ブーガンヴィル、世界周航に出発	1766.12.5
マスケリン、『航海暦』刊行開始	1767（この年）
キャプテン・クック、第1回太平洋航海に出発	1768（この年）
クック、タヒチに到達	1769.4.13
クック、オーストラリア大陸を発見	1770.4.19
キャプテン・クック、第2回太平洋航海に出発	1772.7.13
英国王、経度法賞金残額贈呈を支援	1773（この年）
時計製作者のハリソンが没する	1776.3.24
クック最後の航海	1776（この年）
クック、ハワイ発見	1778.1.20
クック、殺される	1779.2.14
ラ・ペルーズ	1785（この年）
千島・樺太探検	1786（この年）
英囚人豪州に送られる	1788.1.26
「北槎聞略」作る	1794（この年）
『新アメリカ航海実務者』刊行	1802（この年）
露オホーツク方面を調査	1802（この年）
初めて西北航路を通り北米へ	1805（この年）
フルトン、最初の商業的蒸気船を航行	1807.8.17
エトロフ探検	1808（この年）
間宮林蔵ら、樺太を探検	1808（この年）
天文学者マスケリンが没する	1811.2.9
山形酒田に常夜灯─航行安全のために	1813（この年）
灯台用レンズ発明	1822（この年）
クルージング始まる	1830（この年）
ロス、北磁極に到達	1831.6.1
ダーウィン、ビーグル号で世界周航に出発	1831.12.27
ワシントン海軍天文台創設	1832（この年）
シリウス号大西洋を18日間で横断	1838.4.4
ウィルクス、南極を探検	1839（この年）
ダーウィン、『ビーグル号航海記』刊行開始	1839（この年）
ロス、南極を探検	1839（この年）
ロス海発見	1840（この年）
ニューヨーク・ヨットクラブ	1844（この年）
アメリカ号の勝利	1851（この年）
アメリカ大統領と謁見	1853.8.10
コルクの救命胴衣	1854（この年）
北大西洋海流調査	1855（この年）
電力を使用した初の灯台	1858（この年）
芸妓が漂流しハワイに	1859.3.16
「咸臨丸」品川を出発	1860.1.13
「咸臨丸」、サンフランシスコ入港	1860.2.26
「咸臨丸」、品川に戻る	1860.5.6
世界最大の船、大西洋を横断	1860.6.17
最初の沖合石造灯台	1860
幕末初の遣欧使節	1861.12.22
幕政初の留学生	1862.9.11
初の漂流記刊行	1862（この年）
新島襄、米国へ	1864.6.14
幕府、海外渡航要件緩和	1866.4.7
英が灯台・灯明船建設要求	1866.9月
榎本武揚ら蘭より帰国	1867.3.26
最初の洋式灯台点火	1869.1.1
ブラントンが灯台設置	1869（この年）
城ケ島灯台点灯	1870.9.8
野島崎灯台点灯	1870（この年）
紅茶輸送の快速帆船競争	1872（この年）
木造蒸気船がアメリカに到着	1872（この年）
潮岬灯台点灯	1873.9.15
清国軍艦が長崎来航	1875.11.18
初のヨットレース	1875（この年）
ノルデンシェルド、北東航路の開拓に成功	1878（この年）
謙信丸がシドニーに入港	1881.8.1
横浜在留外国人が共同競舟会	1882.6.6
英国船が難破船を救助	1883.3.4
万国海上交際条例を発布	1885（この年）

横浜セーリングクラブ設立	1886（この年）
13日間で日米間を航海	1888.11.9
コンスタンチノープル協定	1888（この年）
アメリカ彦蔵自叙伝刊行	1893（この年）
ナンセン、北極探検	1893（この年）
千島探検	1893（この年）
初の30ノット超え	1895（この年）
大西洋横断新記録	1897（この年）
ベルジガ号の南極探検	1898（この年）
初の単独世界一周	1898（この年）
北極探検に初めて砕氷船を使用	1898（この年）
独、南氷洋探検	1901（この年）
南極海探検	1901（この年）
『北極海探検報告書』を刊行	1902（この年）
仏、南極探検	1903（この年）
アムンゼン北西航路発見	1905.8月
『航海年表』を刊行	1907（この年）
ピアリー、北極点到達	1909（この年）
白瀬中尉、南極探検に	1910.11.29
アムンゼン、南極到達	1911.12.14
スコット隊南極に到達	1912.1.18
スコット隊全員が遭難死	1912.3.29
氷山監視の国際組織	1913（この年）
パナマ運河通過	1914.12.10
シャクルトン隊生還	1916.8.30
宇高連絡船「水島丸」就航	1917.5.7
宇高航路で貨車航送	1919.10.10
神戸海洋気象台設置	1920.8.26
宇高連絡船「第1宇高丸」就航	1929.10月
宇高航路貨車航送	1930.4.5
「航海練習所官制」公布	1930.5.28
シュミット、ダーウィンメダル受賞	1930（この年）
潜水艦ノーチラス号の北極探検	1931（この年）
ヨットレース開催	1932（この年）
『舵』創刊	1932（この年）
大西洋横断航空路線開設	1932（この年）
日本ヨット協会が発足	1932（この年）
大西洋横断	1933.8月
インターカレッジヨットレース開催	1933.9月
『ニワトリ号一番のり』刊行	1933（この年）
ウラジオストク～ムルマンスク間を85日で航行	1934（この年）
国際ヨット競技連盟に加盟	1935.3月
大西洋横断	1935（この年）
ヨット五輪に初参加	1936（この年）
『ジョン万次郎漂流記』刊行	1937（この年）
砕氷調査船セドフ号（ソ連）の漂流	1937（この年）
「船員養成所官制」公布	1939.7.10
「高等商船学校・商船学校官制」	1941.12.19
宇高航路、貨車航送廃止	1943.5.20
ケープ・ジョンソン海淵発見	1944（この年）
「シドニー・ホバート・レース」開催	1945（この年）
国体でヨット競技開催	1946（この年）
コンティキ号出航	1947.4.28
宇高連絡船「紫雲丸」就航	1947.7.6
クルージングクラブオブジャパン結成	1948（この年）
日本航海学会創立	1948（この年）
大島でヨットレース	1951（この年）
ヨット、ヘルシンキオリンピックに選手派遣	1953（この年）
NORCに改組	1954（この年）
全日本実業団ヨット選手権開催	1955（この年）
南極観測隊「宗谷」出発	1956.11.8
第1回神子元島レース開催—ヨット	1956（この年）
南極海域調査	1956（この年）
「アドミラズ・カップ」開催	1957（この年）
昭和基地建設	1957（この年）
「アメリカズ・カップ」再開	1958（この年）
米原潜北極圏潜水横断に成功	1958（この年）
世界初の航行衛星「トランジット1B号」	1960.4.13
『どくとるマンボウ航海記』刊行	1960（この年）
「オブザーヴァー単独大西洋横断ヨットレース」開催	1960（この年）
全国高校選手権開催—ヨット	1960（この年）
鳥羽パールレース開催—ヨット	1960（この年）
宇高連絡船「讃岐丸」就航	1961.4.25
太平洋単独横断成功	1962.8.12
ヨットレースで2隻が行方不明	1962（この年）
慎太郎、ヨットレースに参加	1962（この年）
東京ボートショー開催	1962（この年）
裕次郎、ヨットレースに参加	1963（この年）
ヨットで太平洋横断	1964.7.29
東京五輪—ヨット	1964（この年）
日本ヨット協会財団法人に	1964（この年）
日本外洋帆走協会に改組	1964（この年）
軍艦の位置測定に実用化	1965.1.12
ヨットで大西洋横断	1965.7.13
『大航海時代叢書』第1期刊行開始	1965.7.13
宇高連絡船「伊予丸」就航	1966.3.1
サバンナ号	1967.3.17
単独世界一周航海	1967.5.28
小型ヨットで太平洋横断	1967.7.13
宇高連絡船「阿波丸」就航	1967.10.1
駆逐艦「エイラート」撃沈	1967（この年）
八丈島レース—ヨット	1967（この年）
ウィンドサーフィンが誕生	1968（この年）
ヨット国際大会で優勝	1968（この年）
単独無寄港世界一周	1968（この年）
米巨大タンカー北西航路の航海に成功	1968（この年）
パピルス船「ラー号」復元航海	1969.5.25
インターナショナルオフシェアルール—ヨット	1969（この年）
豪ヨットレースに参加	1969（この年）
小型ヨットで世界一周「白鴎号」凱旋	1970.8.22
オフショアレーシングカウンシル—ヨット	1970（この年）
ヨット・チャイナシーレースで優勝	1970（この年）
トラベミュンデ国際レガッタで優勝	1971（この年）
全日本ヨット選手権開催	1972.11.4
宇高連絡船「かもめ」就航	1972.11.8

沖縄〜東京間でヨットレース	1972（この年）
「ウィットブレッド世界一周ヨットレース」開催	1973.9月
NORCが公認される―ヨット	1973（この年）
ヨット世界選手権に参加	1973（この年）
宇高連絡船「讃岐丸」就航	1974.7.20
手作りヨットで世界一周	1974.7.28
ヨット世界選手権に参加	1974（この年）
クイーン・エリザベス2世号世界一周の旅へ	1975.1月
海洋博記念ヨットレース	1975.11.2
海洋博記念で日本人が最短・最長航海女性世界記録	1975.11.18
沖縄〜東京ヨットレースで「サンバードV」が優勝	1976.5.4
ヨット、モントリオール五輪に参加	1976（この年）
ヨット専用無線局	1976（この年）
世界一周ヨット帰港	1977.7.31
ソ連、原子力砕氷船北極点に	1977.8.17
手作りヨットで太平洋横断	1977.10.8
ヨット代表チームが参加	1977（この年）
女性初単独世界一周航海	1978.6月
バルチックレガッタで日本人が優勝	1978（この年）
ヨットレース「ルト・ド・ロム」開催	1978（この年）
世界選手権で日本人が優勝―ヨット	1978（この年）
『大航海時代叢書』第II期刊行開始	1979.6月
ヨット世界選手権―日本ペア優勝	1979.8.15
小笠原レースを開催―ヨット	1979（この年）
宇高連絡船「とびうお」就航	1980.4.22
堀江謙一が縦回り地球一周	1982.11.9
国際大会で日本人が優勝―ヨット	1982（この年）
地球一周レース開催―日本人優勝	1983.5.17
グアムレース―ヨット	1983（この年）
大阪世界帆船まつり	1983（この年）
「しらせ」処女航海へ	1984（この年）
ロス五輪―ヨット	1984（この年）
小種ナホトカレース―ヨット	1984（この年）
世界初チタン製ヨット	1985（この年）
小型ヨットでの世界一周から帰国	1986.4.13
ダブルハンドヨットレース	1987.4.23
『至高の銀杯』刊行	1987.9月
国際大会で日本人が優勝―ヨット	1987（この年）
女性初の太平洋単独往復	1988.8.19
ソウル五輪―ヨット	1988（この年）
「白鳳丸」世界一周航海	1989.10月
NZ〜日本ヨットレース	1989（この年）
クルーズ元年	1989（この年）
「ヴァンデ・グローブ・ヨットレース」開催	1989（この年）
津（三重）世界選手権開催―ヨット	1989（この年）
「ふしぎの海のナディア」放映開始	1990.4.13
ヨット代表チーム国際試合で勝利	1990（この年）
宇高連絡船廃止	1991.3.16
女性初の無寄港世界一周	1992.7.15
アメリカ杯に初挑戦―ヨット	1992（この年）
バルセロナ五輪―ヨット入賞	1992（この年）
ヨットレース中の事故で訴訟	1993（この年）
1人乗りヨット「酒呑童子」救助される	1994.6.7
アメリカズ・カップ―ニュージーランド艇初優勝	1995.5.13
アトランタ五輪開催、日本、ヨットで初のメダル	1996.7.19
ジャパンガムヨットレース事故	1997（この年）
外航クルーズが静かなブーム	1997（この年）
「しんかい6500」世界で初めてインド洋潜行	1998（この年）
シドニー五輪―ヨット	2000（この年）
ヘイエルダールが没する	2002.4.18
釜山アジア大会―ヨット	2002（この年）
毛利宇宙飛行士潜行調査	2003.3月
最大手東日本フェリーが破綻	2003.6月
映画『パイレーツ・オブ・カリビアン』公開	2003.7.9
「しんかい6500」南太平洋を横断	2004.6.19
アテネ五輪―ヨット	2004（この年）
愛地球博記念ヨットレース	2005（この年）
ドーハアジア五輪―ヨット	2006（この年）
北京五輪―ヨット	2008（この年）
ニューヨーク・ヨットクラブ主催レースに参加	2009（この年）
ヨット沖縄レース復活	2010（この年）
広州アジア大会―ヨット	2010（この年）
NYYCインビテーショナルカップ―ヨット	2011（この年）
2020東京五輪	2013（この年）
NYYCインビテーショナルカップ―ヨット	2013（この年）

【 軍事・紛争・テロ 】

フェニキア大海軍力の基礎に	BC2750（この頃）
世界初の海軍	BC2200（この頃）
ラムセスの海戦	BC1180（この頃）
ギリシャの軍船	BC1000（この頃）
2段櫂船が軍船の主流に	BC500（この頃）
サラミスの海戦	BC480.9.23
シュボタの海戦	BC433（この頃）
リオンの海戦	BC429（この頃）
ミュティレネの反乱	BC428（この頃）
軍艦建造	BC341（この頃）
ミュラエの戦い	BC260（この頃）
カルタゴの軍艦を解体	BC201（この頃）
ナウロクス沖の海戦	BC36（この頃）
アクティウムの海戦	BC31（この頃）
ダキアとの戦い	105（この年）
三韓征伐	200（この年）
白村江の戦い	663（この年）
ギリシャ火の開発	672（この年）
ヘイスティングの戦い	1066（この年）
十字軍運動	1095（この年）
屋島の戦い	1185.2.19
壇ノ浦の戦い	1185（この年）
十字軍大船団	1189（この年）
軍艦に初めて大砲搭載	1338（この年）

スロイスの戦い	1340（この年）	江華島事件	1875.9.20
キオッジアの戦い	1380（この年）	清国、海軍創設のために留学	1877.4.4
ディウの戦い	1509（この年）	英米水兵がボートで競泳	1877.5.12
プレヴェザの海戦	1538.9.28	横須賀造船所で軍艦建造	1877（この年）
種子島伝来	1543（この年）	英国軍艦が函館入港	1880.7.17
ソレントの海戦	1545.7.19	海軍初の水雷艇	1880（この年）
初の近代的海戦	1563（この年）	清国、海軍	1880（この年）
レパントの海戦	1571.10.7	グラム式磁性電気燈点灯	1881.5.27
アルマダの海戦	1588（この年）	海軍機関学校を設置	1881.8.3
英議会航海法を可決	1651（この年）	アレクサンドリア砲撃	1882.7.11
第一次英蘭戦争	1652（この年）	ルツボ鋼製造	1882.9月
第2次英蘭戦争	1665（この年）	英、エジプトを占領	1882（この年）
テセルの戦い	1683.8.11	海軍水雷局開局	1885.6.24
ビーチー・ヘッドの戦い	1690.6.30	海軍に兵器会議を設置	1885.9.22
マラガの海戦	1704.8.24	水兵の教育改革、事前調査をベルタンに依頼	1887.4月
海軍を編成	1775（この年）		
ブッシュネル、魚雷を発明	1777（この年）	「海軍兵学校官制」公布	1888.6.14
史上に残る単独艦同士の戦闘	1779.9.23	「海軍大学校官制」公布	1888.7.16
「バウンティ号」の反乱	1789.4.28	北洋海軍を正式に編成	1888.12.17
アブキール湾の戦い	1798.8.1	アームストロング砲、軍艦に搭載	1892（この年）
コペンハーゲンの海戦	1801.4.2	海岸砲を全国に配備	1892（この年）
トラファルガーの海戦	1805.10.21	衆院軍艦建造費否決	1893.1.12
ナヴァリノ海戦	1827.10.20	建艦費のために減俸	1893.2.10
江戸湾防備	1839（この年）	豊島沖海戦	1894.7.25
ダーダネルス海峡、軍艦通航を禁止	1841（この年）	黄海海戦	1894.9.17
浦賀に新砲台	1845.1月	12インチ砲、18インチ魚雷などを購入	
幕府、品川に砲台を築く	1848（この年）		1894（この年）
軍艦などを輸入	1853.9月	威海衛軍港陸岸を占領	1895.2.2
海防の大号令を発す	1853.11.1	日本海軍、北洋海軍を破る	1895.2.12
品川台場築造	1853（この年）	魚雷にジャイロスコープ装着	1896
台場砲台竣工	1854.7.21	海軍省に医務局設置	1897.3.31
セヴァストポリ要塞攻囲戦	1854（この年）	海軍造兵廠条例	1897.5.2
機雷被災第一号	1855.6月	「海軍軍医学校条例」公布	1897.10.22
海軍伝習所	1855.10.24	初の国産海軍砲を製造	1897（この年）
『海上砲術全書』刊行	1855（この年）	独、第1次艦隊法が成立	1898.3.25
「アロー号」事件	1856.10.23	芸陽海員学校、創設	1898.5.10
第2次海軍伝習教官隊来日	1857.9.21	台湾総統を置く	1898.5.10
長崎養生所設立	1861.7.1	世界初、実用潜水艦開発に成功	1898（この年）
英仏が長州藩を報復攻撃	1863.6.1	海軍無線電信調査委員会	1900.2.9
薩英戦争起こる	1863.7.2	独、海軍拡張法	1900.6.12
下関事件賠償約定	1864.9.22	米国、潜水艦採用	1900（この年）
仏式海軍伝習開始	1866.1.4	英国、ドイツ、イタリアがベネズエラの5港を海上封鎖	1902.12月
第二次征長の役	1866.6.7		
海軍所に改称	1866.7.19	日本、連合艦隊を編成	1903.12.28
リッサの海戦	1866.7.20	ロシアに宣戦	1904.2.10
R.ホワイトヘッド、魚雷を発明	1866（この年）	バルチック艦隊極東へ	1904.8.24
坂本竜馬、海援隊	1866（この年）	ドッガー・バンク事件	1904.10.21
海軍療養所設立	1867（この年）	「敵艦見ゆ」を無線	1905.5.27
ストーンウォール号引渡しが紛糾	1868.4月	日本海海戦でバルチック艦隊を撃破	1905.5.27
英国水夫殺害犯が自殺	1868.12.10	戦艦ポチョムキン号の反乱	1905.6.27
ストーンウォール号引き渡し	1869.3.15	米海軍カーティス機を採用	1911.7月
海軍操練所、創設	1869.10.22	イタリア、ダーダネルス海峡砲撃	1912.4.16
『海軍蒸気器械書』刊行	1869（この年）	高千穂沈没	1914.10.18
海軍兵学寮・陸軍兵学寮と改称	1870.12.25	トルコ艦隊、オデッサ、セバストポリを砲撃	1914.10.29
海軍留学生の先駆け	1870（この年）		
水雷製造局を設置	1874.9.20	コロネル沖海戦	1914（この年）
		ダーダネルスへの海上作戦決定	1915.1.13

| 軍事・紛争・テロ | 分野別索引 | 海洋・海事史事典 |

ルシタニア号がドイツ潜水艦に撃沈される 1915.5.7	連合艦隊司令長官死亡 1944.3.31
初の空中魚雷攻撃 1915.8月	『若桜』『海軍』創刊 1944.5月
水中爆雷を開発 1915(この年)	ノルマンディ上陸作戦開始 1944.6.6
独、潜水艦無警告撃沈始める 1915(この年)	レイテ沖海戦 1944.10.24
横須賀大船渠開渠 1916.1.26	神風特別攻撃隊、体当たり攻撃 1944.10.25
ユトランド沖海戦 1916.5.31	空母「信濃」沈没 1944.11.29
宮崎丸撃沈 1917.5.31	人間魚雷「回天」 1944(この年)
海軍光学兵器の量産開始 1917.7.25	硫黄島陥落 1945.2.23
無線操縦魚雷艇、英艦撃破 1917(この年)	阿波丸沈没 1945.4.1
ゼーブルッヘ基地を攻撃 1918.4.23	海軍ロケット機「秋水」試験飛行 1945.7.7
ドイツ、キール軍港の水兵反乱 1918.11.3	青函連絡船、空襲により壊滅的な被害 1945.7.14
スカパ・フローでの自沈 1919.6.21	海軍、ジェット機「橘花」を試験飛行 1945.8.7
ワシントン海軍軍縮会議 1921.11.12	ソ連が日本へ潜水艦を出撃させる 1945.8.19
ワシントン軍縮条約に基づき建造中止命令 1922.2.5	降伏文書調印 1945.9.2
ワシントン海軍軍縮条約締結 1922.2月	GHQが日本船舶を米国艦隊司令官の指揮下に編入 1945.9.3
海軍、中島機を「三式艦上戦闘機」として採用 1927(この年)	海軍水路部活動停止 1945(この年)
ロンドン海軍軍縮会議開催 1930.1.21	ボンベイの水兵が反乱 1946.2.19
ロンドン海軍軍縮条約調印 1930.4.22	シベリア引き揚げ船が入港 1946.12.8
東郷平八郎死去 1934.5.30	ユダヤ難民船臨検 1947(この年)
軍縮条約破棄を決定 1934.7.16	シベリア引揚げ再開 1948.6.27
海軍軍縮第1回予備交渉開始 1934.10.22	『非情の海』刊行 1951(この年)
堀越二郎設計の戦闘機を試作 1935.1月	英国がスエズ運河を封鎖 1952.1.4
英独海軍協定に調印 1935.6.18	第5福竜丸乗員死亡 1954.9.23
ロンドン海軍軍縮会議開催 1935.12.9	スエズ危機 1956.10.30
「海軍現役武官商船学校配属令」 1936.11月	最後の引揚船が入港 1956.12.26
海軍が中国大陸沿岸封鎖 1937.9.5	『眼下の敵』刊行 1956(この年)
『海の男/ホーンブロワー』シリーズ刊行開始 1937(この年)	潜水艦発射型弾道ミサイルのテスト成功 1958(この年)
ロンドン条約以上の艦船不建造要求 1938.2.5	北朝鮮帰還船出港 1959.12.14
「Z計画」承認 1938(この年)	オランダ空母の横浜寄港を許可 1960.8.8
空母「アーク・ロイヤル」就役 1938(この年)	SEALs創設 1961(この年)
英独海軍協定の破棄 1939.4月	キューバ海上封鎖 1962(この年)
零式艦上戦闘機、最初の公式試験飛行 1939.7.6	最新型ミサイルを装備した米原潜が就役 1964.4.9
浅間丸臨検 1940.1.21	トンキン湾事件 1964.8.2
独の駆逐艦撃沈 1940.4.10	原子力潜水艦が佐世保に入港 1964.11.12
英国軍がフランス艦船を攻撃 1940.7.3	原子力空母日本寄港 1965.11.26
デンマーク海峡海戦 1941.5.24	原子力空母寄港承認 1966.2.14
戦艦「ビスマルク」撃沈 1941.5.27	原子力潜水艦、横須賀入港 1966.5.30
「扶桑丸」が台湾に入港 1941.10.9	『海軍主計大尉 小泉信吉』を刊行 1966.9月
ヘッジホッグ配備 1941(この年)	『戦艦武蔵』刊行 1966.9月
独のUボートが輸送船攻撃 1941(この年)	アラブ連合がアカバ湾を封鎖 1967.5.22
スラバヤ沖海戦 1942.2.27	アカバ湾問題で危機回避工作 1967.5.23
バタビア沖海戦 1942.2.28	アカバ湾問題で衝突 1967.5.25
米軍、日本初空襲 1942.4.18	アカバ湾封鎖解除へ 1967.5.29
珊瑚海海戦 1942.5月	原子力空母寄港に同意 1967.9.7
ミッドウェー海戦 1942.6.5	エンタープライズ入港 1968.1.19
ソロモン海戦 1942.8.8	プエブロ号事件 1968.1.22
『ハワイ・マレー沖海戦』封切 1942.12.3	原子力潜水艦放射能事件 1968.5.6
米、レーダー射撃方位盤を潜水艦などに装備 1942(この年)	『英国海軍の雄ジャック・オーブリー』シリーズ刊行開始 1970(この年)
兵員輸送船沈没 1943.3月	『海軍特別年少兵』公開 1972.8.16
連合艦隊司令長官死亡 1943.4.18	NATO演習中に反乱 1973.5.25
崑崙丸が撃沈される 1943.10.5	核兵器積載軍艦が日本寄港 1974.9.10
陸軍病院船沈没 1943.11.27	海自護衛艦リムパック初参加 1980.2.26
スキッド実戦配備 1943(この年)	ライシャワー発言の衝撃―核持ち込み 1981.5.18
米、近接信管を初めて使用 1943(この年)	

シドラ湾事件―米戦闘機とリビア戦闘機を撃墜	1981.8.19
フォークランド紛争開戦	1982.4.2
フォークランド紛争で即時撤退決議	1982.4.3
フォークランド諸島を封鎖	1982.4.28
フォークランド紛争、アルゼンチン海軍巡洋艦撃沈	1982.5.2
フォークランド紛争、英駆逐艦大破	1982.5.4
フォークランド諸島上陸作戦	1982.5.20
中国5番目のSLBM保有国に	1982.10.16
原子力空母リビア沖に派遣	1983.2.16
原子力空母佐世保寄港	1983.3.21
フランス海軍がスペイン漁船を攻撃	1984.3.7
タンカー戦争で国連安保理	1984.5.25
タンカー戦争中止要求決議	1984.6.1
原子力空母横須賀入港に抗議	1984.12.10
極左テロ活発化―ポルトガル	1985.1.28
核搭載船の寄港を拒否	1985.2.1
米リビア威圧のために空母派遣	1986.1.3
シドラ湾で戦闘	1986.3.24
核疑惑の米3艦が分散入港	1986.9.24
イラク、米フリゲート艦を誤爆	1987.5.17
緊張高まるペルシャ湾―米対イラン	1987.8.4
国連総会でペルシャ湾問題	1987.9.21
ペルシャ湾でイラン旅客機を誤射	1988.7.3
北海油田洋上基地で爆発事故	1988.7.6
『沈黙の艦隊』連載開始	1988 (この年)
1965年の水爆搭載機の事故が明らかに	1989年5月
湾岸戦争がはじまる	1991.1.17
ミサイルが日本近海に着水	1998.8.31
米駆逐艦「コール」爆破事件	2000.10月
自衛艦のインド洋派遣	2001.11.9
韓国・北朝鮮―国境付近で銃撃戦	2002.6.29
米軍普天間基地冬季一環礁埋め立て	2002.7.29
「うらしま」、世界で初めて燃料電池で航続距離220kmを達成	2003.6月
テロ措置法を延長―海上自衛隊の給油活動	2003.10月
映画『マスター・アンド・コマンダー』公開	2003.11.14
新テロ特措法が成立、海自給油活動再開へ	2008.1.11
自衛隊インド洋での給油活動再開	2008.1.24
原子力空母横須賀港に入港	2008.9.25
『村上海賊の娘』刊行	2013.10月
辺野古沖で海底ボーリング調査開始	2014.8.18
北朝鮮軌道ミサイル潜水艦建造か	2014.8.26

【領海・領土・外交】

フェニキア人	BC1400 (この頃)
ポリネシア人の移住	BC1000 (この頃)
カルタゴ艦隊の入植	BC520 (この年)
西部地中海の海上権	BC348 (この年)
ローマ、地中海覇権を確立	BC146 (この年)
ポリネシア人がイースター島に到達	300 (この年)
ポリネシア人がハワイに到達	450 (この年)
ヴァイキングの襲撃	790 (この年)
ポリネシア人達がニュージーランドに到達	1200 (この年)
カナリー諸島より南をポルトガル領に	1481 (この年)
新発見地に関する境界線	1493 (この年)
トルデシラス条約	1494 (この年)
アメリカ大陸を新世界と呼ぶ	1503 (この年)
ポルトガルのインド経営始まる	1505 (この年)
ポルトガル、ゴア占領	1510.10月
スペイン、キューバ征服	1511 (この年)
「マラッカ王国」陥落	1511 (この年)
メキシコ征服	1519 (この年)
ピサロ、インカ帝国を征服	1531 (この年)
フィリピンと名付ける	1542 (この年)
スペインによるフィリピン征服	1565 (この年)
イギリス東インド会社設立	1600 (この年)
長崎出島	1641 (この年)
ニュージーランドを発見	1642 (この年)
ロシア、長崎に来て通商求める	1804 (この年)
「フェートン号」事件	1808 (この年)
ゴローニン事件	1811 (この年)
英国人浦賀に来航通商求める	1818 (この年)
異国船打払令	1825 (この年)
「モリソン号」事件が起きる	1837 (この年)
ワイタンギ条約	1840.2.6
異国船打払令を緩和	1842 (この年)
米使節、浦賀に来航	1846 (この年)
外国船浦賀、下田、長崎に入港	1849.4.8
米艦渡米を予報	1852.11.30
露艦漂着民を護送	1852 (この年)
ペリー父島に	1853.5.8
ペリー来航	1853.6.3
プチャーチン来航	1853.7.18
樺太にロシア艦	1853.8.30
プチャーチン再来	1853.12.5
ペリー、神奈川沖に再び来航	1854.1.16
日米和親条約締結	1854.3.3
ペリー箱館へ	1854.4.21
「スンビン号」来航	1854.7.6
英艦、長崎に入港	1854.9.7
日露和親条約調印	1854.12.21
幕府沈没船代艦の建造を許可	1855.1.24
プチャーチン離日	1855.3.22
ハリス下田に来航	1856.8.21
日米約定締結	1857.6.16
ハリス、江戸城で謁見	1857.12.7
外国船に石炭支給	1857 (この年)
日米修好通商条約調印	1858.6.19
蘭、露、英と条約締結	1858.7.10
仏と条約締結	1858.9.3
天津条約調印	1858 (この年)
ムラビョフ来航	1859.7.20
初の遣米使節が出航	1860.1.13
ロシア艦船来航	1861.3.13
英国がロシア艦の退去要求	1861.7.9
ロシア艦船対馬を去る	1861.8.15

小笠原諸島調査	1861（この年）
四カ国連合艦隊兵庫沖に現れる	1865.9.16
神戸事件	1868.1.11
堺事件	1868.2.15
ドイツ軍艦が西日本を巡覧	1870.5.17
領海3海里を宣言	1870.8.24
ペルーと友好通商航海条約を締結	1873.8.21
樺太・千島交換条約	1875.5.7
下関開港を中止	1880（この年）
仏、ベトナムを領有	1881（この年）
ドイツ軍艦が鹿児島湾を測量	1882.1.15
ロシア人が漂着	1883.7.9
タイ船が長崎入港	1884（この年）
ドイツ、マーシャル群島を占領	1885.11.30
ヴィチャージ号世界周航	1886（この年）
A.T.マハン『海上権力史論』刊行	1889（この年）
ブラジルと修好通商航海条約調印	1895.11月
軍艦八重山、公海上で商船を臨検	1895.12月
膠州湾租借	1898.3.6
威海衛租借	1898.7.1
ペルーへの移民	1899.2.27
ギリシャとの修好通商航海条約批准	1899.10.11
仏、広州湾を租借	1899.11.16
アルゼンチンとの通商航海条約公布	1901.9.30
樺太島境界画定調印	1908.4.10
セルビアのアドリア海進出に反対	1912.11.24
米国で海外警備隊創設	1913（この年）
ドイツ、対英封鎖を宣言	1915.2.4
ペルーと通商航海条約	1924.9.30
イタリア、エチオピア侵略	1935.10月
樺太引き揚げ船が入港	1946.12.5
韓国、海洋主権宣言を発表	1952.1.18
韓国抑留中の漁民の帰国決定	1958.2.1
国連海洋法会議ジュネーブで開催	1958.2.24
南極条約調印	1959.12.1
小笠原諸島返還	1968.6.26
ルーマニアと通商航海条約調印	1969.9.1
国連拡大海底平和利用委員会ジュネーブで開催	1973.7.2
「200海里時代」へむけての討議が始まる	1974（この年）
領海、経済水域認知	1975.5月
領海12海里、経済水域200海里を条件付きで認める方針	1976.3.9
領海、日ソ関係	1976.10.22
尖閣諸島、中国漁船侵犯	1978.4.12
フィリピンへ無償援助	1980.1.9
北朝鮮船漂着—11人が韓国へ	1987.1.20
尖閣諸島領有権論争再発	1990.10月
ロシア警備艇、日本の漁船を銃撃	1994.8.15
国連海洋法条約発効	1996.7.20
議員が初めて尖閣諸島に上陸	1997.5.6
韓国、竹島に埠頭建設	1997.11.6
尖閣諸島に不法上陸	2004.3.24
韓国大統領竹島に上陸	2012.8.10
政府、離島を国有化	2014.1.7
「日本海」「東海」併記法案可決	2014.2月

【 自然災害 】

仁和地震	887（この年）
永長地震	1096.12.17
康和地震	1099.2.22
元寇	1281.8月
明応東海地震	1498.9.20
慶長地震	1605.2.3
慶長三陸地震	1611.12.2
延宝房総沖地震	1677.11.4
元禄地震	1703.12.31
リスボン地震	1755（この年）
温泉嶽噴火（長崎県島原）	1792.5.21
安政の大地震	1855.10.2
英初、暴風警報	1860（この年）
インド高潮被害	1876（この年）
クワカトア津波	1883（この年）
大西洋域の暴風警報	1885（この年）
震災予防調査会設立	1892（この年）
根室、釧路沖地震	1893.3月
明治三陸地震	1896.6.15
『大日本地震資料』刊行	1904（この年）
関東大震災	1923.9.1
中央気象台、天気無線通報開始	1925.2.10
三陸地震が起こる	1933.3.3
室戸台風にともない大阪で高潮発生	1934.9月
『海へ出るつもりじゃなかった』刊行	1937（この年）
津波警報組織発足	1941.9.11
東南地震	1944
アリューシャン地震	1946.4.1
カリブ海地域で地震	1946.7.4
南海地震	1946（この年）
津波予防組織を編成	1948.1月
津波警報体制	1949.12.2
ジェーン台風、関西を襲う	1950.9月
十勝沖地震	1952（この年）
ヨーロッパで暴風雨	1953.1.31
オランダ北沿海岸一帯に高潮—大被害を与える	1953.2.1
ユネスコ台風シンポジウム東京で開催	1954.11.9
ハワイに津波	1957（この年）
台風15号（伊勢湾台風）	1959（この年）
チリ地震	1960.5.21
ハワイでチリ地震津波	1960.5.23
チリ地震津波	1960.5.24
チリ地震津波で特別番組	1960.5.24
台風18号（第2室戸台風）	1961（この年）
国立防災科学技術センター設置	1963（この年）
大津波発生	1963（この年）
十勝沖地震	1968.5.16
インドネシアで地震	1968.8.15
インドネシアで地震・津波	1969.2.23
ミンダナオ地震	1976.8.17
土佐湾沿岸一帯で大規模な赤潮	1976.8月
ジャワ東方地震	1977.8.19
海底地震を常時監視	1979.4.1
コロンビア大地震	1979.12.12

日本海中部地震	1983.5.26
NHK、地震時の津波注意の呼びかけを開始	1983.9.7
極限作業ロボットの開発研究始まる	1983（この年）
ニカラグアコリント港機雷封鎖	1984.3.2
メキシコ地震	1985.9.19
三原山が209年ぶりに噴火	1986.11.22
日向灘で地震	1987（この年）
伊豆半島東方沖で群発地震	1989.6.30
「ディープ・トウ」が静岡県伊東沖で海底群発地震震源域を緊急調査	1989.9月
メキシコ湾でタンカー炎上・原油流出	1990.6.9
ニカラグア大地震	1992.9.1
インドネシアで地震	1992.12.12
北海道南西沖地震	1993（この年）
津波の早期検知	1994.4.1
三陸はるか沖地震	1994.12.28
インドネシアで地震	1996.1.17
ベトナムで漁船大量遭難	1996.8.17
エル・ニーニョによる被害	1998.5.2
パプア・ニューギニアで地震・津波	1998.7.17
新しい津波予報の開始	1999.4.1
深海底長期地震・地殻変動観測研究	1999.9.2
インドネシアで地震・津波	2000.5.4
三宅島雄山噴火、全島避難	2000.9.2
ペルー地震	2001.6.23
自律型無人機の世界最深記録および無線画像伝送の伝達距離を更新	2001.8月
海溝型巨大地震の直近観測	2003.8.2
深海底長期地震・地殻変動観測研究	2003（この年）
スマトラ沖地震—津波被害では過去最大級	2004.12.26
無人探査機「ハイパードルフィン」、スマトラ島沖地震緊急調査を実施	2005.2月
ハリケーン「カトリーナ」	2005.8.29
伊豆半島東方沖において地すべり痕確認	2006.6月
津波情報提供業務の拡大	2006.7.1
ジャワ島南西沖地震	2006.7.17
インドネシア地震で津波到達	2009.1.4
チリ地震で各地に津波	2010.2.28
メキシコ湾原油流出事故	2010.4.20
東日本大震災	2011.3.11
福島第1原発が津波被害、炉心融解事故	2011.3.12
緊急調査実施及放射能モニタリング	2011.3月
地震・津波観測監視システム	2011.8月
ソロモン地震で津波	2013.2.6

【通信・放送】

モールス、送信実験に成功	1844.5.24
ジョン・ブレットとヤコブ・ブレット、英仏間に海底ケーブルを敷設	1850（この年）
最初の海洋ケーブル	1851（この年）
最初の大西洋横断電信ケーブル敷設	1858（この年）
C.W.フィールド、大西洋横断海底電信敷設	1866（この年）
日本最初の海底ケーブル	1871.4.1
デンマークの通信ケーブル敷設を許可	1871（この年）
世界的な電線網が完成	1872（この年）
海底電信保護万国連合条約	1884.4.12
海底電線保護万国連合条約	1888.4.28
世界初海を越えた無線	1897.5.13
台湾〜九州間海底電線	1897（この年）
関門海峡海底ケーブル	1900.5月
大西洋横断の無線通信に成功	1901（この年）
太平洋横断ケーブルが完成	1902.12.8
佐世保〜大連に海底電線	1904.1月
初の海上気象電報	1904（この年）
上海〜米国直通海底電線開通	1905.11.1
日米海底電線	1906.6.1
音響測深儀を発明	1907（この年）
無線電報規則公布	1908.4.8
海洋局無線電信局を設置	1908.5.16
米国へ航行中の安芸丸、銚子無線局からの電波受信	1909.9月
音響測深機	1911（この年）
初の無線電話使用	1913.6.4
海底電線竣工	1914.12月
航海中の商船が"放送"を受信	1917.1月
音響測深値を海図に	1935（この年）
秩父丸、日本で初めて無線電話を使用	1936.4.8
神戸港沖の観艦式を放送	1936.10.24
レーダー実用化	1941（この年）
写真電送に成功	1955.12.29
海上ダイヤル放送開始	1957.7.20
太平洋海底ケーブル開通	1963（この年）
船舶向けニュースが新聞模写放送へ	1964.3.2
航行衛星測位システム開放される	1967（この年）
九州沖縄間の海底同軸ケーブル開通	1977.12.8
国際海事通信衛星機構が発足	1979（この年）
海底光伝送路を敷設	1982.2.17
国際海事衛星通信サービス開始	1982（この年）
「水中画像伝送システム」の伝送試験	1988（この年）
世界一極細ケーブル	1998（この年）
水中カメラで撮影したカラー映像の音響画像伝送に成功	2000.12月

【海洋・生物】

アリストテレス、海洋生物学の研究をして過ごす	BC344（この年）
ピュテアス、潮汐現象を発見	BC330（この年）
古事記に魚の名前	712（この年）
赤潮発生	732.6.13
ラブラドル寒流を発見	1497.5.20
フロリダ海峡を発見	1513（この年）
メキシコ湾流の発見	1513（この年）
魚類・クジラ研究	1551（この年）
魚類研究	1551（この年）
サメの観察など	1554（この年）
潮汐現象の動力化	1609（この年）
『和漢三才図会』成立	1713（この年）
海洋学における初の論文	1725（この年）
貿易風の原因を論ずる	1735（この年）

アルテディ、『魚の生態に関する覚え書き』刊	1738（この年）
ヒドラ観察	1742（この年）
海洋の低減を語る	1748（この年）
梶取屋治右衛門、『鯨志』刊	1760（この年）
フランクリン、メキシコ湾流を発見	1770（この年）
北海で下層水温を測定	1773（この年）
潮汐理論研究	1774（この年）
最初の海洋学書	1786（この年）
フンボルト海流の発見	1799（この年）
海洋調査のため初めて海流瓶を放流	1802（この年）
湾流中の冷水塊	1810（この年）
露南氷洋などを調査	1819（この年）
レッドフィールド、『大西洋岸で発達する嵐について』刊	1831（この年）
アガシ、『化石魚類の研究』刊行開始	1833（この年）
海洋測深に鋼索を使用	1838（この年）
湾流の近代的観測開始	1844（この年）
万国海上気象会議	1853（この年）
採泥器付き測深機	1854（この年）
最初の海洋学教科書	1855（この年）
湾流の性状を論じる	1859（この年）
タラの人工孵化に成功	1865（この年）
大洋の塩分分布図	1865（この年）
コヴァレフスキーが海洋生物等の研究で業績	1866（この年）
東京都下の三角測量始める	1871.7月
明治新政府海洋調査事業を開始	1871（この年）
英船「チャレンジャー号」深海を探検	1872（この年）
海洋生物研究所創設	1872（この年）
初の海洋観測	1872（この年）
気象台設置	1873.5月
国際気象機関設立	1873（この年）
タスカロラ海淵を発見	1874（この年）
東京気象台設立	1875.6.1
ウニの受精現象を研究	1875（この年）
風が海流生成へ与える影響	1878（この年）
「コリオリの力」	1882（この年）
日本初の水族館	1882（この年）
アルバトロス号大西洋、太平洋調査	1883（この年）
プランクトン採集網を発明	1884（この年）
海水化学分析	1884（この年）
東京大学臨海実験所を設立	1886（この年）
中央気象台を設置	1887.8.8
ウッズホール海洋生物研究所設立	1888（この年）
プリマス海洋研究所設立	1888（この年）
プランクトン探検	1889（この年）
「海洋学」著わす	1890（この年）
地中海、紅海の海洋調査	1890（この年）
ウニの完全胚を得る	1891（この年）
トンガ海溝発見	1891（この年）
海底堆積物学の確立	1891（この年）
水理生物調査	1895（この年）
海獣保護条約調印	1897.11.6
和楽園水族館が開設	1897（この年）
G.H.ダーウィン『潮汐論』刊行	1898（この年）
ウニの人口単為生殖	1899（この年）
国際海洋探究準備会開催	1899（この年）
浅草公園水族館開館	1899（この年）
赤潮報告	1900（この年）
ロテノン	1901（この年）
海洋調査常用表	1901（この年）
国際海洋探究会議	1901（この年）
スクリップス海洋生物協会設立	1903（この年）
堺水族館開館	1903（この年）
赤潮プランクトン調査	1904（この年）
エクマンの海流理論	1905（この年）
ズンダ海溝発見	1906（この年）
『海洋学教科書』を出版	1907（この年）
海底沈積物中の放射能	1908（この年）
フグ毒をテトロドトキシンと命名	1909（この年）
モホ面を発見	1909（この年）
箱崎水族館開館	1910.3.24
「海上気象電報規定」実施	1910.5.1
ベルリン大学海洋研究所創設	1910（この年）
モナコ海洋博物館開設	1910（この年）
環流理論	1910（この年）
水理生物要綱	1910（この年）
フグ毒テトロドトキシン製造法特許	1911.12.5
近海の海流調査を開始	1913.5.1
魚津水族館開館	1913.9月
『海の物理学』出版へ	1913（この年）
深海用音響測深機の発明	1914（この年）
『日本近海の潮汐』を刊行	1914（この年）
海底炭田浸水	1915.4.12
海洋調査部設置	1918（この年）
北氷洋調査	1918（この年）
国際海洋物理科学協会設立	1919（この年）
『海と空』刊行	1921（この年）
海洋気象学会設立	1921（この年）
国際海洋物理学協会設置	1921（この年）
京大附属瀬戸臨海研究所開所	1922.7.28
『日本環海海流調査業績』刊行	1922（この年）
マリアナ海溝（9,814m）鋼索測探を始める	1925.4月
「メテオール号」の音響探測	1925（この年）
大西洋生物調査	1925（この年）
風浪発生の理論	1925（この年）
フィリピン海溝発見	1927（この年）
松島水族館開館	1927（この年）
フィリピン海溝で1万mを越す水深を測定	1929（この年）
ラマポ海淵（10,600m）ラマポ堆を発見	1929（この年）
京都大学白浜水族館開館	1930.6.1
中之島水族館開館	1930.9月
フライデーハーバー臨海実験所創設	1930（この年）
小倉伸吉に学士院賞	1930（この年）
『海洋学』刊行	1931（この年）
鈴木商店に汚水除去要求	1932.2月
『海洋学』刊行	1932（この年）
海洋学談話会設立	1932（この年）
赤潮発生―有明海	1933.10月

『海洋科学』刊行	1933（この年）
東北冷害海洋調査	1933（この年）
『分類水産動物図説』刊行	1933（この年）
工場汚水で抗議	1934.6.4
製紙会社の工場廃水問題	1934（この年）
阪神水族館開館	1935.3月
水俣で日本窒素アセトアルデヒド工場稼働	1935.9月
国際水理学会設立	1935（この年）
初の海底屈折波観測	1935（この年）
アレン、ダーウィンメダルを受賞	1936（この年）
「海洋と汽水域の水理的研究」	1936（この年）
『海洋観測法』が刊行	1936（この年）
観測船凌風丸が完成	1937（この年）
『国際海洋学大観』刊行	1937（この年）
グーセンがインド洋アフリカ海岸沖でシーラカンスを捕獲	1938.12.25
メキシコ湾で最初の海底油田	1938（この年）
『海洋の生物学』刊行	1938（この年）
『海洋潮目の研究』刊行	1938（この年）
『海』刊行	1939（この年）
国産記録式音響測深機を開発	1940（この年）
『潮汐学』刊行	1940（この年）
『海の科学』創刊	1941.6月
赤潮発生―有明海	1941.10.8
科学アカデミー海洋研究所	1941（この年）
波浪・ウネリの予報方式作成	1941（この年）
ワトソン、ダーウィンメダル受賞	1942（この年）
『大洋』出版	1942（この年）
函館海洋気象台設置	1942（この年）
クストー、アクアラングを発明	1943（この年）
海洋開発特別委員会設置	1943（この年）
ガーディナー、ダーウィンメダル受賞	1944（この年）
ウニ孵化の研究	1945（この年）
新海流理論	1945（この年）
ビキニ環礁が核実験場に	1946.1.24
水俣湾へ工場廃水排出	1946.2月
ビキニ環礁住民移住	1946.3月
ビキニ環礁で原爆実験	1946.7.1
海上定点観測を開始	1947.10.20
三陸沖北方定点観測始まる	1947.10.20
アルバトロス号、世界一周深海調査へ	1947（この年）
メキシコ湾で沖合油田開発	1947（この年）
海洋循環のエネルギー源―嵐の重要性	1947（この年）
中央気象台に海洋課など設置	1947（この年）
長崎、舞鶴に海洋気象台できる	1947（この年）
捕鯨母船と南氷洋観測調査の関連	1947（この年）
南方定点でも観測開始	1948（この年）
ベントスコープにて潜水	1949（この年）
沖合の石油採掘用プラットフォーム第1号	1949（この年）
西大西洋の精密観測	1949（この年）
新日本窒素肥料（新日窒）再発足	1950.1月
マリアナ海溝に世界最深の海淵を発見	1950（この年）
水深1万mに生息生物	1950（この年）
太平洋の地殻熱流量測定始まる	1950（この年）
日本塩学会（現日本海水学会）創立	1950（この年）
『われらをめぐる海』刊行	1951（この年）
ガラテア号の世界周航海洋探検	1951（この年）
『魚類学』刊行	1951（この年）
御木本真珠島を開業	1951（この年）
太平洋総合研究開始	1951（この年）
米、水爆実験	1952.11.1
フリッチュ、ダーウィンメダル受賞	1952（この年）
国際海洋研究を提案	1952（この年）
水俣で貝類死滅	1952（この年）
瀬戸内海調査	1952（この年）
『南洋群島の珊瑚礁』刊行	1952（この年）
『日本近海水深図』刊行	1952（この年）
シーラカンスの第2の標本を獲得	1953.1月
水俣病の発生	1953.5月
東北冷害海洋調査、北洋漁場調査開始	1953（この年）
米国海洋観測船来日	1953（この年）
「バチスカーフ号」4,050mまで潜水	1954（この年）
『海洋気象学』刊行	1954（この年）
精密深海用音響測深機	1954（この年）
日本船ビキニ海域の海底調査を行う―高い放射能検出	1954（この年）
新日窒の廃水路変更	1955.9月
『ソ連海洋生物学』刊行	1955（この年）
ソ連船、太平洋深海を調査	1955（この年）
『海洋観測指針』刊行	1955（この年）
海洋研究特別委員会設置	1955（この年）
『海洋生物学、海洋学論文集』刊行	1955（この年）
鳥羽水族館開館	1955（この年）
日米加連合北太平洋海洋調査	1955（この年）
水俣病医学研究	1956.8.24
ビキニ環礁、水爆実験	1956（この年）
映画『沈黙の世界』公開	1956（この年）
東京で海洋学シンポジウム	1956（この年）
日仏連合赤道太平洋海洋調査	1956（この年）
鳴門渦潮調査実施	1956（この年）
水俣病の原因研究	1957.1月
郊外でも水俣病多発が確認	1957.4.1
英、水爆実験	1957.5.15
江の島水族館開館	1957.7.1
ビーチャジ海淵発見	1957（この年）
『一般海洋調査』刊行	1957（この年）
海洋学用語委員会設置	1957（この年）
海洋研究科学委員会設立	1957（この年）
国際海洋調査	1957（この年）
国際地球観測年始まる	1957（この年）
須磨水族館開館	1957（この年）
日本海溝調査	1957（この年）
本州製紙江戸川事件	1958.4.6
水俣湾漁獲操業停止	1958.8.15
海域における国土開発調査のはじまる	1958（この年）

『海流』刊行	1958(この年)	水俣湾漁獲禁止を一時解除	1964.5月
国連地球観測年関連海洋関係事業	1958(この年)	先天性水俣病	1964.6.25
深海研究委員会本格化	1958(この年)	船舶事故で海洋汚染―常滑	1964.9.20
日仏海洋学会創立	1958(この年)	米ソ、原子力利用に関する協力協定に調印	
日本海溝潜水調査	1958(この年)		1964.11.18
日本海底資源開発研究会設立	1958(この年)	沿岸海洋観測塔設置	1964(この年)
『凌風丸』に深海観測装置装備	1958(この年)	紅海中央部海底近くで異常高温域を発見	
厚生省に水俣病特別部会	1959.2.12		1964(この年)
水俣病発病が相次ぐ	1959.3.26	地球内部開発計画	1964(この年)
気象庁観測船、日本付近の深海調査に出港		船舶事故で原油流出―室蘭	1965.5.23
	1959.6.23	工場廃液排出―岡山県倉敷市	1965.6.16
水俣病は水銀が原因	1959.7.21	2,000mの潜水調査に成功	1965(この年)
鹿児島県側でも水俣病発生	1959.8.12	クストーの飽和潜水実験	1965(この年)
厚生省も有機水銀説と断定	1959.10.6	海洋資料センター設立	1965(この年)
新日窒水俣工場で漁民と警官隊衝突	1959.11.2	黒潮及び隣接海域共同調査	1965(この年)
水俣病の原因を有機水銀と答申	1959.11.12	米海軍の飽和潜水実験	1965(この年)
水俣病患者診査協議会	1959.12.25	養殖海苔赤腐れ病発生	1965(この年)
水俣病見舞金契約	1959.12.30	フランス核実験に抗議	1966.10.6
国際海洋会議開催	1959(この年)	よみうり号初潜航	1966(この年)
『日本プランクトン図鑑』刊行	1959(この年)	亜寒帯系プランクトン発見	1966(この年)
水俣病総合調査研究連絡協議会、発足	1960.1.9	『海塩の化学』刊行	1966(この年)
有機水銀を水俣病の原因物質として根拠づ		海洋地名打ち合わせ会発足	1966(この年)
け	1960.3.25	国際海洋生物学協会設置	1966(この年)
水俣沿岸で操業自粛	1960.7月	国際熱帯海洋学会議	1966(この年)
水俣の貝から有機水銀結晶体	1960.9.29	太平洋学術会議東京で40年振りに開かれる	
マリアナ海溝最深部潜水に成功	1960(この年)		1966(この年)
『海洋の事典』刊行	1960(この年)	『日本海洋プランクトン図鑑』刊行	1966(この年)
海底辺拡大説	1960(この年)	船舶事故で原油流出―川崎	1967.2.12
国際藻類学会設立	1960(この年)	英国沖でタンカー座礁し原油流出	1967.3.18
政府間海洋学委員会設立	1960(この年)	亜熱帯反流の存在を指摘	1967(この年)
『大気と海の運動』刊行	1960(この年)	下田海中水族館開館	1967(この年)
『大西洋調査図集』刊行	1960(この年)	海底と資源を人類の共有財産に	1967(この年)
伊勢湾で異臭魚	1961.4月	赤潮発生―徳島付近	1967(この年)
倉敷市水島でも異臭魚	1961.5月	東大海洋研、研究船を新造	1967(この年)
水俣工場の工程に水銀化合物	1961.8.7	日本―ニューギニア間の海洋観測	1967(この年)
ビキニ被曝死	1961.12.11	仏に海洋開発センター設立	1967(この年)
海洋科学、技術の在り方を諮問	1961(この年)	京急油壺マリンパーク開館	1968.4.27
水質汚濁の指針しめす	1961(この年)	「西日本新聞」が放射能汚染スクープ	1968.5.7
石橋雅義、日本学士院賞受賞	1961(この年)	1960年以降も廃液排出	1968.9.20
仏深海調査船9,500m潜行	1961(この年)	水俣病と新潟水俣病を公害病認定	1968.9.26
物理学者のピカールが没する	1962.3.24	新潟水俣病裁判で証言	1968.9.28
海洋研究所設立	1962.4月	グローマー・チャレンジャー号が調査開始	
オホーツク海流氷調査、北洋冬季着氷調査			1968(この年)
	1962(この年)	国際海洋研究10年計画	1968(この年)
沿岸海洋研究部会発足	1962(この年)	南太平洋大保礁日豪共同調査	1968(この年)
海底拡大説	1962(この年)	『苦海浄土―わが水俣病』刊行	1969.1月
国際インド洋調査はじまる	1962(この年)	海水浴場の規制・水質基準	1969.6.27
児玉洋一、日本学士院賞受賞	1962(この年)	潜水調査船「ベン・フランクリン号」メキ	
水産海洋研究会創立	1962(この年)	シコ湾を32日間漂流	1969.7.14
東京大学海洋研究所設置	1962(この年)	海に塩酸をたれ流し―公害防止上例で告発	
日本プランクトン研究連絡会発足	1962(この年)		1969.8.15
水俣病原因物質を正式発表	1963.2.20	海洋地質学者のH.H.ヘスが没する	1969.8.25
東京で黒潮シンポジウム開催される	1963.10.29	海水油濁に関する国際条約	1969.11月
海洋調査船の新造が相次ぐ	1963(この年)	ローマで国際海洋汚染会議開催	1969(この年)
黒潮、ソマリ海流を発見	1963(この年)	科技庁、潜水調査船「しんかい」建造	
水産土木研究部会	1963(この年)		1969(この年)
『北太平洋亜寒帯水域海況』刊行	1963(この年)	太地町立くじらの博物館開館	1969(この年)

南太平洋でのマンガン団塊の調査本格化	1969(この年)
自然公園法改正	1970.5.16
海底開発に新条約	1970.5月
ヘドロ抗議集会	1970.8.9
ごみの河川海洋への投棄	1970.8.19
燧灘ヘドロ汚染	1970.8.21
ヘドロで魚が大量死	1970.8.27
カドミウム汚染で抗議	1970.9.20
ヘドロで健康被害	1970.9月
赤潮発生―伊勢湾など	1970.9月
鴨川シーワールド開業	1970.10.1
海洋汚染に関する国際会議	1970.12.9
海洋汚染防止法など公害関係14法公布	1970.12.25
海洋科学技術センター設置へ	1970.12月
「海のはくぶつかん」(現・東海大学海洋科学博物館)開館	1970(この年)
『海洋科学』、『オーシャン・エージ』出版される	1970(この年)
工場廃液汚染―岡山児島湾	1970(この年)
合同海洋学大開開催	1970(この年)
今後の海洋開発についての方向示される	1970(この年)
三井金属鉱業工場カドミウム汚染	1970(この年)
青酸化合物汚染―いわき市小名浜	1970(この年)
日本プランクトン学会発足	1970(この年)
諫早湾カドミウム汚染	1970(この年)
世界最大の海底油田掘削装置が完成	1971.1.31
ヘドロ投棄了承	1971.2月
メコン・デルタ油田開発	1971.3.10
赤潮発生―山口県徳山湾	1971.3.26
再審査で水俣病認定	1971.4.22
海洋水産資源開発促進法	1971.5.17
海洋科学技術センター法	1971.5月
水俣病認定で県の棄却処分取消	1971.7.7
仏、ムルロア環礁で水爆実験を行う	1971.8.14
赤潮発生―山口県下関市	1971.8月
熊本県知事が水俣病認定	1971.10.6
串本海中公園水族館開館	1971.10月
タンカー座礁―有害物質流出	1971.11.7
ビキニ水爆実験の被曝調査	1971.12.7
水俣病患者らチッソ本社前で抗議の座込み	1971.12.17
FAMOUS計画	1971(この年)
し尿投棄による海洋汚染	1971(この年)
カドミウム汚染―下関・彦島地域	1971(この年)
ディープスター完成	1971(この年)
ヘドロ堆積漁業被害―愛媛県・燧灘付近	1971(この年)
『海の世界』刊行	1971(この年)
「海洋科学技術センター」設立	1971(この年)
海洋環境汚染全世界的調査	1971(この年)
環境庁発足	1971(この年)
高知パルプ工場廃液排出	1971(この年)
国際海洋科学技術協会	1971(この年)
国際水資源協会設立	1971(この年)
船舶廃油汚染―全国各地の沿岸	1971(この年)
理研―海洋計測研究	1971(この年)
国連人間環境会議ストックホルムで開催	1972.6.5
海洋防止法に廃棄物の投入処分基準を盛りこむ	1972.6.15
赤潮発生―山口県下関市	1972.6月
赤潮発生―香川県から徳島県の海域	1972.7月
シートピア計画	1972.8.15
ヘドロで魚大量死―愛媛県	1972.9.12
鉱滓運搬船沈没海洋汚染に―山口県	1972.9月
海洋汚染防止条約調印	1972.12月
『黒潮』刊行	1972(この年)
黒潮続流海洋学発表	1972(この年)
赤潮発生―愛媛県付近	1972(この年)
「全地球海洋観測組織(IGOSS)」発足	1972(この年)
測量船「昭洋」竣工	1972(この年)
『北太平洋北部生物海洋学』刊行	1972(この年)
北大西洋の海洋バックグラウンド汚染調査	1972(この年)
廃棄物処理、海洋汚染防止に廃棄物処理基準を設ける	1973.2.1
産業廃棄物の海洋投棄基準などを規定する総理府令	1973.2.13
水俣病第一次訴訟―原告勝訴	1973.3.20
チッソと水俣病新認定患者の調停成立	1973.4.27
ポリ塩化ビフェニール廃液排出―福井県敦賀県	1973.6月
工場廃液排出―秋田市	1973.6月
水銀ロ汚染―山口県徳山市	1973.6月
潜水シュミレータ建屋完成	1973.6月
水俣病補償交渉で合意調印	1973.7.9
仏、世界の抗議を無視して核実験強行	1973.7.21
千葉の漁船が水銀賠償求め海上封鎖	1973.8.8
トンキン湾油田開発	1973.11.6
ブイロボット実用化	1973(この年)
海へのビニール投棄被害	1973(この年)
空から排水調査	1973(この年)
原油貯蔵基地―周辺海域汚染	1973(この年)
工場廃液排出―岡山県倉敷市	1973(この年)
工場廃液排出―山口県徳山市	1973(この年)
工場廃液排出―千葉県市原市	1973(この年)
国際海洋研究10ヵ年計画の湧昇実験開始	1973(この年)
人工衛星を使って汚染状況調査	1973(この年)
瀬戸内海環境保全臨時措置法を制定	1973(この年)
倉敷メッキ工業所青酸排出―米子市	1973(この年)
有明海水銀汚染―水俣病に似た症状も	1973(この年)
水俣湾入口に仕切網	1974.1月
潜水訓練プール棟	1974.3月
第3水俣病問題	1974.6.7
ヘドロ汲み上げ移動―田子ノ浦	1974.6月
水俣病認定申請で裁決	1974.9.20
水銀汚染列島の実態明らかに―全国調査	1974.9月
製油所重油流出、漁業に深刻な打撃―水島臨界工業地帯	1974.12.18
FAMOUS計画	1974(この年)

沖縄公害問題	1974（この年）
海洋汚染シンポジウム開催	1974（この年）
気団変質実験（AMTEX）を沖縄近海で実施	1974（この年）
深海底地形探査	1974（この年）
世界海洋循環数値シミュレーション	1974（この年）
『生物化学的生産海洋学』刊行	1974（この年）
製紙カス処理問題—田子ノ浦	1974（この年）
大西洋海嶺中軸谷で熱水活動を発見	1974（この年）
海洋投入処分等に関する基準設定—中央公害対策審議会が答申	1975.3.18
ハマチ大量死—播磨灘	1975.5.21
「沖縄海洋博」開幕	1975.7.20
チッソ石油化学に融資	1975.8.13
三豊海域酸欠現象	1975.8月
原発温排水漁業被害—島根県	1975.9月
PCB含有産廃の処分基準	1975.12.20
ヘドロ埋立汚染—トリ貝に深刻な打撃	1975（この年）
海洋観測衛星打ち上げ	1975（この年）
国際深海底掘削計画（IPOD）発足	1975（この年）
石油コンビナート等災害防止法	1975（この年）
赤潮で血ガキ騒ぎ—気仙沼湾	1975（この年）
赤潮発生—別府湾	1975（この年）
南極海洋生態系及び海洋生物資源に関する生物学的研究計画	1975（この年）
放射線廃棄物深海投棄問題シンポジウム	1975（この年）
友田好文、日本学士院賞受賞	1975（この年）
琉球大に海洋学科新設	1975（この年）
水俣湾のヘドロ処理	1976.2.14
メチル水銀の影響で精神遅滞	1976.11.17
水俣病認定不作為訴訟	1976.12.15
『国家の海洋力』刊行	1976（この年）
『水界微生物生態研究法』刊行	1976（この年）
第2回合同海洋学総会開催	1976（この年）
水俣病で新救済制度を要望	1977.2.10
水俣病関係閣僚会議で患者救済見直し	1977.3.28
油田事故で原油流出—ノルウェー	1977.4.22
海洋学者のヒーゼンが没する	1977.6.21
水俣病対策推進を環境庁が回答	1977.7.1
海洋での廃棄物処理方法	1977.7.15
赤潮で30億円の被害—播磨灘	1977.8.28
水俣病のヘドロ処理・仕切網設置	1977.10.11
ユージン・スミスの被写体患者死去	1977.12.5
ガラパゴス諸島近くで深海底温泉噴出孔を発見	1977（この年）
『海と日本人』刊行	1977（この年）
『海洋学講座』全15巻刊行	1977（この年）
「海洋前線シンポジウム」開催	1977（この年）
静止気象衛星「ひまわり」打上げ	1977（この年）
大阪湾の水質、環境基準越える	1977（この年）
水俣病チッソ補償金肩代わり問題	1978.2.15
波力発電国際共同研究協定に調印	1978.4月
国も水俣病認定業務を	1978.5.30
赤潮発生—伊勢湾	1978.5月
水俣病補償に県債発行	1978.6.2
海洋衛星（SEASAT）打ち上げ	1978.6月
国立水俣病研究センター	1978.10.1
水俣病認定業務促進	1978.11.15
サンシャイン国際水族館開館	1978（この年）
『海洋科学基礎講座』刊行	1978（この年）
海洋開発基本構想と推進方策を発表	1978（この年）
深海底からマンガン採取に成功	1978（この年）
水銀ヘドロ汚染—名古屋港	1978（この年）
瀬戸内海環境保全特別措置法を制定	1978（この年）
赤潮発生—気仙沼湾	1978（この年）
「太平洋学会」を創立	1978（この年）
波力発電実験始まる	1978（この年）
水俣病認定業務促進	1979.2.9
臨時水俣病認定審査会	1979.2.14
水俣病刑事裁判—チッソ元幹部有罪	1979.3.22
養殖ハマチ大量死	1979.7月
「海洋温度差発電」に成功	1979.8.4
海洋実験	1979.11月
ブラックスモーカー発見	1979（この年）
海洋温度差発電装置が発電に成功	1979（この年）
海洋音波断層観測法を提唱	1979（この年）
世界気候会議開催—初めて地球温暖化問題が討議される	1979（この年）
西太平洋海域共同調査発足	1979（この年）
日本初、小型無人潜水機の開発実験成功	1979（この年）
波力発電装置による陸上送電試験	1980.1月
核廃棄物海洋投棄の中止要求	1980.8.15
海洋への農薬など化学物質の廃棄を規制	1980.10.29
海洋汚染及び海上災害の防止に関する法律の一部改正	1980.11.14
海洋開発審議会答申	1980（この年）
第1回国際共同多船観測（FIBEX）計画	1980（この年）
イワシ大量死—新潟	1981.4.15
小児水俣病の判断条件	1981.7.1
ナウル共和国に海洋温度差発電所が完成	1981.10月
3代目魚津水族館開館	1981（この年）
「しんかい2000」進水	1981（この年）
「ひまわり2号」打上げに成功	1981（この年）
メチル水銀汚染魚販売—水俣市内鮮魚店	1981（この年）
海洋物理学者ストンメルの還暦記念論文集刊行	1981（この年）
気候変動と海洋委員会が発足	1981（この年）
第3次国連海洋法会議	1982.3.8
水質は横ばい状態—東京湾岸自治体公害対策会議	1982.4.27
海洋法条約に関する国際連合条約採択される	1982.4.30
海底精査	1982.10月
強流調査	1982.10月
水俣病仕切網外で水銀検出	1982.12.1
のとじま臨海公園水族館開館	1982（この年）
エル・ニーニョ現象	1982（この年）
ラッコの飼育始める	1982（この年）

赤潮発生—別府湾・豊後水道	1982（この年）
碧南海浜水族館開館	1982（この年）
国連海洋法条約	1983.2月
ペルシャ湾原油流出—イラク軍の攻撃によって	1983.3.2
国際地球観測百年記念式典開催	1983.3.15
放射性廃棄物の海洋投棄	1983.7.19
「しんかい2000」による潜航調査はじまる	1983.7.22
海洋汚染防止法施行令改正—船舶からの油類の排出規制を強化	1983.8.16
海洋リモートセンシング	1984.1月
水俣病認定申請の期限延長	1984.5.8
焼津沖にて沈船とコンクリート魚礁を調査	1984.5月
赤潮発生—熊野灘沿岸	1984.7月
トンガ海溝域調査	1984.11月
伊豆半島熱川の東方沖合、水深1,270mで枕状溶岩を発見	1984（この年）
海氷調査	1985.2月
瀬戸内海赤潮訴訟	1985.7.30
世界最深の生物コロニーを発見	1985.7月
水俣病医学専門家会議	1985.10.15
後天性水俣病に見解	1985.10.18
ニューシートピア計画実海域試験を実施	1985.10月
サンゴ礁学術調査	1985.11.28
ロナ、深海底の温泉噴出孔を発見	1985（この年）
四国沖で深海生物ハオリムシを発見	1985（この年）
太平洋海面水位監視パイロット・プロジェクト始まる	1985（この年）
熱帯海洋と全地球大気研究（TOGA）始まる	1985（この年）
エル・ニーニョ発生	1986.3.31
ばら積みの有害液体物質による汚染を規制	1986.5.27
来島海峡でフェリーとタンカー衝突	1986.7.14
諫早干拓事業—最後まで反対の漁協が漁業権を放棄	1986.8.17
国立水俣病研究センターがWHO協力センターに	1986.9.24
海洋汚染防止法一部改正—有害液体物質に排出規制を新設	1986.10.31
「ディープ・トウ」がインドネシアのスンダ海溝調査	1986.11月
伊豆・小笠原海溝を跨ぐ海嶺を確認	1986（この年）
潜水シミュレーション実験	1986（この年）
無索無人潜水機の開発開始	1986（この年）
「なつしま」、赤道太平洋にてエル・ニーニョの観測	1987.1月
水俣病第三次訴訟で熊本地裁判決—原告側全面勝訴	1987.3.30
海洋学者のカーが没する	1987.5.21
須磨海浜水族園開館	1987.7.16
赤潮発生—播磨灘一帯	1987.7月
水俣病認定業務で申請期限延長	1987.9.1
『海洋大事典』刊行	1987.10.20
日仏共同STARMER計画で北フィジー海盆リフト系調査	1987.12月
神戸海洋博物館開館	1987（この年）
水俣病刑事裁判最高裁判決—チッソの有罪が確定	1988.2.29
諫早湾の干拓事業—建設省・運輸省が認可	1988.3.9
『遠い海からきたCOO』刊行	1988.3月
海洋汚染関係政令—船舶で生ずるゴミによる汚染の規制を追加	1988.7.19
チムニー・熱水生物発見	1988（この年）
ハンドウイルカの繁殖	1988（この年）
「海洋調査技術学会」が発足	1988（この年）
地球環境保全企画推進本部を設置	1988（この年）
アラスカでタンカーから原油流出—アメリカ史上最悪の事故	1989.3.24
ニューシートピア計画潜水実験	1989.3月
新石垣空港代替地にサンゴの大群落	1989.5.14
「白鳳丸」最初の研究航海	1989.6月
船舶などからの廃棄物の排出を厳しく規制	1989.9.1
葛西臨海水族園開園	1989.10.10
エリック・デントン（英国）が国際生物学賞を受賞	1989（この年）
沖縄トラフ伊是名海穴で、炭酸ガスハイドレートを初めて観察	1989（この年）
戦艦「ビスマルク」の撮影	1989（この年）
海洋排出規制追加—アクリル酸エチルなどが有害液体物質として追加	1990.4.2
トリクロロエチレン海洋投棄	1990.4.26
温暖化オゾン	1990.5.2
トリクロロエチレンなどの有害物質を含む廃棄物の海洋投棄処分を禁止	1990.6.19
水俣病認定申請期限延長	1990.6.29
海洋汚染防止法施行令公布	1990.7.6
海遊館開館	1990.7.20
ニューシートピア計画300m最終潜水実験	1990.7月
赤潮発生—八代海	1990.7月
水俣病東京訴訟で和解勧告	1990.9.28
北海海域を船舶等からの廃棄物排出が厳しく制限される特別海域に追加指定	1990.12.18
DeepStarプロジェクト	1990（この年）
世界海洋フラックス研究計画	1990（この年）
世界海洋大循環実験（WOCE）	1990（この年）
相模トラフ初島沖のシロウリガイ群生域で深海微生物を採取	1990（この年）
写真集『白ём SHIRAHO』刊行	1991.2月
掃海船ペルシャ湾派遣	1991.4.24
水俣病認定業務賠償訴訟は差戻し	1991.4.26
気候システム研究センターを東大に設置	1991.4月
「しんかい6500」がナギナタシロウリガイを発見	1991.7月
今後の水俣病対策	1991.11.26
潜水シミュレーション実験成功	1991（この年）
太平洋大循環研究開始	1991（この年）
沈没した無人潜水機を回収	1991（この年）
北太平洋海域海洋観測調査	1991（この年）
水俣病東京訴訟で地裁判決	1992.2.7
水俣病総合対策実施要領	1992.4.30
熱水噴出孔生物群集発見	1992.7月
カタール沖ガス田開発入札	1992.9.30

- 339 -

「しんかい6500」鯨骨生物群集を発見	1992.10月
水俣湾の魚の水銀汚染	1992.11.9
新石垣空港の建設地問題と海洋環境	1992.11.20
水俣病関西訴訟で和解勧告	1992.12.7
TOGA(熱帯海洋と全球大気研究計画)	1992(この年)
インターリッジ計画はじまる	1992(この年)
ユノハナガニの陸上飼育	1992(この年)
音響画像伝送装置の開発	1992(この年)
駿河湾の海底の泥から極めて強力な石油分解菌を発見	1992(この年)
深度記録更新	1992(この年)
浅海用マルチビーム測深機「シーバット」を開発	1992(この年)
地球サミット開催	1992(この年)
氷海観測ステーション設置	1992(この年)
氷海用自動観測ステーション	1992(この年)
名古屋港水族館南館開業	1992(この年)
座礁大型タンカーより原油流出—英国	1993.1.5
水俣病資料館が開館	1993.1.13
サツマハオリムシ発見	1993.2月
水俣病第三次訴訟で熊本地裁判決	1993.3.25
八景島シーパラダイス開業	1993.5月
蓼科アミューズメント水族館開業	1993.7月
北海道南西沖地震の震源域調査を実施	1993.8月
惑星間の塵を海底で発見	1993.8月
深海底微生物の培養施設が完成	1993.9月
水俣病認定業務―認定申請期限の延長・対象者の範囲拡大	1993.11.12
水俣病訴訟で京都地裁判決	1993.11.26
北海道南西沖地震後の奥尻島沖潜航調査	1993(この年)
北極海の海洋研究に原潜	1993(この年)
水俣湾の水銀汚染・指定魚削減	1994.2.23
海洋汚染―13の物質を「特別管理産業廃棄物」に指定	1994.9.26
「オデッセイII」潜航調査	1994(この年)
海洋科学技術戦略を発表	1994(この年)
城崎マリンワールド	1994(この年)
世界で最も浅い海域で生息する深海生物サツマハオリムシを発見	1994(この年)
大西洋・東太平洋における大航海	1994(この年)
油濁2条約	1994(この年)
国際北極圏総合研究シンポジウム	1995.1月
経済協議でサンゴ礁を議論	1995.2.13
海洋汚染―埋立場所等に排出しようとする廃棄物に含まれる金属等の検定方法の一部を改正	1995.3.3
「かいこう7000II」、マリアナ海溝で10,911.4mの潜航に成功	1995.3月
自然環境保全基礎調査・サンゴ礁	1995.5.26
国際サンゴ礁会議	1995.5.29
産業廃棄物の海洋投棄処分―中央環境審議会答申	1995.6.6
核実験抗議船、拿捕	1995.7.10
映画『ウォーターワールド』公開	1995.7.28
サンゴ礁の二酸化炭素吸収	1995.7月
フランス核実験再開	1995.9.5
水俣病未認定患者の救済問題	1995.9.28
水俣病問題で国の不手際	1995.9.30
水俣病全国連会場に新聞社のレコーダー	1995.10.15
水俣病全国連が政府与党の解決策受入れ	1995.10.28
水俣病問題は政治決着へ	1995.10.30
水俣病最終解決施策	1995.12.15
海洋汚染―産業廃棄物に含まれる油分の検定方法の一部を改正	1995.12.20
サザンプトン海洋科学センター開所	1995(この年)
トロール油田にコンクリートプラットホームを設置	1995(この年)
海底探査機の開発	1995(この年)
波力発電装置、工事中に大破	1995(この年)
水俣・芦北地域再生振興とチッソ支援	1996.1.9
水俣病総合対策医療事業	1996.1.22
仏、核実験終結宣言	1996.1.27
世界で初めて10,000m以深の海底から深海微生物を含む海底堆積物(泥)の採取に成功	1996.2月
国際サンゴ礁イニシアティブ開催	1996.3.18
水俣病訴訟取り下げへ	1996.4.28
水俣病慰霊式に環境庁長官・チッソ社長も出席	1996.5.1
水俣病全国連がチッソと和解	1996.5.19
海洋汚染防止―排他的経済水域及び大陸棚に関する法律公布に伴う改正	1996.6.14
国際サンゴ礁シンポジウム開催	1996.6.22
水俣病仕切網内で漁獲開始	1996.6.24
自然環境保全基礎調査・サンゴ礁分布	1996.7.30
モントレー湾水族館研究所に双胴型調査船配置	1996(この年)
国連海洋法条約批准	1996(この年)
潜水調査船「アルビン」の母船変更	1996(この年)
沖縄県で国際サンゴ礁イニシアティブ開催	1997.2.16
水俣病抗告訴訟福岡高裁判決	1997.3.11
諫早湾干拓事業で潮受堤防を閉め切り干潟消滅	1997.4.14
船舶発生廃棄物汚染防止規程	1997.6.11
海洋学者のクストーが没する	1997.6.25
「しんかい6500」多毛類生物を発見	1997.6月
海上気象通報優良船として気象庁長官から表彰	1997.6月
海洋汚染防止―環境保護に関する南極条約議定書の国内措置盛りこむ	1997.7.9
水俣病安全宣言だされる	1997.7月
重油流出回収終了	1997.11.6
エル・ニーニョ対策サミット	1997(この年)
国際海洋シンポジウム'97	1997(この年)
深海ロボット開発	1997(この年)
流氷調査	1997(この年)
海洋汚染防止法施行令改正―海洋投棄規制に有害液体物質指定項目を追加	1998.2.4
海洋汚染防止法改正・油防除体制を強化	1998.5.27
世界で初めて底生生物の採取に成功	1998.5月

船舶などからの大気汚染防止	1998.9.2	沖縄美ら海水族館開館	2002.11月
シーラカンス、第2の生息域	1998.9.24	船舶事故で重油流出―日立市	2002.12.5
「みらい」最初の北極海研究航海を実施	1998.9月	「黒潮が日本周辺の気候へ与える影響を衛星観測データから発見」	2002.12月
「しんかい6500」巨大いか発見	1998.11月	無人探査機「ハイパードルフィン」「なつしま」に艤装搭載	2003.2月
サンゴ礁の二酸化炭素吸収力	1998.12月	「マントルプルーム域」「沈み込み帯」	2003.4月
COP4開幕	1998(この年)	21世紀の偉業賞受賞	2003.6月
リスボン国際博覧会	1998(この年)	沖縄に二つの海流	2003.7月
世界の最大サンゴ、アザミサンゴなどが死滅の危機	1998(この年)	地震の化石発見	2003.7月
大西洋・インド洋における大航海	1998(この年)	「みらい」が南半球周航観測航海 BEAGLE2003を実施	2003.8月
中国で海生動物の卵細胞の化石	1998(この年)	山形俊男、スベルドラップ金メダル受賞	2003.11月
ニューギニア島北岸沖精密地球物理調査	1999.1月	国際深海掘削計画開始	2003(この年)
松野、ロスビー研究メダル受賞	1999.1月	超軽量飛行船の成層圏試験成功	2003(この年)
精密地球物理調査	1999.1月	海底層の水温上昇	2004.2月
水俣病患者連盟委員長・川本輝夫氏死去	1999.2.18	サンゴ礁シンポジウム開催―宜野湾市	2004.6.28
で大規模な多金属硫化物鉱床を発見	1999.2月	「よこすか」太平洋大航海「NIRAI KANAI」を実施	2004.7月
多金属硫化物鉱床の発見	1999.2月	諫早湾干拓事業で佐賀地裁、工事差し止め仮処分	2004.8.26
タイなどで水俣病普及啓発	1999.3.4	水俣病関西訴訟最高裁判決	2004.10.15
気候変動に関する日本－EUシンポジウム'99開催	1999.3.5	バラスト水管理条約採択	2004(この年)
水俣病と男児出生率	1999.3.24	「うらしま」、巡航探査機の世界新記録航続距離317kmを達成	2005.2月
2,000メートルの海底に2000万年前の大陸を発見	1999.3月	の「なつしま」スマトラ島沖地震緊急調査	2005.2月
水俣病認定申請―熊本県の対応に怒り	1999.5.12	改正油濁損害賠償保障法施行	2005.3.1
「みらい」が国際集中観測Nauru99に参加	1999.6月	今後の水俣病対策	2005.4.7
グリーンピース、サンゴ死滅の恐れを報告	1999.7月	「かいれい」、「かいこう7000」運用開始	2005.4月
エル・ニーニョ現象	1999.9月	諫早湾干拓事業―福岡高裁工事差し止めを取消す	2005.5.16
『ウミウシガイドブック』刊行	1999(この年)	水俣病医療費等の支給	2005.6.1
ラニーニャ現象	1999(この年)	「白鳳丸」海上気象通報優良船舶表彰	2005.6月
カナダの漁業海洋省との研究協力覚書	2000.3.20	地球深部探査船「ちきゅう」(56,752トン)が完成	2005.7月
サンゴ礁研究モニタリングセンター開所	2000.5.12	サンゴ礁イニシアティブ総会	2005.10.31
インドの海洋研究所と協力覚書	2000.5.31	深海生物生存捕獲	2005.12月
日本で氷海観測用小型漂流ブイによる観測に成功	2000.5月	生きたままの深海生物を「シャトルエレベータ」により初めて捕獲	2005.12月
世界のサンゴ礁の15%が白化現象	2000.6月	メタンハイドレート柱状分布発見	2006.2月
アクアマリンふくしま開館	2000.7.15	相模湾で新種の生物の採集に成功	2006.2月
インド洋中央海嶺にて熱水活動と熱水噴出孔生物群集を発見	2000.8月	キリバス共和国のフェニックス諸島海域を海洋保護区に指定	2006.3.28
インド洋でのダイポールモード現象	2000.9月	「しんかい6500」液体二酸化炭素プール発見	2006.8月
サンゴの白化被害やや回復	2000(この年)	「しんかい6500」熱水噴出現象発見	2007.1月
モルディブ海面上昇	2000(この年)	「みらい」がインド洋における大規模雲群発生の観測に初めて成功	2007.1月
ラニーニャ発生	2000(この年)	「よこすか」、沖縄トラフ深海底下において新たな熱水噴出現象「ブルースモーカー」を発見	2007.1月
温暖化、予測を上方修正	2000(この年)	海面水温・海流予報	2007.2.28
淡水イルカ保存	2000(この年)	マルチチャンネル反射法探査装置(MCS)を高精度化	2007.2月
南極の氷山分離	2000(この年)	沖縄トラフ深海底調査における熱水噴出域の詳細な形状と分布のイメージングに成功	2007.12月
諫早湾干拓事業―抜本的見直し	2001.8.28		
「みらい」がインド洋東部にてトライトンブイを設置	2001.10月		
ウィッティントン、国際生物学賞を受賞	2001(この年)		
名古屋港水族館北館開館	2001(この年)		
有明海養殖ノリ不作と諫早湾水門の因果関係	2002.3.27		
諫早湾で開門調査―養殖ノリ不作	2002.4.15		
「みらい」が西部北極海国際共同観測実施	2002.8月		
オニヒトデ駆除	2002.9.9		
ゴードン・ベル賞受賞	2002.11.21		

建築・土木

大深度小型無人探査機「ABISMO」実海域試験において水深9,707mの潜航に成功	2007.12月
海洋科学技術センターの「なつしま」、「あたご」「清徳丸」衝突事故海域調査を実施	2008.2月
船位通報制度優良通報船舶を受賞	2008.3月
国土交通大臣表彰を受賞	2008.6月
アーキワールド発見	2008.7月
「みらい」が「国際極北極観測」として北極航海を実施	2008.8月
断層内部に高温の水の痕跡	2008.9月
クラゲの蛍光物質の研究でノーベル化学賞受賞	2008.10.8
「みらい」が太平洋を横断する観測航海「SORA2009」を実施	2009.1月
「かいよう」深海において水平300kmの長距離音響通信に成功	2009.6月
北極海の海氷、急速に薄く	2009.7月
「しんかい6500」深海で奇妙な巻貝発見	2009.11月
大気海洋研究所が発足	2010.4月
生物多様性のホットスポット	2010.8月
中村庸夫が内閣総理大臣賞「海洋立国推進功労者表彰」を受賞	2010(この年)
栃木県なかがわ水遊園開園	2011.7.15
沼津港深海水族館開館	2011.12.10
アクアワールド大洗水族館開館	2012.3.21
深海でのダイオウイカ撮影に成功	2012.7月
メタンハイドレートの採取に成功	2013.3.12
「新青丸」海洋研究開発機構に引き渡し	2013.6.30
「有明をわたる翼」初演	2013.12.18
「新青丸」建造	2013(この年)
福島第1原発、地下水を海洋放出	2014.5.21
海洋版SPEEDI開発へ	2014.6.2
次世代資源メタンハイドレート秋田・山形沖に有望地点	2014.6月
世界2個体目の深海魚を確認	2014.8月
沖縄・久米島沖に熱水噴出孔群	2014.9.19
世界最大の海洋保護区を設定	2014.9.25
太平洋クロマグロ絶滅危惧に指定	2014.11.17
塩釜で潮流発電装置を公開	2014.11月

【建築・土木】

紅海に至る運河	BC1300(この頃)
運河が建設される	BC1000(この頃)
中国の大運河	BC485(この年)
ナイル川と紅海をつなぐ運河	BC280(この年)
喬維嶽、懸門を発明	984(この年)
リューベック港建設	1143(この年)
ヨーロッパ初の運河の閘門が建設	1373(この年)
土佐の手結港築港	1652(この年)
ミディ運河が建設される	1666(この年)
運河トンネル開通	1679(この年)
潜函を開発	1738(この年)
エリー運河開通	1825(この年)
メナイ海峡にかかる吊り橋完成	1825(この年)
スエズ運河会社設立	1856(この年)
スエズ運河着工	1859.4.29
レセップス、スエズ運河完成し、地中海と紅海をつなぐ	1869.11.16
浚渫船を輸入	1870(この年)
英国、スエズ運河株購入	1875.11.25
パナマ運河工事開始	1881.2.7
パナマ運河会社倒産	1889.2月
横浜港修築工事	1889(この年)
新パナマ運河会社設立	1894.10.20
キール運河開通	1895.6.21
米国、パナマ運河管理権得る	1901.11.18
米、パナマ運河永久租借	1903.11.5
米、仏よりパナマ運河資産買収	1904.4.23
佐世保軍港岸壁、油槽工事が竣工	1912.2月
運河法公布	1913.4.9
パナマ運河が開通	1914.8.15
サンフランシスコ金門湾橋完成	1937(この年)
モスクワ〜ヴォルガ運河開通	1937(この年)
青函トンネル建設準備	1947.8月
青函連絡用通信回線が開通	1948.6.25
青函トンネル、海底調査始まる	1954(この年)
大村湾центの西海橋開通	1955.10.18
エジプト、スエズ運河を国有化	1956.7.26
関門トンネル開通	1958.3.9
東洋一の吊り橋—若戸大橋開通	1962.9.26
ヴェラザノ・ナローズ・ブリッジ開通	1964.11.21
スエズ運河封鎖	1967.6月
「本州四国連絡橋公団法」公布	1970.5.20
新関門トンネル	1973.11.14
スエズ運河再開	1975.6月
「海底トンネルの男たち」放送	1976.11.23
平戸大橋開通	1977.4.4
潜水技術支援	1979.12月
本州四国連絡橋	1979(この年)
先進導杭貫通—青函トンネル	1983(この年)
青函トンネル貫通	1985.3.10
「大鳴門橋」開通	1985.6.8
瀬戸大橋	1988.4.10
英仏海峡トンネルが開通	1990.12.1
メガフロートへ期待	1995.11.13
海峡横断ガスパイプライン	1995(この年)
アクアライン開通	1997.12.18
明石海峡大橋開通	1998.4.5
瀬戸内しまなみ海道開通	1999.5.1
海底ケーブルと観測機器とのコネクタ接続作業に成功	1999.10月

【水産・漁業】

釣針を考案	BC2万5千(この頃)
海で漁獲	BC7000(この頃)
古代アッシリア人の漁	BC2600(この年)
西洋で初めての牡蠣養殖	BC110(この年)
大化の改新—漁業管領	645(この年)
流し網が使用される	1410(この年)
ニシン漁	1447(この年)
スピッツベルゲン諸島発見	1596(この年)

テグスの伝来	1603（この年）
大敷網が発達	1713（この年）
日本初の魚介図説	1741（この年）
南洋捕鯨のピーク	1842（この年）
『白鯨』刊行	1851（この年）
初の国産テグス	1853（この年）
ニシン漁で発明	1856（この年）
漁獲用小台網発明	1857（この年）
万次郎より捕鯨の伝習	1857（この年）
ニシン漁法	1860（この年）
捕鯨砲の創始	1860（この年）
洋式捕鯨を開始	1873（この年）
漁業をめぐりロシア兵が暴行	1874.7.13
樺太で漁業継続を許可	1876.3.2
シロサケふ化放流	1876（この年）
樺太でロシア人が漁業妨害	1878（この年）
大日本水産会	1882.2月
万国漁業博覧会	1883.5.12
北海道にサケマスふ化場設立	1883（この年）
樺太で日本人漁民が苦境に	1885.7.2
水産局を設置	1885（この年）
漁業組合準則	1886.5.6
鯨漁場調査	1887（この年）
東京農林学校に水産科を新設	1887（この年）
オホーツク海の漁業区域認可へ	1892（この年）
沖合操業始まる	1892（この年）
ラッコ密猟船小笠原に	1893（この年）
出稼ぎ漁民1300人	1893（この年）
初めて南極で捕鯨	1893（この年）
『欧米漁業法令彙纂』	1896（この年）
遠洋漁業奨励法	1897.4.2
ノルウェーの万国漁業博覧会	1898（この年）
沿岸観測開始	1900（この年）
漁業権の設立	1901.4.13
水産学校令制定	1901.10.18
トド島の漁権獲得	1901（この年）
南極捕鯨調査	1901（この年）
ミキモト・パールが世界へ	1903（この年）
遠洋漁業奨励法公布	1905.3.1
東北帝国大学農科大学に水産学科新設	1907（この年）
韓国と漁業協定結ぶ	1908.10.31
真円真珠を発明	1908（この年）
遠洋航路補助法	1909.3.25
汽船トロール漁業取締規則	1909.4.6
「漁業基本調査」を開始	1909（この年）
『日本魚類図説』刊行	1911（この年）
帝国水産連合会	1916.1.20
海事水産博覧会	1916.3.20
ウナギ産卵場所を突き止める	1920（この年）
カツオ漁船ディーゼル化	1920（この年）
「機船底曳網漁業取締規則」公布	1921.9.22
『漁村夜話』刊行	1921（この年）
工船式カニ漁業始まる	1921（この年）
カツオ魚群発見に飛行機を使用	1923.10.19
カツオ漁船第3川岸丸（76トン）建造	1924.4月
カニ工船大型化	1924（この年）
『蟹工船』連載開始	1929.5月
水産試験場を創設	1929（この年）
日魯、露漁漁業を独占	1932.5月
ソ連が日本漁船を抑留	1934.3.15
漁網の比較法則	1934.11月
南氷洋捕鯨が始まる	1934.12月
トロール船メキシコに出漁	1935.10月
初の国産捕鯨母船進水	1936.8月
国際捕鯨取締協定採択	1937.6月
国際捕鯨会議―日本初参加	1938.6.14
トロール船「駿河丸」進水	1938.7月
「橿原丸」を航空母艦「隼鷹」に改造	1940.10月
日本海洋学会創立	1941.1月
合成繊維のテグス市販	1942.12月
日ソ漁業協定	1944.3月
国際捕鯨取締条約締結―日本は未加入	1946.12月
社団法人漁村文化協会創立	1947.11.18
魚群探知機	1948.12月
近畿大学水産研究所白浜臨海研究所開設	1948（この年）
国際捕鯨委員会設立	1948（この年）
合成繊維漁網実用試験	1949.4月
イワシ不漁対策	1949（この年）
水産研究所発足	1949（この年）
『水産資源学総論』刊行	1949（この年）
『水産物理学』『漁の理』刊行	1949（この年）
中国、日本漁船拿捕	1950.12月
「日本漁業経済史の研究」朝日賞受賞	1950（この年）
国際捕鯨取締条約―日本加入	1951.4.21
連続イカ釣機	1951.6月
『マグロ漁場と鮪漁業』刊行	1951（この年）
3国漁業条約	1952.7.5
北洋捕鯨再開	1952.7月
漁業協同組合連合会	1952.11.5
水産生物環境懇談会	1952（この年）
『対馬暖流域水産開発調査報告書』刊行	1952（この年）
『定置網漁論』刊行	1952（この年）
漁業信用基金保証手形制度	1953.3.27
水産庁、漁業転換5か年計画を発表	1954.5.1
サケ・マス漁獲量発表	1954.8.31
「漁業白書」漁獲率など発表	1955.8.24
東京水産大学の練習船竣工	1955.8月
羽田又吉、日本学士院賞受賞	1955（この年）
ソ連、北洋漁業制限発表	1956.3.21
日ソ漁業条約等調印	1956.5.14
太平洋漁場日米加共同海洋調査実施	1956（この年）
4か国南氷洋捕鯨協定成立	1958.8.22
国際捕鯨条約脱退へ	1959.2.6
『海洋漁場学』刊行	1960（この年）
底曳網漁船のロープ処理―リールなどが開発される	1963.8月
瀬戸内海栽培漁業協会発足	1963（この年）
「漁業白書」近代化の施策が必要と	1964.2.14
昆布漁協定、2年延長	1965.5.12
漁業水域交渉妥結	1966.5.9

ソ連漁業相来日	1966.6.19
タラバガニ漁協議妥結	1966.11.29
日韓共同資源・漁業資源調査で合意	1967.4.28
漁業水域	1967.6.7
マグロ延縄漁船のリール使用	1968.7月
農林省「漁業白書」で養殖事業を促す	1969.3.11
『水産防災』刊行	1969（この年）
漁業情報サービスセンター設立	1972（この年）
タラ漁を巡って紛争	1973.3.18
『海の鼠』刊行	1973.5月
トリ貝大量死―境、三豊沖	1974（この年）
漁業協定に調印	1975.8.15
動物性タンパク質供給量中の水産物の割合	1976.5月
『海洋生態学と漁業』刊行	1976（この年）
ニュージーランド水域での操業困難？	1977.10.18
南極オキアミ漁業	1977.11月
200海里設定体制	1977（この年）
シーシェパード設立	1977（この年）
200海里時代	1978.4.18
ニュージーランドと漁業協定調印	1978.9.1
日ソ漁業交渉で合意	1979.12.14
クロマグロの人工孵化に成功	1979（この年）
イルカの囲い網を切断	1980.2.29
日ソ漁業サケ・マス交渉	1980.4.13
ブリ・ヒラマサ養殖法で特許	1980（この年）
IWC、マッコウクジラ捕獲禁止	1981.7.25
貝殻島コンブ漁再開	1981.8.25
南極海洋生物資源保存条約	1982.4月
商業捕鯨全面禁止―IWC	1982.7.23
『魚影の群れ』公開	1983.10.29
日本沿岸マッコウ捕鯨撤退	1984.11.13
宮崎沖にて漁業障害物を調査	1985.2月
日本政府IWCに意義撤回を求める	1985.4.5
捕鯨モラトリアム決定	1986（この年）
最後の南極商業捕鯨	1987.3.14
『勇魚』刊行	1987.4月
商業捕鯨禁止・調査捕鯨開始	1987.6月
漁業・養殖業生産量―戦後最大の減少	1991.5.31
日ソ漁業会談閉幕―200海里内での協力拡大へ	1991.6.12
国際捕鯨委員会―アイスランドが脱退	1992.6.29
タラ壊滅	1992（この年）
国際捕鯨委員会―京都総会	1993.5.10
商業捕鯨、不可能に	1994.5.26
養殖マグロ放流	1995（この年）
IWC総会で先住民族のためにクジラ捕獲枠要求	1996.6.25
IWC総会が捕鯨中止決議案を可決して閉幕	1996.6.28
国連海洋法条約	1997.1月
新漁業協定を締結	1997.11.11
新漁業協定が基本合意	1998.9.25
国際捕鯨委員会―日本の沿岸捕鯨拒否	1999.5月
深層水で魚の養殖	1999（この年）
調査捕鯨に制裁措置	2000.9.13
サンマ漁で韓国巻き込む外交問題	2001.7月
トラフグのゲノム解析	2001.10月
国際捕鯨委員会総会―捕鯨国・反捕鯨国溝埋まらず	2002.5.24
マグロ完全養殖	2002（この年）
鯨類保存強化決議	2003.6.16
赤潮で養殖ハマチ大量死―鳴門市	2003.7月
「中西部太平洋まぐろ類条約」発効	2004.6.19
国際捕鯨委員会―日本の提案はいずれも否決	2004.7.21
養殖マグロを出荷	2004（この年）
国際捕鯨委員会年次総会―活動正常化を求める宣言可決	2006.6.18
ミナミマグロの日本の年間漁獲割当量を発表	2006.10.16
商業捕鯨再開―アイスランド	2006.10.17
日本全国20万隻の漁船が一斉休漁	2008.7.15
ニホンウナギの親魚捕獲	2008.9月
『蟹工船』ブーム	2008（この年）
映画「ザ・コーヴ」公開	2009.7.31
ウナギの完全養殖に成功と発表	2010.4.8
ウナギの産卵場、特定	2011.2.1
マグロ絶滅危惧種に指定	2011.7.7
ニホンウナギ絶滅危惧種に指定	2014.6.12
調査捕鯨先延ばし案可決	2014.9.18
マグロの漁獲枠拡大へ	2014.10.8

【海難事故・事件】

黒死病の大流行	1347（この年）
英国艦隊、シリー島沖で嵐のため遭難	1707（この年）
ボストン茶会事件勃発	1773.12.16
メデューズ号遭難事件	1816.7.2
ケント号の火災事故	1825（この年）
太平洋を蒸気推進で最初に横断した船沈没	1853.5.15
松陰、密航を企てる	1854.3.27
プロイセン商船が難破	1868.6.28
英国軍艦が座礁	1868（この年）
旧幕府軍残兵が商船を強奪	1869.6.13
アメリカ軍艦が浦賀で沈没	1870.1.30
マリア・ルース号事件	1872.6.4
アメリカ船で火災	1872.8.24
メアリー・セレスト号の謎	1872.12.4
ニール号が沈没	1874.3.20
「大阪丸」「名古屋丸」衝突事件	1875.12.15
海事故に関する臨時裁判所の設置	1876.2.8
ノルマントン号事件	1886.10.24
大日本帝国水難救済会（現・日本水難救済会）発会	1889.11.3
エルトゥール号事件	1890.5月
「三吉丸」「瓊江丸」の衝突事件	1891.7.11
汽船「出雲丸」沈没事件	1892.4.5
軍艦千島衝突沈没	1892.11.30
軍艦千島沈没事故示談成立	1895.9.19
汽船酒田丸火災事件	1896.1.1
「豊瑞丸」「河野浦丸」の衝突事件	1896.6.13
「尾張丸」「三光丸」衝突事件	1897.2.4

シベリアで日本人漁夫殺される	1897.10.6
ハバナ湾で戦艦爆発	1898.2.15
「月島丸」沈没事件	1900.11.17
東海丸沈没	1903.10.29
汽船「金城丸」衝突事件発生	1905.8.22
軍艦三笠沈没	1906.9.11
高知で漁船遭難	1907.8.6
「秀吉丸」「陸奥丸」衝突事件	1908.3.23
逗子開成中学生水難	1910.1.23
常総沖で漁船遭難	1910.3.12
商船沈没	1910.7.22
猟奇殺人犯洋上で逮捕	1910.7.31
「三浦丸」乗揚事件	1910.10.11
タイタニック号沈没	1912.4.14
「うめが香丸」沈没事件	1912.9.22
シーメンス事件議会で追及	1914.1.23
海軍大佐拘禁	1914.2.9
ナイル号沈没	1915.1.11
「大仁丸」沈没事件	1916.2.2
サセックス号、ドイツの水雷で撃沈	1916.3.24
若津丸沈没	1916.4.1
軍艦沈没	1917.1.14
ハリファックス大爆発	1917.12.6
潜水艦「第70」沈没	1923.8.21
「来福丸」沈没	1925.4.21
「霧島丸」遭難	1927.3.9
駆逐艦・巡洋艦衝突	1927.8.24
太平洋航路客船沈没	1927 (この年)
「第一わかと丸」転覆事件	1930.4.2
神戸港付近で汽船同士が衝突	1931.2.9
「陽南丸」遭難事件	1931.10.17
「八重山丸」「関西丸」衝突事件	1931.12.24
「屋島丸」遭難事件	1933.10.20
水雷艇友鶴転覆	1934.3.12
「みどり丸」「千山丸」衝突事件	1935.7.3
津軽海峡で軍艦の船首が切損	1935.9.26
下関の沖合で船舶同士が衝突	1939.5.21
定期船沈没	1941 (この年)
「竜田丸」沈没	1943.2.8
「第六垂水丸」転覆事件	1944.2.6
室戸丸沈没	1945.10.17
今治・門司連絡船青葉丸沈没	1949.6.21
「美島丸」沈没事件	1949.11.12
昭和石油川崎製油所原油流出火災	1950.2.16
ヨーロッパで海難事故多発	1951.12.29
「第五海洋」遭難	1952 (この年)
韓国で定期船沈没	1953.1.9
水産指導船白鳥丸・米国船チャイナベア号衝突	1953.2.15
漁船多数座礁・沈没	1954.5.10
青函連絡貨物船北見丸・日高丸・十勝丸・第11青函丸沈没	1954.9.26
青函連絡船洞爺丸事故	1954.9.26
大西洋上での海難事故	1954.9.27
相模湖で遊覧船沈没	1954.10.8
紫雲丸事件	1955.5.11
最新豪華客船アンドレア・ドリア号が貨物線と衝突	1956.7.25
旅客船「第五北川丸」沈没事件	1957.4.12
旅客船「南海丸」遭難事件	1958.1.26
「カロニア号」防波堤衝突事件	1958.3.31
観測測量船拓洋・さつま被曝	1958.7.21
大分の定期連絡船転覆	1960.10.29
ペルシャ湾で貨客船火災	1961.4.8
ソ連原子力潜水艦 (K-19) 事故	1961.7.9
第7文丸・アトランティック・サンライズ号衝突	1961 (この年)
「第一宗像丸」「タラルド・ブロビーグ」衝突事件	1962.11.18
「りっちもんど丸」「ときわ丸」衝突事件	1963.2.26
アメリカの原潜「スレッシャー」沈没	1963.4.10
離島連絡船転覆、取材中の船が救助	1963.8.17
学習院大生の取材妨害	1964.3.22
干拓地堤防沈下	1964.6.13
インドで漁船遭難	1964.9.29
「芦屋丸」「やそしま」衝突事件	1965.8.1
油送船「海蔵丸」火災事件	1965.8.5
マリアナ海域漁船集団遭難事件	1965.10.7
試錐やぐら損傷事件	1966.10.28
韓国で軍艦とフェリー衝突	1967.1.14
ペルシャ湾で連絡船沈没	1967.2.14
アメリカの原潜「スコーピオン」が遭難	1968.5.27
海難審判協会を設立	1968.7.1
プエブロ号乗員解放	1968.12.23
鉱石運搬船沈没	1969.1.5
原子力空母爆発事故	1969.1.14
「波島丸」が遭難する事件	1970.1.17
乗っ取りで報道自粛要請	1970.5.12
「ていむず丸」爆発事件	1970.11.28
韓国で連絡船沈没	1970.12.15
ボリバル丸、かりふおるにあ沈没	1970 (この年)
アメリカの大型タンカー沈没	1971.3.27
リベリア船籍のタンカーが新潟沖で座礁	1971.11月
「3協照丸」機関部爆発事件	1972.2.21
浚渫船が機雷に接触し爆発―新潟	1972.5.26
第11平栄丸・北扇丸衝突	1972 (この年)
衛星による救難活動	1973.2月
フェリーと貨物船が衝突―豊後水道	1973.3.31
瀬戸内海でフェリー炎上	1973.5.19
「マノロ・エバレット」火災事件	1973.9.19
タンカー事故で重油流出―香川県沖合	1973.10.31
海上安全対策強化	1973 (この年)
タンカー衝突事故で原油流出―愛媛県沖	1974.4.26
LPGタンカーとリベリア船衝突―東京湾	1974.11.9
「第11昌栄丸」「オーシャンソブリン号」衝突	1974 (この年)
「祥和丸」による乗揚事件	1975.1.6
ブルターニュ沖でタンカー座礁	1976.1.24
マラッカ海峡でタンカー座礁	1976.4.5
「ふたば」「グレートビクトリー」衝突事件	1976.7.2
タンカー座礁―マサチューセッツ州コッド岬沖	1976.12.21

海難事故・事件

ブルターニュ沖でタンカー座礁—世界タンカー史上最悪の原油流出	1978.3.16
ベンガル湾のサイクロンで船沈没	1978.4.4
東北石油仙台製油所流出油事故	1978.6.12
さいとばるとチャンウオン号衝突—来島海峡	1978.9.6
スペイン沖でタンカー火災・原油流出	1978.12.31
テロリストが自家用ヨットを爆破	1979 (この年)
ソ連偵察機が佐渡沖で墜落	1980.6.27
ソ連原潜が沖縄で火災	1980.8.21
「尾道丸」遭難事件	1980.12.30
「第二十八あけぼの丸」転覆事件	1982.1.6
へっぐ号事件	1982.1.15
STCW条約を批准	1982 (この年)
戸塚ヨットスクール事件	1983.6.13
閉息潜水最高記録を達成	1983 (この年)
「第十一協和丸」「第十五安洋丸」衝突事件	1984.2.15
紅海でタンカーなどが触雷	1984.8.2
核物質積載のフランス船沈没	1984.8.25
ポーランド客船から旅客逃亡	1984.11.24
漁船「第五十二惣寶丸」遭難事件	1985.2.26
「開洋丸」転覆事件	1985.3.31
「第七十一日東丸」沈没事件	1985.4.23
スペイン沖でタンカー爆発・沈没	1985.5.26
レインボー・ウォーリア号事件	1985.7.10
イタリア客船乗っ取り事件	1985.10.7
相模湾にて日航ジャンボ機尾翼調査	1985.11月
第1豊漁丸・リベリア船タンカー衝突	1985 (この年)
海洋調査船へりおす沈没	1986.6.17
ソ連の客船黒海で同国船同士が衝突し沈没	1986.8.31
ソ連の原潜「K-219」火災	1986.10.3
ハイチ沖で貨物船沈没	1986.11.11
沈船「タイタニック」の撮影	1986 (この年)
フィリピンでタンカーとフェリー衝突沈没—海難史上最大の犠牲者数	1987.12.20
ソ連客船火災	1988.5.18
第一富士丸・潜水艦なだしお衝突	1988 (この年)
高速艇激突で死亡事故—淡路島	1989.2.2
貨物船「ジャグドゥート」爆発事件	1989.2.16
ソ連の原潜火災	1989.4.7
アメリカの戦艦爆発	1989.4.19
「第二海王丸」転覆事件	1989.4.24
モロッコ沖でタンカー爆発・原油流出	1989.12.19
マリタイム・ガーデニア号座礁—油流出	1990.1.26
モーターボート「東(あずま)」の転覆	1990.4.22
フェリー同士が衝突	1990.5.4
「第八優元丸」「ノーバルチェリー」衝突事件	1990.6.7
ペルシャ湾で原油流出	1991.1.25
「第七十七善栄丸」・水中翼船「こんどる三号」衝突事件	1991.2.20
「天洋丸」「トウハイ」衝突事件	1991.7.22
エジプトで客船沈没	1991.12.15
「たか号」が連絡を絶つ	1991.12.26
「マリンマリン」転覆事件	1991.12.30
瀬渡船「福神丸」転覆事件	1992.1.12
高知県室戸沖にて「滋賀丸」を探索	1992.3月
小笠原海域にて火災漁船から乗組員を救助	1992.7月
マラッカ海峡で「ナガサキ・スピリット号」衝突—原油流出	1992.9.20
エージアン・シー号座礁—油流出	1992.12.3
「英晴丸」の爆発事件	1993.1.13
アスファルトが釧路港に流出	1993.1.15
ハイチでフェリー転覆	1993.2.17
漁船「第七蛭子丸」転覆事件	1993.2.21
「菱南丸」「ゾンシャンメン」衝突事件	1993.2.23
福島でタンカーと貨物船が衝突—重油流出	1993.5.31
大気圧潜水服	1993 (この年)
ボスポラス海峡で船舶衝突	1994.3.13
アラビア半島フジャイラ沖でタンカー同士が衝突	1994.3.31
ケニアでフェリー転覆	1994.4.29
バルト海でフェリー沈没	1994.9.28
和歌山県海南港でタンカー同士が衝突—原油流出	1994.10.17
係留中のタンカーより重油流出—千葉県袖ヶ浦	1994.11.26
漁船「第二十五五郎竹丸」転覆事件	1994.12.26
国際海上人命安全条約	1994 (この年)
海上自衛隊ヘリコプター墜落事故機体及び乗員の発見	1995.6月
韓国麗水港沖でタンカー座礁—油流出	1995.7.23
座礁大型タンカーより原油流出—英国・ウェールズ	1996.2.15
韓国に北朝鮮潜水艦侵入	1996.9.18
中国船、奥尻島群来岬沖で座礁—油流出	1996.11.28
ナホトカ号事故	1997.1.2
環境庁長官視察—ナホトカ号流出事故	1997.1.15
流出重油富山湾に—ナホトカ号流出事故	1997.1.17
関係閣僚会議解散—ナホトカ号流出事故	1997.1.20
ナホトカ号事件で作業ボランティア急死—重油回収作業中に	1997.1.21
ナホトカ号流出油回収作業	1997.2.1
ナホトカ号流出事故に環境評価	1997.2.7
戸塚ヨットスクール事件で実刑判決	1997.3.12
対馬沖西方で韓国タンカーが沈没—油流出	1997.4.3
東京湾でタンカー座礁—油流出	1997.7.2
功労者に感謝状—ナホトカ号流出事故で	1997.9.5
ハイチでフェリー沈没	1997.9.8
「ナホトカ」の重油流出事故補償	1997.10.13
シンガポール海峡でタンカー同士が衝突—東南アジアで過去最大級の燃料流出	1997.10.15
学童疎開船「対馬丸」らしき船体を確認	1997.12月
アラブ首長国連邦(UAE)における油流出事故	1998.1.6
ギニア湾でフェリー転覆	1998.4.1
ケミカルタンカーの燃料流出—犬吠崎沖で衝突	1998.8.15
フィリピンでフェリー沈没	1998.9.19

沈船「タイタニック」の一部海上へ	1998（この年）	「津軽丸」「イースタンチャレンジャー」衝突事件	2006.4.13
沈没の空母艦隊の残がい	1998（この年）	送電線損傷事件	2006.8.21
ナポレオン艦隊の残がい	1999.2月	貨物船「ジャイアントステップ」乗揚事件	2006.10.6
ロシアの原潜「クルスク」沈没	1999.8.14	漁船「第七千代丸」乗揚事件	2006.10.6
インドネシアで客船沈没	1999.10.18	遊漁船「第3別好丸」転覆事件	2006.10.8
徳山湾でタンカー衝突—油流出	1999.11.23	「あさしお」「スプリングオースター」衝突事件	2006.11.21
「H-IIロケット8号機」第1次調査	1999.11月	ジャワ海でフェリー遭難	2006.12.29
漁船第一安洋丸沈没事件	1999.12.10	「たかちほ」「幸吉丸」衝突事件	2007.2.9
フランス沖でエリカ号沈没	1999.12.12	「ゼニスライト」沈没	2007.2.14
「H-IIロケット8号機」第2次調査	1999.12月	「セブンアイランド愛」旅客負傷事件	2007.5.19
「H-IIロケット8号機」第3次調査	1999.12月	砂利運搬船送電線損傷	2007.7.19
ハイジャック事件	1999（この年）	イージス艦「あたご」衝突事故	2008.2.19
油濁事故	1999（この年）	海賊	2008（この年）
インドネシアの難民船沈没	2000.6.29	海自潜水艦と漁船が接触	2009.1.10
漁船第五龍寳丸転覆事件	2000.9.11	リビア沖で不法移民の密航船沈没	2009.3.29
サン・テグジュぺリの墜落機？ 発見	2000（この年）	護衛艦とコンテナ船が衝突	2009.10.27
ケミカルタンカー「ニュー葛城」乗組員死傷事件	2001.1.24	海自艇に漁船が衝突	2009.10.29
えひめ丸沈没事故	2001.2.9	フェリーが座礁—原油流出	2009.11.13
原潜・実習船衝突事故、謝罪のため元艦長来日	2001.2月	貨物船とタンカーが衝突	2010.6.16
ジャワ島沖で難民船沈没	2001.10.19	尖閣諸島付近で中国漁船が海上保安庁巡視船に衝突	2010.9.7
「かいりん」ハワイホノルル沖「えひめ丸」沈没海域で遺留物回収	2001.10月	コンテナ船、居眠り操舵で事故	2011.8.19
不審船引き揚げ	2001.12.22	海自ヘリ、護衛艦に接触し墜落	2012.4.15
「コーブベンチャー」乗揚事件	2002.7.22	修学旅行の客船が座礁	2012.11.14
「第二広洋丸」「サントラスト号」衝突事件	2002.8.8	海難審判・船舶事故調査協会に改称	2013.4.1
プレジャーボート「はやぶさ」転覆事件	2002.9.14	貨物船が衝突し転覆	2013.9.27
セネガル沖でフェリー沈没	2002.9.26	海保巡視艇が屋形船に追突	2013.10.12
自動車運搬船「フアルヨーロッパ」乗揚事件	2002.10.1	ヨットレースで衝突—東京湾	2013.10.27
フランスのタンカーにテロ	2002.10.6	海上自衛隊「おおすみ」釣り船と衝突	2014.1.15
「チルソン」乗揚事件	2002.12.4	韓国フェリー転覆事故	2014.4.16
SOLAS条約改正	2002（この年）		
TAJIMA号事件	2002（この年）	**【その他】**	
油濁事故	2002（この年）	キリスト教伝来	1549（この年）
「すいせん」遭難事件	2003.1.5	日本に初のオラウータン	1792（この年）
イタリア船乗っ取り事件の首謀者を拘束	2003.4.14	『海底二万里』刊行	1870（この年）
天竜川高速客船乗揚事件	2003.5.23	ドーバー海峡遠泳	1875.8.25
無人探査機「かいこう7000II」、四国沖で調査中、2次ケーブルの破断事故によりビークルを失う	2003.5月	『宝島』刊行	1883（この年）
		海岸保護林	1898（この年）
		塩素量滴定法確立	1899（この年）
漁船「第十八光洋丸」と貨物船「フンアジュピター」が衝突	2003.7.2	交響詩『海』初演	1905.10.15
ヨット「ファルコン」沈没事件	2003.9.15	ドーバー海峡を飛行機で横断	1909.7.26
「トリアルディアント」乗揚事件	2004.9.7	「海の交響曲」初演	1910.10.12
「海王丸」乗揚事件	2004.10.20	採水器発明	1925（この年）
「マリンオーサカ」防波堤衝突事件	2004.11.3	映画『戦艦ポチョムキン』公開	1926.1.18
「第二可能丸」転覆事件	2004.12.4	『海に生くる人々』刊行	1926.11月
「なるしお」防波堤衝突事件	2005.5.1	モーターシップ雑誌社創業	1928.12月
「カムイワッカ」乗揚事件	2005.6.23	シャンソン「ラ・メール」作曲	1943（この年）
「旭洋丸」「日光丸」衝突事件	2005.7.15	STD開発	1948（この年）
「開神丸」「ウェイハン9」衝突事件	2005.7.22	『老人と海』刊行	1952（この年）
「第三新生丸」「ジムアジア」衝突事件	2005.9.28	『潮騒』刊行	1954.6.10
「アルサラーム・ボッカチオ98」沈没	2006.2.2	西海国立公園	1955.3.16
紅海でフェリー沈没	2006.2.2	陸中海岸国立公園	1955.5.2
「トッピー4」旅客負傷事件	2006.4.9	『女王陛下のユリシーズ号』刊行	1955（この年）
		『オープンシー』を刊行	1956（この年）

科学技術庁発足	1956(この年)	
『海底牧場』刊行	1957(この年)	
『ガルフストリーム』刊行	1959(この年)	
サーフィンブーム	1960(この年)	
山陰海岸国立公園	1963.7.15	
『サブマリン707』連載開始	1963(この年)	
「わんぱくフリッパー」放映	1964(この年)	
日本海事科学振興財団設立	1967.4.1	
絵本図鑑『海』刊行	1969.7.25	
『海のトリトン』連載開始	1969.9.1	
『ポセイドン・アドベンチャー』刊行	1969(この年)	
日本舟艇工業会設立	1970(この年)	
「海のトリトン」放送開始	1972.4.1	
足摺宇和海国立公園	1972(この年)	
「船の科学館」一般公開	1974.7月	
映画『ジョーズ』公開	1975.6.20	
謎のバミューダ海域	1975(この年)	
映画『オルカ』公開	1977.7.15	
『海の都の物語』刊行	1980.10月	
瀬戸内海国立公園50周年記念式典開催	1984.6.3	
『海狼伝』刊行	1987.2月	
映画『グラン・ブルー』公開	1988(この年)	
中村征夫が第13回木村伊兵衛写真賞を受賞	1988(この年)	
「海の日」制定	1995(この年)	
海難救助で第三管区海上保安部長から表彰	1997.7月	
シップ・オブ・ザ・イヤー '95準賞を受賞	1998.5月	
「なつしま」AMVERに関する表彰を受ける	1999(この年)	
『海猿』連載開始	1999(この年)	
「よこすか」をインドネシア大統領メガワティ氏訪船	2002.10月	
「みらい」がAMVERに関する表彰を受ける	2002(この年)	
「うらしま」、「今のロボット」大賞2006優秀賞受賞	2006.12月	
東京消防庁臨港消防署から感謝状を受ける	2007.10月	

国名索引

国名索引　目次

アジア ……………… 351	UAE ………………… 375	スーダン …………… 383
インド ……………… 351	リビア ……………… 375	セネガル …………… 383
インドネシア ……… 351	アイスランド ……… 375	ソマリア …………… 383
韓国 ………………… 351	アイルランド ……… 375	東アフリカ ………… 383
魏 …………………… 351	イギリス …………… 375	南アフリカ ………… 383
北朝鮮 ……………… 351	イタリア …………… 377	アメリカ大陸 ……… 383
百済 ………………… 351	イングランド ……… 378	南米 ………………… 383
元 …………………… 351	ウエールズ ………… 378	南米大陸 …………… 383
新羅 ………………… 351	ウクライナ ………… 378	アメリカ …………… 383
清 …………………… 351	エストニア ………… 378	カナダ ……………… 386
シンガポール ……… 351	オーストリア ……… 378	アルゼンチン ……… 386
随 …………………… 352	オスマン帝国 ……… 378	キューバ …………… 386
スリランカ ………… 352	オランダ …………… 378	ジャマイカ ………… 386
タイ ………………… 352	カルタゴ …………… 378	チリ ………………… 386
台湾 ………………… 352	ギリシャ …………… 378	ドミニカ …………… 386
中国 ………………… 352	グリーンランド …… 379	トリニダッド ……… 386
朝鮮 ………………… 352	スイス ……………… 379	ニカラグア ………… 386
唐 …………………… 352	スウェーデン ……… 379	ハイチ ……………… 387
東南アジア ………… 352	スカンジナビア …… 379	パナマ ……………… 387
日本 ………………… 352	スコットランド …… 379	ブラジル …………… 387
パキスタン ………… 373	スペイン …………… 379	ベネズエラ ………… 387
バングラディッシュ … 374	セルビア …………… 379	ペルー ……………… 387
ビルマ ……………… 374	地中海 ……………… 379	ホンジュラス ……… 387
フィリピン ………… 374	デンマーク ………… 379	メキシコ …………… 387
ベトナム …………… 374	ドイツ ……………… 379	オーストラリア …… 387
香港 ………………… 374	トルコ ……………… 380	キリバス …………… 387
マカオ ……………… 374	ノルウェー ………… 380	サモア ……………… 387
マレーシア ………… 374	フェニキア ………… 380	タヒチ ……………… 387
南アジア …………… 374	フランス …………… 380	トンガ ……………… 387
明 …………………… 374	プロイセン ………… 381	ナウル ……………… 387
モルディブ ………… 374	ヴェネツィア ……… 381	ニュージーランド … 387
倭国 ………………… 374	ベルギー …………… 381	フィジー …………… 387
アラビア …………… 374	ポーランド ………… 381	マーシャル諸島 …… 388
アラブ ……………… 374	ポルトガル ………… 382	南太平洋諸島 ……… 388
イスラエル ………… 374	モナコ ……………… 382	南極 ………………… 388
イラク ……………… 374	ヨーロッパ ………… 382	南極大陸 …………… 388
イラン ……………… 374	ラトビア …………… 382	北極 ………………… 388
エジプト …………… 374	ルーマニア ………… 382	北極海 ……………… 388
カタール …………… 374	ロシア ……………… 382	北大西洋 …………… 388
クウェート ………… 375	ロシア（ソ連） …… 382	北太平洋 …………… 388
中東 ………………… 375	ローマ ……………… 383	西太平洋 …………… 388
ペルシャ …………… 375	アフリカ …………… 383	南太平洋 …………… 388
メソポタニア ……… 375	エチオピア ………… 383	
モロッコ …………… 375	ケニア ……………… 383	

【アジア】

アジア東北端を初めて見たロシア人	1648（この年）

【インド】

中国からインドへの航海	BC101（この頃）
エリュトゥラー海案内記	BC70（この年）
3つの海を越えての航海	1466（この年）
ヴァスコ・ダ・ガマ、インドへ到達	1498.5.20
ポルトガルのインド経営始まる	1505（この年）
ディウの戦い	1509（この年）
ポルトガル、ゴア占領	1510.10月
世界的な電線網が完成	1872（この年）
インド高潮被害	1876（この年）
ボンベイの水兵が反乱	1946.2.19
インドで漁船遭難	1964.9.29
印パ航路開設	1979（この年）
インドの海洋研究所と協力覚書	2000.5.31
スマトラ沖地震―津波被害では過去最大級	2004.12.26

【インドネシア】

クワカトア津波	1883（この年）
インドネシア船舶貸与を申入れ	1957.12.9
オランダ空母の横浜寄港を許可	1960.8.8
インドネシアで地震	1968.8.15
インドネシアで地震・津波	1969.2.23
マラッカ・シンガポール海峡4カ国共同測量	1970（この年）
大型タンカーの航行規制に合意	1976（この年）
通航分離方式策定	1977（この年）
インドネシアからのLNG輸送	1983（この年）
インドネシアで地震	1992.12.12
インドネシアで地震	1996.1.17
シーラカンス、第2の生息域	1998.9.24
インドネシアで客船沈没	1999.10.18
インドネシアで地震・津波	2000.5.4
インドネシアの難民船沈没	2000.6.29
スマトラ沖地震―津波被害では過去最大級	2004.12.26
ジャワ島南西沖地震	2006.7.17
インドネシア地震で津波到達	2009.1.4

【韓国】

韓国と漁業協定結ぶ	1908.10.31
韓国、海洋主権宣言を発表	1952.1.18
韓国で定期船沈没	1953.1.9
韓国抑留中の漁民の帰国決定	1958.2.1
韓国で軍艦とフェリー衝突	1967.1.14
日韓共同資源・漁業資源調査で合意	1967.4.28
韓国で連絡船沈没	1970.12.15
北朝鮮船漂着―11人が韓国へ	1987.1.20
日韓船主協会会談	1988（この年）
韓国麗水港沖でタンカー座礁―油流出	1995.7.23
韓国に北朝鮮潜水艦侵入	1996.9.18
対馬沖西方で韓国タンカーが沈没―油流出	1997.4.3
韓国、竹島に埠頭建設	1997.11.6
新漁業協定が基本合意	1998.9.25
サンマ漁で韓国巻き込む外交問題	2001.7月
「GOLDEN GATE BRIDGE」が現代重工業で竣工	2001（この年）
韓国・北朝鮮―国境付近で銃撃戦	2002.6.29
護衛艦とコンテナ船が衝突	2009.10.27
韓国大統領竹島に上陸	2012.8.10
政府、離島を国有化	2014.1.7
「日本海」「東海」併記法案可決	2014.2月
韓国フェリー転覆事故	2014.4.16

【魏】

邪馬台国、魏に使者を送る	239（この年）

【北朝鮮】

北朝鮮帰還船出港	1959.12.14
プエブロ号事件	1968.1.22
プエブロ号乗員解放	1968.12.23
北朝鮮船漂着―11人が韓国へ	1987.1.20
韓国に北朝鮮潜水艦侵入	1996.9.18
ミサイルが日本近海に着水	1998.8.31
サンマ漁で韓国巻き込む外交問題	2001.7月
不審船引き揚げ	2001.12.22
韓国・北朝鮮―国境付近で銃撃戦	2002.6.29
船舶事故で重油流出―日立市	2002.12.5
北朝鮮弾道ミサイル潜水艦建造か	2014.8.26

【百済】

白村江の戦い	663（この年）

【元】

元寇	1281.8月

【新羅】

三韓征伐	200（この年）
白村江の戦い	663（この年）

【清】

天津条約調印	1858（この年）
サンフランシスコ～横浜～清国航路を開設	1869（この年）
マリア・ルース号事件	1872.6.4
明治天皇、清宣統帝に外輪蒸気船を贈る	1909（この年）

【シンガポール】

マラッカ・シンガポール海峡4カ国共同測量	1970（この年）
「祥和丸」による乗揚事件	1975.1.6
大型タンカーの航行規制に合意	1976（この年）
通航分離方式策定	1977（この年）
シンガポール海峡でタンカー同士が衝突―東南アジアで過去最大級の燃料流出	1997.10.15
重油流出回収終了	1997.11.6

【随】
遣隋使　607（この年）

【スリランカ】
スマトラ沖地震―津波被害では過去最大級　2004.12.26

【タイ】
タイ船が長崎入港　1884（この年）
タイが通商航海条約破棄　1936.11.5
バンコク定期航路　1951（この年）
ホバークラフト国産第一号艇をタイへ輸出　1966（この年）
シンガポール海峡でタンカー同士が衝突―東南アジアで過去最大級の燃料流出　1997.10.15
タイなどで水俣病普及啓発　1999.3.4
スマトラ沖地震―津波被害では過去最大級　2004.12.26

【台湾】
丸太筏　BC10万（この頃）
台湾総統を置く　1898.5.10
海運市場で活躍　1968（この年）
尖閣諸島領有権論争再発　1990.10月
第1回日台船主協会会談　1991（この年）

【中国】
中国の大運河　BC485（この年）
伝説の地「蓬来」を求めて　BC218（この年）
中国からインドへの航海　BC101（この頃）
欧州中国の海路　100（この年）
邪馬台国、魏に使者を送る　239（この年）
遣隋使　607（この年）
遣唐使　630（この年）
遣唐使廃止　894（この年）
喬維嶽、懸門を発明　984（この年）
指南魚を用いた羅針儀の使用　1084（この年）
沈括、『夢渓筆談』を著す　1086（この年）
羅針儀が使用される　1117（この年）
マルコ・ポーロ帰国　1295（この年）
勘合貿易　1404（この年）
足利将軍、遣明船見物　1405.8.3
鄭和の航海　1431（この年）
広東遠征　1519（この年）
中国におけるキリスト教布教　1582（この年）
テグスの伝来　1603（この年）
清国、香港割譲・五港開港　1842（この年）
「アロー号」事件　1856.10.23
天津条約調印　1858（この年）
鎖国後初の官営貿易　1862.4.29
サンフランシスコ～横浜～清国航路を開設　1869（この年）
日本最初の海底ケーブル　1871.4.1
紅茶輸送の快速帆船競争　1872（この年）
清国軍艦が長崎来航　1875.11.18
清国、海軍創設のために留学　1877.4.4
清国、海軍　1880（この年）
中国向けなど国際航路開設　1886（この年）
北洋海軍を正式に編成　1888.12.17
豊島沖海戦　1894.7.25
仏、広州湾を租借　1899.11.16
明治天皇、清宣統帝に外輪蒸気船を贈る　1909（この年）
『ニワトリ号一番のり』刊行　1933（この年）
海軍が中国大陸沿岸封鎖　1937.9.5
中国、日本漁船拿捕　1950.12月
中国遠洋運輸集団総公司創設　1961（この年）
中国向け船舶輸出のための輸銀使用認めず　1968.4.9
中国に大型貨物船輸出　1972.9.4
漁業協定に調印　1975.8.15
尖閣諸島、中国漁船侵犯　1978.4.12
中国5番目のSLBM保有国に　1982.10.16
尖閣諸島領有権論争再発　1990.10月
中国船、奥尻島群来岬沖で座礁―油流出　1996.11.28
議員が初めて尖閣諸島に上陸　1997.5.6
新漁業協定を締結　1997.11.11
深海ロボット開発　1997（この年）
中国企業と大西洋航路開設　1997（この年）
尖閣諸島に不法上陸　2004.3.24
尖閣諸島付近で中国漁船が海上保安庁巡視船に衝突　2010.9.7
政府、離島を国有化　2014.1.7

【朝鮮】
三韓征伐　200（この年）
白村江の戦い　663（この年）
最初の装甲船　1591（この年）
江華島事件　1875.9.20
開港のため朝鮮の港を調査　1877（この年）
横浜～朝鮮航路を開設　1880.7月

【唐】
遣唐使　630（この年）
白村江の戦い　663（この年）
遣唐使廃止　894（この年）

【東南アジア】
筏で渡海　BC5万（この頃）
筏による移民　BC4000（この頃）

【日本】
伝説の地「蓬来」を求めて　BC218（この年）
船の建造に力を注ぐ　BC81（この年）
三韓征伐　200（この年）
邪馬台国、魏に使者を送る　239（この年）
遣隋使　607（この年）
遣唐使　630（この年）
大化の改新―漁業管領　645（この年）
白村江の戦い　663（この年）
古事記に魚の名前　712（この年）
赤潮発生　732.6.13
仁和地震　887（この年）

遣唐使廃止	894（この年）
永長地震	1096.12.17
康和地震	1099.2.22
屋島の戦い	1185.2.19
壇ノ浦の戦い	1185（この年）
元寇	1281.8月
勘合貿易	1404（この年）
足利将軍、遣明船見物	1405.8.3
南蛮船、若狭に漂着	1408（この年）
ニシン漁	1447（この年）
『船行要術』	1450（この年）
明応東海地震	1498.9.20
種子島伝来	1543（この年）
キリスト教伝来	1549（この年）
大村氏、ポルトガル人に港を開く	1562（この年）
信長、大型船を建造させる	1573.5.22
朱印船始める	1592（この年）
小笠原島の発見	1593（この年）
初の実に近い日本図	1595（この年）
オランダ船豊後に漂着	1600（この年）
テグスの伝来	1603（この年）
漂着英人帆船建造	1604（この年）
慶長地震	1605.2.3
慶長三陸地震	1611.12.2
支倉常長、ローマに渡海	1613（この年）
『元和航海記』刊行	1618（この年）
鎖国の始まり	1633（この年）
鎖国措置	1639（この年）
長崎出島	1641（この年）
土佐の手結港築港	1652（この年）
糸割符制を廃止	1655（この年）
正確な瀬戸内海海図	1672（この年）
延宝房総沖地震	1677.11.4
『元禄日本総図』成る	1702（この年）
元禄地震	1703.12.31
大敷網が発達	1713（この年）
『和漢三才図会』成立	1713（この年）
日本初の魚介図説	1741（この年）
梶取屋治右衛門、『鯨志』刊	1760（この年）
ロシア船、国後島に現れる	1778（この年）
千島・樺太探検	1786（この年）
西洋地誌概説書刊行	1788（この年）
温泉嶽噴火（長崎県島原）	1792.5.21
日本に初のオラウータン	1792（この年）
「北槎聞略」作る	1794（この年）
世界地図の刊行	1796（この年）
『和蘭天説』刊行	1796（この年）
樺太調査および地図	1801（この年）
薩摩藩『円球万国地海全図』を刊行	1802（この年）
ロシア、長崎に来て通商求める	1804（この年）
『日本東半部沿海地図』完成	1804（この年）
エトロフ探検	1808（この年）
「フェートン号」事件	1808（この年）
間宮林蔵ら、樺太を探検	1808（この年）
ゴローニン事件	1811（この年）
山形酒田に常夜灯—航行安全のために	1813（この年）
『大日本沿海輿地全図』幕府に献納	1814（この年）
幕命により世界地図を作成	1816（この年）
英国人浦賀に来航通商求める	1818（この年）
伊能の測量を伝える	1824（この年）
異国船打払令	1825（この年）
「モリソン号」事件が起きる	1837（この年）
日本海流記載される	1837（この年）
奥村増陟、『経緯儀用法図説』刊	1838（この年）
江戸湾防備	1839（この年）
異国船打払令を緩和	1842（この年）
南洋捕鯨のピーク	1842（この年）
浦賀に新砲台	1845.1月
米使節、浦賀に来航	1846（この年）
幕府、品川に砲台を築く	1848（この年）
外国船浦賀、下田、長崎に入港	1849.4.8
箕作阮甫、『水蒸船説略』翻訳	1849（この年）
米艦渡来を予報	1852.11.30
露艦漂着民を護送	1852（この年）
ペリー父島に	1853.5.8
ペリー来航	1853.6.3
プチャーチン来航	1853.7.18
アメリカ大統領と謁見	1853.8.10
樺太にロシア艦	1853.8.30
幕府、大船建造の禁を解く	1853.9.15
軍艦などを輸入	1853.9月
海防の大号令を発す	1853.11.1
江戸幕府、浦賀に造船所を建設	1853.11月
プチャーチン再来	1853.12.5
初の国産テグス	1853（この年）
東京湾測量	1853（この年）
品川台場築造	1853（この年）
ペリー、神奈川沖に再び来航	1854.1.16
日米和親条約締結	1854.3.3
松陰、密航を企てる	1854.3.27
ペリー箱館へ	1854.4.21
初の西洋型帆船	1854.5.10
「スンビン号」来航	1854.7.6
台場砲台竣工	1854.7.21
英艦、長崎に入港	1854.9.7
石川島を造船所に	1854.12.5
日露和親条約調印	1854.12.21
幕府沈没船代艦の建造を許可	1855.1.24
日本で最初の洋式木造帆船	1855.1.30
プチャーチン離日	1855.3.22
鳳凰丸進水	1855.5.10
蘭、外輪蒸気船を幕府に献納	1855.8.25
安政の大地震	1855.10.2
海軍伝習所	1855.10.24
『海上砲術全書』刊行	1855（この年）
薩摩藩で、日本最初の小型木造外輪蒸気船を建造	1855（この年）
万国全図を40年振りに改訂	1855（この年）
ハリス下田に来航	1856.8.21
ニシン漁で発明	1856（この年）

観光丸を江戸まで回航	1857.3.29
日米約定締結	1857.6.16
第2次海軍伝習教官隊来日	1857.9.21
ハリス、江戸城で謁見	1857.12.7
外国船に石炭支給	1857（この年）
漁獲用小台網発明	1857（この年）
万次郎より捕鯨の伝習	1857（この年）
オランダ建造船入港	1858.5.3
日米修好通商条約調印	1858.6.19
英、幕府に船を献上	1858.7.5
蘭、露、英と条約締結	1858.7.10
仏と条約締結	1858.9.3
大野丸建造	1858.9月
芸妓が漂流しハワイに	1859.3.16
横浜・箱館（函館）が開港	1859.6.2
ムラビョフ来航	1859.7.20
浦賀造船所、乾ドック築造	1859（この年）
初の遣米使節が出発	1860.1.13
「咸臨丸」品川を出発	1860.1.13
「咸臨丸」、サンフランシスコ入港	1860.2.26
幕府「出版の制」を定める	1860.3.24
箕作阮甫『地球説略』刊行	1860.3月
「咸臨丸」、品川に戻る	1860.5.6
ニシン漁法	1860（この年）
江戸湾測量	1860（この年）
『東西蝦夷山川取調図』完成	1860（この年）
ロシア艦船来航	1861.3.13
長崎養生所設立	1861.7.1
英国がロシア艦の退去要求	1861.7.9
国内運輸への外国船の使用解禁	1861.7.26
ロシア艦船対馬を去る	1861.8.15
幕末初の遣欧使節	1861.12.22
小笠原諸島調査	1861（この年）
鎖国後初の官営貿易	1862.4.29
幕政初の留学生	1862.9.11
国学者・洋学者の秋元安民が没する	1862.9.22
初の漂流記刊行	1862（この年）
米、幕府に保税倉庫設置求める	1863.2.1
英仏が長州藩を報復攻撃	1863.6.1
薩英戦争起こる	1863.7.2
新島襄、米国へ	1864.6.14
下関事件賠償約定	1864.9.22
四カ国連合艦隊兵庫沖に現れる	1865.9.16
横須賀製鉄所起工式	1865.9.27
外輪蒸気船の製造に成功	1865（この年）
仏式海軍伝習開始	1866.1.4
3港の自由交易を許可	1866.2.28
幕府、海外渡航要件緩和	1866.4.7
蒸気軍艦を建造	1866.5月
第二次征長の役	1866.6.7
海軍所に改称	1866.7.19
英が灯台・灯明船建設要求	1866.9月
コヴァレフスキーが海洋生物等の研究で業績	1866（この年）
坂本竜馬、海援隊	1866（この年）
商人の外国船舶購入が可能に	1866（この年）
「神戸牛」人気の始まり	1866（この年）
榎本武揚ら蘭より帰国	1867.3.26
江戸・大坂間の定期運航	1867.9月
神戸が開港	1867.12.7
海軍療養所設立	1867（この年）
神戸事件	1868.1.11
堺事件	1868.2.15
ストーンウォール号引渡しが紛糾	1868.4月
プロイセン商船が難破	1868.6.28
フランス軍艦が横浜港に投錨	1868.7月
スウェーデン等と条約締結	1868.9.27
スペインと友好通商航海条約締結	1868.9.28
ドイツと条約締結交渉	1868.10.20
新潟が開港	1868.11.19
英国水夫殺害犯が自殺	1868.12.10
英国軍艦が座礁	1868（この年）
横浜港に外国商船23隻	1868（この年）
最初の洋式灯台点火	1869.1.1
ストーンウォール号引き渡し	1869.3.15
旧幕府軍残兵が商船を強奪	1869.6.13
横浜港の外国船数	1869.6月
海軍操練所、創設	1869.10.22
サンフランシスコ～横浜～清国航路を開設	1869（この年）
ブラントンが灯台設置	1869（この年）
英艦と瀬戸内海共同測量	1869（この年）
『海軍蒸気器械書』刊行	1869（この年）
商船規則定める	1870.1.27
民間所有の船の修理も可能に	1870.3.19
横須賀舎を復興	1870.3.29
ドイツ軍艦が西日本を巡覧	1870.5.17
領海3海里を宣言	1870.8.24
城ケ島灯台点灯	1870.9.8
岩崎弥太郎、商船事業を創業	1870.10.19
海軍兵学寮・陸軍兵学寮と改称	1870.12.25
英艦と的矢・尾鷲湾測量	1870
海軍留学生の先駆け	1870
野島崎灯台点灯	1870
浚渫船を輸入	1870（この年）
利根川汽船会社開業	1871.2月
日本最初の海底ケーブル	1871.4.1
横須賀、長崎「造船所」に改称	1871.4.9
東京都下の三角測量始める	1871.7月
軍艦マラッカを購入	1871.8.16
兵部省海軍部水路局を設置	1871.9.12
デンマークの通信ケーブル敷設を許可	1871（この年）
フランス軍艦が瀬戸内海測量	1871（この年）
フランス飛脚船の運賃を値下げ	1871（この年）
明治新政府海洋調査事業を開始	1871（この年）
海軍省水路局に改称	1872.4.5
横浜までの汽船就航	1872.4月
アメリカ船で火災	1872.8.24
海軍省水路寮に改称	1872.11.13
初の海図『釜石港』作成	1872（この年）
初の海洋観測	1872（この年）

清水、焼津までの汽船就航	1872（この年）
木造蒸気船がアメリカに到着	1872（この年）
琉球の測量始まる	1873.2月
気象台設置	1873.5月
ペルーと友好通商航海条約を締結	1873.8.21
潮岬灯台点灯	1873.9.15
洋式捕鯨を開始	1873（この年）
ニール号が沈没	1874.3.20
漁業をめぐりロシア兵が暴行	1874.7.13
水雷製造局を設置	1874.9.20
ブラウンが軍艦受領のため渡英	1874（この年）
日本海などを命名	1874（この年）
樺太・千島交換条約	1875.5.7
商船に大砲搭載	1875.5.31
東京気象台設立	1875.6.1
江華島事件	1875.9.20
三菱商船学校、創設	1875.11.1
清国軍艦が長崎来航	1875.11.18
「大阪丸」「名古屋丸」衝突事件	1875.12.25
三菱会社の所有船に外国人	1875（この年）
三菱商会の船がアメリカへ	1875（この年）
初のヨットレース	1875（この年）
海難事故に関する臨時裁判所の設置	1876.2.8
P&O汽船が香港～横浜航路を開設	1876.2月
樺太の漁業継続を許可	1876.3.2
海員審問が制度化	1876.6.6
明治時代最初の軍艦竣工	1876.6.21
海軍省水路局に改称	1876.9.1
シロサケふ化放流	1876（この年）
横須賀で砲艦竣工	1877.2月
外輪蒸気船が建造される	1877.2月
英米水兵がボートで競争	1877.5.12
蒸気船の使用開始	1877.5月
川蒸気船の運航開始	1877.6月
海外渡航船舶の国旗掲揚を義務化	1877.7.9
横須賀造船所で軍艦建造	1877（この年）
開港のため朝鮮の港を調査	1877（この年）
英で軍艦竣工	1878.1月
金剛が横浜到着	1878.4.26
川崎築地造船所開設	1878.4月
樺太でロシア人が漁業妨害	1878（この年）
金剛がウラジオストク入港	1878（この年）
鉄製蒸気船「秀吉丸」	1878（この年）
函館商船学校、創設	1879.2月
東洋一のドッグ竣工	1879.5.21
「海港虎列刺病伝染予防規則」制定	1879.7.14
「検疫停船規則」布告	1879.7.21
蒸気船航路の開設	1879.10.8
英国軍艦が函館入港	1880.7.17
横浜～朝鮮航路を開設	1880.7月
蒸気船「鶴丸」	1880.8月
ロシア商船の修理が竣工	1880.10.20
デンマーク船が横浜入港	1880.10.30
下関開港を中止	1880（この年）
海軍初の水雷艇	1880（この年）
ウラジオストク航路始まる	1881.2.28
グラム式磁性電気燈点灯	1881.5.27
謙信丸がシドニーに入港	1881.8.1
海軍機関学校を設置	1881.8.3
霊岸島―木更津間で汽船運行	1881.8月
西洋形船船長運転手免状規則制定	1881.12.28
ドイツ軍艦が鹿児島湾を測量	1882.1.15
東京商船学校と改称	1882.4.1
横浜在留外国人が共同競舟会	1882.6.6
「虎列刺病流行地方ヨリ来ル船舶検査規則」布告	1882.6.23
ルツボ鋼製造	1882.9月
英より購入の軍艦電灯点火	1882（この年）
日本初の水族館	1882（この年）
天気図配布を始める	1883.3.1
英国船が難破船を救助	1883.3.4
最後の木造汽船	1883.3月
共同運輸が営業開始	1883.5.1
万国漁業博覧会	1883.5.12
ロシア人が漂着	1883.7.9
北海道にサケマスふ化場設立	1883（この年）
海底電信保護万国連合条約	1884.4.12
大阪商船会社開業	1884.5.1
東京大学理学部、造船学科を設置	1884.5.17
タイ船が長崎入港	1884（この年）
海軍水雷局開局	1885.6.24
樺太で日本人漁民が苦境に	1885.7.2
蒸気船の運行開始	1885.8.29
海軍に兵器会議を設置	1885.9.22
日本郵船設立	1885.9.29
水産局を設置	1885（この年）
ハワイと渡航条約	1886.1.28
海軍水路部に改称	1886.1.29
外国船員商売の風紀取締り	1886.1月
川崎造船所設立	1886.4.28
漁業組合準則	1886.5.6
ノルマントン号事件	1886.10.24
横浜セーリングクラブ設立	1886（この年）
東京大学臨海実験所を設立	1886（この年）
霊岸島松町―神奈川県三崎間航路開設	1886（この年）
水兵の教育改革、事前調査をベルタンに依頼	1887.4月
貨客船「夕顔丸」竣工	1887.5.26
中央気象台を設置	1887.8.8
鯨漁場調査	1887（この年）
東京農林学校に水産科を新設	1887（この年）
「海軍兵学校官制」公布	1888.6.14
水路部（海軍の冠称を廃し）水路部と改称	1888.6.27
「海軍大学校官制」公布	1888.7.16
航路標識条例制定	1888.10.10
13日間で日米間を航海	1888.11.9
水産伝習所、創設	1888.11.29
上海～ウラジオストク線開設	1889.3月
横浜港修築工事	1889（この年）
「筑後川丸」（610トン）竣工	1890.5.31
エルトゥールル号事件	1890.5月
釜山航路開設	1890.7.16

神戸～マニラ間の新航路	1890.12.24	上海航路初航海成功	1898.1.7
「海外諸港ヨル来ル船舶ニ対シ検疫施行方」公布	1891.6.22	装甲巡洋艦「浅間」進水	1898.3.22
		芸陽海員学校、創設	1898.5.10
「三吉丸」「瓊江丸」の衝突事件	1891.7.11	「開港規則」公布	1898.7.8
汽船「出雲丸」沈没事件	1892.4.5	山陽汽船航路開設	1898.9.1
海上衝突予防法公布	1892.6.23	東洋汽船海外航路開設	1898.12.15
軍艦千島衝突沈没	1892.11.30	ノルウェーの万国漁業博覧会	1898（この年）
アームストロング砲、軍艦に搭載	1892（この年）	緯度変化観測事業	1898（この年）
オホーツク海の漁業区域認可へ	1892（この年）	海岸保護林	1898（この年）
沖合操業始まる	1892（この年）	呉に12トン平炉完成	1898（この年）
海岸砲を全国に配備	1892（この年）	「海港検疫法」公布	1899.2.14
震災予防調査会設立	1892（この年）	ペルーへの移民	1899.2.27
衆院軍艦建造費否決	1893.1.12	船員法公布（6月16日施行）	1899.3.8
建艦費のために減俸	1893.2.10	船舶法公布（6月16日施行）	1899.3.8
海難取調手続制定	1893.3.3	船舶法・船員法公布	1899.3.8
根室、釧路沖地震	1893.3月	水先法公布（7月29日施行）	1899.3.14
海技免状取扱規則公布	1893.9.8	水難救護法公布（8月4日施行）	1899.3.29
ラッコ密猟船小笠原に	1893（この年）	「海港検疫所官制」公布	1899.4.13
出稼ぎ漁民1300人	1893（この年）	開港とする港を追加指定	1899.7.12
千島探検	1893（この年）	ギリシャとの修好通商航海条約批准	1899.10.11
「清国及ビ香港ニ於テ流行スル伝染病ニ対シ船舶検疫施行ノ件」	1894.5.26	浅草公園水族館開館	1899（この年）
		海軍無線電信調査委員会	1900.2.9
豊島沖海戦	1894.7.25	門司港に海港検疫所設置	1900.3.27
黄海海戦	1894.9.17	「臨時海港検疫所官制」公布	1900.3.28
12インチ砲、18インチ魚雷などを購入	1894（この年）	関門海峡海底ケーブル	1900.5月
		「月島丸」沈没事件	1900.11.24
軍艦吉野でボンベイ視察	1894（この年）	沿岸観測開始	1900（この年）
威海衛軍港陸岸を占領	1895.2.2	赤潮報告	1900（この年）
日本海軍、北洋海軍を破る	1895.2.12	千住吾妻急行汽船会社設立	1900（この年）
須磨丸完成	1895.4月	漁業権の設立	1901.4.13
軍艦千島沈没事故示談成立	1895.9.19	東京商船学校、分校を廃止	1901.5.11
ブラジルと修好通商航海条約調印	1895.11月	関門航路開業	1901.5.27
軍艦八重山、公海上で商船を臨検	1895.12月	アルゼンチンとの通商航海条約公布	1901.9.30
ナウマン説を批判	1895（この年）	水産学校令制定	1901.10.18
汽船酒田丸火災事件	1896.1.11	アメリカから造船を受注	1901（この年）
航海奨励法・造船奨励法公布	1896.3.24	トド島の漁権獲得	1901（この年）
開港外の外国貿易港を定める	1896.3.26	ロテノン	1901（この年）
船員がペストにより横浜で死亡	1896.3.31	戦艦「三笠」完成	1902.3.1
「豊瑞丸」「河野浦丸」の衝突事件	1896.6.13	「港務部設置ノ件」公布	1902.3.28
明治三陸地震	1896.6.15	宮島～厳島間航路	1902.4月
川崎造船所設立	1896.10.15	緯度変化に関するZ項を発見	1902（この年）
三菱に造船奨励法最初の認可	1896.12.3	瀬戸内海航路	1903.3.18
『欧米漁業法令彙纂』	1896（この年）	山陽汽船が宮島航路を継承	1903.5.8
「尾張丸」「三光丸」衝突事件	1897.2.4	東海丸沈没	1903.10.29
海軍省に医務局設置	1897.3.31	日本、連合艦隊を編成	1903.12.28
水産講習所と改称	1897.3月	ミキモト・パールが世界へ	1903（この年）
遠洋漁業奨励法	1897.4.2	堺水族館開館	1903（この年）
海員審判所の組織	1897.4.6	佐世保～大連に海底電線	1904.1月
海軍造兵廠条例	1897.5.2	ロシアに宣戦	1904.2.10
「汽車検疫規則」「船舶検疫規則」制定	1897.7.19	バルチック艦隊東上へ	1904.8.24
「海軍病院条例」「海軍監獄条例」公布	1897.9.24	ドッガー・バンク事件	1904.10.21
シベリアで日本人漁夫殺される	1897.10.6	阪鶴鉄道が連絡船開設	1904.11.24
「海軍軍医学校条例」公布	1897.10.22	赤潮プランクトン調査	1904（この年）
海獣保護条約調印	1897.11.6	『大日本地震資料』刊行	1904（この年）
「伊豫丸」進水	1897（この年）	遠洋漁業奨励法公布	1905.3.1
初の国産海軍砲を製造	1897（この年）	阪鶴鉄道が舞鶴～境の連絡船開設	1905.4月
和楽園水族館が開設	1897（この年）		

「敵艦見ゆ」を無線	1905.5.27
日本海海戦でバルチック艦隊を撃破	1905.5.27
汽船「金城丸」衝突事件発生	1905.8.22
下関〜釜山連絡船始まる	1905.9.11
日米海底電線	1906.6.1
阪鶴鉄道が舞鶴〜小浜の連絡船開設	1906.7.1
隅田川蒸気船「2銭蒸気」	1906.9月
日本初の潜水艇建造	1906(この年)
装甲巡洋艦「筑波」竣工	1907.1.14
高知で漁船遭難	1907.8.6
装甲巡洋艦「伊吹」進水	1907.11.21
『航海年表』を刊行	1907(この年)
東北帝国大学農科大学に水産学科新設	1907(この年)
青函航路開業	1908.3.7
「秀吉丸」「陸奥丸」衝突事件	1908.3.23
無線電報規則公布	1908.4.8
樺太島境界画定調印	1908.4.10
最初のタービン船「天洋丸」完成	1908.4.22
海洋局無線電信局を設置	1908.5.16
初の船舶用タービン搭載商船進水	1908.6月
日本最初のタンカー	1908.9月
韓国と漁業協定結ぶ	1908.10.31
軍艦「淀」竣工	1908(この年)
港湾の副振動を調査	1908(この年)
真円真珠を発明	1908(この年)
遠洋航路補助法	1909.3.25
汽船トロール漁業取締規則	1909.4.6
横浜開港祭	1909.7.1
宮津湾内航路	1909.8.5
米国へ航行中の安芸丸、銚子無線局からの電波受信	1909.9月
フグ毒をテトロドトキシンと命名	1909(この年)
「漁業基本調査」を開始	1909(この年)
明治天皇、清宣統帝に外輪蒸気船を贈る	1909(この年)
逗子開成中学生水難	1910.1.23
常総沖で漁船遭難	1910.3.12
箱崎水族館開館	1910.3.24
「海上気象電報規定」実施	1910.5.1
商船沈没	1910.7.22
「三浦丸」乗揚事件	1910.10.11
水理生物要綱	1910(この年)
北西太平洋平年隔月水温分布図作成	1910(この年)
ラッコ・オットセイ保護条約	1911.7.7
「春洋丸」竣工	1911.8月
関森航路	1911.10.1
フグ毒テトロドトキシン製造法特許	1911.12.5
『日本産魚類図説』刊行	1911(この年)
佐世保軍港岸壁、油槽工事が竣工	1912.2月
「うめが香丸」沈没事件	1912.9.22
戦艦「河内」完成	1912(この年)
全国地磁気測量	1912(この年)
関釜連絡船「高麗丸」「新麗丸」就航	1913.1.31
トロール漁業監視船「速鳥丸」進水	1913.3.1
運河法公布	1913.4.9
阿波国共同汽船	1913.4.20
近海の海流調査を開始	1913.5.1
初の無線電話使用	1913.6.4
「安洋丸」を竣工	1913.6月
横浜高等海員養成所設立	1913.6月
日本海軍最後の海外発注艦竣工	1913.8.16
魚津水族館開館	1913.9月
初の水上機母艦完成	1913.11月
『海の物理学』出版へ	1913(この年)
シーメンス事件議会で追及	1914.1.23
海軍大佐拘禁	1914.2.9
高千穂沈没	1914.10.18
「門司丸」就航	1914.11.6
パナマ運河通過	1914.12.10
青函航路で鉄道航送始まる	1914.12.10
海底電線竣工	1914.12月
『日本近海の潮汐』を刊行	1914(この年)
『日本近海磁針偏差図』刊行	1914(この年)
ナイル号沈没	1915.1.11
海底炭田浸水	1915.4.12
帝国水産連合会	1916.1.20
横須賀大船渠開渠	1916.1.26
「大仁丸」沈没事件	1916.2.2
海事水産博覧会	1916.3.20
若津丸沈没	1916.4.1
軍艦沈没	1917.1.14
航海中の商船が"放送"を受信	1917.1月
宇高連絡船「水島丸」就航	1917.5.7
宮崎丸撃沈	1917.5.31
海軍光学兵器の量産開始	1917.7.25
三井物産前身創業	1917(この年)
私立川崎商船学校(現・神戸大学海事科学部)設立	1917(この年)
来福丸(9,100トン)竣工	1918.1月
戦艦「長門」進水	1918.11.9
ロンドン航路開設	1918.12.9
海洋調査部設置	1918(この年)
関森航路で貨車航送	1919.8.1
川崎造船所争議	1919.9.18
宇高航路で貨車航送	1919.10.10
川崎汽船創立	1919(この年)
国内初全熔接船竣工	1920.4月
横浜港駅で旅客営業開始	1920.7.23
神戸海洋気象台設置	1920.8.26
戦艦「陸奥」進水	1920.11.9
戦艦「長門」完工	1920.11.25
カツオ漁船ディーゼル化	1920(この年)
スクラップ・アンド・ビルド政策導入	1920(この年)
水路測量・海図作成がメートル法に	1920(この年)
造船所3万人スト	1921.7.7
「機船底曳網漁業取締規則」公布	1921.9.22
戦艦「加賀」進水	1921.11.7
「鳳翔」進水	1921.11.13
『海と空』刊行	1921(この年)
海洋気象学会設立	1921(この年)
『漁村夜話』刊行	1921(この年)

工船式カニ漁業始まる	1921(この年)	神戸港付近で汽船同士が衝突	1931.2.9
『潮汐表』刊行	1921(この年)	水産試験船「昭南丸」建造	1931.8月
関釜連絡船「景福丸」就航	1922.5.18	「陽南丸」遭難事件	1931.10.17
京大附属瀬戸臨海研究所開所	1922.7.28	「八重山丸」「関西丸」衝突事件	1931.12.24
関釜連絡船「徳寿丸」就航	1922.11.12	『海洋学』刊行	1931(この年)
世界最初の航空母艦竣工	1922.12.27	鈴木商店に汚水除去要求	1932.2月
『日本環海海流調査業績』刊行	1922(この年)	日魯、露領漁業を独占	1932.5月
快速巡洋艦「夕張」進水	1923.3.5	ヨットレース開催	1932(この年)
関釜連絡船「昌慶丸」就航	1923.3.12	『海洋学』刊行	1932(この年)
関釜連絡船、客貨混載便を廃止	1923.4.1	海洋学談話会設立	1932(この年)
神戸に近代的港湾倉庫建設	1923.5.20	『舵』創刊	1932(この年)
潜水艦「第70」沈没	1923.8.21	日本ヨット協会が発足	1932(この年)
関東大震災	1923.9.1	三陸地震が起こる	1933.3.3
カツオ魚群発見に飛行機を使用	1923.10.19	船舶安全法公布(1934年3月1日施行)	1933.3.15
ディーゼル客船「音戸丸」竣工	1924.1.25	インターカレッジヨットレース開催	1933.9月
カツオ漁船第3川岸丸(76トン)建造	1924.4月	「屋島丸」遭難事件	1933.10.20
ペルーと通商航海条約	1924.9.30	赤潮発生一有明海	1933.10月
青函連絡船「松前丸」就航	1924.11.1	『海洋科学』刊行	1933(この年)
青函連絡船「飛鸞丸」就航	1924.12.30	東北冷害海洋調査	1933(この年)
カニ工船大型化	1924(この年)	『分類水産動物図説』刊行	1933(この年)
中央気象台、天気無線通報開始	1925.2.10	水雷艇友鶴転覆	1934.3.12
「来福丸」沈没	1925.4.21	ソ連が日本漁船を抑留	1934.3.15
マリアナ海溝(9,814m)鋼索測探を始める	1925.4月	東郷平八郎死去	1934.5.30
		工場汚水で抗議	1934.6.4
東京高等商船学校と改称	1925.4月	軍縮条約破棄を決定	1934.7.16
ラトビアと通商航海条約	1925.7.4	室戸台風にともない大阪で高潮発生	1934.9月
上海航路復活	1925.7.23	海軍軍縮第1回予備交渉開始	1934.10.21
青函航路で貨車航送始まる	1925.8.1	航空母艦「蒼龍」起工	1934.11.20
潜水艦「伊1号」竣工	1926.3.10	漁網の比較法則	1934.11月
巡洋艦「古鷹」竣工	1926.3.11	南氷洋捕鯨が始まる	1934.12月
『海に生くる人々』刊行	1926.11月	製紙会社の工場廃水問題	1934(この年)
日本郵船、第二東洋汽船株式会社を合併		堀越二郎設計の戦闘機を試作	1935.1月
	1926(この年)	国際ヨット競技連盟に加盟	1935.3月
「霧島丸」遭難	1927.3.9	阪神水族館開館	1935.3月
青函航路の鉄道航送廃止	1927.6.8	「エンプレス・オブ・ブリテン号」が横浜	
駆逐艦・巡洋艦衝突	1927.8.24	に入港	1935.4.14
トロール船「釧路丸」竣工	1927.11.19	「みどり丸」「千山丸」衝突事件	1935.7.3
海軍、中島機を「三式艦上戦闘機」として		津軽海峡で軍艦の船首が切損	1935.9.26
採用	1927(この年)	水俣で日本窒素アセトアルデヒド工場稼働	
松島水族館開館	1927(この年)		1935.9月
太平洋航路客船沈没	1927(この年)	トロール船メキシコに出漁	1935.10月
モーターシップ雑誌社創業	1928.12月	ロンドン海軍軍縮会議開催	1935.12.9
『蟹工船』連載開始	1929.5月	音響測深値を海図に	1935(この年)
宇高連絡船「第1宇高丸」就航	1929.10月	秩父丸、日本で初めて無線電話を使用	1936.4.8
音響測深実験成功	1929(この年)	航路統制法公布	1936.5.30
客船「浅間丸」竣工	1929(この年)	航空母艦「飛龍」起工	1936.7.8
水産試験場を創設	1929(この年)	初の国産捕鯨母船進水	1936.8月
『日本近海水深図』を刊行	1929(この年)	神戸沖の観艦式を放送	1936.10.29
ロンドン海軍軍縮会議開催	1930.1.21	タイが通商航海条約破棄	1936.11.5
「第一わかと丸」転覆事件	1930.4.2	関釜連絡船「金剛丸」就航	1936.11.16
宇高航路貨車航送	1930.4.5	「海軍現役武官商船学校配属令」	1936.11月
ロンドン海軍軍縮条約調印	1930.4.22	ヨット五輪に初参加	1936(この年)
「航海練習所官制」公布	1930.5.28	『海洋観測法』が刊行	1936(この年)
京都大学白浜水族館開館	1930.6.1	『日本近海深浅図』刊行	1936(この年)
中之島水族館開館	1930.9月	関釜連絡船「興安丸」就航	1937.1.31
高速貨物船「畿内丸」を建造	1930(この年)	海軍が中国大陸沿岸封鎖	1937.9.5
小倉伸吉に学士院賞	1930(この年)		

戦艦「大和」呉工廠で起工	1937.11.4
航空母艦「翔鶴」起工	1937.12.12
『ジョン万次郎漂流記』刊行	1937（この年）
観測船凌風丸が完成	1937（この年）
玉造船所設立	1937（この年）
ロンドン条約以上の艦船不建造要求	1938.2.5
戦艦「武蔵」起工	1938.3.29
航空母艦「瑞鶴」起工	1938.5.25
トロール船「駿河丸」進水	1938.7月
『海洋の生物学』刊行	1938（この年）
『海洋潮目の研究』刊行	1938（この年）
宗谷建造	1938（この年）
「船員保険法」公布	1939.4.6
下関の沖合で船舶同士が衝突	1939.5.21
零式艦上戦闘機、最初の公式試験飛行	1939.7.6
「海員養成所官制」公布	1939.7.10
「あるぜんちな丸」「ぶらじる丸」を建造	1939（この年）
『海』刊行	1939（この年）
川崎造船所、川崎重工業に改称	1939（この年）
浅間丸臨検	1940.1.21
「橿原丸」を航空母艦「隼鷹」に改造	1940.10月
貨客船「新田丸」建造	1940（この年）
国産記録式音響測深機を開発	1940（この年）
『潮汐学』刊行	1940（この年）
日本海洋学会創立	1941.1月
朝鮮総督府釜山高等水産学校（現・水産大学校）設立	1941.4月
『海洋の科学』創刊	1941.6月
サンフランシスコ航路を休止	1941.7.18
空母「翔鶴」を竣工	1941.8.8
津波警報組織発足	1941.9.11
赤潮発生－有明海	1941.10.8
「扶桑丸」が台湾に入港	1941.10.9
検疫所を移管	1941.12.15
戦艦大和を竣工	1941.12.16
「高等商船学校・商船学校官制」	1941.12.19
定期船沈没	1941（この年）
日本で初めてレーダーを搭載	1941（この年）
スラバヤ沖海戦	1942.2.27
バタビア沖海戦	1942.2.28
米軍機、日本初空襲	1942.4.18
ミッドウェー海戦	1942.6.5
関森航路が廃止	1942.7.9
関釜連絡船「天山丸」就航	1942.9.27
『ハワイ・マレー沖海戦』封切	1942.12.3
合成繊維のテグス市販	1942.12月
玉造船所、三井造船に改称	1942（この年）
三井船舶を設立	1942（この年）
函館海洋気象台設置	1942（この年）
「竜田丸」沈没	1943.2.8
船員保険等を地方庁に移管	1943.3.31
兵員輸送船沈没	1943.3月
関釜連絡船「崑崙丸」就航	1943.4.12
連合艦隊司令長官死亡	1943.4.18
宇高航路、貨車航送廃止	1943.5.20
崑崙丸が撃沈される	1943.10.5
陸軍病院船船沈没	1943.11.27
海洋開発特別委員会設置	1943（この年）
三菱汽船を設立	1943（この年）
「天体位置表」	1943（この年）
有川桟橋航送場開業	1944.1.3
「第六垂水丸」転覆事件	1944.2.6
連合艦隊司令官死亡	1944.3.31
日ソ漁業協定	1944.3月
『若桜』『海軍』創刊	1944.5月
レイテ沖海戦	1944.10.24
神風特別攻撃隊、体当たり攻撃	1944.10.25
空母「信濃」沈没	1944.11.29
人間魚雷「回天」	1944（この年）
東南海地震	1944（この年）
「船員保険法」改正公布	1945.2.19
硫黄島陥落	1945.2.23
阿波丸沈没	1945.4.1
関釜航路と博釜航路が事実上消滅	1945.6.20
海軍ロケット機「秋水」試験飛行	1945.7.7
青函連絡船、空襲により壊滅的な被害	1945.7.14
海軍、ジェット機「橘花」を試験飛行	1945.8.7
ソ連が日本へ潜水艦を出撃させる	1945.8.19
降伏文書調印	1945.9.2
GHQが日本船舶を米国艦隊司令官の指揮下に編入	1945.9.3
全日本海員組合創立	1945.10.5
室戸丸沈没	1945.10.17
ウニ孵化の研究	1945（この年）
海軍水路部活動停止	1945（この年）
商船管理委員会認可	1945（この年）
日本郵船所有船舶減少	1945（この年）
水俣湾へ工場廃水排出	1946.2月
広東からの引揚船にコレラ発生	1946.4.5
仁堀航路	1946.5.1
有川－小湊間航路	1946.7.1
佐世保船具工業設立	1946.10月
樺太引き揚げ船が入港	1946.12.5
シベリア引き揚げ船が入港	1946.12.8
国体でヨット競技開催	1946（この年）
南海地震	1946（この年）
宇高連絡船「紫雲丸」就航	1947.7.6
青函トンネル建設準備	1947.8月
海上定点観測を開始	1947.10.20
三陸沖北方定点観測始まる	1947.10.20
社団法人漁村文化協会創立	1947.11.18
青函連絡船「洞爺丸」就航	1947.11.21
戦後初、船舶建造許可	1947（この年）
中央気象台に海洋課など設置	1947（この年）
長崎、舞鶴に海洋気象台できる	1947（この年）
日本船主協会創立	1947（この年）
津波予防組織を編成	1948.1月
海上保安庁水路局と改称	1948.5.1
青函連絡用通信回線が開通	1948.6.25
シベリア引揚げ再開	1948.6.27
魚群探知機	1948.12月

| 日本 | 国名索引 | 海洋・海事史事典 |

「クヌール」(捕鯨船)を竣工	1948(この年)
クルージングクラブオブジャパン結成	1948(この年)
ペルシャ湾岸重油積み取り	1948(この年)
近畿大学水産研究所白浜臨海研究所開設	1948(この年)
沈没した「聖川丸」を引き揚げ	1948(この年)
南方定点でも観測開始	1948(この年)
日本航海学会創立	1948(この年)
日本船主協会、社団法人認可	1948(この年)
尾道海技学院設立	1949.3月
合成繊維漁網実用試験	1949.4月
長崎大学水産学部設置	1949.5月
東京水産大学を設置	1949.5月
北海道大学水産学部設置	1949.5月
海上保安庁水路部と改称	1949.6.1
今治・門司連絡船青葉丸沈没	1949.6.21
「美島丸」沈没事件	1949.11.12
津波警報体制	1949.12.2
イワシ不漁対策	1949(この年)
極東海運設立	1949(この年)
広島大学水畜産学部(現・生物生産学部)設置	1949(この年)
鋼船民営還元	1949(この年)
三菱海運に社名変更	1949(この年)
三菱汽船解散	1949(この年)
水産研究所発足	1949(この年)
『水産資源学総論』刊行	1949(この年)
『水産物理学』『漁の理』刊行	1949(この年)
戦後初、大型タンカー受注	1949(この年)
「船舶の動揺に関する研究」日本学士院賞受賞	1949(この年)
『日本近海底質図』を刊行	1949(この年)
新日本窒素肥料(新日窒)再発足	1950.1月
昭和石油川崎製油所原油流出火災	1950.2.16
政府徴用船舶を返還	1950.3.4
水上バス航行の再開	1950.4月
港湾法の公布	1950.5.31
国内航路復活	1950.6.15
ジェーン台風、関西を襲う	1950.9月
海運業に見返り融資	1950.10.3
戦後初の遠洋定期航路開設	1950.11.28
中国、日本漁船拿捕	1950.12月
パナマ運河通航許可	1950(この年)
日本塩学会(現日本海水学会)創立	1950(この年)
「日本漁業経済史の研究」朝日賞受賞	1950(この年)
不定期船配船許可	1950(この年)
造船見返り融資増額	1951.2.20
運輸省、第7次造船計画決定	1951.3.17
「検疫法」の公布	1951.6.6
連続イカ釣機	1951.6月
バンコク定期航路	1951(この年)
『マグロ漁業と鮪漁業』刊行	1951(この年)
海運輸送実績	1951(この年)
『魚類学』刊行	1951(この年)
太平洋総合研究開始	1951(この年)
大島でヨットレース	1951(この年)

定期航路開設許可	1951(この年)
北大潜水艇240m潜水成功	1951(この年)
造船白書発表	1952.1.26
ビルマ経済協力会社設立	1952.5.18
外国軍用艦船の検疫法特例	1952.6.18
3国漁業条約	1952.7.5
北洋捕鯨再開	1952.7月
漁業協同組合連合会	1952.11.5
海運造船合理化審議会令公布	1952(この年)
国外航船の国旗掲揚とSCAJAP番号表示撤廃	1952(この年)
国際海洋研究を提案	1952(この年)
十勝沖地震	1952(この年)
水産生物環境懇談会	1952(この年)
水俣で貝類死滅	1952(この年)
瀬戸内海調査	1952(この年)
『対馬暖流域水産開発調査報告書』刊行	1952(この年)
「第五海洋」遭難	1952(この年)
定期航路開設許可	1952(この年)
『定置網漁論』刊行	1952(この年)
『南洋群島の珊瑚礁』刊行	1952(この年)
『日本近海水深図』刊行	1952(この年)
日本商船管理権返還	1952(この年)
水産指導船白鳥丸・米国船チャイナベア号衝突	1953.2.15
漁業信用基金保証手形制度	1953.3.27
海運・造船白書、年30万トン建造が必要と	1953.5.14
水俣病の発生	1953.5月
航海船造船利子補給法成立	1953.8.3
造船金利引下げ	1953.10.12
ヨット、ヘルシンキオリンピックに選手派遣	1953(この年)
東廻り世界一周航路	1953(この年)
東北冷害海洋調査、北洋漁場調査開始	1953(この年)
米国海洋観測船来日	1953(この年)
運輸省の海運現況の集計	1954.1.23
造船5か年計画	1954.4.19
造船疑獄	1954.4.21
水産庁、漁業転換5か年計画を発表	1954.5.1
漁船多数座礁・沈没	1954.5.10
『潮騒』刊行	1954.6.6
造船融資を閣議決定	1954.7.30
サケ・マス漁獲量発表	1954.8.31
第5福竜丸乗員死亡	1954.9.23
青函連絡貨物船北見丸・日高丸・十勝丸・第11青函丸沈没	1954.9.26
青函連絡船洞爺丸事故	1954.9.26
相模湖で遊覧船沈没	1954.10.8
海運4社会	1954.10.25
ユネスコ台風シンポジウム東京で開催	1954.11.9
NORCに改組	1954(この年)
『海洋気象学』刊行	1954(この年)
精密深海用音響測深機	1954(この年)
青函トンネル、海底調査始まる	1954(この年)

日本船ビキニ海域の海底調査を行う―高い放射能検出	1954（この年）
西海国立公園	1955.3.16
大型船舶用ディーゼル機関開発	1955.3月
陸中海岸国立公園	1955.5.2
紫雲丸事件	1955.5.11
造船融資一市中銀行が応諾	1955.6.27
「海運白書」造船自己資金率発表	1955.7.20
「漁業白書」漁獲率など発表	1955.8.24
東京水産大学の練習船竣工	1955.8月
新日窒の廃水路変更	1955.9月
大村湾港の西海橋開通	1955.10.18
写真電送に成功	1955.12.29
羽原又吉、日本学士院賞受賞	1955（この年）
『海洋観測指針』刊行	1955（この年）
国際港湾協会設立	1955（この年）
「今後の新造建造方策」答申	1955（この年）
船舶拡充5ヵ年計画	1955（この年）
全日本実業団ヨット選手権開催	1955（この年）
鳥羽水族館開館	1955（この年）
日米加連合北太平洋海洋調査	1955（この年）
全銀連、造船融資率承認	1956.2.20
ソ連、北洋漁業制限発表	1956.3.21
海運会社の株式配当復配基準を発表	1956.4.10
全銀連、造船向けに利下げ	1956.4.30
日ソ漁業条約等調印	1956.5.14
三井船舶欧州航路同盟加入	1956.5月
世界最大タンカー進水	1956.8.8
水俣病医学研究	1956.8.24
運輸省、自己資金による造船を認可	1956.9.26
「海運白書」造船80万総トン、保有商船350万トンと予想	1956.10.22
最後の引揚船が入港	1956.12.26
科学技術庁発足	1956（この年）
太平洋漁場日米加共同海洋調査実施	1956（この年）
第1回神子元島レース開催―ヨット	1956（この年）
東京で海洋学シンポジウム	1956（この年）
南極海域調査	1956（この年）
日仏連合赤道太平洋海洋調査	1956（この年）
鳴門渦潮調査実施	1956（この年）
水俣病の原因研究	1957.1月
郊外でも水俣病多発が確認	1957.4.1
旅客船「第五北川丸」沈没事件	1957.4.12
東京商船大学と改称	1957.4月
計画造船適格船主	1957.5.30
海人社創業	1957.6.1
江の島水族館開館	1957.7.1
海上ダイヤル放送開始	1957.7.20
豪州から大型観光船が入港	1957.9.23
青函連絡船「十和田丸」就航	1957.10.1
最低賃金制改訂求め全日海スト	1957.10.26
インドネシア船舶貸与を申入れ	1957.12.9
海洋学用語委員会設置	1957（この年）
国際海運会議所、国際海運連盟に加入	1957（この年）
国際海洋調査	1957（この年）
昭和基地建設	1957（この年）
須磨水族館開館	1957（この年）
日本海溝調査	1957（この年）
「富士川丸」を建造	1957（この年）
明石海峡、鳴門海峡で測量	1957（この年）
世界造船進水高で1位	1958.1.21
旅客船「南海丸」遭難事件	1958.1.26
第14次造船計画	1958.1.29
韓国抑留中の漁民の帰国決定	1958.2.1
関門トンネル開通	1958.3.9
「カロニア号」防波堤衝突事件	1958.3.31
本州製紙江戸川事件	1958.4.6
貨物運賃協定	1958.4月
観測測量船拓洋・さつま被曝	1958.7.21
水俣湾漁獲操業停止	1958.8.15
4か国南氷洋捕鯨協定成立	1958.8.22
海域における国土開発調査のはじまる	1958（この年）
海運不況、係船24隻に	1958（この年）
『海流』刊行	1958（この年）
「新田丸」竣工	1958（この年）
深海研究委員会本格化	1958（この年）
船主協会の不況対策	1958（この年）
日ソ定期船民間協定	1958（この年）
日仏海洋学会創立	1958（この年）
日本海溝潜水調査	1958（この年）
日本海底資源開発研究会設立	1958（この年）
「凌風丸」に深海観測装置装備	1958（この年）
世界船舶進水統計1位	1959.1.20
国際捕鯨条約脱退	1959.2.6
厚生省に水俣病特別部会	1959.2.12
水俣病発病が相次ぐ	1959.3.26
気象庁観測船、日本付近の深海調査に出港	1959.6.23
国内旅客船公団発足	1959.6月
水俣病は水銀が原因	1959.7.21
鹿児島県内でも水俣病発生	1959.8.12
厚生省も有機水銀説と断定	1959.10.6
新日窒水俣工場で漁民と警官隊衝突	1959.11.2
水俣病の原因を有機水銀と答申	1959.11.12
北朝鮮帰還船出港	1959.12.14
水俣病患者診査協議会	1959.12.25
水俣病見舞金契約	1959.12.30
海運不況戦後最悪の決算	1959（この年）
政府の海運助成措置	1959（この年）
台風15号（伊勢湾台風）	1959（この年）
『日本プランクトン図鑑』刊行	1959（この年）
水俣病総合調査研究連絡協議会、発足	1960.1.9
有機水銀を水俣病の原因物質として根拠づけ	1960.3.25
チリ地震津波	1960.5.24
チリ地震津波で特別番組	1960.5.24
水俣沿岸で操業自粛	1960.7月
オランダ空母の横浜寄港を許可	1960.8.8
水俣の貝から有機水銀結晶体	1960.9.29
大分の定期連絡船転覆	1960.10.29
『どくとるマンボウ航海記』刊行	1960（この年）
海運会社に利子補給再開	1960（この年）

『海洋の事典』刊行	1960(この年)	海造審OECD部会答申	1963.10.7
『海洋漁場学』刊行	1960(この年)	山下汽船と新日本汽船が合併	1963.11.11
国内旅客船公団の活動	1960(この年)	海運会社の合併相次ぐ	1963.12.18
国内旅客船状況	1960(この年)	『サブマリン707』連載開始	1963(この年)
国民所得倍増計画で船舶建造増の方針	1960(この年)	海運企業整備計画審議会設置	1963(この年)
石川島播磨重工業が発足	1960(この年)	海運業の再建	1963(この年)
全国高校選手権開催―ヨット	1960(この年)	海洋調査船の新造が相次ぐ	1963(この年)
鳥羽パールレース開催―ヨット	1960(この年)	国立防災科学技術センター設置	1963(この年)
「富久川丸(初代)」を建造	1960(この年)	水産土木研究部会	1963(この年)
宇高連絡船「讃岐丸」就航	1961.4.25	瀬戸内海栽培漁業協会発足	1963(この年)
伊勢湾で異臭魚	1961.4月	『北太平洋亜寒帯水域海況』刊行	1963(この年)
倉敷市水島でも異臭魚	1961.5月	裕次郎、ヨットレースに参加	1963(この年)
国産初のホバークラフト	1961.6.7	造船合併	1964.1.7
佐世保船舶工業、佐世重工業に改称	1961.7月	「漁業白書」近代化の施策が必要と	1964.2.14
水俣工場の工程に水銀化合物	1961.8.7	船舶向けニュースが新聞模写放送へ	1964.3.2
ビキニ被曝死	1961.12.11	学習院大生の取材妨害	1964.3.22
海洋科学、技術の在り方を諮問	1961(この年)	海運業界再編	1964.4.1
外航船腹整備5ヵ年計画	1961(この年)	青函連絡船「津軽丸」就航	1964.5.10
国内旅客船公団の業務状況	1961(この年)	水俣湾漁獲禁止を一時解除	1964.5月
水質汚濁の指針しめす	1961(この年)	干拓地堤防広下	1964.6.13
石橋雅義、日本学士院賞受賞	1961(この年)	先天性水俣病	1964.6.25
台風18号(第2室戸台風)	1961(この年)	ヨットで太平洋横断	1964.7.29
大型自動化船「金華山丸」進水	1961(この年)	青函連絡船「八甲田丸」就航	1964.8.12
第7文丸・アトランティック・サンライズ号衝突	1961(この年)	船舶事故で海洋汚染―常滑	1964.9.20
仏深海調査船9,500m潜行	1961(この年)	関門連絡船が廃止	1964.10.31
海洋研究所設立	1962.4月	原子力潜水艦が佐世保に入港	1964.11.12
東海大学海洋学部設置	1962.4月	沿岸海洋観測塔設置	1964(この年)
世界最大のタンカー「日章丸」(当時)進水	1962.7.10	海運再編―大阪商船と三井船舶が合併など	1964(この年)
太平洋単独横断成功	1962.8.12	川崎汽船、飯野汽船を合併	1964(この年)
東洋一の吊り橋―若戸大橋開通	1962.9.26	地球内部開発計画	1964(この年)
「日章丸」竣工	1962.10月	東京五輪―ヨット	1964(この年)
「第一宗像丸」「タラルド・プロビーグ」衝突事件	1962.11.18	内航2法が成立	1964(この年)
オホーツク海流氷調査、北洋冬季着氷調査	1962(この年)	日本ヨット協会財団法人に	1964(この年)
ヨットレースで2隻が行方不明	1962(この年)	日本外洋帆走協会に改組	1964(この年)
沿岸海洋研究部会発足	1962(この年)	日本郵船、三菱海運合併	1964(この年)
国際インド洋調査はじまる	1962(この年)	昆布漁協定、2年延長	1965.5.12
児玉洋一、日本学士院賞受賞	1962(この年)	船舶事故で原油流出―室蘭	1965.5.23
慎太郎、ヨットレースに参加	1962(この年)	船員保険法改正法を公布	1965.6.1
水産海洋研究会創立	1962(この年)	工場廃液排出―岡山県倉敷市	1965.6.16
東海大学丸竣工	1962(この年)	青函連絡船「摩周丸」就航	1965.6.30
東京ボートショー開催	1962(この年)	ヨットで大西洋横断	1965.7.13
東京大学海洋研究所設置	1962(この年)	「芦屋丸」「やそしま」衝突事件	1965.8.1
日本プランクトン研究連絡会発足	1962(この年)	油送船「海蔵丸」火災事件	1965.8.5
日本海事史学会創立	1962(この年)	マリアナ海域漁船集団遭難事件	1965.10.7
水俣病原因物質を正式発表	1963.2.20	全日本海員組合スト	1965.11.20
「りっちもんど丸」「ときわ丸」衝突事件	1963.2.26	原子力空母日本寄港	1965.11.26
山陰海岸国立公園	1963.7.15	日本内航海運組合総連合会設立	1965.12.4
日本原子力船開発事業団設立	1963.8.17	造船・進水量は世界一	1965.12.13
離島連絡船転覆、取材中の船が救助	1963.8.17	21次計画造船	1965(この年)
2つの海運再建法が制定、施行	1963.8月	海洋資料センター設立	1965(この年)
底曳網漁船のロープ処理―リールなどが開発される	1963.8月	外航船舶の建設計画	1965(この年)
		世界最大タンカー進水	1965(この年)
		造船に関するOECD特別作業部会	1965(この年)
		長崎総合科学大学に船舶工学科(現・船舶工学コース)開設	1965(この年)

日本初の自動車専用船「追浜丸」就航	1965(この年)
養殖海苔赤腐れ病発生	1965(この年)
原子力空母寄港承認	1966.2.14
宇高連絡船「伊予丸」就航	1966.3.1
過去最高の受注、進水量—造船実績	1966.4.18
日本舶用機関学会(現・日本マリンエンジニアリング)設立	1966.4月
漁業水域交渉妥結	1966.5.9
原子力潜水艦、横須賀入港	1966.5.30
ソ連漁業相来日	1966.6.19
『海軍主計大尉 小泉信吉』を刊行	1966.9月
『戦艦武蔵』刊行	1966.9月
試錐やぐら損傷事件	1966.10.28
タラバガニ漁協議妥結	1966.11.29
よみうり号初潜航	1966(この年)
ホバークラフト国産第一号艇をタイへ輸出	1966(この年)
亜寒帯系プランクトン発見	1966(この年)
『海塩の化学』刊行	1966(この年)
海洋地名打ち合わせ会発足	1966(この年)
吉識雅夫、日本学士院賞受賞	1966(この年)
研究、実習船建造	1966(この年)
国際海上コンテナ輸送体制整備計画	1966(この年)
太平洋学術会議東京で40年振りに開かれる	1966(この年)
『日本海洋プランクトン図鑑』刊行	1966(この年)
日本近海海底地形図	1966(この年)
船舶事故で原油流出—川崎	1967.2.12
サバンナ号	1967.3.17
日本海事科学振興財団設立	1967.4.1
日韓共同資源・漁業資源調査で合意	1967.4.28
造船外資完全自由化は見送り	1967.6.1
漁業水域	1967.6.7
小型ヨットで太平洋横断	1967.7.13
原子力空母寄港に同意	1967.9.7
宇高連絡船「阿波丸」就航	1967.10.1
亜熱帯反流の存在を指摘	1967(この年)
下田海中水族館開館	1967(この年)
古代大陸陥没発見	1967(この年)
赤潮発生—徳島付近	1967(この年)
「東海大学丸二世」竣工	1967(この年)
東大海洋研、研究船を新造	1967(この年)
日本—ニューギニア間の海洋観測	1967(この年)
八丈島レースヨット	1967(この年)
エンタープライズ入港	1968.1.19
中国向け船舶輸出のための輸銀使用認めず	1968.4.9
京急油壺マリンパーク開館	1968.4.27
原子力潜水艦放射能事件	1968.5.6
「西日本新聞」が放射能汚染スクープ	1968.5.7
十勝沖地震	1968.5.16
小笠原諸島返還	1968.6.26
海難審判協会を設立	1968.7.1
マグロ延縄漁船のリール使用	1968.7月
1960年以降も廃油排出	1968.9.20
水俣病と新潟水俣病を公害病認定	1968.9.26
新潟水俣病裁判で証言	1968.9.28
コンテナ船「ごうるでんげいとぶりっじ」を就航	1968(この年)
タンカー30万重量トン時代へ	1968(この年)
ヨット国際大会で優勝	1968(この年)
海運収支赤字額過去最悪	1968(この年)
初のフルコンテナ船「箱根丸」就航	1968(この年)
水路部、基本図測量にともない各種地図刊行	1968(この年)
川崎汽船、マースクラインと提携	1968(この年)
「第一とよた丸」を建造	1968(この年)
南太平洋大保礁日豪共同調査	1968(この年)
日本・米国カリフォルニア航路に、フル・コンテナ船就航	1968(この年)
鉱石運搬船沈没	1969.1.5
『苦海浄土—わが水俣病』刊行	1969.1月
農林省「漁業白書」で養殖事業を促す	1969.3.11
延べ払い金利統一	1969.5.30
原子力船「むつ」	1969.6.12
絵本図鑑『海』刊行	1969.7.25
海に塩酸をたれ流し—公害防止上例で告発	1969.8.15
海運造船合理化審議会答申	1969.8月
ルーマニアと通商航海条約調印	1969.9.1
『海のトリトン』連載開始	1969.9.1
初の日ソ合弁会社設立へ	1969.10.17
商船保有高が2位	1969.11.11
インターナショナルオフシェアルール—ヨット	
科技庁、潜水調査船「しんかい」建造	1969(この年)
海運再建整備計画完了	1969(この年)
海洋気象観測船啓風丸進水	1969(この年)
豪ヨットレースに参加	1969(この年)
豪州航路サービス開始	1969(この年)
『水産防災』刊行	1969(この年)
東京大学の海底地震計最初の観測に成功	1969(この年)
東南豪州航路でコンテナサービス開始	1969(この年)
内航初のフルコンテナ船竣工	1969(この年)
日本初のMゼロ船竣工	1969(この年)
「波島丸」が遭難する事件	1970.1.17
海底油田掘削装置「トランスワールドリグ61」竣工	1970.4月
乗っ取りで報道自粛要請	1970.5.12
船員法改正公布	1970.5.15
自然公園法改正	1970.5.16
「本州四国連絡橋公団法」公布	1970.5.20
47万トンタンカー建造へ	1970.6.29
100万トンタンカー開発諮問	1970.7.2
日本、保有船腹量で世界2位に	1970.7.20
ヘドロ抗議集会	1970.8.9
ごみの河川海域への投棄	1970.8.19
燧灘ヘドロ汚染	1970.8.21
小型ヨットで世界一周「白鴎号」凱旋	1970.8.22
ヘドロで魚が大量死	1970.8.27
世界最大100万トンドックを起工	1970.9.16

カドミウム汚染で抗議	1970.9.20	無人化資格超自動化タンカー「三峰山丸」	
ヘドロで健康被害	1970.9月	を竣工	1971(この年)
赤潮発生—伊勢湾など	1970.9月	理研—海洋計測研究	1971(この年)
計画造船金利引き上げ	1970.10.20	「3協照丸」機関部爆発事件	1972.2.21
「ていむず丸」爆発事件	1970.11.28	『海のトリトン』放送開始	1972.4.1
海洋汚染防止法など公害関係14法公布	1970.12.25	浚渫船が機雷に接触し爆発—新潟	1972.5.26
海洋科学技術センター設置へ	1970.12月	海洋防止法に廃棄物の投入処分基準を盛り	
オフショアレーシングカウンシル—ヨット		こむ	1972.6.15
	1970(この年)	赤潮発生—山口県下関市	1972.6月
コンピュータ制御のタンカー	1970(この年)	海員ストで大損害	1972.7.12
ボリバー丸、かりふおるにあ丸沈没	1970(この年)	赤潮発生—香川県から徳島県の海域	1972.7月
マラッカ・シンガポール海峡4カ国共同測		『海軍特別少年兵』公開	1972.8.12
量	1970(この年)	シートピア計画	1972.8.15
ヨット・チャイナシーレースで優勝	1970(この年)	中国に大型貨物船輸出	1972.9.4
『海洋科学』、『オーシャン・エージ』出版		ヘドロで魚大量死—愛媛県	1972.9.12
される	1970(この年)	鉱滓運搬船沈没海洋汚染に—山口県	1972.9月
工場廃液汚染—岡山児島湾	1970(この年)	大型船に大量の欠陥	1972.10.18
今後の海洋開発についての方向示される		全日本ヨット選手権開催	1972.11.4
	1970(この年)	宇高連絡船「かもめ」就航	1972.11.8
三井金属鉱業工場カドミウム汚染	1970(この年)	海洋汚染防止条約調印	1972.12月
青酸化合物汚染—いわき市小名浜	1970(この年)	ニューヨーク・コンテナ航路初	1972(この年)
「第十とよた丸」竣工	1970(この年)	欧州造船界、協調申し入れ	1972(この年)
日本プランクトン学会発足	1970(この年)	沖縄~東京間でヨットレース	1972(この年)
日本舟艇工業会設立	1970(この年)	漁業情報サービスセンター設立	1972(この年)
北米北西岸コンテナ航路開設	1970(この年)	『黒潮』刊行	1972(この年)
諫早湾カドミウム汚染	1970(この年)	黒潮続流海洋学発表	1972(この年)
世界最大の海底油田掘削装置が完成	1971.1.31	世界最大のタンカー(当時)進水	1972(この年)
ヘドロ投棄了承	1971.2月	赤潮発生—愛媛県付近	1972(この年)
メコン・デルタ油田開発	1971.3.10	「全地球海洋観測組織(IGOSS)」発足	
赤潮発生—山口県徳山湾	1971.3.26		1972(この年)
再審査で水俣病認定	1971.4.22	測量船「昭洋」竣工	1972(この年)
海洋水産資源開発促進法	1971.5.17	足摺宇和海国立公園	1972(この年)
海洋科学技術センター法	1971.5月	第11平栄丸・北扇丸衝突	1972(この年)
水俣病認定で県の棄却処分取消	1971.7.7	『北太平洋北部生物海洋学』刊行	1972(この年)
赤潮発生—山口県下関市	1971.8月	北大西洋の海洋バックグラウンド汚染調査	
熊本県知事が水俣病認定	1971.10.6		1972(この年)
串本海中公園水族館開館	1971.10月	外航海運対策—海運造船合理化審議会	1973.1月
タンカー座礁—有害物質流出	1971.11.7	廃棄物処理、海洋汚染防止に廃棄物処理基	
リベリア船籍のタンカーが新潟沖で座礁	1971.11月	準を設ける	1973.2.1
水俣病患者らチッソ本社前で抗議の座込み		産業廃棄物の海洋投棄基準などを規定する	
	1971.12.17	総理府令	1973.2.13
し尿投棄による海洋汚染	1971(この年)	水俣病第一次訴訟—原告勝訴	1973.3.20
カドミウム汚染—下関・彦島地域	1971(この年)	フェリーと貨物船が衝突—豊後水道	1973.3.31
「ジェットスキー」誕生	1971(この年)	チッソと水俣病新認定患者の調停成立	1973.4.27
トラベミュンデ国際レガッタで優勝	1971(この年)	フェリー航路増加—カーフェリー大型化顕	
ヘドロ堆積漁業被害—愛媛県・燧灘付近		著に	1973.4月
	1971(この年)	瀬戸内海でフェリー炎上	1973.5.19
欧州航路サービス開始	1971(この年)	『海の鼠』刊行	1973.5月
『海の世界』刊行	1971(この年)	川崎重工が初のLNG船受注	1973.5月
「海洋科学技術センター」設立	1971(この年)	原子力船「むつ」外洋航行実験へ	1973.6.7
外航船舶建造計画上方修正	1971(この年)	ポリ塩化ビフェニール廃液排出—福井県敦	
環境庁発足	1971(この年)	賀市	1973.6月
高知パルプ工場廃液排出	1971(この年)	工場廃液排出—秋田県	1973.6月
国際海洋科学技術協会	1971(この年)	水銀口汚染—山口県徳山市	1973.6月
世界最大のタンカー(当時)進水	1971(この年)	潜水シュミレータ建屋完成	1973.6月
船舶廃油汚染—全国各地の沿岸	1971(この年)	水俣病補償交渉で合意調印	1973.7.9
		千葉の漁船が水銀賠償求め海上封鎖	1973.8.8

「マノロ・エバレット」火災事件	1973.9.19	「沖縄海洋博」開幕	1975.7.20
タンカー事故で重油流出―香川県沖合	1973.10.31	造船、新協議会設置	1975.7月
トンキン湾油田開発	1973.11.6	チッソ石油化学に融資	1975.8.13
新関門トンネル	1973.11.14	漁業協定に調印	1975.8.15
NORCが公認される―ヨット	1973(この年)	三豊海域酸欠現象	1975.8月
ブイロボット実用化	1973(この年)	原発温排水漁業被害―島根県	1975.9月
ヨット世界選手権に参加	1973(この年)	海洋博記念ヨットレース	1975.11.2
海へのビニール投棄被害	1973(この年)	海洋博記念で日本人が最短・最長航海女性	
海上安全対策強化	1973(この年)	世界記録	1975.11.18
海底火山の噴火により西ノ島新島誕生		PCB含有産廃の処分基準	1975.12.20
	1973(この年)	シベリア・ランド・ブリッジへの日本船参	
空から排水調査	1973(この年)	加	1975(この年)
原油貯蔵基地―周辺海域汚染	1973(この年)	タンカー「ベルゲ・エンペラー」を竣工	
工場廃液排出―岡山県倉敷市	1973(この年)		1975(この年)
工場廃液排出―山口県徳山市	1973(この年)	ヘドロ埋立汚染―トリ貝に深刻な打撃	
工場廃液排出―千葉県市原市	1973(この年)		1975(この年)
国際海洋研究10カ年計画の湧昇実験開始		『海底地質構造図』刊行	1975(この年)
	1973(この年)	『海洋地質図』シリーズ刊行開始	1975(この年)
深海掘削計画(DSDP)	1973(この年)	『国際海図』刊行始まる	1975(この年)
人工衛星を使って汚染状況調査	1973(この年)	国際深海底掘削計画(IPOD)発足	1975(この年)
『水路部百年史』刊行	1973(この年)	世界最大のタンカー(当時)竣工	1975(この年)
瀬戸内海環境保全臨時措置法を制定	1973(この年)	世界初の海上空港、長崎空港が開港	1975(この年)
倉敷メッキ工業所青酸排出―米子市	1973(この年)	石油コンビナート等災害防止法	1975(この年)
有明海水銀汚染―水俣病に似た症状も		赤潮で血ガキ騒ぎ―気仙沼湾	1975(この年)
	1973(この年)	赤潮発生―別府湾	1975(この年)
水俣湾入口に仕切網	1974.1月	放射線廃棄物深海投棄問題シンポジウム	
潜水訓練プール棟	1974.3月		1975(この年)
タンカー衝突事故で原油流出―愛媛県沖	1974.4.26	友田好文、日本学士院賞受賞	1975(この年)
計画造船制度存続か	1974.5月	琉球大に海洋学科新設	1975(この年)
第3水俣病問題	1974.6.7	水俣湾のヘドロ処理	1976.2.14
スライド船価時代へ	1974.6月	領海12海里、経済水域200海里を条件付き	
ヘドロ汲み上げ移動―田子ノ浦	1974.6月	で認める方針	1976.3.9
宇高連絡船「讃岐丸」就航	1974.7.20	沖縄～東京ヨットレースで「サンバード	
手作りヨットで世界一周	1974.7.28	V」が優勝	1976.5.4
「船の科学館」一般公開	1974.7月	動物性タンパク質供給量中の水産物の割合	
原子力船「むつ」放射線漏出	1974.9.1		1976.5月
核兵器積載軍艦が日本寄港	1974.9.10	「ふたば」「グレートビクトリー」衝突事件	1976.7.2
水俣病認定申請中に裁決	1974.9.20	全日本海員組合スト	1976.7.2
水銀汚染列島の実態明らかに―全国調査	1974.9月	土佐湾沿岸一帯で大規模な赤潮	1976.8月
LPGタンカーとリベリア船衝突―東京湾	1974.11.9	造船キャンセル過去最悪	1976.10.21
製油所重油流出、漁業に深刻な打撃―水島		領海、日ソ関係	1976.10.22
臨界工業地帯	1974.12.18	メチル水銀の影響で精神遅滞	1976.11.17
トリ貝大量死―境、三隅沖	1974(この年)	「海底トンネルの男たち」放送	1976.11.23
ヨット世界選手権に参加	1974(この年)	外航海運政策見直しへ―海運造船合理化審	
沖縄公害問題	1974(この年)	議会	1976.12.10
海底地質調査線「白嶺丸」建造	1974(この年)	水俣病認定不作為訴訟	1976.12.15
「春風丸3」進水	1974(この年)	タンカー備蓄問題検討専門委員会発足	
世界海洋循環数値シミュレーション	1974(この年)		1976(この年)
製紙カス処理問題―田子ノ浦	1974(この年)	ヨット、モントリオール五輪に参加	1976(この年)
造船業界大ピンチ―深刻な海運不況	1974(この年)	ヨット専用無線局	1976(この年)
「第11昌栄丸」「オーシャンソブリン号」衝		駿河湾震源域説	1976(この年)
突	1974(この年)	『水界微生物生態研究法』刊行	1976(この年)
「祥和丸」による乗揚事件	1975.1.6	水俣病で新救済制度を要望	1977.2.10
海洋投入処分等に関する基準設定―中央公		深刻さを増す造船不況	1977.3.1
害対策審議会が答申	1975.3.18	水俣病関係閣僚会議で患者救済見直し	1977.3.25
海運振興のための利子補給制度を廃止	1975.3月	平戸大橋開通	1977.4.4
海運不況対策として輸銀資金増額	1975.6月	原子力船「むつ」受入れ	1977.4.30

― 365 ―

水俣病対策推進を環境庁が回答	1977.7.1	水俣病認定業務促進	1979.2.9
海洋での廃棄物処理方法	1977.7.15	臨時水俣病認定審査会	1979.2.14
世界一周ヨット帰港	1977.7.31	水俣病刑事裁判―チッソ元幹部有罪	1979.3.22
赤潮で30億円の被害―播磨灘	1977.8.28	海底地震を常時監視	1979.4.1
手作りヨットで太平洋横断	1977.10.8	養殖ハマチ大量死	1979.7月
水俣湾のヘドロ処理・仕切網設置	1977.10.11	ヨット世界選手権―日本ペア優勝	1979.8.15
ニュージーランド水域での操業困難?	1977.10.18	海洋実験	1979.11月
南極オキアミ漁業	1977.11月	日ソ漁業交渉で合意	1979.12.14
ユージン・スミスの被写体患者死去	1977.12.5	潜水技術支援	1979.12月
九州沖縄間の海底同軸ケーブル開通	1977.12.8	クロマグロの人工孵化に成功	1979(この年)
タンカーによる石油備蓄	1977(この年)	印パ航路開設	1979(この年)
ヨット代表チームが参加	1977(この年)	小笠原レースを開催―ヨット	1979(この年)
『海と日本人』刊行	1977(この年)	世界最大のスーパータンカー	1979(この年)
海洋2法が成立	1977(この年)	造船に対する利子補給	1979(この年)
『海洋学講座』全15巻刊行	1977(この年)	日本初,小型無人潜水機の開発実験成功	
失業船員1万人―割高な給与がネック			1979(この年)
	1977(この年)	本州四国連絡橋	1979(この年)
静止気象衛星「ひまわり」打上げ	1977(この年)	フィリピンへ無償援助	1980.1.9
大阪湾の水質,環境基準越える	1977(この年)	波力発電装置による陸上送電試験	1980.1月
「第一鹿島海山」発見	1977(この年)	海自護衛艦リムパック初参加	1980.2.26
物理探査専用船「開洋丸」	1977(この年)	イルカの囲い網を切断	1980.2.29
造船不況―需要大幅減	1978.1.16	日ソ漁業サケ・マス交渉	1980.4.13
造船不況―新山本造船所倒産	1978.2.8	宇高連絡船「とびうお」就航	1980.4.22
水俣病チッソ補償金肩代わり問題	1978.2.15	核廃棄物海洋投棄の中止要求	1980.8.15
尖閣諸島,中国漁船侵犯	1978.4.12	ソ連原潜が沖縄で火災	1980.8.21
200海里時代	1978.4.18	海洋への農薬など化学物質の廃棄を規制	
波力発電国際共同研究協定に調印	1978.4月		1980.10.29
国も水俣病認定業務を	1978.5.30	海洋汚染及び海上災害の防止に関する法律	
赤潮発生―伊勢湾	1978.5月	の一部改正	1980.11.14
水俣病補償に県債発行	1978.6.2	「尾道丸」遭難事件	1980.12.30
東北石油仙台製油所流出油事故	1978.6.12	ブリ・ヒラマサ養殖法で特許	1980(この年)
佐世保重工業の再建―坪内寿夫氏に託す	1978.6月	海洋開発審議会答申	1980(この年)
造船不況―特定不況地域を指定	1978.8.28	三国間コンテナ・サービス開始	1980(この年)
造船不況―特定不況業種に	1978.8月	深海底鉱物資源探査船「白嶺丸」竣工	
ニュージーランドと漁業協定調印	1978.9.1		1980(この年)
さいとばるとチャンウオン号衝突―来島海		世界初の省エネ帆装商船進水	1980(この年)
峡	1978.9.6	船舶戦争保険	1980(この年)
国立水俣病研究センター	1978.10.1	イワシ大量死―新潟	1981.4.15
原子力船「むつ」佐世保に入港	1978.10.16	ライシャワー発言の衝撃―核持ち込み	1981.5.18
造船不況―一時帰休	1978.10.28	小児水俣病の判断条件	1981.7.1
水俣病認定業務促進	1978.11.15	貝殻島コンブ漁再開	1981.8.25
造船不況―操業短縮	1978.12.28	ナウル共和国に海洋温度差発電所が完成	1981.10月
サンシャイン国際水族館開館	1978(この年)	LEG船「第二昭鶴丸」竣工	1981.11月
バルチックレガッタで日本人が優勝	1978(この年)	3代目魚津水族館開館	1981(この年)
海底地震計観測始める	1978(この年)	「GOLAR SPIRIT」を引渡し	1981(この年)
『海洋科学基礎講座』刊行	1978(この年)	「しんかい2000」進水	1981(この年)
海洋開発基本構想と推進方策を発表	1978(この年)	メチル水銀汚染魚販売―水俣市内鮮魚店	
乾崇夫,日本学士院賞受賞	1978(この年)		1981(この年)
仕組船買い戻し	1978(この年)	海運業績好転―海運利子補給制見直し論	
水銀ヘドロ汚染―名古屋港	1978(この年)		1981(この年)
世界選手権で日本人が優勝―ヨット	1978(この年)	南アフリカ航路,コンテナ・サービス	
瀬戸内海環境保全特別措置法を制定	1978(この年)		1981(この年)
赤潮発生―気仙沼湾	1978(この年)	南米西岸航路,コンテナ・サービス	1981(この年)
造船不況―設備削減へ	1978(この年)	有人潜水調査船「しんかい2000」着水	
「太平洋学会」を創立	1978(この年)		1981(この年)
波力発電実験始まる	1978(この年)	「第二十八あけぼの丸」転覆事件	1982.1.6
		へっぐ号事件	1982.1.15

海底光伝送路を敷設	1982.2.17
青函連絡船「津軽丸」終航	1982.3.4
水質は横ばい状態—東京湾岸自治体公害対策会議	1982.4.27
南極海洋生物資源保存条約	1982.4月
海底精査	1982.10月
強流調査	1982.10月
堀江謙一が縦回り地球一周	1982.11.9
水俣海仕切網外で水銀検出	1982.12.1
STCW条約を批准	1982（この年）
「ふじ」から「しらせ」へ	1982（この年）
ラッコの飼育始める	1982（この年）
吉識雅夫に文化勲章が贈られる	1982（この年）
国際大会で日本人が優勝—ヨット	1982（この年）
三陸沖で深海底掘削	1982（この年）
赤潮発生—別府湾・豊後水道	1982（この年）
日仏共同KAIKO計画発足	1982（この年）
『日本地質アトラス』を刊行	1982（この年）
柚木学、日本学士院賞受賞	1982（この年）
国連海洋法条約	1983.2月
国際地球観測百年記念式典開催	1983.3.15
原子力空母佐世保寄港	1983.3.21
地球一周レース開催—日本人優勝	1983.5.17
日本海中部地震	1983.5.26
戸塚ヨットスクール事件	1983.6.13
放射性廃棄物の海洋投棄	1983.7.19
「しんかい2000」による潜航調査はじまる	1983.7.22
海洋汚染防止法施行令改正—船舶からの油類の排出規制を強化	1983.8.16
NHK、地震時の津波注意の呼びかけを開始	1983.9.7
『魚影の群れ』公開	1983.10.29
海洋科学技術センター日本海青森沖にて日本海中部地震震源域調査	1983.10月
LNG船「尾州丸」を就航	1983（この年）
インドネシアからのLNG輸送	1983（この年）
グアムレース—ヨット	1983（この年）
海上保安庁の2代目「拓洋」就役	1983（この年）
極限作業ロボットの開発研究始まる	1983（この年）
先進導杭貫通—青函トンネル	1983（この年）
大阪世界帆船まつり	1983（この年）
海洋リモートセンシング	1984.1月
有川桟橋航送場廃止	1984.2.1
「第十一協和丸」「第十五安洋丸」衝突事件	1984.2.15
「拓洋」チャレンジャー海淵を調査	1984.2月
水俣病認定申請の期限延長	1984.5.8
焼津沖にて沈船とコンクリート魚礁を調査	1984.5月
瀬戸内海国立公園50周年記念式典開催	1984.6.3
赤潮発生—熊野灘沿岸	1984.7月
日本沿岸マッコウ捕鯨撤退	1984.11.13
トンガ海溝域調査	1984.11月
原子力空母横須賀入港に抗議	1984.12.10
LNG船「泉州丸」を竣工	1984（この年）
「しらせ」処女航海へ	1984（この年）

ロス五輪—ヨット	1984（この年）
伊豆半島熱川の東方沖合、水深1,270mで枕状溶岩を発見	1984（この年）
小樽ナホトカレース—ヨット	1984（この年）
造船ニッポン、世界シェア6割を超す	1984（この年）
「大洋水深総図」完成	1984（この年）
日仏日本海溝共同調査	1984（この年）
漁船「第五十二惣寶丸」遭難事件	1985.2.26
海氷調査	1985.2月
宮崎沖にて漁業障害物を調査	1985.2月
青函トンネル貫通	1985.3.10
「開洋丸」転覆事件	1985.3.31
「第七十一日東丸」沈没事件	1985.4.23
欧州諸国が日本を非難—造船制限守らず	1985.4月
海中作業実験船「かいよう」完成	1985.5.31
港湾の21世紀のビジョン	1985.5月
「大鳴門橋」開通	1985.6.8
瀬戸内海赤潮訴訟	1985.7.30
世界最深の生物コロニーを発見	1985.7月
三光汽船、会社更生法を申請	1985.8.8
三光汽船が倒産	1985.8.13
水俣病医学専門家会議	1985.10.15
後天性水俣病に見解	1985.10.18
ニューシートピア計画実海域試験を実施	1985.10月
サンゴ礁学術調査	1985.11.28
相模湾にて日航ジャンボ機尾翼調査	1985.11月
海洋科学技術センターの「かいよう」(3,350トン)が竣工	1985（この年）
「今後の外航海運対策について」答申	1985（この年）
四国沖で深海生物ハオリムシを発見	1985（この年）
世界初チタン製ヨット	1985（この年）
造船ショック—三光汽船が影響	1985（この年）
第1豊洲丸・リベリア船タンカー衝突	1985（この年）
海運不況—中村汽船が自己破産申請	1986.2.20
小型ヨットでの世界一周から帰国	1986.4.13
ばら積みの有害液体物質による汚染を規制	1986.5.27
海洋調査船へりおす沈没	1986.6.17
業界合併を含む合理化案—海運造船合理化審議会答申	1986.6.25
来島海峡でフェリーとタンカー衝突	1986.7.14
諫早湾干拓事業—最後まで反対の漁協が漁業権を放棄	1986.8.17
核疑惑の米3艦が分散入港	1986.9.24
国立水俣病研究センターがWHO協力センターに	1986.9.24
造船不況—日立造船など大手が人員削減	1986.10.15
海洋汚染防止法一部改正—有害液体物質に排出規制を新設	1986.10.31
「鹿島山丸」竣工	1986.10月
三原山が209年ぶりに噴火	1986.11.22
「ディープ・トウ」がインドネシアのスンダ海溝調査	1986.11月
伊豆・小笠原海溝を跨ぐ海嶺を確認	1986（この年）

一般外航海運業（油送船）が特定不況業種
　　に　　　　　　　　　　　　　　　1986（この年）
自動図化方式による初の海図　　　　1986（この年）
船員の余剰問題―離職船員の再就職　1986（この年）
特例外航船舶解撤促進臨時措置法成立
　　　　　　　　　　　　　　　　　1986（この年）
海運不況―商船三井人員削減　　　　　1987.1.12
北朝鮮船漂着―11人が韓国へ　　　　　1987.1.20
「なつしま」、赤道太平洋にてエル・ニー
　　ニョの観測　　　　　　　　　　　　1987.1月
造船不況―日本鋼管人員削減　　　　　1987.2.18
『海狼伝』刊行　　　　　　　　　　　　 1987.2月
最後の南極商業捕鯨　　　　　　　　　1987.3.14
水俣病第三次訴訟で熊本地裁判決―原告側
　　全面勝訴　　　　　　　　　　　　 1987.3.30
『勇魚』刊行　　　　　　　　　　　　　 1987.4月
須磨海浜水族園開館　　　　　　　　　1987.7.16
教員初任者洋上研修始まる　　　　　　1987.7.21
赤潮発生―播磨灘一帯　　　　　　　　 1987.7月
水俣病認定業務で申請期限延長　　　　 1987.9.1
ペルシャ湾安全航行で貢献策　　　　　1987.10.7
『海洋大事典』刊行　　　　　　　　　 1987.10.20
日仏共同STARMER計画で北フィジー海
　　盆リフト系調査　　　　　　　　　1987.12月
英仏海峡海底鉄道より掘削機発注　　1987（この年）
海洋観測衛星もも1号打上げ　　　　1987（この年）
国際大会で日本人が優勝―ヨット　　1987（この年）
日向灘で地震　　　　　　　　　　　1987（この年）
水俣病刑事裁判最高裁判決―チッソの有罪
　　が確定　　　　　　　　　　　　　 1988.2.29
諫早湾の干拓事業―建設省・運輸省が認可　1988.3.9
青函トンネル開通、青函連絡船廃止　　 1988.3.13
『遠い海からきたCOO』刊行　　　　　　1988.3月
瀬戸大橋　　　　　　　　　　　　　　1988.4.10
海洋汚染関係政令―船舶で生ずるゴミによ
　　る汚染の規制を追加　　　　　　　 1988.7.19
女性初の太平洋単独往復　　　　　　　1988.8.19
造船業界再編ディーゼル新会社　　　　1988.10.1
ジャパンラインと山下新日本汽船が対等合
　　併　　　　　　　　　　　　　　　1988.12.23
PG就航船安全問題の規制解除　　　　1988（この年）
ソウル五輪―ヨット　　　　　　　　1988（この年）
ハンドウイルカの繁殖　　　　　　　1988（この年）
「海洋調査技術学会」が発足　　　　　1988（この年）
昭和海運、コンテナ定期航路ほぼ撤退
　　　　　　　　　　　　　　　　　1988（この年）
「水中画像伝送システム」の伝送試験　1988（この年）
船員法一部改正　　　　　　　　　　1988（この年）
第一富士丸・潜水艦なだしお衝突　　1988（この年）
地球環境保全企画推進本部を設置　　1988（この年）
中村征夫が第13回木村伊兵衛写真賞を受賞
　　　　　　　　　　　　　　　　　1988（この年）
『沈黙の艦隊』連載開始　　　　　　1988（この年）
日韓စ主協会会談　　　　　　　　　　1988（この年）
高速艇激突で死亡事故―淡路島　　　　 1989.2.2
貨物船「ジャグドゥート」爆発事件　　1989.2.16
ニューシートピア計画潜水実験　　　　 1989.3月

「第二海王丸」転覆事件　　　　　　　 1989.4.24
新石垣空港代替地にサンゴの大群落　　1989.5.14
伊豆半島東方沖で群発地震　　　　　　 1989.6.30
「白鳳丸」最初の研究航海　　　　　　　1989.6月
船舶などからの廃棄物の排出を厳しく規制　1989.9.1
「ディープ・トウ」が静岡県伊東沖で海底
　　群発地震震源域を緊急調査　　　　　1989.9月
葛西臨海水族園開園　　　　　　　　 1989.10.10
「白鳳丸」世界一周航海　　　　　　　1989.10月
NZ～日本ヨットレース　　　　　　 1989（この年）
「しんかい6500」竣工　　　　　　　 1989（この年）
「クリスタル・ハーモニー」竣工　　 1989（この年）
クルーズ元年　　　　　　　　　　　1989（この年）
ナビックスライン発足　　　　　　　1989（この年）
沖縄トラフ伊是名海穴で、炭酸ガスハイド
　　レートを初めて観察　　　　　　 1989（この年）
自航式ブイ「マンボウ」火山からの気泡確
　　認　　　　　　　　　　　　　　1989（この年）
津（三重）世界選手権開催―ヨット　1989（この年）
二代目「白鳳丸」竣工　　　　　　　1989（この年）
日本籍船への混乗　　　　　　　　　1989（この年）
本格的クルーズ外航客船「ふじ丸」就航
　　　　　　　　　　　　　　　　　1989（この年）
マリタイム・ガーデニア号座礁―油流出　1990.1.26
「ふしぎの海のナディア」放映開始　　 1990.4.13
モーターボート「東（あずま）」の転覆　1990.4.22
トリクロロエチレン海洋投棄　　　　　1990.4.26
温暖化オゾン　　　　　　　　　　　　　1990.5.2
フェリー同士が衝突　　　　　　　　　　1990.5.4
「第八優元丸」「ノーパルチェリー」衝突事
　　件　　　　　　　　　　　　　　　 1990.6.7
トリクロロエチレンなどの有害物質を含む
　　廃棄物の海洋投棄処分を禁止　　　1990.6.19
水俣病認定申請期限延長　　　　　　 1990.6.29
海洋汚染防止法施行令公布　　　　　　 1990.7.6
海遊館開館　　　　　　　　　　　　 1990.7.20
ニューシートピア計画300m最終潜水実験　1990.7月
赤潮発生―八代海　　　　　　　　　　 1990.7月
水俣病東京訴訟で和解勧告　　　　　　1990.9.28
尖閣諸島領有権論争再発　　　　　　　1990.10月
北海海域を船舶等からの廃棄物排出が厳し
　　く制限される特別海域に追加指定　 1990.12.18
DeepStarプロジェクト　　　　　　　1990（この年）
クルーズ外航客船「にっぽん丸」就航
　　　　　　　　　　　　　　　　　1990（この年）
ヨット代表チーム国際試合で勝利　　1990（この年）
海洋科学技術センターの「よこすか」（4,
　　439トン）竣工　　　　　　　　　1990（この年）
新たなマルシップ方式　　　　　　　1990（この年）
相模トラフ初島沖のシロウリガイ群生域で
　　深海微生物を採取　　　　　　　 1990（この年）
特例マルシップ混乗　　　　　　　　1990（この年）
「第七十七善栄丸」・水中翼船「こんどる三
　　号」衝突事件　　　　　　　　　　 1991.2.20
写真集『白保 SHIRAHO』刊行　　　　 1991.2月
宇高連絡船廃止　　　　　　　　　　 1991.3.16
「ビートル2世」就航　　　　　　　　 1991.3.25

掃海船ペルシャ湾派遣	1991.4.24
水俣病認定業務賠償訴訟は差戻し	1991.4.26
気候システム研究センターを東大に設置	1991.4月
魚業・養殖業生産量—戦後最大の減少	1991.5.31
日ソ漁業会談閉幕—200海里内での協力拡大へ	1991.6.12
「天洋丸」「トウハイ」衝突事件	1991.7.22
「しんかい6500」がナギナタシロウリガイを発見	1991.7月
「しんかい6500」海底の裂け目を発見	1991.7月
今後の水俣病対策	1991.11.26
「たか号」が連絡を絶つ	1991.12.26
「マリンマリン」転覆事件	1991.12.30
「しんかい6500」調査潜航開始	1991(この年)
第1回日台船主協会会談	1991(この年)
「飛鳥」竣工	1991(この年)
瀬渡船「福神丸」転覆事件	1992.1.12
水俣病東京訴訟	1992.2.7
原子力船「むつ」実験終了	1992.2.14
高知県室戸沖にて「滋賀丸」を探索	1992.3月
水俣病総合対策実施要領	1992.4.30
女性初の無寄港世界一周	1992.7.15
小笠原海域にて火災漁船から乗組員を救助	1992.7月
熱水噴出孔生物群集発見	1992.7月
カタール沖ガス田開発入札	1992.9.30
「しんかい6500」鯨骨生物群集を発見	1992.10月
プルトニウム輸送	1992.11.7
水俣湾の魚の水銀汚染	1992.11.9
新石垣空港の建設地問題と海洋環境	1992.11.20
水俣病関西訴訟で和解勧告	1992.12.7
アメリカ杯に初挑戦—ヨット	1992(この年)
インターリッジ計画はじまる	1992(この年)
バルセロナ五輪—ヨット入賞	1992(この年)
マントル内部構造の解明	1992(この年)
ユノハナガニの陸上飼育	1992(この年)
音響画像伝送装置の開発	1992(この年)
駿河湾の海底の泥から極めて強力な石油分解菌を発見	1992(この年)
造船業界の提携相次ぐ	1992(この年)
氷海用自動観測ステーション	1992(この年)
名古屋港水族館南館開業	1992(この年)
「英晴丸」の爆発事件	1993.1.13
水俣病資料館が開館	1993.1.13
アスファルトが釧路港に流出	1993.1.15
漁船「第七蛭子丸」転覆事件	1993.2.21
「菱洞丸」「ゾンシャンメン」衝突事件	1993.2.23
サツマハオリムシ発見	1993.2月
水俣病第三次訴訟で熊本地裁判決	1993.3.25
福島でタンカーと貨物船が衝突—重油流出	1993.5.31
八景島シーパラダイス開業	1993.5月
造船受注量世界シェア—史上最低を記録	1993.6.3
蓼科アミューズメント水族館開業	1993.7月
北海道南西沖地震の震源域調査を実施	1993.8月
惑星間の塵を海底で発見	1993.8月
深海底微生物の培養施設が完成	1993.9月

水俣病認定業務—認定申請期限の延長・対象者の範囲拡大	1993.11.12
石川島が米造船所を支援	1993.11.25
水俣病訴訟で京都地裁判決	1993.11.26
洋上発電プラント1号機を竣工	1993.12月
カタール・ガスプロジェクトLNG船7隻の建造	1993(この年)
ダブルハルタンカー「高峰丸」竣工	1993(この年)
ヨットレース中の事故で訴訟	1993(この年)
国内船の高速化	1993(この年)
東海大学「望星丸」を竣工	1993(この年)
北海道南西沖地震	1993(この年)
北海道南西沖地震後の奥尻島沖潜航調査	1993(この年)
水俣湾の水銀汚染・指定魚削減	1994.2.23
津波の早期検知	1994.4.1
1人乗りヨット「酒呑童子」救助される	1994.6.7
ロシア警備艇、日本の漁船を銃撃	1994.8.15
テクノスーパーライナー完成	1994.8月
海洋汚染—13の物質を「特別管理産業廃棄物」に指定	1994.9.26
和歌山県海南港でタンカー同士が衝突—原油流出	1994.10.17
係留中のタンカーより重油流出—千葉県袖ヶ浦	1994.11.26
漁船「第二十五五郎竹丸」転覆事件	1994.12.26
三陸はるか沖地震	1994.12.28
「CORONA ACE」就航	1994(この年)
コンテナ船「NYKアルテア」竣工	1994(この年)
城崎マリンワールド	1994(この年)
世界で最も浅い海域で生息する深海生物サツマハオリムシを発見	1994(この年)
大西洋・東太平洋における大航海	1994(この年)
油濁2条約	1994(この年)
神戸港機能停止	1995.1.17
経済協議でサンゴ礁を議論	1995.2.13
海洋汚染—埋立場所等に排出しようとする廃棄物に含まれる金属等の検定方法の一部を改正	1995.3.3
「かいこう7000II」、マリアナ海溝で10,911.4mの潜航に成功	1995.3月
原子力船「むつ」船体切断	1995.5.10
自然環境保全基礎調査・サンゴ礁	1995.5.26
産業廃棄物の海洋投棄処分—中央環境審議会答申	1995.6.6
原子力船「むつ」原子炉取り外し	1995.6.22
海上自衛隊ヘリコプター墜落事故機体及び乗員の発見	1995.6月
水俣病未認定患者の救済問題	1995.9.28
水俣病問題で国の不手際	1995.9.30
水俣病全国連会場に新聞社のレコーダー	1995.10.15
水俣病全国連が政府与党の解決策受入れ	1995.10.28
水俣病問題は政治決着へ	1995.10.30
メガフロートへ期待	1995.11.13
水俣病最終解決施策	1995.12.15

海洋汚染―産業廃棄物に含まれる油分の検定方法の一部を改正	1995.12.20
RTK-GPS導入で位置精度が向上	1995（この年）
TSL試験運航完了	1995（この年）
「クリスタル・シンフォニー」竣工	1995（この年）
「海の日」制定	1995（この年）
活断層調査	1995（この年）
世界初、『航海用電子地図』	1995（この年）
無人探査機「かいこう」を完成	1995（この年）
養殖マグロ放流	1995（この年）
水俣・芦北地域再生振興とチッソ支援	1996.1.9
水俣病総合対策医療事業	1996.1.22
世界で初めて10,000m以深の海底から深海微生物を含む海底堆積物（泥）の採取に成功	1996.2月
国際サンゴ礁イニシアティブ開催	1996.3.18
三菱重工業「希望」を静岡県に引き渡し	1996.3月
水俣病訴訟取り下げへ	1996.4.28
水俣病慰霊式に環境庁長官・チッソ社長も出席	1996.5.1
水俣病全国連がチッソと和解	1996.5.19
海洋汚染防止―排他的経済水域及び大陸棚に関する法律公布に伴う改正	1996.6.14
水俣湾仕切網内で漁獲開始	1996.6.24
IWC総会が捕鯨中止決議案を可決して閉幕	1996.6.28
アトランタ五輪開催、日本、ヨットで初のメダル	1996.7.19
国連海洋法条約発効	1996.7.20
自然環境保全基礎調査・サンゴ礁分布	1996.7.30
中国船、奥尻島群来岬沖で座礁―油流出	1996.11.28
TSL（テクノスーパーライナー）実験終了	1996（この年）
カタールからのLNG輸送を開始	1996（この年）
国連海洋法条約批准	1996（この年）
自律型海中ロボットの自律潜航に成功	1996（この年）
日本船籍・船員減少に歯止めを―国際船舶制度創設	1996（この年）
ナホトカ号事故	1997.1.2
環境庁長官視察―ナホトカ号流出事故	1997.1.15
流出重油富山湾に―ナホトカ号流出事故	1997.1.17
関係閣僚会議解散―ナホトカ号流出事故	1997.1.20
ナホトカ号事件で作業ボランティア急死―重油回収作業中に	1997.1.21
ナホトカ号流出事故回収作業	1997.2.1
ナホトカ号流出事故に環境評価	1997.2.7
日米港湾問題―米港湾荷役で対日制裁	1997.2.26
水俣病抗告訴訟福岡高裁判決	1997.3.11
戸塚ヨットスクール事件で実刑判決	1997.3.12
対馬沖西方で韓国タンカーが沈没―油流出	1997.4.3
諫早湾干拓事業で潮受堤防を閉め切り干潟消滅	1997.4.14
議員が初めて尖閣諸島に上陸	1997.5.6
船舶発生廃棄物汚染防止規程	1997.6.11
「しんかい6500」多毛類生物を発見	1997.6月
海上気象通報優良船として気象庁長官から表彰	1997.6月
東京湾でタンカー座礁―油流出	1997.7.2
海洋汚染防止―環境保護に関する南極条約議定書の国内措置盛りこむ	1997.7.9
海難救助で第三管区海上保安部長から表彰	1997.7月
水俣湾安全宣言だされる	1997.7月
日米港湾問題―米、日本のコンテナ船に課徴	1997.9.4
功労者に感謝状―ナホトカ号流出事故で	1997.9.5
日米港湾問題大筋で合意	1997.10.17
「かいれい」を京浜港晴海埠頭にて特別公開	1997.10月
韓国、竹島に埠頭建設	1997.11.6
新漁業協定を締結	1997.11.11
アクアライン開通	1997.12.18
学童疎開船「対馬丸」らしき船体を確認	1997.12月
カタールLNGプロジェクト初	1997（この年）
ジャパングアムヨットレース事故	1997（この年）
海洋科学技術センターの「かいれい」（4,517トン）竣工	1997（この年）
海洋科学技術センターの海洋地球研究船「みらい」（8,706トン）竣工	1997（この年）
外航クルーズが静かなブーム	1997（この年）
国際海洋シンポジウム'97	1997（この年）
中国企業と大西洋航路開設	1997（この年）
流氷調査	1997（この年）
海洋汚染防止法施行令改正―海洋投棄規制に有害液体物質指定項目を追加	1998.2.4
明石海峡大橋開通	1998.4.5
深海巡航探査機「うらしま」の開発を開始	1998.4月
海洋汚染防止法改正・油防除体制を強化	1998.5.27
シップ・オブ・ザ・イヤー'95準賞を受賞	1998.5月
世界で初めて底生生物の採取に成功	1998.5月
ケミカルタンカーの燃料流出―犬吠崎沖で衝突	1998.8.15
ミサイルが日本近海に着水	1998.8.31
船舶などからの大気汚染防止	1998.9.2
新漁業協定が基本合意	1998.9.25
「みらい」最初の北極海研究航海を実施	1998.9月
商船三井とナビックスが合併へ	1998.10.20
「しんかい6500」巨大いか発見	1998.11
「しんかい6500」世界で初めてインド洋潜行	1998（この年）
アジアにおける日本の地位低下―海運白書	1998（この年）
世界一極細ケーブル	1998（この年）
船舶職員法改正	1998（この年）
大西洋・インド洋における大航海	1998（この年）
中国で海生動物の卵細胞の化石	1998（この年）
内航海運暫定措置事業導入	1998（この年）
日本郵船、昭和海運を合併	1998（この年）
ニューギニア島北岸沖精密地球物理調査	1999.1月
松野、ロスビー研究メダル受賞	1999.1月
水俣病患者連盟委員長・川本輝夫氏死去	1999.2.18
で大規模な多金属硫化物鉱床を発見	1999.2月

多金属硫化物鉱床の発見	1999.2月
タイなどで水俣病普及啓発	1999.3.4
水俣病と男児出生率	1999.3.24
新しい津波予報の開始	1999.4.1
瀬戸内しまなみ海道開通	1999.5.1
水俣病認定申請―熊本県の対応に怠り	1999.5.12
南海トラフにおいて巨大な海山を発見	1999.5月
「みらい」が国際集中観測Nauru99に参加	1999.6月
南海トラフにおいて大規模かつ高密度な深部構造探査を実施	1999.6月
深海底長期地震・地殻変動観測研究	1999.9.2
造船―三菱重工赤字転落	1999.9.27
エル・ニーニョ現象	1999.9月
海底ケーブルと観測機器とのコネクタ接続作業に成功	1999.10月
徳山湾でタンカー衝突―油流出	1999.11.23
「H-IIロケット8号機」第1次調査	1999.11月
漁船第一安洋丸沈没事件	1999.12.10
「H-IIロケット8号機」第2次調査	1999.12月
「H-IIロケット8号機」第3次調査	1999.12月
「なつしま」AMVERに関する表彰を受ける	1999(この年)
『海猿』連載開始	1999(この年)
商船三井発足	1999(この年)
カナダの漁業海洋省との研究協力覚書	2000.3.20
サンゴ礁研究モニタリングセンター開所	2000.5.12
インドの海洋研究所と協力覚書	2000.5.31
日本で初めて氷海観測用小型漂流ブイによる観測に成功	2000.5月
アクアマリンふくしま開館	2000.7.15
インド洋中央海嶺にて熱水活動と熱水噴出孔生物群集を発見	2000.8月
三宅島雄山噴火、全島避難	2000.9.2
漁船第五龍寶丸転覆事件	2000.9.11
商船分野で包括提携	2000.9.13
調査捕鯨に制裁措置	2000.9.13
水中カメラで撮影したカラー映像の音響画像伝送に成功	2000.12月
サンゴの白化被害やや回復	2000(この年)
シドニー五輪―ヨット	2000(この年)
機長2名配乗体制	2000(この年)
造船再編、大手3グループに統合	2000(この年)
無人探査機「ハイパードルフィン」を「かいよう」に艤装搭載し潜航活動を開始	2000(この年)
ケミカルタンカー「ニュー葛城」乗組員死傷事件	2001.1.24
えひめ丸沈没事故	2001.2.9
原潜・実習船衝突事故、謝罪のため元艦長来日	2001.2月
サンマ漁で韓国巻き込む外交問題	2001.7月
諫早干拓事業―抜本の見直し	2001.8.28
自律型無人機の世界最深記録および無線画像伝送の伝達距離を更新	2001.8月
海運大手3社、円高効果で増収	2001.9月
「かいれい」ハワイホノルル沖「えひめ丸」沈没海域で遺留物回収	2001.10月
「みらい」がインド洋東部にてトライトンブイを設置	2001.10月
トラフグのゲノム解析	2001.10月
自衛艦のインド洋派遣	2001.11.9
不審船引き揚げ	2001.12.22
「GOLDEN GATE BRIDGE」が現代重工業で竣工	2001(この年)
外航労務部会へ移管	2001(この年)
日本郵船、日之出汽船を完全子会社化	2001(この年)
名古屋港水族館北館開館	2001(この年)
「なつしま」「ハイパードルフィン」搭載	2002.1月
有明海養殖ノリ不作と諫早湾水門の因果関係	2002.3.27
海上保安庁海洋情報部と改称	2002.4.1
諫早湾で開門調査―養殖ノリ不作	2002.4.15
「コープベンチャー」乗揚事件	2002.7.22
米軍普天間基地季節―環礁埋め立て	2002.7.29
「第二広洋丸」「サントラスト号」衝突事件	2002.8.8
「みらい」が西北極海国際共同観測実施	2002.8月
オニヒトデ駆除	2002.9.9
プレジャーボート「はやぶさ」転覆事件	2002.9.14
自動車運搬船「フアルヨーロッパ」乗揚事件	2002.10.1
「よこすか」をインドネシア大統領メガワティ氏訪船	2002.10月
ゴードン・ベル賞受賞	2002.11.21
沖縄美ら海水族館開館	2002.11月
「チルソン」乗揚事件	2002.12.4
船舶事故で重油流出―日立市	2002.12.5
「黒潮が日本周辺の気候へ与える影響を衛星観測データから発見」	2002.12月
「PUTERUI DELIMA SATU」が完成	2002(この年)
TAJIMA号事件	2002(この年)
「みらい」がAMVERに関する表彰を受ける	2002(この年)
マグロ完全養殖	2002(この年)
釜山アジア大会―ヨット	2002(この年)
造船受注実績3年ぶりに世界一	2002(この年)
地球深部探査船「ちきゅう」が進水	2002(この年)
「すいせん」遭難事件	2003.1.5
無人探査機「ハイパードルフィン」「なつしま」に艤装搭載	2003.2月
毛利宇宙飛行士潜行調査	2003.3月
「マントルプルーム域」「沈み込み帯」	2003.4月
天竜川旅客船乗揚事件	2003.5.23
無人探査機「かいこう7000II」、四国沖で調査中、2次ケーブルの破断事故によりビークルを失う	2003.5月
21世紀の偉業賞受賞	2003.6月
「うらしま」、世界で初めて燃料電池で航続距離220kmを達成	2003.6月
最大手東日本フェリーが破綻	2003.6月
漁船「第十八光洋丸」と貨物船「フンアジュピター」が衝突	2003.7.2
沖縄に二つの海流	2003.7月
赤潮で養殖ハマチ大量死―鳴門市	2003.7月

地震の化石発見	2003.7月
海溝型巨大地震の直近観測	2003.8.2
「みらい」が南半球周航観測航海BEAGLE2003を実施	2003.8月
ヨット「ファルコン」沈没事件	2003.9.15
東京海洋大学設置	2003.10.1
山形俊男、スベルドラップ金メダル受賞	2003.11月
「クリスタル・セレニティ」竣工	2003（この年）
国際深海掘削計画開始	2003（この年）
深海底長期地震・地殻変動観測研究	2003（この年）
造船受注は回復したが、円高影響	2003（この年）
超軽量飛行船の成層圏試験成功	2003（この年）
ダイヤモンド・プリンセス完成	2004.2.26
尖閣諸島に不法上陸	2004.3.24
「白鳳丸」海洋研究開発機構へ移管	2004.4月
銀河丸竣工	2004.6.15
「しんかい6500」南太平洋を横断	2004.6.19
サンゴ礁シンポジウム開催―宜野湾市	2004.6.28
「よこすか」太平洋大航海「NIRAI KANAI」を実施	2004.7月
諫早湾干拓事業で佐賀地裁、工事差し止め仮処分	2004.8.26
「トリアルディアント」乗揚事件	2004.9.7
水俣病関西訴訟最高裁判決	2004.10.15
「海王丸」乗揚事件	2004.10.20
「マリンオーサカ」防波堤衝突事件	2004.11.3
海運大手過去最高益	2004.11.11
「第二可能丸」転覆事件	2004.12.4
アテネ五輪―ヨット	2004（この年）
バラスト水管理条約採択	2004（この年）
海事産業研究所が解散	2004（この年）
国際保安コード発行	2004（この年）
養殖マグロを出荷	2004（この年）
「うらしま」、巡航探査機の世界新記録航続距離317kmを達成	2005.2月
の「なつしま」スマトラ島沖地震緊急調査	2005.2月
無人探査機「ハイパードルフィン」、スマトラ島沖地震緊急調査を実施	2005.2月
改正油濁損害賠償保障法施行	2005.3.1
呉市海事歴史科学館大和ミュージアム開館	2005.4.3
今後の水俣病対策	2005.4.7
「かいれい」、「かいこう7000」運用開始	2005.4月
内航海運活性化3法施行	2005.4月
日本船舶技術研究協会発足	2005.4月
「なるしお」防波堤衝突事件	2005.5.1
諫早湾干拓事業―福岡高裁工事差し止めを取消す	2005.5.16
水俣病医療費等の支給	2005.6.1
「カムイワッカ」乗揚事件	2005.6.23
「白鳳丸」海上気象通報優良船舶表彰	2005.6月
「旭洋丸」「日光丸」衝突事件	2005.7.15
「開神丸」「ウェイハン9」衝突事件	2005.7.22
地球深部探査船「ちきゅう」(56,752トン)が完成	2005.7月
「第三新生丸」「ジムアジア」衝突事件	2005.9.28
水先制度の抜本改革	2005.11月
深海生物生存捕獲	2005.12月
生きたままの深海生物を「シャトルエレベータ」により初めて捕獲	2005.12月
愛地球博記念国際ヨットレース	2005（この年）
好調続く海運	2005（この年）
造船大手増益	2005（この年）
中国で自動車運搬船建造	2005（この年）
メタンハイドレート柱状分布発見	2006.2月
相模湾で新種の生物の採集に成功	2006.2月
「トッピー4」旅客負傷事件	2006.4.9
「津軽丸」「イースタンチャレンジャー」衝突事件	2006.4.13
マリアナ海域の海底において大規模な海底火山の噴火を確認	2006.5月
LED光源を用いた深海照明システムを世界で初めて運用	2006.6月
伊豆半島東方沖において地すべり痕確認	2006.6月
津波情報提供業務の拡大	2006.7.1
熊野トラフ泥火山微細地形構造調査実施	2006.7月
送電線損傷事件	2006.8.14
「しんかい6500」液体二酸化炭素プール発見	2006.8月
貨物船「ジャイアントステップ」乗揚事件	2006.10.6
漁船「第七千代丸」乗揚事件	2006.10.6
遊漁船「第3明好丸」転覆事件	2006.10.8
ミナミマグロの日本の年間漁獲割当量を発表	2006.10.16
「あさしお」「スプリングオースター」衝突事件	2006.11.21
「うらしま」、「今のロボット」大賞2006優秀賞受賞	2006.12月
ドーハアジア五輪―ヨット	2006（この年）
改正水先法成立	2006（この年）
造船・重機大手そろって増収	2006（この年）
「しんかい6500」熱水噴出現象発見	2007.1月
「みらい」がインド洋における大規模雲群発生の観測に初めて成功	2007.1月
「よこすか」、沖縄トラフ深海底下において新たな熱水噴出現象「ブルースモーカー」を発見	2007.1月
「たかちほ」「幸吉丸」衝突事件	2007.2.9
「ゼニスライト」沈没	2007.2.14
海面水温・海流予報	2007.2.28
マルチチャンネル反射法探査装置（MCS）を高精度化	2007.2月
「PICASSO（ピカソ）」初の海域試験に成功	2007.3月
海技教育財団設立	2007.4.1
海技振興センター発足	2007.4.1
日本水先人会連合会設立	2007.4.3
日本海事センター設立	2007.4月
「セブンアイランド愛」旅客負傷事件	2007.5.19
砂利運搬船送電線損傷	2007.7.19
東京消防庁臨港消防署から感謝状を受ける	2007.10月
沖縄トラフ深海底調査における熱水噴出域の詳細な形状と分布のイメージングに成功	2007.12月

大深度小型無人探査機「ABISMO」実海域試験において水深9,707mの潜航に成功 2007.12月
鉱石運搬船「ぶらじる丸」が完成 2007（この年）
石川島播磨重工業からIHIに社名変更 2007（この年）
鉄鉱石船「BRASIL MARU」 2007（この年）
新テロ特措法が成立、海自給油活動再開へ 2008.1.11
自衛隊インド洋での給油活動再開 2008.1.24
イージス艦「あたご」衝突事故 2008.2.19
海洋科学技術センターの「なつしま」、「あたご」「清徳丸」衝突事故海域調査を実施 2008.2月
船位通報制度優良通報船舶を受賞 2008.3月
国土交通大臣表彰を受賞 2008.6月
日本全国20万隻の漁船が一斉休漁 2008.7.15
アーキワールド発見 2008.7月
「みらい」が「国際極北極観測」として北極航海を実施 2008.8月
外国人全乗の日本籍船が生れる 2008.8月
原子力空母横須賀港に入港 2008.9.25
ニホンウナギの親魚捕獲 2008.9月
断層内部に高温の水の痕跡 2008.9月
「アウリガ・リーダー」竣工 2008（この年）
『蟹工船』ブーム 2008（この年）
景気減速で活況から減便へ 2008（この年）
北京五輪―ヨット 2008（この年）
海自潜水艦と漁船が接触 2009.1.10
「みらい」が太平洋を横断する観測航海「SORA2009」を実施 2009.1月
海上自衛隊護衛艦派遣 2009.3月
「かいよう」深海において水平300kmの長距離音響通信に成功 2009.6月
護衛艦とコンテナ船が衝突 2009.10.27
海自艇に漁船が衝突 2009.10.29
フェリーが座礁―原油流出 2009.11.13
「しんかい6500」深海で奇妙な巻貝発見 2009.11月
「NYK スーパーエコシップ2030」発表 2009（この年）
トン数標準税制 2009（この年）
ニューヨーク・ヨットクラブ主催レースに参加 2009（この年）
ウナギの完全養殖に成功と発表 2010.4.8
大気海洋研究所が発足 2010.4月
貨物船とタンカーが衝突 2010.6.16
生物多様性のホットスポット 2010.8月
尖閣諸島付近で中国漁船が海上保安庁巡視船に衝突 2010.9.7
「ETESCO TAKATSUGU J」竣工 2010（この年）
NSユナイテッド海運発足 2010（この年）
ヨット沖縄レース復活 2010（この年）
広州アジア大会―ヨット 2010（この年）
国土交通省成長戦略公表 2010（この年）
中村march夫が内閣総理大臣賞「海洋立国推進功労者表彰」を受賞 2010（この年）
ウナギの産卵場、特定 2011.2.1
東日本大震災 2011.3.11
福島第1原発が津波被害、炉心融解事故 2011.3.12
緊急調査実施及び放射能モニタリング 2011.3月
栃木県なかがわ水遊園開館 2011.7.15
コンテナ船、居眠り操舵で事故 2011.8.19
「しんかい6500」震源地で亀裂発見 2011.8月
地震・津波観測監視システム 2011.8月
沼津港深海水族館開館 2011.12.10
NYYCインビテーショナルカップ―ヨット 2011（この年）
アクアワールド大洗水族館開館 2012.3.21
港湾近代化促進協議会設立 2012.4.1
海自ヘリ、護衛艦に接触し墜落 2012.4.15
深海でのダイオウイカ撮影に成功 2012.7月
韓国大統領竹島に上陸 2012.8.10
修学旅行の客船が座礁 2012.11.14
イラン産原油輸送タンカー特措法 2012（この年）
「飛鳥II」で東北復興応援クルーズ 2012（この年）
ソロモン地震で津波 2013.2.6
メタンハイドレートの採取に成功 2013.3.12
トン数標準税制の拡充実施 2013.4.1
海難審判・船舶事故調査協会に改称 2013.4.1
「新青丸」海洋研究開発機構に引き渡し 2013.6.30
海上災害防止協会（現・海上災害防止センター）設立 2013.7月
貨物船が衝突し転覆 2013.9.27
海保巡視艇が屋形船に追突 2013.10.12
ヨットレースで衝突―東京湾 2013.10.27
『村上海賊の娘』刊行 2013.10月
無人深海探査機「江戸っ子1号」が日本海溝で深海生物の3D映像撮影に成功 2013.11月
「有明をわたる翼」初演 2013.12.18
2020東京五輪 2013（この年）
NYYCインビテーショナルカップ―ヨット 2013（この年）
環境対応・低燃費船「neo Surpramax 66BC」を引き渡し 2013（この年）
「新青丸」建造 2013（この年）
政府、新島を国有化 2014.1.7
海上自衛艦「おおすみ」釣り船と衝突 2014.1.15
「日本海」「東海」併記法案可決 2014.2月
プレート移動「マントルが原因」 2014.3.31
大成丸四世竣工 2014.3.31
福島第1原発、地下水を海洋放出 2014.5.21
海洋版SPEEDI開発 2014.6.2
次世代資源メタンハイドレート秋田・山形沖に有望地点 2014.6月
商船三井、北極海航路でガス輸送 2014.7月
辺野古沖で海底ボーリング調査開始 2014.8.18
世界2個体目の深海魚を確認 2014.8月
調査捕鯨先延ばし案可決 2014.9.18
沖縄・久米島沖に熱水噴出孔群 2014.9.19
塩釜で潮流発電装置を公開 2014.11月

【パキスタン】

印パ航路開設 1979（この年）

【バングラディッシュ】
ベンガル湾のサイクロンで船沈没　　1978.4.4

【ビルマ】
ビルマ経済協力会社設立　　1952.5.18

【フィリピン】
マゼラン、フィリピンで殺される　　1521.4.27
フィリピンと名付ける　　1542（この年）
スペインによるフィリピン征服　　1565（この年）
フィリピンへ無償援助　　1980.1.9
へっぐ号事件　　1982.1.15
フィリピンでタンカーとフェリー衝突沈没
　—海難史上最大の犠牲者数　　1987.12.20
フィリピンでフェリー沈没　　1998.9.19

【ベトナム】
仏、ベトナムを領有　　1881（この年）
トンキン湾事件　　1964.8.2
メコン・デルタ油田開発　　1971.3.10
トンキン湾油田開発　　1973.11.6
ベトナムで漁船大量遭難　　1996.8.17

【香港】
清国、香港割譲・五港開港　　1842（この年）

【マカオ】
マリア・ルース号事件　　1872.6.4

【マレーシア】
マラッカ・シンガポール海峡4カ国共同測量　　1970（この年）
大型タンカーの航行規制に合意　　1976（この年）
通航分離方式策定　　1977（この年）
三国間コンテナ・サービス開始　　1980（この年）
マラッカ海峡で「ナガサキ・スピリット号」衝突—原油流出　　1992.9.20

【南アジア】
モロッコの探検家、海路アラビアなどへ　　1325（この年）

【明】
勘合貿易　　1404（この年）
足利将軍、遣明船見物　　1405.8.3

【モルディブ】
モルディブ海面上昇　　2000（この年）

【倭国】
白村江の戦い　　663（この年）

【アラビア】
モロッコの探検家、海路アラビアなどへ　　1325（この年）

【アラブ】
西洋最古の舵の証拠　　1180（この年）

【イスラエル】
スエズ危機　　1956.10.30
駆逐艦「エイラート」撃沈　　1967（この年）

【イラク】
タンカー戦争で国連安保理　　1984.5.25
タンカー戦争中止要求決議　　1984.6.1
イラク、米フリゲート艦を誤爆　　1987.5.17
湾岸戦争がはじまる　　1991.1.17
ペルシャ湾で原油流出　　1991.1.25

【イラン】
タンカー戦争で国連安保理　　1984.5.25
タンカー戦争中止要求決議　　1984.6.1
緊張高まるペルシャ湾—米対イラン　　1987.8.4
ペルシャ湾でイラン旅客機を誤射　　1988.7.3
湾岸戦争がはじまる　　1991.1.17

【エジプト】
帆を発明　　BC3500（この頃）
パピルス葦の船　　BC3200（この頃）
最古の帆　　BC3100（この頃）
最初の板張り船　　BC2700（この頃）
エジプトの軍船　　BC2500（この頃）
クフ王の船　　BC2500（この頃）
エジプトの川舟　　BC2400（この頃）
エジプトの帆走船　　BC1900（この頃）
エジプトの貨物船　　BC1450（この頃）
紅海に至る運河　　BC1300（この頃）
ラムセスの海戦　　BC1180（この頃）
ネコ王アフリカに船を派遣　　BC500（この頃）
アレクサンドリアの大灯台が建造される　　BC283（この年）
ナイル川と紅海をつなぐ運河　　BC280（この年）
ディウの戦い　　1509（この年）
スエズ運河会社設立　　1856（この年）
スエズ運河着工　　1859.4.29
英国、スエズ運河株購入　　1875.11.25
英、エジプトを占領　　1882（この年）
英国がスエズ運河を封鎖　　1952.1.4
クフ王の船発見　　1954（この年）
エジプト、スエズ運河を国有化　　1956.7.26
スエズ危機　　1956.10.30
駆逐艦「エイラート」撃沈　　1967（この年）
紅海でタンカーなどが触雷　　1984.8.2
イタリア客船乗っ取り事件　　1985.10.7
エジプトで客船沈没　　1991.12.15
「アルサラーム・ボッカチオ98」沈没　　2006.2.2
紅海でフェリー沈没　　2006.2.2

【カタール】
カタール沖ガス田開発入札　　1992.9.30

【カタール】（続き）

カタール・ガスプロジェクトLNG船7隻の建造	1993（この年）
カタールLNGプロジェクト初	1997（この年）

【クウェート】

ペルシャ湾で原油流出	1991.1.25

【中東】

獣皮ボート	BC700（この頃）
アラビア半島フジャイラ沖でタンカー同士が衝突	1994.3.31

【ペルシャ】

サラミスの海戦	BC480.9.23
3つの海を越えての航海	1466（この年）

【メソポタニア】

帆船が使用される	BC5000（この頃）

【モロッコ】

モロッコの探検家、海路アラビアなどへ	1325（この年）
モロッコ沖でタンカー爆発・原油流出	1989.12.19

【UAE】

アラブ首長国連邦（UAE）における油流出事故	1998.1.6

【リビア】

シドラ湾事件―米戦闘機とリビア戦闘機を撃墜	1981.8.19
原子力空母リビア沖に派遣	1983.2.16
シドラ湾で戦闘	1986.3.24

【アイスランド】

タラ漁を巡って紛争	1973.3.18
核搭載船の寄港を拒否	1985.2.1
国際捕鯨委員会―アイスランドが脱退	1992.6.29
商業捕鯨再開―アイスランド	2006.10.17

【アイルランド】

聖コルンバがアイオナ島に到着	563（この年）
最初のヨットクラブ	1720（この年）
テロリストが自家用ヨットを爆破	1979（この年）

【イギリス】

サットン・フーの船葬墓	625（この年）
ヘイスティングの戦い	1066（この年）
西洋最初の磁石、羅針盤	1187（この年）
十字軍大船団	1189（この年）
地球球形説	1322（この年）
軍艦に初めて大砲搭載	1338（この年）
スロイスの戦い	1340（この年）
「グレース・デュー」進水	1418（この年）
グレート・ハリー号建造	1514（この年）
ソレントの海戦	1545.7.19
コール、船舶用速度計を発明	1573（この年）
最初の北西航路航海	1576（この年）
磁石の伏角を発見	1576（この年）
ドレーク世界周航へ出港	1577.12月
ドレーク世界一周より帰港	1580.9.26
デーヴィス海峡の発見	1585（この年）
アルマダの海戦	1588（この年）
イギリス東インド会社設立	1600（この年）
オランダ船豊後に漂着	1600（この年）
ハドソン川、ハドソン湾を発見	1609（この年）
新天地アメリカへ	1620.9.16
ソブリン・オブ・ザ・シー建造	1637（この年）
英議会航海法を可決	1651（この年）
第一次英蘭戦争	1652（この年）
オランダ、チャールズ2世にヨットを献上	1660（この年）
最初のヨットレース	1661（この年）
第2次英蘭戦争	1665（この年）
『造船学の原理』出版	1670（この年）
テセルの戦い	1683.8.11
ハレーの学説	1686（この年）
ビーチー・ヘッドの戦い	1690.6.30
磁気図作成	1698（この年）
最初の方位学地図	1701（この年）
マラガの海戦	1704.8.24
英国艦隊、シリー島沖で嵐のため遭難	1707（この年）
「経度法」立法化	1714.7月
『ロビンソン・クルーソー』刊	1719（この年）
『英国海賊史』刊行	1724（この年）
ロイズリスト	1734（この年）
貿易風の原因を論ずる	1735（この年）
外輪船の設計図を作成	1737（この年）
リンド『壊血病の治療』刊	1753（この年）
六分儀の発明	1757（この年）
ハリソン、クロノメーターを発明	1759（この年）
航海の難所に灯台建設	1759（この年）
『ロイズ船名録』刊行	1760（この年）
マスケリン、『英国航海者ガイド』刊	1763（この年）
四分儀の使用法、経度決定法を普及	1763（この年）
「エンデバー号」進水	1764（この年）
航海用クロンメーター完成	1765（この年）
マスケリン、『航海暦』刊行開始	1767（この年）
キャプテン・クック、第1回太平洋航海に出発	1768（この年）
クック、タヒチに到達	1769.4.13
クック、オーストラリア大陸を発見	1770.4.19
キャプテン・クック、第2回太平洋航海に出発	1772.7.13
ボストン茶会事件勃発	1773.12.16
英国王、経度法賞金残額贈呈を支援	1773（この年）
時計製作者のハリソンが没する	1776.3.24
クック最後の航海	1776（この年）
ブッシュネル、魚雷を発明	1777（この年）
クック、ハワイ発見	1778.1.20
クック、殺される	1779.2.14
史上に残る単独艦同士の戦闘	1779.9.23

イギリス　　　　　　　　　　　　　国名索引　　　　　　　　　　海洋・海事史事典

蒸気機関の開発	1782（この年）
英囚人豪州に送られる	1788.1.26
「バウンティ号」の反乱	1789.4.28
軍艦から彫刻を撲滅	1794（この年）
正確な海図の作成	1795（この年）
アブキール湾の戦い	1798.8.1
コペンハーゲンの海戦	1801.4.2
実用化された最初の蒸気船	1801（この年）
初めて西北航路を通り北米へ	1805（この年）
「フェートン号」事件	1808（この年）
天文学者マスケリンが没する	1811.2.9
欧州初の蒸気船	1812.7.25
英国人浦賀に来航通商求める	1818（この年）
「ビーグル号」進水	1820（この年）
ロイド船舶名簿に登録された最初の蒸気船	1821（この年）
ケント号の火災事故	1825（この年）
メナイ海峡にかかる吊り橋完成	1825（この年）
ナヴァリノ海戦	1827.10.20
クルージング始まる	1830（この年）
ロス、北磁極に到達	1831.6.1
ダーウィン、ビーグル号で世界周航に出発	1831.12.27
シリウス号大西洋を18日間で横断	1838.4.4
スミス、スクリュー・プロペラを発明	1839（この年）
ロス、南極を探検	1839（この年）
ワイタンギ条約	1840.2.6
ロス海発見	1840（この年）
英国発のスクリュー推進の軍艦	1840（この年）
大西洋横断汽船会社	1840（この年）
ダーダネルス海峡、軍艦通航を禁止	1841（この年）
清国、香港割譲・五港開港	1842（この年）
グレート・ブリテン号就航	1843（この年）
外国船浦賀、下田、長崎に入港	1849.4.8
最初の海洋ケーブル	1851（この年）
英艦、長崎に入港	1854.9.7
コルクの救命胴衣	1854（この年）
セヴァストポリ要塞攻囲戦	1854（この年）
機雷被災第一号	1855.6月
「アロー号」事件	1856.10.23
英、幕府に船を献上	1858.7.5
蘭、露、英と条約締結	1858.7.10
英国、巨艦建造	1858（この年）
最初の大西洋横断電信ケーブル敷設	1858（この年）
電力を使用した初の灯台	1858（この年）
英・装甲艦「ウォーリア号」起工	1859.5月
世界最大の船、大西洋を横断	1860.6.17
英初、暴風警報	1860（この年）
英仏が長州藩を報復攻撃	1863.6.1
薩英戦争起こる	1863.7.2
下関事件賠償約定	1864.9.22
四カ国連合艦隊兵庫沖に現れる	1865.9.16
英が灯台・灯明館建設要求	1866.9月
C.W.フィールド、大西洋横断海底電信敷設	1866（この年）
R.ホワイトヘッド、魚雷を発明	1866（この年）
英国水夫殺害犯が自殺	1868.12.10
英国軍艦が座礁	1868（この年）
英国と瀬戸内海共同測量	1869（この年）
アメリカ軍艦が浦賀で沈没	1870.1.24
帆のない戦艦	1871（この年）
マリア・ルース号事件	1872.6.4
英船「チャレンジャー号」深海を探検	1872（この年）
近代的水雷艇建造	1872（この年）
紅茶輸送の快速帆船競争	1872（この年）
船型試験水槽作成	1872（この年）
ブラウンが軍艦受領のため渡英	1874（この年）
ドーバー海峡遠泳	1875.8.25
英国、スエズ運河株購入	1875.11.25
P&O汽船が香港～横浜航路を開設	1876.2月
英米水兵がボートで競争	1877.5.12
英最初の水雷艇進水	1877（この年）
初の蒸気トロール船	1877（この年）
英国軍艦が函館入港	1880.7.17
アレクサンドリア砲撃	1882.7.11
英、エジプトを占領	1882（この年）
英国船が難破船を救助	1883.3.4
万国漁業博覧会	1883.5.12
グラスゴー大学で造船学講座	1883（この年）
海水化学分析	1884（この年）
大西洋域の暴風警報	1885（この年）
ノルマントン号事件	1886.10.24
スエズ運河の自由航行に関する条約	1888.10.29
プリマス海洋研究所設立	1888（この年）
初の蒸気駆動救難艇	1890（この年）
海底堆積物学の確立	1891（この年）
軍艦千島衝突沈没	1892.11.30
初の水雷艇駆逐艦	1892（この年）
初の水雷艇駆逐艦建造	1893（この年）
初めて南極で捕鯨	1893（この年）
船用蒸気タービンの道をひらく	1894（この年）
軍艦千島沈没事故示談成立	1895.9.19
軍艦八重山、公海上で商船を臨検	1895.12月
初の蒸気タービン船の完成	1897.6月
威海衛租借	1898.7.1
初の単独世界一周	1898（この年）
タービンエンジン搭載の戦闘艦	1899（この年）
南極海探検	1901（この年）
英国、ドイツ、イタリアがベネズエラの5港を封鎖	1902.12月
ドッガー・バンク事件	1904.10.21
初の海上気象電報	1904（この年）
タービン推進戦艦「ドレッドノート」進水	1906.2.10
モーリタニア号完成	1907（この年）
音響測深儀を発明	1907（この年）
海底沈積物中の放射能	1908（この年）
猟奇殺人犯洋上で逮捕	1910.7.31
「海の交響曲」初演	1910.10.12
ラッコ・オットセイ保護条約	1911.7.7
スコット隊南極に到達	1912.1.18
スコット隊全員が遭難死	1912.3.29

タイタニック号沈没	1912.4.14
英、高級戦艦建造	1912（この年）
日本海軍最後の海外発注艦竣工	1913.8.16
コロネル沖海戦	1914（この年）
ナイル号沈没	1915.1.11
ダーダネルスへの海上作戦決定	1915.1.13
ドイツ、対英封鎖を宣言	1915.2.4
ルシタニア号がドイツ潜水艦に撃沈される	1915.5.7
初の空中魚雷攻撃	1915.8月
傾斜装甲盤防御法を採用	1915（この年）
水中爆雷を開発	1915（この年）
独、潜水艦無警告撃沈始める	1915（この年）
ユトランド沖海戦	1916.5.31
シャクルトン隊生還	1916.8.30
ディーゼルエンジンを搭載した最初の客船	1917（この年）
英、航空母艦完成	1917（この年）
無線操縦魚雷艇、英艦撃破	1917（この年）
ゼーブルッへ基地を攻撃	1918.4.23
ロンドン航路開設	1918.12.9
スカパ・フローでの自沈	1919.6.21
サンビーム・ディンギーが誕生	1920（この年）
ペルー海流調査	1925（この年）
風浪発生の理論	1925（この年）
英、戦艦「ネルソン」完成	1927（この年）
ロンドン海軍軍縮会議開催	1930.1.21
ロンドン海軍軍縮条約調印	1930.4.22
『ニワトリ号一番のり』刊行	1933（この年）
英独海軍協定に調印	1935.6.18
ロンドン海軍軍縮会議開催	1935.12.9
クイーン・メリー号進水	1935（この年）
アレン、ダーウィンメダルを受賞	1936（この年）
『海の男/ホーンブロワー』シリーズ刊行開始	1937（この年）
『海へ出るつもりじゃなかった』刊行	1937（この年）
ロンドン条約以上の艦船不建造要求	1938.2.5
グーセンがインド洋アフリカ海岸沖でシーラカンスを捕獲	1938.12.25
空母「アーク・ロイヤル」就役	1938（この年）
英独海軍協定の破棄	1939.4月
クイーン・エリザベス号完成	1939（この年）
浅間丸臨検	1940.1.21
独の駆逐艦撃沈	1940.4.10
英国軍がフランス艦船を攻撃	1940.7.3
デンマーク海峡海戦	1941.5.24
戦艦「ビスマルク」撃沈	1941.5.27
「扶桑丸」が台湾に入港	1941.10.9
ヘッジホッグ配備	1941（この年）
レーダー実用化	1941（この年）
ワトソン、ダーウィンメダル受賞	1942（この年）
英国が最後に建造した戦艦	1944（この年）
ボンベイの水兵が反乱	1946.2.19
ユダヤ難民船臨検	1947（この年）
マリアナ海溝に世界最深の海淵を発見	1950（この年）
『非情の海』刊行	1951（この年）
英国がスエズ運河を封鎖	1952.1.4
フリッチュ、ダーウィンメダル受賞	1952（この年）
『女王陛下のユリシーズ号』刊行	1955（この年）
スエズ危機	1956.10.30
『眼下の敵』刊行	1956（この年）
英、水爆実験	1957.5.15
RO-ROフェリー第1号が進水	1957（この年）
「アドミラズ・カップ」開催	1957（この年）
国際インド洋調査はじまる	1962（この年）
英、初めての原潜進水	1963.12.3
船舶事故で海洋汚染—常滑	1964.9.20
紅海中央部海底近くで異常高温域を発見	1964（この年）
英国沖でタンカー座礁し原油流出	1967.3.18
単独世界一周航海	1967.5.28
豪華客船クイーン・エリザベス2世号進水	1967.11.20
単独無寄港世界一周	1968（この年）
『英国海軍の雄ジャック・オーブリー』シリーズ刊行開始	1970（この年）
国際水資源協会設立	1971（この年）
タラ漁を巡って紛争	1973.3.18
深海底地形探査	1974（この年）
クイーン・エリザベス2世号世界一周の旅へ	1975.1月
国際深海底掘削計画（IPOD）発足	1975（この年）
テロリストが自家用ヨットを爆破	1979（この年）
フォークランド紛争開戦	1982.4.2
フォークランド紛争で即時撤退決議	1982.4.3
フォークランド諸島を封鎖	1982.4.28
フォークランド紛争、アルゼンチン海軍巡洋艦撃沈	1982.5.2
フォークランド紛争、英駆逐艦大破	1982.5.4
フォークランド諸島上陸作戦	1982.5.20
船舶戦争保険基本料引き上げ	1983（この年）
紅海でタンカーなどが触雷	1984.8.2
英仏海峡海底鉄道より掘削機受注	1987（この年）
北海油田洋上基地で爆発事故	1988.7.6
エリック・デントン（英国）が国際生物学賞を受賞	1989（この年）
インターリッジ計画はじまる	1992（この年）
座礁大型タンカーより原油流出—英国	1993.1.5
『デジタル大洋水深総図』刊行	1994（この年）
海洋科学技術戦略を発表	1994（この年）
サザンプトン海洋科学センター開所	1995（この年）
波力発電装置、工事中に大破	1995（この年）
座礁大型タンカーより原油流出—英国・ウェールズ	1996.2.15
カボットの航海500年記念	1996（この年）
ウィッティントン、国際生物学賞を受賞	2001（この年）
世界最大級の1本マスト・ヨットが進水	2003（この年）
史上最大の豪華客船「クイーン・メリー2」就航	2004.1月

【イタリア】

マルコ・ポーロ極東への旅	1271（この年）

マルコ・ポーロ帰国	1295（この年）	
航海用コンパスの創造	1302（この年）	
黒死病の大流行	1347（この年）	
キオッジアの戦い	1380（この年）	
天文学者のトスカネリが生れる	1397（この年）	
コロンブス、第1回航海に出発	1492.8.3	
コロンブス、偏角を発見	1492.9.13	
コロンブス、第2回航海に出発	1493.9.25	
コロンブス、ジャマイカなどを発見	1493（この年）	
コロンブス、第3回航海に出発	1496.5.30	
アジア最南端よりもはるか南に大陸を発見	1501（この年）	
支倉常長、ローマに渡海	1613（この年）	
最初の海洋学書	1786（この年）	
リッサの海戦	1866.7.20	
海洋生物研究所創設	1872（この年）	
世界初海を越えた無線	1897.5.13	
大西洋横断の無線通信に成功	1901（この年）	
英国、ドイツ、イタリアがベネズエラの5港を海上封鎖	1902.12月	
水中翼船を開発	1909（この年）	
イタリア、ダーダネルス海峡砲撃	1912.4.16	
ロンドン海軍軍縮会議開催	1930.1.21	
ロンドン海軍軍縮条約調印	1930.4.22	
伊、高速軽巡艦「ジュッサノ」完成	1930（この年）	
大西洋横断	1933.8月	
イタリア、エチオピア侵略	1935.10月	
ロンドン海軍軍縮会議開催	1935.12.9	
映画『沈黙の世界』公開	1956（この年）	
NATO演習中に反乱	1973.5.25	
イタリア客船乗っ取り事件	1985.10.7	
イタリア船乗っ取り事件の首謀者を拘束	2003.4.14	

【 イングランド 】

サットン・フーの船葬墓	625（この年）	

【 ウエールズ 】

メナイ海峡にかかる吊り橋完成	1825（この年）	

【 ウクライナ 】

サンマ漁で韓国巻き込む外交問題	2001.7月	

【 エストニア 】

バルト海でフェリー沈没	1994.9.28	

【 オーストリア 】

ダーダネルス海峡、軍艦通航を禁止	1841（この年）	
リッサの海戦	1866.7.20	
R.ホワイトヘッド、魚雷を発明	1866（この年）	
地中海、紅海の海洋調査	1890（この年）	
魚雷にジャイロスコープ装着	1896（この年）	
セルビアのアドリア海進出に反対	1912.11.24	

【 オスマン帝国 】

ダーダネルス海峡、軍艦通航を禁止	1841（この年）	

【 オランダ 】

丸木船	BC7千2百（この頃）	
流し網が使用される	1410（この年）	
海図の進歩	1569（この年）	
オランダ初めて東洋に商船隊派遣	1595（この年）	
初の原形に近い日本図	1595（この年）	
スピッツベルゲン諸島発見	1596（この年）	
オランダ東インド会社設立	1602.3.20	
カーペンタリア湾を発見	1606（この年）	
潜水艇が建造される	1620（この年）	
ニュージーランドを発見	1642（この年）	
英議会航海法を可決	1651（この年）	
第一次英蘭戦争	1652（この年）	
糸割符制を廃止	1655（この年）	
海で使用する精密時計を製作	1658（この年）	
オランダ、チャールズ2世にヨットを献上	1660（この年）	
第2次英蘭戦争	1665（この年）	
インド洋の海流図	1678（この年）	
テセルの戦い	1683.8.11	
ビーチー・ヘッドの戦い	1690.6.30	
マラガの海戦	1704.8.24	
イースター島発見	1722.4.5	
「スンビン号」来航	1854.7.6	
蘭、外輪蒸気船を幕府に献納	1855.8.25	
海軍伝習所	1855.10.24	
第2次海軍伝習教官隊来日	1857.9.21	
オランダ建造船入港	1858.5.3	
蘭、露、英と条約締結	1858.7.10	
幕政初の留学生	1862.9.11	
下関事件賠償約定	1864.9.22	
四カ国連合艦隊兵庫沖に現れる	1865.9.16	
英が灯台・灯明船建設要求	1866.9月	
浚渫船を輸入	1870（この年）	
フィリピン海溝で1万mを越す水深を測量	1929（この年）	
オランダ北沿海岸一帯に高潮一大被害を与える	1953.2.1	
オランダ空母の横浜寄港を許可	1960.8.8	

【 カルタゴ 】

アフリカ西岸探検	BC600（この頃）	
西部地中海の海上権	BC348（この年）	
カルタゴの軍艦を解体	BC201（この頃）	

【 ギリシャ 】

ギリシャの軍船	BC1000（この頃）	
古代ギリシャの地図	BC1000（この年）	
『オデュッセイア』	BC800（この頃）	
古代ギリシャの船	BC700（この頃）	
紅海の地図	BC520（この頃）	
3段櫂船が軍船の主流に	BC500（この頃）	
サラミスの海戦	BC480.9.23	
北海航海	BC400（この頃）	
ピュテアス、潮汐現象を発見	BC330（この年）	
『アルゴナウティカ』	BC300（この年）	

船の構造	BC300（この頃）
貿易風利用	40（この年）
欧州中国の海路	100（この年）
世界地図にインド洋、大西洋描かれる	150（この年）
ギリシャ火の開発	672（この年）
レパントの海戦	1571.10.7
ナヴァリノ海戦	1827.10.20
ギリシャとの修好通商航海条約批准	1899.10.11
NATO演習中に反乱	1973.5.25
3段櫂船を復元	1987（この年）

【 グリーンランド 】

グリーンランド発見	982（この年）
グリーンランド、ニューファウンドランド、北米大陸到達	1000（この年）
デーヴィス海峡の発見	1585（この年）

【 スイス 】

魚類研究	1551（この年）
ヒドラ観察	1742（この年）
物理学者のピカールが没する	1962.3.24
潜水調査船「ベン・フランクリン号」メキシコ湾を32日間漂流	1969.7.14

【 スウェーデン 】

初の近代的海戦	1563（この年）
スウェーデン船、処女航海で沈没	1628.4.10
アルテディ、『魚の生態に関する覚え書き』刊	1738（この年）
『商船建造術』刊行	1768（この年）
スウェーデン等と条約締結	1868.9.27
ノルデンシェルド、北東航路の開拓に成功	1878（この年）
実用に耐える最初の潜水艇	1882（この年）
国際海洋探究準備会開催	1899（この年）
南極捕鯨調査	1901（この年）
エクマンの海流理論	1905（この年）
カルマンの発見船	1932（この年）
アルバトロス号、世界一周深海調査へ	1947（この年）
ばら積み貨物船登場	1955（この年）

【 スカンジナビア 】

グリーンランド、ニューファウンドランド、北米大陸到達	1000（この年）

【 スコットランド 】

聖コルンバがアイオナ島に到着	563（この年）
西洋最初の磁石、羅針盤	1187（この年）
蒸気機関の開発	1782（この年）
実用化された最初の蒸気船	1801（この年）
ロス、北磁極に到達	1831.6.1
大型工船第1号進水	1954（この年）

【 スペイン 】

カルタゴの軍艦を解体	BC201（この頃）
コロンブス、第1回航海に出発	1492.8.3
新発見地に関する境界線	1493（この年）
トルデシラス条約	1494（この年）
ラブラドル寒流を発見	1497.5.20
アメリカ大陸を新世界と呼ぶ	1503（この年）
水深を入れた最初の海図	1504（この年）
スペイン、キューバ征服	1511（この年）
パナマ地峡より太平洋に	1513.9.29
メキシコ征服	1519（この年）
カノ、2度目の世界一周の途中で死去	1526.4.4
プレヴェザの海戦	1538.9.28
スペインによるフィリピン征服	1565（この年）
レパントの海戦	1571.10.7
アルマダの海戦	1588（この年）
経度測定法の発明に懸賞金	1598（この年）
トレス海峡通過	1606（この年）
マラガの海戦	1704.8.24
スペインと友好通商航海条約締結	1868.9.28
スペイン沖でタンカー火災・原油流出	1978.12.31
フランス海軍がスペイン漁船を攻撃	1984.3.7
スペイン沖でタンカー爆発・沈没	1985.5.26
エージアン・シー号座礁ー油流出	1992.12.3

【 セルビア 】

セルビアのアドリア海進出に反対	1912.11.24

【 地中海 】

フェニキア人	BC1400（この頃）
ペンテコンテロス	BC600（この頃）
ローマ、地中海覇権を確立	BC146（この年）

【 デンマーク 】

初の近代的海戦	1563（この年）
ベーリング、ベーリング海峡を発見	1728（この年）
コペンハーゲンの海戦	1801.4.2
デンマークの通信ケーブル敷設を許可	1871（この年）
デンマーク船が横浜入港	1880.10.30
水理生物調査	1895（この年）
塩素量滴定法確立	1899（この年）
ディーゼル・エンジンを船に採用	1911（この年）
水深1万mに生息生物	1950（この年）
ガラテア号の世界周航海洋探検	1951（この年）
川崎汽船、マースクラインと提携	1968（この年）

【 ドイツ 】

リューベック港建設	1143（この年）
最初の航海暦—レギオモンタヌス	1471（この年）
現存する最古の地球儀	1492（この年）
緯度経度を最初に描いた世界地図	1507（この年）
『一般地理学』著す	1650（この年）
地磁気の伏角を地図に	1768（この年）
ランベルト正角円錐図法	1772（この年）
フンボルト海流の発見	1799（この年）
独初の蒸気船	1817（この年）
ハンブルグ・アメリカ汽船会社設立	1847（この年）

ドイツと条約締結交渉	1868.10.20
ドイツ軍艦が西日本を巡覧	1870.5.17
ウニの受精現象を研究	1875（この年）
ドイツ軍艦が鹿児島湾を測量	1882.1.15
最初のガソリンエンジンを載せたモーターボート	1883（この年）
プランクトン採集網を発明	1884（この年）
ドイツ、マーシャル群島を占領	1885.11.30
ウニの完全胚を得る	1891（この年）
キール運河開通	1895.6.21
膠州湾租借	1898.3.6
独、第1次艦隊法が成立	1898.3.25
海軍拡張法	1900.6.12
独、南氷洋探検	1901（この年）
英国、ドイツ、イタリアがベネズエラの5港を海上封鎖	1902.12月
独、Uボート進水	1905（この年）
ズンダ海溝発見	1906（この年）
『海洋学教科書』を出版	1907（この年）
ベルリン大学海洋研究所創設	1910（この年）
音響測深機	1911（この年）
高千穂沈没	1914.10.18
トルコ艦隊、オデッサ、セバストポリを砲撃	1914.10.29
コロネル沖海戦	1914（この年）
潜水艦Uボートが成果をあげる	1914（この年）
ドイツ、対英封鎖を宣言	1915.2.4
ルシタニア号がドイツ潜水艦に撃沈される	1915.5.7
大陸移動説	1915（この年）
独、潜水艦無警告撃沈始める	1915（この年）
サセックス号、ドイツの水雷で撃沈	1916.3.24
ユトランド沖海戦	1916.5.31
宮崎丸撃沈	1917.5.31
無線操縦魚雷艇、英艦撃破	1917（この年）
ゼーブルッヘ基地を攻撃	1918.4.23
ドイツ、キール軍港の水兵反乱	1918.11.3
スカパ・フローでの自沈	1919.6.21
「メテオール号」の音響探測	1925（この年）
『大西洋の地理学』刊行	1926（この年）
フィリピン海溝発見	1927（この年）
『海洋力学』を著す	1928（この年）
シュミット、ダーウィンメダル受賞	1930（この年）
大西洋横断航空路線開設	1932（この年）
英独海軍協定に調印	1935.6.18
『大西洋、インド洋の地理学』刊行	1935（この年）
「Z計画」承認	1938（この年）
英独海軍協定の破棄	1939.4月
浅間丸臨検	1940.1.21
独の駆逐艦撃沈	1940.4.10
デンマーク海峡海戦	1941.5.24
戦艦「ビスマルク」撃沈	1941.5.27
独Uボートが輸送船攻撃	1941（この年）
『非情の海』刊行	1951（この年）
『眼下の敵』刊行	1956（この年）
ハンザの木造船発見	1962（この年）
西独初の原子力船就航	1968.2.1
国際深海底掘削計画（IPOD）発足	1975（この年）
核物質積載のフランス船沈没	1984.8.25
ポーランド客船から旅客逃亡	1984.11.24
潜水シミュレーション実験	1986（この年）

【トルコ】

ナヴァリノ海戦	1827.10.20
エルトゥールル号事件	1890.5月
イタリア、ダーダネルス海峡砲撃	1912.4.16
トルコ艦隊、オデッサ、セバストポリを砲撃	1914.10.29
初の空中魚雷攻撃	1915.8月
ボスポラス海峡で船舶衝突	1994.3.13

【ノルウェー】

捕鯨砲の創始	1860（この年）
タラの人工孵化に成功	1865（この年）
ナンセン、北極探検	1893（この年）
『北極海探検報告書』を刊行	1902（この年）
アムンゼン北西航路発見	1905.8月
アムンゼン、南極到達	1911.12.14
北氷洋調査	1918（この年）
採水器発明	1925（この年）
コンティキ号出航	1947.4.28
戦後初、大型タンカー受注	1949（この年）
船舶事故で原油流出—室蘭	1965.5.23
パピルス船「ラー号」復航海	1969.5.25
油田事故で原油流出—ノルウェー	1977.4.22
トロール油田にコンクリートプラットホームを設置	1995（この年）
IWC総会が捕鯨中止決議案を可決して閉幕	1996.6.28
ヘイエルダールが没する	2002.4.18

【フェニキア】

戦闘ガレーが出現	BC700（この頃）

【フランス】

最古の商港	BC800（この頃）
十字軍大船団	1189（この年）
北アメリカとアジア大陸が地続きでないことを発見	1523（この年）
ソレントの海戦	1545.7.19
魚類・クジラ研究	1551（この年）
サメの観察など	1554（この年）
回転式標識灯をそなえた最初の灯台	1611（この年）
ミディ運河が建設される	1666（この年）
運河トンネル開通	1679（この年）
テセルの戦い	1683.8.11
ビーチー・ヘッドの戦い	1690.6.30
マラガの海戦	1704.8.24
地球偏平説を立証	1735（この年）
造船学の学校	1741（この年）
地球形状論を発表	1743（この年）
円錐図法の改良	1745（この年）
ブーガンヴィル、世界周航に出発	1766.12.5

地球の自然は過去に大変化を経たと主張	1766（この年）
潮汐理論研究	1774（この年）
ジョフロア侯爵、蒸気船を設計	1781（この年）
ラ・ペルーズ	1785（この年）
アブキール湾の戦い	1798.8.1
メデューズ号遭難事件	1816.7.2
仏初の蒸気船	1816（この年）
外洋へ鉄製の船乗り出す	1822.6.10
灯台用レンズ発明	1822（この年）
ナヴァリノ海戦	1827.10.20
ダーダネルス海峡、軍艦通航を禁止	1841（この年）
最初の海洋ケーブル	1851（この年）
セヴァストポリ要塞攻囲戦	1854（この年）
スエズ運河会社設立	1856（この年）
仏、世界初の装甲艦起工	1858.4月
仏と条約締結	1858.9.3
英仏が長州藩を報復攻撃	1863.6.1
下関事件賠償約定	1864.9.22
四カ国連合艦隊兵庫沖に現れる	1865.9.16
横須賀製鉄所起工式	1865.9.27
仏式海軍伝習開始	1866.1.4
英が灯台・灯明船建設要求	1866.9月
神戸開港	1868.1.11
フランス軍艦が横浜港に投錨	1868.7月
レセップス、スエズ運河完成し、地中海と紅海をつなぐ	1869.11.16
横須賀賞舎を復興	1870.3.29
フランス軍艦が瀬戸内海測量	1871（この年）
フランス飛脚船の運賃を値下げ	1871（この年）
鋼材を造艦に用いた最初の船	1873（この年）
ニール号が沈没	1874.3.20
世界初の冷凍船	1876（この年）
パナマ運河工事開始	1881.2.7
仏、ベトナムを領有	1881（この年）
水兵の教育改革、事前調査をベルタンに依頼	1887.4月
潜望鏡を装備した初の潜水艇	1890.10月
「海洋学」著わす	1890（この年）
初の30ノット超え	1895（この年）
仏、広州湾を租借	1899.11.16
仏、南極探検	1903（この年）
米、仏よりパナマ運河資産買収	1904.4.23
交響詩『海』初演	1905.10.15
サセックス号、ドイツの水雷で撃沈	1916.3.24
ロンドン海軍軍縮会議開催	1930.1.21
ロンドン海軍軍縮条約調印	1930.4.22
神戸港付近で汽船同士が衝突	1931.2.9
仏高速戦艦進水	1935.10.2
ロンドン海軍軍縮会議開催	1935.12.9
大西洋横断	1935（この年）
英国軍がフランス艦船を攻撃	1940.7.3
クストー、アクアラングを発明	1943（この年）
シャンソン「ラ・メール」作曲	1943（この年）
大西洋上での海難事故	1954.9.27
スエズ危機	1956.10.30
映画『沈黙の世界』公開	1956（この年）
日仏連合赤道太平洋海洋調査	1956（この年）
仏建造の空母	1957.12月
日仏海洋学会創立	1958（この年）
日本海溝潜水調査	1958（この年）
仏深海調査船9,500m潜行	1961（この年）
国際インド洋調査はじまる	1962（この年）
クストーの飽和潜水実験	1965（この年）
フランス核実験に抗議	1966.10.6
仏に海洋開発セーター設立	1967（この年）
仏、ムルロア環礁で水爆実験を行う	1971.8.14
FAMOUS計画	1971（この年）
衛星による救難活動	1973.2月
仏、世界の抗議を無視して核実験強行	1973.7.21
FAMOUS計画	1974（この年）
国際深海底掘削計画（IPOD）発足	1975（この年）
ブルターニュ沖でタンカー座礁	1976.1.24
ブルターニュ沖でタンカー座礁―世界タンカー史上最悪の原油流出	1978.3.16
日仏共同KAIKO計画発足	1982（この年）
閉息潜水最高記録を達成	1983（この年）
フランス海軍がスペイン漁船を攻撃	1984.3.7
核物質積載のフランス船沈没	1984.8.25
フランスの6,000m潜水可能の潜水調査船進水	1984（この年）
日仏日本海溝共同調査	1984（この年）
レインボー・ウォーリア号事件	1985.7.10
無索無人潜水機の開発開始	1986（この年）
英仏海峡海底鉄道より掘削機受注	1987（この年）
潜水シミュレーション実験成功	1991（この年）
プルトニウム輸送	1992.11.7
インターリッジ計画はじまる	1992（この年）
仏海軍最初の原子力空母	1994.5月
核実験抗議船、拿捕	1995.7.10
フランス核実験再開	1995.9.5
仏、核実験終結宣言	1996.1.27
海洋学者のクストーが没する	1997.6.25
世界一極細ケーブル	1998（この年）
フランス沖でエリカ号沈没	1999.12.12
フランスのタンカーにテロ	2002.10.6

【プロイセン】

ダーダネルス海峡、軍艦通航を禁止	1841（この年）
プロイセン商船が難破	1868.6.28

【ヴェネツィア】

プレヴェザの海戦	1538.9.28
レパントの海戦	1571.10.7

【ベルギー】

最初の地図帳	1570（この年）
万国海上気象会議	1853（この年）
海底堆積物学の確立	1891（この年）
ベルジガ号の南極探検	1898（この年）

【ポーランド】

ポーランド客船から旅客逃亡	1984.11.24

【ポルトガル】

航海学、地図学研究施設設置	1418（この年）
アフリカ東路開発	1420（この年）
探海航海奨励	1429（この年）
アゾレス諸島発見	1431（この年）
アフリカのボジャドル岬に到達	1434（この年）
ブランコ岬回航	1441（この年）
エンリケ航海王子が没する	1460.11.13
カナリー諸島より南をポルトガル領に	1481（この年）
喜望峰発見	1488.5月
新発見地に関する境界線	1493（この年）
トルデシラス条約	1494（この年）
ヴァスコ・ダ・ガマ、インドへ到達	1498.5.20
アマゾン河口一帯を探索	1499（この年）
カブラルがブラジルに到着	1500.4.22
ポルトガルのインド経営始まる	1505（この年）
ディウの戦い	1509（この年）
ポルトガル、ゴア占領	1510.10月
「マラッカ王国」陥落	1511（この年）
マゼラン世界一周に出港	1519.9.20
マゼランの世界一周	1522.9.22
リスボン世界貿易の中心地として繁栄	1528（この年）
種子島伝来	1543（この年）
リスボン地震	1755（この年）
極左テロ活発化―ポルトガル	1985.1.28

【モナコ】

モナコ海洋博物館開設	1910（この年）
『世界海洋水深図』刊行	1935（この年）

【ヨーロッパ】

外輪船が設計される	510（この年）
ヴァイキングの襲撃	790（この年）
バルチック海、ノルウェー海の発見	850（この年）
西洋最古の舵の証拠	1180（この年）
ヨーロッパ初の運河の閘門が建設	1373（この年）
幕末初の遣欧使節	1861.12.22
中国向けなど国際航路開設	1886（この年）
欧州航路サービス開始	1971（この年）

【ラトビア】

ラトビアと通商航海条約	1925.7.4

【ルーマニア】

ルーマニアと通商航海条約調印	1969.9.1

【ロシア】

アジア東北端を初めて見たロシア人	1648（この年）
黒竜江探検	1649（この年）
ベーリング、ベーリング海峡を発見	1728（この年）
ロシアの大北方探検	1733（この年）
ロシア船、国後島に現れる	1778（この年）
露オホーツク方面を調査	1802（この年）
ロシア、長崎に来て通商求める	1804（この年）
ゴローニン事件	1811（この年）
露南氷洋などを調査	1819（この年）
ナヴァリノ海戦	1827.10.20
ダーダネルス海峡、軍艦通航を禁止	1841（この年）
露艦漂着民を護送	1852（この年）
プチャーチン来航	1853.7.18
樺太にロシア艦	1853.8.30
日露和親条約調印	1854.12.21
セヴァストポリ要塞攻囲戦	1854（この年）
幕府沈没船代艦の建造を許可	1855.1.24
プチャーチン離日	1855.3.22
蘭、露、英と条約締結	1858.7.10
ムラビヨフ来航	1859.7.20
ロシア艦船来航	1861.3.13
英国がロシア艦の退去要求	1861.7.9
ロシア艦船対馬を去る	1861.8.15
漁業をめぐりロシア兵が暴行	1874.7.13
日本海などを命名	1874（この年）
樺太・千島交換条約	1875.5.7
樺太でロシア人が漁業妨害	1878（この年）
金剛がウラジオストクに入港	1878（この年）
ロシア商船の修理が竣工	1880.10.20
ロシア人が漂着	1883.7.9
樺太で日本人漁民が苦境に	1885.7.2
ヴィチャージ号世界周航	1886（この年）
出稼ぎ漁民1300人	1893（この年）
海獣保護条約調印	1897.11.6
北極探検に初めて砕氷船を使用	1898（この年）
トド島の漁権獲得	1901（この年）
ロシアに宣戦	1904.2.10
バルチック艦隊極東へ	1904.8.24
ドッガー・バンク事件	1904.10.21
日本海海戦でバルチック艦隊を撃破	1905.5.27
戦艦ポチョムキン号の反乱	1905.6.27
樺太島境界確定図	1908.4.10
ラッコ・オットセイ保護条約	1911.7.7
イタリア、ダーダネルス海峡砲撃	1912.4.16
トルコ艦隊、オデッサ、セバストポリを砲撃	1914.10.29
ダーダネルスへの海上作戦決定	1915.1.13
氷海観測ステーション設置	1992（この年）
ロシア警備艇、日本の漁船を銃撃	1994.8.15
「ナホトカ」の重油流出事故補償	1997.10.13
流氷調査	1997（この年）
ロシアの原潜「クルスク」沈没	1999.8.14
サンマ漁で韓国巻き込む外交問題	2001.7月

【ロシア（ソ連）】

映画『戦艦ポチョムキン』公開	1926.1.18
ソ連が日本漁船を抑留	1934.3.15
ウラジオストク～ムルマンスク間を85日で航行	1934（この年）
「海洋と汽水域の水理の研究」	1936（この年）
モスクワ～ヴォルガ運河開通	1937（この年）
砕氷調査船セドフ号（ソ連）の漂流	1937（この年）
科学アカデミー海洋研究所	1941（この年）

ソ連が日本へ潜水艦を出撃させる		1945.8.19
西大西洋の精密観測		1949（この年）
『ソ連海洋生物学』刊行		1955（この年）
ソ連船、太平洋深海を調査		1955（この年）
ソ連、北洋漁業制限発表		1956.3.21
日ソ漁業条約等調印		1956.5.14
最後の引揚船が入港		1956.12.26
ソ連原子力砕氷船「レーニン号」進水		1957.12.5
ビーチャジ海淵発見		1957（この年）
日ソ定期航路民間協定		1958（この年）
ソ連原子力潜水艦（K-19）事故		1961.7.9
キューバ海上封鎖		1962（この年）
国際インド洋調査はじまる		1962（この年）
米ソ、原子力利用に関する協力協定に調印		1964.11.18
昆布漁協定、2年延長		1965.5.12
ソ連漁業相来日		1966.6.19
初の日ソ合弁会社設立へ		1969.10.17
シベリア・ランド・ブリッジへの日本船参加		1975（この年）
国際深海底掘削計画（IPOD）発足		1975（この年）
領海、日ソ関係		1976.10.22
『国家の海洋力』刊行		1976（この年）
ソ連、原子力砕氷船北極点に		1977.8.17
ソ連、3隻目の原子力砕氷船処女航海に出航		1978（この年）
日ソ漁業交渉で合意		1979.12.14
日ソ漁業サケ・マス交渉		1980.4.13
ソ連偵察機が佐渡沖で墜落		1980.6.27
ソ連原潜が沖縄で火災		1980.8.21
貝殻島コンブ漁再開		1981.8.25
ソ連の客船黒海で同国船同士が衝突し沈没		1986.8.31
ソ連の原潜「K-219」火災		1986.10.3
ソ連客船火災		1988.5.18
ソ連の原潜火災		1989.4.7
日ソ漁業会談閉幕—200海里内での協力拡大へ		1991.6.12

【ローマ】

西部地中海の海上権		BC348（この年）
軍艦建造		BC341（この年）
船の構造		BC300（この頃）
ミュラエの戦い		BC260（この頃）
カルタゴの軍艦を解体		BC201（この頃）
アクティウムの海戦		BC31（この年）
貿易風利用		40（この年）
エルサレムからローマへの旅		60（この年）
ダキアとの戦い		105（この年）
プレヴェザの海戦		1538.9.28
レパントの海戦		1571.10.7
支倉常長、ローマに渡海		1613（この年）

【アフリカ】

アフリカ航海		BC600（この頃）
アフリカ西岸探検		BC600（この頃）
ネコ王アフリカに船を派遣		BC500（この頃）
貿易風利用		40（この年）
アフリカのボジャドル岬に到達		1434（この年）
喜望峰発見		1488.5月

【エチオピア】

イタリア、エチオピア侵略		1935.10月

【ケニア】

ケニアでフェリー転覆		1994.4.29

【スーダン】

原子力空母リビア沖に派遣		1983.2.16

【セネガル】

セネガル沖でフェリー沈没		2002.9.26

【ソマリア】

海賊		2008（この年）

【東アフリカ】

モロッコの探検家、海路アラビアなどへ		1325（この年）

【南アフリカ】

キャプテン・クック、第2回太平洋航海に出発		1772.7.13
ダーウィン、ビーグル号で世界周航に出発		1831.12.27
グーセンがインド洋アフリカ海岸沖でシーラカンスを捕獲		1938.12.25
南アフリカ航路、コンテナ・サービス		1981（この年）

【アメリカ大陸】

西インド諸島発見		1492.10.12
フロリダ海峡を発見		1513（この年）
メキシコ湾流の発見		1513（この年）

【南米】

キャプテン・クック、第2回太平洋航海に出発		1772.7.13
フンボルト海流の発見		1799（この年）

【南米大陸】

ダーウィン、『ビーグル号航海記』刊行開始		1839（この年）

【アメリカ】

新天地アメリカへ		1620.9.16
米植民地でフリーゲート艦を初めて建造		1747（この年）
ボストン茶会事件勃発		1773.12.16
海軍を編成		1775（この年）
「アメリカの亀号」発明		1776（この年）
史上に残る単独艦同士の戦闘		1779.9.23
最初の蒸気船が航行		1787.8.22

| アメリカ | 国名索引 | 海洋・海事史事典 |

米「コンスティチューション号」建造
　　　　　　　　　　　　　　1797（この年）
フルトン、ノーチラス号を製作　　1801（この年）
『新アメリカ航海実務者』刊行　　1802（この年）
フルトン、最初の商業的蒸気船を航行　1807.8.17
米最大のフリゲート艦建造　　　　1813（この年）
サヴァンナ号、大西洋を横断　　　1819（この年）
エリー運河開通　　　　　　　　　1825（この年）
高速クリッパー・スクーナー建造　1830（この年）
レッドフィールド、『大西洋岸で発達する
　嵐について』刊　　　　　　　　1831（この年）
アガシ、『化石魚類の研究』刊行開始　1833（この年）
「モリソン号」事件が起きる　　　1837（この年）
海洋測深に鋼索を使用　　　　　　1838（この年）
ウィルクス、南極を探検　　　　　1839（この年）
南洋捕鯨のピーク　　　　　　　　1842（この年）
スクリュー推進を採用した初の戦艦　1843（この年）
モールス、送信実験に成功　　　　1844.5.24
ニューヨーク・ヨットクラブ　　　1844（この年）
米使節、浦賀に来航　　　　　　　1846（この年）
外国船浦賀、下田、長崎に入港　　1849.4.8
アメリカ号の勝利　　　　　　　　1851（この年）
米艦渡来を予報　　　　　　　　　1852.11.30
太平洋を蒸気推進で最初に横断した船沈没
　　　　　　　　　　　　　　　1853.5.15
ペリー来航　　　　　　　　　　　1853.6.3
アメリカ大統領と謁見　　　　　　1853.8.10
ペリー、神奈川沖に再び来航　　　1854.1.16
日米和親条約締結　　　　　　　　1854.3.3
ペリー箱館へ　　　　　　　　　　1854.4.21
モーリー、海底の地形を調査　　　1854（この年）
採泥器付き測深機　　　　　　　　1854（この年）
最初の海洋学教科書　　　　　　　1855（この年）
日米約定締結　　　　　　　　　　1857.6.16
ハリス、江戸城で謁見　　　　　　1857.12.7
北大西洋初の海図　　　　　　　　1857（この年）
日米修好通商条約調印　　　　　　1858.6.19
最初の大西洋横断電信ケーブル敷設　1858（この年）
初の遣米使節が出航　　　　　　　1860.1.13
「咸臨丸」品川を出発　　　　　　1860.1.13
「咸臨丸」、サンフランシスコ入港　1860.2.26
世界最大の船、大西洋を横断　　　1860.6.17
最初の沖合石造灯台　　　　　　　1860（この年）
J.エリクソン、甲鉄の軍艦を設計　1862（この年）
米、幕府に保税倉庫設置求める　　1863.2.1
新島襄、米国へ　　　　　　　　　1864.6.14
下関事件賠償約定　　　　　　　　1864.9.22
四カ国連合艦隊兵庫沖に現れる　　1865.9.16
英が灯台・灯明船建設要求　　　　1866.9月
C.W.フィールド、大西洋横断海底電信敷
　設　　　　　　　　　　　　　1866（この年）
ストーンウォール号引渡しが紛糾　1868.4月
ストーンウォール号引き渡し　　　1869.3.15
サンフランシスコ〜横浜〜清国航路を開設
　　　　　　　　　　　　　　　1869（この年）
アメリカ軍艦が浦賀で沈没　　　　1870.1.24
マリア・ルース号事件　　　　　　1872.6.4

アメリカ船で火災　　　　　　　　1872.8.24
木造蒸気船がアメリカに到着　　　1872（この年）
英米水兵がボートで競争　　　　　1877.5.12
初のホランド型潜水艦　　　　　　1878（この年）
アルバトロス号大西洋、太平洋調査　1883（この年）
大西洋域の暴風警報　　　　　　　1885（この年）
13日間で日米間を航海　　　　　　1888.11.9
ウッズホール海洋生物研究所設立　1888（この年）
パナマ運河会社倒産　　　　　　　1889.2月
A.T.マハン『海上権力史論』刊行　1889（この年）
アメリカ彦蔵自叙伝刊行　　　　　1893（この年）
ラッコ密猟船小笠原に　　　　　　1893（この年）
新パナマ運河会社設立　　　　　　1894.10.20
海獣保護条約調印　　　　　　　　1897.11.6
ハバナ湾で戦艦爆発　　　　　　　1898.2.15
世界初、実用潜水艦開発に成功　　1898（この年）
米海軍初の駆逐艦　　　　　　　　1899.8月
ウニの人口単為生殖　　　　　　　1899（この年）
米国、潜水艦採用　　　　　　　　1900（この年）
米国、パナマ運河管理権得る　　　1901.11.18
アメリカから造船を受注　　　　　1901（この年）
米、パナマ運河永久租借　　　　　1903.11.5
スクリップス海洋生物協会設立　　1903（この年）
米、仏よりパナマ運河資産買取　　1904.4.23
ピアリー、北極点到達　　　　　　1909（この年）
飛行機が船を離着陸　　　　　　　1911.1.18
ラッコ・オットセイ保護条約　　　1911.7.7
米海軍カーティス機を採用　　　　1911.7月
米国で沿岸警備隊創設　　　　　　1913（この年）
パナマ運河が開通　　　　　　　　1914.8.15
深海用音響測深機の発明　　　　　1914（この年）
サセックス号、ドイツの水雷で撃沈　1916.3.24
米、空母「ラングレー」建造　　　1920（この年）
米空母「サラトガ」「レキシントン」完成
　　　　　　　　　　　　　　　1927（この年）
ラマポ海淵（10,600m）ラマポ堆を発見
　　　　　　　　　　　　　　　1929（この年）
ロンドン海軍軍縮会議開催　　　　1930.1.21
ロンドン海軍軍縮条約調印　　　　1930.4.22
フライデーハーバー臨海実験所創設　1930（この年）
潜水球で3028フィート潜る　　　　1934（この年）
ロンドン海軍軍縮会議開催　　　　1935.12.9
サンフランシスコ金門湾橋完成　　1937（この年）
『国際海洋学大観』刊行　　　　　1937（この年）
ロンドン条約以上の艦船不建造要求　1938.2.5
空母「レキシントン」就役　　　　1942.2.17
米軍機、日本初空襲　　　　　　　1942.4.18
米、レーダー射撃方位盤を潜水艦などに装
　備　　　　　　　　　　　　　1942（この年）
崑崙丸が撃沈される　　　　　　　1943.10.5
陸軍病院船沈没　　　　　　　　　1943.11.27
米、近接信管を初めて使用　　　　1943（この年）
レイテ沖海戦　　　　　　　　　　1944.10.24
神風特別攻撃隊、体当たり攻撃　　1944.10.25
ケープ・ジョンソン海淵発見　　　1944（この年）
硫黄島陥落　　　　　　　　　　　1945.2.23
阿波丸沈没　　　　　　　　　　　1945.4.1

青函連絡船、空襲により壊滅的な被害	1945.7.14
降伏文書調印	1945.9.2
GHQが日本船舶を米国艦隊司令官の指揮下に編入	1945.9.3
ビキニ環礁が核実験場に	1946.1.24
ビキニ環礁住民移住	1946.3月
アリューシャン地震	1946.4.1
ビキニ環礁で原爆実験	1946.7.1
三陸沖北方定点観測始まる	1947.10.20
STD開発	1948（この年）
ベントスコープにて潜水	1949（この年）
太平洋の地殻熱流量測定始まる	1950（この年）
3国漁業条約	1952.7.5
米、水爆実験	1952.11.1
水産指導船白鳥丸・米国船チャイナベア号衝突	1953.2.15
赤道潜流発見	1953（この年）
米国海洋観測船来日	1953（この年）
原子力潜水艦「ノーチラス号」進水	1954.1.21
第5福竜丸乗員死亡	1954.9.23
大西洋上での海難事故	1954.9.27
日本船ビキニ海域の海底調査を行う―高い放射能検出	1954（この年）
日米加連合北太平洋海洋調査	1955（この年）
世界最大タンカー進水	1956.8.8
ビキニ環礁、水爆実験	1956（この年）
太平洋漁場日米加共同海洋調査実施	1956（この年）
大洋中軸海嶺を発見	1956（この年）
ハワイに津波	1957（この年）
貨物運賃協定	1958.4月
「アメリカズ・カップ」再開	1958（この年）
世界最大のタンカー受注	1958（この年）
潜水艇発射型弾道ミサイルのテスト成功	1958（この年）
米原潜北極圏潜水横断に成功	1958（この年）
米潜水艦「ジョージ・ワシントン」進水	1959.6月
米原子力巡洋艦「ロングビーチ」進水	1959.7月
『ガルフストリーム』刊行	1959（この年）
海洋観測塔	1959（この年）
米初の原子力商船進水	1959（この年）
世界初の航行衛星「トランシット1B号」	1960.4.13
ハワイでチリ地震津波	1960.5.23
世界初の原子力空母	1960.9.24
サーフィンブーム	1960（この年）
マリアナ海溝最深部潜水に成功	1960（この年）
ビキニ被曝死	1961.12.11
SEALs創設	1961（この年）
キューバ海上封鎖	1962.10月
大陸底拡大説	1962（この年）
国際インド洋調査はじまる	1962（この年）
アメリカの原潜「スレッシャー」沈没	1963.4.10
米空母「アメリカ」進水	1964.2月
最新型ミサイルを装備した米原潜が就役	1964.4.9
トンキン湾事件	1964.8.2
原子力潜水艦が佐世保に入港	1964.11.12
米ソ、原子力利用に関する協力協定に調印	1964.11.18
ヴェラザノ・ナローズ・ブリッジ開通	1964.11.21
「わんぱくフリッパー」放映	1964（この年）
軍艦の位置測定に実用化	1965.1.12
2,000mの潜水調査に成功	1965（この年）
米海軍の飽和潜水実験	1965（この年）
タラバガニ漁協議妥結	1966.11.29
航行衛星測位システム開放される	1967（この年）
エンタープライズ入港	1968.1.19
プエブロ号事件	1968.1.22
アメリカの原潜「スコーピオン」が遭難	1968.5.27
小笠原諸島返還	1968.6.26
プエブロ号乗員解放	1968.12.23
ウィンドサーフィンが誕生	1968（この年）
グローマー・チャレンジャー号が調査開始	1968（この年）
コンテナ船「ごうるでんげいとぶりっじ」を就航	1968（この年）
コンテナ輸送時代へ	1968（この年）
初のフルコンテナ船「箱根丸」就航	1968（この年）
日本・米国カリフォルニア航路に、フル・コンテナ船就航	1968（この年）
米巨大タンカー北西航路の航海に成功	1968（この年）
原子力空母爆発事故	1969.1.14
米深海掘削船グローマー・チャレンジャー号活動始める	1969（この年）
コンテナ競争激化	1970.8.1
北米北西岸コンテナ航路開設	1970（この年）
アメリカの大型タンカー沈没	1971.3.27
FAMOUS計画	1971（この年）
ディープスター完成	1971（この年）
衛星による救難活動	1973.2月
米潜水艦「ロスアンゼルス」進水	1974.4月
FAMOUS計画	1974（この年）
映画「ジョーズ」公開	1975.6.20
海洋観測衛星打ち上げ	1975（この年）
国際深海底掘削計画(IPOD)発足	1975（この年）
「マリサット3号」打ち上げ	1976.10.14
タンカー座礁―マサチューセッツ州コッド岬	1976.12.21
海洋学者のヒーゼンが没する	1977.6.21
映画『オルカ』公開	1977.7.15
海洋衛星(SEASAT)打ち上げ	1978.6月
深海底からマンガン採取に成功	1978（この年）
米原潜オハイオ級進水	1979.4月
「海洋温度差発電」に成功	1979.8.4
パナマ運河共同管理	1979.10.1
アメリカ船上デパート	1979.10.12
海自護衛艦リムパック初参加	1980.2.26
シドラ湾事件―米戦闘機とリビア戦闘機を撃墜	1981.8.19
南米西岸航路、コンテナ・サービス	1981（この年）
米潜水艦「オハイオ」就役	1981（この年）
フォークランド紛争で即時撤退決議	1982.4.3
豪州籍アメリカズ・カップを制す	1982（この年）
原子力空母リビア沖に派遣	1983.2.16
ニカラグアコリント港機雷封鎖	1984.3.2

紅海でタンカーなどが触雷	1984.8.2
日本沿岸マッコウ捕鯨撤退	1984.11.13
原子力空母横須賀入港に抗議	1984.12.10
「シークリフ」進水	1984（この年）
米国海運法大幅改正	1984（この年）
核搭載船の寄港を拒否	1985.2.1
イタリア客船乗っ取り事件	1985.10.7
太平洋海面水位監視パイロット・プロジェクト始まる	1985（この年）
米国衛星打ち上げ―海域の重力場研究に大きく貢献	1985（この年）
米リビア威圧のために空母派遣	1986.1.3
シドラ湾で戦闘	1986.3.24
核疑惑の米3艦が分散入港	1986.9.24
沈船「タイタニック」の撮影	1986（この年）
イラク、米フリゲート艦を誤爆	1987.5.17
海洋学者のカーが没する	1987.5.21
緊張高まるペルシャ湾―米対イラン	1987.8.4
ペルシャ湾でイラン旅客機を誤射	1988.7.3
アラスカでタンカーから原油流出―アメリカ史上最悪の事故	1989.3.24
アメリカの戦艦爆発	1989.4.19
1965年の水爆搭載機の事故が明らかに	1989.5月
戦艦「ビスマルク」の撮影	1989（この年）
温暖化オゾン	1990.5.2
タンカーの二重構造義務付け	1990（この年）
湾岸戦争がはじまる	1991.1.17
ペルシャ湾で原油流出	1991.1.25
「オーシャンエクスプローラー・マジェラン」完成	1991（この年）
太平洋大循環研究開始	1991（この年）
インターリッジ計画はじまる	1992（この年）
深度記録更新	1992（この年）
氷海観測ステーション設置	1992（この年）
経済協議でサンゴ礁を議論	1995.2.13
アラスカ原油輸出解禁法成立	1995.11月
海底探査機の開発	1995（この年）
モントレー湾水族館研究所に双胴型調査船配備	1996（この年）
潜水調査船「アルビン」の母船変更	1996（この年）
日米港湾問題―米港湾荷役で対日制裁	1997.2.26
日米港湾問題―米、日本のコンテナ船に課徴	1997.9.4
日米港湾問題大筋で合意	1997.10.17
流氷調査	1997（この年）
米国外航海運改革法成立	1998.4月
シーラカンス、第2の生息域	1998.9.24
沈没の空母発見	1998（この年）
海洋観測衛星打上げ	1999（この年）
深層水で魚の養殖	1999（この年）
潜水艦ハンリー引揚げ	2000.8月
調査捕鯨に制裁措置	2000.9.13
米駆逐艦「コール」爆破事件	2000.10月
えひめ丸沈没事故	2001.2.9
原潜・実習船衝突事故、謝罪のため元艦長来日	2001.2月
米軍普天間基地季節―環礁埋め立て	2002.7.29
港湾ストライキ	2002（この年）
イタリア船乗っ取り事件の首謀者を拘束	2003.4.14
国際深海掘削計画開始	2003（この年）
ハリケーン「カトリーナ」	2005.8.29
原子力空母横須賀港に入港	2008.9.25
北極海の海氷、急速に薄く	2009.7月
米空母「エンタープライズ」退役	2012.12.1
「日本海」「東海」併記法案可決	2014.2月
世界最大の海洋保護区を設定	2014.9.25

【カナダ】

最初の北西航路航海	1576（この年）
潮汐現象の動力化	1609（この年）
初めて西北航路を通り北米へ	1805（この年）
太平洋横断ケーブルが完成	1902.12.8
ハリファックス大爆発	1917.12.6
3国漁業条約	1952.7.5
日米加連合北太平洋海洋調査	1955（この年）
太平洋漁場日米加共同海洋調査実施	1956（この年）
トランスフォーム断層を提唱	1965（この年）
タラ壊滅	1992（この年）
カナダの漁業海洋省との研究協力覚書	2000.3.20

【アルゼンチン】

アルゼンチンとの通商航海条約公布	1901.9.30
フォークランド紛争開戦	1982.4.2
フォークランド紛争で即時撤退決議	1982.4.3
フォークランド諸島を封鎖	1982.4.28
フォークランド紛争、アルゼンチン海軍巡洋艦撃沈	1982.5.2
フォークランド紛争、英駆逐艦大破	1982.5.4
フォークランド諸島上陸作戦	1982.5.20
エル・ニーニョによる被害	1998.5.2

【キューバ】

コロンブス、ジャマイカなどを発見	1493（この年）
スペイン、キューバ征服	1511（この年）
メキシコ征服	1519（この年）
キューバ海上封鎖	1962（この年）

【ジャマイカ】

コロンブス、ジャマイカなどを発見	1493（この年）

【チリ】

チリ地震で各地に津波	2010.2.28

【ドミニカ】

カリブ海地域で地震	1946.7.4

【トリニダッド】

コロンブス、ジャマイカなどを発見	1493（この年）

【ニカラグア】

ニカラグアコリント港機雷封鎖	1984.3.2
ニカラグア大地震	1992.9.1

【ハイチ】
ハイチ沖で貨物船沈没	1986.11.11
ハイチでフェリー転覆	1993.2.17
ハイチでフェリー沈没	1997.9.8

【パナマ】
パナマ運河工事開始	1881.2.7
パナマ運河会社倒産	1889.2月
新パナマ運河会社設立	1894.10.20
米、パナマ運河永久租借	1903.11.5
米、仏よりパナマ運河資産買収	1904.4.23
パナマ運河が開通	1914.8.15
パナマ運河共同管理	1979.10.1

【ブラジル】
カブラルがブラジルに到着	1500.4.22
ブラジルと修好通商航海条約調印	1895.11月
「ETESCO TAKATSUGU J」竣工	2010（この年）

【ベネズエラ】
コロンブス、第3回航海に出発	1496.5.30
ベネズエラ探検	1499（この年）
英国、ドイツ、イタリアがベネズエラの5港を海上封鎖	1902.12月

【ペルー】
ピサロ、インカ帝国を征服	1531（この年）
マリア・ルース号事件	1872.6.4
ペルーと友好通商航海条約を締結	1873.8.21
ペルーへの移民	1899.2.27
ペルーと通商航海条約	1924.9.30
ペルー海流調査	1925（この年）
ペルー地震	2001.6.23

【ホンジュラス】
コロンブス、ジャマイカなどを発見	1493（この年）
中南米植民地へのアフリカ黒人奴隷貿易	1502（この年）

【メキシコ】
メキシコ征服	1519（この年）
トロール船メキシコに出漁	1935.10月
メキシコ湾で最初の海底油田	1938（この年）
沖合の石油採掘用プラットフォーム第1号	1949（この年）
メキシコ湾岸油田	1950（この年）
メキシコ地震	1985.9.19
メキシコ湾でタンカー炎上・原油流出	1990.6.9
メキシコ湾原油流出事故	2010.4.20

【オーストラリア】
筏で渡海	BC5万（この頃）
キャプテン・クック、第2回太平洋航海に出発	1772.7.13
英囚人豪州に送られる	1788.1.26
ダーウィン、『ビーグル号航海記』刊行開始	1839（この年）
太平洋を蒸気推進で最初に横断した船沈没	1853.5.15
世界的な電線網が完成	1872（この年）
中国向けなど国際航路開設	1886（この年）
潜水艦ノーチラス号の北極探検	1931（この年）
「シドニー・ホバート・レース」開催	1945（この年）
豪州から大型観光船が入港	1957.9.23
国際インド洋調査はじまる	1962（この年）
豪州航路サービス開始	1969（この年）
東南豪州航路でコンテナサービス開始	1969（この年）
三国間コンテナ・サービス開始	1980（この年）
豪州艇アメリカズ・カップを制す	1982（この年）
グリーンピース、サンゴ死滅の恐れを報告	1999.7月

【キリバス】
キリバス共和国のフェニックス諸島海域を海洋保護区に指定	2006.3.28

【サモア】
ポリネシア人の移住	BC1000（この頃）
ブーガンヴィル、世界周航に出発	1766.12.5

【タヒチ】
ブーガンヴィル、世界周航に出発	1766.12.5
クック、タヒチに到達	1769.4.13

【トンガ】
ポリネシア人の移住	BC1000（この頃）
「バウンティ号」の反乱	1789.4.28
トンガ海溝域調査	1984.11月

【ナウル】
ナウル共和国に海洋温度差発電所が完成	1981.10月

【ニュージーランド】
ポリネシア人達がニュージーランドに到達	1200（この年）
ニュージーランドを発見	1642（この年）
クック最後の航海	1776（この年）
ワイタンギ条約	1840.2.6
初の鋼鉄製航洋汽船	1879（この年）
太平洋横断ケーブルが完成	1902.12.8
ニュージーランド水域での操業困難？	1977.10.18
女性初単独世界一周航海	1978.6月
ニュージーランドと漁業協定調印	1978.9.1
核搭載船の寄港を拒否	1985.2.1
レインボー・ウォーリア号事件	1985.7.10
アメリカズ・カップ―ニュージーランド艇初優勝	1995.5.13
調査捕鯨先延ばし案可決	2014.9.18

【フィジー】
ポリネシア人の移住	BC1000（この頃）

【 マーシャル諸島 】
　ビキニ環礁住民移住　　　　　　　1946.3月
　ビキニ環礁で原爆実験　　　　　　1946.7.1
　ビキニ環礁、水爆実験　　　　1956（この年）
　放射性廃棄物の海洋投棄　　　　　1983.7.19

【 南太平洋諸島 】
　ダーウィン、『ビーグル号航海記』刊行開
　　始　　　　　　　　　　　　1839（この年）

【 南極 】
　ロス、南極を探検　　　　　　1839（この年）
　白瀬中尉、南極探検に　　　　　　1910.11.29
　氷海観測ステーション設置　　1992（この年）
　南極の氷山分離　　　　　　　2000（この年）

【 南極大陸 】
　キャプテン・クック、第2回太平洋航海に
　　出発　　　　　　　　　　　　　1772.7.13
　ウィルクス、南極を探検　　　1839（この年）

【 北極 】
　氷海用自動観測ステーション　1992（この年）

【 北極海 】
　北極海の海洋研究に原潜　　　1993（この年）

【 北大西洋 】
　北大西洋海流調査　　　　　　1855（この年）

【 北太平洋 】
　海底層の水温上昇　　　　　　　　2004.2月

【 西太平洋 】
　筏による移民　　　　　　BC4000（この頃）

【 南太平洋 】
　ポリネシア人の移住　　　　BC1000（この頃）
　ポリネシア人がイースター島に到達　300（この年）
　ポリネシア人がハワイに到達　 450（この年）
　キャプテン・クック、第2回太平洋航海に
　　出発　　　　　　　　　　　　　1772.7.13

事項名索引

事項名索引

【あ】

アイアン・デューク号
　英国軍艦が函館入港　　　　　　　　1880.7.17
アイオナ島
　聖コルンバがアイオナ島に到着　　563（この年）
アイオワ
　アメリカの戦艦爆発　　　　　　　　1989.4.19
相川 広秋
　『水産資源学総論』刊行　　　　　1949（この年）
愛新覚羅 溥儀
　明治天皇、清宣統帝に外輪蒸気船を贈る
　　　　　　　　　　　　　　　　　1909（この年）
アイゼンヘッテル, フォン
　ドイツ軍艦が鹿児島湾を測量　　　　1882.1.15
愛知 揆一
　ルーマニアと通商航海条約調印　　　1969.9.1
愛地球博
　愛地球博記念ヨットレース　　　　2005（この年）
アイリッシュ海
　聖コルンバがアイオナ島に到着　　563（この年）
アイルランド沖
　ルシタニア号がドイツ潜水艦に撃沈される　1915.5.7
アウストロネシア
　筏による移民　　　　　　　　BC4000（この頃）
アウリガ・リーダー
　「アウリガ・リーダー」竣工　　　2008（この年）
　「NYK スーパーエコシップ2030」発表
　　　　　　　　　　　　　　　　　2009（この年）
青木 洋
　手作りヨットで世界一周　　　　　　1974.7.28
青蒸気
　千住吾妻急行汽船会社設立　　　　1900（この年）
青葉丸
　今治・門司連絡船青葉丸沈没　　　　1949.6.21
青森県
　チリ地震津波　　　　　　　　　　　1960.5.24
赤城 宗徳
　ソ連漁業相来日　　　　　　　　　　1966.6.19
アガシ, ルイ
　アガシ、『化石魚類の研究』刊行開始　1833（この年）
赤潮
　赤潮発生　　　　　　　　　　　　　732.6.13
　赤潮報告　　　　　　　　　　　　1900（この年）
　赤潮発生―有明海　　　　　　　　　1933.10月
　赤潮発生―有明海　　　　　　　　　1941.10.8
　赤潮発生―山口県徳山湾　　　　　　1971.3.26
　赤潮発生―山口県下関市　　　　　　1971.8月
　赤潮発生―山口県下関市　　　　　　1972.6月
　赤潮発生―香川県から徳島県の海域　1972.7月
　赤潮発生―愛媛県付近　　　　　　1972（この年）
　瀬戸内海環境保全臨時措置法を制定　1973（この年）
　ハマチ大量死―播磨灘　　　　　　　1975.5.21
　赤潮で血ガキ騒ぎ―気仙沼湾　　　1975（この年）
　赤潮発生―別府湾　　　　　　　　1975（この年）
　土佐湾沿岸一帯で大規模な赤潮　　　1976.8月
　赤潮で30億円の被害―播磨灘　　　　1977.8.28
　赤潮発生―伊勢湾　　　　　　　　　1978.5月
　瀬戸内海環境保全特別措置法を制定　1978（この年）
　赤潮発生―気仙沼湾　　　　　　　1978（この年）
　養殖ハマチ大量死　　　　　　　　　1979.7月
　赤潮発生―別府湾・豊後水道　　　　1982.7月
　赤潮発生―熊野灘沿岸　　　　　　　1984.7月
　赤潮発生―播磨灘一帯　　　　　　　1987.7月
　赤潮発生―八代海　　　　　　　　　1990.7月
　赤潮で養殖ハマチ大量死―鳴門市　　2003.7月
赤潮プランクトン
　赤潮プランクトン調査　　　　　　1904（この年）
明石海峡
　明石海峡、鳴門海峡で測量　　　　1957（この年）
明石海峡大橋
　明石海峡大橋開通　　　　　　　　　1998.4.5
あかつき丸
　プルトニウム輸送　　　　　　　　　1992.11.7
アガッシ
　アルバトロス号大西洋、太平洋調査　1883（この年）
アカバ湾封鎖
　アラブ連合がアカバ湾を封鎖　　　　1967.5.22
アカバ湾封鎖解除
　アカバ湾封鎖解除へ　　　　　　　　1967.5.29
アカバ湾問題
　アカバ湾問題で危機回避工作　　　　1967.5.23
　アカバ湾問題で衝突　　　　　　　　1967.5.25
アカプルコ
　支倉常長、ローマに渡海　　　　　1613（この年）
赤松 則良
　幕政初の留学生　　　　　　　　　　1862.9.11
　榎本武揚ら蘭より帰国　　　　　　　1867.3.26
アガメノン
　C.W.フィールド、大西洋横断海底電信敷設
　　　　　　　　　　　　　　　　　1866（この年）
アガメムノン号
　最初の大西洋横断電信ケーブル敷設　1858（この年）
亜寒帯系プランクトン
　亜寒帯系プランクトン発見　　　　1966（この年）
秋田
　工場廃液排出―秋田市　　　　　　　1973.6月
秋田・山形沖
　次世代資源メタンハイドレート秋田・山形
　　沖に有望地点　　　　　　　　　　2014.6月
秋田湾
　工場廃液排出―秋田市　　　　　　　1973.6月

- 391 -

あ行

安芸丸
米国へ航行中の安芸丸、銚子無線局からの
電波受信　　　　　　　　　　　　1909.9月

秋元 安民
国学者・洋学者の秋元安民が没する　1862.9.22

秋山 真之
日本海海戦でバルチック艦隊を撃破　1905.5.27

アキレ・ラウロ号
イタリア客船乗っ取り事件　　　　1985.10.7

アーキワールド
アーキワールド発見　　　　　　　　2008.7月

アクアマリンふくしま
アクアマリンふくしま開館　　　　2000.7.15

アクアライン
アクアライン開通　　　　　　　　1997.12.18

アクアラング
クストー、アクアラングを発明　1943（この年）

アークチカ号
ソ連、原子力砕氷船北極点に　　　　1977.8.17

アークチック
大西洋上での海難事故　　　　　　　1954.9.27

アークチュラス号
大西洋生物調査　　　　　　　　1925（この年）

アクティウム沖
アクティウムの海戦　　　　　　BC31（この年）

アクティウムの海戦
アクティウムの海戦　　　　　　BC31（この年）

アーク灯
電力を使用した初の灯台　　　　1858（この年）

アグリッパ
ナウロクス沖の海戦　　　　　　BC36（この年）

アーク・ロイヤル
空母「アーク・ロイヤル」就役　1938（この年）

英虞湾
赤潮報告　　　　　　　　　　　1900（この年）

浅草吾妻橋
千住吾妻急行汽船会社設立　　　1900（この年）

浅草公園水族館
浅草公園水族館開館　　　　　　1899（この年）

あさしお
「あさしお」「スプリングオースター」衝突
事件　　　　　　　　　　　　　2006.11.21

浅野 彦太郎
『分類水産動物図説』刊行　　　1933（この年）

朝日賞
「日本漁業経済史の研究」朝日賞受賞
　　　　　　　　　　　　　　　1950（この年）

朝日新聞
写真電送に成功　　　　　　　　1955.12.29

旭日丸
日本で最初の洋式木造帆船　　　　1855.1.30

浅間
装甲巡洋艦「浅間」進水　　　　　1898.3.22

浅間丸
客船「浅間丸」竣工　　　　　1929（この年）
浅間丸臨検　　　　　　　　　　　1940.1.21

アザミサンゴ
世界の最大サンゴ、アザミサンゴなどが死
滅の危機　　　　　　　　　　1998（この年）

アザラシ皮
デンマーク船が横浜入港　　　　　1880.10.30

アジア航路運賃値上げ
アジア航路運賃値上げ　　　　　　　1999.5月

アジア船主フォーラム
第1回アジア船主フォーラム　　1992（この年）

アジア大陸
北アメリカとアジア大陸が地続きでないこ
とを発見　　　　　　　　　　1523（この年）

アジア貿易
イギリス東インド会社設立　　　1600（この年）

アシカ
鳥羽水族館開館　　　　　　　　1955（この年）

足利 義満
足利将軍、遣明船見物　　　　　　　1405.8.3

足摺宇和海国立公園
足摺宇和海国立公園　　　　　　1972（この年）

葦船
パピルス葦の船　　　　　　　BC3200（この頃）
エジプトの川舟　　　　　　　BC2400（この頃）
ヘイエルダールが没する　　　　　2002.4.18

芦屋丸
「芦屋丸」「やそしま」衝突事件　　1965.8.1

アジュマン
アラブ首長国連邦（UAE）における油流出
事故　　　　　　　　　　　　　　1998.1.6

飛鳥
「飛鳥」竣工　　　　　　　　　1991（この年）

飛鳥II
「飛鳥II」で東北復興応援クルーズ　2012（この年）

アスファルト
アスファルトが釧路港に流出　　　1993.1.15

東
モーターボート「東（あずま）」の転覆　1990.4.22

吾妻橋
水上バス航行の再開　　　　　　　　1950.4月

アセトアルデヒド
水俣湾へ工場廃水排出　　　　　　　1946.2月

アセトアルデヒド工場
水俣で日本窒素アセトアルデヒド工場稼働
　　　　　　　　　　　　　　　　1935.9月

アセトアルデヒド廃液
1960年以降も廃液排出　　　　　　1968.9.20

アセトンシアンヒドリン
　タンカー座礁―有害物質流出　　　　　1971.11.7
アゾレス諸島
　アゾレス諸島発見　　　　　　　1431（この年）
あたご
　海洋科学技術センターの「なつしま」、「あ
　たご」「清徳丸」衝突事故海域調査を実
　施　　　　　　　　　　　　　　　2008.2月
アダムズ
　オランダ船豊後に漂着　　　　　1600（この年）
　漂着英人帆船建造　　　　　　　1604（この年）
アテナイ
　シュボタの海戦　　　　　　　BC433（この年）
アテネオリンピック
　アテネ五輪―ヨット　　　　　　2004（この年）
アドベンチャー号
　キャプテン・クック、第2回太平洋航海に
　出発　　　　　　　　　　　　　1772.7.13
アドミラズ・カップ
　「アドミラズ・カップ」開催　　　1957（この年）
アドミラルズカップレース
　ヨット代表チームが参加　　　　1977（この年）
アドミラル・ナヒモフ号
　ソ連の客船黒海で同国船同士が衝突し沈没
　　　　　　　　　　　　　　　　1986.8.31
アトランタ五輪
　アトランタ五輪開催、日本、ヨットで初の
　メダル　　　　　　　　　　　　1996.7.19
アトランティクス号
　初の海底屈折波観測　　　　　　1935（この年）
アトランティス
　潜水調査船「アルビン」の母船変更　1996（この年）
アトランティスII
　潜水調査船「アルビン」の母船変更　1996（この年）
アトランティック・サンライズ号
　第7文丸・アトランティック・サンライズ
　号衝突　　　　　　　　　　　　1961（この年）
アドリア海
　セルビアのアドリア海進出に反対　1912.11.24
アナデイル河口
　アジア東北端を初めて見たロシア人　1648（この年）
亜熱帯反流
　亜熱帯反流の存在を指摘　　　　1967（この年）
アバ
　ディーゼルエンジンを搭載した最初の客船
　　　　　　　　　　　　　　　　1917（この年）
アーヴィン
　北海で下層水温を測定　　　　　1773（この年）
アフガニスタン攻撃
　自衛艦のインド洋派遣　　　　　2001.11.9
アブキール湾の戦い
　アブキール湾の戦い　　　　　　1798.8.1

油流出
　マリタイム・ガーデニア号座礁―油流出　1990.1.26
　エージアン・シー号座礁―油流出　1992.12.3
　韓国麗水港沖でタンカー座礁―油流出　1995.7.23
　中国船、奥尻島群来岬沖で座礁―油流出　1996.11.28
　対馬沖西方で韓国タンカーが沈没―油流出　1997.4.3
　東京湾でタンカー座礁―油流出　　　1997.7.2
　アラブ首長国連邦（UAE）における油流出
　事故　　　　　　　　　　　　　　1998.1.6
　徳山湾でタンカー衝突―油流出　　1999.11.23
油流出事故環境影響評価総合検討会
　ナホトカ号流出事故に環境評価　　1997.2.7
油流出事故功労者感謝状贈呈式
　功労者に感謝状―ナホトカ号流出事故で　1997.9.5
アフリカ海岸沖
　グーセンがインド洋アフリカ海岸沖でシー
　ラカンスを捕獲　　　　　　　　1938.12.25
アポロニウス
　『アルゴナウティカ』　　　　　BC300（この年）
尼崎汽船
　神戸港付近で汽船同士が衝突　　　1931.2.9
アマゾン
　アマゾン河口一帯を探索　　　　1499（この年）
あまつかぜ
　海自護衛艦リムパック初参加　　　1980.2.26
あまみ
　不審船引き揚げ　　　　　　　　2001.12.22
アームストロング砲
　アームストロング砲、軍艦に搭載　1892（この年）
アムンゼン
　ベルジガ号の南極探検　　　　　1898（この年）
　アムンゼン、南極到達　　　　　1911.12.14
アムンゼン, ロアル
　アムンゼン北西航路発見　　　　　1905.8月
アメリカ
　新天地アメリカへ　　　　　　　1620.9.16
アメリカ軍基地
　辺野古沖で海底ボーリング調査開始　2014.8.18
アメリカ号
　アメリカ号の勝利　　　　　　　1851（この年）
アメリカ航空宇宙局
　北極海の海氷、急速に薄く　　　　2009.7月
アメリカズ・カップ
　アメリカ号の勝利　　　　　　　1851（この年）
　「アメリカズ・カップ」再開　　　1958（この年）
　豪州艇アメリカズ・カップを制す　1982（この年）
　『至高の銀杯』刊行　　　　　　　1987.9月
　アメリカ杯に初挑戦―ヨット　　　1992（この年）
　アメリカズ・カップ―ニュージーランド艇
　初優勝　　　　　　　　　　　　1995.5.13
アメリカ船上デパート
　アメリカ船上デパート　　　　　1979.10.12

アメリカ大統領
コロンブス、偏角を発見 　　　　　　1492.9.13
西インド諸島発見 　　　　　　　　　1492.10.12
アメリカ大統領と謁見 　　　　　　　1853.8.10

アメリカ天体暦
ワシントン海軍天文台創設 　　　　　1832（この年）

アメリカの亀号
「アメリカの亀号」発明 　　　　　　1776（この年）

アメリカ彦蔵
アメリカ大統領と謁見 　　　　　　　1853.8.10
アメリカ彦蔵自叙伝刊行 　　　　　　1893（この年）

あめりか丸
日本・米国カリフォルニア航路に、フル・
コンテナ船就航 　　　　　　　　1968（この年）

厦門
清国、香港割譲・五港開港 　　　　　1842（この年）

アモコ・カジス号
ブルターニュ沖でタンカー座礁—世界タン
カー史上最悪の原油流出 　　　　1978.3.16

アユタヤ
朱印船始める 　　　　　　　　　　　1592（この年）

荒井 郁之助
江戸湾測量 　　　　　　　　　　　　1860（この年）

荒川筋
川蒸気船の運航開始 　　　　　　　　1877.6月

嵐の岬
喜望峰発見 　　　　　　　　　　　　1488.5月

アラスカ
初めて西北航路を通り北米へ 　　　　1805（この年）
大津波発生 　　　　　　　　　　　　1963（この年）

アラスカ海岸
ベーリング死去 　　　　　　　　　　1741.12.19

アラスカ原油輸出解禁法
アラスカ原油輸出解禁法成立 　　　　1995.11月

アラビア
モロッコの探検家、海路アラビアなどへ
　　　　　　　　　　　　　　　　1325（この年）

アラビア半島
アラビア半島フジャイラ沖でタンカー同士
が衝突 　　　　　　　　　　　　1994.3.31

アラミノス
メキシコ湾流の発見 　　　　　　　　1513（この年）

アラワク人
西インド諸島発見 　　　　　　　　　1492.10.12

ありあけ
フェリーが座礁—原油流出 　　　　　2009.11.13

有明
波力発電実験始まる 　　　　　　　　1978（この年）

有明をわたる翼
「有明をわたる翼」初演 　　　　　　2013.12.18

有明海
温泉嶽噴火（長崎県島原） 　　　　　1792.5.21
赤潮発生—有明海 　　　　　　　　　1933.10月
赤潮発生—有明海 　　　　　　　　　1941.10.8
養殖海苔赤腐れ病発生 　　　　　　　1965（この年）
カドミウム汚染で抗議 　　　　　　　1970.9.20
三井金属鉱業工場カドミウム汚染 　　1970（この年）
有明海養殖ノリ不作と諫早湾水門の因果関
係 　　　　　　　　　　　　　　2002.3.27

有明海水銀汚染
有明海水銀汚染—水俣病に似た症状も
　　　　　　　　　　　　　　　　1973（この年）

有川
有川–小湊間航路 　　　　　　　　　1946.7.1

有川桟橋
有川桟橋航送場廃止 　　　　　　　　1984.2.1

有栖川宮威仁親王
英国軍艦が函館入港 　　　　　　　　1880.7.17

アリストテレス
アリストテレス、海洋生物学の研究をして
過ごす 　　　　　　　　　　　　BC344（この年）

アリューシャン
ハワイに津波 　　　　　　　　　　　1957（この年）

アリューシャン地震
アリューシャン地震 　　　　　　　　1946.4.1

アリューシャン列島
ベーリング死去 　　　　　　　　　　1741.12.19

アル, フォン
ドイツ軍艦が鹿児島湾を測量 　　　　1882.1.15

アルキメデス号
スミス、スクリュー・プロペラを発明
　　　　　　　　　　　　　　　　1839（この年）
仏深海調査船9,500m潜行 　　　　　 1961（この年）

アルゴ
沈船「タイタニック」の撮影 　　　　1986（この年）
戦艦「ビスマルク」の撮影 　　　　　1989（この年）

アルゴナウティカ
『アルゴナウティカ』 　　　　　　　BC300（この年）

アルサラーム・ボッカチオ98
「アルサラーム・ボッカチオ98」沈没　2006.2.2
紅海でフェリー沈没 　　　　　　　　2006.2.2

アルジェリア
英国軍がフランス艦船を攻撃 　　　　1940.7.3

アル・ズバーラ
カタールLNGプロジェクト初 　　　 1997（この年）

あるぜんちな丸
「あるぜんちな丸」「ぶらじる丸」を建造
　　　　　　　　　　　　　　　　1939（この年）

アルテディ, ペーター
アルテディ、『魚の生態に関する覚え書き』
刊 　　　　　　　　　　　　　　1738（この年）

アルバカーキ, アルフォン・デ
「マラッカ王国」陥落 　　　　　　　1511（この年）

アルバトロス号
アルバトロス号大西洋、太平洋調査　1883（この年）

アルバトロス号、世界一周深海調査へ
　　　　　　　　　　　　　　　　　1947（この年）
アルヴァレス, ジョルジュ
　広東遠征　　　　　　　　　　　　1519（この年）
アルビン
　2,000mの潜水調査に成功　　　　 1965（この年）
　ブラックスモーカー発見　　　　　1979（この年）
　沈船「タイタニック」の撮影　　　1986（この年）
　戦艦「ビスマルク」の撮影　　　　1989（この年）
　沈没した無人潜水機を回収　　　　1991（この年）
　潜水調査船「アルビン」の母船変更　1996（この年）
アルビン号
　ガラパゴス諸島近くで深海底温泉噴出孔を
　　発見　　　　　　　　　　　　　1977（この年）
アルブケルケ
　ポルトガル、ゴア占領　　　　　　　1510.10月
アルヘシラス湾
　スペイン沖でタンカー爆発・沈没　　1985.5.26
アルベール大公
　北大西洋海流調査　　　　　　　　1855（この年）
アルベール1世
　モナコ海洋博物館開設　　　　　　1910（この年）
アルマダの海戦
　アルマダの海戦　　　　　　　　　1588（この年）
アルメイダ
　ディウの戦い　　　　　　　　　　1509（この年）
アレキサンダー号
　英囚人豪州に送られる　　　　　　　1788.1.26
アレクサンドリア
　アレクサンドリアの大灯台が建造される
　　　　　　　　　　　　　　　　BC283（この年）
アレクサンドリアの大灯台
　アレクサンドリアの大灯台が建造される
　　　　　　　　　　　　　　　　BC283（この年）
アレクサンドリア砲撃
　アレクサンドリア砲撃　　　　　　　1882.7.11
アレクサンドロス
　アレクサンドロスの艦隊　　　　BC327（この年）
アレン, エドガー・ジョンソン
　アレン、ダーウィンメダルを受賞　1936（この年）
アロー号事件
　アロー号事件　　　　　　　　　　　1856.10.23
アロー戦争
　天津条約調印　　　　　　　　　　1858（この年）
アロンドラ・レインボー号
　ハイジャック事件　　　　　　　　1999（この年）
アーロン・マンビー号
　外洋へ鉄製の船乗り出す　　　　　　1822.6.10
淡路島
　高速艇激突で死亡事故―淡路島　　　1989.2.2
阿波国共同汽船
　阿波国共同汽船　　　　　　　　　　1913.4.20

阿波丸
　阿波丸沈没　　　　　　　　　　　　1945.4.1
　宇高連絡船「阿波丸」就航　　　　　1967.10.1
アングクア
　サットン・フーの船葬墓　　　　　625（この年）
安政の条約
　幕末初の遣欧使節　　　　　　　　1861.12.22
安政の大地震
　安政の大地震　　　　　　　　　　　1855.10.2
アンタークチック号
　南極捕鯨調査　　　　　　　　　　1901（この年）
アンダーソン, アーサー
　クルージング始まる　　　　　　　1830（この年）
安藤 信行
　英国がロシア艦の退去要求　　　　　1861.7.9
アントニウス, マルクス
　アクティウムの海戦　　　　　　　BC31（この年）
アンドレア・ドリア
　最新豪華客船アンドレア・ドリア号が貨物
　　線と衝突　　　　　　　　　　　　1956.7.25
庵野 秀明
　「ふしぎの海のナディア」放映開始　1990.4.13
安洋丸
　「安洋丸」を竣工　　　　　　　　　1913.6月
アンリ・グラサデュー号
　グレート・ハリー号建造　　　　　1514（この年）

【い】

李 明博
　韓国大統領竹島に上陸　　　　　　　2012.8.10
イアソン
　『アルゴナウティカ』　　　　　BC300（この年）
飯野汽船
　海運会社の合併相次ぐ　　　　　　1963.12.18
　川崎汽船、飯野汽船を合併　　　　1964（この年）
イェルマーク
　北極探検に初めて砕氷船を使用　　1898（この年）
イェン・ヘ
　明治天皇、清宣統帝に外輪蒸気船を贈る
　　　　　　　　　　　　　　　　1909（この年）
硫黄島
　硫黄島陥落　　　　　　　　　　　　1945.2.23
イオニア海
　シュボタの海戦　　　　　　　　BC433（この年）
　アクティウムの海戦　　　　　　　BC31（この年）
　プレヴェザの海戦　　　　　　　　　1538.9.28
威海衛軍港
　威海衛軍港陸岸を占領　　　　　　　1895.2.2

いかた

筏
- 筏で渡海　　　　　　　　　BC50000（この頃）
- 筏による移民　　　　　　　BC4000（この頃）
- 筏で運搬　　　　　　　　　BC3500（この頃）

筏船
- コンティキ号出航　　　　　　1947.4.28

壱岐丸
- 下関―釜山連絡船始まる　　　1905.9.11

池田 光雲
- 『元和航海記』刊行　　　　　1618（この年）

異国船打払令
- 異国船打払令　　　　　　　　1825（この年）
- 異国船打払令を緩和　　　　　1842（この年）

勇魚
- 『勇魚』刊行　　　　　　　　1987.4月

諫早
- 諫早湾カドミウム汚染　　　　1970（この年）

諫早湾
- 諫早湾で開門調査―養殖ノリ不作　2002.4.15

諫早湾干拓事業
- 諫早湾干拓事業―最後まで反対の漁協が漁業権を放棄　　　　　　　1986.8.17
- 諫早湾干拓事業で潮受堤防を閉め切り干潟消滅　　　　　　　　　1997.4.14
- 諫早湾干拓事業―抜本的見直し　2001.8.28
- 諫早湾干拓事業で佐賀地裁、工事差し止め仮処分　　　　　　　　2004.8.26
- 諫早湾干拓事業―福岡高裁工事差し止めを取消す　　　　　　　　2005.5.16

諫早湾水門
- 有明海養殖ノリ不作と諫早湾水門の因果関係　　　　　　　　　　2002.3.27

諫早湾の干拓事業
- 諫早湾の干拓事業―建設省・運輸省が認可　1988.3.9

石垣島周辺海域のサンゴ礁学術調査
- サンゴ礁学術調査　　　　　　1985.11.28

石垣島新空港
- 写真集『白保 SHIRAHO』刊行　　1991.2月

石川 一郎
- 三井船舶欧州航路同盟加入　　1956.5月

石川島
- 石川島を造船所に　　　　　　1854.12.5
- 日本で最初の洋式木造帆船　　1855.1.30

石川島重工業
- 石川島播磨重工業が発足　　　1960（この年）

石川島造船所
- 蒸気軍艦を建造　　　　　　　1866.5月
- 初の民間造船所設立　　　　　1876.10月

石川島播磨重工
- 造船合併　　　　　　　　　　1964.1.7

石川島播磨重工業
- 石川島播磨重工業が発足　　　1960（この年）
- 大型船に大量の欠陥　　　　　1972.10.18

造船業界再編ディーゼル新会社　　　　1988.10.1
- 石川島が米造船所を支援　　　1993.11.25
- 商船分野で包括提携　　　　　2000.9.13

石川島平野造船所
- 初の民間造船所設立　　　　　1876.10月
- 外輪蒸気船が建造される　　　1877.2月
- ロシア商船の修理が竣工　　　1880.10.20

イシコフ
- ソ連漁業相来日　　　　　　　1966.6.19

石塚 崔高
- 薩摩藩『琉球万国地海全図』を刊行　1802（この年）

イージス艦「あたご」
- イージス艦「あたご」衝突事故　　2008.2.19

石田 寿老
- ウニ孵化の研究　　　　　　　1945（この年）

石橋 雅義
- 石橋雅義、日本学士院賞受賞　1961（この年）

石原 慎太郎
- 慎太郎、ヨットレースに参加　1962（この年）

石原 裕次郎
- 裕次郎、ヨットレースに参加　1963（この年）

石牟礼 道子
- 『苦海浄土―わが水俣病』刊行　1969.1月

異臭魚
- 伊勢湾で異臭魚　　　　　　　1961.4月
- 倉敷市水島でも異臭魚　　　　1961.5月

いしゆみ
- いしゆみ（弩）、ガレー船の発達　BC406（この年）

異常高温域
- 紅海中央部海底近くで異常高温域を発見　　　　　　　　　　　1964（この年）

異常放射能
- 原子力潜水艦放射能事件　　　1968.5.6

石渡 幸二
- 海人社創業　　　　　　　　　1957.6.1

伊豆
- 伊豆半島東方沖で群発地震　　1989.6.30

伊豆小笠原
- 「白鳳丸」最初の研究航海　　1989.6月

伊豆・小笠原弧
- で大規模な多金属硫化物鉱床を発見　1999.2月

イースター島
- ポリネシア人がイースター島に到達　300（この年）
- イースター島発見　　　　　　1722.4.5

イースタンタケ号
- 船舶事故で海洋汚染―常滑　　1964.9.20

イースタンチャレンジャー
- 「津軽丸」「イースタンチャレンジャー」衝突事件　　　　　　　　　2006.4.13

イスパニョーラ島
- コロンブス、第1回航海に出発　1492.8.3

伊豆半島東方沖
伊豆半島東方沖において地すべり痕確認　2006.6月
伊豆・三津シーパラダイス
ラッコの飼育始める　1982（この年）
出雲丸
汽船「出雲丸」沈没事件　1892.4.5
「橿原丸」を航空母艦「隼鷹」に改造　1940.10月
イスラム教徒
プレヴェザの海戦　1538.9.28
イセエビ
鳥羽水族館開館　1955（この年）
伊勢丸
来島海峡でフェリーとタンカー衝突　1986.7.14
伊勢湾
伊勢湾で異臭魚　1961.4月
赤潮発生―伊勢湾など　1970.9月
赤潮発生―伊勢湾　1978.5月
伊勢湾台風
台風15号（伊勢湾台風）　1959（この年）
磯永 周経
薩摩藩『円球万国地海全図』を刊行　1802（この年）
板張り船
最初の板張り船　BC2700（この頃）
船の構造　BC300（この頃）
イタリア客船乗っ取り事件
イタリア客船乗っ取り事件　1985.10.7
イタリア船乗っ取り事件
イタリア船乗っ取り事件の首謀者を拘束　2003.4.14
イタリアン・ライン
大西洋横断　1933.8月
一時帰休
造船不況―一時帰休　1978.10.28
位置精度
RTK-GPS導入で位置精度が向上　1995（この年）
位置測定
ワシントン海軍天文台創設　1832（この年）
海軍軍縮第1回予備交渉開始　1934.10.22
市原
工場廃液排出―千葉県市原市　1973（この年）
伊月 一郎
海軍留学生の先駆け　1870（この年）
厳島
宮島―厳島間航路　1902.4月
一般海洋調査
『一般海洋調査』刊行　1957（この年）
一般地理学
『一般地理学』著す　1650（この年）
出光丸
初の20万トン超タンカー竣工　1966（この年）
緯度
緯度経度を最初に描いた世界地図　1507（この年）
六分儀の発明　1757（この年）

伊藤 一隆
北海道にサケマスふ化場設立　1883（この年）
伊東 玄伯
幕政初の留学生　1862.9.11
伊東沖
「ディープ・トウ」が静岡県伊東沖で海底群発地震震源域を緊急調査　1989.9月
緯度変化観測
緯度変化観測事業　1898（この年）
緯度変化に関するZ項
緯度変化に関するZ項を発見　1902（この年）
糸割符制
糸割符制を廃止　1655（この年）
乾 崇夫
乾崇夫、日本学士院賞受賞　1978（この年）
犬養 健
造船疑獄　1954.4.21
犬吠崎沖
ケミカルタンカーの燃料流出―犬吠崎沖で衝突　1998.8.15
伊能 忠敬
『日本東半部沿海地図』完成　1804（この年）
『大日本沿海輿地全図』幕府に献納　1814（この年）
奥村増贴、『経緯儀用法図説』刊　1838（この年）
伊吹
装甲巡洋艦「伊吹」進水　1907.11.21
井伏 鱒二
『ジョン万次郎漂流記』刊行　1937（この年）
イベリア半島
支倉常長、ローマに渡海　1613（この年）
今井 正
「海軍特別年少兵」公開　1972.8.12
今給黎 教子
女性初の太平洋単独往復　1988.8.19
女性初の無寄港世界一周　1992.7.15
「今のロボット」大賞
「うらしま」、「今のロボット」大賞2006優秀賞受賞　2006.12月
今治
本州四国連絡橋　1979（この年）
移民
ペルーへの移民　1899.2.27
医務局
海軍省に医務局設置　1897.3.31
イモ
ハリファックス大爆発　1917.12.6
伊予丸
宇高連絡船「伊予丸」就航　1966.3.1
伊豫丸
「伊豫丸」進水　1897（この年）
イラク
タンカー戦争で国連安保理　1984.5.25

いらく

タンカー戦争中止要求決議	1984.6.1

イラク、米フリゲート艦を誤爆
イラク、米フリゲート艦を誤爆　1987.5.17

イラン
タンカー戦争で国連安保理　1984.5.25
タンカー戦争中止要求決議　1984.6.1

イラン産原油輸送タンカー特措法
イラン産原油輸送タンカー特措法　2012（この年）

西表島
世界の最大サンゴ、アザミサンゴなどが死滅の危機　1998（この年）

イリーザ号
湾流中の冷水塊　1810（この年）

イルカ
江の島水族館開館　1957.7.1
イルカの囲い網を切断　1980.2.29

イールス
音響測深儀を発明　1907（この年）

いわき
青酸化合物汚染―いわき市小名浜　1970（この年）

磐城
横須賀で砲艦竣工　1877.2月

岩崎 弥太郎
岩崎弥太郎、商船事業を創業　1870.10.19
三菱商船学校、創設　1875.11.1

イワシ大量死
イワシ大量死―新潟　1981.4.15

イワシ不漁
イワシ不漁対策　1949（この年）

岩手県
チリ地震津波　1960.5.24

インカ帝国
ピサロ、インカ帝国を征服　1531（この年）

インゴルフ号
水理生物調査　1895（この年）

インターリッジ計画
インターリッジ計画はじまる　1992（この年）

インド航路開拓
喜望峰発見　1488.5月

インド国立海洋研究所
インドの海洋研究所と協力覚書　2000.5.31

インド人
アレクサンドロスの艦隊　BC327（この年）

インドネシア地震で津波到達
インドネシア地震で津波到達　2009.1.4

インドネシアで地震
インドネシアで地震　1992.12.12
インドネシアで地震　1996.1.17
インドネシアで地震・津波　2000.5.4

インドネシアで地震・津波
インドネシアで地震・津波　1969.2.23

インド洋
運河が建設される　BC1000（この頃）
地中海とインド洋を結ぶ運河　BC600（この頃）
エリュトゥラー海案内記　BC70（この頃）
世界地図にインド洋、大西洋描かれる　150（この年）
鄭和の航海　1431
ディウの戦い　1509
インド洋の海流図　1678
ズンダ海溝発見　1906
グーセンがインド洋アフリカ海岸沖でシーラカンスを捕獲　1938.12.25
シーラカンスの第2の標本を獲得　1953.1月
2000メートルの海底に2000万年前の大陸を発見　1999.3月
インド洋でのダイポールモード現象　2000.9月

インド洋周航記
エリュトラ海案内記　90（この年）

インド洋中央海嶺
インド洋中央海嶺にて熱水活動と熱水噴出孔生物群集を発見　2000.8月

印パ
西回り世界一周航路を再開　1951（この年）
印パ航路開設　1979（この年）

インマルサット
国際海事通信衛星機構が発足　1979（この年）

インマン＆インターナショナル汽船
初のツインスクリュー船　1888（この年）

伊1号
潜水艦「伊1号」竣工　1926.3.10

【う】

ウィアー, ピーター
映画『マスター・アンド・コマンダー』公開　2003.11.14

ウィッティントン, ハリー・ブラックモア
ウィッティントン、国際生物学賞を受賞　2001（この年）

ウィットブレッド世界一周ヨットレース
「ウィットブレッド世界一周ヨットレース」開催　1973.9月

ウィリアムズ, レイフ・ヴォーン
「海の交響曲」初演　1910.10.12

ウイリアム1世
ヘイスティングの戦い　1066（この年）

ウィルキンス
潜水艦ノーチラス号の北極探検　1931（この年）

ウィルキンソン
ウィルキンソン、鉄船を建造　1788（この年）

ウイルクス
海洋測深に鋼索を使用　1838（この年）

項目	内容	年月日
ウィルクス, チャールズ	ウィルクス、南極を探検	1839（この年）
ウィルクスランド	ウィルクス、南極を探検	1839（この年）
ウィルソン, ツゾー	トランスフォーム断層を提唱	1965（この年）
ウィンドサーフィン	ウィンドサーフィンが誕生	1968（この年）
ウェイハン9	「開神丸」「ウェイハン9」衝突事件	2005.7.22
ウェーク島近海	兵員輸送船沈没	1943.3月
ウェゲナー	大陸移動説	1915（この年）
ウエスタンフライヤー	モントレー湾水族館研究所に双胴型調査船配置	1996（この年）
ウェストミンスター橋	潜函を開発	1738（この年）
ウェッブ, マシュー	ドーバー海峡遠泳	1875.8.25
ウェルニー	横須賀製鉄所起工式	1865.9.27
	横須賀厫舎を復興	1870.3.29
ウォーターワールド	映画『ウォーターワールド』公開	1995.7.28
魚津水族館	魚津水族館開館	1913.9月
	3代目魚津水族館開館	1981（この年）
ウォード	コルクの救命胴衣	1854（この年）
うをのぞき	日本初の水族館	1882（この年）
ウォーリア号	英・装甲艦「ウォーリア号」起工	1859.5月
ウォルシェ	マリアナ海溝最深部潜水に成功	1960（この年）
元山沖	プエブロ号事件	1968.1.22
宇高連絡船	宇高連絡船「水島丸」就航	1917.5.7
	宇高航路で貨車航送	1919.10.10
	宇高連絡船「第1宇高丸」就航	1929.10月
	宇高航路貨車航送	1930.4.5
	宇高航路、貨車航送廃止	1943.5.20
	宇高連絡船「紫雲丸」就航	1947.7.6
	紫雲丸事件	1955.5.11
	宇高連絡船「讃岐丸」就航	1961.4.25
	宇高連絡船「伊予丸」就航	1966.3.1
	宇高連絡船「阿波丸」就航	1967.10.1
	宇高連絡船「かもめ」就航	1972.11.8
	宇高連絡船「讃岐丸」就航	1974.7.20
	宇高連絡船「とびうお」就航	1980.4.22
	宇高連絡船廃止	1991.3.16
宇田 道隆	『海洋潮目の研究』刊行	1938（この年）
	『海』刊行	1939（この年）
	『海洋気象学』刊行	1954（この年）
	『海洋漁場学』刊行	1960（この年）
	『北太平洋亜寒帯水域海況』刊行	1963（この年）
	亜熱帯反流の存在を指摘	1967（この年）
	『水産防災』刊行	1969（この年）
	『海の世界』刊行	1971（この年）
ウ・タント事務総長	アカバ湾問題で危機回避工作	1967.5.23
内田 正雄	幕政初の留学生	1862.9.11
宇宙開発事業団	海洋観測衛星もも1号打上げ	1987（この年）
宇宙起源	国学者・洋学者の秋元安民が没する	1862.9.22
ウッズホール海洋生物研究所	ウッズホール海洋生物研究所設立	1888（この年）
ウナギ	ウナギ産卵場所を突き止める	1920（この年）
ウナギの完全養殖	ウナギの完全養殖に成功と発表	2010.4.8
ウナギの産卵場	ウナギの産卵場、特定	2011.2.1
ウニ	ウニの受精現象を研究	1875（この年）
	ウニの完全胚を得る	1891（この年）
	ウニの人口単為生殖	1899（この年）
	ウニ孵化の研究	1945（この年）
宇部	海底炭田浸水	1915.4.12
海	『海』刊行	1939（この年）
ウミウシガイドブック	『ウミウシガイドブック』刊行	1999（この年）
ウミガメ	鳥羽水族館開館	1955（この年）
海猿	『海猿』連載開始	1999（この年）
海鷹丸	東京水産大学の練習船竣工	1955.8月
	南極海域調査	1956（この年）
	第1回国際共同多船観測（FIBEX）計画	1980（この年）
海と空	『海と空』刊行	1921（この年）
海と日本人	『海と日本人』刊行	1977（この年）

海に生くる人々
『海に生くる人々』刊行　　　　　　　1926.11月
海の男 ホーンブロワー
『海の男/ホーンブロワー』シリーズ刊行開
始　　　　　　　　　　　　　　1937（この年）
海の交響曲
「海の交響曲」初演　　　　　　　　　1910.10.12
海の自然地理学
各国で水路誌編さんはじまる　　　1849（この年）
海の世界
『海の世界』刊行　　　　　　　　　　1971（この年）
海の民
ラムセスの海戦　　　　　　　　　BC1180（この頃）
海のトリトン
『海のトリトン』連載開始　　　　　　1969.9.1
『海のトリトン』放送開始　　　　　　1972.4.1
海の鼠
『海の鼠』刊行　　　　　　　　　　　1973.5月
海の博物史
海洋学における初の論文　　　　　1725（この年）
「海の日」制定
「海の日」制定　　　　　　　　　　　1995（この年）
海の物理学
『海の物理学』出版へ　　　　　　　1913（この年）
海の物理的地理学
最初の海洋学教科書　　　　　　　1855（この年）
海の都の物語
『海の都の物語』刊行　　　　　　　　1980.10月
海の理学
最初の海洋学書　　　　　　　　　1786（この年）
海へ出るつもりじゃなかった
『海へ出るつもりじゃなかった』刊行
　　　　　　　　　　　　　　　1937（この年）
うめが香丸
「うめが香丸」沈没事件　　　　　　　1912.9.22
浦賀
英国人浦賀に来航通商求める　　　1818（この年）
浦賀に新砲台　　　　　　　　　　　1845.1月
米使節、浦賀に来航　　　　　　　　1846（この年）
外国船浦賀、下田、長崎に入港　　　1849.4.8
ペリー来航　　　　　　　　　　　　1853.6.3
横浜までの汽船就航　　　　　　　　1872.4月
蒸気船航路の開設　　　　　　　　　1879.10.8
浦賀船渠
アメリカから造船を受注　　　　　1901（この年）
浦賀造船所
江戸幕府、浦賀に造船所を建設　　　1853.11月
初の西洋型帆船　　　　　　　　　　1854.5.10
ウラジオストク
金剛がウラジオストク入港　　　　1878（この年）
上海〜ウラジオストク線開設　　　　1889.3月

ウラジオストク〜ムルマンスク間を85日で
航行　　　　　　　　　　　　　1934（この年）
ウラジオストク航路
ウラジオストク航路始まる　　　　　1881.2.28
うらしま
深海巡航探査機「うらしま」の開発を開始　1998.4月
水中カメラで撮影したカラー映像の音響画
像伝送に成功　　　　　　　　　　　2000.12月
自律型無人機の世界最深記録および無線画
像伝送の伝達距離を更新　　　　　2001.8月
「うらしま」、世界で初めて燃料電池で航続
距離220kmを達成　　　　　　　　2003.6月
「うらしま」、巡航探査機の世界新記録航続
距離317kmを達成　　　　　　　　2005.2月
伊豆半島東方沖において地すべり痕確認　2006.6月
熊野トラフ泥火山微細地形構造調査実施　2006.7月
「うらしま」、「今のロボット」大賞2006優
秀賞受賞　　　　　　　　　　　　2006.12月
沖縄トラフ深海底調査における熱水噴出域
の詳細な形状と分布のイメージングに成
功　　　　　　　　　　　　　　　2007.12月
ウリッチ造船所
「ビークル号」進水　　　　　　　　1820（この年）
うわじま
フェリーと貨物船が衝突—豊後水道　1973.3.31
宇和島沖
ナイル号沈没　　　　　　　　　　　1915.1.11
宇和島水産高校
えひめ丸沈没事故　　　　　　　　　2001.2.9
原潜・実習船衝突事故、謝罪のため元艦長
来日　　　　　　　　　　　　　　2001.2月
運河
紅海に至る運河　　　　　　　　BC1300（この頃）
運河が建設される　　　　　　　BC1000（この頃）
地中海とインド洋を結ぶ運河　　　BC600（この頃）
中国の大運河　　　　　　　　　BC485（この年）
ナイル川と紅海をつなぐ運河　　　BC280（この頃）
喬維巌、懸門を発明　　　　　　　984（この年）
ヨーロッパ初の運河の閘門が建設　1373（この年）
ミディ運河が建設される　　　　　1666（この年）
運河法
運河法公布　　　　　　　　　　　　1913.4.9
運輸省
港湾の21世紀のビジョン　　　　　　1985.5月
運輸省鉄道技術研究所の港湾研究室
運輸省鉄道技術研究所の港湾研究室（現・
港湾技術研究所）発足　　　　　1946（この年）
運輸振興協会
運輸振興協会設立　　　　　　　　　1978.6月
雲揚
江華島事件　　　　　　　　　　　　1875.9.20

【え】

エアンネス, ジル
　アフリカのボジャドル岬に到達　　　1434（この年）
曳航式深海底探索システム
　海洋実験　　　　　　　　　　　　　1979.11月
英国海軍の雄ジャック・オーブリー
　『英国海軍の雄ジャック・オーブリー』シ
　リーズ刊行開始　　　　　　　　　1970（この年）
英国海賊史
　『英国海賊史』刊行　　　　　　　1724（この年）
英国艦隊
　英国艦隊、シリー島沖で嵐のため遭難
　　　　　　　　　　　　　　　　　1707（この年）
英国航海者ガイド
　マスケリン、『英国航海者ガイド』刊　1763（この年）
　四分儀の使用法、経度決定法を普及　1763（この年）
英国航海暦
　天文学者マスケリンが没する　　　　1811.2.9
英国公使
　英国がロシア艦の退去要求　　　　　1861.7.9
英国自然環境研究評議会
　海洋科学技術戦略を発表　　　　　1994（この年）
英国水夫殺害
　英国水夫殺害犯が自殺　　　　　　　1868.12.10
英晴丸
　「英晴丸」の爆発事件　　　　　　　1993.1.13
永長地震
　永長地震　　　　　　　　　　　　　1096.12.17
H-IIロケット8号機
　「H-IIロケット8号機」第1次調査　　1999.11月
　「H-IIロケット8号機」第3次調査　　1999.12月
　「H-IIロケット8号機」第2次調査　　1999.12月
英独海軍協定
　英独海軍協定に調印　　　　　　　　1935.6.18
　英独海軍協定の破棄　　　　　　　　1939.4月
エイブ
　海底探査機の開発　　　　　　　　1995（この年）
英仏海峡
　アルマダの海戦　　　　　　　　　1588（この年）
英仏海峡海底鉄道
　英仏海峡海底鉄道より掘削機受注　1987（この年）
英仏海峡トンネル
　英仏海峡トンネルが開通　　　　　　1990.12.1
栄養失調
　カノ、2度目の世界一周の途中で死去　1526.4.4
エイラート
　駆逐艦「エイラート」撃沈　　　　1967（この年）

英蘭戦争
　英議会航海法を可決　　　　　　　1651（この年）
　第一次英蘭戦争　　　　　　　　　1652（この年）
　第2次英蘭戦争　　　　　　　　　1665（この年）
エイリーク
　グリーンランド発見　　　　　　　　982（この年）
江川 英龍
　江戸湾防備　　　　　　　　　　　1839（この年）
　品川台場築造　　　　　　　　　　1853（この年）
　台場砲台竣工　　　　　　　　　　　1854.7.21
液化天然ガス
　商船三井、北極海航路でガス輸送　　2014.7月
液体二酸化炭素プール
　「しんかい6500」液体二酸化炭素プール発
　見　　　　　　　　　　　　　　　　2006.8月
エクソダス1947
　ユダヤ難民船臨検　　　　　　　　1947（この年）
エクソン・バルディーズ
　アラスカでタンカーから原油流出―アメリ
　カ史上最悪の事故　　　　　　　　　1989.3.24
エクマン, ヴァン・ヴァルフリート
　エクマンの海流理論　　　　　　　1905（この年）
エコフィクス油田事故
　油田事故で原油流出―ノルウェー　　1977.4.22
エコーI級
　ソ連原潜が沖縄で火災　　　　　　　1980.8.21
エージアン・シー号
　エージアン・シー号座礁―油流出　　1992.12.3
エジプト沖
　ナポレオン艦隊の残がい　　　　　　1999.2月
エジプト人
　帆を発明　　　　　　　　　　　BC3500（この頃）
　最初の板張り舟　　　　　　　　BC2700（この頃）
　紅海に至る運河　　　　　　　　BC1300（この頃）
エストニア
　バルト海でフェリー沈没　　　　　　1994.9.28
江田島
　「海軍兵学校官制」公布　　　　　　1888.6.14
エディストン灯台
　航海の難所に灯台建設　　　　　　1759（この年）
江戸城
　ハリス、江戸城で謁見　　　　　　　1857.12.7
江戸っ子1号
　無人深海探査機「江戸っ子1号」が日本海
　溝で深海生物の3D映像撮影に成功　　2013.11月
エドモンド
　初の空中魚雷攻撃　　　　　　　　　1915.8月
エトロフ
　エトロフ探検　　　　　　　　　　1808（この年）
択捉
　エトロフ探検　　　　　　　　　　1808（この年）

- 401 -

エトワエール号
ブーガンヴィル、世界周航に出発　1766.12.5
江戸湾
江戸湾測量　1860（この年）
江戸湾防備
江戸湾防備　1839（この年）
エニウェトク環礁
米、水爆実験　1952.11.1
江の浦
赤潮報告　1900（この年）
江ノ口川
高知パルプ工場廃液排出　1971（この年）
江の島水族館
江の島水族館開館　1957.7.1
ハンドウイルカの繁殖　1988（この年）
榎本 武揚
幕政初の留学生　1862.9.11
榎本武揚ら蘭より帰国　1867.3.26
エヴァーグリーン
海運市場で活躍　1968（この年）
愛媛
ヘドロで魚大量死―愛媛県　1972.9.12
赤潮発生―愛媛県付近　1972（この年）
タンカー衝突事故で原油流出―愛媛県沖　1974.4.26
ヘドロ埋立汚染―トリ貝に深刻な打撃　1975（この年）
えひめ丸
えひめ丸沈没事故　2001.2.9
原潜・実習船衝突事故、謝罪のため元艦長来日　2001.2月
「かいれい」ハワイホノルル沖「えひめ丸」沈没海域で遺留物回収　2001.10月
エボイコス
シンガポール海峡でタンカー同士が衝突―東南アジアで過去最大級の燃料流出　1997.10.15
絵本図鑑『海』
絵本図鑑『海』刊行　1969.7.25
エマ・マースク
世界最大のコンテナ船竣工　2006（この年）
エムデン号
フィリピン海溝発見　1927（この年）
エーランドの海戦
初の近代的海戦　1563（この年）
エリア, E.
飛行機が船を離着陸　1911.1.18
エリー運河
エリー運河開通　1825（この年）
エリカ号
フランス沖でエリカ号沈没　1999.12.12
油濁事故　1999（この年）
エリクソン
スクリュー推進船が初めて大西洋を横断　1836.7.13
エリクソン, ジョン
スクリュー推進機の発明　1836.5.31
J.エリクソン、甲鉄の軍艦を設計　1862（この年）
エリザベス女王
ドレーク世界一周より帰港　1580.9.26
エリート
無索無人潜水機の開発開始　1986（この年）
エリュトゥラー海案内記
エリュトゥラー海案内記　BC70（この年）
エルサレム
エルサレムからローマへの旅　60（この年）
エルトゥールル号事件
エルトゥールル号事件　1890.5月
エル・ニーニョ
エル・ニーニョ発生　1986.3.31
「なつしま」、赤道太平洋にてエル・ニーニョの観測　1987.1月
エル・ニーニョ対策サミット　1997（この年）
エル・ニーニョによる被害　1998.5.2
エル・ニーニョ現象　1999.9月
エル・ニーニョ現象
エル・ニーニョ現象　1982（この年）
エレバス山
ロス、南極を探検　1839（この年）
沿海州
間宮林蔵ら、樺太を探検　1808（この年）
沿岸海洋観測塔
沿岸海洋観測塔設置　1964（この年）
沿岸海洋研究部会
沿岸海洋研究部会発足　1962（この年）
沿岸観測
沿岸観測開始　1900（この年）
沿岸技術研究センター
沿岸技術研究センター　1983.9月
沿岸漁業
漁業権の設立　1901.4.13
沿岸警備隊
米国で湾外警備隊創設　1913（この年）
沿岸測地
湾流の近代的観測開始　1844（この年）
沿岸捕鯨拒否
国際捕鯨委員会―日本の沿岸捕鯨拒否　1999.5月
沿岸マッコウ捕鯨撤退
日本沿岸マッコウ捕鯨撤退　1984.11.13
円球万国地海全図
薩摩藩『円球万国地海全図』を刊行　1802（この年）
塩酸
海に塩酸をたれ流し―公害防止上例で告発　1969.8.15
遠州灘
東南海地震　1944（この年）

エンジン
外輪船の設計図を作成	1737(この年)
船のエンジンのディーゼル化	1973(この年)

円錐図法
円錐図法の改良	1745(この年)

塩素量滴定法
塩素量滴定法確立	1899(この年)

円高効果で増収
海運大手3社、円高効果で増収	2001.9月

エンタープライズ
世界初の原子力空母	1960.9.24
エンタープライズ入港	1968.1.19
プエブロ号事件	1968.1.22
原子力空母爆発事故	1969.1.14
原子力空母佐世保寄港	1983.3.21
米空母「エンタープライズ」退役	2012.12.1

エンデバー号
「エンデバー号」進水	1764(この年)
キャプテン・クック、第1回太平洋航海に出発	1768(この年)

エンプレス・オブ・ブリテン号
「エンプレス・オブ・ブリテン号」が横浜に入港	1935.4.14

塩分分布図
大洋の塩分分布図	1865(この年)

エンペロール
英、幕府に船を献上	1858.7.5

延宝房総沖地震
延宝房総沖地震	1677.11.4

遠洋漁業奨励法
遠洋漁業奨励法	1897.4.2
遠洋漁業奨励法公布	1905.3.1

遠洋航路補助法
遠洋航路補助法	1909.3.25

エンリケ航海王子
航海学、地図学研究施設設置	1418(この年)
アフリカ東路開発	1420(この年)
探海航海奨励	1429(この年)
アゾレス諸島発見	1431(この年)
エンリケ航海王子が没する	1460.11.13

【 お 】

黄金
横須賀造船所で軍艦建造	1877(この年)

応神天皇
応神天皇の船	274(この年)

王政復古大号令
神戸が開港	1867.12.7

横断
ドーバー海峡を飛行機で横断	1909.7.26

横断遠泳
ドーバー海峡遠泳	1875.8.25

欧米漁業法令彙纂
『欧米漁業法令彙纂』	1896(この年)

鴨緑江海戦
黄海海戦	1894.9.17

大網漁法
ニシン漁法	1860(この年)

大井川丸
上海航路初航海成功	1898.1.7
試錐やぐら損傷事件	1966.10.28

大分県
大分の定期連絡船転覆	1960.10.29

大型貨物船輸出
中国に大型貨物船輸出	1972.9.4

大型自動化船
大型自動化船「金華山丸」進水	1961(この年)

大型船
信長、大型船を建造させる	1573.5.22

大型タンカー
アメリカの大型タンカー沈没	1971.3.27

大型超高速船
国内船の高速化	1993(この年)

大北電信
日本最初の海底ケーブル	1871.4.1

大阪
P&O汽船が香港〜横浜航路を開設	1876.2月

大阪アルミニウム
国産初のホバークラフト	1961.6.7

大阪商船
大阪商船会社開業	1884.5.1
「筑後川丸」(610トン)竣工	1890.5.31
釜山航路開設	1890.7.16
上海航路初航海成功	1898.1.7
商船沈没	1910.7.22
ロンドン航路開設	1918.12.9
高速貨物船「畿内丸」を建造	1930(この年)
「あるぜんちな丸」「ぶらじる丸」を建造	1939(この年)
戦後初の遠定定期航路開設	1950.11.28
海運会社の合併相次ぐ	1963.12.18
海運再編—大阪商船と三井船舶が合併など	1964(この年)

大阪商船三井船舶
海運再編—大阪商船と三井船舶が合併など	1964(この年)
日本初の自動車専用船「追浜丸」就航	1965(この年)
日本・米国カリフォルニア航路に、フル・コンテナ船就航	1968(この年)
商船三井発足	1999(この年)

大阪世界帆船まつり
大阪世界帆船まつり	1983(この年)

おおさ

大阪鉄工所
- 日本最初のタンカー　　　　　　　1908.9月
- 初の国産捕鯨母船進水　　　　　　1936.8月

大阪兵学寮
- 海軍兵学寮・陸軍兵学寮と改称　　1870.12.25

大阪毎日新聞
- 近海の海流調査を開始　　　　　　1913.5.1

大阪丸
- 「大阪丸」「名古屋丸」衝突事件　1875.12.25
- 海難事故に関する臨時裁判所の設置　1876.2.8

大阪湾
- ジェーン台風、関西を襲う　　　　1950.9月
- 大阪湾の水質、環境基準越える　　1977(この年)

大敷網
- 大敷網が発達　　　　　　　　　　1713(この年)

大島
- 三原山が209年ぶりに噴火　　　　1986.11.22

おおすみ
- 海上自衛艦「おおすみ」釣り船と衝突　2014.1.15

大ディオニュシオス
- いしゆみ(弩)、ガレー船の発達　BC406(この年)

大鳴門橋
- 「大鳴門橋」開通　　　　　　　　1985.6.8

大野丸
- 大野丸建造　　　　　　　　　　　1858.9月

大仁丸
- 「大仁丸」沈没事件　　　　　　　1916.2.2

大平 さち子
- 世界一周ヨット帰港　　　　　　　1977.7.31

大平 雄三
- 世界一周ヨット帰港　　　　　　　1977.7.31

大船建造の禁
- 幕府、大船建造の禁を解く　　　　1853.9.15

大船の建造
- 国内運輸への外国船の使用解禁　　1861.7.26

大三島橋
- 本州四国連絡橋　　　　　　　　　1979(この年)

大牟田
- 有明海水銀汚染―水俣病に似た症状も
　　　　　　　　　　　　　　　　　1973(この年)

大牟田川
- 三井金属鉱業工場カドミウム汚染　1970(この年)

大村 純忠
- 大村氏、ポルトガル人に港を開く　1562(この年)

大森 房吉
- 『大日本地震資料』刊行　　　　　1904(この年)

小笠
- ラッコ密猟船小笠原に　　　　　　1893(この年)

小笠原 貞頼
- 小笠原島の発見　　　　　　　　　1593(この年)

小笠原島
- 小笠原島の発見　　　　　　　　　1593(この年)

小笠原諸島
- 小笠原諸島調査　　　　　　　　　1861(この年)

小笠原諸島返還
- 小笠原諸島返還　　　　　　　　　1968.6.26

小笠原水曜海山
- 熱水噴出孔生物群集発見　　　　　1992.7月

岡田 武松
- 観測船凌風丸が完成　　　　　　　1937(この年)

オーカデス号
- 豪州から大型観光船が入港　　　　1957.9.23

岡村 金太郎
- 赤潮プランクトン調査　　　　　　1904(この年)
- 「漁業基本調査」を開始　　　　　1909(この年)
- 水理生物要綱　　　　　　　　　　1910(この年)

岡村 晴二
- 手作りヨットで太平洋横断　　　　1977.10.8

岡山
- 瀬戸内海航路　　　　　　　　　　1903.3.18
- 工場廃液排出―岡山県倉敷市　　　1973(この年)

沖合石造灯台
- 最初の沖合石造灯台　　　　　　　1860(この年)

沖縄
- 離島連絡船転覆、取材中の船が救助　1963.8.17
- 沖縄に二つの海流　　　　　　　　2003.7月

沖縄海洋博覧会
- 海洋博記念ヨットレース　　　　　1975.11.2
- 海洋博記念で日本人が最短・最長航海女性
　世界記録　　　　　　　　　　　　1975.11.18

沖縄公害問題
- 沖縄公害問題　　　　　　　　　　1974(この年)

沖縄国際海洋博覧会
- 「沖縄海洋博」開幕　　　　　　　1975.7.20
- 沖縄美ら海水族館開館　　　　　　2002.11月

沖縄～東京ヨットレース
- 沖縄～東京ヨットレースで「サンバード
　V」が優勝　　　　　　　　　　　1976.5.4

沖縄トラフ
- 沖縄トラフ伊是名海穴で、炭酸ガスハイド
　レートを初めて観察　　　　　　　1989(この年)
- 「よこすか」、沖縄トラフ深海底下において
　新たな熱水噴出現象「ブルースモー
　カー」を発見　　　　　　　　　　2007.1月
- 沖縄トラフ深海底調査における熱水噴出域
　の詳細な形状と分布のイメージングに成
　功　　　　　　　　　　　　　　　2007.12月

沖縄トラフ深海
- 「しんかい6500」液体二酸化炭素プール発
　見　　　　　　　　　　　　　　　2006.8月

沖縄トラフ深海底
- 「しんかい6500」熱水噴出現象発見　2007.1月

沖縄美ら海水族館
沖縄美ら海水族館開館　　　　　2002.11月

オーギュスト・ピカール
「バチスカーフ号」4,050mまで潜水　1954（この年）

奥尻島
中国船、奥尻島群来岬沖で座礁—油流出　1996.11.28

オクタウィアヌス
アクティウムの海戦　　　　　BC31（この年）

おくどうご6
来島海峡でフェリーとタンカー衝突　1986.7.14

奥村 増趾
奥村増趾、『経緯儀用法図説』刊　1838（この年）

小倉 伸吉
『日本近海の潮汐』を刊行　　1914（この年）
小倉伸吉に学士院賞　　　　　1930（この年）

オークランド港
レインボー・ウォーリア号事件　1985.7.10

おけら5世号
地球一周レース開催—日本人優勝　1983.5.17

小沢 さとる
『サブマリン707』連載開始　　1963（この年）

オーシャンエクスプローラー・マジェラン
「オーシャンエクスプローラー・マジェラン」完成　　　　　　　　　1991（この年）

オーシャン・エージ
『海洋科学』、『オーシャン・エージ』出版される　　　　　　　　　1970（この年）

オーシャンソブリン号
「第11昌栄丸」「オーシャンソブリン号」衝突　　　　　　　　　　1974（この年）

オーシャン・マネージメント
深海底からマンガン採取に成功　1978（この年）

汚水排除
鈴木商店に汚水除去要求　　　1932.2月

オーストラリア大陸
クック、オーストラリア大陸を発見　1770.4.19

オーストラリア2世
豪州艇アメリカズ・カップを制す　1982（この年）

オスプレイー1
波力発電装置、工事中に大破　1995（この年）

オスマン帝国
プレヴェザの海戦　　　　　　1538.9.28
レパントの海戦　　　　　　　1571.10.7

おせあにっくぐれいす
クルーズ元年　　　　　　　　1989（この年）

オセアン号
英国軍艦が座礁　　　　　　　1868（この年）

汚染
製紙会社の工場廃水問題　　　1934（この年）

汚染状況調査
人工衛星を使って汚染状況調査　1973（この年）

織田 信長
信長、大型船を建造させる　　1573.5.22

小田式機雷
呉に12トン平炉完成　　　　　1898（この年）

小樽
開港とする港を追加指定　　　1899.7.12

落合 弘明
空から排水調査　　　　　　　1973（この年）

オットー・ハーン号
西独初の原子力船就航　　　　1968.2.1

追浜丸
日本初の自動車専用船「追浜丸」就航　　　　　　　　　　　　　1965（この年）

オデッサ
トルコ艦隊、オデッサ、セバストポリを砲撃　　　　　　　　　　　1914.10.29

オデッセイⅡ
「オデッセイⅡ」潜航調査　　1994（この年）

オデュッセイア
『オデュッセイア』　　　　　BC800（この頃）

オーテル
バルチック海、ノルウェー海の発見　850（この年）

オナイダ
アメリカ軍艦が浦賀で沈没　　1870.1.24

小名浜
青酸化合物汚染—いわき市小名浜　1970（この年）

オニヒトデ駆除
オニヒトデ駆除　　　　　　　2002.9.9

小野 篤司
『ウミウシガイドブック』刊行　1999（この年）

小野 友五郎
江戸湾測量　　　　　　　　　1860（この年）

小野篤司
『ウミウシガイドブック』刊行　1999（この年）

小野 妹子
遣隋使　　　　　　　　　　　607（この年）

尾道
瀬戸内海航路　　　　　　　　1903.3.18
本州四国連絡橋　　　　　　　1979（この年）

尾道海技学院
尾道海技学院設立　　　　　　1949.3月

尾道丸
「尾道丸」遭難事件　　　　　1980.12.30

オハイオ
米原潜オハイオ級進水　　　　1979.4月
米潜水艦「オハイオ」就役　　1981（この年）

オハイオ級
米原潜オハイオ級進水　　　　1979.4月

小浜
阪鶴鉄道が舞鶴～小浜の連絡船開設　1906.7.1

オフォト・フィヨルド
独の駆逐艦撃沈　　　　　　　1940.4.10

オブザーヴァー単独大西洋横断ヨットレース
「オブザーヴァー単独大西洋横断ヨットレース」開催　　　　　　　1960(この年)
オブライアン, パトリック
『英国海軍の雄ジャック・オーブリー』シリーズ刊行開始　　　　　1970(この年)
映画『マスター・アンド・コマンダー』公開　　　　　　　　　2003.11.14
オブリー, ルードヴィヒ
魚雷にジャイロスコープ装着　　　　1896(この年)
オプリチニック
ロシア艦船対馬を去る　　　　　　　1861.8.15
オープンシー
『オープンシー』を刊行　　　　　　1956(この年)
オホーツク海
露オホーツク方面を調査　　　　　　1802(この年)
ヴィチャージ号世界周航　　　　　　1886(この年)
太平洋航路客船沈没　　　　　　　　1927(この年)
オホーツク海流氷調査
オホーツク海流氷調査、北洋冬季着氷調査　　　　　　　　　　1962(この年)
雄物川
工場廃液排出—秋田市　　　　　　　1973.6月
おやしお
海自潜水艦と漁船が接触　　　　　　2009.1.10
オラウータン
日本に初のオラウータン　　　　　　1792(この年)
オラウ・ブリタニア号
核物質積載のフランス船沈没　　　　1984.8.25
オラピングローバル
シンガポール海峡でタンカー同士が衝突—東南アジアで過去最大級の燃料流出　1997.10.15
オランダ
丸木船　　　　　　　　　BC7200(この頃)
オランダ人
長崎出島　　　　　　　　　1641(この年)
糸割符制を廃止　　　　　　1655(この年)
和蘭天説
『和蘭天説』刊行　　　　　1796(この年)
オランダ東インド会社
オランダ東インド会社設立　1602.3.20
オリノコ川河口
コロンブス、第3回航海に出発　　　1496.5.30
オルカ
映画『オルカ』公開　　　　　　　　1977.7.15
オールコック
英国がロシア艦の退去要求　　　　　1861.7.9
オルテリウス
初の原形に近い日本図　　　　　　　1595(この年)
オルテリウス, アブラハム
最初の地図帳　　　　　　　　　　　1570(この年)

オールド・アイアンサイド
米「コンスティチューション号」建造　　　　　　　　　　　　1797(この年)
オレンジクィーン
フェリー同士が衝突　　　　　　　　1990.5.4
オレンジ号
フェリー同士が衝突　　　　　　　　1990.5.4
尾鷲
フェリーが座礁—原油流出　　　　　2009.11.13
尾鷲湾
英艦と的矢・尾鷲湾測量　　　　　　1870(この年)
尾張丸
「尾張丸」「三光丸」衝突事件　　　1897.2.4
音響画像伝送
水中カメラで撮影したカラー映像の音響画像伝送に成功　　　　　　　　　2000.12月
音響画像伝送装置
音響画像伝送装置の開発　　　　　　1992(この年)
音響測深値
音響測深値を海図に　　　　　　　　1935(この年)
音響測深機
音響測深機　　　　　　　　　　　　1911(この年)
音響測深実験
音響測深実験成功　　　　　　　　　1929(この年)
音響測深儀
音響測深儀を発明　　　　　　　　　1907(この年)
音戸丸
ディーゼル客船「音戸丸」竣工　　　1924.1.25
温泉嶽
温泉嶽噴火(長崎県島原)　　　　　　1792.5.21
温泉噴出孔
ガラパゴス諸島近くで深海底温泉噴出孔を発見　　　　　　　　　　　　1977(この年)
温暖化
温暖化、予測を上方修正　　　　　　2000(この年)
温暖化オゾン
温暖化オゾン　　　　　　　　　　　1990.5.2
温排出
原発温排水漁業被害—島根県　　　　1975.9月

【か】

カー, A.
海洋学者のカーが没する　　　　　　1987.5.21
櫂
応神天皇の船　　　　　　　　　　　274(この年)
外輪船の設計図を作成　　　　　　　1737(この年)
甲斐 幸
ヨット世界選手権—日本ペア優勝　　1979.8.15

海域生物環境調査
自然環境保全基礎調査・サンゴ礁 　　1995.5.26
海域の重力場研究
米国衛星打ち上げ—海域の重力場研究に大きく貢献 　　1985（この年）
海員掖済会
横浜高等海員養成所設立 　　1913.6月
海員スト
海員ストで大損害 　　1972.7.12
海員養成所官制
「海員養成所官制」公布 　　1939.7.10
海運
帝国海事協会（現・日本海事協会）設立 　　1899.11月
神戸海運集会所（現・日本海運集会所）設立 　　1921.9月
本海運報国団財団（現・日本船員厚生協会）設立 　　1943.2.20
日本海事広報協会設立 　　1963.12.5
日本海事センター設立 　　2007.4月
海運大手過去最高益
海運大手過去最高益 　　2004.11.11
海運会社
海運会社に利子補給再開 　　1960（この年）
海運企業再建整備法
2つの海運再建法が制定、施行 　　1963.8月
海運企業整備計画審議会
海運企業整備計画審議会設置 　　1963（この年）
海運業
海運業に見返り融資 　　1950.10.3
海運業界再編
海運業界再編 　　1964.4.1
海運業業績好転
海運業業績好転—海運利子補給制見直し論 　　1981（この年）
海運業の再建整備に関する臨時措置法
海運業の再建 　　1963（この年）
海運現況
運輸省の海運現況の集計 　　1954.1.23
海運再建整備計画
海運再建整備計画完了 　　1969（この年）
海運収支
海運収支赤字額過去最悪 　　1968（この年）
海運助成措置
政府の海運助成措置 　　1959（この年）
海運造船合理化審議会
海運造船合理化審議会答申 　　1969.8月
外航海運対策—海運造船合理化審議会 　　1973.1月
外航海運政策見直しへ—海運造船合理化審議会 　　1976.12.10
業界合併を含む合理化案—海運造船合理化審議会答申 　　1986.6.25
海運造船合理化審議会令
海運造船合理化審議会令公布 　　1952（この年）

海運・造船対策協議会
造船、新協議会設置 　　1975.7月
海運・造船白書
海運・造船白書、年30万トン建造が必要と 　　1953.5.14
海運白書
「海運白書」造船自己資金率発表 　　1955.7.20
「海運白書」造船80万総トン、保有商船350万トンと予想 　　1956.10.22
海運不況
海運不況、係船24隻に 　　1958（この年）
海運不況戦後最悪の決算 　　1959（この年）
造船業界大ピンチ—深刻な海運不況 　　1974（この年）
海運不況—中村汽船が自己破産申請 　　1986.2.20
海運不況—商船三井人員削減 　　1987.1.12
海運不況対策
海運不況対策として輸銀資金増額 　　1975.6月
海運輸送実績
海運輸送実績 　　1951（この年）
海運利子補給制見直し
海運業業績好転—海運利子補給制見直し論 　　1981（この年）
海運4社会
海運4社会 　　1954.10.25
海淵
マリアナ海溝に世界最深の海淵を発見 　　1950（この年）
海援隊
坂本竜馬、海援隊 　　1866（この年）
海塩の化学
『海塩の化学』刊行 　　1966（この年）
海王丸
海王丸竣工 　　1989.9.12
「海王丸」乗揚事件 　　2004.10.20
海狼伝
『海狼伝』刊行 　　1987.2月
海外渡航
幕府、海外渡航要件緩和 　　1866.4.7
海外留学
幕政初の留学生 　　1862.9.11
貝殻島コンブ漁再開
貝殻島コンブ漁再開 　　1981.8.25
貝から有機水銀化合物の結晶体
水俣の貝から有機水銀結晶体 　　1960.9.29
海岸砲
海岸砲を全国に配備 　　1892（この年）
海技教育財団
海技教育財団設立 　　2007.4.1
海技振興センター
海技振興センター発足 　　2007.4.1
海技免状取扱規則
海技免状取扱規則公布 　　1893.9.8

海軍
世界初の海軍	BC2200（この頃）
西部地中海の海上権	BC348（この年）
造船学の学校	1741（この年）
海軍を編成	1775（この年）
水兵の教育改革、事前調査をベルタンに依頼	1887.4月
アームストロング砲、軍艦に搭載	1892（この年）
12インチ砲、18インチ魚雷などを購入	1894（この年）
海軍省に医務局設置	1897.3.31
海軍無線電信調査委員会	1900.2.9
軍縮条約破棄を決定	1934.7.16

海軍拡張法
独、海軍拡張法	1900.6.12

海軍監獄条例
「海軍病院条例」「海軍監獄条例」公布	1897.9.24

海軍機関学校
造船学の学校	1741（この年）
海軍機関学校を設置	1881.8.3

海軍軍医学校
「海軍軍医学校条例」公布	1897.10.22

海軍軍法会議
海軍大佐拘禁	1914.2.9

海軍現役武官商船学校配属令
「海軍現役武官商船学校配属令」	1936.11月

海軍光学兵器
海軍光学兵器の量産開始	1917.7.25

海軍雑誌
『若桜』『海軍』創刊	1944.5月

海軍収賄事件
シーメンス事件議会で追及	1914.1.23

海軍主計大尉 小泉信吉
『海軍主計大尉 小泉信吉』を刊行	1966.9月

海軍蒸気器械書
『海軍蒸気器械書』刊行	1869（この年）

海軍省水路局
海軍省水路局に改称	1872.4.5
海軍省水路局に改称	1876.9.1

海軍省水路寮
海軍省水路寮に改称	1872.11.13

海軍水路部
海軍水路部に改称	1886.1.29

海軍水路寮
琉球の測量始まる	1873.2月

海軍造兵廠条例
海軍造兵廠条例	1897.5.2

海軍操練所
海軍操練所、創設	1869.10.22
海軍兵学寮・陸軍兵学寮と改称	1870.12.25

海軍大学校官制
「海軍大学校官制」公布	1888.7.16

海軍大佐
海軍大佐拘禁	1914.2.9

海軍力
英独海軍協定に調印	1935.6.18

海軍伝習
第2次海軍伝習教官隊来日	1857.9.21

海軍伝習所
海軍伝習所	1855.10.24

海軍天文台
ワシントン海軍天文台創設	1832（この年）

海軍特別年少兵
「海軍特別年少兵」公開	1972.8.12

海軍所
海軍所に改称	1866.7.19

海軍病院条例
「海軍病院条例」「海軍監獄条例」公布	1897.9.24

海軍兵学寮
海軍兵学寮・陸軍兵学寮と改称	1870.12.25

海軍兵学校官制
「海軍兵学校官制」公布	1888.6.14

海軍砲
初の国産海軍砲を製造	1897（この年）

海軍留学生
海軍留学生の先駆け	1870（この年）

海軍療養所
海軍療養所設立	1867（この年）

壊血病
カノ、2度目の世界一周の途中で死去	1526.4.4
リンド『壊血病の治療』刊	1753（この年）
キャプテン・クック、第1回太平洋航海に出発	1768（この年）
キャプテン・クック、第2回太平洋航海に出発	1772.7.13

かいこう
無人探査機「かいこう」を完成	1995（この年）
学童疎開船「対馬丸」らしき船体を確認	1997.12月

開港
横浜・箱館（函館）が開港	1859.6.2
神戸が開港	1867.12.7
新潟が開港	1868.11.19
開港とする港を追加指定	1899.7.12

カイコウオオソコエビ
世界で初めて底生生物の採取に成功	1998.5月

外航海運政策
外航海運政策見直しへ―海運造船合理化審議会	1976.12.10

外航海運対策
外航海運対策―海運造船合理化審議会	1973.1月

海溝型巨大地震
海溝型巨大地震の直近観測	2003.8.2.
熊野トラフ泥火山微細地形構造調査実施	2006.7月

開港規則
「開港規則」公布 1898.7.8
外航クルーズ
外航クルーズが静かなブーム 1997(この年)
海港検疫所
「港務部設置ノ件」公布 1902.3.28
海港検疫所官制
「海港検疫所官制」公布 1899.4.13
海港検疫法
「海港検疫法」公布 1899.2.14
「検疫法」の公布 1951.6.6
海港虎列刺病伝染予防規則
「海港虎列刺病伝染予防規則」制定 1879.7.14
「検疫停船規則」布告 1879.7.21
外航船建造に対する利子補給制度
海運振興のための利子補給制度を廃止 1975.3月
外航船舶緊急整備3ヵ年計画
造船に対する利子補給 1979(この年)
外航船舶建造計画
外航船舶建造計画上方修正 1971(この年)
外航船造船利子補給法
船舶造船利子補給法成立 1953.8.3
外航船舶の建設計画
外航船舶の建設計画 1965(この年)
外航船腹
国民所得倍増計画で船舶建造増の方針 1960(この年)
外航船腹整備5ヵ年計画
外航船腹整備5ヵ年計画 1961(この年)
外航労務協会
外航労務部会へ移管 2001(この年)
外航労務部会
外航労務部会へ移管 2001(この年)
開港50年
横浜開港祭 1909.7.1
かいこう7000
「かいれい」、「かいこう7000」運用開始 2005.4月
かいこう7000II
「かいこう7000II」、マリアナ海溝で10,911.4mの潜航に成功 1995.3月
世界で初めて10,000m以深の海底から深海微生物を含む海底堆積物(泥)の採取に成功 1996.2月
海洋科学技術センターの「かいれい」(4,517トン)竣工 1997(この年)
世界で初めて底生生物の採取に成功 1998.5月
海底ケーブルと観測機器とのコネクタ接続作業に成功 1999.10月
無人探査機「かいこう7000II」、四国沖で調査中、2次ケーブルの破断事故によりビークルを失う 2003.5月
外国軍用艦船等に関する検疫法
外国軍用艦船の検疫法特例 1952.6.18

外国商船
横浜港に外国商船23隻 1868(この年)
外国商船の購入
国内運輸への外国船の使用解禁 1861.7.26
外国人全乗の日本籍船
外国人全乗の日本籍船が生まれる 2008.8月
外国船舶を購入
商人の外国船舶購入が可能に 1866(この年)
外国船舶の購入
3港の自由交易を許可 1866.2.28
開国之滴
アメリカ彦蔵自叙伝刊行 1893(この年)
外国貿易港
開港外の外国貿易港を定める 1896.3.26
カイザー・ヴィルヘルム・デア・クローゼ号
大西洋横断新記録 1897(この年)
海事
山縣記念財団設立 1940.6月
呉市海事歴史科学館大和ミュージアム開館 2005.4.3
海事教育
尾道海技学院設立 1949.3月
海事産業研究所
海事産業研究所が解散 2004(この年)
海事新聞
ロイズリスト 1734(この年)
海事水産博覧会
海事水産博覧会 1916.3.20
海獣保護条約
海獣保護条約調印 1897.11.6
海上安全対策強化
海上安全対策強化 1973(この年)
海上気象通報優良船舶表彰
「白鳳丸」海上気象通報優良船舶表彰 2005.6月
海上気象通報優良船
海上気象通報優良船として気象庁長官から表彰 1997.6月
海上気象電報
初の海上気象電報 1904(この年)
海上気象電報規定
「海上気象電報規定」実施 1910.5.1
海上権力史論
A.T.マハン『海上権力史論』刊行 1889(この年)
海上コンテナ
海運造船合理化審議会答申 1969.8月
海上災害防止協会
海上災害防止協会(現・海上災害防止センター)設立 2013.7月
海上災害防止センター
海上災害防止協会(現・海上災害防止センター)設立 2013.7月
海上自衛艦
海上自衛艦「おおすみ」釣り船と衝突 2014.1.15

海上自衛隊
　海自護衛艦リムパック初参加　　　1980.2.26
　テロ措置法を延長—海上自衛隊の給油活動
　　　　　　　　　　　　　　　　　2003.10月
　自衛隊インド洋での給油活動再開　2008.1.24
　海自ヘリ、護衛艦に接触し墜落　　2012.4.15
海上自衛隊護衛艦
　海上自衛隊護衛艦派遣　　　　　　2009.3月
海上自衛隊ヘリコプター墜落事故
　海上自衛隊ヘリコプター墜落事故機体及び
　　乗員の発見　　　　　　　　　　1995.6月
海上衝突予防
　国際海事会議開催　　　　　　　　1889.10.16
海上ダイヤル
　海上ダイヤル放送開始　　　　　　1957.7.20
海上定点観測
　海上定点観測を開始　　　　　　　1947.10.20
海嘯に対する海岸保護林
　海岸保護林　　　　　　　　　　　1898（この年）
海上封鎖
　英国、ドイツ、イタリアがベネズエラの5
　　港を海上封鎖　　　　　　　　　1902.12月
　キューバ海上封鎖　　　　　　　　1962（この年）
　千葉の漁船が水銀賠償求め海上封鎖　1973.8.8
海上保安協会
　海上保安協会設立　　　　　　　　1949.8.24
海上保安庁
　観測測量船拓洋・さつま被曝　　　1958.7.21
　不審船引き揚げ　　　　　　　　　2001.12.22
　尖閣諸島付近で中国漁船が海上保安庁巡視
　　船に衝突　　　　　　　　　　　2010.9.7
　沖縄・久米島沖に熱水噴出孔群　　2014.9.19
海上保安庁海洋情報部
　海上保安庁海洋情報部と改称　　　2002.4.1
海上保安庁水路局
　海上保安庁水路局と改称　　　　　1948.5.1
海上保安庁水路部
　海上保安庁水路部と改称　　　　　1949.6.1
海上砲術全書
　『海上砲術全書』刊行　　　　　　1855（この年）
海上保険
　ロイズリスト　　　　　　　　　　1734（この年）
開神丸
　「開神丸」「ウェイハン9」衝突事件　2005.7.22
海人社
　海人社創業　　　　　　　　　　　1957.6.1
海図
　水深を入れた最初の海図　　　　　1504（この年）
　海図の進歩　　　　　　　　　　　1569（この年）
　正確な瀬戸内海海図　　　　　　　1672（この年）
　フランクリン、メキシコ湾流を発見　1770（この年）
　正確な海図の作成　　　　　　　　1795（この年）
　北大西洋初の海図　　　　　　　　1857（この年）
　兵部省海軍部水路局を設置　　　　1871.9.12
　初の海図『釜石港』作成　　　　　1872（この年）
　水路測量・海図作成がメートル法に　1920（この年）
　音響測深値を海図に　　　　　　　1935（この年）
　自動図化方式による初の海図　　　1986（この年）
堺水族館
　堺水族館開館　　　　　　　　　　1903（この年）
海水油濁に関する国際条約
　海水油濁に関する国際条約　　　　1969.11月
海水浴場
　海水浴場の規制・水質基準　　　　1969.6.27
海生動物
　中国で海生動物の卵細胞の化石　　1998（この年）
改正水先法
　改正水先法成立　　　　　　　　　2006（この年）
改正STCW条約
　改正STCW条約採択　　　　　　　 2010（この年）
海戦
　サラミスの海戦　　　　　　　　　BC480.9.23
　プレヴェザの海戦　　　　　　　　1538.9.28
　レパントの海戦　　　　　　　　　1571.10.7
　ビーチー・ヘッドの戦い　　　　　1690.6.30
海藻
　フリッチュ、ダーウィンメダル受賞　1952（この年）
海蔵丸
　油送船「海蔵丸」火災事件　　　　1965.8.5
海造審OECD部会答申
　海造審OECD部会答申　　　　　　 1963.10.7
海賊
　商船に大砲搭載　　　　　　　　　1875.5.31
　海賊　　　　　　　　　　　　　　2008（この年）
　海上自衛隊護衛艦派遣　　　　　　2009.3月
快速巡洋艦
　快速巡洋艦「夕張」進水　　　　　1923.3.5
快速帆船
　紅茶輸送の快速帆船競争　　　　　1872（この年）
海損保険
　汽船酒田丸火災事件　　　　　　　1896.1.11
海中顔面博覧会
　中村征夫が第13回木村伊兵衛写真賞を受賞
　　　　　　　　　　　　　　　　　1988（この年）
海中作業実験船
　海中作業実験船「かいよう」完成　1985.5.31
海中水雷
　「アメリカの亀号」発明　　　　　1776（この年）
開通
　パナマ運河が開通　　　　　　　　1914.8.15
海底開発
　海底開発に新条約　　　　　　　　1970.5月
海底火山
　「第五海洋」遭難　　　　　　　　1952（この年）

- 410 -

海底火山の噴火により西ノ島新島誕生
　　　　　　　　　　　　　　　　　1973（この年）
海底屈折波
　初の海底屈折波観測　　　　　　　1935（この年）
海底群発地震震源域
　「ディープ・トウ」が静岡県伊東沖で海底
　　群発地震震源域を緊急調査　　　　　1989.9月
海底ケーブル
　ジョン・ブレットとヤコブ・ブレット、英
　仏間に海底ケーブルを敷設　　　　1850（この年）
海底地震
　ニカラグア大地震　　　　　　　　　　1992.9.1
海底地震計
　東京大学の海底地震計最初の観測に成功
　　　　　　　　　　　　　　　　　1969（この年）
　海底地震計観測始める　　　　　　1978（この年）
海底地震常時監視システム
　海底地震を常時監視　　　　　　　　　1979.4.1
海底水温上昇
　海底層の水温上昇　　　　　　　　　　2004.2月
海底堆積物学
　海底堆積物学の確立　　　　　　　1891（この年）
海底炭田浸水
　海底炭田浸水　　　　　　　　　　　　1915.4.12
海底地殻調査
　マリアナ海溝に世界最深の海淵を発見
　　　　　　　　　　　　　　　　　1950（この年）
海底地形図
　『日本近海水深図』を刊行　　　　1929（この年）
　水路部、基本図測量にともない各種地図刊
　　行　　　　　　　　　　　　　　1968（この年）
海底地質構造図
　『海底地質構造図』刊行　　　　　1975（この年）
海底調査
　青函トンネル、海底調査始まる　　1954（この年）
　日本船ビキニ海域の海底調査を行う―高い
　　放射能検出　　　　　　　　　　1954（この年）
　地球内部開発計画　　　　　　　　1964（この年）
海底電信線
　世界的な電線網が完成　　　　　　1872（この年）
　海底電線竣工　　　　　　　　　　　　1914.12月
海底電信線保護万国連合条約
　海底電信線保護万国連合条約　　　　　1884.4.12
　海底電信線保護万国連合条約　　　　　1888.4.28
海底電線
　台湾〜九州間海底電線　　　　　　1897（この年）
海底電線事業
　日本最初の海底ケーブル　　　　　　　1871.4.1
海底同軸ケーブル
　九州沖縄間の海底同軸ケーブル開通　　1977.12.8
海底トンネルの男たち
　「海底トンネルの男たち」放送　　　　1976.11.23

海底二万里
　『海底二万里』刊行　　　　　　　1870（この年）
海底の裂け目
　「しんかい6500」海底の裂け目を発見　1991.7月
海底光伝送路
　海底光伝送路を敷設　　　　　　　　　1982.2.17
海底噴火
　マリアナ海域の海底において大規模な海底
　　火山の噴火を確認　　　　　　　　　2006.5月
海底牧場
　『海底牧場』刊行　　　　　　　　1957（この年）
海底油田
　メキシコ湾で最初の海底油田　　　1938（この年）
海底油田掘削装置
　海底油田掘削装置「トランスワールドリグ
　　61」竣工　　　　　　　　　　　　　1970.4月
　世界最大の海底油田掘削装置が完成　　1971.1.31
回天
　人間魚雷「回天」　　　　　　　　1944（この年）
回転式標識灯
　回転式標識灯をそなえた最初の灯台　1611（この年）
海難救助
　海難救助で第三管区海上保安部長から表彰
　　　　　　　　　　　　　　　　　　　1997.7月
海難取調手続
　海難取調手続制定　　　　　　　　　　1893.3.3
海難審判協会
　海難審判協会を設立　　　　　　　　　1968.7.1
　海難審判・船舶事故調査協会に改称　　2013.4.1
海難審判・船舶事故調査協会
　海難審判・船舶事故調査協会に改称　　2013.4.1
海防の大号令
　海防の大号令を発す　　　　　　　　　1853.11.1
海保巡視艇が屋形船に追突
　海保巡視艇が屋形船に追突　　　　　　2013.10.12
開南丸
　白瀬中尉、南極探検に　　　　　　　　1910.11.29
海明
　波力発電装置による陸上送電試験　　　1980.1月
壊滅
　タラ壊滅　　　　　　　　　　　　1992（この年）
海面上昇
　モルディブ海面上昇　　　　　　　2000（この年）
海面水温海流1か月予報
　海面水温・海流予報　　　　　　　　　2007.2.28
海遊館
　海遊館開館　　　　　　　　　　　　　1990.7.20
かいよう
　海中作業実験船「かいよう」完成　　　1985.5.31
　ニューシートピア計画実海域試験を実施　1985.10月
　相模湾にて日航ジャンボ機尾翼調査　　1985.11月

- 411 -

海洋科学技術センターの「かいよう」(3,
　350トン)が竣工　　　　　　　1985(この年)
日仏共同STARMER計画で北フィジー海
　盆リフト系調査　　　　　　　1987.12月
ニューシートピア計画潜水実験　1989.3月
ニューシートピア計画300m最終潜水実験 1990.7月
高知県室戸沖にて「滋賀丸」を探索 1992.3月
北海道南西沖地震の震源域調査を実施 1993.8月
海上気象通報優良船として気象庁長官から
　表彰　　　　　　　　　　　　　1997.6月
南海トラフにおいて巨大な海山を発見 1999.5月
南海トラフにおいて大規模かつ高密度な深
　部構造探査を実施　　　　　　1999.6月
無人探査機「ハイパードルフィン」を「か
　いよう」に艤装搭載し潜航活動を開始
　　　　　　　　　　　　　　　2000(この年)
「かいよう」深海において水平300kmの長
　距離音響通信に成功　　　　　2009.6月

海洋衛星
海洋衛星(SEASAT)打ち上げ　　1978.6月

海洋汚染
船舶事故で海洋汚染—常滑　　　1964.9.20
鉱滓運搬船沈没海洋汚染—山口県 1972.9月
海洋汚染—埋立場所等に排出しようとする
　廃棄物に含まれる金属等の検定方法の一
　部を改正　　　　　　　　　　　1995.3.3
海洋汚染—産業廃棄物に含まれる油分の検
　定方法の一部を改正　　　　　1995.12.20

海洋汚染及び海上災害の防止に関する法律
海洋汚染及び海上災害の防止に関する法律
　の一部改正　　　　　　　　　1980.11.14
海洋汚染関係政令—船舶で生ずるゴミによ
　る汚染の規制を追加　　　　　1988.7.19
海洋排出規制追加—アクリル酸エチルなど
　が有害液体物質として追加　　1990.4.2
北海水域を船舶等からの廃棄物排出が厳し
　く制限される特別海域に追加指定 1990.12.18
海洋汚染—13の物質を「特別管理産業廃棄
　物」に指定　　　　　　　　　1994.9.26
海洋汚染防止—環境保護に関する南極条約
　議定書の国内措置盛りこむ　　1997.7.9

海洋汚染シンポジウム
海洋汚染シンポジウム開催　　1974(この年)

海洋汚染防止国際会議
海洋汚染防止条約調印　　　　　1972.12月

海洋汚染防止法
海洋汚染防止法など公害関係14法公布 1970.12.25
海洋防止法に廃棄物の投入処分基準を盛り
　こむ　　　　　　　　　　　　1972.6.15
廃棄物処理、海洋汚染防止に廃棄物処理基
　準を設ける　　　　　　　　　　1973.2.1
PCB含有産廃の処分基準　　　1975.12.20
海洋での廃棄物処理方法　　　　1977.7.15
海洋汚染防止法施行令改正—船舶からの油
　類の排出規制を強化　　　　　1983.8.16
ばら積みの有害液体物質による汚染を規制
　　　　　　　　　　　　　　　1986.5.27
海洋汚染防止法一部改正—有害液体物質に
　排出規制を新設　　　　　　　1986.10.31
船舶などからの廃棄物の排出を厳しく規制 1989.9.1
トリクロロエチレンなどの有害物質を含む
　廃棄物の海洋投棄処分を禁止　1990.6.19
海洋汚染防止法施行令公布　　　1990.7.6
海洋汚染防止—排他的経済水域及び大陸棚
　に関する法律公布に伴う改正　1996.6.14
海洋汚染防止法施行令改正—海洋投棄規制
　に有害液体物質指定項目を追加 1998.2.4
海洋汚染防止法改正・油防除体制を強化 1998.5.27
船舶などからの大気汚染防止　　1998.9.2

海洋汚染50ヵ国会議
海洋汚染に関する国際会議　　　1970.12.9

海洋温度差発電
「海洋温度差発電」に成功　　　　1979.8.4
海洋温度差発電装置が発電に成功 1979(この年)

海洋温度差発電所
ナウル共和国に海洋温度差発電所が完成 1981.10月

海洋音波断層観測法
海洋音波断層観測法を提唱　　1979(この年)

海洋課
中央気象台に海洋課など設置　1947(この年)

海洋会
商船学校交友会(現・海洋会)発足　1897.8月

海洋開発審議会
海洋開発基本構想と推進方策を発表 1978(この年)
海洋開発審議会答申　　　　　1980(この年)

海洋開発特別委員会
海洋開発特別委員会設置　　　1943(この年)

海洋科学
『海洋科学』刊行　　　　　　1933(この年)
「海のはくぶつかん」(現・東海大学海洋科
　学博物館)開館　　　　　　　1970(この年)
『海洋科学』、『オーシャン・エージ』出版
　される　　　　　　　　　　　1970(この年)

海洋科学技術審議会
海洋科学、技術の在り方を諮問 1961(この年)
今後の海洋開発についての方向示される
　　　　　　　　　　　　　　1970(この年)

海洋科学技術センター
海洋科学技術センター設置へ　　1970.12月
海洋科学技術センター法　　　　1971.5月
「海洋科学技術センター」設立　1971(この年)
シートピア計画　　　　　　　　1972.8.15
潜水シュミレータ建屋完成　　　1973.6月
潜水訓練プール棟　　　　　　　1974.3月
波力発電実験始まる　　　　　1978(この年)
潜水技術支援　　　　　　　　　1979.12月
有人潜水調査船「しんかい2000」着水
　　　　　　　　　　　　　　1981(この年)
海洋科学技術センター日本海青森沖にて日
　本海中部地震震源域調査　　　1983.10月
焼津沖にて沈船とコンクリート魚礁を調査
　　　　　　　　　　　　　　　1984.5月

トンガ海溝域調査 1984.11月
伊豆半島熱川の東方沖合、水深1,270mで
　枕状溶岩を発見 1984（この年）
宮崎沖にて漁業障害物を調査 1985.2月
ニューシートピア計画実海域試験を実施 1985.10月
相模湾にて日航ジャンボ機尾翼調査 1985.11月
海洋科学技術センターの「かいよう」(3,
　350トン) が竣工 1985（この年）
四国沖で深海生物ハオリムシを発見 1985（この年）
「ディープ・トウ」がインドネシアのスン
　ダ海溝調査 1986.11月
日仏共同STARMER計画で北フィジー海
　盆リフト系調査 1987.12月
「水中画像伝送システム」の伝送試験 1988（この年）
ニューシートピア計画潜水実験 1989.3月
「ディープ・トウ」が静岡県伊東沖で海底
　群発地震震源域を緊急調査 1989.9月
沖縄トラフ伊是名海穴で、炭酸ガスハイド
　レートを初めて観察 1989（この年）
ニューシートピア計画300m最終潜水実験 1990.7月
海洋科学技術センターの「よこすか」(4,
　439トン) が竣工 1990（この年）
相模トラフ初島沖のシロウリガイ群生域で
　深海微生物を採取 1990（この年）
高知県室戸沖にて「滋賀丸」を探索 1992.3月
小笠原海域にて火災漁船から乗組員を救助 1992.7月
駿河湾の海底の泥から極めて強力な石油分
　解菌を発見 1992（この年）
北海道南西沖地震の震源域調査を実施 1993.8月
深海底微生物の培養施設が完成 1993.9月
北海道南西沖地震後の奥尻島沖潜航調査 1993（この年）
世界で最も浅い海域で生息する深海生物サ
　ツマハオリムシを発見 1994（この年）
大西洋・東太平洋における大航海 1994（この年）
「かいこう7000II」、マリアナ海溝で10,
　911.4mの潜航に成功 1995.3月
海上自衛隊ヘリコプター墜落事故機体及び
　乗員の発見 1995.6月
世界で初めて10,000m以深の海底から深
　海微生物を含む海底堆積物（泥）の採取
　に成功 1996.2月
海上気象通報優良船として気象庁長官から
　表彰 1997.6月
海難救助で第三管区海上保安部長から表彰 1997.7月
「かいれい」を京浜港晴海埠頭にて特別公
　開 1997.10月
学童疎開船「対馬丸」らしき船体を確認 1997.12月
海洋科学技術センターの「かいれい」(4,
　517トン) 竣工 1997（この年）
海洋科学技術センターの海洋地球研究船
　「みらい」(8,706トン) 竣工 1997（この年）
深海巡航探査機「うらしま」の開発を開始 1998.4月
シップ・オブ・ザ・イヤー '95準賞を受賞 1998.5月
世界で初めて底生生物の採取に成功 1998.5月
「みらい」最初の北極海研究航海を実施 1998.9月

大西洋・インド洋における大航海 1998（この年）
ニューギニア島北岸沖精密地球物理調査 1999.1月
で大規模な多金属硫化物鉱床を発見 1999.2月
南海トラフにおいて巨大な海山を発見 1999.5月
「みらい」が国際集中観測Nauru99に参加 1999.6月
海底ケーブルと観測機器とのコネクタ接続
　作業に成功 1999.10月
「H-IIロケット8号機」第1次調査 1999.11月
「H-IIロケット8号機」第2次調査 1999.12月
「H-IIロケット8号機」第3次調査 1999.12月
「なつしま」AMVERに関する表彰を受け
　る 1999（この年）
カナダの漁業海洋省との研究協力覚書 2000.3.20
インドの海洋研究所と協力覚書 2000.5.31
日本で初めて氷海観測用小型漂流ブイによ
　る観測に成功 2000.5月
インド洋中央海嶺にて熱水活動と熱水噴出
　孔生物群集を発見 2000.8月
水中カメラで撮影したカラー映像の音響画
　像伝送に成功 2000.12月
無人探査機「ハイパードルフィン」を「か
　いよう」に艤装搭載し潜航活動を開始 2000（この年）
無人探査機「ハイパードルフィン」を「か
　いよう」に艤装搭載し潜航活動を開始 2000（この年）
自律型無人機の世界最深記録および無線画
　像伝送の伝送距離を更新 2001.8月
「かいれい」ハワイホノルル沖「えひめ丸」
　沈没海域で遺留物回収 2001.10月
「みらい」がインド洋東部にてトライトン
　ブイを設置 2001.10月
「なつしま」「ハイパードルフィン」搭載 2002.1月
「みらい」が西部北極海国際共同観測実施 2002.8月
「よこすか」をインドネシア大統領メガワ
　ティ氏訪船 2002.10月
「みらい」がAMVERに関する表彰を受け
　る 2002（この年）
無人探査機「ハイパードルフィン」「なつ
　しま」に艤装搭載 2003.2月
無人探査機「かいこう7000II」、四国沖で
　調査中、2次ケーブルの破断事故により
　ビークルを失う 2003.5月
「うらしま」、世界で初めて燃料電池で航続
　距離220kmを達成 2003.6月
沖縄に二つの海流 2003.7月
「みらい」が南半球周航観測航海
　BEAGLE2003を実施 2003.8月
海底層の水温上昇 2004.7月
の「なつしま」スマトラ島沖地震緊急調査 2005.2月
マリアナ海域の海底において大規模な海底
　火山の噴火を確認 2006.5月
「PICASSO（ピカソ）」初の海域試験に成
　功 2007.3月
海洋科学技術センターの「なつしま」、「あ
　たご」「清徳丸」衝突事故海域調査を実
　施 2008.2月

海洋科学技術戦略
海洋科学技術戦略を発表　　　1994（この年）
海洋科学基礎講座
『海洋科学基礎講座』刊行　　1978（この年）
海洋化学に関する研究
石橋雅義、日本学士院賞受賞　1961（この年）
海洋学
海洋学における初の論文　　　1725（この年）
「海洋学」著わす　　　　　　1890（この年）
『海洋学』刊行　　　　　　　1931（この年）
『海洋学』刊行　　　　　　　1932（この年）
海洋学科
琉球大に海洋学科新設　　　　1975（この年）
海洋学教科書
『海洋学教科書』を出版　　　1907（この年）
海洋学講座
『海洋学講座』全15巻刊行　　1977（この年）
海洋学シンポジウム
東京で海洋学シンポジウム　　1956（この年）
海洋学談話会
海洋学談話会設立　　　　　　1932（この年）
海洋学用語委員会
海洋学用語委員会設置　　　　1957（この年）
海洋学論文集
『海洋生物学、海洋学論文集』刊行　1955（この年）
開洋丸
物理探査専用船「開洋丸」　　1977（この年）
第1回国際共同多船観測（FIBEX）計画
　　　　　　　　　　　　　　1980（この年）
「開洋丸」転覆事件　　　　　1985.3.31
海洋環境
海洋への農薬など化学物質の廃棄を規制
　　　　　　　　　　　　　　1980.10.29
海洋環境汚染全世界的調査
海洋環境汚染全世界的調査　　1971（この年）
海洋観測衛星
海洋観測衛星打ち上げ　　　　1975（この年）
海洋観測衛星もも1号打上げ　1987（この年）
海洋観測衛星打上げ　　　　　1999（この年）
海洋観測指針
『海洋観測指針』刊行　　　　1955（この年）
海洋観測船
ガラテア号の世界周航海洋探検　1951（この年）
米国海洋観測船来日　　　　　1953（この年）
ビーチャジ海淵発見　　　　　1957（この年）
海洋観測塔
海洋観測塔　　　　　　　　　1959（この年）
海洋観測法
『海洋観測法』が刊行　　　　1936（この年）
海洋気象学
『海洋気象学』刊行　　　　　1954（この年）

海洋気象学会
海洋気象学会設立　　　　　　1921（この年）
海洋気象台
神戸海洋気象台設置　　　　　1920.8.26
『海洋観測法』が刊行　　　　1936（この年）
長崎、舞鶴に海洋気象台できる　1947（この年）
海洋局無線電信局
海洋局無線電信局を設置　　　1908.5.16
海洋漁場学
『海洋漁場学』刊行　　　　　1960（この年）
海洋計測研究
理研―海洋計測研究　　　　　1971（この年）
海洋研究開発機構
「白鳳丸」海洋研究開発機構へ移管　2004.4月
「よこすか」太平洋大航海「NIRAI
　KANAI」を実施　　　　　　2004.7月
「うらしま」、巡航探査機の世界新記録航続
　距離317kmを達成　　　　　　2005.2月
無人探査機「ハイパードルフィン」、スマ
　トラ島沖地震緊急調査を実施　2005.2月
「かいれい」、「かいこう7000」運用開始　2005.4月
地球深部探査船「ちきゅう」（56,752トン）
　が完成　　　　　　　　　　　2005.7月
生きたままの深海生物を「シャトルエレ
　ベータ」により初めて捕獲　　2005.12月
相模湾で新種の生物の採集に成功　2006.2月
LED光源を用いた深海照明システムを世
　界で初めて運用　　　　　　　2006.6月
伊豆半島東方沖において地すべり痕確認　2006.6月
熊野トラフ泥火山微細地形構造調査実施　2006.7月
「うらしま」、「今のロボット」大賞2006優
　秀賞受賞　　　　　　　　　　2006.12月
「みらい」がインド洋における大規模雲群
　発生の観測に初めて成功　　　2007.1月
「よこすか」、沖縄トラフ深海底下において
　新たな熱水噴出現象「ブルースモー
　カー」を発見　　　　　　　　2007.1月
マルチチャンネル反射法探査装置（MCS）
　を高精度化　　　　　　　　　2007.2月
沖縄トラフ深海底調査における熱水噴出域
　の詳細な形状と分布のイメージングに成
　功　　　　　　　　　　　　　2007.12月
大深度小型無人探査機「ABISMO」実海
　域試験において水深9,707mの潜航に成
　功　　　　　　　　　　　　　2007.12月
「みらい」が「国際極北極観測」として北
　極航海を実施　　　　　　　　2008.8月
断層内部に高温の水の痕跡　　　2008.9月
「みらい」が太平洋を横断する観測航海
　「SORA2009」を実施　　　　　2009.1月
「かいよう」深海において水平300kmの長
　距離音響通信に成功　　　　　2009.6月
生物多様性のホットスポット　　2010.8月
「新青丸」海洋研究開発機構に引き渡し　2013.6.30
無人深海探査機「江戸っ子1号」が日本海
　溝で深海生物の3D映像撮影に成功　2013.11月
プレート移動「マントルが原因」　2014.3.31

海洋研究科学委員会
　海洋研究科学委員会設立　　　　　1957（この年）
　「海洋前線シンポジウム」開催　　　1977（この年）
　気象変動と海洋委員会が発足　　　　1981（この年）
海洋研究所
　海洋研究所設立　　　　　　　　　　1962.4月
　大気海洋研究所が発足　　　　　　　2010.4月
海洋研究特別委員会
　海洋研究特別委員会設置　　　　　　1955（この年）
海洋潮目の研究
　『海洋潮目の研究』刊行　　　　　　1938（この年）
海洋資源開発委員会
　瀬戸内海調査　　　　　　　　　　　1952（この年）
開洋社
　洋式捕鯨を開始　　　　　　　　　　1873（この年）
海洋主権宣言
　韓国、海洋主権宣言を発表　　　　　1952.1.18
海洋循環エネルギー源
　海洋循環のエネルギー源―嵐の重要性
　　　　　　　　　　　　　　　　　　1947（この年）
海洋情報研究センター
　海洋情報研究センター設立　　　　　1997.5月
海洋情報部
　海洋資料センター設立　　　　　　　1965（この年）
海洋資料センター
　海洋資料センター設立　　　　　　　1965（この年）
海洋水産資源開発促進法
　海洋水産資源開発促進法　　　　　　1971.5.17
海洋成層圏
　『海洋力学』を著す　　　　　　　　1928（この年）
海洋生態学と漁業
　『海洋生態学と漁業』刊行　　　　　1976（この年）
海洋生物学
　アリストテレス、海洋生物学の研究をして
　　過ごす　　　　　　　　　　　　BC344（この年）
　アレン、ダーウィンメダルを受賞　　1936（この年）
　『海洋の生物学』刊行　　　　　　　1938（この年）
　『海洋生物学、海洋学論文集』刊行　1955（この年）
海洋生物研究所
　海洋生物研究所創設　　　　　　　　1872（この年）
海洋前線シンポジウム
　「海洋前線シンポジウム」開催　　　1977（この年）
海洋大事典
　『海洋大事典』刊行　　　　　　　　1987.10.20
海洋探検
　英船「チャレンジャー号」深海を探検
　　　　　　　　　　　　　　　　　　1872（この年）
　シュミット、ダーウィンメダル受賞　1930（この年）
海洋地質学審議会
　海洋地質学審議会発足　　　　　　　1964（この年）
海洋地質図シリーズ
　『海洋地質図』シリーズ刊行開始　　1975（この年）

海洋地名打ち合わせ会
　海洋地名打ち合わせ会発足　　　　　1966（この年）
海洋調査
　海洋調査のため初めて海流瓶を放流　1802（この年）
海洋調査技術学会
　「海洋調査技術学会」が発足　　　　1988（この年）
海洋調査常用表
　海洋調査常用表　　　　　　　　　　1901（この年）
海洋調査船
　海洋調査船へりおす沈没　　　　　　1986.6.17
海洋調査部
　海洋調査部設置　　　　　　　　　　1918（この年）
海洋底拡大説
　海洋底辺拡大説　　　　　　　　　　1960（この年）
　海洋底拡大説　　　　　　　　　　　1962（この年）
　海洋地質学者のH.H.ヘスが没する　　1969.8.25
　海洋学者のヒーゼンが没する　　　　1977.6.21
　「第一鹿島海山」発見　　　　　　　1977（この年）
海洋低減
　海洋の低減を語る　　　　　　　　　1748（この年）
海洋投入処分等
　海洋投入処分等に関する基準設定―中央公
　　害対策審議会が答申　　　　　　　1975.3.18
海洋と汽水域の水理的研究
　「海洋と汽水域の水理的研究」　　　1936（この年）
海洋の科学
　『海洋の科学』創刊　　　　　　　　1941.6月
海洋の事典
　『海洋の事典』刊行　　　　　　　　1960（この年）
海洋博物館
　神戸海洋博物館開館　　　　　　　　1987（この年）
海洋バックグラウンド汚染調査
　北大西洋の海洋バックグラウンド汚染調査
　　　　　　　　　　　　　　　　　　1972（この年）
海洋法会議
　領海12海里、経済水域200海里を条件付き
　　で認める方針　　　　　　　　　　1976.3.9
海洋放出
　福島第1原発、地下水を海洋放出　　2014.5.21
海洋法に関する国際連合条約
　海洋法条約に関する国際連合条約採択され
　　る　　　　　　　　　　　　　　　1982.4.30
海洋保護区
　キリバス共和国のフェニックス諸島海域を
　　海洋保護区に指定　　　　　　　　2006.3.28
　世界最大の海洋保護区を設定　　　　2014.9.25
開陽丸
　榎本武揚ら蘭より帰国　　　　　　　1867.3.26
海洋油田
　メキシコ湾で沖合油田開発　　　　　1947（この年）
海洋力学
　『海洋力学』を著す　　　　　　　　1928（この年）

海洋立国推進功労者表彰
中村庸夫が内閣総理大臣賞「海洋立国推進
功労者表彰」を受賞   2010（この年）
海洋リモートセンシングシンポジウム
海洋リモートセンシング   1984.1月
海洋レジャー
日本海洋レジャー安全・振興協会設立   1991.7.1
海流
『海流』刊行   1958（この年）
海流及び水温の世界分布図
各国で水路誌編さんはじまる   1849（この年）
海流図
インド洋の海流図   1678（この年）
海流生成
風が海流生成へ与える影響   1878（この年）
海流調査
北大西洋海流調査   1855（この年）
近海の海流調査を開始   1913.5.1
海流瓶
海流調査のため初めて海流瓶を放流   1802（この年）
『日本環海海流調査業績』刊行   1922（この年）
海流理論
海洋物理学者ストンメルの還暦記念論文集
刊行   1981（この年）
外輪
外輪船が設計される   510（この年）
英国、巨艦建造   1858（この年）
海麟丸
浚渫船が機雷に接触し爆発―新潟   1972.5.26
外輪蒸気船
蘭、外輪蒸気船を幕府に献納   1855.8.25
外輪蒸気船の製造に成功   1865（この年）
外輪蒸気船が建造される   1877.2月
外輪船
外輪船が設計される   510（この年）
外輪船の設計図を作成   1737（この年）
ジョフロア侯爵、蒸気船を設計   1781（この年）
シリウス号大西洋を18日間で横断   1838.4.4
スミス、スクリュー・プロペラを発明
    1839（この年）
貝類死滅
水俣で貝類死滅   1952（この年）
かいれい
「かいれい」を京浜港晴海埠頭にて特別公
開   1997.10月
学童疎開船「対馬丸」らしき船体を確認   1997.12月
海洋科学技術センターの「かいれい」（4,
517トン）竣工   1997（この年）
シップ・オブ・ザ・イヤー'95準賞を受賞   1998.5月
ニューギニア島北岸沖精密地球物理調査   1999.1月
南海トラフにおいて巨大な海山を発見   1999.5月
「H-IIロケット8号機」第1次調査   1999.11月
インド洋中央海嶺にて熱水活動と熱水噴出
孔生物群集を発見   2000.8月

「かいれい」ハワイホノルル沖「えひめ丸」
沈没海域で遺留物回収   2001.10月
「かいれい」、「かいこう7000」運用開始   2005.4月
マルチチャンネル反射法探査装置（MCS）
を高精度化   2007.2月
大深度小型無人探査機「ABISMO」実海
域試験において水深9,707mの潜航に成
功   2007.12月
海嶺を確認
伊豆・小笠原海溝を跨ぐ海嶺を確認   1986（この年）
ガウス
独、南氷洋探検   1901（この年）
加賀
戦艦「加賀」進水   1921.11.7
科学アカデミー海洋研究所
科学アカデミー海洋研究所   1941（この年）
科学技術庁
科学技術庁発足   1956（この年）
波力発電実験始まる   1978（この年）
香川
赤潮発生―香川県から徳島県の海域   1972.7月
ヘドロ埋立汚染―トリ貝に深刻な打撃
    1975（この年）
香川県沖合
タンカー事故で重油流出―香川県沖合   1973.10.31
蛎殻町
川蒸気船の運航開始   1877.6月
貨客船
貨客船「新田丸」建造   1940（この年）
牡蠣養殖
西洋で初めての牡蠣養殖   BC110（この年）
核疑惑の米3艦が分散入港
核疑惑の米3艦が分散入港   1986.9.24
学士院賞
小倉伸吉に学士院賞   1930（この年）
核実験
ビキニ環礁が核実験場に   1946.1.24
ビキニ環礁住民移住   1946.3月
フランス核実験に抗議   1966.10.6
核実験抗議船
レインボー・ウォーリア号事件   1985.7.10
核実験抗議船、拿捕   1995.7.10
核実験終結宣言
仏、核実験終結宣言   1996.1.27
核搭載船の寄港を拒否
核搭載船の寄港を拒否   1985.2.1
核廃棄物海洋投棄計画の中止要求
核廃棄物海洋投棄の中止要求   1980.8.15
核物質積載
核物質積載のフランス船沈没   1984.8.25
核兵器積載軍艦
核兵器積載軍艦が日本寄港   1974.9.10

核持ち込み
　ライシャワー発言の衝撃―核持ち込み　1981.5.18
カーグ5
　モロッコ沖でタンカー爆発・原油流出　1989.12.19
景山 民夫
　『遠い海からきたCOO』刊行　1988.3月
加古 里子
　絵本図鑑『海』刊行　1969.7.25
鹿児島
　キリスト教伝来　1549（この年）
　鹿児島県側でも水俣病発生　1959.8.12
鹿児島商船学校
　「霧島丸」遭難　1927.3.9
鹿児島商船水産学校
鹿児島湾
　薩英戦争起こる　1863.7.2
　サツマハオリムシ発見　1993.2月
鹿児島湾沖
　世界で最も浅い海域で生息する深海生物サツマハオリムシを発見　1994（この年）
鹿児島湾測量
　ドイツ軍艦が鹿児島湾を測量　1882.1.15
火災
　ケント号の火災事故　1825（この年）
　アメリカ船で火災　1872.8.24
　汽船酒田丸火災事件　1896.1.11
　軍艦三笠沈没　1906.9.11
　ペルシャ湾で貨客船火災　1961.4.8
　「第一宗像丸」「タラルド・プロビーグ」衝突事件　1962.11.18
　油送船「海蔵丸」火災事件　1965.8.5
　「マノロ・エバレット」火災事件　1973.9.19
　ソ連客船火災　1988.5.18
　ソ連の原潜火災　1989.4.7
　ダイヤモンド・プリンセス完成　2004.2.26
葛西臨海水族園
　葛西臨海水族園開園　1989.10.10
カサス, ラス
　コロンブス、偏角を発見　1492.9.13
火山爆発
　チリ地震　1960.5.21
舵
　西洋最古の舵の証拠　1180（この年）
　『舵』創刊　1932（この年）
カシオペイア号
　ばら積み貨物船登場　1955（この年）
梶取屋 治右衛門
　梶取屋治右衛門、『鯨志』刊　1760（この年）
鹿島 郁夫
　ヨットで大西洋横断　1965.7.13
　小型ヨットで太平洋横断　1967.7.13
鹿島沖
　「白鳳丸」最初の研究航海　1989.6月

鹿島山丸
　「鹿島山丸」竣工　1986.10月
貨車航送
　関森航路　1911.10.1
　関森航路で貨車航送　1919.8.1
　宇高航路で貨車航送　1919.10.10
　青函航路で貨車航送始まる　1925.8.1
　宇高航路貨車航送　1930.4.5
　宇高航路、貨車航送廃止　1943.5.20
樫野埼
　城ケ島灯台点灯　1870.9.8
加州丸
　日本・米国カリフォルニア航路に、フル・コンテナ船就航　1968（この年）
橿原丸
　「橿原丸」を航空母艦「隼鷹」に改造　1940.10月
化石魚類
　アガシ、『化石魚類の研究』刊行開始　1833（この年）
化石魚類の研究
　アガシ、『化石魚類の研究』刊行開始　1833（この年）
下層水温
　北海で下層水温を測定　1773（この年）
ガソリンエンジン
　最初のガソリンエンジンを載せたモーターボート　1883（この年）
カーソン, レイチェル
　『われらをめぐる海』刊行　1951（この年）
カタール沖ガス田開発入札
　カタール沖ガス田開発入札　1992.9.30
課徴金
　日米港湾問題―米港湾荷役で対日制裁　1997.2.26
　日米港湾問題―米、日本のコンテナ船に課徴　1997.9.4
勝 海舟
　「咸臨丸」品川を出発　1860.1.13
カツオ魚群
　カツオ魚群発見に飛行機を使用　1923.10.19
カツオ漁船
　カツオ漁船第3川岸丸（76トン）建造　1924.4月
学校
　造船学の学校　1741（この年）
カッシング, D.H.
　『海洋生態学と漁業』刊行　1976（この年）
活断層調査
　活断層調査　1995（この年）
カッテンディーケ
　第2次海軍伝習教官隊来日　1857.9.21
活動正常化
　国際捕鯨委員会年次総会―活動正常化を求める宣言可決　2006.6.18
カッファ港
　黒死病の大流行　1347（この年）

合併
山下汽船と新日本汽船が合併　　　　1963.11.11
海運会社の合併相次ぐ　　　　　　　　1963.12.18
ジャパンラインと山下新日本汽船が対等合
併　　　　　　　　　　　　　　　　1988.12.23
商船三井とナビックスが合併へ　　　　1998.10.20

桂川 甫周
「北槎聞略」作る　　　　　　　　　1794（この年）

カティーサーク号
紅茶輸送の快速帆船競争　　　　　　1872（この年）

カーティス
飛行機が船を離着陸　　　　　　　　　1911.1.18

カーティス水上機
米海軍カーティス機を採用　　　　　　1911.7月

ガーディナー, ジョン・スタンリー
ガーディナー、ダーウィンメダル受賞
　　　　　　　　　　　　　　　　1944（この年）

カドミウム
諫早湾カドミウム汚染　　　　　　　1970（この年）

カドミウム汚染
カドミウム汚染で抗議　　　　　　　　1970.9.20
三井金属鉱業工場カドミウム汚染　　1970（この年）
カドミウム汚染—下関・彦島地域　　1971（この年）

神奈川
3港の自由交易を許可　　　　　　　　1866.2.28
商人の外国船舶購入が可能に　　　　1866（この年）

神奈川条約
日米和親条約締結　　　　　　　　　　1854.3.3

金門湾橋
サンフランシスコ金門湾橋完成　　　1937（この年）

カナリー諸島
カナリー諸島より南をポルトガル領に
　　　　　　　　　　　　　　　　1481（この年）

カニ缶詰
工船式カニ漁業始まる　　　　　　　1921（この年）

カニ工船
カニ工船大型化　　　　　　　　　　1924（この年）

蟹工船
『蟹工船』連載開始　　　　　　　　　1929.5月
『蟹工船』ブーム　　　　　　　　　2008（この年）

金子 才吉
英国水夫殺害犯が自殺　　　　　　　　1868.12.10

嘉納 次郎作
江戸・大坂間の定期運航　　　　　　　1867.9月

樺山 資紀
台湾総統を置く　　　　　　　　　　　1898.5.10

カーフェリー大型化
フェリー航路増加—カーフェリー大型化顕
著に　　　　　　　　　　　　　　　1973.4月

株式配当復配基準
海運会社の株式配当復配基準を発表　　1956.4.10

カブラル, ペドロ・アルヴァレス
カブラルがブラジルに到着　　　　　　1500.4.22

カーブIII
沈没した無人潜水機を回収　　　　　1991（この年）
深度記録更新　　　　　　　　　　　1992（この年）

カーペンタリア湾
カーペンタリア湾を発見　　　　　　1606（この年）

カボット, ジョン
ラブラドル寒流を発見　　　　　　　　1497.5.20
カボットの航海500年記念　　　　　1996（この年）

ガマ, ヴァスコ・ダ
ヴァスコ・ダ・ガマ、インドへ到達　　1498.5.20

釜石港
初の海図『釜石港』作成　　　　　　1872（この年）

神風
元寇　　　　　　　　　　　　　　　　1281.8月

神風特別攻撃隊
神風特別攻撃隊、体当たり攻撃　　　　1944.10.25

神鷹丸
海洋調査船の新造が相次ぐ　　　　　1963（この年）

カムイワッカ
「カムイワッカ」乗揚事件　　　　　　2005.6.23

カムチャッカ
樺太で日本人漁民が苦境に　　　　　　1885.7.2
オホーツク海の漁業区域認可へ　　　　1892（この年）

カムチャッカ探検隊
ベーリング死去　　　　　　　　　　　1741.12.19

貨物運賃協定
貨物運賃協定　　　　　　　　　　　　1958.4月

貨物船
エジプトの貨物船　　　　　　　　　BC1450（この頃）
「橿原丸」を航空母艦「隼鷹」に改造　　1940.10月
ハイチ沖で貨物船沈没　　　　　　　　1986.11.11

かもめ
宇高連絡船「かもめ」就航　　　　　　1972.11.8

火薬庫爆発
軍艦沈没　　　　　　　　　　　　　　1917.1.14

カラッハ
聖コルンバがアイオナ島に到着　　　　563（この年）

ガラテア号
水深1万mに生息生物　　　　　　　1950（この年）
ガラテア号の世界周航海洋探検　　　1951（この年）

ガラパゴス諸島
ガラパゴス諸島近くで深海底温泉噴出孔を
発見　　　　　　　　　　　　　　　1977（この年）

樺太
千島・樺太探検　　　　　　　　　　1786（この年）
樺太調査および地図　　　　　　　　1801（この年）
間宮林蔵ら、樺太を探検　　　　　　1808（この年）
樺太にロシア艦　　　　　　　　　　　1853.8.30
日露和親条約調印　　　　　　　　　　1854.12.21
樺太で漁業継続を許可　　　　　　　　1876.3.2

かわさ

樺太でロシア人が漁業妨害	1878（この年）
樺太で日本人漁民が苦境に	1885.7.2

樺太見分図
樺太の調査および地図	1801（この年）

樺太州苗淵漁場
漁業をめぐりロシア兵が暴行	1874.7.13

樺太・千島交換条約
樺太・千島交換条約	1875.5.7
オホーツク海の漁業区域認可へ	1892（この年）

樺太島境界画定
樺太島境界画定調印	1908.4.10

樺太引き揚げ船
樺太引き揚げ船が入港	1946.12.5

カリカット
ヴァスコ・ダ・ガマ、インドへ到達	1498.5.20

カリナスター
護衛艦とコンテナ船が衝突	2009.10.27

かりふぉるにあ丸
船員法改正公布	1970.5.15
ボリバー丸、かりふぉるにあ丸沈没	1970（この年）

カリブ海地域
カリブ海地域で地震	1946.7.4

カリプソ号
衛星による救難活動	1973.2月

カルカッタ
中国向けなど国際航路開設	1886（この年）
西回り世界一周航路を再開	1951（この年）

カルタゴ
ローマ、地中海覇権を確立	BC146（この年）

カルタゴ海軍
ミュラエの戦い	BC260（この年）

カルタゴ艦隊
カルタゴ艦隊の入植	BC520（この年）

カルパチア
タイタニック号沈没	1912.4.14

カールビンソン
原子力空母横須賀入港に抗議	1984.12.10

ガルフストリーム
『ガルフストリーム』刊行	1959（この年）

カルマン湾
カルマンの発見船	1932（この年）

カレー
ジョン・ブレットとヤコブ・ブレット、英仏間に海底ケーブルを敷設	1850（この年）

ガレー船
ギリシャの軍船	BC1000（この頃）
三橈漕船	BC600（この頃）
いしゆみ（弩）、ガレー船の発達	BC406（この年）
レパントの海戦	1571.10.7

ガレー船団
キオッジアの戦い	1380（この年）

カロニア号
「カロニア号」防波堤衝突事件	1958.3.31

ガロンヌ河口
回転式標識灯をそなえた最初の灯台	1611（この年）

川合 英夫
黒潮続流海洋学発表	1972（この年）

かわぐち かいじ
『沈黙の艦隊』連載開始	1988（この年）

川崎 正蔵
川崎築地造船所開設	1878.4月
川崎造船所設立	1886.4.28

川崎汽船
川崎汽船創立	1919（この年）
沈没した「聖川丸」を引き揚げ	1948（この年）
今治・門司連絡船青葉丸沈没	1949.6.21
バンコク定期航路	1951（この年）
「富士川丸」を建造	1957（この年）
「富久川丸（初代）」を建造	1960（この年）
海運会社の合併相次ぐ	1963.12.18
川崎汽船、飯野汽船を合併	1964（この年）
コンテナ船「ごうるでんげいとぶりっじ」を就航	1968（この年）
川崎汽船、マースクラインと提携	1968（この年）
「第一とよた丸」を建造	1968（この年）
東南豪州航路でコンテナサービス開始	1969（この年）
「第十とよた丸」竣工	1970（この年）
北太平洋岸航路でコンテナサービス開始	1970（この年）
LNG船「尾州丸」を就航	1983（この年）
カタール・ガスプロジェクトLNG船7隻の建造	1993（この年）
「CORONA ACE」就航	1994（この年）
日米港湾問題―米、日本のコンテナ船に課徴	1997.9.4
中国企業と大西洋航路開設	1997（この年）
海運大手3社、円高効果で増収	2001.9月
「GOLDEN GATE BRIDGE」が現代重工業で竣工	2001（この年）
海運大手過去最高益	2004.11.11
好調続く海運	2005（この年）
中国で自動車運搬船建造	2005（この年）
景気減速で活況から減便へ	2008（この年）
「ETESCO TAKATSUGU J」竣工	2010（この年）

川崎港
昭和石油川崎製油所原油流出火災	1950.2.16
船舶事故で原油流出―川崎	1967.2.12

川崎重工業
川崎造船所設立	1886.4.28
航空母艦「瑞鶴」起工	1938.5.25
川崎造船所、川崎重工業に改称	1939（この年）
戦後初、大型タンカー受注	1949（この年）
「ジェットスキー」誕生	1971（この年）
大型船に大量の欠陥	1972.10.18
川崎重工が初のLNG船受注	1973.5月

- 419 -

か わ さ

「GOLAR SPIRIT」を引渡し	1981（この年）
英仏海峡海底鉄道より掘削機受注	1987（この年）
商船分野で包括提携	2000.9.13
造船再編、大手3グループに統合	2000（この年）
造船受注は回復したが、円高影響	2003（この年）
造船・重機大手そろって増収	2006（この年）

川崎商船学校
私立川崎商船学校（現・神戸大学海事科学部）設立	1917（この年）

川崎造船所
川崎造船所設立	1886.4.28
川崎造船所設立	1896.10.15
「伊豫丸」進水	1897（この年）
日本初の潜水艇建造	1906（この年）
軍艦「淀」竣工	1908（この年）
私立川崎商船学校（現・神戸大学海事科学部）設立	1917（この年）
来福丸（9,100トン）竣工	1918.1月
川崎造船所争議	1919.9.18
川崎汽船創立	1919（この年）
戦艦「加賀」進水	1921.11.7
潜水艦「伊1号」竣工	1926.3.10
初の国産捕鯨母船進水	1936.8月
川崎造船所、川崎重工業に改称	1939（この年）

川崎築地造船所
川崎築地造船所開設	1878.4月

川崎兵庫造船所
川崎築地造船所開設	1878.4月

河内
戦艦「河内」完成	1912（この年）

皮張り舟
丸底皮張り船	BC900（この頃）

川舟
エジプトの川舟	BC2400（この頃）

川村 純義
金剛がウラジオストク入港	1878（この年）

川本 輝夫
水俣病患者連盟委員長・川本輝夫氏死去	1999.2.18

眼下の敵
『眼下の敵』刊行	1956（この年）

観艦式
神戸港沖の観艦式を放送	1936.10.29

環境庁
環境庁発足	1971（この年）
水俣病対策推進を環境庁が回答	1977.7.1

観魚室
日本初の水族館	1882（この年）

勘合貿易
勘合貿易	1404（この年）

観光丸
蘭、外輪蒸気船を幕府に献納	1855.8.25
観光丸を江戸まで回航	1857.3.29

咸興丸
下関の沖合で船舶同士が衝突	1939.5.21

韓国に北朝鮮潜水艦侵入
韓国に北朝鮮潜水艦侵入	1996.9.18

神護丸
国学者・洋学者の秋元安民が没する	1862.9.22

関西丸
「八重山丸」「関西丸」衝突事件	1931.12.24

缶詰
ノルウェーの万国漁業博覧会	1898（この年）

観測船
観測船凌風丸が完成	1937（この年）

観測調査
捕鯨母船と南氷洋観測調査の関連	1947（この年）

神田 玄泉
日本初の魚介図説	1741（この年）

艦隊法
独、第1次艦隊法が成立	1898.3.25

干拓地堤防沈下
干拓地堤防沈下	1964.6.13

関東大震災
関東大震災	1923.9.1

広東
広東遠征	1519（この年）
中国におけるキリスト教布教	1582（この年）
清国、香港割譲・五港開港	1842（この年）

観音崎灯台
最初の洋式灯台点火	1869.1.1
城ケ島灯台点灯	1870.9.8
野島崎灯台点灯	1870（この年）

ガンビア河口
ブランコ岬回航	1441（この年）

関釜
崑崙丸が撃沈される	1943.10.5

関釜航路
関釜航路と博釜航路が事実上消滅	1945.6.20

関釜連絡船
下関～釜山連絡船始まる	1905.9.11
関釜連絡船「景福丸」就航	1922.5.18
関釜連絡船「徳寿丸」就航	1922.11.12
関釜連絡船「昌慶丸」就航	1923.3.12
関釜連絡船、客貨混載便を廃止	1923.4.1
関釜連絡船「金剛丸」就航	1936.11.16
関釜連絡船「興安丸」就航	1937.1.31
関釜連絡船「天山丸」就航	1942.9.27
関釜連絡船「崑崙丸」就航	1943.4.12

カンボナビア
スペイン沖でタンカー爆発・沈没	1985.5.26

関門海峡
関門海峡海底ケーブル	1900.5月

関門航路
関門航路開業	1901.5.27

関門トンネル
　関門トンネル開通　　　　　　　　1958.3.9
関門連絡船
　関門連絡船が廃止　　　　　　　　1964.10.31
環流
　初めて地図上に湾流を描く　　　　1665（この年）
環流理論
　環流理論　　　　　　　　　　　　1910（この年）
咸臨丸
　第2次海軍伝習教官隊来日　　　　1857.9.21
　浦賀造船所、乾ドック築造　　　　1859（この年）
　「咸臨丸」品川を出発　　　　　　1860.1.13
　咸臨丸、サンフランシスコ入港　　1860.2.26
　咸臨丸、品川に戻る　　　　　　　1860.5.6
　小笠原諸島調査　　　　　　　　　1861（この年）

【き】

紀伊
　明応東海地震　　　　　　　　　　1498.9.20
生糸
　横浜港の外国船数　　　　　　　　1869.6月
キオッジアの戦い
　キオッジアの戦い　　　　　　　　1380（この年）
機械時計
　ハリソン、クロノメーターを発明　1759（この年）
棄却処分取消
　水俣病認定で県の棄却処分取消　　1971.7.7
菊水丸
　神戸港付近で汽船同士が衝突　　　1931.2.9
気候システム研究センター
　気候システム研究センターを東大に設置　1991.4月
　大気海洋研究所が発足　　　　　　2010.4月
気候変動に関する政府間パネル
　温暖化、予測を上方修正　　　　　2000（この年）
気候変動に関する日本－EUシンポジウム'99
　気候変動に関する日本－EUシンポジウ
　ム'99開催　　　　　　　　　　　1999.3.5.
気候変動枠組み条約
　COP4開幕　　　　　　　　　　　1998（この年）
木更津
　霊岸島－木更津間で汽船運行　　　1881.8月
儀式用の船
　クフ王の船　　　　　　　　　BC2500（この頃）
　サットン・フーの船葬墓　　　　　625（この年）
岸上 鎌吉
　ノルウェーの万国漁業博覧会　　　1898（この年）
汽車検疫規則
　「汽車検疫規則」「船舶検疫規則」制定　1897.7.19

気象学
　レッドフィールド、『大西洋岸で発達する
　　嵐について』刊　　　　　　　1831（この年）
気象協会
　気象協会（現・日本気象協会）設立　1950.5.10
気象台
　気象台設置　　　　　　　　　　　1873.5月
気象庁
　『海洋観測指針』刊行　　　　　　1955（この年）
気象庁観測船
　気象庁観測船、日本付近の深海調査に出港
　　　　　　　　　　　　　　　　1959.6.23
気象変動と海洋委員会
　気象変動と海洋委員会が発足　　　1981（この年）
奇捷丸
　江戸・大坂間の定期運航　　　　　1867.9月
季節風
　ハレーの学説　　　　　　　　　　1686（この年）
汽船
　江戸・大坂間の定期運航　　　　　1867.9月
　横浜までの汽船就航　　　　　　　1872.4月
　清水、焼津までの汽船就航　　　　1872（この年）
機船底曳網漁業者
　「機船底曳網漁業取締規則」公布　1921.9.22
機船底曳網漁業取締規則
　「機船底曳網漁業取締規則」公布　1921.9.22
汽船トロール漁業取締規則
　汽船トロール漁業取締規則　　　　1909.4.6
北 杜夫
　『どくとるマンボウ航海記』刊行　1960（この年）
北アメリカ
　北アメリカとアジア大陸が地続きでないこ
　　とを発見　　　　　　　　　　1523（この年）
　第2次英蘭戦争　　　　　　　　　1665（この年）
　ベーリング、ベーリング海峡を発見　1728（この年）
北大西洋水深図
　各国で水路誌編さんはじまる　　　1849（この年）
北太平洋亜寒帯水域海況
　『北太平洋亜寒帯水域海況』刊行　1963（この年）
北太平洋域海洋観測調査
　北太平洋域海洋観測調査　　　　　1991（この年）
北太平洋北部生物海洋学
　『北太平洋北部生物海洋学』刊行　1972（この年）
北朝鮮沖
　定期船沈没　　　　　　　　　　　1941（この年）
北朝鮮帰還第1船
　北朝鮮帰還船出港　　　　　　　　1959.12.14
北原 多作
　「漁業基本調査」を開始　　　　　1909（この年）
　水理生物要綱　　　　　　　　　　1910（この年）
　海洋調査部設置　　　　　　　　　1918（この年）
　『漁村夜話』刊行　　　　　　　　1921（この年）

きたふ

北フィジー海盆リフト系調査
　日仏共同STARMER計画で北フィジー海
　盆リフト系調査　　　　　　　1987.12月
北見丸
　青函連絡貨物船北見丸・日高丸・十勝丸・
　第11青函丸沈没　　　　　　　1954.9.26
気団変質実験
　気団変質実験（AMTEX）を沖縄近海で実
　施　　　　　　　　　　　　1974（この年）
機長2名配乗体制
　機長2名配乗体制　　　　　2000（この年）
橘花
　海軍、ジェット機「橘花」を試験飛行　1945.8.7
亀甲船
　最初の装甲船　　　　　　　1591（この年）
城所 淑子
　亜熱帯反流の存在を指摘　　1967（この年）
畿内
　永長地震　　　　　　　　　　1096.12.17
　康和地震　　　　　　　　　　1099.2.22
畿内丸
　高速貨物船「畿内丸」を建造　1930（この年）
ギニア湾
　ギニア湾でフェリー転覆　　　　1998.4.1
城崎マリンワールド
　城崎マリンワールド　　　　　1994（この年）
木下 アリーシア
　アトランタ五輪開催、日本、ヨットで初の
　メダル　　　　　　　　　　　　1996.7.19
希望
　三菱重工業「希望」を静岡県に引き渡し　1996.3月
喜望峰
　喜望峰発見　　　　　　　　　　1488.5月
　ヴァスコ・ダ・ガマ、インドへ到達　1498.5.20
木村 喜之助
　音響測深実験成功　　　　　1929（この年）
木村 栄
　緯度変化に関するZ項を発見　1902（この年）
木村 駿吉
　「敵艦見ゆ」を無線　　　　　　1905.5.27
木村 喜毅
　「咸臨丸」品川を出発　　　　　1860.1.13
客貨混載便
　関釜連絡船、客貨混載便を廃止　1923.4.1
客船
　客船「浅間丸」竣工　　　　1929（この年）
　クイーン・エリザベス号完成　1939（この年）
　「竜田丸」沈没　　　　　　　　　1943.2.8
　インドネシアで客船沈没　　　　1999.10.18
ギャリコ, ポール
　『ポセイドン・アドベンチャー』刊行　1969（この年）

キャンベル, ジョン
　六分儀の発明　　　　　　　1757（この年）
休止
　サンフランシスコ航路を休止　　1941.7.18
九州
　台湾～九州間海底電線　　　1897（この年）
救難艇
　初の蒸気駆動救難艇　　　　1890（この年）
救難艇国民協会
　コルクの救命胴衣　　　　　1854（この年）
旧幕府軍残兵
　旧幕府軍残兵が商船を強奪　　1869.6.13
救命胴衣
　コルクの救命胴衣　　　　　1854（この年）
給油活動
　テロ措置法を延長―海上自衛隊の給油活動
　　　　　　　　　　　　　　　2003.10月
ギュスターブ・ゼデ
　潜望鏡を装備した初の潜水艇　1890.10月
キュナード
　大西洋横断汽船会社　　　　1840（この年）
キューナード・ライン
　大西洋横断汽船会社　　　　1840（この年）
　クイーン・メリー号進水　　1935（この年）
キューバ島
　コロンブス、第1回航海に出発　1492.8.3
喬 維嶽
　喬維嶽、懸門を発明　　　　　984（この年）
教員初任者洋上研修
　教員初任者洋上研修始まる　　1987.7.21
境界線
　新発見地に関する境界線　　1493（この年）
　トルデシラス条約　　　　　1494（この年）
経ヶ岬沖
　マリタイム・ガーデニア号座礁―油流出　1990.1.26
境間
　阪鶴鉄道が舞鶴～境の連絡船開設　1905.4月
教皇ウルバヌス2世
　十字軍運動　　　　　　　　　1095（この年）
京都
　仁和地震　　　　　　　　　　887（この年）
　マリタイム・ガーデニア号座礁―油流出　1990.1.26
共同運輸
　日本郵船設立　　　　　　　　1885.9.29
共同運輸会社
　共同運輸が営業開始　　　　　1883.5.1
共同漁業
　トロール船「釧路丸」竣工　　1927.11.19
京都大学白浜水族館
　京都大学白浜水族館開館　　　1930.6.1

京都帝國大学理学部附属瀬戸臨海研究所
　京大附属瀬戸臨海研究所開所　　　　1922.7.28
　京都大学白浜水族館開館　　　　　　　1930.6.1
強風
　インドで漁船遭難　　　　　　　　　1964.9.29
魚影の群れ
　『海の鼠』刊行　　　　　　　　　　1973.5月
　『魚影の群れ』公開　　　　　　　　1983.10.29
魚介図説
　日本初の魚介図説　　　　　　　1741（この年）
漁獲
　海で漁獲　　　　　　　　　　BC7000（この頃）
漁獲禁止区域
　水俣沿岸で操業自粛　　　　　　　　1960.7月
漁業
　樺太で漁業継続を許可　　　　　　　　1876.3.2
漁業基本調査
　「漁業基本調査」を開始　　　　1909（この年）
漁業協定
　韓国と漁業協定結ぶ　　　　　　　　1908.10.31
　ニュージーランドと漁業協定印　　　　1978.9.1
漁業組合準則
　漁業組合準則　　　　　　　　　　　　1886.5.6
漁業権
　オホーツク海の漁業区域認可へ　1892（この年）
　漁業権の設立　　　　　　　　　　　　1901.4.13
漁業障害物
　宮崎沖にて漁業障害物を調査　　　　　1985.2月
漁業情報サービスセンター
　漁業情報サービスセンター設立　1972（この年）
漁業信用基金保証手形制度
　漁業信用基金保証手形制度　　　　　　1953.3.27
漁業水域交渉
　漁業水域交渉妥結　　　　　　　　　　1966.5.9
漁業水域暫定措置法
　海洋2法が成立　　　　　　　　1977（この年）
漁業転換5か年計画
　水産庁、漁業転換5か年計画を発表　　1954.5.1
漁業白書
　「漁業白書」漁獲率など発表　　　　　1955.8.24
　「漁業白書」近代化の施策が必要さ　　1964.2.14
漁業妨害
　樺太でロシア人が漁業妨害　　　1878（この年）
漁具
　ノルウェーの万国漁業博覧会　　1898（この年）
極限作業ロボット
　極限作業ロボットの開発研究始まる　1983（この年）
極左ゲリラ
　極左テロ活発化―ポルトガル　　　　　1985.1.28
極東海運
　極東海運設立　　　　　　　　　1949（この年）
　三菱海運に社名変更　　　　　　1949（この年）

極東艦隊
　ロシアに宣戦　　　　　　　　　　　　1904.2.10
旭洋丸
　「旭洋丸」「日光丸」衝突事件　　　　2005.7.15
魚群探知機
　魚群探知機　　　　　　　　　　　　1948.12月
漁船
　ノルウェーの万国漁業博覧会　　1898（この年）
　高知で漁船遭難　　　　　　　　　　　1907.8.6
　常総沖で漁船遭難　　　　　　　　　　1910.3.12
　ソ連が日本漁船を抑留　　　　　　　　1934.3.15
　尖閣諸島付近で中国漁船が海上保安庁巡視
　　船に衝突　　　　　　　　　　　　　2010.9.7
漁船大量遭難
　ベトナムで漁船大量遭難　　　　　　　1996.8.17
漁船拿捕
　中国、日本漁船拿捕　　　　　　　　1950.12月
漁村文化協会
　社団法人漁村文化協会創立　　　　　　1947.11.18
漁村夜話
　『漁村夜話』刊行　　　　　　　1921（この年）
巨大イカ
　「しんかい6500」巨大いか発見　　　1998.11月
巨大地震発生帯
　地球深部探査船「ちきゅう」(56,752トン)
　　が完成　　　　　　　　　　　　　　2005.7月
巨大タンカー
　米巨大タンカー北西航路の航海に成功
　　　　　　　　　　　　　　　　1968（この年）
漁網
　合成繊維漁網実用試験　　　　　　　　1949.4月
漁網の比較法則
　漁網の比較法則　　　　　　　　　　1934.11月
魚雷
　ブッシュネル、魚雷を発明　　　1777（この年）
　R.ホワイトヘッド、魚雷を発明　1866（この年）
　魚雷にジャイロスコープ装着　　1896（この年）
　高千穂沈没　　　　　　　　　　　　1914.10.18
　空母「信濃」沈没　　　　　　　　　1944.11.29
　フォークランド紛争、アルゼンチン海軍巡
　　洋艦撃沈　　　　　　　　　　　　　1982.5.2
魚雷攻撃
　崑崙丸が撃沈される　　　　　　　　　1943.10.5
魚雷艇
　初の30ノット超え　　　　　　　1895（この年）
魚類学
　アルテディ、『魚の生態に関する覚え書き』
　　刊　　　　　　　　　　　　　1738（この年）
　『魚類学』刊行　　　　　　　　1951（この年）
機雷
　機雷被災第一号　　　　　　　　　　　1855.6月
　浚渫船が機雷に接触し爆発―新潟　　　1972.5.26

きりさめ
自衛艦のインド洋派遣　2001.11.9
ギリシア人
海で漁獲　BC7000（この頃）
キリシタン大名
大村氏、ポルトガル人に港を開く　1562（この年）
霧島丸
「霧島丸」遭難　1927.3.9
ギリシャ艦隊
サラミスの海戦　BC480.9.23
ギリシャ神話
『アルゴナウティカ』　BC300（この年）
ギリシャ火
ギリシャ火の開発　672（この年）
キリスト教
キリスト教伝来　1549（この年）
スペインによるフィリピン征服　1565（この年）
中国におけるキリスト教布教　1582（この年）
キール運河
キール運河開通　1895.6.21
キール軍港
ドイツ、キール軍港の水兵反乱　1918.11.3
キルヒネル
インド洋の海流図　1678（この年）
キルヒャー
初めて地図上に湾流を描く　1665（この年）
記録式音響測深機
国産記録式音響測深機を開発　1940（この年）
金華山丸
大型自動化船「金華山丸」進水　1961（この年）
銀河丸
銀河丸竣工　2004.6.15
近畿
仁和地震　887（この年）
近畿大学水産研究所
近畿大学水産研究所白浜臨海研究所開設　1948（この年）
クロマグロの人工孵化に成功　1979（この年）
ブリ・ヒラマサ養殖法で特許　1980（この年）
養殖マグロ放流　1995（この年）
マグロ完全養殖　2002（この年）
養殖マグロを出荷　2004（この年）
緊急現地調査
環境庁長官視察―ナホトカ号流出事故　1997.1.15
金城丸
汽船「金城丸」衝突事件発生　1905.8.22
金星
天文学者マスケリンが没する　1811.2.9
近世塩田の成立
児玉洋一、日本学士院賞受賞　1962（この年）
近世海運史の研究
柚木学、日本学士院賞受賞　1982（この年）

金勢丸
木造蒸気船がアメリカに到着　1872（この年）
近接信管
米、近接信管を初めて使用　1943（この年）

【く】

グアム島
マリアナ諸島を発見　1521.3.6
クイーン・エリザベス級高級戦艦
英、高級戦艦建造　1912（この年）
クイーン・エリザベス号
クイーン・エリザベス号完成　1939（この年）
クイーン・エリザベス2世号
豪華客船クイーン・エリザベス2世号進水　1967.11.20
クイーン・エリザベス2世号世界一周の旅へ　1975.1月
クイーンフィッシュ
阿波丸沈没　1945.4.1
クイーン・メリー号
クイーン・メリー号進水　1935（この年）
ヨーロッパで海難事故多発　1951.12.29
クイーン・メリー2
史上最大の豪華客船「クイーン・メリー2」就航　2004.1月
空襲
米軍機、日本初空襲　1942.4.18
空中魚雷
初の空中魚雷攻撃　1915.8月
空母
米、空母「ラングレー」建造　1920（この年）
「鳳翔」進水　1921.11.13
米空母「サラトガ」「レキシントン」完成　1927（この年）
航空母艦「蒼龍」起工　1934.11.20
空母「アーク・ロイヤル」就役　1938（この年）
空母「翔鶴」を竣工　1941.8.8
空母「レキシントン」就役　1942.2.17
空母「信濃」沈没　1944.11.29
仏初建造の空母　1957.12月
オランダ空母の横浜寄港を許可　1960.8.8
沈没の空母発見　1998（この年）
空母「アメリカ」
米空母「アメリカ」進水　1964.2月
空母派遣
米リビア威圧のために空母派遣　1986.1.3
クォータートン世界選手権
ヨット世界選手権に参加　1974（この年）
世界選手権で日本人が優勝―ヨット　1978（この年）
苦海浄土―わが水俣病
『苦海浄土―わが水俣病』刊行　1969.1月

串本
南海地震　　　　　　　　　　　　1946（この年）
「第11昌栄丸」「オーシャンソブリン号」衝
　突　　　　　　　　　　　　　　1974（この年）
串本海中公園水族館
串本海中公園水族館開館　　　　　1971.10月
クシュンコタン
樺太にロシア艦　　　　　　　　　1853.8.30
クジラ
江の島水族館開館　　　　　　　　1957.7.1
鯨
魚類・クジラ研究　　　　　　　　1551（この年）
梶取屋治右衛門、『鯨志』刊　　　1760（この年）
鯨漁場調査　　　　　　　　　　　1887（この年）
『勇魚』刊行　　　　　　　　　　1987.4月
鯨湾
アフリカ東路開発　　　　　　　　1420（この年）
釧路港
アスファルトが釧路港に流出　　　1993.1.15
釧路丸
トロール船「釧路丸」竣工　　　　1927.11.19
クストー
クストー、アクアラングを発明　　1943（この年）
映画『沈黙の世界』公開　　　　　1956（この年）
クストーの飽和潜水実験　　　　　1965（この年）
海洋学者のクストーが没する　　　1997.6.25
クストーの海底世界
海洋学者のクストーが没する　　　1997.6.25
グーセン, H.
グーセンがインド洋アフリカ海岸沖でシー
　ラカンスを捕獲　　　　　　　　1938.12.25
朽木 昌綱
西域地誌概説書刊行　　　　　　　1788（この年）
駆逐艦
米海軍初の駆逐艦　　　　　　　　1899.8月
日本で初めてレーダーを搭載　　　1941（この年）
クック, ジェイムズ
キャプテン・クック、第1回太平洋航海に
　出発　　　　　　　　　　　　　1768（この年）
クック、タヒチに到達　　　　　　1769.4.13
クック、オーストラリア大陸を発見　1770.4.19
キャプテン・クック、第2回太平洋航海に
　出発　　　　　　　　　　　　　1772.7.13
クック最後の航海　　　　　　　　1776（この年）
クック、ハワイ発見　　　　　　　1778.1.20
クック、殺される　　　　　　　　1779.2.14
クック海峡
キャプテン・クック、第1回太平洋航海に
　出発　　　　　　　　　　　　　1768（この年）
グッドデザイン賞
「NYK スーパーエコシップ2030」発表
　　　　　　　　　　　　　　　　2009（この年）

クッファ
丸底皮張り船　　　　　　　　　　BC900（この頃）
国後
ゴローニン事件　　　　　　　　　1811（この年）
国後島
ロシア船、国後島に現れる　　　　1778（この年）
クニポーヴィッチ
「海洋と汽水域の水理的研究」　　1936（この年）
クヌーセン, マルティン
海洋調査常用表　　　　　　　　　1901（この年）
クヌーツセン
塩素量滴定法確立　　　　　　　　1899（この年）
クヌール
「クヌール」（捕鯨船）を竣工　　1948（この年）
クフ王
クフ王の船　　　　　　　　　　　BC2500（この頃）
クフ王の船
クフ王の船発見　　　　　　　　　1954（この年）
隈川 宗悦
海軍療養所設立　　　　　　　　　1867（この年）
熊田 頭四郎
『日本環海海流調査業績』刊行　　1922（この年）
熊野トラフ
熊野トラフ泥火山微細地形構造調査実施　2006.7月
熊野灘
赤潮発生―熊野灘沿岸　　　　　　1984.7月
熊本県
水俣病認定申請―熊本県の対応に怠り　1999.5.12
熊本県知事
1960年以降も廃液排出　　　　　　1968.9.20
熊本大学
水俣病医学研究　　　　　　　　　1956.8.24
水俣病の原因研究　　　　　　　　1957.1月
熊本大学水俣病研究班
有機水銀を水俣病の原因物質として根拠づ
　け　　　　　　　　　　　　　　1960.3.25
水俣の貝から有機水銀結晶体　　　1960.9.29
水俣病原因物質を正式発表　　　　1963.2.20
久米島
離島連絡船転覆、取材中の船が救助　1963.8.17
久米島沖
沖縄・久米島沖に熱水噴出孔群　　2014.9.19
クラーク, アーサー・C.
『海底牧場』刊行　　　　　　　　1957（この年）
倉敷
工場廃液排出―岡山県倉敷市　　　1973（この年）
倉敷市水島
倉敷市水島でも異臭魚　　　　　　1961.5月
工場廃液排出―岡山県倉敷市　　　1965.6.16
倉敷メッキ工業所
倉敷メッキ工業所青酸排出―米子市　1973（この年）

くらす

グラスゴー大学
　グラスゴー大学で造船学講座　　　1883（この年）
グラーフ・ツェッペリン
　大西洋横断航空路線開設　　　　　1932（この年）
くらま
　自衛艦のインド洋派遣　　　　　　2001.11.9
　護衛艦とコンテナ船が衝突　　　　2009.10.27
グラム式磁性電気燈
　グラム式磁性電気燈点灯　　　　　1881.5.27
クラーモント号
　フルトン、最初の商業的蒸気船を航行　1807.8.17
グランドバンクス
　タラ壊滅　　　　　　　　　　　　1992（この年）
グラン・ブルー
　映画『グラン・ブルー』公開　　　1988（この年）
苦力
　マリア・ルース号事件　　　　　　1872.6.4
クリスタル・シンフォニー
　「クリスタル・シンフォニー」竣工　1995（この年）
クリスタル・セレニティ
　「クリスタル・セレニティ」竣工　2003（この年）
クリスタル・ハーモニー
　「クリスタル・ハーモニー」竣工　1989（この年）
クリスチャン, フレッチャー
　バウンティ号の反乱　　　　　　　1789.4.28
クリストファー号
　軍艦に初めて大砲搭載　　　　　　1338（この年）
クリスマス島
　英、水爆実験　　　　　　　　　　1957.5.15
クリッパー・スクーナー
　高速クリッパー・スクーナー建造　1830（この年）
グリニッジ王立天文台
　マスケリン、『航海暦』刊行開始　1767（この年）
グリフィス, ヨアン
　『海の男/ホーンブロワー』シリーズ刊行開始　1937（この年）
クリミア戦争
　機雷被災第一号　　　　　　　　　1855.6月
クリュンメル
　『海洋学教科書』を出版　　　　　1907（この年）
クリントン
　調査捕鯨に制裁措置　　　　　　　2000.9.13
グリーンピース
　レインボー・ウォーリア号事件　　1985.7.10
　グリーンピース、サンゴ死滅の恐れを報告　1999.7月
グリーンビル
　えひめ丸沈没事故　　　　　　　　2001.2.9
　原潜・実習船衝突事故、謝罪のため元艦長来日　2001.2月
グリーンランド海流
　ナンセン、北極探検　　　　　　　1893（この年）

来島海峡
　さいとばるとチャンウオン号衝突―来島海峡　1978.9.6
　来島海峡でフェリーとタンカー衝突　1986.7.14
クルージング
　クルージング始まる　　　　　　　1830（この年）
クルージングクラブオブジャパン
　クルージングクラブオブジャパン結成　1948（この年）
クルーズ外航客船
　本格的クルーズ外航客船「ふじ丸」就航　1989（この年）
　クルーズ外航客船「にっぽん丸」就航　1990（この年）
クルーズ客船
　クルーズ元年　　　　　　　　　　1989（この年）
クルスク
　ロシアの原潜「クルスク」沈没　　1999.8.14
クルーズ船
　豪華客船クイーン・エリザベス2世号進水　1967.11.20
　「クリスタル・ハーモニー」竣工　1989（この年）
　「飛鳥」竣工　　　　　　　　　　1991（この年）
　「クリスタル・シンフォニー」竣工　1995（この年）
　「クリスタル・セレニティ」竣工　2003（この年）
クルゼンシュテン
　露オホーツク方面を調査　　　　　1802（この年）
クルチウス
　軍艦などを輸入　　　　　　　　　1853.9月
　スンビン号来航　　　　　　　　　1854.7.6
呉海軍工廠
　初の国産海軍砲を製造　　　　　　1897（この年）
　装甲巡洋艦「筑波」竣工　　　　　1907.1.14
　装甲巡洋艦「伊吹」進水　　　　　1907.11.21
　戦艦大和を竣工　　　　　　　　　1941.12.16
呉工廠
　戦艦「大和」呉工廠で起工　　　　1937.11.4
グレース・デュー
　「グレース・デュー」進水　　　　1418（この年）
クレタ島
　世界初の海軍　　　　　　　　　　BC2200（この頃）
グレート・イースタン号
　英国、巨艦建造　　　　　　　　　1858（この年）
　世界最大の船、大西洋を横断　　　1860.6.17
グレート・ハリー
　グレート・ハリー号建造　　　　　1514（この年）
グレートバリアリーフ
　グリーンピース、サンゴ死滅の恐れを報告　1999.7月
グレートビクトリー
　「ふたば」「グレートビクトリー」衝突事件　1976.7.2
クレマンソー
　仏初建造の空母　　　　　　　　　1957.12月

クレロー, アレクシス
　地球形状論を発表　　　　　　　1743（この年）
クロウ, ラッセル
　映画『マスター・アンド・コマンダー』公
　　開　　　　　　　　　　　　　2003.11.14
九六式艦上戦闘機
　堀越二郎設計の戦闘機を試作　　　1935.1月
黒潮
　マリアナ海溝（9,814m）鋼索測探を始める
　　　　　　　　　　　　　　　　1925.4月
　黒潮、ソマリ海流を発見　　　1963（この年）
　『黒潮』刊行　　　　　　　　1972（この年）
黒潮及び隣接海域共同調査
　黒潮及び隣接海域共同調査　　 1965（この年）
黒潮が日本周辺の気候へ与える影響を衛星観測
データから発見
　「黒潮が日本周辺の気候へ与える影響を衛
　　星観測データから発見」　　　 2002.12月
くろしお号
　北大潜水艇240m潜水成功　　 1951（この年）
黒潮シンポジウム
　東京で黒潮シンポジウム開催される　1963.10.29
黒潮続流海洋学
　黒潮続流海洋学発表　　　　　 1972（この年）
黒潮地域海洋科学専門家会議
　東京で黒潮シンポジウム開催される　1963.10.29
クロノメーター
　ハリソン、クロノメーターを発明　1759（この年）
　経度測定を検証　　　　　　　 1761（この年）
　航海用クロンメーター完成　　 1765（この年）
　英国王、経度法賞金残額贈呈を支援 1773（この年）
　時計製作者のハリソンが没する　　1776.3.24
グローバル・コンパクト
　国連が提唱する「グローバル・コンパク
　　ト」　　　　　　　　　　　　2005（この年）
グロブティック・トウキョウ
　世界最大のタンカー（当時）進水　1972（この年）
黒船
　ペリー来航　　　　　　　　　　　1853.6.3
クロマグロ
　クロマグロの人工孵化に成功　　 1979（この年）
　葛西臨海水族園開園　　　　　　 1989.10.10
　養殖マグロ放流　　　　　　　　 1995（この年）
　マグロ完全養殖　　　　　　　　 2002（この年）
　養殖マグロを出荷　　　　　　　 2004（この年）
　マグロ絶滅危惧種に指定　　　　　2011.7.7
　太平洋クロマグロ絶滅危惧に指定　 2014.11.17
グローマー・チャレンジャー号
　グローマー・チャレンジャー号が調査開始
　　　　　　　　　　　　　　　 1968（この年）
　米深海掘削船グローマー・チャレンジャー
　　号活動始める　　　　　　　 1969（この年）

クロムウェル, T.
　赤道潜流発見　　　　　　　　 1953（この年）
グロリア
　深海底地形探査　　　　　　　 1974（この年）
グロワール号
　仏、世界初の装甲艦起工　　　　　1858.4月
クワカトア津波
　クワカトア津波　　　　　　　 1883（この年）
軍艦
　軍艦建造　　　　　　　　　　BC341（この年）
　カルタゴの軍艦を解体　　　　BC201（この頃）
　軍艦に初めて大砲搭載　　　　1338（この年）
　ソレントの海戦　　　　　　　　 1545.7.19
　軍艦から彫刻を撲滅　　　　　1794（この年）
　英国発のスクリュー推進の軍艦　1840（この年）
　ダーダネルス海峡、軍艦通航を禁止 1841（この年）
　軍艦などを輸入　　　　　　　　 1853.9月
　明治時代最初の軍艦竣工　　　　 1876.6.21
　韓国で軍艦とフェリー衝突　　　 1967.1.14
軍艦建造費
　衆院軍艦建造費否決　　　　　　 1893.1.12
軍艦操練所
　海軍所に改称　　　　　　　　　 1866.7.19
軍艦保有数
　ワシントン海軍軍縮条約締結　　 1922.2月
郡司 成忠
　千島探検　　　　　　　　　　 1893（この年）
軍縮条約破棄
　軍縮条約破棄を決定　　　　　　 1934.7.16
軍船
　エジプトの軍船　　　　　　 BC2500（この頃）
　ギリシャの軍船　　　　　　 BC1000（この頃）
　戦闘ガレーが出現　　　　　　BC700（この頃）
　2段櫂船が軍船の主流に　　　 BC500（この頃）
　古代最大の軍船　　　　　　　BC200（この頃）
群発地震
　伊豆半島東方沖で群発地震　　　 1989.6.30
軍用海底電線
　佐世保～大連に海底電線　　　　 1904.1月

【け】

ケアラケクア湾
　クック、殺される　　　　　　　 1779.2.14
経緯儀用法図説
　奥村増賑、『経緯儀用法図説』刊　1838（この年）
計画造船
　計画造船適格船主　　　　　　　 1957.5.30
　21次計画造船　　　　　　　　 1965（この年）
計画造船金利
　計画造船金利引き上げ　　　　　 1970.10.20

計画造船制度
　計画造船制度存続か　　　　　　　1974.5月
京急油壺マリンパーク
　京急油壺マリンパーク開園　　　　1968.4.27
ケイクダインの海戦
　テセルの戦い　　　　　　　　　　1683.8.11
芸妓
　芸妓が漂流しハワイに　　　　　　1859.3.16
瓊江丸
　「三吉丸」「瓊江丸」の衝突事件　　1891.7.11
鯨骨生物群集
　「しんかい6500」鯨骨生物群集を発見　1992.10月
経済協力開発機構（OECD）造船部会
　欧州諸国が日本を非難—造船制限守らず　1985.4月
経済水域200海里
　領海12海里、経済水域200海里を条件付き
　　で認める方針　　　　　　　　　　1976.3.9
鯨志
　梶取屋治右衛門、『鯨志』刊　　　1760（この年）
傾斜装甲盤防御法
　傾斜装甲盤防御法を採用　　　　　1915（この年）
軽巡艦
　伊、高速軽巡艦「ジュッサノ」完成　1930（この年）
慶長三陸地震
　慶長三陸地震　　　　　　　　　　1611.12.2
慶長地震
　慶長地震　　　　　　　　　　　　1605.2.3
経度
　緯度経度を最初に描いた世界地図　1507（この年）
　六分儀の発明　　　　　　　　　　1757（この年）
　マスケリン、『英国航海者ガイド』刊　1763（この年）
　時計製作者のハリソンが没する　　1776.3.24
経度測定
　経度測定を検証　　　　　　　　　1761（この年）
経度測定法
　経度測定法の発明に懸賞金　　　　1598（この年）
　ハリソン、クロノメーターを発明　1759（この年）
経度法
　「経度法」立法化　　　　　　　　　1714.7月
啓風丸
　海洋気象観測船啓風丸進水　　　　1969（この年）
景福丸
　関釜連絡船「景福丸」就航　　　　1922.5.18
芸陽海員学校
　芸陽海員学校、創設　　　　　　　1898.5.10
鯨類保存強化
　鯨類保存強化決議　　　　　　　　2003.6.16
敬和丸
　貨物船とタンカーが衝突　　　　　2010.6.16
撃沈
　ルシタニア号がドイツ潜水艦に撃沈される　1915.5.7
　サセックス号、ドイツの水雷で撃沈　1916.3.24

宮崎丸撃沈　　　　　　　　　　　　1917.5.31
戦艦「ビスマルク」撃沈　　　　　　1941.5.27
レイテ沖海戦　　　　　　　　　　　1944.10.24
駆逐艦「エイラート」撃沈　　　　　1967（この年）
激突
　水産指導船白鳥丸・米国船チャイナベア号
　　衝突　　　　　　　　　　　　　　1953.2.15
撃破
　無線操縦魚雷艇、英艦撃破　　　　1917（この年）
ゲスナー，C.
　魚類研究　　　　　　　　　　　　1551（この年）
気仙沼湾
　赤潮で血ガキ騒ぎ—気仙沼湾　　　1975（この年）
　赤潮発生—気仙沼湾　　　　　　　1978（この年）
欠陥
　大型船に大量の欠陥　　　　　　　1972.10.18
月距法
　マスケリン、『英国航海者ガイド』刊　1763（この年）
　マスケリン、『航海暦』刊行開始　　1767（この年）
ゲノム解析
　トラフグのゲノム解析　　　　　　2001.10月
気比丸
　定期船沈没　　　　　　　　　　　1941（この年）
ケープ・ジョンソン
　ケープ・ジョンソン海淵発見　　　1944（この年）
ケープ・ジョンソン海淵
　ケープ・ジョンソン海淵発見　　　1944（この年）
ケーブル
　世界一極細ケーブル　　　　　　　1998（この年）
ケルキュラ
　シュボタの海戦　　　　　　　　　BC433（この年）
ケルゲレン諸島
　クック最後の航海　　　　　　　　1776（この年）
ゲルラッハ，ド
　ベルジガ号の南極探検　　　　　　1898（この年）
原因物質
　水俣病原因物質を正式発表　　　　1963.2.20
ケンウッドカップ
　ヨット代表チーム国際試合で勝利　1990（この年）
検疫
　「海外諸港ヨル来ル船舶ニ対シ検疫施行方」
　　公布　　　　　　　　　　　　　　1891.6.22
　「清国及ビ香港ニ於テ流行スル伝染病ニ対
　　シ船舶検疫施行ノ件」　　　　　　1894.5.26
　船員がペストにより横浜で死亡　　1896.3.31
　「海港検疫法」公布　　　　　　　　1899.2.14
検疫所
　「海港検疫所官制」公布　　　　　　1899.4.13
　門司港に海港検疫所設置　　　　　1900.3.27
　「臨時海港検疫所官制」公布　　　　1900.3.28
　「港務部設置ノ件」公布　　　　　　1902.3.28
　検疫所を移管　　　　　　　　　　1941.12.15

検疫停船規則
「検疫停船規則」布告　　　　　　　1879.7.21
検疫法
「検疫法」の公布　　　　　　　　　　1951.6.6
遣欧使節
幕末初の遣欧使節　　　　　　　　1861.12.22
建艦費補充
建艦費のために減俸　　　　　　　　1893.2.10
研究協力覚書（MOU）
カナダの漁業海洋省との研究協力覚書　2000.3.20
インドの海洋研究所と協力覚書　　　2000.5.31
研究航海
「白鳳丸」最初の研究航海　　　　　1989.6月
元軍
元寇　　　　　　　　　　　　　　　1281.8月
元寇
元寇　　　　　　　　　　　　　　　1281.8月
原告側全面勝訴
水俣病第三次訴訟で熊本地裁判決—原告側
全面勝訴　　　　　　　　　　　1987.3.30
県債発行
水俣病補償に県債発行　　　　　　　1978.6.2
懸賞金
ハリソン、クロノメーターを発明　1759（この年）
原子力空母
世界初の原子力空母　　　　　　　　1960.9.24
エンタープライズ入港　　　　　　　1968.1.19
原子力空母リビア沖に派遣　　　　　1983.2.16
原子力空母佐世保寄港　　　　　　　1983.3.21
仏海軍最初の原子力空母　　　　　　1994.5月
原子力空母横須賀港に入港　　　　　2008.9.25
原子力空母寄港
原子力空母寄港に同意　　　　　　　1967.9.7
原子力空母寄港承認
原子力空母寄港承認　　　　　　　　1966.2.14
原子力空母日本寄港
原子力空母日本寄港　　　　　　　1965.11.26
原子力空母爆発事故
原子力空母爆発事故　　　　　　　　1969.1.14
原子力空母横須賀入港
原子力空母横須賀入港に抗議　　　1984.12.10
原子力砕氷船
ソ連原子力砕氷船「レーニン号」進水　1957.12.5
ソ連、原子力砕氷船北極点に　　　　1977.8.17
ソ連、3隻目の原子力砕氷船処女航海に出
航　　　　　　　　　　　　　1978（この年）
原子力巡洋艦
米原子力巡洋艦「ロングビーチ」進水　1959.7月
原子力商船
米初の原子力商船進水　　　　　1959（この年）
サバンナ号　　　　　　　　　　　　1967.3.17
原子力船
西独初の原子力船就航　　　　　　　1968.2.1
原子力潜水艦
原子力潜水艦「ノーチラス号」進水　1954.1.21
米原潜北極圏潜水横断に成功　　1958（この年）
アメリカの原潜「スレッシャー」沈没　1963.4.10
英、初めての原潜進水　　　　　　　1963.12.3
原子力潜水艦が佐世保に入港　　　1964.11.12
原子力潜水艦、横須賀入港　　　　　1966.5.30
原子力潜水艦放射能事件　　　　　　1968.5.6
アメリカの原潜「スコーピオン」が遭難　1968.5.27
米原潜オハイオ級進水　　　　　　　1979.4月
ソ連の原潜火災　　　　　　　　　　1989.4.7
北極海の海洋研究に原潜　　　　1993（この年）
ロシアの原潜「クルスク」沈没　　　1999.8.14
えひめ丸沈没事故　　　　　　　　　2001.2.9
原潜・実習船衝突事故、謝罪のため元艦長
来日　　　　　　　　　　　　　　2001.2月
原子力船「むつ」
原子力船「むつ」　　　　　　　　　1969.6.12
原子力船「むつ」外洋航行実験へ　　1973.6.7
原子力船「むつ」放射線漏出　　　　1974.9.1
原子力船「むつ」受入れ　　　　　　1977.4.30
原子力船「むつ」佐世保に入港　　1978.10.16
原子力船「むつ」実験終了　　　　　1992.2.14
原子力船「むつ」船体切断　　　　　1995.5.10
原子力船「むつ」原子炉取り外し　　1995.6.22
海洋科学技術センターの海洋地球研究船
「みらい」（8,706トン）竣工　　1997（この年）
原子力利用
米ソ、原子力利用に関する協力協定に調印
　　　　　　　　　　　　　　　　1964.11.18
原子炉事故
ソ連原子力潜水艦（K-19）事故　　　1961.7.9
謙信丸
謙信丸がシドニーに入港　　　　　　1881.8.1
原水禁
ビキニ水爆実験の被曝調査　　　　　1971.12.7
遣隋使
遣隋使　　　　　　　　　　　　607（この年）
検定新日本社
検定新日本社（現・新日本検定協会）創立　1948.2.1
ケント
電力を使用した初の灯台　　　　1858（この年）
遣唐使
遣唐使　　　　　　　　　　　　630（この年）
遣唐使廃止　　　　　　　　　　894（この年）
ケント号
ケント号の火災事故　　　　　　1825（この年）
元和航海記
『元和航海記』刊行　　　　　　1618（この年）
原爆実験
ビキニ環礁で原爆実験　　　　　　　1946.7.1

遣明船
足利将軍、遣明船見物	1405.8.3

懸門
喬維嶽、懸門を発明	984（この年）

原油貯蔵基地
原油貯蔵基地—周辺海域汚染	1973（この年）

原油流出
昭和石油川崎製油所原油流出火災	1950.2.16
船舶事故で原油流出—室蘭	1965.5.23
船舶事故で原油流出—川崎	1967.2.12
英国沖でタンカー座礁し原油流出	1967.3.18
タンカー衝突事故で原油流出—愛媛県沖	1974.4.26
油田事故で原油流出—ノルウェー	1977.4.22
ブルターニュ沖でタンカー座礁—世界タンカー史上最悪の原油流出	1978.3.16
スペイン沖でタンカー火災・原油流出	1978.12.31
アラスカでタンカーから原油流出—アメリカ史上最悪の事故	1989.3.24
モロッコ沖でタンカー爆発・原油流出	1989.12.19
ペルシャ湾で原油流出	1991.1.25
マラッカ海峡で「ナガサキ・スピリット号」衝突—原油流出	1992.9.20
座礁大型タンカーより原油流出—英国	1993.1.5
ボスポラス海峡で船舶衝突	1994.3.13
和歌山県海南港でタンカー同士が衝突—原油流出	1994.10.17
座礁大型タンカーより原油流出—英国・ウェールズ	1996.2.15
フェリーが座礁—原油流出	2009.11.13

原油流出事故
原油流出事故	1969.3.24

元禄地震
元禄地震	1703.12.31

元禄日本総図
『元禄日本総図』成る	1702（この年）

【こ】

ゴア
ポルトガル、ゴア占領	1510.10月
キリスト教伝来	1549（この年）

小泉 信三
『海軍主計大尉 小泉信吉』を刊行	1966.9月

弘安の役
元寇	1281.8月

黄河
中国の大運河	BC485（この年）

紅海
紅海に至る運河	BC1300（この頃）
運河が建設される	BC1000（この頃）
紅海を渡る	BC900（この頃）
地中海とインド洋を結ぶ運河	BC600（この頃）
紅海の地図	BC520（この頃）
ナイル川と紅海をつなぐ運河	BC280（この年）
地中海、紅海の海洋調査	1890（この年）
紅海でタンカーなどが触雷	1984.8.2
紅海でフェリー沈没	2006.2.2

航海
海軍伝習所	1855.10.24

航海衛星
世界初の航行衛星「トランシット1B号」	1960.4.13
「マリサット3号」打ち上げ	1976.10.14

航海王子
エンリケ航海王子が没する	1460.11.13

黄海海戦
黄海海戦	1894.9.17

航海学
航海学、地図学研究施設設置	1418（この年）

航海訓練所
航海訓練所設置	1943.4月
大成丸四世竣工	2014.3.31

航海術
時計製作者のハリソンが没する	1776.3.24
天文学者マスケリンが没する	1811.2.9
スンビン号来航	1854.7.6

航海条約
スウェーデン等と条約締結	1868.9.27

航海奨励法
航海奨励法・造船奨励法公布	1896.3.24

紅海中央部海底
紅海中央部海底近くで異常高温域を発見	1964（この年）

航海年表
『航海年表』を刊行	1907（この年）

公害病
水俣病と新潟水俣病を公害病認定	1968.9.26

航海法
英議会航海法を可決	1651（この年）

公害防止条例
海に塩酸をたれ流し—公害防止上例で告発	1969.8.15

航海用コンパス
航海用コンパスの創造	1302（この年）

航海用電子地図
世界初、『航海用電子地図』	1995（この年）

航海暦
最初の航海暦—レギオモンタヌス	1471（この年）
四分儀の使用法、経度決定法を普及	1763（この年）
マスケリン、『航海暦』刊行開始	1767（この年）
ワシントン海軍天文台創設	1832（この年）

航海練習所官制
「航海練習所官制」公布	1930.5.28

豪華客船
「エンプレス・オブ・ブリテン号」が横浜に入港	1935.4.14

最新豪華客船アンドレア・ドリア号が貨物
　　線と衝突　　　　　　　　　　　1956.7.25
　豪州から大型観光船が入港　　　　1957.9.23
　豪華客船クイーン・エリザベス2世号進水
　　　　　　　　　　　　　　　　 1967.11.20
　史上最大の豪華客船「クイーン・メリー2」
　　就航　　　　　　　　　　　　 2004.1月
江華島事件
　江華島事件　　　　　　　　　　　1875.9.20
幸吉丸
　「たかちほ」「幸吉丸」衝突事件　　2007.2.9
交響詩「海」
　交響詩「海」初演　　　　　　　 1905.10.15
航空母艦
　英、航空母艦完成　　　　　　 1917（この年）
　戦艦「加賀」進水　　　　　　　　1921.11.7
　「鳳翔」進水　　　　　　　　　 1921.11.13
　世界最初の航空母艦竣工　　　　 1922.12.27
　航空母艦「蒼龍」起工　　　　　 1934.11.20
　航空母艦「飛龍」起工　　　　　　 1936.7.8
　航空母艦「翔鶴」起工　　　　　 1937.12.12
　航空母艦「瑞鶴」起工　　　　　　1938.5.25
　「橿原丸」を航空母艦「隼鷹」に改造 1940.10月
　米軍機、日本初空襲　　　　　　　1942.4.18
　レイテ沖海戦　　　　　　　　　 1944.10.24
恒彦丸
　下関の沖合で船舶同士が衝突　　　1939.5.21
航行衛星
　世界初の航行衛星「トランシット1B号」1960.4.13
航行衛星測位システム
　航行衛星測位システム開放される 1967（この年）
光合成
　サンゴ礁の二酸化炭素吸収　　　　 1995.7月
皇国沿海里程全図
　『元禄日本総図』成る　　　　 1702（この年）
鋼材
　鋼材を造艦に用いた最初の船　 1873（この年）
鉱滓運搬船
　鉱滓運搬船沈没海洋汚染に―山口県 1972.9月
鋼索
　海洋測深に鋼索を使用　　　　 1838（この年）
工事差し止めを取消す
　諫早湾干拓事業―福岡高裁工事差し止めを
　　取消す　　　　　　　　　　　　2005.5.16
工事差し止め仮処分
　諫早湾干拓事業で佐賀地裁、工事差し止め
　　仮処分　　　　　　　　　　　　2004.8.26
広州アジア大会
　広州アジア大会―ヨット　　　 2010（この年）
膠州湾
　膠州湾租借　　　　　　　　　　　1898.3.6
　高千穂沈没　　　　　　　　　　 1914.10.28

工場汚水
　工場汚水で抗議　　　　　　　　　 1934.6.4
工場廃液
　工場廃液汚染―岡山児島湾　　 1970（この年）
工場廃液排出
　工場廃液排出―岡山県倉敷市　　　 1965.6.16
　工場廃液排出―秋田市　　　　　　 1973.6月
　工場廃液排出―岡山県倉敷市　 1973（この年）
　工場廃液排出―山口県徳山市　 1973（この年）
　工場廃液排出―千葉県市原市　 1973（この年）
工場排水
　製紙会社の工場廃水問題　　　 1934（この年）
洪水
　エル・ニーニョによる被害　　　　 1998.5.2
合成繊維
　合成繊維のテグス市販　　　　　　 1942.12月
　合成繊維漁網実用試験　　　　　　 1949.4月
鉱石運搬船
　鉱石運搬船沈没　　　　　　　　　 1969.1.5
工船式カニ漁業
　工船式カニ漁業始まる　　　　 1921（この年）
鋼船民営還元
　鋼船民営還元　　　　　　　　 1949（この年）
講談社
　『若桜』『海軍』創刊　　　　　　 1944.5月
高知
　高知パルプ工場廃液排出　　　 1971（この年）
　海へのビニール投棄被害　　　 1973（この年）
高知パルプ工業
　高知パルプ工場廃液排出　　　 1971（この年）
紅茶
　紅茶輸送の快速帆船競争　　　 1872（この年）
好調続く海運
　好調続く海運　　　　　　　　 2005（この年）
鋼鉄艦
　鋼材を造艦に用いた最初の船　 1873（この年）
後天性水俣病
　後天性水俣病に見解　　　　　　 1985.10.18
高等海員審判所
　海員審判所の組織　　　　　　　　 1897.4.6
合同海洋学総会
　第2回合同海洋学総会開催　　 1976（この年）
合同海洋学大会
　合同海洋学大開開催　　　　　 1970（この年）
高等商船学校
　「高等商船学校・商船学校官制」 1941.12.19
河野浦丸
　「豊瑞丸」「河野浦丸」の衝突事件 1896.6.13
高風丸
　海洋調査船の新造が相次ぐ　　 1963（この年）
降伏
　降伏文書調印　　　　　　　　　　 1945.9.2

鉱物性金属
郊外でも水俣病多発が確認 　1957.4.1
神戸
神戸が開港 　1867.12.7
横浜～朝鮮航路を開設 　1880.7月
共同運輸が営業開始 　1883.5.1
神戸～マニラ間の新航路 　1890.12.24
「海港検疫所官制」公布 　1899.4.13
神戸海洋気象台設置 　1920.8.26
神戸に近代的港湾倉庫建設 　1923.5.20
神戸牛
「神戸牛」人気の始まり 　1866(この年)
神戸港
神戸港機能停止 　1995.1.17
神戸高等商船学校
私立川崎商船学校(現・神戸大学海事科学部)設立 　1917(この年)
神戸事件
神戸事件 　1868.1.11
神戸商船大学
私立川崎商船学校(現・神戸大学海事科学部)設立 　1917(この年)
神戸商船大学附属図書館
神戸商船大学の附属図書館(現・神戸大学附属図書館海事科学分館)として創設 　1952(この年)
神戸大学
私立川崎商船学校(現・神戸大学海事科学部)設立 　1917(この年)
神戸大学海事科学部
私立川崎商船学校(現・神戸大学海事科学部)設立 　1917(この年)
港務部
「港務部設置ノ件」公布 　1902.3.28
閘門
ヨーロッパ初の運河の閘門が建設 　1373(この年)
興安丸
関釜連絡船「興安丸」就航 　1937.1.31
最後の引揚船が入港 　1956.12.26
高麗丸
関釜連絡船「高麗丸」「新麗丸」就航 　1913.1.31
香料貿易
貿易風利用 　40(この年)
ごうるでんげいとぶりっじ
コンテナ船「ごうるでんげいとぶりっじ」を就航 　1968(この年)
航路統制法
航路統制法公布 　1936.5.30
航路標識条例
航路標識条例制定 　1888.10.10
康和地震
康和地震 　1099.2.22

港湾
伏木富山港振興財団(現・伏木富山港・海王丸財団)設立 　1990.3.12
港湾技術研究所
運輸省鉄道技術研究所の港湾研究室(現・港湾技術研究所)発足 　1946(この年)
港湾協会
港湾協会設立 　1922(この年)
港湾近代化促進協議会
港湾近代化促進協議会設立 　2012.4.1
港湾ストライキ
港湾ストライキ 　2002(この年)
港湾倉庫
神戸に近代的港湾倉庫建設 　1923.5.20
港湾組織
港湾法の公布 　1950.5.31
港湾の地位低下
アジアにおける日本の地位低下―海運白書 　1998(この年)
港湾副振動
港湾の副振動を調査 　1908(この年)
港湾法
港湾法の公布 　1950.5.31
護衛艦
海自護衛艦リムパック初参加 　1980.2.26
古賀 峯一
連合艦隊司令長官死亡 　1944.3.31
コーク港ウォーター・クラブ
最初のヨットクラブ 　1720(この年)
国際安全管理コード
国際海上人命安全条約 　1994(この年)
国際インド洋調査
国際インド洋調査はじまる 　1962(この年)
国際エネルギー機関
波力発電国際共同研究協定に調印 　1978.4月
国際海運会議所
国際海運会議所、国際海運連盟に加入 　1957(この年)
国際海運会議所と国際海運連盟総会 　2003(この年)
国際海運連盟
国際海運会議所、国際海運連盟に加入 　1957(この年)
国際海運会議所と国際海運連盟総会 　2003(この年)
国際海事衛星通信サービス
国際海事衛星通信サービス開始 　1982(この年)
国際海事会議
国際海事会議開催 　1889.10.16
国際海事機関
政府間海事協議機関(現・国際海事機関)設立 　1958(この年)
国際海事通信衛星機構
国際海事通信衛星機構が発足 　1979(この年)

国際海上コンテナ輸送体制整備計画
　　国際海上コンテナ輸送体制整備計画　1966（この年）
国際海上人命安全条約
　　国際海上人命安全条約　　　　　　　1994（この年）
国際海図シリーズ
　　『国際海図』刊行始まる　　　　　　1975（この年）
国際海洋汚染会議
　　ローマで国際海洋汚染会議開催　　　1969（この年）
国際海洋会議
　　国際海洋会議開催　　　　　　　　　1959（この年）
国際海洋科学技術協会
　　国際海洋科学技術協会　　　　　　　1971（この年）
国際海洋科学協会
　　国際海洋物理学協会設置　　　　　　1921（この年）
国際海洋学大観
　　『国際海洋学大観』刊行　　　　　　1937（この年）
国際海洋共同調査
　　国際海洋調査　　　　　　　　　　　1957（この年）
国際海洋研究
　　国際海洋研究を提案　　　　　　　　1952（この年）
国際海洋研究10カ年計画
　　国際海洋研究10年計画　　　　　　　1968（この年）
　　国際海洋研究10カ年計画の湧昇実験開始
　　　　　　　　　　　　　　　　　　　1973（この年）
国際海洋シンポジウム
　　国際海洋シンポジウム'97　　　　　1997（この年）
国際海洋生物学協会
　　国際海洋生物学協会設置　　　　　　1966（この年）
国際海洋探究会議
　　国際海洋探究会議　　　　　　　　　1901（この年）
国際海洋探究準備会
　　国際海洋探究準備会開催　　　　　　1899（この年）
国際海洋物理科学協会
　　国際海洋物理科学協会設立　　　　　1919（この年）
国際海洋物理学協会
　　国際海洋物理学協会設置　　　　　　1921（この年）
国際学術連合
　　国際学術連合設立　　　　　　　　　1919（この年）
国際気象機関
　　国際気象機関設立　　　　　　　　　1873（この年）
国際共同多船観測
　　第1回国際共同多船観測（FIBEX）計画
　　　　　　　　　　　　　　　　　　　1980（この年）
国際極北極観測
　　「みらい」が「国際極北極観測」として北
　　極航海を実施　　　　　　　　　　　　　2008.8月
国際港湾協会
　　国際港湾協会設立　　　　　　　　　1955（この年）
国際サンゴ礁イニシアティブ
　　国際サンゴ礁イニシアティブ開催　　　1996.3.18
　　沖縄県で国際サンゴ礁イニシアティブ開催
　　　　　　　　　　　　　　　　　　　1997.2.16

　　サンゴ礁イニシアティブ総会　　　　　2005.10.31
国際サンゴ礁会議
　　国際サンゴ礁会議　　　　　　　　　　1995.5.29
国際サンゴ礁研究・モニタリングセンター
　　サンゴ礁研究モニタリングセンター開所　2000.5.12
国際サンゴ礁シンポジウム
　　国際サンゴ礁シンポジウム開催　　　　1996.6.22
　　サンゴ礁シンポジウム開催―宜野湾市　2004.6.28
国際自然保護連合
　　マグロ絶滅危惧種に指定　　　　　　　2011.7.7
　　ニホンウナギ絶滅危惧種に指定　　　　2014.6.12
　　太平洋クロマグロ絶滅危惧に指定　　　2014.11.17
国際深海底掘削
　　三陸沖で深海底掘削　　　　　　　　1982（この年）
国際深海底掘削計画
　　国際深海底掘削計画（IPOD）発足　　1975（この年）
　　深海掘削計画（ODP）に引き継ぎ　　1985（この年）
国際水化学・宇宙化学協会
　　国際水化学・宇宙化学協会設置　　　1967（この年）
国際水理学会
　　国際水理学会設立　　　　　　　　　1935（この年）
国際水路会議
　　メートル法採用　　　　　　　　　　1919（この年）
国際水路機関
　　国際水路局設立　　　　　　　　　　　1921.6月
国際水路局
　　国際水路局設立　　　　　　　　　　　1921.6月
国際生物科学連合
　　国際海洋生物学協会設置　　　　　　1966（この年）
国際生物学賞
　　エリック・デントン（英）が国際生物学賞
　　を受賞　　　　　　　　　　　　　　1989（この年）
　　ウィッティントン、国際生物学賞を受賞
　　　　　　　　　　　　　　　　　　　2001（この年）
国際船舶制度
　　日本船籍・船員減少に歯止めを―国際船舶
　　制度創設　　　　　　　　　　　　　1996（この年）
国際藻類学会
　　国際藻類学会設立　　　　　　　　　1960（この年）
国際測地学
　　国際学術連合設立　　　　　　　　　1919（この年）
国際地球観測年
　　国際地球観測年始まる　　　　　　　1957（この年）
国際地球観測百年記念
　　国際地球観測百年記念式典開催　　　　1983.3.15
国際地質化学連合
　　国際水化学・宇宙化学協会設置　　　1967（この年）
国際地質科学連合
　　海洋地質学審議会発足　　　　　　　1964（この年）
国際熱帯海洋学会議
　　国際熱帯海洋学会議　　　　　　　　1966（この年）

国際氷山監視隊
氷山監視の国際組織　　　　　　1913(この年)
国際保安コード
国際保安コード発行　　　　　　2004(この年)
国際捕鯨委員会
国際捕鯨委員会設立　　　　　　1948(この年)
IWC、マッコウクジラ捕獲禁止　1981.7.25
商業捕鯨全面禁止—IWC　　　　1982.7.23
日本政府IWC決定に意義撤回を求める　1985.4.5
捕鯨モラトリアム決定　　　　　1986(この年)
商業捕鯨禁止・調査捕鯨開始　　1987.6月
国際捕鯨委員会—アイスランドが脱退　1992.6.29
国際捕鯨委員会—京都総会　　　1993.5.10
商業捕鯨、不可能に　　　　　　1994.5.26
IWC総会で先住民族のためにクジラ捕獲
　枠要求　　　　　　　　　　　1996.6.25
IWC総会が捕鯨中止決議案を可決して閉
　幕　　　　　　　　　　　　　1996.6.28
国際捕鯨委員会—日本の沿岸捕鯨拒否　1999.5月
国際捕鯨委員会総会—捕鯨国・反捕鯨国溝
　埋まらず　　　　　　　　　　2002.5.24
鯨類保存強化決議　　　　　　　2003.6.16
国際捕鯨委員会—日本の提案はいずれも否
　決　　　　　　　　　　　　　2004.7.21
国際捕鯨委員会年次総会—活動正常化を求
　める宣言可決　　　　　　　　2006.6.18
調査捕鯨先延ばし案可決　　　　2014.9.18
国際捕鯨会議
国際捕鯨会議—日本初参加　　　1938.6.14
国際捕鯨条約
国際捕鯨条約脱退へ　　　　　　1959.2.6
国際捕鯨取締協定
国際捕鯨取締協定採択　　　　　1937.6月
国際捕鯨取締条約
国際捕鯨取締協定採択　　　　　1937.6月
国際捕鯨取締条約締結—日本は未加入　1946.12月
国際捕鯨取締条約—日本加入　　1951.4.21
国際北極圏総合研究シンポジウム
国際北極圏総合研究シンポジウム　1995.1月
国際水資源協会
国際水資源協会設立　　　　　　1971(この年)
国際ヨット競技連盟
国際ヨット競技連盟に加盟　　　1935.3月
国産初のホバークラフト
国産初のホバークラフト　　　　1961.6.7
黒死病
黒死病の大流行　　　　　　　　1347(この年)
黒人奴隷貿易
中南米植民地へのアフリカ黒人奴隷貿易
　　　　　　　　　　　　　　　1502(この年)
国土開発調査
海域における国土開発調査のはじまる
　　　　　　　　　　　　　　　1958(この年)

国土交通省成長戦略
国土交通省成長戦略公表　　　　2010(この年)
国土交通大臣表彰
国土交通大臣表彰を受賞　　　　2008.6月
国内旅客船公団
国内旅客船公団発足　　　　　　1959.6月
国内旅客船公団の活動　　　　　1960(この年)
国内旅客船公団の業務状況　　　1961(この年)
国内旅客船状況
国内旅客船状況　　　　　　　　1960(この年)
小久保 清治
『海洋の生物学』刊行　　　　　1938(この年)
国民体育大会
国体でヨット競技開催　　　　　1946(この年)
小倉駅
新関門トンネル　　　　　　　　1973.11.14
国立海洋開発センター
仏に海洋開発セーター設立　　　1967(この年)
国立科学博物館
深海でのダイオウイカ撮影に成功　2012.7月
国立防災科学技術センター
国立防災科学技術センター設置　1963(この年)
国立水俣病研究センター
国立水俣病研究センター　　　　1978.10.1
国立水俣病研究センターがWHO協力セン
　ターに　　　　　　　　　　　1986.9.24
黒竜江
黒竜江探検　　　　　　　　　　1649(この年)
間宮林蔵ら、樺太を探検　　　　1808(この年)
黒竜丸
木造蒸気船がアメリカに到着　　1872(この年)
国連安保理
タンカー戦争で国連安保理　　　1984.5.25
国連海洋法会議
国連海洋法会議ジュネーブで開催　1958.2.24
「200海里時代」へむけての討議が始まる
　　　　　　　　　　　　　　　1974(この年)
領海、経済水域認知　　　　　　1975.5月
第3次国連海洋法会議　　　　　1982.3.8
国連海洋法条約
国連海洋法条約　　　　　　　　1983.2月
国連海洋法条約発効　　　　　　1996.7.20
国連海洋法条約批准　　　　　　1996(この年)
国連海洋法条約　　　　　　　　1997.1月
国連海洋法総会
海底と資源を人類の共有財産に　1967(この年)
国連拡大海底平和利用委員会
国連拡大海底平和利用委員会ジュネーブで
　開催　　　　　　　　　　　　1973.7.2
国連地球観測年
国連地球観測年関連海洋関係事業　1958(この年)

国連人間環境会議
国連人間環境会議ストックホルムで開催　1972.6.5

コーサ, ジュアン・ド
水深を入れた最初の海図　1504 (この年)

古事記
古事記に魚の名前　712 (この年)

児島湾
工場廃液汚染―岡山児島湾　1970 (この年)

誤射
ペルシャ湾でイラン旅客機を誤射　1988.7.3

小管丸
最後の木造汽船　1883.3月

コースト・ガード
米国で湾外警備隊創設　1913 (この年)

コスナー, ケビン
映画『ウォーターワールド』公開　1995.7.28

小染
芸妓が漂流しハワイに　1859.3.16

古代アッシリア人
古代アッシリア人の漁　BC2600 (この頃)

古代エジプト人
最古の帆　BC3100 (この頃)

五大湖
エリー運河開通　1825 (この年)

古代大陸陥没
古代大陸陥没発見　1967 (この年)

小台網
漁獲用小台網発明　1857 (この年)

児玉 洋一
児玉洋一、日本学士院賞受賞　1962 (この年)

黒海
古代ギリシャの地図　BC1000 (この頃)
紅海の地図　BC520 (この頃)
黒死病の大流行　1347 (この年)
セヴァストポリ要塞攻囲戦　1854 (この年)

国家の海洋力
『国家の海洋力』刊行　1976 (この年)

国旗掲揚
海外渡航船舶の国旗掲揚を義務化　1877.7.9

コッド岬
タンカー座礁―マサチューセッツ州コッド岬沖　1976.12.21

固定船価
スライド船価時代へ　1974.6月

小藤 文次郎
ナウマン説を批判　1895 (この年)

五島沖
水雷艇友鶴転覆　1934.3.12

ゴードン・ベル賞
ゴードン・ベル賞受賞　2002.11.21

小林 重太郎
函館商船学校、創設　1879.2月

小林 多喜二
『蟹工船』連載開始　1929.5月
『蟹工船』ブーム　2008 (この年)

小林 則子
海洋博記念で日本人が最短・最長航海女性世界記録　1975.11.18

コヴァレフスキー, A.O.
コヴァレフスキーが海洋生物等の研究で業績　1866 (この年)

コープベンチャー
「コープベンチャー」乗揚事件　2002.7.22

コペンハーゲンの海戦
コペンハーゲンの海戦　1801.4.2

小松島
阿波国共同汽船　1913.4.20

小湊
有川－小湊間航路　1946.7.1

ごみの河川海洋への投棄
ごみの河川海洋への投棄　1970.8.19

小宮 亮
ヨット世界選手権―日本ペア優勝　1979.8.15

コメックス社
潜水シミュレーション実験成功　1991 (この年)

コメット号
欧州初の蒸気船　1812.7.25

小森 陽一
『海猿』連載開始　1999 (この年)

小森江
関森航路で貨車航送　1919.8.1

コモロ諸島
シーラカンスの第2の標本を獲得　1953.1月

コラーサ2世号
小型ヨットで太平洋横断　1967.7.13

コリア・デル・リオ
支倉常長、ローマに渡海　1613 (この年)

コリオリの力
「コリオリの力」　1882 (この年)

コーリス, J.
ガラパゴス諸島近くで深海底温泉噴出孔を発見　1977 (この年)

コリント港機雷封鎖
ニカラグアコリント港機雷封鎖　1984.3.2

コリントス
シュボタの海戦　BC433 (この年)

コリント人
三撓漕船　BC600 (この頃)

コリント湾
レパントの海戦　1571.10.7

こーる

コール, ハンフリー
コール、船舶用速度計を発明 1573(この年)

コルク
コルクの救命胴衣 1854(この年)

ゴルシコフ, セルゲイ
『国家の海洋力』刊行 1976(この年)

ゴルダ海嶺
チムニー・熱水生物発見 1988(この年)

コルデス, エルナン
メキシコ征服 1519(この年)

ゴールデンゲートブリッジ
サンフランシスコ金門湾橋完成 1937(この年)

ゴールデン・ハインド号
ドレーク世界周航へ出港 1577.12月

コールドウェル, ロイ
シーラカンス、第2の生息域 1998.9.24

ゴルドン
英国人浦賀に来航通商求める 1818(この年)

コレオリ沖
メキシコ湾で最初の海底油田 1938(この年)

コレラ
広東からの引揚船にコレラ発生 1946.4.5

虎列刺病流行地方ヨリ来ル船舶検査規則
「虎列刺病流行地方ヨリ来ル船舶検査規則」布告 1882.6.23

ゴローニン
ゴローニン事件 1811(この年)

ゴローニン事件
ゴローニン事件 1811(この年)

コロネル沖海戦
コロネル沖海戦 1914(この年)

コロマンデル海岸沖
インドで漁船遭難 1964.9.29

コロンビア大地震
コロンビア大地震 1979.12.12

コロンブス
天文学者のトスカネリが生まれる 1397(この年)
最初の航海暦—レギオモンタヌス 1471(この年)
コロンブス、第1回航海に出発 1492.8.3
コロンブス、偏角を発見 1492.9.13
西インド諸島発見 1492.10.12
コロンブス、第2回航海に出発 1493.9.25
コロンブス、ジャマイカなどを発見 1493(この年)
コロンブス、第3回航海に出発 1496.5.30
中南米植民地へのアフリカ黒人奴隷貿易 1502(この年)
メキシコ湾流の発見 1513(この年)

コロンブス, エルナンデス
コロンブス、偏角を発見 1492.9.13

コロンブス航海誌
コロンブス、偏角を発見 1492.9.13

コロンブス提督伝
コロンブス、偏角を発見 1492.9.13

コンカラー
フォークランド紛争、アルゼンチン海軍巡洋艦撃沈 1982.5.2

コンクリート
ヘロデ王、港を建設 BC10(この年)

コンクリートプラットホーム
トロール油田にコンクリートプラットホームを設置 1995(この年)

金剛
英で軍艦竣工 1878.1月
金剛が横浜到着 1878.4.26
金剛がウラジオストク入港 1878(この年)
英より購入の軍艦電灯点火 1882(この年)
日本海軍最後の海外発注艦竣工 1913.8.16

金剛丸
関釜連絡船「金剛丸」就航 1936.11.16

コンゴ河口
アフリカ東路開発 1420(この年)

今後の外航海運対策について
「今後の外航海運対策について」答申 1985(この年)

今後の新造建造方策
「今後の新造建造方策」答申 1955(この年)

今後の水俣病対策
今後の水俣病対策 2005.4.7

コンスタンチノープル協定
コンスタンチノープル協定 1888(この年)

コンスティチューション級
米最大のフリゲート艦建造 1813(この年)

コンスティチューション号
米「コンスティチューション号」建造 1797(この年)

コンティキ号
コンティキ号出航 1947.4.28

コンティキ号探検記
コンティキ号出航 1947.4.28

コンテナ
コンテナ船の登場 1964(この年)
初の大西洋横断コンテナ輸送 1966(この年)
コンテナ船「ごうるでんげいとぶりっじ」を就航 1968(この年)
コンテナ輸送時代へ 1968(この年)
海運市場で活躍 1968(この年)
初のフルコンテナ船「箱根丸」就航 1968(この年)
日本・米国カリフォルニア航路に、フル・コンテナ船就航 1968(この年)
海運造船合理化審議会答申 1969.8月
豪州航路サービス開始 1969(この年)
東南豪州航路でコンテナサービス開始 1969(この年)
コンテナ競争激化 1970.8.1

— 436 —

北太平洋岸航路でコンテナサービス開始
　　　　　　　　　　　　　　1970（この年）
　　北米北西岸コンテナ航路開設　1970（この年）
　　欧州航路サービス開始　　　　1971（この年）
　　印パ航路開設　　　　　　　　1979（この年）
　　三国間コンテナ・サービス開始　1980（この年）
　　南アフリカ航路、コンテナ・サービス
　　　　　　　　　　　　　　1981（この年）
　　南米西岸航路、コンテナ・サービス　1981（この年）
　　マラッカ海峡で「ナガサキ・スピリット
　　　号」衝突─原油流出　　　　1992.9.20
　　コンテナ船「NYKアルテア」竣工　1994（この年）
　　戦略的国際提携ザ・グローバル・アライア
　　　ンス　　　　　　　　　　1995（この年）
　　日米港湾問題─米、日本のコンテナ船に課
　　　徴　　　　　　　　　　　　1997.9.4
　　アジアにおける日本の地位低下─海運白書
　　　　　　　　　　　　　　1998（この年）
　　アジア航路運賃値上げ　　　　1999.5月
　　「GOLDEN GATE BRIDGE」が現代重
　　　工業で竣工　　　　　　　　2001（この年）
　　護衛艦とコンテナ船が衝突　　2009.10.27
　　コンテナ船、居眠り操舵で事故　2011.8.19
コンテナ定期航路
　　昭和海運、コンテナ定期航路ほぼ撤退
　　　　　　　　　　　　　　1988（この年）
近藤 重蔵
　　エトロフ探検　　　　　　　　1808（この年）
ゴンドウクジラ
　　阪神水族館開館　　　　　　　1935.3月
コンドナン塔
　　回転式標識灯をそなえた最初の灯台　1611（この年）
こんどる三号
　　「第七十七善栄丸」・水中翼船「こんどる三
　　　号」衝突事件　　　　　　　1991.2.20
コンパス
　　西洋最初の磁石、羅針盤　　　1187（この年）
昆布採取民間協定
　　昆布漁協定、2年延長　　　　1965.5.12
崑崙丸
　　関釜連絡船「崑崙丸」就航　　1943.4.12
　　崑崙丸が撃沈される　　　　　1943.10.5

【 さ 】

西海国立公園
　　西海国立公園　　　　　　　　1955.3.16
西海道
　　慶長地震　　　　　　　　　　1605.2.3
西海橋
　　大村湾港の西海橋開通　　　　1955.10.18
サイクロン
　　ベンガル湾のサイクロンで船沈没　1978.4.4

最後の引揚船
　　最後の引揚船が入港　　　　　1956.12.26
西条
　　ヘドロで魚大量死─愛媛県　　1972.9.12
採水器
　　採水器発明　　　　　　　　　1925（この年）
採泥器
　　採泥器付き測深機　　　　　　1854（この年）
さいとばる
　　さいとばるとチャンウオン号衝突─来島海
　　　峡　　　　　　　　　　　　1978.9.6
裁判
　　軍艦千島沈没事故示談成立　　1895.9.19
砕氷船
　　北極探検に初めて砕氷船を使用　1898（この年）
　　ウラジオストック～ムルマンスク間を85日
　　　で航行　　　　　　　　　　1934（この年）
砕氷調査船
　　砕氷調査船セドフ号（ソ連）の漂流　1937（この年）
栄丸
　　砂利運搬船送電線損傷　　　　2007.7.19
酒田
　　山形酒田に常夜灯─航行安全のために
　　　　　　　　　　　　　　1813（この年）
坂田 英
　　ソ連漁業相来日　　　　　　　1966.6.19
酒田丸
　　汽船酒田丸火災事件　　　　　1896.1.11
魚
　　魚類・クジラ研究　　　　　　1551（この年）
　　魚類研究　　　　　　　　　　1551（この年）
　　『和漢三才図会』成立　　　　1713（この年）
魚大量死
　　ヘドロで魚大量死─愛媛県　　1972.9.12
魚の水銀汚染
　　水俣湾の魚の水銀汚染　　　　1992.11.9
魚の生態に関する覚え書き
　　アルテディ、『魚の生態に関する覚え書き』
　　　刊　　　　　　　　　　　　1738（この年）
相模湖
　　相模湖で遊覧船沈没　　　　　1954.10.8
相模トラフ初島沖
　　伊豆半島熱川の東方沖合、水深1,270mで
　　　枕状溶岩を発見　　　　　　1984（この年）
　　相模トラフ初島沖のシロウリガイ群生域で
　　　深海微生物を採取　　　　　1990（この年）
相模湾
　　四国沖で深海生物ハオリムシを発見　1985（この年）
　　生きたままの深海生物を「シャトルエレ
　　　ベータ」により初めて捕獲　2005.12月
坂本 竜馬
　　坂本竜馬、海援隊　　　　　　1866（この年）

さかれ

サガレン島
 出稼ぎ漁民1300人　　　　　　1893(この年)

さくら丸
 初の船舶用タービン搭載商船進水　　1908.6月

ザ・グローバル・アライアンス
 戦略的国際提携ザ・グローバル・アライアンス　　　　　　　　　　1995(この年)

サケ・マス漁獲量
 サケ・マス漁獲量発表　　　　　1954.8.31

サケマスふ化場
 北海道にサケマスふ化場設立　　1883(この年)

鎖国
 鎖国の始まり　　　　　　　　　1633(この年)
 鎖国措置　　　　　　　　　　　1639(この年)

ザ・コーヴ
 映画『ザ・コーヴ』公開　　　　　2009.7.31

佐々木 勝彦
 「海軍特別少兵」公開　　　　　1972.8.12

サザンプトン
 世界最大の船、大西洋を横断　　1860.6.17

サザンプトン海洋科学センター
 サザンプトン海洋科学センター開所　1995(この年)

差戻し
 水俣病認定業務賠償訴訟は差戻し　1991.4.26

座礁
 メデューズ号遭難事件　　　　　1816.7.2
 英国軍艦が座礁　　　　　　　　1868(この年)
 「三笠丸」乗揚事件　　　　　　1910.10.11
 ナイル号沈没　　　　　　　　　1915.1.11
 漁船多数座礁・沈没　　　　　　1954.5.10
 青函連絡船洞爺丸事故　　　　　1954.9.26
 英国沖でタンカー座礁し原油流出　1967.3.18
 タンカー座礁—有害物質流出　　1971.11.7
 リベリア船籍のタンカーが新潟沖で座礁　1971.11月
 アラスカでタンカーから原油流出—アメリカ史上最悪の事故　　　　　1989.3.24
 マリタイム・ガーデニア号座礁—油流出　1990.1.26
 座礁大型タンカーより原油流出—英国　1993.1.5
 バルト海でフェリー沈没　　　　1994.9.28
 韓国麗水港沖でタンカー座礁—油流出　1995.7.23
 中国船、奥尻島群来岬沖で座礁—油流出　1996.11.28
 東京湾でタンカー座礁—油流出　　1997.7.2
 船舶事故で重油流出—日立市　　2002.12.5
 フェリーが座礁—原油流出　　　2009.11.13

ザース
 タラの人工孵化に成功　　　　　1865(この年)

サスケハナ号
 ペリー来航　　　　　　　　　　1853.6.3
 ペリー、神奈川沖に再び来航　　1854.1.16

サセックス号
 サセックス号、ドイツの水雷で撃沈　1916.3.24

佐世保
 佐世保〜大連に海底電線　　　　1904.1月

原子力潜水艦が佐世保に入港　　1964.11.12
 エンタープライズ入港　　　　　1968.1.19
 原子力潜水艦放射能事件　　　　1968.5.6
 原子力空母佐世保寄港　　　　　1983.3.21

佐世保海軍工廠
 佐世保船舶工業設立　　　　　　1946.10月

佐世保軍港岸壁
 佐世保軍港岸壁、油槽工事が竣工　1912.2月

佐世保港
 原子力船「むつ」受入れ　　　　1977.4.30
 原子力船「むつ」佐世保に入港　1978.10.16

佐世保重工
 世界最大のタンカー「日章丸」(当時)進水　　　　　　　　　　　1962.7.10

佐世保重工業
 佐世保船舶工業、佐世保重工業に改称　1961.7月
 「日章丸」竣工　　　　　　　　1962.10月
 海底油田掘削装置「トランスワールドドリグ61」竣工　　　　　　　1970.4月
 佐世保重工業の再建—坪内寿夫氏に託す　1978.6月
 LEG船「第二昭鶴丸」竣工　　　1981.11月
 「鹿島山丸」竣工　　　　　　　1986.10月
 洋上発電プラント1号機を竣工　　1993.12月

佐世保船舶
 佐世保船舶工業設立　　　　　　1946.10月

さちかぜ
 世界一周ヨット帰港　　　　　　1977.7.31

薩英戦争
 薩英戦争起こる　　　　　　　　1863.7.2

サットン・フーの船葬墓
 サットン・フーの船葬墓　　　　625(この年)

さつま
 観測測量船拓洋・さつま被曝　　1958.7.21

サツマハオリムシ
 サツマハオリムシ発見　　　　　1993.2月
 世界で最も浅い海域で生息する深海生物サツマハオリムシを発見　　1994(この年)

薩摩藩
 薩摩藩『円球万国地海全図』を刊行　1802(この年)
 薩英戦争起こる　　　　　　　　1863.7.2

佐藤 栄作
 造船疑獄　　　　　　　　　　　1954.4.21
 原子力空母寄港承認　　　　　　1966.2.14
 ソ連漁業相来日　　　　　　　　1966.6.19
 中国向け船舶輸出のための輸銀使用認めず　1968.4.9

佐藤 秀峰
 『海猿』連載開始　　　　　　　1999(この年)

佐藤 鉄太郎
 日本海海戦でバルチック艦隊を撃破　1905.5.27

ザ・ニュー・ワールド・アライアンス
 ザ・ニュー・ワールド・アライアンス発足—大阪商船三井　　　　　　1998(この年)

さぬき市
　貨物船とタンカーが衝突　　　　　　2010.6.16
讃岐丸
　宮崎丸撃沈　　　　　　　　　　　　1917.5.31
　宇高連絡船「讃岐丸」就航　　　　　1961.4.25
　宇高連絡船「讃岐丸」就航　　　　　1974.7.20
サバンナ号
　米初の原子力商船進水　　　　　1959（この年）
　サバンナ号　　　　　　　　　　　　1967.3.17
サヴァンナ号
　サヴァンナ号、大西洋を横断　　1819（この年）
ザビエル, フランシスコ
　キリスト教伝来　　　　　　　　1549（この年）
サーフィン
　サーフィンブーム　　　　　　　1960（この年）
サブマリン707
　『サブマリン707』連載開始　　　1963（この年）
サフル王
　エジプトの軍船　　　　　　　BC2500（この頃）
サメ
　サメの観察など　　　　　　　　1554（この年）
サーモビレー号
　紅茶輸送の快速帆船競争　　　　1872（この年）
サラトガ
　米空母「サラトガ」「レキシントン」完成
　　　　　　　　　　　　　　　　1927（この年）
サラトガ号
　ペリー来航　　　　　　　　　　　　1853.6.3
サラミス島
　サラミスの海戦　　　　　　　　　BC480.9.23
サラミスの海戦
　サラミスの海戦　　　　　　　　　BC480.9.23
ザワー・クラウト
　キャプテン・クック、第2回太平洋航海に
　　出発　　　　　　　　　　　　　　1772.7.13
山陰海岸国立公園
　山陰海岸国立公園　　　　　　　　　1963.7.15
三角測量
　東京都下の三角測量始める　　　　　1871.7月
三韓征伐
　三韓征伐　　　　　　　　　　　200（この年）
三吉丸
　「三吉丸」「瓊江丸」の衝突事件　　　1891.7.11
産業廃棄物の海洋投棄基準
　産業廃棄物の海洋投棄基準などを規定する
　　総理府令　　　　　　　　　　　　1973.2.13
産業廃棄物の海洋投棄処分
　産業廃棄物の海洋投棄処分─中央環境審議
　　会答申　　　　　　　　　　　　　1995.6.6
サンクトペテルブルク
　ベーリング、ベーリング海峡を発見　1728（この年）

サンゴ
　サンゴの白化被害やや回復　　　2000（この年）
三光汽船
　三光汽船、会社更生法を申請　　　　1985.8.8
　三光汽船が倒産　　　　　　　　　　1985.8.13
　造船ショック─三光汽船が影響　1985（この年）
三光丸
　「尾張丸」「三光丸」衝突事件　　　　1897.2.4
珊瑚海海戦
　珊瑚海海戦　　　　　　　　　　　　1942.5月
サンゴ死滅
　グリーンピース、サンゴ死滅の恐れを報告
　　　　　　　　　　　　　　　　　　1999.7月
サンゴ礁
　サンゴ礁の二酸化炭素吸収　　　　　1995.7月
　サンゴ礁の二酸化炭素吸収力　　　　1998.12月
　世界のサンゴ礁の15％が白化現象　　2000.6月
　沖縄美ら海水族館開館　　　　　　　2002.11月
珊瑚礁成因論
　ダーウィン、ビーグル号で世界周航に出発
　　　　　　　　　　　　　　　　　1831.12.27
サンゴ礁部会
　経済協議でサンゴ礁を議論　　　　　1995.2.13
サンゴ保護
　オニヒトデ駆除　　　　　　　　　　2002.9.9
サン・サルバドル島
　コロンブス、第1回航海に出発　　　　1492.8.3
三式艦上戦闘機
　海軍、中島機を「三式艦上戦闘機」として
　　採用　　　　　　　　　　　　1927（この年）
サンシャイン国際水族館
　サンシャイン国際水族館開館　　1978（この年）
酸素
　潜水艇が建造される　　　　　　1620（この年）
3段櫂船
　3段櫂船が軍船の主流に　　　　BC500（この頃）
　サラミスの海戦　　　　　　　　　BC480.9.23
3段櫂船を復元
　3段櫂船を復元　　　　　　　　1987（この年）
三典丸
　来島海峡でフェリーとタンカー衝突　1986.7.14
三撓漕船
　三撓漕船　　　　　　　　　　　BC600（この頃）
サンドストレーム, ビヤークネス
　環流理論　　　　　　　　　　　1910（この年）
サントラスト号
　「第二広洋丸」「サントラスト号」衝突事件　2002.8.8
サンバードV
　沖縄〜東京ヨットレースで「サンバード
　　V」が優勝　　　　　　　　　　　　1976.5.4
サンビーム・ディンギー
　サンビーム・ディンギーが誕生　1920（この年）

サン・ファン・バウティスタ号
　支倉常長、ローマに渡海　　　1613（この年）
サンフランシスコ
　「咸臨丸」、サンフランシスコ入港　1860.2.26
　サンフランシスコ～横浜～清国航路を開設
　　　　　　　　　　　　　　　1869（この年）
　三菱商会の船がアメリカへ　　1875（この年）
　13日間で日米間を航海　　　　　1888.11.9
　東洋汽船海外航路開設　　　　　1898.12.15
　日本郵船、第二東洋汽船株式会社を合併
　　　　　　　　　　　　　　　1926（この年）
　サンフランシスコ金門湾橋完成　1937（この年）
サンフランシスコ航路
　サンフランシスコ航路を休止　　1941.7.18
サンマ漁
　サンマ漁で韓国巻き込む外交問題　2001.7月
山陽汽船
　山陽汽船航路開設　　　　　　　　1898.9.1
　瀬戸内海航路　　　　　　　　　　1903.3.18
　山陽汽船が宮島航路を継承　　　　1903.5.8
　下関～釜山連絡船始まる　　　　　1905.9.11
山陽新幹線
　新関門トンネル　　　　　　　　　1973.11.14
三陸沖
　三陸沖で深海底掘削　　　　　1982（この年）
三陸沖日本海溝
　「しんかい6500」ナギナタシロウリガイを
　　発見　　　　　　　　　　　　　1991.7月
　「しんかい6500」海底の裂け目を発見　1991.7月
三陸沖北方定点観測
　三陸沖北方定点観測始まる　　　　1947.10.20
三陸地震
　三陸地震が起こる　　　　　　　　1933.3.3
三陸はるか沖地震
　三陸はるか沖地震　　　　　　　　1994.12.28
三陸復興国立公園
　陸中海岸国立公園　　　　　　　　1955.5.2
サンルカ
　マゼラン世界一周に出港　　　　　1519.20月
　マゼランの世界一周　　　　　　　1522.9.22

【し】

シアトル
　中国向けなど国際航路開設　　1886（この年）
　西回り世界一周航路を再開　　1951（この年）
椎名 悦三郎
　ソ連漁業相来日　　　　　　　　　1966.6.19
椎名 誠
　写真集『白保SHIRAHO』刊行　　　1991.2月
紫雲丸
　宇高連絡船「紫雲丸」就航　　　　1947.7.6
紫雲丸事件　　　　　　　　　　　　1955.5.11
JR九州
　「ビートル2世」就航　　　　　　1991.3.25
自衛艦のインド洋派遣
　自衛艦のインド洋派遣　　　　　　2001.11.9
ジェイムズ
　最初のヨットレース　　　　　1661（この年）
ジェイムズ, ナオミ
　女性初単独世界一周航海　　　　　1978.6月
ジェット機
　海軍、ジェット機「橘花」を試験飛行　1945.8.7
ジェノヴァ
　キオッジアの戦い　　　　　　1380（この年）
シェフィールド
　フォークランド紛争、英駆逐艦大破　1982.5.4
ジェフリーズ
　風浪発生の理論　　　　　　　1925（この年）
ジェームズ・ワット号
　ロイド船舶名簿に登録された最初の蒸気船
　　　　　　　　　　　　　　　1821（この年）
ジェーン台風
　ジェーン台風、関西を襲う　　　　1950.9月
シー・エンプレス
　座礁大型タンカーより原油流出―英国・
　　ウェールズ　　　　　　　　　　1996.2.15
塩釜港
　東北石油仙台製油所流出油事故　　1978.6.12
潮騒
　『潮騒』刊行　　　　　　　　　　1954.6.10
塩野 七生
　『海の都の物語』刊行　　　　　　1980.10月
潮岬
　潮岬灯台点灯　　　　　　　　　　1873.9.15
磁気図
　磁気図作成　　　　　　　　　1698（この年）
仔魚飼育
　クロマグロの人工孵化に成功　1979（この年）
仕組船買い戻し
　仕組船買い戻し　　　　　　　1978（この年）
シークリフ
　「シークリフ」進水　　　　　1984（この年）
　チムニー・熱水生物発見　　　1988（この年）
重 由美子
　アトランタ五輪開催、日本、ヨットで初の
　　メダル　　　　　　　　　　　　1996.7.19
重松 良一
　マリアナ海溝（9,814m）鋼索測探を始める
　　　　　　　　　　　　　　　　　1925.4月
自航式ブイ
　自航式ブイ「マンボウ」火山からの気泡確
　　認　　　　　　　　　　　　1989（この年）

至高の銀杯
　『至高の銀杯』刊行　　　　　　　　1987.9月
四国
　「白鳳丸」最初の研究航海　　　　　1989.6月
四国沖
　四国沖で深海生物ハオリムシを発見　1985（この年）
四国中央フェリー
　瀬戸内海でフェリー炎上　　　　　1973.5.19
四国電力伊方原発
　海洋版SPEEDI開発へ　　　　　　　2014.6.2
自己資金による造船
　運輸省、自己資金による造船を認可　1956.9.26
子午線
　マスケリン、『航海暦』刊行開始　1767（この年）
シーシェパード
　シーシェパード設立　　　　　　　1977（この年）
磁石
　沈括、『夢渓筆談』を著す　　　　1086（この年）
　西洋最初の磁石、羅針盤　　　　　1187（この年）
　磁石の伏角を発見　　　　　　　　1576（この年）
時習会
　『海と空』刊行　　　　　　　　　1921（この年）
磁針
　ロス、北磁極に到達　　　　　　　　1831.6.1
地震
　アレクサンドリアの大灯台が建造される
　　　　　　　　　　　　　　　BC283（この年）
　仁和地震　　　　　　　　　　　　887（この年）
　永長地震　　　　　　　　　　　　1096.12.17
　康和地震　　　　　　　　　　　　1099.2.22
　東南海地震　　　　　　　　　　　1944（この年）
　カリブ海地域で地震　　　　　　　　1946.7.4
　ハワイに津波　　　　　　　　　　1957（この年）
　インドネシアで地震　　　　　　　　1968.8.15
　緊急調査実施及放射能モニタリング　2011.3月
地震時の津波注意
　NHK、地震時の津波注意の呼びかけを開
　　始　　　　　　　　　　　　　　　1983.9.7
地震・津波観測監視システム
　地震・津波観測監視システム　　　　2011.8月
地震の化石
　地震の化石発見　　　　　　　　　　2003.7月
地震波トモグラフィー
　マントル内部構造の解明　　　　　1992（この年）
地震予知連絡会
　駿河湾震源域説　　　　　　　　　1976（この年）
死水現象
　ナンセン、北極探検　　　　　　　1893（この年）
地滑り
　チリ地震　　　　　　　　　　　　　1960.5.21
地すべり痕
　伊豆半島東方沖において地すべり痕確認　2006.6月

地滑り堆積物
　四国沖で深海生物ハオリムシを発見　1985（この年）
沈み込み帯
　「マントルプルーム域」「沈み込み帯」　2003.4月
事前協議制
　日米港湾問題―米、日本のコンテナ船に課
　　徴　　　　　　　　　　　　　　　1997.9.4
事前協議制度
　日米港湾問題―米港湾荷役で対日制裁　1997.2.26
自然公園法改正
　自然公園法改正　　　　　　　　　　1970.5.16
自然物について
　西洋最初の磁石、羅針盤　　　　　1187（この年）
シチリア
　黒死病の大流行　　　　　　　　　1347（この年）
失業船員
　失業船員1万人―割高な給与がネック
　　　　　　　　　　　　　　　　1977（この年）
ジットマー
　海水化学分析　　　　　　　　　　1884（この年）
シップ・オブ・ザ・イヤー
　シップ・オブ・ザ・イヤー '95準賞を受賞　1998.5月
シップリサイクル条約
　シップリサイクル条約採択　　　　2009（この年）
シティ・オヴ・ニューヨーク号
　初のツインスクリュー船　　　　　1888（この年）
シティ・オヴ・パリス号
　初のツインスクリュー船　　　　　1888（この年）
指定魚削減
　水俣湾の水銀汚染・指定魚削減　　　1994.2.23
磁鉄鉱
　中国からインドへの航海　　　　　BC101（この頃）
自動車専用船
　日本初の自動車専用船「追浜丸」就航
　　　　　　　　　　　　　　　　1965（この年）
自動図化方式
　自動図化方式による初の海図　　　1986（この年）
使徒言行録
　エルサレムからローマへの旅　　　　60（この年）
シドニー
　謙ým丸がシドニーに入港　　　　　　1881.8.1
シドニーオリンピック
　シドニー五輪―ヨット　　　　　　2000（この年）
シドニー・ホバート・レース
　「シドニー・ホバート・レース」開催　1945（この年）
シートピア
　シートピア計画　　　　　　　　　　1972.8.15
シードラゴン号
　原子力潜水艦が佐世保に入港　　　　1964.11.12
シドラ湾事件
　シドラ湾事件―米戦闘機とリビア戦闘機を
　　撃墜　　　　　　　　　　　　　　1981.8.19

シドラ湾で戦闘
シドラ湾で戦闘　　　　　　　　1986.3.24
シナ海
ヴィチャージ号世界周航　　　　1886(この年)
品川
幕府、品川に砲台を築く　　　　1848(この年)
「咸臨丸」、品川に戻る　　　　　1860.5.6
城ケ島灯台点灯　　　　　　　　1870.9.8
品川台場
品川台場築造　　　　　　　　　1853(この年)
台場砲台竣工　　　　　　　　　1854.7.21
信濃
空母「信濃」沈没　　　　　　　1944.11.29
信濃丸
「敵艦見ゆ」を無線　　　　　　　1905.5.27
指南魚
指南魚を用いた羅針儀の使用　　1084(この年)
し尿投棄
し尿投棄による海洋汚染　　　　1971(この年)
信夫翁2世号
手作りヨットで世界一周　　　　1974.7.28
司馬 江漢
『和蘭天説』刊行　　　　　　　　1796(この年)
芝浦工業大学
無人深海探査機「江戸っ子1号」が日本海溝で深海生物の3D映像撮影に成功　2013.11月
ジプシー・モスⅥ
単独世界一周航海　　　　　　　1967.5.28
ジフテリア
広東からの引船船にコレラ発生　1946.4.5
ジブラルタル海峡横断ガスパイプライン
海峡横断ガスパイプライン　　　1995(この年)
シー・プリンス号
韓国麗水港沖でタンカー座礁―油流出　1995.7.23
四分儀
四分儀の使用法、経度決定法を普及　1763(この年)
シベリア
ベーリング、ベーリング海峡を発見　1728(この年)
ノルデンシェルド、北東航路の開拓に成功　1878(この年)
シベリア号
ソ連、3隻目の原子力砕氷船処女航海に出航　1978(この年)
シベリアに抑留
最後の引揚船が入港　　　　　　1956.12.26
シベリア引揚げ
シベリア引揚げ再開　　　　　　1948.6.27
シベリア引き揚げ船
シベリア引き揚げ船が入港　　　1946.12.8
シベリア・ランド・ブリッジ
シベリア・ランド・ブリッジへの日本船参加　1975(この年)

島津 斉彬
米艦渡来を予報　　　　　　　　1852.11.30
島津 久光
米艦渡来を予報　　　　　　　　1852.11.30
島田 三郎
シーメンス事件議会で追及　　　1914.1.23
島原
温泉嶽噴火(長崎県島原)　　　　1792.5.21
島原湾調査
海域における国土開発調査のはじまる　1958(この年)
清水
清水、焼津までの汽船就航　　　1872(この年)
開港とする港を追加指定　　　　1899.7.12
ジムアジア
「第三新生丸」「ジムアジア」衝突事件　2005.9.28
シーメンス事件
シーメンス事件議会で追及　　　1914.1.23
海軍大佐拘禁　　　　　　　　　1914.2.9
下田
外国船浦賀、下田、長崎に入港　1849.4.8
ハリス下田に来航　　　　　　　1856.8.21
下田海中水族館
下田海中水族館開館　　　　　　1967(この年)
下田条約
日米約定締結　　　　　　　　　1857.6.16
下津町
原油貯蔵基地―周辺海域汚染　　1973(この年)
下関
日米和親条約締結　　　　　　　1854.3.3
下関開港を中止　　　　　　　　1880(この年)
下関～釜山連絡始まる　　　　　1905.9.11
関釜連絡船「高麗丸」「新麗丸」就航　1913.1.31
関奉航路で貨車航送　　　　　　1919.8.1
赤潮発生―山口県下関市　　　　1971.8月
カドミウム汚染―下関・彦島地域　1971(この年)
赤潮発生―山口県下関市　　　　1972.6月
下関事件賠償約定
下関事件賠償約定　　　　　　　1864.9.22
下村 脩
クラゲの蛍光物質の研究でノーベル化学賞受賞　2008.10.8
ジャイアントステップ
貨物船「ジャイアントステップ」乗揚事件　2006.10.6
ジャイロスコープ
魚雷にジャイロスコープ装着　　1896(この年)
ジャグドゥート
貨物船「ジャグドゥート」爆発事件　1989.2.16
シャクルトン、アーネスト
シャクルトン隊生還　　　　　　1916.8.30
写真電送
写真電送に成功　　　　　　　　1955.12.29

シャットネラプランクトン
赤潮発生―播磨灘一帯　　　　　　　　1987.7月
シャップマン, フレデリク・アフ
『商船建造術』刊行　　　　　　　1768（この年）
シャトルエレベータ
深海生物生存獲得　　　　　　　　　2005.12月
生きたままの深海生物を「シャトルエレ
ベータ」により初めて捕獲　　　　2005.12月
ジャパンエース
日本・米国カリフォルニア航路に、フル・
コンテナ船就航　　　　　　　　1968（この年）
ジャパングアムヨットレース
ヨットレース中の事故で訴訟　　1993（この年）
ジャパングアムヨットレース事故　1997（この年）
ジャパン・マグノリア
日本初のMゼロ船竣工　　　　　1969（この年）
ジャパンライン
海運再編―大阪商船と三井船舶が合併など
　　　　　　　　　　　　　　　1964（この年）
日本・米国カリフォルニア航路に、フル・
コンテナ船就航　　　　　　　　1968（この年）
ジャパンラインと山下新日本汽船が対等合
併　　　　　　　　　　　　　　　1988.12.23
ナビックスライン発足　　　　　1989（この年）
シャルコー
仏、南極探検　　　　　　　　　1903（この年）
シャルジャ
アラブ首長国連邦（UAE）における油流出
事故　　　　　　　　　　　　　　　1998.1.6
シャルル・ド・ゴール
仏海軍最初の原子力空母　　　　　　1994.5月
シャーロット・ダンダス号
実用化された最初の蒸気船　　　1801（この年）
ジャワ海でフェリー遭難
ジャワ海でフェリー遭難　　　　　2006.12.29
ジャワ号
米最大のフリゲート艦建造　　　1813（この年）
ジャワ島
オランダ初めて東洋に商船隊派遣　1595（この年）
ジャワ島沖
ジャワ島沖で難民船沈没　　　　　2001.10.19
ジャワ島南西沖地震
ジャワ島南西沖地震　　　　　　　　2006.7.17
ジャワ東方地震
ジャワ東方地震　　　　　　　　　　1977.8.19
ジャンク船
鄭和の航海　　　　　　　　　　1431（この年）
キリスト教伝来　　　　　　　　1549（この年）
ジャンシャルコー号
日仏日本海溝共同調査　　　　　1984（この年）
ジャンセー
芸妓が漂流しハワイに　　　　　　　1859.3.16

上海
清国、香港割譲・五港開港　　　1842（この年）
P&O汽船が香港～横浜航路を開設　　1876.2月
上海～ウラジオストック線開設　　　1889.3月
上海航路
上海航路初航海成功　　　　　　　　1898.1.7
上海航路復活　　　　　　　　　　1925.7.23
上海貿易
鎖国後初の官営貿易　　　　　　　　1862.4.29
朱　議
羅針儀が使用される　　　　　　1117（この年）
朱印船
朱印船始める　　　　　　　　　1592（この年）
修学旅行
修学旅行の客船が座礁　　　　　　2012.11.14
衆議員
衆院軍艦建造費否決　　　　　　　　1893.1.12
重金属
水俣病の原因研究　　　　　　　　　1957.1月
銃撃戦
韓国・北朝鮮―国境付近で銃撃戦　　2002.6.29
自由交易
3港の自由交易を許可　　　　　　　1866.2.28
修好条約
仏と条約締結　　　　　　　　　　　1858.9.3
修好通商
スウェーデン等と条約締結　　　　　1868.9.27
修好通商航海条約
ブラジルと修好通商航海条約調印　　1895.11月
ギリシャとの修好通商航海条約批准　1899.10.11
修好通商条約
蘭、露、英と条約締結　　　　　　　1858.7.10
十字軍
西洋最古の舵の証拠　　　　　　1180（この年）
十字軍大船団　　　　　　　　　1189（この年）
十字軍運動
十字軍運動　　　　　　　　　　1095（この年）
囚人移民船団
英囚人豪州に送られる　　　　　　　1788.1.26
秋水
海軍ロケット機「秋水」試験飛行　　1945.7.7
集中監視制御方式
大型自動化船「金華山丸」進水　1961（この年）
舟艇協会
日本モーターボート協会（現・舟艇協会）
設立　　　　　　　　　　　　　1931（この年）
12インチ砲
12インチ砲、18インチ魚雷などを購入
　　　　　　　　　　　　　　　1894（この年）
12海里漁業専管水域設定
漁業水域　　　　　　　　　　　　　1967.6.7

12海里領海
　領海、経済水域認知　　　　　　　　1975.5月
18インチ魚雷
　12インチ砲、18インチ魚雷などを購入
　　　　　　　　　　　　　　　　1894（この年）
獣皮ボート
　獣皮ボート　　　　　　　　BC700（この頃）
周辺海域汚染
　原油貯蔵基地一周辺海域汚染　　1973（この年）
自由貿易
　糸割符制を廃止　　　　　　　1655（この年）
10万分の1サンゴ礁分布図
　自然環境保全基礎調査・サンゴ礁分布　1996.7.30
重油専焼
　英、高級戦艦建造　　　　　　　1912（この年）
　快速巡洋艦「夕張」進水　　　　　　1923.3.5
重油流出
　タンカー事故で重油流出―香川県沖合　1973.10.31
　製油所重油流出、漁業に深刻な打撃―水島
　　　臨界工業地帯　　　　　　　　1974.12.18
　福島でタンカーと貨物船が衝突―重油流出
　　　　　　　　　　　　　　　　　1993.5.31
　係留中のタンカーより重油流出―千葉県
　　　袖ヶ浦　　　　　　　　　　　1994.11.26
　自動車運搬船「フアルヨーロッパ」乗揚事
　　　件　　　　　　　　　　　　　2002.10.1
　船舶事故で重油流出―日立市　　　2002.12.5
重油流出事故補償
　「ナホトカ」の重油流出事故補償　1997.10.13
重力異常図
　水路部、基本図測量にともない各種地図刊
　　　行　　　　　　　　　　　　　1968（この年）
ジュッサノ
　伊、高速軽巡艦「ジュッサノ」完成　1930（この年）
出版の制
　幕府「出版の制」を定める　　　　1860.3.24
酒呑童子
　1人乗りヨット「酒呑童子」救助される　1994.6.7
樹皮カヌー
　樹皮カヌー　　　　　　　BC100000（この頃）
シュベー, フォン
　コロネル沖海戦　　　　　　　　1914（この年）
シュボタの海戦
　シュボタの海戦　　　　　　　BC433（この年）
シュミット, ヨハネス
　ウナギ産卵場所を突き止める　　　1920（この年）
　シュミット、ダーウィンメダル受賞　1930（この年）
需要大幅減
　造船不況―需要大幅減　　　　　　1978.1.16
シュラクサイ
　いしゆみ（弩）、ガレー船の発達　BC406（この年）
ジュリー
　海底沈積物中の放射能　　　　　　1908（この年）

ジュリアナ号
　リベリア船籍のタンカーが新潟沖で座礁　1971.11月
シュレンク
　日本海などを命名　　　　　　　1874（この年）
シュワイツァー, ホイル
　ウィンドサーフィンが誕生　　　　1968（この年）
春季共同競舟会
　横浜在留外国人が共同競舟会　　　1882.6.6
巡航探査機
　「うらしま」、巡航探査機の世界新記録航続
　　　距離317kmを達成　　　　　　　2005.2月
俊鶻丸
　日本船ビキニ海域の海底調査を行う―高い
　　　放射能検出　　　　　　　　　1954（この年）
巡視船
　不審船引き揚げ　　　　　　　　　2001.12.22
　尖閣諸島付近で中国漁船が海上保安庁巡視
　　　船に衝突　　　　　　　　　　2010.9.7
浚渫船
　浚渫船を輸入　　　　　　　　　1870（この年）
　浚渫船が機雷に接触し爆発―新潟　1972.5.26
春風丸3
　「春風丸3」進水　　　　　　　　1974（この年）
隼鷹
　「橿原丸」を航空母艦「隼鷹」に改造　1940.10月
巡洋艦
　米、近接信管を初めて使用　　　　1943（この年）
巡洋戦艦
　傾斜装甲盤防御法を採用　　　　　1915（この年）
春洋丸
　「春洋丸」竣工　　　　　　　　　1911.8月
ジョイデス・リゾリューション号
　深海掘削計画ジョイデス・リゾリューショ
　　　ン号就役　　　　　　　　　　1985（この年）
翔鶴
　航空母艦「翔鶴」起工　　　　　　1937.12.12
　空母「翔鶴」を竣工　　　　　　　1941.8.8
翔鶴号
　学習院大生の取材妨害　　　　　　1964.3.22
城ケ島灯台
　城ケ島灯台点灯　　　　　　　　　1870.9.8
蒸気機関
　ジョフロア侯爵、蒸気船を設計　　1781（この年）
　蒸気機関の開発　　　　　　　　1782（この年）
蒸気船
　ジョフロア侯爵、蒸気船を設計　　1781（この年）
　最初の蒸気船が航行　　　　　　　1787.8.22
　実用化された最初の蒸気船　　　　1801（この年）
　フルトン、最初の商業的蒸気船を航行　1807.8.17
　欧州初の蒸気船　　　　　　　　　1812.7.25
　仏初の蒸気船　　　　　　　　　　1816（この年）
　独初の蒸気船　　　　　　　　　　1817（この年）
　サヴァンナ号、大西洋を横断　　　1819（この年）

ミシシッピ川の蒸気船	1820（この年）		常総沖	
ロイド船舶名簿に登録された最初の蒸気船			常総沖で漁船遭難	1910.3.12
	1821（この年）		松竹	
シリウス号大西洋を18日間で横断	1838.4.4		『魚影の群れ』公開	1983.10.29
グレート・ブリテン号就航	1843（この年）		衝突	
箕作阮甫、『水蒸船説略』翻訳	1849（この年）		「大阪丸」「名古屋丸」衝突事件	1875.12.25
英国、巨艦建造	1858（この年）		海難事故に関する臨時裁判所の設置	1876.2.8
木造蒸気船がアメリカに到着	1872（この年）		「三吉」「瓊江丸」の衝突事件	1891.7.11
蒸気船の使用開始	1877.5月		海上衝突予防法公布	1892.6.23
川蒸気船の運航開始	1877.6月		軍艦千島衝突沈没	1892.11.30
蒸気船航路の開設	1879.10.8		軍艦千島沈没事故示談成立	1895.9.19

蒸気トロール船
初の蒸気トロール船　　　　　　　　1877（この年）

商業捕鯨
最後の南極商業捕鯨　　　　　　　　1987.3.14
商業捕鯨、不可能に　　　　　　　　1994.5.26

商業捕鯨再開
商業捕鯨再開―アイスランド　　　　2006.10.17

商業捕鯨全面禁止
日本政府IWC決定に意義撤回を求める　1985.4.5

商業捕鯨全面禁止案
商業捕鯨全面禁止―IWC　　　　　　1982.7.23

昌景号
韓国で定期船沈没　　　　　　　　　1953.1.9

昌慶丸
関釜連絡船「昌慶丸」就航　　　　　1923.3.12

商港
最古の商港　　　　　　　　　BC800（この頃）

硝石
潜水艇が建造される　　　　　　　　1620（この年）

商船
海運用商船が描かれた最古の壁画
　　　　　　　　　　　　　BC1000（この頃）
船の構造　　　　　　　　　　BC300（この頃）

商船学校官制
「高等商船学校・商船学校官制」　　　1941.12.19

商船学校交友会
商船学校交友会（現・海洋会）発足　　1897.8月

商船管理委員会
商船管理委員会認可　　　　　　　　1945（この年）

商船規則
商船規則定める　　　　　　　　　　1870.1.27

商船建造術
『商船建造術』刊行　　　　　　　　1768（この年）

商船分野で包括提携
商船分野で包括提携　　　　　　　　2000.9.13

商船三井
商船三井とナビックスが合併へ　　　1998.10.20
商船三井発足　　　　　　　　　　　1999（この年）
国連が提唱する「グローバル・コンパクト」　　　　　　　　　　　　　　2005（この年）
商船三井、北極海航路でガス輸送　　2014.7月

「豊瑞丸」「河野浦丸」の衝突事件	1896.6.13
「尾張丸」「三光丸」衝突事件	1897.2.4
東海丸沈没	1903.10.29
汽船「金城丸」衝突事件発生	1905.8.22
「秀吉丸」「陸奥丸」衝突事件	1908.3.23
「大仁丸」沈没事件	1916.2.2
ハリファックス大爆発	1917.12.6
駆逐艦・巡洋艦衝突	1927.8.24
神戸港付近で汽船同士が衝突	1931.2.9
「八重山丸」「関西丸」衝突事件	1931.12.24
「みどり丸」「千山丸」衝突事件	1935.7.3
下関の沖合で船舶同士が衝突	1939.5.21
英国がスエズ運河を封鎖	1952.1.4
水産指導船白鳥丸・米国船チャイナベア号衝突	1953.2.15
大西洋上での海難事故	1954.9.27
紫雲丸事件	1955.5.11
最新豪華客船アンドレア・ドリア号が貨物線と衝突	1956.7.25
「カロニア号」防波堤衝突事件	1958.3.31
新日窒水俣工場で漁民と警官隊衝突	1959.11.2
第7文丸・アトランティック・サンライズ号衝突	1961（この年）
「第一宗像丸」「タラルド・ブロビーグ」衝突事件	1962.11.18
「りっちもんど丸」「ときわ丸」衝突事件	1963.2.26
船舶事故で海洋汚染―常滑	1964.9.20
原子力潜水艦が佐世保に入港	1964.11.12
船舶事故で原油流出―室蘭	1965.5.23
「芦屋丸」「やそしま」衝突事件	1965.8.1
韓国で軍艦とフェリー衝突	1967.1.14
船舶事故で原油流出―川崎	1967.2.12
アカバ湾問題で衝突	1967.5.25
47万トンタンカー建造へ	1970.6.29
第11平栄丸・北扇丸衝突	1972（この年）
フェリーと貨物船が衝突―豊後水道	1973.3.31
タンカー衝突事故で原油流出―愛媛県沖	1974.4.26
LPGタンカーとリベリア船衝突―東京湾	1974.11.9
「第11昌栄丸」「オーシャンソブリン号」衝突	1974（この年）
「ふたば」「グレートビクトリー」衝突事件	1976.7.2
さいとばるとチャンウオン号衝突―来島海峡	1978.9.6
「第十一協和丸」「第十五安洋丸」衝突事件	1984.2.15

核物質積載のフランス船沈没　　　1984.8.25
第1豊漁丸・リベリア船タンカー衝突
　　　　　　　　　　　　　　　1985（この年）
来島海峡でフェリーとタンカー衝突　1986.7.14
ソ連の客船黒海で同国船同士が衝突し沈没
　　　　　　　　　　　　　　　　1986.8.31
フィリピンでタンカーとフェリー衝突沈没
　―海難史上最大の犠牲者数　　1987.12.20
第一富士丸・潜水艦なだしお衝突　1988（この年）
フェリー同士が衝突　　　　　　　1990.5.4
「第八優元丸」「ノーバルチェリー」衝突事
　件　　　　　　　　　　　　　　1990.6.7
「第七十七善栄丸」・水中翼船「こんどる三
　号」衝突事件　　　　　　　　　1991.2.20
「天洋丸」「トウハイ」衝突事件　　1991.7.22
エジプトで客船沈没　　　　　　　1991.12.15
マラッカ海峡で「ナガサキ・スピリット
　号」衝突―原油流出　　　　　　1992.9.20
「菱南丸」「ゾンシャンメン」衝突事件　1993.2.23
福島でタンカーと貨物船が衝突―重油流出
　　　　　　　　　　　　　　　　1993.5.31
ボスポラス海峡で船舶衝突　　　　1994.3.13
アラビア半島フジャイラ沖でタンカー同士
　が衝突　　　　　　　　　　　　1994.3.31
和歌山県海南港でタンカー同士が衝突―原
　油流出　　　　　　　　　　　　1994.10.17
シンガポール海峡でタンカー同士が衝突―
　東南アジアで過去最大級の燃料流出　1997.10.15
重油流出回収終了　　　　　　　　1997.11.6
ケミカルタンカーの燃料流出―犬吠崎沖で
　衝突　　　　　　　　　　　　　1998.8.15
ロシアの原潜「クルスク」沈没　　1999.8.14
徳山湾でタンカー衝突―油流出　　1999.11.23
えひめ丸沈没事故　　　　　　　　2001.2.9
原潜・実習船衝突事故、謝罪のため元艦長
　来日　　　　　　　　　　　　　2001.2月
「第二広洋丸」「サントラスト号」衝突事件　2002.8.8
漁船「第十八光洋丸」と貨物船「フンア
　ジュピター」が衝突　　　　　　2003.7.2
「マリンオーサカ」防波堤衝突事件　2004.11.3
「なるしお」防波堤衝突事件　　　　2005.5.1
「旭洋丸」「日光丸」衝突事件　　　2005.7.5
「開神丸」「ウェイハン9」衝突事件　2005.7.22
「第三新生丸」「ジムアジア」衝突事件　2005.9.28
「津軽丸」「イースタンチャレンジャー」衝
　突事件　　　　　　　　　　　　2006.4.13
「あさしお」「スプリングオースター」衝突
　事件　　　　　　　　　　　　　2006.11.21
「たかちほ」「幸吉丸」衝突事件　　2007.2.9
イージス艦「あたご」衝突事故　　2008.2.19
護衛艦とコンテナ船が衝突　　　　2009.10.27
海自艇に漁船が衝突　　　　　　　2009.10.29
貨物船とタンカーが衝突　　　　　2010.6.16
尖閣諸島付近で中国漁船が海上保安庁巡視
　船に衝突　　　　　　　　　　　2010.9.7
コンテナ船、居眠り操舵で事故　　2011.8.19
貨物船が衝突し転覆　　　　　　　2013.9.27
ヨットレースで衝突―東京湾　　　2013.10.27

昭南丸
　水産試験船「昭南丸」建造　　　1931.8月
小児水俣病
　小児水俣病の判断条件　　　　　1981.7.1
翔鳳丸
　青函連絡船「松前丸」就航　　　1924.11.1
常夜灯
　山形酒田に常夜灯―航行安全のために
　　　　　　　　　　　　　　　　1813（この年）
昭洋
　測量船「昭洋」竣工　　　　　　1972（この年）
　自航式ブイ「マンボウ」火山からの気泡確
　認　　　　　　　　　　　　　　1989（この年）
昭和海運
　日本郵船、昭和海運を合併　　　1998（この年）
昭和基地
　昭和基地建設　　　　　　　　　1957（この年）
昭和石油川崎製油所
　昭和石油川崎製油所原油流出火災　1950.2.16
昭和電工
　新潟水俣病裁判で証言　　　　　1968.9.28
祥和丸
　「祥和丸」による乗揚事件　　　　1975.1.6
女王陛下のユリシーズ号
　『女王陛下のユリシーズ号』刊行　1955（この年）
触雷
　定期船沈没　　　　　　　　　　1941（この年）
　室戸丸沈没　　　　　　　　　　1945.10.17
　紅海でタンカーなどが触雷　　　1984.8.2
ジョージ・ワシントン
　米潜水艦「ジョージ・ワシントン」進水　1959.6月
　原子力空母横須賀港に入港　　　2008.9.25
ジョージ3世
　英国王、経度法賞金残額贈呈を支援　1773（この年）
ジョーズ
　映画『ジョーズ』公開　　　　　　1975.6.20
女性初単独世界一周
　女性初単独世界一周航海　　　　1978.6月
ショット, G.
　『大西洋の地理学』刊行　　　　　1926（この年）
　『大西洋、インド洋の地理学』刊行　1935（この年）
徐福
　伝説の地「蓬来」を求めて　　　BC218（この年）
ジョフロア
　ジョフロア侯爵、蒸気船を設計　1781（この年）
ジョーヤ, フラヴィオ
　航海用コンパスの創造　　　　　1302（この年）
ジョンズ・ホプキンス大学
　世界初の航行衛星「トランシット1B号」　1960.4.13
ジョンソン, チャールズ
　『英国海賊史』刊行　　　　　　　1724（この年）

ジョンソン大統領
アカバ湾問題で危機回避工作 1967.5.23
ジョン万次郎
『ジョン万次郎漂流記』刊行 1937（この年）
ジョン万次郎漂流記
『ジョン万次郎漂流記』刊行 1937（この年）
白石 一郎
『海狼伝』刊行 1987.2月
シーラカンス
グーセンがインド洋アフリカ海岸沖でシーラカンスを捕獲 1938.12.25
シーラカンスの第2の標本を獲得 1953.1月
シーラカンス、第2の生息域 1998.9.24
しらせ
「ふじ」から「しらせ」へ 1982（この年）
「しらせ」処女航海へ 1984（この年）
白瀬 矗
白瀬中尉、南極探検に 1910.11.29
白浜臨海研究所
近畿大学水産研究所白浜臨海研究所開設 1948（この年）
シーラブ2計画
米海軍の飽和潜水実験 1965（この年）
シリウス号
シリウス号大西洋を18日間で横断 1838.4.4
自律海底探査機
海底探査機の開発 1995（この年）
自律型海中ロボット
自律型海中ロボットの自律潜航に成功 1996（この年）
自律型無人機
水中カメラで撮影したカラー映像の音響画像伝送に成功 2000.12月
自律型無人機の世界最深記録および無線画像伝送の伝達距離を更新 2001.8月
シリー島
英国艦隊、シリー島沖で嵐のため遭難 1707（この年）
シルビア号
英艦と瀬戸内海共同測量 1869（この年）
英艦と的矢・尾鷲湾測量 1870（この年）
シロウリガイ
相模トラフ初島沖のシロウリガイ群生域で深海微生物を採取 1990（この年）
シロウリガイ群生域
相模トラフ初島沖のシロウリガイ群生域で深海微生物を採取 1990（この年）
シロウリガイの群集
伊豆半島熱川の東方沖合、水深1,270mで枕状溶岩を発見 1984（この年）
シロサケ
シロサケふ化放流 1876（この年）

白の岬
ブランコ岬回航 1441（この年）
白保 SHIRAHO
写真集『白保 SHIRAHO』刊行 1991.2月
シーワイズ・ジャイアント
世界最大のタンカー起工 1975（この年）
世界最大のスーパータンカー 1979（この年）
沈 括
沈括、『夢渓筆談』を著す 1086（この年）
新愛徳丸
世界初の省エネ帆装商船進水 1980（この年）
新アメリカ航海実務者
『新アメリカ航海実務者』刊行 1802（この年）
新石垣空港
新石垣空港代替地にサンゴの大群落 1989.5.14
新石垣空港の建設地問題と海洋環境 1992.11.20
人員削減
造船不況―日立造船など大手が人員削減 1986.10.15
海運不況―商船三井人員削減 1987.1.12
造船不況―日本鋼管人員削減 1987.2.18
新江ノ島水族館
無人深海探査機「江戸っ子1号」が日本海溝で深海生物の3D映像撮影に成功 2013.11月
真円真珠
真円真珠を発明 1908（この年）
しんかい
科技庁、潜水調査船「しんかい」建造 1969（この年）
深海曳航調査システム
「ディープ・トウ」がインドネシアのスンダ海溝調査 1986.11月
「ディープ・トウ」が静岡県伊東沖で海底群発地震震源域を緊急調査 1989.9月
北海道南西沖地震の震源域調査を実施 1993.8月
深海カメラ
海底精査 1982.10月
深海環境プログラム
DeepStarプロジェクト 1990（この年）
深海観測装置
「凌風丸」に深海観測装置装備 1958（この年）
深海掘削計画
深海掘削計画（DSDP） 1973（この年）
深海掘削計画（ODP）に引き継ぎ 1985（この年）
深海掘削船
米深海掘削船グローマー・チャレンジャー号活動始める 1969（この年）
深海研究委員会
深海研究委員会本格化 1958（この年）
深海巡航探査機
深海巡航探査機「うらしま」の開発を開始 1998.4月
伊豆半島東方沖において地すべり痕確認 2006.6月

しんか　事項名索引　海洋・海事史事典

沖縄トラフ深海底調査における熱水噴出域
　の詳細な形状と分布のイメージングに成
　功　　　　　　　　　　　　　　　2007.12月
深海照明システム
　LED光源を用いた深海照明システムを世
　界で初めて運用　　　　　　　　　2006.6月
深海生物
　深海生物生存捕獲　　　　　　　　2005.12月
深海生物サンプリング
　生きたままの深海生物を「シャトルエレ
　ベータ」により初めて捕獲　　　　2005.12月
深海生物追跡調査ロボットシステム
　「PICASSO（ピカソ）」初の海域試験に成
　功　　　　　　　　　　　　　　　2007.3月
深海潜水調査
　日仏日本海溝共同調査　　　　1984（この年）
深海調査
　アルバトロス号、世界一周深海調査へ
　　　　　　　　　　　　　　　1947（この年）
　気象庁観測船、日本付近の深海調査に出港
　　　　　　　　　　　　　　　　　1959.6.23
深海調査潜水艦
　2,000mの潜水調査に成功　　　1965（この年）
深海底鉱物資源探査船
　深海底鉱物資源探査船「白嶺丸」竣工
　　　　　　　　　　　　　　　1980（この年）
深海底地形探査システム
　深海底地形探査　　　　　　　1974（この年）
深海底長期地震
　深海底長期地震・地殻変動観測研究　1999.9.2.
深海底長期地震・地殻変動観測研究
　深海底長期地震・地殻変動観測研究　2003（この年）
深海底調査
　沖縄トラフ深海底調査における熱水噴出域
　の詳細な形状と分布のイメージングに成
　功　　　　　　　　　　　　　　　2007.12月
深海底の温泉噴出孔
　ロナ、深海底の温泉噴出孔を発見　1985（この年）
深海底微生物の培養施設
　深海底微生物の培養施設が完成　　　1993.9月
深海動物調査
　水深1万mに生息生物　　　　　1950（この年）
しんかい2000
　「しんかい2000」進水　　　　　1981（この年）
　有人潜水調査船「しんかい2000」着水
　　　　　　　　　　　　　　　1981（この年）
　有人潜水調査船「しんかい2000」着水
　　　　　　　　　　　　　　　1981（この年）
　「しんかい2000」による潜航調査はじまる
　　　　　　　　　　　　　　　　　1983.7.22
　伊豆半島熱川の東方沖合、水深1,270mで
　枕状溶岩を発見　　　　　　　1984（この年）
　四国沖で深海生物ハオリムシを発見　1985（この年）
　「水中画像伝送システム」の伝送試験　1988（この年）

沖縄トラフ伊是名海穴で、炭酸ガスハイド
　レートを初めて観察　　　　　1989（この年）
相模トラフ初島沖のシロウリガイ群生域で
　深海微生物を採取　　　　　　1990（この年）
駿河湾の海底の泥から極めて強力な石油分
　解菌を発見　　　　　　　　　1992（この年）
北海道南西沖地震後の奥尻島沖潜航調査
　　　　　　　　　　　　　　　1993（この年）
世界で最も浅い海域で生息する深海生物サ
　ツマハオリムシを発見　　　　1994（この年）
で大規模な多金属硫化物鉱床を発見　1999.2月
多金属硫化物鉱床の発見　　　　　　1999.2月
深海微生物
　相模トラフ初島沖のシロウリガイ群生域で
　深海微生物を採取　　　　　　1990（この年）
深海ボーリング
　グローマー・チャレンジャー号が調査開始
　　　　　　　　　　　　　　　1968（この年）
深海用音響測深機
　深海用音響測深機の発明　　　1914（この年）
新海流理論
　エクマンの海流理論　　　　　1905（この年）
　新海流理論　　　　　　　　　1945（この年）
しんかい6500
　「しんかい6500」竣工　　　　　1989（この年）
　「しんかい6500」ナギナタシロウリガイを
　　発見　　　　　　　　　　　　　1991.7月
　「しんかい6500」海底の裂け目を発見　1991.7月
　「しんかい6500」調査潜航開始　　　1991
　「しんかい6500」鯨骨生物群集を発見　1992.10月
　「しんかい6500」多毛類生物を発見　1997.6月
　「しんかい6500」巨大いか発見　　　1998.11月
　「しんかい6500」世界で初めてインド洋潜
　　行　　　　　　　　　　　　1998（この年）
　毛利宇宙飛行士潜行調査　　　　　2003.3月
　「しんかい6500」南太平洋を横断　　2004.6.19
　「しんかい6500」液体二酸化炭素プール発
　　見　　　　　　　　　　　　　　2006.8月
　「しんかい6500」熱水噴出現象発見　2007.1月
　「しんかい6500」深海で奇妙な巻貝発見　2009.11月
　「しんかい6500」震源地で亀裂発見　2011.8月
深海ロボット
　深海ロボット開発　　　　　　　　　1997（この年）
進化論
　ダーウィン、ビーグル号で世界周航に出発
　　　　　　　　　　　　　　　　1831.12.27
新関門トンネル
　新関門トンネル　　　　　　　　　1973.11.14
神功皇后
　三韓征伐　　　　　　　　　　200（この年）
侵攻
　原子力空母リビア沖に派遣　　　　1983.2.16
人工衛星
　人工衛星を使って汚染状況調査　1973（この年）

- 448 -

人工孵化
- クロマグロの人工孵化に成功　1979（この年）
- 養殖マグロ放流　1995（この年）
- マグロ完全養殖　2002（この年）

清国海軍
- 清国、海軍創設のために留学　1877.4.4
- 清国、海軍　1880（この年）

震災予防調査会
- 震災予防調査会設立　1892（この年）

シンシア3世号
- 手作りヨットで太平洋横断　1977.10.8

新下関駅
- 新関門トンネル　1973.11.14

真珠
- 御木本真珠島を開業　1951（この年）

薪水給与令
- 異国船打払令を緩和　1842（この年）

神通
- 駆逐艦・巡洋艦衝突　1927.8.24

申請期限延長
- 水俣病認定業務で申請期限延長　1987.9.1
- 水俣病認定申請期限延長　1990.6.29

新青丸
- 「新青丸」海洋研究開発機構に引き渡し　2013.6.30
- 「新青丸」建造　2013（この年）

新世界
- アメリカ大陸を新世界と呼ぶ　1503（この年）

深層水
- 深層水で魚の養殖　1999（この年）

新茶
- 横浜港の外国船数　1869.6月

新訂万国全図
- 幕命により世界地図を作成　1816（この年）

新テロ特措法
- 新テロ特措法が成立、海自給油活動再開へ　2008.1.11

新日窒附属病院
- 水俣病は水銀が原因　1959.7.21

新日本汽船
- 山下汽船と新日本汽船が合併　1963.11.11
- 海運再編―大阪商船と三井船舶が合併など　1964（この年）

新日本検定協会
- 検定新日本社（現・新日本検定協会）創立　1948.2.1

新日本窒素
- 新日本窒素肥料（新日窒）再発足　1950.1月
- 新日窒の廃水路変更　1955.9月
- 水俣病の原因研究　1957.1月
- 新日窒水俣工場で漁民と警官隊衝突　1959.11.2
- 水俣工場の工程に水銀化合物　1961.8.7
- 水俣病原因物質を正式発表　1963.2.20

新発見地
- 新発見地に関する境界線　1493（この年）
- トルデシラス条約　1494（この年）

新パナマ運河会社
- 新パナマ運河会社設立　1894.10.20

新パナマ運河条約

侵犯
- 尖閣諸島、中国漁船侵犯　1978.4.12

新聞模写放送
- 船舶向けニュースが新聞模写放送へ　1964.3.2

新見 正興
- 初の遣米使節が出航　1860.1.13

新約聖書
- エルサレムからローマへの旅　60（この年）

新山本造船所
- 造船不況―新山本造船所倒産　1978.2.8

侵略
- イタリア、エチオピア侵略　1935.10月

新麗丸
- 関釜連絡船「高麗丸」「新麗丸」就航　1913.1.31

新和海運
- NSユナイテッド海運発足　2010（この年）

【す】

水温観測
- 初の海洋観測　1872（この年）

水界微生物生態研究法
- 『水界微生物生態研究法』刊行　1976（この年）

瑞鶴
- 航空母艦「瑞鶴」起工　1938.5.25
- レイテ沖海戦　1944.10.24

水銀
- 千葉の漁船が水銀賠償求め海上封鎖　1973.8.8

水銀汚染魚
- 水俣湾入口に仕切網　1974.1月

水銀汚染列島
- 水銀汚染列島の実態明らかに―全国調査　1974.9月

水銀検出
- 水俣湾仕切網外で水銀検出　1982.12.1

水銀ヘドロ汚染
- 水銀ヘドロ汚染―名古屋港　1978（この年）

水銀口汚染
- 水銀口汚染―山口県徳山市　1973.6月

水軍
- 最初の装甲船　1591（この年）

瑞光丸
- 下関の沖合で船舶同士が衝突　1939.5.21

水産科
- 東京農林学校に水産科を新設　1887（この年）

- 449 -

すいさ

水産海洋学会
　水産海洋研究会創立　　　　　　1962（この年）
水産海洋研究会
　水産海洋研究会創立　　　　　　1962（この年）
水産学科
　東北帝国大学農科大学に水産学科新設
　　　　　　　　　　　　　　　　1907（この年）
水産学校
　水産学校令制定　　　　　　　　1901.10.18
水産業
　大日本水産会　　　　　　　　　1882.2月
水産局
　水産局を設置　　　　　　　　　1885（この年）
水産研究所
　水産研究所発足　　　　　　　　1949（この年）
水産講習所
　水産講習所と改称　　　　　　　1897.3月
　朝鮮総督府釜山高等水産学校（現・水産大
　　学校）設立　　　　　　　　　1941.4月
　東京水産大学を設置　　　　　　1949.5月
　日本船ビキニ海域の海底調査を行う一高い
　　放射能検出　　　　　　　　　1954（この年）
水産講習所下関分所
　朝鮮総督府釜山高等水産学校（現・水産大
　　学校）設立　　　　　　　　　1941.4月
水産資源学総論
　『水産資源学総論』刊行　　　　1949（この年）
水産試験場
　水産試験場を創設　　　　　　　1929（この年）
水産試験船
　水産試験船「昭南丸」建造　　　1931.8月
水産生物環境懇談会
　水産生物環境懇談会　　　　　　1952（この年）
水産総合研究センター
　ウナギの完全養殖に成功と発表　2010.4.8
　ウナギの産卵場、特定　　　　　2011.2.1
水産大学校
　朝鮮総督府釜山高等水産学校（現・水産大
　　学校）設立　　　　　　　　　1941.4月
水産調査所
　『欧米漁業法令彙纂』　　　　　1896（この年）
水産伝習所
　水産伝習所、創設　　　　　　　1888.11.29
　水産講習所と改称　　　　　　　1897.3月
水産土木研究部会
　水産土木研究部会　　　　　　　1963（この年）
水産物理学
　『水産物理学』『漁の理』刊行　1949（この年）
水産防災
　『水産防災』刊行　　　　　　　1969（この年）
水産連合会
　帝国水産連合会　　　　　　　　1916.1.20

水質汚濁
　瀬戸内海環境保全臨時措置法を制定　1973（この年）
水質汚濁調査指針
　水質汚濁の指針しめす　　　　　1961（この年）
水質汚濁防止法
　海洋汚染防止法など公害関係14法公布　1970.12.25
水質基準
　海水浴場の規制・水質基準　　　1969.6.27
水上機母艦
　初の水上機母艦完成　　　　　　1913.11月
水蒸船説略
　箕作阮甫、『水蒸船説略』翻訳　1849（この年）
水蒸船略説
　薩摩藩で、日本最初の小型木造外輪蒸気船
　　を建造　　　　　　　　　　　1855（この年）
水深
　水深を入れた最初の海図　　　　1504（この年）
水深1万m以下に生息生物
　水深1万mに生息生物　　　　　1950（この年）
水深海図
　モーリー、海底の地形を調査　　1854（この年）
すいせん
　「すいせん」遭難事件　　　　　2003.1.5
水族館
　日本初の水族館　　　　　　　　1882（この年）
　和楽園水族館が開設　　　　　　1897（この年）
　浅草公園水族館開館　　　　　　1899（この年）
　箱崎水族館開館　　　　　　　　1910.3.24
　魚津水族館開館　　　　　　　　1913.9月
　松島水族館開館　　　　　　　　1927（この年）
　京都大学白浜水族館開館　　　　1930.6.1
　中之島水族館開館　　　　　　　1930.9月
　阪神水族館開館　　　　　　　　1935.3月
　鳥羽水族館開館　　　　　　　　1955（この年）
　江の島水族館開館　　　　　　　1957.7.1
　須磨水族館開館　　　　　　　　1957（この年）
　下田海中水族館開館　　　　　　1967（この年）
　鴨川シーワールド開業　　　　　1970.10.1
　のとじま臨海公園水族館開館　　1982（この年）
　碧南海浜水族館開館　　　　　　1982（この年）
　須磨海浜水族園開館　　　　　　1987.7.16
　八景島シーパラダイス開業　　　1993.5月
　蓼科アミューズメント水族館開館　1993.7月
　城崎マリンワールド　　　　　　1994（この年）
　沖縄美ら海水族館開館　　　　　2002.11月
　栃木県なかがわ水遊園開館　　　2011.7.15
　アクアワールド大洗水族館開館　2012.3.21
水中爆雷
　水中爆雷を開発　　　　　　　　1915（この年）
水中発射管
　12インチ砲、18インチ魚雷などを購入
　　　　　　　　　　　　　　　　1894（この年）

— 450 —

水中翼船
水中翼船を開発 1909（この年）
水難救護法
水難救護法公布（8月4日施行） 1899.3.29
水難救助
東京消防庁臨港消防署から感謝状を受ける
2007.10月
水爆実験
米、水爆実験 1952.11.1
英、水爆実験 1957.5.15
仏、ムルロア環礁で水爆実験を行う 1971.8.14
水爆投下実験
ビキニ環礁、水爆実験 1956（この年）
水爆搭載機
1965年の水爆搭載機の事故が明らかに 1989.5月
水兵
ドイツ、キール軍港の水兵反乱 1918.11.3
水兵教育
水兵の教育改革、事前調査をベルタンに依頼 1887.4月
水門
ヨーロッパ初の運河の閘門が建設 1373（この年）
水雷
水雷製造局を設置 1874.9.20
サセックス号、ドイツの水雷で撃沈 1916.3.24
水雷局
海軍水雷局開局 1885.6.24
水雷駆逐艦
初の水雷駆逐艦建造 1893（この年）
水雷艇
近代的水雷艇建造 1872（この年）
英最初の水雷艇進水 1877（この年）
海軍初の水雷艇 1880（この年）
水雷艇友鶴転覆 1934.3.12
水雷艇駆逐艦
初の水雷艇駆逐艦 1892（この年）
水理生物調査
水理生物調査 1895（この年）
水理生物要綱
水理生物要綱 1910（この年）
水路局
明治新政府海洋調査事業を開始 1871（この年）
「天体位置表」 1943（この年）
水路研究記念論文集
『水路部百年史』刊行 1973（この年）
水路誌
各国で水路誌編さんはじまる 1849（この年）
水路測量
水路測量・海図作成がメートル法に 1920（この年）
マラッカ・シンガポール海峡4カ国共同測量 1970（この年）
水路部
正確な海図の作成 1795（この年）
明治新政府海洋調査事業を開始 1871（この年）
水路部（海軍の冠称を廃し）水路部と改称 1888.6.27
『航海年表』を刊行 1907（この年）
全国地磁気測量 1912（この年）
『日本近海磁針偏差図』刊行 1914（この年）
『潮汐表』刊行 1921（この年）
『日本近海水深図』を刊行 1929（この年）
『日本近海深浅図』刊行 1936（この年）
海軍水路部活動停止 1945（この年）
『日本近海底質図』を刊行 1949（この年）
「第五海洋」遭難 1952（この年）
『日本近海水深図』刊行 1952（この年）
海洋資料センター設立 1965（この年）
日本近海海底地形図 1966（この年）
水路部、基本図測量にともない各種地図刊行 1968（この年）
『水路部百年史』刊行 1973（この年）
『海底地質構造図』刊行 1975（この年）
自動図化方式による初の海図 1986（この年）
水路部百年史
『水路部百年史』刊行 1973（この年）
スエズ運河
スエズ運河会社設立 1856（この年）
スエズ運河着工 1859.4.29
レセップス、スエズ運河完成し、地中海と紅海をつなぐ 1869.11.16
英国、スエズ運河株購入 1875.11.25
パナマ運河工事開始 1881.2.7
英、エジプトを占領 1882（この年）
スエズ運河の自由航行に関する条約 1888.10.29
英国がスエズ運河を封鎖 1952.1.4
エジプト、スエズ運河を国有化 1956.7.26
スエズ運河再開 1975.6月
スエズ運河拡張第1期工事完成 1980（この年）
スエズ運河国有化宣言
スエズ危機 1956.10.30
スエズ運河の自由航行に関する条約
スエズ運河の自由航行に関する条約 1888.10.29
スエズ運河封鎖
スエズ運河封鎖 1967.6月
末広 恭雄
『魚類学』刊行 1951（この年）
スカパ・フロー
スカパ・フローでの自沈 1919.6.21
スキッド
スキッド実戦配備 1943（この年）
スクラップ・アンド・ビルド政策
スクラップ・アンド・ビルド政策導入 1920（この年）
スクリップス海洋研究所
スクリップス海洋生物協会設立 1903（この年）
太平洋の地殻熱流量測定始まる 1950（この年）

すくり

太平洋大循環研究開始　1991（この年）
スクリップス海洋生物協会
　スクリップス海洋生物協会設立　1903（この年）
スクリュー
　英国、巨艦建造　1858（この年）
スクリュー蒸気船
　最初の蒸気船が航行　1787.8.22
スクリュー推進
　英国発のスクリュー推進の軍艦　1840（この年）
　グレート・ブリテン号就航　1843（この年）
　スクリュー推進を採用した初の戦艦　1843（この年）
スクリュー推進機
　スクリュー推進機の発明　1836.5.31
スクリュー推進船
　スクリュー推進船が初めて大西洋を横断　1836.7.13
スクリュー・プロペラ
　スミス、スクリュー・プロペラを発明
　　　　　　　　　　　　　　　1839（この年）
　最初の双暗車船　1881（この年）
スケーリーフットの大群集
　「しんかい6500」深海で奇妙な巻貝発見　2009.11月
スコット
　スコット隊南極に到達　1912.1.18
スコット隊
　スコット隊南極に到達　1912.1.18
　スコット隊全員が遭難死　1912.3.29
スコーピオン
　アメリカの原潜「スコーピオン」が遭難　1968.5.27
逗子開成中学生水難
　逗子開成中学生水難　1910.1.23
崇神天皇
　船の建造に力を注ぐ　BC81（この年）
鈴木 善幸
　社団法人漁村文化協会創立　1947.11.18
鈴木 哲
　水俣湾仕切網外で水銀検出　1982.12.1
須田 皖次
　『海洋科学』刊行　1933（この年）
スターク
　イラク、米フリゲート艦を誤爆　1987.5.17
スターリング
　英艦、長崎に入港　1854.9.7
ズ・ダン
　北朝鮮船漂着―11人が韓国へ　1987.1.20
スティーヴンソン, ロバート・ルイス
　『宝島』刊行　1883（この年）
スト
　最低賃金制改訂求め全日海スト　1957.10.26
ストックホルム
　国連人間環境会議ストックホルムで開催　1972.6.5

ストックマン
　新海流理論　1945（この年）
ストライキ
　造船所3万人スト　1921.7.7
　全国20万隻の漁船が一斉休漁　2008.7.15
ストーンウォール号
　ストーンウォール号引渡しが紛糾　1868.4月
　ストーンウォール号引き渡し　1869.3.15
ストンメル
　『ガルフストリーム』刊行　1959（この年）
　『黒潮』刊行　1972（この年）
　海洋物理学者ストンメルの還暦記念論文集
　　刊行　1981（この年）
スヌーク号
　原子力潜水艦、横須賀入港　1966.5.30
スネリュウス号
　フィリピン海溝で1万mを越す水深を測量
　　　　　　　　　　　　　　　1929（この年）
スハイリ号
　単独無寄港世界一周　1968（この年）
スーパータンカー
　世界最大のスーパータンカー　1979（この年）
スーパーテクノライナー
　テクノスーパーライナー完成　1994.8月
スピッツベルゲン諸島
　スピッツベルゲン諸島発見　1596（この年）
スピルバーグ, スティーヴン
　映画『ジョーズ』公開　1975.6.20
スプリングオースター
　「あさしお」「スプリングオースター」衝突
　　事件　2006.11.21
スプレー号
　初の単独世界一周　1898（この年）
スペイン
　エージアン・シー号座礁―油流出　1992.12.3
スペイン沖
　スペイン沖でタンカー爆発・沈没　1985.5.26
スペイン継承戦争
　マラガの海戦　1704.8.24
スヴェルドラップ
　『大洋』出版　1942（この年）
スヴェルドラップ, H.U.
　波浪・ウネリの予報方式作成　1941（この年）
スベルドラップ金メダル
　山形俊男、スベルドラップ金メダル受賞　2003.11月
スヴェルドルップ
　海洋循環のエネルギー源―嵐の重要性
　　　　　　　　　　　　　　　1947（この年）
　捕鯨母船と南氷洋観測調査の関連　1947（この年）
須磨海浜水族園
　須磨海浜水族園開館　1987.7.16

須磨水族館
　須磨水族館開館　　　　　　　　　1957（この年）
　須磨海浜水族園開館　　　　　　　　1987.7.16
スマトラ沖地震
　スマトラ沖地震—津波被害では過去最大級
　　　　　　　　　　　　　　　　　2004.12.26
スマトラ島沖地震
　の「なつしま」スマトラ島沖地震緊急調査　2005.2月
　無人探査機「ハイパードルフィン」、スマ
　　トラ島沖地震緊急調査を実施　　　2005.2月
須磨丸
　須磨丸完成　　　　　　　　　　　　1895.4月
スミス，フランシス・ペティ
　スクリュー推進機の発明　　　　　　1836.5.31
　スミス、スクリュー・プロペラを発明
　　　　　　　　　　　　　　　　　1839（この年）
スミス，ユージン
　ユージン・スミスの被写体患者死去　1977.12.5
スミス，J.L.B.
　グーセンがインド洋アフリカ海岸沖でシー
　　ラカンスを捕獲　　　　　　　　　1938.12.25
　シーラカンスの第2の標本を獲得　　　1953.1月
隅田川機船
　蒸気船の運行開始　　　　　　　　　1885.8.29
隅田川汽船
　水上バス航行の再開　　　　　　　　1950.4月
隅田川蒸気船
　隅田川蒸気船「2銭蒸気」　　　　　　1906.9月
住友
　大阪商船会社開業　　　　　　　　　1884.5.1
住友重機械
　造船業界再編ディーゼル新会社　　　1988.10.1
住友重機械追浜造船所
　世界最大のタンカー起工　　　　　1975（この年）
住友重機械工業
　世界最大のスーパータンカー　　　1979（この年）
スミートン，ジョン
　航海の難所に灯台建設　　　　　　1759（この年）
スライド船価
　スライド船価時代へ　　　　　　　　1974.6月
スラウェシ島
　シーラカンス、第2の生息域　　　　　1998.9.24
スラバヤ沖海戦
　スラバヤ沖海戦　　　　　　　　　　1942.2.27
駿河丸
　トロール船「駿河丸」進水　　　　　　1938.7月
駿河湾
　音響測深実験成功　　　　　　　　1929（この年）
駿河湾震源域説
　駿河湾震源域説　　　　　　　　　1976（この年）
スレッシャー号
　アメリカの原潜「スレッシャー」沈没　1963.4.10

スロイスの戦い
　スロイスの戦い　　　　　　　　　1340（この年）
スローカム，ジョシュア
　初の単独世界一周　　　　　　　　1898（この年）
諏訪丸
　国内初全熔接船竣工　　　　　　　　1920.4月
　兵員輸送船沈没　　　　　　　　　　1943.3月
ズンダ海溝
　ズンダ海溝発見　　　　　　　　　1906（この年）
スンダ海溝調査
　「ディープ・トウ」がインドネシアのスン
　　ダ海溝調査　　　　　　　　　　　1986.11月
スンビン号
　スンビン号来航　　　　　　　　　　1854.7.6
スンビン丸
　蘭、外輪蒸気船を幕府に献納　　　　1855.8.25

【せ】

セイウチ
　城崎マリンワールド　　　　　　　1994（この年）
青雲丸
　青雲丸竣工　　　　　　　　　　　　1997.9.25
正角円錐図法
　ランベルト正角円錐図法　　　　　1772（この年）
青函海底トンネル
　青函トンネル、海底調査始まる　　1954（この年）
青函航路
　青函航路開業　　　　　　　　　　　1908.3.7
　青函航路で鉄道輸送始まる　　　　　1914.12.10
　青函航路で貨車輸送始まる　　　　　1925.8.1
　青函航路の鉄道航送廃止　　　　　　1927.6.8
　有川桟橋航送場開業　　　　　　　　1944.1.3
　青函連絡船、空襲により壊滅的な被害　1945.7.14
　青函連絡船「十和田丸」就航　　　　1957.10.1
　有川桟橋航送場廃止　　　　　　　　1984.2.1
青函トンネル
　青函トンネル建設準備　　　　　　　1947.8月
　「海底トンネルの男たち」放送　　　　1976.11.23
　先進導坑貫通—青函トンネル　　　1983（この年）
青函トンネル開通
　青函トンネル開通、青函連絡船廃止　1988.3.13
青函トンネル貫通
　青函トンネル貫通　　　　　　　　　1985.3.10
青函連絡
　青函連絡貨物船北見丸・日高丸・十勝丸・
　　第11青函丸沈没　　　　　　　　　1954.9.26
青函連絡船
　青函連絡船「松前丸」就航　　　　　1924.11.1
　青函連絡船「飛鸞丸」就航　　　　　1924.12.30
　青函連絡船「洞爺丸」就航　　　　　1947.11.21

せいか

青函連絡船洞爺丸事故　　　　　　　1954.9.26
青函連絡船「津軽丸」就航　　　　　1964.5.10
青函連絡船「八甲田丸」就航　　　　1964.8.12
青函連絡船「摩周丸」就航　　　　　1965.6.30
青函連絡船「津軽丸」終航　　　　　1982.3.4
青函連絡船廃止
青函トンネル開通、青函連絡船廃止　1988.3.13
青函連絡用通信回線
青函連絡用通信回線が開通　　　　　1948.6.25
清輝
明治時代最初の軍艦竣工　　　　　　1876.6.21
星光丸
コンピュータ制御のタンカー　　　　1970（この年）
聖コルンバ
聖コルンバがアイオナ島に到着　　　563（この年）
青酸化合物
青酸化合物汚染―いわき市小名浜　　1970（この年）
青酸排出
倉敷メッキ工業所青酸排出―米子市　1973（この年）
製紙カス処理問題
製紙カス処理問題―田子ノ浦　　　　1974（この年）
静止気象衛星
静止気象衛星「ひまわり」打上げ　　1977（この年）
「ひまわり2号」打上げに成功　　　 1981（この年）
制式単葉戦闘機
堀越二郎設計の戦闘機を試作　　　　1935.1月
静止航海衛星
軍艦の位置測定に実用化　　　　　　1965.1.12
政治亡命
NATO演習中に反乱　　　　　　　1973.5.10
精神遅滞児
メチル水銀の影響で精神遅滞　　　　1976.11.17
成層圏試験
超軽量飛行船の成層圏試験成功　　　2003（この年）
清徳丸
海洋科学技術センターの「なつしま」、「あたご」「清徳丸」衝突事故海域調査を実施　　　　　　　　　　　　　　 2008.2月
聖パウロ
エルサレムからローマへの旅　　　　60（この年）
政府間海事協議機関
政府間海事協議機関（現・国際海事機関）設立　　　　　　　　　　　　　 1958（この年）
政府間海洋学委員会
政府間海洋学委員会設立　　　　　　1960（この年）
生物化学的生産海洋学
『生物化学的生産海洋学』刊行　　　1974（この年）
生物多様性
生物多様性のホットスポット　　　　2010.8月
生物多様性条約
キリバス共和国のフェニックス諸島海域を海洋保護区に指定　　　　　　　 2006.3.28

西部北極海国際共同観測
「みらい」が西部北極海国際共同観測実施　2002.8月
西北航路
初めて西北航路を通り北米へ　　　　1805（この年）
精密深海用音響測深機
精密深海用音響測深機　　　　　　　1954（この年）
精密地球物理調査
ニューギニア島北岸沖精密地球物理調査　1999.1月
精密地球物理調査　　　　　　　　　1999.1月
精密時計
海で使用する精密時計を製作　　　　1659（この年）
西洋型帆船
漂着英人帆船建造　　　　　　　　　1604（この年）
西洋形商船船長運転手及機関手試験免状規則
海員審問が制度化　　　　　　　　　1876.6.6
西洋形船船長運転手免状規則制定　　1881.12.28
西洋形船船長運転手免状規則
西洋形船船長運転手免状規則制定　　1881.12.28
西洋式病院
長崎養生所設立　　　　　　　　　　1861.7.1
青鷹丸
研究、実習船建造　　　　　　　　　1966（この年）
セイラム・エクスプレス
エジプトで客船沈没　　　　　　　　1991.12.15
セウォル号
韓国フェリー転覆事故　　　　　　　2014.4.16
世界一周
初の単独世界一周　　　　　　　　　1898（この年）
アルバトロス号、世界一周深海調査へ
　　　　　　　　　　　　　　　　　1947（この年）
水深1万mに生息生物　　　　　　　1950（この年）
単独世界一周航海　　　　　　　　　1967.5.28
小型ヨットで世界一周「白鴎号」凱旋　1970.8.22
手作りヨットで世界一周　　　　　　1974.7.28
クイーン・エリザベス2号世界一周の旅へ　　　　　　　　　　　　　　　 1975.1月
世界一周ヨット帰港　　　　　　　　1977.7.31
小型ヨットでの世界一周から帰国　　1986.4.13
「白鳳丸」世界一周航海　　　　　　1989.10月
世界海洋循環数値シミュレーション
世界海洋循環数値シミュレーション　1974（この年）
世界海洋水深図
『世界海洋水深図』刊行　　　　　　1935（この年）
世界海洋大循環実験計画
世界海洋大循環実験（WOCE）　　　1990（この年）
世界海洋フラックス研究計画
世界海洋フラックス研究計画　　　　1990（この年）
世界気候会議
世界気候会議開催―初めて地球温暖化問題が討議される　　　　　　　　 1979（この年）
世界気候研究計画
熱帯海洋と全地球大気研究（TOGA）始まる　　　　　　　　　　　　　　 1985（この年）

― 454 ―

世界気象機関
国際気象機関設立　　　　　　　1873（この年）
世界最高の掘削能力
地球深部探査船「ちきゅう」(56,752トン)
　が完成　　　　　　　　　　　　2005.7月
世界最深記録
自律型無人機の世界最深記録および無線画
　像伝送の伝達距離を更新　　　　2001.8月
世界最深部
「拓洋」チャレンジャー海淵を調査　1984.2月
世界最大サンゴ
世界の最大サンゴ、アザミサンゴなどが死
　滅の危機　　　　　　　　　　　1998（この年）
世界最大タンカー
世界最大タンカー進水　　　　　　1956.8.8
世界周航
ブーガンヴィル、世界周航に出発　1766.12.5
地球の自然は過去に大変化を経たと主張
　　　　　　　　　　　　　　　　1766（この年）
キャプテン・クック、第1回太平洋航海に
　出発　　　　　　　　　　　　　1768（この年）
ダーウィン、ビーグル号で世界周航に出発
　　　　　　　　　　　　　　　　1831.12.27
ヴィチャージ号世界周航　　　　　1886（この年）
世界船舶進水統計
世界船舶進水統計1位　　　　　　1959.1.20
世界地図
世界地図にインド洋、大西洋描かれる　150（この年）
緯度経度を最初に描いた世界地図　1507（この年）
世界地図の刊行　　　　　　　　　1796（この年）
幕府「出版の制」を定める　　　　1860.3.24
世界地理書
箕作阮甫『地球説略』刊行　　　　1860.3月
世界の艦船
海人社創業　　　　　　　　　　　1957.6.1
世界初の地球一周レース
地球一周レース開催—日本人優勝　1983.5.17
関 文威
『水界微生物生態研究法』刊行　　1976（この年）
赤外線放射温度計
空から排水調査　　　　　　　　　1973（この年）
セキ号
アラビア半島フジャイラ沖でタンカー同士
　が衝突　　　　　　　　　　　　1994.3.31
関沢 明清
シロサケふ化放流　　　　　　　　1876（この年）
鯨漁場調査　　　　　　　　　　　1887（この年）
関森航路
関森航路　　　　　　　　　　　　1911.10.1
関森航路で貨車航送　　　　　　　1919.8.1
関森航路が廃止　　　　　　　　　1942.7.9
石炭支給
外国船に石炭支給　　　　　　　　1857（この年）

赤道潜流
赤道潜流発見　　　　　　　　　　1953（この年）
赤道太平洋
「なつしま」、赤道太平洋にてエル・ニー
　ニョの観測　　　　　　　　　　1987.1月
赤道流
マリアナ海溝（9,814m）鋼索測探を始める
　　　　　　　　　　　　　　　　1925.4月
関谷 清景
『大日本地震資料』刊行　　　　　1904（この年）
石油コンビナート等災害防止法
石油コンビナート等災害防止法　　1975（この年）
石油採掘用プラットフォーム
沖合の石油採掘用プラットフォーム第1号
　　　　　　　　　　　　　　　　1949（この年）
石油タンカー
フィリピンでタンカーとフェリー衝突沈没
　—海難史上最大の犠牲者数　　　1987.12.20
石油天然ガス・金属鉱物資源機構
次世代資源メタンハイドレート秋田・山形
　沖に有望地点　　　　　　　　　2014.6月
石油備蓄
タンカーによる石油備蓄　　　　　1977（この年）
セクスタント
六分儀の発明　　　　　　　　　　1757（この年）
セコアー
海軍軍縮第1回予備交渉開始　　　1934.10.22
世耕 弘一
近畿大学水産研究所白浜臨海研究所開設
　　　　　　　　　　　　　　　　1948（この年）
接触
海自潜水艦と漁船が接触　　　　　2009.1.10
摂津
仁和地震　　　　　　　　　　　　887（この年）
Z計画
「Z計画」承認　　　　　　　　　1938（この年）
設備削減
造船不況—設備削減へ　　　　　　1978（この年）
絶滅危惧種
マグロ絶滅危惧種に指定　　　　　2011.7.7
ニホンウナギ絶滅危惧種に指定　　2014.6.12
せとうち
瀬戸内海でフェリー炎上　　　　　1973.5.19
瀬戸内しまなみ海道
瀬戸内しまなみ海道開通　　　　　1999.5.1
瀬戸大橋
瀬戸大橋　　　　　　　　　　　　1988.4.10
瀬戸内海
正確な瀬戸内海海図　　　　　　　1672（この年）
し尿投棄による海洋汚染　　　　　1971（この年）
瀬戸内海赤潮訴訟
瀬戸内海赤潮訴訟　　　　　　　　1985.7.30

瀬戸内海環境保全特別措置法
瀬戸内海環境保全特別措置法を制定　1978(この年)
瀬戸内海環境保全臨時措置法
瀬戸内海環境保全臨時措置法を制定　1973(この年)
瀬戸内海国立公園
瀬戸内海国立公園50周年記念式典開催　1984.6.3
瀬戸内海栽培漁業協会
瀬戸内海栽培漁業協会発足　1963(この年)
瀬戸内海潮汐の研究
小倉伸吉に学士院賞　1930(この年)
セドフ号
砕氷調査船セドフ号(ソ連)の漂流　1937(この年)
ゼニスライト
「ゼニスライト」沈没　2007.2.14
セネガル沖
セネガル沖でフェリー沈没　2002.9.26
セバストポリ
トルコ艦隊、オデッサ、セバストポリを砲撃　1914.10.29
セヴァストポリ要塞攻囲戦
セヴァストポリ要塞攻囲戦　1854(この年)
セブ島
マゼラン、フィリピンで殺される　1521.4.27
ゼーブルッヘ
ゼーブルッヘ基地を攻撃　1918.4.23
セブンアイランド愛
「セブンアイランド愛」旅客負傷事件　2007.5.19
セーヴォレー, ナザニエル
ペリー父島に　1853.5.8
セミオーフ
樺太でロシア人が漁業妨害　1878(この年)
セラピス
史上に残る単独艦同士の戦闘　1779.9.23
セランディア号
ディーゼル・エンジンを船に採用　1911(この年)
セレベス島
インドネシアで地震　1968.8.15
零式艦上戦闘機
零式艦上戦闘機、最初の公式試験飛行　1939.7.6
船位通報制度優良通報船舶
船位通報制度優良通報船舶を受賞　2008.3月
船員職業安定法
内航海運活性化3法施行　2005.4月
船員中央労働委員会
最低賃金制改訂求め全日海スト　1957.10.26
船員の余剰問題
船員の余剰問題—離職船員の再就職　1986(この年)
船員法
船員法公布(6月16日施行)　1899.3.8
船舶法・船員法公布　1899.3.8
船員法一部改正　1988(この年)
内航海運活性化3法施行　2005.4月
船員法改正
船員法改正公布　1970.5.15
船員保険
船員保険等を地方庁に移管　1943.3.31
船員保険法
「船員保険法」公布　1939.4.6
船員保険法改正法を公布　1965.6.1
船員保険法改正法
「船員保険法」改正公布　1945.2.19
浅海用マルチビーム測深機
浅海用マルチビーム測深機「シーバット」を開発　1992(この年)
尖閣
尖閣諸島付近で中国漁船が海上保安庁巡視船に衝突　2010.9.7
政府、離島を国有化　2014.1.7
尖閣諸島
尖閣諸島、中国漁船侵犯　1978.4.12
議員が初めて尖閣諸島に上陸　1997.5.6
尖閣諸島に不法上陸　2004.3.24
尖閣諸島領有権論争
尖閣諸島領有権論争再発　1990.10月
戦艦
タービン推進戦艦「ドレッドノート」進水　1906.2.10
戦艦「陸奥」進水　1920.11.9
戦艦「長門」完工　1920.11.25
戦艦「加賀」進水　1921.11.7
ワシントン軍縮条約に基づき建造中止命令　1922.2.5
英、戦艦「ネルソン」完成　1927(この年)
仏高速戦艦進水　1935.10.2
戦艦「大和」呉工廠で起工　1937.11.4
戦艦「武蔵」起工　1938.3.29
デンマーク海峡海戦　1941.5.24
戦艦「ビスマルク」撃沈　1941.5.27
戦艦大和を竣工　1941.12.16
スキッド実戦配備　1943(この年)
レイテ沖海戦　1944.10.24
英国が最後に建造した戦艦　1944(この年)
降伏文書調印　1945.9.2
潜函
潜函を開発　1738(この年)
戦艦ポチョムキン
映画『戦艦ポチョムキン』公開　1926.1.18
戦艦ポチョムキン号の反乱
戦艦ポチョムキン号の反乱　1905.6.27
戦艦武蔵
『戦艦武蔵』刊行　1966.9月
戦旗
『蟹工船』連載開始　1929.5月
戦記映画
『ハワイ・マレー沖海戦』封切　1942.12.3

船型試験水槽
船型試験水槽作成 1872(この年)
ゼンケビィッチ
西大西洋の精密観測 1949(この年)
ゼンケヴィチ
『ソ連海洋生物学』刊行 1955(この年)
船航安全法
船航安全法公布(9年3月1日施行) 1933.3.15
潜航調査
潜水調査船「ベン・フランクリン号」メキシコ湾を32日間漂流 1969.7.14
『船行要術』
『船行要術』 1450(この年)
全国漁業協同組合連合会
漁業協同組合連合会 1952.11.5
全国地磁気測量
全国地磁気測量 1912(この年)
千山丸
「みどり丸」「千山丸」衝突事件 1935.7.3
千住吾妻急行汽船
千住吾妻急行汽船会社設立 1900(この年)
泉州丸
LNG船「泉州丸」を竣工 1984(この年)
千住大橋
千住吾妻急行汽船会社設立 1900(この年)
船主協会
船主協会の不況対策 1958(この年)
先進導杭貫通
先進導杭貫通―青函トンネル 1983(この年)
潜水
ペントスコープにて潜水 1949(この年)
潜水艦
初のホランド型潜水艦 1878(この年)
世界初、実用潜水艦開発に成功 1898(この年)
米国、潜水艦採用 1900(この年)
独、Uボート進水 1905(この年)
ドイツ、対英封鎖を宣言 1915.2.4
ルシタニア号がドイツ潜水艦に撃沈される 1915.5.7
独、潜水艦無警告撃沈始める 1915(この年)
潜水艦「伊1号」竣工 1926.3.10
潜水艦ノーチラス号の北極探検 1931(この年)
米、レーダー射撃方位盤を潜水艦などに装備 1942(この年)
兵員輸送船沈没 1943.3月
空母「信濃」沈没 1944.11.29
阿波丸沈没 1945.4.1
ソ連が日本へ潜水艦を出撃させる 1945.8.19
米潜水艦「ジョージ・ワシントン」進水 1959.6月
米潜水艦「ロスアンゼルス」進水 1974.4月
米潜水艦「オハイオ」就役 1981(この年)
潜水艦発射型弾道ミサイル
潜水艦発射型弾道ミサイルのテスト成功 1958(この年)
潜水艦発射弾道ミサイル
米潜水艦「ジョージ・ワシントン」進水 1959.6月
中国5番目のSLBM保有国に 1982.10.16
潜水球
潜水球で3028フィート潜る 1934(この年)
潜水実験
ニューシートピア計画潜水実験 1989.3月
ニューシートピア計画300m最終潜水実験 1990.7月
潜水シミュレーション実験
潜水シミュレーション実験 1986(この年)
潜水シミュレーション実験成功 1991(この年)
潜水鐘
潜水鐘の発明 1535(この年)
潜水調査船
科技庁、潜水調査船「しんかい」建造 1969(この年)
「しんかい2000」進水 1981(この年)
仏の6,000m潜水可能の潜水調査船進水 1984(この年)
潜水艇
潜水艇が建造される 1620(この年)
「アメリカの亀号」発明 1776(この年)
フルトン、ノーチラス号を製作 1801(この年)
実用に耐える最初の潜水艇 1882(この年)
潜望鏡を装備した初の潜水艇 1890.10月
「バチスカーフ号」4,050mまで潜水 1954(この年)
日本海溝調査 1957(この年)
ガラパゴス諸島近くで深海底温泉噴出孔を発見 1977(この年)
宣戦布告
ロシアに宣戦 1904.2.10
船団連
最低賃金制改訂求め全日海スト 1957.10.26
全地球海洋観測組織
「全地球海洋観測組織(IGOSS)」発足 1972(この年)
漸長図法
海図の進歩 1569(この年)
全天候衛星
海軍軍縮第1回予備交渉開始 1934.10.22
先天性水俣病
先天性水俣病 1964.6.25
戦闘ガレー
戦闘ガレーが出現 BC700(この頃)
全・東京湾
中村征夫が第13回木村伊兵衛写真賞を受賞 1988(この年)
宣統帝
明治天皇、清宣統帝に外輪蒸気船を贈る 1909(この年)
全島避難
三宅島雄山噴火、全島避難 2000.9.2

全日海
最低賃金制改訂求め全日海スト	1957.10.26

全日本海員組合
全日本海員組合創立	1945.10.5

全日本海員組合スト
全日本海員組合スト	1965.11.20
全日本海員組合スト	1976.7.2

全日本実業団ヨット選手権
全日本実業団ヨット選手権開催	1955（この年）

全日本ヨット選手権
全日本ヨット選手権開催	1972.11.4

船舶
日本船長協会発足	1950.11.4
日本船舶輸出組合設立	1954.12.13
日本船舶職員養成協会設立	1964（この年）
日本船舶電装協会設立	1968.8.7
日本船舶品質管理協会設立	1971.7.1

船舶運営会
商船管理委員会認可	1945（この年）

船舶大型化に対する構造力学上の研究
吉識雅夫、日本学士院賞受賞	1966（この年）

船舶拡充5ヵ年計画
船舶拡充5ヵ年計画	1955（この年）

船舶検疫規則
「汽車検疫規則」「船舶検疫規則」制定	1897.7.19

船舶建造許可
戦後初、船舶建造許可	1947（この年）

船舶職員法
船舶職員法改正	1998（この年）

船舶戦争保険
船舶戦争保険	1980（この年）
船舶戦争保険基本料引き上げ	1983（この年）

船舶に関する基本法規
船舶法公布（6月16日施行）	1899.3.8

船舶の造波抵抗に関する研究
乾崇夫、日本学士院賞受賞	1978（この年）

船舶の動揺に関する研究
「船舶の動揺に関する研究」日本学士院賞受賞	1949（この年）

船舶廃油汚染
船舶廃油汚染—全国各地の沿岸	1971（この年）

船舶発生廃棄物汚染防止規程
船舶発生廃棄物汚染防止規程	1997.6.11

船舶法
船舶法・船員法公布	1899.3.8

船舶向けニュース配信
船舶向けニュースが新聞模写放送へ	1964.3.2

船舶用
コール、船舶用速度計を発明	1573（この年）

潜望鏡
潜望鏡を装備した初の潜水艇	1890.10月

ぜんまい
時計製作者のハリソンが没する	1776.3.24

ぜんまい式
ハリソン、クロノメーターを発明	1759（この年）

【そ】

曾 公亮
指南魚を用いた羅針儀の使用	1084（この年）

双暗車船
最初の双暗車船	1881（この年）

掃海船ペルシャ湾派遣
掃海船ペルシャ湾派遣	1991.4.24

操業短縮
造船不況—操業短縮	1978.12.28

装甲艦
仏、世界初の装甲艦起工	1858.4月
英・装甲艦「ウォーリア号」起工	1859.5月

総合国際深海掘削計画
地球深部探査船「ちきゅう」(56,752トン)が完成	2005.7月

装甲巡洋艦
装甲巡洋艦「浅間」進水	1898.3.22
装甲巡洋艦「筑波」竣工	1907.1.14
装甲巡洋艦「伊吹」進水	1907.11.21

装甲船
最初の装甲船	1591（この年）
J.エリクソン、甲鉄の軍艦を設計	1862（この年）

造船
造船技術	BC500（この頃）
『商船建造術』刊行	1768（この年）
石川島を造船所に	1854.12.5
日本で最初の洋式木造帆船	1855.1.30
横須賀製鉄所起工式	1865.9.27
水兵の教育改革、事前調査をベルタンに依頼	1887.4月
造船協会（現・日本船舶海洋工学会）設立	1897.4.1
帝国海事協会（現・日本海事協会）設立	1899.11月
造船倶楽部（現・日本造船工業会）設立	1947.9.25
GHQ造船見返し資金認可	1951.5.31
日本造船協力事業者団体連合会設立	1954.12.13
日本造船関連工業会（現・日本船用工業会）発足	1956.10.10
世界造船進水高で1位	1958.1.21
日本中小型造船工業会設立	1959.5.1
日本海事広報協会設立	1963.12.5
長崎総合科学大学に船舶工学科（現・船舶工学コース）開設	1965.**.**
日本造船技術センター設立	1967（この年）
日本船舶品質管理協会設立	1971.7.1
日本造船振興財団（現・海洋政策研究財団）設立	1975.12.18
日本船舶技術研究協会発足	2005.4月

造船大手増益
造船大手増益 2005（この年）
造船外資完全自由化
造船外資完全自由化は見送り 1967.6.1
造船学
グラスゴー大学で造船学講座 1883（この年）
造船学の原理
『造船学の原理』出版 1670（この年）
造船疑獄
造船疑獄 1954.4.21
造船キャンセル
造船キャンセル過去最悪 1976.10.21
造船業界再編
造船業界再編ディーゼル新会社 1988.10.1
造船金利引下げ
造船金利引下げ 1953.10.12
造船計画
運輸省、第7次造船計画決定 1951.3.17
第14次造船計画 1958.1.29
造船工業会
造船、新協議会設置 1975.7月
造船5か年計画
造船5か年計画 1954.4.19
造船再編
造船再編、大手3グループに統合 2000（この年）
造船実績
過去最高の受注、進水量―造船実績 1966.4.18
造船受注
造船受注実績3年ぶりに世界一 2002（この年）
造船受注は回復したが、円高影響 2003（この年）
造船受注量世界シェア
造船受注量世界シェア―史上最低を記録 1993.6.3
造船術
スンビン号来航 1854.7.6
造船所
造船所3万人スト 1921.7.7
造船奨励法
航海奨励法・造船奨励法公布 1896.3.24
三菱に造船奨励法最初の認可 1896.12.3
造船・進水量
造船・進水量は世界一 1965.12.13
造船に関するOECD特別作業部会
造船に関するOECD特別作業部会 1965（この年）
造船に対する利子補給
造船に対する利子補給 1979（この年）
造船ニッポン
造船ニッポン、世界シェア6割を超す 1984（この年）
造船白書
造船白書発表 1952.1.26

造船不況
深刻さを増す造船不況 1977.3.1
造船不況―需要大幅減 1978.1.16
造船不況―新山本造船所倒産 1978.2.8
造船不況―特定不況地域を指定 1978.8.28
造船不況―特定不況業種に 1978.8月
造船不況――時帰休 1978.10.28
造船不況―操業短縮 1978.12.28
造船不況―設備削減へ 1978（この年）
造船不況―日立造船など大手が人員削減 1986.10.15
造船不況―日本鋼管人員削減 1987.2.18
造船向け利下げ
全銀連、造船向けに利下げ 1956.4.30
造船融資
造船融資を閣議決定 1954.7.30
造船融資―市中銀行が応諾 1955.6.27
造船融資率
全銀連、造船融資率承認 1956.2.20
送電線損傷
送電線損傷事件 2006.8.14
砂利運搬船送電線損傷 2007.7.19
双胴
古代最大の軍船 BC200（この頃）
総督
ポルトガルのインド経営始まる 1505（この年）
遭難
英国艦隊、シリー島沖で嵐のため遭難 1707（この年）
高知で漁船遭難 1907.8.6
スコット隊全員が遭難死 1912.3.29
漁船多数座礁・沈没 1954.5.10
相米 慎二
『魚影の群れ』公開 1983.10.29
相馬沖
海洋調査船へりおす沈没 1986.6.17
宗谷
宗谷建造 1938（この年）
南極観測隊「宗谷」出発 1956.11.8
昭和基地建設 1957（この年）
蒼龍
航空母艦「蒼龍」起工 1934.11.20
測深機
採泥器付き測深機 1854（この年）
速度
フランクリン、メキシコ湾流を発見 1770（この年）
速度計
コール、船舶用速度計を発明 1573（この年）
測量
外国船浦賀、下田、長崎に入港 1849.4.8
海軍伝習所 1855.10.24
江戸湾測量 1860（この年）
英艦と的矢・尾鷲湾測量 1870（この年）

- 459 -

フランス軍艦が瀬戸内海測量　1871(この年)
測量艦
　マリアナ海溝(9,814m)鋼索測探を始める
　　　　　　　　　　　　　　　1925.4月
測量船
　観測測量船拓洋・さつま被曝　1958.7.21
測量調査
　ダーウィン、ビーグル号で世界周航に出発
　　　　　　　　　　　　　　1831.12.27
底曳網漁船
　底曳網漁船のロープ処理―リールなどが開
　　発される　　　　　　　　　1963.8月
ソシエテ群島
　キャプテン・クック、第1回太平洋航海に
　　出発　　　　　　　　　1768(この年)
租借権
　膠州湾租借　　　　　　　　　1898.3.6
測候所
　中央気象台を設置　　　　　　1887.8.8
袖ヶ浦
　係留中のタンカーより重油流出―千葉県
　　袖ヶ浦　　　　　　　　　1994.11.26
ソードフィッシュ
　原子力潜水艦放射能事件　　　1968.5.6
ソニー
　無人深海探査機「江戸っ子1号」が日本海
　　溝で深海生物の3D映像撮影に成功　2013.11月
ソーニクロフト
　近代的水雷艇建造　　　　1872(この年)
ソブリン・オブ・ザ・シー
　ソブリン・オブ・ザ・シー建造
　　　　　　　　　　　　　1637(この年)
ソマリ海流
　黒潮、ソマリ海流を発見　1963(この年)
ソ連海洋生物学
　『ソ連海洋生物学』刊行　1955(この年)
ソ連漁業来日
　ソ連漁業来日　　　　　　　　1966.6.19
ソ連原潜が沖縄で火災
　ソ連原潜が沖縄で火災　　　　1980.8.21
ソ連偵察機が佐渡沖で墜落
　ソ連偵察機が佐渡沖で墜落　　1980.6.27
ソレントの海戦
　ソレントの海戦　　　　　　　1545.7.19
ソ連の原潜「K-219」火災
　ソ連の原潜「K-219」火災　　1986.10.3
ソロモン
　紅海を渡る　　　　　　BC900(この頃)
ソロモン海戦
　ソロモン海戦　　　　　　　　1942.8.8
ソロモン地震で津波
　ソロモン地震で津波　　　　　2013.2.6

ゾンシャンメン
　「菱南丸」「ゾンシャンメン」衝突事件　1993.2.23

【た】

第一安洋丸
　漁船第一安洋丸沈没事件　　　1999.12.10
第一宇高丸
　宇高連絡船「第1宇高丸」就航　1929.10月
第一鹿島海山
　「第一鹿島海山」発見　　1977(この年)
第1高砂丸
　シベリア引揚げ再開　　　　　1948.6.27
第一丁卯
　英艦と的矢・尾鷲湾測量　1870(この年)
第一とよた丸
　「第一とよた丸」を建造　1968(この年)
第一富士丸
　第一富士丸・潜水艦なだしお衝突　1988(この年)
第1豊漁丸
　第1豊漁丸・リベリア船タンカー衝突
　　　　　　　　　　　　　1985(この年)
第一宗像丸
　「第一宗像丸」「タラルド・ブロビーグ」衝
　　突事件　　　　　　　　　1962.11.18
第一わかと丸
　「第一わかと丸」転覆事件　　1930.4.2
対英反乱
　ボンベイの水兵が反乱　　　　1946.2.19
対英封鎖
　ドイツ、対英封鎖を宣言　　　1915.2.4
ダイオウイカ
　深海でのダイオウイカ撮影に成功　2012.7月
ダイオレス1世
　運河が建設される　　　BC1000(この頃)
大化の改新
　大化の改新―漁業管領　　645(この年)
大気圧潜水服
　大気圧潜水服　　　　　　1993(この年)
大気海洋研究所
　大気海洋研究所が発足　　　　2010.4月
大気圏核爆発実験
　仏、世界の抗議を無視して核実験強行　1973.7.21
大気と海の運動
　『大気と海の運動』刊行　1960(この年)
大規模雲群発生
　「みらい」がインド洋における大規模雲群
　　発生の観測に初めて成功　　2007.1月
大規模演習
　緊張高まるペルシャ湾―米対イラン　1987.8.4

たいせ

ダイゲル号
　英国船が難破船を救助　　　　　　　　1883.3.4
大航海時代
　『大航海時代叢書』第II期刊行開始　　　1979.6月
大航海時代叢書
　『大航海時代叢書』第I期刊行開始　　　1965.7月
　『大航海時代叢書』第II期刊行開始　　　1979.6月
泰光丸
　福島でタンカーと貨物船が衝突―重油流出
　　　　　　　　　　　　　　　　　　　1993.5.31
第五海洋丸
　「第五海洋」遭難　　　　　　　　1952（この年）
第五北川丸
　旅客船「第五北川丸」沈没事件　　　　 1957.4.12
大黒屋 光太夫
　「北槎聞略」作る　　　　　　　　1794（この年）
第五十二惣寶丸
　漁船「第五十二惣寶丸」遭難事件　　　 1985.2.26
第5照宝丸
　和歌山県海南港でタンカー同士が衝突―原
　　油流出　　　　　　　　　　　　　　1994.10.17
第五拓新丸
　ビキニ被曝死　　　　　　　　　　　　1961.12.11
第5福竜丸
　第5福竜丸乗員死亡　　　　　　　　　　1954.9.23
第五龍寶丸
　漁船第五龍寶丸転覆事件　　　　　　　 2000.9.11
タイコンデロガ
　1965年の水爆搭載機の事故が明らかに　　1989.5月
第三宇高丸
　紫雲丸事件　　　　　　　　　　　　　 1955.5.11
第3川岸丸
　カツオ漁船第3川岸丸（76トン）建造　　 1924.4月
第3次英蘭戦争
　テセルの戦い　　　　　　　　　　　　 1683.8.11
第3次中東戦争
　スエズ運河封鎖　　　　　　　　　　　 1967.6月
第三新生丸
　「第三新生丸」「ジムアジア」衝突事件　2005.9.28
第3新町丸
　最後の南極商業捕鯨　　　　　　　　　 1987.3.14
第3宝栄丸
　タンカー座礁―有害物質流出　　　　　 1971.11.7
第3満恵丸
　大分の定期連絡船転覆　　　　　　　　 1960.10.29
第3水俣病問題
　第3水俣病問題　　　　　　　　　　　　 1974.6.7
第3明好丸
　遊漁船「第3明好丸」転覆事件　　　　　 2006.10.8
手石海丘
　自航式ブイ「マンボウ」火山からの気泡確
　　認　　　　　　　　　　　　　　1989（この年）

第七蛭子丸
　漁船「第七蛭子丸」転覆事件　　　　　 1993.2.21
第11昌栄丸
　「第11昌栄丸」「オーシャンソブリン号」衝
　　突　　　　　　　　　　　　　　1974（この年）
第11青函丸
　青函連絡貨物船北見丸・日高丸・十勝丸・
　　第11青函丸沈没　　　　　　　　　　　1954.9.26
第11平栄丸
　第11平栄丸・北扇丸衝突　　　　　1972（この年）
第十五安洋丸
　「第十一協和丸」「第十五安洋丸」衝突事件
　　　　　　　　　　　　　　　　　　　1984.2.15
第15永進丸
　船舶事故で原油流出―川崎　　　　　　 1967.2.12
第十五浜幸丸
　貨物船とタンカーが衝突　　　　　　　 2010.6.16
第十とよた丸
　「第十とよた丸」竣工　　　　　　1970（この年）
第18栄福丸
　貨物船が衝突し転覆　　　　　　　　　 2013.9.27
第十八光洋丸
　漁船「第十八光洋丸」と貨物船「フンア
　　ジュピター」が衝突　　　　　　　　　2003.7.2
大正天皇
　ナイル号沈没　　　　　　　　　　　　 1915.1.11
大深度小型無人探査機
　大深度小型無人探査機「ABISMO」実海
　　域試験において水深9,707mの潜航に成
　　功　　　　　　　　　　　　　　　　2007.12月
大成丸四世
　大成丸四世竣工　　　　　　　　　　　 2014.3.31
大西洋
　ピュテアス、潮汐現象を発見　　BC330（この年）
　世界地図にインド洋、大西洋描かれる　150（この年）
　ミディ運河が建設される　　　　　1666（この年）
　サヴァンナ号、大西洋を横断　　　　　　　1819
　スクリュー推進船が初めて大西洋を横断　1836.7.13
　シリウス号大西洋を18日間で横断　　　　 1838.4.4
大西洋、インド洋の地理学
　『大西洋、インド洋の地理学』刊行　1935（この年）
大西洋横断
　大西洋横断の無線通信に成功　　　1901（この年）
　ヨットで大西洋横断　　　　　　　　　 1965.7.13
大西洋横断海底電信
　C.W.フィールド、大西洋横断海底電信敷
　　設　　　　　　　　　　　　　　1866（この年）
大西洋横断汽船
　大西洋横断汽船会社　　　　　　　1840（この年）
大西洋横断航空路線
　大西洋横断航空路線開設　　　　　1932（この年）
大西洋横断電信ケーブル
　最初の大西洋横断電信ケーブル敷設　1858（この年）

大西洋海底地形
「メテオール号」の音響探測　　　1925（この年）
大西洋海嶺中軸谷
大西洋海嶺中軸谷で熱水活動を発見　1974（この年）
大西洋岸
レッドフィールド、『大西洋岸で発達する
嵐について』刊　　　　　　　1831（この年）
大西洋岸で発達する嵐について
レッドフィールド、『大西洋岸で発達する
嵐について』刊　　　　　　　1831（この年）
大西洋生物調査
大西洋生物調査　　　　　　　　1925（この年）
大西洋中央海嶺
ロナ、深海底の温泉噴出孔を発見　1985（この年）
「しんかい6500」世界で初めてインド洋潜
行　　　　　　　　　　　　　1998（この年）
大西洋調査
ウナギ産卵場所を突き止める　　1920（この年）
大西洋調査図集
『大西洋調査図集』刊行　　　　1960（この年）
大西洋東岸地帯
ヨーロッパで海難事故多発　　　1951.12.29
大西洋の地理学
『大西洋の地理学』刊行　　　　1926（この年）
大西洋マグロ類保存国際委員会
マグロの漁獲枠拡大へ　　　　　2014.10.8
泰西輿地図説
西洋地誌概説書刊行　　　　　　1788（この年）
対潜哨戒機
海自護衛艦リムパック初参加　　1980.2.26
対潜兵器
ヘッジホッグ配備　　　　　　　1941（この年）
タイタニック
タイタニック号沈没　　　　　　1912.4.14
沈船「タイタニック」の撮影　　1986（この年）
沈船「タイタニック」の一部海上へ　1998（この年）
第十一協和丸
「第十一協和丸」「第十五安洋丸」衝突事件
1984.2.15
大同海運
海運会社の合併相次ぐ　　　　　1963.12.18
海運再編―大阪商船と三井船舶が合併など
1964（この年）
第70
潜水艦「第70」沈没　　　　　　1923.8.21
第七十一日東丸
「第七十一日東丸」沈没事件　　1985.4.23
第七十七善栄丸
「第七十七善栄丸」・水中翼船「こんどる三
号」衝突事件　　　　　　　　1991.2.20
第七千代丸
漁船「第七千代丸」乗揚事件　　2006.10.6

第7文丸
第7文丸・アトランティック・サンライズ
号衝突　　　　　　　　　　　1961（この年）
第二海王丸
「第二海王丸」転覆事件　　　　1989.4.24
第二広洋丸
「第二広洋丸」「サントラスト号」衝突事件　2002.8.8
第二次征長の役
第二次征長の役　　　　　　　　1866.6.7
第二次世界大戦
デンマーク海峡海戦　　　　　　1941.5.24
第二十五五郎竹丸
漁船「第二十五五郎竹丸」転覆事件　1994.12.26
第二十八あけぼのの丸
「第二十八あけぼのの丸」転覆事件　1982.1.6
第28亀丸
海自潜水艦と漁船が接触　　　　2009.1.10
第二昭鶴丸
LEG船「第二昭鶴丸」竣工　　　1981.11月
第二水産講習所
朝鮮総督府釜山高等水産学校（現・水産大
学校）設立　　　　　　　　　1941.4月
大日本沿海輿地全図
『大日本沿海輿地全図』幕府に献納　1814（この年）
第二東洋汽船
日本郵船、第二東洋汽船株式会社を合併
1926（この年）
大日本気象学会
東京気象学会（現・日本気象学会）設立　1882.5月
大日本史
赤潮発生　　　　　　　　　　　732.6.13
大日本地震資料
『大日本地震資料』刊行　　　　1904（この年）
大日本水産会
水産伝習所、創設　　　　　　　1888.11.29
大日本帝国水難救済会
大日本帝国水難救済会（現・日本水難救済
会）発会　　　　　　　　　　1889.11.3
第2室戸台風
台風18号（第2室戸台風）　　　1961（この年）
第八優元丸
「第八優元丸」「ノーバルチェリー」衝突事
件　　　　　　　　　　　　　1990.6.7
耐氷型貨物船
宗谷建造　　　　　　　　　　　1938（この年）
ダイビングガイド
『ウミウシガイドブック』刊行　1999（この年）
台風シンポジウム
ユネスコ台風シンポジウム東京で開催　1954.11.9
太平丸
「第一宗像丸」「タラルド・プロビーグ」衝
突事件　　　　　　　　　　　1962.11.18

太平洋
- パナマ地峡より太平洋に　1513.9.29
- マゼラン「太平洋」と命名　1520.11.28
- キャプテン・クック、第1回太平洋航海に出発　1768（この年）
- キャプテン・クック、第2回太平洋航海に出発　1772.7.13
- ラ・ペルーズ　1785（この年）
- ダーウィン、ビーグル号で世界周航に出発　1831.12.27
- 海洋測深に鋼索を使用　1838（この年）
- ノルデンシェルド、北東航路の開拓に成功　1878（この年）

太平洋横断
- ヨットで太平洋横断　1964.7.29
- 小型ヨットで太平洋横断　1967.7.13
- 手作りヨットで太平洋横断　1977.10.8

太平洋横断ケーブル
- 太平洋横断ケーブルが完成　1902.12.8

太平洋横断ヨットレース
- 海洋博記念ヨットレース　1975.11.2

太平洋海底ケーブル
- 太平洋海底ケーブル開通　1963（この年）

太平洋海面水位監視パイロット・プロジェクト
- 太平洋海面水位監視パイロット・プロジェクト始まる　1985（この年）

太平洋学術会議
- 太平洋学術会議東京で40年振りに開かれる　1966（この年）

太平洋学会
- 「太平洋学会」を創立　1978（この年）

太平洋汽船
- 13日間で日米間を航海　1888.11.9

太平洋漁場日米加共同海洋調査
- 太平洋漁場日米加共同海洋調査実施　1956（この年）

太平洋航路
- 太平洋航路客船沈没　1927（この年）

太平洋深海調査
- ソ連船、太平洋深海を調査　1955（この年）

太平洋総合研究
- 太平洋総合研究開始　1951（この年）

太平洋大循環研究
- 太平洋大循環研究開始　1991（この年）

太平洋単独横断ヨットレース
- 海洋博記念で日本人が最短・最長航海女性世界記録　1975.11.18

太平洋単独往復
- 女性初の太平洋単独往復　1988.8.19

太平洋単独航海
- 太平洋単独横断成功　1962.8.12

大砲
- 軍艦に初めて大砲搭載　1338（この年）
- 商船に大砲搭載　1875.5.31

大北方探検
- ロシアの大北方探検　1733（この年）

ダイポールモード現象
- インド洋でのダイポールモード現象　2000.9月

ダイムラー, G.W.
- 最初のガソリンエンジンを載せたモーターボート　1883（この年）

ダイヤモンドグレース号
- 東京湾でタンカー座礁―油流出　1997.7.2

ダイヤモンド・プリンセス
- ダイヤモンド・プリンセス完成　2004.2.26

太陽
- 天文学者マスケリンが没する　1811.2.9

大洋
- 『大洋』出版　1942（この年）

大洋横断海底ケーブル
- 最初の海底ケーブル　1851（この年）

大洋水深総図
- 「大洋水深総図」完成　1984（この年）

太陽赤緯表
- 奥村増膩、『経緯儀用法図説』刊　1838（この年）

大洋中軸海嶺
- 大洋中軸海嶺を発見　1956（この年）

平 知盛
- 壇ノ浦の戦い　1185（この年）

大陸移動
- 大陸移動を示唆　1772（この年）

大陸移動説
- 大陸移動説　1915（この年）

大陸及び大洋の起源
- 大陸移動説　1915（この年）

大陸発見
- アジア最南端よりもはるか南に大陸を発見　1501（この年）

大連
- 佐世保～大連に海底電線　1904.1月

第6艦隊
- シドラ湾で戦闘　1986.3.24

第六垂水丸
- 「第六垂水丸」転覆事件　1944.2.6

台湾
- 台湾～九州間海底電線　1897（この年）

台湾沖
- 阿波丸沈没　1945.4.1

台湾総督
- 台湾総統を置く　1898.5.10

ダーウィン, ジョージ・ハワード
- G.H.ダーウィン『潮汐論』刊行　1898（この年）

ダーウィン, チャールズ
- ダーウィン、ビーグル号で世界周航に出発　1831.12.27

た-う 事項名索引

ダーウィン、『ビーグル号航海記』刊行開始 1839（この年）

ダーウィンメダル
- シュミット、ダーウィンメダル受賞 1930（この年）
- アレン、ダーウィンメダルを受賞 1936（この年）
- ワトソン、ダーウィンメダル受賞 1942（この年）
- ガーディナー、ダーウィンメダル受賞 1944（この年）
- フリッチュ、ダーウィンメダル受賞 1952（この年）

田内 森三郎
- 漁網の比較法則 1934.11月
- 『水産物理学』『漁の理』刊行 1949（この年）

たか号
- 「たか号」が連絡を絶つ 1991.12.26

高潮
- インド高潮被害 1876（この年）
- 室戸台風にともない大阪で高潮発生 1934.9月
- ジェーン台風、関西を襲う 1950.9月
- ヨーロッパで海難事故多発 1951.12.29
- オランダ北沿海岸一帯に高潮―大被害を与える 1953.2.1

たかちほ
- 「たかちほ」「幸吉丸」衝突事件 2007.2.9

高千穂
- 高千穂沈没 1914.10.18

高野 健三
- 世界海洋循環数値シミュレーション 1974（この年）

高野 長英
- 奥村増地、『経緯儀用法図説』刊 1838（この年）

高橋 景保
- 幕命により世界地図を作成 1816（この年）
- 万国全図を40年振りに改訂 1855（この年）

高橋 次太夫
- 樺太調査および地図 1801（この年）

高松
- 瀬戸内海航路 1903.3.18

高峰丸
- ダブルハルタンカー「高峰丸」竣工 1993（この年）

宝島
- 『宝島』刊行 1883（この年）

滝 善三郎
- 神戸事件 1868.1.11

ダキアとの戦い
- ダキアとの戦い 105（この年）

たぎり
- サツマハオリムシ発見 1993.2月

多金属硫化物鉱床
- で大規模な多金属硫化物鉱床を発見 1999.2月
- 多金属硫化物鉱床の発見 1999.2月

拓洋
- 観測測量船拓洋・さつま被曝 1958.7.21
- 「第一鹿島海山」発見 1977（この年）
- 海上保安庁の2代目「拓洋」就役 1983（この年）
- 「拓洋」チャレンジャー海淵を調査 1984.2月
- 伊豆・小笠原海溝を跨ぐ海嶺を確認 1986（この年）

竹島
- 韓国大統領竹島に上陸 2012.8.10
- 政府、離島を国有化 2014.1.7

竹島灯台
- 商船沈没 1910.7.22

竹内 保徳
- 幕末初の遣欧使節 1861.12.22

田子ノ浦
- 製紙会社の工場廃水問題 1934（この年）
- ヘドロ投棄了承 1971.2月
- ヘドロ汲み上げ移動―田子ノ浦 1974.6月
- 製紙カス処理問題―田子ノ浦 1974（この年）

田子ノ浦ヘドロ公害
- ヘドロ抗議集会 1970.8.9

タスカロラ号
- タスカロラ海淵を発見 1874（この年）

タスマニア
- ニュージーランドを発見 1642（この年）

タスマン
- ニュージーランドを発見 1642（この年）

多田 雄幸
- 地球一周レース開催―日本人優勝 1983.5.17

ダーダネルス海峡
- ダーダネルス海峡、軍艦通航を禁止 1841（この年）
- イタリア、ダーダネルス海峡砲撃 1912.4.16
- ダーダネルスへの海上作戦決定 1915.1.13

脱退
- 国際捕鯨条約脱退へ 1959.2.6

竜田丸
- 「竜田丸」沈没 1943.2.8

建網漁
- ニシン漁で発明 1856（この年）

蓼科アミューズメント水族館
- 蓼科アミューズメント水族館開業 1993.7月

多度津
- 瀬戸内海航路 1903.3.18

田中 茂穂
- 『日本産魚類図説』刊行 1911（この年）

田中 長次郎
- 英国船が難破船を救助 1883.3.4

種子島
- 種子島伝来 1543（この年）

種紙
- 横浜港の外国船数 1869.6月

タヒチ島
- キャプテン・クック、第1回太平洋航海に出発 1768（この年）
- バウンティ号の反乱 1789.4.28

タービニア号
- 船用蒸気タービンの道をひらく 1894（この年）

初の蒸気タービン船の完成	1897.6月

タービンエンジン
| タービンエンジン搭載の戦闘艦 | 1899（この年） |

タービン推進
| タービン推進戦艦「ドレッドノート」進水 | |
| | 1906.2.10 |

W.スコレスビー号
| ペルー海流調査 | 1925（この年） |

ダブルハルタンカー
| ダブルハルタンカー「高峰丸」竣工 | 1993（この年） |

ダブルハンドヨットレース
| ダブルハンドヨットレース | 1987.4.23 |

拿捕
| プエブロ号事件 | 1968.1.22 |

玉造船所
| 玉造船所設立 | 1937（この年） |
| 玉造船所、三井造船に改称 | 1942（この年） |

田村 良純
| フグ毒テトロドトキシン製造法特許 | 1911.12.5 |

田村丸
| 青函航路開業 | 1908.3.7 |

多毛類生物
| 「しんかい6500」多毛類生物を発見 | 1997.6月 |

田山 利三郎
| 『南洋群島の珊瑚礁』刊行 | 1952（この年） |

タラ
| タラ壊滅 | 1992（この年） |

ダラ号
| ペルシャ湾で貨客船火災 | 1961.4.8 |

タラの人工孵化
| タラの人工孵化に成功 | 1865（この年） |

タラバガニ漁協議
| タラバガニ漁協議妥結 | 1966.11.29 |

タラ漁
| タラ漁を巡って紛争 | 1973.3.18 |

タラルド・プロビーグ
| 「第一宗像丸」「タラルド・プロビーグ」衝突事件 | |
| | 1962.11.18 |

ダリウス1世
| 地中海とインド洋を結ぶ運河 | BC600（この頃） |

樽前山丸
| 内航初のフルコンテナ船竣工 | 1969（この年） |

ダレイオス1世
| 運河が建設される | BC1000（この頃） |

ダロスター・ガンベット改良型
| 海軍、中島機を「三式艦上戦闘機」として採用 | |
| | 1927（この年） |

田原 良純
| フグ毒をテトロドトキシンと命名 | 1909（この年） |

タンカー
日本最初のタンカー	1908.9月
戦後初、大型タンカー受注	1949（この年）
世界最大のタンカー受注	1958（この年）
世界最大のタンカー「日章丸」（当時）進水	
	1962.7.10
リベリア船籍のタンカーが新潟沖で座礁	1971.11月
タンカー衝突事故で原油流出—愛媛県沖	1974.4.26
フィリピンでタンカーとフェリー衝突沈没—海難史上最多の犠牲者数	1987.12.20
座礁大型タンカーより原油流出—英国・ウェールズ	1996.2.15
シンガポール海峡でタンカー同士が衝突—東南アジアで過去最大級の燃料流出	1997.10.15
ケミカルタンカーの燃料流出—犬吠崎沖で衝突	1998.8.15

タンカー火災
| スペイン沖でタンカー火災・原油流出 | 1978.12.31 |

タンカー攻撃
| 国連総会でペルシャ湾問題 | 1987.9.21 |

タンカー護衛作戦
| 緊張高まるペルシャ湾—米対イラン | 1987.8.4 |

タンカー座礁
ブルターニュ沖でタンカー座礁	1976.1.24
マラッカ海峡でタンカー座礁	1976.4.5
タンカー座礁—マサチューセッツ州コッド岬沖	1976.12.21
ブルターニュ沖でタンカー座礁—世界タンカー史上最悪の原油流出	1978.3.16

タンカー事故
| タンカー事故で重油流出—香川県沖合 | 1973.10.31 |

タンカー戦争
| タンカー戦争で国連安保理 | 1984.5.25 |
| タンカー戦争中止要求決議 | 1984.6.1 |

タンカー爆発
| スペイン沖でタンカー爆発・沈没 | 1985.5.26 |

タンカー備蓄問題検討専門委員会
| タンカー備蓄問題検討専門委員会発足 | |
| | 1976（この年） |

ダンケルク
| 仏高速戦艦進水 | 1935.10.2 |

探検航海
| 探検航海奨励 | 1429（この年） |

炭酸ガスハイドレート
| 沖縄トラフ伊は名海穴で、炭酸ガスハイドレートを初めて観察 | 1989（この年） |

男児出生率
| 水俣病と男児出生率 | 1999.3.24 |

淡水イルカ
| 淡水イルカ保存 | 2000（この年） |

淡水化
| 米ソ、原子力利用に関する協力協定に調印 | |
| | 1964.11.18 |

淡水魚
アガシ、『化石魚類の研究』刊行開始	1833（この年）
3代目魚津水族館開館	1981（この年）
蓼科アミューズメント水族館開館	1993.7月

- 465 -

淡青丸
海洋調査船の新造が相次ぐ　　　1963（この年）
弾道ミサイル潜水艦
北朝鮮弾道ミサイル潜水艦建造か　　2014.8.26
単独無寄港世界一周
単独無寄港世界一周　　　　　　1968（この年）
女性初の無寄港世界一周　　　　1992.7.15
壇ノ浦の戦い
壇ノ浦の戦い　　　　　　　　　1185（この年）
暖流
フランクリン、メキシコ湾流を発見　1770（この年）

【ち】

地井 武男
「海軍特別年少兵」公開　　　　　1972.8.12
チエン, ロジャー・Y.
クラゲの蛍光物質の研究でノーベル化学賞
受賞　　　　　　　　　　　　　2008.10.8
地海全図集版
薩摩藩『円球万国地海全図』を刊行　1802（この年）
地下核実験
フランス核実験再開　　　　　　1995.9.5
血ガキ
赤潮で血ガキ騒ぎ—気仙沼湾　　1975（この年）
地殻熱流量測定
太平洋の地殻熱流量測定始まる　　1950（この年）
地殻変動観測研究
深海底長期地震・地殻変動観測研究　1999.9.2.
地下水
福島第1原発、地下水を海洋放出　2014.5.21
遅感寒暖計
北海で下層水温を測定　　　　　1773（この年）
ちきゅう
地球深部探査船「ちきゅう」が進水　2002（この年）
地球深部探査船「ちきゅう」(56,752トン)
が完成　　　　　　　　　　　　2005.7月
地球一周
堀江謙一が縦回り地球一周　　　1982.11.9
地球温暖化問題
世界気候会議開催—初めて地球温暖化問題
が討議される　　　　　　　　　1979（この年）
地球環境保全企画推進本部
地球環境保全企画推進本部を設置　1988（この年）
地球儀
現存する最古の地球儀　　　　　1492（この年）
地球球形説
地球球形説　　　　　　　　　　1322（この年）
地球球体説
天文学者のトスカネリが生まれる　1397（この年）

地球形状論
地球形状論を発表　　　　　　　1743（この年）
地球サミット
地球サミット開催　　　　　　　1992（この年）
地球シミュレータ
ゴードン・ベル賞受賞　　　　　2002.11.21
21世紀の偉業賞受賞　　　　　　2003.6月
地球深部探査船
地球深部探査船「ちきゅう」が進水　2002（この年）
地球深部探査船「ちきゅう」(56,752トン)
が完成　　　　　　　　　　　　2005.7月
地球説略
箕作阮甫『地球説略』刊行　　　1860.3月
地球内部開発計画
地球内部開発計画　　　　　　　1964（この年）
地球内部ダイナミックス計画
地球内部ダイナミックス計画　　1972（この年）
地球の舞台
最初の地図帳　　　　　　　　　1570（この年）
地球物理学連合
国際学術連合設立　　　　　　　1919（この年）
地球フロンテイア研究システム
インド洋でのダイポールモード現象　2000.9月
筑後川丸
「筑後川丸」(610トン)竣工　　　1890.5.31
地磁気
コロンブス、偏角を発見　　　　1492.9.13
地磁気の伏角を地図に　　　　　1768（この年）
地磁気全磁力図
水路部、基本図測量にともない各種地図刊
行　　　　　　　　　　　　　　1968（この年）
地質構造図
水路部、基本図測量にともない各種地図刊
行　　　　　　　　　　　　　　1968（この年）
地質調査所
『海洋地質図』シリーズ刊行開始　1975（この年）
『日本地質アトラス』を刊行　　1982（この年）
地質調査総合センター
『海洋地質図』シリーズ刊行開始　1975（この年）
『日本地質アトラス』を刊行　　1982（この年）
千島
千島・樺太探検　　　　　　　　1786（この年）
デンマーク船が横浜入港　　　　1880.10.30
軍艦千島衝突沈没　　　　　　　1892.11.30
軍艦千島沈没事故示談成立　　　1895.9.19
千島海流
日本海などを命名　　　　　　　1874（この年）
千島探検
千島探検　　　　　　　　　　　1893（この年）
地図
紅海の地図　　　　　　　　　　BC520（この頃）
天文学者のトスカネリが生まれる　1397（この年）

初めて地図上に湾流を描く	1665（この年）
地磁気の伏角を地図に	1768（この年）
樺太調査および地図	1801（この年）
『日本東半部沿海地図』完成	1804（この年）

地図学
航海学、地図学研究施設設置	1418（この年）

地図帳
最初の地図帳	1570（この年）
初の原形に近い日本図	1595（この年）

チタ2世
ヨットで太平洋横断	1964.7.29

チチェスター, フランシス
単独世界一周航海	1967.5.28

父島
ペリー父島に	1853.5.8

秩父丸
運河が建設される	BC1000（この頃）
古代ギリシャの地図	BC1000（この頃）
ペンテコンテロス	BC600（この頃）
地中海とインド洋を結ぶ運河	BC600（この頃）
紅海の地図	BC520（この頃）
北海航海	BC400（この年）
プレヴェザの海戦	1538.9.28
ミディ運河が建設される	1666（この年）
地中海、紅海の海洋調査	1890
秩父丸、日本で初めて無線電話を使用	1936.4.8

地中海覇権
ローマ、地中海覇権を確立	BC146（この年）

チッソ
新日本窒素肥料（新日窒）再発足	1950.1月
水俣病患者らチッソ本社前で抗議の座込み	1971.12.17
チッソと水俣病新認定患者の調停成立	1973.4.27
チッソ石油化学に融資	1975.8.13
水俣病チッソ補償金肩代わり問題	1978.2.15
水俣病刑事裁判―チッソ元幹部有罪	1979.3.22
水俣病刑事裁判最高裁判決―チッソの有罪が確定	1988.2.29
水俣病全国連がチッソと和解	1996.5.19

チッソ支援
水俣・芦北地域再生振興とチッソ支援	1996.1.9

チッソ水俣工場
1960年以降も廃液排出	1968.9.20

地動説
『和蘭天説』刊行	1796（この年）

千歳
北海道にサケマスふ化場設立	1883（この年）

千歳丸
| 鎖国後初の官営貿易 | 1862.4.29 |
| シベリアで日本人漁夫殺される | 1897.10.6 |

千葉
工場廃液排出―千葉県市原市	1973（この年）
係留中のタンカーより重油流出―千葉県袖ヶ浦	1994.11.26

地方海員審判所
海員審判所の組織	1897.4.6

チムニー・熱水生物
チムニー・熱水生物発見	1988（この年）

チャイナベア号
水産指導船白鳥丸・米国船チャイナベア号衝突	1953.2.15

チャールズ1世
ソブリン・オブ・ザ・シー建造	1637（この年）

チャールズ2世
オランダ、チャールズ2世にヨットを献上	1660（この年）
最初のヨットレース	1661（この年）

チャルフィー, マーティン
クラゲの蛍光物質の研究でノーベル化学賞受賞	2008.10.8

チャレンジャー1号
海水化学分析	1884（この年）

チャレンジャー海淵
「拓洋」チャレンジャー海淵を調査	1984.2月
世界で初めて10,000m以深の海底から深海微生物を含む海底堆積物（泥）の採取に成功	1996.2月
世界で初めて底生生物の採取に成功	1998.5月

チャレンジャー海溝
英船「チャレンジャー号」深海を探検	1872（この年）

チャレンジャー号
英船「チャレンジャー号」深海を探検	1872（この年）

チャレンジャー8世号
マリアナ海溝に世界最深の海淵を発見	1950（この年）

チャンウオン号
さいとばるとチャンウオン号衝突―来島海峡	1978.9.6

中央気象台
中央気象台を設置	1887.8.8
中央気象台に海洋課など設置	1947（この年）
津波予防組織を編成	1948.1月
『海洋観測指針』刊行	1955（この年）

中央公害対策審議会
海洋投入処分等に関する基準設定―中央公害対策審議会が答申	1975.3.18
今後の水俣病対策	1991.11.26

中近東
西回り世界一周航路を再開	1951（この年）

中国遠洋運輸集団総公司
中国遠洋運輸集団総公司創設	1961（この年）

中国遠洋公司
中国企業と大西洋航路開設	1997（この年）

中国大陸沿岸封鎖
海軍が中国大陸沿岸封鎖	1937.9.5

ちゅう

中国電力島根原子力発電所
　原発温排水漁業被害—島根県　　1975.9月
中国向け船舶輸出
　中国向け船舶輸出のための輸銀使用認めず　1968.4.9
中止要求決議
　タンカー戦争中止要求決議　　1984.6.1
中南米ガルフ
　東回り世界一周航路開設　　1934（この年）
　西回り世界一周航路を再開　　1951（この年）
中南米西岸
　西回り世界一周航路を再開　　1951（この年）
中仏互訂広州湾租界条約
　仏、広州湾を租借　　1899.11.16
中部電力浜岡原発
　海洋版SPEEDI開発へ　　2014.6.2
チューブワーム
　相模トラフ初島沖のシロウリガイ群生域で
　　深海微生物を採取　　1990（この年）
長栄丸
　海自艇に漁船が衝突　　2009.10.29
超大型タンカー
　タンカー30万重量トン時代へ　1968（この年）
長距離音響通信
　「かいよう」深海において水平300kmの長
　　距離音響通信に成功　　2009.6月
長江
　中国の大運河　　BC485（この年）
彫刻
　軍艦から彫刻を撲滅　　1794（この年）
調査潜航
　「しんかい6500」調査潜航開始　1991（この年）
調査捕鯨
　調査捕鯨先延ばし案可決　　2014.9.18
調査捕鯨中止
　IWC総会が捕鯨中止決議案を可決して閉
　　幕　　1996.6.28
調査捕鯨に制裁措置
　調査捕鯨に制裁措置　　2000.9.13
調査捕鯨の大幅規制決議
　商業捕鯨禁止・調査捕鯨開始　1987.6月
銚子無線局
　米国へ航行中の安芸丸、銚子無線局からの
　　電波受信　　1909.9月
銚子無線電信局
　海岸局無線電信局を設置　　1908.5.16
長州藩
　英仏が長州藩を報復攻撃　　1863.6.1
潮汐
　『日本近海の潮汐』を刊行　　1914（この年）
潮汐学
　『潮汐学』刊行　　1940（この年）

潮汐現象
　ピュテアス、潮汐現象を発見　BC330（この年）
　潮汐現象の動力化　　1609（この年）
潮汐表
　『潮汐表』刊行　　1921（この年）
潮汐理論
　潮汐理論研究　　1774（この年）
潮汐論
　G.H.ダーウィン『潮汐論』刊行　1898（この年）
朝鮮総督府釜山高等水産学校
　朝鮮総督府釜山高等水産学校（現・水産大
　　学校）設立　　1941.4月
朝鮮郵船
　下関の沖合で船舶同士が衝突　1939.5.21
朝陽
　オランダ建造船入港　　1858.5.3
潮流発電
　塩釜で潮流発電装置を公開　　2014.11月
直通海底電線開通
　上海～米国直通海底電線開通　1905.11.1
千代田
　呉に12トン平炉完成　　1898（この年）
千代田形
　蒸気軍艦を建造　　1866.5月
清津
　定期船沈没　　1941（この年）
チリ沖
　コロネル沖海戦　　1914（この年）
地理学
　ピュテアス、潮汐現象を発見　BC330（この年）
　キャプテン・クック、第1回太平洋航海に
　　出発　　1768（この年）
チリ地震
　チリ地震　　1960.5.21
　ハワイでチリ地震津波　　1960.5.23
　チリ地震津波　　1960.5.24
　チリ地震津波で特別番組　　1960.5.24
チリ地震で各地に津波
　チリ地震で各地に津波　　2010.2.28
チルソン
　「チルソン」乗揚事件　　2002.12.4
　船舶事故で重油流出—日立市　2002.12.5
沈没
　ソレントの海戦　　1545.7.19
　スウェーデン船、処女航海で沈没　1628.4.10
　太平洋を蒸気推進で最初に横断した船沈没
　　　　1853.5.15
　アメリカ軍艦が浦賀で沈没　　1870.1.24
　ニール号が沈没　　1874.3.20
　「大阪丸」「名古屋丸」衝突事件　1875.12.25
　ノルマントン号事件　　1886.10.24
　「三吉丸」「瓊江丸」の衝突事件　1891.7.11
　汽船「出雲丸」沈没事件　　1892.4.5

— 468 —

軍艦千島衝突沈没	1892.11.30
軍艦千島沈没事故示談成立	1895.9.19
「尾張丸」「三光丸」衝突事件	1897.2.4
ハバナ湾で戦艦爆発	1898.2.15
「月島丸」沈没事件	1900.11.17
東海丸沈没	1903.10.29
汽船「金城丸」衝突事件発生	1905.8.22
軍艦三笠沈没	1906.9.11
商船沈没	1910.7.22
タイタニック号沈没	1912.4.14
「うめが香丸」沈没事件	1912.9.22
高千穂沈没	1914.10.18
ナイル号沈没	1915.1.11
「大仁丸」沈没事件	1916.2.2
若津丸沈没	1916.4.1
軍艦沈没	1917.1.14
潜水艦「第70」沈没	1923.8.21
「来福丸」沈没	1925.4.21
駆逐艦・巡洋艦衝突	1927.8.24
太平洋航路客船沈没	1927（この年）
神戸港付近で汽船同士が衝突	1931.2.9
「八重山丸」「関西丸」衝突事件	1931.12.24
「屋島丸」遭難事件	1933.10.20
下関の沖合で船舶同士が衝突	1939.5.21
定期船沈没	1941（この年）
空母「レキシントン」就役	1942.2.17
「竜田丸」沈没	1943.2.8
兵員輸送船沈没	1943.3月
崑崙丸が撃沈される	1943.10.5
陸軍病院船沈没	1943.11.27
空母「信濃」沈没	1944.11.29
阿波丸沈没	1945.4.1
青函連絡船、空襲により壊滅的な被害	1945.7.14
室戸丸沈没	1945.10.17
沈没した「聖川丸」を引き揚げ	1948（この年）
今治・門司連絡船青葉丸沈没	1949.6.21
「美島丸」沈没事件	1949.11.12
昭和石油川崎製油所原油流出火災	1950.2.16
ヨーロッパで海難事故多発	1951.12.29
「第五海洋」遭難	1952（この年）
韓国で定期船沈没	1953.1.9
ヨーロッパで暴風雨	1953.1.31
水産指導船白鳥丸・米国船チャイナベア号衝突	1953.2.15
漁船多数座礁・沈没	1954.5.10
青函連絡貨物船北見丸・日高丸・十勝丸・第11青函丸沈没	1954.9.26
大西洋上での海難事故	1954.9.27
相模湖で遊覧船沈没	1954.10.8
紫雲丸事件	1955.5.11
最新豪華客船アンドレア・ドリア号が貨物線と衝突	1956.7.25
旅客船「第五北川丸」沈没事件	1957.4.12
旅客船「南海丸」遭難事件	1958.1.26
ペルシャ湾で貨客船火災	1961.4.8
第7文丸・アトランティック・サンライズ号衝突	1961（この年）
「第一宗像丸」「タラルド・ブロビーグ」衝突事件	1962.11.18
「りっちもんど丸」「ときわ丸」衝突事件	1963.2.26
アメリカの原潜「スレッシャー」沈没	1963.4.10
離島連絡船転覆、取材中の船が救助	1963.8.17
船舶事故で海洋汚染—常滑	1964.9.20
船舶事故で原油流出—室蘭	1965.5.23
「芦屋丸」「やそしま」衝突事件	1965.8.1
マリアナ海域漁船集団遭難事件	1965.10.7
韓国で軍艦とフェリー衝突	1967.1.14
ペルシャ湾で連絡船沈没	1967.2.14
アメリカの原潜「スコーピオン」が遭難	1968.5.27
鉱石運搬船沈没	1969.1.5
パピルス船「ラー号」復元航海	1969.5.25
船員法改正公布	1970.5.15
韓国で連絡船沈没	1970.12.15
ボリバル丸、かりふおるにあ丸沈没	1970（この年）
アメリカの大型タンカー沈没	1971.3.27
「3協照丸」機関部爆発事件	1972.2.21
浚渫船が機雷に接触し爆発—新潟	1972.5.26
鉱滓運搬船沈没海洋汚染に—山口県	1972.9月
第11平栄丸・北扇丸衝突	1972（この年）
瀬戸内海でフェリー炎上	1973.5.19
海上安全対策強化	1973（この年）
「第11昌栄丸」「オーシャンソブリン号」衝突	1974（この年）
「ふたば」「グレートビクトリー」衝突事件	1976.7.2
ブルターニュ沖でタンカー座礁—世界タンカー史上最大の原油流出	1978.3.16
ベンガル湾のサイクロンで船沈没	1978.4.4
「尾道丸」遭難事件	1980.12.30
「第二十八あけぼの丸」転覆事件	1982.1.6
フォークランド紛争、アルゼンチン海軍巡洋艦撃沈	1982.5.2
フォークランド紛争、英駆逐艦大破	1982.5.4
「第十一協和丸」「第十五安洋丸」衝突事件	1984.2.15
核物質積載のフランス船沈没	1984.8.25
漁船「第五十二惣寶丸」遭難事件	1985.2.26
「第七十一日東丸」沈没事件	1985.4.23
スペイン沖でタンカー爆発・沈没	1985.5.26
海洋調査船へりおす沈没	1986.6.17
ソ連の客船黒海で同国船同士が衝突し沈没	1986.8.31
ソ連の原潜「K-219」火災	1986.10.3
ハイチ沖で貨物船沈没	1986.11.11
フィリピンでタンカーとフェリー衝突沈没—海難史上最大の犠牲者数	1987.12.20
第一富士丸・潜水艦なだしお衝突	1988（この年）
ソ連の原潜火災	1989.4.7
「第八優元丸」「ノーバルチェリー」衝突事件	1990.6.7
エジプトで客船沈没	1991.12.15
沈没した無人潜水機を回収	1991（この年）
漁船「第七蛭子丸」転覆事件	1993.2.21
ヨットレース中の事故で訴訟	1993（この年）
バルト海でフェリー沈没	1994.9.28

ちんも　　　　　　　　　　　事項名索引　　　　　　　　海洋・海事史事典

漁船「第二十五五郎竹丸」転覆事件　1994.12.26
ナホトカ号事故　　　　　　　　　　1997.1.2
対馬沖西方で韓国タンカーが沈没—油流出　1997.4.3
ハイチでフェリー沈没　　　　　　　1997.9.8
アラブ首長国連邦（UAE）における油流出
　事故　　　　　　　　　　　　　　1998.1.6
フィリピンでフェリー沈没　　　　　1998.9.19
沈没の空母発見　　　　　　　　1998（この年）
ロシアの原潜「クルスク」沈没　　　1999.8.14
インドネシアで客船沈没　　　　　　1999.10.18
漁船第一安洋丸沈没事件　　　　　　1999.12.10
フランス沖でエリカ号沈没　　　　　1999.12.12
油濁事故　　　　　　　　　　　1999（この年）
インドネシアの難民船沈没　　　　　2000.6.29
潜水艦ハンリー引揚げ　　　　　　　2000.8月
えひめ丸沈没事故　　　　　　　　　2001.2.9
原潜・実習船衝突事故、謝罪のため元艦長
　来日　　　　　　　　　　　　　　2001.2月
ジャワ島沖で難民船沈没　　　　　　2001.10.19
韓国・北朝鮮—国境付近で銃撃戦　　2002.6.29
セネガル沖でフェリー沈没　　　　　2002.9.26
油濁事故　　　　　　　　　　　2002（この年）
漁船「第十八光洋丸」と貨物船「フンア
　ジュピター」が衝突　　　　　　　2003.7.2
ヨット「ファルコン」沈没事件　　　2003.9.15
「アルサラーム・ボッカチオ98」沈没　2006.2.2
紅海でフェリー沈没　　　　　　　　2006.2.2
「津軽丸」「イースタンチャレンジャー」衝
　突事件　　　　　　　　　　　　　2006.4.13
「ゼニスライト」沈没　　　　　　　2007.2.14
リビア沖で不法移民の密航船沈没　　2009.3.29
貨物船とタンカーが衝突　　　　　　2010.6.16
韓国フェリー転覆事故　　　　　　　2014.4.16

沈黙の艦隊
　『沈黙の艦隊』連載開始　　　　1988（この年）

沈黙の世界
　映画『沈黙の世界』公開　　　　1956（この年）

【つ】

ツインスクリュー
　初のツインスクリュー船　　　　1888（この年）

通運丸
　外輪蒸気船が建造される　　　　　1877.2月

通航分離方式
　通航分離方式策定　　　　　　　1977（この年）

通商
　ロシア、長崎に来て通商求める　1804（この年）
　英国人浦賀に来航通商求める　　1818（この年）
　モリソン号事件が起きる　　　　1837（この年）
　米使節、浦賀に来航　　　　　　1846（この年）
　タイ船が長崎入港　　　　　　　1884（この年）

通商航海条約
　アルゼンチンとの通商航海条約公布　1901.9.30

ペルーと通商航海条約　　　　　　　1924.9.30
ラトビアと通商航海条約　　　　　　1925.7.4
タイが通商航海条約破棄　　　　　　1936.11.5
ルーマニアと通商航海条約調印　　　1969.9.1

通信ケーブル敷設
　デンマークの通信ケーブル敷設を許可
　　　　　　　　　　　　　　　　1871（この年）

ツェブリッツ
　風が海流生成へ与える影響　　　1878（この年）

津軽丸
　青函連絡船「津軽丸」就航　　　　1964.5.10
　青函連絡船「津軽丸」終航　　　　1982.3.4
　「津軽丸」「イースタンチャレンジャー」衝
　　突事件　　　　　　　　　　　　2006.4.13

築地
　「海軍兵学校官制」公布　　　　　1888.6.14
　「海軍大学校官制」公布　　　　　1888.7.16

月島丸
　「月島丸」沈没事件　　　　　　　1900.11.17

月ノ浦
　支倉常長、ローマに渡海　　　　1613（この年）

筑波
　装甲巡洋艦「筑波」竣工　　　　　1907.1.14
　軍艦沈没　　　　　　　　　　　　1917.1.14

筑波艦
　軍艦マラッカを購入　　　　　　　1871.8.16

九十九商会
　岩崎弥太郎、商船事業を創業　　　1870.10.19

対馬
　ロシア艦船来航　　　　　　　　　1861.3.13
　ロシア艦船対馬を去る　　　　　　1861.8.15

対馬沖
　対馬沖西方で韓国タンカーが沈没—油流出　1997.4.3

対馬海流
　日本海などを命名　　　　　　　1874（この年）

対馬暖流域水産開発調査報告書
　『対馬暖流域水産開発調査報告書』刊行
　　　　　　　　　　　　　　　　1952（この年）

対馬丸
　学童疎開船「対馬丸」らしき船体を確認　1997.12月

津田 真道
　幕政初の留学生　　　　　　　　　1862.9.11

津波
　仁和地震　　　　　　　　　　　887（この年）
　永長地震　　　　　　　　　　　　1096.12.17
　明応東海地震　　　　　　　　　　1498.9.20
　慶長地震　　　　　　　　　　　　1605.2.3
　慶長三陸地震　　　　　　　　　　1611.12.2
　延宝房総沖地震　　　　　　　　　1677.11.4
　元禄地震　　　　　　　　　　　　1703.12.31
　温泉嶽噴火（長崎県島原）　　　　1792.5.21
　安政の大地震　　　　　　　　　　1855.10.2
　根室、釧路沖地震　　　　　　　　1893.3月

- 470 -

明治三陸地震　　　　　　　　1896.6.15
　　　三陸地震が起こる　　　　　　　1933.3.3
　　　アリューシャン地震　　　　　　1946.4.1
　　　カリブ海地域で地震　　　　　　1946.7.4
　　　十勝沖地震　　　　　　　　　1952（この年）
　　　ハワイに津波　　　　　　　　1957（この年）
　　　チリ地震　　　　　　　　　　1960.5.21
　　　ハワイでチリ地震津波　　　　　1960.5.23
　　　チリ地震津波　　　　　　　　1960.5.24
　　　チリ地震津波で特別番組　　　　1960.5.24
　　　大津波発生　　　　　　　　　1963（この年）
　　　十勝沖地震　　　　　　　　　1968.5.16
　　　インドネシアで地震　　　　　　1968.8.15
　　　ミンダナオ地震　　　　　　　　1976.8.17
　　　ジャワ東方地震　　　　　　　　1977.8.19
　　　コロンビア大地震　　　　　　　1979.12.12
　　　ニカラグア大地震　　　　　　　1992.9.1
　　　インドネシアで地震　　　　　　1992.12.12
　　　インドネシアで地震　　　　　　1996.1.17
　　　パプア・ニューギニアで地震・津波　1998.7.17
　　　インドネシアで地震・津波　　　　2000.5.4
　　　ペルー地震　　　　　　　　　　2001.6.23
　　　スマトラ沖地震―津波被害では過去最大級
　　　　　　　　　　　　　　　　　2004.12.26
　　　ジャワ島南西沖地震　　　　　　2006.7.17
　津波警報組織
　　　津波警報組織発足　　　　　　　1941.9.11
　津波警報体制
　　　津波警報体制　　　　　　　　1949.12.2
　津波地震早期検知網
　　　津波の早期検知　　　　　　　　1994.4.1
　津波情報提供業務
　　　津波情報提供業務の拡大　　　　2006.7.1
　津波予報
　　　新しい津波予報の開始　　　　　1999.4.1
　津波予報組織
　　　津波予防組織を編成　　　　　　1948.1月
　坪内　寿夫
　　　佐世保重工業の再建―坪内寿夫氏に託す　1978.6月
　津（三重）世界選手権
　　　津（三重）世界選手権開催―ヨット　1989（この年）
　釣り糸
　　　テグスの伝来　　　　　　　　　1603（この年）
　吊り橋
　　　メナイ海峡にかかる吊り橋完成　　1825（この年）
　釣針
　　　釣針を考案　　　　　　　　　　BC25000（この頃）
　釣り船
　　　海上自衛艦「おおすみ」釣り船と衝突　2014.1.15
　敦賀
　　　開港とする港を追加指定　　　　1899.7.12
　　　定期船沈没　　　　　　　　　1941（この年）
　　　ポリ塩化ビフェニール廃液排出―福井県敦
　　　　賀市　　　　　　　　　　　　1973.6月

　鶴丸
　　　蒸気船鶴丸　　　　　　　　　　1880.8月
　ツーレー
　　　「海洋学」著わす　　　　　　　1890（この年）

【て】

　丁　汝昌
　　　北洋海軍を正式に編成　　　　　1888.12.17
　　　日本海軍、北洋海軍を破る　　　1895.2.12
　鄭　和
　　　鄭和の航海　　　　　　　　　　1431（この年）
　ディアス，バルトロメウ
　　　喜望峰発見　　　　　　　　　　1488.5月
　ディアナ号
　　　幕府沈没船代艦の建造を許可　　1855.1.24
　泥火山微細地形構造調査
　　　熊野トラフ泥火山微細地形構造調査実施　2006.7月
　定期航路開設
　　　定期航路開設許可　　　　　　　1951（この年）
　定期船
　　　「今後の新造建造方策」答申　　1955（この年）
　定期船同盟行動憲章条約
　　　国連定期船同盟行動憲章条約　　1974.9月
　定期連絡船
　　　大分の定期連絡船転覆　　　　　1960.10.29
　ティグリス川
　　　筏で運搬　　　　　　　　　　　BC3500（この頃）
　　　丸底皮張り船　　　　　　　　　BC900（この頃）
　手結港
　　　土佐の手結港築港　　　　　　　1652（この年）
　底質図
　　　『日本近海底質図』を刊行　　　1949（この年）
　ディスカバリー号
　　　クック最後の航海　　　　　　　1776（この年）
　　　南極地探検　　　　　　　　　　1901（この年）
　ディスカヴァリー号
　　　紅海中央部海底近くで異常高温域を発見
　　　　　　　　　　　　　　　　　1964（この年）
　ディスカバリー・チャンネル
　　　深海でのダイオウイカ撮影に成功　2012.7月
　底生生物
　　　世界で初めて底生生物の採取に成功　1998.5月
　ディーゼル
　　　ディーゼル・エンジンを船に採用　1911（この年）
　　　ディーゼルエンジンを搭載した最初の客船
　　　　　　　　　　　　　　　　　1917（この年）
　　　カツオ漁船ディーゼル化　　　　1920（この年）
　　　ディーゼル客船「音戸丸」竣工　1924.1.25
　　　トロール船「釧路丸」竣工　　　1927.11.19
　　　大型船舶用ディーゼル機関開発　1955.3月

ディーゼル化
船のエンジンのディーゼル化　1973（この年）
ディーゼルユナイテッド
造船業界再編ディーゼル新会社　1988.10.1
定置網漁論
『定置網漁論』刊行　1952（この年）
ディーツ
海洋底拡大説　1962（この年）
定点観測
南方定点でも観測開始　1948（この年）
ディトリッヒ, G.
『一般海洋調査』刊行　1957（この年）
ディドロ, D.
大陸移動を示唆　1772（この年）
低燃費船
環境対応・低燃費船「neo Surpramax 66BC」を引き渡し　2013（この年）
ディープウォーター・ホライゾン
メキシコ湾原油流出事故　2010.4.20
ディープスター
ディープスター完成　1971（この年）
ディープ・トウ
トンガ海溝域調査　1984.11月
「ディープ・トウ」がインドネシアのスンダ海溝調査　1986.11月
日仏共同STARMER計画で北フィジー海盆リフト系調査　1987.12月
「ディープ・トウ」が静岡県伊東沖で海底群発地震震源域を緊急調査　1989.9月
北海道南西沖地震の震源域調査を実施　1993.8月
海洋科学技術センターの「かいれい」(4,517トン)竣工　1997(この年)
ティブロン
モントレー湾水族館研究所に双胴型調査船配置　1996（この年）
ていむず丸
「ていむず丸」爆発事件　1970.11.28
ティムゼー湖
紅海に至る運河　BC1300（この頃）
テイラー, ハーバート
水中爆雷を開発　1915（この年）
ディーン, アンソニー
『造船学の原理』出版　1670（この年）
出稼ぎ
3港の自由交易を許可　1866.2.28
適格船主
計画造船適格船主　1957.5.30
敵艦見ゆ
「敵艦見ゆ」を無線　1905.5.27
デクエヤル国連事務総長
フォークランド諸島上陸作戦　1982.5.20

テグジュベリ, サン
サン・テグジュペリの墜落機？発見　2000（この年）
テグス
テグスの伝来　1603（この年）
初の国産テグス　1853（この年）
合成繊維のテグス市販　1942.12月
テクノスーパーライナー
TSL試験運航完了　1995（この年）
三菱重工業「希望」を静岡県に引き渡し　1996.3月
TSL（テクノスーパーライナー）実験終了　1996（この年）
デジタル大洋水深総図
『デジタル大洋水深総図』刊行　1994（この年）
出島
長崎出島　1641（この年）
デジュネフ
アジア東北端を初めて見たロシア人　1648（この年）
手塚 治虫
『海のトリトン』連載開始　1969.9.1
『海のトリトン』放送開始　1972.4.1
手作りヨット
手作りヨットで世界一周　1974.7.28
手作りヨットで太平洋横断　1977.10.8
テセルの戦い
テセルの戦い　1683.8.11
出月
水俣病の発生　1953.5月
鉄鉱石船
鉄鉱石船「BRASIL MARU」　2007（この年）
鉄製の船
外洋へ鉄製の船乗り出す　1822.6.10
鉄船
ウィルキンソン、鉄船を建造　1788（この年）
グレート・ブリテン号就航　1843（この年）
J.エリクソン、甲鉄の軍艦を設計　1862（この年）
鉄道航送
青函航路で鉄道航送始まる　1914.12.10
青函航路の鉄道航送廃止　1927.6.8
鉄道連絡船
関釜連絡船「金剛丸」就航　1936.11.16
崑崙丸が撃沈される　1943.10.5
デットフォード号
経度測定を検証　1761（この年）
デップ, ジョニー
映画『パイレーツ・オブ・カリビアン』公開　2003.7.9
鉄砲
種子島伝来　1543（この年）
軍艦などを輸入　1853.9月
鉄嶺丸
商船沈没　1910.7.22

テトロドトキシン
フグ毒をテトロドトキシンと命名　1909（この年）
フグ毒テトロドトキシン製造法特許　1911.12.5
デーナ号
ウナギ産卵場所を突き止める　1920（この年）
デヴァステーション号
帆のない戦艦　1871（この年）
デーヴィス, ジョン
デーヴィス海峡の発見　1585（この年）
デーヴィス海峡
デーヴィス海峡の発見　1585（この年）
デファント
『海洋力学』を著す　1928（この年）
デフォー, ダニエル
『ロビンソン・クルーソー』刊行　1719（この年）
テーベの壁画
海運用商船が描かれた最古の壁画　BC1000（この頃）
テポドン型ミサイル
ミサイルが日本近海に着水　1998.8.31
テミストクレス
サラミスの海戦　BC480.9.23
テムズ川
潜函を開発　1738（この年）
デメニギス科深海魚
世界2個体目の深海魚を確認　2014.8月
デューク・オヴ・ノーサンバーランド号
初の蒸気駆動救難艇　1890（この年）
デュプレクス号
堺事件　1868.2.15
大延坪島
韓国・北朝鮮—国境付近で銃撃戦　2002.6.29
寺田 寅彦
港湾の副振動を調査　1908（この年）
『海の物理学』出版へ　1913（この年）
テリエ
世界初の冷凍船　1876（この年）
デル-カノ, ファン
カノ、2度目の世界一周の途中で死去　1526.4.4
テールス号
軍艦八重山、公海上で商船を臨検　1895.12月
テルフォード, T.
メナイ海峡にかかる吊り橋完成　1825（この年）
テロ措置法
テロ措置法を延長—海上自衛隊の給油活動　2003.10月
テロリスト
テロリストが自家用ヨットを爆破　1979（この年）
天気図
天気図配布を始める　1883.3.1
天気無線通報
中央気象台、天気無線通報開始　1925.2.10
天球全図
『和蘭天説』刊行　1796（この年）
天山丸
関釜連絡船「天山丸」就航　1942.9.27
天津条約
天津条約調印　1858（この年）
伝染病
「開港規則」公布　1898.7.8
天体位置表
「天体位置表」　1943（この年）
天体暦
マスケリン、『航海暦』刊行開始　1767（この年）
電動推進艦
米、空母「ラングレー」建造　1920（この年）
デントン, エリック
エリック・デントン（英）が国際生物学賞を受賞　1989（この年）
天然磁石
中国からインドへの航海　BC101（この頃）
天然社
モーターシップ雑誌社創業　1928.12月
天然痘
広東からの引揚船にコレラ発生　1946.4.5
転覆
「うめが香丸」沈没事件　1912.9.22
「来福丸」沈没　1925.4.21
「第一わかと丸」転覆事件　1930.4.2
水雷艇友鶴転覆　1934.3.12
「第六垂水丸」転覆事件　1944.2.6
青函連絡船洞爺丸事故　1954.9.26
大分の定期連絡船転覆　1960.10.29
「芦屋丸」「やそしま」衝突事件　1965.8.1
「第二十八あけぼの丸」転覆事件　1982.1.6
「開洋丸」転覆事件　1985.3.31
「第二海王丸」転覆事件　1989.4.24
モーターボート「東（あずま）」の転覆　1990.4.22
「第八優元丸」「ノーバルチェリー」衝突事件　1990.6.7
「マリンマリン」転覆事件　1991.12.30
瀬渡船「福神丸」転覆事件　1992.1.12
ハイチでフェリー転覆　1993.2.17
漁船「第七蛭子丸」転覆事件　1993.2.21
ケニアでフェリー転覆　1994.4.29
漁船「第二十五五郎竹丸」転覆事件　1994.12.26
ギニア湾でフェリー転覆　1998.4.1
徳山湾でタンカー衝突—油流出　1999.11.23
漁船第五龍寶丸転覆事件　2000.9.11
プレジャーボート「はやぶさ」転覆事件　2002.9.14
「第二可能丸」転覆事件　2004.12.4
遊漁船「第3明好丸」転覆事件　2006.10.8
デンマーク海峡海戦
デンマーク海峡海戦　1941.5.24

てんも

天文図略説
　薩摩藩『円球万国地海全図』を刊行　1802（この年）
天文台
　天文学者マスケリンが没する　　　　　1811.2.9
天文暦算用所
　幕府「出版の制」を定める　　　　　　1860.3.24
天洋丸
　最初のタービン船「天洋丸」完成　　　1908.4.22
　海洋局無線電信局を設置　　　　　　　1908.5.16
　初の無線電話使用　　　　　　　　　　1913.6.4
　「天洋丸」「トウハイ」衝突事件　　　1991.7.22
転落
　1965年の水爆搭載機の事故が明らかに　1989.5月
天竜川
　天竜川旅客船乗揚事件　　　　　　　　2003.5.23
天龍川丸
　上海航路初航海成功　　　　　　　　　1898.1.7
電話用海底ケーブル
　関門海峡海底ケーブル　　　　　　　　1900.5月

【と】

弩
　いしゆみ（弩）、ガレー船の発達　BC406（この年）
ドイツ公使
　ドイツ軍艦が西日本を巡覧　　　　　　1870.5.17
トイフケン号
　カーペンタリア湾を発見　　　　　1606（この年）
ドゥイリウス, ガイウス
　ミュラエの戦い　　　　　　　　BC260（この年）
東海
　永長地震　　　　　　　　　　　　　1096.12.17
　「日本海」「東海」併記法案可決　　　2014.2月
東海大学海洋学部
　東海大学海洋学部設置　　　　　　　1962.4月
　「東海大学丸二世」竣工　　　　1967（この年）
　『海と日本人』刊行　　　　　　1977（この年）
　世界2個体目の深海魚を確認　　　　　2014.8月
東海大学海洋調査研修船
　東海大学丸「望星丸」を竣工　　　　　1993.4月
東海大学出版会
　『海洋科学基礎講座』刊行　　　1978（この年）
東海大学丸
　東海大学丸竣工　　　　　　　　1962（この年）
東海大学丸二世
　「東海大学丸二世」竣工　　　　1967（この年）
東海道
　慶長地震　　　　　　　　　　　　　1605.2.3
東海丸
　東海丸沈没　　　　　　　　　　　　1903.10.29

東京オリンピック
　東京五輪―ヨット　　　　　　　1964（この年）
東京オリンピックパラリンピック
　2020東京五輪　　　　　　　　　2013（この年）
東京海洋大学
　三菱商船学校、創設　　　　　　　　　1875.11.1
　東京海洋大学設置　　　　　　　　　　2003.10.1
　無人深海探査機「江戸っ子1号」が日本海
　　溝で深海生物の3D映像撮影に成功　2013.11月
東京気象台
　東京気象台設立　　　　　　　　　　　1875.6.1
　天気図配布を始める　　　　　　　　　1883.3.1
東京高等商船学校
　三菱商船学校、創設　　　　　　　　　1875.11.1
　東京高等商船学校と改称　　　　　　　1925.4月
　東京商船大学と改称　　　　　　　　　1957.4月
東京商船学校
　東京商船学校と改称　　　　　　　　　1882.4.1
　「月島丸」沈没事件　　　　　　　　　1900.11.17
　東京商船学校、分校を廃止　　　　　　1901.5.11
東京商船大学
　三菱商船学校、創設　　　　　　　　　1875.11.1
　東京商船大学と改称　　　　　　　　　1957.4月
　東京海洋大学設置　　　　　　　　　　2003.10.1
東京水産大学
　三菱商船学校、創設　　　　　　　　　1875.11.1
　東京水産大学を設置　　　　　　　　　1949.5月
　東京海洋大学設置　　　　　　　　　　2003.10.1
東京大学
　東京大学臨海実験所を設立　　　1886（この年）
　海洋研究所設立　　　　　　　　　　　1962.4月
　東京大学の海底地震計最初の観測に成功
　　　　　　　　　　　　　　　　1969（この年）
　気候システム研究センターを東大に設置　1991.4月
東京大学海洋研究所
　東京大学海洋研究所設置　　　　1962（この年）
　東大海洋研、研究船を新造　　　1967（この年）
　『海洋学講座』全15巻刊行　　　1977（この年）
　「白鳳丸」海洋研究開発機構へ移管　　2004.4月
東京大学大気海洋研究所
　ウナギの産卵場、特定　　　　　　　　2011.2.1
東京大学農学部
　東京農林学校に水産科を新設　　1887（この年）
東京大学理学部附属造船学科
　東京大学理学部、造船学科を設置　　　1884.5.17
東京電力
　ナウル共和国に海洋温度差発電所が完成　1981.10月
　福島第1原発、地下水を海洋放出　　　2014.5.21
東京電力福島第1原発
　海洋版SPEEDI開発へ　　　　　　　　2014.6.2
東京東信用金庫
　無人深海探査機「江戸っ子1号」が日本海
　　溝で深海生物の3D映像撮影に成功　2013.11月

東京都港湾振興協会
　東京都港湾振興協会設立　　　　　1950.8.22
東京農林学校
　東京農林学校に水産科を新設　　　1887（この年）
東京ボートショー
　東京ボートショー開催　　　　　1962（この年）
東京丸
　世界最大タンカー進水　　　　　1965（この年）
東京名物浅草公園水族館案内
　浅草公園水族館開館　　　　　　1899（この年）
東京湾
　東京湾測量　　　　　　　　　　　　1853
　千葉の漁船が水銀賠償求め海上封鎖　1973.8.8
　LPGタンカーとリベリア船衝突—東京湾 1974.11.9
　東京湾でタンカー座礁—油流出　　　1997.7.2
東京湾横断道路
　アクアライン開通　　　　　　　　1997.12.18
東京湾岸自治体公害対策会議
　水質は横ばい状態—東京湾岸自治体公害対
　策会議　　　　　　　　　　　　　1982.4.27
東郷 平八郎
　日本海海戦でバルチック艦隊を撃破　1905.5.27
　東郷平八郎死去　　　　　　　　　1934.5.30
燈光会
　燈光会設立　　　　　　　　　　　1915.1月
統合国際深海掘削計画
　国際深海掘削計画開始　　　　　2003（この年）
東西蝦夷山川取調図
　『東西蝦夷山川取調図』完成　　　1860（この年）
東西海陸乃図
　正確な瀬戸内海図　　　　　　　1672（この年）
倒産
　造船不況—新山本造船所倒産　　　1978.2.8
　造船ショック—三光汽船が影響　1985（この年）
同時多発テロ事件
　自衛艦のインド洋派遣　　　　　　2001.11.9
撓船
　古代ギリシャの船　　　　　　BC700（この頃）
灯台
　回転式標識灯をそなえた最初の灯台 1611（この年）
　山形酒田に常夜灯—航行安全のために
　　　　　　　　　　　　　　　　1813（この年）
　灯台用レンズ発明　　　　　　　1822（この年）
　英が灯台・灯明船建設要求　　　　1866.9月
　ブラントンが灯台設置　　　　　1869（この年）
　潮岬灯台点灯　　　　　　　　　　1873.9.15
東大生産技術研究所
　塩釜で潮流発電装置を公開　　　　2014.11月
東南海地震
　東南海地震　　　　　　　　　　1944（この年）
トウハイ
　「天洋丸」「トウハイ」衝突事件　　1991.7.22

東宝
　「海軍特別年少兵」公開　　　　　1972.8.12
東北帝国大学農科大学
　東北帝国大学農科大学に水産学科新設
　　　　　　　　　　　　　　　　1907（この年）
東北復興応援クルーズ
　「飛鳥II」で東北復興応援クルーズ　2012（この年）
東北冷害海洋調査
　東北冷害海洋調査　　　　　　　1933（この年）
　東北冷害海洋調査、北洋漁場調査開始
　　　　　　　　　　　　　　　　1953（この年）
東米丸
　ニューヨーク・コンテナ航路初　1972（この年）
灯明船
　英が灯台・灯明船建設要求　　　　1866.9月
同盟コード条約
　同盟コード条約等に関する決議採択 1979（この年）
洞爺丸
　青函連絡船「洞爺丸」就航　　　　1947.11.21
　青函連絡船洞爺丸事故　　　　　　1954.9.26
洞爺丸事故
　青函連絡船洞爺丸事故　　　　　　1954.9.26
東友
　中国船、奥尻島群来岬沖で座礁—油流出 1996.11.28
東洋汽船
　東洋汽船海外航路開設　　　　　　1898.12.15
東洋共同海運
　初の日ソ合弁会社設立へ　　　　　1969.10.17
東洋レーヨン
　合成繊維のテグス市販　　　　　　1942.12月
遠い海からきたCOO
　『遠い海からきたCOO』刊行　　　1988.3月
渡海架橋測量
　明石海峡、鳴門海峡で測量　　　1957（この年）
十勝沖地震
　十勝沖地震　　　　　　　　　　1952（この年）
　十勝沖地震　　　　　　　　　　　1968.5.16
十勝丸
　青函連絡貨物船北見丸・日高丸・十勝丸・
　第11青函丸沈没　　　　　　　　1954.9.26
トガン島
　インドネシアで地震　　　　　　　1968.8.15
ド級戦艦
　戦艦「河内」完成　　　　　　　1912（この年）
ときわ丸
　「りっちもんど丸」「ときわ丸」衝突事件 1963.2.26
徳川 家康
　漂着英人帆船建造　　　　　　　1604（この年）
徳川 斉昭
　海防の大号令を発す　　　　　　　1853.11.1
徳川将軍
　ハリス、江戸城で謁見　　　　　　1857.12.7

徳島
阿波国共同汽船 1913.4.20
赤潮発生―香川県から徳島県の海域 1972.7月
徳島県
赤潮発生―徳島付近 1967（この年）
徳島丸
パナマ運河通過 1914.12.10
特殊部隊
SEALs創設 1961（この年）
徳寿丸
関釜連絡船「徳寿丸」就航 1922.11.12
ドクター・クリッペン
猟奇殺人犯洋上で逮捕 1910.7.31
特定外航船舶解撤促進臨時措置法
進まぬ過剰船腹の解撤促進 1986（この年）
特定不況業種
造船不況―特定不況業種に 1978.8月
一般外航海運業（油送船）が特定不況業種に 1986（この年）
特定不況地域
造船不況―特定不況地域を指定 1978.8.28
特定不況地域関係労働者の雇用安定に関する特別措置法
一般外航海運業（油送船）が特定不況業種に 1986（この年）
どくとるマンボウ航海記
『どくとるマンボウ航海記』刊行 1960（この年）
毒物及び劇物取締法
海に塩酸をたれ流し―公害防止条例で告発 1969.8.15
特別番組
チリ地震津波で特別番組 1960.5.24
徳山
山陽汽船航路開設 1898.9.1
水銀口汚染―山口県徳山市 1973.6月
工場廃液排出―山口県徳山市 1973（この年）
徳山湾
赤潮発生―山口県徳山湾 1971.3.26
徳山湾でタンカー衝突―油流出 1999.11.23
特例外航船舶解撤促進臨時措置法
特例外航船舶解撤促進臨時措置法成立 1986（この年）
時計
時計製作者のハリソンが没する 1776.3.24
渡航
支倉常長、ローマに渡航 1613（この年）
渡航条約
ハワイと渡航条約 1886.1.28
常滑
船舶事故で海洋汚染―常滑 1964.9.20
土佐
康和地震 1099.2.22

土佐の手結港築港 1652（この年）
ワシントン軍縮条約に基づき建造中止命令 1922.2.5
土佐藩士
堺事件 1868.2.15
土佐湾
土佐湾沿岸一帯で大規模な赤潮 1976.8月
豊島沖海戦
豊島沖海戦 1894.7.25
トスカネリ、パオロ
天文学者のトスカネリが生まれる 1397（この年）
戸田
川蒸気船の運航開始 1877.6月
戸塚 宏
海洋博記念ヨットレース 1975.11.2
ドッガー・バンク事件
ドッガー・バンク事件 1904.10.21
戸塚ヨットスクール事件
戸塚ヨットスクール事件 1983.6.13
戸塚ヨットスクール事件で実刑判決 1997.3.12
特許
スクリュー推進機の発明 1836.5.31
ドック
東洋一のドッグ竣工 1879.5.21
トッピー4
「トッピー4」旅客負傷事件 2006.4.9
ドップラー流速計
強流調査 1982.10月
ドデカネス諸島
イタリア、ダーダネルス海峡砲撃 1912.4.16
トド
城崎マリンワールド 1994（この年）
トド島
トド島の漁権獲得 1901（この年）
轟 賢二郎
アテネ五輪―ヨット 2004（この年）
ドニャパス
フィリピンでタンカーとフェリー衝突沈没―海難史上最大の犠牲者数 1987.12.20
利根川
蒸気船の使用開始 1877.5月
利根川汽船
利根川汽船会社開業 1871.2月
ドーバー
ジョン・ブレットとヤコブ・ブレット、英仏間に海底ケーブルを敷設 1850（この年）
ドーハアジア五輪
ドーハアジア五輪―ヨット 2006（この年）
ドーバー海峡
スロイスの戦い 1340（この年）
ドーバー海峡遠泳 1875.8.25
ドーバー海峡を飛行機で横断 1909.7.26
サセックス号、ドイツの水雷で撃沈 1916.3.24

核物質積載のフランス船沈没	1984.8.25	ドーリア，アンドレア	
ドーバー海峡機雷敷設作戦		プレヴェザの海戦	1538.9.28
ゼーブルッヘ基地を攻撃	1918.4.23	トリアルディアント	
鳥羽水族館		「トリアルディアント」乗揚事件	2004.9.7
鳥羽水族館開館	1955（この年）	鳥居 耀蔵	
とびうお		江戸湾防備	1839（この年）
宇高連絡船「とびうお」就航	1980.4.22	トリエステ号	
海上自衛艦「おおすみ」釣り船と衝突	2014.1.15	マリアナ海溝最深部潜水に成功	1960（この年）
ドビュッシー，クロード		トリ貝	
交響詩『海』初演	1905.10.15	ヘドロ埋立汚染—トリ貝に深刻な打撃	
ドミニカ島			1975（この年）
コロンブス，第2回航海に出発	1493.9.25	トリ貝大量死	
トムソン，チャールズ・W.		トリ貝大量死—境、三豊沖	1974（この年）
英船「チャレンジャー号」深海を探検		トリー・キャニオン号	
	1872（この年）	英国沖でタンカー座礁し原油流出	1967.3.18
友鶴		トリクロロエチレン海洋投棄	
水雷艇友鶴転覆	1934.3.12	トリクロロエチレン海洋投棄	1990.4.26
友田 好文		ドリコプテルクス アナスコパ	
友田好文、日本学士院賞受賞	1975（この年）	世界2個体目の深海魚を確認	2014.8月
富山湾		鳥島沖	
「しんかい2000」による潜航調査はじまる		「しんかい6500」鯨骨生物群集を発見	1992.10月
	1983.7.22	ドリーシュ	
流出重油富山湾に—ナホトカ号流出事故	1997.1.17	ウニの完全胚を得る	1891（この年）
豊臣 秀吉		トリスタン，ヌーニョ	
朱印船始める	1592（この年）	ブランコ岬回航	1441（この年）
ドライガルスキー		ドリール，ジローム	
独、南氷洋探検	1901（この年）	円錐図法の改良	1745（この年）
トライトンブイ		ドリール図法	
「みらい」がインド洋東部にてトライトン		円錐図法の改良	1745（この年）
ブイを設置	2001.10月	トルコ艦隊	
トラファルガーの海戦		トルコ艦隊、オデッサ、セバストポリを砲	
トラファルガーの海戦	1805.10.21	撃	1914.10.29
寅福丸		トルデシラス条約	
英国船が難破船を救助	1883.3.4	トルデシラス条約	1494（この年）
トラベミュンデ国際レガッタ		ドルフィン—3K	
トラベミュンデ国際レガッタで優勝	1971（この年）	「なつしま」「ハイパードルフィン」搭載	2002.1月
虎丸		トルボーイズ	
日本最初のタンカー	1908.9月	ニュージーランド水域での操業困難？	1977.10.18
トラヤヌス		ドールン，A.	
ダキアとの戦い	105（この年）	海洋生物研究所創設	1872（この年）
トランシット		ドレイク，ジム	
「マリサット3号」打ち上げ	1976.10.14	ウィンドサーフィンが誕生	1968（この年）
トランシット1B号		奴隷船	
世界初の航行衛星「トランシット1B号」	1960.4.13	マリア・ルース号事件	1872.6.4
トランスフォーム断層		ドレーク，フランシス	
トランスフォーム断層を提唱	1965（この年）	ドレーク世界周航へ出港	1577.12月
トランスワールドリグ61		ドレーク世界一周より帰港	1580.9.26
海底油田掘削装置「トランスワールドリグ		アルマダの海戦	1588（この年）
61」竣工	1970.4月	トレス，ルイス	
トランブレー，A.		トレス海峡通過	1606（この年）
ヒドラ観察	1742（この年）		

とれす

トレス海峡
トレス海峡通過　　　　　　1606（この年）

ドレッドノート
戦艦「三笠」完成　　　　　　1902.3.1
タービン推進戦艦「ドレッドノート」進水
　　　　　　　　　　　　　　1906.2.10

トレネ, シャルル
シャンソン「ラ・メール」作曲　1943（この年）

トレビル
ビーチー・ヘッドの戦い　　　1690.6.30

ドレベル, コルネリウス
潜水艇が建造される　　　　　1620（この年）

トレミー
世界地図にインド洋、大西洋描かれる　150（この年）

トロイア戦争
『オデュッセイア』　　　　　　BC800（この頃）

トロール漁業監視船
トロール漁業監視船「速鳥丸」進水　1913.3.1

トロール船
トロール船「釧路丸」竣工　　　1927.11.19
トロール船メキシコに出漁　　　1935.10月

トロール油田
トロール油田にコンクリートプラットホームを設置　　　　　　　　1995（この年）

トロール漁法
大型工船第1号進水　　　　　　1954（この年）

十和田丸
青函連絡船「十和田丸」就航　　1957.10.1

トンガ海溝
トンガ海溝発見　　　　　　　1891（この年）
トンガ海溝域調査　　　　　　1984.11月

トンキン湾
ベトナムで漁船大量遭難　　　1996.8.17

トンキン湾事件
トンキン湾事件　　　　　　　1964.8.2

トンキン湾油田開発
トンキン湾油田開発　　　　　1973.11.6

トン数標準税制
トン数標準税制　　　　　　　2009（この年）

トン数標準税制の拡充
トン数標準税制の拡充実施　　2013.4.1

トンネル
運河トンネル開通　　　　　　1679（この年）

トンネル掘削機
英仏海峡海底鉄道より掘削機受注　1987（この年）

【 な 】

ナイアガラ号
最初の大西洋横断電信ケーブル敷設　1858（この年）

内海浅深測量乃図
東京湾測量　　　　　　　　　1853（この年）

内航海運業法
内航2法が成立　　　　　　　1964（この年）
内航海運活性化3法施行　　　2005.4月

内航海運組合法
内航2法が成立　　　　　　　1964（この年）

内航海運暫定措置事業
内航海運暫定措置事業導入　　1998（この年）

内航海運船腹調整事業
内航海運暫定措置事業導入　　1998（この年）

内郷丸
相模湖で遊覧船沈没　　　　　1954.10.8

内国通運
霊岸島船松町―神奈川県三崎間航路開設
　　　　　　　　　　　　　　1886（この年）

内国通運会社
外輪蒸気船が建造される　　　1877.2月
蒸気船の使用開始　　　　　　1877.5月

内国通運株式会社
川蒸気船の運航開始　　　　　1877.6月

内燃機関
最初のガソリンエンジンを載せたモーターボート　　　　　　　　　1883（この年）

ナイヤガラ
C.W.フィールド、大西洋横断海底電信敷設　　　　　　　　　　　　1866（この年）

ナイル川
最古の帆　　　　　　　　　　BC3100（この頃）
紅海に至る運河　　　　　　　BC1300（この頃）
ラムセスの海戦　　　　　　　BC1180（この頃）
運河が建設される　　　　　　BC1000（この頃）
地中海とインド洋を結ぶ運河　BC600（この頃）
ナイル川と紅海をつなぐ運河　BC280（この年）

ナイル号
ナイル号沈没　　　　　　　　1915.1.11

ナウロクス沖の海戦
ナウロクス沖の海戦　　　　　BC36（この年）

永井 一雄
ロテノン　　　　　　　　　　1901（この年）

長江 裕明
小型ヨットでの世界一周から帰国　1986.4.13

長崎
ロシア、長崎に来て通商求める　1804（この年）
フェートン号事件　　　　　　1808（この年）
海軍伝習所　　　　　　　　　1855.10.24
米、幕府に保税倉庫設置求める　1863.2.1
3港の自由交易を許可　　　　　1866.2.28
商人の外国船舶購入が可能に　1866（この年）
「清国及ビ香港ニ於テ流行スル伝染病ニ対シ船舶検疫施行ノ件」　　　1894.5.26
「海港検疫所官制」公布　　　　1899.4.13
長崎、舞鶴に海洋気象台できる　1947（この年）

長崎空港
　世界初の海上空港、長崎空港が開港　1975（この年）
ナガサキ・スピリット号
　マラッカ海峡で「ナガサキ・スピリット
　　号」衝突―原油流出　1992.9.20
長崎製鉄所
　横須賀、長崎「造船所」に改称　1871.4.9
長崎青年師範学校水産学部
　長崎大学水産学部設置　1949.5月
長崎総合科学大学
　長崎総合科学大学に船舶工学科（現・船舶
　　工学コース）開設　1965.**.**
長崎造船所
　横須賀、長崎「造船所」に改称　1871.4.9
　東洋一のドッグ竣工　1879.5.21
　貨客船「夕顔丸」竣工　1887.5.26
　「春洋丸」竣工　1911.8月
　ダイヤモンド・プリンセス完成　2004.2.26
長崎大学水産学部
　長崎大学水産学部設置　1949.5月
長崎養生所
　長崎養生所設立　1861.7.1
流し網
　流し網が使用される　1410（この年）
中島飛行機
　海軍、中島機を「三式艦上戦闘機」として
　　採用　1927（この年）
長門
　戦艦「長門」進水　1918.11.9
　戦艦「長門」完工　1920.11.25
中野 猿人
　『潮汐学』刊行　1940（この年）
中之島水族館
　中之島水族館開館　1930.9月
中浜 万次郎
　万次郎より捕鯨の伝習　1857（この年）
中村 征夫
　中村征夫が第13回木村伊兵衛写真賞を受賞　1988（この年）
　写真集『白保SHIRAHO』刊行　1991.2月
中村 小市郎
　樺太調査および地図　1801（この年）
中村 庸夫
　中村庸夫が内閣総理大臣賞「海洋立国推進
　　功労者表彰」を受賞　2010（この年）
中村 広司
　『マグロ漁場と鮪漁業』刊行　1951（この年）
中村汽船
　海運不況―中村汽船が自己破産申請　1986.2.20
ナギナタシロウリガイ
　「しんかい6500」ナギナタシロウリガイを
　　発見　1991.7月

波切大王
　ダブルハンドヨットレース　1987.4.23
名護市沖
　米軍普天間基地季節―環礁埋め立て　2002.7.29
名古屋港
　水銀ヘドロ汚染―名古屋港　1978（この年）
名古屋港水族館北館
　名古屋港水族館北館開館　2001（この年）
名古屋港水族館南館
　名古屋港水族館南館開業　1992（この年）
名古屋重工
　造船合併　1964.1.7
名古屋造船
　造船合併　1964.1.7
名古屋丸
　「大阪丸」「名古屋丸」衝突事件　1875.12.25
　海難事故に関する臨時裁判所の設置　1876.2.8
那須 与一
　屋島の戦い　1185.2.19
ナセル大統領
　アラブ連合がアカバ湾を封鎖　1967.5.22
　アカバ湾問題で衝突　1967.5.25
謎のバミューダ海域
　謎のバミューダ海域　1975（この年）
灘浦
　漁獲用小台網発明　1857（この年）
なだしお
　第一富士丸・潜水艦なだしお衝突　1988（この年）
ナチォナツ号
　プランクトン探検　1889（この年）
なつしま
　有人潜水調査船「しんかい2000」着水　1981（この年）
　海洋科学技術センター日本海青森沖にて日
　　本海中部地震震源域調査　1983.10月
　焼津沖にて沈船とコンクリート魚礁を調査　1984.5月
　宮崎沖にて漁業障害物を調査　1985.2月
　「なつしま」、赤道太平洋にてエル・ニー
　　ニョの観測　1987.1月
　小笠原海域にて火災漁船から乗組員を救助　1992.7月
　海上自衛隊ヘリコプター墜落事故機体及び
　　乗員の発見　1995.6月
　で大規模な多金属硫化物鉱床を発見　1999.2月
　「H-IIロケット8号機」第3次調査　1999.12月
　「なつしま」AMVERに関する表彰を受け
　　る　1999（この年）
　「なつしま」「ハイパードルフィン」搭載　2002.1月
　無人探査機「ハイパードルフィン」「なつ
　　しま」に艤装搭載　2003.2月
　の「なつしま」スマトラ島沖地震緊急調査　2005.2月
　マリアナ海域の海底において大規模な海底
　　火山の噴火を確認　2006.5月

なてし

「PICASSO（ピカソ）」初の海域試験に成
 功 2007.3月
海洋科学技術センターの「なつしま」、「あ
 たご」「清徳丸」衝突事故海域調査を実
 施 2008.2月

ナデシタ号
露オホーツク方面を調査 1802（この年）

七重浜沖
青函連絡船洞爺丸事故 1954.9.26

那覇
開港とする港を追加指定 1899.7.12

ナヴァリノ海戦
ナヴァリノ海戦 1827.10.20

ナビックス
商船三井とナビックスが合併へ 1998.10.20

ナビックスライン
ナビックスライン発足 1989（この年）
商船三井発足 1999（この年）

ナホトカ号
ナホトカ号事故 1997.1.2
環境庁長官視察―ナホトカ号流出事故 1997.1.15
流出重油富山湾に―ナホトカ号流出事故 1997.1.17
関係閣僚会議解散―ナホトカ号流出事故 1997.1.20
ナホトカ号事件で作業ボランティア急死―
 重油回収作業中に 1997.1.21
ナホトカ号流出事故回収作業 1997.2.1
ナホトカ号流出事故に環境評価 1997.2.7
功労者に感謝状―ナホトカ号流出事故で 1997.9.5
「ナホトカ」の重油流出事故補償 1997.10.13

ナポリ
海洋生物研究所創設 1872（この年）

ナポレオン艦隊
ナポレオン艦隊の残がい 1999.2月

ナポレオン戦争
トラファルガーの海戦 1805.10.21

波島丸
「波島丸」が遭難する事件 1970.1.17

波島丸1
船員法改正公布 1970.5.15

ナメクジウオ
コヴァレフスキーが海洋生物等の研究で業
 績 1866（この年）

鳴門
赤潮で養殖ハマチ大量死―鳴門市 2003.7月

鳴門渦潮調査
鳴門渦潮調査実施 1956（この年）

鳴門海峡
明石海峡、鳴門海峡で測量 1957（この年）

南海
康和地震 1099.2.22

南海地震
南海地震 1946（この年）

南海道
慶長地震 1605.2.3

南海トラフ
仏潜水艇「ノチール」南海トラフ潜航
  1989（この年）
南海トラフにおいて巨大な海山を発見 1999.5月
南海トラフにおいて大規模かつ高密度な深
 部構造探査を実施 1999.6月

南海貿易
エリュトゥラー海案内記 BC70（この年）

南海丸
旅客船「南海丸」遭難事件 1958.1.26

南極
初めて南極で捕鯨 1893（この年）
ベルジカ号の南極探検 1898（この年）
白瀬中尉、南極探検に 1910.11.29
シャクルトン隊生還 1916.8.30

南極海
南極海探検 1901（この年）
衛星による救難活動 1973.2月

南極海域調査
南極海域調査 1956（この年）

南極海洋生物資源保存条約
南極海洋生物資源保存条約 1982.4月

南極海洋生態系及び海洋生物資源に関する生物学的研究計画
南極海洋生態系及び海洋生物資源に関する
 生物学的研究計画 1975（この年）

南極観測船
宗谷建造 1938（この年）
昭和基地建設 1957（この年）
「ふじ」から「しらせ」へ 1982（この年）

南極条約
南極条約調印 1959.12.1

南極探検
南極捕鯨調査 1901（この年）
仏、南極探検 1903（この年）

南極点
アムンゼン、南極到達 1911.12.14
スコット隊南極に到達 1912.1.18

南極予備観測隊
南極観測隊「宗谷」出発 1956.11.8

南京条約
清国、香港割譲・五港開港 1842（この年）

南西インド洋海嶺
「しんかい6500」巨大いか発見 1998.11月
「しんかい6500」世界で初めてインド洋潜
 行 1998（この年）

南西諸島
学童疎開船「対馬丸」らしき船体を確認 1997.12月
海底ケーブルと観測機器とのコネクタ接続
 作業に成功 1999.10月

ナンセン
『北極海探検報告書』を刊行　　　　1902（この年）
採水器発明　　　　　　　　　　　　1925（この年）
ナンセン, フリチョフ
ナンセン、北極探検　　　　　　　　1893（この年）
難破
プロイセン商船が難破　　　　　　　1868.6.28
南蛮船
南蛮船、若狭に漂着　　　　　　　　1408（この年）
南氷洋
露南氷洋などを調査　　　　　　　　1819（この年）
南氷洋捕鯨が始まる　　　　　　　　1934.12月
南氷洋漁業
捕鯨母船と南氷洋観測調査の関連　　1947（この年）
南氷洋探検
独、南氷洋探検　　　　　　　　　　1901（この年）
南米西岸
日本郵船、第二東洋汽船株式会社を合併
　　　　　　　　　　　　　　　　　1926（この年）
南米定期航路
戦後初の遠洋定期航路開設　　　　　1950.11.28
南米東岸
西回り世界一周航路開設　　　　　　1915（この年）
西回り世界一周航路を再開　　　　　1951（この年）
南方定点T
南方定点でも観測開始　　　　　　　1948（この年）
難民船
インドネシアの難民船沈没　　　　　2000.6.29
ジャワ島沖で難民船沈没　　　　　　2001.10.19
南洋群島の珊瑚礁
『南洋群島の珊瑚礁』刊行　　　　　1952（この年）
南洋捕鯨
南洋捕鯨のピーク　　　　　　　　　1842（この年）

【 に 】

新潟
大津波発生　　　　　　　　　　　　1963（この年）
リベリア船籍のタンカーが新潟沖で座礁　1971.11月
浚渫船が機雷に接触し爆発―新潟　　1972.5.26
イワシ大量死―新潟　　　　　　　　1981.4.15
新潟港
新潟が開港　　　　　　　　　　　　1868.11.19
新潟水俣病
水俣病と新潟水俣病を公害病認定　　1968.9.26
新潟水俣病裁判で証言　　　　　　　1968.9.28
新島 襄
新島襄、米国へ　　　　　　　　　　1864.6.14
新居浜
ヘドロで魚大量死―愛媛県　　　　　1972.9.12

ニカラグア大地震
ニカラグア大地震　　　　　　　　　1992.9.1
ニキーチン, A.
3つの海を越えての航海　　　　　　1466（この年）
ニクソン
海底開発に新条約　　　　　　　　　1970.5月
ニコル, C.W.
『勇魚』刊行　　　　　　　　　　　1987.4月
ニコン
海軍光学兵器の量産開始　　　　　　1917.7.25
二酸化炭素吸収量
サンゴ礁の二酸化炭素吸収　　　　　1995.7月
二酸化炭素吸収力
サンゴ礁の二酸化炭素吸収力　　　　1998.12月
西インド諸島
西インド諸島発見　　　　　　　　　1492.10.12
経度測定を検証　　　　　　　　　　1761（この年）
西川 藤吉
赤潮プランクトン調査　　　　　　　1904（この年）
西大西洋
西大西洋の精密観測　　　　　　　　1949（この年）
西太平洋
鄭和の航海　　　　　　　　　　　　1431（この年）
西太平洋海域共同調査
西太平洋海域共同調査発足　　　　　1979（この年）
西日本新聞
「西日本新聞」が放射能汚染スクープ　1968.5.7
西ノ島新島
海底火山の噴火により西ノ島新島誕生
　　　　　　　　　　　　　　　　　1973（この年）
西回り世界一周
西回り世界一周航路を再開　　　　　1951（この年）
西回り世界一周航路
西回り世界一周航路開設　　　　　　1915（この年）
西回り世界一周航路を再開　　　　　1951（この年）
21世紀の偉業賞
21世紀の偉業賞受賞　　　　　　　　2003.6月
21世紀の港湾
港湾の21世紀のビジョン　　　　　　1985.5月
ニシン
ニシン漁法　　　　　　　　　　　　1860（この年）
ニシン漁
ニシン漁　　　　　　　　　　　　　1447（この年）
ニシン漁で発明　　　　　　　　　　1856（この年）
2銭蒸気
隅田川蒸気船「2銭蒸気」　　　　　1906.9月
2段櫂船
3段櫂船が軍船の主流に　　　　　　BC500（この頃）
日鉄海運
NSユナイテッド海運発足　　　　　　2010（この年）

にちふ

日仏海洋学会
　日仏海洋学会創立　　　　　　　　1958（この年）
日仏共同KAIKO計画
　日仏共同KAIKO計画発足　　　　　1982（この年）
日仏共同STARMER計画
　日仏共同STARMER計画で北フィジー海
　　盆リフト系調査　　　　　　　　1987.12月
日仏連合赤道太平洋海洋調査
　日仏連合赤道太平洋海洋調査　　　1956（この年）
日仏KAIKO-NANKAI計画
　仏潜水艇「ノチール」南海トラフ潜航
　　　　　　　　　　　　　　　　　1989（この年）
日米海底電線
　日米海底電線　　　　　　　　　　1906.6.1
日米加3国漁業条約
　3国漁業条約　　　　　　　　　　 1952.7.5
日米加連合北太平洋海洋調査
　日米加連合北太平洋海洋調査　　　1955（この年）
日米港湾問題
　日米港湾問題―米港湾荷役で対日制裁　1997.2.26
　日米港湾問題―米、日本のコンテナ船に課
　　徴　　　　　　　　　　　　　　1997.9.4
　日米港湾問題大筋で合意　　　　　1997.10.17
日米修好通商条約
　日米修好通商条約調印　　　　　　1858.6.19
日米包括経済協議
　経済協議でサンゴ礁を議論　　　　1995.2.13
日米捕鯨協議
　日本沿岸マッコウ捕鯨撤退　　　　1984.11.13
日米約定
　日米約定締結　　　　　　　　　　1857.6.16
日米和親条約
　日米和親条約締結　　　　　　　　1854.3.3
日魯漁業
　日魯、露漁漁業を独占　　　　　　1932.5月
日露戦争
　ロシアに宣戦　　　　　　　　　　1904.2.10
　バルチック艦隊極東へ　　　　　　1904.8.24
日露和親条約
　日露和親条約調印　　　　　　　　1854.12.21
日化丸
　船舶事故で海洋汚染―常滑　　　　1964.9.20
日韓共同資源・漁業資源調査
　日韓共同資源・漁業資源調査で合意　1967.4.28
日韓漁業協定
　新漁業協定が基本合意　　　　　　1998.9.25
日韓船主協会
　日韓船主協会会談　　　　　　　　1988（この年）
日航ジャンボ機尾翼調査
　相模湾にて日航ジャンボ機尾翼調査　1985.11月
日光丸
　「旭洋丸」「日光丸」衝突事件　　　2005.7.15

日章丸
　世界最大のタンカー「日章丸」（当時）進水
　　　　　　　　　　　　　　　　　1962.7.10
　「日章丸」竣工　　　　　　　　　1962.10月
日清戦争
　威海衛軍港陸岸を占領　　　　　　1895.2.2
　日本海軍、北洋海軍を破る　　　　1895.2.12
日精丸
　世界最大のタンカー（当時）竣工　1975（この年）
日石丸
　世界最大のタンカー（当時）進水　1971（この年）
日ソ漁業会談
　日ソ漁業会談閉幕―200海里内での協力拡
　　大へ　　　　　　　　　　　　　1991.6.12
日ソ漁業協定
　日ソ漁業協定　　　　　　　　　　1944.3月
日ソ漁業交渉
　日ソ漁業交渉で合意　　　　　　　1979.12.14
日ソ漁業サケ・マス交渉
　日ソ漁業サケ・マス交渉　　　　　1980.4.13
日ソ漁業条約
　日ソ漁業条約等調印　　　　　　　1956.5.14
日ソ合弁
　初の日ソ合弁会社設立へ　　　　　1969.10.17
日ソ定期航路民間協定
　日ソ定期航路民間協定　　　　　　1958（この年）
日ソ民間海運会議
　シベリア・ランド・ブリッジへの日本船参
　　加　　　　　　　　　　　　　　1975（この年）
新田丸
　貨客船「新田丸」建造　　　　　　1940（この年）
　「新田丸」竣工　　　　　　　　　1958（この年）
日中漁業協定
　漁業協定に調印　　　　　　　　　1975.8.15
日中新漁業協定締結交渉
　新漁業協定を締結　　　　　　　　1997.11.11
日朝修好条規
　開港のため朝鮮の港を調査　　　　1877（この年）
日東漁譜
　日本初の魚介図説　　　　　　　　1741（この年）
日東商船
　海運会社の合併相次ぐ　　　　　　1963.12.18
　海運再編―大阪商船と三井船舶が合併など
　　　　　　　　　　　　　　　　　1964（この年）
ニッポンオーシャンレーシングクラブ
　NORCに改組　　　　　　　　　　1954（この年）
にっぽん丸
　クルーズ外航客船「にっぽん丸」就航
　　　　　　　　　　　　　　　　　1990（この年）
日本丸
　日本丸竣工　　　　　　　　　　　1984.9.12
　帆船日本丸記念財団設立　　　　　1984.10.1

200海里
ニュージーランド水域での操業困難？	1977.10.18
200海里設定体制	1977（この年）
日ソ漁業会談閉幕―200海里内での協力拡大へ	1991.6.12

200海里経済水域
領海、経済水域認知	1975.5月

200海里時代
「200海里時代」へむけての討議が始まる	1974（この年）
200海里時代	1978.4.18

仁堀航路
仁堀航路	1946.5.1

ニホンウナギ
ニホンウナギの親魚捕獲	2008.9月
ニホンウナギ絶滅危惧種に指定	2014.6.12

日本海
日本海などを命名	1874（この年）
ヴィチャージ号世界周航	1886（この年）
ナホトカ号事故	1997.1.2
ミサイルが日本海近海に着水	1998.8.31
「日本海」「東海」併記法案可決	2014.2月

日本海員組合
PG就航船安全問題の規制解除	1988（この年）

日本海運協会
日本船主協会創立	1947（この年）

日本海運振興会
海事産業研究所が解散	2004（この年）

日本海海戦
「敵艦見ゆ」を無線	1905.5.27
日本海海戦でバルチック艦隊を撃破	1905.5.27

日本海溝
日本海溝調査	1957（この年）
「第一鹿島海山」発見	1977（この年）
日仏共同KAIKO計画発足	1982（この年）
日仏日本海溝共同調査	1984（この年）

日本外航客船協会
日本外航客船協会設立	1990.5.28

日本海溝潜水調査
日本海溝潜水調査	1958（この年）

日本海事科学振興財団
日本海事科学振興財団設立	1967.4.1

日本海事組合
日本海事組合（現・日本海事検定協会）創立	1913.2.11

日本海事検定協会
日本海事組合（現・日本海事検定協会）創立	1913.2.11

日本海事史学会
日本海事史学会創立	1962（この年）

日本海水学会
日本塩学会（現日本海水学会）創立	1950（この年）
『海塩の化学』刊行	1966（この年）

日本海中部地震
日本海中部地震	1983.5.26

日本海底資源開発研究会
日本海底資源開発研究会設立	1958（この年）

日本海難防止協会
日本海難防止協会設立	1958.9.8

日本海洋学会
日本海洋学会創立	1941.1月
海洋研究所設立	1962.4月
沿岸海洋研究部会発足	1962（この年）
水産海洋研究会創立	1962（この年）
海洋版SPEEDI開発へ	2014.6.2

日本海洋少年団連盟
日本海洋少年団連盟設立	1951.7月

日本海洋データセンター
海洋資料センター設立	1965（この年）

日本外洋帆走協会
日本外洋帆走協会に改組	1964（この年）
NORCが公認される―ヨット	1973（この年）

日本海洋プランクトン図鑑
『日本海洋プランクトン図鑑』刊行	1966（この年）

日本海流
日本海流記載される	1837（この年）

日本学士院賞
「船舶の動揺に関する研究」日本学士院賞受賞	1949（この年）
羽原又吉、日本学士院賞受賞	1955（この年）
石橋雅義、日本学士院賞受賞	1961（この年）
児玉洋一、日本学士院賞受賞	1962（この年）
吉識雅夫、日本学士院賞受賞	1966（この年）
友田好文、日本学士院賞受賞	1975（この年）
乾崇夫、日本学士院賞受賞	1978（この年）
柚木学、日本学士院賞受賞	1982（この年）

日本貨物検数協会
日本船舶貨物検数協会（現・日本貨物検数協会）設立	1942.11.1

日本環海海流調査業績
『日本環海海流調査業績』刊行	1922（この年）

日本寄港
サバンナ号	1967.3.17
核兵器積載軍艦が日本寄港	1974.9.10

日本気象協会
気象協会（現・日本気象協会）設立	1950.5.10

日本漁業経済史
羽原又吉、日本学士院賞受賞	1955（この年）

日本漁業経済史の研究
「日本漁業経済史の研究」朝日賞受賞	1950（この年）

日本近海海底地形図
日本近海海底地形図	1966（この年）

日本近海磁針偏差図
『日本近海磁針偏差図』刊行	1914（この年）

にほん

日本近海深浅図
　『日本近海深浅図』刊行　　　　1936（この年）
日本近海水深図
　『日本近海水深図』を刊行　　　1929（この年）
　『日本近海水深図』刊行　　　　1952（この年）
日本近海底質図
　『日本近海底質図』を刊行　　　1949（この年）
日本近海の潮汐
　『日本近海の潮汐』を刊行　　　1914（この年）
日本原子力船開発事業団
　日本原子力船開発事業団設立　　1963.8.17
日本港運協会
　日本港運協会を設立　　　　　　1948.8.23
日本航海学会
　日本航海学会創立　　　　　　　1948（この年）
日本光学工業
　海軍光学兵器の量産開始　　　　1917.7.25
日本合成化学
　有明海水銀汚染—水俣病に似た症状も
　　　　　　　　　　　　　　　　1973（この年）
日本小型船舶検査機構
　日本小型船舶検査機構設立　　　1974.1.22
日本財団
　日本船舶振興会（現・日本財団）設立　1962.10.1
日本栽培漁業協会
　瀬戸内海栽培漁業協会発足　　　1963（この年）
日本サーフィン連盟
　日本サーフィン連盟設立　　　　1965（この年）
日本産魚類図説
　『日本産魚類図説』刊行　　　　1911（この年）
日本塩学会
　日本塩学会（現日本海水学会）創立　1950（この年）
日本舟艇工業会
　日本舟艇工業会（現・日本マリン事業協
　　会）設立　　　　　　　　　　1962.2月
　日本舟艇工業会設立　　　　　　1970（この年）
日本商船管理権
　日本商船管理権返還　　　　　　1952（この年）
日本図
　初の原形に近い日本図　　　　　1595（この年）
日本水産学会
　海洋研究所設立　　　　　　　　1962.4月
　水産海洋研究会創立　　　　　　1962（この年）
日本水産資源保護協会
　日本水産資源保護協会設立　　　1963.4月
日本水上スキー連盟
　日本水上スキー連盟設立　　　　1955.7.15
日本水難救済会
　大日本帝国水難救済会（現・日本水難救済
　　会）発会　　　　　　　　　　1889.11.3
日本水路協会
　日本水路協会設立　　　　　　　1971.3.18

日本籍船混乗
　日本籍船への混乗　　　　　　　1989（この年）
　新たなマルシップ方式　　　　　1990（この年）
　特例マルシップ混乗　　　　　　1990（この年）
日本船主協会
　日本船主協会創立　　　　　　　1947（この年）
　日本船主協会、社団法人認可　　1948（この年）
　国際海運会議所、国際海運連盟に加入
　　　　　　　　　　　　　　　　1957（この年）
　造船、新協議会設置　　　　　　1975.7月
　外航労務部会へ移管　　　　　　2001（この年）
日本船舶貨物検数協会
　日本船舶貨物検数協会（現・日本貨物検数
　　協会）設立　　　　　　　　　1942.11.1
日本船舶振興会
　日本船舶振興会（現・日本財団）設立　1962.10.1
日本倉庫協会
　日本倉庫協会設立　　　　　　　1948.4.16
日本造船史研究会
　日本海事史学会創立　　　　　　1962（この年）
日本大学丸
　研究、実習船建造　　　　　　　1966（この年）
日本大地溝帯ナウマン説
　ナウマン説を批判　　　　　　　1895（この年）
日本短波放送
　海上ダイヤル放送開始　　　　　1957.7.20
日本地質アトラス
　『日本地質アトラス』を刊行　　1982（この年）
日本窒素
　水俣で日本窒素アセトアルデヒド工場稼働
　　　　　　　　　　　　　　　　1935.9月
　水俣湾へ工場廃水排出　　　　　1946.2月
　新日本窒素肥料（新日窒）再発足　1950.1月
日本東半部沿海地図
　『日本東半部沿海地図』完成　　1804（この年）
日本内航海運組合総連合会
　日本内航海運組合総連合会設立　1965.12.4
日本南海
　マリアナ海溝（9,814m）鋼索測探を始める
　　　　　　　　　　　　　　　　1925.4月
日本南海深層
　亜寒帯系プランクトン発見　　　1966（この年）
日本、ビルマ経済協力会社
　ビルマ経済協力会社設立　　　　1952.5.18
日本プランクトン学会
　日本プランクトン研究連絡会発足　1962（この年）
　日本プランクトン学会発足　　　1970（この年）
日本プランクトン研究連絡会
　日本プランクトン研究連絡会発足　1962（この年）
日本プランクトン図鑑
　『日本プランクトン図鑑』刊行　1959（この年）
日本ペア優勝
　ヨット世界選手権—日本ペア優勝　1979.8.15

― 484 ―

日本放送協会（NHK）
神戸港沖の観艦式を放送 1936.10.29
深海でのダイオウイカ撮影に成功 2012.7月
日本マリンエンジニアリング
日本舶用機関学会(現・日本マリンエンジニアリング)設立 1966.4月
日本マリン事業協会
日本舟艇工業会(現・日本マリン事業協会)設立 1962.2月
日本舟艇工業会設立 1970（この年）
日本モーターボート協会
日本モーターボート協会(現・舟艇協会)設立 1931（この年）
『舵』創刊 1932（この年）
日本郵船
日本郵船設立 1885.9.29
中国向けなど国際航路開設 1886（この年）
上海〜ウラジオストック線開設 1889.3月
神戸〜マニラ間の新航路 1890.12.24
東洋丸沈没 1903.10.29
西回り世界一周航路開設 1915（この年）
上海航路復活 1925.7.23
日本郵船、第二東洋汽船株式会社を合併 1926（この年）
東回り世界一周航路開設 1934（この年）
秩父丸、日本で初めて無線電話を使用 1936.4.8
サンフランシスコ航路を休止 1941.7.18
日本郵船所有船舶減少 1945（この年）
西回り世界一周航路を再開 1951（この年）
定期航路開設許可 1952（この年）
日本郵船、三菱海運合併 1964（この年）
コンテナ輸送時代へ 1968（この年）
初のフルコンテナ船「箱根丸」就航 1968（この年）
豪州航路サービス開始 1969（この年）
北米北西岸コンテナ航路開設 1970（この年）
欧州航路サービス開始 1971（この年）
印パ航路開設 1979（この年）
三国間コンテナ・サービス開始 1980（この年）
南アフリカ航路、コンテナ・サービス 1981（この年）
南米西岸航路、コンテナ・サービス 1981（この年）
インドネシアからのLNG輸送 1983（この年）
「クリスタル・ハーモニー」竣工 1989（この年）
日本郵船、日本ライナーシステムを合併 1991（この年）
「飛鳥」竣工 1991（この年）
ダブルハルタンカー「高峰丸」竣工 1993（この年）
コンテナ船「NYKアルテア」竣工 1994（この年）
「クリスタル・シンフォニー」竣工 1995（この年）
カタールからのLNG輸送を開始 1996（この年）
グランドアライアンスによる新サービスを開始 1996（この年）
新グランドアライアンスによる新サービスを開始 1998（この年）
日本郵船、昭和海運を合併 1998（この年）
日本郵船、日之出汽船を完全子会社化 2001（この年）
「クリスタル・セレニティ」竣工 2003（この年）
「アウリガ・リーダー」竣工 2008（この年）
「NYK スーパーエコシップ2030」発表 2009（この年）
「飛鳥II」で東北復興応援クルーズ 2012（この年）
日本ヨット協会
ヨットレース開催 1932（この年）
日本ヨット協会が発足 1932（この年）
国際ヨット競技連盟に加盟 1935.3月
日本ヨット協会財団法人に 1964（この年）
日本ライナーシステム
日本郵船、日本ライナーシステムを合併 1991（この年）
日本冷蔵倉庫協会
日本冷蔵倉庫協会設立 1973.10.4
2枚翼スクリュー・プロペラ
スミス、スクリュー・プロペラを発明 1839（この年）
ニミッツ
原子力空母リビア沖に派遣 1983.2.16
ニューアムステルダム
第2次英蘭戦争 1665（この年）
入港
原子力潜水艦が佐世保に入港 1964.11.12
エンタープライズ入港 1968.1.19
ニュー葛城
ケミカルタンカー「ニュー葛城」乗組員死傷事件 2001.1.24
ニューギニア島北岸沖
ニューギニア島北岸沖精密地球物理調査 1999.1月
精密地球物理調査 1999.1月
ニューシートピア計画
ニューシートピア計画実海域試験を実施 1985.10月
ニューシートピア計画潜水実験 1989.3月
ニューシートピア計画300m最終潜水実験 1990.7月
ニューシートピア計画フェーズII
ニューシートピア計画潜水実験 1989.3月
ニュージーランド艇初優勝
アメリカズ・カップーニュージーランド艇初優勝 1995.5.13
ニュースーツ
大気圧潜水服 1993（この年）
ニュートン
地球偏平説を立証 1735（この年）
ニューファウンドランド
グリーンランド、ニューファンドランド、北米大陸到達 1000（この年）
ラブラドル寒流を発見 1497.5.20
タイタニック号沈没 1912.4.14
カボットの航海500年記念 1996（この年）
ニューヘブリディーズ
ブーガンヴィル、世界周航に出発 1766.12.5

【にゅー】

ニューポートニュース
　石川島が米造船所を支援　　　　　1993.11.25
ニューヨーク
　世界最大の船、大西洋を横断　　　　1860.6.17
　西回り世界一周航路開設　　　　1915（この年）
　西回り世界一周航路を再開　　　　1951（この年）
ニューヨーク・ヨットクラブ
　ニューヨーク・ヨットクラブ　　　1844（この年）
　豪州艇アメリカズ・カップを制す　1982（この年）
　ニューヨーク・ヨットクラブ主催レースに
　　参加　　　　　　　　　　　　　2009（この年）
　NYYCインビテーショナルカップ—ヨッ
　　ト　　　　　　　　　　　　　　2011（この年）
　NYYCインビテーショナルカップ—ヨッ
　　ト　　　　　　　　　　　　　　2013（この年）
ニュルベルグ天文台
　最初の航海暦—レギオモンタヌス　1471（この年）
ニール号
　ニール号が沈没　　　　　　　　　　1874.3.20
ニワトリ号一番のり
　『ニワトリ号一番のり』刊行　　　1933（この年）
認可
　諫早湾の干拓事業—建設省・運輸省が認可　1988.3.9
人間魚雷
　人間魚雷「回天」　　　　　　　　1944（この年）
認定業務賠償訴訟
　水俣病認定業務賠償訴訟は差戻し　　1991.4.26
仁和地震
　仁和地震　　　　　　　　　　　　　887（この年）
ニンバス4号
　衛星による救難活動　　　　　　　　　1973.2月
寧波
　清国、香港割譲・五港開港　　　　1842（この年）

【ぬ】

ヌビア
　エジプトの貨物船　　　　　　　　　BC1450（この頃）
沼津港深海水族館
　沼津港深海水族館開館　　　　　　　2011.12.10

【ね】

ネアルコス
　アレクサンドロスの艦隊　　　　　BC327（この年）
ネイチャージオサイエンス
　プレート移動「マントルが原因」　　2014.3.31
ネコ王
　ネコ王アフリカに船を派遣　　　　BC500（この頃）
　ナイル川と紅海をつなぐ運河　　　BC280（この年）

ネコ実験
　水俣病は水銀が原因　　　　　　　　1959.7.21
ネッカム、アレグザンダー
　西洋最初の磁石、羅針盤　　　　　1187（この年）
熱水活動
　大西洋海嶺中軸谷で熱水活動を発見　1974（この年）
　日仏共同STARMER計画で北フィジー海
　　盆リフト系調査　　　　　　　　　1987.12月
　インド洋中央海嶺にて熱水活動と熱水噴出
　　孔生物群集を発見　　　　　　　　2000.8月
熱水噴出域
　沖縄トラフ深海底調査における熱水噴出域
　　の詳細な形状と分布のイメージングに成
　　功　　　　　　　　　　　　　　　2007.12月
熱水噴出現象
　「しんかい6500」熱水噴出現象発見　2007.1月
　「よこすか」、沖縄トラフ深海底下において
　　新たな熱水噴出現象「ブルースモー
　　カー」を発見　　　　　　　　　　2007.1月
熱水噴出孔
　熱水噴出孔生物群集発見　　　　　　1992.7月
　沖縄・久米島沖に熱水噴出孔群　　2014.9.19
熱水噴出孔生物群集
　インド洋中央海嶺にて熱水活動と熱水噴出
　　孔生物群集を発見　　　　　　　　2000.8月
熱帯海洋と全球大気研究計画
　TOGA（熱帯海洋と全球大気研究計
　　画）　　　　　　　　　　　　　1992（この年）
ネプチューン
　ハイチでフェリー転覆　　　　　　　1993.2.17
根室、釧路沖地震
　根室、釧路沖地震　　　　　　　　　1893.3月
根室町
　漁船多数座礁・沈没　　　　　　　　1954.5.10
ネルソン
　アブキール湾の戦い　　　　　　　　1798.8.1
　コペンハーゲンの海戦　　　　　　　1801.4.2
　トラファルガーの海戦　　　　　　1805.10.21
　英、戦艦「ネルソン」完成　　　　1927（この年）
燃料電池
　「うらしま」、世界で初めて燃料電池で航続
　　距離220kmを達成　　　　　　　　　2003.6月
燃料流出
　ケミカルタンカーの燃料流出—犬吠崎沖で
　　衝突　　　　　　　　　　　　　　1998.8.15

【の】

野崎 隆治
　『海洋学』刊行　　　　　　　　　1931（この年）
野島
　城ケ島灯台点灯　　　　　　　　　　1870.9.8

野島崎灯台点灯
　野島崎灯台点灯　　　　　　　　　　1870（この年）
能勢 行蔵
　モーターシップ雑誌社創業　　　　　1928.12月
ノーチラス号
　フルトン、ノーチラス号を製作　　　1801（この年）
　潜水艦ノーチラス号の北極探検　　　1931（この年）
　原子力潜水艦「ノーチラス号」進水　1954.1.21
　米原潜北極圏潜水横断に成功　　　　1958（この年）
ノチール
　世界最深の生物コロニーを発見　　　1985.7月
　仏潜水艇「ノチール」南海トラフ潜航
　　　　　　　　　　　　　　　　　　1989（この年）
ノチールSM97
　仏の6,000m潜水可能の潜水調査船進水
　　　　　　　　　　　　　　　　　　1984（この年）
ノックス＝ジョンストン, ロビン
　単独無寄港世界一周　　　　　　　　1968（この年）
ノック・ネヴィス
　世界最大のタンカー起工　　　　　　1975（この年）
ノッチングヒル
　最初の双暗車船　　　　　　　　　　1881（この年）
野中 兼山
　土佐の手結港築港　　　　　　　　　1652（この年）
ノーバルチェリー
　「第八優元丸」「ノーバルチェリー」衝突事
　　件　　　　　　　　　　　　　　　1990.6.7
延べ払い輸出の信用条件の統一
　延べ払い金利統一　　　　　　　　　1969.5.30
ノーベル賞
　クラゲの蛍光物質の研究でノーベル化学賞
　　受賞　　　　　　　　　　　　　　2008.10.8
ノーマン, ロバート
　磁石の伏角を発見　　　　　　　　　1576（この年）
乗揚
　「三浦丸」乗揚事件　　　　　　　　1910.10.11
　「祥和丸」による乗揚事件　　　　　1975.1.6
　「コーブベンチャー」乗揚事件　　　2002.7.22
　自動車運搬船「フアルヨーロッパ」乗揚事
　　件　　　　　　　　　　　　　　　2002.10.1
　「チルソン」乗揚事件　　　　　　　2002.12.4
　天竜川旅客船乗揚事件　　　　　　　2003.5.23
　「トリアルディアント」乗揚事件　　2004.9.7
　「海王丸」乗揚事件　　　　　　　　2004.10.20
　「カムイワッカ」乗揚事件　　　　　2005.6.23
　貨物船「ジャイアントステップ」乗揚事件
　　　　　　　　　　　　　　　　　　2006.10.6
　漁船「第七千代丸」乗揚事件　　　　2006.10.6
ノルウェー海
　バルチック海、ノルウェー海の発見　850（この年）
ノールーズ海底油田
　ペルシャ湾原油流出―イラク軍の攻撃に
　　よって　　　　　　　　　　　　　1983.3.2

ノルデンシェルド, N.
　ノルデンシェルド、北東航路の開拓に成功
　　　　　　　　　　　　　　　　　　1878（この年）
ノルデンフェルト
　実用に耐える最初の潜水艇　　　　　1882（この年）
ノルマン人
　バルチック海、ノルウェー海の発見　850（この年）
ノルマンディー号
　大西洋横断　　　　　　　　　　　　1935（この年）
ノルマンディ上陸作戦
　ノルマンディ上陸作戦開始　　　　　1944.6.6
ノルマントン号事件
　ノルマントン号事件　　　　　　　　1886.10.24

【は】

廃液
　ポリ塩化ビフェニール廃液排出―福井県敦
　　賀市　　　　　　　　　　　　　　1973.6月
ばいかる丸
　北洋捕鯨再開　　　　　　　　　　　1952.7月
廃棄物処理基準
　廃棄物処理、海洋汚染防止に廃棄物処理基
　　準を設ける　　　　　　　　　　　1973.2.1
廃棄物処理法
　廃棄物処理、海洋汚染防止に廃棄物処理基
　　準を設ける　　　　　　　　　　　1973.2.1
廃棄物の処理及び清掃に関する法律
　海洋汚染防止法など公害関係14法公布　1970.12.25
ヴァイキング
　ヴァイキングの襲撃　　　　　　　　790（この年）
　グリーンランド発見　　　　　　　　982（この年）
廃止
　宇高航路、貨車航送廃止　　　　　　1943.5.20
　関門連絡船が廃止　　　　　　　　　1964.10.31
ハイジャック事件
　ハイジャック事件　　　　　　　　　1999（この年）
拝洲可談
　羅針儀が使用される　　　　　　　　1117（この年）
排水
　水俣病の原因研究　　　　　　　　　1957.1月
排水調査
　空から排水調査　　　　　　　　　　1973（この年）
廃水路
　新日窒の廃水路変更　　　　　　　　1955.9月
ハイチ沖
　ハイチ沖で貨物船沈没　　　　　　　1986.11.11
バイヌナ号
　アラビア半島フジャイラ沖でタンカー同士
　　が衝突　　　　　　　　　　　　　1994.3.31

バイパー
タービンエンジン搭載の戦闘艦　　　1899（この年）

ハイパードルフィン
無人探査機「ハイパードルフィン」を「か
いよう」に艤装搭載し潜航活動を開始
　　　　　　　　　　　　　　　2000（この年）
「なつしま」「ハイパードルフィン」搭載　2002.1月
無人探査機「ハイパードルフィン」「なつ
　しま」に艤装搭載　　　　　　　　2003.2月
無人探査機「ハイパードルフィン」、スマ
　トラ島沖地震緊急調査を実施　　　　2005.2月
相模湾で新種の生物の採集に成功　　 2006.2月
LED光源を用いた深海照明システムを世
　界で初めて運用　　　　　　　　　2006.6月

ハイムバルト号
船舶事故で原油流出—室蘭　　　　1965.5.23

パイレーツ・オブ・カリビアン
映画『パイレーツ・オブ・カリビアン』公
　開　　　　　　　　　　　　　　2003.7.9

パイロシェイプ号
ジョフロア侯爵、蒸気船を設計　　1781（この年）

バウディッチ, N.
『新アメリカ航海実務者』刊行　　1802（この年）

バウラ諸島
フィリピンと名付ける　　　　　　1542（この年）

バウンティ号の反乱
バウンティ号の反乱　　　　　　　1789.4.28

ハオリムシ
四国沖で深海生物ハオリムシを発見　1985（この年）
相模トラフ初島沖のシロウリガイ群生域で
　深海微生物を採取　　　　　　　 1990（この年）

博多
「ビートル2世」就航　　　　　　1991.3.25

バカーンジ地方
インド高潮被害　　　　　　　　　1876（この年）

白鷗号
小型ヨットで世界一周「白鷗号」凱旋　1970.8.22

白化現象
世界のサンゴ礁の15%が白化現象　　2000.6月

白鯨
『白鯨』刊行　　　　　　　　　　1851（この年）

バークス
英が灯台・灯明船建設要求　　　　1866.9月

白村江の戦い
白村江の戦い　　　　　　　　　　663（この年）

白鳥丸
水産指導船白鳥丸・米国船チャイナベア号
　衝突　　　　　　　　　　　　　1953.2.15

爆沈
高千穂沈没　　　　　　　　　　　1914.10.18

爆発
ハバナ湾で戦艦爆発　　　　　　　1898.2.15
「ていむず丸」爆発事件　　　　　1970.11.28

「3協照丸」機関部爆発事件　　　　1972.2.21
浚渫船が機雷に接触し爆発—新潟　　1972.5.26
瀬戸内海でフェリー炎上　　　　　　1973.5.19
貨物船「ジャグドゥート」爆発事件　1989.2.16
アメリカの戦艦爆発　　　　　　　　1989.4.19
モロッコ沖でタンカー爆発・原油流出 1989.12.19
メキシコ湾でタンカー炎上・原油流出　1990.6.9
「英晴丸」の爆発事件　　　　　　　1993.1.13

博釜航路
関釜航路と博釜航路が事実上消滅　　1945.6.20

白鳳丸
古代大陸陥没発見　　　　　　　　1967（この年）
東大海洋研、研究船を新造　　　　1967（この年）
第1回国際共同多船観測（FIBEX）計画
　　　　　　　　　　　　　　　　1980（この年）
「白鳳丸」最初の研究航海　　　　　1989.6月
「白鳳丸」世界一周航海　　　　　　1989.10月
二代目「白鳳丸」竣工　　　　　　1989（この年）
南海トラフにおいて大規模かつ高密度な深
　部構造調査を実施　　　　　　　　1999.6月
「白鳳丸」海洋研究開発機構へ移管　2004.4月
「白鳳丸」海上気象通報優良船舶表彰 2005.6月
東京消防庁臨港消防署から感謝状を受ける
　　　　　　　　　　　　　　　　2007.10月
船位通報制度優良通報船舶を受賞　　2008.3月
国土交通大臣表彰を受賞　　　　　　2008.6月

爆雷投射砲
スキッド実戦配備　　　　　　　　1943（この年）

歯車減速タービン
「安洋丸」を竣工　　　　　　　　　1913.6月

白嶺
次世代資源メタンハイドレート秋田・山形
　沖に有望地点　　　　　　　　　　2014.6月

白嶺丸
海底地質調査線「白嶺丸」建造　　1974（この年）
深海底鉱物資源探査船「白嶺丸」竣工
　　　　　　　　　　　　　　　　1980（この年）

バケットラダー浚渫船
浚渫船を輸入　　　　　　　　　　1870（この年）

箱崎水族館
箱崎水族館開館　　　　　　　　　1910.3.24

函館
日米和親条約締結　　　　　　　　1854.3.3
ペリー箱館へ　　　　　　　　　　1854.4.21
外国船に石炭支給　　　　　　　　1857（この年）
横浜・箱館（函館）が開港　　　　 1859.6.2
米、幕府に保税倉庫設置求める　　　1863.2.1
新島襄、米国へ　　　　　　　　　1864.6.14
3港の自由交易を許可　　　　　　　1866.2.28
商人の外国船舶購入が可能に　　　1866（この年）
英国軍艦が函館入港　　　　　　　1880.7.17
有川桟橋航送場開業　　　　　　　1944.1.3

箱館
横浜・箱館（函館）が開港　　　　 1859.6.2

は

函館海洋気象台
　函館海洋気象台設置　　　　　　1942（この年）
函館気候測量所
　初の海洋観測　　　　　　　　　1872（この年）
函館商船学校
　函館商船学校、創設　　　　　　1879.2月
箱根丸
　コンテナ輸送時代へ　　　　　　1968（この年）
　初のフルコンテナ船「箱根丸」就航　1968（この年）
ヴァーサ号
　スウェーデン船、処女航海で沈没　1628.4.10
バージニア
　新天地アメリカへ　　　　　　　1620.9.16
バージニア州下院
　「日本海」「東海」併記法案可決　2014.2月
パシフィック・メール・スチームシップ
　サンフランシスコ～横浜～清国航路を開設
　　　　　　　　　　　　　　　　1869（この年）
橋本 宗吉
　世界地図の刊行　　　　　　　　1796（この年）
バース
　漁業水域交渉妥結　　　　　　　1966.5.9
支倉 常長
　支倉常長、ローマに渡海　　　　1613（この年）
パーソンズ, チャールズ・アルジャーノン
　初の蒸気タービン船の完成　　　1897.6月
パーソンズタービン
　初の蒸気タービン船の完成　　　1897.6月
パタニ
　朱印船始める　　　　　　　　　1592（この年）
バタビア沖海戦
　バタビア沖海戦　　　　　　　　1942.2.28
8時間労働制
　川崎造船所争議　　　　　　　　1919.9.18
八丈島
　太平洋総合研究開始　　　　　　1951（この年）
バチスカーフ
　物理学者のピカールが没する　　1962.3.24
バチスカーフFNRS-3号
　日本海溝調査　　　　　　　　　1957（この年）
バチスカーフ号
　「バチスカーフ号」4,050mまで潜水　1954（この年）
　マリアナ海溝最深部潜水に成功　1960（この年）
八八艦隊計画
　戦艦「長門」進水　　　　　　　1918.11.9
　戦艦「陸奥」進水　　　　　　　1920.11.9
　戦艦「長門」完工　　　　　　　1920.11.25
八幡
　水俣病発病が相次ぐ　　　　　　1959.3.26
発火
　昭和石油川崎製油所原油流出火災　1950.2.16

八景島シーパラダイス
　八景島シーパラダイス開業　　　1993.5月
発見航海の船
　「エンデバー号」進水　　　　　1764（この年）
発見船
　カルマンの発見船　　　　　　　1932（この年）
八甲田丸
　青函連絡船「八甲田丸」就航　　1964.8.12
初島レース
　ヨットレースで2隻が行方不明　　1962（この年）
発疹チフス
　広東からの引揚船にコレラ発生　1946.4.5
バッチェ
　湾流の近代的観測開始　　　　　1844（この年）
バットゥータ, イブン
　モロッコの探検家、海路アラビアなどへ
　　　　　　　　　　　　　　　　1325（この年）
ハッピー・ジャイアント
　世界最大のタンカー起工　　　　1975（この年）
初雪
　津軽海峡で軍艦の船首が切断　　1935.9.26
ハーディ, A.
　『オープンシー』を刊行　　　　1956（この年）
バーディック・フェリー
　RO-ROフェリー第1号が進水　　　1957（この年）
ハトシュプト女王
　エジプトの貨物船　　　　　　　BC1450（この頃）
ハドソン, ヘンリー
　ハドソン川、ハドソン湾を発見　1609（この年）
ハドソン川
　ハドソン川、ハドソン湾を発見　1609（この年）
　フルトン、最初の商業的蒸気船を航行　1807.8.17
　エリー運河開通　　　　　　　　1825（この年）
ハドソン湾
　ハドソン川、ハドソン湾を発見　1609（この年）
ハードリー
　貿易風の原因を論ずる　　　　　1735（この年）
パドル
　外輪船の設計図を作成　　　　　1737（この年）
バートン, オーティス
　潜水球で3028フィート潜る　　　1934（この年）
バートン, O.
　ベントスコープにて潜水　　　　1949（この年）
パナマ運河
　パナマ運河工事開始　　　　　　1881.2.7
　パナマ運河会社倒産　　　　　　1889.2月
　米国、パナマ運河管理権得る　　1901.11.18
　米、仏よりパナマ運河資産買収　1904.4.23
　パナマ運河が開通　　　　　　　1914.8.15
　パナマ運河通過　　　　　　　　1914.12.10
　パナマ運河航許可　　　　　　　1950（この年）
　パナマ運河共同管理　　　　　　1979.10.1

パナマ運河委員会
パナマ運河永久租借
　米、パナマ運河永久租借　　　　　1903.11.5
パナマ地峡
　パナマ地峡より太平洋に　　　　　1513.9.29
羽田
　工場汚水で抗議　　　　　　　　　1934.6.4
バハマ諸島
　西インド諸島発見　　　　　　　　1492.10.12
羽原　又吉
　「日本漁業経済史の研究」朝日賞受賞
　　　　　　　　　　　　　　　　1950（この年）
　羽原又吉、日本学士院賞受賞　　1955（この年）
ハバーロフ
　黒竜江探検　　　　　　　　　　1649（この年）
パピルス
　パピルス葦の船　　　　　　　BC3200（この頃）
パピルス船「ラー号」
　パピルス船「ラー号」復元航海　　1969.5.25
ヴァービンスキー，ゴア
　映画『パイレーツ・オブ・カリビアン』公
　開　　　　　　　　　　　　　　　2003.7.9
パプア・ニューギニアで地震
　パプア・ニューギニアで地震・津波　1998.7.17
バフィン島
　デーヴィス海峡の発見　　　　　1585（この年）
ハーフトン世界選手権
　ヨット世界選手権に参加　　　　1973（この年）
バーボス号
　海洋測深に鋼索を使用　　　　　1838（この年）
ハヴォック
　初の水雷艇駆逐艦　　　　　　　1892（この年）
　初の水雷駆逐艦建造　　　　　　1893（この年）
濱風
　日本で初めてレーダーを搭載　　1941（この年）
浜田　彦蔵
　初の漂流記刊行　　　　　　　　1862（この年）
ハマチ大量死
　ハマチ大量死―播磨灘　　　　　　1975.5.21
はまな
　自衛艦のインド洋派遣　　　　　　2001.11.9
バミューダ諸島
　ソ連の原潜「K-219」火災　　　　1986.10.3
林　研海
　幕政初の留学生　　　　　　　　　1862.9.11
速鳥丸
　国学者・洋学者の秋元安民が没する　1862.9.22
　トロール漁業監視船「速鳥丸」進水　1913.3.1
はやぶさ
　プレジャーボート「はやぶさ」転覆事件　2002.9.14
葉山　嘉樹
　『海に生くる人々』刊行　　　　　1926.11月

バラスト水管理条約
　バラスト水管理条約採択　　　　2004（この年）
バラード，R.
　ガラパゴス諸島近くで深海底温泉噴出孔を
　発見　　　　　　　　　　　　　1977（この年）
パラボラ型アンテナ
　ワシントン海軍天文台創設　　　1832（この年）
パラロング号
　汽船「金城丸」衝突事件発生　　　1905.8.22
ハリケーン「カトリーナ」
　ハリケーン「カトリーナ」　　　　2005.8.29
ハリス
　ハリス下田に来航　　　　　　　　1856.8.21
　ハリス、江戸城で謁見　　　　　　1857.12.7
ハリソン，ジョン
　ハリソン、クロノメーターを発明　1759（この年）
　経度測定を検証　　　　　　　　1761（この年）
　航海用クロンメーター完成　　　1765（この年）
　英国王、経度法賞金残額贈呈を支援　1773（この年）
　時計製作者のハリソンが没する　　1776.3.24
ハリソン，W.
　経度測定を検証　　　　　　　　1761（この年）
バーリッツ，C.
　謎のバミューダ海域　　　　　　1975（この年）
ハリネズミ爆雷
　ヘッジホッグ配備　　　　　　　1941（この年）
ハリファックス大爆発
　ハリファックス大爆発　　　　　　1917.12.6
播磨造船所
　石川島播磨重工業が発足　　　　1960（この年）
播磨灘
　ハマチ大量死―播磨灘　　　　　　1975.5.21
　赤潮で30億円の被害―播磨灘　　　1977.8.28
　赤潮発生―播磨灘一帯　　　　　　1987.7月
波力発電
　波力発電装置による陸上送電試験　1980.1月
　波力発電装置、工事中に大破　　1995（この年）
波力発電国際共同研究協定
　波力発電国際共同研究協定に調印　1978.4月
波力発電実験装置
　波力発電実験始まる　　　　　　1978（この年）
バルク貨物輸送問題
　同盟コード条約等に関する決議採択　1979（この年）
ハルズ，ジョナサン
　外輪船の設計図を作成　　　　　1737（この年）
バルセロナオリンピック
　バルセロナ五輪―ヨット入賞　　　1992（この年）
バルチック海
　バルチック海、ノルウェー海の発見　850（この年）
バルチック艦隊
　バルチック艦隊極東へ　　　　　　1904.8.24
　ドッガー・バンク事件　　　　　　1904.10.21

日本海海戦でバルチック艦隊を撃破　　　1905.5.27
バルチックレガッタ
　バルチックレガッタで日本人が優勝　1978（この年）
バルト海
　ピュテアス、潮汐現象を発見　　　BC330（この年）
　リューベック港建設　　　　　　　1143（この年）
　キール運河開通　　　　　　　　　　　1895.6.21
バルボア、ヴァスコ
　パナマ地峡より太平洋に　　　　　　　1513.9.29
ハレー、エドモンド
　ハレーの学説　　　　　　　　　　1686（この年）
　磁気図作成　　　　　　　　　　　1698（この年）
　最初の方位学地図　　　　　　　　1701（この年）
パレスチナ解放機構
　イタリア客船乗っ取り事件　　　　　　1985.10.7
ハレーの学説
　ハレーの学説　　　　　　　　　　1686（この年）
バレンツ、ヴィレム
　スピッツベルゲン諸島発見　　　　1596（この年）
波浪・ウネリの予報
　波浪・ウネリの予報方式作成　　　1941（この年）
ハロルド王
　ヘイスティングの戦い　　　　　　1066（この年）
ハワイ
　ポリネシア人がハワイに到達　　　　450（この年）
　クック、殺される　　　　　　　　　　1779.2.14
　芸妓が漂流しハワイに　　　　　　　　1859.3.16
　ハワイと渡航条約　　　　　　　　　　1886.1.28
　アリューシャン地震　　　　　　　　　1946.4.1
　ハワイに津波　　　　　　　　　　　　1957（この年）
　ハワイでチリ地震津波　　　　　　　　1960.5.23
ハワイ王カメハメハ4世
　初の遣米使節が出航　　　　　　　　　1860.1.13
ハワイ沖
　えひめ丸沈没事故　　　　　　　　　　2001.2.9
　原潜・実習船衝突事故、謝罪のため元艦長
　　来日　　　　　　　　　　　　　　　2001.2月
ハワイ沖深海底
　惑星間の塵を海底で発見　　　　　　　1993.8月
ハワイ州立自然エネルギー研究所
　深層水で魚の養殖　　　　　　　　1999（この年）
ハワイ諸島
　クック、ハワイ発見　　　　　　　　　1778.1.20
ハワイ大学
　太平洋海面水位監視パイロット・プロジェ
　　クト始まる　　　　　　　　　　1985（この年）
ハワイホノルル沖
　「かいれい」ハワイホノルル沖「えひめ丸」
　　沈没海域で遺留物回収　　　　　　　2001.10月
ハワイ・マレー沖海戦
　『ハワイ・マレー沖海戦』封切　　　　1942.12.3

阪鶴鉄道
　阪鶴鉄道が連絡船開設　　　　　　　1904.11.24
　阪鶴鉄道が舞鶴〜境の連絡船開設　　　1905.4月
　阪鶴鉄道が舞鶴〜小浜の連絡船開設　　1906.7.1
バンガード
　英国が最後に建造した戦艦　　　　1944（この年）
バンコク
　西回り世界一周航路を再開　　　　1951（この年）
万国海上気象会議
　万国海上気象会議　　　　　　　　1853（この年）
万国海上交際条例
　万国海上交際条例を発布　　　　　1885（この年）
万国漁業博覧会
　万国漁業博覧会　　　　　　　　　　　1883.5.12
　ノルウェーの万国漁業博覧会　　　1898（この年）
万国全図
　万国全図を40年振りに改訂　　　　1855（この年）
ハンザのコグ船
　ハンザのコグ船発見　　　　　　　1962（この年）
蛮社の獄
　モリソン号事件が起きる　　　　　1837（この年）
阪神・淡路大震災
　神戸港機能停止　　　　　　　　　　　1995.1.17
阪神水族館
　阪神水族館開館　　　　　　　　　　　1935.3月
バーンス、T.R.
　『生物化学的生産海洋学』刊行　　1974（この年）
帆船
　帆船が使用される　　　　　　　BC5000（この頃）
　漂着英人帆船建造　　　　　　　　1604（この年）
　『新アメリカ航海実務者』刊行　　1802（この年）
　初の西洋型帆船　　　　　　　　　　　1854.5.10
　日本で最初の洋式木造帆船　　　　　　1855.1.30
　鳳凰丸進水　　　　　　　　　　　　　1855.5.10
　大野丸建造　　　　　　　　　　　　　1858.9月
帆船アルゴ号
　『アルゴナウティカ』　　　　　　BC300（この年）
帆走船
　エジプトの帆走船　　　　　　　BC1900（この頃）
ヴァンデ・グローブ・ヨットレース
　「ヴァンデ・グローブ・ヨットレース」開
　　催　　　　　　　　　　　　　　1989（この年）
バンテン
　オランダ初めて東洋に商船隊派遣　1595（この年）
ハンドウイルカ
　ハンドウイルカの繁殖　　　　　　1988（この年）
反動タービン
　初の蒸気タービン船の完成　　　　　　1897.6
パンナムクリッパーカップ
　国際大会で日本人が優勝―ヨット　1982（この年）
ハンノ
　アフリカ西岸探検　　　　　　　BC600（この頃）

ハンノ提督
　カルタゴ艦隊の入植　　　　　　BC520（この年）
ハンブルグ
　西回り世界一周航路開設　　　　1915（この年）
ハンブルグ・アメリカ汽船
　ハンブルグ・アメリカ汽船会社設立　1847（この年）
反捕鯨国
　国際捕鯨委員会総会―捕鯨国・反捕鯨国溝
　　埋まらず　　　　　　　　　　　2002.5.24

【ひ】

ピアゾン
　アマゾン河口一帯を探索　　　　1499（この年）
ピアテス
　北海航海　　　　　　　　　　BC400（この年）
ピアリー, ロバート
　ピアリー、北極点到達　　　　　1909（この年）
P&O汽船
　P&O汽船が香港～横浜航路を開設　1876.2月
B&G財団
　B&G財団設立　　　　　　　　　1973.3.28
燧灘
　ヘドロ堆積漁業被害―愛媛県・燧灘付近
　　　　　　　　　　　　　　　　1971（この年）
　ヘドロで魚大量死―愛媛県　　　1972.9.12
燧灘ヘドロ汚染
　燧灘ヘドロ汚染　　　　　　　　1970.8.21
ひえい
　海自護衛艦リムパック初参加　　1980.2.26
比叡
　英で軍艦竣工　　　　　　　　　1878.1月
　英より購入の軍艦電灯点火　　　1882（この年）
被害補償
　水俣病患者らチッソ本社前で抗議の座込み
　　　　　　　　　　　　　　　　1971.12.17
東インド会社
　イギリス東インド会社設立　　　1600（この年）
東インド艦隊
　英艦、長崎に入港　　　　　　　1854.9.7
東オーストラリア
　キャプテン・クック、第1回太平洋航海に
　　出航　　　　　　　　　　　　1768（この年）
東オングル島
　昭和基地建設　　　　　　　　　1957（この年）
東太平洋海膨
　アルバトロス号大西洋、太平洋調査　1883（この年）
東日本大震災
　東日本大震災　　　　　　　　　2011.3.11
　「新青丸」海洋研究開発機構に引き渡し　2013.6.30

東日本フェリー
　最大手東日本フェリーが破綻　　2003.6月
東回り世界一周航路
　東回り世界一周航路開設　　　　1934（この年）
東見初
　海底炭田浸水　　　　　　　　　1915.4.12
ピカソ
　「PICASSO（ピカソ）」初の海域試験に成
　　功　　　　　　　　　　　　　　2007.3月
ピカール, オーギュスト
　「バチスカーフ号」4,050mまで潜水　1954（この年）
　物理学者のピカールが没する　　　1962.3.24
ピカール, ジャック
　潜水調査船「ベン・フランクリン号」メキ
　　シコ湾を32日間漂流　　　　　　1969.7.14
引揚船
　広東からの引揚船にコレラ発生　　1946.4.5
ビキニ
　日本船ビキニ海域の海底調査を行う―高い
　　放射能検出　　　　　　　　　　1954（この年）
ビキニ環礁
　ビキニ環礁が核実験場に　　　　　1946.1.24
　ビキニ環礁住民移住　　　　　　　1946.3月
　ビキニ環礁で原爆実験　　　　　　1946.7.1
　ビキニ環礁、水爆実験　　　　　　1956（この年）
　ビキニ被曝死　　　　　　　　　　1961.12.11
ビキニ水爆実験被曝調査団
　ビキニ水爆実験の被曝調査　　　　1971.12.7
飛脚船
　フランス飛脚船の運賃を値下げ　　1871（この年）
ビクトリア号
　マゼラン世界一周に出港　　　　　1519.20月
　マゼランの世界一周　　　　　　　1522.9.22
ビクトル
　フィリピンでタンカーとフェリー衝突沈没
　　―海難史上最大の犠牲者数　　　1987.12.20
ビークル
　無人探査機「かいこう7000II」、四国沖で
　　調査中、2次ケーブルの破断事故により
　　ビークルを失う　　　　　　　　2003.5月
ビーグル号
　「ビークル号」進水　　　　　　　1820（この年）
　ダーウィン、ビーグル号で世界周航に出発
　　　　　　　　　　　　　　　　　1831.12.27
ビーグル号航海記
　ダーウィン、『ビーグル号航海記』刊行開
　　始　　　　　　　　　　　　　　1839（この年）
ヒコ, ジョセフ
　アメリカ大統領と謁見　　　　　　1853.8.10
　初の漂流記刊行　　　　　　　　　1862（この年）
　アメリカ彦蔵自叙伝刊行　　　　　1893（この年）
飛行機
　ドーバー海峡を飛行機で横断　　　1909.7.26

カツオ魚群発見に飛行機を使用	1923.10.19
飛行船	
大西洋横断航空路線開設	1932（この年）
超軽量飛行船の成層圏試験成功	2003（この年）
彦島	
カドミウム汚染―下関・彦島地域	1971（この年）
ピサロ，フランシスコ	
ピサロ，インカ帝国を征服	1531（この年）
尾州丸	
LNG船「尾州丸」を就航	1983（この年）
非情の海	
『非情の海』刊行	1951（この年）
聖川丸	
沈没した「聖川丸」を引き揚げ	1948（この年）
ビスケー湾	
北海航海	BC400（この年）
ビスマルク	
戦艦「ビスマルク」撃沈	1941.5.27
戦艦「ビスマルク」の撮影	1989（この年）
ヒーゼン，ブルース	
海洋学者のヒーゼンが没する	1977.6.21
ヒーゼン，B.	
ソ連船，太平洋深海を調査	1955（この年）
大洋中軸海嶺を発見	1956（この年）
日台船主協会	
第1回日台船主協会会談	1991（この年）
飛鷹	
「橿原丸」を航空母艦「隼鷹」に改造	1940.10月
日高 孝次	
『海流』刊行	1958（この年）
日高丸	
青函連絡貨物船北見丸・日高丸・十勝丸・第11青函丸沈没	1954.9.26
日立港	
船舶事故で重油流出―日立市	2002.12.5
日立造船	
中国に大型貨物船輸出	1972.9.4
造船再編，大手3グループに統合	2000（この年）
常陸丸	
三菱に造船奨励法最初の認可	1896.12.3
ビーチー・ヘッドの戦い	
ビーチー・ヘッドの戦い	1690.6.30
ビーチャジ海淵	
ビーチャジ海淵発見	1957（この年）
ビーチャジ号	
西大西洋の精密観測	1949（この年）
ビーチャジ海淵発見	1957（この年）
ヴィチャージ号	
ヴィチャージ号世界周航	1886（この年）
ソ連船，太平洋深海を調査	1955（この年）
秀吉丸	
鉄製蒸気船「秀吉丸」	1878（この年）
「秀吉丸」「陸奥丸」衝突事件	1908.3.23
ピトケアン島	
バウンティ号の反乱	1789.4.28
ヒトラー	
「Z計画」承認	1938（この年）
ヒドラ	
ヒドラ観察	1742（この年）
1人乗りヨット	
地球一周レース開催―日本人優勝	1983.5.17
ビドル，ジェームズ	
米使節，浦賀に来航	1846（この年）
ビートル2世	
「ビートル2世」就航	1991.3.25
ビーナス計画	
海底ケーブルと観測機器とのコネクタ接続作業に成功	1999.10月
ビニール投棄被害	
海へのビニール投棄被害	1973（この年）
日之出汽船	
日本郵船，日之出汽船を完全子会社化	2001（この年）
被曝	
観測測量船拓洋・さつま被曝	1958.7.21
ビービ，ウィリアム	
潜水球で3028フィート潜る	1934（この年）
ひまわり	
静止気象衛星「ひまわり」打上げ	1977（この年）
ひまわり2号	
「ひまわり2号」打上げに成功	1981（この年）
卑弥呼	
邪馬台国，魏に使者を送る	239（この年）
百間港	
水俣で貝類死滅	1952（この年）
新日窒の廃水路変更	1955.9月
百年戦争	
スロイスの戦い	1340（この年）
100万重量トンタンカー	
100万トンタンカー開発諮問	1970.7.2
100万トンドック	
世界最大100万トンドックを起工	1970.9.16
日向灘	
日向灘で地震	1987（この年）
ピュテアス	
ピュテアス，潮汐現象を発見	BC330（この年）
氷海観測ステーション	
氷海観測ステーション設置	1992（この年）
氷海観測用小型漂流ブイ	
日本で初めて氷海観測用小型漂流ブイによる観測に成功	2000.5月
氷海用自動観測ステーション	
氷海用自動観測ステーション	1992（この年）

兵庫
　足利将軍、遣明船見物　　　　　　　　1405.8.3
　四カ国連合艦隊兵庫沖に現れる　　　　1865.9.16
兵庫丸
　三菱商会の船がアメリカへ　　　　1875（この年）
氷山
　南極の氷山分離　　　　　　　　　2000（この年）
標識瓶
　近海の海流調査を開始　　　　　　　　1913.5.1
漂着
　南蛮船、若狭に漂着　　　　　　　1408（この年）
　ロシア人が漂着　　　　　　　　　　　1883.7.9
　北朝鮮船漂着―11人が韓国へ　　　　1987.1.20
兵部省海軍部水路局
　兵部省海軍部水路局を設置　　　　　　1871.9.12
漂流
　メデューズ号遭難事件　　　　　　　　1816.7.2
　芸妓が漂流しハワイに　　　　　　　　1859.3.16
漂流記
　初の漂流記刊行　　　　　　　　　1862（この年）
漂流民
　「北槎聞略」作る　　　　　　　　1794（この年）
　モリソン号事件が起きる　　　　　1837（この年）
ピョートル大帝
　ベーリング、ベーリング海峡を発見　1728（この年）
ピョートル・バセフ号
　ソ連の客船黒海で同国船同士が衝突し沈没
　　　　　　　　　　　　　　　　　　　1986.8.31
日和山
　山形酒田に常夜灯―航行安全のために
　　　　　　　　　　　　　　　　　1813（この年）
平賀 譲
　快速巡洋艦「夕張」進水　　　　　　　1923.3.5
平戸大橋
　平戸大橋開通　　　　　　　　　　　　1977.4.4
平野 富二
　初の民間造船所設立　　　　　　　　1876.10月
比羅夫丸
　青函航路開業　　　　　　　　　　　　1908.3.7
ヒラマサ
　ブリ・ヒラマサ養殖法で特許　　　1980（この年）
ピラミッド
　クフ王の船発見　　　　　　　　　1954（この年）
ピラルク
　蓼科アミューズメント水族館開業　　1993.7月
飛鸞丸
　青函連絡船「飛鸞丸」就航　　　　　1924.12.30
ビリャロボス
　フィリピンと名付ける　　　　　　1542（この年）
飛龍
　航空母艦「飛龍」起工　　　　　　　　1936.7.8

ヴィルケ
　地磁気の伏角を地図に　　　　　　1768（この年）
広島大学水畜産学部
　広島大学水畜産学部（現・生物生産学部）
　　設置　　　　　　　　　　　　　1949.**.**
琵琶湖
　信長、大型船を建造させる　　　　　　1573.5.22
瓶流し
　北大西洋海流調査　　　　　　　　1855（この年）
ヴィンランド
　グリーンランド、ニューファンドランド、
　　北米大陸到達　　　　　　　　　1000（この年）

【ふ】

ファーザーズ、ピルグリム
　新天地アメリカへ　　　　　　　　　　1620.9.16
ファルコン
　ヨット「ファルコン」沈没事件　　　　2003.9.15
ファルツ戦争
　ビーチー・ヘッドの戦い　　　　　　　1690.6.30
ファルマボロ・ヘッド沖
　史上に残る単独艦同士の戦闘　　　　　1779.9.23
ファルヨーロッパ
　自動車運搬船「フアルヨーロッパ」乗揚事
　　件　　　　　　　　　　　　　　　　2002.10.1
ファロスの灯台
　アレクサンドリアの大灯台が建造される
　　　　　　　　　　　　　　　　　BC283（この年）
ファンディ湾
　潮汐現象の動力化　　　　　　　　1609（この年）
ファン・デル・カノ
　マゼランの世界一周　　　　　　　　　1522.9.22
フィッチ，ジョン
　最初の蒸気船が航行　　　　　　　　　1787.8.22
フィッツーロイ
　英初、暴風警報　　　　　　　　　1860（この年）
フィラデルフォス，プトレマイオス
　ナイル川と紅海をつなぐ運河　　　BC280（この年）
フィリップ2世
　十字軍大船団　　　　　　　　　　　　1189（この年）
フィリップ3世
　経度測定法の発明に懸賞金　　　　1598（この年）
フィリピン海溝
　フィリピン海溝発見　　　　　　　1927（この年）
　フィリピン海溝で1万mを越す水深を測量
　　　　　　　　　　　　　　　　　1929（この年）
フィリピン諸島
　マリアナ諸島を発見　　　　　　　　　1521.3.6

フィールド, サイラス
C.W.フィールド、大西洋横断海底電信敷設　　　　1866（この年）

フィロパトル4世
古代最大の軍船　　　　BC200（この頃）

ブイロボット
ブイロボット実用化　　　　1973（この年）

風紀取締り
外国船員商売の風紀取締り　　　　1886.1月

封鎖
英国がスエズ運河を封鎖　　　　1952.1.4

風浪発生の理論
風浪発生の理論　　　　1925（この年）

フェアトライ
大型工船第1号進水　　　　1954（この年）

フェアランド号
初の大西洋横断コンテナ輸送　　　　1966（この年）

富栄養化
瀬戸内海環境保全特別措置法を制定　1978（この年）

フェセンデン
深海用音響測深機の発明　　　　1914（この年）

フェートン号事件
フェートン号事件　　　　1808（この年）

フェニキア
フェニキア大海軍力の基礎に　　BC2750（この頃）

フェニキア沿岸
エジプトの軍船　　　　BC2500（この頃）

フェニキア人
フェニキア人　　　　BC1400（この頃）
アフリカ航海　　　　BC600（この頃）

フェニックス諸島海域
キリバス共和国のフェニックス諸島海域を
海洋保護区に指定　　　　2006.3.28

ぶえのすあいれす丸
陸軍病院船沈没　　　　1943.11.27

プエブロ号事件
プエブロ号事件　　　　1968.1.22

プエブロ号乗員解放
プエブロ号乗員解放　　　　1968.12.23

フェリー
韓国で軍艦とフェリー衝突　　　　1967.1.14
日本長距離フェリー協会設立　　　　1973.5月
フィリピンでタンカーとフェリー衝突沈没
　―海難史上最大の犠牲者数　　　　1987.12.20
ケニアでフェリー転覆　　　　1994.4.29
ハイチでフェリー沈没　　　　1997.9.8
ギニア湾でフェリー転覆　　　　1998.4.1
フィリピンでフェリー沈没　　　　1998.9.19
セネガル沖でフェリー沈没　　　　2002.9.26
紅海でフェリー沈没　　　　2006.2.2

フェリー航路増加
フェリー航路増加―カーフェリー大型化顕
著に　　　　1973.4月

フェレル
「コリオリの力」　　　　1882（この年）

フォークランド諸島を封鎖
フォークランド諸島を封鎖　　　　1982.4.28

フォークランド諸島上陸作戦
フォークランド諸島上陸作戦　　　　1982.5.20

フォークランド紛争
フォークランド紛争で即時撤退決議　　1982.4.3
フォークランド紛争、アルゼンチン海軍巡
洋艦撃沈　　　　1982.5.2

フォークランド紛争開戦
フォークランド紛争開戦　　　　1982.4.2

フォース&クライド運河
実用化された最初の蒸気船　　　　1801（この年）

フォーランド灯台
電力を使用した初の灯台　　　　1858（この年）

フォルバン
初の30ノット超え　　　　1895（この年）

フォルヒハンマー
大洋の塩分分布図　　　　1865（この年）

フォルミオン
リオンの海戦　　　　BC429（この年）

フォルラニーニ, E.
水中翼船を開発　　　　1909（この年）

フォレスター, セシル・スコット
『海の男/ホーンブロワー』シリーズ刊行開
始　　　　1937（この年）

フォンブラント, エム
ドイツと条約締結交渉　　　　1868.10.20

ブーガンヴィル, ルイ・アントワーヌ・ド
ブーガンヴィル、世界周航に出発　　1766.12.5
地球の自然は過去に大変化を経たと主張
　　　　1766（この年）

ブーガンヴィルの航海記
大陸移動を示唆　　　　1772（この年）

ブキャナン大統領
アメリカ大統領と謁見　　　　1853.8.10
初の遣米使節が出発　　　　1860.1.13

布教
モリソン号事件が起きる　　　　1837（この年）

不況対策特別委員会
船主協会の不況対策　　　　1958（この年）

フグ
フグ毒をテトロドトキシンと命名　1909（この年）
フグ毒テトロドトキシン製造法特許　1911.12.5

福井
ポリ塩化ビフェニール廃液排出―福井県敦
賀市　　　　1973.6月

福井 篤
世界2個体目の深海魚を確認　　　　2014.8月

福井新港
北朝鮮船漂着―11人が韓国へ　　　　1987.1.20

福江沖
若津丸沈没　　　　　　　　　　　　1916.4.1
福岡藩
英国水夫殺害犯が自殺　　　　　　　1868.12.10
富久川丸（初代）
「富久川丸（初代）」を建造　　　　1960（この年）
福島
第7文丸・アトランティック・サンライズ
号衝突　　　　　　　　　　　　　1961（この年）
福島でタンカーと貨物船が衝突―重油流出
　　　　　　　　　　　　　　　　　1993.5.31
福島第1原発
福島第1原発が津波被害、炉心融解事故　2011.3.12
福島第1原発、地下水を海洋放出　　　2014.5.21
福州
清国、香港割譲・五港開港　　　　　1842（この年）
福神丸
瀬渡船「福神丸」転覆事件　　　　　1992.1.12
武経総要
指南魚を用いた羅針儀の使用　　　　1084（この年）
釜山
釜山航路開設　　　　　　　　　　　1890.7.16
下関～釜山連絡船始まる　　　　　　1905.9.11
関釜連絡船「高麗丸」「新麗丸」就航　1913.1.31
「ビートル2世」就航　　　　　　　　1991.3.25
釜山アジア大会
釜山アジア大会―ヨット　　　　　　2002（この年）
釜山水産専門学校
朝鮮総督府釜山高等水産学校（現・水産大
学校）設立　　　　　　　　　　　　1941.4月
釜山港
韓国で定期船沈没　　　　　　　　　1953.1.9
釜山麗水間定期船
韓国で定期船沈没　　　　　　　　　1953.1.9
ふじ
「ふじ」から「しらせ」へ　　　　　1982（この年）
ブーシア半島
ロス、北磁極に到達　　　　　　　　1831.6.1
藤川 三渓
洋式捕鯨を開始　　　　　　　　　　1873（この年）
富士川丸
「富士川丸」を建造　　　　　　　　1957（この年）
ふしぎの海のナディア
「ふしぎの海のナディア」放映開始　1990.4.13
ふじ丸
本格的クルーズ外航客船「ふじ丸」就航
　　　　　　　　　　　　　　　　　1989（この年）
富士丸
国産記録式音響測深機を開発　　　　1940（この年）
フジャイラ沖
アラビア半島フジャイラ沖でタンカー同士
が衝突　　　　　　　　　　　　　1994.3.31

浮上方式深海カメラシステム
海洋実験　　　　　　　　　　　　　1979.11月
不審船
不審船引き揚げ　　　　　　　　　　2001.12.22
扶桑
英で軍艦竣工　　　　　　　　　　　1878.1月
金剛が横浜到着　　　　　　　　　　1878.4.26
英より購入の軍艦電灯点火　　　　　1882（この年）
武装商船
宮崎丸撃沈　　　　　　　　　　　　1917.5.31
扶桑丸
「扶桑丸」が台湾に入港　　　　　　1941.10.9
ブタイン
捕鯨砲の創始　　　　　　　　　　　1860（この年）
ふたば
「ふたば」「グレートビクトリー」衝突事件　1976.7.2
プチャーチン
プチャーチン来航　　　　　　　　　1853.7.18
プチャーチン再来　　　　　　　　　1853.12.5
日露和親条約調印　　　　　　　　　1854.12.21
幕府沈没船代艦の建造を許可　　　　1855.1.24
プチャーチン離日　　　　　　　　　1855.3.22
伏角
磁石の伏角を発見　　　　　　　　　1576（この年）
地磁気の伏角を地図に　　　　　　　1768（この年）
仏式海軍伝習
仏式海軍伝習開始　　　　　　　　　1866.1.4
ブッシュネル
「アメリカの亀号」発明　　　　　　1776（この年）
ブッシュネル、魚雷を発明　　　　　1777（この年）
フッド
デンマーク海峡海戦　　　　　　　　1941.5.24
不定期船配船
不定期船配船許可　　　　　　　　　1950（この年）
普天間基地移設
米軍普天間基地季節―環礁埋め立て　2002.7.29
埠頭建設
韓国、竹島に埠頭建設　　　　　　　1997.11.6
プトレマイオス朝エジプト
アクティウムの海戦　　　　　　　　BC31（この年）
プトレマイオス・フィラデルフォス
ナイル川と紅海をつなぐ運河　　　　BC280（この年）
船の科学館
「船の科学館」一般公開　　　　　　1974.7月
不法上陸
尖閣諸島に不法上陸　　　　　　　　2004.3.24
フューリアス
英、航空母艦完成　　　　　　　　　1917（この年）
ブライ, ウィリアム
バウンティ号の反乱　　　　　　　　1789.4.28
フライデーハーバー臨海実験所
フライデーハーバー臨海実験所創設　1930（この年）

ブラウン
ブラウンが軍艦受領のため渡英　1874（この年）
ぶらじる丸
「あるぜんちな丸」「ぶらじる丸」を建造
　　　　　　　　　　　　　　　1939（この年）
鉱石運搬船「ぶらじる丸」が完成　2007（この年）
ブラックスモーカー
ブラックスモーカー発見　　　　1979（この年）
ブラッチャリニ式照準器
海岸砲を全国に配備　　　　　　1892（この年）
プラネット号
ズンダ海溝発見　　　　　　　　1906（この年）
フラム号
ナンセン、北極探検　　　　　　1893（この年）
プランクトン
プランクトン採集網を発明　　　1884（この年）
プランクトン探検　　　　　　　1889（この年）
フランクリン
フランクリン、メキシコ湾流を発見　1770（この年）
ブランコ岬
ブランコ岬回航　　　　　　　　1441（この年）
フランス沖
フランス沖でエリカ号沈没　　　1999.12.12
フランス海軍がスペイン漁船を攻撃
フランス海軍がスペイン漁船を攻撃　1984.3.7
フランス軍艦
フランス軍艦が横浜港に投錨　　1868.7月
フランスのタンカーにテロ
フランスのタンカーにテロ　　　2002.10.6
フランセ号
仏、南極探検　　　　　　　　　1903（この年）
ブラントン, リチャード・ヘンリー
ブラントンが灯台設置　　　　　1869（この年）
ブリ
ブリ・ヒラマサ養殖法で特許　　1980（この年）
プリアムーリエ
ソ連客船火災　　　　　　　　　1988.5.18
フリゲート艦
米植民地でフリゲート艦を初めて建造
　　　　　　　　　　　　　　　1747（この年）
米最大のフリゲート艦建造　　　1813（この年）
メデューズ号遭難事件　　　　　1816.7.2
フリゴスフィーク号
世界初の冷凍船　　　　　　　　1876（この年）
ブリストル
ラブラドル寒流を発見　　　　　1497.5.20
カボットの航海500年記念　　　　1996（この年）
ブリストル海峡
座礁大型タンカーより原油流出―英国・
ウェールズ　　　　　　　　　　1996.2.15
フリチョフ・ナンセン
ナンセン、北極探検　　　　　　1893（この年）

ブリッジコントロール方式
大型自動化船「金華山丸」進水　1961（この年）
フリッチュ, フェリックス・オイゲン
フリッチュ、ダーウィンメダル受賞　1952（この年）
ブリティッシュ・ペトロリアム
メキシコ湾原油流出事故　　　　2010.4.20
プリマス
ドレーク世界一周より帰港　　　1580.9.26
新天地アメリカへ　　　　　　　1620.9.16
プリマス海洋研究所
プリマス海洋研究所設立　　　　1888（この年）
プリマス号
ペリー来航　　　　　　　　　　1853.6.3
プリュイン
米、幕府に保税倉庫設置求める　1863.2.1
プリンス・ウィリアム湾
原油流出事故　　　　　　　　　1969.3.24
プリンストン号
スクリュー推進を採用した初の戦艦　1843（この年）
プリンセス・ヴィクトリア号
ヨーロッパで暴風雨　　　　　　1953.1.31
ブルーク
採泥器付き測深機　　　　　　　1854（この年）
ブルースモーカー
「しんかい6500」熱水噴出現象発見　2007.1月
「よこすか」、沖縄トラフ深海底下において
新たな熱水噴出現象「ブルースモー
カー」を発見　　　　　　　　　2007.1月
古鷹
巡洋艦「古鷹」竣工　　　　　　1926.3.11
ブルターニュ沖
ブルターニュ沖でタンカー座礁　1976.1.24
ブルターニュ沖でタンカー座礁―世界タン
カー史上最悪の原油流出　　　　1978.3.16
ブルチカ
ルーマニアと通商航海条約調印　1969.9.1
フルード
船型試験水槽作成　　　　　　　1872（この年）
プルトニウム輸送
プルトニウム輸送　　　　　　　1992.11.7
フルトン
フルトン、ノーチラス号を製作　1801（この年）
フルトン、最初の商業的蒸気船を航行　1807.8.17
ブルーリボン
大西洋横断　　　　　　　　　　1933.8月
大西洋横断　　　　　　　　　　1935.8月
プルン, アントン
ガラテア号の世界周航海洋探検　1951（この年）
ブレア
座礁大型タンカーより原油流出―英国　1993.1.5
プレスティージ号
油濁事故　　　　　　　　　　　2002（この年）

ブレスト
　ブーガンヴィル、世界周航に出発　　1766.12.5
ブレット, ジョン
　ジョン・ブレットとヤコブ・ブレット、英
　仏間に海底ケーブルを敷設　　1850 (この年)
ブレット, ヤコブ
　ジョン・ブレットとヤコブ・ブレット、英
　仏間に海底ケーブルを敷設　　1850 (この年)
プレート移動
　プレート移動「マントルが原因」　2014.3.31
フレネル, A.J.
　灯台用レンズ発明　　1822 (この年)
フレネル・レンズ
　灯台用レンズ発明　　1822 (この年)
プレブル号
　外国船浦賀、下田、長崎に入港　1849.4.8
プレヴェザの海戦
　プレヴェザの海戦　　1538.9.28
ブレーメン港
　ハンザのコグ船発見　　1962 (この年)
ブレリオ
　ドーバー海峡を飛行機で横断　　1909.7.26
フレンドリー諸島
　バウンティ号の反乱　　1789.4.28
フロビッシャー, マーティン
　最初の北西航路航海　　1576 (この年)
フロリダ海峡
　フロリダ海峡を発見　　1513 (この年)
ブロン, P.
　魚類・クジラ研究　　1551 (この年)
フンアジュピター
　漁船「第十八光洋丸」と貨物船「フンア
　ジュピター」が衝突　　2003.7.2
噴火
　温泉嶽噴火 (長崎県島原)　　1792.5.21
　海底火山の噴火により西ノ島新島誕生
　　　　　　　　　　　　　　1973 (この年)
　三原山が209年ぶりに噴火　　1986.11.22
文化勲章
　吉識雅夫に文化勲章が贈られる　1982 (この年)
豊後
　オランダ船豊後に漂着　　1600 (この年)
豊後水道
　フェリーと貨物船が衝突―豊後水道　1973.3.31
　赤潮発生―別府湾・豊後水道　1982 (この年)
紛争
　タラ漁を巡って紛争　　1973.3.18
プント
　エジプトの貨物船　　BC1450 (この頃)
フンボルト, アレキサンダー
　フンボルト海流の発見　　1799 (この年)

フンボルト海流
　フンボルト海流の発見　　1799 (この年)
分類水産動物図説
　『分類水産動物図説』刊行　　1933 (この年)

【へ】

ベアード号
　米国海洋観測船来日　　1953 (この年)
ヘイエルダー
　パピルス船「ラー号」復元航海　1969.5.25
ヘイエルダール, トール
　コンティキ号出航　　1947.4.28
　ヘイエルダールが没する　　2002.4.18
米艦渡来
　米艦渡来を予報　　1852.11.30
兵器会議
　海軍に兵器会議を設置　　1885.9.22
ヘイグ国務長官
　フォークランド紛争で即時撤退決議　1982.4.3
米駆逐艦「コール」爆破事件
　米駆逐艦「コール」爆破事件　2000.10月
平家物語
　屋島の戦い　　1185.2.19
米国外航海運改革法
　米国外航海運改革法成立　　1998.4月
米国新海運法
　米国海運法大幅改正　　1984 (この年)
兵書
　軍艦などを輸入　　1853.9月
ヘイスティングの戦い
　ヘイスティングの戦い　　1066 (この年)
米西戦争
　ハバナ湾で戦艦爆発　　1898.2.15
閉息潜水最高記録
　閉息潜水最高記録を達成　　1983 (この年)
ベイブリッジ
　米海軍初の駆逐艦　　1899.8月
ベガ号
　ノルデンシェルド、北東航路の開拓に成功
　　　　　　　　　　　　　　1878 (この年)
ヘカチウス
　紅海の地図　　BC520 (この頃)
北京オリンピック
　北京五輪―ヨット　　2008 (この年)
ベザーン型ヨット
　オランダ、チャールズ2世にヨットを献上
　　　　　　　　　　　　　　1660 (この年)
ヘス
　ケープ・ジョンソン海淵発見　1944 (この年)

- 498 -

海洋底辺拡大説　　　　　　　　1960（この年）
海洋底拡大説　　　　　　　　　1962（この年）
海洋地質学者のH.H.ヘスが没する　　1969.8.25
ベスタ
　大西洋上での海難事故　　　　　　1954.9.27
ペスト
　黒死病の大流行　　　　　　　　1347（この年）
　「清国及ビ香港ニ於テ流行スル伝染病ニ対
　　シ船舶検疫施行ノ件」　　　　　1894.5.26
　船員がペストにより横浜で死亡　　1896.3.31
　「海港検疫法」公布　　　　　　　1899.2.14
ヴェスプッチ, アメリゴ
　ベネズエラ探検　　　　　　　　1499（この年）
　アジア最南端よりもはるか南に大陸を発見
　　　　　　　　　　　　　　　　1501（この年）
　アメリカ大陸を新世界と呼ぶ　　1503（この年）
ベスレヘム・スチール
　世界最大のタンカー受注　　　　1958（この年）
へぐ号事件
　へぐ号事件　　　　　　　　　　1982.1.15
ヘッジホッグ
　ヘッジホッグ配備　　　　　　　1941（この年）
ペッセ遺跡
　丸木船　　　　　　　　　　　　BC7200（この頃）
ペッターソン
　アルバトロス号、世界一周深海調査へ
　　　　　　　　　　　　　　　　1947（この年）
ペッターマン, O.
　国際海洋探究準備会開催　　　　1899（この年）
ペット, フィニアス
　ソブリン・オブ・ザ・シー建造　1637（この年）
別府湾
　赤潮発生―別府湾　　　　　　　1975（この年）
　赤潮発生―別府湾・豊後水道　　1982（この年）
ペトラゲン・ワン
　スペイン沖でタンカー爆発・沈没　1985.5.26
ヘドロ
　ヘドロで魚が大量死　　　　　　1970.8.27
　ヘドロで健康被害　　　　　　　1970.9月
　ヘドロ投棄了承　　　　　　　　1971.2月
　ヘドロ堆積漁業被害―愛媛県・燧灘付近
　　　　　　　　　　　　　　　　1971（この年）
　ヘドロで魚大量死―愛媛県　　　1972.9.12
　ヘドロ汲み上げ移動―田子ノ浦　1974.6月
　トリ貝大量死―境、三豊沖　　　1974（この年）
ヘドロ埋立汚染
　ヘドロ埋立汚染―トリ貝に深刻な打撃
　　　　　　　　　　　　　　　　1975（この年）
ヘドロ処理
　水俣湾のヘドロ処理　　　　　　1976.2.14
　水俣湾のヘドロ処理・仕切網設置　1977.10.11
ヴェネツィア
　マルコ・ポーロ帰国　　　　　　1295（この年）

キオッジアの戦い　　　　　　　1380（この年）
プレヴェザの海戦　　　　　　　1538.9.28
ヘネラル・ベルグラーノ
　フォークランド紛争、アルゼンチン海軍巡
　　洋艦撃沈　　　　　　　　　　1982.5.2
辺野古
　辺野古沖で海底ボーリング調査開始　2014.8.18
ベハイム, マルティン
　現存する最古の地球儀　　　　　1492（この年）
ヘミングウェイ, アーネスト
　『老人と海』刊行　　　　　　　1952（この年）
ベーム
　音響測深儀を発明　　　　　　　1907（この年）
　音響測深機　　　　　　　　　　1911（この年）
ヘームスケルク, ヤーコブ
　スピッツベルゲン諸島発見　　　1596（この年）
ベラクルス
　支倉常長、ローマに渡海　　　　1613（この年）
ヴェラザノ・ナローズ・ブリッジ
　ヴェラザノ・ナローズ・ブリッジ開通　1964.11.21
ベラスケス, ディエゴ
　スペイン、キューバ征服　　　　1511（この年）
ベラノザ
　北アメリカとアジア大陸が地続きでないこ
　　とを発見　　　　　　　　　　1523（この年）
ペリー
　ペリー父島に　　　　　　　　　1853.5.8
　ペリー来航　　　　　　　　　　1853.6.3
　ペリー、神奈川沖に再び来航　　1854.1.16
　ペリー箱館へ　　　　　　　　　1854.4.21
へりおす
　海洋調査船へりおす沈没　　　　1986.6.17
ペリクレス
　シュボタの海戦　　　　　　　　BC433（この年）
ヘリコプター墜落
　海自ヘリ、護衛艦に接触し墜落　2012.4.15
ペリュー号
　「清国及ビ香港ニ於テ流行スル伝染病ニ対
　　シ船舶検疫施行ノ件」　　　　1894.5.26
ペリー来航
　ペリー来航　　　　　　　　　　1853.6.3
ベーリング, ヴィトウス
　ベーリング、ベーリング海峡を発見　1728（この年）
　ベーリング死去　　　　　　　　1741.12.19
ベーリング海
　北太平洋域海洋観測調査　　　　1991（この年）
ベーリング海峡
　アジア東北端を初めて見たロシア人　1648（この年）
　ベーリング、ベーリング海峡を発見　1728（この年）
　クック最後の航海　　　　　　　1776（この年）
　ノルデンシェルド、北東航路の開拓に成功
　　　　　　　　　　　　　　　　1878（この年）

ベーリング島
　ベーリング死去　　　　　　　　　1741.12.19
ベリングハウゼン
　露南氷洋などを調査　　　　　　1819（この年）
ベル，ヘンリー
　欧州初の蒸気船　　　　　　　　　1812.7.25
ペルー沖
　ラニーニャ現象　　　　　　　　1999（この年）
ペルー海流
　ペルー海流調査　　　　　　　　1925（この年）
ベルガウス地図
　日本海流記載される　　　　　　1837（この年）
ベルゲ・エンペラー
　タンカー「ベルゲ・エンペラー」を竣工
　　　　　　　　　　　　　　　　1975（この年）
ベルサウレーケン
　海軍伝習所　　　　　　　　　　　1855.10.24
ペルシア艦隊
　サラミスの海戦　　　　　　　　BC480.9.23
ペルシア戦争
　サラミスの海戦　　　　　　　　BC480.9.23
ベルジカ号
　ベルジガ号の南極探検　　　　　1898（この年）
ペルー地震
　ペルー地震　　　　　　　　　　　2001.6.23
ペルシャ湾
　東回り世界一周航路開設　　　　1934（この年）
　ペルシャ湾岸重油積み取り　　　1948（この年）
　ペルシャ湾で貨客船火災　　　　　1961.4.8
　ペルシャ湾で連絡船沈没　　　　　1967.2.14
　ペルシャ湾内北の海域への就航を見合わせ
　　　　　　　　　　　　　　　　1981（この年）
　タンカー戦争で国連安保理　　　　1984.5.25
　国連総会でペルシャ湾問題　　　　1987.9.21
　ペルシャ湾でイラン旅客機を誤射　1988.7.3
　ペルシャ湾で原油流出　　　　　　1991.1.25
ペルシャ湾原油流出
　ペルシャ湾原油流出—イラク軍の攻撃に
　　よって　　　　　　　　　　　　　1983.3.2
ペルシャ湾の安全航行確保問題
　ペルシャ湾安全航行で貢献策　　　1987.10.7
ヘルシンキオリンピック
　ヨット，ヘルシンキオリンピックに選手派
　　遣　　　　　　　　　　　　　　1953（この年）
ペルーズ，ジャン・フランソワ・ラ
　ラ・ペルーズ　　　　　　　　　1785（この年）
ヘルタ号
　ドイツ軍艦が鹿児島湾を測量　　　1882.1.15
ベルタン
　水兵の教育改革，事前調査をベルタンに依
　　頼　　　　　　　　　　　　　　1887.4月
ヴェルデ岬
　アフリカ東路開発　　　　　　　1420（この年）

ブランコ岬回航　　　　　　　　　1441（この年）
ヘルトヴィヒ
　ウニの受精現象を研究　　　　　1875（この年）
ヴェルヌ，ジュール
　『海底二万里』刊行　　　　　　1870（この年）
　「ふしぎの海のナディア」放映開始　1990.4.13
ベルリンオリンピック
　ヨット五輪に初参加　　　　　　1936（この年）
ベルリン大学が海洋研究所
　ベルリン大学海洋研究所創設　　1910（この年）
ヘレナ号
　デンマーク船が横浜入港　　　　　1880.10.30
　米，近接信管を初めて使用　　　1943（この年）
ヘロデ王
　ヘロデ王，港を建設　　　　　　BC10（この年）
ペロポネソス戦争
　シュボタの海戦　　　　　　　　BC433（この年）
　リオンの海戦　　　　　　　　　BC429（この年）
偏角
　コロンブス，偏角を発見　　　　　1492.9.13
　最初の方位学地図　　　　　　　1701（この年）
ベンガル湾
　ベンガル湾のサイクロンで船沈没　1978.4.4
ペンギン
　鳥羽水族館開館　　　　　　　　1955（この年）
　城崎マリンワールド　　　　　　1994（この年）
ペンギン号
　トンガ海溝発見　　　　　　　　1891（この年）
ベンクル至スンダ海峡
　自動図化方式による初の海図　　1986（この年）
ペンシルベニア号
　飛行機が船を離着陸　　　　　　　1911.1.18
ヘンスロー，ジョン
　ダーウィン，ビーグル号で世界周航に出発
　　　　　　　　　　　　　　　　　1831.12.27
ヘンゼン
　プランクトン採集網を発明　　　1884（この年）
ペンテコンテロス
　ペンテコンテロス　　　　　　　BC600（この頃）
ベントスコープ
　ベントスコープにて潜水　　　　1949（この年）
ベン・フランクリン号
　潜水調査船「ベン・フランクリン号」メキ
　　シコ湾を32日間漂流　　　　　　1969.7.14
偏平説
　地球偏平説を立証　　　　　　　1735（この年）
ヘンリー5世
　「グレース・デュー」進水　　　1418（この年）
ヘンリー8世
　グレート・ハリー号建造　　　　1514（この年）

【ほ】

帆
　帆を発明　　　　　　　　　　　BC3500（この頃）
　最古の帆　　　　　　　　　　　BC3100（この頃）
　エジプトの帆走船　　　　　　　BC1900（この頃）
　サヴァンナ号、大西洋を横断　　　1819（この年）
ホイットマン, ウォルト
　「海の交響曲」初演　　　　　　　　　1910.10.12
ホイヘンス, クリスティアン
　海で使用する精密時計を製作　　　1659（この年）
方位学地図
　最初の方位学地図　　　　　　　　1701（この年）
宝栄丸
　「第一宗像丸」「タラルド・プロビーグ」衝
　　突事件　　　　　　　　　　　　　　1962.11.18
貿易協定
　スウェーデン等と条約締結　　　　　　1868.9.27
貿易風
　初めて地図上に湾流を描く　　　　1665（この年）
　ハレーの学説　　　　　　　　　　1686（この年）
　貿易風の原因を論ずる　　　　　　1735（この年）
鳳凰丸
　江戸幕府、浦賀に造船所を建設　　　　1853.11月
　初の西洋型帆船　　　　　　　　　　　1854.5.10
　鳳凰丸進水　　　　　　　　　　　　　1855.5.10
砲艦
　横須賀で砲艦竣工　　　　　　　　　　1877.2月
砲撃
　トルコ艦隊、オデッサ、セバストポリを砲
　　撃　　　　　　　　　　　　　　　　1914.10.29
豊孝丸
　和歌山県海南港でタンカー同士が衝突一原
　　油流出　　　　　　　　　　　　　　1994.10.17
防災科学技術研究所
　国立防災科学技術センター設置　　1963（この年）
放射性廃棄物の海洋投棄
　放射性廃棄物の海洋投棄　　　　　　　1983.7.19
放射線廃棄物深海投棄問題
　放射線廃棄物深海投棄問題シンポジウム
　　　　　　　　　　　　　　　　　1975（この年）
放射線漏出
　原子力船「むつ」放射線漏出　　　　　1974.9.1
放射能
　海底沈積物中の放射能　　　　　　1908（この年）
　日本船ビキニ海域の海底調査を行う―高い
　　放射能検出　　　　　　　　　　1954（この年）
放射能モニタリング
　緊急調査実施及放射能モニタリング　　2011.3月

放射能もれ
　「西日本新聞」が放射能汚染スクープ　　1968.5.7
鳳翔
　「鳳翔」進水　　　　　　　　　　　　1921.11.13
　世界最初の航空母艦竣工　　　　　　　1922.12.27
奉書船
　鎖国の始まり　　　　　　　　　　1633（この年）
豊瑞丸
　「豊瑞丸」「河野浦丸」の衝突事件　　　1896.6.13
豊晴丸
　徳山湾でタンカー衝突―油流出　　　　1999.11.23
望星丸
　東海大学「望星丸」を竣工　　　　1993（この年）
放送
　航海中の商船が"放送"を受信　　　　1917.1月
　神戸港沖の観艦式を放送　　　　　　　1936.10.29
　海上ダイヤル放送開始　　　　　　　　1957.7.20
房総
　明応東海地震　　　　　　　　　　　　1498.9.20
砲台
　浦賀に新砲台　　　　　　　　　　　　1845.1月
　幕府、品川に砲台を築く　　　　　1848（この年）
　英仏が長州藩を報復攻撃　　　　　　　1863.6.1
豊潮丸
　広島大学水畜産学部（現・生物生産学部）
　　設置　　　　　　　　　　　　　1949.**.**
報道自粛
　乗っ取りで報道自粛要請　　　　　　　1970.5.12
暴風
　ヨーロッパで海難事故多発　　　　　　1951.12.29
暴風雨
　高知で漁船遭難　　　　　　　　　　　1907.8.6
　ヨーロッパで暴風雨　　　　　　　　　1953.1.31
　漁船多数座礁・沈没　　　　　　　　　1954.5.10
　ベトナムで漁船大量遭難　　　　　　　1996.8.17
暴風警報
　英初、暴風警報　　　　　　　　　1860（この年）
　大西洋域の暴風警報　　　　　　　1885（この年）
暴風雪
　常磐沖で漁船遭難　　　　　　　　　　1910.3.12
蓬来
　伝説の地「蓬来」を求めて　　　　BC218（この年）
飽和潜水実験
　クストーの飽和潜水実験　　　　　1965（この年）
ポエニ戦争
　ミュラエの戦い　　　　　　　　　BC260（この年）
北欧
　東回り世界一周航路開設　　　　　1934（この年）
北槎聞略
　「北槎聞略」作る　　　　　　　　　1794（この年）
北磁極
　ロス、北磁極に到達　　　　　　　　　1831.6.1

北磁極の位置特定
アムンゼン北西航路発見　　　　　1905.8月
北西航路
アムンゼン北西航路発見　　　　　1905.8月
北西太平洋平年隔月水温分布図
北西太平洋平年隔月水温分布図作成　1910(この年)
北扇丸
第11平栄丸・北扇丸衝突　　　　1972(この年)
北宋
沈括、『夢渓筆談』を著す　　　　1086(この年)
北東航路
ノルデンシェルド、北東航路の開拓に成功
　　　　　　　　　　　　　　　　1878(この年)
北米太平洋岸コンテナ航路
北米太平洋岸コンテナ航路初　　1967(この年)
北洋海軍
北洋海軍を正式に編成　　　　　1888.12.17
日本海軍、北洋海軍を破る　　　　1895.2.12
北洋漁業制限
ソ連、北洋漁業制限発表　　　　　1956.3.21
北洋冬季着氷調査
オホーツク海流氷調査、北洋冬季着氷調査
　　　　　　　　　　　　　　　　1962(この年)
北洋捕鯨
北洋捕鯨再開　　　　　　　　　　1952.7月
捕鯨
スピッツベルゲン諸島発見　　　1596(この年)
南洋捕鯨のピーク　　　　　　　1842(この年)
万次郎より捕鯨の伝習　　　　　1857(この年)
洋式捕鯨を開始　　　　　　　　1873(この年)
初めて南極で捕鯨　　　　　　　1893(この年)
南氷洋捕鯨が始まる　　　　　　　1934.12月
太地町立くじらの博物館開設　　1969(この年)
国際捕鯨委員会―日本の提案はいずれも否
決　　　　　　　　　　　　　　2004.7.21
捕鯨国
国際捕鯨委員会総会―捕鯨国・反捕鯨国溝
埋まらず　　　　　　　　　　　　2002.5.24
捕鯨船
フランクリン、メキシコ湾流を発見　1770(この年)
『白鯨』刊行　　　　　　　　　1851(この年)
初めて南極で捕鯨　　　　　　　1893(この年)
「クヌール」(捕鯨船)を竣工　　1948(この年)
北洋捕鯨再開　　　　　　　　　　1952.7月
第7文丸・アトランティック・サンライズ
号衝突　　　　　　　　　　　　　1961(この年)
シーシェパード設立　　　　　　1977(この年)
捕鯨全面中止
IWC総会が捕鯨中止決議案を可決して閉
幕　　　　　　　　　　　　　　　1996.6.28
捕鯨砲
捕鯨砲の創始　　　　　　　　　1860(この年)

捕鯨母船
初の国産捕鯨母船進水　　　　　　1936.8月
捕鯨母船と南氷洋観測調査の関連　1947(この年)
捕鯨モラトリアム
捕鯨モラトリアム決定　　　　　1986(この年)
保険業者組合
ロイズリスト　　　　　　　　　1734(この年)
保護国化
仏、ベトナムを領有　　　　　　1881(この年)
ポサドニック
ロシア艦船来航　　　　　　　　　1861.3.13
ロシア艦船対馬を去る　　　　　　1861.8.15
ボジャドル岬
アフリカのボジャドル岬に到達　1434(この年)
戊辰戦争
ストーンウォール号引渡しが紛糾　1868.4月
ストーンウォール号引き渡し　　　1869.3.15
ボストン
アメリカの原潜「スレッシャー」沈没　1963.4.10
ボストン号
米植民地でフリーゲート艦を初めて建造
　　　　　　　　　　　　　　　　1747(この年)
ボストン茶会事件
ボストン茶会事件勃発　　　　　　1773.12.16
ボストン・ティーポット
日本丸竣工　　　　　　　　　　　1984.9.12
海王丸竣工　　　　　　　　　　　1989.9.12
ボスポラス海峡
ボスポラス海峡で船舶衝突　　　　1994.3.13
保税倉庫
米、幕府に保税倉庫設置求める　　1863.2.1
ポセイドン・アドベンチャー
『ポセイドン・アドベンチャー』刊行　1969(この年)
母船式南極オキアミ漁業
南極オキアミ漁業　　　　　　　　1977.11月
北海
ヴァイキングの襲撃　　　　　　790(この年)
北海で下層水温を測定　　　　　1773(この年)
キール運河開通　　　　　　　　　1895.6.21
ヨーロッパで暴風雨　　　　　　　1953.1.31
北海航海
北海航海　　　　　　　　　　　BC400(この年)
北海ツーレ
北海航海　　　　　　　　　　　BC400(この年)
北海道
北海道にサケマスふ化場設立　　1883(この年)
漁船多数座礁・沈没　　　　　　　1954.5.10
チリ地震津波　　　　　　　　　　1960.5.24
北海道大学
北大潜水艇240m潜水成功　　　　1951(この年)
北海道大学水産学部
北海道大学水産学部設置　　　　　1949.5月

北海道帝国大学水産専門部
東北帝国大学農科大学に水産学科新設　　　　　　　　　　　　　　　1907（この年）

北海道南西沖地震
北海道南西沖地震の震源域調査を実施　1993.8月
北海道南西沖地震　　　　　　　　　1993（この年）

北海油田洋上基地で爆発事故
北海油田洋上基地で爆発事故　　　　　1988.7.6

北極海
ロス、北磁極に到達　　　　　　　　　1831.6.1

北極海海氷
北極海の海氷、急速に薄く　　　　　　2009.7月

北極海研究航海
「みらい」最初の北極海研究航海を実施　1998.9月

北極海航路
商船三井、北極海航路でガス輸送　　　2014.7月

北極海探検報告書
『北極海探検報告書』を刊行　　　　　　1902（この年）

北極圏
スピッツベルゲン諸島発見　　　　　　1596（この年）
米原潜北極圏潜水横断に成功　　　　　1958（この年）

北極航海
「みらい」が「国際極北極観測」として北極海を実施　　　　　　　　　　　2008.8月

北極点
ナンセン、北極探検　　　　　　　　　1893（この年）
ピアリー、北極点到達　　　　　　　　1909（この年）

北極洋探検
潜水艦ノーチラス号の北極探検　　　　1931（この年）

北国廻船
山形酒田に常夜灯—航行安全のために　　　　　　　　　　　　　　　1813（この年）
北大西洋初の海図　　　　　　　　　　1857（この年）
水理生物調査　　　　　　　　　　　　1895（この年）
北大西洋の海洋バックグラウンド汚染調査　　　　　　　　　　　　　　1972（この年）

ホットスポット
生物多様性のホットスポット　　　　　2010.8月

北氷洋調査
北氷洋調査　　　　　　　　　　　　　1918（この年）

北方4島周辺水域
サンマ漁で韓国巻き込む外交問題　　　2001.7月

ホテル級潜水艦
ソ連原子力潜水艦（K-19）事故　　　　1961.7.9

ボート競争
英米水兵がボートで競争　　　　　　　1877.5.12

ポート・サイード沖
駆逐艦「エイラート」撃沈　　　　　　1967（この年）

ボナム・リシャール
史上に残る単独艦同士の戦闘　　　　　1779.9.23

ホーネット
初の水雷艇駆逐艦　　　　　　　　　　1892（この年）

帆のない戦艦
帆のない戦艦　　　　　　　　　　　　1871（この年）

ホバークラフト
ホーバークラフト国産第一号艇をタイへ輸出　　　　　　　　　　　　　1966（この年）
宇高連絡船「かもめ」就航　　　　　　1972.11.8
宇高連絡船「とびうお」就航　　　　　1980.4.22

ポーハタン号
ペリー、神奈川沖に再び来航　　　　　1854.1.16
初の遣米使節が出航　　　　　　　　　1860.1.13

ポープ
英国がロシア艦の退去要求　　　　　　1861.7.9

ホーマー時代
古代ギリシャの地図　　　　　　　　　BC1000（この頃）

ホメーロス
『オデュッセイア』　　　　　　　　　　BC800（この頃）

ホヤ
コヴァレフスキーが海洋生物等の研究で業績　　　　　　　　　　　　　1866（この年）

保有船腹量
日本、保有船腹量で世界2位に　　　　1970.7.20

ポーラ号
地中海、紅海の海洋調査　　　　　　　1890（この年）

ポラリスA3
最新型ミサイルを装備した米原潜が就役　1964.4.9

ボランティア
ナホトカ号事件で作業ボランティア急死—重油回収作業中に　　　　　　　　1997.1.21

ホランド, J.P.
初のホランド型潜水艦　　　　　　　　1878（この年）
世界初、実用潜水艦開発に成功　　　　1898（この年）
米国、潜水艦採用　　　　　　　　　　1900（この年）

ホーランド型潜水艇
日本初の潜水艇建造　　　　　　　　　1906（この年）

ポーランド客船から旅客逃亡
ポーランド客船から旅客逃亡　　　　　1984.11.24

ホランド1
初のホランド型潜水艦　　　　　　　　1878（この年）

堀 久作
江の島水族館開館　　　　　　　　　　1957.7.1

堀江 謙一
太平洋単独横断成功　　　　　　　　　1962.8.12
堀江謙一が縦回り地球一周　　　　　　1982.11.9

ポリ塩化ビフェニール
ポリ塩化ビフェニール廃液排出—福井県敦賀市　　　　　　　　　　　　　1973.6月

堀越 二郎
堀越二郎設計の戦闘機を試作　　　　　1935.1月
零式艦上戦闘機、最初の公式試験飛行　1939.7.6

掘込み港湾
土佐の手結港築港　　　　　　　　　　1652（この年）

ポリネシア人
ポリネシア人の移住　　　　　BC1000（この頃）
ポリネシア人がイースター島に到達　300（この年）
ポリネシア人がハワイに到達　　450（この年）
ポリネシア人達がニュージーランドに到達
　　　　　　　　　　　　　　1200（この年）

ぼりばあ丸
鉱石運搬船沈没　　　　　　　　　1969.1.5

ボリバー丸
ボリバー丸、かりふおるにあ丸沈没　1970（この年）

ヴォルガ運河
モスクワ～ヴォルガ運河開通　　1937（この年）

ボルスブルック
スウェーデン等と条約締結　　　　1868.9.27

ポルトガル人
鎖国措置　　　　　　　　　　　　1639（この年）

ボルネオ
日本に初のオラウータン　　　　1792（この年）

ボルボ・オーシャンレース
「ウィットブレッド世界一周ヨットレース」
開催　　　　　　　　　　　　　1973.9月

ホルムズ海峡
緊張高まるペルシャ湾―米対イラン　1987.8.4

ポーロ, マルコ
マルコ・ポーロ極東への旅　　　1271（この年）
マルコ・ポーロ帰国　　　　　　1295（この年）

ホワイト・スター・ライン
クイーン・メリー号進水　　　　1935（この年）

ホワイトヘッド, ロバート
R.ホワイトヘッド、魚雷を発明　1866（この年）

ホワイトヘッド式魚雷
英最初の水雷艇進水　　　　　　1877（この年）

ホワイトヘッド水雷
実用に耐える最初の潜水艇　　　1882（この年）

ヴォーン, T.W.
『国際海洋学大観』刊行　　　　1937（この年）

香港
P&O汽船が香港～横浜航路を開設　1876.2月
東洋汽船海外航路開設　　　　　　1898.12.15

香港沖
香港割譲
清国、香港割譲・五港開港　　　1842（この年）

本四架橋
全日本海員組合スト　　　　　　　1976.7.2

本州四国連絡橋
本州四国連絡橋　　　　　　　　1979（この年）
「大鳴門橋」開通　　　　　　　　1985.6.8

本州四国連絡橋公団法
「本州四国連絡橋公団法」公布　　1970.5.20

本州製紙江戸川事件
本州製紙江戸川事件　　　　　　　1958.4.6

本四連絡橋
瀬戸内しまなみ海道開通　　　　　1999.5.1

本多 光太郎
港湾の副振動を調査　　　　　　1908（この年）

本多 静六
海岸保護林　　　　　　　　　　1898（この年）

本多 利明
奥村増地、『経緯儀用法図説』刊　1838（この年）

ボンベ
第2次海軍伝習教官隊来日　　　　1857.9.21

ボンベイ
アメリカ軍艦が浦賀で沈没　　　　1870.1.24
中国向けなど国際航路開設　　　1886（この年）

ポンペイウス, セクストゥス
ナウロクス沖の海戦　　　　　　BC36（この年）

ホーン岬
ドレーク世界周航へ出港　　　　　1577.12月

【ま】

マイエ, ブノワ・ドゥ
海洋の低減を語る　　　　　　　1748（この年）

マイクロ波
海氷調査　　　　　　　　　　　　1985.2月

舞鶴
阪鶴鉄道が連絡船開設　　　　　1904.11.24
阪鶴鉄道が舞鶴～境の連絡船開設　1905.4月
阪鶴鉄道が舞鶴～小浜の連絡船開設　1906.7.1
長崎、舞鶴に海洋気象台できる　1947（この年）
シベリア引揚げ再開　　　　　　　1948.6.27
最後の引揚船が入港　　　　　　　1956.12.26

マイノッツ
最初の沖合石造灯台　　　　　　1860（この年）

マイヨール, ジャック
閉息潜水最高記録を達成　　　　1983（この年）
映画『グラン・ブルー』公開　　1988（この年）

前田 十郎左衛門
海軍留学生の先駆け　　　　　　1870（この年）

マオリ人
ワイタンギ条約　　　　　　　　　1840.2.6

マカロフ
ヴィチャージ号世界周航　　　　1886（この年）

マカロフ, ステパン
北極探検に初めて砕氷船を使用　1898（この年）

牧野 信顕
ギリシャとの修好通商航海条約批准　1899.10.11

マクビーン
東京都下の三角測量始める　　　　1871.7月

枕状溶岩
　　伊豆半島熱川の東方沖合、水深1,270mで
　　枕状溶岩を発見　　　　　　　　1984（この年）
マクリュール
　　初めて西北航路を通り北米へ　　1805（この年）
マクリーン, アリステア
　　『女王陛下のユリシーズ号』刊行　1955（この年）
マグロ完全養殖
　　マグロ完全養殖　　　　　　　　2002（この年）
マグロ漁場と鮪漁場
　　『マグロ漁場と鮪漁業』刊行　　1951（この年）
マグロの乱獲防止
　　「中西部太平洋まぐろ類条約」発効　2004.6.19
マグロ延縄漁船
　　マグロ延縄漁船のリール使用　　　1968.7月
マグロ延縄漁船「清徳丸」
　　イージス艦「あたご」衝突事故　　2008.2.19
マケドニア
　　ローマ、地中海覇権を確立　　BC146（この年）
マサチューセッツ
　　タンカー座礁―マサチューセッツ州コッド
　　岬沖　　　　　　　　　　　　　1976.12.21
マーシャル諸島
　　ドイツ、マーシャル群島を占領　1885.11.30
摩周丸
　　青函連絡船「摩周丸」就航　　　　1965.6.30
マシュー号
　　ラブラドル寒流を発見　　　　　　1497.5.20
マースクライン
　　川崎汽船、マースクラインと提携　1968（この年）
マスケライン, N.
　　四分儀の使用法、経度決定法を普及　1763（この年）
マスケリン
　　マスケリン、『航海暦』刊行開始　1767（この年）
マスケリン, ネヴィル
　　マスケリン、『英国航海者ガイド』刊　1763（この年）
　　天文学者マスケリンが没する　　　1811.2.9
マスター・アンド・コマンダー
　　映画『マスター・アンド・コマンダー』公
　　開　　　　　　　　　　　　　　2003.11.14
マゼラン
　　マゼラン世界一周に出港　　　　　1519.20月
　　マゼラン「太平洋」と命名　　　　1520.11.28
　　マリアナ諸島を発見　　　　　　　1521.3.6
　　マゼラン、フィリピンで殺される　1521.4.27
　　マゼランの世界一周　　　　　　　1522.9.22
　　ドレーク世界一周より帰港　　　　1580.9.26
マゼラン海峡
　　マゼラン「太平洋」と命名　　　　1520.11.28
　　ドレーク世界周航へ出港　　　　　1577.12月
マダイ
　　鳥羽水族館開館　　　　　　　　1955（この年）

マダコ
　　鳥羽水族館開館　　　　　　　　1955（この年）
松浦 武四郎
　　『東西蝦夷山川取調図』完成　　1860（この年）
マッコウクジラ捕獲禁止
　　IWC、マッコウクジラ捕獲禁止　　1981.7.25
松崎 正広
　　ノルウェーの万国漁業博覧会　　1898（この年）
松島
　　黄海海戦　　　　　　　　　　　　1894.9.17
松島水族館
　　松島水族館開館　　　　　　　　1927（この年）
松田 伝十郎
　　間宮林蔵ら、樺太を探検　　　　1808（この年）
マッデン・ジュリアン振動現象
　　「みらい」がインド洋における大規模雲群
　　発生の観測に初めて成功　　　　　2007.1月
松野 太郎
　　松野、ロスビー研究メダル受賞　　1999.1月
松前
　　ロシア船、国後島に現れる　　　1778（この年）
松前藩
　　ニシン漁法　　　　　　　　　　1860（この年）
松前丸
　　青函連絡船「松前丸」就航　　　　1924.11.1
的矢
　　英艦と的矢・尾鷲湾測量　　　　1870（この年）
マドラス
　　東回り世界一周航路開設　　　　1934（この年）
マニラ
　　朱印船始める　　　　　　　　　1592（この年）
　　中国向けなど国際航路開設　　　1886（この年）
　　神戸～マニラ間の新航路　　　　　1890.12.24
マノロ・エバレット
　　「マノロ・エバレット」火災事件　　1973.9.19
マハン, アルフレッド・セイヤー
　　A.T.マハン『海上権力史論』刊行　1889（この年）
間宮 林蔵
　　間宮林蔵ら、樺太を探検　　　　1808（この年）
間宮海峡
　　間宮林蔵ら、樺太を探検　　　　1808（この年）
マーメリック号
　　J.エリクソン、甲鉄の軍艦を設計　1862（この年）
眉山
　　温泉嶽噴火（長崎県島原）　　　　1792.5.21
マラガ沖
　　マラガの海戦　　　　　　　　　　1704.8.24
マラガの海戦
　　マラガの海戦　　　　　　　　　　1704.8.24
マラッカ
　　「マラッカ王国」陥落　　　　　　1511（この年）

マラッカ海峡
マラッカ海峡でタンカー座礁　　1976.4.5
マラッカ海峡で「ナガサキ・スピリット号」衝突―原油流出　　1992.9.20

マラッカ号
軍艦マラッカを購入　　1871.8.16

マラッカ・シンガポール海峡
マラッカ・シンガポール海峡4カ国共同測量　　1970（この年）
通航分離方式策定　　1977（この年）

マラッカ・シンガポール海峡沿岸3カ国
大型タンカーの航行規制に合意　　1976（この年）

マリアナ海域
マリアナ海域の海底において大規模な海底火山の噴火を確認　　2006.5月

マリアナ海域漁船集団遭難事件
マリアナ海域漁船集団遭難事件　　1965.10.7

マリアナ海溝
マリアナ海溝(9,814m)鋼索測探を始める　　1925.4月
マリアナ海溝に世界最深の海淵を発見　　1950（この年）
ビーチャジ海淵発見　　1957（この年）
「かいこう7000II」、マリアナ海溝で10,911.4mの潜航に成功　　1995.3月
世界で初めて10,000m以深の海底から深海微生物を含む海底堆積物（泥）の採取に成功　　1996.2月

マリアナ海溝最深部潜水
マリアナ海溝最深部潜水に成功　　1960（この年）

マリアナ諸島
マリアナ諸島を発見　　1521.3.6

マリア・ルース号
マリア・ルース号事件　　1872.6.4

マリサット3号
軍艦の位置測定に実用化　　1965.1.12

マリタイム・ガーデニア号
マリタイム・ガーデニア号座礁―油流出　　1990.1.26

マリーナ
日本マリーナ協会（現・日本マリーナ・ビーチ協会）設立　　1974.11.25

マリーナ号
外国船浦賀、下田、長崎に入港　　1849.4.8

マリンオーサカ
「マリンオーサカ」防波堤衝突事件　　2004.11.3

マーリン号
機雷被災第一号　　1855.6月

マリンマリン
「マリンマリン」転覆事件　　1991.12.30

マル,ルイ
映画『沈黙の世界』公開　　1956（この年）

丸川 久俊
『海洋学』刊行　　1932（この年）

丸木舟
丸木船　　BC7200（この頃）

マルコーニ
世界初海を越えた無線　　1897.5.13
大西洋横断の無線通信に成功　　1901（この年）

マルシグリ
海洋学における初の論文　　1725（この年）
最初の海洋学書　　1786（この年）

マルシップ
新たなマルシップ方式　　1990（この年）
特例マルシップ混乗　　1990（この年）

マルセイユ沖
サン・テグジュペリの墜落機？ 発見　2000（この年）

マルセイユ港
最古の商港　　BC800（この頃）

丸底皮張り船
丸底皮張り船　　BC900（この頃）

丸太筏
丸太筏　　BC100000（この頃）

マルタ国連大使
海底と資源を人類の共有財産に　　1967（この年）

マルチチャンネル反射法探査装置
マルチチャンネル反射法探査装置（MCS）を高精度化　　2007.2月

マレー
海底堆積物学の確立　　1891（この年）

マンガン団塊
英船「チャレンジャー号」深海を探検　　1872（この年）
南太平洋でのマンガン団塊の調査本格化　　1969（この年）
深海底からマンガン採取に成功　　1978（この年）

満州
マリアナ海溝(9,814m)鋼索測探を始める　　1925.4月

マンデヴィル
地球球形説　　1322（この年）

マントル
地球深部探査船「ちきゅう」(56,752トン)が完成　　2005.7月
プレート移動「マントルが原因」　　2014.3.31

マントル対流論
海洋底拡大説　　1962（この年）

マントル内部構造
マントル内部構造の解明　　1992（この年）

マントルプルーム域
「マントルプルーム域」「沈み込み帯」　　2003.4月

マンハッタン号
米巨大タンカー北西航路の航海に成功　　1968（この年）

マンボウ
自航式ブイ「マンボウ」火山からの気泡確認　　1989（この年）

【み】

三浦 按針
オランダ船豊後に漂着　　　　　1600（この年）
漂着英人帆船建造　　　　　　　1604（この年）
三浦丸
「三浦丸」乗揚事件　　　　　　1910.10.11
三浦三崎
東京大学臨海実験所を設立　　　1886（この年）
見返り融資
造船見返り融資増額　　　　　　1951.2.20
三笠
戦艦「三笠」完成　　　　　　　1902.3.1
軍艦三笠沈没　　　　　　　　　1906.9.11
三河湾
赤潮発生―伊勢湾など　　　　　1970.9月
三木 武夫
漁業水域交渉妥結　　　　　　　1966.5.9
御木本 幸吉
ミキモト・パールが世界へ　　　1903（この年）
真円真珠を発明　　　　　　　　1908（この年）
ミキモト・パール
ミキモト・パールが世界へ　　　1903（この年）
三國 連太郎
「海軍特別年少兵」公開　　　　1972.8.12
三崎
霊岸島船松町―神奈川県三崎間航路開設
　　　　　　　　　　　　　　　1886（この年）
三崎ヨット
ヨット専用無線局　　　　　　　1976（この年）
ミシシッピ川
ミシシッピ川の蒸気船　　　　　1820（この年）
ミシシッピ号
ペリー来航　　　　　　　　　　1853.6.3
ペリー、神奈川沖に再び来航　　1854.1.16
三島 由紀夫
『潮騒』刊行　　　　　　　　　1954.6.10
三島丸
航海中の商船が"放送"を受信　　1917.1月
美島丸
「美島丸」沈没事件　　　　　　1949.11.12
水かき車
水かき車を用いた船を発明　　　370（この年）
水先案内人
アレクサンドロスの艦隊　　　　BC327（この年）
水先制度
水先制度の抜本改革　　　　　　2005.11月
水先人
日本水先人会連合会設立　　　　2007.4.3

水先法
水先法公布（7月29日施行）　　1899.3.14
水島丸
宇高連絡船「水島丸」就航　　　1917.5.7
水島臨界工業地帯
製油所重油流出、漁業に深刻な打撃―水島
　　臨界工業地帯　　　　　　　1974.12.18
水野 忠邦
江戸湾防備　　　　　　　　　　1839（この年）
水野 忠徳
小笠原諸島調査　　　　　　　　1861（この年）
ミズーリ
降伏文書調印　　　　　　　　　1945.9.2
三井商船
海運会社の合併相次ぐ　　　　　1963.12.18
三井船舶
三井船舶を設立　　　　　　　　1942（この年）
東廻り世界一周航路　　　　　　1953（この年）
海運再編―大阪商船と三井船舶が合併など
　　　　　　　　　　　　　　　1964（この年）
三井船舶欧州航路同盟加入
三井船舶欧州航路同盟加入　　　1956.5月
三井造船
三井造船前身創業　　　　　　　1917（この年）
玉造船所、三井造船に改称　　　1942（この年）
「クヌール」（捕鯨船）を竣工　　1948（この年）
ホーバークラフト国産第一号艇をタイへ輸
　　出　　　　　　　　　　　　1966（この年）
無人化資格超自動化タンカー「三峰山丸」
　　を竣工　　　　　　　　　　1971（この年）
タンカー「ベルゲ・エンペラー」を竣工
　　　　　　　　　　　　　　　1975（この年）
LNG船「泉州丸」を竣工　　　 1984（この年）
造船業界の提携相次ぐ　　　　　1992（この年）
無人探査機「かいこう」を完成　1995（この年）
商船分野で包括提携　　　　　　2000.9.13
造船再編、大手3グループに統合　2000（この年）
「PUTERUI DELIMA SATU」が完成
　　　　　　　　　　　　　　　2002（この年）
地球深部探査船「ちきゅう」が進水 2002（この年）
造船受注は回復したが、円高影響 2005（この年）
造船・重機大手そろって増収　　2006（この年）
鉱石運搬船「ぶらじる丸」が完成 2007（この年）
環境対応・低燃費船「neo Surpramax
　　66BC」を引き渡し　　　　 2013（この年）
三井東圧化学
有明海水銀汚染―水俣病に似た症状も
　　　　　　　　　　　　　　　1973（この年）
三井物産
玉造船所設立　　　　　　　　　1937（この年）
三井船舶を設立　　　　　　　　1942（この年）
三井三池精練所
カドミウム汚染で抗議　　　　　1970.9.20

- 507 -

みつく

箕作 佳吉
東京大学臨海実験所を設立　　1886（この年）
箕作 阮甫
箕作阮甫、『水蒸船説略』翻訳　1849（この年）
薩摩藩で、日本最初の小型木造外輪蒸気船
　を建造　　　　　　　　　　1855（この年）
箕作阮甫『地球説略』刊行　　　1860.3月
密航
松陰、密航を企てる　　　　　1854.3.27
密航船
リビア沖で不法移民の密航船沈没　2009.3.29
3つの海を越えての航海
3つの海を越えての航海　　　　1466（この年）
ミッドウェー海戦
ミッドウェー海戦　　　　　　　1942.6.5
三豊海域酸欠現象
三豊海域酸欠現象　　　　　　　1975.8月
三菱海運
三菱海運に社名変更　　　　　1949（この年）
日本郵船、三菱海運合併　　　1964（この年）
三菱汽船
三菱汽船を設立　　　　　　　1943（この年）
三菱汽船解散　　　　　　　　1949（この年）
三菱重工
世界最大の海底油田掘削装置が完成　1971.1.31
三菱重工業
堀越二郎設計の戦闘機を試作　　1935.1月
三菱重工業「希望」を静岡県に引き渡し　1996.3月
造船—三菱重工赤字転落　　　　1999.9.27
ダイヤモンド・プリンセス完成　2004.2.26
三菱重工神戸造船所
有人潜水調査船「しんかい2000」着水
　　　　　　　　　　　　　　1981（この年）
三菱商会
岩崎弥太郎、商船事業を創業　1870.10.19
三菱商会の船がアメリカへ　　1875（この年）
三菱商事船舶部
三菱汽船を設立　　　　　　　1943（この年）
三菱商船学校
三菱商船学校、創設　　　　　1875.11.1
東京商船学校と改称　　　　　1882.4.1
三菱倉庫
神戸に近代的港湾倉庫建設　　1923.5.20
三菱造船
アメリカから造船を受注　　　1901（この年）
ディーゼル客船「音戸丸」竣工　1924.1.25
大型船舶用ディーゼル機関開発　1955.3月
三菱長崎造船所
「筑後川丸」（610トン）竣工　1890.5.31
須磨丸完成　　　　　　　　　1895.4月
「安芸丸」を竣工　　　　　　1913.6月
国内初全熔接船完工　　　　　1920.4月
巡洋艦「古鷹」竣工　　　　　1926.3.11

客船「浅間丸」竣工　　　　　1929（この年）
水産試験船「昭南丸」建造　　1931.8月
戦艦「武蔵」起工　　　　　　1938.3.29
貨客船「新田丸」建造　　　　1940（この年）
三峰山丸
無人化資格超自動化タンカー「三峰山丸」
　を竣工　　　　　　　　　　1971（この年）
ミディ運河
ミディ運河が建設される　　　1666（この年）
ミドリイシ
世界の最大サンゴ、アザミサンゴなどが死
　滅の危機　　　　　　　　　1998（この年）
緑十字船
阿波丸沈没　　　　　　　　　1945.4.1
緑の岬
ブランコ岬回航　　　　　　　1441（この年）
みどり丸
「みどり丸」「千山丸」衝突事件　1935.7.3
離島連絡船転覆、取材中の船が救助　1963.8.17
湊丸
トロール船メキシコに出漁　　1935.10月
水俣
水俣で日本窒素アセトアルデヒド工場稼働
　　　　　　　　　　　　　　1935.9月
水俣湾へ工場廃水排出　　　　1946.2月
水俣で貝類死滅　　　　　　　1952（この年）
水俣病の発生　　　　　　　　1953.5月
水俣湾漁獲操業停止　　　　　1958.8.15
水俣病発病が相次ぐ　　　　　1959.3.26
水俣沿岸で操業自粛　　　　　1960.7月
メチル水銀汚染魚販売—水俣市内鮮魚店
　　　　　　　　　　　　　　1981（この年）
水俣湾の水銀汚染・指定魚削減　1994.2.23
水俣・芦北地域再生振興
水俣・芦北地域再生振興とチッソ支援　1996.1.9
水俣河口
新日窒の廃水路変更　　　　　1955.9月
水俣市郊外
郊外でも水俣病多発が確認　　1957.4.1
水俣病
水俣病の発生　　　　　　　　1953.5月
水俣病の原因研究　　　　　　1957.1月
水俣病発病が相次ぐ　　　　　1959.3.26
水俣病は水銀が原因　　　　　1959.7.21
鹿児島県側でも水俣病発生　　1959.8.12
厚生省も有機水銀説と断定　　1959.10.6
新日窒水俣工場で漁民と警官隊衝突　1959.11.2
水俣病の原因を有機水銀と答申　1959.11.12
有機水銀を水俣病の原因物質として根拠づ
　け　　　　　　　　　　　　1960.3.25
水俣病原因物質を正式発表　　1963.2.20
水俣病と新潟水俣病を公害病認定　1968.9.26
『苦海浄土—わが水俣病』刊行　1969.1月

有明海水銀汚染―水俣病に似た症状も
　　　　　　　　　　　　　　1973（この年）
　　メチル水銀の影響で精神遅滞　　　1976.11.17
　　ユージン・スミスの被写体患者死去　1977.12.5
　　水俣病チッソ補償金肩代わり問題　　1978.2.15
　　水俣病第三次訴訟で熊本地裁判決―原告側
　　　全面勝訴　　　　　　　　　　　1987.3.30
　　水俣病東京訴訟で和解勧告　　　　　1990.9.28
　　水俣病認定業務賠償訴訟は差戻し　　1991.4.26
　　今後の水俣病対策　　　　　　　　1991.11.26
　　水俣病と男児出生率　　　　　　　　1999.3.24
水俣病医学研究班
　　水俣病医学研究　　　　　　　　　　1956.8.24
水俣病医学専門家会議
　　水俣病医学専門家会議　　　　　　1985.10.15
水俣病医療費等の支給
　　水俣病医療費等の支給　　　　　　　2005.6.1
水俣病慰霊式
　　水俣病慰霊式に環境庁長官・チッソ社長も
　　　出席　　　　　　　　　　　　　　1996.5.1
水俣病関西訴訟
　　水俣病関西訴訟で和解勧告　　　　　1992.12.7
水俣病関西訴訟最高裁判決
　　水俣病関西訴訟最高裁判決　　　　2004.10.15
水俣病患者
　　水俣病患者らチッソ本社前で抗議の座込み
　　　　　　　　　　　　　　　　　　1971.12.17
水俣病患者互助会
　　水俣病患者見舞金契約　　　　　　1959.12.30
水俣病患者診査協議会
　　水俣病患者診査協議会　　　　　　1959.12.25
水俣病患者認定
　　国も水俣病認定業務を　　　　　　　1978.5.30
水俣病患者連盟
　　水俣病患者連盟委員長・川本輝夫氏死去　1999.2.18
水俣病刑事裁判
　　水俣病刑事裁判―チッソ元幹部有罪　1979.3.22
　　水俣病刑事裁判最高裁判決―チッソの有罪
　　　が確定　　　　　　　　　　　　　1988.2.29
水俣病研究班
　　水俣病の原因研究　　　　　　　　　1957.1月
水俣病抗告訴訟
　　水俣病抗告訴訟福岡高裁判決　　　　1997.3.11
水俣病最終解決施策
　　水俣病最終解決施策　　　　　　　1995.12.15
水俣病資料館
　　水俣病資料館が開館　　　　　　　　1993.1.13
水俣病新救済制度
　　水俣病で新救済制度を要望　　　　　1977.2.10
水俣病新認定患者
　　チッソと水俣病新認定患者の調停成立　1973.4.27

水俣病全国連
　　水俣病全国連会場に新聞社のレコーダー
　　　　　　　　　　　　　　　　　　1995.10.15
　　水俣病全国連が政府与党の解決策受入れ
　　　　　　　　　　　　　　　　　　1995.10.28
　　水俣病全国連がチッソと和解　　　　1996.5.19
水俣病総合対策医療事業
　　水俣病総合対策医療事業　　　　　　1996.1.22
水俣病総合対策実施要領
　　水俣病総合対策実施要領　　　　　　1992.4.30
水俣病総合調査研究連絡協議会
　　水俣病総合調査研究連絡協議会、発足　1960.1.9
水俣病訴訟
　　水俣病訴訟で京都地裁判決　　　　1993.11.26
水俣病訴訟取り下げ
　　水俣病訴訟取り下げへ　　　　　　　1996.4.28
水俣病第一次訴訟
　　水俣病第一次訴訟―原告勝訴　　　　1973.3.20
水俣病対策関係閣僚会議
　　水俣病関係閣僚会議で患者救済見直し　1977.3.28
水俣病対策推進
　　水俣病対策推進を環境庁が回答　　　　1977.7.1
水俣病第三次訴訟
　　水俣病第三次訴訟で熊本地裁判決　　1993.3.25
水俣病東京訴訟判決
　　水俣病東京訴訟で地裁判決　　　　　1992.2.7
水俣病特別部会
　　厚生省に水俣病特別部会　　　　　　1959.2.12
水俣病認定
　　再審査で水俣病認定　　　　　　　　1971.4.22
　　水俣病認定で県の棄却処分取消　　　　1971.7.7
　　熊本県知事が水俣病認定　　　　　　1971.10.6
水俣病認定申請
　　水俣病認定申請で裁決　　　　　　　1974.9.20
　　水俣病認定申請―熊本県の対応に怠り　1999.5.12
水俣病認定不作為
　　水俣病認定不作為訴訟　　　　　　1976.12.15
水俣病の認定業務の促進に関する臨時措置法
　　水俣病認定業務促進　　　　　　　1978.11.15
　　水俣病認定業務促進　　　　　　　　1979.2.9
　　水俣病認定申請の期限延長　　　　　1984.5.8
　　水俣病認定業務―認定申請期限の延長・対
　　　象者の範囲拡大　　　　　　　　1993.11.12
水俣病の認定業務の促進に関する臨時措置法の
　　一部を改正する法律
　　水俣病認定業務で申請期限延長　　　　1987.9.1
　　水俣病認定申請期限延長　　　　　　1990.6.29
水俣病普及啓発
　　タイなどで水俣病普及啓発　　　　　1999.3.4
水俣病補償
　　水俣病補償に県債発行　　　　　　　1978.6.2
水俣病補償交渉
　　水俣病補償交渉で合意調印　　　　　1973.7.9

水俣病未認定患者
水俣病未認定患者の救済問題 　　1995.9.28
水俣病問題で国の不手際
水俣病問題で国の不手際 　　1995.9.30
水俣病問題は政治決着へ
水俣病問題は政治決着へ 　　1995.10.30
水俣湾
水俣湾入口に仕切網 　　1974.1月
水俣湾のヘドロ処理 　　1976.2.14
水俣湾のヘドロ処理・仕切網設置 　　1977.10.11
水俣湾仕切網外で水銀検出 　　1982.12.1
水俣湾の魚の水銀汚染 　　1992.11.9
水俣湾安全宣言
水俣湾安全宣言だされる 　　1997.7月
水俣湾漁獲禁止
水俣湾漁獲禁止を一時解除 　　1964.5月
水俣湾漁獲操業厳禁
水俣湾漁獲操業停止 　　1958.8.15
水俣湾仕切網
水俣湾仕切網内で漁獲開始 　　1996.6.24
南インド
貿易風利用 　　40（この年）
南太平洋大保礁日豪共同調査
南太平洋大保礁日豪共同調査 　　1968（この年）
南半球周航観測航海
「みらい」が南半球周航観測航海BEAGLE2003を実施 　　2003.8月
ミナミマグロの日本の年間漁獲割当量
ミナミマグロの日本の年間漁獲割当量を発表 　　2006.10.16
源 義経
屋島の戦い 　　1185.2.19
壇ノ浦の戦い 　　1185（この年）
ミニオテック
海洋温度差発電装置が発電に成功 　　1979（この年）
ミノア人
世界初の海軍 　　BC2200（この頃）
三原山
三原山が209年ぶりに噴火 　　1986.11.22
見舞金契約
水俣病見舞金契約 　　1959.12.30
宮城県
チリ地震津波 　　1960.5.24
宮城県沖地震
東北石油仙台製油所流出油事故 　　1978.6.12
三宅島雄山噴火
三宅島雄山噴火、全島避難 　　2000.9.2
宮崎沖
宮崎沖にて漁業障害物を調査 　　1985.2月
宮崎丸
宮崎丸撃沈 　　1917.5.31

みやじま
海自艇に漁船が衝突 　　2009.10.29
宮島
宮島―厳島間航路 　　1902.4月
宮島航路
山陽汽船が宮島航路を継承 　　1903.5.8
宮島渡航
宮島―厳島間航路 　　1902.4月
山陽汽船が宮島航路を継承 　　1903.5.8
宮津
阪鶴鉄道が連絡船開設 　　1904.11.24
宮津湾内航路
宮津湾内航路 　　1909.8.5
宮本 秀明
『定置網漁論』刊行 　　1952（この年）
ミュティレネの反乱
ミュティレネの反乱 　　BC428（この年）
ミュラー，ヴァルトゼー
緯度経度を最初に描いた世界地図 　　1507（この年）
ミュラエの戦い
ミュラエの戦い 　　BC260（この年）
明神礁
「第五海洋」遭難 　　1952（この年）
みらい
海洋科学技術センターの海洋地球研究船「みらい」(8,706トン)竣工 　　1997（この年）
「みらい」最初の北極海研究航海を実施 　　1998.9月
「みらい」が国際集中観測Nauru99に参加 　　1999.6月
日本で初めて氷海観測用小型漂流ブイによる観測に成功 　　2000.5月
「みらい」がインド洋東部にてトライトンブイを設置 　　2001.10月
「みらい」が西部北極海国際共同観測実施 　　2002.8月
「みらい」がAMVERに関する表彰を受ける 　　2002（この年）
「みらい」が南半球周航観測航海BEAGLE2003を実施 　　2003.8月
「みらい」がインド洋における大規模雲群発生の観測に初めて成功 　　2007.1月
「みらい」が「国際極北極観測」として北極航海を実施 　　2008.8月
「みらい」が太平洋を横断する観測航海「SORA2009」を実施 　　2009.1月
ミラベラⅤ
世界最大級の1本マスト・ヨットが進水 　　2003（この年）
ミランダ号
近代的水雷艇建造 　　1872（この年）
民間所有船舶修理
民間所有の船の修理も可能に 　　1870.3.19
ミンダナオ地震
ミンダナオ地震 　　1976.8.17

【む】

無煙火薬
　アームストロング砲、軍艦に搭載　　1892（この年）
無警告撃沈
　独、潜水艦無警告撃沈始める　　1915（この年）
夢渓筆談
　沈括、『夢渓筆談』を著す　　1086（この年）
武蔵
　戦艦「武蔵」起工　　1938.3.29
　レイテ沖海戦　　1944.10.24
無差別攻撃
　国連総会でペルシャ湾問題　　1987.9.21
無人化資格超自動化タンカー
　無人化資格超自動化タンカー「三峰山丸」を竣工　　1971（この年）
無人深海探査機
　無人深海探査機「江戸っ子1号」が日本海溝で深海生物の3D映像撮影に成功　　2013.11月
無人探査機
　「かいこう7000II」、マリアナ海溝で10,911.4mの潜航に成功　　1995.3月
　世界で初めて10,000m以深の海底から深海微生物を含む海底堆積物（泥）の採取に成功　　1996.2月
　世界で初めて底生生物の採取に成功　　1998.5月
　海底ケーブルと観測機器とのコネクタ接続作業に成功　　1999.10月
　無人探査機「ハイパードルフィン」を「かいよう」に艤装搭載し潜航活動を開始　　2000（この年）
　無人探査機「ハイパードルフィン」を「かいよう」に艤装搭載し潜航活動を開始　　2000（この年）
　無人探査機「ハイパードルフィン」「なつしま」に艤装搭載　　2003.2月
　無人探査機「かいこう7000II」、四国沖で調査中、2次ケーブルの破断事故によりビークルを失う　　2003.5月
　無人探査機「ハイパードルフィン」、スマトラ島沖地震緊急調査を実施　　2005.2月
　相模湾で新種の生物の採集に成功　　2006.2月
　LED光源を用いた深海明システムを世界で初めて運用　　2006.6月
無線
　世界初海を越えた無線　　1897.5.13
　大西洋横断の無線通信に成功　　1901（この年）
無線画像伝送の伝達距離
　自律型無人機の世界最深記録および無線画像伝送の伝達距離を更新　　2001.8月
無線操縦魚雷艇
　無線操縦魚雷艇、英艦撃沈　　1917（この年）

無線電信
　「敵艦見ゆ」を無線　　1905.5.27
　カツオ漁船第3川岸丸（76トン）建造　　1924.4月
無線電信調査委員会
　海軍無線電信調査委員会　　1900.2.9
無線電報規則
　無線電報規則公布　　1908.4.8
無線電話
　初の無線電話使用　　1913.6.4
　秩父丸、日本で初めて無線電話を使用　　1936.4.8
陸奥
　戦艦「陸奥」進水　　1920.11.9
陸奥丸
　「秀吉丸」「陸奥丸」衝突事件　　1908.3.23
無敵艦隊
　アルマダの海戦　　1588（この年）
無動力船漁業者
　「機船底曳網漁業取締規則」公布　　1921.9.22
村上 雅房
　『船行要術』　　1450（この年）
村上海賊の娘
　『村上海賊の娘』刊行　　2013.10月
ムラビヨフ
　ムラビヨフ来航　　1859.7.20
ムルマンスク
　ウラジオストック〜ムルマンスク間を85日で航行　　1934（この年）
ムルロア
　仏、世界の抗議を無視して核実験強行　　1973.7.21
ムルロア環礁
　フランス核実験に抗議　　1966.10.6
　仏、ムルロア環礁で水爆実験を行う　　1971.8.14
　フランス核実験再開　　1995.9.5
室戸台風
　室戸台風にともない大阪で高潮発生　　1934.9月
室戸丸
　室戸丸沈没　　1945.10.17
室蘭
　船舶事故で原油流出—室蘭　　1965.5.23
ムンク, W.
　波浪・ウネリの予報方式作成　　1941（この年）
ムンク波浪
　捕鯨母船と南氷洋観測調査の関連　　1947（この年）

【め】

メアリー・セレスト号
　メアリー・セレスト号の謎　　1872.12.4
メアリー・ローズ号
　ソレントの海戦　　1545.7.19

明応東海地震
明応東海地震　　　　　　　　1498.9.20
明治三陸地震
明治三陸地震　　　　　　　　1896.6.15
明治天皇
明治天皇、清宣統帝に外輪蒸気船を贈る
　　　　　　　　　　　　　　1909(この年)
メイスフィールド, ジョン
『ニワトリ号一番のり』刊行　1933(この年)
メイフラワー号
新天地アメリカへ　　　　　　1620.9.16
明洋
海洋調査船の新造が相次ぐ　　1963(この年)
メイン号
ハバナ湾で戦艦爆発　　　　　1898.2.15
メガフロート
メガフロートへ期待　　　　　1995.11.23
メガ・ボルグ
メキシコ湾でタンカー炎上・原油流出　1990.6.9
メガワティ大統領
「よこすか」をインドネシア大統領メガワ
　ティ氏訪船　　　　　　　　2002.10月
メキシコ地震
メキシコ地震　　　　　　　　1985.9.19
メキシコ湾
フロリダ海峡を発見　　　　　1513(この年)
フランクリン、メキシコ湾流を発見　1770(この年)
メキシコ湾で最初の海底油田　1938(この年)
メキシコ湾で沖合油田開発　　1947(この年)
沖合の石油採掘用プラットフォーム第1号
　　　　　　　　　　　　　　1949(この年)
メキシコ湾岸油田　　　　　　1950(この年)
メキシコ湾でタンカー炎上・原油流出　1990.6.9
メキシコ湾岸油田
メキシコ湾岸油田　　　　　　1950(この年)
メキシコ湾原油流出事故
メキシコ湾原油流出事故　　　2010.4.20
メキシコ湾流
メキシコ湾流の発見　　　　　1513(この年)
フランクリン、メキシコ湾流を発見　1770(この年)
潜水調査船「ベン・フランクリン号」メキ
　シコ湾を32日間漂流　　　　1969.7.14
メコン・デルタ油田
メコン・デルタ油田開発　　　1971.3.10
メソポタミア文明
筏で運搬　　　　　　　　　　BC3500(この頃)
メタンハイドレート
メタンハイドレート柱状分布発見　2006.2月
熊野トラフ泥火山微細地形構造調査実施　2006.7月
メタンハイドレートの採取に成功　2013.3.12
次世代資源メタンハイドレート秋田・山形
　沖に有望地点　　　　　　　2014.6月

メチル水銀
メチル水銀の影響で精神遅滞　1976.11.17
メチル水銀汚染魚販売
メチル水銀汚染魚販売―水俣市内鮮魚店
　　　　　　　　　　　　　　1981(この年)
メチル水銀化合物
水俣病原因物質を正式発表　　1963.2.20
新潟水俣病裁判で証言　　　　1968.9.28
メディ運河
運河トンネル開通　　　　　　1679(この年)
メテオール号
「メテオール号」の音響探測　1925(この年)
メデューズ号遭難事件
メデューズ号遭難事件　　　　1816.7.2
メートル法
水路測量・海図作成がメートル法に　1920(この年)
メートル法採用
メートル法採用　　　　　　　1919(この年)
メナイ海峡
メナイ海峡にかかる吊り橋完成　1825(この年)
メルカトール
海図の進歩　　　　　　　　　1569(この年)
メルツ
「メテオール号」の音響探測　1925(この年)
メルヴィル, ハーマン
『白鯨』刊行　　　　　　　　1851(この年)

【 も 】

毛利 衛
毛利宇宙飛行士潜行調査　　　2003.3月
最上 徳内
千島・樺太探検　　　　　　　1786(この年)
木造船
エジプトの川舟　　　　　　　BC2400(この頃)
門司
山陽汽船航路開設　　　　　　1898.9.1
開港とする港を追加指定　　　1899.7.12
門司港に海港検疫所設置　　　1900.3.27
門司丸
「門司丸」就航　　　　　　　1914.11.6
モーターシップ
モーターシップ雑誌社創業　　1928.12月
モーターシップ雑誌社
モーターシップ雑誌社創業　　1928.12月
モーターボート
最初のガソリンエンジンを載せたモーター
　ボート　　　　　　　　　　1883(この年)
日本モーターボート協会(現・マリンス
　ポーツ財団)設立　　　　　　1963(この年)

項目	小項目	年月日
モード号	北氷洋調査	1918（この年）
元田 茂	『北太平洋北部生物海洋学』刊行	1972（この年）
モナコ海洋博物館	モナコ海洋博物館開設	1910（この年）
モナコ国際水路局	『世界海洋水深図』刊行	1935（この年）
モニター号	J.エリクソン、甲鉄の軍艦を設計	1862（この年）
モニトール	無線操縦魚雷艇、英艦撃破	1917（この年）
モニュメンタル・シティ号	太平洋を蒸気推進で最初に横断した船沈没	1853.5.15
モーペルテュイ, P.	地球偏平説を立証	1735（この年）
モホ面	モホ面を発見	1909（この年）
モホロビチッチ, アンドリア	モホ面を発見	1909（この年）
もも1号	海洋観測衛星もも1号打上げ	1987（この年）
モーリー	各国で水路誌編さんはじまる	1849（この年）
	モーリー、海底の地形を調査	1854（この年）
	最初の海洋学教科書	1855（この年）
	北大西洋初の海図	1857（この年）
	湾流の性状を論じる	1859（この年）
モリス号	高速クリッパー・スクーナー建造	1830（この年）
モリソン号事件	モリソン号事件が起きる	1837（この年）
モーリタニア沖	メデューズ号遭難事件	1816.7.2
モーリタニア号	モーリタニア号完成	1907（この年）
モールス, サミュエル・フィンレイ・ブリース	モールス、送信実験に成功	1844.5.24
モールス通信	モールス、送信実験に成功	1844.5.24
モンサラット, ニコラス	『非情の海』刊行	1951（この年）
モンスーン	貿易風利用	40（この年）
モンソー, アンリ=ルイ・デュアメル・デュ	造船学の学校	1741（この年）
モントリオールオリンピック	ヨット、モントリオール五輪に参加	1976（この年）
モンバサ港	ケニアでフェリー転覆	1994.4.29
モンブラン	ハリファックス大爆発	1917.12.6
モン・ルイ号	核物質積載のフランス船沈没	1984.8.25

【や】

項目	小項目	年月日
焼津	清水、焼津までの汽船就航	1872（この年）
八重山	軍艦八重山、公海上で商船を臨検	1895.12月
八重山丸	「八重山丸」「関西丸」衝突事件	1931.12.24
八木 実通	カニ工船大型化	1924（この年）
ヤコブセン	STD開発	1948（この年）
屋島丸	「屋島丸」遭難事件	1933.10.20
やそしま	「芦屋丸」「やそしま」衝突事件	1965.8.1
矢田堀 景蔵	観光丸を江戸まで回航	1857.3.29
八代海	赤潮発生―八代海	1990.7月
ヤッパン	第2次海軍伝習教官隊来日	1857.9.21
柳井市沖	フェリー同士が衝突	1990.5.4
柳 楢悦	英艦と瀬戸内海共同測量	1869（この年）
	英艦と的の矢・尾鷲湾測量	1870（この年）
山形 俊男	山形俊男、スベルドラップ金メダル受賞	2003.11月
山縣記念財団	山縣記念財団設立	1940.6月
山川 一声	ノルマントン号事件	1886.10.24
山口	水銀ロ汚染―山口県徳山市	1973.6月
	工場廃液排出―山口県徳山市	1973（この年）
山路 勇	『日本プランクトン図鑑』刊行	1959（この年）
	『日本海洋プランクトン図鑑』刊行	1966（この年）
山路 諧孝	万国全図を40年振りに改訂	1855（この年）
山下汽船	下関の沖合で船舶同士が衝突	1939.5.21
	山下汽船と新日本汽船が合併	1963.11.11
	海運再編―大阪商船と三井船舶が合併など	1964（この年）

山下新日本汽船
海運再編—大阪商船と三井船舶が合併など
　　　　　　　　　　　　　　　　1964（この年）
日本・米国カリフォルニア航路に、フル・
　コンテナ船就航　　　　　　1968（この年）
ジャパンラインと山下新日本汽船が対等合
　併　　　　　　　　　　　　　1988.12.23
ナビックスライン発足　　　　1989（この年）

山瀬 春政
梶取屋治右衛門、『鯨志』刊　　1760（この年）

邪馬台国
邪馬台国、魏に使者を送る　　　239（この年）

大和
戦艦「大和」呉工廠で起工　　　　1937.11.4
戦艦大和を竣工　　　　　　　　　1941.12.16
呉市海事歴史科学館大和ミュージアム開館　2005.4.3

山本 五十六
連合艦隊司令長官死亡　　　　　　1943.4.18

ヤルート
ドイツ、マーシャル群島を占領　　1885.11.30

ヤーレ・ヴァイキング
世界最大のタンカー起工　　　　1975（この年）

ヤンスーン
カーペンタリア湾を発見　　　　1606（この年）

ヤンノー型漁船
沖合操業始まる　　　　　　　　1892（この年）

【ゆ】

ユーイング
初の海底屈折波観測　　　　　　1935（この年）

ユーイング, M.
ソ連船、太平洋深海を調査　　　1955（この年）
大洋中軸海嶺を発見　　　　　　1956（この年）

夕顔丸
貨客船「夕顔丸」竣工　　　　　　1887.5.26

有機水銀
有機水銀を水俣病の原因物質として根拠づ
　け　　　　　　　　　　　　　　1960.3.25

有機水銀化合物
水俣病の原因を有機水銀と答申　　1959.11.12

有機水銀説
厚生省も有機水銀説と断定　　　　1959.10.4

夕霧
津軽海峡で軍艦の船首が切損　　　1935.9.26

友好通商航海条約
スペインと友好通商航海条約締結　1868.9.28
ペルーと友好通商航海条約を締結　1873.8.21

夕汐丸
函館海洋気象台設置　　　　　　1942（この年）

湧昇実験
国際海洋研究10カ年計画の湧昇実験開始
　　　　　　　　　　　　　　　1973（この年）

有人潜水調査船
有人潜水調査船「しんかい2000」着水
　　　　　　　　　　　　　　　1981（この年）
「しんかい2000」による潜航調査はじまる
　　　　　　　　　　　　　　　　1983.7.22
伊豆半島熱川の東方沖合、水深1,270mで
　枕状溶岩を発見　　　　　　　1984（この年）
四国沖で深海生物ハオリムシを発見　1985（この年）
「水中画像伝送システム」の伝送試験　1988（この年）
「しんかい6500」竣工　　　　　1989（この年）
沖縄トラフ伊是名海穴で、炭酸ガスハイド
　レートを初めて観察　　　　　1989（この年）
相模トラフ初島沖のシロウリガイ群生域で
　深海微生物を採取　　　　　　1990（この年）
駿河湾の海底の泥から極めて強力な石油分
　解菌を発見　　　　　　　　　1992（この年）
北海道南西沖地震後の奥尻島沖潜航調査
　　　　　　　　　　　　　　　1993（この年）
世界で最も浅い海域で生息する深海生物サ
　ツマハオリムシを発見　　　　1994（この年）

有人潜水艇
北大潜水艇240m潜水成功　　　　1951（この年）

郵船汽船三菱
日本郵船設立　　　　　　　　　　1885.9.29

郵船規則
商船規則定める　　　　　　　　　1870.1.27

夕張
快速巡洋艦「夕張」進水　　　　　1923.3.5

郵便汽船三菱
三菱会社の所有船に外国人　　　1875（この年）
ウラジオストク航路始まる　　　　1881.2.28

遊覧船
相模湖で遊覧船沈没　　　　　　　1954.10.8

行方不明
インドで漁船遭難　　　　　　　　1964.9.29
アメリカの原潜「スコーピオン」が遭難　1968.5.27

油群回収
ナホトカ号流出事故回収作業　　　1997.2.1

輸送船攻撃
独のUボートが輸送船攻撃　　　1941（この年）

油濁事故
油濁事故　　　　　　　　　　　1999（この年）
油濁事故　　　　　　　　　　　2002（この年）

油濁損害賠償保障法
改正油濁損害賠償保障法施行　　　2005.3.1

ユダヤ
ヘロデ王、港を建設　　　　　　BC10（この年）

ユダヤ難民
ユダヤ難民船臨検　　　　　　　1947（この年）

ユトランド沖海戦
ユトランド沖海戦　　　　　　　　1916.5.31

ユニバース・リーダー号
世界最大タンカー進水　　　　　　　1956.8.8
ユネスコ
瀬戸内海調査　　　　　　　　1952（この年）
ユネスコ台風シンポジウム東京で開催　1954.11.9
東京で海洋学シンポジウム　　　1956（この年）
ユネスコ政府間海洋学委員会
海洋環境汚染全世界的調査　　　1971（この年）
気象変動と海洋委員会が発足　　1981（この年）
柚木 学
柚木学、日本学士院賞受賞　　　1982（この年）
ユノハナガニ
ユノハナガニの陸上飼育　　　　1992（この年）
ユビエダハマサンゴ
新石垣空港代替地にサンゴの大群落　　1989.5.14
ユーフラテス川
筏で運搬　　　　　　　　　　BC3500（この頃）
丸底皮張り船　　　　　　　　　BC900（この頃）
Uボート
独、Uボート進水　　　　　　　1905（この年）
潜水艦Uボートが成果をあげる　1914（この年）
宮崎丸撃沈　　　　　　　　　　　　1917.5.31
独のUボートが輸送船攻撃　　　1941（この年）
ユーロトンネル
英仏海峡トンネルが開通　　　　　　1990.12.1

【よ】

陽光丸
国産記録式音響測深機を開発　　1940（この年）
洋式灯台
最初の洋式灯台点火　　　　　　　　1869.1.1
野島崎灯台点灯　　　　　　　　1870（この年）
洋上発電プラント
洋上発電プラント1号機を竣工　　　1993.12月
養殖
近畿大学水産研究所白浜臨海研究所開設
　　　　　　　　　　　　　　　1948（この年）
養殖業生産量
魚業・養殖業生産量―戦後最大の減少　1991.5.31
養殖事業
農林省「漁業白書」で養殖事業を促す　1969.3.11
養殖ノリ
有明海養殖ノリ不作と諫早湾水門の因果関
　係　　　　　　　　　　　　　　　2002.3.27
諫早湾で開門調査―養殖ノリ不作　　2002.4.15
養殖海苔赤腐れ病
養殖海苔赤腐れ病発生　　　　　1965（この年）
養殖ハマチ
赤潮で養殖ハマチ大量死―鳴門市　　　2003.7月

養殖ハマチ大量死
養殖ハマチ大量死　　　　　　　　　1979.7月
養殖法
ブリ・ヒラマサ養殖法で特許　　1980（この年）
養殖マグロ放流
養殖マグロ放流　　　　　　　　1995（この年）
揚子江
中国の大運河　　　　　　　　　BC485（この年）
熔接船
国内初全熔接船竣工　　　　　　　　1920.4月
揚武
清国軍艦が長崎来航　　　　　　　1875.11.18
陽南丸
「陽南丸」遭難事件　　　　　　　1931.10.17
抑留
ソ連が日本漁船を抑留　　　　　　　1934.3.15
よこすか
海洋科学技術センターの「よこすか」（4,
　439トン）竣工　　　　　　　1990（この年）
大西洋・東太平洋における大航海　1994（この年）
海難救助で第三管区海上保安部長から表彰
　　　　　　　　　　　　　　　　　1997.7月
大西洋・インド洋における大航海　1998（この年）
「H-IIロケット8号機」第2次調査　　1999.12月
「よこすか」をインドネシア大統領メガワ
　ティ氏訪船　　　　　　　　　　　2002.10月
「よこすか」太平洋大航海「NIRAI
　KANAI」を実施　　　　　　　　　2004.7月
生きたままの深海生物を「シャトルエレ
　ベータ」により初めて捕獲　　　　2005.12月
伊豆半島東方沖において地すべり痕確認　2006.6月
「よこすか」、沖縄トラフ深海底下において
　新たな熱水噴出現象「ブルースモー
　カー」を発見　　　　　　　　　　2007.1月
沖縄トラフ深海底調査における熱水噴出域
　の詳細な形状と分布のイメージングに成
　功　　　　　　　　　　　　　　　2007.12月
横須賀
第一富士丸・潜水艦なだしお衝突　1988（この年）
原子力空母横須賀港に入港　　　　　2008.9.25
横須賀海軍工廠
戦艦「河内」完成　　　　　　　1912（この年）
横須賀大船渠開渠　　　　　　　　　1916.1.26
空母「翔鶴」を竣工　　　　　　　　1941.8.8
横須賀黌舎
横須賀黌舎を復興　　　　　　　　　1870.3.29
横須賀工廠
横須賀で砲艦竣工　　　　　　　　　1877.2月
航空母艦「飛龍」起工　　　　　　　1936.7.8
航空母艦「翔鶴」起工　　　　　　　1937.12.12
横須賀製鉄所
横須賀製鉄所起工式　　　　　　　　1865.9.27
民間所有の船の修理も可能に　　　　1870.3.19
横須賀黌舎を復興　　　　　　　　　1870.3.29

よこす　　　　　　　　　　　　　　事項名索引　　　　　　　　　海洋・海事史事典

　　横須賀、長崎「造船所」に改称　　1871.4.9
横須賀造船所
　　横須賀、長崎「造船所」に改称　　1871.4.9
　　横須賀造船所で軍艦建造　　1877（この年）
横須賀大船渠
　　横須賀大船渠開渠　　1916.1.26
横須賀入港
　　原子力潜水艦、横須賀入港　　1966.5.30
横浜
　　横浜・箱館（函館）が開港　　1859.6.2
　　米、幕府に保税倉庫設置求める　　1863.2.1
　　フランス軍艦が横浜港に投錨　　1868.7月
　　サンフランシスコ〜横浜〜清国航路を開設
　　　　　　　　　　　　　　　1869（この年）
　　横浜までの汽船就航　　1872.4月
　　アメリカ船で火災　　1872.8.24
　　P&O汽船が香港〜横浜航路を開設　　1876.2月
　　英米水兵がボートで競争　　1877.5.12
　　横浜〜朝鮮航路を開設　　1880.7月
　　デンマーク船が横浜入港　　1880.10.30
　　横浜在留外国人が共同競舟会　　1882.6.6
　　共同運輸が営業開始　　1883.5.1
　　13日間で日米間を航海　　1888.11.9
　　「海港検疫所官制」公布　　1899.4.13
　　横浜開港祭　　1909.7.1
横浜アマチュアローイングクラブ
　　横浜セーリングクラブ設立　　1886（この年）
横浜港
　　横浜港に外国商船23隻　　1868（この年）
　　横浜港の外国船数　　1869.6月
横浜港駅
　　横浜港駅で旅客営業開始　　1920.7.23
横浜港修築工事
　　横浜港修築工事　　1889（この年）
横浜高等海員養成所
　　横浜高等海員養成所設立　　1913.6月
横浜セーリングクラブ
　　横浜セーリングクラブ設立　　1886（この年）
吉識 雅夫
　　吉識雅夫、日本学士院賞受賞　　1966（この年）
　　吉識雅夫に文化勲章が贈られる　　1982（この年）
吉田 耕造
　　亜熱帯反流の存在を指摘　　1967（この年）
　　『黒潮』刊行　　1972（この年）
吉田 松陰
　　松陰、密航を企てる　　1854.3.27
吉野
　　アームストロング砲、軍艦に搭載　　1892（この年）
　　軍艦吉野でボンベイ視察　　1894（この年）
吉村 昭
　　『戦艦武蔵』刊行　　1966.9月
　　『海の鼠』刊行　　1973.5月
　　『魚影の群れ』公開　　1983.10.29

四倉
　　第7文丸・アトランティック・サンライズ
　　号衝突　　1961（この年）
ヨット
　　オランダ、チャールズ2世にヨットを献上
　　　　　　　　　　　　　　　1660（この年）
　　最初のヨットレース　　1661（この年）
　　横浜セーリングクラブ設立　　1886（この年）
　　インターカレッジヨットレース開催　　1933.9月
　　国際ヨット競技連盟に加盟　　1935.3月
　　ヨット五輪に初参加　　1936（この年）
　　国体でヨット競技開催　　1946（この年）
　　ヨット、ヘルシンキオリンピックに選手派
　　遣　　1953（この年）
　　全日本実業団ヨット選手権開催　　1955（この年）
　　第1回神子元島レース開催―ヨット　　1956（この年）
　　全国高校選手権開催―ヨット　　1960（この年）
　　鳥羽パールレース開催―ヨット　　1960（この年）
　　太平洋単独横断成功　　1962.8.12
　　東京五輪―ヨット　　1964（この年）
　　ヨットで大西洋横断　　1965.7.13
　　小型ヨットで太平洋横断　　1967.7.13
　　八丈島レース―ヨット　　1967（この年）
　　ヨット国際大会で優勝　　1968（この年）
　　インターナショナルオフシェアルール―
　　ヨット　　1969（この年）
　　小型ヨットで世界一周「白鷗号」凱旋　　1970.8.22
　　オフショアレーシングカウンシル―ヨット
　　　　　　　　　　　　　　　1970（この年）
　　ヨット・チャイナシーレースで優勝　　1970（この年）
　　沖縄〜東京間でヨットレース　　1972（この年）
　　NORCが公認される―ヨット　　1973（この年）
　　ヨット世界選手権に参加　　1973（この年）
　　ヨット世界選手権に参加　　1974（この年）
　　ヨット、モントリオール五輪に参加　　1976（この年）
　　ヨット専用無線局　　1976（この年）
　　世界一周ヨット帰港　　1977.7.31
　　ヨット代表チームが参加　　1977（この年）
　　世界選手権で日本人が優勝―ヨット　　1978（この年）
　　小笠原レースを開催―ヨット　　1979（この年）
　　堀江謙一が縦回り地球一周　　1982.11.9
　　国際大会で日本人が優勝―ヨット　　1982（この年）
　　グアムレース―ヨット　　1983（この年）
　　ロス五輪―ヨット　　1984（この年）
　　小樽ナホトカレース―ヨット　　1984（この年）
　　世界初チタン製ヨット　　1985（この年）
　　小型ヨットでの世界一周から帰国　　1986.4.13
　　国際大会で日本人が優勝―ヨット　　1987（この年）
　　女性初の太平洋単独往復　　1988.8.19
　　ソウル五輪―ヨット　　1988（この年）
　　津（三重）世界選手権開催―ヨット　　1989（この年）
　　ヨット代表チーム国際試合で勝利　　1990（この年）
　　女性初の無寄港世界一周　　1992.7.15
　　アメリカ杯に初挑戦―ヨット　　1992（この年）
　　バルセロナ五輪―ヨット入賞　　1992（この年）
　　1人乗りヨット「酒呑童子」救助される　　1994.6.7

アトランタ五輪開催、日本、ヨットで初の				
メダル	1996.7.19			
日本セーリング連盟発足	1999.4.1		**【ら】**	
シドニー五輪―ヨット	2000（この年）			
釜山アジア大会―ヨット	2002（この年）		ライシャワー発言	
アテネ五輪―ヨット	2004（この年）		ライシャワー発言の衝撃―核持ち込み	1981.5.18
ドーハアジア五輪―ヨット	2006（この年）		ライトニング	
北京五輪―ヨット	2008（この年）		英最初の水雷艇進水	1877（この年）
ニューヨーク・ヨットクラブ主催レースに			来福丸	
参加	2009（この年）		来福丸（9,100トン）竣工	1918.1月
ヨット沖縄レース復活	2010（この年）		「来福丸」沈没	1925.4.21
広州アジア大会―ヨット	2010（この年）		ライムジュース	
NYYCインビテーショナルカップ―ヨッ			リンド『壊血病の治療』刊	1753（この年）
ト	2011（この年）		羅針儀	
NYYCインビテーショナルカップ―ヨッ			指南魚を用いた羅針儀の使用	1084（この年）
ト	2013（この年）		沈括、『夢渓筆談』を著す	1086（この年）

ヨットクラブ
　　最初のヨットクラブ　　　　　　1720（この年）
ヨット世界選手権
　　ヨット世界選手権―日本ペア優勝　1979.8.15
ヨットレース
　　初のヨットレース　　　　　　　1875（この年）
　　ヨットレース開催　　　　　　　1932（この年）
　　インターカレッジヨットレース開催　1933.9月
　　「シドニー・ホバート・レース」開催 1945（この年）
　　大島でヨットレース　　　　　　1951（この年）
　　ヨットレースで2隻が行方不明　　1962（この年）
　　慎太郎、ヨットレースに参加　　　1962（この年）
　　裕次郎、ヨットレースに参加　　　1963（この年）
　　豪ヨットレースに参加　　　　　　1969（この年）
　　沖縄～東京間でヨットレース　　　1972（この年）
　　ヨットレース「ルト・ド・ロム」開催
　　　　　　　　　　　　　　　　　1978（この年）
　　グアムレース―ヨット　　　　　　1983（この年）
　　NZ～日本ヨットレース　　　　　1989（この年）
　　「たか号」が連絡を絶つ　　　　1991.12.26
　　ヨットレース中の事故で訴訟　　　1993（この年）
　　愛地球博記念ヨットレース　　　　2005（この年）
淀
　　軍艦「淀」竣工　　　　　　　　1908（この年）
米子
　　倉敷メッキ工業所青酸排出―米子市 1973（この年）
よみうり号
　　よみうり号初潜航　　　　　　　1966（この年）
　　南太平洋大保礁日豪共同調査　　　1968（この年）
ヨーロッパ造船界
　　欧州造船界、協調申し入れ　　　　1972（この年）
4か国南氷洋捕鯨協定
　　4か国南氷洋捕鯨協定成立　　　　1958.8.22
47万7000重量トンタンカー
　　47万トンタンカー建造へ　　　　1970.6.29

羅針儀が使用される　　　　　　1117（この年）
羅針盤
　　西洋最初の磁石、羅針盤　　　　1187（この年）
ラッカ岬
　　間宮林蔵ら、樺太を探検　　　　1808（この年）
ラッコ
　　デンマーク船が横浜入港　　　　1880.10.30
　　ラッコ密猟船小笠原に　　　　　1893（この年）
　　ラッコの飼育始める　　　　　　1982（この年）
ラッコ・オットセイ保護条約
　　ラッコ・オットセイ保護条約　　1911.7.7
ラットレル号
　　英国軍艦が座礁　　　　　　　　1868（この年）
ラトラー
　　英国発のスクリュー推進の軍艦　1840（この年）
ラニーニャ現象
　　ラニーニャ現象　　　　　　　　1999（この年）
　　ラニーニャ発生　　　　　　　　2000（この年）
ラフォンド
　　海洋観測塔　　　　　　　　　　1959（この年）
ラプテフ海
　　砕氷調査船セドフ号（ソ連）の漂流　1937（この年）
ラ・ブードゥーズ号
　　ブーガンヴィル、世界周航に出発　1766.12.5
ラプラス
　　潮汐理論研究　　　　　　　　　1774（この年）
ラブラドル寒流
　　ラブラドル寒流を発見　　　　　1497.5.20
ラブリー, C.ダンジョー・ド
　　潜函を開発　　　　　　　　　　1738（この年）
ラヴェンナ
　　軍艦千島衝突沈没　　　　　　　1892.11.30
ラマポ海淵
　　ラマポ海淵（10,600m）ラマポ堆を発見
　　　　　　　　　　　　　　　　　1929（この年）

― 517 ―

ラマポ堆
ラマポ海淵（10.600m）ラマポ堆を発見
　　　　　　　　　　　　　　1929（この年）
ラムセスの海戦
ラムセスの海戦　　　　　　BC1180（この頃）
ラムセス3世
ラムセスの海戦　　　　　　BC1180（この頃）
ラ・メール
シャンソン「ラ・メール」作曲　1943（この年）
ラングドック運河
ミディ運河が建設される　　　1666（この年）
運河トンネル開通　　　　　　1679（この年）
ラングレー
米、空母「ラングレー」建造　1920（この年）
ランサム，アーサー
『海へ出るつもりじゃなかった』刊行
　　　　　　　　　　　　　　1937（この年）
蘭書翻訳
幕府「出版の制」を定める　　1860.3.24
蘭新訳地球全図
世界地図の刊行　　　　　　　1796（この年）
ランベルト
ランベルト正角円錐図法　　　1772（この年）

【り】

李 鴻章
清国、海軍　　　　　　　　　1880（この年）
李 舜臣
最初の装甲船　　　　　　　　1591（この年）
李 承晩
韓国、海洋主権宣言を発表　　1952.1.18
リエフ
グリーンランド、ニューファンドランド、
北米大陸到達　　　　　　　　1000（この年）
リオンの海戦
リオンの海戦　　　　　　　　BC429（この年）
陸軍病院船
陸軍病院船沈没　　　　　　　1943.11.27
陸軍兵学寮
海軍兵学寮・陸軍兵学寮と改称　1870.12.25
陸中海岸国立公園
陸中海岸国立公園　　　　　　1955.5.2
リケ，ピエール＝ポール
ミディ運河が建設される　　　1666（この年）
利子補給
海運会社に利子補給再開　　　1960（この年）
利子補給法の改正法
2つの海運再建法が制定、施行　1963.8月

李承晩ライン
韓国、海洋主権宣言を発表　　1952.1.18
韓国抑留中の漁民の帰国決定　1958.2.1
リスボン
喜望峰発見　　　　　　　　　1488.5月
ヴァスコ・ダ・ガマ、インドへ到達　1498.5.20
リスボン世界貿易の中心地として繁栄
　　　　　　　　　　　　　　1528（この年）
リスボン国際博覧会
リスボン国際博覧会　　　　　1998（この年）
リスボン地震
リスボン地震　　　　　　　　1755（この年）
リスボン港
極左テロ活発化―ポルトガル　1985.1.28
リチャード1世
十字軍大船団　　　　　　　　1189（この年）
リッサの海戦
リッサの海戦　　　　　　　　1866.7.20
リッチ，マテオ
中国におけるキリスト教布教　1582（この年）
りっちもんど丸
「りっちもんど丸」「ときわ丸」衝突事件　1963.2.26
離島
政府、離島を国有化　　　　　2014.1.7
リバプール
西回り世界一周航路開設　　　1915（この年）
リヴァプール
サヴァンナ号、大西洋を横断　1819（この年）
リビア沖
リビア沖で不法移民の密航船沈没　2009.3.29
リーフデ号
オランダ船豊後に漂着　　　　1600（この年）
リマン海流
日本海などを命名　　　　　　1874（この年）
リムバック
海自護衛艦リムバック初参加　1980.2.26
硫化水素
高知パルプ工場廃液排出　　　1971（この年）
琉球
『元禄日本総図』成る　　　　1702（この年）
琉球の測量始まる　　　　　　1873.2月
琉球大学
琉球大に海洋学科新設　　　　1975（この年）
流行病
「開港規則」公布　　　　　　1898.7.8
流出油災害対策関係閣僚会議
関係閣僚会議解散－ナホトカ号流出事故　1997.1.20
流出油事故
東北石油仙台製油所流出油事故　1978.6.9
流氷
流氷調査　　　　　　　　　　1997（この年）

リュトケ号
　ウラジオストック～ムルマンスク間を85日
　　で航行　　　　　　　　　1934（この年）
リューベック港
　リューベック港建設　　　　1143（この年）
領海3海里
　領海3海里を宣言　　　　　　1870.8.24
領海12海里
　領海12海里、経済水域200海里を条件付き
　　で認める方針　　　　　　　1976.3.9
　領海、日ソ関係　　　　　　1976.10.22
領海法
　海洋2法が成立　　　　　　1977（この年）
両国
　水上バス航行の再開　　　　　1950.4月
量地伝習録
　伊能の測量を伝える　　　1824（この年）
菱南丸
　「菱南丸」「ゾンシャンメン」衝突事件　1993.2.23
漁の理
　『水産物理学』『漁の理』刊行　1949（この年）
凌風丸
　外輪蒸気船の製造に成功　　1865（この年）
　観測船凌風丸が完成　　　　1937（この年）
　「凌風丸」に深海観測装置装備　1958（この年）
　気象庁観測船、日本付近の深海調査に出港
　　　　　　　　　　　　　　　　1959.6.23
　研究、実習船建造　　　　　1966（この年）
　日本－ニューギニア間の海洋観測　1967（この年）
　北大西洋の海洋バックグラウンド汚染調査
　　　　　　　　　　　　　　1972（この年）
旅客船
　日本旅客船協会設立　　　　　1951.2月
緑色蛍光タンパク質の発見
　クラゲの蛍光物質の研究でノーベル化学賞
　　受賞　　　　　　　　　　　2008.10.8
緑風
　高速艇激突で死亡事故―淡路島　1989.2.2
旅順
　ロシアに宣戦　　　　　　　　1904.2.10
臨海実験所
　東京大学臨海実験所を設立　1886（この年）
臨検捜査
　軍艦八重山、公海上で商船を臨検　1895.12月
臨時海港検疫所官制
　「臨時海港検疫所官制」公布　　1900.3.28
臨時水俣病認定審査会
　臨時水俣病認定審査会　　　　1979.2.14
リンド, ジェイムズ
　リンド『壊血病の治療』刊　1753（この年）
リンネ
　アルテディ、『魚の生態に関する覚え書き』
　　刊　　　　　　　　　　　1738（この年）

【る】

類結節症
　養殖ハマチ大量死　　　　　　1979.7月
ルシタニア号
　ルシタニア号がドイツ潜水艦に撃沈される　1915.5.7
ルーズベルト
　日本海海戦でバルチック艦隊を撃破　1905.5.27
ルツボ鋼
　ルツボ鋼製造　　　　　　　　1882.9月
ルドダブル号
　鋼材を造艦に用いた最初の船　1873（この年）
ルト・ド・ロム
　ヨットレース「ルト・ド・ロム」開催
　　　　　　　　　　　　　　1978（この年）

【れ】

霊岸島
　横浜までの汽船就航　　　　　1872.4月
　清水、焼津までの汽船就航　1872（この年）
　蒸気船航路の開設　　　　　　1879.10.8
　霊岸島―木更津間で汽船運行　　1881.8月
　霊岸島船松町―神奈川県三崎間航路開設
　　　　　　　　　　　　　　1886（この年）
冷水塊
　湾流中の冷水塊　　　　　　1810（この年）
麗水港沖
　韓国麗水港沖でタンカー座礁―油流出　1995.7.23
レイテ沖
　レイテ沖海戦　　　　　　　　1944.10.24
　神風特別攻撃隊、体当たり攻撃　1944.10.25
冷凍船
　世界初の冷凍船　　　　　　1876（この年）
レイナー, D.A.
　『眼下の敵』刊行　　　　　1956（この年）
レイノルズ, ケヴィン
　映画『ウォーターワールド』公開　1995.7.28
レインボウ号
　海洋調査のため初めて海流瓶を放流　1802（この年）
レオン, ポンセ・デ
　フロリダ海峡を発見　　　　1513（この年）
レガスピ, ミゲル・ロペス・デ
　スペインによるフィリピン征服　1565（この年）
レギオモンタヌス
　最初の航海暦―レギオモンタヌス　1471（この年）

- 519 -

レキシントン
　米空母「サラトガ」「レキシントン」完成
　　　　　　　　　　　　　1927（この年）
　空母「レキシントン」就役　　1942.2.17
レザノフ
　ロシア、長崎に来て通商求める　1804（この年）
レセップス
　スエズ運河会社設立　　　　1856（この年）
　レセップス、スエズ運河完成し、地中海と
　　紅海をつなぐ　　　　　　　1869.11.16
　パナマ運河工事開始　　　　　　1881.2.7
　パナマ運河が開通　　　　　　　1914.8.15
レゾリューション号
　キャプテン・クック、第2回太平洋航海に
　　出発　　　　　　　　　　　1772.7.13
　クック最後の航海　　　　　1776（この年）
レーダー
　レーダー実用化　　　　　　1941（この年）
　日本で初めてレーダーを搭載　1941（この年）
レーダー射撃方位盤
　米、レーダー射撃方位盤を潜水艦などに装
　　備　　　　　　　　　　　1942（この年）
レックス号
　大西洋横断　　　　　　　　　　1933.8月
レッドフィールド，ウィリアム・C.
　レッドフィールド、『大西洋岸で発達する
　　嵐について』刊　　　　　1831（この年）
レドウォルド王
　サットン・フーの船葬墓　　　625（この年）
レナウン
　傾斜装甲盤防御法を採用　　1915（この年）
レナード
　海底堆積物学の確立　　　　1891（この年）
レーニン号
　ソ連原子力砕氷船「レーニン号」進水　1957.12.5
レパント沖
　レパントの海戦　　　　　　　　1571.10.7
レパントの海戦
　レパントの海戦　　　　　　　　1571.10.7
レフカダ島
　プレヴェザの海戦　　　　　　　1538.9.28
レモンジュース
　キャプテン・クック、第2回太平洋航海に
　　出発　　　　　　　　　　　1772.7.13
連合艦隊
　日本、連合艦隊を編成　　　　1903.12.28
　日本海海戦でバルチック艦隊を撃破　1905.5.27
　連合艦隊司令長官死亡　　　　　1943.4.18
連合艦隊司令長官
　連合艦隊司令長官死亡　　　　　1944.3.31
連続イカ釣機
　連続イカ釣機　　　　　　　　　1951.6月

連絡船
　ペルシャ湾で連絡船沈没　　　　1967.2.14
　韓国で連絡船沈没　　　　　　1970.12.15

【ろ】

ロア，ハワイ
　ポリネシア人がハワイに到達　450（この年）
ロイズ
　ロイズリスト　　　　　　　1734（この年）
　『ロイズ船名録』刊行　　　1760（この年）
ロイズ船名録
　『ロイズ船名録』刊行　　　1760（この年）
ロイズリスト
　ロイズリスト　　　　　　　1734（この年）
ロイド
　世界造船進水高で1位　　　　　1958.1.21
　世界船舶進水統計1位　　　　　1959.1.20
　商船保有高が2位　　　　　　1969.11.11
ロイド船舶名簿
　ロイド船舶名簿に登録された最初の蒸気船
　　　　　　　　　　　　　　1821（この年）
老人と海
　『老人と海』刊行　　　　　1952（この年）
688級
　米潜水艦「ロスアンゼルス」進水　1974.4月
六分儀
　六分儀の発明　　　　　　　1757（この年）
ロケット機
　海軍ロケット機「秋水」試験飛行　1945.7.7
ロシア
　ダーダネルス海峡、軍艦通航を禁止　1841（この年）
ロシア艦
　露艦漂着民を護送　　　　　1852（この年）
　英国がロシア艦の退去要求　　　1861.7.9
ロシア軍
　漁業をめぐりロシア兵が暴行　　1874.7.13
ロシア警備隊
　ロシア警備艇、日本の漁船を銃撃　1994.8.15
ロシア見聞
　「北槎聞略」作る　　　　　1794（この年）
ロス，ジェイムズ・クラーク
　ロス、北磁極に到達　　　　　　1831.6.1
ロス，ジェームス
　ロス、南極を探検　　　　　1839（この年）
　ロス海発見　　　　　　　　1840（この年）
ロスアンゼルス
　米潜水艦「ロスアンゼルス」進水　1974.4月
ロス海
　ロス、南極を探検　　　　　1839（この年）
　ロス海発見　　　　　　　　1840（この年）

ロスビー研究メダル		
松野、ロスビー研究メダル受賞		1999.1月
ロス氷棚		
ロス、南極を探検		1839（この年）
ロッシュ、レオン		
堺事件		1868.2.15
ロッヘフェーン		
イースター島発見		1722.4.5
ロテノン		
ロテノン		1901（この年）
ロテル火山		
ロス海発見		1840（この年）
ロードス島		
イタリア、ダーダネルス海峡砲撃		1912.4.16
ロートマハナ号		
初の鋼鉄製航洋汽船		1879（この年）
ロナ, ピーター・A.		
ロナ、深海底の温水噴出孔を発見		1985（この年）
ロビンソン・クルーソー		
『ロビンソン・クルーソー』刊行		1719（この年）
ローブ		
ウニの人口単為生殖		1899（この年）
ローマ教皇		
プレヴェザの海戦		1538.9.28
ロマノス, アトス		
ギリシャとの修好通商航海条約批准		1899.10.11
ローマ法王アレクサンデル6世		
新発見地に関する境界線		1493（この年）
ローマ法王シクストゥス4世		
カナリー諸島より南をポルトガル領に		1481（この年）
ローム, アンリ・デュピュイ・ド		
仏、世界初の装甲艦起工		1858.4月
RO-ROフェリー		
RO-ROフェリー第1号が進水		1957（この年）
ロンギ首相		
核搭載船の寄港を拒否		1985.2.1
ロングシップ		
ヴァイキングの襲撃		790（この年）
ロングビーチ		
米原子力巡洋艦「ロングビーチ」進水		1959.7月
ロンドレ, G.		
サメの観察など		1554（この年）
ロンドン		
万国漁業博覧会		1883.5.12
ロンドン海峡協定		
ダーダネルス海峡、軍艦通航を禁止		1841（この年）
ロンドン海軍軍縮会議		
ロンドン海軍軍縮会議開催		1930.1.21
ロンドン海軍軍縮会議開催		1935.12.9
ロンドン海軍軍縮条約		
ロンドン海軍軍縮条約調印		1930.4.22
ロンドン気象台		
気象台設置		1873.5月
ロンドン航路		
ロンドン航路開設		1918.12.9
ロンドン条約		
ロンドン条約以上の艦船不建造要求		1938.2.5
海洋汚染防止条約調印		1972.12月

【わ】

ワイオミング号		
英仏が長州藩を報復攻撃		1863.6.1
ワイタンギ条約		
ワイタンギ条約		1840.2.6
和解勧告		
水俣病東京訴訟で和解勧告		1990.9.28
若狭		
南蛮船、若狭に漂着		1408（この年）
若槻 礼次郎		
ロンドン海軍軍縮会議開催		1930.1.21
若津丸		
若津丸沈没		1916.4.1
若戸大橋		
東洋一の吊り橋—若戸大橋開通		1962.9.26
若宮丸		
初の水上機母艦完成		1913.11月
和歌山		
原油貯蔵基地—周辺海域汚染		1973（この年）
和歌山県海南港でタンカー同士が衝突—原油流出		1994.10.17
和漢三才図会		
『和漢三才図会』成立		1713（この年）
惑星間の塵を海底で発見		
惑星間の塵を海底で発見		1993.8月
和島 貞二		
工船式カニ漁業始まる		1921（この年）
和親通商		
プチャーチン再来		1853.12.5
ワシントン		
ワシントン海軍天文台創設		1832（この年）
ワシントン海軍軍縮会議		
ワシントン海軍軍縮会議		1921.11.12
ワシントン軍縮条約		
ワシントン軍縮条約に基づき建造中止命令		1922.2.5
ワシントン海軍軍縮条約締結		1922.2月
ワシントン条約		
巡洋艦「古鷹」竣工		1926.3.11
太平洋クロマグロ絶滅危惧に指定		2014.11.17

わしん

ワシントン大学海洋研究所
　フライデーハーバー臨海実験所創設　1930（この年）
和親貿易航海条約
　ドイツと条約締結交渉　　　　　　　1868.10.20
和田 雄止
　北西太平洋平年隔月水温分布図作成　1910（この年）
　近海の海流調査を開始　　　　　　　1913.5.1
　『日本環海海流調査業績』刊行　　　1922（この年）
和田 竜
　『村上海賊の娘』刊行　　　　　　　2013.10月
和達 清夫
　『海洋の事典』刊行　　　　　　　　1960（この年）
　『海洋大事典』刊行　　　　　　　　1987.10.20
渡辺 貫太郎
　人工衛星を使って汚染状況調査　　　1973（この年）
渡辺 慎
　伊能の測量を伝える　　　　　　　　1824（この年）
渡辺 恵弘
　「船舶の動揺に関する研究」日本学士院賞
　受賞　　　　　　　　　　　　　　　1949（この年）
ワット, ジェイムズ
　蒸気機関の開発　　　　　　　　　　1782（この年）
ワトソン, ポール
　シーシェパード設立　　　　　　　　1977（この年）
ワトソン, D.M.S.
　ワトソン、ダーウィンメダル受賞　　1942（この年）
ワドル, スコット
　原潜・実習船衝突事故、謝罪のため元艦長
　来日　　　　　　　　　　　　　　　2001.2月
和楽園水族館
　和楽園水族館が開設　　　　　　　　1897（この年）
蕨
　駆逐艦・巡洋艦衝突　　　　　　　　1927.8.24
藁舟
　最初の板張り舟　　　　　　　　　　BC2700（この頃）
ワールド・コンコルド
　第1豊漁丸・リベリア船タンカー衝突
　　　　　　　　　　　　　　　　　　1985（この年）
ワレニウス
　『一般地理学』著す　　　　　　　　1650（この年）
われらをめぐる海
　『われらをめぐる海』刊行　　　　　1951（この年）
湾岸戦争
　湾岸戦争がはじまる　　　　　　　　1991.1.17
わんぱくフリッパー
　『わんぱくフリッパー』放映　　　　1964（この年）
湾流
　初めて地図上に湾流を描く　　　　　1665（この年）
　フランクリン、メキシコ湾流を発見　1770（この年）
　黒潮、ソマリ海流を発見　　　　　　1963（この年）
湾流の性状
　湾流の性状を論じる　　　　　　　　1859（この年）

【 ABC 】

ABISMO
　大深度小型無人探査機「ABISMO」実海
　域試験において水深9,707mの潜航に成
　功　　　　　　　　　　　　　　　　2007.12月
AMVER
　「なつしま」AMVERに関する表彰を受け
　る　　　　　　　　　　　　　　　　1999（この年）
　「みらい」がAMVERに関する表彰を受け
　る　　　　　　　　　　　　　　　　2002（この年）
BEAGLE2003
　「みらい」が南半球周航観測航海
　BEAGLE2003を実施　　　　　　　　2003.8月
BRASIL MARU
　鉄鉱石船「BRASIL MARU」　　　　 2007（この年）
CCAMLR
　南極海洋生物資源保存条約　　　　　1982.4月
CMMC
　商船管理委員会認可　　　　　　　　1945（この年）
COPILICO号
　徳山湾でタンカー衝突―油流出　　　1999.11.23
CORONA ACE
　「CORONA ACE」就航　　　　　　　1994（この年）
DDT
　広東からの引揚船にコレラ発生　　　1946.4.5
DeepStarプロジェクト
　DeepStarプロジェクト　　　　　　　1990（この年）
DONET
　地震・津波観測監視システム　　　　2011.8月
ETESCO TAKATSUGU J
　「ETESCO TAKATSUGU J」竣工　　2010（この年）
FAL条約
　FAL条約締結　　　　　　　　　　　2005.11月
FAMOUS計画
　FAMOUS計画　　　　　　　　　　　1971（この年）
　FAMOUS計画　　　　　　　　　　　1974（この年）
FJ級世界選手権
　国際大会で日本人が優勝―ヨット　　1987（この年）
GHQ
　GHQが日本船舶を米国艦隊司令官の指揮
　下に編入　　　　　　　　　　　　　1945.9.3
　ペルシャ湾岸重油積み取り　　　　　1948（この年）
　政府徴用船舶を返還　　　　　　　　1950.3.4
　国内航路復活　　　　　　　　　　　1950.6.15
　GHQ造船見返し資金認可　　　　　　1951.5.31
　国外航船の国旗掲揚とSCAJAP番号表示
　撤廃　　　　　　　　　　　　　　　1952（この年）
　日本商船管理権返還　　　　　　　　1952（この年）
GOLAR SPIRIT
　「GOLAR SPIRIT」を引渡し　　　　 1981（この年）

GOLDEN GATE BRIDGE
「GOLDEN GATE BRIDGE」が現代重工業で竣工　2001（この年）
IAHR
国際水理学会設立　1935（この年）
IAPO
国際海洋物理協会設置　1921（この年）
IAPSO
国際海洋物理科学協会設立　1919（この年）
ICES
国際海洋探究会議　1901（この年）
ICS
国際海運会議所、国際海運連盟に加入　1957（この年）
ICSU
国際学術連合設立　1919（この年）
IHI
石川島播磨重工業からIHIに社名変更　2007（この年）
ILO海事労働条約
ILO海事労働条約採択　2006（この年）
IMO
国際気象機関設立　1873（この年）
IODP
地球深部探査船「ちきゅう」（56,752トン）が完成　2005.7月
IPCC
温暖化、予測を上方修正　2000（この年）
ISF
国際海運会議所、国際海運連盟に加入　1957（この年）
IUCN
太平洋クロマグロ絶滅危惧に指定　2014.11.17
IUGG
国際学術連合設立　1919（この年）
IWC
国際捕鯨委員会設立　1948（この年）
調査捕鯨先延ばし案可決　2014.9.18
JGOFS
世界海洋フラックス研究計画　1990（この年）
JIAHUI
貨物船が衝突し転覆　2013.9.27
JTV-1プロトタイプ
日本初、小型無人潜水機の開発実験成功　1979（この年）
K-19
ソ連原子力潜水艦（K-19）事故　1961.7.9
K-278
ソ連の原潜火災　1989.4.7
KAIKO計画
日仏日本海溝共同調査　1984（この年）
世界最深の生物コロニーを発見　1985.7月
KMビマス・ラヤ2世
インドネシアで客船沈没　1999.10.18
L12
ソ連が日本へ潜水艦を出撃させる　1945.8.19

LED光源
LED光源を用いた深海照明システムを世界で初めて運用　2006.6月
LEG船
LEG船「第二昭鶴丸」竣工　1981.11月
LNG
商船三井、北極海航路でガス輸送　2014.7月
LNG運搬船
「GOLAR SPIRIT」を引渡し　1981（この年）
LNG船
LNG船「尾州丸」を就航　1983（この年）
LNG船「泉州丸」を竣工　1984（この年）
カタール・ガスプロジェクトLNG船7隻の建造　1993（この年）
「PUTERUI DELIMA SATU」が完成　2002（この年）
LNGタンカー
川崎重工が初のLNG船受注　1973.5月
LPGタンカーとリベリア船衝突—東京湾　1974.11.9
LNG輸送
インドネシアからのLNG輸送　1983（この年）
カタールからのLNG輸送を開始　1996（この年）
MODE'94
大西洋・東太平洋における大航海　1994（この年）
MODE'98
大西洋・インド洋における大航海　1998（この年）
NASA
衛星による救難活動　1973.2月
北極海の海氷、急速に薄く　2009.7月
NATO艦隊
極左テロ活発化―ポルトガル　1985.1.28
Nauru99
「みらい」が国際集中観測Nauru99に参加　1999.6月
neo Surpramax 66BC
環境対応・低燃費船「neo Surpramax 66BC」を引き渡し　2013（この年）
NERC
海洋科学技術戦略を発表　1994（この年）
NIRAI KANAI
「よこすか」太平洋大航海「NIRAI KANAI」を実施　2004.7月
NKK
造船再編、大手3グループに統合　2000（この年）
NSユナイテッド海運
NSユナイテッド海運発足　2010（この年）
NYKアルテア
コンテナ船「NYKアルテア」竣工　1994（この年）
NYK スーパーエコシップ2030
「NYK スーパーエコシップ2030」発表　2009（この年）
OECD
OECD、日本の造船業界を警戒　1963（この年）
OilPollutionAct1990
タンカーの二重構造義務付け　1990（この年）

ORC
　NORCが公認される―ヨット　　1973(この年)
OSUNG NO.3
　対馬沖西方で韓国タンカーが沈没―油流出　1997.4.3
P2J8
　海自護衛艦リムパック初参加　　1980.2.26
PCB
　ポリ塩化ビフェニール廃液排出―福井県敦
　　賀市　　1973.6月
PCB含有産業廃棄物の処分基準
　PCB含有産廃の処分基準　　1975.12.20
PICASSO
　「PICASSO(ピカソ)」初の海域試験に成
　　功　　2007.3月
PUTERUI DELIMA SATU
　「PUTERUI DELIMA SATU」が完成
　　　　2002(この年)
SCAJAP番号
　国外航船の国旗掲揚とSCAJAP番号表示
　　撤廃　　1952(この年)
SEALs
　SEALs創設　　1961(この年)
SEASAT
　海洋衛星(SEASAT)打ち上げ　　1978.6月
SHANGHAI HIGHWAY
　中国で自動車運搬船建造　　2005(この年)
SLBM
　中国5番目のSLBM保有国に　　1982.10.16
SOLAS条約
　SOLAS条約改正　　2002(この年)
SORA2009
　「みらい」が太平洋を横断する観測航海
　　「SORA2009」を実施　　2009.1月
SPEEDI
　海洋版SPEEDI開発へ　　2014.6.2
STCW条約
　STCW条約を批准　　1982(この年)
STD
　STD開発　　1948(この年)
TAJIMA号事件
　TAJIMA号事件　　2002(この年)
TOGA
　TOGA(熱帯海洋と全球大気研究計
　　画)　　1992(この年)
TU16バジャー
　ソ連偵察機が佐渡沖で墜落　　1980.6.27
TUNES
　太平洋大循環研究開始　　1991(この年)
U-9
　潜水艦Uボートが成果をあげる　　1914(この年)
WESTPAC
　西太平洋海域共同調査発足　　1979(この年)
WMO
　国際気象機関設立　　1873(この年)

海洋・海事史事典
―トピックス 古代-2014

2015年1月25日　第1刷発行

編　集／日外アソシエーツ編集部
発行者／大高利夫
発　行／日外アソシエーツ株式会社
　　　　〒143-8550 東京都大田区大森北1-23-8 第3下川ビル
　　　　電話 (03)3763-5241(代表)　FAX(03)3764-0845
　　　　URL http://www.nichigai.co.jp/
発売元／株式会社紀伊國屋書店
　　　　〒163-8636 東京都新宿区新宿 3-17-7
　　　　電話 (03)3354-0131(代表)
　　　　ホールセール部(営業)　電話 (03)6910-0519

電算漢字処理／日外アソシエーツ株式会社
印刷・製本／光写真印刷株式会社

不許複製・禁無断転載　　　　《中性紙三菱クリームエレガ使用》
＜落丁・乱丁本はお取り替えいたします＞
ISBN978-4-8169-2519-1　　　Printed in Japan,2015

本書はデジタルデータでご利用いただくことができます。詳細はお問い合わせください。

科学技術史事典　トピックス原始時代-2013
A5・690頁　定価（本体13,800円＋税）　2014.2刊

原始時代から2013年まで、科学技術に関するトピック4,700件を年月日順に掲載した記録事典。人類学・天文学・宇宙科学・生物学・化学・地球科学・地理学・数学・医学・物理学・技術・建築学など、科学技術史に関する重要なトピックとなる出来事を幅広く収録。「国名索引」「事項名索引」付き。

日本医療史事典　トピックス1722-2012
A5・460頁　定価（本体14,200円＋税）　2013.9刊

1722～2012年の、日本の医療に関するトピック3,400件を年月日順に掲載した記録事典。医療に関する政策・制度・法律、病気の流行と対策、医療技術・治療法の研究と発達、医療現場での事故・事件など幅広いテーマを収録。「分野別索引」「事項名索引」付き。

日本交通史事典　トピックス1868-2009
A5・500頁　定価（本体13,800円＋税）　2010.3刊

1868年～2009年までの交通に関するトピック4,500件を年月日順に掲載した記録事典。法整備、国際交渉、技術開発、業界・企業動向、事故など幅広いテーマを収録。

事典 日本の科学者　科学技術を築いた5000人
板倉聖宣監修　A5・1,020頁　定価（本体17,000円＋税）　2014.6刊

江戸時代初期から平成にかけて活躍した物故科学者を収録した人名事典。自然科学の全分野のみならず、医師や技術者、科学史家、科学啓蒙に尽くした人々などを幅広く収録。

ノーベル賞受賞者業績事典
新訂第3版―全部門855人
ノーベル賞人名事典編集委員会編
A5・790頁　定価（本体8,500円＋税）　2013.1刊

1901年の創設から2012年までの、ノーベル賞各部門の全受賞者の業績を詳しく紹介した人名事典。835人、20団体の経歴・受賞理由・著作・参考文献を掲載。

データベースカンパニー
日外アソシエーツ　〒143-8550　東京都大田区大森北1-23-8
TEL.(03)3763-5241　FAX.(03)3764-0845　http://www.nichigai.co.jp/